HAGERS HANDBUCH

DER

PHARMACEUTISCHEN PRAXIS.

HAGERS HANDBUCH

DER

PHARMACEUTISCHEN PRAXIS

FÜR

APOTHEKER, ÄRZTE, DROGISTEN UND MEDICINALBEAMTE.

UNTER MITWIRKUNG VON

MAX ARNOLD-CHEMNITZ, G. CHRIST-BERLIN, K. DIETERICH-HELFENBERG,
ED. GILDEMEISTER-LEIPZIG, P. JANZEN-BLANKENBURG, C. SCRIBA-DARMSTADT

VOLLSTÄNDIG NEU BEARBEITET UND HERAUSGEGEBEN

VON

B. FISCHER, UND **C. HARTWICH,**
BRESLAU ZÜRICH.

MIT ZAHLREICHEN IN DEN TEXT GEDRUCKTEN HOLZSCHNITTEN

ZWEITER BAND.

SPRINGER-VERLAG BERLIN HEIDELBERG GMBH

1902

ISBN 978-3-642-50373-3 ISBN 978-3-642-50682-6 (eBook)
DOI 10.1007/978-3-642-50682-6

Softcover reprint of the hardcover 1st edition 1902

sprechend 0,6 g Bleizucker), 32 g gewöhnlichem Glycerin, 2 g Schwefelmilch und der nöthigen Menge Rosenwasser. (2 Mk.) (HAGER, Analyt.)

Nach einer späteren Analyse soll nach ARNO AÉ die Tolma nur Schwefel und Glycerin (kein Blei) enthalten.

Vitalia. Fabrikanten PHALONS u. SONS in New-York. Zwei Flüssigkeiten. No. 1 ist eine Natronhyposulfitlösung, No. 2 ist eine röthlich klare Flüssigkeit mit ca. 3 Proc. Bleigehalt. Die Gebrauchsanweisung schreibt vor, 1 Th. der Flüssigkeit No. 2 mit 2 Th. der Flüssigkeit No. 1 zu verdünnen.

Dr. WHITE's Amerikanisches Haarwasser zum Färben der Haare. Eine parfümirte Auflösung von Bleiacetat, welche Schwefel suspendirt enthält. 0,5 Proc. Bleiacetat. B. FISCHER.

World-Hair-Restorer von L. A. ALLEN, zum Erneuern, Stärken, Verschönern und Putzen des Haares. 5,6 g Schwefel, 8 g Bleizucker, 100 g Glycerin und 200 g mit etwas aromatischem Wasser parfümirtes Wasser. (6 Mk.) (WITTSTEIN, Analyt.)

WUTH's Haar-Regenerator. 0,5proc. Bleiacetatlösung, welche parfümirt und mit präcipitirtem Schwefel versetzt ist. B. FISCHER.

Plumbum carbonicum.

I. Plumbum subcarbonicum.

Plumbum carbonicum. (Austr.). **Cerussa.** (Germ. Helv.). **Carbonate de plomb.** (Gall.). **Plumbi Carbonas.** (Brit. U.-St.). **Plumbum hydrico-carbonicum. Bleisubkarbonat. Basisches Bleikarbonat. Cerussa plumbica. Bleiweiss. Céruse. White Lead.** Formel je nach der wahren Zusammensetzung verschieden, meist **$2(PbCO_3) + Pb(OH)_2$.**

Handelssorten. Von den Handelssorten des Bleiweisses ist nur das sogenannte Cerussa-Oxyd (Cerussa alba oxydata oder pura) oder die Sorte 00 für den pharmaceutischen Bedarf verwendbar. Kremser-Weiss ist reines Bleiweiss, mit Leimwasser in Tafeln geformt, Perlweiss besteht aus Bleiweiss und Leimwasser und wird nur noch mit Indigo schwach gebläut. Diese Sorten finden lediglich zu Farbanstrichen Verwendung, zu welchen man übrigens auch mit Baryumsulfat und Kreide versetztes Bleiweiss benutzt.

Eigenschaften. Gutes Bleiweiss ist reinweiss, in Wasser unlöslich, aber unter Aufbrausen löslich in verdünnter Salpetersäure und Essigsäure, auch löslich in Aetzkali- und Aetznatronlösung. Schwefelwasserstoff und Schwefelammonium zersetzen es unter Bildung von Schwefelblei. Schwach geglüht verliert es Kohlensäure und Wasser und geht in Bleioxyd über, von welchem es mindestens 85 Proc. hinterlassen muss. An der Luft längere Zeit geglüht, nimmt es Sauerstoff auf und verwandelt sich in Mennige (Pariserroth). Specifisches Gewicht 5,5—6,4. Das specifisch schwerere Subkarbonat ist auch das basischere. Wie alle anderen Bleipräparate ist auch das Bleiweiss giftig; selbst das Einathmen des Bleiweissstaubes kann schädliche Folgen haben.

Das Bleiweiss ist, wie oben erwähnt wurde, eine Verbindung von Bleikarbonat mit Bleihydroxyd, welche jedoch etwas Bleiacetat zu enthalten pflegt. Der Bleiacetatgehalt beträgt kaum 3 Proc., der Gehalt an Hydratwasser 1—3 Proc., an Kohlensäure 10—12 Proc. Von den Materialien, aus denen das Bleiweiss hergestellt wird, enthält es Spuren Bleichlorid, Bleisulfat, Schwefelblei, bisweilen auch metallisches Blei.

Prüfung. 1) Wird 1 g Bleiweiss in einer Mischung von 2 ccm Salpetersäure und 4 ccm Wasser gelöst, so darf höchstens 0,01 g Rückstand hinterbleiben. Die Gewichtsbestimmung erfolgt dadurch, dass man diesen Rückstand abfiltrirt, mit salpetersäurehaltigem und schliesslich mit reinem Wasser vollständig auswäscht und Filter und Rückstand im Porcellantiegel verbrennt bezw. glüht und wägt. Der Rückstand kann aus Sand, Baryumsulfat, Calciumsulfat, auch aus Bleisulfat bestehen und würde näher zu untersuchen sein. (Flammenfärbung, Glühen vor dem Löthrohr auf Kohle). — 2) Wird die bei 1) resultirende salpetersaure Lösung mit Natronlauge versetzt, so entsteht zunächst ein weisser Niederschlag von Bleihydroxyd $Pb(OH)_2$. Dieser Niederschlag muss sich in einem Ueberschuss von Natronlauge vollkommen klar wieder auflösen unter Bildung von Bleioxyd-

Natrium. Eine in Natronlauge nicht lösliche Trübung würde auf Verunreinigung durch Baryum-, Strontium- oder Calciumsalze hinweisen. — Wird zu der Natronlauge im grossen Ueberschusse enthaltenden Lösung ein Tropfen verdünnter Schwefelsäure hinzugefügt, so bildet sich an der Einfallstelle eine weisse Trübung von Bleisulfat, welche aber beim Umschütteln wieder verschwindet, weil Bleisulfat in Natronlauge leicht löslich ist. Wären in der alkalischen Lösung Barytverbindungen (in Form von Baryumhydroxyd $Ba(OH)_2$) zugegen, so würde sich durch den Zusatz des einen Tropfens verdünnter Schwefelsäure eine bleibende Trübung von Baryumsulfat bilden, weil dieses in Natronlauge unlöslich ist. — 3) Wird aus der alkalischen Lösung das Blei durch einen Ueberschuss von verdünnter Schwefelsäure ausgefällt, so darf das Filtrat durch Kaliumferrocyanidlösung nicht verändert werden (Rothfärbung = Kupfer, Blaufärbung = Eisen).

Im Zweifelfalle giebt über den Werth eines Bleiweisses die quantitative Bestimmung des Bleies Auskunft, und zwar fällt man das Blei aus der schwach salpetersauren Lösung mit Schwefelwasserstoff und wägt es als Bleisulfid nach S. 660. Bei einem guten Bleiweiss findet man eine ca. 85 Proc. Bleioxyd entsprechende Menge Bleisulfid.

Aufbewahrung. Das Bleiweiss wird in der Reihe der starkwirkenden Arzneikörper aufbewahrt. Das Pulvern geschieht unter Reiben im bedeckten Mörser und das Sieben im bedeckten Siebe. Der Arbeiter bindet sich vor Mund und Nase ein feuchtes Tuch. Wenn es angeht, nimmt man diese Operation im Freien vor. Mörser und Sieb müssen hierauf mit vielem Wasser gewaschen, und geschah die Pulverung in der Stosskammer, so muss auch diese von Grund aus gereinigt werden.

Anwendung. Bleiweiss wurde früher vielfach als austrocknendes Mittel äusserlich angewendet. Gegenwärtig benutzt man es zu diesem Zwecke verhältnissmässig nur noch selten und zwar entweder unvermischt oder mit Talcum venetum vermischt in Form von Pudern oder mit Leinöl vermischt in Form von Pasten, am häufigsten in der Form der Bleiweisssalbe. Ueber die Verwendung von Bleiweiss zu kosmetischen Mitteln etc. und als Farbe vergl. S. 612 und S. 661. — Wenn im Handverkaufe Bleiweiss als Einstreupulver für kleine Kinder gefordert wird, so gebe man an dessen Stelle Bolus alba oder Zinkoxyd ab.

II. † Plumbum carbonicum neutrale. Neutrales Bleikarbonat. $PbCO_3$. Mol. Gew. = 267.

Darstellung. 10 Th. neutrales Bleiacetat werden in 100 Th. destillirtem Wasser gelöst. Diese Lösung wird filtrirt und unter Umrühren in eine Lösung von 3 Th. Ammoniumkarbonat in 30 Th. Wasser eingegossen. Der entstandene Niederschlag wird nach dem Absetzen auf einem Filter gesammelt, mit Wasser gewaschen und bei ca. 30° C. auf poröser Unterlage getrocknet.

Ein geruch- und geschmackloses, trocknes, schweres, sehr weisses, in verdünnter Essigsäure völlig und klar lösliches Pulver von demselben chemischen Verhalten wie das reine Bleiweiss. Es ist früher als Arzneisubstanz, als reines Bleiweiss noch eine seltene Waare war, empfohlen worden, wird aber heute stets durch ein gutes reines Bleiweiss ersetzt.

III. Emplastrum Cerussae. (Germ.). Emplastrum album coctum. Bleiweisspflaster. Froschlaichpflaster.

Darstellung. Germ.: 7 Th. feingepulvertes Bleiweiss werden mit 2 Th. Olivenöl sorgfältig angerieben und dann mit 12 Th. geschmolzenem Bleipflaster gemischt. Das Gemisch wird unter Umrühren und unter bisweiligem Wasserzusatze gekocht, bis die Pflasterbildung vollendet ist. — Das Bleiweisspflaster besteht aus fettsauren Salzen des Bleis mit überschüssigem Bleiweiss.

Das Bleiweisspflaster nach vorstehender Vorschrift ist sehr weiss, wird aber bei längerer Aufbewahrung hart und spröde. Eine lange Zeit in seiner Pflasterkonsistenz verharrendes Pflaster erhält man nach Jungclaussen, wenn man 100 Th. Oelsäure (das käufliche Oleïn) in einem verzinnten kupfernen oder einem zinnernen oder porcellanenen Kessel im Wasserbade erhitzt und nach Zusatz von 5 Th. destillirtem Wasser unter Umrühren

nach und nach in kleinen Portionen mit 125 Th. gepulvertem, zuvor durch ein Sieb geschlagenen Bleiweiss versetzt.

IV. Unguentum Cerussae. (Germ. Austr.). **Unguentum Plumbi Carbonatis.** (Brit. U.-St.). **Unguentum Plumbi subcarbonici. Unguentum album simplex. Bleiweisssalbe. Tornamira's Salbe. Onguent de céruse. White lead-salve. Onguent blanc de Rhazis.**

Austr. Adipis suilli 200,0 Emplastri Plumbi simplicis 40,0 werden zusammengeschmolzen. Der erkaltenden Masse werden unter Umrühren zugemischt Cerussae 120,0.

Brit. Unguentum Plumbi Carbonatis. Lead Carbonate Ointment. Cerussae 10,0, Unguenti Paraffini 90,0.

Germ. Unguentum Cerussae. Bleiweisssalbe. Cerussae 30,0, Unguenti Paraffini 70,0.

U-St. Unguentum Plumbi Carbonatis. Cerussae 10,0, Adipis benzoati 90,0.

Es mag darauf hingewiesen werden, dass das Bleiweiss mit einem Theile der Salbengrundlage zunächst auf's sorgfältigste feinzureiben ist, bevor man den Rest der Salbengrundlage hinzufügt.

Emplastrum Cerussae rubrum (Hamb. V.).
Rothes Bleiweisspflaster.

Rp. Cerae flavae
Sebi ovilis ää 16,0
Olei Olivae 6,0
Cerussae 4,0
Minii 2,0
Camphorae 1,0.

Gelatina Plumbi carbonici Unna.
Gelatina Cerussae Unna.

Rp. Gelatinae albae 5,0
Aquae destillatae 65,0
Glycerini 20,0
Plumbi carbonici 10,0.

Kitt, widerstandsfähiger für Eisen.

Rp. Sulfuris
Cerussae ää 1,0
Boracis 0,2.

Man mischt, befeuchtet mit starker Schwefelsäure, bringt zwischen die zu kittenden Flächen und presst stark.

Pommade de carbonate de plomb (Gall.).
Onguent blanc de Rhazès.

Rp. Cerussae 10,0
Adipis benzoati 50,0.

Jedesmal frisch zu bereiten!

Unguentum Cerussae camphoratum (Germ.).
Kampferhaltige Bleiweisssalbe.

Rp. Unguenti Cerussae (Germ.). 19,0
Camphorae 1,0.

Unguentum contra perniones (Hamb. V.).
Frostsalbe III.

Rp. Balsami Peruviani 10,0
Unguenti Cerussae camphorati 90,0.

Bleiweiss, ungiftiges. Eine aus England importirte weisse Deckfarbe, als ungiftiger Ersatz des Bleiweisses angepriesen, ist natürlich wie alle resorbirbaren Bleiverbindungen giftig. Besteht aus Bleisulfat.

Damenpulver von J. Pohlmann in Wien. Ein Schminkpulver aus 14 Th. Bleiweiss, 7 Th. Talkstein, 1 Th. Magnesia, mit etwas Karmin gefärbt und mit flüchtigen Oelen parfümirt. 0,5 Mk. (Hager, Analyt.)

Eugénie's Favorite von M'lles T. et L. Jouvin in Paris. Farblose Flüssigkeit mit 28 Proc. Bleikarbonat. (Chandler, Analyt.)

Hair-Restorative, Singer's New-York. Trübe, Bleikarbonat haltige Flüssigkeit mit mehr als 3 Proc. Bleigehalt. (Chandler, Analyt.)

Kallomyrin, kaiserl. königl. ausschliessl. privileg. Haarfärbe-Kraftpomade zur Wiederherstellung und Erhaltung der natürlichen Haarfarbe von Dr. Ernst Kikisch und Karl Russ in Wien. 520 Th. eines Gemisches aus Schweinefett und Kokosöl, 60 Th. Stearin, 180 Th. Glycerin, 12 Th. Perubalsam und Storax, 16 Th. Schwefel, 20 Th. Bleiweiss, 1 Th. Eisenocher, 3 Th. in Glycerin löslicher scharfer Substanz (wahrscheinlich aus Spanischen Fliegen). (50 g = 4 Mk.) (Hager, Analyt.)

Lait de perles, ein Cosmeticum, besteht aus 120 g etwas Schleim haltendem Regenwasser und 15 g Bleiweiss. (Dragendorf, Analyt.)

Schminkwasser von J. Pohlmann in Wien, enthält auf 8 Th. eines aromatischen Wassers 1 Th. Bleiweiss. (Hager, Analyt.)

Schönheitswasser, Russisches, von Frau Schmarl in München. Mit 6 Proc. schwerspathaltigem Bleiweiss vermengtes und mit Benzoë versetztes Rosenwasser. (125 g = 0,7 Mk.) (Wittstein, Analyt.)

Snow-White Enamel for Whitening and Beautifying the Complexion von Phalon u. Sons in New-York. Eine farblose Flüssigkeit mit 37,5 Proc. Bleikarbonat. (Chandler, Analyt.)

Snow-White Oriental Cream, for Whitening and Beautifying the Complexion von Phalon u. Sons in New-York. Eine farblose Flüssigkeit mit 50 Proc. Bleikarbonat. (Chandler, Analyt.)

Plumbum chloratum.

I. † Plumbum chloratum. Plumbum muriaticum. Bleichlorid. Chlorblei. Plumbi Chloridum. Lead Chloride. Chlorure de plomb. $PbCl_2$. Mol. Gew. = 278.

Darstellung. Man verdünnt Bleiessig mit der fünffachen Menge kaltem destillirtem Wasser und fügt unter Umrühren so lange in kleinen Antheilen verdünnte Salzsäure hinzu, als diese noch einen Niederschlag hervorbringt. Ein allzugrosser Ueberschuss von Salzsäure ist zu vermeiden. Der Niederschlag wird nach einigen Stunden gesammelt, mit möglichst wenig eiskaltem Wasser gewaschen, dann an einem lauwarmen Orte, vor Schwefelwasserstoff geschützt, getrocknet.

Die als Anstrichfarben in den Handel gebrachten basischen Bleichloride: Kasseler Gelb, Mineralgelb, Turner's Gelb, Veroneser Gelb, Pariser Gelb, Patent-Yellow etc. dürfen therapeutisch natürlich nicht verwendet werden.

Eigenschaften. Farbloses, krystallinisches Pulver oder farblose, glänzende Krystalle, spec. schwer (D = 5,8), von süsslich-zusammenziehendem, metallischem Geschmack, löslich in 140 Th. kaltem oder 30 Th. siedendem Wasser, unlöslich in absolutem Alkohol. Schmilzt gegen 500° C. und erstarrt beim Erkalten zu einer hornartigen Masse (Hornblei).

Prüfung. Das Bleichlorid muss in heissem Wasser völlig löslich sein und mit Ammoniakflüssigkeit macerirt ein Filtrat geben, welches beim Verdampfen und Erhitzen keinen feuerbeständigen Rückstand liefert.

Aufbewahrung. Vorsichtig, vor Schwefelwasserstoff geschützt. ***Anwendung.*** Die therapeutische Verwendung kann als aufgegeben angesehen werden. Gegenwärtig wird es nur noch als Zusatz (2—5 Proc.) zu Silbernitrat verwendet, um harte Höllensteinstifte darzustellen. S. Bd. I, S. 377.

Albion (Pariser Fabrikat). Soll die Haut frei von Runzeln und weiss erhalten. Eine weisstrübe Flüssigkeit, aus einem aromatischen Wasser bestehend, welches Chlorblei und häufig auch Calomel suspendirt enthält. (Landerer, Analyt.)

Eau de Cythère, ein Haarfärbemittel. Eine Lösung von 4 Th. Chlorblei und 8 Th. Natriumthiosulfat in 88 Th. destillirtem Wasser. (250 g = 8 Mk.) (Hager, Analyt.)

II. † Plumbum bromatum. Bleibromid, Bromblei. $PbBr_2$. Mol. Gew. = 367. Dargestellt durch Mischung von Lösungen des Bleiacetats und Natriumbromids, eintägiges Beiseitestellen etc., ist dem Bleichlorid sehr ähnlich. Es hat früher einmal eine innerliche Anwendung durch Van den Corput gefunden. Gabe 0,02—0,04—0,06.

Plumbum jodatum.

† Plumbum jodatum (Ergänzb. Helv.). **Jodure de plomb** (Gall.). **Plumbi Jodidum** (Brit. U-St.). **Plumbum hydrojodicum. PbJ_2. Mol. Gew. = 461.**

Darstellung. 8 Th. Kaliumjodid werden in 5 Th. Wasser in der Siedehitze gelöst. Diese Lösung wird mit einer Lösung von 8 Th. Bleinitrat in 40 Th. siedendem Wasser unter Umrühren versetzt. Der Niederschlag wird nach dem Erkalten gesammelt, mit kaltem Wasser ausgewaschen und zwischen Filtrirpapier an einem lauwarmen Orte getrocknet (Helv.).

Ein spec. leichteres Präparat wird nach Gall. erhalten, indem man 100 Th. Bleinitrat in 1500 Th. kaltem Wasser löst, mit einer Lösung von 100 Th. Kaliumjodid in 500 Th. Wasser fällt und den entstandenen Niederschlag auswäscht und trocknet.

Eigenschaften. Gelbes, spec. schweres, krystallinisches, geruch- und geschmackloses, neutrales Pulver. Erhitzt schmilzt es zu einer braunen Flüssigkeit, entwickelt dann

Joddämpfe und hinterlässt citronengelbes Bleioxyjodid. Löslich in 1300 Th. kaltem Wasser oder in 200 Th. siedendem Wasser. Letztere Lösung ist farblos und scheidet beim Erkalten das Bleijodid in glänzenden, goldgelben, sechsseitigen Blättchen ab. Nur wenig löslich in Alkohol und in Aether, sowie in verdünnter Kaliumjodidlösung, leicht löslich in konc. Kaliumjodidlösung und in ätzenden Laugen. Auch löslich in Lösungen der Alkaliacetate, des Ammoniumchlorids und Natriumthiosulfats.

Prüfung. Man mischt 1 Th. Bleijodid mit 2 Th. Ammoniumchlorid durch Reiben in einem porcellanenen Mörser und setzt dann 2 Th. Wasser hinzu. Es muss alsbald Entfärbung eintreten, im andern Falle enthält es möglicher Weise Bleichromat. Wird diese Lösung mit 50 Th. Wasser verdünnt und alsdann mit Schwefelwasserstoff gesättigt, so darf das Filtrat nach dem Abdampfen und gelinden Glühen einen Rückstand nicht hinterlassen.

Aufbewahrung. Vorsichtig, vor Tageslicht geschützt.

Anwendung. Bleijodid wurde früher innerlich in Gaben von 0,1—0,3 g drei- bis viermal täglich gegen Skropheln, Phthisis und Syphilis angewendet. Diese Anwendung kann als aufgegeben angesehen werden. Höchstgaben: 0,5 g *pro dosi*, 1,0 g *pro die* (Ergänzb.). Zur Zeit ist es wesentlich als mildes Jodpräparat im Gebrauche.

Emplastrum Conii cum Plumbo jodato RICORD.

Rp. Emplastri Conii 18,0
Plumbi jodati 2,0.

Bei Bubonen, chronischer Orchitis, skrophulösen Anschwellungen.

Emplastrum Plumbi Jodidi (Brit.).

Rp. Plumbi jodati 50,0
Emplastri Plumbi compositi 400,0
Colophonii 50,0.

Gelatina Plumbi jodati UNNA.

Rp. Gelatinae albae 5,0
Aquae destillatae 60,0
Glycerini 25,0
Plumbi jodati 10,0.

Pilulae Plumbi bromati VAN DEN CORPUT.

Rp. Extracti Belladonnae
Plumbi bromati āā 0,5
Lupulini 1,0
Sirupi Sacchari q. s.

Fiant pilulae No. 20. Gegen schmerzhafte Erektionen bei Harnröhrenentzündung.

Pilulae Plumbi jodati COTTEREAU.

Rp. Plumbi jodati 5,0
Conservae Rosae q. s.

Fiant pilulae No. 100. Täglich 2—3mal zwei Pillen bei Syphilis, Skropheln.

Unguentum discutiens DUVAL.

Rp. Plumbi jodati
Extracti Conii
Camphorae āā 5,0
Adipis suilli 40,0.

Zum Einreiben auf skrophulöse Anschwellungen.

Unguentum Plumbi jodati (Helv.). **Unguentum Plumbi Jodidi** (Brit. U-St.). **Pommade d'jodure de plomb** (Gall.).

Unguentum chrysochromicum.

I. Münch. Ap.-V., Helv.

Rp. Plumbi jodati 10,0
Adipis suilli 90,0.

II. Gall., U-St.

Rp. Plumbi jodati 10,0
Adipis benzoati 90,0.

III. Brit.

Rp. Plumbi jodati 10,0
Vaselini flavi 90,0.

Bleijodidpflastermull nach UNNA. Wird hergestellt unter Verwendung folgender Salbe: Plumbi jodati 5,0, Terebinthinae Venetae 5,0, Olei Amygdalarum 5,0, Emplastri Plumbi simplicis 15,0.

Plumbum nitricum.

† Plumbum nitricum (Helv.). **Plumbi Nitras** (U.-St.). **Azotate de plomb** (Gall.). **Bleinitrat. Salpetersaures Blei. Blei-Salpeter.** $Pb(NO_3)_2$. **Mol. Gew. = 331.**

Darstellung. Man verdünnt in einem Kolben 100 Th. Salpetersäure (von 25 Proc.) mit 100 Th. Wasser und trägt in die erwärmte Mischung in kleinen Antheilen 40 Th. präparirte Bleiglätte ein. Wenn diese bis auf einen kleinen Rest gelöst ist, filtrirt man heiss, setzt dem Filtrat etwas Salpetersäure zu und lässt in der Kälte krystallisiren. Die Mutterlauge giebt beim Einengen weitere Mengen Krystalle. Die Krystalle werden nach dem Abtropfen zwischen Fliesspapier getrocknet.

Eigenschaften. Grosse, farblose oder opaque, luftbeständige, wasserfreie Krystalle vom spec. Gewicht 4,5, löslich in 2 Th. kaltem oder 0,75 Th. siedendem Wasser, unlöslich in absolutem Alkohol. Beim Erhitzen decrepitirt es, dann schmilzt es und zersetzt sich schliesslich unter Entweichen von Stickstoffoxyden und Hinterlassung von Bleioxyd. Eine koncentrirte Lösung von Bleinitrat löst beim Erwärmen beträchtliche Mengen Bleioxyd oder Bleihydroxyd auf unter Bildung basischer Bleinitrate. Die wässerige Lösung des Bleinitrats reagirt sauer.

Prüfung. Eine Lösung von 0,5 g Bleinitrat in 50 ccm Wasser wird mit wenigen Tropfen Salzsäure versetzt, mit Schwefelwasserstoff vollständig ausgefällt und filtrirt. Das Filtrat wird in zwei Hälften getheilt. Die eine Hälfte soll mit Ammoniak und Ammoniumsulfid versetzt weder eine weisse noch eine dunkle Fällung (Zink, Eisen) geben. Die andere Hälfte wird zur Trockne verdampft und zum Glühen erhitzt. Sie darf nach dem Glühen keinen wägbaren Rückstand hinterlassen (Salze der Erden und der Alkalien). — Ob Kupfer oder Eisen als Verunreinigung zugegen sind, ermittelt man in der mit Salzsäure schwach angesäuerten wässerigen Lösung durch Zugabe von Kaliumferrocyanid.

Aufbewahrung. Vorsichtig. ***Anwendung.*** Therapeutisch nur sehr selten und dann unter den gleichen Indikationen und in den gleichen Mengen wie *Plumbum aceticum*. In grossen Mengen zur Herstellung anderer Bleisalze und als Bestandtheil von Massen für Streichzündhölzer.

† Plumbum nitricum fusum. Bleinitrat wird in einem Schälchen oder Kasserol aus Porcellan bei möglichst gelinder Hitze geschmolzen und dann in Metallformen gegossen, welche mit etwas Talg ausgerieben sind. In Ermangelung von Metallformen kann man zum Ausgiessen auch Glasröhren benutzen.

Eau de Fée, Haar-Naturalisir-Präparat des Chemikers Lattke in Kiel, als eine vegetabilische unschädliche Zusammensetzung empfohlen, ist der Hauptsache nach eine starke Auflösung von salpetersaurem Bleioxyd. — Vergl. auch Eau des Fées. (Himly, Analyt.)

Haarbalsam von A. Marquart in Leipzig ist eine Mischung aus 83 g Wasser mit Eau de Cologne parfümirt, 12 g Glycerin, 4,25 g Schwefelmilch, 1,2 g Bleinitrat. 2 Mk. (Hager, Analyt.)

Liqueur desinfectante de Raphanel et Ledoyen besteht aus einer Lösung von Bleinitrat.

Winterlandschaften im Glase. Man giebt in ein geeignetes kleines Glas eine etwa 5 cm hohe Schicht einer 25proc. Bleinitratlösung, fügt bohnengrosse Stücke sublimirten Salmiaks hinzu, so dass der Boden des Glases von diesem bedeckt wird, und stellt 24 Stunden zur Seite.

Böhme's, Robert, Haarbalsam. Parfümirte, 1,5—2,0proc. Auflösung von Bleinitrat mit präcipitirtem Schwefel. B. Fischer.

Tinte, weisse, zum Schreiben auf schwarze Tafeln. Kalii carbonici 15,0, Aquae 55,0 löst man in einer Reibschale und fügt unter Reiben Plumbi nitrici 30,0 hinzu.

Plumbum oxydatum.

I. Plumbum oxydatum (Austr. Helv.). **Lithargyrum** (Germ.). **Plumbi Oxydum** (Brit. U-St.). **Oxyde de plomb fondu** (Gall.). **Oxydum plumbicum. Bleioxyd. Bleiglätte. Silberglätte. PbO. Mol. Gew. = 223.**

Handelssorten. Von den im Handel befindlichen Sorten eignet sich zum pharmazeutischen Gebrauche nur die sogenannte „Englische, präparirte Bleiglätte“, welche durch Oxydation von geschmolzenem Blei in einem Luftstrome und Mahlen und Schlämmen des erhaltenen Bleioxyds gewonnen wird. Sie wird nicht etwa ausschliesslich in England, sondern überall da dargestellt, wo Blei auf Bleiglätte verarbeitet wird.

Silberglätte = das durch rasches Abkühlen erhaltene gelbe Bleioxyd. Goldglätte = ein durch langsames Abkühlen erhaltenes röthliches Bleioxyd. Massicot = ein durch vorsichtiges Erhitzen von Bleikarbonat oder Bleinitrat erhaltenes Bleioxyd, als gelbe Malerfarbe verwendet, auch als „Neugelb“ oder „Bleigelb“ bekannt. Lithargyrum Anglicum praeparatum die in der Pharmacie verwendete Bleiglätte.

Eigenschaften. Die officinelle Bleiglätte ist ein gelbes oder röthlichgelbes, schweres krystallinisches Pulver von 9,25—9,50 spec. Gewicht, welches auf Kohle vor dem Löthrohre Metallkugeln ausgiebt, die sich unter dem Hammer abplatten lassen, welches ferner in verdünnter Salpetersäure völlig löslich ist und damit eine farblose Lösung giebt, die durch Schwefelwasserstoff schwarz gefällt wird, oder auf Zusatz von verdünnter Schwefelsäure einen weissen, in Wasser unlöslichen, in einem Ueberschusse verdünnter Aetzkalilauge aber leicht und farblos löslichen Niederschlag fallen lässt. — Beim Erhitzen wird die Bleiglätte dunkelroth, sie nimmt aber während des Erkaltens ihre ursprüngliche Färbung wieder an. In Wasser ist sie nicht ganz unlöslich, sie ertheilt demselben alkalische Reaktion und löst sich nach JORKE in 12000 Th. Wasser, wahrscheinlich unter Bildung von Bleihydroxyd $Pb(OH)_2$.

Bleioxyd ist eine verhältnissmässig starke Base; es absorbirt, namentlich in feuchtem Zustande, Kohlensäure aus der Luft, bildet mit Säuren Salze und verseift bei Gegenwart von Wasser die Glycerinfette bez. Oele unter Bildung von fettsauren Bleisalzen (Pflastern). — Am leichtesten löst sich die Bleiglätte in Salpetersäure, Essigsäure, auch in Kalilauge.

Prüfung. Diese richtet sich gegen einen zu hohen Gehalt an basischem Bleikarbonat, Verbindungen des Kupfers, Eisens, an metallischem Blei und Bleisuperoxyd.

1) 5 g Bleiglätte dürfen durch Erhitzen in einem Porcellantiegel durch Glühen bis zum Schmelzen nicht mehr als 0,1 g an Gewicht verlieren. Theoretisch würde ein solcher Verlust in der Annahme, dass Kohlensäure und Wasser im gleichen Verhältnisse wie beim Bleiweiss zugegen sind, einen Gehalt von 14,6 Proc. basischem Bleikarbonat von der Zusammensetzung des Bleiweisses berechnen lassen. Erfahrungsmässig aber entspricht ein solcher Glühverlust nur einem Gehalt von 10 Proc. basischem Bleikarbonat, weil ein Teil des Glühverlustes durch entweichendes hygroskopisches Wasser (d. h. nur mechanisch anhaftendes Wasser) bedingt wird. — **2)** In ein Probirrohr giebt man 1 g der Bleiglätte und übergiesst und mischt allmählich mit 5 ccm Salpetersäure von 1,153 spec. Gewicht und dann mit 3 ccm Wasser. Ein allmählicher Zusatz der Salpetersäure ist deshalb nothwendig, damit eine plötzliche Kohlensäureentwickelung bez. ein Uebersteigen der Flüssigkeit verhindert wird. Unter Erhitzen bis zum Aufkochen muss eine farblose, nur unbedeutend trübe Lösung erfolgen. Die Durchsichtigkeit der Flüssigkeitssäule darf nicht aufgehoben sein, auch dürfen keine spec. schweren Partikel in der umgeschüttelten Flüssigkeit sichtbar werden. Diese Lösung versetzt man mit 5 ccm verdünnter Schwefelsäure und filtrirt nach einiger Zeit ($^1/_2$—1 Stunde) den entstandenen Niederschlag ab. Das Filtrat wird mit etwas mehr als dem gleichen Volumen Ammoniakflüssigkeit versetzt: die Flüssigkeit darf höchstens ganz schwach bläulich erscheinen (ist sie deutlich blau, so ist der Kupfergehalt zu gross) und höchstens Spuren eines rothgelben Niederschlages von Ferrihydroxyd absetzen. — **3)** 5 g der präparirten Bleiglätte werden in einem Glaskolben, welcher circa 100 ccm fasst, mit 5 g oder ccm Wasser durchschüttelt und dann mit 20 g Essigsäure (von 30 Proc.), aber nur nach und nach, versetzt. Unter Selbsterwärmung und unter Aufbrausen infolge entweichender Kohlensäure erfolgt die Auflösung, welche man unter Schütteln und Erhitzen bis zum Aufkochen vollendet. Nun wird durch ein getrocknetes und dann gewogenes, zuvor genässtes Filter gegossen, das Filter mit Wasser völlig ausgewaschen, schliesslich getrocknet und gewogen. Sein Mehrgewicht einschliesslich seines Inhaltes soll nicht über 0,075 g hinausgehen; es sollen also nur 1,5 Proc. der Bleiglätte in Essigsäure unlöslich sein. Der unlösliche Antheil kann bestehen aus: Bleimetall, fremden Metalloxyden (Eisenoxyd), auch Bleisulfat, Bleisuperoxyd, Sand etc.

Aufbewahrung. Die Bleiglätte muss in gut verstopften oder dicht geschlossenen Gefässen, vor feuchter kohlensäurehaltiger Luft geschützt, vorsichtig aufbewahrt werden.

Bei mangelhafter Aufbewahrung zieht sie Kohlensäure aus der Luft in erheblichen Mengen an und verursacht alsdann Schwierigkeit beim Pflasterkochen und bei Darstellung des Bleiessigs.

Anwendung. Innerlich wird Bleiglätte gar nicht, äusserlich höchst selten, z. B. zu Salben und zu austrocknenden Streupulvern benutzt. Sie dient zur Herstellung von Bleipräparaten, Pflastern, Bleiessig, in der Technik zur Herstellung von Kitten und zur Fabrikation des Glases.

† Plumbum hydroxydatum. Bleihydroxyd. $Pb(OH)_2$. Mol. Gew. = 241. Zur Darstellung fällt man eine 10proc. Bleinitratlösung vorsichtig, mit einer etwa 5proc. Natronlauge, bis eine Probe ein deutlich alkalisch reagirendes Filtrat liefert. Ein grösserer Ueberschuss von Aetzkali ist zu vermeiden, da hierdurch Blei in Lösung übergehen würde. Man wäscht den Niederschlag aus, bis sich im Filtrat Salpetersäure nicht mehr nachweisen lässt, presst ihn ab und trocknet ihn bei 30—40° C.

Ein weisses Pulver, welches von Essigsäure und verdünnter Salpetersäure klar gelöst wird, ohne erhebliche Mengen von Kohlensäure zu entwickeln.

Anwendung. Vorzugsweise zur Darstellung chemischer Präparate, z. B. des krystallisirten Bleisubacetats.

Kitte. Mastic Serbat. Eine derbteigige Mischung aus 10 Th. Bleiglätte, 10 Th. Braunstein, 1 Th. Graphit und der genügenden Menge Leinölfirniss.

Kitt und Füllmittel für Stein. 1) Feiner Sand 100 Th., Bleiglätte 20 Th., Aetzkalkpulver 20 Th., Wasserglas so viel als nöthig zur Darstellung einer plastischen Masse. Muss alsbald verbraucht werden. — 2) Feiner Sand 100 Th., Bleiglätte 20 Th., Aetzkalkpulver 5 Th. werden mit Leinöl zur Masse gemacht.

Kitt für eiserne Apparate, Dampfkessel, Bassins. Feiner Sand 100 Th., Portlandcement 200 Th., Bleiglätte 25 Th., Glaspulver 5 Th., Leinölfirniss die genügende Menge.

Kitt für Metall. Gleiche Theile Bleisulfat, Bleiglätte, Zinkoxyd, Braunstein, Colcothar Vitrioli werden mit Leinölfirniss gemischt.

Pollack'scher Kitt für Stein und Eisen. Ein Gemisch aus Glycerin und Bleiglätte. Es muss frisch dargestellt in Anwendung kommen.

Steinkitt. Ein Gemisch aus 12 Th. Infusorienerde, 10 Th. Bleiglätte, 5 Th. Kalkerdehydrat und der genügenden Menge Leinölfirniss.

Schreibstifte für Glas. 20,0 Stearinsäure, 15,0 Rindertalg und 10,0 gelbes Wachs werden bei gelinder Wärme geschmolzen, dann mit einem fein zerriebenen Gemisch aus 30,0 Mennige und 5 Th. trocknem Kaliumkarbonat versetzt, unter wiederholtem Umrühren eine Stunde an einem warmen Orte stehen gelassen und endlich in Glasröhren oder in Schilfrohr ausgegossen.

Ceratum fuscum (Austr.).

Rp.		
	1. Emplastri Plumbi simplicis	250,0
	2. Cerae flavae	100,0
	3. Adipis suilli	150,0.

Man kocht 1, bis es schwarzbraun ist, und fügt 2 und 3 hinzu.

Germ. III.

Rp.		
	Emplastri Plumbi simplicis	100,0
	Cerae flavae	10,0
	Resinae Dammar	
	Colophonii ää	10,0
	Terebinthinae	1,0.

Germ. IV.

Rp.		
	1. Emplastri Plumbi simplicis ab aqua liberati	40,0
	2. Paraffini solidi	
	3. Paraffini liquidi ää	2,5
	4. Colophonii	35,0
	5. Resinae Dammar	10,0
	6. Kautschuk	10,0
	7. Benzini Petrolei	75,0.

Man schmilzt 1—3, fügt zunächst die geschmolzene Mischung von 4 und 5, schliesslich die Lösung von 6 in 7 hinzu und verjagt das Benzin durch Erhitzen im Wasserbade unter Umrühren. Feuergefährlich!

Ceratum glutinans galeros.

Perücken-Klebwachs.

Rp.		
	Emplastri adhaesivi	
	Emplastri Plumbi simplicis	
	Cerati Resinae Pini ää	20,0
	Amyli Tritici	5,0.

Collodium saturninum.

Collodium diachylatum (Münch. V.).

Rp.		
	1. Emplastri Plumbi simplicis	10,0
	2. Spiritus (90 Proc.)	10,0
	3. Aetheris	20,0
	4. Collodii	60,0.

Man digerirt 1 mit 2 und 3 während 6 Stunden, lässt absetzen, giesst ab und giebt 4 zu. Trübe Flüssigkeit.

Emplastrum adhaesivum.

Austr.

Emplastrum Diachylon linteo extensum (Sparadrap).

Rp.		
	1. Emplastri Lithargyri (Germ.)	250,0
	2. Cerae flavae	
	3. Resinae Dammar	
	4. Colophonii ää	25,0
	5. Terebinthinae Venetae	2,5.

Nachdem 1 durch Erhitzen wasserfrei gemacht worden ist, setzt man die geschmolzene und kolirte Mischung von 2—5 zu.

Helv. Emplastrum adhaesivum.

Rp,		
	Emplastri Plumbi simpl.	80,0
	Elemi	
	Cerae flavae	
	Colophonii	
	Terebinthinae ää	5,0.

Brit. U-St. Emplastrum Resinae.

Adhesive plaster.

		Brit.	U-St.
Rp.	Colophonii	100,0	140,0
	Emplastri Plumbi simplicis	800,0	800,0
	Saponis oleacei pulv.	50,0	60,0.

Durch Schmelzen zu einem Pflaster zu vereinigen.

Emplastrum adhaesivum Wirceburgicum.
Würzburger Heftpflaster.

Rp. Emplastri Plumbi simplicis 50,0
Resinae Pini 25,0
Terebinthinae 10,0
Liquatis immisce
Boli Armenae praeparatae
Lapidis Haematitae praeparati ää 5,0.

Emplastrum adhaesivum Bavaricum.
Emplastrum Leodiense. Emplastrum domus misericordiae. Bayerisches oder Lütticher Heftpflaster.

Rp. 1. Minii 350,0
2. Sebi ovilis 55,0
3. Olei Olivae 430,0
4. Cerae flavae 40,0
5. Resinae Pini colatae 55,0
6. Terebinthinae laricinae 115,0.
Man kocht 1 mit 2 und 3 zum dunklen Pflaster (s. S. 684) und fügt 4—6 zu.

Emplastrum aromaticum (Nat. form.).
Aromatic Plaster. Spice Plaster.

Rp. 1. Emplastri Plumbi simplicis 25,0
2. Olei Gossypii 35,0
3. Caryophyllorum pulv.
4. Corticis Cinnamomi pulv.
5. Rhizomatis Zingiberis pulv. ää 10,0
6. Fructus Capsici pulv.
7. Camphorae ää 5,0.
Man schmilzt 1 mit 2 und rührt 3—7 als höchst feine Pulver darunter.

Emplâtre diapalme (Gall.).
Emplastrum diapalma.

Rp. 1. Emplastri Plumbi simplicis 800,0
2. Cerae albae 50,0
3. Zinci sulfurici cryst. 25,0.
Man löst 3 in möglichst wenig Wasser, giebt die Lösung zu der geschmolzenen Mischung von 1 und 2 und erhitzt im Wasserbade, bis das Wasser verjagt ist.

Emplastrum durum.
Hartpflaster.

Rp. Emplastri Lithargyri 62,5
Lapidis Calaminaris 15,0
Plumbi acetici 7,5
Zinci oxydati
Lithargyri
Cerussae ää 5,0.

Emplastrum ad Fonticulos (Ergänzb.).
Fontanellpflaster.

Rp. Emplastri adhaesivi (Germ. III) 95,0
Olei Ricini 5,0.

Emplastrum fuscum (Ergänzb. Hamb. V.)
Braunes Pflaster. Büffelkopfpflaster.

Rp. Minii pulverati 30,0
Olei Olivae communis 60,0
Cerae flavae 15,0
Picis navalis 5,0.
Wie Emplastrum fuscum camphoratum zu bereiten, s. S. 684.

Emplastrum fuscum camphoratum (Nat. form.).
Camphorated Brown Plaster.
Emplastrum matris camphoratum.
Camphorated Mother Plaster.

Nach der Vorschrift der Germ. zu bereiten.

Emplastrum glutinativum Clinici chirurgici Berolinensis.

Rp. Emplastri Plumbi simplicis 60,0
Resinae Pini 10,0.

Emplastrum Lithargyri molle (Ergänzb.).
Weiches Mutterpflaster.

Rp. Emplastri Plumbi simplicis 3,0
Adipis benzoati 2,0
Sebi benzoati
Cerae flavae ää 1,0.

Emplastrum Matris Siebold.

Rp. Emplastri Plumbi simplicis 60,0
Cerae flavae
Sebi taurini ää 22,5.
Man kocht bis zum Dunkelwerden und giesst in Tafeln aus.

Emplastrum Matris album.
Emplastrum Lithargyri molle Pharmacopoeae Germanicae Weisses Mutterpflaster.

Rp. Emplastri Plumbi simplicis 45,0
Adipis suilli 30,0
Sebi taurini
Cerae flavae ää 15,0.
Nur durch Schmelzen zu bereiten und in Papierkapseln auszugiessen.

Emplastrum Minii rubrum (Ergänzb. Hamb. V.).
Rothes Mennigepflaster.

Rp. 1. Cerae flavae
2. Sebi benzoinati ää 100,0
3. Olei Olivae 40,0
4. Minii 100,0
5. Camphorae 3,0
6. Olei Olivae 60,0.
Zu der geschmolzenen Mischung von 1—3 mischt man die Anreibung von 4—6 hinzu.

Emplâtre de Minium camphré (Gall.).
Emplâtre de Nuremberg.

Rp. Emplastri Lithargyri 600,0
Cerae flavae 300,0
Olei Olivae 100,0
Minii 150,0
Camphorae 12,0.
Das Minium ist mit dem Olivenöl feinzureiben; das Pflaster ist nur durch Schmelzen darzustellen.

Emplastrum miraculosum Rademacher.
Emplastrum miraculosum Walther.

Rp. Emplastri fusci camphorati 190,0
Succini praeparati 3,0
Aluminis usti pulv. 1,0.

Emplastrum plumbicum Fouquet.
Fouquet'sches Pflaster.

Rp. Emplastri Plumbi simplicis
Lithargyri praeparati
Cerae flavae ää 20,0.
Nur durch Schmelzen zu bereiten.

Emplastrum stomachicum Klepperbein.
Klepperbein'sches Magen- und Nervenstärkendes Pflaster.

Rp. Emplastri Plumbi simplicis 450,0
Cerae flavae 80,0
Resinae Pini 40,0
Terebinthinae communis 20,0
Camphorae tritae 5,0
Olei Petrae Italici 8,0
Olei Absinthii
Olei Calami
Olei Lavandulae
Olei Menthae piperitae ää 1,0
Olei Aurantii corticis
Olei Caryophyllorum
Olei Rosmarini ää 2,0.
Dünn auf Leinen gestrichen auf die Magengegend zu legen bei Magenkrampf, Verdauungsbeschwerden, Windkolik etc.

Gelatina Lithargyri UNNA.

Rp. Gelatinae albae 5,0
Aquae destillatae 65,0
Glycerini 20,0
Lithargyri 10,0.

Pasta Lithargyri cum Amylo UNNA.

Rp. 1. Lithargyri 6,0
2. Aceti crudi 18,0
3. Amyli Tritici 5,0
4. Aquae 15,0
5. Glycerini 20,0.

Man löst 1 in 2 und dampft zum Brei ein; diesem setzt man die Anreibung von 3—5 zu und erhitzt aufs neue, bis 40 Th. einer Pasta entstanden sind.

Plumbum causticum solutum.

Rp. Lithargyri 5,0
Liquoris Kali caustici (sp. Gew. 1,33) 7,0.

Unter Erwärmen zu lösen. Zum Aetzen von Condylomen.

Plumbum causticum in bacillis.

Rp. Kali caustici fusi 80,0
Lithargyri 20,0.

Im Silbertiegel zu schmelzen und in Formen zu giessen.

Pulvis inspersorius diachylatus (Hamb. V.).

Wundstreupulver.

Rp. Acidi borici pulv. 3,0
Plumbi stearinici 9,0
Amyli Oryzae 88,0.

Sparadrap diapalme (Gall.).

Rp. Emplastri diapalma (Gall.). 1200,0
Olei Olivae
Cerae albae ää 100,0
Terebinthinae Venetae 200,0.

Unguentum anteczematicum UNNA.

Rp. 1. Lithargyri 25,0
2. Aceti 75,0
3. Olei Olivae 25,0
4. Adipis benzoati 25,0.

Man kocht 1 mit 2 bis zum Gewicht von 50,0 und mischt 3 und 4 darunter.

Unguentum commune OHLEI.

Rp. Adipis suilli 24,0
Sebi ovilis 9,0
Cerae flavae 9,0
Emplastri Plumbi simplicis 29,0.

Unguentum diachylon album Berolinense.

Rp. Emplastri Lithargyri simplicis (glycerinfrei) 10,0
Unguenti Paraffini 5,0
Paraffini liquidi 5,0
Aquae destillatae 1,0.

Unguentum diachylon carbolisatum LASSAR (Ergänzb.).

LASSAR'sche Bleisalbe.

Rp. Emplastri Plumbi simplicis
Vaselini flavi ää 50,0
Acidi carbolici 2,0.

Unguentum diachylon carbolisatum (Form. Berol.).

Rp. Acidi carbolici liquefacti 1,0
Unguenti diachylon q. s. ad 50,0.

Unguentum Diachylon vaselinatum (Ergänzb.).

Vaselinhaltige Bleipflastersalbe.

Rp. Emplastri Plumbi simplicis
Vaselini flavi ää.

Unguentum fuscum (Nat. form.).

Brown Ointment. Unguentum matris. Mother's Salve.

Rp. Emplastri fusci camphorati 50,0
Olei Olivae
Adipis suilli ää 25,0.

Benediktiner Heilpflaster von HAUBER. 35 g eines dunkelbraunen, durch Kochen von 1 Th. Bleiglätte mit 2 Th. Olivenöl bis zum Schwarzbraunwerden, Zusatz von 4 Th. gelbem Wachs, kurze Zeit fortgesetztes Erhitzen und Ausgiessen bereiteten Pflasters. (WITTSTEIN, Analyt.)

BOXBERGER's Hühneraugenpflaster. Emplastri Plumbi 100,0, Cerae flavae 10,0, Minii 20,0, Opii pulverati 2,0.

Diachylon-Wundpulver. Man fällt eine Lösung von 2 Th. Bleiacetat mit einer anderen von 3 Th. Oelseife in 15 Th. Wasser. Der Niederschlag wird ausgewaschen und abgepresst. 10 Th. des Niederschlages werden mit 100 Th. Stärkepulver und 3 Th. Borsäure gemischt. Man parfümirt beliebig, z. B. mit Tuberose.

DICK's Wundsalbe ist = Emplastrum fuscum camphoratum.

Emplastrum Fodicatorium Paracelsi von J. CH. NEUBECK zu Rohrbach (Schwarzburg-Rudolstadt). Eine längliche Holzschachtel enthält 20 g einer Mischung von ungefähr 8 Th. Emplastrum fuscum camphoratum, 6 Th. Ceratum Resinae Pini, 3 Th. Terpentin und 3 Th. Baumöl. (HAGER, Analyt.)

Hauspflaster des Pastor CHRIST wird durch eine Mischung von 50 Th. Emplastrum fuscum camphoratum mit 1 Th. Perubalsam ersetzt. (HAGER, Analyt.)

Hauspflaster nach Prof. HEBRA. Emplastri fusci 300,0, Balsami Peruviani, Camphorae, Olei Olivae ää 10,0 (Wiener Specialität).

Heil-Wundpflaster von GEORG KRAETZ, Scharfrichtereibesitzer in Zeitz. Es besteht aus Pix nigra, Resina Pini und Empl. fuscum. (HAGER, Analyt.)

Heil- und Wundpflaster von MICHAEL LAUER in Nürnberg, jetzt verfertigt von THEKLA BRENNER in Erfurt. Gegen Cholera, Zahnschmerzen, Stein, bösartige Geschwüre, entzündete Brüste, Kopfschmerzen etc. Ein hellchokoladenbraunes, ziemlich weiches Pflaster aus Mennige, Baumöl, Kampher und Wachs oder Talg. Eine ovale Holzschachtel mit 15 g = 0,25 Mk. (HAGER, Analyt.)

Heil- und Wundpflaster von MOHRENTHAL ist Emplastrum fuscum camphoratum.

Heil- und Wundpflaster von WALTHER ist dem Emplastrum fuscum camphoratum ähnlich.

Heil- und Zugpflaster, GLOECKNER'sches, von MATHILDE RINGELHARDT, geb. GLOECKNER, in Leipzig. Gegen Knochenfrass, Krebsschäden, Karbunkel, Flechten, Salzfluss, Hämorrhoidalknoten, erfrorene, verbrannte Glieder, Frostballen, Hühneraugen, sowie alle syphilitischen, offenen, aufzugehenden, zu zertheilenden Leiden, Gelenkrheumatismus, Gicht, Podagra. Eine durch Schmelzung erzeugte Mischung aus 65 Th. Emplastrum fuscum und 35 Th. Baumöl. Eine ovale Holzschachtel mit 18 g = 0,25 Mk. (HAGER, Analyt.)

Heil- und Zugpflaster von LAMPERT. Eine Schachtel mit 38 g eines hellbraunen Pflasters, dargestellt durch Erhitzen von 5 Th. einfachem Bleipflaster, 3 Th. gelbem Wachs und 1 Th. Talg bis zum Braunwerden, Zusatz von 1 Th. Terpentin und Ausgiessen. (WITTSTEIN, Analyt.)

Hühneraugenpflaster HEBRA's ist einfaches Bleipflaster. (GSCHEIDLEN.)

Indian-Pflaster von Apotheker SCHRADER in Feuerbach, gegen Flechten etc. Ist ein mit etwas Perubalsam versetztes Mutterpflaster.

Lithanode. Wird zur Herstellung von Akkumulatoren gebraucht und ist ein in Tafeln gepresstes Gemisch von Bleisuperoxyd und Ammoniumsulfat.

Papier de Madame POUPIER ist ein dem Papier FAYARD-BLAYN ähnliches Sparadrap.

Papier de WLINSKY ist ein dem vorhergehenden ähnliches Sparadrap.

Rosenbalsam von RUDOLPH GOHL in Berlin, gegen schlimme Brust der Wöchnerinnen, sowie bei allen offenen Wunden und Geschwüren (Furunkel, Karbunkel, Decubitus) ist ein schwarzes Mutterpflaster, nur mit etwas weniger Wachszusatz. 50 g = 0,50 Mk. (HAGER, Analyt.)

Rosenbalsam, Poitrinage de Rose, von JOH. WILHELM BECKER in Fredeburg (Westfalen), eine Art Universalsalbe gegen alle möglichen Leiden. 40 Th. Baumöl, je 20 Th. Schweinefett, ungesalzene Butter, Talg, Wachs und Bleiglätte werden bis zur braunen Farbe gekocht und mit 5 Th. Schwarzpech zusammengeschmolzen. 30 g = 0,75 Mk. (HAGER, Analyt.)

SCHAEFFER's **Haupt-, Wund-, Brand-, Frost- und Heilpflaster** ist Empl. fuscum camphoratum. Eine längliche Holzschachtel mit 8,0 des Pflasters = 0,25 Mk.

SCHOLINUS' Hexenschusspflaster. Ist auf Leinwand gestrichenesEmplastrum fuscum camphoratum. (B. FISCHER.)

Siccatif. Man kocht: Altes Leinöl 7 kg, Mennige 2 kg, Bleioxyd 2 kg, Bleiacetat 1 kg und verdünnt nach dem Erkalten mit Terpentinöl 14 kg.

Dr. SPRANGER's Heilsalbe. Eine Salbe aus Mutterpflaster, Harz und Wachs. (B. FISCHER.)

Universal-, Heil- und Flusspflaster, sogenanntes echtes **Hamburgerpflaster,** ist ein Gemisch von 40 Th. Empl. fuscum camphoratum mit 1 Th. feingepulvertem Bernstein. Es kommt in 7,5 cm langen Cylindern, im Gewichte von 15 g (= 0,25 Mk.) umwickelt mit einer Anpreisung seiner Wirkung in den Handel.

Wundersalbe von JOHANN TREITLER, Einsiedler am Spittelberge bei Glatz, in der Strafanstalt für Geistliche zu Rehden in Westpreussen bereitet, gegen 30 verschiedene Krankheiten empfohlen, besteht aus einer Mischung des bekannten braunen camphorhaltigen Nürnberger Pflasters mit Baumöl und Theer und hat viel Aehnlichkeit mit Schusterpech.

Unguentum diachylon Hebrae. Diese Salbe hat während der letzten 30 Jahre manche Wandlungen erlebt. HEBRA selbst hatte der Billigkeit wegen eine Mischung aus gleichen Theilen Bleipflaster und Leinöl vorgeschrieben. Da diese Salbe im Verlaufe der Darstellung übelriechend wurde, ersetzte man das Leinöl durch Olivenöl, und da die Mischung durch Austrocknen bröcklig wurde, bereitete man sie mit Vaseline und schrieb vor, sie nicht aus fertigem Bleipflaster zu bereiten, sondern aus Olivenöl und Bleiglätte ad hoc zu kochen. Infolge dieser Maassnahme blieb in der Salbe das vorher an die Fettsäuren gebundene Glycerin. Hierdurch erklären sich ohne weiteres die verschiedenen Vorschriften der Pharmakopöen:

Unguentum diachylon Hebrae, Original-Vorschrift. Rp. Emplastri Plumbi simplicis, Olei Lini ää. Die Mischung ist bis zum Erkalten zu rühren.

Austr. Unguentum Diachylon. Zu 100 Th. frisch bereitetem (!) Bleipflaster (Austr.) fügt man hinzu 70 Th. Olivenöl und 4,0 Th. Lavendelöl und rührt bis zum Erkalten.

Germ. Unguentum diachylon. Emplastri Plumbi simplicis, Olei Olivae ää. Man schmilzt im Wasserbade, rührt bis zum Erkalten und rührt nach einigen Stunden nochmals durch.

Helv. Unguentum Plumbi Hebrae. Man kocht Lithargyri 25,0 und Olei Olivae 75,0 unter Zusatz von Wasser, bis das Bleioxyd gelöst, erhitzt im Wasserbade bis das Wasser verdampft ist und behandelt mit 2 Th. Benzoë.

U-St. Unguentum diachylon. Emplastri Plumbi simplicis 50,0, Olei Olivae 49,0, Olei Lavandulae 1,0.

Die HEBRA'sche Salbe ist ein viel gebrauchtes Mittel bei Hyperhydrosis der Füsse, gegen nässende Ekzeme, Acne, Mentagra, Impetigo etc.

Emplastrum Plumbi. (Brit. Helv. U-St.) **Emplastrum Plumbi simplex. Emplastrum Lithargyri** (Germ.). **Emplastrum Diachylon simplex** (Austr.). **Emplâtre simple** (Gall.). **Emplastrum Lithargyri simplex. Bleipflaster. Diachylonpflaster, einfaches. Silberglättpflaster. Simplexpflaster. Weisses Diachelpflaster. Palmpflaster. Weisses Zugpflaster.** Besteht aus basischen und neutralen Bleisalzen der Fettsäure- und Oelsäurereihe und wird durch Verseifung von Olivenöl oder Gemischen von Olivenöl und Schweineschmalz mittels Bleioxyd dargestellt. Erfahrungsgemäss werden die besten Pflaster durch Mischungen verschiedener Fette erhalten, wie sie z. B. die Gall. und Germ. vorschreiben.

Darstellung. Steht ein Dampfapparat zur Verfügung, welcher Wasserdämpfe von 1—2 Atmosphären Spannung liefert, so bietet die Bereitung des Bleipflasters keinerlei Schwierigkeiten. Es besteht alsdann nicht die Gefahr, dass das Pflaster anbrennt; auf der andern Seite aber ist die Pflasterbildung auch bei grösseren Mengen innerhalb eines Tages sicher beendet. Kann man dagegen nur einen gewöhnlichen Dampfapparat benutzen, so ist die Bereitung des Pflasters eine mühsame Arbeit, die sich unter Umständen tagelang hinschleppen kann. — Das Kochen des Pflasters über freiem Feuer giebt ein ebenso schönes Präparat wie die Darstellung mit gespanntem Dampf, vorausgesetzt, dass man die erforderliche Uebung besitzt und die nothwendige Sorgfalt aufwendet. Man verfährt in diesem Falle wie folgt:

In einen blankgescheuerten kupfernen Kessel giebt man 10 kg Baumöl und 10 kg Schweinefett[1]), so dass davon nicht mehr als ungefähr der fünfte Theil des Rauminhaltes des Kessels ausgefüllt wird, setzt den Kessel auf einen Windofen und heizt mittels eines mässigen Kohlenfeuers. Sobald das Fett bis ungefähr 110° C. erhitzt ist, was man daran erkennt, dass hineingespritztes Wasser ein Prasseln erzeugt, nimmt man vom Feuer und setzt 10 kg vorher durch ein feines Sieb geschlagene (!) und hierauf mit 2 Liter heissem destillirten Wasser angeriebene Bleiglätte hinzu. Nachdem die geschmolzene Fettmasse, Bleiglätte und Wasser gut durcheinander gerührt sind, wird der Kessel wieder über das Feuer gesetzt und das Gemisch unter beständigem Umrühren mit einem hölzernen, an seinem unteren Ende glatten und breiten Spatel in's Kochen gebracht und darin unterhalten. Ein Ansetzen der schweren Bleiglätte an den Boden des Kessels hat man durch Umrühren sorgfältig zu verhüten (!). Nach Verlauf einer Viertelstunde setzt man nun von 5 zu 5 Minuten jedesmal ungefähr 30—40 ccm warmes destillirtes Wasser hinzu. Das Umrühren und Kochen wird ohne Unterbrechung fortgesetzt. Lässt sich nach dem Zusatz von Wasser ein starkes Poltern und Knacken hören, so ist dies auch ein Zeichen einer zu hohen Temperatur. Man nimmt sogleich den Kessel vom Feuer und rührt mit abgewendetem Gesicht um, weil in einem solchen Falle das plötzlich in Dampf verwandelte Wasser die Pflastermasse umherschleudern kann. Unter Umrühren fügt man kleine Mengen Wasser hinzu und, wenn das Poltern nachlässt, setzt man wieder auf's Feuer und fährt im Zusetzen von Wasser und im Umrühren fort. Sehr bequem und sicher verfährt man, wenn man aus einem Wasserreservoir mit Hülfe eines Zapfhahnes das Wasser tropfenweise in langsamem Tempo in die Pflastermasse fallen lässt.

Die anfänglich röthliche Mischung geht allmählich in eine weisslich-graue, zuletzt in eine weissliche über. So lange sie hinreichend Wasser enthält, schäumt sie hoch auf, anfänglich in kleinen, später aber, wenn die Verseifung vorschreitet, in grösseren Blasen. Die Temperatur der kochenden Masse steht mit der Menge des zugesetzten Wassers im Verhältniss. Sie steigt um so höher, je weniger Wasser die Pflastermasse enthält. Steigt sie auf 120° C., so ist dies ein Beweis, dass Wasser zugesetzt werden muss. Nach 2 bis $2^1/_2$ Stunden ist die Pflasterbildung beendigt. Man erkennt dies, wenn man einige Tropfen der flüssigen Masse in kaltes Wasser tröpfelt und die erkalteten Tropfen zwischen den Fingern knetet. Ist die Masse nicht mehr klebrig, zeigt sie sich vielmehr vollkommen plastisch, so hat sie auch die gehörige Konsistenz. Man nimmt nun den Kessel vom Feuer und kolirt die Pflastermasse, nachdem sie etwas erkaltet ist, in lauwarmes Wasser, in

---

[1]) Oder an Stelle dieser Mischung die von den einzelnen Pharmakopöen vorgeschriebene Fettsubstanz, z. B. 20 kg Olivenöl.

welchem man sie zur Entfernung des Glycerins unter mehrmaligem Ersatz des Wassers auswäscht bezw. ausknetet.

Hierauf wird das Pflaster malaxirt und unter Benetzen mit Wasser auf einem sauberen Pflasterbrette ausgerollt.

Dasjenige Pflaster, welches zum Streichen oder als Grundlage zur Bereitung anderer Pflaster dienen soll, wird nach dem Auswaschen mit warmem Wasser wieder in den Kessel zurückgegeben und durch Erhitzen mit gespannten Wasserdämpfen von dem in ihm enthaltenen Wasser befreit. Im gewöhnlichen Dampfbade kann man das Entwässern des Pflasters dadurch erreichen, dass man das Pflaster unter häufigem Zusatz kleiner Mengen von Alkohol erhitzt.

Die Hauptpunkte, welche man bei der Darstellung des Bleipflasters auf die soeben beschriebene Weise zu beachten hat, sollen kurz zusammengestellt werden: Das Baumöl und die Bleiglätte müssen von guter Qualität sein, ersteres sei recht klar und nicht verfälscht mit anderen Oelen, welche gemeiniglich später gelblich werdende Pflaster geben, letztere recht fein gepulvert und präparirt, auch frei von grösseren Mengen basischem Bleikarbonat und von Minium und, wenn es sein kann, frei von metallischem Blei. Die käufliche präparirte Bleiglätte enthält zusammengebackene Klümpchen oder Körner, welche sich sehr schwierig, oft auch gar nicht zerkochen lassen. Deshalb muss sie vor ihrer Verwendung durch ein Sieb geschlagen werden. Während des Kochens, besonders so lange die Masse noch eine röthliche oder gelbgraue Färbung zeigt, wird anhaltend, jedoch ohne alle Hast, vielmehr in ruhigem Tempo umgerührt, damit die Bleiglätte sich nicht absetzen kann. Ist ihr dies möglich, so veranlasst sie nicht nur ein Anbrennen, sie bildet auch am Boden des Kessels Rinden, welche sich schwierig zerkochen lassen und das Pflaster stückig machen.

Während des Erhitzens oder Kochens der Masse darf es dieser nie an Wasser fehlen. So lange die Masse blasig aufschäumt, Wasserdämpfe entweichen und die entweichenden Dämpfe keinen stechenden Geruch haben, ist auch noch Wasser darin genügend vorhanden. Ist dieses nicht mehr vorhanden, so fällt die Masse auf ihr ursprüngliches Volumen zurück, erreicht einen hohen Wärmegrad und die entweichenden Dämpfe riechen stechend und unangenehm. Tröpfelt man Wasser hinzu, so entsteht sogleich ein heftig polterndes und knatterndes Geräusch. Soweit muss man es jedoch nicht kommen lassen, wenn es sich um die Darstellung eines schön weissen Pflasters handelt. Dem ungeübteren Arbeiter ist anzurathen, lieber etwas mehr Wasser zuzusetzen als zu wenig. Die Arbeit wird dadurch nur insofern erschwert, als eine halbe bis ganze Stunde länger gekocht werden muss. Ist die Masse ins Kochen gebracht, so bedarf es nur eines sehr gelinden Feuers, sie darin zu unterhalten.

Die von den berücksichtigten Pharmakopöen gegebenen Vorschriften sind folgende:

Austr. Adipis 1000,0, Lithargyri 500,0. Das Pflaster ist über freiem Feuer zu bereiten.

Brit. Olei Olivae 800,0, Lithargyri 400,0, Aquae 400,0. Im Dampfbade zu bereiten.

Gall. Germ. Adipis, Olei Olivae, Lithargyri āā 1000,0, Aquae q. s. Das Pflaster ist auf freiem Feuer zu kochen.

Helv. U-St. Olei Olivae 60,0, Lithargyri 32,0, Aquae q. s. Nach Helv. auf dem Wasserbade, nach U-St. über freiem Feuer darzustellen.

Bleipflaster ist im wasserhaltigen Zustande gelblich-weiss, im wasserfreien Zustande zeigt es einen Stich ins Graue. Es darf nicht röthlich aussehen, d. h. es darf freie Bleiglätte nicht enthalten.

Aufbewahrung. In der Regel bewahrt man den Hauptvorrath des Bleipflasters in Blöcken oder dicken Stangen auf. Dieses Bleipflaster sollte völlig wasserfrei sein, da dasselbe zur Herstellung anderer Pflaster bestimmt ist. Einen kleineren Theil, der zur Abgabe im Handverkaufe oder in der Receptur bestimmt ist, bewahrt man zu dünnen Stangen ausgerollt in hölzernen Kästen zwischen Wachs- oder Paraffinpapier auf.

Emplastrum ad fonticulos. Fontanellpflaster. Eine bei gelinder Wärme bewirkte Mischung aus 15,0 Fichtenharz, 5,0 Rindertalg und 180,0 Bleipflaster wird dünn auf dünne Leinwand gestrichen, diese dann mit Zwischenlagen Paraffinpapier übereinander geschichtet und mit einem 3 cm im Durchmesser messenden eisernen Hohlcylinder durchstossen, so dass Pflasterscheiben von 3 cm Durchmesser erhalten werden.

Das Ausschlageisen bildet einen cirka 12,5 cm langen Hohlcylinder aus Eisenblech von 2 mm Dicke, an dem einen Ende 3,2 cm, am andern 3,0 cm weit, am letzteren Ende verstählt und in eine scharfe Schneide verwandelt. Das Ausschlagen der Pflasterscheiben geschieht in der Weise, dass man die 1—2 cm hohe Schichtung aus Pflaster und Paraffinpapier auf einen glatten Querschnitt (auf die Hirnseite) eines Klotzes aus Buchen- oder Ellernholz legt, den eisernen Cylinder aufsetzt und diesen durch Schläge mit einem Hammer bis auf die hölzerne Unterlage treibt.

Das Fontanell (fonticulus) ist ein künstlich erzeugtes Geschwür in der Haut an irgend einer Stelle des Körpers, welche durch Bewegung des Körpers oder der Kleidung wenig tangirt wird, z. B. am Oberarm unter dem Deltamuskel, am Oberschenkel. Es wird an der betreffenden Stelle die Haut durch ein kleines pfenniggrosses Spanischfliegenpflaster gelöst oder durch einen Einschnitt geöffnet und in die betreffende Wunde ein erbsengrosses Kügelchen aus Veilchenwurzel (globulus ad fonticulum), welches auch wohl mit Seidelbastextraktlösung getränkt ist, oder eine Erbse, kleine unreife Pomeranze oder ein Stückchen Seidelbastrinde gelegt. Zum Festhalten dieses fremden Körpers in der Wunde dient ein kleines rundes, 3 cm im Durchmesser haltendes Stück Heftpflaster, sogenanntes Fontanellpflaster. Da die Einlage in die Wunde täglich erneuert wird, so bedarf derjenige, welcher sich ein Fontanell hält, täglich ein neues Heftpflästerchen.

Ein sogenannter Fontanellapparat besteht aus 1) 30 Fontanellpflastern, 2) 2 Fontanellpflastern, denen in der Mitte ein erbsengrosses Stückchen Cantharidenpflaster aufgedrückt ist, 3) 15,0 Fontanellsalbe (einer Salbenmischung aus 60,0 gelbem Wachs; 150,0 Olivenöl, 40,0 gepulverten Kanthariden und 10,0 Euphorbium).

II. † Plumbum oxydatum rubrum. Plumbum hyperoxydatum rubrum (Austr.). **Minium** (Germ. Helv.). **Oxyde rouge de plomb** (Gall.). **Mennige. Rothes Bleioxyd. Bleiroth.** Pb_3O_4. **Mol. Gew. = 685.** Neuerdings wird auch bisweilen die Formel Pb_4O_5 angegeben; deren Mol. Gew. würde dann = 908 sein.

Mennige wird fabrikmässig durch Erhitzen von präparirter Bleiglätte auf 300 bis 450° C. unter Luftzutritt und häufigem Umkrücken gewonnen. Das Bleioxyd nimmt hierbei Sauerstoff auf und geht in Mennige über. Die beste Handelssorte heisst Mennige-Zinnober. Eine als Pariser Roth bekannte Sorte wird durch Erhitzen von Bleiweiss bei Luftzutritt erhalten. Die in der Pharmacie zu verwendende Sorte ist die in den Preislisten der Drogisten als *Minium rubrum praeparatum laevigatum* aufgeführte.

Eigenschaften. Die officinelle Mennige ist ein lebhaft rothes, feines Pulver vom spec. Gewicht 8,6—9,0. Beim Glühen wird sie violett, dann schwarz, beim Erkalten wieder roth; beim stärkeren Glühen giebt sie Sauerstoff ab und wird zu Bleioxyd. Mit Salpetersäure, oder auch mit verdünnter Essigsäure oder Bleiacetatlösung digerirt, zerfällt sie in Bleioxyd, welches sich auflöst, und in ungelöst bleibendes braunes Bleisuperoxyd. Durch Behandeln der Mennige mit Salpetersäure unter Zusatz von etwas Zucker oder Oxalsäure löst sie sich vollständig oder beinahe vollständig. Der Vorgang hierbei ist der, dass die Oxalsäure dem Bleisuperoxyd Sauerstoff entzieht und es dadurch zu Bleioxyd reducirt, welches in Salpetersäure leicht löslich ist. Zucker wirkt in derselben Weise, weil er beim Erhitzen mit Salpetersäure zu Oxalsäure oxydirt wird. Eisessig löst beim Erwärmen Mennige auf. Die Lösung bleibt im geschlossenen Gefässe unverändert, beim Verdünnen derselben mit Wasser aber scheidet sich nach einiger Zeit Bleisuperoxyd aus.

Wegen dieses leichten Zerfalles in Bleioxyd und Bleisuperoxyd pflegt die Mennige aufgefasst zu werden als eine Verbindung von Bleioxyd und Bleisuperoxyd. Wegen ihres Gehaltes an Bleisuperoxyd entwickelt die Mennige beim Erhitzen mit Salzsäure freies Chlor.

Prüfung. Von Verfälschungen der Mennige sind bisweilen beobachtet worden: Ziegelmehl, Ocker, eisenoxydhaltige Erden, Todtenkopf; von Verunreinigungen: Bleisulfat, Bleinitrat, Bleichlorid. Die meisten derselben bleiben beim Auflösen der Mennige in Salpetersäure unter Zusatz von Zucker oder Oxalsäure ungelöst zurück:

1) Man übergiesst 5 g Mennige mit 10 ccm Salpetersäure und 10 ccm Wasser, erwärmt und fügt der braun gewordenen Flüssigkeit allmählich 1 g Zuckerpulver hinzu. Unter lebhafter Entwickelung von Kohlensäure erhält man bei reiner Mennige eine klare Lösung, welche nur kleine ungelöste Partikelchen aufweist. Man filtrirt durch ein getrocknetes und gewogenes Filter ab, wäscht Filter und Rückstand gut aus, trocknet und wägt. Das Gewicht des aus 5 g Mennige unter diesen Umständen erhaltenen unlöslichen

Rückstandes darf nicht mehr als 0,075 g betragen, d. i. 1,5 Proc. vom Gewichte der Mennige. — 2) Man kann diese Prüfung dadurch vervollständigen, dass man die Mennige mit Wasser auszieht. Das Filtrat darf beim Verdunsten keinen wägbaren Rückstand hinterlassen. — 3) Zur Prüfung auf fremde Metalle fällt man aus der salpetersauren Lösung durch einen Ueberschuss verdünnter Schwefelsäure das Blei als Bleisulfat und versetzt das nach mehrstündigem Absetzen der Fällungsflüssigkeit gesammelte Filtrat mit Ammoniak im Ueberschusse. Blaufärbung zeigt Kupfer, weisser Niederschlag Wismut, röthlicher Niederschlag Eisen an. — 4) Zur Prüfung auf Erden fällt man das Blei aus der salpetersauren Lösung mittels Schwefelwasserstoff, entfernt aus dem Filtrat den Schwefelwasserstoff durch Kochen und versetzt alsdann mit Ammoniak, bez. noch Ammoniumoxalat oder Natriumphosphat.

Aufbewahrung. Mennige werde, weil sie aus der Luft Kohlensäure und Feuchtigkeit aufnimmt, in gut geschlossenen Glasgefässen und zwar vorsichtig aufbewahrt.

Anwendung. Die Mennige wird zur Darstellung einiger Salben und Pflaster gebraucht. In der Technik verwendet man sie als Malerfarbe, als Zusatz zu Glasflüssen, Glasuren etc., zur Darstellung von Kitten verschiedener Art. Sie werde im Handverkaufe nur mit Vorsicht abgegeben. Mennige gehört zu den gesundheitsschädlichen Farben im Sinne des Reichsgesetzes vom 5. Juli 1887.

Bleiasche, Bleisuboxyd. Cinis Plumbi, ist das graue Pulver, in welches sich das Blei beim Schmelzen unter Luftzutritt nach und nach verwandelt. Es wird zu Bleiglasuren verwendet.

Bleiglas ist bei starker Hitze geschmolzene Bleiglätte.

Emplastrum fuscum camphoratum (Germ.). **Emplastrum Minii** (Austr.). **Emplastrum Minii fuscum** (Helv.). **Emplastrum universale. Emplastrum Noricum. Emplastrum Minii camphoratum. Emplastrum Minii adustum. Emplastrum tabulatum. Emplastrum triapharmacum. Universalpflaster. Nürnberger Pflaster. Züllichauer Pflaster. Hamburger Pflaster. Tafelpflaster (schwarzes Mutterpflaster). Chokoladenpflaster. Hallisches Waisenhauspflaster. Legrand'sches Mutterpflaster. Lauer'sches Pflaster. Brenner'sches Pflaster. Kjöng'sches Pflaster. Heiligen-Pflaster. Emplâtre de la mère. Onguent de la mère.**

Das Pflaster wird nach allen Vorschriften übereinstimmend dadurch bereitet, dass man Fette mit Minium ohne Zusatz von Wasser bis zur Pflasterbildung kocht und dem geschmolzenen Pflaster noch Zusätze von Wachs und dergl. macht. Wir geben im Nachstehenden die Bereitung nach Germ. ausführlich, die Pflaster der anderen Pharmakopoëen werden mutatis mutandis ebenso bereitet.

Man bringt 600 Th. gemeines Olivenöl in einen entsprechend grossen Kupferkessel und siebt 300 Th. Mennige hinein. Schon vorher hatte man 150 Th. gelbes Wachs abgewogen und eine Anreibung von 10 Th. Kampfer und 10 Th. Olivenöl (event. unter schwachem Erwärmen) fertiggestellt. Man erhitzt nun über freiem, aber ruhigem Feuer die Mischung von Oel und Mennige unter beständigem Umrühren. Wenn die letzten Antheile des Wassers unter knatterndem Geräusch verdampft sind, zeigt sich in der Regel eine geringe Entwicklung von Kohlensäure. Allmählich wird die Masse schmutzig roth, braunroth, braun. Plötzlich kommt ein Punkt, wo die Masse anfängt, unter lebhaftem Schäumen bläuliche, ähnlich wie Moschus riechende Dämpfe zu entwickeln. Sobald dieser Punkt eingetreten ist, hebt man sofort den Kessel vom Feuer, setzt ihn auf den Boden, bez. auf einen Strohkranz, und mildert die Reaktion durch Umrühren. Die Pflasterbildung geht nun ohne weitere Wärmezufuhr von selbst zu Ende.

Dass dies der Fall ist, erkennt man daran, dass eine Probe, in kaltes Wasser oder auf eine kalte Steinplatte getropft, sich nicht mehr schmierig, sondern plastisch anfühlt Ist dies eingetroffen, so setzt man das Wachs hinzu, welches ohne weitere Erwärmung zum Schmelzen kommt.

Schliesslich, wenn das Pflaster auf 60—80° C. abgekühlt ist, setzt man die Mischung von Kampfer und Oel hinzu, rührt gut um und giesst in geeignete Formen aus. Benutzt man Papierkapseln, so mache man sie aus starkem Papier und streiche sie kurz vor dem Ausgiessen mit Olivenöl ziemlich stark aus. Das Papier lässt sich dann, sobald das Pflaster erstarrt ist, mit Leichtigkeit von dem letzteren abziehen.

Da dieses Pflaster während der Aufbewahrung allmählich etwas heller wird, während im Handverkauf ein gleichmässig schwarzes Pflaster verlangt wird, so setzt man dem für den Handverkauf bestimmten Pflaster zugleich mit dem Wachs etc. etwa 5 Proc. schwarzes Schiffspech zu.

Die speciellen Vorschriften der einzelnen Pharmakopöen sind folgende:

Austr. Olei Olivae 300,0, Minii 150,0, Cerae flavae 25,0, Camphorae 15,0 in Olei Olivae 15,0 solutae.

Germ. Olei Olivae 600,0, Minii 300,0, Cerae flavae 150,0, Camphorae 10,0, Olei Olivae 10,0.

Helv. Olei Olivae 300,0, Adipis suilli 150,0, Sebi ovilis 100,0, Minii 300,0, Camphorae 10,0, Olei Olivae 10,0, Cerae flavae 150,0.

Emplastrum fuscum (sine Camphora). Emplâtre brun (Gall.). **Emplastrum Matris fuscum. Onguent de la mère Thecle** wird wie das vorstehende nach Vorschrift der Germ., aber unter Weglassung des Camphors bereitet.

Nach **Gall.** ist aus: Olei Olivae 1000,0, Sebi ovilis, Adipis suilli, Butyri anhydrici āā 500,0, Lithargyri 500,0 ein Pflaster zu kochen in der nämlichen Weise, wie bei dem vorigen angegeben, d. h. bis scharfriechende Dämpfe auftreten und die Mischung dunkel wird. Dann giebt man zu: Picis nigrae depuratae 100,0.

III. † Plumbum hyperoxydatum. Plumbum superoxydatum. Plumbum peroxydatum. Plumbum oxydatum fuscum. Bleihyperoxyd. Bleisuperoxyd. Bleidioxyd. PbO_2. Mol. Gew. = 239.

Darstellung. 100 Th. Mennige werden in einem Glaskolben mit einer Mischung von 250 Th. Wasser und 200 Th. Salpetersäure (von 25 Proc.) einen Tag lang digerirt. Nach Zusatz von 200 Th. Wasser wird das zurückgebliebene braune Pulver abfiltrirt, ausgewaschen und bei gelinder Wärme getrocknet. Ausbeute ca. 25—30 Th.

Eigenschaften. Ein dunkelbraunes, spec. schweres Pulver, unlöslich in Wasser und 25proc. Salpetersäure. Von letzterer wird es aber gelöst, wenn man die Mischung erwärmt und kleine Mengen Oxalsäure oder Zucker zufügt (vergl. unter Mennige). Von Salzsäure wird es unter Entwicklung von Chlor zu Bleichlorid gelöst. Mit Aetzalkali bildet es Salze der Bleisäure vom allgemeinen Typus PbO_3M_2, wenn M ein einwerthiges Metall darstellt. Wird Schwefel mit Bleisuperoxyd gerieben, so gelangt er zur Entzündung.

Prüfung. Bleisuperoxyd, welches zur chemischen Analyse verwendet wird, darf Bleichlorid nicht enthalten. Man entzieht ihm dasselbe durch Ausziehen mit stark verdünnter Salpetersäure in der Wärme und prüft die Lösung mit Silbernitrat.

Anwendung. Zu analytischen Zwecken, ferner in der Zündwaarenfabrikation. In der Grosstechnik der Theerfarbstoffe zur Oxydation der Leukobasen in Farbbasen.

Gemenge. Oxydirte Mennige. Zur Darstellung rührt man 100 Th. Mennige mit hinreichenden Mengen einer Mischung von 12,5 Th. Salpetersäure und 12,5 Wasser zum Brei an und dampft das Gemisch zur Trockne. Es ist eine aus Bleisuperoxyd und Bleinitrat bestehende Mischung, welche in der Zündwaaren-Fabrikation Verwendung findet.

Plumbum tannicum.

† I. Plumbum tannicum (Ergänzb. Helv.). **Plumbum tannicum siccum. Bleitannat. Gerbsaures Blei.** Zusammensetzung unbestimmt.

Darstellung. A. Ergänzb.: 30 Th. Bleiessig werden unter beständigem Umrühren in eine kalte Lösung von 10 Th. Gerbsäure in 180 Th. Wasser eingetragen. Der Niederschlag wird auf einem Filter ausgewaschen und bei gelinder, 30° C. nicht übersteigender Wärme getrocknet. **B.** Helv.: 8 Th. krystall. Bleiacetat werden in 80 Th. Wasser gelöst. Diese Lösung wird mit einer Auflösung von 9 Th. Gerbsäure in 90 Th. Wasser, oder soviel derselben versetzt, bis kein Niederschlag mehr erfolgt. Der Niederschlag wird mit Wasser ausgewaschen, bis das Ablaufende nicht mehr sauer reagirt, und dann bei gelinder Wärme getrocknet.

Eigenschaften. Feines, gelblich-graues, im Wasser unlösliches, geschmackloses Pulver, unschmelzbar, in der Hitze verkohlend. Beim Glühen an der Luft hinterbleibt ein gelbgrauer, im wesentlichen aus Bleioxyd bestehender Rückstand.

Aufbewahrung. Vorsichtig. ***Anwendung.*** In Substanz als höchst feines Pulver zum Einstreuen bez. Bestreuen, ferner in Salbenform zum Bedecken der Exkoriationen, brandiger Geschwüre etc.

II. Plumbum tannicum pultiforme (Ergänzb.). **Cataplasma ad decubitum. Unguentum (seu Linimentum) ad decubitum Autenriethi. Unguentum quercinum. Feuchtes Bleitannat. AUTENRIETH's Salbe für das Durchliegen.**

Darstellung. 8 Th. mittelfein zerschnittene Eichenrinde werden mit der hinreichenden Menge Wasser $^1/_2$ Stunde gekocht, so dass 40 Th. wässeriger Auszug erhalten werden. Der filtrirten Abkochung wird nach dem Erkalten (!) unter Umrühren solange Bleiessig (etwa 4 Th.) zugesetzt, als ein Niederschlag entsteht. Dieser mittels eines Filters gesonderte, noch feuchte, ungefähr 12 Th. betragende Niederschlag wird in Form eines dicklichen Breies in ein Glas gebracht und mit 1 Th. Weingeist vermischt. Nach Pharm. Germ. I sollte das Präparat nur zur Dispensation dargestellt werden; es lässt sich indessen sehr wohl 8—14 Tage lang vorräthig halten. Zur Darstellung verschiedener Gewichtsmengen des breiförmigen Bleitannats sind folgende Substanzmengen erforderlich:

Plumb. tann. pultif.	10,0	20,0	25,0	30,0	40,0	50,0	60,0	80,0	90,0	100,0
Cort. Quercus . . .	7,0	14,0	17,5	21,0	28,0	35,0	42,0	56,0	63,0	70,0
Colatur	35,0	70,0	87,5	105,0	140,0	175,0	210,0	280,0	315,0	350,0
Liq. Plumbi subacet. .	3,5	7,0	8,75	10,5	14,0	17,5	21,0	28,0	31,5	35,0
Spiritus Vini	0,9	1,8	2,2	2,6	3,5	4,4	5,3	7,0	7,8	9,0

Anwendung. Das breiförmige Bleitannat ist ein vorzügliches Mittel für Wunden infolge des Auf- und Wundliegens *(decubitus)* in schweren Krankheiten.

Unguentum Plumbi tannici (Germ.).
Gerbsäure-Bleisalbe.

Rp.	Acidi tannici	1,0
	Liquoris Plumbi subacetici	2,0
	Adipis suilli	17,0.

Zur Abgabe frisch zu bereiten.

Unguentum Plumbi tannici (Helv.).
Unguentum ad decubitum.

Rp.	Acidi tannici	5,0
	Liquoris Plumbi subacetici	10,0
	Vaselini flavi	85,0.

Podophyllum.

Gattung der **Berberidaceae.**

I. Podophyllum peltatum L. „May Apple, Mandrake, wilde Limone". Heimisch im atlantischen Nordamerika. Mit kriechendem Rhizom und 2 schildförmigen, handförmig gelappten Blättern. Blüthe weiss, einzeln, terminal. Frucht gelb, eine Beere, die Samen der pulpös werdenden Placenta eingesenkt.

Liefert: **† Rhizoma Podophylli. Podophylli rhizoma** (Brit.). **Podophyllum** (U-St.). **Radix Podophylli. — Podophyllwurzel. Maiapfelwurzel. Fussblattwurzel. — Rhizome de Podophyllum** (Gall.). **Podophyllum rhizome. — Podophyllum root. May apple root.**

Beschreibung. Das ein Sympodium bildende Rhizom erreicht eine Länge von 1 m, kommt aber nur in 10—15 cm langen, bleistiftdicken Bruchstücken von braunrötlicher Farbe, die glatt und spröde brechen, in den Handel (Fig. 83). Sie lassen von Zeit zu Zeit Knoten erkennen und auf denselben die Narben der abgefallenen Laubblätter, umgeben von Narben von Niederblättern, die man auch auf dem Rhizom zwischen den Knoten erkennt. An der Unterseite, besonders an den Knoten, entspringen die 0,2 cm dicken Wurzeln. Ist das Rhizom im Herbst gegraben, so zeigt es eine deutliche Endknospe und an der

Unterseite in der Achsel von Niederblättern weitere Knospen, von denen sich gewöhnlich nur eine entwickelt, die das Rhizom weiterführt.

Auf dem Querschnitt unterscheidet man ein grosses Mark, einen unregelmässigen Kreis von Holzbündeln, unterbrochen durch die Markstrahlen und eine dicke Rinde.

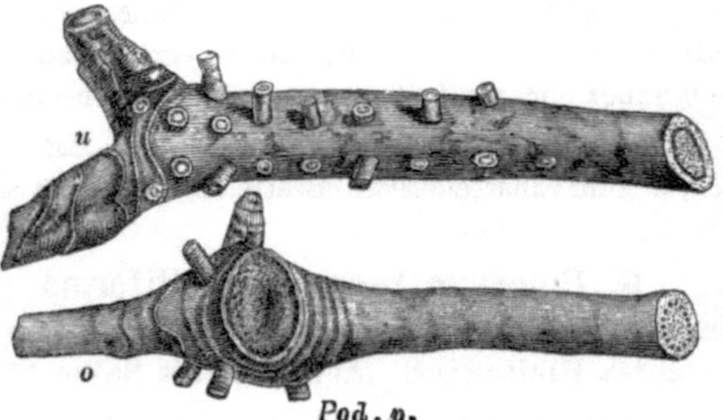

Fig. 83. Rhizoma Podophylli. *u* Unterseite. *o* Oberseite.

Zu äusserst lässt der Querschnitt unter dem Mikroskop die Epidermis oder eine dünne Korkschicht erkennen und darunter Kollenchym. Im Parenchym, in den Markstrahlen und im Mark Stärke in einzelnen und zusammengesetzten Körnchen, sowie, besonders im Mark, Oxalatdrusen. In den Gefässbündeln ist dem Phloëm, sowie der Innenseite des Xylems oft je ein Faserbündel vorgelagert. Geschmack schleimig-bitter.

Bestandtheile. Podophyllotoxin $C_{20}H_{15}O_6(OCH_3)_3 \cdot 2H_2O$, amorph, von weisser bis hellgelblicher Farbe und intensiv bitterem Geschmack, wird mit koncentrirter Schwefelsäure kirschroth, dann grünblau, endlich violett; Schmelzpunkt 95° C., es ist der Hauptträger der Wirksamkeit. Dem Podophyllotoxin isomer ist das Pikropodophyllin, das ebenfalls in der Droge vorhanden ist, aber auch aus dem Podophyllotoxin durch Behandeln mit Ammoniak entsteht. Schmelzpunkt 227° C. Pikropodophyllinsäure, eine braune, harzige, in Aether und Petroläther unlösliche Substanz. Schmelzpunkt 156—158° C. Podophylloquercetin, krystallinisch, schmilzt bei 247—250° C., wird mit Eisenchlorid dunkelgrün. Formel $C_{23}H_{16}O_{10}$. — Die genannten Bestandtheile mit anderen harzartigen Körpern sind in der Droge etwa zu 5,9 Proc. enthalten, darin 33,8 Proc. Podophyllin (s. d.).

Einsammlung. Aufbewahrung. Man pflegt das Rhizom im August zu sammeln, doch soll es im März und April am reichsten an Podophyllin sein. Man bewahrt es getrocknet, ganz oder gepulvert, unter den starkwirkenden Arzneimitteln auf. Beim Pulvern Schutzmaske anlegen!

Anwendung. Als Abführmittel zu 0,5—1,0—1,5 g, als Brechmittel zu 1,5—2,0—2,5 g, doch giebt man dem Podophyllin gewöhnlich den Vorzug.

† Extractum Podophylli (U-St.). **Extract of Podophyllum.** Aus 1000 g gepulvertem Rhizom (No. 60) und q. s. einer Mischung aus 800 ccm Weingeist (91 proc.) und 200 ccm Wasser; man befeuchtet mit 300 ccm, erschöpft im Perkolator, zieht den Weingeist ab und verdampft zur Pillenkonsistenz.

† Extractum Podophylli fluidum (U-St.). **Fluid Extract of Podophyllum.** Wie voriges, doch fängt man die ersten 850 ccm Perkolat für sich auf und bereitet l. a. 1000 ccm Fluidextrakt.

† Extractum Podophylli chloroformicum, Podophyllotoxin erhält man durch Erschöpfen der Droge mit Chloroform und Verdunsten des Lösungsmittels, siehe auch unter Podophyllin.

† Podophyllinum

(Germ. Helv.). **Resina Podophylli** (Brit. U-St.). **Resina Podophylli peltati. — Podophyllin. Vegetabilischer Kalomel. — Résine de Podophyllum peltatum** (Gall.). — **Resin of Podophyllum or May apple.**

Während Germ. und Helv. sich mit der allgemeinen Angabe begnügen, dass man das Podophyllin aus dem weingeistigen Auszuge der Wurzel mittels Wasser abscheidet, geben die übrigen Arzneibücher ausführliche Bereitungsvorschriften. Brit.: 400 g gepulvertes Rhizom (No. 40) erschöpft man mittels 1500 ccm Weingeist (90 vol. Proc.) im Verdrängungswege, destillirt den Weingeist ab, giesst den Rückstand unter Umrühren in das dreifache Volum Wasser, das mit $^1/_{24}$ seines Gewichts Salzsäure vermischt ist, lässt 24 Stunden absetzen, wäscht den Niederschlag mit destillirtem Wasser und trocknet bei höchstens 37,7° C. — U-St.: 1000 g gepulvertes Rhizom (No. 60) perkolirt man mit q. s. 91 proc. Weingeist (zum Befeuchten 480 ccm), bis 1600 ccm Auszug gesammelt sind (das Abtropfende darf sich mit Wasser nur noch schwach trüben), zieht den Weingeist ab, giesst den sirupdicken Rückstand unter Umrühren in eine auf 10° C. abgekühlte Mischung aus 10 ccm Salzsäure und 1000 ccm Wasser, wäscht den Niederschlag zweimal mit kaltem

Wasser durch Dekanthiren und trocknet an der Luft im kühlen Raum. — Gall. Das gepulverte Rhizom wird mit 90proc. Weingeist perkolirt, $^2/_3$ des verbrauchten Weingeists abdestillirt, der Rückstand mit seinem gleichen Gewicht kalten Wassers gemischt, der Niederschlag bei höchstens 30° C. getrocknet. — Man verlegt die Darstellung zweckmässig in die kältere Jahreszeit. Es ist zu beachten, dass Podophyllin heftig die Schleimhäute angreift und die Haut reizt; man vermeide deshalb, damit zu stäuben oder den Staub einzuathmen.

Verfälschungen sind vorgekommen mit Thonerdehydrat (bis 35 Proc.).

Prüfung. Der Aschengehalt soll nicht über 0,5 Proc. betragen. In 100 Th. Ammoniak klar löslich, aus der Lösung fallen beim Neutralisiren Flocken aus, ebenso aus der alkoholischen Lösung (1 : 10) beim Verdünnen mit Wasser. Mit Wasser geschüttelt giebt es ein bitter schmeckendes Filtrat, das durch Eisenchlorid braun und durch Bleiessig opalisirend wird.

Wirkung. In starken Dosen drastisch wirkend mit Brechreiz, in kleinen Dosen purgirend. Daher für einmaligen Stuhlgang 0,05—0,1 g, bei habitueller Verstopfung 0,005 bis 0,03 g ein- bis zweimal täglich. Wird auch als Anthelminticum verwendet. Grösste Einzelgabe nach Germ. und Helv. 0,1, grösste Tagesgabe 0,3 g. Germ. schreibt vorsichtige Aufbewahrung vor. Vom Podophyllotoxin, das man in weingeistiger Lösung giebt, erhalten Kinder 0,0005 bis 0,005 g, Erwachsene 0,015 g. —

Essentia laxativa DOBELL.
DOBELL's Laxiressenz.

Rp. Podophyllini 0,15
Tinctur. Zingiberis 10,0
Spiritus diluti 65,0.

Guttae laxativae Monti.

		fortiores	mitiores
Rp.	Podophyllotoxin.	0,1	0,1
	Spiritus diluti	6,0	8,0.

Pastilli Podophyllini DIETERICH.

Rp. Podophyllini 5,0
Radic. Glycyrrhiz. pulv. 20,0
Tragacanthae „ 2,0
Sacchari „ 60,0
Glycerini 3,0
Sirupi gummosi q. s.
Man formt 100 Pastillen.

Pilulae Aloës et Podophylli compositae (Nat. form.).
Compound Pills of Aloës and Podophyllum. JANEWAY's Pills.

Rp. Aloës purificat. (U-St.) 6,5
Podophyllini 3,25
Extract. Belladonn folior. alcohol. (U-St.) 1,6
Extract. Nucis vomic. (U-St.) 1,6.
Man formt hieraus 100 Pillen.

Pilulae Aloini compositae (Nat. formul.).
Compound Pills of Aloin.

Rp. Aloini 3,25
Podophyllini 0,8
Extract. Belladonn. folior. alcohol. (U-St.) 1,6.
Man formt 100 Pillen.

Pilulae aperientes MARCHANT.

Rp. Podophyllini 3,0
Extract. Hyoscyami 2,0
Saponis medicati q. s.
Man formt 100 Pillen.

Pilulae aperientes C. PAUL.

Rp. Podophyllini
Saponis medicati āā 0,3
Mellis depurati q. s.
Zu zehn Pillen.

Pilulae Colocynthidis et Podophylli (Nat. form.).
Pills of Colocynth and Podophyllum.

Rp. Extracti Colocynthid. comp. (U-St.) 16,2
Podophyllini 1,6.
Man formt hieraus 100 Pillen.

Pilulae Colocynthidis cum Podophyllino REUMONT.

Rp. Podophyllini 0,3
Extract. Colocynthidis 1,2
Spiritus saponati q. s.
Zu 20 Pillen.

Pilulae Podophyllini DIETERICH.

Rp. Podophyllini 2,0
Saponis medicati 5,0
Radic. Althaeae 3,0
Olei Foeniculi gtts. X.
Man formt 100 Pillen.

Pilulae Podophyllini narcoticae. VAN DEN CORPUT.

Rp. Podophyllini 0,4
Extract. Strychni spirit. 0,05
Extract. Belladonn. 0,3
Saponis medicati 4,0.
Zu zehn Pillen.

Pilulae Podophyllini simplices VAN DEN CORPUT.

Rp. Podophyllini 0,2
Saponis medicati 1,0
Olei Foeniculi gtts. X.
Zu zehn Pillen.

Pilulae Podophylli, Belladonnae et Capsici (Nat. formul.).
Pills of Podophyllum, Belladonna and Capsicum. SQUIBB's Podophyllum Pills.

Rp. Podophyllini 1,6
Extract. Belladonn. fol. alcohol. (U-St.). 0,8
Fruct. Capsici fastigiati 3,2
Sacchari Lactis 6,5
Gummi arabici 1,6
Glycerini, Sirupi āā q. s.
Man formt hieraus 100 Pillen.

Pilulae triplices (Nat. form.).
Triplex Pills. Pilula triplex.

Rp. Aloës purificatae (U-St.) 13,0
Massae Hydrargyri (U-St.) 6,5
Podophyllini 1,6.
Man formt 100 Pillen.

Sirupus Podophyllini Brun.

Rp.	Podophyllini	0,2 solve in
	Spiritus	2,0 adde
	Glycerini	8,0
	Sirupi Rubi Idaei	30,0.

Tinctura Podophylli (Brit.).
Tincture of Podophyllum.

Rp. 1. Resinae Podophylli (Brit.) 36,5
2. Spiritus (90 vol. Proc.) q. s.

Man stellt 1 mit 900 ccm von 2 unter bisweiligem Schütteln 24 Stunden bei Seite, filtrirt und bringt durch Nachwaschen des Filters mit 2 auf 1000 ccm.

Cholagogue, Osgood's oder Celebrated Ague Cure, ein Abführ- und Fiebermittel, besteht aus je 3,0 Chinin. sulf. und Extract. Veronicae virgin. fluid., 6,0 Extract. Stilling. silvat. fluid., 4,5 Extract. Podophyll. fluid., 0,2 Ol. Sassafras, 0,3 Ol. Wintergreen und Sirup. simpl. ad 100,0.

Compound Sugar coated May-Apple Pills von Dr. Scott sind Pillen aus Podophyllrhizom, Rhabarber, Jalape und Pfeffer.

Little Liver Pills aus New-York. 12 überzuckerte Pillen aus 0,09 Podophyllin und 0,2 Aloë.

Nursing-Sirup von Wheeler soll aus Fluidextrakt aus Podophyllrhizom und aus Mohnköpfen, Kalkwasser, Anisöl und Zucker bestehen.

Pleasant purgative Pellets, Pierce's sind überzuckerte Podophyllinpillen.

Podophyllinum comp. Burroughs, Wellcome & Co. 25 Pillen mit je 0,01 Podophyllin, 0,16 Mass. Pilul. Rhei comp., 0,08 Extr. Hyoscyami.

II. Podophyllum Emodi Wall. Heimisch im Himalaya, vielfach in den Gärten in Kultur. Mit rother Frucht. Verwendung findet ebenfalls das Rhizom, das dem der vorigen Art ähnlich ist und auch dieselben Bestandtheile zu haben scheint. Da es bis 12 Proc. Harz liefert, so glaubte man, es I vorziehen zu sollen, indessen hat sich gezeigt, dass es soviel ärmer an Podophyllotoxin ist, dass der Gehalt der Droge davon doch nur etwa die Hälfte von 1 ist. Die Frucht wird gegessen.

III. Podophyllum pleianthum Hance auf Formosa und **P. versipelle Hance** in China finden äusserliche Verwendung.

Pogostemon.

Gattung der **Labiatae** — **Stachyoideae** — **Pogostemoneae.**

Pogostemon Patchouli Pell. Heimisch in Vorderindien, Ceylon, Malacca, Singapore, Sumatra, Borneo, kultivirt in Ostindien, Südchina, auf den Maskarenen und in Westindien. Blätter langgestielt, 6—8 cm lang, eiförmig, spitz oder zugespitzt, gekerbt oder tief gesägt, an der Basis verschmälert. Mit mehrzelligen, langen, warzigen Gliederhaaren und Oeldrüsen. Stomatien auf beiden Seiten des Blattes. — Man destillirt aus den Blättern das Patchouliöl. (Vergl. unten.)

Das Vorkommen dieses ätherischen Oeles scheint nicht auf die genannte Art beschränkt zu sein: in Vorderindien kultivirt man zur Oelgewinnung auch **P. suavis Ten.** und ebenso scheint es in **P. menthoides Bl.** in Java vorzukommen.

Verfälschung. Die im Handel befindlichen Blätter enthalten sehr häufig (bis 80 Proc.) Malvaceenblätter, kenntlich an der handförmigen Nervatur und den Büschelhaaren.

Das **Patchoulikraut** der Gärtner ist **Plectranthus Patchouly Clarke** (Labiatae).

Oleum foliorum Patchouli. Patchouliöl. Essence de Patchouli. Oil of Patchouly.

Frisches Patchoulikraut ist geruchlos, das ätherische Oel bildet sich erst durch einen Gährungsprocess beim Trocknen der Blätter, die dann bei der Destillation bis 4 Proc. Oel geben.

Eigenschaften. Gelbgrünliche bis braune, dicke Flüssigkeit von intensivem, anhaftendem Geruch. Spec. Gewicht 0,970—0,995. Drehungswinkel im 100 mm Rohr —50° bis —68° Klar löslich in 4—5 Th. Spiritus.

Zusammensetzung. Bei längerem Stehen scheidet sich manchmal aus dem Oele der in wasserhellen, hexagonalen, bei 56° C. schmelzenden Prismen krystallisirende, geruchlose Patchoulialkohol, (Patchoulikampfer), $C_{15}H_{26}O$, aus. Ein weiterer Bestandtheil des Oeles ist das Sesquiterpen Cadinen, $C_{15}H_{24}$. Die Körper, die dem Oele seinen charakteristischen Geruch verleihen, sind noch unbekannt.

Polygala.

Gattung der **Polygalaceae.**

I. Polygala amara L. Zerstreut in Mitteleuropa. Stengel bis 15 cm hoch, untere Blätter gross, verkehrt-eiförmig, eine Rosette bildend, obere länglich-keilförmig. Blüthenstand eine Traube, seitenständige Deckblätter so lang als das Blüthenstielchen. Kelchblätter flügelartig, länglich verkehrt-eiförmig, dreinervig, Nerven an der Spitze kaum ineinanderfliessend, Seitennerven nach aussen aderig, Adern spärlich ästig, nicht netzigverbunden. Blüthen meist blau, vorderes Kronblatt mit vielspaltigem Anhängsel. Charakteristisch sind der Epidermis angedrückte, einzellige, dickwandige, warzige, am unteren Ende flaschenartig aufgeschwollene Haare, die 70—100 μ lang und bis 13 μ dick sind.

Die ganze Pflanze liefert: **Herba Polygalae** (Ergänzb.). **Herba Polygalae amarae cum radice. Herba Amarellae. — Kreuzblumenkraut. Bittere Polygala. Kreuzwurz. — Milkwort.**

Bestandtheile. 0,05 Proc. flüchtiges Oel, 4,4 Proc. bitteres Extrakt, 1,6 Proc. Polygamarin, 1,55 Proc. fettes Oel und Chlorophyll, 0,2 Proc. Wachs, ein an Cumarin erinnernder Riechstoff, ferner Polygalit $C_6H_{10}O_5$ mit Quercit isomer.

Verwechslungen. An Stelle der genannten werden oft andere Arten gesammelt. Polygala amarella Crantz mit grösseren Blüthen und grösseren Kelchblättern, gilt als Varietät von I. P. vulgaris L. ohne Blattrosette, Blätter schmal-lanzettlich, die unteren elliptisch. Deckblätter halb so lang wie das Blüthenstielchen, Nerven der Kelchblätter an der Spitze mit einer schiefen Ader verbunden, Seitennerven nach aussen aderig, die Adern netzig verbunden. P. comosa Schkuhr,. vielleicht Varietät der vorigen, die noch unentwickelten Blüthen von den schopfartigen obersten Deckblättern überragt.

Einsammlung und ***Anwendung.*** Man sammelt das den ganzen Sommer hindurch blühende Kraut mit der Wurzel auf sonnigen Höhen (auf feuchtem Boden verliert sich der Bitterstoff), trocknet und bewahrt es geschnitten auf. Man benutzt es in Form der Abkochung (15,0—20,0 : 200,0) als Magenmittel und gegen Katarrh.

Mixtura Polygalae amarae composita.

Rp.	Decocti Polygalae	200,0
	Morphini hydrochlor.	0,05
	Succi Liquiritiae	5,0
	Liquor. Ammon. anis.	5,0
	Sirupi simplicis	40,0.

Mixtura expectorans STOCKES.

Rp.	Decocti Polygalae	120,0
	Ammonii carbonici	1,0
	Tinct. Opii benzoic.	
	Tinct. Scillae	ää 5,0
	Sirupi tolutani	20,0.

II. Polygala butyracea Heckel wird in Westafrika kultivirt; die Samen liefern 17,55 Proc. Fett, dasselbe besteht aus 4,8 Proc. Palmitinsäure, 31,5 Proc. Oleïn, 57,54 Proc. Palmitin, 6,16 Proc. Myristin. Ebenso liefert **P. rarifolia D. C.** in Afrika Fett.

III. Viele Arten enthalten Saponine, vergl. Senega.

IV. Polygala tinctoria Forsk. In Arabien, liefert einen blauen Farbstoff (Indigo?).

V. Zahlreiche Arten enthalten Salicylsäuremethylester, und zwar anscheinend nicht frei, sondern in glukosidischer Bindung, nämlich P. Senega L., P. Baldwinii Nutt., P. variabilis H. B. K., P. javana D. C., P. oleïfera Heckel, P. serpyllacea Weihe, P. calcarea F. Schultz, P. vulgaris L.

VI. Polygala Senega L. Vergl. Senega.

Polygonatum.

Gattung der **Liliaceae — Asparagoideae — Polygonateae.**

I. Polygonatum officinale All. (syn.: P. vulgare Desf.). Heimisch in Europa, Sibirien und dem westlichen Himalaya. Mit dickem Rhizom, das aus den Fussstücken der alljährlich über die Erde hervortretenden Sprosse gebildet ist, die nach ihrem Absterben rundliche, flache Höhlungen (daher der Name „Salomonssiegel") hinterlassen, ausserdem mit den Narben der Wurzeln und geringelt durch die Insertionsstellen der Niederblätter. Mit kantigem Stengel, der abwechselnd zweizeilig ganzrandige Laubblätter und in deren Achsel je 1—2 überhängende Blüthen trägt.

Liefert im Rhizom: **Rhizoma Polygonati** s. **Sigilli Salomonis. — Salomonssiegel. — Rhizome de sceau-de-Salomon** (Gall.). Dasselbe enthält Asparagin.

II. Polygonatum multiflorum All. Verbreitung wie I., aber auch in Japan. Stengel stielrund. Anzahl der Blüthen in jeder Blattachsel grösser. Verwendung wie I.

III. Polygonatum biflorum (Walt.) Elliott. Heimisch in den atlantischen Staaten Nordamerikas. Rhizom von zwiebelartigem Geruch und schleimig-bitterlichem Geschmack.

IV. Polygonatum giganteum Dietr. var. foliatum Maxim. In Yesso. Das Rhizom wird gegen Geschwüre im Munde verwendet.

Polygonum.

Gattung der **Polygonaceae — Polygonoideae — Polygoneae.**

I. Polygonum Bistorta L. Heimisch in der arktischen und gemässigten nördlichen Zone. Ausdauernd. Blätter eiförmig, wellig, mit geflügeltem Blattstiel. Stengel einfach mit einfacher Blüthenähre am Ende, Blüthen röthlich-weiss.

Liefert im Rhizom: **Rhizoma Bistortae. Radix colubrina. — Natterwurz. — Rhizome de Bistorte** (Gall.).

Beschreibung. Fingerdick, etwas zusammengedrückt, gewunden, quer geringelt, braun, an der Unterseite mit Wurzeln besetzt. Im Querschnitt erscheint ein Kreis von Gefässbündeln, unterbrochen von 2—8 Zellen breiten Markstrahlen. Im Parenchym Stärke, Oxalatdrusen und Gerbstoff.

Bestandtheile. 19,7 Proc. Gerbstoff, 0,447 Proc. Gallussäure, 29,5 Proc. Stärkemehl. Alkohol löst 13,94 Proc.

Anwendung. Als Adstringens, neuerdings als Infus-Dekokt (15 : 180) empfohlen.

II. Polygonum aviculare L. Kosmopolitisch. Einjährig. Stengel niederliegend, ästig, Aeste bis zur Spitze beblättert. Blätter elliptisch oder lineal-lanzettlich, am Rande rauh. Blüthen blattwinkelständig.

Lieferte früher **Herba Centumnodii** s. **sanguinalis,** neuerdings als Geheimmittel: **Homeriana** angepriesen. Verursacht bei Kühen Blaufärbung der Milch.

III. Polygonum hydropiper L. in Europa und Nordamerika. Die scharf schmeckende Pflanze wurde früher als **Herba Hydropiperis s. Persicariae urentis** angewendet, neuerdings unter dem Namen **Chilillo** (von „Chilli", einer amerikanischen Bezeichnung der ebenfalls scharf schmeckenden Capsicumfrüchte) als Antirheumaticum und Diureticum empfohlen. Enthält 3,46 Proc. Gerbstoff.

IV. Polygonum hydropiperoides Michx. Heimisch in Amerika und Australien. Wird unter demselben Namen wie die vorige angewendet.

V. Polygonum tinctorium Lour. In China. Liefert Indigo. In Europa angestellte Kulturversuche sind ziemlich resultatlos gewesen. Auch **P. rivulare Kön.** und **P. barbatum L.** enthalten Indigo.

VI. Polygonum cuspidatum Sieb. et Zucc. In Japan. Wird zum Gelbfärben benutzt. Enthält ein Glukosid, das bei der Hydrolyse Emodin abspaltet.

Populus.

Gattung der **Salicaceae.**

I. Populus nigra L. Heimisch in Europa. Stamm mit ausgebreiteten Aesten. Blätter langgestielt mit seitlich zusammengedrücktem Blattstiel, Lamina am Grunde gestutzt oder keilförmig, seltener herzförmig, sonst dreieckig oder rhombisch, am Rande kerbiggesägt, zugespitzt. Staubbeutel vor dem Verstäuben purpurn, Narben gelblich.

Liefert in den Blattknospen: **Gemmae Populi.** (Ergänzb.). **Turiones s. Oculi Populi. — Pappelknospen. Pappelsprossen. Bellenknospen. — Bourgeon de peuplier.** (Gall.). — **Poplar buds.**

Beschreibung. Sie sind spitz-kegelförmig, bis 2 cm lang, glänzend braun mit aromatischem Harz bedeckt und bestehen aus dachziegelförmig angeordneten Deckschuppen, die die eigentliche Laubknospe einschliessen.

Bestandtheile. $^1/_2$ Proc. ätherisches Oel, Harz, Wachs, Gummi, Gerbstoff und Chrysinsäure $C_{15}H_{10}O_4$, einen gelben Farbstoff.

Pappelknospenöl erhält man durch Destillation der getrockneten Pappelknospen in einer Ausbeute von ca. $^1/_2$ Proc. Es ist dickflüssig, von angenehmem, kamillenähnlichem Geruch, hat das specifische Gewicht 0,900—0,905 und dreht das polarisirte Licht schwach nach rechts. Mit $^1/_2$ Th. 95proc. Alkohols giebt es eine klare Lösung. Es enthält ca. $^1/_2$ Proc. Paraffine vom Schmelzp. 53—68° C., und neben einem noch unbekannten Sesquiterpen Humulen, $C_{15}H_{24}$.

Verwechslungen. Ausser von der genannten Art sammelt man die Droge auch von anderen Arten mit harzigen Knospen, wie P. pyramidalis Rozier und P. balsamea L. (Ergänzb.).

Einsammlung und Aufbewahrung. Man sammelt die noch geschlossenen Blattknospen im Frühling von den genannten Arten, trocknet sie an der Luft und bewahrt sie in Blech- oder Glasgefässen auf. Sie dienen nur noch zur Bereitung der Pappelsalbe, die bisweilen bei Hämorrhoidalleiden, bei Verbrennungen als Kühlsalbe benutzt wird, und eines Oeles.

Oleum Populi s. **populeum. Oleum aegirinum. Pappelöl.** Aus 100,0 trocknen, zerquetschten Pappelknospen, 100,0 Aetherweingeist, 2,0 Ammoniakflüssigkeit und 1000,0 Olivenöl wie Oleum Belladonnae Diet. (Bd. I, S. 472).

Unguentum Populi (Ergänzb. Helv.) s. **populeum. Pomatum populeum. Pappelsalbe (grüne Nervensalbe. Grüne Knorpel-, Renk- oder Tackensalbe). Pommade de bourgeon de peuplier** (Gall.). **Onguent populeum.** Ergänzb.: 1 Th. zerstossene frische Pappelknospen kocht man mit 2 Th. Schweineschmalz bei mässiger Hitze, bis die Feuchtigkeit verdunstet ist, presst und filtrirt durch Papier. — Helv.: 20 Th. frisch getrocknete Pappelknospen (II), je 5 Th. Bilsenkraut, Belladonna (II), Weingeist digerirt man mit 100 Th. benzoinirtem Schweinefett 12 Stunden im Wasserbade (bei 40—50° C.) und seiht durch Flanell. — Gall.: 8 Th. frisch getrocknete Pappelknospen, je 5 Th. frische Blätter von Mohn, Belladonna, Bilsenkraut, Nachtschatten werden zerquetscht und mit 40 Th. Schweinefett erhitzt, bis die Feuchtigkeit verdunstet ist. Man presst aus und klärt durch Dekanthiren. — Eine schön grüne Salbe erhält man nach dem bei Ungt. Linariae E. Diet. (S. 295) angegebenen Verfahren (für Handverkaufszwecke auch mittels Chlorophyll).

Mixtura antidiarrhoica Hitchcock.

Rp.	Propolis (s. unten)	
	Aquae destill.	
	Sirupi Sacchari	ää 60,0
	Liquor. Kalii carbon.	4,0.

Einen halben Theelöffel bei Durchfall der Kinder.

Propolis Hitchcock ist ein durch Ausziehen von 10 Th. frischer Pappelknospen mit 20 Th. verdünntem Weingeist und 5 Th. Glycerin und Eindampfen auf 10 Th. dargestelltes Extrakt.

II. Die Rinden von **Populus alba L.** u. **P. tremuloides Michx.** werden medicinisch benutzt, die erstere gegen Harnbeschwerden, die zweite als Fiebermittel. Beide sollen Salicin enthalten.

Potentilla.

Gattung der **Rosaceae — Rosoideae — Potentilleae.**

I. Potentilla argentea L. In Europa, Sibirien und Nordamerika. Stengel aufsteigend, filzig, oberwärts locker doldenartig. Blätter fünfzählig, mit keilförmig-verkehrteiförmigen bis länglich-linealischen, vorn eingeschnitten-gesägten, am Rande zurückgerollten, unten filzigen Blättchen. Blüthen goldgelb, Blumenblätter verkehrt-eiförmig, ausgerandet, meist länger als der Kelch. Blüthenstiele nach dem Verblühen aufrecht oder abstehend.

Potentilla anserina L. Ausserhalb der Tropen fast kosmopolitisch. Die ausläuferartigen Scheinachsen niedergestreckt, behaart. Blätter unterbrochen gefiedert, Blättchen länglich, fiederspaltig gesägt, unterseits, zuweilen auch oberseits, seidenhaarig-filzig. Blüthen einzeln, gelb, Blumenblätter oval.

Beide Arten liefern im Kraut: **Herbe d'Argentine** (Gall.), das der ersten Art wurde früher als **Herba Quinquefolii minoris**, das der zweiten als **Herba Argentinae** oder **Anserinae** verwendet.

II. Potentilla silvestris Neck. Vergl. Tormentilla.

Primula.

Gattung der **Primulaceae — Primuleae.**

Primula officinalis (L.) Jacq. Heimisch in Europa, Vorderasien und Sibirien. Mit dicht bewurzeltem Rhizom und einer Rosette grundständiger, stark gerunzelter, am Rande wellig gezähnter und unterseits sammethaariger Blätter. Blüthenschaft bis 30 cm hoch mit nickenden Blüthen. Ihr Kelch ist aufgeblasen mit kantig vorspringenden Nerven und zugespitzten Zähnen. Blüthe heterostyl. Krone gelb, am Schlunde 5 orangerothe Flecken, bis 2 cm lang, trichterförmig, am Saume fünflappig. Frisch wohlriechend.

Die Blüthen liefern: **Flores Primulae** (Ergänzb.) **s. Paralyseos. — Schlüsselblumen. Himmel- oder Johannesschlüssel. Gichtblumen. — Fleurs de primevère. — Cowslip.**

Bestandtheile. Ein Glukosid: Cyclamin, das als Emeto-Catharticum wirkt.

Einsammlung, Aufbewahrung und Anwendung. Man sammelt die Blüthen im Frühjahr bei sonnigem Wetter, befreit sie von den Kelchen, trocknet sie bei gelinder Wärme im Schatten und bewahrt sie in dichtgeschlossenen Blechgefässen auf. Sie dienten in früheren Zeiten gegen Brustleiden, werden heute aber gleich der Radix Primulae kaum noch beachtet. Beide gehören mit zu den Heilmitteln des Pfarrers Kneipp.

Aus den frischen Blumen bereitet man eine Art Maitrank, den Schlüsselblumenwein.

Prunus.

Gattung der **Rosaceae — Prunoideae.**

I. Prunus domestica L. Im wilden Zustande nicht sicher bekannt, vielfach und in vielen Formen kultivirt. Bis 7 m hoher Baum mit kahlen Zweigen. Blätter elliptisch, gekerbt-gesägt. Blüthenstiele flaumhaarig, Blüthenknospen meist zu zweien. Blumenblätter länglich-eirund. Frucht eiförmig, Stein hart, zusammengedrückt, beiderseits spitz gerandet, ohne Furchen und Gruben.

Verwendung finden die Früchte: **Fructus Pruni. Prunum.** (Brit. U-St.). **Pflaumen. Zwetschen.** — **Pruneau noir.** (Gall.). — **Prunes.** — Die reifen, in bekannter Weise (durch Dörren) getrockneten Früchte.

Bestandtheile nach König:

	Wasser	Stickstoff-Substanz	Fett	Freie Säure	Zucker	Sonstige stickstoff-freie Stoffe	Asche
frisch	84,86	0,40	—	1,50	3,56	4,68	0,66
getrocknet	29,30	2,25	0,49	2,75	44,41	17,91	1,37

Man bereitet daraus **Pulpa Prunorum** (Austr.). **Pflaumenmus. Pulpe de pruneau** (Gall.). — Austr.: Getrocknete und zerschnittene Pflaumen kocht man mit q. s. Wasser, bis sie erweicht sind, schlägt durch ein Haarsieb, dampft im Wasserbade zum dicken Extrakt ein, mischt auf 3 Th. 1 Th. Zuckerpulver hinzu und dickt zur Muskonsistenz ein. — Gall. lässt die Pflaumen 2 Stunden in warmem Wasser erweichen, die Kerne entfernen und das Fruchtfleisch durch ein Haarsieb treiben. Man vermeide kupferne Geräthe! Das im Haushalte aus frischen Pflaumen gewöhnlich über freiem Feuer dargestellte Mus erhält häufig Zusätze wie Salicylsäure, Holundermus — darf also nicht für pharmaceutische Zwecke Verwendung finden.

II. Prunus Persica (L.) Sieb. et Zucc. Wahrscheinlich in China heimisch, wo P. Davidiana Franch., die Urform, vorkommt. Baum mit lanzettlichen, spitzgesägten Blättern, kurzem Blattstiel, hell- oder dunkelrosarothen Blüthen. Frucht filzigbehaart, nur bei der Nektarine (Brugnon) sind sie kahl. Man verwendet

a) die Blüthen: **Flores Persicarum. Pfirsichblüthen. Fleur de pêcher.** (Gall.). Man bereitet daraus den **Sirop de pêcher** (Gall.), **Pfirsichblüthensirup,** ebenso wie den Sirup. de Papavere rhoeade Gall. (Bd. II, S. 558).

b) Die Blätter: **Folia Persicae. Pfirsichblätter** gebrauchte man früher zur Darstellung des **Aqua Persicae foliorum,** welches jetzt durch verdünntes (!) Bittermandelwasser ersetzt wird.

c) Die Samenkerne: Aus den Samenkernen wird in grossem Maasstabe, besonders in Frankreich, ein fettes Oel gepresst, das **Oleum Nucum persicarum. Oleum Amygdalarum gallicum. Pfirsichkernöl,** fälschlich auch als „Mandelöl aus Pfirsichkernen" bezeichnet, welches für kosmetische und manche technischen Zwecke (zu Cold-Cream, zum Oelen von Nähmaschinen etc.) das theure Mandelöl ersetzen kann, da es diesem in seinen Eigenschaften fast gleichkommt.

Spec. Gewicht 0,923. Bei — 20° C. ist es noch flüssig.

Aus den Samen von **Prunus Brigantiaca Vill.** presst man in Frankreich ebenfalls fettes Oel **(Huile de Marmotte. Huile d'abricotier de Briancon. — Oleum Armeniacae. — Hymalayan apricot oil),** welches wie das vorige verwendet wird. Spec. Gewicht 0,915—0,92. Erstarrt bei —14°C. Verseifungszahl 192,9. Jodzahl 100. Vergl. Amygdalus Bd. I, S. 280.

III. Prunus spinosa L. Heimisch in Europa. Dorniger Strauch mit weichhaarigen Zweigen und länglich-elliptischen, gesägten, zuletzt kahlen Blättern. Blüthenstiele kahl, meist einblüthig. Blumenblätter weiss, Früchte kugelig, schwarz.

Verwendung finden die Blüthen: **Flores Acaciae** (Ergänzb.). **Flores Acaciae germanicae. Flores Pruni spinosae. — Schlehenblüthen. Schlehdorn- oder Schwarzdornblüthen. — Fleurs de prunellier. — Blackthorn flowers.**

Einsammlung und Aufbewahrung. Man sammelt die vollkommen entfalteten Blüthen im April bei trockenem Wetter, trocknet sie möglichst schnell und bewahrt sie in dicht geschlossenen Blechbüchsen auf. An feuchter Luft werden sie bald schwärzlich und unansehnlich. 4 Th. frische geben 1 Th. trockne.

Anwendung. Im Handverkauf als mildes Abführmittel, das im Aufguss, 5,0 bis 7,5 g auf eine Obertasse, genommen wird. Als Dornschlehblüthen ein Bestandtheil der Pfarrer KNEIPP'schen Heilmittel.

Die Früchte des Schlehdorns werden in Zucker eingemacht und liefern einen feinen Likör.

Schlehenlikör: 1 kg ganz reife Schlehen (Mitte November) macerirt man mit 5 l Weingeist (90proc.), filtrirt und mischt eine Lösung von 1 kg Kandiszucker in 5 l Wasser hinzu. (Pharm. Zeitg.)

IV. Prunus serotina Ehrh. (syn.: Prunus virginiana Mill. non L.). Heimisch in Nordamerika. Strauch mit fast lederigen, einfach gesägten, oberseits glänzenden Blättern, lockeren Blüthentrauben und schwarz purpurnen Früchten.

Man verwendet die Rinde: **Cortex Pruni Virginianae** (Brit.). **Prunus Virginiana** (U.-St.). — **Virginische Kirschbaumrinde.** — **Virginian Prune Bark. Wild Cherry.**

Beschreibung. Sie besteht aus dünnen, gebogenen Stücken oder Fragmenten solcher. Aussen ist sie mit glattem, dünnem, papierartigem, röthlichbraunem Kork bedeckt, nach dessen Entfernung die grüne Rinde zum Vorschein kommt. Auf dem Kork quergestreckte Lenticellen. Bruch kurz, körnig. Enthält Steinzellen.

An Stelle dieser Rinde scheint die von P. virginiana L. zuweilen gesammelt zu werden, die keine Steinzellen hat.

Bestandtheile. Im Oktober gesammelt 0,1436 Proc. Blausäure, im Frühjahr gesammelt 0,0478 Proc. Aeltere Rinde 0,0636—0,1736 Proc., junge Rinde 0,115—0,22 Proc. Blausäure. — Ueber 3 Proc. Gerbstoff.

Anwendung. Die Rinde wird in ihrer Heimath gegen Lungenleiden, als Beruhigungsmittel, wie in Europa die Kirschlorbeerblätter, gebraucht.

Extractum Pruni virginianae fluidum (U-St.). **Fluid Extract of Wild Cherry.** 1000 g gepulverte virgin. Kirschbaumrinde (No. 20) befeuchtet man mit einer Mischung von 100 ccm Glycerin und 200 ccm Wasser und perkolirt mittels einer Mischung von 850 ccm Weingeist (91proc.) und 150 ccm Wasser; die ersten 800 ccm fängt man für sich auf und bereitet l. a. 1000 ccm Fluidextrakt.

Infusum Pruni virginianae (U-St.). **Infusion of Wild Cherry.** 40 g gepulverte virgin. Kirschbaumrinde macerirt man 1 Stunde mit 60 ccm Wasser und sammelt dann durch Verdrängen mittels Wasser 1000 ccm Flüssigkeit.

Sirupus Pruni virginianae (Brit. U-St.). **Syrup of Virginian Prune or of Wild Cherry.** Brit.: 150 g virgin. Kirschbaumrinde (No. 20) perkolirt man mit q. s. Wasser, so dass man 450 ccm Auszug erhält, löst darin ohne Erwärmung 750 g Zucker, fügt 62,5 ccm Glycerin zu, seiht durch und bringt durch Nachwaschen mit Wasser auf 1000 ccm. — U-St. 1) 150 g Rinde befeuchtet man mit q. s. einer Mischung aus 150 ccm Glycerin und 300 ccm Wasser, perkolirt zuerst mit dem Rest, dann mit q. s. Wasser, so dass man 450 ccm Flüssigkeit erhält, löst 700 g Zucker und bereitet 1000 ccm Sirup, wie vorhin 2) Aus dem nach 1) erhaltenen Perkolat und dem Zucker im Verdrängungswege, wie unter Sirup. Sacchari U-St. angegeben. — Dresden. Vorschr.: Aus 30 Th. Rinde bereitet man durch Erschöpfen mit Wasser 90 Th. Perkolat, fügt 16 Th. Glycerin hinzu und löst 150 Th. Zucker.

Tinctura Pruni virginianae (Brit.). **Tincture of Virginian Prune.** 200 g virgin. Kirschbaumrinde (No. 20) stellt man mit 375 ccm Wasser 24 Stunden bei Seite, fügt 625 ccm Weingeist (90 vol. Proc.) hinzu und macerirt l. a.

Vinum Pruni virginianae (Nat. form.). **Wine of Wild Cherry.** 250 g virgin. Kirschbaumrinde (No. 40) werden im Verdrängungswege zuerst mit einer Lösung von 165 g Zucker in 200 ccm Wasser, dann mit q. s. Angelika-Wein[1]) ausgezogen, so dass man 900 ccm Perkolat erhält. Man fügt 75 ccm 91proc. Weingeist und 15 g gereinigtes Talcum[2]) hinzu, schüttelt kräftig, filtrirt und bringt durch Nachwaschen des Filters mit Angelika-Wein auf 1000 ccm.

---

[1]) Ein Kalifornischer Süsswein.

[2]) Talcum purificatum zum Klären trüber Flüssigkeiten erhält man nach Nat. form. durch zweimaliges Auskochen von 100 Th. fein gepulvertem Talcum mit 500 Th. Wasser + 10 Th. Salzsäure, dann 500 Th. Wasser + 5 Th. Salzsäure und sorgfältiges Auswaschen.

Vinum Pruni virginianae ferratum (Nat. form.). 85 ccm Tinct. Ferri citrochloridi (Nat. form.) mischt man mit Vini Pruni virginiani q. s. ad 1000 ccm.

Balsam of Wild Cherry. 30,0 Extr. Pruni virgin. fluid., 7,5 Extr. Ipecacuanh. fluid., 7,5 Extract. Scillae fluid., 3,75 Tinct. Opii, 1,0 Tart. stibiat., 30,0 Alkohol, 3 Tropf. Ol. Anisi, 15,0 Sirup. commun., 15,0 Tinct. Persion. comp., Aq. destill. q. s. ad 240 ccm. (Hahn und Holfert.)

Cherry pectoral von Ayer. Nach Fr. Hoffmann: 93,3 Sirup. Pruni virgin., 11,7 Vin. Ipecac., 11,7 Vin. Antimon., 7,8 Tinct. Sanguinar., 0,2 Morph. hydrochlor.

V. Prunus Laurocerasus. S. 280.

VI. Prunus Cerasus. Bd. I, S. 698.

Pulegium.

Gattung der **Labiatae—Stachyoideae—Menthinae,** jetzt zu **Mentha** gezogen:

Mentha Pulegium L. (syn.: Pulegium vulgare Mill.). Heimisch vom Mittelmeergebiet und dem Orient bis Südengland und Südschweden. Stengel aufsteigend, am Grunde wurzelnd, kurzhaarig. Blätter gestielt, oval oder eiförmig, sparsam gezähnt, kahl oder kurzhaarig. Blüthen in getrennten Scheinquirlen, Kelch zweilippig, cylindrischtrichterförmig, gefurcht, obere Kelchzähne bei der Fruchtreife zurückgekrümmt, der Schlund durch einen Haarkranz geschlossen. Liefert **Herba Pulegii,** jetzt obsolet. Vorschriften vergl. Mentha.

Oleum Pulegii. Oleum Menthae Pulegii. — Poleiöl. — Essence de Pouillot. — Oil of European Pennyroyal.

Darstellung. Poleiöl wird in Südeuropa, besonders in Spanien aus dem Kraute von Mentha Pulegium L. destillirt.

Eigenschaften. Gelbes bis röthlichgelbes Oel von intensivem, weinähnlichem Geruch. Spec. Gewicht 0,93—0,96. Drehungswinkel im 100 mm-Rohr + 17 bis + 23°. Löslich in 2 Thln. Spiritus dilutus.

Bestandtheile. Poleiöl besteht fast ausschliesslich aus einem bei 221—222° C. siedenden Keton $C_{10}H_{16}O$, Pulegon. Das Poleiöl ist ähnlich wie das in U-St. officinelle Ol. Hedeomae von Hedeoma pulegioides Pers. zusammengesetzt und kann ohne weiteres an Stelle dieses verwendet werden.

Pulmonaria.

Gattung der **Borraginaceae — Borraginoideae — Anchuseae.**

I. Pulmonaria officinalis L. In Mittel- und Südeuropa. Perennirend. Blätter der Grundachse zugespitzt, mit langem, schmal geflügeltem Stiel, die unteren herz-eiförmig, die oberen eiförmig-lanzettlich, am Grunde abgerundet. Stengelblätter sitzend, länglich-spatelförmig. Blüthenstand ein Wickel, die Blüthen sämmtlich oder theilweise mit Tragblättern. Kelch prismatisch, 5eckig, 5zähnig, bei der Fruchtreife aufgeblasen. Blumenkrone trichterig, 5lappig, Schlund gebärtet. Anfangs roth, dann blauviolett. Die rauhhaarigen Blätter liefern:

Folia Pulmonariae (Ergänzb.). **Herba Pulmonariae maculosae. — Lungenkraut. — Feuille de pulmonaire officinale** (Gall.).

Die im Mai gesammelten Blätter werden bei Lungenleiden als Volksmittel verwendet.

Auszehrungs- und Lungenkräuter Dr. Redling's sind Herba Galeopsidis mit wenig Fol. Pulmonariae.

Schneeberg's Gesundheitskräuter entsprechen annähernd den Species pectorales c. fructibus Strassbg. (Bd. I, S. 233) mit Isländ. Moos und Lungenkraut.

II. Herba Pulmonariae arboreae ist der Thallus einer **Flechte** (Reihe der **Ascolichenes**, Familie der **Stictaceae**) **Sticta pulmonacea Ach.**, die in Wäldern am Fusse von Eichen und Buchen, auch auf Steinen wächst. Thallus bis 30 cm und darüber im Durchmesser, im Centrum angewachsen, lederartig, tiefbuchtig gelappt, netzförmig-grubig, unterseits rostfarbig, dünnfilzig, mit weissen, flach gewölbten Cyphellen, oberseits grün, trocken bräunlich. Apothecien klein, rothbraun. Geschmack schleimig-bitter. Enthält Stictinsäure oder Cetrarsäure (vergl. S. 292).

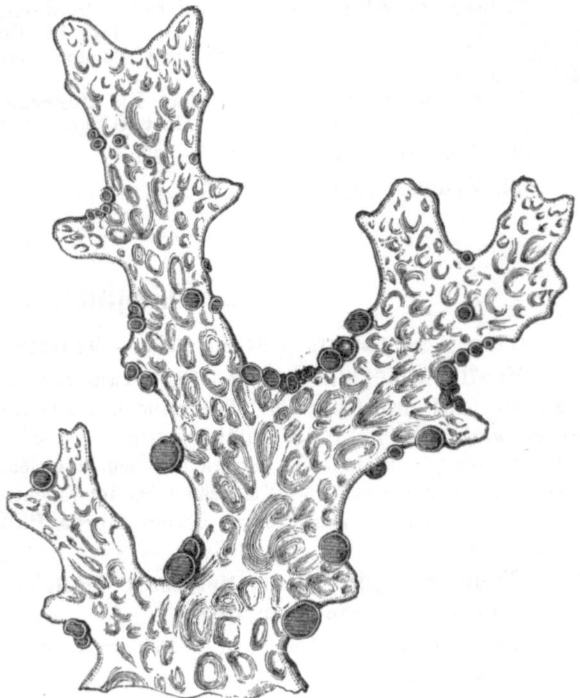

Fig. 84. Sticta pulmonacea Ach., am Rande mit Apothecien.

Lichen pulmonarius. Herba Pulmonariae arboreae. — Lungenmoos. Lungenflechte. Lungenkraut. Lungenreff. — Pulmonaire de chêne. Lichen pulmonaire (Gall.). — **Lungwort.**

Aufbewahrung. Man säubert die Flechte von erdigen Bestandtheilen, trocknet an einem lauwarmen Orte und bewahrt sie geschnitten auf.

Anwendung. Ein bei Lungenleiden etc. noch vielfach gebrauchtes Volksmittel.

Pulsatilla.

I. Anemone Pulsatilla L. (syn.: Pulsatilla vulgaris Mill.). Von Mittel- und Südeuropa bis Ostasien. Mit 2—3fach zusammengesetzten, in feine Segmente zerschnittenen, dicht zottigen Grundblättern und einer aufrechten oder wenig geneigten Blüthe, deren an der Basis glockiger, korollinischer Kelch von der Mitte an sich ausbreitet, dessen Zipfel aber nicht zurückgerollt sind, doppelt so lang als die Staubblätter.

II. Anemone pratensis L. (syn.: Pulsatilla pratensis Mill.). Blüthe nickend, Kelchblätter an der Spitze zurückgerollt, wenig länger als die Staubblätter. Liefern:

† Herba Pulsatillae (Ergänzb.). **Pulsatilla** (U-St.). — **Küchenschelle. Windblumenkraut.** — **Feuille et fleur d'Anémone Pulsatille ou de coquelourde** (Gall.). — **Wind-flowers.**

Bestandtheile. Anemonin (Anemonen-Pulsatillenkampfer), $C_{15}H_{12}O_6$, sehr scharf und Entzündungen hervorrufend, aber leicht zersetzlich und nur in der frischen Pflanze vorhanden.

Einsammlung, Aufbewahrung. Man sammelt das frische Kraut zur Blüthezeit, im April und Mai, mit den bereits entwickelten Wurzelblättern und verwendet es alsbald zur Darstellung von Extrakt und Tinktur. Das getrocknete Kraut ist vorsichtig aufzubewahren, nach U-St. nicht über 1 Jahr.

Anwendung. Man giebt die getrocknete Küchenschelle und Pulver oder Pillen daraus zu 0,1—0,4 g, als Aufguss 1 : 20—50 bei Asthma, Keuchhusten, Krämpfen, einseitigem Kopfweh, besonders aber bei dem als Staar bekannten Augenleiden. Die Homöopathie gebraucht Pulsatilla gegen Bleichsucht und Regelstörungen.

† **Alcoolatura Pulsatillae** (Gall.). **Alcoolature d'Anémone pulsatille.** Aus dem frischen, blühenden Kraut wie Alcool. Digitalis (Bd. I, S. 1041).

† **Extractum Pulsatillae** (Ergänzb.). **Küchenschellenextrakt.** Genau so wie Extr. Conii Ergänzb. (Bd. I, S. 947). Ausbeute etwa 3 Proc. Zu 0,06—0,2 bei Hemikranie (HUSEMANN).

† **Extractum Pulsatillae fluidum** (Münch. Vorschr.). Aus 100 Th. mittelfein gepulverter Küchenschelle und q. s. einer Mischung aus 3 Th. Weingeist (87 proc.) und 7 Th. Wasser l. a. 100 Th. Fluidextrakt (Bd. I, S. 1074).

† **Tinctura Pulsatillae Rademacheri.** Genau so wie Tinct. Digitalis Germ. (Bd. I, S. 1041).

Mixtura antamaurotica v. GRAEFE.

Rp. 1. Herb. Pulsatillae 5,0 ad 12,0
2. Vini Gallici q. s.
3. Sirupi Cinnamomi 30,0
4. Aetheris acetici 1,5.

Durch Digeriren von 1 mit 2 bereitet man 250,0 Seihflüssigkeit und mischt 3 und 4 hinzu. Bei grauem und schwarzem Staar esslöffelweise.

Pilulae antamauroticae v. GRAEFE.

Rp. Herb. Pulsatill. pulv.
Extract. Pulsatill. āā 5,0.

Zu 75 Pillen. 3mal täglich 1—3 Stück.

Pulvis contra tussim convulsivam SEIDLER.

Rp. Extract. Pulsatill. 0,03
Sacchar. Lactis 1,0.

Dent. tal. dos. 10.

Pulveres.

Pulvis (Austr. Germ. Helv. Brit. U-St.). **Poudre** (Gall.). **Pulver. Powder** (engl.).

Der Zerkleinerung der Drogen und Chemikalien wird gegenwärtig bei weitem mehr Aufmerksamkeit zugewendet als früher. Dies ist zunächst zurückzuführen auf die Fortschritte der Technik, welche den Apotheken-Laboratorien an Stelle des „Mörsers" eine Anzahl leistungsfähiger Special-Maschinen zuführte, überdies Anstalten entstehen liess, in denen die Zerkleinerung der Drogen als Specialität betrieben wird. Anderseits ist dies aber auch zurückzuführen auf die Erkenntniss, dass ein feines Pulver vom Organismus besser ausgenutzt wird als ein grobes und dass auch im allgemeinen ein feineres Pulver sich leichter verarbeiten und durch Lösungsmittel leichter und gründlicher erschöpfen lässt als ein gröberes, wenn auch bezüglich des letzteren Punktes eine Grenze gezogen ist, welche nicht überschritten werden darf.

Zur Verwandlung der Drogen in Pulver bedient sich der Apotheker des Stossmörsers, ferner der Kugeltrommel und für ölige Samen der Excelsior-Mühlen.

Bevor vegetabilische Drogen (mit Ausnahme der öligen Samen) der Pulverung unterzogen werden, pflegt man sie auszutrocknen. Das geschieht im Trockenschranke. In diesem soll man die zu trocknenden bez. zu pulvernden Rohstoffe nicht länger belassen, als unbedingt nöthig ist, um sie in den zur Pulverung geeigneten trockenen Zustand zu bringen. — Rohstoffe in kompakten Stücken pflegt man vor dem Trocknen durch Zerschlagen oder Zerspalten oder Zerschneiden grob zu zerkleinern, damit der Trocknungsprozess rascher und gründlicher verlaufen kann.

Das Pulvern wird in der Weise ausgeführt, dass die zu pulvernden, getrockneten Rohstoffe durch Stossen oder Mahlen zerkleinert werden, worauf man die feineren Antheile durch Absieben von den gröberen trennt und letztere dem Zerkleinern und Absieben so oft und so lange weiter unterwirft, bis schliesslich kein oder nur ein unbedeutender Rückstand (die Remanenz) hinterbleibt, welcher beseitigt wird. Die so erhaltenen verschiedenen durchgesiebten Antheile werden gemischt. Da die Pulver während des Pulverns und Siebens Feuchtigkeit aus der Luft anziehen, so trocknet man sie im Trockenschranke nach, bevor man sie in die Standgefässe unterbringt.

Die Feinheit eines Pulvers richtet sich nach der Feinheit des zum Absieben benutzten Siebes. Früher bezeichnete man als sehr feine Pulver die durch ein Seidensieb gesiebten, als feine Pulver die durch ein Haarsieb gesiebten, als grobe Pulver die durch ein gröberes Haarsieb oder ein feines Drahtsieb geschlagenen Pulver.

Gegenwärtig wird der Feinheitsgrad der Pulver bestimmt durch Angabe der Maasse, welche die zum Absieben zu benutzenden Siebgewebe haben sollen. Die Angaben der Pharmakopöen weichen in dieser Beziehung einigermassen, aber nicht allzusehr von einander ab.

Austr. Macht keine zahlenmässigen Angaben über die zum Absieben der Pulver zu benutzenden Siebe.

Brit. Die verschiedenen Grade der Grobheit oder Feinheit von Drogenpulvern werden bezeichnet durch Nummern, z. B. No. 20 oder No. 60. Diese Nummern geben an die Anzahl paralleler Fäden von üblicher Stärke, welche in 1 Zoll (1 Inch) Länge nach jeder der beiden sich kreuzenden Richtungen (Länge und Breite) in den von den Apotheken gebrauchten Siebböden enthalten sein sollen. Praktisch kann man die Anzahl der Fäden als gleich annehmen mit der Anzahl der Maschen. Die Siebe der Brit. sind die nämlichen wie die der U-St. 1 Zoll (1 Inch) ist = 2,54 cm.

U-St. Hat das gleiche Princip wie die Brit. Die von ihr für die Pulver benutzten Nummern geben an die Anzahl der Maschen, welche auf 1 Zoll (1 Inch) Länge in den Siebböden enthalten sind. Gleichzeitig macht sie diese Angaben auch nach dem metrischen System in abgerundeten Zahlen. Sie macht folgende Angabe:

Sehr feines Pulver (Very fine powder) Powder No. 80. Das Sieb habe mindestens 30 Maschen auf 1 cm Länge (80 Maschen auf 1 Zoll).

Feines Pulver (Fine powder) Powder No. 60. Das Sieb habe 24 Maschen auf 1 cm Länge (60 Maschen auf 1 Zoll).

Mittelfeines Pulver (Moderately fine powder) Powder No. 50. Das Sieb habe 20 Maschen auf 1 cm Länge (50 Maschen auf 1 Zoll).

Mittelgrobes Pulver (Moderately coarse powder) Powder No. 40. Das Sieb habe 16 Maschen auf 1 cm Länge (40 Maschen auf 1 Zoll).

Grobes Pulver (Coarse powder) Powder No. 20. Das Sieb habe 8 Maschen auf 1 cm Länge (20 Maschen auf 1 Zoll).

Germ. Giebt ebenso wie U-St. die Anzahl der Maschen für 1 cm Länge der Siebböden an. Sie macht folgende Angaben:

Feine Pulver. Das Sieb habe mindestens 43 Maschen auf 1 cm Länge. (Sieb No. VI). (Fig. 85.)

Mittelfeine Pulver. Das Sieb habe mindestens 26 Maschen auf 1 cm Länge. (Sieb No. V). (Fig. 86.)

Grobe Pulver. Das Sieb habe mindestens 10 Maschen auf 1 cm Länge. (Sieb No. IV). (Fig. 87.)

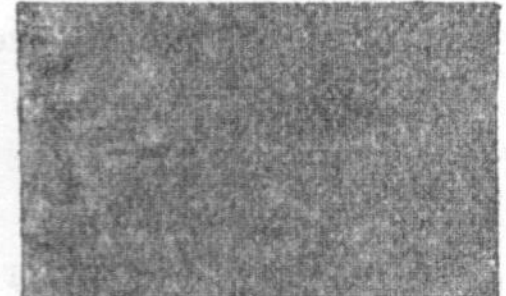
Fig. 85.

Fig. 86.

Fig. 87.

Helv. Hat etwas andere Maasse wie Germ. Sie macht folgende Angaben:

Sehr feine (alkoholisirte Pulver). Das Sieb habe 50—51 Maschen auf 1 cm Länge. (Sieb No. VII).

Feine Pulver. Das Sieb habe 37--40 Maschen auf 1 cm Länge. (Sieb No. VI).

Mittelfeine Pulver. Das Sieb habe 27 Maschen auf 1 cm Länge. (Sieb No. V).

Grobe Pulver. Das Sieb habe 15 Maschen auf 1 cm Länge. (Sieb No. IV).

Gall. Hat zwei verschiedene Arten der Bezeichnung:

A) Seidensiebe und Messingdrahtsiebe bezeichnet man durch Nummern, z. B. 80 oder 100 und dergl. Diese Nummern geben die Anzahl der Maschen an, welche auf 1 Zoll (1 pouce = 2,7 cm) Länge enthalten sind. Die Bezeichnung dieser Siebe bez. Pulver entspricht demnach derjenigen der U-St.

B) Die Haarsiebe werden mit den laufenden Nummern 1, 2, 3 u. s. w. bezeichnet. Ihre Dimensionen sind identisch mit denjenigen, welche die im Handel als Venetianische Siebböden *(tissus de Venise)* bezeichneten Siebgeflechte haben.

Es mag noch darauf aufmerksam gemacht werden, dass Seidensiebe und Messingsiebe in ihrer Maschenweite sehr gleichmässig sind, daher gleichmässig feine Pulver geben, da-

gegen liefern Haarsiebe weniger gleichmässige Pulver, weil man die Verwendung völlig gleichdicker Haare bei der Herstellung der Siebböden nicht in der Hand hat. — Wird Draht aus Messing oder Eisen zur Herstellung von Siebböden verwendet, so ist es bei ersterem zweckmässig, bei letzterem nothwendig, ihn im verzinnten Zustande zu verwenden.

Pumex.

Lapis Pumicis (Ergänzb.). **Lapis Pumex. Pumex. Bimsstein. Bimsenstein.** Ein vulkanisches Mineral, in Deutschland u. a. in der Eifel (Laacher See) gefunden.

Der Bimsstein ist spröde, scharf und rauh anzufühlen, mit kleinmuschligem Bruche, von weisslicher, grauer, gelblicher, bläulicher bis bräunlich-schwarzer Farbe, durch und durch fein und grob porös und löcherig, zuweilen mit langgewundenen fadenähnlichen verworrenen Lagen durchzogen, mehr oder weniger seidenartig glänzend, auf dem Bruche glasglänzend, undurchsichtig, an den Kanten wenig durchscheinend. Er schwimmt auf Wasser, sinkt aber unter, sobald seine Poren mit Wasser gefüllt sind. Spec. Gew. 2,0—2,5. Geschmolzen bildet er eine dichte Steinmasse.

Im Handel unterscheidet man den Bimsstein nach der Grösse seiner Stücke, der grösseren oder geringeren Gleichmässigkeit der Porosität und seiner Härte. Der weisse oder weisslich-graue (Obsidianbimsstein, Perlitbimsstein) ist meist die leichtere und weichere Sorte und auch die officinelle. Die Sorte in grösseren Stücken (Lapis Pumicis in frustis majoribus electus) wird in der Technik verwendet und zum Poliren, Abreiben des Holzes, Hornes, Elfenbeins, des Leders, der Steine, des Marmors, der Metalle etc. verbraucht. Die Sorte in kleineren Stücken (in frustis minoribus) genügt zur Darstellung des gepulverten Bimssteins. Ein sogenannter künstlicher Bimsstein ist nur für technische Zwecke verwendbar, für pharmaceutische Zwecke zu verwerfen.

Die Bestandtheile sind die nämlichen wie die des Feldspaths und Obsidians, 60—80 Proc. Kieselsäure, der Rest besteht aus Thonerde, Kali, Natron, Kalk, Magnesia, Mangan, Eisen. Bisweilen sind auch kleine Mengen von Chloriden, sogar Spuren von Ammoniaksalzen vorhanden.

Anwendung. Bimsstein in Stücken verwendet man als mechanisches Detersivum zum Abreiben von Hautverdickungen und Hühneraugen. Als sehr feines Pulver setzt man ihn in kleinen Mengen Zahnpulvermischungen zu, doch ist dieser Gebrauch verwerflich, da auch das feinste Pulver den Zahnschmelz ritzt. In der Analyse zum Aufsaugen von Flüssigkeiten, welche getrocknet oder extrahirt werden sollen, zum Füllen von Trockenröhren.

Pulvis dentifricius Chinensis.

Chinesisches Zahnpulver.

Rp.	Lapidis Pumicis	20,0
	Concharum praeparatum	10,0.

Vor dem Gebrauche ist zu warnen.

Pulvis dentifricius pumiceus.

Bimsstein-Zahnpulver.

Rp.	Lapidis Pumicis	
	Concharum praeparatum	
	Natrii bicarbonici	
	Rhizomatis Iridis Florentinae	
	Sacchari Lactis	āā 10,0
	Olei Menthae piperitae	
	Olei Geranii	āā gtts. X.

Vor dem Gebrauche ist zu warnen.

Sapo pumiceus.

Bimsstein-Seife.

Rp.	1. Saponis domestici sicci raspati	750,0
	2. Natrii carbonici crystallisati	20,0
	3. Aquae fervidae	120,0
	4. Lapidis Pumicis pulv.	200,0
	5. Talci Venetae	50,0
	6. Parfum ad libitum.	

Man kocht 1—3 bis zur Auflösung, rührt 4 und 5, zum Schluss 6 hinzu, lässt erstarren und schneidet nach dem völligem Erkalten Stücke.

Pyoktanin.

Unter dem Sammelnamen „Pyoktanin" (von πῦον Eiter und κτεῖνω tödte) werden zwei ungiftige Theerfarbstoffe medicinisch verwendet. Ihnen wird hier noch das Methylenblau angereiht.

I. Pyoktaninum aureum (Ergänzb.). **Gelbes Pyoktanin. Auramin O.** $C_{17}H_{24}N_3OCl$. **Mol. Gew. = 321,5. Benzophenoneïd** und **Apyonin** sind französische Bezeichnungen.

Das gelbe Pyoktanin ist reines Auramin, d. i. salzsaures Imidotetramethyldi-p-amidodiphenylmethan. Es wird fabrikmässig dargestellt durch Erhitzen von Tetramethyldiamidobenzophenon mit Ammoniumchlorid und Zinkchlorid.

$$CNH\begin{cases}(1)C_6H_4(4)N(CH_3)_2\\(1)C_6H_4(4)N(CH_3)_2\end{cases}.HCl + H_2O$$

Auramin O.

Goldgelbes Pulver, welches in kaltem Wasser schwer, leicht löslich dagegen ist in heissem Wasser, in Weingeist, Aether und in Chloroform. Die wässerige Lösung giebt mit Kaliumjodidlösung sowie mit Kaliumsulfocyanidlösung feurig-gelbe Niederschläge (des jodwasserstoffsauren bezw. des sulfocyanwasserstoffsauren Salzes), mit Natronlauge eine weiss-gelbe Ausscheidung der freien Farbbase. In dem Filtrate der Natronlaugenfällung entsteht nach dem Uebersättigen mit Salpetersäure ein weisser Niederschlag von Silberchlorid.

Prüfung. **1)** 1 Th. Pyoktanin muss sich in 30 Th. Weingeist ohne Rückstand auflösen (Dextrin würde ungelöst zurückbleiben). — **2)** Es darf beim Einäschern nicht mehr als 1 Proc. feuerbeständigen Rückstand hinterlassen (unorganische Beimengungen). Spuren von Eisen sind zuzulassen. — **3)** Zur Prüfung auf Arsen werden 2 g mit je 2,5 Soda und Salpeter verascht. Die Lösung der Asche wird mit verdünnter Schwefelsäure übersättigt, diese Lösung eingedampft, bis zum völligen Vertreiben der Salpetersäure erhitzt und im Marsh'schen Apparat geprüft.

Auramin I und Auramin II sind Verdünnungen des reinen Auramins mit Dextrin in verschiedenen Verhältnissen.

II. Pyoktaninum coeruleum (Ergänzb.). **Blaues Pyoktanin. Methylviolett.** Der reine, im Handel unter dem Namen „Methylviolett" bekannte Farbstoff.

Wird in der Grosstechnik durch Einwirkung von Oxydationsmitteln auf Dimethylanilin dargestellt und besonderen Reinigungsverfahren unterworfen. — Besteht im wesentlichen aus dem salzsauren Salze des Pentamethyl-p-Rosanilins $C_{24}H_{28}N_3Cl$ und demjenigen des Hexamethyl-p-Rosanilins $C_{25}H_{30}N_3Cl$.

Ein blaues, krystallinisches Pulver, welches in Wasser und in Weingeist mit intensiv blau-violetter Farbe löslich ist. Die Farbe der wässerigen Lösung geht durch allmählichen Zusatz von Salzsäure in Blau, Grün, Braungelb, schliesslich in Braunroth über. Durch Zusatz einer hinreichenden Menge Wasser nimmt diese Lösung schliesslich wieder violette Farbe an. — Natronlauge fällt aus der wässerigen Lösung einen roth-violetten, Schwefelammonium einen lasurblauen Niederschlag. Die weingeistige Lösung des blauen Pyoktanins wird beim Erwärmen mit Natronlauge entfärbt. Man erkennt das blaue Pyoktanin am sichersten an dem Absorptionsspektrum seiner Lösung. Dasselbe ist auf S. 617 angegeben.

$$C\begin{cases}(1)C_6H_4(4)N(CH_3)_2\\(1)C_6H_4(4)N(CH_3)_2\\(1)C_6H_4(4)NHCH_3Cl\end{cases}$$

Pentamethyl-p-Rosanilin chlorhydrat.

Prüfung. **1)** Es löse sich in 30 Th. Weingeist auf, ohne einen Rückstand zu hinterlassen. — **2)** 5 g sollen beim Verbrennen höchstens 0,05 g feuerbeständigen Rückstand hinterlassen (unorganische Beimischungen). — **3)** Prüfung auf Arsen wie bei den vorigen.

Anwendung. Beide Pyoktanine, namentlich aber das blaue, finden Verwendung auf Grund ihrer baktericiden Eigenschaften. Man benutzt sie äusserlich in Substanz auf eiternde Wunden und Geschwürsflächen, in Form von Stiften (man befeuchtet diese mit Wasser und bestreicht die betr. Wundflächen), als 1—2 procentiges Streupulver, als 2 bis

10procentige Salben, in 0,1—1,0proc. Lösungen, als 0,1proc. Verbandwatte oder -Gaze, als 2—10proc. Gaze zum Ausstopfen von Körperhöhlen, in der Augenheilkunde, als Ersatz des Jodoforms bei weichem Schanker. In der Thierheilkunde als Specialmittel gegen Maul- und Klauenseuche.

III. Methylenblau. Ein weiterer Anilinfarbstoff, welcher therapeutische Anwendung findet, ist das Methylenblau, das Chlorhydrat des Tetramethylthionins, $C_{16}H_{18}N_3SCl$. Es bildet ein dunkelgrünes, bronceglänzendes Pulver, welches sich leicht mit blauer Farbe in Wasser löst, weniger leicht in Alkohol löslich ist. Durch einen Ueberschuss von koncentrirter Natronlauge entsteht in der wässerigen Lösung ein schmutzig-violetter Niederschlag.

Prüfung. Die Prüfung erstreckt sich auf einen Gehalt an Arsen und mineralischen Verunreinigungen und wird auf dieselbe Art, wie diejenige des Pyoktanins ausgeführt. — Da unter dem Namen „Methylenblau" auch das Zinkchloriddoppelsalz des Tetramethylthionins in dem Handel vorkommt, so achte man beim Veraschen des Präparates auf das etwaige Zurückbleiben von Zinkoxyd.

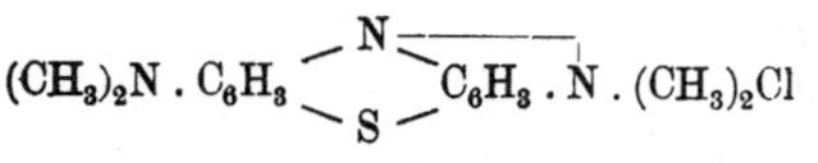

$$(CH_3)_2N \cdot C_6H_3 \begin{matrix} \diagup N \diagdown \\ \diagdown S \diagup \end{matrix} C_6H_3 \cdot N \cdot (CH_3)_2Cl$$

Methylenblau.

Anwendung. Das Methylenblau besitzt nach Ehrlich und Lippmann schmerzstillende Wirkung bei neuritischen Processen und bei Rheumatismus articulorum. Man giebt das Mittel subcutan in der Dosis von 0,06 g oder innerlich in Gelatinekapseln, die 0,1—0,5 g enthalten. Höchste Tagesdosis 1 g. Auch bei Malaria fand das Methylenblau durch Guttmann und Ehrlich Verwendung; 0,1 g fünfmal täglich. Einhorn giebt bei Cystitis, Pyelitis und Carcinoma 0,2 g zwei- bis dreimal täglich mit gutem Erfolg.

Antirheumaticum von Kamm ist eine Mischung von Natriumsalicylat und Methylenblau. Als Antirheumaticum innerlich mehrmals täglich zu 0,06—0,1 g. Nicht zu verwechseln mit Antirheumatin von Valentiner & Schwarz, s. Bd. I, S. 1162.

Pyrethrum.

A. Radix Pyrethri. Man hat zwei Sorten verschiedener Abstammung zu unterscheiden:

I. Radix Pyrethri (Ergänzb.). **Rad. Pyrethri Germanici. Rad. Dentariae. — Deutsche Bertramwurzel. Zahn- oder Speichelwurzel.**

Von **Anacyclus officinarum Hayne (Compositae — Anthemideae — Anthemidinae).** Heimath unbekannt, bei Magdeburg kultivirt.

Beschreibung. Die mit dem Kraut gesammelte Wurzel ist einfach, strohhalmdick, frisch fleischig, trocken zerbrechlich, aussen längsrunzlig, graubraun, innen heller, beim Kauen reichliche Speichelsekretion erzeugend. Im Querschnitt erkennt man in der primären Rinde die schizogenen Sekretbehälter, das Holz ist deutlich strahlig.

II. Die im Bereich der Austr., Brit., Gall., U-St. officinelle Wurzel **Radix Pyrethri** (Austr. Brit.). **Pyrethrum** (U-St.). **Rad. Pyrethri Romani. — Römische Bertramwurzel. — Racine de pyrèthre officinal** (Gall.). — **Pyrethrum root. Pellitory. Pellitory of Spain.**

Von **Anacyclus Pyrethrum D. C.**, heimisch in Marokko, Syrien, Arabien.

Beschreibung. Meist einfach, zuweilen am oberen Ende borstig beschopft, bis fingerdick, frisch fleischig, getrocknet zerbrechlich, aussen braun, runzlig, uneben. Ebenfalls beim Kauen Speichelsekretion

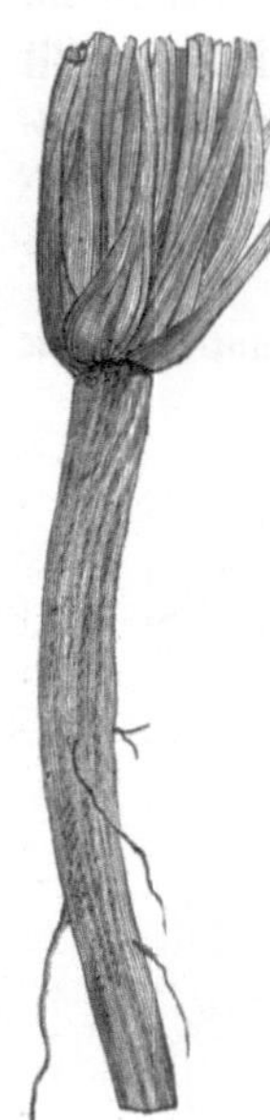

Fig. 88. Radix Pyrethri Germanici. Oberer Theil.

Fig. 89. Querschnitt 1. aus dem oberen, 2. aus dem unteren Theil von Fig. 88.

erzeugend. In der Rinde mehrere Reihen von schizogenen Sekretbehältern, eben solche auch in den Markstrahlen.

Bestandtheile. Ein scharf schmeckendes Harz, das als Pyrethrin bezeichnet wird, und etwas ätherisches Oel.

Aufbewahrung. Anwendung. Die Wurzel wird nach Beseitigung der bei der käuflichen Waare meist noch vorhandenen Blatt- und Stengelreste theils geschnitten, theils gepulvert, wobei der Arbeiter das Gesicht vor dem Staube zu schützen hat, und in dicht verschlossenen Gefässen aufbewahrt. Sie dient als speicheltreibendes Mittel bei Zahnleiden in Form von Kaumitteln, Zahnpillen, Mund- und Gurgelwässern (10—15 : 200) und als Bestandtheil der bekannten Paratinktur. Innerlich ist sie mit Vorsicht zu gebrauchen (0,1—0,25 g *pro dosi*), ebenso zu Niesepulvern.

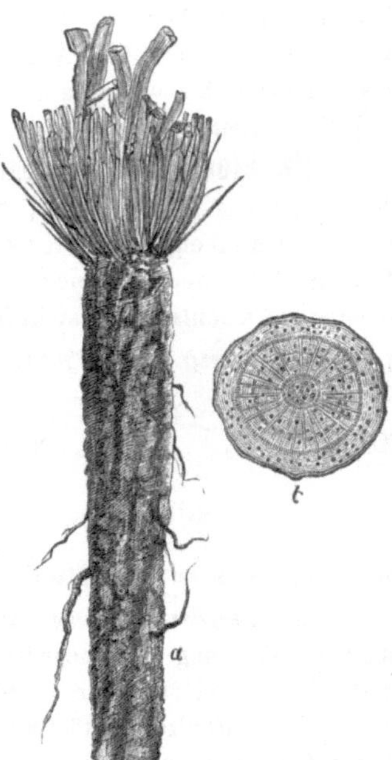

Fig. 90. Radix Pyrethri Romani. b Querschnitt.

Tinctura Pyrethri. Bertramwurzeltinktur. Teinture ou Alcoolé de pyrèthre. Tincture of Pyrethrum. Ergänzb.: Aus 1 Th. grob gepulverter deutscher Wurzel und 5 Th. verd. Weingeist (60proc.). — Brit.: Aus 200 g gepulv. römischer Wurzel (No. 40) und q. s. Weingeist (70 vol. Proc.) im Verdrängungswege (zum Anfeuchten 150 ccm) 1000 ccm Tinktur. — U-St. ebenso, doch mit 91proc. Weingeist. — Gall.: wie Ergänzb., doch aus römischer Wurzel mit 80proc. Weingeist.

Tinctura Pyrethri aetherea. Aus 1 Th. Wurzel und 10 Th. Aetherweingeist durch Maceration.

B. Pulvis florum Pyrethri. Pulvis florum Chrysanthemi. Pulvis contra Insecta seu insecticidus. — Insektenpulver. Persisches Insektenpulver. Motten- oder **Schnakenpulver. Kapuzinerpulver. Judenstaub. — Poudre persanne.**

Besteht aus den aufs feinste gemahlenen Blüthenköpfen von **Chrysanthemum roseum Web. et Mohr** (syn.: Pyrethrum carneum M. B.) und **Chr. Marschallii Archers** (syn.: P. roseum M. B.), beide heimisch im Kaukasus, Armenien und Nordpersien, die das persische Insektenpulver liefern, und **Chr. cinerariifolium Bocc.** (syn. P.: cinerariaefolium Trev.), welches das Dalmatiner Insektenpulver liefert, heimisch in Dalmatien und der Herzegowina.

Alle drei sind ausdauernde Kräuter oder Halbsträucher. Die erstgenannte Art hat einen niedergedrückt-kreiselförmigen Hüllkelch, der aus eiförmig-länglichen bis lanzettlichen, grünen, am Rande und an der Spitze trockenhäutigen, dunkelrothen bis schwarzbraunen Blättchen besteht. Die Blumenkrone ist kaum länger als der mit einem häutigen Pappus versehene Fruchtknoten. Randblüthen weiss oder roth, Strahlblüthen gelb, wie bei den folgenden. Der Fruchtknoten der zweitgenannten Art ist viel kürzer als die Korolle. Der Hüllkelch der dritten Art ist fast halbkuglig, die Hüllblättchen gelblichbraun oder strohgelb. Der Fruchtknoten bedeutend länger als die Korolle.

Fig. 91. Chrysanthemum roseum.
A Blüthenköpfchen. *B* Hüllkelch. *C* Getrocknetes Blüthenköpfchen.

Man sammelt die Blüthenköpfchen der wilden und kultivirten Pflanzen zur Zeit in Dalmatien, am wirksamsten sind die geschlossenen Köpfchen. Man kultivirt die Pflanzen in ihrer Heimath, aber auch anderwärts, so in Australien und Amerika. Ausser den genannten drei Arten scheinen noch einige andere angewendet zu werden, z. B. Chrysanthemum caucasicum Pers.

Man pflückt die Blüthenköpfchen, am besten, wie gesagt, die noch geschlossenen, trocknet sie vorsichtig und mahlt sie zu einem sehr feinen Pulver, das von gelblich-grauer Farbe mit grünlichem Stich ist. Die vielfach beliebte, mehr gelbe Farbe des Pulvers wird durch Zusätze (vergl. unten) hervorgebracht. Insektenpulver ist von starkem, sehr charakteristischem Geruch. Das aus halbgeöffneten oder ganz geöffneten Blüthenköpfchen hergestellte Pulver ist wenig wirksam.

Bestandtheile. Man nimmt an, dass die wirksamen Bestandtheile sich in den Drüsenhaaren befinden, die am reichlichsten am Fruchtknoten der gelben Scheibenblüthen sich befinden. Daher scheinen die Randblüthen, der Blüthenboden und der Hüllkelch an der Wirkung nicht, oder nur wenig betheiligt. Ueber den wirksamen Stoff selbst herrscht wenig Klarheit. Das ätherische Oel ist nicht daran betheiligt, dagegen ist der wirksame Bestandtheil in einem ätherischen Auszug der Droge enthalten. Er scheint saurer Natur zu sein, man hat ihn Pyrethrotoxinsäure (Chrysanthemumsäure) genannt, dieselbe ist amorph, in Alkohol, Amylalkohol, Aether und Chloroform löslich. Von anderer Seite bezeichnet man ihn als Persicin, ebenfalls von saurer Reaktion.

Prüfung und Verfälschungen. Ueber Farbe und Geruch vergl. oben. Man hat vorgeschlagen, für die Beurtheilung der Güte die Menge des Aetherextraktes heranzuziehen und hat gefunden, dass Pulver aus geschlossenen Blüthen 8,0—9,5 Proc. Aetherextrakt, aus halbgeschlossenen Blüthen 6,5—7,5 Proc. liefert von gelber, gelbgrünlicher oder gelbbräunlicher Farbe. Extrakt aus Stengeln ist von grüner Farbe infolge des Gehaltes an Chlorophyll. Bei der mikroskopischen Untersuchung des Pulvers fallen in die Augen: Fragmente der Hüllkelchblätter und der Wand der Achänen mit Fasern- und Steinzellgruppen, ferner Epidermis der Unterseite der Hüllkelchblätter und Fragmente der Zungenblüthen mit zarten Spiralgefässen, endlich Pollenkörner. Diese sind um so reichlicher vorhanden, je vollkommener die Blüthenköpfchen noch geschlossen waren.

Als Verfälschungen werden angegeben, um die vielfach beliebte gelbe Farbe hervorzubringen: Chromgelb, Baryumchromat, Ocker, die man durch Aschenbestimmung und Analyse ermittelt — Insektenpulver giebt etwa 7 Proc. Asche —, ferner Curcuma, dann Senfmehl, Sägemehl, die mikroskopisch leicht nachzuweisen sind. Um einem so verdünnten Pulver die nöthige Schärfe zu geben, soll man Pulver von Quillajarinde, kenntlich an den grossen Oxalatkrystallen, und Euphorbium zusetzen. Die Köpfchen verwandter Compositen, die auch mit vermahlen werden sollen, sind mikroskopisch kaum nachzuweisen.

Anwendung. Gutes, frisches Insektenpulver ist ein bewährtes Vertilgungsmittel für Insekten aller Art, für Ungeziefer auf Menschen, Thieren und Pflanzen. Zum Ausstreuen bedient man sich kleiner Gazebeutel oder der aus einem Gummiball mit angesetztem Holzrohr bestehenden Insektenpulverspritzen, mittels welcher man das Pulver an Fenstern etc. verstäubt. Die gefallenen Fliegen werden möglichst oft zusammengekehrt und verbrannt, denn bisweilen sind sie nur betäubt. Die Wirkung ist eine chemische, und auch eine mechanische, da das Pulver die Tracheen der Thiere verstopft.

Ein **Infusum Florum Pyrethri** (4,0 : 200,0) wird als Klystier gegen Madenwürmer angewendet.

Extractum Chrysanthemi seu **Pyrethri florum,** durch Ausziehen der Blüthen mit Weingeist und Eindampfen zur Extraktdicke gewonnen, wird zu 4,0 mit Eigelb und 120,0 Wasser emulgirt im Klystier gegen Ascariden empfohlen.

Tinctura Chrysanthemi seu **Pyrethri florum.** Aus 1 Th. gepulv. Blüthen und 5 Th. Weingeist (95proc.) durch Maceration. Schützt, dem Waschwasser zugesetzt, gegen Mückenstiche. Mit ää Wasser im Zimmer verstäubt, zum Vertreiben der Fliegen.

Tinctura Chrysanthemi aetherea. 1 Th. gepulv. Blüthen, 5 Th. Aetherweingeist.

Acetum Pyrethri compositum.

Rp.	Radic. Pyrethri gr. pulv.	100,0
	Opii pulverati	15,0
	Spiritus	100,0
	Aceti (6proc.)	900,0.

Nach 8tägiger Maceration presst man aus (Metallgeräthe vermeiden!) Dient als Zusatz zu Mund- und Zahnwässern.

Aqua dentifricia rubra O'MEARA.

Rp.			
	1. Radic. Pyrethri		100,0
	2. Caryophyllorum		5,0
	3. Rhizom. Iridis		
	4. Fruct. Coriandri	ää	10,0
	5. Radic. Alkannae		15,0
	6. Olei Menthae pip.		7,5
	7. Olei Bergamott.		3,0
	8. Spiritus		1000,0.

Aqua dentifricia viridis O'Meara.
Man ersetzt in voriger Vorschrift 5—7 durch
Kreosoti 5,0
Olei Anisi stellati 5,0
Olei Citri 5,0
Olei Vetiveri 3,0
Folior. Urticae urent. recent. 100,0.

Candelae contra muscas et tineas.
Fliegen-, Mücken-, Schnaken- und Mottenkerzen.
Rp. Flor. Pyrethri subt. pulv. 50,0
Carbon. Ligni „ „ 5,0
Kalii nitrici „ „ 30,0
Radic. Althaeae „ „
Tragacanthae „ „ āā 7,5.
Man mischt sorgfältig, stösst mit Mucil. Tragacanth. zur Masse und formt Kerzchen von 2—3 g.

Elixir odontalgicum Ancelot.
Rp. Tinct. Pyrethri radic. 60,0
Spiritus diluti 40,0
Olei Rosmarini gtts. X
Olei Lavandulae gtts. V.

Gargarisma antiglossolyticum Quarin.
Rp. 1. Radic. Pyrethri conc.
2. Ammonii hydrochlor. āā 10,0
3. Spiritus Cochleariae 50,0
4. Aquae Salviae 300.0
5. Mellis depurati 20,0.
Man digerirt 1—4 während 6 Stunden, seiht durch und fügt 5 hinzu.

Pulvis contra cimices.
Wanzenpulver.
Rp. Florum Pyrethri pulv. 50,0
Radicis Pyrethri Rom. pulv. 45,0
Acidi carbolici
Olei Citronellae āā 2,5.
Man rührt mit Branntwein zum Brei an und streicht ihn in die Fugen.

Pulvis contra Insecta fortior.
Rp. Flor. Pyrethri pulv. 90,0
Cortic. Quillajae subt. pulv. 10,0.

Pulvis contra tineas Dieterich.
Mottenpulver.
Rp. Fruct. Capsici pulv. 10,0
Naphthalini „ 40,0
Flor. Chrysanthemi „ 50,0.
Zwischen die aufzubewahrenden Kleidungsstücke etc. zu streuen.

Tinctura odontalgica Brandes.
Rp. Radic. Pyrethri 10,0
Camphorae 5,0
Opii pulv.
Olei Caryophyllor. āā 2,5
Spiritus diluti 100,0.

Tinctura Pyrethri composita.
Tinctura odontalgica Hamburgensis.
Rp. Radic. Angelicae
Radic. Pyrethri āā 10,0
Cort. Cinnamomi
Resin. Guajaci āā 40,0
Ligni Santali rubri 150,0
Spiritus diluti 2000,0.
Man digerirt, presst und fügt hinzu
Spiritus Cochleariae 600,0.

Vet. **Bremsenöl für Pferde.**
Rp. Tinct. Pyrethri flor. 60,0
Olei Lauri 10,0
Naphtholi 20,0
Aetheris acetici 10,0.

Dalma, von Apotheker Lahr in Würzburg, ist Insektenpulver in versiegelten Fläschchen.

Entomoctine, Breidieth's, ist eine Tinktur aus Spanischem Pfeffer und Insektenpulver.

Entomofobo vom Apotheker Leonardi ist Tinct. Chrysanthemi.

Floriline von Alb. Müller. 1) Ein verdünnter Auszug aus Rad. Pyrethri und Gewürzen. 2) Eine Zahnpasta mit wenig Tinct. Pyrethri.

Insektenpulver, Ueberseeisches, von J. Plan ist gewöhnliches Insektenpulver.

Insektenvertilgungsmittel, Metallisches, zerstäubungsfähiges, von G. Calov, D. R.-P. No. 55321, besteht aus Zinkstaub, Magnesiumkarbonat und Insektenpulver. (Thoms.)

Insektenvertilgungsmittel von P. Leonardi und Genossen in Venedig sind mit einem Auszug aus Insektenpulver getränkte Räucherkerzen.

Mucheïn ist lediglich Insektenpulver (Apoth.-Ztg.)

Morteïn ist Insektenpulver mit $^1/_{10}$ Ultramarin.

Paraguai, Königseer, ist eine Tinktur aus Bertramwurzel und Schafgarbe.

Pyrethrumseife von J. Zacherl enthält das Pulver und das Weichharz der Pyrethrumpflanze. (Hahn und Holfert.)

Zacherlin von J. Zacherl in Wien ist Insektenpulver in Flaschen.

Zahntinktur von J. Walker ist eine mit Kampfer und Guajakharz versetzte Tinct. Pyrethri radicis.

Pyridinum.

†Pyridinum (Ergänzb.). **Pyridin. Pyridine** (franz.). **Pyridina** (engl.). C_5H_5N. **Mol. Gew. = 79.**

Die Gewinnung des Pyridins erfolgt fabrikmässig durch Abscheidung desselben aus den Destillationsprodukten stickstoffhaltiger organischer Substanzen, namentlich der Knochen.

Eigenschaften. Im reinen Zustande eine farblose, leicht bewegliche, flüchtige Flüssigkeit von eigenthümlichem, widerlich scharfem, brenzlichem Geruche und brennendem Geschmacke; beim Annähern von Salzsäure bildet sie Nebel. Das spec. Gew. ist bei 15° C. = 0,980, der Siedepunkt liegt bei 116—117° C. Pyridin löst sich sehr leicht in Wasser, Alkohol und Aether. Diese Lösungen bläuen rothes Lackmuspapier, röthen dagegen Phenolphthaleïn nicht. Pyridin ist ziemlich erheblich hygroskopisch; es zieht schon aus der Luft Feuchtigkeit an, wodurch das specifische Gewicht etwas steigt, der Siedepunkt aber beträchtlich erniedrigt wird. In den Lösungen der meisten Metallsalze (nicht aber in Bleiacetat- und Magnesiumsalzlösungen) bringt Pyridin Niederschläge hervor. — Tertiäre Base, welche sich mit Säuren unter Addition derselben zu Salzen vereinigt.

N
Pyridin.

Prüfung. **1)** Pyridin siede bei 116—118° C. und sei klar mischbar mit Wasser, Alkohol, Aether, Benzin, fetten Oelen. Das spec. Gew. betrage 0,980. — **2)** An der Luft verändere es sich nicht (fremde organische Verunreinigungen, z. B. Furfurol). — **3)** Die wässerige Lösung (1 : 10) werde durch Phenolphthaleïn nicht geröthet (Ammoniak). — **4)** Versetzt man 5 ccm der 10proc. Lösung mit 2 Tropfen Kaliumpermanganatlösung (1 : 1000), so muss die rothe Färbung mindestens 1 Stunde bestehen bleiben (leicht oxydirbare organische Verunreinigungen). — **5)** 1 ccm Pyridin, in 20 ccm Wasser gelöst, erfordert zur Neutralisation (Cochenilletinktur als Indikator) 12,4 ccm Normal-Salzsäure.

Aufbewahrung. Vorsichtig; zweckmässig auch vor Licht geschützt.

Anwendung. Innerlich zu 3—4 Tropfen dreimal täglich, mit Wasser verdünnt, als erregendes Mittel bei Herzkrankheiten. Aeusserlich zu Inhalationen gegen Dyspnoe bei Herzleiden empfohlen. 3—5 g Pyridin werden auf einem Teller ausgebreitet, und dieser wird in das Zimmer des Asthmatikers gestellt. Bei 20—25° C. ist diese Menge in etwa 1 Stunde vergast. Dreimal täglich eine Sitzung von 20—30 Minuten Dauer.

† Pyridinum nitricum. Salpetersaures Pyridin. $C_5H_5N . HNO_3$. Mol. Gew. = 142. Lange farblose Nadeln, leicht löslich in Wasser, weniger löslich in Alkohol. Beim vorsichtigen Erhitzen unzersetzt sublimirbar. Vorübergehend zum innerlichen Gebrauch empfohlen worden.

† Pyridinum sulfuricum. Schwefelsaures Pyridin. $(C_5H_5N)_2 . H_2SO_4$. Mol. Gew. = 256. Krystallinisch, in jedem Verhältnisse in Wasser und in Alkohol löslich. Vorübergehend zum innerlichen Gebrauche empfohlen worden.

Pyrogallolum.

I. †Pyrogallolum (Germ. Helv.). **Pyrogallol** (Gall. U-St.). **Acidum pyrogallicum** (Austr.). **Pyrogallussäure. Brenzgallussäure. Pyrogallin. Acide pyrogallique. Pyrogallic acid. $C_6H_3(OH)_3$. Mol. Gew. = 126.**

Darstellung. Man erhält das Pyrogallol aus der Gallussäure: **a)** Man erhitzt Gallussäure mit der drei- bis vierfachen Menge Wasser in einem Autoklaven etwa $^1/_2$ Stunde auf 200—210° C. Man erhält so eine Lösung von Pyrogallol, welche durch Thierkohle entfärbt und durch Eindampfen zur Krystallisation gebracht wird. Ferner kann man sie zur Reinigung im Vacuum destilliren, bezw. sublimiren. **b)** Man erhitzt die bei 100° C. getrocknete Gallussäure in einer tubulirten Retorte im Oelbade auf 210—220° C. und sublimirt sie unter Einleiten von Kohlensäure über.

Eigenschaften. Weisse, glänzende, geruchlose Nadeln oder Blättchen, welche bei 131° C. schmelzen, bei 210° C. unter theilweiser Zersetzung destilliren. Bei vorsichtigem Erhitzen kann Pyrogallol, ohne Zersetzung zu erleiden, sublimirt werden; sicherer gelingt diese Sublimation im Kohlensäurestrome oder im Vacuum. Beim raschen Erhitzen an der Luft hinterbleibt eine braune amorphe, Mellangallussäure genannte Substanz. Pyrogallol löst sich bei 15° C. in etwa 1,7 Th. Wasser oder in 1 Th. Weingeist, oder in 1,2 Th. Aether. In Schwefelkohlenstoff, Chloroform oder Benzol ist es schwer löslich. Die wässerige Lösung

C_6H_3 OH (1) OH (2) OH (3)
Pyrogallol.

ist farblos, neutral und schmeckt bitter. Sie färbt sich beim Stehen an der Luft allmählich gelb, braun, dunkel und nimmt zugleich saure Reaktion an. Noch leichter erfolgt die Oxydation des Pyrogallols durch den Luftsauerstoff im alkalischer Lösung.

Pyrogallol ist ein Reduktionsmittel. — Es schlägt aus den Lösungen der Gold-, Silber- und Quecksilbersalze die betreffenden Metalle nieder, indem es selbst zu Essigsäure und Oxalsäure oxydirt wird.

Fügt man zu einer Lösung von Silbernitrat etwas Pyrogallollösung, so entsteht eine rasch verschwindende Trübung, indem sich zunächst Pyrogallolsilber bildet. Die Flüssigkeit bleibt einige Augenblicke klar, trübt sich jedoch allmählich unter Abscheidung von grauem, pulverförmigem metallischem Silber. Bei Gegenwart von Ammoniak dagegen erfolgt momentan Abscheidung von schwarzbraunem metallischem Silber.

Mit oxydfreier Ferrosulfatlösung giebt Pyrogallol nur eine weisse Trübung; ist das Ferrosalz oxydhaltig, so entsteht eine indigoblaue Färbung, durch Eisenchloridlösung aber entsteht eine braunrothe Färbung; diese Lösung dürfte kaum noch unverändertes Pyrogallol enthalten.

Salpetrige Säure bräunt, wenn sie in geringer Menge vorhanden ist, die wässerige Pyrogallollösung sofort; daher kann Pyrogallol zum Nachweis der salpetrigen Säure dienen.

Prüfung. Ob ein Pyrogallol rein ist, lehrt zunächst das äussere Aussehen. Reines und trockenes Pyrogallol hält sich auch an der Luft ziemlich lange farblos. Bei Zutritt von Feuchtigkeit und ammoniakalischer Luft nimmt es Färbung an. Ferner muss es ohne Rückstand auf dem Platinbleche sublimiren oder doch wenigstens verbrennen, andernfalls sind unorganische Verunreinigungen zugegen.

Wesentlich ist, dass das Pyrogallol in 1,7 Th. Wasser von 15° C. löslich sein soll. Präparate, welche erheblich mehr Wasser zur Lösung bedürfen, enthalten Gallussäure. — Dagegen muss man zulassen, dass die wässerige Pyrogallollösung gegen Lackmus schwach sauer reagirt; neutrale Reaktion kann von Pyrogallol des Handels nicht verlangt werden.

Aufbewahrung. Mit Rücksicht auf die leichte Oxydirbarkeit, welche dem Pyrogallol eigenthümlich ist, werde dasselbe in sehr gut verstopften Gefässen vor Tageslicht geschützt aufbewahrt. Pyrogallol ist stark giftig.

Anwendung. Dieselbe gründet sich auf die reducirenden Eigenschaften des Pyrogallols. Man benutzt es lediglich äusserlich bei Hautkrankheiten (Psoriasis) und syphilitischen Geschwüren. Vorsicht wegen möglicher Resorption! — Es färbt Haut und Haare braun, dient aus letzterem Grunde zum Braunfärben der Haare, mit ammoniakalischer Silbernitratlösung kombinirt zum Schwarzfärben der Haare. — In der Photographie dient es zum Entwickeln der exponirten Platten. — Durch Kondensation von Pyrogallol mit Phthalsäureanhydrid und darauf folgende Oxydation entsteht das zur Gruppe der Phthaleïne gehörige Galleïn, welches auch als Indikator verwendet wird.

† Eugallol. Pyrogallolmonoacetat. $C_6H_3(OH)_2CH_3CO_2$. Mol. Gew. = 168. Durch Acetyliren von Pyrogallol dargestellt. Eine sirupdicke, durchsichtige, braungelbe, in Wasser leicht lösliche Masse. Als Ersatz des Pyrogallols bei der Behandlung der Psoriasis anwendbar, jedoch nur in der Hand eines erfahrenen Specialisten. Es lässt sich, in gleichen Theilen Aceton gelöst, bequem aufpinseln und bleibt nach Verflüchtigung des Acetons auf der Haut als ein fester, elastischer Firniss zurück. Im Handel ist das Eugallol bereits mit 33 Proc. Aceton verdünnt zu erhalten.

Lenigallol. Pyrogalloltriacetat. $C_6H_3(CH_3CO_2)_3$. Mol. Gew. = 252. Durch vollständiges Acetyliren von Pyrogallol dargestellt. Ein weisses, in Wasser völlig unlösliches Pulver, welches erst beim Erwärmen mit wässerigen Alkalien unter Spaltung gelöst wird. Es wirkt sehr mild, ist ungiftig, erzeugt weder Hautreizung noch Bindehautentzündung der Augen und beschmutzt die Wäsche nicht. Auf gesunder Haut verhält es sich selbst in 50procentiger Salbe reizlos. — Anwendung in 0,5—5,0procentiger Salbe bei akuten und subakuten Ekcemen, namentlich der Kinder, in 50procentiger Salbe gegen Psoriasis.

Saligallol. Pyrogalloldisalicylat. $C_6H_3(OH)(C_7H_5O_3)_2$. Mol. Gew. = 366. Könnte dem Lenigallol vorgezogen werden, wenn es nicht ein schwer verreibbarer, harziger, fester Körper wäre, wohl aber ermöglicht seine Löslichkeit in 2 Th. Aceton oder in 15 Th. Chloroform die Anwendung als Firniss. Wirkt sehr mild. Eine Auflösung von 1 Th. Saligallol in 2 Th. Aceton ist als Solutio Saligalloli im Handel.

Pyrogallolum oxydatum. Pyraloxin (UNNA). Zur Darstellung lässt man Pyrogallol, welches mit Ammoniak angefeuchtet ist, in flachen Holzkästen längere Zeit an der Luft stehen. Es nimmt alsdann unter Dunkelfärbung aus der Luft Sauerstoff auf. — Ein braunschwarzes, luftbeständiges Pulver. Anwendung bei Psoriasis. Es soll die gleiche Heilwirkung haben wie Pyrogallol, aber nicht die schädlichen Nebenwirkungen entfalten wie dieses.

II. Phloroglucin. $C_6H_3(OH)_3$. Mol. Gew. = 126.

Ist isomer mit Pyrogallol. Wird fabrikmässig durch Schmelzen von Resorcin mit Natronhydrat dargestellt.

Eigenschaften. Es krystallisirt aus der wässerigen Lösung in farblosen, süss schmeckenden Krystallen mit 2 Mol. Krystallwasser. Die Krystalle verwittern an trockener Luft und werden bei 100° C. wasserfrei. Wasserfreies Phloroglucin schmilzt bei 219 bis 220° C. und sublimirt bei noch höherer Temperatur ohne Zersetzung. Phloroglucin ist in Wasser, Alkohol und Aether leicht löslich. Die wässerige Lösung wird durch Eisenchlorid tiefviolettroth, Bleiessig bewirkt weisse Fällung, alkalische Kupferlösung (FEHLING'sche Lösung) wird in ähnlicher Weise wie durch Traubenzucker reducirt. Mit Vanillin und Salzsäure färbt sich Phloroglucin intensiv roth (dient zum Nachweis von Salzsäure im Magensaft). Wird Holz (Ligninsubstanz) mit einer Lösung von Phloroglucin in Salzsäure befeuchtet, so färbt es sich intensiv karminroth. Dient zum mikroskopischen Nachweise verholzter Gewebe, s. S. 390.

$$C_6H_3 \begin{cases} OH\ (1) \\ OH\ (3) \\ OH\ (5) \end{cases}$$

Phloroglucin.

Anwendung. Nicht arzneilich, sondern nur als Reagens.

SEEGER's Haarfarbe. Der Gebrauchsanweisung nach nur für todtes Haar bestimmt. Für blond, braun und schwarz. Diese Haarfärbemittel bestehen sämmtlich aus Lösungen von Pyrogallol, Kupferchlorid (und Eisenchlorid). Blond: Kupferchlorid ($CuCl_2 + 2H_2O$), Pyrogallol je 1,0, Wasser 100,0. Braun: Kupferchlorid 1,0, Ferrichlorid 0,5, Pyrogallol 1,5, Wasser 100,0. Schwarz: Kupferchlorid 0,6, Ferrichlorid 2,0, Pyrogallol 2,0, Wasser 100,0.

Krinochrom. Melanogène. Unter diesen Namen werden zwei Flüssigkeiten abgegeben: **A)** Eine Lösung von 2 Th. Pyrogallol in 100 Th. eines 50procentigen Weingeistes (oder eine Lösung von 2 Th. Pyrogallol in 50 Th. verdünntem Weingeist und 50 Th. rektificirtem Holzessig). **B)** Eine Lösung von 2,5 Th. Silbernitrat in 80—90 Th. destillirtem Wasser. Diese Lösung wird mit soviel Ammoniakflüssigkeit versetzt, dass der entstehende Niederschlag wieder in Lösung geht. Zum Gebrauch werden die Haare zunächst mit einer schwachen Sodalösung (5 Proc.) gewaschen. Nach dem Trocknen durchfeuchtet man sie mittels einer Borstenbürste mit A. und nach dem Trocknen, bez. nach Verlauf von 1 Stunde mittels einer Borstenbürste mit B. Wöchentlich 1—2mal zu wiederholen.

Haar-Konservirungs-Pomade von Dr. JOHN BROWN. Ein Gemisch aus 4,0 Pyrogallol, 50,0 Pomade und 10 Tropfen Kaliumkarbonatlösung (SCHAEDLER).

Vegetabilisches Haarfärbemittel von Dr. BÉRINGUIER. Flasche **A)** Eine verdünnte Eisenchloridlösung. Flasche **B)** Eine Lösung von Pyrogallol in Eau de Cologne.

Hair-Dye von ABT in Wien. Drei Flaschen. **A)** Pyrogallollösung. **B)** Ammoniakalische Silbernitratlösung. **C)** Schwache Schwefelleberlösung. Vergl. Bd. I, S. 379.

Emplastrum Pyrogalloli PORTES.

Franz. Hospitalvorschrift.

Rp.	Gummi Ammoniaci		20,0
	Kautschuk-Lanolin (S. 278)		
	Cerae flavae	ää	50,0
	Colophonii		20,0
	Terebinthinae Venetae		50,0
	Acidi pyrogallici		126,0.

Collemplastrum Pyrogalloli 5 Proc.

E. DIETERICH.

Rp.	Massae Collemplastri	800,0
	Rhizomatis Iridis pulv.	70,0
	Sandaracis	20,0
	Pyrogalloli	16,0
	Acidi salicylici	6,0
	Olei Resinae	20,0.
	Aetheris	150,0.

Remedium antipsoricum LASSAR.

LASSAR's Psoriasismittel.

Rp.	Acidi pyrogallici	10,0
	Adipis Lanae cum aqua	90,0.

Unguentum Pyrogalloli compositum UNNA.

Rp.	Acidi pyrogallici	5,0
	Acidi salicylici	2,0
	Ammonii sulfoichthyolici	5,0
	Vaselini flavi	88,0.

Quassia.

Gattung der **Simarubaceae.**

Quassia amara L. fil. Heimisch von Surinam und dem nördlischen Brasilien bis Panama und den Antillen. Kleiner Baum oder Strauch mit dreizählig oder zweijochig-unpaarig gefiederten Blättern und schönen rothen, zu ansehnlichen Trauben geordneten Blüthen. Liefert im Holz: **Lignum Quassiae** (Germ. Helv. Austr.). **Lignum Quassiae Surinamense** s. **verum.** — **Quassiaholz. Surinamisches Bitterholz. Fliegenholz.** — **Bois amer de Surinam. Quassie amère** (Gall.). **Bois de quassia.**

Ausser dieser Art liefert auch **Quassiaholz:**

Picraena excelsa Lindl. (Simarubaceae). Heimisch auf Jamaika und den kleinen Antillen, besonders Antigua und St. Vincent. Ansehnlicher Baum mit fünfjochigen Blättern und zu ansehnlichen Rispen geordneten, blassgrüngelblichen, unscheinbaren Blüthen. Liefert im Holz: **Lignum Quassiae** (Brit.). **Quassia** (U-St.). **Lignum Quassiae novae** s. **Jamaicense.** — **Jamaikanisches Bitterholz.** — **Bois de quassia de la Jamaique.** — **Quassia wood. Bitter wood.**

Germ. Helv. Austr. u. Gall. lassen neben Quassia amara auch das Holz der Picraena zu, Brit. u. U-St. nur dieses.

Beschreibung. Das Quassiaholz von Surinam kommt in finger- bis armdicken Knüppeln oder geraspelt in den Handel. Das Holz ist leicht, weich, hellfarbig, gut spaltbar, auf dem Querschnitt koncentrisch geschichtet.

Markstrahlen 1—2 Zellreihen breit und 5—20 Zellreihen hoch. Das Holz besteht vorwiegend aus dickwandigen Fasern und weitlumigen Gefässen, von Parenchym umlagert. Auf dem Querschnitt erscheinen schwarze Flecken und Streifen, sie sind von blauschwarzen Pilzfäden hervorgerufen. — Geschmack rein und anhaltend bitter.

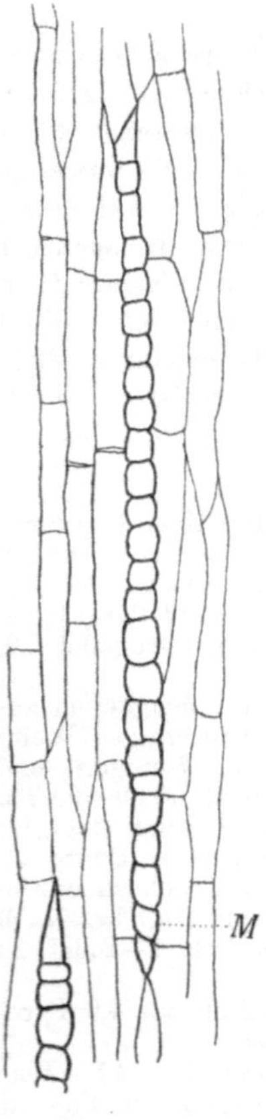

Fig. 92. Tangentialschnitt durch Lign. Quassiae Surinamense. *M* Markstrahl.

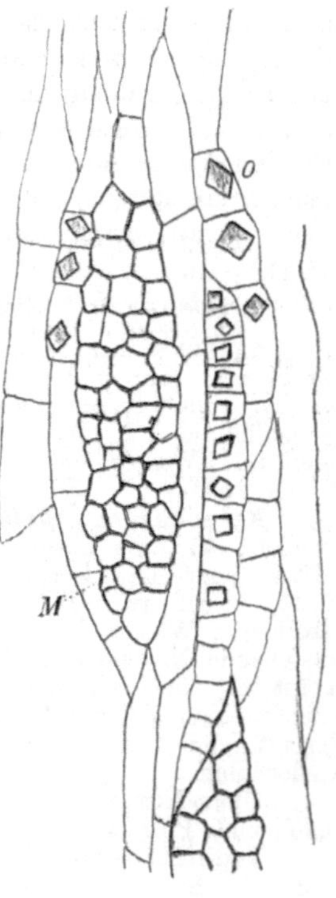

Fig. 93. Tangentialschnitt durch Lign. Quassiae Jamaicense. *M* Markstrahl. *o* Oxalatkrystalle.

Das Quassiaholz von Jamaika kommt in Form bis 30 cm dicker Stamm- oder Aststücke in den Handel, oder ebenfalls geraspelt. Die Markstrahlen sind 2—5 Zellreihen breit und 10—25 Zellreihen hoch. Im Parenchym Einzelkrystalle von Oxalat, ebenso im Marke.

Bestandtheile. Der Bitterstoff Quassiin $C_{31}H_{42}O_9$, er bildet rektanguläre Prismen, löslich in Wasser, Alkohol und Chloroform, schwer löslich in Aether und Petroleumäther. Das Surinamholz enthält 0,265 Proc., das Jamaikaholz 0,072 Proc. — Daneben enthält die Droge das geschmacklose Quassol $C_{40}H_{70}O \cdot H_2O$. Nach Massute (1890) sind die Bitterstoffe der beiden Hölzer nicht identisch, das Surinamholz enthält vier Quassiine, deren Schmelzpunkte zwischen 210 und 240° C. liegen, zwei derselben haben die Zusammensetzung $C_{35}H_{46}O_{10}$ und $C_{37}H_{50}O_{10}$. Das Jamaikaholz enthält zwei Picrasmine, das eine $C_{35}H_{46}O_{10}$ bei 204° C. schmelzend, das andere $C_{36}H_{48}O_{10}$ bei 209 bis 212° C. schmelzend.

Verfälschung ist vorgekommen mit dem Holze von Rhus Metopium L., das aber Gerbstoff enthält, der dem Quassiaholze fehlt.

Aufbewahrung. Für pharmaceutische Zwecke hält man das Quassiaholz nur geschnitten vorräthig, eine feine Speciesform für Auszüge, eine gröbere für Theemischungen. Für letztere eignet sich besonders das durch gleichmässigen Schnitt ausgezeichnete Lign. Quassiae □ concis. der Drogisten, dessen Bezug unbedenklich ist, da Erkennung wie auch Unterscheidung der beiden Sorten durchs Mikroskop leicht sind. Als Fliegenholz erfüllt die geraspelte Handelswaare, die Austr. vom Gebrauche ausschliesst, vollkommen ihren Zweck; wo sie vorräthig gehalten wird, giebt man ihr eine entsprechende Bezeichnung, etwa „Lignum muscarum".

Anwendung. Quassia ist ein Bittermittel, das nur selten bei Verdauungsschwäche, Wechselfieber etc. in Form des wässerigen Auszuges gebraucht wird (5 : 150—200). Als Klystier auch gegen Spulwürmer. Aus dem Holze gedrechselte Becher, Quassiabecher, auch Kugeln oder Würfel dienen zur Bereitung wässeriger oder weiniger Auszüge, da sie den Bitterstoff in kurzer Zeit an die betreffenden Flüssigkeiten abgeben. Auf Fliegen und andere kleine Gliederthiere wirkt das sonst ziemlich unschädliche Quassiaholz als Gift, es wird deshalb zur Herstellung von sogenanntem giftfreiem Fliegenpapier benutzt. Als Ersatz des Hopfens findet das Holz seit langer Zeit Verwendung. Die Homöopathie gebraucht Quassia gegen Lichtscheu.

Aqua Quassiae Rademacheri (Ergänzb.). 9 Th. grob zerschnittene Quassiarinde, 48 Th. grob zerschnitt. Quassiaholz, 16 Th. Weingeist, 72 Th. Wasser lässt man 48 Stunden stehen, fügt q. s Wasser hinzu und destillirt 128 Th. ab.

Extractum Quassiae. Quassiaextrakt. Extrait de Quassia. Extract of Quassia. Ergänzb.: Aus mittelfein zerschnittenem Quassiaholz wie Extr. Dulcamarae. Ergänzb. (Bd. I, S. 1047). — Helv.: Aus grob gepulvertem Holz wie Extr. Cardui benedicti Helv. (Bd. I, S. 864). — Austr.: Wie Extr. Chinae Austr. (Bd. I, S. 734). — U-St.: 1000 g gepulvertes Holz (Nr. 20) befeuchtet man mit 400 ccm Wasser, erschöpft im Perkolator mit Wasser, kocht den Auszug auf $^1/_4$ ein, seiht durch und verdampft zu Pillenkonsistenz. — Gall.: Wie Extr. Gentianae Gall. (Bd. I, S. 1213). — Man beachte, dass das Extrakt der Gall. weich, das des Ergänzb., der Helv. und U-St. dick, das der Austr. trocken sein soll. Zu 0,2—0,5 mehrmals täglich in Pillen.

Extractum Quassiae fluidum (U-St.). **Fluid Extract of Quassia.** Aus 1000 g Quassia (Nr. 60) und q. s. einer Mischung aus 300 ccm Weingeist (91 proc.) und 600 ccm Wasser im Verdrängungswege; man befeuchtet mit 400 ccm, fängt die ersten 900 ccm für sich auf und bereitet l. a. 1000 ccm Fluidextrakt. Ist in Form der Impfung oder Subkutaninjektion als Schutz gegen Cholera empfohlen worden.

Extractum Quassiae solidum E. Dieterich wie Extractum Colombo solidum Dieterich (Bd. I, S. 937), doch statt 4 und 5 hier 900,0 Sacchar. album.

Tinctura Quassiae. Quassiaholztinktur. Teinture ou Alcoolé de Quassia. Tincture of Quassia. Ergänzb.: 1 Th. mittelfein zerschnittenes Quassiaholz, 5 Th. verdünnter Weingeist (60 proc.). — Brit.: 100 g geraspeltes Quassiaholz, 1000 ccm Weingeist (45 Vol.-proc.). — U-St.: Aus 100 g Quassiaholz (No. 40) und q. s. einer Mischung aus 350 ccm Weingeist (91 proc.) und 650 ccm Wasser bereitet man im Verdrängungswege (zum Befeuchten 100 ccm) 1000 ccm Tinktur. — Gall.: 1 Th. grob gepulvertes Quassiaholz, 5 Th. Weingeist (60 proc.).

Vinum Quassiae. Vinum de Quassia amara (Gall.). **Vin ou Oenolé de quassia.** Wie Vinum Colombo Gall. (Bd. I, S. 937).

Cortex Quassiae (Ergänzb.). **Quassiarinde.**

Die Rinde von **Quassia amara L. fil.** ist 1—2 mm dick, braungrün. Sie besteht aus einer 0,4 mm dicken Korkschicht aus zarten Zellen, einer Mittelrinde, die zahlreiche Drusen und Krystallsand von Oxalat enthält, sowie Steinzellen, die sich nach innen zu einem Ringe ordnen. Markstrahlen im Bast eine Zellreihe breit.

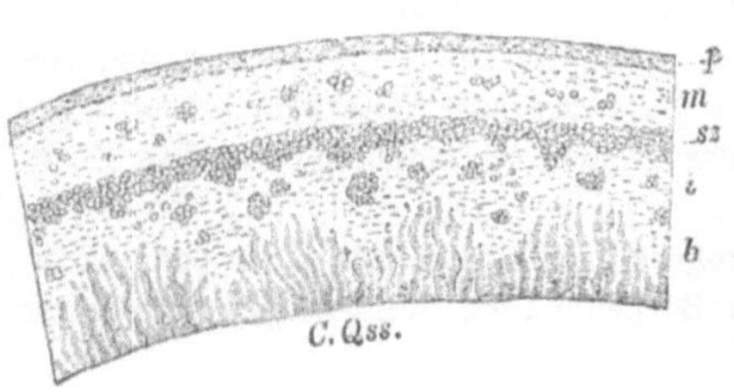

Fig. 94. Querschnitt durch Cortex Quassiae. *p* Kork. *m* Mittelrinde. *ss* Ring aus Steinzellen. *b* Bast mit geschlängelten Markstrahlen.

Extractum Quassiae corticis bereitet man wie Extractum Quassiae ligni.

Aqua muscarum E. Dieterich.
Fliegenwasser.

Rp. Sirupi Quassiae 40,0
Spiritus 40,0
Aquae 920,0.

Mit der Mischung tränkt man Fliesspapier, das auf Tellern ausgebreitet ist. Nur bei Bedarf zu mischen.

Charta muscarum a veneno libera.
Giftfreies Fliegenpapier.

Rp. 1. Ligni Quassiae min. conc. 1000,0
2. Aquae 5000,0
3. Sirupi communis 150,0
4. Piperis longi gr. pulv. 100,0
5. Spiritus
6. Aquae ää 150,0
7. Solut. Rosanilini spirit. q. s.

Man macerirt 1 mit 2 24 Stunden, kocht 1 Stunde, seiht durch, fügt 3 hinzu, dampft auf 1000,0 ein, mischt eine Tinktur aus 4—6, dann 7 hinzu und tränkt Fliesspapier, das man dann auf Schnüren trocknet.

Infusum Quassiae (Brit.).
Infusion of Quassia.

Rp. Ligni Quassiae min. conc. 10,0
Aquae destill. frigid. 1000,0.

Nach 1/4 Stunde durchseihen.

Liquor Quassiae concentratus (Brit.).
Concentrated Solution of Quassia.

Rp. 1. Ligni Quassiae pulv. (No. 40) 100,0 g
2. Spiritus (20 vol. proc.) 1100,0 ccm
vel q. s.

Man befeuchtet 1 mit 100 ccm von 2, stellt 3 Tage im Perkolator bei Seite, erschöpft, indem man alle 12 Stunden 100 ccm von 2 aufgiesst, so dass man 1000 ccm Flüssigkeit erhält.

Ptisana Quassiae (Gall.).
Tisane de Quassia amara.

Rp. Ligni Quassiae conc. 5,0
Aquae destill. frigid. 1000,0.

Nach 1/4 Stunde durchseihen.

Pulvis simulantium Heim.
Simulantenpulver.

Rp. Ligni Quassiae pulv. 20,0
Lycopodii 10,0
Aloës pulv. 5,0
Olei Succini gtts. VI.

Messerspitzenweise.

Sirupus Quassiae E. Dieterich.

Rp. 1. Ligni Quassiae raspat. 1000,0
2. Aquae 5000,0
3. Sirupi communis 150,0.

Man macerirt 1 mit 2 24 Stunden, kocht 1/2 Stunde, presst nach 24 Stunden aus, fügt 3 hinzu und dampft auf 200,0 ein.

Fliegenpulver von Markel. Mit Quassia getränkter gepulverter Lehm.

Fliegenteller von O. Troitsch sind Papierteller, die angeblich mit einer Abkochung von Quassia und langem Pfeffer getränkt sind.

Gastrophan von J. Fürst ist ein weingeistiger Auszug aus Quassia, unreifen Pomeranzen, Galgant, Cardamom etc.

Königsthee, Holländischer Kräuterthee. Mischung aus Lign. Quassiae, Rad. Althaeae, Liquirit., Rhiz. Graminis und Stipit. Dulcamarae.

Schwedischer Bitterthee, Backer's, besteht aus 2 Sternanis, je 4 Quassia und Kardobenedikte.

Stärkende Mittel von F. Rucker. Lösungen von Chinin-, Eisen-, Magnesiumsulfat etc. in Quassiawasser.

Quebracho.

I. Cortex Quebracho (Ergänzb. Helv. Austr.). **Cort. Quebracho blanco.**[1]) **Aspidosperma** (U-St.). — **Quebrachorinde. Weisse Quebracho. — Quebracho bark.**

Ist die Rinde von **Aspidosperma Quebracho blanco Schlechtendal (Apocynaceae — Plumieroideae — Plumiereae — Alstoniinae).** Heimisch in Argentinien in den Grenzgebieten gegen Chile. Hoher Baum mit lanzettförmigen, ganzrandigen, scharf zugespitzten Blättern, die bis 8 cm lang und zu dreien im Wirtel gestellt sind. Die Blüthen sind klein, 5zählig, gelb. Die Früchte sind eiförmige, zweiklappig aufspringende Kapseln, die die breitgeflügelten Samen mit langem Funiculus enthalten.

Die Droge wird von der dicken Stammrinde gebildet, die bis 4 cm dick und tief zerklüftet ist. Farbe rothgelb oder rothbraun, auf der Innenseite hellbraun, längsstreifig. Bruch kurzsplitterig. Der Querschnitt lässt in der braunen Grundmasse dunklere Korkbänder und helle Punkte und Körner erkennen.

Das Mikroskop lässt erkennen, dass die Droge ausschliesslich aus Kork und sekundärer Rinde besteht, die primäre Rinde ist durch Borkenbildung völlig abgeworfen. Der

[1]) Mit dem Namen Quebracho von „quebrar“, zerbrechen und „hacha“ die Axt, also „Axtbrecher“ bezeichnet man im spanisch sprechenden Amerika eine ganze Reihe harter Hölzer und deren Rinden.

Kork besteht aus mässig flachen, meist dünnwandigen Zellen. Der Bast (Fig. 95) ist charakterisirt durch bis 1,5 mm lange, 0,06 mm breite, fast völlig verdickte Fasern, die vollständig von Oxalatzellen, die Einzelkrystalle führen, umscheidet sind (Fig. 96). Sie sind höchst charakteristisch und ermöglichen ein Erkennen der Rinde auch im Pulver mit Leichtigkeit. Ausserdem finden sich im Bast Gruppen stark verdickter Steinzellen, welche (die Gruppen) ebenfalls von Krystallzellen umschlossen werden. Die Markstrahlen sind bis 5 Zellreihen breit und ihre Zellen, wo sie an die Gruppen von Steinzellen grenzen, ebenfalls zu solchen umgewandelt. Im Parenchym kleinkörnige Stärke.

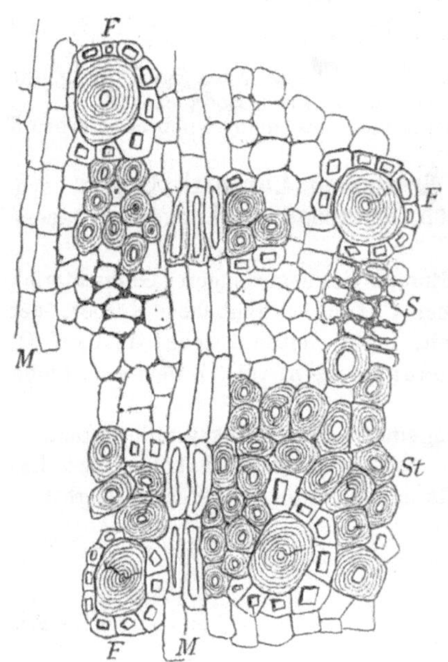

Fig. 95. Querschnitt durch Cortex Quebracho. *M* Markstrahlen. *S* Siebröhren. *St* Steinzellen. *F* Fasern mit Krystallscheide.

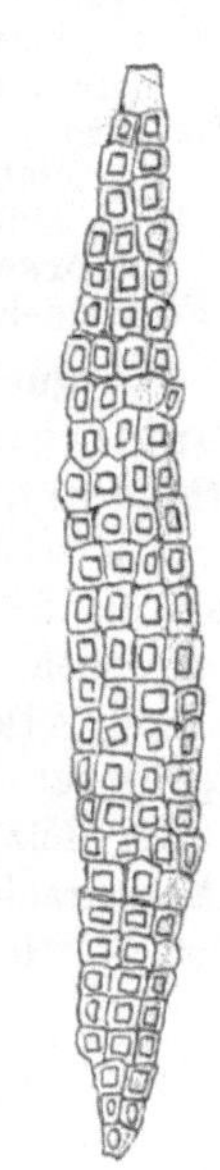
Fig. 96. Einzelne Faser aus Cortex Quebracho mit Krystallscheide.

Bestandtheile. In einer Gesammtmenge von 0,3—1,4 Proc. folgende Alkaloide: Aspidospermin $C_{22}H_{30}N_2O_2$, Quebrachin $C_{21}H_{26}N_2O_3$, Quebrachamin, Aspidospermatin $C_{22}H_{28}N_2O_2$, Aspidosamin $C_{22}H_{28}N_2O_2$, Hypoquebrachin $C_{20}H_{26}N_2O_2$. Quebrachin und Aspidosamin scheinen hauptsächlich Träger der Wirkung zu sein. Ausserdem enthält die Rinde einen dem Cholesterin nahestehenden Alkohol: Quebrachol $C_{20}H_{34}O . xH_2O$, und einen Zucker: Quebrachit $C_6H_{11}(CH_3)O_6$, den Monomethyläther des Inosits. Der Gerbstoffgehalt beträgt 2—4 Proc.

Anwendung. Die Droge wurde zuerst (1880) empfohlen als Fiebermittel, hat aber den auf sie gesetzten Hoffnungen nicht entsprochen. Dagegen ist sie wirksam bei asthmatischen Beschwerden, besonders infolge von Herzleiden. Speciell wird sie empfohlen bei den Anfällen, die manche Personen, die eine Idiosynkrasie gegen Ipecacuanha haben, nach dem Einathmen des Pulvers dieser Droge bekommen.

Extractum Quebracho aquosum bereitet man wie Extractum Dulcamarae (Bd. I, S. 1047). Ausbeute etwa 12 Proc.

Extractum Quebracho (spirituosum). (Ergänzb.) Extractum Aspidospermatis. Aus mittelfein zerschnittener Rinde wie Extractum Coffeae Ergänzb. (Bd. I, S. 906). Nach E. Dieterich genügen etwa 2/3 des vorgeschriebenen Lösungsmittels. Ausbeute ca. 11 Proc.

Extractum Quebracho siccum (Ergänzb.) erhält man durch Eindampfen des vorigen zur Trockne. Ausbeute 9—10 Proc.

Extractum Quebracho fluidum (Austr.). **Extractum Aspidospermatis fluidum** (U-St.). **Flüssiges Quebrachoextrakt. Fluid Extract of Aspidosperma.** Austr. und Dresd. Vorschr.: 100 Th. gepulverte Rinde macerirt man mit 400 Th. destill. Wasser 36 Stunden, kocht 1 Stunde, fügt nach dem Erkalten 100 Th. Weingeist (87 proc.) hinzu, stellt 24 Stunden am warmen Orte bei Seite, presst aus, filtrirt, dampft auf 90 Th. ein und bringt mit 10 Th. Spiritus auf 100 Th. — U-St.: Aus 1000 g gepulverter Rinde (Nr. 60) und einer Mischung aus 100 ccm Glycerin, 600 ccm Weingeist (91 proc.) und 300 ccm Wasser im Verdrängungswege. Man befeuchtet mit 400 ccm, erschöpft zuerst mit dem Rest, dann mit q. s. einer Mischung aus 200 ccm Weingeist und 100 ccm Wasser, fängt die ersten 800 ccm Perkolat für sich auf und stellt l. a. 1000 ccm Fluidextrakt her. — Bei Athembeschwerden zu 2,0—4,0 mehrmals täglich.

Tinctura Quebracho. Quebrachotinktur. Ergänzb.: Aus 1 Th. grob gepulverter Rinde und 5 Th. verdünntem Weingeist (60 proc.). Helv.: Wie Tinctura Calami Helv. (Bd. I, 537).

Tinctura Quebracho Pentzold. Extractum Quebracho liquidum Pentzold (Münch. Ap.-Ver.). 100 Th. grob gepulverte Rinde zieht man 8 Tage mit 1000 Th. Weingeist (87 proc.) aus, dampft den filtrirten Auszug zum dicken Extrakt ein und löst dieses in 200 Th. heissem Wasser.

Vinum Quebracho. Quebrachowein. Aus 1 Th. grob gepulverter Rinde und 10 Th. Sherry durch achttägige Maceration.

Kesselsteinmittel der Compagnie des chemins de fer ist eine wässerige Lösung, die ca. 3 Proc. Quebrachoextrakt, 9 Proc. Blauholzextrakt und 30 Proc. Soda enthält.

Quebrachotannoform ist ein Kondensationsprodukt aus dem Quebrachofarbstoff und Formaldehyd. (Vgl. Bd. I, S. 139.)

II. Quebracho colorado ist das Holz von **Schinopsis Lorentzii Engler** (syn. Loxopterygium Lorentzii Grisebach) und **Sch. Balansae Engl.** (**Anacardiaceae — Rhoideae**), heimisch in Argentinien.

Das schön dunkelrothe Holz ist ein auch in Europa viel angewendetes Gerbmaterial. Es enthält 28 Proc. Gerbstoff, ferner einen dem Catechin ähnlichen Körper, der sich zuweilen in den Spalten des Holzes ansammelt, einen gelben Farbstoff $C_{15}H_{10}O_6$ und zwei Alkaloide, von denen das eine, Loxopterygin, die Zusammensetzung $C_{13}H_{17}NO$ hat.

Im Holz sind die Gefässe oft mit Thyllen angefüllt, die Oxalatkrystalle enthalten. Die Markstrahlen sind bis 4 Zellreihen breiter. — Von in den Handel kommenden Extrakten des Holzes enthält ein weiches Extrakt 45 Proc., ein festes 60—95 Proc. Gerbstoff.

Quercus.

Gattung der **Fagaceae.**

I. Quercus pedunculata Ehrh., die Stiel- oder Sommereiche. Heimisch im grössten Theile von Europa. Mit kurzgestielten, am Grunde geöhrten Blättern, langgestielten, lockeren, weiblichen Kätzchen.

Quercus sessiliflora Sm., die Trauben- oder Wintereiche. Aehnliche Verbreitung wie die vorige. Mit langgestielten, am Grunde keilförmigen Blättern und kurzen, gedrungenen, weiblichen Kätzchen.

Beide liefern **1) Cortex Quercus** (Germ. Helv. Austr.). — **Eichenrinde.** — **Écorce de chêne blanc** (Gall.). — **Oak bark.**

Beschreibung. Man verwendet die Rinde jüngerer, bis 20 Jahre alter, ungefähr 10 cm dicker Stämme, die noch keine Borke gebildet hat, die sogenannte Spiegel- oder Glanzrinde, wie sie für Zwecke der Gerberei im Schälwaldbetrieb gewonnen wird. — Sie ist nicht rissig oder schuppig, sondern höchstens etwas längsrunzelig, glänzend silbergrau bis braun, bis 3 mm dick, Röhren bildend. Die Innenfläche ist hellbraun oder braunroth, der Bruch zähe und faserig.

Unter dem Mikroskop erkennt man zu äusserst einen Kork aus zahlreichen Lagen flacher Zellen, die inneren mit braunem Inhalt. Daran schliesst sich die primäre Rinde, deren äusserste, an den Kork grenzende Zelllagen aus Collenchym bestehen, ihre Zellen enthalten häufig Oxalatdrusen, die auch sonst im Parenchym der Rinde häufig vorkommen. Gegen die Innenrinde liegt ein aus Bündeln primärer Fasern und Steinzellen gebildeter, „gemischter sklerotischer Ring", der zuweilen durch Parenchym unterbrochen ist. Steinzellen finden sich einzeln oder in Gruppen auch sonst in der primären Rinde. Die sekundäre Rinde ist aus Weichbast und Hartbast, der aus Gruppen stark verdickter Fasern, die von Krystallzellen, die Einzelkrystalle führen, umscheidet sind, deutlich geschichtet. Daneben finden sich auch vereinzelt Steinzellen wie in der primären Rinde. Die Markstrahlen können sehr breit werden; wo sie in den Faserschichten verlaufen, werden ihre Zellen nicht selten sklerotisch. Ausserdem enthalten sie selbständige Gruppen von Steinzellen. Im ganzen Parenchym kann man Gerbstoff und Stärke nachweisen. Geruch beim Anfeuchten deutlich loheartig, Geschmack herbe und bitter.

Bestandtheile. Eichengerbsäure $C_{17}H_{16}O_9$ bis 15,3 Proc.; ältere Rinde, die aber noch keine Borke hat, und solche, die im Frühjahr geschält ist, ist am gehaltreichsten. Ferner Gallussäure 1,59 Proc., Rohfaser 58,23 Proc., Zucker, Apfelsäure und Extraktivstoffe 8,33 Proc., Harze und Fette 6,31 Proc., Phosphorsaurer Kalk 0,4 Proc., Magnesiumoxyd 1,15 Proc., Gummi 5,6 Proc., Eichenroth 2,34 Proc., Pectinstoffe 6,77 Proc., Asche 4—6 Proc.

Andere Sorten. Ausser den beiden genannten Arten liefern auch Quercus Cerris L. und Qu. pubescens Willd. Rinde.

Einsammlung und Aufbewahrung. Man sammelt die Rinde von den jüngeren Stämmen und Wurzelschösslingen im Frühling vor Entwickelung der Blätter, trocknet sorgfältig und bewahrt sie theils geschnitten, theils gepulvert in dichtverschlossenen Gefässen aus Blech oder braunem Glase auf. Bei sorgloser Aufbewahrung, besonders am Licht und an feuchter Luft, geht der Gerbstoffgehalt erheblich, nach Müntz und Schön in 14—16 Monaten bis zur Hälfte, zurück. Zu verwerfen ist die rissige, mit Flechten besetzte Rinde älterer Stämme oder Zweige, die viel ärmer an Gerbstoff ist, ebenso die gewöhnliche zerkleinerte Lohe des Handels, wie sie in Gerbereien gebraucht wird.

Anwendung. Die Rinde dient als zusammenziehendes Mittel: man gebraucht sie in den gleichen Fällen wie Tannin innerlich als Abkochung (10,0—20,0 : 100,0), äusserlich zu Streupulvern, Gurgelwässern, Einspritzungen, Waschungen, Bädern (500 g Rinde mit 3—4 l Wasser abgekocht auf ein Bad, wofür einfacher eine Lösung von 50 g Tannin); in der Thierheilkunde.

Extractum Quercus corticis. Eichenrinde wird mit siedendem Wasser behandelt, der Auszug zur Trockne eingedampft. Wird durch Tannin vollkommen ersetzt.

2) Die Samen: **Semen Quercus** (Austr.). **Glandes Quercus excorticatae. — Eicheln. Eichensamen. — Glands. — Acorns.**

Die reifen Eicheln werden im Herbst gesammelt, von der Becherhülle befreit, mehrmals mit Wasser gewaschen, wobei man die obenauf schwimmenden entfernt, hierauf zuerst an der Luft, dann bei künstlicher Wärme scharf getrocknet (100 Th. geben etwa 50 Th. trockene) und schliesslich von der Fruchtschale befreit, die 14—18 Proc. ausmacht.

Die Keimblätter bestehen aus einem gleichartigen Parenchym ziemlich grosser, dünnwandiger Zellen mit kleinen Intercellularen und Gefässbündelanlagen mit Spiralgefässen. Die Parenchymzellen sind dicht mit Stärke erfüllt. Vergl. Band I, S. 904.

Bestandtheile. In den geschälten getrockneten Eicheln nach König: Wasser 15 Proc., Stickstoffsubstanz 6,02 Proc., Fett 4,22 Proc., stickstofffreie Extraktstoffe 67,92 Proc., Holzfaser 4,87 Proc., Asche 1,97 Proc. — Sie enthalten ferner 6 bis 9 Proc. Gerbstoff und Quercit $C_6H_{12}O_5$.

Sie dienen zur Darstellung des

Semen Quercus tostum. (Ergänzb. Austr.) **Eichelkaffee. Geröstete Eicheln. Café de gland. Roasted acorn seed.**

Geschälte Eicheln röstet man in einer eisernen Trommel unter beständigem Umdrehen über Feuer, bis sie braun und leicht zerbrechlich geworden sind, lässt erkalten und verwandelt sie in ein grobes Pulver. Ausbeute etwa 85 Proc. Das Rösten wird abgekürzt, wenn die Samen zuvor grob geschnitten sind. Vomačka empfiehlt, die zerschnittenen Eicheln 1—2mal mit heissem Wasser zu behandeln, um die Stärke aufzuschliessen und dann erst zu brennen. — Der Eichelkaffee wird an einem trockenen Orte in gut schliessenden Blech-, Glas- oder Porcellangefässen aufbewahrt. Lagert das Pulver in feuchten Räumen, so stellt sich gerne der Zuckergast, Lepisma saccharina, ein. Im Aufguss, 4—8 g auf eine Tasse, dient der Eichelkaffee als Ersatz des gewöhnlichen Kaffees bei schwächlichen oder skrophulösen Kindern, besonders bei Neigung zu Durchfällen; in letzterem Falle giebt man dem damit bereiteten wohlschmeckenden Eichelkakao (Band I, S. 524, 526) häufig den Vorzug.

Bestandtheile der geschälten und gerösteten Eicheln: Wasser 12,50 Proc., stickstoffhaltige Substanz 6,78 Proc., Fett 4,35 Proc., Zucker und andere stickstofffreie Extraktstoffe 69,27 Proc., Rohfaser 5,02 Proc., Asche 2,07 Proc.

II. Quercus alba L. Heimisch in Nordamerika. Blätter an der Basis keilförmig in den Blattstiel verschmälert, stumpfspitzig, gelappt bis fiedertheilig, in der Jugend beiderseits graufilzig.

Liefert **Cortex Quercus albae. Quercus alba** (U-St.). — **White Oak.**

Beschreibung. Bildet fast flache, vom Kork befreite Stücke, im Innern rothbraun. Die Rinde ist ausgezeichnet durch die starke Sklerose der Markstrahlen und des Bastes, der gegenüber die Fasergruppen zurücktreten.

III. Quercus Ilex L. Steineiche. Heimisch in den Mittelmeerländern. Blätter klein, starr, meist ganzrandig, unterseits filzig.

Liefert **Cortex Quercus viridis. — Écorce de chêne vert** (Gall.). Enthält 5 bis 11 Proc. Gerbstoff.

IV. Quercus Ballota Desf. Heimisch im westlichen Mittelmeergebiet. Die Samen liefern **Sem. Quercus Ballotae — Gland doux** (Gall.). Das daraus gewonnene Stärkemehl wird unter dem Namen Racahout als Kindernahrung verwendet. Essbare Früchte haben ferner: Quercus Ilex L., Qu. macrolepis Kotschy, Qu. Vallonea Kotschy, Qu. alba L., Qu. agrifolia Née, Qu. chrysolepis Liebm., Qu. undulata Torr.

V. Quercus Vallonea Kotschy und einige verwandte Arten liefern in ihren Fruchtbechern die technisch des Gerbstoffgehalts wegen verwendeten Vallonea, Walloneu oder Velaney, orientalische oder levantinische Knoppern. Sie enthalten bis 31,6 Proc. Gerbstoff, die Schuppen der Becher allein bis 42,0 Proc.

VI. Quercus Suber L. Korkeiche. Heimisch im westlichen Mittelmeergebiet. Mit gezähnten, lederigen, eiförmigen Blättern. Liefert in den äusseren Theilen der Rinde: **Suber. Suber quercinum. Cortex Suberis. Lignum suberinum. — Kork. Pantoffelholz. — Liége. — Cork.**

Gewinnung. Die Korkbildung beginnt am Baum mit dem 4. Jahre; dieser natürliche Kork (Jungfernkork, männlicher Kork) wird mit dem 15.—20. Jahre entfernt, indem man horizontale und Längsschnitte in den Baum macht, die Rinde klopft und den Kork lossprengt. Er ist rissig mit vielen braunen Stellen (vergl. unten), zur Herstellung von Korken unbrauchbar. Der sich nun neu bildende Kork (weiblicher Kork) zeigt wenige Risse, er ist aber meist auch noch wenig brauchbar, erst die neuen Schälungen, die etwa alle 10—15 Jahre wiederholt werden, liefern guten Kork. In Katalonien erreicht man eine Dicke von 23 mm, wie sie für grössere Stopfen erforderlich ist, in zehn Jahren. — Die Korkplatten werden zu Haufen aufgeschichtet, mit Steinen beschwert und getrocknet. Dann kocht man sie eine Stunde in Wasser, wobei Unreinigkeiten entfernt werden und der Kork aufquillt, streckt zu Platten und kratzt die äussere unreine Schicht ab.

Beschreibung. Der Kork ist von hellbrauner Farbe und lässt koncentrisch verlaufend hellere und dunklere Schichten erkennen. Mit diesen sich kreuzend, verlaufen durch den Kork in radialer Richtung dunkle Streifen, die mit lockerem Parenchym und Steinzellen erfüllt sind (Lenticellen). Sie beeinträchtigen die Verwendung und die Stopfen müssen daher so geschnitten werden, dass diese Streifen den Stopfen quer durchsetzen, nur ganz grosse Spunde muss man so schneiden, dass die Streifen senkrecht verlaufen, sie bedürfen daher noch besonderer Dichtung (Pergamentpapier u. s. w.). Spec. Gew. 0,12—0,25, Wassergehalt im lufttrocknen Zustand 4—5 Proc., Asche 0,3—0,5 Proc. Der Kork ist elastisch, undurchlässig für Gase und Flüssigkeiten; nach längerer Verwendung verliert der Kork seine Elasticität, erlangt sie aber durch Einlegen in heisses Wasser z. Th. wieder.

Die Wand der einzelnen Korkzelle setzt sich aus 3 Lamellen zusammen: 1. einer verholzten, 2. einer aus Cellulose bestehenden und 3. der eigentlichen verkorkten Lamelle, die die Eigenschaften des Korkes bedingt.

Bestandtheile. Phellonsäure $C_{22}H_{42}O_3$, Phloionsäure $C_{22}H_{44}O_8$, Suberinsäure $C_{17}H_{30}O_3$ und wenig bekanntes Korkwachs. Ferner Glycerin, Stearinsäure, Gerbstoff.

Die ***Verwendung*** des Korkes zu Stöpseln, Sohlen, Rettungsgürteln und -booten, Korkteppich (Linoleum) ist bekannt.

Aqua Glandium Quercus Rademacheri.

Rp. Semin. Quercus gr. pulv. 4,0
Spiritus 1,0
Aquae q. s.
Man destillirt ab 6,0.

Decoctum Quercus aluminatum Ph. Russ.

Rp. Decoct. cort. Quercus 10,0 : 160,0
Aluminis 2,0
Sirupi Sacchari 10,0.

Extractum Glandium Quercus.

Eichelkaffee-Extrakt E. Dieterich.

Rp. 1. Semin. Quercus tost. pulv. 1000,0
2. {Aquae destillatae 4800,0
Spiritus (90 proc.) 1200,0}
3. {Aquae destillatae 2400,0
Spiritus 600,0.}

Man macerirt 1 zuerst mit 2, dann mit 3 je 48 Stunden, destillirt von der filtrirten Pressflüssigkeit 1500,0 Weingeist ab dampft den Rückstand (A) auf 150,0 ein, fügt 100,0 Destillat hinzu und dampft nach 24 Stunden soweit ein, dass sich das Extrakt zerzupfen lässt. Man trocknet im Trockenschrank und bewahrt das trockne Extrakt in dichtschliessenden Gläsern auf. Ausbeute 10 Proc.

Extractum Glandium Quercus saccharatum
E. Dieterich.

Verzuckerter od. löslicher Eichelkaffee.

Die nach der vorig. Vorschrift erhaltene Flüssigkeit A dampft man nach Zusatz von
Sacchari albi pulv. 200,0
Sacchari Lactis pulv. 200,0
auf 550,0 ein, fügt 100,0 Destillat hinzu und verfährt weiter, wie oben angegeben. Ausbeute 500,0. 1 Th. Extrakt = 2 Th. gerösteten Eicheln.

Pulvis Cacao cum Extracto Glandium Quercus.

Eichel-Kakao.

Rp. Extracti Glandium Quercus 25,0
Pulv. Cacao deoleat. 275,0
Sacchari albi pulv. 500,0
Farinae Tritici tosti 200,0.

Vet. **Boli adstringentes antidiarrhoici vitulorum.**

Rp. Cortic. Quercus pulv.
Herbae Absinthii „
Radicis Liquirit. „
Radicis Gentian. „ ää 100,0
Catechu „ 20,0
Sirupi communis q. s.
Man formt 50 Boli. Gegen Durchfall der Kälber.

Vet. **Electuarium antidiarrhoicum equorum.**

Rp. Cortic. Quercus pulv.
Radicis Althaeae „
Farinae Secalis „ ää 50,0
Ferri sulfurici „ 20,0
Aquae communis q. s.

Vet. **Potus antidiarrhoicus porcorum.**

Rp. Cortic. Quercus concis.
Fol. Menthae pip. gr. pulv.
Rhizom. Tormentill. „ „ ää 20,0.
2stündlich den vierten Theil im Aufguss.

Vet. **Pulvis antidiarrhoicus vitulorum.**

Rp. Cortic. Quercus pulv. 50,0
Cortic. Cascarillae „ 20,0
Cortic. Cinnamomi „ 10,0
Radic. Liquiritiae „ 30,0
Esslöffelweise mit Milch.

Antigonorrhoicum des Dr. Wankel ist Tinct. amara mit 10 Proc. Tannin.

Cortex Quercus dialysat. Golaz siehe Fussnote Bd. II, S. 380.

Extractum antiphthisicum Barruel ist die zur Extraktdicke eingedampfte Lohbrühe der Gerbereien; Lösungen derselben in Kirschlorbeerwasser geben die Guttae antiphthisicae, in Sirup mit Morphiumzusatz die Mixtura antiphthisica Barruel.

Kesselsteinmittel, Riley's, besteht aus Eichenrinde, Soda und Aetznatron; — Bursitt's aus Eichenrinde, Galläpfeln, Isländ. Moos und Leim.

Kräuter-Haarbalsam von M. Schubert ist eine mit Glycerin und Ricinusöl versetzte Eichenrindenabkochung.

Species adstringentes dialysatae Golaz (s. Fussnote, S. 380) enthält Cortex Quercus, Radix Tormentill., Herba Salicariae.

Quillaja.

Gattung der **Rosaceae — Spiraeoideae — Quillajeae.**

Quillaja Saponaria Molina. Heimisch in Chile, Peru und Bolivien. Immergrüner Baum mit dickledrigen Blättern und kleinen, hinfälligen Nebenblättern. Blüthen in end- und achselständigen Doldentrauben. Früchte sternförmig gespreizt, 2klappig aufspringend mit vielen langgeflügelten Samen. Liefert in der Rinde: **Cortex Quillajae** (Germ.). **Quillajae cortex** (Brit.). **Quillaja** (U-St.). — **Seifenrinde. Panamaholz.**[1])

[1]) Der auffallende Name zeigt an, dass die Droge früher über die Landenge von Panama nach Europa gelangte. Jetzt kommt sie direkt nach Europa, meist nach Hamburg.

Panamarinde. Panamaspähne. Waschholz. — Bois de Panama (Gall.). **Écorce de Panama ou de Quillai. — Quillaja bark. Panama bark. Soap bark.**

Beschreibung. Sie bildet schwere, flache oder wenig rinnenförmige Stücke, die bis 10 cm breit, 1 m lang und 1 cm dick sind. Die braune Borke ist meist entfernt, so dass die hellbraunen oder mattgelben inneren Theile zum Vorschein kommen. Gewöhnlich besteht die Droge im wesentlichen aus sekundärer Rinde. Der Querschnitt erscheint unter der Länge ungefähr quadratisch gefeldert. Unter dem Mikroskop erkennt man, dass diese Zeichnung zu Stande kommt durch regelmässigen Wechsel dunklerer, tangential gedehnter Bastfaserbündel und hellerer Theile von Weichbast, welche beide von den Markstrahlen ziemlich regelmässig durchbrochen werden. In zahlreichen Zellen des Bast-

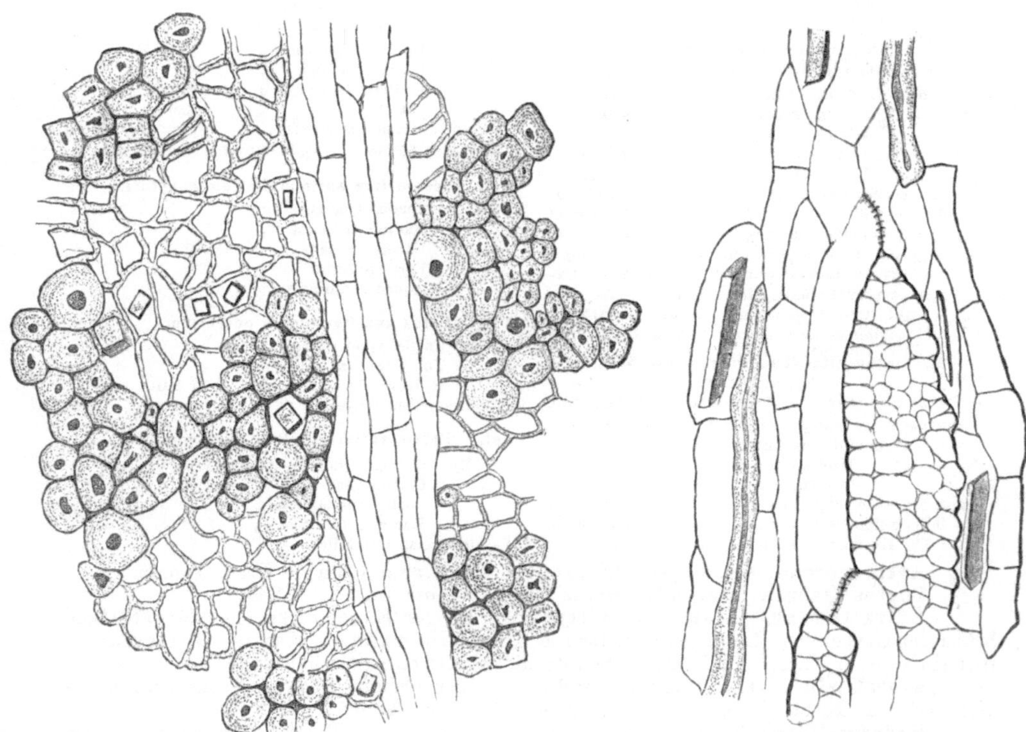

Fig. 97. Querschnitt durch Cort. Quillajae.

Fig. 98. Tangentialschnitt durch Cort. Quillajae.

parenchyms finden sich bis 0,2 mm lange und bis 0,02 mm dicke klinorhombische Krystalle von oxalsaurem Kalk, die für die Erkennung der Rinde besonders charakteristisch sind. Die Fasern sind höchstens 1 mm lang, 0,06 mm breit. Sie sind stark verdickt, an den Enden oft knorrig und lassen selten Tüpfel erkennen. Auf sie ist beim Nachweis von Quillaja in Gemengen, z. B. in Insektenpulver, ebenfalls zu achten.

Bestandtheile. Das Saponin des Handels, das meist aus dieser Droge zu 9 Proc. gewonnen wird, besteht aus 1) dem reinen Saponin, völlig ungiftig. 2) Der Quillajasäure $C_{19}H_{30}O_{10}$ (Merck'sches Präparat $C_{20}H_{32}O_{10}$), stark giftig. In Wasser und kaltem Alkohol leicht löslich, unlöslich in Aether und Chloroform, löslich in alkoholhaltigem Chloroform. Reducirt nach dem Kochen mit Säuren Fehling'sche Lösung. Vielleicht giftige Modifikation von 1. 3) Sapotoxin $C_{17}H_{26}O_{10}$ (Merck'sches Präparat $C_{17}H_{28}O_{11}$), ebenfalls giftig, von neutraler Reaktion, löslich in heissem absolutem Alkohol. Bedingt mit 2 die Wirkung der Droge. 4) Lactonin, ein Kohlehydrat.

Substitutionen. Infolge des hohen Preises der Droge sind wiederholt andere Saponin enthaltende Drogen in den Handel gekommen, die ihr aber weit nachstehen: so

1) eine Seifenrinde von Maracaibo, von ähnlichem Aussehen, deren primäre Rinde stark sklerosirt ist und die in der sekundären Rinde Bündel von Kammerfasern, sowie in den Markstrahlen Oxalatdrusen enthält. 2) das Holz einer Sterculiacee, ausgezeichnet durch den ausserordentlichen Reichtum an Parenchym; die der Droge zuweilen beigemengte Rinde lässt im Bast sehr deutlich Schichtung aus Hartbast und Weichbast erkennen.

Aufbewahrung. Man hält die Seifenrinde in einer gröberen Form, □concisus der Drogisten, für den Handverkauf, und in einer feineren Speciesform für Auszüge vorräthig. Das Zerkleinern der Rinde ist eine der unangenehmsten Arbeiten, wegen des die Schleimhäute heftig reizenden Staubes, und daher mit der nöthigen Vorsicht (Schutzmaske!) auszuführen. Das Umfüllen und Abfassen der Quillajarinde nimmt man nicht in der Offizin, sondern in einem Nebenraume vor, da manche Personen von dem hierbei entwickelten Staube schon aus einer gewissen Entfernung zu anhaltendem Niesen veranlasst werden.

Anwendung. Innerlich wird die Rinde neuerdings zur Beförderung des Auswurfs statt der Senega im Aufguss oder in der Abkochung (5,0 : 200,0 ohne jeden Zusatz) empfohlen. Aeusserlich dient sie zu Zahnpulver, zur Bereitung von Mundwässern und Kopfwaschwässern; der wässerige Auszug leistet gegen übelriechenden Schweiss, nasse Flechten etc. gute Dienste. Ihre hauptsächlichste Verwendung findet sie aber in der Industrie und im Haushalte als Ersatz der Seife bei farbigen, empfindlichen Geweben, da sie deren Farben nicht angreift; aus demselben Grunde wird Quillaja-Aufguss auch zum Reinigen alter Oelgemälde u. dergl. benutzt.

Quillaiatinktur besitzt die Eigenschaft, fette Oele und Wasser durch blosses Schütteln zu einer emulsionsähnlichen Mischung zu vereinigen (siehe unten).

Extractum Quillajae fluidum (Nat. form.). **Fluid Extract of Quillaja.** Aus gepulverter Seifenrinde (Nr. 40) und verdünntem Weingeist (41 proc.) wie Extr. Jugland. fluid. Nat. form., S. 161. — Giebt durch Eindampfen zur Trockne das Extract. Quillajae siccum.

Tinctura Quillajae. Quillaja- oder Seifenrindentinktur. Teinture ou Alcoolé de bois de Panama. Tincture of Quillaja. Brit.: Aus 50 g gepulverter Rinde (No. 20) und q. s. Weingeist (60 Vol.-proc.) bereitet man im Verdrängungswege (zum Befeuchten 25 ccm) 1000 ccm Tinktur. — U-St. 200 g grob gepulverte Rinde kocht man mit 800 ccm Wasser 15 Minuten, seiht durch, wäscht mit 100 ccm Wasser aus, dampft auf 600 ccm ein, mischt 350 ccm Weingeist (91 proc.) hinzu, lässt absetzen, filtrirt und bringt mittels Wasser auf 1000 ccm. — Gall.: Aus 1 Th. grob gepulverter Rinde und 5 Th. Weingeist (80 proc.) durch 10 tägige Maceration. — Dresdn. Vorschr.: Mit 60 proc. Weingeist ebenso. — Münch. Vorschr.: Aus 1 Th. Rinde, 4 Th. verdünntem Weingeist.

Tinctura Quillajae concentrata. Die aus 1 Th. Rinde und 5 Th. verdünntem Weingeist erhaltene Tinktur dampft man auf $1^1/_2$ Th. ein und fügt 1 Th. Weingeist hinzu.

Fleckseife oder -stifte. Gallseife (E. Dieterich). 5,0 Quillajaextrakt, 5,0 Borax verreibt man mit 20,0 frischer Ochsengalle, stösst mit 75,0 Seifenpulver zur Masse und bringt diese in Formen oder Stängelchen, die man trocknet und in Stanniol hüllt.

Fleckwasser. 20,0 Weingeistige Ammoniakflüssigkeit, 50,0 Aether, 150,0 Benzin, 5,0 Lavendelöl, 275,0 Quillajatinktur, 500,0 Weingeist. (Feuergefährlich!)

Fleckwasser, zum Entfernen von Oelflecken aus Marmor. Man reibt gebrannte Magnesia mit Quillajaabkochung zu einem Brei an, bestreicht damit die Flecken und lässt trocknen.

Aqua Atheniensis.

Eau Athénienne. Kopfschuppenwasser.

Rp.	Boracis	1,0
	Glycerini	15,0
	Aquae Rosae	50,0
	Spiritus Coloniensis	10,0
	Tinctur. Quillajae	25,0.

1 Th. mit 2 Th. Wasser gemischt zum Waschen der Kopfhaut.

Aqua crinalis Vomáčka.

Haarwasser.

Rp.	Olei Cadini	
	Olei Myrciae acris ää	1,0
	Tinctur. Capsici	2,0
	Ammonii carbonici	1,5
	Chloralhydrat.	1,0
	Acidi tannici	2,0
	Tinctur. Quillajae	250,0
	Olei Unonae odoratiss. q. s.	

Aqua dentifricia Bennet.

Rp.	Tinctur. Quillajae	100,0
	Glycerini	20,0
	Olei Gaultheriae	
	Olei Menthae piperit. ää gtts. V	
	Spiritus diluti	80,0.

Aqua dentifricia Meyer.

Rp.	Tinctur. Quillajae	300,0
	Aquae Menthae pip.	600,0
	Glycerini	100,0
	Olei Gaultheriae	1,5
	Sol. Carmini (Bd. I, S. 885, I)	q. s.

Aqua dentifricia RUTHERFORD.

Rp. Tinctur. Quillajae 250,0
Glycerini 100,0
Aquae Rosae 600,0
Tinctur. Ratanhiae 45,0
Acidi carbolici cryst. 4,0
Olei Geranii
„ Caryophyllor.
„ Rosae
„ Cinnamomi ää 0,5.

Emulsio Olei Jecoris cum Quillaja.

Quillaja Emulsion of Cod-Liver Oil.

Nat. formul., s. Bd. I, S. 1054.

Odontine (Form. Americ.).

Rp. Cortic. Quillajae 120,0
Pastae Roccellae (Orseille) 4,0
Spiritus 500,0
Aquae 600,0.

Man macerirt, filtrirt und fügt hinzu

Olei Anisi 0,5
Heliotropin. 0,1
Olei Menthae pip. 1,0
Glycerini 60,0.

Einige Tropfen auf die mit Wasser befeuchtete Zahnbürste.

Panamin Rozière.

Rp. 1. Cortic. Quillajae min. conc. 1,0
2. Aquae fervidae 5,0
3. Natrii sulfurici sicci q. s.

Man erschöpft 1 mittels 2, dampft den Auszug zum Sirup ein, bringt mit 3 zur Pasta und formt Stäbchen daraus.

Shampooing Water.

Rp. Spiritus Rosmarin. compositi 500,0
Spirit. Myrciae (Bay Rum) 250,0
Tinct. Quillajae 125,0
Glycerini 75,0
Ammonii carbonici 25,0
Boracis 25,0
Tincturae Cantharidum 3,0

Gomfoom, ebenso **Gummi-Crême,** zur Schaumentwicklung in kohlensauren Wässern, ist Tinctura Quillaja oder Saponariae.

Krepelin ist Tinct. Quillajae mit Spuren äther. Oele, ebenso

Pulcherin, beides kosmetische Mittel.

Quillajarine, ein Wasch- und Ungeziefermittel ist Gallseife mit 10 Proc. Berliner Blau.

Saponinum technicum. Ein fast farbloses, besonders zum Reinigen empfindlicher Gewebe geeignetes Quillajaextrakt stellt Dr. R. STAHMER in Hamburg durch Verwendung von Formalin und verdünnter Schwefelsäure her (D.R.P. 116591).

Rapa.

I. Brassica campestris L. (syn.: Brassica Rapa L.), der Rübsen. Wahrscheinlich in Südeuropa heimisch, vielfach kultivirt und aus den Kulturen verwildert. Ein- und zweijährig. Mit aufrechtem Stengel. Untere Blätter gestielt, leierförmig-fiederspaltig, obere eiförmig mit herzförmigem Grunde stengelumfassend. Unentwickelte Blüthen von den aufgeblühten überragt. Kelch zuletzt wagerecht abstehend. Schoten fast aufrecht. In mehreren Formen zur Gewinnung von Oel gebaut:

a) **annua Koch.**, „Sommerrübsen", einjährig, und b) **oleifera D. C.** „Winterrübsen", zweijährig.

II. Brassica Napus L., der Raps. Die unentwickelten Blüthen die aufgeblühten überragend. Kelch zuletzt aufrecht abstehend. Schoten abstehend. In denselben Formen wie I. als Oelsaat gebaut:

Beide liefern aus den Samen fettes Oel.

Die Oele beider Arten werden zuweilen unterschieden und zwar von I. als **Oleum Rapae** (Ergänzb.). **Oleum Raparum. — Rüböl. Rübsenöl. — Huile de rabette. — Rubson seed oil.** Von II.: **Oleum Napi. — Rapsöl. Repsöl. — Huile de navette. Rape seed oil. Rape oil.,** indessen findet meist im Handel eine Unterscheidung nicht statt. — Die Samen sind mit dem gefärbten Samen von Sinapis juncea (vergl. Sinapis) verfälscht vorgekommen. — Der Oelgehalt beträgt 30—45 Proc., durch Pressen gewinnt man 16—18 Proc. — Die Rückstände von der Oelfabrikation, die Rapskuchen, enthalten: 28—33 Proc. Rohprotein, 8—11 Proc. Rohfett, 26—30 Proc. stickstofffreie Extraktstoffe.

Konstanten des Oeles. Spec. Gew. bei 15° C. 0,910—0,9175. Spec. Gew. der Fettsäuren bei 100° C. 0,8758. Schmelzpunkt der Fettsäuren: Beginn bei 18—19° C., Ende bei 21—22° C. Erstarrungspunkt 12,2° C. Erstarrungspunkt des Oeles bei —2 bis

— 10° C. Brechungsexponent 1,4731—1,4735. HEHNER'sche Zahl 95,0, Verseifungszahl 175,3—178,7. REICHERT'sche Zahl 0,25—0,4. Jodzahl 98,5—105,0. Jodzahl der Fettsäuren 96,3—105,6.

Bestandtheile. Die Glyceride der Erucasäure $C_{22}H_{42}O_2$ und der Rapinsäure $C_{18}H_{34}O_3$ zu ungefähr gleichen Theilen und etwa 4 Proc. freie Arachinsäure $C_{20}H_{40}O_2$. — Das raffinirte Oel ist hellgelb, von charakteristischem Geruch. 100 Th. Alkohol lösen 0,534 Th. Oel.

Verfälschungen und Prüfung. Als Verfälschungen kommen vor: Leinöl, Hanföl, Mohnöl, Eidotteröl, Hederichöl, Harzöl, Paraffinöl und Thran. Mit Ausnahme von Paraffinöl und Hederichöl erhöhen sie das spec. Gewicht. — Leinöl, Hanföl, Mohnöl verrathen sich durch die höhere Jodzahl. — Rüböl wird mit reinem Fischöl verfälscht. Dasselbe hat spec. Gew. 0,931, seine Fettsäuren schmelzen bei 26° C., erstere bei 19° C. Verseifungszahl des Fettes 218. Jodzahl 142. 20 Proc. Fischöl lassen sich noch durch die Cholesterinreaktion nachweisen.

Anwendung. Das rohe Rüböl dient bisweilen als billiger Ersatz für Olivenöl, in einzelnen Gegenden als Speiseöl. Durch Raffiniren erhält man daraus das

Oleum Rapae depuratum s. **raffinatum. Oleum Raparum. Gereinigtes oder raffinirtes Rüböl** — das mittels Schwefelsäure oder Kaliumchromat und Schwefelsäure von Schleim, Harz und zum Theil den Farbstoffen befreite Oel, welches sich allein für pharmaceutische Zwecke eignet und stets verabfolgt wird, wenn Ol. Rapae vom Arzte verschrieben ist. Es dient statt des theuren Olivenöls zu äusserlichen Zwecken, ausserdem im Haushalte als Brennöl, in der Technik als Schmieröl.

Oleum Rapae deresinatum, entharztes Rüböl, ist ein durch Behandeln mit Kaliumpermanganat, hierauf mit Natriumbikarbonat von harzigen Stoffen und freien Fettsäuren befreites Rüböl.

Pyroleum Rapae. Oleum Rapae adustum. Pyroléine de Colza, zur Darstellung von Maschinenschmieren, ist ein durch Kochen mit $^1/_{10}$ Proc. Minium oxydirtes Rüböl.

Linimentum ammoniatum seu volatile
(F. mag. Berol.).

Rp.	Olei Rapae	80,0
	Liquor. Ammonii caust.	20,0.

Schmieröl von O. HILLER ist Rüböl mit 5—10 Proc. Paraffinöl.

Wanzenmittel. Da bekanntlich Insekten aller Art durch jedes fette Oel sofort getödtet werden, so ist das rohe

Rüböl ein sehr billiges Mittel zur Vertilgung der Wanzen und eignet sich dazu besonders, weil es die Politur der Möbel nicht angreift. Man pinselt es einfach in die Fugen.

Ratanhia.

Radix Ratanhiae (Germ. Helv. Austr). **Krameriae radix** (Brit.). **Krameria** (U-St.). **Radix Ratanhae.** — **Peruanische** oder **Payta-Ratanhia. Ratanhiawurzel.** — **Racine de ratanhia** (Gall.). — **Rhatany root.**

Die Droge wird geliefert von **Krameria triandra Ruiz et Pavon (Caesalpiniaceae — Kramerieae).** Heimisch auf den peruanischen Anden. Kleiner, sperrigästiger Strauch mit niederliegenden Zweigen. Blätter einfach, silbergrau behaart. Blüthe schön roth.

Beschreibung. Die Droge besteht aus der Hauptwurzel mit ihren Zweigen nebst Resten der oberirdischen Axe. Die Hauptwurzel ist am oberen Ende oft faustdick, knorrig, weiter nach unten gedreht, die Aeste gleichmässig bis 1,5 cm dick. Die Arzneibücher schreiben einfach die Wurzel vor. nur Helv. verlangt ausschliesslich die Aeste, die auch zweifellos am wertvollsten sind und die Hauptmenge der Handelswaare ausmachen. Sie sind von einer 1 mm dicken, dunkelrothen Rinde bedeckt, die, auf Papier gestrichen, abfärbt. Die Droge bricht kurzfaserig und schmeckt adstringirend mit schwach süsslichem Nachgeschmack. Das Holz ist blassröthlich oder braungelblich, radial gestreift, geschmacklos.

Zu äusserst ist die Rinde von Kork bedeckt, der aus dünnwandigen Zellen besteht, die einen rothbraunen Inhalt haben. In den Baststrahlen kleine Gruppen von Fasern, denen Krystallzellen mit Einzelkrystallen von Oxalat angelagert sind. Die Siebröhren obliteriren frühzeitig. Markstrahlen im Holz eine Zellreihe breit. In den Holzstrahlen deutliche, die Markstrahlen verbindende Brücken von Parenchym, sonst wird die Hauptmasse des Holzes von den Tüpfelgefässen und den stark verdickten Holzfasern gebildet.

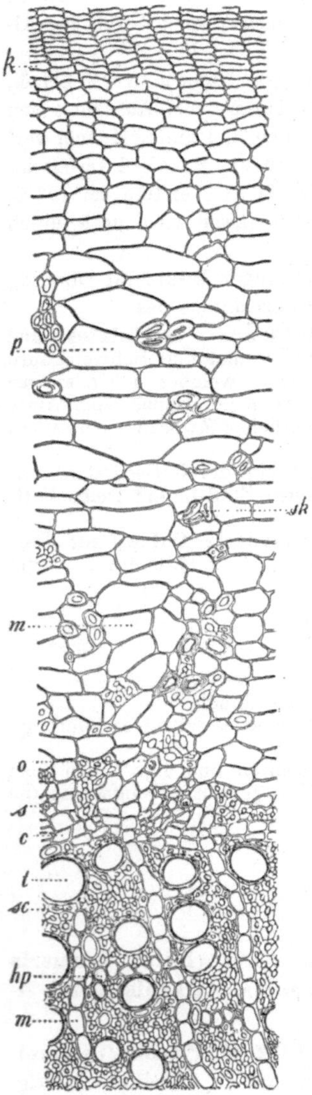

Fig. 99. Querschnitt durch Radix Ratanhiae. *k* Kork. *p* Rindenparenchym. *sk* Fasern. *s* Siebröhren. *o* Oxalatkrystalle. *m* Markstrahl. *c* Cambium. *t* Gefässe. *hp* Holzparenchym. Nach ARTHUR MEYER.

Bestandtheile. Gerbstoff und zwar in der ganzen Droge 8,4 Proc., in der Rinde allein 42,5 Proc. Er wird mit Eisenchlorid dunkelgrün und ist glukosidischer Natur, mit verdünnten Säuren liefert er reducirenden Zucker und Ratanhiaroth $C_{26}H_{22}O_{11}$, ein Phlobaphen, das beim Schmelzen mit Kali Phloroglucin und Protocatechusäure liefert. Der alkoholische Auszug der Droge giebt mit gesättigter alkoholischer Bleizuckerlösung einen rothbraunen Niederschlag und ein rothbraunes Filtrat.

Andere Sorten. Sabanilla, kolumbische oder Ratanhia der Antillen von Krameria Ixina var.: β. granatensis Triana. Rinde dicker. Der alkoholische Auszug wird mit Bleizuckerlösung violett-grau gefällt, das Filtrat ist farblos.

Para-, Ceara- oder brasilianische Ratanhia von Krameria argentea Martius. Reaktion mit Bleizucker ähnlich, aber der Niederschlag weniger violett.

Texas-Ratanhia von Kr. secundiflora D. C. und Guayaquil-Ratanhia, die wahrscheinlich von gar keiner Krameria stammt, sind noch weniger wichtig.

Ein früher aus Südamerika in den Handel gekommenes **Extractum Ratanhiae** ist wahrscheinlich ein auf Spalten der Holzes von Ferreira spectabilis Allemao (Leguminosae) ausgeschiedener Stoff. Es enthält Methyl-Tyrosin (Ratanhin) $C_9H_{10}(CH_3)NO_3$.

Beim Einkauf ist darauf zu achten, dass die Wurzel nicht von der Rinde entblösst ist, da auf dieser ihre Wirksamkeit beruht. Die Extraktausbeute fällt um so reicher aus, je weniger vom Wurzelstock und je mehr von den dünneren Wurzelästen in der Droge enthalten ist.

Aufbewahrung. Man hält die Wurzel in feiner Speciesform für Abkochungen und als grobes Pulver für

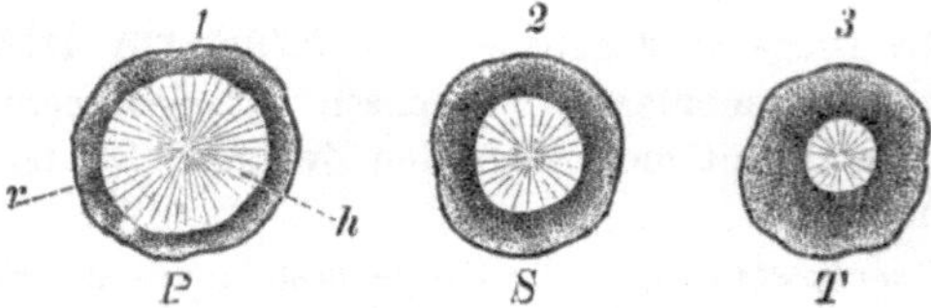

Fig. 100. Querschnitte durch: 1. Peru-Ratanhia. 2. Sabanilla-Ratanhia. 3. Texas-Ratanhia.

die sonstigen Zubereitungen vorräthig. Ist die Darstellung eines feinen Pulvers erforderlich, so treibt man die holzigen Theile nicht mit durchs Sieb; sie lassen sich gelegentlich zur Extraktbereitung verwenden. Das Pulver wird in Glasgefässen aufbewahrt.

Anwendung. Die Ratanhia gehört infolge des hohen Gerbstoffgehaltes der Rinde zu den zusammenziehenden Mitteln und wird innerlich als Pulver zu 0,5—1,5 g, häufiger aber als

Abkochung (10,0 : 100,0 — 200,0) oder als Tinktur zu 20—25 Tropfen bei Katarrhen der Schleimhäute, Durchfällen, innerlichen Blutungen, Verdauungsstörungen gebraucht. Aeusserlich zu Mund- und Zahnwässern bei Skorbut u. dergl. Auch zu Einspritzungen und Klystieren. Man beachte, dass wässerige Ratanhiaauszüge vor Luftzutritt zu schützen sind, da sie Bodensätze bilden.

Extractum Ratanhiae (Ergänzb. Helv. Austr.). **Extractum Krameriae** (Brit. U-St.). **Ratanhiaextrakt. Extrait de Ratanhia** (Gall.). **Extract of Krameria.** Ergänzb.: 2 Th. grob gepulverte Wurzel zieht man je 24 Stunden zuerst mit 10, dann mit 5 Th. Wasser aus, kocht die Pressflüssigkeit auf, seiht durch und verdampft zur Trockne. — Austr.: Aus 1 Th. Wurzel und 6, dann 2 Th. Wasser ebenso. — Helv.: 1 Th. Wurzel (III) wird zweimal 6 Stunden mit je 4 Th. siedendem Wasser digerirt, die Auszüge werden in verschlossenen, ganz gefüllten Gefässen 24 Stunden bei Seite gestellt, klar abgegossen und zur Trockne verdampft. — Brit. U-St.: 1000 g gepulverte Wurzel (No. 20 Brit., No. 40 U-St.) werden in einem gläsernen Perkolator l. a. mit destill. Wasser erschöpft, der Auszug wird aufgekocht, durchgeseiht und zur Trockne verdampft. — Gall.: Aus grob gepulverter Wurzel wie Extractum Gentianae Gall. (Bd. I, S. 1213). Weiches Extrakt. — Durch Eindampfen zur Sirupdicke und Aufstreichen auf Glastafeln erhält man das Extrakt in Lamellenform. Ausbeute je nach der Droge verschieden; aus dem Wurzelstock allein ca. 6, aus den Wurzelästen ca. 11 Proc. auf kaltem Wege; heisses Wasser erhöht wohl die Ausbeute, giebt aber ein an wirksamen Stoffen ärmeres Extrakt. — Hier, wie bei allen Auszügen aus Ratanhia, sind metallene, besonders eiserne Geräthe zu vermeiden! Man giebt das Extrakt innerlich zu 0,5—1,0 g, als Klystier 5,0—10,0 in Lösung. Behufs Auflösung reibt man es zunächst für sich fein, fügt dann das Wasser ganz allmählich hinzu; die Lösung ist trübe, wird auf Zusatz von Weingeist klar, mit Eisenchlorid dunkelgrün (Helv.). Bei diesem Präparate ist Selbstdarstellung geboten.

Extractum Ratanhiae fluidum. Extractum Krameriae fluidum (U-St.). **Fluid Extract of Kameria.** Aus 1000 g gepulverter Wurzel (Nr. 30) und einer Mischung aus 100 ccm Glycerin und 900 ccm verdünntem Weingeist (41 proc) im Verdrängungswege. Man befeuchtet mit 400 ccm, erschöpft zuerst mit dem Rest, dann mit verdünntem Weingeist, fängt die ersten 700 ccm für sich auf und bereitet l. a. 1000 ccm Fluidextrakt.

Tinctura Ratanhiae s. **Krameriae. Ratanhiatinktur. Teinture de ratanhia. Tincture of Krameria or of Rhatany.** Germ. Helv. Austr. Gall.: Aus 1 Th. mittelfein zerschnittener (Germ. Austr.) oder grob zerstossener (Helv. Gall.) Wurzel und 5 Th. verdünntem Weingeist durch Maceration, nach Austr. durch Digestion. — Brit.: Aus 200 g gepulverter Wurzel (No. 40) und q. s. 60 vol.-proc. Weingeist (zum Befeuchten 100 ccm) im Verdrängungswege 1000 ccm Tinktur. — U-St.: Mit 41 proc. Weingeist ebenso, doch zum Befeuchten 200 ccm.

Aqua dentifricia adstringens.

Eau dentifrice Eugenie.

Rp. Cort. Cinnamom. 50,0
Rad. Ratanhiae 100,0
Spiritus (87 proc.) 200,0
Aquae 800,0
Olei Menthae pip. gtts. X.

Aqua dentifricia Kahaue.

Rp. Tinctur. Benzoës
Tinctur. Ratanhiae āā 50,0.

Bei Bleichsucht. 1 Theelöffel auf 1 Glas lauwarmes Wasser zum Mundspülen.

Infusum Krameriae (Brit.).

Infusion of Krameria or of Rhatany.

Rp. Rad. Ratanh. conc. 50,0
Aquae destill. ebull. 1000,0.

Nach 1/4 Stunde seiht man durch.

Liquor injectorius Bismuti ratanhitannici

TRANDAFIRESCU.

Rp. Bismuti ratanhitann. 10,0
Aquae destill. 240,0.

Nach 1/2 stündigem Schütteln seiht man durch Leinwand. Das ratanhiagerbsaure Wismut erhält man durch Mischen von 20 Th. Ratanhiagerbsäure, 6 Th. Wismuthydroxyd und 15 Th. Wasser und Eintrocknen.

Liquor Krameriae concentratus (Brit.).

Concentrated Solution of Krameria.

Rp. 1. Radicis Ratanhiae pulv. (No. 40) 500,0
2. Spiritus (20 vol. proc.) 1250,0 ccm vel. q. s.

Man befeuchtet 1 mit 250 ccm von 2, erschöpft im Perkolator, indem man alle 12 Stunden 100 ccm aufgiesst, und bringt l. a. auf 1000 ccm.

Mixtura adstringens OESTERLEN.

Rp. Extracti Ratanhiae 5,0
Aquae Cinnamomi simpl. 170,0
Mixtur. sulfur. acid. 1,5
Sirup. Aurantii cort. 25,0.

Bei innerlichen Blutungen esslöffelweise.

Mixtura anticholerinica DELIOUX.

Rp. Extracti Ratanhiae 5,0
Sirupi opiati 30,0
Aquae Menth. pip.
Aquae Melissae āā 60,0
Spiritus aetherei 5,0.

Bei Cholerine, Durchfall.

Ptisana Ratanhiae (Gall.).

Tisane de Ratanhia.

Rp. Radic. Ratanhiae conc. 20,0
Aquae destill. ebull. 1000,0.

Nach 2 Stunden seiht man durch.

Pulvis dentifricius adstringens.
Ratanhia-Zahnpulver.
Rp. Radic. Ratanh. subt. pulv. 70,0
Tartari depurati „
Sacchari Lactis „ āā 15,0
Olei Menthae pip. 0,5.
Bei Blutungen des Zahnfleisches.

Sapo dentifricius FROHMANN.
Rp. Thymoli 0,5
Extract. Ratanhiae 3,0
Glycerini 18,0.
Man löst durch Erwärmen und mischt hinzu
Magnesiae ustae 1,5
Boracis 12,0
Saponis medicati 62,0
Olei Menthae pip. 3,0.

Sirupus Ratanhiae seu Krameriae.
Sirupus cum extracto Ratanhiae.
Ratanhiasirup. Sirop de Ratanhia.
Syrup of Krameria.

I. Helvetica.
Rp. 1. Extracti Ratanhiae 20,0
2. Aquae 50,0
3. Sirupi Sacchari 980,0.
Man löst 1 in 2 unter Erwärmen, mischt mit 3 und dampft ein auf 1000,0.

II. United States.
Rp. Extract. Krameriae fluid. 450 ccm
Sirupi Sacchari 550 „

III. Gallica.
Rp. Extracti Ratanhiae 25,0
Aquae destill. 50,0
Sirupi Sacchari 975,0.
Bereitung wie nach Helvet.

Suppositoria cum extracto Ratanhiae (Gall.).
Suppositoire d'extrait de ratanhia.
Rp. Extracti Ratanh. pulv. 1,0
Olei Cacao 3,0.
Zu einem Stuhlzäpfchen.

Tinctura Ratanhiae borata.
Dresdener Vorschr.
Rp. Acidi borici 5,0
Spiritus 120,0
Tinctur. Ratanhiae 15,0
Olei Menthae piperit. gtts. X.

Tinctura Ratanhiae cum Salolo.
Dresdener Vorschr.
Rp. Saloli 5,0
Spiritus 120,0
Tinctur. Ratanhiae 15,0
Olei Menthae piperit. gtts. X.

Tinctura Ratanhiae saccharata.
Rp. Extracti Ratanhiae 5,0
Tincturae Sacchari 20,0
Spiritus diluti 80,0.

Tinctura Ratanhiae salicylata.
Dresdener Vorschr.
Rp. Acidi salicylici 5,0
Spiritus 120,0
Tinctur. Ratanhiae 15,0
Olei Menthae piperit. gtts. X.

Trochisci Krameriae (U-St.).
Rp. Extract. Krameriae subt. pulv. 6,0
Sacchari „ 65,0
Tragacanthae „ 2,0
Aquae Aurant. flor. fort. q. s.
Man formt 100 Zeltchen.

Trochiscus Krameriae (Brit.).
Krameria or Rhatany Lozenge.
Rp. Extracti Krameriae 0,0648
Man formt mittels Fruit basis (s. unter Ribes) zur Pastille.

Trochiscus Krameriae et Cocainae (Brit.).
Rp. Extracti Krameriae 0,0648
Cocain. hydrochlor. 0,00324.
Man formt mittels Fruit basis (s. unter Ribes) zur Pastille.

Unguentum contra perniones.
Frostsalbe.
Rp. Thymoli 1,0
Tinctur. Jodi 1,5
Camphorae 4,0
Extract. Ratanhiae 5,0
Unguent. Paraffini 38,5.
Viermal täglich aufstreichen.

Unguentum stypticum.
Blacquières' Brustwarzensalbe.
Rp. Extracti Ratanhiae
Glycerini āā 2,0
Aquae destillatae 0,5
Olei Cacao 15,0
Olei Amygdalar. 3,0
Balsami peruviani 0,5.

Vet. Pulvis antidiarrhoicus canium.
Rp. Extract. Ratanh. 6,0
Bismut. subnitrici 2,0
Sacchari 12,0.
Zu 10 Pulvern. Bei Durchfall der Hunde.

Azymol von F. PAULI ist ein Mundwasser von Ratanhiatinktur, Pfefferminzöl, Salicylsäure, Saccharin, Vanillin, Menthol (AUFRECHT).

Balsam de Maltha ist ein weingeistiger Auszug aus Ratanhiawurzel, Tolubalsam und Weihrauch.

Mundwasser von EBERMANN ist eine weingeistige Lösung von Ratanhiaextrakt, Nelken- und Pfefferminzöl.

Mundwasser von Dr. SACHS: Myrrhen- und Ratanhiatinktur mit Pfefferminzöl.

Resorcinum.

Resorcinum (Austr. Germ. Helv. U-St.). **Résorcine** (Gall.). **Metadioxybenzol. Resorcinol.** $C_6H_6O_2$. **Mol. Gew. = 110.**

Die Darstellung erfolgt fabrikmässig durch Verschmelzen von Benzolmetadisulfosaurem Natrium mit Natronhydrat in der sog. Natronschmelze. Vergl. Bd. I, S. 24.

Eigenschaften. Das reine Resorcin bildet farblose, tafel- oder säulenförmige Krystalle von kaum merklichem (urinösem) Geruch und unangenehm süsslich kratzendem Geschmack. — Es löst sich in etwa 1 Th. Wasser zu einer farblosen, gegen Lackmus neutralen Flüssigkeit, es löst sich ferner in ca. 0,7 Th. Weingeist, ebenso in Aether und in Glycerin, dagegen ist es nur schwer, bezw. sehr schwer löslich in Chloroform, Schwefelkohlenstoff, Benzin, Benzol. Es schmilzt in reinem Zustande bei 118° C., siedet bei 276° C., verflüchtigt sich jedoch schon bei niedrigerer Temperatur ziemlich erheblich und verbrennt, entzündet, leicht und ohne einen Rückstand zu hinterlassen. Der Schmelzpunkt wird von den Pharmakopöen wie folgt angegeben: 110—111° C. (Austr. Germ. Helv.), 110—119° C. (Gall. U-St.).

Das Resorcin ist eine Substanz, welche ausserordentlich zur Farbstoffbildung neigt, weshalb man ohne Schwierigkeiten einige Dutzend Farbreaktionen für dasselbe aufstellen könnte. Ausserdem ist beachtenswerth, dass alle alkalischen Resorcinlösungen (vergl. auch Pyrogallol) Sauerstoff mit Leichtigkeit z. B. aus der Luft aufnehmen, wobei sie verschiedene Färbungen annehmen. Ammoniakalische Silbernitratlösung wird durch Resorcin bald reducirt, in der Regel unter hübscher Spiegelbildung. — Die wässerige Lösung des Resorcins wird durch neutrales Bleiacetat nicht, dagegen durch Bleiessig weiss gefällt (Brenzkatechin wird von neutralem Bleiacetat gefällt). — Durch Eisenchloridlösung wird sie dunkelviolett und blau gefärbt. Durch Bromwasser entsteht eine Abscheidung nadelförmiger Krystalle von Tribromresorcin $C_6HBr_3(OH)_2$.

Erhitzt man 0,1 g Resorcin und 0,1 g Zucker mit koncentrirter Salzsäure, so erhält man eine hübsche rothe Färbung, welche durch Verdünnen mit Wasser blasser wird und durch Natronlauge in Gelb umschlägt. — Erhitzt man 0,05 g Resorcin mit 0,1 g Weinsäure und 10 Tropfen Schwefelsäure vorsichtig bis zur beginnenden Gasentwicklung, so erhält man eine karminrothe dickliche Flüssigkeit, welche auf Zusatz von Wasser sich in diesem zu einer gelblichen Flüssigkeit löst und nach Uebersättigung mit Natronlauge grün fluorescirt. — Beim Erhitzen mit Chloralhydrat und etwas Chlorzink erhält man eine ähnliche rothe Masse. — Schmilzt man Resorcin mit Natriumnitrit vorsichtig zusammen, so erhält man eine dunkle Schmelze — Lacmoïd —, welche sich mit blauer Färbung in Wasser löst und mit Säuren und Alkalien die gleichen Farbenwandlungen wie Lackmus zeigt.

Num Nachweis sehr kleiner Mengen Resorcin fügt man zu den ätherischen Lösungen einige Tropfen einer mit Salpetrigsäure gesättigten Salpetersäure. Nach 24 Stunden sammelt man das ausgeschiedene Diazoresorcin, welches sich in wässerigem Ammoniak mit blauer Farbe löst.

Prüfung. Für die Reinheit des Resorcins ist folgendes maassgebend: Es sei ungefärbt und schmelze bei etwa 118° C. — Die wässerige Lösung 1 = 2 sei farblos, röthe blaues Lackmuspapier nur sehr schwach und entwickele beim Erwärmen keinen Phenolgeruch. Die Arzneibücher fordern, da sie eine schwache Färbung des Präparates, sowie den Schmelzpunkt 110—111° C. zulassen, kein ganz reines Resorcin, andererseits stellen sie die kaum zu befriedigende Forderung, dass die wässerige Lösung neutral sein soll.

Aufbewahrung. Vor Licht geschützt, da auch völlig farbloses Resorcin unter dem Einfluss von Luft und Licht und namentlich der ammoniakhaltigen Atmosphäre allmählich eine röthliche Färbung annimmt. Nach Austr. auch vorsichtig aufzubewahren.

Anwendung. In seiner Wirkung steht das Resorcin der Karbolsäure nahe, doch ist es nicht so toxisch wie diese. Man benutzt es äusserlich in koncentrirter Lösung zu schmerzlosen Aetzungen, in Form von Salben bei Hautkrankheiten, bei der Wundbehandlung in Form von Lösungen, Watte, Gaze. Auf der Haut entstandene braune Flecken können durch Betupfen mit Citronensäurelösung entfernt werden. Innerlich nur selten als antifermentatives Mittel bei Magenkatarrhen und falschen Gährungen im Magen.

Ausgeschieden wird das Resorcin zum Theil als solches, zum Theil als Aetherschwefelsäure; der Urin nimmt nach dem Gebrauche dunkle Färbung an oder er färbt sich doch beim Stehen an der Luft dunkel. — In der Technik dient Resorcin zur Darstellung zahlreicher Farbstoffe, namentlich des Fluoresceïns, der Eosine u. s. w.

$$C_6H_4 < {O \atop O} > C < {CH_3 \atop CH_3}$$

Acetono-Resorcin

Acetono-Resorcin. Gleiche Moleküle Aceton und Resorcin werden mit Hilfe von rauchender Salzsäure bei höherer Temperatur kondensirt.

Kleine, prismatische Krystalle, unlöslich in Wasser, schwerlöslich in Alkohol, Aether, Chloroform, leicht löslich in Alkalien. Indikation wie die des Resorcins.

Monoacetylresorcin. Resorcinmonoacetat. Euresol. $C_6H_4(OH)CH_3CO_2$. **Mol. Gew. = 152.**

Zur Darstellung wird Resorcin unter Vermeidung starker Erwärmung mit Essigsäureanhydrid oder Acetylchlorid verestert (D.R.P. 103857). Eine angenehm riechende, dickflüssige, honiggelbe, durchsichtige Masse, Siedep. 283° C., in Aceton leicht löslich. Wird in Substanz und in Aceton gelöst auf dem behaarten Kopfe bei Talgfluss und im Bart bei Bartflechte angewendet.

Resacetin. Ist angeblich das Natriumsalz der Oxyphenylessigsäure ($CH_2(C_6H_4OH)COONa$). Nähere Angaben fehlen.

† Phenoresorcin. 67 Th. Phenol und 33 Th. Resorcin werden durch Zusammenschmelzen gemischt. Giebt mit dem doppelten Gewicht Wasser eine klare Lösung.

Thioresorcin, $C_6H_4O_2S_2$ wird erhalten, indem man 1 Mol. Resorcin mit 3 Mol. Natriumhydroxyd und 3 Mol. Schwefel unter Zusatz von Wasser erhitzt, bis Lösung erfolgt ist. Aus der letzteren scheidet sich beim Ansäuern das geschwefelte Resorcin in amorphen gelben Flocken aus, welche durch Auflösen in Alkalien und Ansäuern der Lösung gereinigt werden.

Gelbliches, nicht krystallisirendes Pulver, leicht löslich in Alkalien, Alkalikarbonaten und Alkalisulfiden, in den sonstigen üblichen Lösungsmitteln. Konstitutionsformel:

$$\begin{matrix} S & & OH \\ & \searrow C_6H_2 \nearrow & \\ S & \nearrow \quad \searrow & OH. \end{matrix}$$

Die Verbindung wurde vorübergehend als Schwefelpräparat in der dermatologischen Praxis angewendet.

Collemplastrum Resorcini 5 Proc.
E. Dieterich.

Rp. Massae Collemplastri 800,0
Rhizomatis Iridis pulv. 60,0
Sandaricis pulv. 20,0
Resorcini 16,0
Acidi salicylici 6,0
Olei Resinae 30,0
Aetheris 150,0.

Collemplastrum Resorcini 10 Proc.

Rp. Rhizomatis Iridis pulv. 40,0
Resorcini 32,0.

Davon abgesehen wie das vorige.

Injectio antigonorrhoica Unna.

Rp. Zinci sulfocarbolici 1,0
Resorcini 4,0
Aquae Foeniculi 200,0.

Linimentum contra perniones Boeck.

Rp. Resorcini 4,0
Gummi arabici pulv. 2,5
Aquae destillatae 7,5
Talci Venetae pulv. 1,0.

Pasta Resorcini fortior Lassar.
(Ergänzb., Hamb. Vorschr.).

Rp. Resorcini
Zinci oxydati
Amyli Tritici ää 20,0
Paraffini liquidi 40,0.

Pasta Resorcini mitis Lassar.
(Ergänzb., Hamb. Vorschr.).

Rp. Resorcini 10,0
Zinci oxydati
Amyli Tritici ää 25,0
Paraffini liquidi 40,0.

Spiritus capillaris Unna.

Rp. Resorcini 5,0
Spiritus (95 Proc.) 150,0
Spiritus Coloniensis 50,0
Olei Ricini 2,0.

Gegen Alopecia areata.

Schälpaste, schwache Unna.

Rp. Pastae Zinci 60,0
Resorcini
Vaselini ää 20,0.

Schälpaste, starke Unna.

Rp. Pastae Zinci
Resorcini ää 40,0
Ammonii ichthyolici
Vaselini ää 10,0.

Unguentum compositum Resorcini Unna.

Rp. Resorcini 5,0
Ammonii sulfoichthyolici 5,0
Acidi salicylici 2,0
Unguenti simplicis 88,0.

Unguentum manuarium Lassar.
Lassar's Handsalbe für Aerzte.

Rp. Olei Olivae
Glycerini
Lanolini c. aqua
Vaselini ää 24,5
Resorcini 2,0.

Unguentum pomadinum compositum Unna.

Rp. Sulfuris praecipitati 4,0
Resorcini 2,0
Unguenti pomadini 100,0.

Unguentum Resorcini (Münch. Vorschr.).

Rp. Resorcini 10,0
Unguenti Paraffini 90,0.

† **Dijodthioresorcin.** $C_6H_2O_2J_2S_2$. **Mol. Gew.** = 424. Wird dargestellt durch Behandeln von Dijodresorcin mit Chlorschwefel. Braunes, in Wasser unlösliches, amorphes Pulver. Zersetzt sich beim Erhitzen unter Entwicklung von Schwefelwasserstoff, ohne zu schmelzen. Vorsichtig aufzubewahren. Als Trockenantisepticum angewendet etwa wie Aristol.

Pikrol. Unter dem Namen „Pikrol" wurde von DARGENS und DUBOIS das Dijodresorcinmonosulfosaure Kalium $C_6HJ_2(OH)_2SO_3K$ als ungiftiges Antisepticum empfohlen. Der Name „Pikrol" wurde wegen des bitteren Geschmackes der Verbindung gewählt. Das Präparat ist übrigens ein Analogon des Sozojodols.

Anusol. Ist Jodresorcinsulfosaures Wismut. Darstellung und Formel unbekannt, die freie Säure dürfte jedoch ein Analogon des Sozojodols sein. Wird namentlich auf die hyperämische Mastdarmschleimhaut bei Hämorrhoiden, bei Schrunden des Afters und anderen Erkrankungen der Mastdarmschleimhaut angewendet.

Suppositoria Anusoli. Rp. Anusoli 7,5, Zinci oxydati 6,0, Balsami Peruviani 1,5, Olei Cacao 19,0, Unguenti cerei 2,5. Fiant suppositoria No. 12.

Bismutan. Isutan. Als Antidiarrhoicum namentlich bei Kindern empfohlen. Kanariengelbes, geruchloses, leicht süsslich schmeckendes, in Wasser unlösliches Pulver aus Wismuttannat und Resorcin bestehend. Nähere Zusammensetzung unbekannt.

Liquor Anthracis compositus FISCHEL. Ist eine Lösung von Steinkohlentheer unter Zusatz von Schwefel, Resorcin und Salicylsäure.

† **Resorcinol.** Eine Mischung aus gleichen Theilen Resorcin und Jodoform wird bei gelinder Wärme (104—110° C.) zum Schmelzen gebracht und dann erstarren gelassen. Man beachte, dass die U-St. die Namen „Resorcinol" als Synonym des Resorcins aufführt.

SEEBALD's Haartinktur. 5 Proc. Resorcin und 3 Proc. Perubalsam werden in einem wässerig-alkoholischen Auszuge frischer Orangenschalen gelöst (WELLER).

Rhamnus.

Gattung der **Rhamnaceae-Rhamneae.**

I. Rhamnus cathartica L. Heimisch in der gemässigten Zone der alten Welt bis nach Nordafrika. Strauch mit eiförmigen, kerbiggesägten, gegenständigen Blättern, aus deren Achseln die mit ihrem Ende in einen geraden Dorn sich umwandelnden Zweige entspringen. Blüthen polygam-dioecisch, vierzählig. — Liefert in den Früchten:

Fructus Rhamni catharticae (Germ.). **Baccae Spinae cervinae. Baccae domesticae. — Kreuzdornbeeren. Kreuzbeeren. Gelbbeeren. Amselbeeren. — Fruit de nerprun purgatif** (Gall.). **Baies de nerprun. — Buckthorn-berries. Rheinberry. Frenchberries. Yellow berries.**

Beschreibung. Die Frucht ist eine anfänglich grüne, später dunkle, glatte Steinfrucht, deren Fruchtfleisch beim Trocknen stark runzelig zusammenschrumpft. Sie ist kugelig, mit einem Durchmesser von höchstens 1 cm, am Grunde von dem achtstrahligen Kelch gestützt. Die in den vier pergamentartigen Steinkernen sitzenden Samen sind von einer tiefen Rückenfurche durchzogen, so dass ihr Querschnitt hufeisenförmig ist. Sie enthalten ein Endosperm und in demselben den Embryo. — Sie ist frisch von unangenehmem Geruch und schmeckt anfangs süsslich, dann ekelhaft bitter, etwas scharf. — In zahlreichen Zellen des Fruchtfleisches hat sie Inhaltskörper, die mit Alkalien blau, und besonders in den unreifen Früchten mit Eisenchlorid schwarz werden. (Vergl. Ceratonia, Bd. I, S. 700.)

Bestandtheile. Der abführend wirkende Bestandtheil ist Rhamnoemodin $C_{15}H_{10}O_5$. Ferner verschiedene Farbstoffe: Rhamnocitrin $C_{13}H_{10}O_5$, bildet gelbe Krystalle, die bei 221—222° C. schmelzen; Rhamnolutin $C_{15}H_{10}O_6$, krystallisirt in hellen Nadeln, die bei 240° C. sich zusammenziehen und über 260° C. schmelzen; Rhamnochrysin $C_{13}H_{12}O_7$, von orange Farbe, schmilzt bei 225—226° C.; β-Rhamnocitrin, dem Rhamnocitirin isomer, schmilzt über 260° C. Ferner hat man amorphen Zucker, Pektin, Gummi, Bitterstoffe, Chlorophyll und Fett nachgewiesen. Asche bei reifen Früchten 2,80 Proc., bei unreifen Früchten 3,67 Proc.

Einsammlung und ***Anwendung.*** Die reifen Früchte werden im September und Oktober gesammelt, und entweder sofort zum Sirup etc. verarbeitet, oder getrocknet. Die getrockneten Beeren sind nur noch ein Gegenstand des Handverkaufs; sie dienen als mildes Abführmittel.

Aus den nicht ganz reifen Früchten wird „Saftgrün oder Blasengrün" (Succus viridis) gemacht.

Sirupus Rhamni catharticae (Germ. Helv.). **Sirupus Spinae cervinae. Sirupus domesticus. Kreuzdornbeerensirup. Sirop de nerprun** (Gall.). **Sirup of buckthorn.** Germ.: Aus frischen Beeren wie Sir. Cerasorum Germ. (Bd. I, S. 698). 100 Th. Beeren geben 110—120 Th. Sirup. — Helv.: Wie Sir. Mori Helv. (S. 406). — Gall.: Gleiche Gewichtstheile Succus Rhamni und Zucker kocht man bis zum spec. Gew. von 1,27 und seiht durch. — Nat. form.: 450 ccm des ausgegohrenen Saftes kocht man mit 800 g Zucker auf und bringt nach dem Erkalten mit q. s Saft auf 1000 ccm. — Ein violettrother Sirup, der als mildes Abführmittel gebraucht wird. Esslöffelweise, Kindern theelöffelweise.

Sirupus Rhamni compositus. 85 Sirup. Rhamni cathart., je 5 Sirup. Anisi, Cinnamomi, Zingiberis.

Succus Rhamni. Succus e fructu Rhamni. Suc de nerprun (Gall.). Man lässt die zerquetschten Früchte vergähren, presst aus und filtrirt den Saft.

Succus Rhamni catharticae inspissatus. Roob Spinae cervinae. Kreuzbeersaft. Kreuzbeersalse. 10 Th. frische Beeren erhitzt man eine Stunde im Wasserbade, presst aus, zieht den Rückstand nochmals mit 5 Th. Wasser aus, seiht die Pressflüssigkeit durch und dampft zur Muskonsistenz ein. Ausbeute 12—13 Proc.

Succus viridis. Saftgrün. Blasengrün. Vert de vessie. Ausgegohrener Kreuzbeersaft wird mit kleinen Mengen Alaun und Pottasche zum Mus eingedampft und in Thierblasen, die man in Rauchfängen aufhängt, völlig ausgetrocknet.

II. Ebenfalls als Abführmittel benutzt man die Früchte von **Rhamnus dahurica Pall.** in Indien und von **Rh. japonica Maxim.** in Japan. Die Früchte von **Rh. Humboldtiana Römer et Schulte** in Mexiko sollen ähnlich wie Curare wirken.

III. Die Früchte mehrerer Arten verwendet man zum Färben, so liefert **Rhamnus infectoria L.** die sogen. Avignonkörner oder persischen Gelbbeeren, **Rh. saxatilis L.** die ungarischen und französischen Gelbbeeren.

IV. Rhamnus Purshiana D. C. Heimisch in Nordamerika in den Rocky Mountains. Liefert:

Cortex Rhamni Purshianae (Ergänzb. Helv. Austr.). **Cortex Rhamni americanae. Cascara Sagrada** (Brit.). **Rhamnus Purshiana** (U-St.). — **Amerikanische Faulbaum-** oder **Kreuzdornrinde.** — **Écorce de Cascara sagrada** (Gall. Suppl.). **Écorce sacrée. — Sacred bark.**

Beschreibung. Die Rinde bildet rinnige oder röhrenförmige Stücke, die mit dünnem grauem oder braunem Kork bedeckt sind, zuweilen sind Lenticellen vorhanden. Innen ist sie gelb, bei langer Aufbewahrung braun und bricht kurz und kurzfaserig. Der Bau ist dem der Cortex Frangulae (Bd. I, S. 1179) gleich, doch lässt die primäre Rinde Gruppen stark verdickter, poröser Steinzellen erkennen.

Bestandtheile. Soviel wir wissen, dieselben wie in Cortex Frangulae. Aweng (1899) hat Chrysophansäure und Emodin aufgefunden, beide in Benzol löslich; ferner wenig Pseudofrangulin und in grösserer Menge ein bei der Hydrolyse Frangularhamnetin lieferndes Glukosid, beide in Benzol und absolutem Alkohol löslich, und endlich, in 60proc. Alkohol löslich, ein dem Frangularhamnin gleichendes Glukosid.

Substitutionen. An Stelle der Rinde von Rhamnus Purshiana sollen zuweilen die Rinden von Rhamnus californica Eschsch. und Rhamnus crocea Nutt. in den Handel kommen. Die Rinde der letztgenannten Art giebt einen dunkelgelben Aufguss.

Anwendung. Obwohl die Arzneibücher es nicht ausdrücklich vorschreiben, ist es auch hier aus den bei Cortex Frangulae angegebenen Gründen (s. Bd. I, S. 1180) geboten, die Rinde erst nach wenigstens einjähriger Aufbewahrung in Gebrauch zu nehmen. (Caesar & Loretz in Halle halten sogar 10jährige Rinden auf Lager.) Wie jene, dient sie, gewöhnlich in der Form des Fluidextrakts, als Abführmittel, zur Anregung der Magen- und Darmthätigkeit, bei Leberleiden etc.

Die Entbitterung der Rinde wird wie bei der Faulbaumrinde durch gebrannte Magnesia bewirkt (s. unten); die aus entbitterter Sagradarinde dargestellten Zubereitungen sind angenehm im Gebrauch und zuverlässig in der Wirkung, haben übrigens vor den entsprechenden Präparaten aus der einheimischen Faulbaumrinde nichts voraus.

Als das vortheilhafteste Lösungsmittel zum Ausziehen der Rinde wird Weingeist mit einem Zusatz von 10 Proc. Ammoniakflüssigkeit empfohlen; das damit bereitete Fluidextrakt soll nicht nachtrüben.

Cortex Cascarae sagradae examaratus. Entbitterte Sagradarinde. 100 Th. mittelfein gepulverte Rinde, 5 Th. gebrannte Magnesia und 200 Th. Wasser mischt man gleichmässig, bringt nach 12 Stunden im Wasserbade zur Trockne und treibt durch ein Sieb.

Extractum Cascarae sagradae (Brit.). **Extractum Rhamni Purshianae (aquosum). Extract of Cascara Sagrada.** Gepulverte Rinde (No. 20) erschöpft man im Verdrängungswege l. a. mit destill. Wasser und verdampft den Auszug zur Trockne.

Extractum Cascarae sagradae (spirituosum seu) alcoole paratum (Gall. Suppl.). **Extrait de Cascara Sagrada.** 1 Th. mittelfein gepulverte Rinde erschöpft man l. a. im Verdrängungswege mit 6 Th. verdünntem Weingeist (60proc.), destillirt vom Auszuge den Weingeist ab und verdampft zum weichen Extrakt. — (E. Diet.): 1000 gepulverte Rinde, 1200 Weingeist, 1800 Wasser; nach 6tägigem Stehen presst man aus, zieht nochmals 3 Tage mit 800 Weingeist, 1200 Wasser aus, destillirt von den Auszügen 1500 Weingeist ab und verdampft sie zu einem dicken Extrakt. Ausbeute gegen 30 Proc.

Extractum Cascarae sagradae fluidum (Ergänzb.) **seu liquidum** (Brit.). **Extractum Rhamni Purshianae fluidum** (U-St.). **Sagrada-Fluidextrakt. Fluid or liquid Extract of Cascara Sagrada or of Rhamnus Purshiana.** Ergänzb: Aus mittelfein gepulverter Rinde genau so wie Extr. Frangulae fluid. Germ. (Bd. I, S. 1181). — Brit.: 1000 g gepulv. Rinde (No. 20) werden mit 750 ccm destill. Wasser befeuchtet, in Perkolator l. a. mit Wasser erschöpft; der Auszug wird auf 600 ccm eingedampft und durch Hinzufügen von 200 ccm Weingeist (90vol.-proc.) und 200 ccm Wasser auf 1000 ccm gebracht. — U-St.: Aus 1000 g gepulv. Rinde (No. 60) und q. s. verdünntem Weingeist (41proc.) im Verdrängungswege; man befeuchtet mit 400 ccm, fängt die ersten 800 ccm Perkolat für sich auf und bereitet l. a. 1000 ccm Fluidextrakt.

Extractum Cascarae sagradae fluidum examaratum (Ergänzb.). **Extractum Rhamni Purshianae fluidum** (Helv. Austr.). **Entbittertes Sagrada-Fluidextrakt.** Ergänzb. Helv.: 100 Th. mittelfein gepulv. Rinde und 5 Th. gebrannte Magnesia befeuchtet man mit einer Mischung von je 25 Th. Wasser und Weingeist, lässt 48 Stunden stehen und erschöpft im Perkolator mit q. s. derselben Mischung; man fängt die ersten 80 Th. für sich auf und bereitet l. a. 100 Th. Fluidextrakt. — Austr.: Unter Zusatz von 10 Proc. Magnesiumoxyd wie Extr. Hydrastidis fluid. Austr. (S. 79). — Klare, tiefbraunrothe, schwach bitter schmeckende Flüssigkeit, die 26—30, nach Helv. wenigstens 30 Proc. Trockenrückstand hinterlässt (bei 110° C). Dosis 0,5—1,0 mehrmals täglich, oder 1—5 g auf einmal. — E. Aweng schlägt zur Entbitterung Kalkwasser vor (Apoth. Zeitg. 1900, No. 98).

Extractum Cascarae sagradae siccum erhält man durch Eindampfen des Extr. Cascar. sagrad. spirituos. zur Trockne. Ausbeute etwa 25 Proc. der angewendeten Rinde. Im Handel auch in Gallertkapseln.

Tinctura Cascarae sagradae. Sagradatinktur. Teinture de Cascara sagrada. Gall.: Aus 1 Th. gepulv. Rinde und 5 Th. verdünntem Weingeist (60proc.) durch 10tägige Maceration. Dresd. Vorschr.: Ebenso. — Münch. Vorschr.: 20 Th. entbittertes Sagrada-Fluidextrakt, 80 Th. verdünnter Weingeist.

Vinum Cascarae sagradae (Ergänzb.). **Sagradawein.** 50 Th. entbittertes Sagrada-Fluidextrakt dampft man auf 20 Th. ein und löst es in 80 Th. eines süssen Südweines. Auch hier ist, wie bei Vinum Chinae, ein Zusatz von 0,1 Proc. Leim zu empfehlen.

Elixir Cascarae sagradae.

I.

Rp.	Extract. Cascar. sagrad. fluid.	40,0
	Tinct. Aurant. cort.	10,0
	Aquae Cinnamom. spirit.	20,0
	Sirup. Sacchari	30,0.

II.

Cascara liquide Alexandre.

Rp.	Cort. Cascar. sagr. conc.	60,0
	Spiritus (60 proc.)	120,0
	Vini Madeirensis	500,0
	Sirupi Sacchari	250,0
	Aquae destillat.	150,0
	vel q. s. ad Colat.	1000,0.

Elixir Rhamni Purshianae (Nat. form.).

Rp. Extract. Rhamni Pursh. fluid. (U-St.) 250 ccm
Elixir Taraxaci comp. (Nat. form.) 750 ccm.

Elixir Rhamni Purshianae compositum (Nat. form.).
Compound Elixir of Cascara sagrada.
Elixir laxativum. Laxative Elixir.

Rp. Extr. Rhamni Pursh. fluid. (U-St.) 125 ccm
Extr. Sennae fluid. (U-St.) 75 „
Extr. Juglandis fluid. (Nat. form. S. 161) 65 „
Elixir Taraxaci comp. (Nat. form.) 735 „

Elixir laxativum Viennense.
Wiener Abführende Magenessenz.

Rp. Cort. Cascar. sagrad.
Rhizom. Rhei ää 50,0
Radic. Gentianae
Rhizom. Zedoariae
Croci ää 5,0
Spiritus (70 Proc.) 1000,0.

Extractum Cascarae sagradae compositum fluidum.

Rp. Extract. Cascar. sagr. fluid. 40,0
Extract. Glycyrrhiz. „ 40,0
Extract. Berberidis „ 20,0.

Extractum Rhamni Purshianae fluidum aromaticum (Nat. form.).
Aromatic Fluid Extract of Cascara sagrada.

Rp. 1. Cort. Cascar. sagrad. (No. 60) 1000 g
2. Rad. Glycyrrhizae (No. 40) 100 „
3. Magnesiae ustae 125 „
4. Glycerini 250 ccm
5. Spirit. Aurant. comp. (U-St.) 10 „
6. Spiritus (91 proc.) 500 „
7. Aquae destill. q. s.
8. Spiritus diluti (41 proc.) q. s.

Man befeuchtet 1—3 mit 2000 ccm von 7, bringt nach 12 Stunden im Wasserbade zur Trockne, perkolirt mittels einer Mischung von 4, 6 und 250 ccm von 7, darauf mittels 8, fängt die ersten 800 ccm Perkolat für sich auf und bringt mit 5 und q. s. von 8 l. a. auf 1000 ccm Gesammtflüssigkeit.

Pilulae Cascarae sagradae.
Sagradapillen (Bad. Ap.-V.).

Rp. 1. Extract. Cascar. sagrad. sicci 10,0
2. Radic. Liquirit. pulv. 5,0.

Man stösst mit Gummischleim an und formt 100 Pillen. Die Dresd. Vorschr. enthalten statt 2 Cort. Cascar. sagrad. 3,0; die Pillen sind mit Tolubalsam zu überziehen (nach anderen Vorschriften zu überzuckern oder zu versilbern).

Pilulae laxantes KLEEWEIN.

Rp. Extract. Cascar. sagrad.
Rhizom. Rhei ää 3,0
Radic. Belladonn.
Podophyllini ää 0,5
Cort. Cascar. sagrad. q. s.

Man formt 50 Pillen.

Sirupus Cascarae sagradae.

Rp. Extracti Cascarae sagradae fluidi 10,0
Sirupi Sacchari 90,0.

Sirupus Cascarae aromaticus (Brit.).

Rp. Extracti Cascarae sagradae liquidi 400 ccm
Tinctur. Aurantii cort. 100 „
Spiritus (90 vol. proc.) 50 „
Aquae Cinnamom. 150 „
Sirupi Sacchari 300 „

Tabulettae Cascarae sagradae.

Rp. Extracti Cascarae sagradae sicci 5,0
Massae Cacao 3,0
Olei Cacao 1,0
Sacchari albi 1,5.

Man formt 10 Tabletten und bestreut sie mit Magnesia usta.

Cascarae Bitters, gegen Verdauungsstörungen ist ein Likör aus Cascara sagrada, Taraxacum, Gentiana etc.

Cascarine Leprince, eine französische Specialität in Form von Pillen oder Elixir, soll den wirksamen Bestandtheil der Sagradarinde enthalten.

Palatable Fluidextract of Cascara sagrada oder **Cascara aromatic** ist ein entbittertes Sagrada-Fluidextrakt mit geschmackverbessernden Zusätzen. In Deutschland stellt es E. MERCK in Darmstadt dar.

Paskolatabletten, zum Abführen, bestehen aus Sagradaextrakt, Sennafrüchten, Ulmenrinde, Süssholz und Zucker.

Pilulae Marienbadenses, von Hofrath BRINKMEYER, gegen Fettsucht, enthalten neben Kochsalz, kohlensauren und schwefelsauren Salzen Sagradaextrakt und Bindemittel.

Rhamnin ist gleichbedeutend mit Extractum Frangulae fluidum.

Sagradin, ist eine 20proc. Lösung von entbittertem Sagradaextrakt mit 2 Proc. Spirit. Menth. pip. (RIEDELS Mentor).

V. Rhamnus Wightii Wr. et Arn. Heimisch in Vorderindien und auf Ceylon. Die Rinde bildet Röhren oder gekrümmte Stücke von 2—3 mm Dicke, aussen ist sie schmutzigbraun mit zahlreichen Korkleisten, jüngere Stücke aschgrau. Innenseite chokoladenbraun bis fast schwarz. Bau anscheinend ähnlich wie bei IV.

Bestandtheile anscheinend denen von IV. ähnlich. Sie wird auch ähnlich verwendet.

VI. Rhamnus Frangula Bd. I, S. 1179.

Rheum.

Gattung der **Polygonaceae — Rumicoideae — Rumiceae.**

I. Rheum officinale Baill. Heimisch im westlichen China. Bis $2^3/_4$ m hoch. Die grundständigen Blätter bis 1,25 m gross. Das Blatt zeigt fünf hervortretende Lappen, von denen der mittlere Lappen nicht stark hervorspringt, so dass das Blatt danach oft breiter wie lang erscheint. Am Grunde ist die Spreite herzförmig oder fast geöhrt. Blüthenstände dicht ährenförmig, nickend, Blüthen weiss. — Aendert ab mit wenig eingeschnittenen Blättern, straffen Blüthenständen und rothen Blüthen. — Seit 1867 bekannt.

II. Rheum palmatum L. Die Spreite der Blätter im Umriss rundlich herzförmig, handförmig gelappt, die Lappen zugespitzt und buchtig-kleinlappig bis ganzrandig. Blüthenstand straff aufrecht, Blüthen weiss. — Seit 1758 bekannt. Die durch den Reisenden Przewalski 1873 vom See Kuku-Nor mitgebrachte Pflanze, die durch Maximowicz als **var.: tanguticum** beschrieben wurde, ist mit Rheum palmatum völlig identisch.

Von diesen beiden Arten wissen wir, dass ihre Rhizome den nachher zu beschreibenden, charakteristischen Bau der Droge besitzen, ob aber beide dieselbe liefern oder nur eine, ist unsicher. Mit ziemlicher Bestimmtheit darf angenommen werden, dass II. an der Lieferung der Droge betheiligt ist. Beide Arten bilden ein mehr dickes, wie langes Rhizom, welches, nachdem die Pflanze geblüht hat, kräftige Seitenzweige entwickelt, die nach mehreren Jahren ebenfalls blüthentragende Achsen bilden. Dieses Rhizom und seine Zweige liefern die Droge. Man gräbt die Rhizome im Herbst aus, reinigt sie zuerst oberflächlich, zertheilt sie, schält und schneidet sie zurecht, worauf man sie trocknet, indem man sie auf Fäden zieht. Man sammelt meist die Droge von wildwachsenden Pflanzen, die von kultivirten gewonnene soll minderwerthig sein. Ausfuhrplatz in China ist gegenwärtig ausschliesslich Shanghai. In Europa unterliegt die Droge noch einer Bearbeitung, indem schlechte, dunkle oder faulige Stellen entfernt werden.

Rhizoma Rhei. Radix Rhei[1] (Germ. Helv. Austr.). **Rhei Radix** (Brit.). **Rheum** (U-St.). **Radix Rhabarbari. Rhabarbarum verum. — Rhabarber. Rhabarberwurzel. Chinesischer, echter, edler Rhabarber. — Rhubarbe de Chine, de Moscovie ou de Perse** (Gall.). **Rhubarbe. Racine de rhubarbe. — Rhubarb. Rhubarb root.**

Beschreibung. **Die Droge besteht aus Stücken des Rhizoms, die kurz-rübenförmig, fast kugelig, cylindrisch oder flach sind. Das letztere ist der Fall, wenn das Rhizomstück gespalten wurde. Sie sind auf der Aussenseite geschält, an den Kanten oft durch Feilen oder Raspeln mehr oder weniger abgerundet, oft mit einem unregelmässigen Loch versehen, in dem sich zuweilen noch Reste des Strickes befinden, an dem die Stücke zum Trocknen aufgereiht waren. Die Stücke sind bis 10 cm lang, selten länger, 5—8 cm breit resp. dick. Von aussen sind die Stücke mit Pulver bestäubt und von lebhaft gelbrother Farbe. Sie müssen ziemlich schwer sein und dürfen, besonders im Innern, keine schlechten, dunklen oder schwarzen Stellen erkennen lassen. — Auf der der Rinde entsprechenden Aussenseite betrachtet, lassen manche Stücke zierliche, rhombische Felder erkennen, und in denselben an günstigen Stellen zarte dunkle Striche, die Markstrahlen. Wo die Schälung nicht parallel zur Längsaxe vorgenommen ist, verschieben sich die Felder, und es kommen in der rothgelben Grundmasse mehr oder weniger unregelmässig verlaufende Linien zum Vorschein. Auf einem glatten Querschnitt (Fig. 101) oder frischen Querbruch durch die Droge erkennt man an Stücken, die nicht zu weit geschält sind, in der Nähe der Peripherie die dunkle**

[1]) Die Bezeichnung der Droge als „Wurzel" ist falsch und stammt aus einer Zeit, wo jeder unterirdische Pflanzentheil als Wurzel bezeichnet wurde. Sollten sich Wurzelstücke unter der Droge befinden, so müssen sie entfernt werden. da sie den Beschreibungen der Arzneibücher nicht entsprechen.

Linie des Cambiums, die freilich häufig durch tiefgehendes Schälen grossentheils entfernt ist. Zu beiden Seiten des Cambiums ist der Bau deutlich strahlig, man kann die dunklen, meist im Bogen verlaufenden Markstrahlen gut erkennen. Diese strahlige Partie umschliesst eine die Hauptmenge der Droge ausmachende centrale Masse, die zunächst marmorirt aussieht, d. h. in einer weissen Grundmasse erscheinen reichlich rothbraune oder gelbrothe, unregelmässig verlaufende Linien und Flecke. An günstigen Stücken, am besten an nicht zu dicken vollständigen Rhizomstücken erkennt man zunächst innerhalb der erwähnten strahligen Partie einer unregelmässigen Zone rundliche Gebilde, die reichlich von dunklen Radien durchsetzt sind (Maserkreise). Innerhalb dieser Zone verlaufen unregelmässige Linien durch die Mitte des Stückes. Die Maserkreise sind nicht immer leicht aufzufinden, dürfen aber nicht fehlen, da sie für den echten Rhabarber besonders charakteristisch sind. Unter dem Mikroskop sieht man, dass es besondere Gefässsysteme, aber mit umgekehrter Orientirung der einzelnen Theile sind: sie haben ein deutliches Cambium, ausserhalb desselben erkennt man Gefässe, innerhalb Siebröhren, das Centrum wird von einer Gruppe von Siebröhren eingenommen. Die schief durch die Mitte des Stückes verlaufenden Bündel haben denselben Bau. Wenn man also Stücke der Droge betrachtet, die soweit geschält sind, dass die erwähnte normale, strahlige Partie um das Cambium völlig entfernt ist, dann können auch auf der Aussenseite der Stücke solche Maserkreise zum Vorschein kommen. Diese umgekehrt orientirten Bündel gehen hervor aus zarten Siebsträngen, die theils an der Innenseite der normalen strahligen Partie axial verlaufen, theils (in den Knoten des Rhizoms) quer verlaufen. Sie umgeben sich mit einem Cambium, welches nun weiter nach innen Siebröhren etc., also Phloëm, und nach aussen Gefässe etc., also Xylem, bildet.

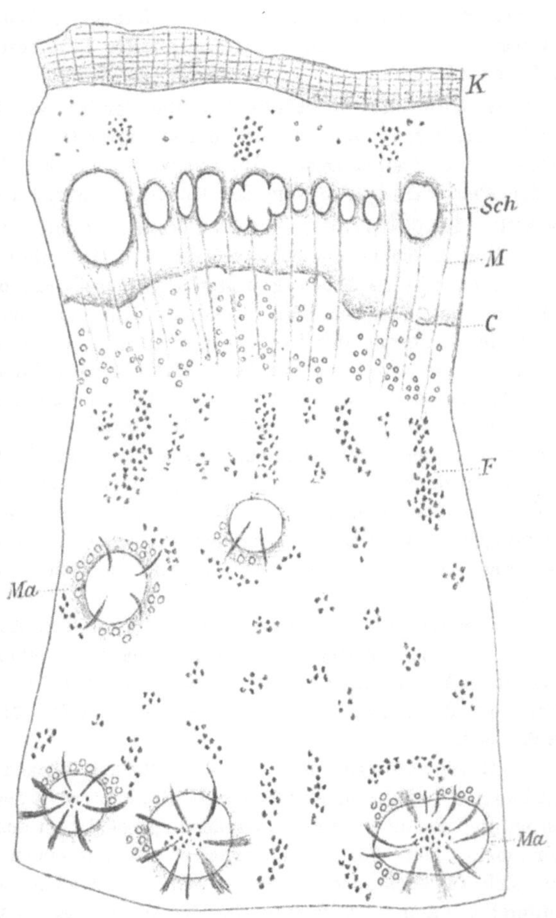

Fig. 101. Querschnitt durch ein ungeschältes, frisches Rhabarberrhizom. *K* Kork. *Sch* Schleimlücken. *M* Markstrahlen. *C* Cambium. *F* Farbstoffzellen. *Ma* Maserkreise.

Weiter lässt das Mikroskop Folgendes erkennen:

Das Parenchym enthält reichlich Oxalatdrusen, die einen Durchmesser von 145 μ erreichen, und Stärkemehl, dessen Körnchen bis 17 μ gross sind; sie sind entweder rundlich, einfach mit kleinem centralen Spalt, oder bestehen aus bis vier Theilkörnchen (Fig. 102). Am reichlichsten kommt im Parenchym und besonders in den Markstrahlen brauner Inhalt vor, der mit Alkalien schön roth wird. Die Markstrahlen sind bis 4 Zellen breit, bis 30 Zellen hoch. In dem äusseren Theile der Rinde, die aber bei der Handelswaare stets abgeschält ist, finden sich grosse Schleimlücken (Fig. 101 *Sch*).

Geruch sehr charakteristisch, Geschmack bitterlich-aromatisch, daneben süss. Die Droge knirscht beim Kauen zwischen den Zähnen.

Bestandtheile. Rhabarber gehört zu den organischen Abführmitteln, die wie Frangula, Aloë, Senna, Rhamnus cathartica und Rhamnus Purshiana (vergl. die entsprechenden Artikel) ihre Wirkung einem Gehalt an Oxymethylanthrachinon, einem Emodin der Formel $C_{15}H_{10}O_5$ und verwandten Körpern verdanken. Nach Aweng (1901) sind diese Bestandtheile bei Frangula, Cascara sagrada und Rhabarber völlig identisch und sind in der Droge in glukosidischer Bindung enthalten. Aweng unterscheidet bei diesen Drogen primäres Glukosid, das bei der Hydrolyse sekundäres und dieses dann erst Emodin liefert.

Für die Werthbestimmung des Rhabarbers und der genannten Rinden giebt Aweng folgende Vorschrift: 10 g der grobgepulverten Droge werden mit 10 ccm Salmiakgeist, 90 ccm Wasser und 100 ccm 95proc. Alkohol in verschlossener Flasche unter öfterem Schütteln drei Tage macerirt, dann filtrirt. 150 ccm Filtrat (= 7,5 g Droge) werden im Wasserbade zum dünnen Extrakt eingedampft, mit Wasser aufgenommen, heiss mit Essigsäure schwach angesäuert, zu 150 ccm aufgefüllt mit Wasser und 12 Stunden stehen gelassen. Die ausgeschiedenen, sekundären Körper I werden abfiltrirt und das Filtrat II bei Seite gestellt. Die Körper I werden mit kaltem Wasser ausgewaschen, bis dasselbe farblos abläuft, getrocknet, zerrieben und im Soxhlet zuerst mit Benzol, dann mit 90proc. Alkohol extrahirt. Der Benzolauszug besteht grossentheils aus Emodin und Chrysophansäure, die beide abführend wirken. Der Alkoholauszug wird mit dem doppelten Volum Aether gemischt, wobei ein Spaltungsprodukt der Frangulasäure ausfällt (Bd. I, S. 1180), ein anderes Spaltungsprodukt der Frangulasäure ist vom Alkohol nicht aufgenommen. Die im Aether-Alkohol gelöst bleibenden Körper sind Pseudofrangulin (Bd. I, S. 1180) und etwas Pseudoemodin, sie wirken ebenfalls abführend. Man kann die Körper I auch nur mit Alkohol im Soxhlet ausziehen und den alkoholischen Auszug ebenso weiter behandeln. Man erhält dann Emodin, Chrysophansäure und das Spaltungsprodukt der Frangulasäure zusammen. — 100 ccm des Filtrats II (= 5 g Droge) werden auf dem Wasserbade auf 15 ccm eingedampft und mit 85 ccm 95proc. Alkohol gemischt, die Frangulasäure fällt aus, sie wird abfiltrirt, auf dem Filter mit Wasser gelöst, die Lösung eingedampft und bei 100° getrocknet. Das alkoholische Filtrat enthält ein Doppelglukosid, es wird ebenfalls eingedampft und getrocknet gewogen (Bd. I, S. 1180). Wir möchten aber bemerken, dass diese Methode praktische Nachtheile hat, da das Filtriren, Auswaschen etc. lange Zeit in Anspruch nimmt.

Nach Aweng liefert also der Rhabarber: ein Doppelglukosid, eine Verbindung der Frangulasäure mit dem früher als Pseudofrangulin bezeichneten Körper. Das Glukosid wird in beide Komponenten gespalten beim Erhitzen der alkoholischen Lösung mit Essigsäure. Durch Erhitzen der alkoholischen Lösung des Pseudofrangulins mit Salzsäure erhält man den als Pseudoëmodin bezeichneten Körper. Das Doppelglukosid aus Rhabarber unterscheidet sich von denen der beiden Rinden durch seine Fällbarkeit mit Leimlösung, wonach es nicht unmöglich ist, dass die in der Droge vorhandene Verbindung noch komplicirter ist, nämlich aus einer Verbindung des Doppelglukosids mit Gerbstoff besteht. — Nach Hesse enthält der Rhabarber neben Chrysophansäure $C_{15}H_{10}O_4$ auch Methylchrysophansäure $C_{16}H_{12}O_4$ und neben Emodin das demselben isomere Rhabarbarin $C_{15}H_{10}O_5$. — Ob alle diese Körper und die anderen oben genannten im Rhabarber präexistiren oder erst während der Verarbeitung aus dem Doppelglukosid entstehen, ist noch nicht bekannt. Ferner enthält die Droge Gerbstoff: Rheumgerbsäure, der mit verdünnten Säuren in Zucker und Rheumsäure, ein Phlobaphen, sich spaltet.

Der Aschengehalt ist ein ausserordentlich schwankender: 3—24 Proc., es werden sogar 45,27 Proc. angegeben. Die Asche enthält vorwiegend Calciumkarbonat und Kaliumkarbonat, wenig Thonerde und Magnesia. Der Gehalt an Oxalsäure beträgt 1,0—4,59 Proc.

Handelssorten. Nach freundlicher direkter Mittheilung der Herren Gebrüder Blembel in Hamburg ist über die gegenwärtig im Handel befindlichen Sorten und ihre Behandlung folgendes zu sagen: Chinesischer Rhabarber kommt aus der Provinz Shensi, was aber so zu verstehen ist, dass er grossentheils nicht in dieser Provinz, die am Mittellauf des Hoang-ho liegt, sondern weiter westlich gesammelt wird, aber durch Kaufleute nach Shensi gelangt, wo man ihn reinigt und bearbeitet. Aus der Provinz Shensi wandert er südwärts an den Jang-tse-kiang, erreicht in Shanghai das Meer, von wo gegenwärtig sämmtlicher Rhabarber verschifft wird.

Man unterscheidet folgende Sorten:

A) An der Luft getrockneter Rhabarber.

a) Shensi, gilt als beste Sorte, aber gegenwärtig selten im Handel. Bildet rundliche resp. walzenförmige und flache Stücke, letztere aus gespaltenen Rhizomzweigen, von ziemlich heller, etwas röthlicher Farbe. Die Stücke sind schwer und lassen auf der Aussenseite die oben erwähnte, aus Rhomben bestehende Zeichnung gut erkennen. Im Bruch meist roth marmorirt, körnig, Maserkreise deutlich.

Beim Kauen zwischen den Zähnen knirschend, Geschmack schwach aromatisch-bitter. Geruch süsslich-aromatisch. Asche 19,4 Proc., Alkoholisches Extrakt 30,74 Proc., Wässeriges Extrakt 25,66 Proc., Doppelglukosid 15,66 Proc., Frangulasäure 1,1924 Proc.

b) Kanton,[1]) ebenfalls in rundlichen resp. flachen Stücken von etwas weniger heller, mehr gelber Farbe wie a). Die Stücke sind auffallend leicht und lassen auf der meist nicht recht glatten Aussenseite die bei a) erwähnte Zeichnung kaum erkennen. Bruch mehr braun. Beim Kauen weniger zwischen den Zähnen knirschend, Geschmack schwach aromatisch, kaum bitter. Geruch wie a). Asche 7,92 Proc., Alkoholisches Extrakt 36,506 Proc., Wässeriges Extrakt 28,78 Proc., Doppelglukosid 19,104 Proc., Frangulasäure 0,856 Proc.

B) Im Ofen getrockneter Rhabarber.

c) Szechuen,[1]) ausschliesslich flache Stücke, Farbe wie b). Bruch etwa wie a), Geschmack schwach aromatisch-bitter, beim Kauen zwischen den Zähnen knirschend. Geruch schwach rauchig. Die am reichlichsten im Handel vorkommende Sorte. Asche 4,17 Proc., Alkoholisches Extrakt 43,97 Proc., Wässeriges Extrakt 39,41 Proc., Doppelglukosid 21,64 Proc., Frangulasäure 3,398 Proc.

d) Common round, Stücke rundlich, resp. walzenförmig, stark längsrunzelig, wenig geschält, sonst wie c), der Geschmack deutlich rauchig. Die am wenigsten geschätzte Sorte. Asche 4,92 Proc., Alkoholisches Extrakt 39,72 Proc., Wässeriges Extrakt 31,14 Proc., Doppelglukosid 19,092 Proc., Frangulasäure 2,748 Proc.

Eigentlich entsprechen alle vier Sorten, also jeder chinesische Rhabarber, wenn er nicht gerade verdorben ist (vergl. Prüfung) den Anforderungen und Beschreibnngen der Arzneibücher, es versteht sich aber von selbst, dass der Apotheker nur die besten d. h. gehaltreichsten Sorten, anwenden wird. Die Preise in den einzelnen Sorten können noch bedeutend differiren, so verzeichnet eine uns vorliegende Preisliste Shensi zu 2,30 Mark bis 11,50 Mark und Kanton zu 12,0 Mark. Sehr beachtenswerth ist dabei, dass, wie die soeben mitgetheilten Zahlen (die mit von Gebr. Blembel freundlich zur Verfügung gestellten Mustern erhalten wurden) ergeben, Shensi den Vorrang nicht verdient, sondern Szechuen die gehaltreichste Sorte ist.

Die Bezeichnungen der Preislisten $^1/_1$ mundirt etc. beziehen sich auf den Grad der Schälung, eine solche Waare ($^1/_1$ mundirt) ist von den dunkel gefärbten Aussenparthien völlig befreit, was bei $^3/_4$ und $^1/_2$ weniger der Fall sein wird. Es ist schon erwähnt, dass die Stücke in Europa nachmundirt werden.

Beurtheilung, Pulver, Verfälschungen. Auf die Form der Stücke ist wenig Gewicht zu legen, wenn schon eine gewisse Gewohnheit rundliche, kompaktere Stücke bevorzugen mag. Die flachen Stücke sind aus dicken Rhizomen durch Spalten hergestellt und ermöglichen ohne weiteres, das Innere des Rhizoms zu beurtheilen. Dicke, rundliche Stücke schlägt man auf, um sich zu überzeugen, dass das Innere nicht missfarbig ist oder faule, schwarze Stellen zeigt. — Die Stücke sollen derb, schwer, nicht leicht und schwammig sein, bei welchen der Verdacht vorliegt, dass sie nicht zur richtigen Zeit, in der Ruheperiode der Pflanze, gesammelt sind, wobei freilich nicht ausser Acht bleiben sollte, dass solche derben Stücke ihre Beschaffenheit einem besonders reichlichen Gehalt an Stärke und Oxalat, also unwirksamen Stoffen, verdanken.

Die Stücke sind gewöhnlich mit Rhabarberpulver abgerieben, um ihnen ein recht gleichmässiges Aussehen zu geben. Die wahre, etwas dunklere Farbe erkennt man daher, wenn man die Stücke mit einer scharfen Bürste abreibt, wobei auch mehr oder weniger deutlich die eben beschriebene Struktur, besonders die Maserkreise, zu Tage treten muss. Hier

[1]) Der Name hat also mit der Herkunft der Droge nichts zu thun.

und da treten dabei Bohrlöcher eines Käfers, Sinodendron pusillum, zu Tage, die absichtlich verklebt sind. Solcher Rhabarber würde zu verwerfen sein. Im Querbruche müssen die Stücke stark rothbraun und weiss mormorirt erscheinen; zu helle, die besonders reich an Stärke und Oxalat sind, sind durchaus minderwerthig. Wenn man sich in der Praxis Gelegenheit verschafft, guten Rhabarber zu sehen, so eignet man sich bald den nöthigen Blick für seine Erkennung an. — Verhältnissmässig dünne, rüben- oder knüppelförmige Stücke sind darauf hin zu untersuchen, ob sie nicht aus Wurzeln bestehen, die sich hier und da unter der Droge finden: auf dem Querschnitt sieht man, dass die Markstrahlen bis zum Centrum reichen, dass ihnen also das grosse Mark mit den Maserkreisen und den Querbündeln fehlt.

Die Helv. verlangt, dass der Rhabarber mindestens 33 Proc. alkoholisches, trocknes Extrakt gebe. E. Dieterich setzt die Menge auf 40 Proc. und für wässeriges Extrakt auf 35 Proc. fest. (Vergl. oben.)

Das Pulver sollte der Apotheker unter allen Umständen selbst herstellen, zumal der Rhabarber zu denjenigen Drogen gehört, die am leichtesten zu pulvern sind. Nach unseren Erfahrungen ist die Gefahr, dass das Rhabarberpulver mit fremden Substanzen verfälscht werde, nicht sonderlich gross (vergl. unten), viel wahrscheinlicher ist es, dass zu seiner Herstellung minderwerthiger und schlechter Rhabarber, der unzerkleinert schwer oder gar nicht verkäuflich sein würde, verwendet wird. Ein Blick in manche Preislisten lehrt das ohne weiteres: eine derselben, die uns vorliegt, normirt den Preis für Shensi auf 14 Mk., für Kanton auf 7,50 Mk. und 12 Mk., wogegen der höchste Satz für Pulver nur 6,50 Mk. beträgt, danach der Fabrikant für die Ehre, das Pulver bereiten zu dürfen, noch zuzahlt. Freilich werden unter das Pulver die Abfälle von der Herstellung der jetzt in der Pharmacia elegans verwendeten Würfel und Kugeln gemahlen, gegen die, wenn das Ausgangsmaterial tadellos war, nicht viel einzuwenden ist, aber daneben eben auch Abfälle beim Schälen des Rhabarbers in Europa und minderwerthige Waare. — Was für das Pulver gilt, gilt in noch erhöhtem Maasse für die galenischen Präparate, hier sind die zu ihrer Herstellung speciell angebotenen Waaren „concisa, in fragmentis etc.“ oft genug verdächtig.

Fig. 102. Elemente des Rhabarberpulvers. *P* Parenchymzelle mit Stärke. *St* Stärkekörnchen. *N* Bruchstücke von Gefässen. *D* Oxalatdrusen.

Als fremde Substanzen, die unter das Pulver gemahlen werden sollen, werden genannt: Gelber Bolus und Ocker, beide durch die Aschenbestimmung zu ermitteln, Gummi, würde mit dem Pulver geschütteltes Wasser schleimig machen, Stärkemehl (Mais), durch das Mikroskop zu ermitteln (Bd I, S. 294), Curcuma. Letzteres fällt schon unter dem Mikroskop an den gelbgefärbten Klumpen aus verkleisterten Stärkekörnern auf. Zur weiteren Prüfung darauf reibt man (nach Helv.) 1 g des Pulvers mit Aether und Chloroform zu einer dünnen Paste an, die man auf Filtrirpapier bringt und austrocknen lässt. Der nach dem Entfernen des Pulvers bleibende Fleck ist von hellgelblicher Farbe, er darf mit heissgesättigter, wässeriger Borsäurelösung nicht orangeroth und danach mit Ammoniak nicht schwarzblau werden.

Europäischer, kultivirter Rhabarber. Schon seit mehreren Jahrhunderten werden in Europa eine Reihe von Rheum-Arten für arzneiliche Zwecke angebaut, so Rh. Emodi Wall., Rh. undulatum L., Rh. compactum L., Rh. palmatum L., Rh. officinale Baill. Die Droge zeigt, wenn sie von den beiden letztgenannteu Arten stammt, natürlich den Bau des chinesischen Rhabarbers, indessen sind die Stücke weniger fest und derb. Sehr häufig besteht übrigens dieser Rhabarber im Handel neben dem Rhizom auch aus Wurzeln. Vom Gebrauch in der Apotheke ist diese Waare auszuschliessen. Sie soll für Veterinärzwecke Verwendung finden.

Zerkleinerungsformen. Als solche kommen nach den Vorschriften der Arzneibücher in Betracht: die grobe, mittelfeine und feine Speciesform, grobes und sehr feines Pulver und die von Germ. vorgesehenen Scheiben. Man stellt diese letzteren in einer Dicke von 3—4 mm mittels eines scharfen Wurzelschneidemessers oder einer kleinen Kreissäge her. Die Scheiben wie die Speciesformen müssen zur Erzielung klarer Auszüge sorgfältig von dem beim Schneiden entstandenen feinen Pulver durch Absieben befreit werden. Eine im Handverkaufe sehr beliebte Schnittform sind die Würfel, Rhizoma Rhei in cubulis, welche aus der besten Handelssorte durch Sägen gewonnen werden. Das Gleiche gilt für die Rhabarberkugeln.

Man zerschneidet die zum Pulvern bestimmten Stücke in Scheiben, entfernt dabei missfarbige Theile, die sich an den mit Bohrlöchern versehenen Stücken gewöhnlich vorfinden, trocknet bei höchstens 40° C., treibt durch ein feines Florsieb (VI Germ. VII Helv.) und mischt das fertige Pulver gleichmässig durch. Mörser und Sieb hält man natürlich bedeckt — trotzdem ergiebt sich beim Pulvern ein Verlust von 5—7 Proc.

Aufbewahrung. Man bewahrt die Schnittformen des Rhabarbers in Blechgefässen, das Pulver, welches leicht Feuchtigkeit anzieht und sich dabei dunkler färbt, in dicht verschlossenen Hafengläsern auf; man schütze es vor Licht, besonders aber vor Ammoniakdämpfen.

Anwendung. Rhabarber regt in kleineren Gaben die Esslust an, wirkt magenstärkend und stopfend, bei wiederholter Anwendung oder in grösseren Gaben dagegen abführend, ohne lästige Nebenerscheinungen hervorzurufen; er wird daher auch bei Kindern und schwächlichen Personen mit Vorliebe gebraucht. Man giebt ihn zu 0,2—0,5 g mehrmals täglich zur Beförderung der Verdauung, bei veraltetem Darm- und Magenkatarrh, Leber- und Milzleiden u. dergl., als Abführmittel zu 1—2—4 g in Pulvern, Pillen, Tabletten, Pastillen, Gallertkapseln, Aufgüssen oder Auszügen (Abkochungen sind ganz unzweckmässig); zur Verbesserung des Geschmackes dienen Zusätze von Cardamomen, Zimmt, Ingwer, Pfefferminzölzucker. Die abführende Wirkung unterstützt man in Pillen durch Sapo medicatus, in Aufgüssen, bei deren Bereitung nur ein Durchseihen oder höchstens ein ganz gelindes Auspressen angewendet werden darf, durch Natriumsulfat, Tartarus natronatus, seltener durch Mineralsäuren, da diese Umsetzungen hervorrufen (Schütteltrank!). Metallsalze oder Alaun und Rhabarber gehören zu den unverträglichen Arzneimischungen. Abgetheilte Rhabarberpulver sind in Kapseln aus Ceresinpapier, Pulvermischungen mit Rhabarber am besten in Stöpselgläsern abzugeben. Vorräthig zu haltende Rhabarberpillen pflegt man mit Gelatine zu überziehen.

Rhabarber ist in Deutschland dem freien Verkehr entzogen.

Extractum Rhei. Rhabarberextrakt. Extrait de rhubarbe. Extract of Rhubarb. Germ. Helv.: 2 Th. grob zerschnittener (Helv. III) Rhabarber werden mit 4 Th. Weingeist und 6 Th. Wasser, dann 2 Th. Weingeist und 3 Th. Wasser je 24 Stunden ausgezogen, die Pressflüssigkeiten filtrirt und zur Trockne eingedampft. — Austr.: Man verfährt wie bei Extract. Centaur. min. Austr. (Bd. I, S. 684), verdampft aber zur Trockne. Brit.: Rhabarberpulver (No. 20) erschöpft man mit Weingeist (60 vol.-proc.) im Verdrängungswege und verdampft den Auszug zur Trockne. — U-St.: Aus 1000 g gepulv. Rhabarber (No. 30) und einer Mischung aus 800 ccm Weingeist (91 proc.) und 200 ccm Wasser im Verdrängungswege. Man befeuchtet mit 400 ccm, fängt die ersten 1000 ccm Perkolat für sich auf und lässt bei gelinder Wärme auf 500 ccm eindampfen, erschöpft vollständig, verdampft den zweiten Auszug zum Sirup, vereinigt mit dem ersten und dampft bei höchstens 70° C. zur Pillenkonsistenz ein. — Gall.: Ebenso wie Extr. Gentianae Gall. (Bd. I, S. 1213). — Ausbeute je nach der verwendeten Wurzel 40—50 Proc. beim Macerationsverfahren; die Perkolation ist hier weniger zu empfehlen. Man bewahrt das trockene Extrakt (Germ. Helv. Austr. Brit.) am besten grob zerstossen in kleineren Hafengläsern mit Korkverschluss über Aetzkalk auf; an feuchter Luft fliesst es zusammen und ist dann nur mit Gefahr für die Standgefässe diesen zu entnehmen. In Gaben von 0,1—0,5; als Abführmittel 0,5—1,0; gewöhnlich in Pillen.

Extractum Rhei fluidum (U-St.). **Fluid Extract of Rhubarb.** Ebenso wie Extractum Rhei U-St., doch fängt man hier die ersten 750 ccm Perkolat für sich auf und stellt l. a. 1000 ccm Fluidextrakt her.

Sirupus Rhei. Rhabarbersirup. Sirop de rhubarbe. Sirup of Rhubarb. Germ.: 10 Th. Rhabarber in Scheiben, 1 Th. Kaliumkarbonat, 1 Th. Borax zieht man 12 Stunden mit 80 Th. Wasser aus, drückt gelinde aus, kocht auf, lässt erkalten und filtrirt; aus 60 Th. Filtrat, 20 Th. Zimmtwasser und 120 Th. Zucker bereitet man 200 Th. Sirup.

— Helv.: 5 Th. Rhabarber (II), 0,3 Th. gereinigte Pottasche, 1 Th. chines. Zimmt (III) macerirt man 24 Stunden mit 50 Th. Wasser, presst aus, kocht auf und löst in 40 Th. des Filtrats 65 Th. Zucker. — Austr.: 25 Th. zerstossenen Rhabarber und 0,5 Th. Kaliumkarbonat übergiesst man mit 300 Th. heissem destill. Wasser, presst nach 1 Stunde stark aus und bringt 250 Th. der Flüssigkeit mit 400 Th. Zucker zum Sirup. — Brit.: 50 g gepulv. Rhabarber (No. 20) und 50 g Koriander (No. 20) perkolirt man l. a. mit einer Mischung aus 200 ccm Weingeist (90vol.-proc.) und 600 ccm Wasser, dampft das Perkolat auf 350 ccm ein und bereitet mittels 600 g Zucker 1000 g Sirup. — U-St.: 100 ccm Rhabarberfluidextrakt, 4 ccm Zimmtspiritus (Bd. I, S. 844), 10 g Kaliumkarbonat, 50 ccm Glycerin, 50 ccm Wasser, Zuckersirup q. s. ad 1000 ccm. — Wegen des Gehaltes an Kaliumkarbonat sind Säuren in Arzneimischungen mit Rhabarbersirup zu meiden!

Sirupus Rhei decemplex siehe Bd. I, S. 231.

Tinctura Rhei aquosa (Germ. Helv. Austr. Nat. form.). **Tinctura Rhei Rolfincii. Anima Rhei. Infusum Rhei kalinum. Wässerige Rhabarbertinktur. Teinture de rhubarbe aqueuse. Aqueous Tincture of Rhubarb.** Germ.: 10 Th. Rhabarber in Scheiben, 1 Th. Borax, 1 Th. Kaliumkarbonat übergiesst man mit 90 Th. siedendem Wasser, lässt $^1/_4$ Stunde in verschlossenem Gefässe stehen, fügt 9 Th. Weingeist hinzu, seiht nach 1 Stunde unter gelindem Druck durch Flanell und mischt 85 Th. mit 15 Th. Zimmtwasser. — Helv.: Aus 10 Th. Rhabarber (I), 75 Th. Wasser, 20 Th. Zimmtwasser, je 5 Th. Natriumkarbonat und Weingeist durch 12stündige Maceration; man seiht durch ohne zu pressen und filtrirt. — Austr.: 10 Th. Rhabarber und 3 Th krystall. Natriumkarbonat übergiesst man mit 150 Th. heissem Wasser, seiht nach $^1/_4$ Stunde durch, drückt aus und filtrirt nach dem Erkalten. — Nat. form.: 100 ccm Rhabarberfluidextrakt, 10 g Borax, 10 g Pottasche, 150 ccm Zimmtwasser, 75 ccm Weingeist, Wasser q. s. zu 1000 ccm Gesammtflüssigkeit. Nach dieser Vorschrift erhält man die Tinktur der Germ. ex tempore. — Die Tinktur ist kühl und vor Licht geschützt aufzubewahren. Man nimmt sie theelöffel- bis esslöffelweise. Mit Säuren, Ammoniak- und Eisensalzen ist sie unverträglich.

Tinctura Rhei (U-St.). **Tinctura Rhei spirituosa. Teinture ou Alcoolé de rhubarbe** (Gall.). **Tincture of Rhubarb.** U-St.: Aus 100 g gepulv. Rhabarber (No. 40) und 20 g Cardamomen (No. 40) und einer Mischung aus 100 ccm Glycerin, 600 ccm Weingeist (91proc.) und 300 ccm Wasser im Verdrängungswege; man befeuchtet mit 100 ccm, erschöpft, zuerst mit dem Rest, dann mit einer Mischung aus 6 Raumth. Weingeist und 3 Raumth. Wasser, bis man 1000 ccm Tinktur erhalten hat. — Gall.: Aus 1 Th. grob gepulv. Rhabarber und 5 Th. verdünntem Weingeist (60proc.) durch 10tägige Maceration.

Tinctura Rhei vinosa (Germ.). **Tinctura Rhei vinosa Darelli** (Austr.). **Vinum Rhei compositum** (Helv.). **Elixir salutis. Weinige Rhabarbertinktur. Darelli's weingeistige Rhabarbertinktur. Rhabarberwein. Teinture vineuse de rhubarbe. Vin de rhubarbe composé. Vinous Tincture of Rhubarb** (Nat. form.). Germ.: 8 Th. Rhabarber in Scheiben, 2 Th. mittelfein zerschnittene Pomeranzenschalen, 1 Th. gequetschte Cardamomen zieht man 8 Tage mit 100 Th. Sherry aus und löst in 7 Th. des filtrirten Auszuges 1 Th. Zucker. 100 Th. Wein geben ca. 108 Th. fertige Tinktur. — Helv.: Aus 10 Th. Rhabarber (II), 2 Th. Pomeranzenschale (II), 1 Th. Cardamomen (III) und 100 Th. Marsalawein durch 8tägige Maceration. — Austr.: 20 Th. zerstossenen Rhabarber, 5 Th. Orangenschalen, 2 Th. Cardamomen digerirt man 3 Tage mit 200 Th. Malagawein, löst in der Pressflüssigkeit 30 Th. Zucker und filtrirt. — Ex tempore bereitet man die Tinktur nach Nat. form.: 80 ccm Extract. Rhei fluidi, 20 ccm Extract. Aurant. amar. fluid., 80 ccm Tinctur. Cardamomi, 125 g Sacchari, Vini Xerensis q. s. ad 1000 ccm. Die nach Germ. bereitete Tinktur filtrirt äusserst langsam und bildet bald wieder Bodensätze. Ein Zusatz von ca. 2 Proc. Talkum erleichtert die Filtration. Dagegen erzielt man eine dauernd klar bleibende Tinktur, wenn man sie vor dem Filtriren einige Wochen, besser noch Monate, am Aufbewahrungsorte absetzen, also gleichsam ablagern lässt.

Bacilli Rhei (Rhubarbe MENTEL.).

Rp.		
	Rhiz. Rhei pulv.	10,0
	Sacchari albi	30,0
	Tragacanthae	0,1
	Glycerin. dilut.	q. s.

Man formt 100 Stäbchen.

Charta exploratoria Rhei.

Rhabarberpapier.

Ein erkaltetes Infus. Rhei concentrat. wird getheilt. Th. A mit wenig Aetzammon versetzt, giebt Papier A (roth, wird mit Säuren gelb); Th. B mit wenig Phosphorsäure giebt Papier B (gelb, mit Alkalien rot). Vergl. Lackmuspapier, S. 269.

Electuarium Rhei compositum (Gall.).
Électuaire de rhubarbe composé.
Électuaire catholicum.

Rp. 1. {Radic. Cichorii conc. 20,0 / Rhizom. Polypodii „ 80,0 / Herb. Agrimoniae „ 30,0 / „ Scolopendrii „ 30,0}
2. Aquae destillat. 1000,0
3. Sacchari albi 640,0
4. {Pulpae Cassiae 40,0 / „ Tamarindor. 40,0}
5. {Rhiz. Rhei pulv. 40,0 / Rad. Glycyrrhiz. „ 10,0 / Folior. Sennae „ 40,0 / Fruct. Foeniculi „ 15,0 / Semin. Cucurbitae „ 15,0.}

Man kocht 1 mit 2 bis auf $^2/_3$ ein, presst aus, kocht die Flüssigkeit mit 3 zum dicken Sirup und bringt diesen mit 4 und 5 zur Latwerge.

Elixir Absinthii compositum (Dresd. Vorschr.).
STOUGHTON's Elixir.

Rp. Herbae Absinthii 40,0
Radic. Gentianae 25,0
Cort. Aurantii fruct. 20,0
Rhiz. Rhei 15,0
Cortic. Cascarill. 5,0
Aloës 5,0
Spiritus diluti 1000,0.

Elixir polychrestum Hallense.
Halle'sche Polychresttropfen.

Rp. Extract. Rhei comp. 7,0
Mixtur. pyro-tartaric. 43,0.

Elixir Rhei (Nat. form.).
Elixir of Rhubarb.

Rp. Tinct. Rhei dulcis (U-St.). 500 ccm
Alcohol deodorat. (U-St.). 65 „
Aquae 185 „
Glycerini 125 „
Sirupi Sacchari 125 „

Elixir Rhei et Magnesii Acetatis (Nat. form.).
Elixir of Rhubarb and Magnesium Acetate.
Elixir Rhei et Magnesiae.
Elix. of Rhubarb and Magnesia.

Rp. 1. Magnesiae ustae 20,0 g
2. Acidi acetic. (U-St. 36 proc. $C_2H_4O_2$) 150,0 ccm vel q. s.
3. Extract Rhei fluidi (U-St.) 125,0 ccm
4. Elixir aromatici (U-St.) q. s. ad 1000,0 ccm.

Man löst 1 in 2 bei gelinder Wärme, neutralisirt genau, fügt 3 hinzu und bringt mit 4 auf 1000 ccm.

Elixir sacrum.
Tinctura Aloës cum Rheo. Elixir aller Heiligen. Elixir sacré.

Rp. Rhiz. Rhei conc. 100,0
Aloës 25,0
Semin. Cardamom. 20,0
Kalii carbonici 5,0
Spiritus 300,0
Aquae destill.
Aquae Cinnamomi āā 150,0.

Elixir viscerale ROSENSTEIN.

Rp. Extract. Gentian. 5,0
Tinctur. Aurant. cort. 10,0
Tinctur. Rhei aquos. 30,0
Liquor. Kalii acetici 10,0
Aquae Chamomill. 70,0
Vini Gallici 75,0.

Esslöffelweise bei Magenschwäche.

Extractum Rhei alkalinum.
Extractum pro Tinctura Rhei aquosa.

Rp. 1. {Rhiz. Rhei in tabulis 100,0 / Boracis 10,0 / Kalii carbonici 10,0}
2. Aquae fervidae 600,0
3. Spiritus 60,0
4. {Aquae calidae 200,0 / Spiritus 20,0.}

Man lässt 1 mit 2 $^1/_4$ Stunde bedeckt stehen, fügt 3 hinzu, presst nach 1 Stunde gelinde aus, wäscht mit 4 auf dem Seihtuche aus und dampft den Auszug zur Trockne ein. Ausbeute etwa 50,0. Durch Lösen in 150,0 Zimmtwasser, 90,0 Weingeist und q. s. Wasser erhält man daraus 1000,0 Tinct. Rhei aquosa.

Extractum Rhei compositum.
Extr. panchymagogum seu catholicum.
Zusammengesetztes Rhabarberextrakt.
Extrait de rhubarbe composé.
Extrait catholique ou panchymagogue.

		Germ.	Helv.
Rp.	Extracti Rhei	6	6
	Extracti Aloës	2	2
	Resinae Jalapae	1	1
	Sapon. medicati	4	1
	Spiritus diluti	—	4

Germ. lässt die scharf getrockneten Bestandtheile einfach zu einem feinen Pulver mischen, welches frisch bereitet grau ist. Nach Helv. ist die gut durchgearbeitete feuchte Masse (bei höchstens 30° C.) auszutrocknen und bildet verrieben ein braunes Pulver. Nur das letztere enthält das Jalapenharz in wasserlöslicher Form. Aufbewahrung und Anwendung wie bei Extr. Rhei.

Extractum Rhei solidum DIETERICH.

Rp. 1. Rhiz. Rhei in tabul. 100,0
2. Aquae destillat. 400,0
3. Aquae destill. fervid. 300,0
4. Sacchari Lactis pulv. 60,0
5. Sacchari Lactis pulv. q. s.

Man zieht 1 mit 2 24 Stunden, dann mit 3 eine Stunde aus, löst in der durch Kochen und Abschäumen geklärten Pressflüssigkeit 4, dampft zum dicken Extrakt ein, trocknet aus und bringt mit 5 auf 100,0. 1 Th. Extrakt = 1 Th. Rhabarber.

Infusum Rhei (Brit.).
Infusion of Rhubarb.

Rp. Rhiz. Rhei in tabul. 50,0
Aquae destill. ebull. 1000,0.

Nach $^1/_4$ Stunde seiht man durch.

Infusum Rhei.
(Formul. mag. Berolin. et Coloniens.).

Rp. Infus. Rhiz. Rhei 8,0 : 175,0
Natrii bicarbonic. 10,0
Olei Menthae piperit. gtt. III.
Sirupi simplicis q. s. ad 200,0.

2stündlich 1 Esslöffel.

Linctus Rhei v. GIETL.

Rp. Tinct. Rhei aquos. 60,0
Mellag. Graminis 40,0.

Linctus Rhei aromaticus TODE.

Rp. Extracti Chinae aquosi 7,5
Aquae Cinnamom. 15,0
Sirupi Sacchari 15,0
Tinctur. Rhei aquos. 60,0
Tinctur. aromatic. 3,0.

Liquor Rhei concentratus (Brit.).
Concentrated Solution of Rhubarb.

Rp. 1. Rhiz. Rhei pulv. (No. 5) 500 g
2. Spiritus (20 vol. proc.) 1250 ccm
vel q. s.

Man befeuchtet 1 mit 250 ccm von 2, perkolirt indem man 12stündlich je 100 ccm aufgiesst und stellt l. a. 1000 ccm Flüssigkeit her.

Magnesia cum Rheo.
Magnesia mit Rhabarber (Dresd. Vorschr.).

Rp. Rhiz. Rhei pulv. subt. 1,0
Magnes. carbon. 3,0.

Mistura Rhei composita (Nat. form.).
Compound Mixture of Rhubarb.
SQUIBB's Rhubarb Mixture.

Rp. Extract. Rhei fluidi 12 ccm
Extract. Ipecacuanh. fluidi (U-St.) 2 ccm
Natrii bicarbonici 24 g
Glycerini 250 ccm
Aquae Menthae pip. (U-St.) q. s. ad. 1000 ccm.

Mistura Rhei et Sodae (U-St.).
Mixture of Rhubarb and Soda.

Rp. Natrii bicarbonici 35 g
Extract. Rhei fluidi. 15 ccm
Extract. Ipecacuanh. fluid. 3 „
Glycerini 350 „
Spiritus Menthae pip. 35 „
Aquae q. s. ad 1000 „

Mixtura antidyspeptica GREEN.

Rp. Magnesii carbonic. 5,0
Rhiz. Rhei pulv. 5,0
Tinct. Rhei aquos. 20,0
Sacchari albi 20,0
Aquae Menth. piperit. 100,0.

Mixtura Rhei (Münch. Nosokom.-Vorschr.).

Rp. Infus. Rhiz. Rhei 5,0 : 100,0
Sirup. Sacchari 20,0.

Pastilli antirhachitici E. DIETERICH.

Rp. Rhiz. Rhei pulv. 50,0
Ferri reducti „ 25,0
Sacchari „ 925,0.

Mittels Gummi- oder Tragacanthschleim formt man 1000 Pastillen.

Pastilli Rhei E. DIETERICH.
Trochisci Rhei. Rhabarberpastillen

Rp. Rhiz. Rhei pulv. 150,0
Rad. Glycyrrhiz. pulv. 50,0
Sacchari „ 350,0
Pastae Cacao 450,0
Olei Cinnamomi gtts. II.

Man formt 1000 Pastillen mit je 0,15 Rhabarber.

Pilulae antiperiodicae (Nat. form.).
Antiperiodic Pills. WARBURG's Pills.

Rp. Extract. Aloës 6,5
Rhiz. Rhei 3,2
Radic. Angelicae 3,2
Radic. Helenii 1,6
Croci 1,6
Fruct. Foeniculi 1,6
Rhiz. Zedoariae 0,8
Cubebarum 0,8
Myrrhae 0,8
Agarici 0,8
Camphorae 0,8
Chinini sulfurici 9,0
Extract. Gentianae q. s.

Man formt 100 Pillen. Obige Vorschrift ohne Extract. Aloës giebt die WARBURG's Pills without Aloës.

Pilulae purgantes HAENE (Ph. Belg.).

Rp. Extracti Rhei comp. 4,0
Resin. Scammoniae
Resin. Jalapae
Sapon. medicati āā 2,0

stösst man zur Pillenmasse.

Pilulae Rhei.
Rhabarberpillen.

I. United States.

Rp. Rhiz. Rhei pulv. (No. 60) 20,0
Saponis pulv. 6,0
Aquae q. s.

Man formt 100 Pillen.

II. Form. mag. Berolin.

Rp. Rhiz. Rhei pulv. 10,0
Glycerini 5,0.

Man formt 30 Pillen.

III. Form. Coloniens.

Rp. Rhiz. Rhei pulv. 15,0
Glycerini q. s.

Man formt 50 Pillen.

IV. Dresd. Vorschr.

Rp. Extracti Rhei
Rhiz. Rhei pulv. āā 6,0.

Man formt 100 Pillen.

V. Münch. Nosokom.-Vorschr.

Rp. Extract. Aloës
Extract. Rhei āā 2,0
Sapon. medicati 1,0.

Man formt 30 Pillen.

VI. Pfarrer KNEIPP.

Rp. Extract. Rhei
Rhiz. Rhei āā 5,0.

Man formt 100 Pillen.

Pilulae Rhei anglicae (Dresd. Vorschr.).

Rp. Rhiz. Rhei pulv. 4,5
Aloës 3,0
Myrrhae 3,0
Sapon. medicati 3,0
Olei Menthae pip. gtts. V.
Electuar. Theriac. 6,0.

Man formt 100 Pillen.

Pilula Rhei composita (Brit.).
Compound Rhubarb Pill.

Rp. Rhiz. Rhei pulv. 60 g
Aloës Socotrin. „ 45 „
Myrrhae „ 30 „
Saponis duri „ 30 „
Olei Menthae pip. 3,75 ccm
Sirupi Glucosi 55 g

stösst man zur Masse. Dosis 0,25—0,5.

Pilulae Rhei compositae.

I. Helvetica.

Rp. Rhiz. Rhei 10,0
Aloës 8,0
Sapon. medicati 6,0
Myrrhae 6,0
Olei Menthae pip. gtts. XVI.
Glycerini
Aquae āā gtts. XL.

Man formt 100 Pillen.

II. United States.

Rp. Rhiz. Rhei pulv. 13 g
Aloës purificat. „ 10 „
Myrrhae „ 6 „
Olei Menthae pip. 0,5 ccm
Aquae q. s.

Man formt 100 Pillen.

III. James Clark.

Rp. Rhiz. Rhei 4,0
Aloës 3,0
Myrrhae 2,0
Sapon. medicat. 0,5
Olei Carvi gtts. VI.

Man formt 100 Pillen.

Pilulae Rhei gelatinatae.

Rhabarberpillen für den Handverkauf.

Rp. Rhiz. Rhei pulv. 75,0
Sirupi Rhei q. s.

Man stösst zur Masse und formt daraus 500 Pillen, trocknet sorgfältig und überzieht sie mit Gelatine. (Gelatin. alb. 2,0, Aq. tepid. 5,0).

Potus antidysentericus Zimmermann.

Rp. Rhiz. Rhei 2,0
Tartari depurati 15,0
Fruct. Hordei perlat. 30,0
Aquae 1200,0

kocht man 1/4 Stunde, seiht durch und löst
Sacchari 60,0.

Ptisana Rhei (Gall.).

Tisane de Rhubarbe.

Rp. Rhiz. Rhei concis. 5,0
Aquae destill. frigid. 1000,0

lässt man 4 Stunden stehen und seiht dann durch

Pulvis aërophorus cum Rheo.

Brausepulver mit Rhabarber.

Rp. Pulveris aërophori 70,0
Magnesii carbonici 10,0
Rhiz. Rhei 20,0.

In dicht verschlossenen Gefässen aufzubewahren

Pulvis antihaemorrhoidalis.

Hämorrhoidenpulver.

Rp. Rhiz. Rhei 5,0
Sulfuris depurat. 5,0
Magnesii carbonic. 5,0
Kalii tartarici 15,0
Elaeosacchar. Citri 20,0.

Pulvis Antimonii cum Rheo (Form. Coloniens.).

Rp.			
Hydrarg. sulfurat. nigr.			
Stibii sulfurat. nigr.			
Resin. Guajaci pulv.			
Magnes. carbonici			
Sacchari albi pulv.	ää 3,5	5,25	8,75
Rhiz. Rhei pulv.	2,5	3,75	6,25
	20,0	30,0	50,0.

Pulvis digestivus.

Verdauungspulver. Magenpulver.

Rp. Ammonii hydrochlor. 5,0
Rhiz. Rhei pulv. 7,5
Tartari depurati „ 17,5.

II. Nach Klein (Pulvis Rhei tartarisatus).

Rp. Cort. Aurant. fruct. pulv.
Kalii tartarici „
Rhiz. Rhei „ ää 10,0.

Pulvis eccoproticus seu anticolicus.

Rp. Rhiz. Rhei pulv. 10,0
Tartari depurati „ 20,0.

Pulvis laxans. Pulvis contra obstipationem Ewald.

Rp. Rhiz. Rhei pulv. 20,0
Natrii sulfuric. sicc. 10,0
Natrii bicarbonici 5,0.

Das Magenpulver von Prof. Leube enthält nur 5,0 Natr. sulf. sicc.

Pulvis resolvens.

Resolvenzpulver. Gliederpulver

Rp. Ammonii hydrochlor.
Rhiz. Rhei ää 40,0
Radic. Liquiritiae 20,0
Radic. Ipecacuanh. 0,4.

Pulvis Rhei compositus (Brit. U-St.).

Compound Powder of Rhubarb.

Gregory's Powder.

Rp.	Brit.	U-St.
Rhiz. Rhei pulv.	25,0	25,0
Magnesiae ustae	75,0	65,0
Rhiz. Zingiberis	12,5	10,0.

Pulvis Rhei et Magnesiae anisatus (Nat. form.).

Anisated Powder of Rhubarb and Magnesia.

Compound Anise Powder.

Rp. 1. Rhiz. Rhei subt. pulv. 35 g
2. Magnesiae ustae ponderos. 65 g
3. Olei Anisi 8 ccm
4. Spiritus 10 ccm.

Man löst 3 in 4 und mischt mit 1 und 2.

Pulvis Rhei salinus.

Rp. Rhiz. Rhei pulv. 25,0
Kalii sulfurici „ 75,0.

Pulvis stomachicus (Form. mag. Berolin.).

Rp. Bismuti subnitrici 5,0
Rhiz. Rhei pulv. 5,0
Natrii bicarbonici 20,0.

Die Form. mag. Coloniens. fügen noch hinzu:
Elaeosacch. Menth. pip. 10,0.

Pulvis Vitae Imperatoris.

Kaiserpulver.

Rp. Concharum praeparat.
Cort. Cinnamomi
Folior. Sennae
Fruct. Anisi vulg.
Radic. Liquiritiae
Rhiz. Rhei
Sacchari albi
Tartari depurati ää 5,0
Folior. Trifolii 2,5.

Sirupus aperiens Deodat.

Rp. Sirupi Rhei 20,0
Sirupi Sennae 10,0
Tinctur. Zingiberis 1,0.

Sirupus Rhei aromaticus (U-St.).

Aromatic Syrop of Rhubarb.

Rp. Tinct. Rhei aromat. (U-St.) 150 ccm
Sirupi Sacchari 850 „

Sirupus Rhei compositus.

Sirop de rhubarbe composé (Gall.).

Sirupus Cichorii compositus.

Sirop de chicorée composé.

Rp. 1. Rhiz. Rhei 200,0
2. Cort. Cinnamom. ceylan. 20,0
3. Ligni Santali citrini 20,0
4. Aquae destillat. (80° C.) 1000,0
5. Sacchari albi 3000,0
6. { Radicis Cichorii 200,0
Folior. Cichorii 300,0
Herbae Fumariae 100,0
Herbae Scolopendrii 100,0
Fruct. Alkekengi 50,0 }
7. Aquae ebullientis 5000,0.

Man digerirt 1—3 mit 4 sechs Stunden, presst aus, filtrirt und bringt je 100 g Filtrat mit 180 g von 5 zum Sirup. Den Pressrückstand und 6 übergiesst man mit 7, presst nach 12 Stunden aus und kocht aus der Flüssigkeit und dem Reste von 5 einen Sirup vom spec. Gew. 1.26. Beide Sirupe werden gemischt. — Nach einer vereinfachten schweizer Vorschrift ist der Sirop de chicorée lediglich der zuerst erhaltene Sirup obiger Vorschrift.

Sirupus Rhei et Potassii compositus (Nat. form.).
Compound Syrup of Rhubarb and Potassa.
Neutralizing Cordial.

Rp. Extract. Rhei fluidi 17,5 ccm
Extract. Hydrastis fluid. 8,5 „
Kalii carbonici 17,5 g
Tinctur. Cinnamom. (U-St.) 65,0 ccm
Spirit. Menthae piper. (U-St.). 8,0 „
Sirupi Sacchari 250,0 „
Spiritus diluti q. s. ad 1000,0 „

Species ad longam vitam (Ergänzb.).
Schwedische Kräuter.

Rp. Aloës gross. contus. 6,0
Rhiz. Rhei conc. (II)
Radic. Gentian. „ „
Rhizom. Zedoariae „
Rhizom. Galangae „
Croci
Myrrhae gross. contus. ää 1,0
Agarici gr. pulver. 2,0
Electuar. Theriac. 1,0.

Man verreibt Theriac. mit Agaric. und mischt.

Species Moldau (Dresd. Vorschr.).
MOLDAU'scher Thee.

Rp. Rhiz. Rhei min. conc. 3,0
Cortic. Chinae regiae min. conc. 2,0.

Tabulettae Rhei.
Rhabarber-Tabletten.

I. Nach H. SALZMANN.

Rp. Rhiz. Rhei subt. pulv. 50,0
Sacchari Lactis „ 2,0
Talci „ 3,0.

Man formt durch Druck 100 Tabletten. Beim Betrieb im grossen presst man die Tabletten, gewöhnlich zu 0,25, 0,5 und 1,0 aus feinem Rhabarberpulver ohne jeden Zusatz, doch muss dasselbe einen gewissen Feuchtigkeitsgrad besitzen.

Tabulettae Rhei pro receptura.

Rp. Rhiz. Rhei subt. pulv. 5,0
Gummi arabici „ „
Sacchari albi „ „ ää 0,5
Aquae destillat. gtts. II.

Man presst 10 Tabletten.

Tinctura antiperiodica (Nat. form.).
Antiperiodic Tincture. WARBURG's Tincture.

Rp. 1. Rhiz. Rhei gr. pulv.
Radic. Angelicae „ ää 36 g
Radic. Helenii „
Croci „
Fructus Foeniculi „ ää 18 g
Radic. Gentianae „
Rhizom. Zedoariae „
Cubebarum „
Myrrhae „
Agarici „
Camphorae „ ää 9 g
2. Chinini sulfurici 100 g
3. Spiritus diluti (41 proc.) q. s. ad 5000 ccm.

Man digerirt 1 mit 4250 ccm von 3 12 Stunden in einem verschlossenen Gefässe im Wasserbade, presst aus, löst 2, filtrirt und bringt durch Nachwaschen des Filters mit 3 auf 5000 ccm. Obige Vorschrift liefert die „WARBURG'sche Tinct. without Aloës". Durch Lösen von 17,5 g Extract. Aloës in 1000 ccm erhält man die „WARBURG'S Tincture with Aloës".

Tinctura Rhei aromatica (U-St.).
Aromatic Tincture of Rhubarb.

Rp. 1. Rhiz. Rhei pulv. (No. 40) 200 g
2. Cort. Cinnam. Cassiae „ 40 „
3. Caryophyllor. „ 40 „
4. Semin. Myristicae „ 20 „
5. Glycerini 100 ccm
Spiritus (91 proc.) 500 „
Aquae destill. 400 „
6. Spiritus diluti (41 proc.) q. s.

Man befeuchtet 1—4 mit 150 ccm von 5, erschöpft im Perkolator mit dem Rest, dann mit q. s. von 6, bis man 1000 ccm Tinktur gesammelt hat.

Tinctura Rhei composita (Brit.).
Compound Tincture of Rhubarb.

Rp. 1. Rhiz. Rhei pulv. (No. 20) 100,0 g
2. Semin. Cardamomi cont. 12,5 „
3. Fruct. Coriandri „ 12,5 „
4. Spiritus (60 vol. proc) q. s.
5. Glycerini 100 ccm.

Man befeuchtet 1—3 mit 100 ccm von 4, sammelt durch Perkolation 900 ccm und mischt mit 5.

Tinctura Rhei dulcis (U-St.).
Sweet Tincture of Rhubarb.

Rp. 1. Rhiz. Rhei pulv. (No. 40) 100 g
2. Radic. Liquiritiae „ 40 „
3. Fruct. Anisi „ 40 „
4. Fruct. Cardamomi „ 10 „
5. Glycerini 100 ccm
Spiritus (91 proc.) 500 „
Aquae destill. 400 „
6. Spiritus diluti (41 proc.) q. s.

Wie Tinct. Rhei aromat. U-St. zu bereiten.

Tinctura Rhei et Gentianae (Nat. form.).
Tincture of Rhubarb and Gentian.

Rp. Extract. Rhei fluidi 70,0 ccm
Extract. Gentianae fluidi 17,5 „
Spiritus diluti q. s. ad 1000,0 „

Tinctura Rhei KOELREUTER.

Rp. Rhiz. Rhei conc. 150,0
Cort. Aurantii fruct. conc. 50,0
Herb. Centaur. minor. „ 25,0
Fruct. Foeniculi cont. 15,0
Spiritus (87 proc.) 500,0
Aquae destill. 500,0.

Tinctura Rhei spirituosa (Ergänzb.).
Weingeistige Rhabarbertinktur.

Rp. Rhiz. Rhei conc. 60,0
Radic. Gentianae conc. 20,0
Radic. Serpentar. virgin. 5,0
Spiritus diluti (60 proc.) 1000,0.

Vinum Rhei (Gall.).
Vin ou Oenolé de rhubarbe.

Rp. Rhiz. Rhei 60,0
Vini de Grenache 1000,0.

Durch 10tägige Maceration.

II. Wine of Rhubarb (Nat. form.).

Rp. Rhiz. Rhei pulv. (No. 30) 100 g
Rhizom. Calami „ 10 g
Vini albi fortioris (Nat. form.) q. s.

Durch Perkolation bereitet man l. a. 1000 ccm.

Vet. Electuarium antidiarrhoicum.
Latwerge gegen Durchfall der Lämmer.

Rp. Cretae albae praep.
Rhiz. Rhei
Rhizom. Tormentill. ää 25,0
Rhizom. Calami 75,0
Farinae Secalis 25,0
Aquae communis q. s.

Rhabarberflecken aus hellen Stoffen zu entfernen wird heisses Benzol empfohlen.

Rhabarbersirup aus Stengeln der in Gärten angebauten Rhabarberpflanzen stellt man nach Weinedel dar, indem man die geschälten und zerschnittenen Stengel mit etwas Zucker einige Stunden in die Wärme stellt, auspresst, den Saft aufkocht, filtrirt und mit Zucker einkocht, zum Schluss auf 6 kg Sirup 300 g Rum hinzufügt.

Rhabarberwein aus frischen Stengeln. Diese werden geschält, zerschnitten, zerquetscht und mit ihrem halben Gewichte kaltem, abgekochtem Wasser zum Gähren bei Seite gestellt. Man presst aus, setzt auf je 1 l Saft 400 g Zucker hinzu und lässt regelrecht vergähren.

Ballhauser Tropfen. Mischung aus Aloë-, Benzoë-, Myrrhentinktur, Rhabarbersaft, Rhabarberwein, mit wenig Citronenöl.

Bergbalsam von G. Schmidt. Ein versüsster und mit Weingeist versetzter Auszug aus Rhabarber, Faulbaumrinde, Schafgarbe etc.

Blutreinigungspillen der heil. Elisabeth bestehen aus Aloë, Jalapenharz, Spuren Rhabarber und Tamarinden.

Dandelion and Quinine Bilious and Liver Pills, King's, bestehen aus Rhabarber, Aloë und Extrakten.

Fiebermittel für Kinder, von Happe, ist eine Tinktur aus Rhabarber, Safran, Süssholz und Bitterstoffen.

Kräuteressenz, Barthelemy's, ist Tinctura Rhei composita (Richter).

Leschnitzer's Geheimrathspillen (Name geschützt): Rhizom. Rhei 50,0, Extracti Aloës 17,0, Extracti Rhei 8,0, Saponis medicati 31,0, Resinae Jalapae 14,0, Olei Carvi, Olei Cajeputi ää gtts. VII. Zu 750 Pillen. C. Cass. Cinn. (Pharm. Zeitg.).

Magenelixir, Warner's, ist eine Tinktur aus Rhabarber, Senna, Safran, Süssholz, Rosinen.

Magentropfen, Dr. Spranger's, von Apoth. Bernard, ist ein weingeistiger Auszug aus Rhabarber, Aloë und Zittwerwurzel.

Nerven-Kraft-Elixir, Dr. Lieber's, ist ein weingeistiger Auszug aus Aloë, Rhabarber, Kalmus, Enzian, Tausendgüldenkraut etc. (Karlsruh. Ortsges.-Rath).

Reduktionspillen, Marienbader, von Dr. Schindler-Barnay. 50 versilberte Pillen aus Rhabarber-, China-, Schachtelhalmextrakt, Safran und Rhabarberpulver (Pharm. Ztg.).

Rhabarber-Brausesalz von Dr. E. Sandow in Hamburg enthält 10 Proc. Natriumbikarbonat und 6 Proc. Rhizom. Rhei (als Extrakt).

Rhabarberpillen, Blume's, sind den Strahl'schen Hauspillen ähnlich (Bd. I, S. 223).

Rheum compositum Tabloids von Burroughs, Wellcome & Co. I. 0,32 schwere Tabletten aus 3 Natr. bicarb., 3 Magnes. carbon., 2 Pulv. Rhei, 1 Pulv. Zingiber. II. Tabletten aus je 0,068 Pulv. Rhei, 0,054 Aloë, 0,034 Sap. medicat., 0,034 Myrrha, q. s. Ol. Menth. pip.

Sirop dépuratif von Vincent in Grenoble ist Rhabarbersirup mit 8,7 Proc. Jodkalium.

Tinctura Rhei aquosa und vinosa Denzel soll den Vorschriften der Germ. entsprechen, ohne den vielen Personen unangenehmen Rhabarbergeruch und -geschmack zu besitzen.

Verdauungs- und Lebensessenz von Dr. Netzsch ist ein mit Lakritz versüsster, schwach weingeistiger Auszug aus Aloë, Rhabarber etc.

III. Rheum Rhaponticum L. Heimisch in Bulgarien und Sibirien, auch kultivirt. Blattstiel halbcylindrisch, oberseits flach, unterseits gefurcht, Blattspreite rundlich-eiförmig, am Grunde tief herzförmig, ganzrandig-wellig. Liefert:

Radix Rhapontici. Radix Rhei nostratis seu Sibirici seu Pontici. — Rhapontikwurzel. Falscher oder Pontischer Rhabarber. — Racine de rhapontic (Gall.).

Dient ihres niedrigen Preises wegen ausschliesslich in der Thierheilkunde, nach Gall. auch zur Bereitung des Theriaks. Verwendung findet das Rhizom mit den Wurzeln.

Rhus.

Gattung der **Anacardiaceae — Rhoideae.**

I. Rhus Toxicodendron L. Heimisch in Japan und in Nordamerika bis Mexiko. Aufrechter oder klimmender Strauch mit langgestielten, dreizähligen Blättern, deren Blättchen eiförmig, gestielt, ganzrandig oder gekerbt-gezähnt und meist kahl sind. Es finden Verwendung:

† **Folia Toxicodendri** (Germ. I). **Rhus Toxicodendron** (U-St.). **Herba Rhois Toxicodendri seu radicantis. — Giftsumachblätter. Giftbaumblätter. — Feuilles de vinaigrier. Feuilles de sumac vénéneux. — Poison Ivy. Poison-oak Leaves.**

Bestandtheile. Bis 25 Proc. Gerbstoff, der die Haut röthende Bestandtheil sollte eine flüchtige Säure, Toxicodendronsäure, sein, die aber wahrscheinlich Essigsäure ist, man hält diesen Bestandtheil jetzt für Cardol (Band I, S. 302).

Verfälschung. Es sollen zuweilen die 5zähligen Blätter von Ampelopsis quinquefolia Michx. und die dreizähligen von Ptelea trifoliata L. in den Handel gelangen.

Verwendung. Aus den frischen, im Juni — Juli bei Sonnenschein gesammelten Blättern (man vermeide, sie mit der Haut in Berührung zu bringen und schütze die Hände durch Handschuhe, da die Berührung der Blätter mit der Haut bei vielen Personen bösartige Ausschläge erzeugt) bereitet man ein Extrakt und eine Tinktur. Die getrockneten Blätter dürfen nicht über ein Jahr aufbewahrt werden. In ähnlicher Weise giftig wirken auch eine Anzahl anderer Arten, so Rhus tetlatin, Rh. juglandifolium. Dosis maxima 0,4 g, pro die 1,2 g (Germ. I.).

† **Extractum Toxicodendri.** Wie Extractum Belladonnae Germ. (Band I, S. 469). Ausbeute etwa 3 Proc. Vorsichtig aufzubewahren. Dosis maxima 0,05, *pro die* 0,2 (Hager).

† **Tinctura Toxicodendri** (Germ. I). Aus 5 Th. frischen, gequetschten Blättern und 6 Th. 87proc. Weingeist durch Maceration. Dosis maxim. 1,0, *pro die* 3,0.

In der Homöopathie gegen Gicht und Rheuma. Vor Licht geschützt aufzubewahren.

II. Rhus glabra L. Smooth Sumach. Heimisch in Nordamerika. Man verwendet die fast kugeligen, dicht mit purpurrothen Haaren bedeckten, einsamigen Früchte (U-St.).

† **Extractum Rhois glabrae fluidum** (U-St.) **Fluid Extract of Rhus glabra.** Aus 1000 g gepulv. Frucht (No. 40) und einer Mischung von 100 ccm Glycerin und 900 ccm verdünntem Weingeist (41proc.) im Verdrängungswege. Man befeuchtet mit 350 ccm, fängt die ersten 800 ccm Perkolat für sich auf und bereitet l. a. 1000 ccm Fluidextrakt.

III. Rhus aromatica Ait. Sweet Sumach. Fragrant Sumach. Heimisch von Kanada durch das atlantische Nordamerika bis Mexiko. Man verwendet die Wurzelrinde. Sie ist bedeckt von einem dünnen Kork, der aus flachen, unverdickten Zellen besteht. Die Markstrahlen sind einreihig. In den Baststrahlen Gruppen obliterirter Siebröhren. Ganz vereinzelt Gruppen von Steinzellen, die zuweilen Einzelkrystalle von Oxalat enthalten. Im Parenchym Oxalatdrusen. In Mittelrinde und Bast schizogene Sekretbehälter. Von Bestandtheilen sind zu nennen: Fettes Oel, Gerbstoff, Gallussäure. — Man verwendet sie bei Diabetes, Syphilis, Blasenleiden, Nierenleiden etc.

Aus der mittelfein gepulverten Rinde bereitet man

† **Extractum Rhois aromaticae fluidum. Gewürzsumach-Fluidextrakt,** wie Extractum Condurango fluidum Germ. (Band I, S. 942). Gabe 0,5—2,0 ccm mehrmals täglich.

Tinctura Rhois aromaticae (Dresd. Vorschr.). 1 Th. Gewürzsumach-Fluidextrakt, 2 Th. Weingeist, 2 Th. Wasser.

IV. Rhus perniciosa H. B. Kth. In Mexiko. Liefert ein purgirend und diuretisch wirkendes Gummiharz (Goa Anchipin), das 34 Proc. Gummi und 44 Proc. bitterschmeckendes Harz enthält.

V. Rhus succedanea L. und andere wachsliefernde Arten, vergl. Band I, S. 692.

VI. Rhus semialata Murray liefert Gallen, vergl. Band I, S. 1199.

VII. Rhus vernicifera D. C. liefert Lack, vergl. Band II, S. 268.

VIII. Einige Arten enthalten in den Blättern reichliche Mengen von Gerbstoff und werden daher technisch verwendet. So liefert **Rhus Coriaria L.** den sicilianischen, spanischen, portugiesischen, griechischen und einen Theil des französischen

Sumach, **Rhus Cotinus L.** den Triestiner, venetianischen, ungarischen und Tiroler Sumach, wogegen der provençalische Sumach von **Coriaria myrtifolia L.** stammt. Nordamerikanischen Sumach liefern **Rhus typhina L., Rh. glabra L., Rh. copallina L.** Der Gerbstoffgehalt schwankt von 10—27 Proc.

Ribes.

Gattung der **Saxifragaceae — Ribesioideae.**

I. Ribes rubrum L. In Nord- und Mitteleuropa und Asien und dem nördlichen Amerika. Strauch mit unbewehrten Zweigen. Blätter handnervig, doppelt gesägt, drüsig punktirt, in der Knospenlage gefaltet. Blüthen zwitterig, in vielblüthigen, hängenden Trauben, mit eiförmigen Deckblättchen und beckenförmigem, kahlem Kelch. Frucht eine saftige Beere, vom vertrockneten Kelch gekrönt, roth oder weiss. Dieselben werden verwendet:

Fructus Ribis. Baccae seu Fructus Ribium. Ribia seu Ribesia rubra. — Rothe Johannisbeeren. — Groseille (Gall.). — **Currants. Currant berries.**

Bestandtheile. Nach Koenig: frisch: Wasser 84,77 Proc., Stickstoffsubstanz 0,51 Proc., freie Säure (Citronensäure 1 Th., Aepfelsäure 2 Th.) 2,15 Proc. Zucker 6,38 Proc., sonstige stickstofffreie Körper 0,90 Proc., Holzfaser und Kerne 4,57 Proc., Asche 0,72 Proc.

Verwendung. Die im Juni und Juli reifenden Früchte dienen zur Bereitung eines Sirups; ferner liefern sie einen vorzüglichen, durch Geschmack und feurige Farbe ausgezeichneten Wein, dessen Darstellung für viele Besitzer kleinerer Apotheken einen lohnenden Nebenerwerb bildet.

Sirupus Ribis (Ergänzb.). **Sirupus Ribium** (Austr.). **Sirupus de fructu Ribesii. Johannisbeersirup. Ribiselsirup. Sirop de groseille** (Gall.). Ergänzb. Gall.: Aus frischen rothen Johannisbeeren wie Sirupus Cerasorum (Band I, S. 698). Austr.: Wie Sirup. Mororum Austr. (S. 406).

Succus e fructu Ribei rubrae (Gall.). **Suc de groseille.** Aus 1000 g frischen, rothen Johannisbeeren, 100 g Sauerkirschen und 50 g Süsskirschen. Man zerreibt die Früchte auf einem Haarsiebe, presst aus, lässt den Saft bei 12—15° C. vergähren und seiht durch. Fügt man den Früchten noch 115 g Himbeeren hinzu, so erhält man den Suc de groseille framboisé (Gall.).

Conserva Ribis. Johannisbeerkonserve. Gleiche Gewichtstheile frische, gewaschene Beeren und Zuckerpulver erhitzt man in einem Porcellangefässe unter Umrühren im Wasserbade, bis eine Probe beim Erkalten zur Gallerte erstarrt und füllt halberkaltet in weithalsige, dicht zu verschliessende Gläser.

Gelatina Ribis. Johannisbeergelée (Diet.). 3000,0 rothe, 1000,0 weisse Johannisbeeren ohne Stiele kocht man mit 500,0 Wasser, bis sämmtliche Beeren aufgesprungen sind, seiht durch, ohne zu pressen, kocht mit 2000,0 Zucker unter Abschäumen 20 Min., seiht durch und füllt in kleinere Gefässe.

Vinum Ribis. Johannisbeerwein. Reife, entstielte Johannisbeeren lässt man durch eine Traubenmühle (oder eine saubere Fleischhackmaschine) gehen, dann mit 2 Proc. Zucker einige Tage bei 15° C. stehen, presst aus, mischt dem Rückstand nochmals die gleiche Zuckermenge und so viel Wasser hinzu, dass die Pressflüssigkeit der zuerst erhaltenen gleichkommt, und mischt beide. Das lästige Auspressen ist zu umgehen, wenn man den Fruchtbrei in einem Extrahirgefässe (s. Bd. I, S. 1231) freiwillig abtropfen lässt, hierauf mit so viel Wasser auslaugt, dass der gewonnene Saft etwa den in Arbeit genommenen Beeren an Gewicht gleichkommt. 6 Th. Saft lässt man mit 3 Th. Wasser, worin 1—$1^1/_2$—2 Th. Zucker gelöst ist (je nachdem man einen schwächeren oder stärkeren Wein erzielen will), regelrecht in einem Fasse vergähren.

II. Ribes nigrum L. Heimisch im europäisch-asiatischen Waldgebiet bis zur Mandschurei. Blätter tief 3—5lappig, am Grunde mehr oder weniger herzförmig, grob kerbig-gezähnt, fast kahl, unterseits mit gelben Drüsen. Deckblätter pfriemlich. Kelchröhre glockenförmig, drüsig punktirt und weichhaarig. Frucht schwarz, drüsig punktirt. Die ganze Pflanze hat einen wanzenartigen Geruch und Geschmack. Verwendung finden:

1. die Früchte: **Fructus Ribis nigri. Ribia nigra. Ribesia nigra. — Schwarze Johannisbeeren. Ahlbeeren. Gichtbeeren. — Black-currants.**

Pasta Ribis nigri. Black-currant pasta (Brit.). **Johannisbeer-Gelée.**

Die käufliche schwarze Johannisbeerpasta dient zur Darstellung der „Fruchtgrundlage, Fruit basis“, welche zur Bereitung einer Reihe von Pastillen der Brit. Verwendung findet. Die Vorschrift zu der

Preparation with Fruit basis (Brit.) lautet: Die 500fache Gewichtsmenge des für eine Pastille verordneten Arzneimittels wird mit 439,5 g Zuckerpulver und 19,5 g gepulv. Gummi arabicum gemischt, mittels 35,5 ccm Gummischleim, 56,75 g käuflicher, schwarzer Johannisbeerpasta, die vorher mit siedendem Wasser erweicht ist, und q. s. Wasser zur Masse angestossen und daraus 500 Pastillen geformt.

Gelatina Ribis nigri: Wie Gelatina Ribis (s. oben).

Sirupus Ribis nigri. Sirop de Cassis. Cassissaft. Aus schwarzen Johannisbeeren wie Sir. Ribis (s. oben).

Schwarzer Johannisbeerlikör. Eau de Cassis. Liqueur de Cassis. 500 g reife Früchte werden zerquetscht, mit 600 g Weingeist, 400 g Wasser, 4 g Ceylonzimmt, je 2 g Nelken und Koriander fünf Tage macerirt; in der Pressflüssigkeit löst man 375 g Zucker. In Frankreich als geschmackverbessernder Zusatz zu flüssigen Arzneimischungen beliebt. (China Cassis nach Vigier: Extr. Chinae 1,0, Cassis 12,0, Vini rubri 7,0.)

2. Die Blätter: **Folia Ribis nigri. — Johannisbeerblätter. Cassisthee. — Feuille de Cassis** (Gall.) werden in Frankreich als schweisstreibendes Mittel gebraucht. Auch gehören sie zu den Heilmitteln des Pfarrers Kneipp.

Ricinus.

Gattung der **Euphorbiaceae — Platylobeae — Crotonoideae — Acalypheae — Ricinineae.**

Ricinus communis L. Ursprünglich wohl in Afrika heimisch, durch die Kultur weit in wärmeren Gegenden verbreitet. In den Tropen strauchig und über 10 m hoch, in Mitteleuropa einjährig, bis 2 m hoch. Blätter gross, abwechselnd, schildförmig, handförmig, viellappig, die Abschnitte gesägt. Blüthenstand rispig, die oberen Blüthen gedrängt, männlich, die unteren gestielt, weiblich. Staubfäden wiederholt gabelig getheilt, Thecae getrennt, fast kugelig. Fruchtknoten dreifächerig. Griffel kurz oder verlängert, Narbe 2spaltig, seltener ungetheilt, abstehend, federförmig. Frucht eine glatte oder stachelige Kapsel, in 2klappige Coccen sich lösend. Verwendung finden:

1. die Samen: **Semen Ricini. Semen Cataputiae majoris. — Ricinussamen. Purgirkörner. — Semence des Ricin** (Gall.).

Beschreibung. Sie sind 8—17 mm lang, 4—10 mm breit, oval, auf der einen Seite gewölbt, auf der anderen flach, in der Mitte mit einer etwas erhabenen Leiste, am einen, spitzeren Ende mit einer hellen, nach dem Ablösen eine grubige Vertiefung zurücklassenden, als fleischige Warze vorragenden Caruncula, dicht unter derselben der wenig auffallende Nabel, von dem aus die Raphe gegen das andere Ende verläuft. Samenschale hart, zerbrechlich, glänzend hellgrau, meist mit rothen, braunen oder schwarzen Strichen und Punkten. Sie umschliesst das mächtige Endosperm mit den Embryo, dessen beide grosse Keimblätter flach, oval, am Grunde fast herzförmig sind. Im Endosperm und Embryo Aleuronkörner, die ein (seltner 2) wohl ausgebildete Krystalloide und ein oder wenige Globoide haben.

Fig. 103. Semen Ricini.
a von der Rücken-, *b* von der Bauchseite.

Bestandtheile der nicht geschälten Samen nach Koenig: 6,46 Proc. Wasser, 18,78 Proc. Stickstoffsubstanz, 51,37 Proc. Fett, 1,5 Proc. stickstofffreie Extraktstoffe, 18,10 Proc. Holzfaser, 3,10 Proc. Asche.

Die geschälten Samen enthalten: 6,46 Proc. Wasser, 19,24 Proc. Stickstoffsubstanz, 66,03 Proc. Fett, 2,91 Proc. stickstofffreie Extraktstoffe, 2,47 Proc. Holzfaser, 2,89 Proc. Asche. Ferner enthalten die Samen Amygdalin und zu 3 Proc. einen sehr giftigen Stoff, Ricin, der eine zur Gruppe der ungeformten Fermente gehörige α-Phytalbumose ist. 0,03 mg Ricin pro 1 kg Körpergewicht eines Hundes tödten denselben, und zwar wirkt es auf das Blut, indem es dasselbe zum Gerinnen bringt. Innerlich genommen wird die dosis letalis beim Menschen zu 30 mg, subkutan zu 3 mg angenommen. Das Ricin löst sich nicht in Alkohol, Aether, Chloroform, Benzol etc., dagegen leicht in verdünnten Säuren und Salzlösungen. Durch Erhitzen einer Lösung wird seine Giftigkeit rasch zerstört.

Anwendung. Wegen ihrer grossen Giftigkeit infolge des Gehaltes an Ricin (3 Samen können das Leben eines Menschen gefährden) werden die Samen kaum medicinisch verwendet. Ueber die Presskuchen vergl. unten.

Tinctura Ricini seminis. Aus 1 Th. zerstossenen Samen und 5 Th. verdünntem Weingeist.

2) Das fette Oel der Samen: **Oleum Ricini** (Germ. Helv. Austr. Brit. U-St.). **Oleum e semine Ricini. Oleum Castoris seu Palmae Christi. — Ricinusöl. Castoröl. (Palmöl). — Huile de ricin. — Castor oil.**

Darstellung. Die frischen Samen werden enthülst und die Kerne 1—2 mal kalt gepresst, wobei 40—45 Proc. Oel gewonnen werden. Die Rückstände werden dann noch einmal heiss gepresst, wobei man noch 7 Proc. Oel gewinnt. Oder man extrahirt die zerkleinerten Samen mit Schwefelkohlenstoff etc. Zur pharmaceutischen Verwendung ist nur das kalt gepresste Oel zuzulassen, die anderen finden Verwendung für technische Zwecke, als Brennöl, Schmieröl etc. Wie die anderen besitzt aber auch das kaltgepresste Oel eine drastische Wirkung (wohl infolge eines Ricingehaltes); um ihm diese zu nehmen, wird es mehrmals mit Wasser ausgekocht, durch Erwärmen vom Wasser befreit, filtrirt und sofort in Blechkanister abgefüllt, die verlöthet werden.

Nach einem neuerdings patentirten Verfahren (D. R. P. 93 596) löst man das Oel in absolutem Alkohol, erhitzt in einem luftdicht verschlossenen Gefäss und wäscht dann mit heissem Wasser aus.

Sorten. Die im Handel befindlichen amerikanischen und ostindischen Oele sind in der Regel warm gepresst und daher gelblich, das italienische und französische ist kalt gepresst und fast farblos.

Konstanten des Oeles. Spec. Gew. des Oeles bei 15° C. 0,960—0,973, der Fettsäuren bei 15,5° C. 0,9509. Erstarrungspunkt des Oeles — 17 bis — 18° (amerikanisches Oel schon bei — 10 bis — 12° C.). Erstarrungspunkt der Fettsäuren 3,0° C., ihr Schmelzpunkt 13,0° C. Verseifungszahl 180—183. Acetylzahl 153,4. Acetylsäurezahl 142,8. Acetylverseifungszahl 296,2. Jodzahl 84,0—84,5. Jodzahl der Fettsäuren 86,6—88,3. Es dreht die Polarisationsebene rechts.

Eigenschaften. Dickflüssig, kaum gelblich, von mildem, hintennach etwas kratzendem Geschmack und schwachem, charakteristischem Geruch. An der Luft wird es ranzig, zähe und trocknet in dünnen Schichten allmählich aus, ohne ganz fest zu werden. Bei der Elaidinprobe wird es fest. Es ist etwas fadenziehend, d. h. ein abfallender Tropfen zieht einen Faden nach sich. — Es ist mit absolutem Alkohol und Eisessig in jedem Verhältniss mischbar. Es löst sich bei 15° C. in etwa 4 Th. 90proc. Weingeist, bei 25° C. mischt es sich mit 2 Th. desselben. Löslich in Aether, Chloroform, Amylalkohol, Benzol in allen Verhältnissen, nicht löslich in Benzin, Petroläther, Petroleum, Paraffinöl.

Charakteristisch für das Oel ist sein hohes specifisches Gewicht, seine hohe Acetylzahl, seine leichte Löslichkeit in Alkohol und Eisessig, seine Unlöslichkeit in Petroleumdestillaten.

Bestandtheile. Ricinolsäureglycerid und Ricinisolsäureglycerid, beide $(C_{18}H_{33}O_3)_3 . C_3H_5$. Daneben enthält es noch geringe Mengen Stearin $(C_{18}H_{35}O_2)_3 . C_3H_5$, aber wahrscheinlich kein Oleïn.

Prüfung. Zum Nachweis fremder Oele im Ricinusöl ist die Prüfung mit Weingeist wenig geeignet, da die Gemenge der Oele sich anders bezüglich der Löslichkeit verhalten als die reinen Oele. Besser benutzt man die Unlöslichkeit des Ricinusöles in Petroleumdestillaten, worin sich alle anderen fetten Oele lösen. Man vermischt das Oel mit dem 3fachen Volum Vaselinöl und lässt bei 10—15° C. stehen, es scheidet sich dann das Ricinusöl am Boden ab. Natürlich lässt sich die Methode auch umgekehrt verwenden, um in einem Oele Ricinusöl nachzuweisen.

Dagegen verwendet man Alkohol bei folgender Probe: 10 ccm Ricinusöl schüttelt man mit 50 ccm Weingeist von 0,829 spec. Gew. bei 17,5° C. in einem graduirten Cylinder. Eine starke Trübung, die auch beim Erwärmen auf 20° C. nicht verschwindet, zeigt noch 10 Proc. fremde Zusätze (Sesamöl, Leinöl, Rüböl, Baumwollsamenöl) an. Nachweis von Baumwollsamenöl Band I, S. 124.

Handelswaare. Aufbewahrung. Das in Italien und Frankreich aus einheimischen Samen gepresste Oel, Oleum Ricini medicinale, Ol. Ricini Italicum albissimum, welches allein den Anforderungen der Arzneibücher entspricht, kommt in dicht verlötheten oder mit Schraubenverschluss versehenen Kanistern [1]) von 20 kg Inhalt in den Handel.

Da das Oel bei der Aufbewahrung in kühlen Räumen einen körnigen Bodensatz bildet, so stellt man diese Blechgefässe vor dem Umfüllen einige Zeit unter bisweiligem Wenden und Rütteln an einen mässig warmen Ort, füllt dann (wobei ein geschickter Defektar keinen Trichter benutzt) den gesammten Inhalt in nicht zu enghalsige Flaschen bis zum Halse und verschliesst sie sorgfältig. Um ein nochmaliges, späteres Umfüllen zu vermeiden, wählt man zweckmässig Vorrathsgefässe von gleicher Grösse und wechselt sie bei Bedarf einfach aus. Das Gesagte gilt natürlich auch für das Abfüllen in das Standgefäss der Officin. Man versieht dieses, um es stets sauber zu halten, mit einem Tropfensammler (ein spiralig zusammengerollter Streifen Celluloid oder Weissblech, den man mit einer kleinen Tülle versieht, erfüllt den gleichen Zweck) und bedeckt die Oeffnung mit einer Glaskappe oder verschliesst mit einem kantig geschliffenen Glasstöpsel.

Ranzig gewordenes Ricinusöl lässt sich durch Digestion mit Magnesiumkarbonat und Filtriren wiederherstellen, falls man es nicht für äusserliche Zwecke verwenden kann.

Anwendung. Ricinusöl ist ein mildes, sicheres, rein mechanisch wirkendes Abführmittel, das von unangenehmen Nebenwirkungen zwar frei ist und deshalb auch von Kindern, Wöchnerinnen etc. gut vertragen wird, von manchen Personen aber nicht eingenommen werden kann, da ihr Magen es immer wieder von sich giebt. Die Unannehmlichkeit des Einnehmens beruht hauptsächlich auf der zähen, dickflüssigen Beschaffenheit des kalten Oeles, weshalb man es am besten mit heisser Fleischbrühe, Milch oder Kaffee nimmt, auch wohl auf Bier und mit diesem überschichtet oder damit zum Schaum geschüttelt, seltener in Brausemischungen oder als Gallerte (s. unten). Es giebt ferner besondere Löffel zum Einnehmen des Oeles. Eine sehr beliebte Anwendungsform bieten die elastischen Gallertkapseln, die fabrikmässig in verschiedenen Grössen, von 0,3—10 g Inhalt hergestellt werden. Vom Arzte wird Ricinusöl häufig als Emulsion verordnet; es genügt hier $^1/_4$ bis $^1/_3$ Gummi arabicum. Zum Abwägen des Oeles bedient man sich hierbei einer kleinen Blechschale mit Fuss (Fig. 104) aus welcher es sich mit Hülfe eines Kartenblattes ohne Verlust in den Emulsionsmörser entleeren lässt.

Fig. 104. Gefäss zum Abwägen von Oleum Ricini.

Man nimmt das Oel zu 15—30—60 g. Im Klystier zu 30—50 g in Haferschleim. Seine stärkere Wirkung führt man darauf zurück, dass es vom Darm weniger wie andere Oele resorbirt wird. Auch äusserlich gebraucht man es bei Verstopfung als Einreibung in den Unterleib; ferner zu Pomaden, Haaröl, in Weingeist gelöst zu Haarspiritus. Im Haushalte dient es zum Einfetten von feinerem Schuhwerk, in der Technik zur Türkischrothfärberei.

[1]) Ueber zweckmässige Verwendung der leeren Ricinusölkanister siehe Bd. I, S. 307, Fussnote.

Magnesium ricinicum. Ricinussaure Magnesia. 120,0 Ricinusseife mischt man unter Erwärmen mit 180,0 Wasser, fügt eine Lösung von 90,0 Magnesiumsulfat in 180,0 Wasser hinzu, stellt 1 Stunde ins Wasserbad, setzt eine Lösung von 40,0 Natriumchlorid in 120,0 Wasser zu, erwärmt noch 1 Stunde, stellt kalt, wäscht die ausgeschiedene Seife mit Wasser und trocknet.

Oleum Ricini depuratum (D.R.-P. 93596, vergl. S. 745).

Oleum Ricini aromaticum nach STANDTKE. Bestes Ricinusöl wird wiederholt mit heissem Wasser behandelt, über gekörnte Kohle filtrirt, mit q. s. Saccharin und einer Spur Zimmtöl oder Vanilleessenz versetzt (Pharm. Ztg.).

Stempelfarben für Metallstempel, zum Stempeln von Urkunden, bereitet man nach E. DIETERICH aus 5 Th. roher Oelsäure, 95 Th. Ricinusöl und 3—5 Th. einer öllöslichen Anilinfarbe.

Créosote sulforicinée (Gall.).

Rp. Kreosoti 10,0
Linimenti sulforicinati 90,0.

Emulsio Olei Ricini.

Emulsio ricinosa. Emulsion of Castor Oil.

	Form. Berol. et Colon.	Nat. form.
Rp. Olei Ricini	40,0	32,0 g
Gummi arabici	12,0	8,0 „
Sirupi simplicis	20,0	20,0 ccm
Tinctur. Vanillae	—	2,5 „
Aquae destillat. q. s. ad	200,0 ad	100,0 „

Linimentum sulforicinatum (Gall.).

Topique sulforiciné.
(Sulforicinate de soude).

Rp. 1. Olei Ricini 1000,0
2. Acidi sulfurici puri (1,843) 250,0.

Man thut 1 in ein geräumiges Glasgefäss mit Hahn, stellt in kaltes Wasser und fügt vorsichtig mittels eines Tropftrichters 2 unter Umrühren und sorgfältiger Abkühlung hinzu. Nach 12 Stunden mischt man behutsam 1500,0 Wasser hinzu, lässt absetzen, dann die wässerige Schicht ablaufen, wäscht die Oelschicht nach und nach mit 1,5 l einer auf 60—70° C. erwärmten 10proc. Kochsalzlösung, neutralisirt mit verdünnter Natronlauge bis zur schwachsauren Reaktion, entfernt die wässerige Flüssigkeit, trocknet das Oel durch mehrmaliges Schütteln mit (30,0) Pottasche und filtrirt es durch Papier.

Das rohe Präparat ist identisch mit dem sogen. „Türkisch-Rothöl", das reinere Präparat ist als „Polysolve" bekannt.

Mistura Olei Ricini (Brit.).

Castor Oil Mixture.

Rp. Olei Ricini 75,0 ccm
Mucilag. Gummi arab. 37,5 „
Aquae Aurantii flor. 25,0 „
Aquae Cinnamomi 62,5 „

Oleum Ricini dulcificatum H. STEIN (Münch. Vorschr.).

Aromatisirtes versüsstes Ricinusöl.

Rp. Saccharini (500 fach) 0,5
Vanillini 0,1
Alkohol absoluti 20,0
Olei Ricini 980,0
Olei Cinnamom. ceyl. gtts. X.

Pasta Cacao Olei Ricini.

Ricinusöl-Chokolade DIETERICH.

Rp. 1. Cacao deoleat. pulv.
2. Olei Ricini āā 250,0
3. Sacchari pulv. 500,0
4. Sacchar. Vanillini 5,0.

Man schmilzt 1 und 2, mischt 3 und 4 hinzu und formt in Tafeln.

Pasta Olei Ricini STARKE.

Rp. Olei Ricini 20,0
Pulv. Liquiritiae comp. 10,0.

Pasta Olei Ricini saccharata STARKE.

Rp. Olei Ricini 20,0
Sacchari albi pulver. 50,0.

Pastilli Olei Ricini.

Rp. Olei Ricini 3,0
Amygdal. deoleat. pulv. 4,0
Olei Citri gtt. I

formt man zu Pastillen und überzieht sie mit Chokolade.

Phénol sulforiciné (Gall.).

Phenol sulforicinatum.

Rp. Acidi carbolici 20,0
Linimenti sulforicinati 80,0.

Salicylate de phénol sulforiciné (Gall.).

Rp. Saloli 15,0
Linimenti sulforicinati 85,0.

Sapo Ricini.

Rp. 1. Natrii caustici 20,0
2. Aquae destill. 80,0
3. Olei Ricini 100,0
4. Natrii chlorati 30,0
5. Aquae destill. 80,0.

Man digerirt 3 mit der Lösung von 1 in 2 bis zur völligen Verseifung, erhitzt mit der Lösung von 4 in 5 bis zum Sieden, lässt erkalten, wäscht die abgeschiedene Seife und trocknet sie.

Schmiere für Jagdstiefel.

Rp. Olei Ricini
Olei Jecoris Aselli
Olei Lini
Ceresini āā 250,0

schmilzt man und mischt hinzu
Olei Mirbani gtts. XV.

Sirupus Ricini.

Rp. Olei Ricini 30,0
Gummi arabici 10,0
Aquae Aurantii florum 20,0.

Der fertigen Emulsion fügt man hinzu
Sirupi Sacchari 40,0.

Spiritus crinalis.

Spiritus Capillorum UNNA.
Haarspiritus (gegen das Ausfallen der Haare).

Rp. Olei Ricini 2,5
Resorcini 2,5
Spiritus 75,0
Aquae Coloniens. 20,0.

Oleum Ricini solidificatum.

Gelatina Olei Ricini. Ricinusölgallerte.

Rp. Olei Ricini 40,0
Cetacei 5,0.

Man mischt bei gelinder Wärme.

Adhäsionsfett für Lederriemen ist Ricinusöl mit ca. 10 Proc. Talg.

Brillantine. 6 Ol. Ricini, 5 Ol. Olivar, 6 Spirit. Coloniens. (RIEDEL's Mentor).

Concentrated Castor-Oil in Kapseln, von TAYLOR, ist Ricinusöl mit 0,5 Proc. Crotonöl.

Eau du docteur SACHS, von GIEBERT, ist ein Haarwasser aus Ricinusöl, Weingeist und Pikrotoxin.

Floricin, eine Salbengrundlage, ist in Vaseline löslich gemachtes Ricinusöl (GEHE).

GEBHARD's Schönheitsextrakt: Ricinusöl mit Glycerin āā.

Kiki, Haaröl der Kleopatra, ist ein parfümirtes, mit Anilinblau gefärbtes Ricinusöl.

Laxol ist mit Saccharin und Pfefferminzöl versetztes Ricinusöl.

Oleum Ricini naphtholatum besteht aus 25,0 Ol. Ricini mit α-Naphthol, Ol. Menth. pip. und Chloroform āā 0,05 (Ph. P.).

Peruol der A.-Ges. f. Anilinfabrikation in Berlin, ein fast geruchloses Krätzemittel, ist Ricinusöl mit 25 Proc. Peruscabin (Benzoësäurebenzylester).

Ricinusöl, welches nach Art kohlensaurer Wässer unter Druck mit CO_2 gesättigt ist und einen angenehm prickelnden Geschmack besitzen soll (ebenso Leberthran und Olivenöl) bringt die Chem. Fabrik Helfenberg in den Handel (D. R.-P. No. 109446).

3) Die Rückstände der Oelfabrikation, die **Ricinus-Oelkuchen,** sind infolge des Gehalts an Ricin äusserst giftig und können nicht wie andere Oelkuchen als Viehfutter benutzt werden. Sie werden entgiftet durch Kochen (vergl. oben), roh dienen sie als Dünger und als Gift für schädliche Nagethiere.

Rosa.

Gattung der **Rosaceae — Rosoideae — Roseae.**

I. Rosa gallica L. Heimisch in der Südhälfte Europas und im Orient. Niedriger Strauch mit zerstreuten Stacheln, die theils borstenförmig und gerade, theils stärker und gekrümmt sind, dazwischen zahlreihe Drüsenhaare. Blätter mit fünf Blättchen und linealoblongen Nebenblättchen. Blüthen zu 1—2, ihre Stiele und Receptaculum mit drüsentragenden Borsten, äussere Kelchblätter fiederspaltig, Korollen purpurn. Früchte kugelig. Liefert:

Flores Rosarum rubrarum (Ergänzb.). **Flos Rosae** (Helv.). **Rosae gallicae petala** (Brit.). **Rosa gallica** (U-St.). **Flores seu petala Rosae rubrae s. domesticae.** — **Rothe** oder **Essigrosenblumenblätter.** — **Fleur de rose rouge ou de rose de provins** (Gall.). — **Red rose. Red rose petals.**

Hiervon sind die im Aufblühen begriffenen Blüthenknospen zu sammeln. Man trennt die Blumenblätter mittels einer Scheere vom Kelch und behandelt sie im übrigen, wie die von II. Sie dienen zur Bereitung der Rosenkonserve.

Bestandtheile. 3,4 Proc. Zucker, 17,0 Proc. adstringirende Substanz, Quercitrin etc.

II. Rosa centifolia L. Kulturform der vorigen. 1—3 m hoch, von I. verschieden durch ungleichere Stacheln. Blüthen rosa, fast stets gefüllt und die Blättchen zusammenschliessend. Kelchblätter eilanzettlich. Früchte eiförmig. Liefert:

Flores Rosae (Germ. Austr.). **Flos Rosae** (Helv.). **Rosa centifolia** (U-St.). **Petala Rosae. Flores Rosae incarnatae s. pallidae. — Rosenblätter. Rosenblumen. Rosenblüthe. — Fleur de rose. Pétale de rose à cent feuilles ou de rose pâle** (Gall.). — **Pale Rose. Cabbage-rose petals.**

Einsammlung, Aufbewahrung und Anwendung. Die Blumenblätter werden im Juni bei völlig trockenem Wetter von den vollkommen entfalteten Blüthen ohne die Kelche gesammelt, schnell an der Sonne getrocknet, wobei sie an Farbe und Wohlgeruch wesentlich verlieren, und vor Licht geschützt aufbewahrt. Wegen der in den Blüthen häufig enthaltenen Insektenlarven empfiehlt es sich, die Blätter einige Zeit mit Aether- oder Chloroformdämpfen zu behandeln. 8 Th. frische geben 1 Th. trockene. Die frischen Blumenblätter schichtet man auch mit ihrem halben Gewicht Kochsalz in einen Topf, beschwert sie mit einem Steine und bewahrt diese gesalzenen Rosenblätter, **Flores Rosae saliti**, im Keller auf, um Rosenwasser daraus zu destilliren. Die getrockneten Blätter, nach Helv. auch die der vorigen Art, dienen hauptsächlich zur Bereitung des Rosenhonigs, sonst nur im Handverkauf gegen Durchfall etc.

III. Rosa damascena Mill. ebenfalls Kulturform von I. Charakterisirt durch stärkere, sichelförmige, ungleiche, oft rothe Stacheln. Liefert:

Flores Rosae damascenae. — Damascener Rosenblätter. — Pétale de rose de Damas, de rose des quatre saisons, de rose de Puteaux (Gall.).

Sammlung, Verwendung etc. wie bei der vorigen.

Oleum Rosae (Germ. Austr. Helv. Brit. U-St. Gall.). — **Rosenöl. — Essence de Rose. — Oil of Roses.**

Darstellung. Rosenöl wird im grossen nur in Bulgarien am Südabhange des Balkan hergestellt. Die dort zur Oelgewinnung kultivirte Rose ist **Rosa damascena Miller**, doch werden auch die Blüthen der zur Abgrenzung der einzelnen Felder dienenden **Rosa alba L.** mit zur Destillation verwendet. Die frisch gepflückten Rosen werden mit dem nothwendigen Quantum Wasser in kupferne Blasen gefüllt, die auf einem aus Steinen gemauerten Herde stehen. Von dem Helme des Destillirapparates geht durch ein mit kaltem Wasser gespeistes Kühlfass hindurch, schräg nach unten geneigt, das Kühlrohr, unter dessen Mündung die zum Auffangen des Destillats dienende Flasche gestellt wird. Nachdem der Blaseninhalt durch ein Holzfeuer zum Sieden erhitzt ist, geht ölhaltiges Wasser über, das erst, wenn es kohobirt, d. h. zum zweiten Male für sich destillirt wird, Rosenöl liefert. Nach bulgarischen Angaben sollen aus 3000 kg Rosen 1 kg Oel erhalten werden. Die Jahresproduktion schwankt zwischen 1500 und 4000 kg. Das bulgarische, oder, wie es meist genannt wird, „türkische“ Rosenöl kommt in „Estagnons“, das sind flache Flaschen aus verzinntem Kupferblech von 0,4 bis 3 kg Inhalt, in den Handel. Gegenüber den gewaltigen Mengen des in Bulgarien gewonnenen Rosenöls kommt das in Südfrankreich, sowie in Miltitz bei Leipzig hergestellte Quantum für den Welthandel kaum in Betracht. Hingegen ist der Geruch des deutschen Oeles viel feiner und besonders auch intensiver als der des türkischen, was sich sowohl durch die sorgfältigere Darstellungsweise als auch durch die unbedingte Reinheit des ersteren erklärt.

Eigenschaften. Rosenöl ist eine gelbe bis grünliche Flüssigkeit von starkem, in der Verdünnung höchst angenehmem Rosengeruch. Es hat zwischen + 21 und + 25° C. die Konsistenz des fetten Mandelöls und beginnt, wenn es abgekühlt wird, zwischen + 18 und + 21° C. feine, durchsichtige, spiessige oder lamellenförmige Krystalle von Paraffin abzuscheiden, die sich wegen ihres niedrigen specifischen Gewichts zuerst an der Oberfläche ansammeln, bei weiterer Abkühlung aber die ganze Flüssigkeit durchsetzen. Das specifische Gewicht des Oeles liegt bei 20° C. zwischen 0,855 und 0,870 (0,860 Austr., 0,850—0,860 bei 30° C. Brit., 0,865—0,880 U-St.). Es reagirt schwach sauer und dreht den polarisirten Lichtstrahl sehr wenig nach links. Die Verseifungszahl beträgt 10—17. Wegen der Schwerlöslichkeit des Paraffins in Alkohol giebt Rosenöl selbst mit einem grossen Ueberschuss von Spiritus trübe Mischungen, aus denen sich das Stearopten allmählich krystallinisch abscheidet. Der flüssige Oelantheil, das sogenannte Eläopten, löst sich aber schon in Spiritus dilutus klar auf.

Bestandtheile. Das bei niedriger Temperatur sich abscheidende Stearopten ist im reinen Zustande vollständig geruchlos und stellt ein Gemisch mehrerer Paraffine der Zusammensetzung C_nH_{2n} dar, die zwischen 21 und 41° C. schmelzen. Die Hauptmenge des Eläoptens besteht aus Geraniol, $C_{10}H_{17}OH$, das übrige ist ein Gemisch von Links-Citronellol, $C_{10}H_{19}OH$, Phenyläthylalkohol, C_8H_9OH, Links-Linalool, $C_{10}H_{17}OH$, normalem Nonylaldehyd, $C_9H_{18}O$, und Citral, $C_{10}H_{16}O$.

Prüfung. Um die gefährlichsten Fälschungsmittel des Rosenöls, nämlich Palmarosaöl und Geraniumöl nachzuweisen, ist eine ziemlich umständliche Untersuchung nothwendig, die nicht unbedeutende Mengen des kostbaren Materials erfordert. Ausser auf die Feststellung des specifische Gewichts, des Drehungsvermögens und des Erstarrungspunktes (worunter hier der Punkt zu verstehen ist, bei dem sich die Krystalle abzuscheiden beginnen) hat die Prüfung zu umfassen: die quantitative Ermittelung des Gehaltes an Alkoholen (Geraniol, Citronellol etc.) durch Acetylirung (siehe unter Olea aetherea auf S. 500), sowie die Feststellung der Verseifungszahl. Ist diese abnorm hoch, so deutet das auf einen Zusatz von Walrat hin, dessen Gegenwart man dadurch nachweist, dass man das Stearopten abscheidet und auf seine Beständigkeit gegen alkoholisches Kali prüft. Das im Rosenöl enthaltene natürliche Stearopten ist gegen Alkalien beständig, während der hauptsächlich aus Palmitinsäurecetylester bestehende Walrat verseift wird.

50 g Oel werden mit 500 g 75 volumprocentigen Weingeists auf 70—80° C. erwärmt; beim Abkühlen auf 0° C. scheidet sich das Stearopten nahezu quantitativ aus; es wird von der Flüssigkeit getrennt, von neuem mit 200 g 75procentigem Spiritus in gleicher Weise behandelt und die Operation so lange wiederholt, bis das Stearopten vollständig geruchlos ist.

3—5 g Stearopten werden mit 20—25 g alkoholischer Kalilauge (5procentig) 5 bis 6 Stunden lang am Rückflusskühler gekocht, alsdann der Alkohol verdampft und der Rückstand mit heissem Wasser versetzt. Beim Abkühlen scheidet sich der grösste Theil des Stearoptens als feste krystallinische Masse auf der Oberfläche ab. Die alkalische Flüssigkeit wird abgegossen, das Stearopten mit etwas kaltem Wasser ausgewaschen, dann nochmals mit heissem Wasser niedergeschmolzen, erkalten lassen, wieder abgegossen und so fort, bis das Waschwasser neutral ist. Die vereinigten wässerigen Flüssigkeiten werden mit Aether zweimal ausgeschüttelt, um darin suspendirtes Stearopten zu entfernen. Die vom Aether getrennte alkalische Lauge wird mit verdünnter Schwefelsäure angesäuert und von neuem mit Aether ausgezogen. Derselbe darf beim Verdampfen keinen Rückstand (Fettsäuren) hinterlassen.

Häufiger als die Verfälschung mit Walrat ist ein Zusatz von Spiritus beobachtet worden, dessen Nachweis unter Olea aetherea auf S. 501 beschrieben ist.

Neuerdings sind Fälschungen mit dem angenehm theerosenartig riechenden Guajakholzöl von Bulnesia Sarmienti Lor. vorgekommen. Dieses bei gewöhnlicher Temperatur halbfeste Oel enthält einen krystallinischen Bestandtheil, Guajol oder Guajakalkohol, $C_{15}H_{26}O$, der in reinem Zustande bei 91° schmilzt. Man erkennt ihn im Rosenöl durch die mikroskopische Untersuchung der sich beim Abkühlen abscheidenden Krystalle. Diese bestehen aus langen Nadeln die durch eine kanalförmige Mittellinie getheilt sind, während die Krystalle des Rosenölparaffins kleiner und dünner sind und weniger scharf umgrenzte Formen zeigen.

IV. Rosa canina L. Heimisch in Europa und bis nach Sibirien. Blätter mit 5—7 elliptischen und eiförmigen, scharf gesägten Blättchen. die oberen Sägezähne zusammenneigend. Stacheln derb, am Grunde verbreitert, zusammengedrückt, sichelförmig. Kelch etwas kürzer als die Krone, zurückgeschlagen, zuletzt von der Scheinfrucht abfallend. Blüthen weiss oder hellrosa. Man verwendet die scharlachrothen, lange knorplig bleibenden Scheinfrüchte, die aus der fleischig gewordenen Blüthenaxe bestehen, die die steinharten, einsamigen Schliessfrüchte einschliesst.

Cynosbata. Fructus Cynosbati. — Hagebutten. Hainbutten. — Cynorrhodon (Gall.). **Gratte-cu. — Hips.**

Die im Spätherbst oder auch nach Frostwetter gesammelten, getrockneten und von den Früchten befreiten Fruchthüllen. Früher gegen Durchfall angewendet, sind sie heute veraltet. Doch dienen sie noch hier und da als Anthelminticum, wobei sie offenbar durch die in ihnen enthaltenen Haare mechanisch wirken. Nach Gall. dienen sie zu einer Konserve. Im Haushalte werden sie mit Zucker eingemacht. Die Früchte, Semen Cynosbati, benutzte man früher gegen Blasenleiden; sie gehören neben einer Tinctura Cynosbati e fructu recente zu den Heilmitteln des Pfarrers Kneipp. — Sie enthalten 3 Proc. Citronensäure, 7,7 Proc. Apfelsäure, 30 Proc. unkrystallisirbaren Zucker, 20—25 Proc. Pectin.

Acetum Rosae. Rosenessig. Vinaigre rosat. Acétolé ou vinaigre de rose rouge. Gall.: Aus 100 Th. grob gepulverten Rosenblättern, 20 Th. reiner Essigsäure und 980 Th. Essig (7—8 proc.) durch 8tägige Maceration. Das Verfahren wird abgekürzt, wenn man die Rosenblätter durch eine gleiche Menge Rosen-Fluidextrakt ersetzt.

Aquae Rosae. Hydrolatum Rosae. Rosenwasser. Eau de rose. Eau distillée de rose. Rose water. Germ. Austr.: 4 Tropfen (Germ.) oder 0,25 g (Austr.) Rosenöl schüttelt man mit 1 l lauwarmem destill. Wasser und filtrirt nach dem Erkalten. — U-St.: Starkes Rosenwasser, destill. Wasser āā. — Gall.: Aus 1000 g frischen Rosenblättern (R. centifol.) und q. s. Wasser destillirt man mittels Dampf 1000 g. — Helv. lässt das Rosenwasser des Handels unverdünnt, Brit. mit 2 Th. Wasser verdünnt verwenden. — Zu Augenwässern, Salben, in der Marcipanbäckerei.

Aqua Rosae fortior (U-St.). **Starkes Rosenwasser. Stronger or Triple Rosewater.** Das bei der Destillation des Rosenöles gewonnene Nebenprodukt.

Basis rosata ad trochiscos. Rosengrundlage. Rose basis (Brit.). Zur Darstellung der Lozenges with Rose basis mischt man die 500fache Menge des für eine Pastille vorgeschriebenen Arzneimittels mit 496 g Zuckerpulver, 19,5 g Gummi arabicum, 17,5 ccm Gummischleim und q. s. Rosenwasser und fertigt daraus 500 Pastillen.

Confectio Rosae (U-St.). **Confectio Rosae gallicae** (Brit.). **Conserva Rosae rubrae. Rosenkonserve. Conserve de rose** (Gall.). **Confection of rose.** Brit.: 1 Th. frische rothe Rosenblätter stösst man mit 3 Th. Zucker zur gleichförmigen Masse. — U-St.: 80 g gepulv. rothe Rosenblätter (No. 60) reibt man mit 160 ccm starkem Rosenwasser von 65° C. an und bringt mit 120 g gereinigtem Honig und 640 g Zuckerpulver zur Masse. — Gall.: 10 Th. gepulv. rothe Rosenblätter, 20 Th. Rosenwasser, 5 Th. Glycerin, 65 Th. Zuckerpulver.

Conserva Cynorrhodi (Gall.). **Conserva Rosae fructuum. Conserve de cynorrhodon. Confection of Hips.** Frische, vor der Reife gesammelte Hagebutten befreit man von den Früchten und den inneren Haaren, lässt sie mit Weisswein befeuchtet erweichen, zerstösst und reibt sie durch ein Haarsieb No. 2. 2 Th. des Breies bringt man mit 3 Th. Zuckerpulver unter Erwärmen zur Masse.

Extractum Rosae fluidum (U-St.). **Rosen-Fluidextrakt. Fluid Extract of Rose.** Aus 1000 g gepulverten rothen Rosenblättern (No. 30) und einer Mischung aus 100 ccm Glycerin und 900 ccm verdünntem Weingeist (41 proc.) im Verdrängungswege; man befeuchtet mit 400 ccm, erschöpft zuerst mit dem Rest, dann mit q. s. verdünntem Weingeist, fängt die ersten 750 ccm Perkolat für sich auf und bereitet l. a. 1000 ccm Fluidextrakt.

Mel rosatum (Germ. Austr.). **Mel Rosae** (Helv. U-St.). **Mellitum Rosae gallicae. Rosenhonig. Mellite de rose rouge** (Gall.). **Miel rosat. Honey of Rose.** Germ.: 1 Th. mittelfein zerschnittene Rosenblätter zieht man mit 5 Th. verdünntem Weingeist (60 proc.) 24 Stunden aus und dampft die filtrirte Pressflüssigkeit mit 9 Th. gereinigtem Honig und 1 Th. Glycerin auf 10 Th. ein. — Helv.: 10 Th. Rosenblätter (IV) bringt man mit 10 Th. verdünntem Weingeist (62 proc.) befeuchtet in den Perkolator, setzt nach 24 Stunden 25 Th. verdünnten Weingeist zu, lässt frei ablaufen, giesst 20 Th. Wasser auf, dampft die Filtrate auf 25 Th. ein, kocht mit 80 Th. Honig auf und seiht durch. — Austr.: 2 Th. Rosenblätter, 20 Th. heisses Wasser lässt man 3 Stunden stehen, presst aus, filtrirt und dampft mit 50 Th. gereinigtem Honig zur Honigdicke. — U-St.: 120 ccm Rosen-Fluidextrakt, gereinigter Honig q. s. zu 1000 g. — Gall.: Aus 1000 g gepulverten rothen Rosenblättern und q. s. Weingeist von 30 Proc. bereitet man im Verdrängungswege 3 l Perkolat, dampft auf 1500 g ein, fügt 6000 g Honig hinzu, kocht auf und filtrirt durch Papier. — Nach Germ. klar und braun; nach Helv. roth, vom spec. Gew. 1,33. — Eiserne Geräthe vermeide man! — Rein gegen Durchfall der Kinder, rein oder mit Borax gegen die sog. „Schwämmchen".

Sirupus Rosae. Rosensirup. Syrup of Roses. Brit.: 50 g rothe Rosenblätter lässt man, mit 500 ccm kochendem Wasser übergossen, 2 Stunden stehen, presst aus, erhitzt die Flüssigkeit zum Sieden, filtrirt, löst 750 g Zucker und bringt auf 1150 g. — U-St.: 125 ccm Rosen-Fluidextrakt, 875 ccm Zuckersirup mischt man.

Unguentum rosatum (Ergänzb.). **Rosensalbe.** 10 Th. Schweineschmalz, 2 Th. weisses Wachs, 1 Th. Rosenwasser. Austr. s. Bd. I, S. 697. — Ungt. Aquae Rosae, Rose-Water Ointment, Ointment of Rose Water. Brit. u. U-St. s. Bd. I, S. 697.

Aqua Bredfeldii.

Spiritus Bredfeld. Bredfelder Geist.

Rp.		
	Aquae Rosae	100,0
	Aquae Coloniensis	899,0
	Tinct. Moschi comp.	1,0.

Aqua stomatica RUTHERFORD II.

Dr. RUTHERFORD's Mundwasser II.

Rp.		
	Flor. Rosae	30,0
	Rhizom. Iridis	125,0
	Cort. Quillajae	30,0
	Coccionellae	15,0
	Spiritus diluti	2000,0
	Olei Rosae gtts.	XXX.
	Olei Neroli gtts.	XL.

Balsamum ad Papillas Mammarum.
Brustwarzenbalsam E. DIETERICH.
Rp. Extract. Rosae spirit.
Acidi borici āā 2,0
Mucilag. Cydoniae 96,0
Olei Rosae gtt. I.
Nur zum Gebrauch anzufertigen.

Ceratum rosatum (Gall.).
Lippenpomade. Cérat à la rose.
Pommade pour les lèvres.
Rp. Cerae albae 50,0
Olei Amygdalar. dulc. 100,0
Carmini 0,5
Olei Rosae gtts. X.

Collutorium rosatum PRINGLE.
Rp. Infusi florum Rosae 50,0
Boracis 10,0
Mellis rosati 50,0.
Bei Mandeldrüsenentzündung zum Bepinseln.

Collyrium rosatum CARDON-DUVILLARS.
Rp. Infus. Rosae rubr. 150,0
Extracti Fuliginis splendent. 5,0
Acidi citrici 0,5.

Essentia Rosae.
Rosenessenz.
Rp. Olei Rosae 1,0
Spiritus 70,0
Aquae destill. 30,0.

Extractum Rosae spirituosum E. DIETERICH.
Weingeistiges Rosenextrakt.
Rp. 1. Flor. Rosae conc. 1000,0
2. Spiritus diluti (68 proc.) 5000,0
3. Glycerini q. s.
Man zieht 1 mit 2 24 Stunden aus, dampft die Pressflüssigkeit auf 500,0 ein, stellt kalt, filtrirt, dampft zum Sirup ein und bringt mit q. s. von 3 auf 250,0. 25 g hiervon geben mit 75 g Glycerin und 900 g Mel depurat. 1 kg Mel rosatum (Germ.).

Gargarisma stimulans COPLAND.
Rp. Infus. flor. Rosae 170,0
Acidi hydrochloric. 4,0
Tinctur. Capsici 6,0
Mellis rosati 20,0.
Bei Mundentzündung.

Glycerinum boraxatum rosatum.
Schwammsaft (Ersatz für Mel rosatum).
Rp. Boracis 10,0
Extract. Rosae spirit. 2,0
Glycerini 88,0.
Man löst unter Erwärmen und filtrirt.

Infusum Rosae acidum (Brit.).
Acid Infusion of Roses.
Rp. Flor. Rosae rubr. 25,0
Acid. sulfurici dilut. (13,65 proc.) 12,5 ccm
Aquae destill. ebullient. 1000,0.
Man lässt 15 Minuten in einem Porcellangefässe stehen und seiht durch.

Infusum Rosae aluminatum.
Solutio Scudamore.
Rp. Infus. flor. Rosae rubr. 95,0
Aluminis 5,0.

Infusum Rosae compositum (Nat. form.).
Compound Infusion of Rose.
Rp. 1. Flor. Rosae rubr. 13 g
2. Acid. sulfur. dilut. (10 proc.) 9 ccm
3. Aquae ebullientis 1000 ccm
4. Sacchari 40 g.
Man lässt 1—3 eine Stunde stehen, löst 4 und seiht durch.

Lait de Roses.
Rosenmilch (BUCHH.).
Rp. Acidi benzoici
Acidi salicylici aā 1,0
Spiritus
Tinctur. Benzoës
Glycerini āā 50,0
Aquae Rosae 850,0
Mixtur. odoriferae q. s.

Lanolinum rosatum DIETERICH.
Rosen-Lanolinsalbe.
Rp. Unguenti cerei 20,0
Lanolini 60,0
Aquae Rosae 20,0.

Mel boraxatum (Helv.).
Boraxhonig. Miel boraté.
Rp. Boracis 1,0
Mellis rosati 9,0.

Oleum crinale cristallinum.
Huile cristallisé BERNATZICK.
Rp. Paraffini 55,0
Cetacei 145,0
Olei Polianthis tuberos. ping. (Tubéreuse)
Olei Rosae pinguis[1])
Olei Violae odor. pinguis āā 240,0
Olei Neroli pinguis 80,0.

Oleum rosatum rubrum.
Roth-Rosenöl.
Man färbt das vorige, doch ohne Paraffin und Cetaceum, mit q. s. Ol. Alkannae.

Oleum Makassar ROWLAND.
ROWLAND's Makassaröl.
Rp. Olei Caryophyll. 1,0
Olei Cinnamomi 1,0
Olei Rosae 0,25
Olei Olivarum 998,0
Olei Alkannae q. s.

Oleum Rosae pingue.
Huile de rose pâle (Gall.).
Rp. Flor. Rosae centifol. 100,0
Olei Olivarum 1000,0.
Man digerirt 2 Stunden im Wasserbade, presst und filtrirt.[1])

Ptisana Rosae (Gall.).
Tisane de rose rouge.
Rp. Flor. Rosae rubr. 10,0
Aquae ebullientis 1000,0.
Nach $^1/_2$ Stunde seiht man durch.

Pulvis inspersorius rosatus.
Rosenstreupulver.
Rp. Acidi salicylici 10,0
Acidi tannici 20,0
Zinci oxydati 100,0
Rhizom. Iridis 200,0
Talci veneti 670,0
Olei Rosae gtts. XX.
Das Talcum kann zuvor mit einer ammoniakalischen Lösung von 2—3 g Carmin gefärbt werden.

Rosenpomade.
Rp. Adipis benzoinati 800,0
Sebi benzoinati 150,0
Olei Rosae pinguis 50,0
Olei Rosae gtts. XXX.
Olei Alkannae q. s.

---

[1]) Das fette Rosenöl des Handels, desgl. das fette Jasmin-, Veilchen-, Orangenblüthenöl u. a. stellt man auf dem Wege der „Enfleurage" dar. S. unter „Olea aetherea". S. 498. Die Heimath dieser Industrie ist das südliche Frankreich.

Rosenseife BUCHH.

1 kg Talgkernseife wird geschmolzen, mit 10,0 Zinnober, 10,0 indisches Geraniumöl und 5,0 Moschustinktur vermischt und in Formen gegossen.

Sachets à la rose.

Riechkissen mit Rosen.

1000 g Corpus ad pulv. odor. (Bd. II, S. 155) parfümirt man mit: Ol. Rosae 1,0, Ol. Geranii 0,25 in Spirit. Jasmini 50,0.

Tinctura Rosae (e petal. recent.).

Rp. Flor. Rosae recent. contus. 100,0
Spiritus 50,0.

Tinctura Rosae acidula.

Rp. Flor Rosae rubr. 50,0
Acidi sulfur. dilut. 10,0
Aquae fervidae 250,0.
Nach 3 Stunden fügt man hinzu
Spiritus 25,0
presst und stellt 250,0 Filtrat dar.

Unguentum rosatum molle.

Rosen-Crême.

Wie Mandel-Crême DIETERICH (Bd. I, S. 285), doch mit 2,0 Rosenöl.

Danziger Goldwasser ist ein feiner, mit Blattgold versetzter Likör, welcher durch Lösen von Zucker in einem weingeistigen Destillat aus Rosenblättern, Lavendel, Zimmt und anderen Gewürzen hergestellt wird. (Pharm. Zeitg.) Vergl. auch Bd. I, S. 847.

Haarbalsam von MULDER. Ein wässeriger, karbolsäurehaltiger Rosenblätterauszug.

Rosenpflaster ist ein altes Hausmittel, das durch längeres Ausziehen von Rosenblättern mit Olivenöl, Kochen mit Rübensaft und Minium nach Art des Empl. fuscum dargestellt wird.

Rosmarinus.

Gattung der **Labiatae — Ajugoideae — Rosmarineae.**

Rosmarinus officinalis L. Heimisch im ganzen Mittelmeergebiet. Immergrüner Strauch mit in der Jugend filzig behaarten Aesten und dicht gestellten Blättern (vergl. unten). Blüthen an kleinen, achselständigen Zweigen, zu wenigen eine kleine Traube bildend, sehr kurz gestielt, mit kleinen eiförmigen Deckblättchen. Kelch eiförmig-glockig, zweilippig mit konkaver, sehr klein dreizähniger oder fast ungetheilter Oberlippe, zweispaltiger Unterlippe und nacktem Schlunde. Korolle mit innen kahler, am Schlunde etwas erweiterter Röhre, zweilippig, mit aufrechter, ausgerandeter oder kurz zweispaltiger Oberlippe und abstehender, dreilappiger Unterlippe mit sehr grossem, genageltem, herabhängendem Mittellappen. Weisslich oder blassblau. Nur die zwei vorderen Staubblätter fertil, unter der Oberlippe aufsteigend. Nüsschen kuglig-eiförmig, glatt. — Verwendung finden die Blätter oder blühenden Spitzen:

Folia Rosmarini (Ergänzb. Helv. Austr.) **seu Rorismarini. Folia Anthos. — Rosmarinblätter. — Herbe de romarin** (Gall.). — **Rosemary Leaves.**

Beschreibung. Die Blätter sind sitzend, lederig, lineal, bis $3^1/_2$ cm lang, bis 6 mm breit, stumpf, ganzrandig, am Rande stark zurückgerollt und dadurch unterseits tief rinnig, oberseits durch den vertieften Mittelnerv längsgefurcht und kahl, unterseits filzig.

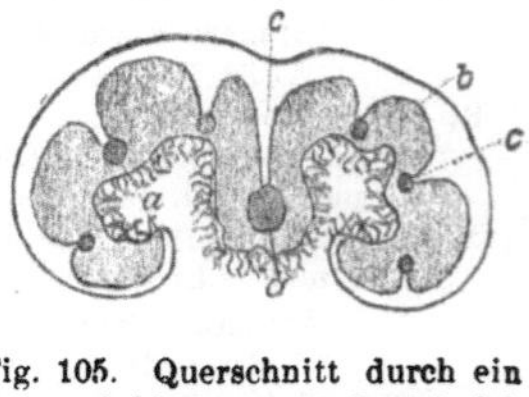

Fig. 105. Querschnitt durch ein Rosmarinblatt. *a* Gefässbündel. *b* Kollenchymatisches Hypoderm. *c* Kollenchymplatten.

Epidermis der Oberseite ohne Spaltöffnungen, ihre Zellen polygonal, dickwandig, die der Unterseite mit wellig-polygonalen und zarter wandigen Zellen und mit Spaltöffnungen. Beiderseits mit starker Cuticula. Unter der Epidermis der Oberseite ein einschichtiges, kollenchymatisches Hypoderm, von dem sich Keile zu den stärkeren Nerven ziehen (Fig. 105).

An Trichomen trägt das Blatt: 1) Monopodial verästelte, leicht kollabirende Gliederhaare, deren Wände nur dünn und deren Endzellen kurz und scharf zulaufend sind (Fig. 106). Sie werden 300 μ lang und an der Basis 30 μ breit. 2) Zwei-, selten vierzellige Köpfchenhaare mit ein- oder zweizelligem Stiel. 3) Drüsenhaare mit meist achtzelligem Kopf. Die unter 1) erwähnten Gliederhaare sind besonders charakteristisch für die Droge. — Geruch und Geschmack angenehm kampferartig.

Bestandtheile. 1 Proc. ätherisches Oel (vergl. unten).

Verwechslungen und Verfälschungen. Als solche werden aufgeführt die Blätter folgender Pflanzen:

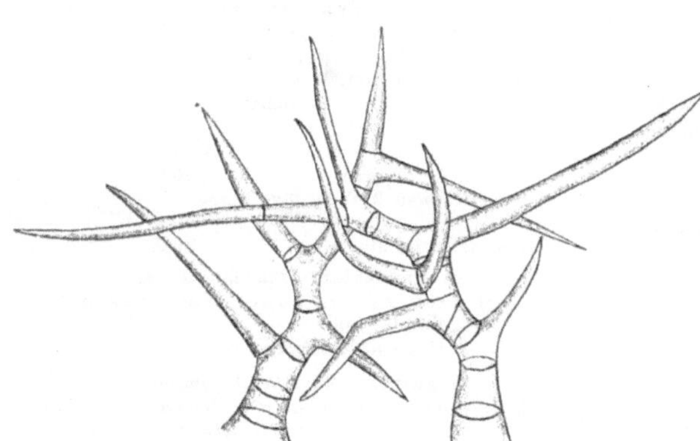

Fig. 106. Haare von der Unterseite des Rosmarinblattes.

1) Ledum palustre L., lieferte früher Folia Rosmarini silvestris. Blätter breiter, auf der Unterseite mit einem aus langen, einfachen Haaren bestehenden braunen Filz.

2) Andromeda poliifolia L., hat stachelspitzige, auf der Unterseite mit einem bläulich-weissen Wachsüberzug versehene Blätter.

3) Teucrium montanum L. Rand der Blätter wenig umgerollt. Unterseits lange, einfache, schlängelige Haare, dazwischen Oeldrüsen.

4) Taxus baccata L. Blätter beiderseits kahl.

5) Aus Triest sind die Blätter der Kompositen Santolina rosmarinifolia L. und S. Chamaecyparissus L. in den Handel gekommen. Die ersteren sind lineal, am Rande höckrig, zuweilen auch ganzrandig, flach, kahl, etwa $2^1/_2$ cm lang, letztere lineal-4seitig, 4reihig gezähnt mit stumpfen, bald ganz kurzen, bald längeren Zähnen und dann fast fiederspaltig, dicklich, von dickwandigen, einfachen Haaren graufilzig. (Vergl. Santolina.)

Nach Ergänzb. Helv. Austr. sind nur die Blätter, nach Gall. die blühenden Spitzen, „jeune rameau fleuri", zu sammeln. Man bevorzugt die Blätter der wildgewachsenen Pflanze (Ergänzb.) und bewahrt sie getrocknet in dicht geschlossenen Blechgefässen auf. 9 Th. frische = 2 Th. trockne. Sie dienen zu gewürzigen Kräutern, zu Bädern, Kräuterkissen — hauptsächlich aber zur Darstellung einiger pharmaceutischer Zubereitungen.

Spiritus Rosmarini. Tinctura cum oleo volatile Rosmarini. Rosmarinspiritus. Esprit de romarin. Alcoolé ou Teinture d'essence de romarin. Spirit of Rosemary. Ergänzb.: 1 Th. mittelfein zerschnittene Blätter lässt man mit 3 Th. Weingeist und 3 Th. Wasser 24 Stunden stehen und destillirt 4 Th. ab. — Austr.: Wie Spir. Juniperi Austr., S. 163. — Brit.: 50 ccm Rosmarinöl, 450 ccm Weingeist (90 vol.-proc.). — Gall.: 2 Th. Rosmarinöl, 98 Th. Weingeist (90 proc.).

Acetum Rosmarini.

Rosmarin-Essig.

Wie Acetum Lavandulae S. 287.

Aqua Rosmarini s. Anthos.

Rosmarinwasser.

Rp.	Olei Rosmarini optimi	gtt. 1.
	Aquae tepidae	100,0.

Balneum Pennesianum TOPINARD.

PENNÈS'sches Badesalz nach TOPINARD.

Rp.	Natrii carbonic. sicci	200,0
	(vel crist.	300,0)
	Olei Rosmarini	
	Olei Thymi	āā 2,0.

Zu einem Bade.

Balsamum contra Perniones.

Frostbalsam.

Rp.	Olei Rosmarini			
	Olei camphorati			
	Liquor. Plumbi subacet.	āā.		
	Resinae Pini	—	150,0	
	Camphorae	—	25,0	
	Olei Rosmarini	5,0	2,0	
	Olei Absinthii	—	2,0	
	Olei Succini rect.	—	2,0	
	Olei Lavandulae	—	1,0	
	Olei Carvi	—	1,0	
	Olei Calami	—	1,0	
	Olei Menthae crisp.	2,5	1,0.	

Umgeschüttelt bei nicht offenen Frostbeulen.

Emplastrum stomachale.

Magenpflaster.

		Form. Berol.	Dresd.
Rp.	Emplastr. Lithargyr.	50,0	1000,0
	Emplastr. Cerussae	50,0	500,0
	Cerae flavae	50,0	150,0

Linimentum antipsoricum ABEL.

Rp.	Olei Rosmarin.	15,0
	Olei Olivarum	30,0.

Liquor desinficiens RIMMEL.

RIMMEL's Desinfektionsflüssigkeit.

Rp.	Olei Rosmarin.	75,0
	Olei Thymi	10,0
	Olei Lavandul.	10,0
	Acidi nitrici	5,0.

Zum Verdampfen in Krankenzimmern.

Oleum nervinum.

Nervenöl.

Rp.	Olei Rosmarini	
	Olei Thymi	āā 5,0
	Olei Lauri express.	10,0
	Olei Chamomill. infus.	80,0.

Species contra tineas.

Mottenkräuter.

Rp. Folior. Ledi palustr.
Folior. Patchouli
Folior. Rosmarin.
Folior. Salviae
Naphthalin. in squamis āā 20,0.

In Säckchen zwischen die aufzubewahrenden Kleidungsstücke zu legen.

Spiritus antamauroticus Sichel.

Rp.	Spiritus Rosmarin.	30,0
	Balsam. Fioraventi	15,0
	Olei Lavandulae	1,0.

Spiritus ophthalmicus (Nat. form.).

Ophthalmic Spirit. Alcoholic Eye-Wash.

Rp.	Olei Lavandul.	2 ccm
	Olei Rosmarin.	6 „
	Spiritus (91 proc.)	92 „

Spiritus ophthalmicus Neugenfind.

Rp.	Camphor.	0,25
	Olei Rosmarin.	5,0
	Olei Valerian.	0,15
	Spiritus	95,0.

Spiritus Rosmarini compositus (Helv.).

Aqua Hungarica. Spiritus vulnerarius. Wundwasser. Ungarisches Wasser. Eau vulnéraire.

Rp. Flor. Lavandul.
Folior. Menth. pip.
Folior. Rutae
Folior. Rosmarin.
Folior. Salviae
Herb. Absinthii āā 1,0
Spiritus 20,0
macerirt man 2 Tage, fügt hinzu
Aquae 50,0
und destillirt ab 40,0.

Unguentum Althaeae album.

Weisse Althee- oder Nervensalbe.

Rp. Adipis suilli
Unguent. Rosmarin. comp. āā.

Unguentum Rosmarini compositum.

Unguentum nervinum. Rosmarinsalbe. Nervensalbe. Nervenbalsam. Onguent nervin.

		Germ.	Helv.
Rp.	Adipis suilli	16	56
	Sebi ovilis	8	—
	Cerae flavae	2	24
	Olei Lauri	—	10
	Olei Nucistae	2	—
	Olei Juniperi	1	6
	Olei Rosmarini	1	1
	Olei Terebinthinae	—	3.

Nach Germ. gelblich, nach Helv. grünlich.

Berliner Luftreinigungsmittel ist Liquor desinficiens Rimmel (s. oben).

Elektromotorische Essenz von Romershausen: eine weingeistige Lösung von Rosmarin- und Terpentinöl.

Nervengeist, Antoni Tonossi's, ist eine Mischung von Rosmarinöl, Lavendelöl und Weingeist.

Rheumatismuspomade von J. Brause besteht aus Kokos- und Lorbeeröl, Seife, Salmiakgeist, Rosmarinöl etc.

Rosmarintinktur und **Rosmarinwein** des Pfarrers Kneipp sind Tinct. und Vinum Rosmarini ex herba recente.

Universalbalsam von Joachim ist eine Salbe aus Palmöl, Natronlauge, Rosmarin- und Lavendelöl.

Oleum Rosmarini. (Germ. Austr. Brit. Gall. Helv. U-St.) Oleum Rorismarini. Oleum Anthos. — Rosmarinöl. — Essence de Romarin. — Oil of Rosemary.

Gewinnung. Das sogenannte italienische Rosmarinöl wird auf den der dalmatinischen Küste vorgelagerten Inseln Lissa, Lessina und Salta, das französische in den gebirgigen Mittelmeerdepartements Südfrankreichs durch Destillation der Blätter und Zweige des Rosmarinstrauches mit Wasser gewonnen. Die Destillation, die in einfachen Kupferblasen über freiem Feuer ausgeführt wird, liefert etwa 2 Proc. Oel. Das französische Oel gilt für feiner und wird demgemäss auch höher bezahlt als das italienische.

Eigenschaften. Leichtbewegliche, farblose oder schwach gelbgrün gefärbte Flüssigkeit von kampherartigem, durchdringendem Geruch und gewürzhaft bitterem, etwas kühlendem Geschmack. Spec. Gew. 0,900—0,920 (nicht unter 0,900 Germ. IV. — 0,900 Austr. — 0,900—0,915 Brit. — 0,89—0,91 Helv. — 0,895—0,915 U-St. — Drehungswinkel im 100 mm Rohre + 0° 45′ bis + 15°). Löslich in $^1/_2$ und mehr Theilen Spiritus. Germ. IV.

Bestandtheile. Von Kohlenwasserstoffen der Formel $C_{10}H_{16}$ enthält Rosmarinöl ein nicht genauer untersuchtes olefinisches Terpen, Pinen, Kamphen und vielleicht auch Dipenten. Von sauerstoffhaltigen Bestandtheilen sind zu nennen: Cineol $C_{10}H_{18}O$, Kampher $C_{10}H_{16}O$ und Borneol $C_{10}H_{17}OH$. Die zwei zuletzt aufgeführten Substanzen sind in beiden optischen Modifikationen zugegen.

Prüfung. Rosmarinöl muss ein specifisches Gewicht von mindestens 0,900 besitzen und rechtsdrehend sein. Grössere Mengen zugesetztes Terpentinöl bewirken Erniedrigung des specifischen Gewichts, und kehren, falls französisches Terpentinöl verwendet wurde, die ursprüngliche Rechtsdrehung in Linksdrehung um. Kleine Zusätze von französischem Terpentinöl, die das specifische Gewicht nicht unter 0,900 herabsetzen und die Drehung nicht umkehren, erkennt man auf folgende Weise: **Man destillirt** von 50 ccm des Oeles langsam 5 ccm ab und prüft das Destillat im Polarisationsapparat: dieses ist bei reinen Oelen stets rechtsdrehend, während die zuerst übergehenden zehn Procent eines mit französischem Terpentinöl verfälschten Oeles den polarisirten Lichtstrahl nach links ablenken.

Rubia.

Gattung der **Rubiaceae — Coffeoideae — Psychotriinae — Galieae.**

I. Rubia tinctorum L. Heimisch in Südeuropa, früher in Frankreich und Deutschland zur Gewinnung des Farbstoffes vielfach angebaut. Ausdauerndes Kraut mit schlaffen Stengeln, die ebenso wie die Blätter an den Kanten rauh sind. Blätter lanzettlich, dreinervig. Blüthen gelblichgrün. Früchte schwarz. Verwendung findet die Wurzel.

Radix Rubiae. Radix Alizari. Radix Rubiae tinctorum. — Krappwurzel. Röthe. Färberröthe. — Racine de garance (Gall.). — **Root of Madder. Root of Ground-Madder.**

Beschreibung. Die Wurzel besteht aus verschieden langen, höchstens kleinfingerdicken, gekrümmten Stücken, die mit braunem, leicht abblätterndem Korke bedeckt sind. Rinde schmal, rothbraun, Holzkörper orange oder ziegelroth, porös, nicht radialgestreift. Sklerotische Elemente fehlen der Wurzel, in der Rinde Oxalatnadeln. Markstrahlen sind nicht deutlich zu erkennen.

Bestandtheile. Einige Glukoside, von denen die Ruberythrinsäure $C_{20}H_{22}O_{11}$ genau bekannt ist, und die bei der Spaltung mit dem in der Wurzel vorhandenen stickstoffhaltigen Ferment Erythrozym Farbstoffe liefern, die sämmtlich Hydroxylabkömmlinge der Anthrachinone sind: Alizarin (Dioxyanthrachinon) $C_{14}H_6O_2(OH)_2$, Xanthopurpurin, dem Alizarin isomer. Ferner enthält die Droge Pseudopurpurin $C_{14}H_4O_2(OH)_3COOH$, das unter Abspaltung von Kohlensäure Purpurin $C_{14}H_5O_2(OH)_3$ (Trioxyanthrachinon) liefert und Rubiadinglukosid $C_{31}H_{20}O_9$, das bei der Hydrolyse Rubiadin $C_{15}H_{10}O_4$ liefert.

Anwendung. Die Wurzel wurde früher bei Englischer Krankheit gebraucht, ist jetzt aber veraltet; bei längerem innerlichem Gebrauch färbt sie die Knochen roth. Die dünnere, gerbstoffreichere Wurzel wird für Arzneizwecke, die dickere, farbstoffreichere in der Färberei bevorzugt. Sie dient hier zur Erzeugung der als Türkischroth bekannten waschechten und lichtbeständigen Farbe: das Verfahren besteht im wesentlichen darin, dass die mit Oelbeizen vorbereiteten Gewebe nach einander in die Farbstoffbrühe, hierauf in Seifenlösung, endlich in ein Bad von Zinnchlorür kommen. Seit der Fabrikation des künstlichen Alizarins hat aber diese Verwendung fast aufgehört.

Extractum Rubiae tinctorum. Wie Extractum Cascarillae Germ. (Bd. I, S. 670).

Tinctura Rubiae tinctorum. Krapptinktur. Aus 1 Th. Krappwurzel und 5 Th. verdünntem Weingeist. Dient zur Unterscheidung des Baumwollengewebes, das davon gelb, von Leinengewebe, das davon orangeroth gefärbt wird.

II. Aehnliche oder dieselben Farbstoffe enthalten **Rubia Sikkimensis Kurz, R. peregrina L., R. Munjista Roxb., R. cordata Thbg., R. chilensis Mol., R. Relbun Cham. et Schltdl., R. hypocarpia DC.**

Rubidium.

Dieses dem Kalium nahestehende **Metall** hat das **Atomzeichen Rb** und das **Atomgewicht 85,0.** Therapeutisch wird es lediglich in der Form des nachstehenden Doppelsalzes verwendet.

Rubidium-Ammonium bromatum. Rubidium-Ammoniumbromid. RbBr + 3 NH_4Br. Mol. Gew. = 459.

Darstellung. Man löst 23 Th. Rubidiumkarbonat in der zur Neutralisation gerade erforderlichen Menge Bromwasserstoffsäure (65 Th. Bromwasserstoffsäure von 25 Proc. HBr), fügt zur neutralen und filtrirten Lösung 60 Th. scharf getrocknetes Ammoniumbromid hinzu und dampft die Mischung zur Trockne.

Eigenschaften. Das Rubidium-Ammoniumbromid bildet ein weisses, krystallinisches Pulver, leicht löslich in Wasser; es enthält in 100 Th. ca. 36 Th. Rubidiumbromid und 64 Th. Ammoniumbromid. Letzteres verflüchtigt sich bei gelindem Glühen, und aus dem hierbei eintretenden Gewichtsverlust lässt sich der Gehalt des Präparates an beiden Komponenten bestimmen.

Prüfung. Enthält das Salz Bromat, so färbt es sich beim Uebergiessen mit verdünnter Schwefelsäure gelb. Durch Schwefelwasserstoff dürfen keine Metalle, durch Chlorbaryum darf keine Schwefelsäure und durch Ferrocyankalium kein Eisen nachzuweisen sein. Das Präparat darf nur geringe Mengen Chlor enthalten, der qualitative Nachweis desselben geschieht durch Ueberführung in Chlorchromsäure.

Anwendung. Laufenauer und Rottenbiller empfehlen das Rubidium-Ammoniumbromid als ein antiepileptisches Mittel, welches energischer wirken soll als Natrium- und Kaliumbromid. Sie gehen dabei von der Ansicht aus, dass die antiepileptischen Wirkungen der Alkalibromide sich mit zunehmendem Molekulargewicht steigern. Die tägliche Dosis des Rubidium-Ammoniumbromids beträgt 4—7 g.

Auch ein Cäsium-Ammoniumbromid, CsBr + 3 HN_4Br, sowie endlich ein Präparat, welches Cäsiumbromid und Rubidiumbromid gemischt enthält, Cäsium-Rubidium-Ammonium bromatum, ABr + 3 NH_4Br (A = Gemenge von CsBr und RbBr), wird von E. Merck in den Handel gebracht.

Rubus.

Gattung der **Rosaceae — Rosoideae — Potentilleae — Rubinae.**

I. Rubus Idaeus L. In der nördlichen gemässigten Zone cirkumpolar, oft kultivirt. Strauchig. Blätter gefiedert, unterseits meist weissfilzig. Nebenblätter klein, bleibend, in ihrem unteren Theile dem Blattstiel angewachsen. Fruchtblätter 20—30, zu einer von dem trocknen Fruchtboden sich lösenden Sammelfrucht verbunden (Fig 107). Roth oder gelblichweiss. Die einzelnen einsamigen Steinfrüchte fein behaart, etwa 2 mm dick, von dem vertrockneten Griffel gekrönt. Verwendung finden die Früchte:

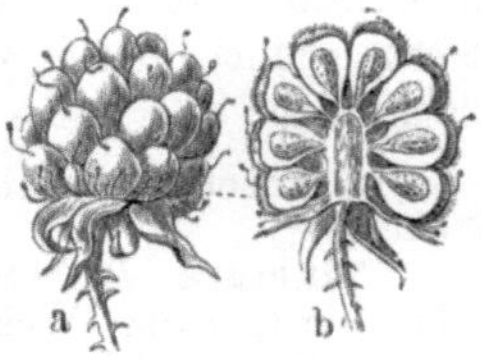

Fig. 107. Sammelfrucht von Rubus Idaeus. *b* im Längsschnitt.

Fructus Rubi Idaei. Baccae Rubi Idaei. Rubus Idaeus (U-St.). — **Himbeeren.** — **Framboises** (Gall.). — **Raspberries.**

Bestandtheile nach Koenig. Wasser 85,74 Proc., Stickstoffsubstanz 0,4 Proc., freie Säure 1,42 Proc., Zucker 3,86 Proc., sonstige stickstofffreie Bestandtheile 0,66 Proc., Holzfaser + Kerne 7,44 Proc., Asche 0,48 Proc.

Nach einer anderen Untersuchung betrug der Zuckergehalt 7,23 Proc., davon 5,22 Proc. Invertzucker und 2,01 Proc. Rohrzucker.

Man sammelt die reifen Früchte im Juli und August, und zwar sind die wilden aromatischer als die kultivirten.

Sie dienen zur Bereitung eines Sirups und eines Destillats.

Aqua Rubi Idaei. Himbeerwasser Ergänzb.: Von 1 Th. frisch gepressten Himbeerkuchen und q. s. Wasser destillirt man 2 Th. ab. — Austr.: Von 2 Th. reifen frischen Himbeeren und 20 Th. Wasser 10 Th. Destillat.

Aqua Rubi Idaei concentrata. 10plex Ergänzb.: Aus 100 Th. frisch gepressten Himbeerkuchen und q. s. Wasser destillirt man 200 Th. ab, fügt 4 Th. Weingeist hinzu und destillirt 20 Th. ab. Zum Gebrauch mischt man 1 Th. mit 9 Th. Wasser.

Sirupus Rubi Idaei. Syrupus de fructu Rubi Idaei. Himbeersirup. Sirop de framboise. Syrup of Raspberry. Germ.: Reife Himbeeren zerdrückt man, lässt gähren, wie unter Cerasus (Bd. I, S. 698) angegeben und kocht 7 Th. des filtrirten Saftes mit 13 Th. Zucker zu 20 Th. Sirup. — Helv. und Austr. wie Sirupus Mori, Helv. und Austr., S. 406. — U-St.: Wie Germ., doch auf 4 Th. Saft 6 Th. Zucker. — Gall.: Wie Sirupus Cerasi Gall. (Bd. I, S. 698). Die Ausbeute der Beeren an Saft ist je nach der Feuchtigkeit des Jahres schwankend, sie beträgt 56—90 Proc. sein spec. Gew. 1,016—1,022, Trockenrückstand 5,16—5,905 Proc., Asche 0,605—0,659 Proc. — Nach Koenig enthält der Saft 6,97 Proc. Zucker nach der Inversion und 1,59 Proc. Säure, als Weinsäure berechnet. Himbeersirup dient als geschmackverbessernder Zusatz zu sauren und kühlenden Arzneimischungen, zur Bereitung von Limonaden. Durch Metallsalze und Alkalien, auch in Saturationen, wird die rothe Farbe des Himbeersaftes verändert: man vermeidet deshalb den letzteren in derartigen Arzneimischungen.

Von allen Fruchtsäften wird der Himbeersaft am meisten gebraucht. Es dürften deshalb ausser dem unter Cerasus, Bd. I, S. 698 u. 699, Gesagten, das auch hier in vollem Umfange zutrifft, die folgenden Bemerkungen am Platze sein, da gerade bei diesem Sirup erfahrungsgemäss unliebsame Erscheinungen nicht selten und auf Fehler bei der Darstellung zurückzuführen sind. Zunächst ist es von Wichtigkeit, dass die Gährung der gequetschten Früchte glatt verläuft; man bringe sie in ein mehr hohes Gefäss, das man bedeckt, und stellt unter bisweiligem Umrühren an einen kühlen dunkeln Ort, dessen Temperatur höchstens zwischen 15 und 20° C. schwankt; je kühler, desto langsamer geht die Gährung von statten, während sie bei einer Wärme von über 25°C. und im Lichte leicht gestört wird, so dass der ganze Fruchtbrei verderben kann. Ein Zusatz von Zucker, wie Austr. vorschreibt, beschleunigt den Vorgang. Das Filtriren des durch Absetzenlassen geklärten Presssaftes liefert am ehesten eine blanke Flüssigkeit, wenn man den Bodensatz zuerst auf Filter bringt und das Filtrat so oft als nöthig zurückgiesst; bisweilen führt auch Schütteln mit 1 Proc. Talkum schnell zum Ziele. Beim Arbeiten in grösserem Maassstabe bedient man sich zweckmässig mehrerer grösserer Trichter, die zunächst mit groben, dann mit kleineren Glasstücken bis zur Hälfte angefüllt werden; darauf bringt man über einander eine Gazescheibe, auf diese einen Brei aus Fliesspapiermasse, wiederum Gaze, dann feinere, zuletzt grössere Glasstücke. Das Ganze wird vor dem Gebrauche mit Wasser ausgewaschen. Auch Spitzbeutel, die man mit feuchter Filtrirpapiermasse beschickt, ermöglichen ein schnelles Filtriren; stellt man deren drei mit selbstthätig sich regelndem Zufluss auf und lässt den Saft durch sie nach einander durchlaufen, so soll man davon täglich bis zu 150 kg klar filtriren können. Von anderer Seite wird empfohlen, den vergohrenen und bis zum Kochen erhitzten Presssaft durch Zusatz von Eiweiss (1 Eiweiss auf 4 l), Absetzenlassen und Filtriren zu klären. Für die Haltbarkeit des Himbeersirups ist die Verwendung besten, ultramarinfreien und auch möglichst kalkfreien Zuckers unbedingt erforderlich; im anderen Falle entstehen bald Trübungen, die nur schwer zu beseitigen sind. Bisweilen gelingt es, solchen trübe gewordenen Sirup durch Schütteln mit abgerahmter Milch (1 Theelöffel auf 1 kg) und Filtriren wieder klar zu machen; oder auch durch Verdünnen mit 1—2 Th. Wasser, Filtriren und Wiedereindampfen. Dagegen ist Sirup, der aus einem nicht vollkommen ausgegohrenen Saft dargestellt wurde und nun in der wärmeren Jahreszeit zu Trübungen und zum Nachgähren neigt, nicht wieder klar zu bekommen.

Nach Germ., Helv. und U-St. darf Himbeersirup Amylalkohol beim Schütteln nicht roth färben; es würde damit die Anwesenheit von Theerfarbstoffen nachgewiesen werden. Es kommen jedoch, wie Riegel angiebt, auch Farbstoffgemische vor, die hierbei nicht erkannt werden. Andrerseits ist diese Prüfung nicht ohne weiteres auf frischen, nicht ausgegohrenen Himbeersaft anwendbar, denn ein solcher giebt seinen Farbstoff an Amylalkohol ab! Nach Elsner wird reiner Himbeersirup durch Salpetersäure (spec. Gew. 1,125) binnen $^1/_2$ Stunde nicht verändert, gefärbter oder gefälschter schon nach einigen Minuten hellroth bis gelb; mit Anilinroth gefärbte Kunstprodukte ohne Fruchtsaft werden durch Ammoniak völlig entfärbt.

Koenig giebt die Zusammensetzung eines officinellen Himbeersirups folgendermassen an: Spec. Gew. 1,2971. Wasser 39,00 Proc., Traubenzucker 20,50 Proc., Rohrzucker

39,95 Proc., durch 90proc. Alkohol fällbare Stoffe 0,169 Proc., Asche 0,383 Proc., Kali 0,164 Proc., Phosphorsäure 0,016 Proc., Schwefelsäure 0,049 Proc.

Eine übersichtliche Zusammenstellung roth gefärbter Pflanzensäfte und ihres Verhaltens gegen Reagentien giebt ED. SPÄTH in Pharm. Zeitg. 1899, S. 565.

Spiritus Rubi Idaei. Himbeer-Essenz. 2000,0 frische Himbeeren zerquetscht man, setzt 1000,0 Weingeist hinzu, presst nach 2 Tagen aus, lässt 14 Tage absetzen, filtrirt und destillirt aus dem Wasserbade 1000,0 ab.

Succus Rubi Idaei. Himbeersaft. Suc de framboise (Gall.). 1000,0 Himbeeren, 250,0 Sauerkirschen zerquetscht man, presst aus, lässt bei 12—15° C. vergähren und seiht durch.

II. Rubus fruticosus L. (Rubus plicatus W. et N.) und andere Arten mit schwarzen Früchten liefern Früchte. Aus denselben bereitet man:

Sirupus Rubi fruticosi. — Brombeersirup wie Sir. Rubi Idaei.

Die Blätter liefern: **Folia Rubi fruticosi. Folium Rubi fruticosi** (Helv.). — **Brombeerblätter.** — **Feuille de ronce sauvage** (Gall.).

Sie sind fünfzählig, Blättchen gefaltet, beiderseits grün, oberseits kahl, unterseits weichhaarig. Das Endblättchen ist herz-eiförmig, zugespitzt, gestielt, unterste Blättchen anfangs ungestielt, später kurzgestielt, eiförmig.

Man verwendet sie noch hier und da gegen Diarrhoe und zu Gurgelwässern.

III. Rubus canadensis L. Heimisch in Nordamerika. Man verwendet von dieser Art, sowie von **R. villosus Ait.** und **R. hispidus L.** die Wurzelrinde: **Cortex Rubi radicis. Rubus** (U-St.). — **Blackberry root,** ebenso die Blätter und Blüthen als adstringirende Arzneimittel. Die Wurzelrinde der zweiten Art enthält 0,015 Proc. ätherisches Oel, einen Bitterstoff, 14—18 Proc. Gerbstoff, 0,8 Proc. Villosin (ein Glukosid), endlich Gallussäure.

Extractum Rubi fluidum (U-St.). **Fluid Extract of Rubus.** Aus 1000 g gepulverter Wurzelrinde (No. 60) und einer Mischung aus 100 ccm Glycerin, 600 ccm Weingeist (91proc.) und 300 ccm Wasser im Verdrängungswege. Man befeuchtet mit 350 ccm, erschöpft mit dem Rest, dann mit q. s. einer Mischung aus 600 ccm Weingeist und 300 ccm Wasser, fängt die ersten 700 ccm Perkolat für sich auf und bereitet l. a. 1000 ccm Fluidextrakt.

Sirupus Rubi (U-St.). **Syrup of Rubus.** 250 ccm Rubusfluidextrakt mischt man mit 750 ccm Zuckersirup.

Acetum Rubi Idaei (Ergänzb.).
Sirupus cum Aceto rubi Idaei (Gall.).
Himbeeressig. Sirop de vinaigre framboisé.

I. Ergänzb.

Rp.	Sirupi Rubi Idaei	1,0
	Aceti (6 proc.)	2,0.

Nur bei Bedarf anzufertigen.

II. Gallica.

Rp.	Sirupi cum Aceto (Sirop de Vinaigre Bd. I, S. 11)	
	Sirupi Rubi Idaei	ää.

Cordiale Rubi fructus (Nat. form.).
Blackberry Cordial.

Rp.	1.	Succi Rubi canad. fruct.	1875 ccm
	2.	Cort. Cinnamom. pulv. (No. 40)	100 g
		Caryophyllorum	25 „
		Semin. Myristic.	25 „
	3.	Spiritus diluti (41 proc.)	q. s.
	4.	Sirupi Sacchari	1875 ccm.

Man perkolirt 2 mit 3, bis man 1250 ccm gesammelt hat, mischt mit 1, fügt 30 g gereinigtes Talkum hinzu, schüttelt bisweilen, filtrirt nach 24 Stunden, sammelt durch Nachwaschen des Filters mit 3 3125 ccm Filtrat und fügt 4 hinzu.

Elixir Rubi compositum (Nat. form.).
Compound Elixir of Blackberry.

Rp.	1.	Cort. Rubi radic. pulv. (No. 40)	160 g
		Gallarum	160 „
		Cort. Cinnamom. Saigon.	160 „
		Caryophyllor.	40 „
		Macidis	20 „
		Rhizom. Zingiberis	20 „
	2.	Succi Rubi canad. fruct.	3750 ccm
	3.	Sirupi Sacchari	1875 „
	4.	Glycerini	1875 „
	5.	Spiritus diluti (41 proc.) q. s. ad	10000 „

Man perkolirt 1 l. a. mit soviel von 5, dass man 2500 Perkolat erhält, mischt dann mit 2, 3 und 4.

Gelatina Rubi Idaei.
Himbeergelée.

Rp.	1.	Gelatinae albae	2,0—5,0
	2.	Aquae destill. tepid.	48,0—45,0
	3.	Acidi citrici	1,0
	4.	Sirupi Rubi Idaei	49,0.

Man löst 1 in 2, 3 in 4, mischt und lässt erkalten. Oder auch wie Gelatina Ribis S. 743.

Mixtura Acidi hydrochlorici rubra.
Form. mag. Coloniens.

Rp.	Acidi hydrochlorici	2,0
	Sirupi Rubi Idaei	15,0
	Aquae destillatae	183,0.

Saccharolatum Rubi Idaei.
Himbeerzucker.

Rp. 1. Sacchari albi in frustis 1000,0
2. Succi Rubi Id. fermentati filtrat. 100,0
3. Acidi citrici 3,0.

Man tränkt 1 mit der Lösung von 3 in 2 und trocknet.

Sirupus Fructuum ad Limonadum.
Limonadensirup. Fruchtsaft.

Rp.		
	Sirup. Rubi Idaei	650,0
	Sirup. Cerasi	150,0
	Sirup. Citri	120,0
	Sirup. Myrtilli	50,0
	Acidi citrici	5,0
	Spiritus Rosae	5,0
	Spiritus Rubi Idaci	20,0.

Sirupus Rubi aromaticus (Nat. form.).
Aromatic Syrup of Blackberry.

Rp.		
1.	Cort. Rubi radic. pulv. (No. 40)	125 g
	Cort. Cinnamom.	15 „
	Semin. Myristicae	15 „
	Caryophyllorum	8 „
	Fruct. Pimentae	8 „
2.	Sacchari	650 „
3.	Spiritus diluti (41 proc.)	q. s.
4.	Succi Rubi canad. fruct.	q. s.

Man perkolirt 1 mittels 3, sammelt 250 ccm Perkolat, fügt 450 ccm von 4 hinzu, löst durch Schütteln 2 und bringt mittels q. s. von 4 auf 1000 ccm.

Sirupus Rubi Idaei frigide paratus.
Himbeersaft auf kaltem Wege.

Rp. 1. Fruct. Rubi Idaei 3000,0
2. Acidi tartarici 75,0
3. Aquae 2000,0
4. Sacchari pulv. 5000,0.

Man lässt 1—3 einen Tag stehen, presst aus, löst 4 ohne Erwärmen und füllt auf Flaschen. Nur für Zwecke des Haushaltes, wie der folgende

Sirupus Rubi Idaei artificialis.
Künstlicher Himbeersaft für Brauselimonaden.

Rp.		Nach E. Dieterich.	nach Holfert.
	Acidi citrici	5,0	4,0
	Sirupi Sacchari calidi (flüssige Raffinade)	1000,0	1000,0
	Essent. Rubi Idaei centuplic. Helfbg.	10,0	7,5
	Pigment. Rubi Idaei fluid. Helfbg.	1,0—2,0	7,5
	Saponini in pauxill. Aquae solut	—	0,3.

Für Brauselimonaden ist der natürliche Himbeersirup nicht verwendbar[1]). Siehe auch „Die Herstellung der Brauselimonaden im Apothekenbetriebe“ von J. Holfert, Pharm. Zeitg. 1899, No. 48.

Vinum Rubi Idaei. Himbeerwein und Vinum Rubi fruticosi. Brombeerwein bereitet man genau so wie Vinum Ribis S. 743.

Hypnophor des Dr. Lacroix. Himbeersaft und Zuckersirup, mit Cochenille und Weinsäure versetzt.

Magenmittel der Frau Fritsche. I. Salbe mit Zinkoxyd und Quecksilberoxyd. II. Bittere Tinktur. III. Thee aus Flor. Arnic., Fol. Rubi Idaei, Turion. Pini, Hb. Fragar., Thymi, Plantag. u. a. veralteten Kräutern.

Rumex.

Gattung der **Polygonaceae — Rumicoideae — Rumiceae.**

I. Rumex crispus L. In Europa, Asien und Amerika weit verbreitet. Blätter lanzettlich, spitz, wellig-kraus. Blattstiel oberseits flach, Blüthen zwitterig. Innere Zipfel der Fruchthülle rundlich, fast herzförmig, ganzrandig oder am Grunde gezähnelt, sämmtlich Schwielen tragend. — Die Wurzel ist als **Yellow Dock** in U-St. officinell.

II. Rumex obtusifolius L. Weit verbreitet wie I. Untere Blätter langgestielt, herz-eiförmig, stumpf, mittlere herzförmig-länglich, spitz, oberste lanzettlich. Blüthenquirle von der Mitte an blattlos. Innere Zipfel der Fruchthülle dreieckig-länglich, am Grunde mit pfriemlichen Zähnen. — Die Wurzel ist als **Racine de patience** in Gall. officinell. Die Wurzel beider Arten ist spindelig, ästig, bis daumendick, längsrunzelig, aussen roth- oder schwarzbraun, innen bräunlich. Rinde dünner, in derselben Steinzellen, Holz radialstreifig. Im Parenchym zahlreiche Oxalatdrusen. Früher von beiden Arten als **Radix Lapathi, R. L. acuti** seu **R. Patientiae** gesammelt.

Enthält Gerbstoff und wohl auch Emodin wie der Rhabarber. Früher als Mittel gegen Hautkrankheiten in Gebrauch, gegenwärtig noch als Tonicum verwendet.

Extractum Rumicis. Extrait de patience (Gall.) wird wie Extract. Gentianae Gall. (Bd. I, S. 1213) bereitet.

---

[1]) Trotzdem dürfen in Deutschland derartige Fruchtsäfte und Limonaden nur unter Bezeichnungen, wie: Limonadensirup, Limonade mit Himbeeraroma etc. in den Handel gebracht werden.

Extractum Rumicis fluidum (U-St.). **Fluid Extract of Rumex.** Aus gepulverter Wurzel (No. 40) wie Extr. Gentian. fluid. U-St. (Bd. I, S. 1213).

Ptisana Rumicis. Tisane de patience (Gall.). Aus 20 g Wurzel und 1000 g siedendem Wasser durch 2stündiges Ausziehen.

III. Rumex Acetosa L. Verbreitung wie I. und II., auch als Gemüse gebaut. Stengel beblättert. Blätter pfeil- oder spiessförmig, aderig, Nebenblätter geschlitzt-gezähnt. Blüthen zweihäusig. Innere Zipfel der Fruchthülle rundlich-herzförmig, häutig, ganzrandig, am Grunde mit einer herabgezogenen Schuppe. Die Wurzel als **Racine d'oseille commune** und das frische Kraut in Gall. officinell. Früher auch anderwärts als **Radix Acetosae** im Gebrauch. Verwendung gegen Hautkrankheiten wie I. und II.

IV. Rumex scutatus L. und **R. Patientia L.** werden ebenfalls als Gemüse gebaut. Die letztere und **R. alpinus L.** lieferte früher **Radix Rhei Monachorum.**

V. Rumex hymenosepalus L. „Canaigre". Heimisch in den südlichen Vereinigten Staaten, hat knollig angeschwollene Wurzeln, die trocken bis 38,4 Proc. Gerbstoff enthalten. Die Pflanze wird als werthvolles Gerbematerial kultivirt.

Ruscus.

Gattung der **Liliaceae** — **Asparagoideae** — **Asparageae.**

I. Ruscus aculeatus L. Heimisch im Mittelmeergebiet, Frankreich, Belgien, England. Halbstrauch mit blattartig verbreiterten, stachelspitzigen Zweigen (Cladodien), die auf der Unterseite die kleinen diöcischen Blüthen meist zu zweien in der Achsel trockenhäutiger Schuppen tragen. Die Wurzel war früher als **Radix Rusci** seu **Brusci** in Verwendung, **Souche de Petit Houx ou Fragon épineux** (Gall.). In Frankreich wurde sie als Verfälschung der Senega beobachtet.

II. Ruscus Hypophyllum L. und **R. Hypoglossum Lam.** lieferten früher **Herba Uvulariae s. Bonifacii s. Bilinguae s. Lauri alexandrini.**

Ruta.

Gattung der **Rutaceae** — **Rutoideae** — **Ruteae** — **Rutinae.**

I. Ruta graveolens L. Von Griechenland bis Frankreich verbreitet, vielfach in Gärten angepflanzt. Bis 1 m hoher, graugrün bereifter Halbstrauch mit 2—3fach fiedertheiligen, durchscheinend punktirten Blättern, deren Endlappen spatelförmig, ganzrandig oder schwach gekerbt sind. Tragblätter lanzettlich. Die gelben Blüthen vierzählig, nur die Endblüthe fünfzählig. Kelch tief getheilt, die Abschnitte spitz und drüsig gezähnt, die Kronblätter am Rande gezähnt. Man verwendet theils die Blätter, theils das ganze blühende Kraut:

Folia Rutae (Ergänzb.). **Herba Rutae** (Helv.). **Herba Rutae hortensis.** — **Rautenblätter. Raute. Gartenraute. Weinraute** (nach Kneipp). — **Herbe (plante fleurie) de rue** (Gall.). — **Rue Leaves.**

Beschreibung. Blätter völlig kahl. Epidermiszellen beiderseits wellig, oberseits mit wenig, unterseits mit zahlreichen Spaltöffnungen. Die über den reichlich im Mesophyll vorhandenen schizolysigenen Oelbehältern befindlichen Epidermiszellen sind kleiner als die übrigen. Stomatien tief in die Epidermis versenkt.

Bestandtheile. Aetherisches Oel vergl. unten. Rutin $C_{42}H_{50}O_{25}$, ein Glukosid, das dem Quercitrin sehr nahe steht.

Einsammlung, Aufbewahrung. Man sammelt nach Ergänzb. und Helv. nur die Blätter im Mai und Juni vor dem Aufblühen, nach Gall. das ganze blühende Kraut vom Juni bis zum August. trocknet im Schatten und bewahrt es in dichtgeschlossenen Blechgefässen auf. 4 Th. frische Blätter geben 1 Th. trockne. Beim Verarbeiten des Krautes ist einige Vorsicht geboten; man thut gut, Hände und Gesicht zu schützen, da andernfalls, offenbar durch das ätherische Oel, lästige Entzündungen der Haut hervorgerufen werden können.

Indessen scheint es, als ob diese Eigenschaft nur der in südlichen Gegenden gewachsenen Pflanze zukommt, in Deutschland und in der Nordschweiz gewachsene Raute erregt nach unseren Erfahrungen keine Entzündung. Es erscheint danach fraglich, ob letztere überhaupt im Stande ist, die erstere zu ersetzen.

Anwendung. Das Kraut wirkt als heftiges Excitans wie Salvia und Secale cornutum. Man giebt es in Pillen zu 0,05—0,15 *pro die.* Von anderer Seite wird als Dosis 0,5—2,0 angegeben, der Grund liegt wohl in der soeben erwähnten Verschiedenheit der Pflanze. — Ein Infusum der Samen soll anthelmintisch wirken.

Aqua Rutae. Rautenwasser. Wie Aqua Melissae, S. 371, oder durch Schütteln von 2 Tropfen Rautenöl mit 100 g warmem Wasser und Filtriren.

Extractum Rutae (alcoole paratum). Extrait de rue (alcoolique). Gall.: Wie Extractum Digitalis alc. (Bd. I, S. 1041. 2.).

Acetum Rutae. Rautenessig.
Wie Acet. Lavandul. S. 287.

Tinctura Rutae ex Herba recente.
Rautentinktur Kneipp's.
Wie Tinct. Hyoscyam. ex Herb. rec. S. 96.

Mixtura rutacea camphorata Voigtel.

Rp.		
	Camphorae tritae	2,0
	Mucilag. Gummi arab.	
	Sacchari	āā 15,0
	Aceti Rutae	250,0
	Aquae Rutae	100,0.

Haarwuchsflüssigkeit von Elise Galeer in Biel ist eine sehr verdünnte, mit Glycerin, Wacholdergeist, Rauten- und Lavendelöl versetzte Ammoniakflüssigkeit.

Oleum Rutae. (Ergänzb. Gall.) **Rautenöl. — Essence de Rue. — Oil of Rue.** Das ätherische Oel der Gartenraute, Ruta graveolens L., ist eine farblose oder hellgelbe Flüssigkeit von sehr starkem, anhaftendem, im koncentrirten Zustande unangenehmem Geruch. Spec. Gew. 0,833—0,840. Drehungswinkel im 100 mm-Rohr bis + 2° C. Es wird bei niedriger Temperatur fest: sein Erstarrungspunkt (siehe Oleum Anisi Bd. I, S. 315) liegt zwischen + 8 und + 10° C. In 2—3 Th. Spiritus dilutus löst es sich klar auf.

Rautenöl besteht zu mindestens 80 Proc. aus Methylnonylketon $CH_3 . CO . C_9H_{19}$, neben kleinen Mengen Methylheptylketon.

Verfälscht wird es mit Terpentinöl, wodurch das spec. Gew. erhöht, die Erstarrungstemperatur herabgesetzt und die Löslichkeit in verdünntem Weingeist vermindert wird.

Sabadilla.

Jetzt **Schoenocaulon.** Gattung der **Liliaceae — Melanthioideae — Veratreae.**

Schoenocaulon officinale (Schlecht.) A. Gray. Heimisch von Mexiko bis Venezuela. Mit kleiner Zwiebel, meterlangen, schilfartigen Blättern. Schaft bis 1 m hoch, mit $^1/_2$ m langer, schlanker Blüthentraube. Blüthen kurzgestielt, gelblich. Frucht eine aufgeblasene, dreifächrige Kapsel, die in jedem Fache 2—4 Samen enthält. Sie finden arzneiliche Verwendung:

† Semen Sabadillae (Austr. Helv. Ergänzb.). — **Sabadillsamen. Kapuzinersamen. Läusesamen. — Semence ou graine de cévadille** (Gall.).

Beschreibung. Die Samen sind durch gegenseitigen Druck in der Frucht unregelmässig kantig, etwas gekrümmt, bis 9 mm lang, bis 2 mm breit, glänzend schwarzbraun, runzelig. Innerhalb der Samenschale ein graubraunes, hartes Endosperm, an dessen Grund der kleine Embryo liegt.

Die Samenschale besteht aus der grosszelligen Epidermis und darunter einer Schicht zusammengefallener Zellen. Die Zellen des Endosperm sind dickwandig, sie enthalten fettes Oel, Aleuron, Stärke.

Bestandtheile. Alkaloide: krystallisirtes Veratrin (Cevadin) $C_{32}H_{49}NO_9$, amorphes Veratrin (Veratridin) $C_{37}H_{53}NO_{11}$, Sabadillin (Cevadillin) $C_{34}H_{53}NO_8$. Sie bilden zusammen das „Veratrin des Handels" (vergl. Veratrinum). Ferner Sabadin $C_{29}H_{51}NO_8$, Sabadinin $C_{27}H_{45}NO_8$. Sie sind in der Droge an Cevadinsäure (Methylcrotonsäure) $C_5H_8O_2$ und Veratrumsäure $C_9H_{10}O_4$ gebunden. — Ferner enthalten die Samen 13,7 Fett, in dem sich Cholesterin findet, ätherisches Oel, 2,06 Proc. Asche. Die Alkaloide finden sich im Endosperm und Embryo, ihre Gesammtmenge in der Droge beträgt bis 4,35 Proc.

Zur Bestimmung der Alkaloide macerirt man nach Keller 15 g der gepulverten Samen eine Stunde mit 150 g Aether, giebt dann 10 g Ammoniak und nach einer weiteren Stunde 30 g Wasser zu, schüttelt kräftig um, lässt zwei Stunden stehen, giesst 100 g der ätherischen Lösung (= 10 g Droge) klar ab, schüttelt mit verdünnter Säure aus, macht die wässerige Lösung alkalisch, schüttelt sie mit Aether aus, entfernt den Aether durch Destillation und Verdunstenlassen, trocknet und wägt.

Aufbewahrung, Anwendung. Die Samen werden unter den stark wirkenden Mitteln aufbewahrt. Man hüte sich, den giftigen, zu heftigstem Niesen reizenden Staub einzuathmen und lasse beim Pulvern die hier ganz besonders nöthigen Vorrichtungen zum Schutze von Gesicht und Händen nicht ausser Acht! Sie dienen nur noch als Bestandtheil äusserlicher Mittel zur Vertilgung von Ungeziefer, werden aber durch das unschädliche Insektenpulver vollkommen ersetzt.

Sabadillsamen sind in Deutschland dem freien Verkehr entzogen. In Oesterreich dürfen sie nur gegen ärztliche Verschreibung abgegeben werden.

† Acetum Sabadillae (Ergänzb.). **Sabadillessig. Läuseessig.** 10 Th. gequetschte Sabadillsamen zieht man 8 Tage mit 10 Th. Weingeist, 18 Th. verdünnter Essigsäure und 72 Th. Wasser aus, presst und filtrirt. Zu Waschungen gegen Ungeziefer; bei wunder Haut zu vermeiden!

† Extractum Sabadillae. Durch Digeriren der Samen mit verdünntem Weingeist und Eindampfen zum dicken Extrakt. Ausbeute etwa 30 Proc. Ehemals zu 0,02—0,03 gegen Nervenschmerzen.

† Tinctura Sabadillae (Helv.). **Sabadilltinktur. Teinture de cévadille.** Aus 1 Th. grob gepulverten Samen und 10 Th. Weingeist (94 proc.). Vorsichtig aufzubewahren wie die vorigen. Innerlich zu 0,3—1,0; grösste Einzelgabe 2,0. 2 Tropfen mit 4 ccm Schwefelsäure grün fluorescirend, erwärmt schön roth.

† Tinctura Sabadillae acida. Aus 10 Th. Samen, 100 Th. verdünntem Weingeist, 0,5 Th. Schwefelsäure. Wie vorige zu gebrauchen.

† Pulvis contra Pediculos (Ergänzb.).
Läusepulver. Kapuzinerpulver.

Rp. Semin. Sabadillae 2,0
Semin. Staphisagriae 2,0
Rhizom. Veratri 1,0
Folior. Nicotianae 3,0.

Grobes Pulver. Vorsichtig aufzubewahren und mit Giftsignatur abzugeben. Auch als Viehwaschpulver in Form der Abkochung (100 g auf 5 l Wasser und 200 g Essig).

† Unguentum Sabadillae (Austr.).
Unguentum contra Pediculos.
Unguentum ad phthiriasin. Sabadillsalbe. Läusesalbe.

Rp. Unguenti cerei 80,0
Liquatis adde
Semin. Sabadill. pulv. 20,0
Olei Lavandulae 0,8.

Sabina.

Jetzt zu **Juniperus.** Gattung der **Coniferae — Pinoideae — Cupressineae — Cupressinae.**

Iuniperus Sabina L. (syn.: Sabina officinalis Garcke). Heimisch auf den Gebirgen von Mittel- und Südeuropa, Kaukasus und Nordasien, nicht selten in Anlagen angepflanzt.[1]) Strauchig, in der Kultur auch baumartig, mit dichten, buschigen Zweigen. Beerenzapfen etwas überhängend, eiförmig-kuglig, 6—8 mm im Durchmesser, schwarz mit bläulichem Reif. Blätter entweder klein, schuppenförmig und dekussirt, bis 5 mm lang, sehr dicht gestellt, mit dem grössten Theile der Spreite angewachsen, also nur an der Spitze frei, oder länger, lockerer gestellt, spitzig-nadelförmig, zu dreien im Quirl gestellt, abstehend. Jedes Blättchen lässt in der Mitte des Rückens eine grosse ovale Oeldrüse erkennen, die am frischen Blatt gewöhnlich hervorgewölbt, am trocknen oft eingesunken ist. Sie entsteht schizogen.

Unter der kleinzelligen Epidermis mit grossen Spaltöffnungen liegt ein aus Fasern bestehendes Hypoderm, das auf den Rücken des Blattes beschränkt ist. Im Mesophyll „Querbalkenzellen" mit zahlreichen nach innen vorspringenden Zapfen und Balken der Zellwand.

Geruch und Geschmack stark aromatisch.

Man verwendet die beblätterten Zweigspitzen:

† Summitates Sabinae (Ergänzb.). **Herba Sabinae** (Austr. Helv.). **Sabina** (U-St.). **Frondes s. Turiones Sabinae. — Sadebaumspitzen. Sabina. Sevenkraut. — Sommité de sabine** (Gall.). — **Savine. Savine-tops.**

Bestandtheile. Bis 4 Proc. ätherisches Oel (vergl. unten), Gerbstoff, Zucker und ein nicht sichergestelltes giftiges Säureanhydrid.

Einsammlung und Aufbewahrung. Man sammelt die Spitzen der Zweige im April und Mai, trocknet im Schatten und bewahrt sie geschnitten, einen kleinen Vorrath auch gepulvert, in dicht schliessenden Gefässen vorsichtig, vor Licht geschützt und (nach Austr.) nicht über ein Jahr auf. 4 Th. frische geben 1 Th. trockne. Nach Helv. sind die Früchte in der Droge zulässig.

Wirkung und Anwendung. Träger der Wirkung ist das ätherische Oel. Beschleunigt in kleinen Dosen die Pulsfrequenz und wirkt diuretisch. Grössere Dosen erzeugen Erbrechen und oft blutige Durchfälle, Blutharnen, Konvulsionen und können den Tod herbeiführen. Bewirkt bei Schwangeren Abortus. Wegen dieser letzteren Wirkung, die im Volke meist wohlbekannt ist, sucht man die Droge nicht selten in verbrecherischer Absicht zum Abtreiben der Leibesfrucht zu benutzen. Solche Versuche haben nicht selten zum Tode geführt. Der Apotheker wird daher unter keinen Umständen die Droge ohne ärztliche Verordnung abgeben, auch nicht als angebliches Ungeziefermittel oder gegen Krankheiten des Viehes. — Aeusserlich als Streupulver und in Salben, das Infusum (5,0—10,0 : 150,0) zu Gurgelwässern, Einspritzungen. Innerlich zu 0,25—0,5 g mehrmals täglich in Pulver und Pillen.

Grösste Einzelgabe: 1,0 g (Helv.), 1,0 (Lewin). Grösste Tagesgabe: 2,0 g (Helv.), 3,0 (Lewin).

In Deutschland ist Sabina und ihre Zubereitungen dem freien Verkehr entzogen.

† Extractum Sabinae. Extractum Sabinae alcoole paratum. Sadebaumextrakt. Extrait de sabine (alcoolique). Ergänzb.: 2 Th. mittelfein zerschnittene Sadebaumspitzen werden zuerst mit 10, dann mit 5 Th. eines Gemisches aus 2 Th. Weingeist und 3 Th. Wasser je 24 Stunden ausgezogen; die Pressflüssigkeit dampft man zum dicken Extrakt ein. E. Dieterich lässt zuerst mit 6 Th. des Gemisches 5 Tage, dann mit 4 Th. 3 Tage ausziehen, die Auszüge filtriren etc. Ausbeute: 10—12 Proc. eines grünbraunen, in Wasser trübe löslichen Extrakts. Vorsichtig aufzubewahren. Höchstgabe: 0,3; auf den Tag 1,0 (Lewin). — Gall.: Wie Extrait de digitale alcoolique Gall. (Bd. I, S. 1041. 2.).

† Extractum Sabinae fluidum (U-St.). **Fluid Extract of Savine.** Aus 1000 g gepulverter Sabina (No. 40) und 5000 g oder q. s. 91proc. Weingeist im Verdrängungswege. Man befeuchtet mit 250 ccm, fängt die ersten 900 ccm Perkolat für sich auf und stellt l. a. 1000 ccm Fluidextrakt her.

---

[1]) Die Kultur der Pflanze ist stellenweise behördlich verboten, da sie und verwandte Koniferen der Träger der Teleutosporengeneration des „Gitterrostes" der Birnenbäume (Gymnosporangium fuscum D. C.) sind.

† Tinctura Sabinae. Sadebaumtinktur. 1 Th. grob gepulverte Sabina, 10 Th. verdünnter Weingeist. Gabe 2,0–5,0 g.

Ceratum Sabinae (Nat. form.).
Savine Cerate.

Rp.	Cerati Resinae (U-St.)	90 g
	Extract. Sabinae fluidi	25 ccm

erhitzt man im Wasserbade, bis der Weingeist verjagt ist, und rührt kalt.

Emplastrum Sabinae DIETERICH.

Rp.	1. Summitat. Sabinae pulv.	25,0
	2. Spiritus	12,5
	3. Cerae flavae	48,0
	4. Olei Olivarum	12,5
	5. Terebinthinae	12,5
	6. Olei Sabinae	2,0

Man macerirt 1 mit 2 12 Stunden, erhitzt mit 3 bis 5 im Wasserbade 2 Stunden, fügt 6 hinzu und rollt nach dem Erkalten in Stangen.

Guttae antapolepticae HORN.

Rp.	Olei Sabinae	2,5
	Tinctur. Colocynth.	5,0
	Tinctur. Capsici	5,0
	Tinctur. Arnicae	10,0.

10–20 Tropfen bei Lähmungen.

Lanolimentum Sabinae DIETERICH.

Rp.	Extract. Sabinae	10,0
	Unguenti cerei	20,0
	Lanolini	70,0.

Mixtura Chinae cum Sabina KOPP.

Rp.	Infus. {Summ. Sabinae 10,0; Cortic. Chinae 10,0}	180,0
	Sirup. Cinnamomi	20,0.

Mixtura excitans KOPP.

Rp.	Infusi Summ. Sabin.	25,0 : 200,0
	Boracis	4,0
	Sacchari	25,0.

Pilulae emmenagogae GALLOIS.

Rp.	Ammoniaci	10,0
	Extact. Sabinae	
	Summit. Sabinae āā	2,0.

Fiant. pilul. 100.

Spiritus Sabinae.

Rp.	Olei Sabinae	1,0
	Spiritus	99,0.

Spiritus antirheumaticus.
Gichtspiritus.

Rp.	Tinctur. Capsici	25,0
	Tinctur. Sabinae	25,0
	Spirit. camphorat.	40,0
	Liquor. Ammon. caust.	5,0
	Chloroformii	5,0.

Tinctura contra cimices.
Wanzen-Tinktur.

Rp.	Cantharidum	10,0
	Camphorae	
	Fruct. Capsici	
	Summitat. Sabinae āā	50,0
	Spiritus denaturati	1000,0.

Unguentum Sabinae.
Sadebaumsalbe.

I. Ergänzb.

Rp.	Extracti Sabinae	1,0
	Unguenti cerei	9,0.

Zur Abgabe frisch zu bereiten.

II. Helvetica.

Rp.	Extract. Sabinae fluidi	2,0
	Adipis benzoinati	8,0.

Die HORN'sche Salbe bestand aus Adeps und Pulv. Sabinae āā.

Vet. Brunstpulver für Kühe.

Rp.	Rhiz. Asari	
	Summitatum Sabinae āā	20,0
	Natrii sulfuric.	60,0.

Vet. Mittel zum Abtreiben der Nachgeburt.

I. Pulver.

Rp.	Fruct. Carvi	
	Natrii bicarbonici	
	Summ. Sabinae āā	60,0.

Divide in part. IV. Alle 6–10 Stunden 1 Pulv. mit Warmbier.

II. Einspritzung.

Rp. Infus. Summ. Sabinae 100,0 : 1000,0.

Driffield Oil ist ein Ol. coctum aus Arnika, Sadebaum und Wermuth mit wenig Rosmarin-, Thymian- und Wacholderöl.

Favorite Prescription von Dr. PIERCE, gegen Frauenkrankheiten, enthält Agaricum, Sabina, Digitalis, Opium etc.

Hauspillen von WEIKARD bestehen aus Aloë, Calomel, Eisen, Goldschwefel und Sadebaumöl.

Oleum Sabinae. (Ergänzb. Gall. U-St.) Sadebaumöl. Essence de Sabine. Oil of Savin.

Gewinnung. Blätter und Zweigenden des Sadebaums geben bei der Destillation mit Wasserdampf zwischen 4 und 5 Proc. Oel.

Eigenschaften. Farblose oder gelbliche Flüssigkeit von widerlich narkotischem Geruch und bitterem, kampferartigem Geschmack. Spec. Gew. 0,910–0,930 (0,910–0,940 U-St.). Drehungswinkel im 100 mm-Rohre + 42 bis + 62° C. Löslich in $^1/_2$ und mehr Theilen Spiritus. Verseifungszahl 115–125.

Bestandtheile. Der wichtigste Bestandtheil ist das Sabinol, ein Alkohol $C_{10}H_{15}OH$, der theils frei, theils an Essigsäure und zwei unbekannte Säuren gebunden ist. Ausserdem enthält das Oel noch Diacetyl $(CH_3CO)_2$, Sabinen $C_{10}H_{16}$, und wahrscheinlich auch Pinen $C_{10}H_{16}$, ferner einen Körper von Aldehyd- oder Ketonnatur, dessen Phenylhydrazon zwischen 40 und 45° C. schmilzt. In den höchst siedenden Antheilen ist Cadinen, $C_{15}H_{24}$, nachgewiesen worden.

Prüfung. Sadebaumöl wird häufig mit Terpentinöl verfälscht, dessen Gegenwart sich durch Erniedrigung des spec. Gewichts und des Drehungswinkels, und falls grössere Mengen davon vorhanden sind, auch durch Verminderung der Löslichkeit in Spiritus kundgiebt.

Anwendung. Da Sadebaumöl, innerlich gegeben, stark giftig wirkt, und auch als Abortivum gebraucht wird, so darf es im Handverkauf nicht abgegeben werden.

Saccharinum.[1]

I. Saccharinum. (Austr. Ergänzb. Helv.) **Acide anhydro-orthosulfamide-benzoique** (Gall.). **Benzoësäuresulfinid. Orthosulfaminbenzoësäureanhydrid. Saccharol. Saccharinol. Saccharinose. Sycose. Toluolsüss. Zuckerin. Fahlberg's Saccharin. Sulfinidum. Agucarina. Glucimide. Sucre de houille. $C_7H_5NSO_3$. Mol. Gew. = 183.**

Darstellung. Diese erfolgt fabrikmässig in grossem Maassstabe nach verschiedenen Verfahren. Eins derselben ist in seinen Grundzügen folgendes: Toluol wird durch Behandeln mit konc. Schwefelsäure in Orthotoluolsulfosäure $C_6H_4(CH_3)SO_3H$ übergeführt. Das Natriumsalz dieser Säure wird durch Einwirkung von Phosphorpentachlorid in Orthotoluolsulfochlorid $C_6H_4(CH_3)SO_2Cl$ umgewandelt. Durch Ueberleiten von trockenem Ammoniakgas wird das Orthotoluolsulfochlorid in Orthotoluolsulfamid $C_6H_4(CH_3)SO_2NH_2$ übergeführt. Oxydirt man letzteres durch Kaliumpermanganat in saurer Flüssigkeit, so wird zunächst intermediär Orthosulfaminbenzoësäure $C_6H_4<^{COOH}_{SO_2NH_2}$ gebildet, welche durch Abspaltung von Wasser in ihr Anhydrid, d. i. Orthosulfaminbenzoësäureanhydrid oder Saccharin übergeht.

Eigenschaften. Das reine Saccharin schmilzt bei 223,5° C., die Schmelze erstarrt zu einer rein weissen Masse. Das Handelssaccharin war in der ersten Zeit zu einem erheblichen Procentsatze durch Parasulfaminbenzoësäure, welche nicht süss schmeckt, verunreinigt. Gegenwärtig ist Saccharin mit einem Gehalt von 98—99 Proc. Orthosulfaminbenzoësäureanhydrid im Handel.

Das zum therapeutischen Gebrauche bestimmte Saccharin bildet ein weisses, krystallinisches Pulver, dessen Schmelzpunkt thunlichst nahe bei 223,5° C. liegen soll. Die Angaben der Arzneibücher in dieser Hinsicht sind z. Th. als veraltet anzusehen. Es geben für den Schmelzpunkt an: Austr. = 219—220° C., Ergänzb. = ca. 205° C., Helv. = nicht unter 210° und nicht über 220° C., Gall. = 224° C. — Saccharin löst sich in etwa 335 Th. kaltem Wasser oder 28 Th. siedendem Wasser, zu sauer reagirenden, intensiv süss schmeckenden Lösungen. Es löst sich ferner in ca. 30 Th. kaltem Alkohol oder in 95 Gewichtsth. Aether. Beim Verdunsten der ätherischen Lösung scheidet sich das Saccharin in hexagonalen Krystallen ab. Die Löslichkeit in Wasser wird erheblich gesteigert durch Zufügung von Alkalien (Kalilauge, Natronlauge, Kaliumkarbonat, Natriumkarbonat, Bikarbonaten und Ammoniak) Die Süsskraft der besten, sog. absoluten Sorten ist die 500fache des gewöhnlichen Rohrzuckers. Der süsse Geschmack lässt sich noch in einer Verdünnung von 1 : 100000 (in gleicher Weise bei Rohrzucker 1 : 200) deutlich wahrnehmen.

$$C_6H_4\begin{matrix} \diagup CO \diagdown \\ \diagdown SO_2 \diagup \end{matrix}NH$$

Saccharin.

Chemisch verhält sich das Saccharin wie ein Säureanhydrid, d. h. es löst sich in Alkalien zu Salzen der Orthosulfaminbenzoësäure auf, welche in Wasser leicht löslich sind. Werden nicht zu stark verdünnte Lösungen dieser Salze mit Säuren angesäuert, so scheidet sich das Anhydrid, d. h. das Saccharin wieder aus.

---

[1]) Es muss darauf aufmerksam gemacht werden, dass der Name „Saccharin“ schon früher von Péligot einem nicht süss schmeckenden Spaltungsprodukt von Kohlehydraten $C_6H_{10}O_5$ beigelegt worden war.

Reaktionen. Von den Reaktionen, welche das Saccharin zeigt sollen die folgenden angeführt werden:

1) Der süsse Geschmack, welcher noch bei sehr geringen Substanzmengen oder in sehr verdünnter Lösung wahrgenommen wird; derselbe tritt stärker hervor, wenn man die Lösung oder das Saccharin in Substanz (Ausschüttelungsrückstand) mit etwas Natriumbikarbonat neutralisirt. 2) Mit Soda gemischt vor dem Löthrohr auf Kohle erhitzt, erhält man eine Heparschmelze. — Trägt man Saccharin in ein schmelzendes Gemisch von Salpeter und Soda ein, so enthält die Schmelze Schwefelsäure, welche in bekannter Weise nach dem Ansäuern durch Baryumchlorid nachzuweisen ist. 3) Wird Saccharin in Natronlauge gelöst, zur Trockne verdampft, und der Rückstand $^1/_2$ Stunde auf 250° C. erhitzt, so enthält die Schmelze Natriumsalicylat. Säuert man die Lösung der Schmelze mit verdünnter Schwefelsäure an und schüttelt die Lösung mit Aether aus, so hinterlässt der letztere beim Verdunsten Salicylsäure, welche durch Eisenchlorid nachzuweisen ist. (C. Schmitt.) 4) Erhitzt man 0,05 g Saccharin mit ca. 0,1 g Resorcin und ca. 10 Tropfen konc. Schwefelsäure, so nimmt die Flüssigkeit zunächst gelbrothe, dann dunkelgrüne Färbung an. Löst man die erkaltete Masse in Wasser und übersättigt mit Natronlauge, so zeigt die Flüssigkeit intensiv grüne Fluorescenz (Börnstein).

Prüfung. 1) Saccharin sei rein weiss, schmelze möglichst nahe an 224° C.,[1]) die Schmelze gebe nach dem Erstarren eine rein weisse (!), nicht gelbe oder braune Masse. — 2) Der süsse Geschmack lasse sich noch in einer wässerigen Lösung 1 : 100000 deutlich wahrnehmen. — 3) Saccharin verbrenne auf dem Platinblech unter Hinterlassung von höchstens Spuren von Asche. Der Aschengehalt betrage allerhöchstens 0,5 Proc. — 4) In konc. Schwefelsäure löse es sich ohne Färbung; die wässerige Lösung reducire Fehling'sche Lösung beim Erwärmen nicht (reducirender Zucker). — 5) Die gesättigte wässerige Lösung werde durch Ferrichlorid weder braun gefällt (Benzoësäure) noch violett gefärbt (Salicylsäure). — 6) Man löst 0,2 g Saccharin mit Hilfe von Natriumkarbonatlösung in 4—5 ccm Wasser auf, fügt Kupfersulfatlösung in geringem Ueberschusse hinzu, bis kein Niederschlag mehr erfolgt und filtrirt vom Kupfersaccharinat ab. Die Flüssigkeit wird nach Zusatz von Natronlauge zum Sieden erhitzt. War das Saccharin rein, so entsteht ein dunkler Niederschlag; färbt sich die Flüssigkeit dagegen azurblau, so war Mannit zugegen. — 7) Beim Kochen des Saccharins mit Magnesiamilch werde Ammoniak nicht abgespalten.

Aufbewahrung. Ueber diese ist etwas Besonderes nicht zu bemerken.

Werthbestimmung. Die von Hefelmann angegebene Methode beruht darauf, dass beim Erhitzen mit Schwefelsäure von 70—73 Proc. wohl die Orthosulfaminbenzoësäure in Sulfobenzoësäure und Ammoniumsulfat zerlegt wird, während die Parasulfaminbenzoësäure (welche nicht süss schmeckt) unverändert bleibt.

Man erhitzt 10 g getrocknetes Saccharin mit 100 ccm Schwefelsäure von 70 bis 73 Proc. H_2SO_4 drei bis vier Stunden lang unter öfterem Umschwenken im lebhaft siedenden Wasserbade, indem man den mit der Saccharin-Schwefelsäuremischung beschickten Kolben in das Wasserbad einsenkt. Die Ueberführung des Saccharins in o-Sulfobenzoësäure und Ammoniumsulfat ist beendet, wenn ein aus der Mischung entnommener Tropfen nach starker Verdünnung mit Wasser nicht mehr süss schmeckt. Die Para-Sulfaminbenzoësäure wird, wie schon bemerkt, hierbei nicht zersetzt. Ist alle Orthosulfaminbenzoësäure zersetzt, so lässt man erkalten und verdünnt mit dem gleichen Volumen Wasser. Chemisch reines Saccharin scheidet alsdann selbst nach wochenlangem Stehen nichts aus, während Para-Sulfaminbenzoësäure enthaltendes nach 12stündigem Stehen ode bei sehr kleinen Mengen nach Verlauf von 2—3 Tagen, alle Para-Sulfaminbenzoësäur krystallinisch ausscheidet. Der Zusatz einer Spur von Para-Sulfaminbenzoësäure beschleunigt die Ausscheidung. — Die ausgeschiedene Para-Sulfaminbenzoësäure wird auf einem Asbestfilter gesammelt, mit kleinen Mengen eiskalten Wassers gewaschen, bei 100° C. getrocknet und gewogen.

Das Filtrat von der Para-Sulfaminbenzoësäure wird mit Wasser zu 500 ccm aufgefüllt. In 50 ccm dieser Flüssigkeit (= 1,0 g Saccharin) bestimmt man nach Zusatz von 200 ccm Wasser und frischgeglühter, gebrannter Magnesia im Ueberschusse (!) nach Bd. I, S. 258 die Menge des in Lösung befindlichen Ammoniaks maassanalytisch. Man

[1]) Zu der Bestimmung des Schmelzpunktes trockne man das Saccharin erst über Schwefelsäure aus, erhitze dann rasch auf ca. 215° C. und steigere von da ab erst die Temperatur langsam bis zum eintretenden Schmelzen.

legt 100 ccm $^1/_{10}$-N.-Schwefelsäure vor und titrirt den Ueberschuss unter Anwendung von Congo als Indikator mit $^1/_{10}$-N.-Kalilauge zurück. 1 ccm der zur Sättigung des Ammoniaks verbrauchten $^1/_{10}$-N.-Schwefelsäure entspricht = 0,0183 g Saccharin.

Anwendung. Saccharin ist kein eigentliches Arzneimittel. Da es aber für Thiere und Menschen völlig unschädlich und dabei von der bekannten grossen Süsskraft ist, so wird es namentlich von Diabetikern als Ersatz des Zuckers gebraucht. Nach langem Gebrauche tritt bisweilen Widerwillen ein, namentlich, wenn man mit der Dosirung nicht vorsichtig ist. Es geht weder in den Speichel noch in die Milch über, sondern wird unverändert durch den Urin ausgeschieden.

Saccharin-Natrium. **Krystallose. Krystallsaccharin.** $C_6H_4{<}{CO \atop SO_2}{>}N . Na + 2\,H_2O$. **Mol. Gew. = 241.**

Wird dargestellt durch Neutralisation von reinem Saccharin mit Natriumkarbonat oder Natriumbikarbonat in wässeriger Lösung und langsame Krystallisation des entstandenen Salzes.

Wasserklare, derbe, rhombische Prismen in Wasser sehr leicht löslich. Die Lösung ist von intensiv süssem Geschmacke.

Es löse sich in Wasser leicht und klar. Wird die Lösung 1:10 mit verdünnter Salzsäure angesäuert, so liefere sie einen weissen, fein krystallinischen Niederschlag, welcher nach dem Auswaschen bis zum Verschwinden der Chlorreaktion und dem Trocknen bei 60° C. bei 224° C. schmelze. Aufbewahrung an einem kühlen Orte in gut verschlossenen Gefässen, da das Salz in der Wärme etwas verwittert.

Man zieht es wegen seiner leichteren Löslichkeit neuerdings dem eigentlichen Saccharin vor.

Antidiabetin. **A)** Französische Specialität. Man versteht darunter Mischungen von Saccharin mit Mannit von der 1fachen, 10fachen und 70fachen Süssigkeit des Rohrzuckers. **B)** Man versteht darunter auch (aber seltener) Mischungen von Mandelöl und Saccharin.

Liquor Saccharini (Nat. Form.). Saccharini 70,0 g, Natrii bicarbonici 33,0 g, Spiritus 250 ccm, Aquae q. s. ad 1 l.

Saccharin-Benzoë-Mundwasser nach Prof. Miller. Acidi benzoici 3,0, Saccharini 2,5, Spiritus 100,0.

Saccharin-Giftweizen nach Ritsert. Man lässt 1 kg gut ausgetrockneten Weizen 1—2 Tage lang quellen in einer Lösung von 0,2 g Fuchsin, 3,0 g Strychninnitrat, 400,0 g Wasser. Man trocknet, befeuchtet alsdann mit einer Lösung von 1 g Saccharin in 100 ccm Wasser und 1,0 Natriumkarbonat krystall. und trocknet wieder.

Methylsaccharin $C_6H_3(CH_3){CO \atop SO_2}{>}NH$. **Mol. Gew. = 197.**

Krystallisirt aus heissem Wasser in farblosen, glänzenden, bei 246° C. schmelzenden Prismen, die sehr schwer in kaltem Wasser, leichter in heissem Wasser und in Alkohol löslich sind. Es schmeckt ebenso süss wie das Saccharin selbst.

Tablettae Saccharini.

Saccharintabletten nach B. Fischer.

Rp.		
	Saccharini	3,0
	Natrii carbonici sicci	2,0
	Manniti	15,0—50,0.

Fiant pastilli No. 100.

II. Sucrol. Dulcin. Valzine. p-Phenetolcarbamid. p-Aethoxyphenylharnstoff. $CONH_2 . NH . C_6H_4 . OC_2H_5$. Mol. Gew. = 180.

Darstellung. Lässt man auf p-Phenetidin Kohlenoxychlorid einwirken, so erhält man nach der Gleichung $COCl_2 + NH_2 . C_6H_4 . OC_2H_5 = HCl + CO(Cl)NH . C_6H_4OC_2H_5$ ein chlorhaltiges Zwischenprodukt. Behandelt man dieses mit Ammoniak, $CO(Cl)NH . C_6H_4 . OC_2H_5 + 2\,NH_3 = NH_4Cl + CO(NH_2)NH . C_6H_4 . OC_2H_5$, so geht es unter gleichzeitiger Bildung von Ammoniumchlorid in p-Phenetolcarbamid über.

Eigenschaften. Das Sucrol bildet, aus Wasser krystallisirt, farblose glänzende Nadeln oder Schüppchen, von stark süssem Geschmack. Der Schmelzpunkt derselben liegt bei 173—174° C. 1 Th. Sucrol löst sich in 150 Th. siedendem oder 800 Th. kaltem Wasser

$CO\begin{cases}NH_2\\NH(C_6H_4OC_2H_5)\end{cases}$
p-Aethoxyphenylharnstoff (Dulcin).

(15° C.), ferner in 25 Th. Weingeist von 90 Proc. oder in 80 Th. Weingeist von 45 Proc. oder in 480 Th. Glycerin. Die Süsskraft des Sucrols soll diejenige des gewöhnlichen Zuckers um das 200fache übertreffen. Es ist mit Wasserdämpfen nicht flüchtig und nicht unzersetzt sublimirbar. Von Identitätsreaktionen sind folgende bekannt:

1) Man erhitzt in einem Probirrohr etwa 0,05 g Sucrol mit 5 Tropfen konc. Schwefelsäure bis zum beginnenden Dampfen. Nach dem Erkalten verdünnt man mit 10 ccm Wasser und überschichtet die Flüssigkeit mit Ammoniak. Es entsteht alsdann an der Berührungsstelle ein blauer Ring, welcher nach längerem Stehen an Farbintensität und Ausdehnung zunimmt (Berlinerblau).

2) Wird Sucrol mit Silbernitrat- oder Quecksilberchloridlösung auf dem Wasserbade eingedampft, so tritt Violettfärbung ein, die bei 160° C. noch intensiver wird. Durch Alkohol wird das Reaktionsprodukt beim Erwärmen weinroth gelöst.

Prüfung. Sucrol sei farblos, löse sich ohne Färbung in konc. Schwefelsäure auf, schmelze bei 173—174° C. (organische Verunreinigungen) und verbrenne, erhitzt, ohne einen Rückstand zu hinterlassen (anorganische Verunreinigungen).

Aufbewahrung. Unter den indifferenten Arzneimitteln.

Anwendung. Sucrol ist der Nachfolger des Saccharins. Es bewirkt nicht die Gerinnung der Milch, ist kein Antisepticum, sondern ein indifferenter Süssstoff (Gewürz). Als solcher ist es denn auch in Aussicht genommen, also als Süssstoff für Diabetiker, Fettleibige, Magenkranke, auch zu industriellen Zwecken. Schädliche Nebenwirkungen sind bei seinem Gebrauche bisher nicht beobachtet worden. Es beeinflusst weder Cirkulation, noch Athmung, Nervensystem oder Verdauung. Man giebt es mit Mannit in 0,25 g schweren Pastillen, welche je 0,025 g Sucrol enthalten und je 5 g Zucker entsprechen.

Deutsches Reichsgesetz, betr. den Verkehr mit künstlichen Süssstoffen vom 6. Juli 1898. Dieses Gesetz lautet mit Weglassung der Strafbestimmungen:

§ 1. Künstliche Süssstoffe im Sinne dieses Gesetzes sind alle auf künstlichem Wege gewonnenen Stoffe, welche als Süssmittel dienen können und eine höhere Süsskraft als raffinirter Rohr- oder Rübenzucker, aber nicht entsprechenden Nährwerth besitzen.

§ 2. Die Verwendung künstlicher Süssstoffe bei der Herstellung von Nahrungs- und Genussmitteln ist als Verfälschung im Sinne des § 10 des Gesetzes, betr. den Verkehr mit Nahrungsmitteln, Genussmitteln und Gebrauchsgegenständen, vom 14. Mai 1879 (Reichsgesetzb. S. 145) anzusehen.

Die unter Verwendung von künstlichen Süssstoffen hergestellten Nahrungs- und Genussmittel dürfen nur unter einer diese Verwendung erkennbar machenden Bezeichnung verkauft oder feilgehalten werden.

§ 3. Es ist verboten:

1) Künstliche Süssstoffe bei der gewerbsmässigen Herstellung von Bier, Wein oder weinähnlichen Getränken, von Fruchtsäften, Konserven und Liqueuren sowie von Zucker- oder Stärkesyrupen zu verwenden.

2) Nahrungs- und Genussmittel der unter 1 gedachten Art, welchen künstliche Süssstoffe zugesetzt sind, zu verkaufen oder feilzuhalten.

Saccharum.

Von den zahlreichen bekannten Zuckerarten kommen für die Praxis des Pharmaceuten und für die Praxis überhaupt etwa die folgenden in Betracht:

1) Rohrzucker, Saccharose. $C_{12}H_{22}O_{11}$. Der gewöhnliche Konsumzucker, aus Zuckerrohr oder Zuckerrüben dargestellt. Nicht reducirend, nicht direkt gährungsfähig, rechtsdrehend. Geht durch Inversion in reducirenden und linksdrehenden Invertzucker über.

2) Traubenzucker. Dextrose. $C_6H_{12}O_6$. In vielen süssen Früchten enthalten. Meist durch Hydrolyse der Stärke dargestellt. Reducirend, direkt gährungsfähig, rechtsdrehend. Kann durch Inversion nicht weiter gespalten werden.

3) Lävulose. Fruchtzucker. $C_6H_{12}O_6$. Im Honig enthalten. Meist durch Invertiren von Rohrzucker dargestellt. Reducirend, direkt gährungsfähig, linksdrehend. Kann durch Inversion nicht weiter gespalten werden.

4) Invertzucker. Gemisch gleicher Molekule Dextrose und Lävulose. Durch Invertiren von Rohrzucker dargestellt. Reducirend, direkt gährungsfähig, linksdrehend. Kann durch Inversion nicht weiter gespalten werden.

5) Maltose (Isomaltose). $C_{12}H_{22}O_{11}$. Durch Einwirkung von Diastase auf Stärke gebildet. Reducirend, direkt vergährbar, rechtsdrehend. 1 Mol. wird durch Inversion in 2 Mol. Dextrose gespalten. Die Rechtsdrehung ist nach der Inversion erniedrigt, die Reduktionsfähigkeit erhöht.

6) Milchzucker. Lactose. $C_{12}H_{22}O_{11} + H_2O$. Aus der Milch gewonnen. Reducirend, mit Hefe nicht direkt vergährbar, rechtsdrehend. 1 Mol. wird durch Inversion in je 1 Mol. Dextrose und Galaktose gespalten.

I. Saccharum (Austr. Germ. Helv. U-St.). **Saccharum purificatum** (Brit.). **Sucre de canne** (Gall.). **Zucker. Rohrzucker. Rübenzucker. Sucrose. Saccharose. Saccharobiose. Sugar. Cane-Sugar.** Der gewöhnlich aus dem Zuckerrohr (*Saccharum officinarum* L., oder der Zuckerrübe (*Beta vulgaris* L, var.: *maritima* Koch) gewonnene Zucker). **$C_{12}H_{22}O_{11}$. Mol. Gew. = 342.**

Handelssorten. Von den zahlreichen Handelssorten sind die typischen folgende:

Kolonialzucker. Echter Rohrzucker. Der aus dem Zuckerrohr gewonnene Zucker. Hellgelblich, gewöhnlich grobkrystallinisch, von sehr reinem Geschmack. Kommt über England oder Hamburg in den deutschen Handel. Wird zur Zeit von kontinentalen Fabriken täuschend nachgebildet, eine sichere Unterscheidung von Rohr- und Rübenzucker ist nicht möglich. —

Rübenzucker. Der aus der Zuckerrübe gewonnene Zucker. Kommt zur Zeit für Europa ausschliesslich in Betracht.

Die nachstehenden Zuckersorten sind, soweit der kontinentale Handel in Betracht kommt, durchweg aus Rüben gewonnen.

Pilé ist Zucker in unregelmässigen Stücken.

Cubes ist Bezeichnung für Zucker in Würfelform mit abgestumpften Ecken.

Granulated oder Sandzucker heisst im Handel Krystallzucker, welcher lediglich durch Abwaschen der Rohzuckerkrystalle erhalten wird.

Kastorzucker ist gröblich gemahlener und gleichmässig abgesiebter Zucker.

Raffinade ist der mit besonderer Sorgfalt aus Rohzucker durch Wiederauflösen, Entfärben und Eindampfen enthaltene Zucker. Der schliesslich erhaltene Krystallbrei wird in Zuckerhutformen eingefüllt. Nach dem Erstarren lässt man die Mutterlauge abfliessen und giesst auf die Zuckermasse eine gesättigte Lösung von reinem Zucker („Deckverfahren"), welche allmählich durch die Krystallmasse durchsickert und die gefärbte Mutterlauge verdrängt. Zugleich wird die Krystallmasse dadurch dichter, dass während des Deckens Wasser verdampft und der auskrystallisirte Zucker die Zwischenräume ausfüllt.

Krystallzucker ist der aus besonders reinen Dicksäften (Klärsel) in Krystallen sich ausscheidende, durch Centrifugen abgeschleuderte und hierauf getrocknete Zucker.

Melis ist der in einer Operation (also ohne vorherige Abscheidung des Rohzuckers) gewonnene Zucker. Er enthält noch relativ viel Melassentheile und riecht wenig angenehm. Zur Verdeckung der gelblichen Färbung wird er gebläut, in der Regel mit Ultramarin. Unter Melis verstehen die Raffinerien auch ihre zweiten Produkte.

Farinzucker, Bastardzucker wurden die letzten Nachprodukte der Zuckerraffinerien genannt. Gegenwärtig gewinnt man ihn auch, indem man Rohzucker mit reiner Zuckerlösung auswäscht und auf der Centrifuge ausschleudert, wobei häufig auch Dampf eingeleitet wird.

Würfelzucker. Der Zucker wird in rechteckigen Formen zur Krystallisation gebracht und die noch feuchte Krystallmasse mittels Kreissägen in Würfel geschnitten.

Muskovados heissen Rohzucker aus wenig kultivirten Ländern, welche ohne Hilfe von Centrifugen dargestellt sind.

Palmyra Jaggery ist der in Indien aus Palmensaft hergestellte Zucker.

Für den pharmaceutischen Gebrauch eignen sich ausschliesslich die besten Sorten von Raffinade und Krystallzucker, welche frei von Melassetheilen, Farbstoffen und unorganischen Salzen, daher wenig hygroskopisch sind. Zur Darstellung von Zuckerpulver benutzt man Raffinade in Hutform, zum Kochen von Säften können auch gute Sorten Krystallzucker verwendet werden. Unter Raffinade zum pharmaceutischen Gebrauche ist stets ungeblaute Raffinade zu verstehen.

Eigenschaften. Der reine Rohrzucker krystallisirt aus der wässerigen Lösung in durchsichtigen, harten, monoklinen Prismen, welche zwischen den Zähnen knirschen und beim Zerschlagen ein bläuliches Licht austrahlen. Sein spec. Gewicht ist bei 3,9° C. = 1,593.

Der Zucker ist leicht löslich in Wasser, in absolutem Weingeist so gut wie unlöslich, in verdünntem Weingeist je nach dessen Gehalt an Wasser leichter löslich. Die gesättigte wässerige Lösung enthält in 100 Theilen:

bei	0°	10°	20°	30°	40°	50° C.
	65,0	65,6	67,0	69,8	75,8	82,7 Theile Zucker.

Bei Siedehitze ist der Zucker so ziemlich in jedem Verhältnisse in Wasser löslich. Die wässerige Lösung ist gegen Lackmus neutral und reducirt weder FEHLING'sche Lösung noch Wismutsalze in alkalischer Flüssigkeit. Die wässerige Lösung ist rechtsdrehend (r°). Die spec. Rechtsdrehung des Rohrzuckers bei 20° C. ist = + 66,67°. Rohrzucker schmilzt gegen 160° C. und erstarrt alsdann zu einer amorphen, glasigen Masse (Gerstenzucker), welche allmählich wieder krystallinisch und undurchsichtig wird. Gegen 200° C. erhitzt, geht der Zucker in eine braune, bitter schmeckende, hygroskopische Masse über (Karamel), deren wässerige oder verdünnt-alkoholische Lösung als Zuckercouleur Verwendung findet. Bei höherer Erhitzung entweichen mit bläulicher Flamme verbrennende Dämpfe, und es hinterbleibt eine glänzend schwarze, sehr schwer verbrennliche Kohle (Zuckerkohle). Durch Erhitzen mit einigermassen konc. Salzsäure oder Schwefelsäure entstehen neben anderen Zerfallprodukten humusartige Substanzen. Durch konc. Kalilauge wird Rohrzucker erst beim Erhitzen, Traubenzucker schon in der Kälte braun gefärbt.

Direkt gährungsfähig ist Rohrzucker nicht. Wirken jedoch auf seine wässerige Lösung verdünnte Säuren oder gewisse Fermente (Invertin der Hefe) ein, so wird er in ein Gemisch von Dextrose und Lävulose zerlegt, und dieses Gemisch ist alsdann gährungsfähig.

Mit verschiedenen Oxyden und Hydroxyden der Metalle vereinigt sich der Rohrzucker zu verschiedenen „Saccharate“ genannten Verbindungen, welche in der Regel nicht mehr süss und in Wasser, je nach ihrer Zusammensetzung, mehr oder weniger löslich sind.

Für den pharmaceutischen Bedarf verwende man: 1) Zur Bereitung des Zuckerpulvers eine gute Sorte Raffinade. 2) Zur Bereitung des weissen Zuckersirups ungeblaute Raffinade oder ungeblauten Krystallzucker. 3) Zur Bereitung der gefärbten Säfte kann man sich mit guten Sorten Melis benügen.

Prüfung. Die guten Sorten des heutigen Handels werden die Prüfungen stets aushalten.

1) Der Zucker löse sich in 0,5 Th. Wasser ohne Hinterlassung eines Rückstandes zu einem farblosen (blanken), geruchlosen, rein süss schmeckenden Sirup. Farbstoffe, welche dem Zucker sehr häufig zugesetzt sind, bilden während der Aufbewahrung in den Standgefässen Bodensätze. Mangelhaft gereinigter Zucker besitzt einen eigenthümlichen, sog. Melassegeruch. — Der Sirup muss sich mit Weingeist in jedem Verhältnisse klar mischen; Abscheidungen könnten von Calciumsulfat, Schleim herrühren, indessen wird man eine solche Verunreinigung nur höchst selten antreffen. — **2)** Wässerige und weingeistige Zuckerlösungen dürfen Lackmuspapier nicht verändern, anderenfalls sind alkalische oder saure Substanzen zugegen, was gleichfalls schwerlich oft der Fall sein wird. — **3)** Die 5procentige wässerige Lösung darf weder mit Ammoniumoxalat- (Calciumsalze), noch mit Silbernitrat- (Chloride), noch mit Baryumnitratlösung (Sulfate) eine mehr als opalisirende Trübung geben. Auch dieser Forderung wird der Zucker durchweg genügen, da die im Handel befindlichen guten Sorten (Raffinade) höchstens 0,1 Proc. Asche hinterlassen.

Die besten Kriterien für die Brauchbarkeit einer Zuckersorte sind: Geruch, Geschmack und das Verhalten beim Kochen des *Sirupus simplex.* Fällt dieser schön blank aus und scheiden sich beim Kochen nicht zu viel Unreinigkeiten ab, so ist der Zucker auch gut.

Aufbewahrung. Man bewahre den Stückzucker, desgleichen Krystallzucker und Farin, in Kästen oder Fässern aus Holz an einem trockenen Orte auf.

Anwendung. Zucker ist ein wichtiges Nahrungs- und Genussmittel; in der Arzneikunde dient er als Geschmackskorrigens und Vehikel.

Melado. Ist ein stark eingedickter Zuckerrohrsaft, welcher in Europa auf Raffinade verarbeitet wird.

Saccharum pulveratum. Zuckerpulver.

Man trocknet Raffinade in Stücken erst bei 60—70° C. aus und verwandelt sie alsdann durch Stossen im Mörser aus Eisen oder Stein und Absieben in ein feines Pulver. Dieses wird zunächst einige Zeit nachgetrocknet (!) und dann in Porcellankrausen oder noch besser in Blechbüchsen an einem trockenen Orte aufbewahrt. Der in feines Pulver verwandelte Zucker hat dem nicht gepulverten Zucker gegenüber stets einen etwas veränderten Geschmack.

Kanarienzucker ist eine sehr fein gepulverte Raffinade.

Puderzucker ist ein sehr feines Zuckerpulver, welches von Conditoren etc. bezogen wird. Es ist häufig nicht reiner Zucker, sondern enthält bisweilen einige Procente Kartoffelstärke, die ihm beigemengt werden, um ein Zusammenklumpen zu verhindern. Dieser Zusatz ist, falls er 5 Proc. nicht übersteigt, nicht als Verfälschung anzusehen. Für pharmaceutische Zwecke darf natürlich nur reiner, stärkefreier Zucker verwendet werden.

Elaeosacchara. Oelzucker. Eleosaccharures. Aetheroleosacchara (Austr. Germ. Helv.). 10 Th. Zuckerpulver werden mit 5 Tropfen eines ätherischen Oeles gemischt. Entweder jedesmal frisch zu bereiten oder nur für kurze Zeit vorräthig zu halten.

Saccharolatum. Saccharolat. Saccharure (Franz.). Mit diesem Namen bezeichnet man ein gröbliches Pulver von Zucker, welches mit einer Arzneisubstanz getränkt ist. Um die Einführung dieser Arzneiform hat sich der Franzose Bérol bemüht, sie hat in Deutschland aber nicht Eingang gefunden. Zur Bereitung des Saccharolate mit Tinkturen betropft man Zucker in Stücken, der im Wasserbade durchwärmt wird, nach und nach mit der Tinktur (auf 10 Th. Zucker = 1 Th. Tinktur), trocknet dann bei mässiger Wärme vollständig aus und zerreibt zu einem gröblichen Pulver. Die Saccharolate mit ätherischen Oelen werden wie die Elaeosacchara bereitet.

Saccharum rubrum. Rother Zucker. Einstreuzucker. Ist eine Mischung aus: Sacchari pulverati 16,0, Florum Rosae pulv., Boracis pulv. āā 1,0, Ligni Santali rubri pulv. 2,0. Man benutzt diese Mischung zum Ausreiben des Mundes kleiner Kinder bei sogen. „Schwämmchen“.

Sirupus simplex (Germ. Helv.). Syrupus simplex (Austr.). Syrupus (Brit. U-St.). Sirop de sucre (Gall.). Sirupus Sacchari. Zuckersirup. Weisser Sirup.

Man übergiesst in einem blanken Kupferkessel die vorgeschriebene Menge Zucker (ungeblaute Raffinade oder besten Krystallzucker) mit der vorgeschriebenen Menge Wasser, erhitzt unter beständigem (!) Umrühren auf einem ruhigen Feuer bis zum Aufwallen und lässt die Flüssigkeit 2—3 Minuten sieden. Scheiden sich an der Oberfläche Unreinigkeiten ab, so entfernt man diese mit einem Schaumlöffel. Nach Ergänzung des verdampften Wassers durch destillirtes Wasser kolirt man durch ein wollenes Kolatorium. Der für die Receptur bestimmte Sirup wird häufig auch noch filtrirt und fällt alsdann besonders blank aus.

Nach U-St. kann der Zuckersirup auch noch so bereitet werden, dass man einen Perkolator mit einem Stück gewaschenem grobem Badeschwamm abschliesst, dann 1000 g Zucker als grobes Pulver in den Perkolator füllt, alsdann 500 ccm Wasser aufgiesst und nun tropfenweise ablaufen lässt. Man giesst das Perkolat so lange zurück, bis es völlig klar abläuft und sammelt, indem man zum Schluss noch etwa 50 ccm Wasser zugiebt, 1170 ccm Perkolat.

Der Zuckergehalt dieses Sirups schwankt nach den einzelnen Pharmakopöen. Es schreiben vor:

	Austr.	Brit.	Gall.	Germ.	Helv.	U-St.
Für 1000 Th. Zucker = Th. Wasser	625	500	588	666	562	530
Der Sirup erhält Proc. Zucker . .	61,5	66,6	63,0	60,0	64,0	65,4
Das spec. Gew. ist nach der Pharmakopöe .	—	1,33	—[1]	—	1,33	1,317
Das spec. Gew. ist nach WINDISCH	1,299	1,33	1,308	1,29	1,314	1,322

Zuckersirup sei klar (blank), fast farblos, ohne unangenehmen (Melasse-) Geruch, von rein süssem Geschmack. Er enthält in der Regel kleine Mengen von Invertzucker, welcher durch das Erhitzen der Zuckerlösung entstanden ist. Um sich davor zu schützen, dass käuflicher Sirup mit Invertzucker oder Stärkesirup versetzt ist, erhitzt man eine Mischung von 0,5 g Sirup, 5 ccm Wasser und 5 ccm FEHLING'sche Lösung zum Aufkochen; es soll dann nicht sofort gelbe oder röthliche Ausscheidung erfolgen.

Sirop de sucre à froid (Gall.). **Sirop de sucre incolore.** Wird durch Auflösen von 1800 Th. bestem (!) Zucker in 1000 Th. destillirtem Wasser in der Kälte (!) und Filtration des Sirups dargestellt. Enthält 64,3 Proc. Zucker. Spec. Gew. nach Gall. = 1,32, nach WINDISCH 1,316.

Sirupus Sacchari cocti. Sirup aus gekochtem Zucker. 1000 Th. weisser Zucker werden mit 200 Th. Wasser übergossen, bis zur Tafelkonsistenz gekocht und in einen tarirten Kessel ausgegossen. Nach dem Erkalten werden 18 Th. mit 10 Th. destillirtem Wasser zu einem Sirup verarbeitet, wie oben angegeben ist. Dieser Sirup hat einen sehr angenehmen Geschmack und dient zum Versüssen von Likören etc.

Sirupus communis. Sirupus Hollandicus (Helv.). **Sirupus Indicus. Indischer Sirup. Gemeiner Sirup.**

Die beim Raffiniren des Kolonialzuckers sich ergebende Melasse. Sie wird mit Wasser verdünnt, aufgekocht, kolirt und durch Eindampfen auf das spec. Gewicht 1,35 gebracht.

Ein Sirup von brauner Farbe, angenehm süssem Geschmacke und neutraler Reaktion. Beim Veraschen hinterlasse er 2—2,5 Proc. Rückstand, welcher im wesentlichen aus Natriumchlorid besteht. Dieser Sirup wird häufig mit Stärkesirup verschnitten, um ihn heller und leichter flüssig zu machen. Beträgt der Zusatz nicht mehr als 15—20 Proc., so ist er nicht von Belang; ein erheblicherer Zusatz würde die Süssigkeit des Sirups beeinträchtigen. Sirup aus Rübenmelasse ist als Ersatzmittel des Kolonialsirups nicht zulässig, da er wenig angenehm schmeckt. Zu seinem Nachweis versetzt man den mit der dreifachen Menge Wasser verdünnten Sirup mit Bleiacetatlösung. Ein starker Niederschlag würde Rübenmelassesirup anzeigen.

Die Brauchbarkeit des Kolonialsirups wird im wesentlichen nach seinem Geschmacke und nach seinem spec. Gewichte bewerthet.

Rotulae Sacchari (Germ.). **Zuckerplätzchen. Zuckerkügelchen.** Plankonvexe, runde, 6—7 mm breite, 3—4 mm dicke, harte Körper, aus reinem weissem Rohrzucker bestehend. Sie werden im Grossen, selten im pharmaceutischen Laboratorium dargestellt. Gepulverter weisser Zucker wird in ein kleines Kasserol mit Ausguss gegeben, mit wenigem Wasser zu einem dicken Breie angerührt und unter Umrühren erhitzt, bis am Rande der Masse ein Sieden beginnt und ein Tropfen, auf eine Metallplatte gegeben, sofort erstarrt. Der Ausguss des Kasserols wird mit Kreide berieben, um ein Abfliessen an demselben zu verhindern. Dann wird eine mit etwas Oel abgeriebene Metallplatte mit der Masse unter Beihilfe eines erhitzten Glasstabes betropft. Die Tropfen werden wenn nöthig noch besonders getrocknet.

Diese Zuckerform dient nur zur Darstellung der Pfefferminzkügelchen.

Saccharum hordeatum. Saccharum penidium. Gerstenzucker. Durch Schmelzung amorph gemachter Rohrzucker. 1000,0 weisser Rohrzucker in Stücken (am besten ist hier ein reiner Meliszucker) werden in einem blanken kupfernen Kasserol mit Stiel und Ausguss mit 200,0 Wasser übergossen, nach dem Zerfallen des Zuckers über freiem Kohlenfeuer, unter Vermeidung jeden Umrührens (!), lebhaft bis zur Tafelkonsistenz gekocht oder bis eine mit einem Glasstäbchen herausgenommene Probe, durch schnelles Eintauchen in kaltes Wasser abgekühlt, sich hart und brüchig zeigt. Die geschmolzene Zuckermasse giesst man nun in 20—30 cm langen Streifen auf eine mit Oel abgeriebene Metallplatte oder Marmorplatte aus. Die halb erkalteten Streifen werden mit den Fingern um ihre Axe gewunden.

[1]) Nach Gall. in der Siedehitze = 1,26.

Diese Darstellung erfordert eine gewisse Uebung, theils um die richtige Tafelkonsistenz zu erlangen, theils um ein Absterben (Krystallinischwerden) des geschmolzenen Zuckers zurückzuhalten. Im übrigen giebt es Rübenzucker, welcher trotz aller Vorsicht dicht vor der Tafelkonsistenz abzusterben pflegt. Einen abgestorbenen Zucker verbraucht man zu Sirupen.

Der Gerstenzucker gilt als ein hustenlinderndes Brustmittel. Frisch ist er von angenehmem Geschmack. Nach ungefähr 6 Tagen wird er krystallinisch.

Condita. Confecta. Confectiones. Konfekte. Ueberzuckerte und auch in Zucker eingemachte Arzneistoffe. Die Darstellungsweise und Art des Präparats ist eine sehr verschiedene. Im allgemeinen werden sie von den Zuckerbäckern oder Konditoren besorgt, auch wohl im grossen dargestellt und in den Handel gebracht.

Fleischige Wurzeln (Angelica, Kalmus) werden 10—20 Minuten in kochendheissem Wasser digerirt, dann von der äusseren dicken Epidermis befreit und in Scheiben oder längere Stücke zertheilt in Zuckersirup macerirt, bis sie einigermassen an den Rändern durchscheinend werden. Hierauf nimmt man die Stücke aus dem Sirup, bestreut sie mit gepulvertem weissem oder rothgefärbtem Zucker und lässt sie an einem lauwarmen Orte trocken werden. Trockne Wurzeln (Ingwer) werden so lange in heissem Wasser digerirt, bis sie durch und durch erweicht sind, alsdann in einem Sirup aus 20 Th. Zucker, 6 Th. Wasser und 5 Th. Glycerin so lange liegen gelassen, bis sie von der Zuckermasse völlig durchtränkt sind.

Samen und samenähnliche Körper (Cinablüthen, Koriander, Anis) werden mit einer weissen Zuckerschicht überzogen. Der Samen wird durch Absieben von pulverigen und spreuigen Beimischungen befreit. Ein eiserner emaillirter hoher Topf wird über einem gelinden Kohlenfeuer in der Art aufgehängt, dass er beliebig und leicht geschüttelt und bewegt werden kann. Dieser sogenannte Schwengtopf wird mit dem Samen zu $^1/_4$ seines Rauminhaltes angefüllt. Ueber einem anderen Kohlenfeuer wird in kleine Stücke zerschlagener Zucker mit $^1/_8$ seines Gewichtes Wasser übergossen und nach dem Zerfallen bis zur Federkonsistenz gekocht, d. h. bis eine mit einem erwärmten eisernen Spatel herausgenommene Probe durch die Luft geschleudert in federbartähnlichen Flocken herumfliegt. Sobald der eiserne Topf mit seinem Inhalte bis auf ca. 50° C. erwärmt ist, giesst man einige Löffel voll der heissen flüssigen Zuckermasse in den Topf, rührt zuerst mit einem kalten hölzernen Spatel, dann unter abwechselndem Schütteln des Topfes mit der Hand, welche man wiederholt mit gepulverter Stärke bestreut, um. Nach gehöriger Durchmischung wird eine zweite Portion der heissen Zuckermasse hinzugesetzt und in gleicher Weise mit dem Samen gemischt und dies so lange wiederholt, bis die einzelnen Samen mit einer genügend dicken Zuckerschicht bedeckt erscheinen. Durch Rühren und Schütteln wird die Zuckerhülle geglättet.

Rotulae Sacchari aspersoriae albae. Corpus sine anima. Zuckerkügelchen. Weisse Streukügelchen. 0,5—7,0 mm im Durchmesser haltende Zuckerkügelchen. Sie sind in der Medicin ein Artikel der Homöopathen. Die gewöhnlich gebrauchte Grösse ist Nr. 2 von 1,5 mm Durchmesser. Sie werden mit der Arzneistofflösung konspergirt und abgetrocknet dispensirt. Auf den Recepten der Homöopathen werden sie nicht mit Worten angegeben, sondern durch Ziffern notirt. $\frac{\cdot\cdot\cdot\cdot\cdot}{X}$ oder $\frac{\cdot\cdot\cdot\cdot\cdot}{30}$ oder $\frac{5}{30}$ oder $^{00000}/_{30}$ oder X,5 bedeuten 5 Streukügelchen benetzt mit der 30. Verdünnung.

Ahornzucker, Malzzucker, Genuine American maple Sugar. Ein mit einer Spur Natriumkarbonat versetzter und bis zur Tafelkonsistenz gekochter Meliszucker. Er dient als Linderungsmittel bei Husten und Brustleiden.

II. Saccharum amylaceum. Saccharum uveum. Traubenzucker. Kartoffelstärkezucker. Stärkezucker. Glukose. Glykose. Dextrose. $C_6H_{12}O_6 + H_2O$. Mol. Gew. = 198.

Darstellung. Diese erfolgt fabrikmässig, indem man etwa 40 Th. Kartoffelstärke mit 100 Th. 1procentiger Schwefelsäure bei 3—4 Atmosphären (in Autoklaven) erhitzt. Die hierdurch erhaltene wässerige Lösung von Stärkezucker wird mit Kreide neutralisirt, durch Filtriren über Thierkohle entfärbt und alsdann im Vakuum zum dicken Sirup eingedampft oder zur Krystallisation gebracht.

Prima weisser Stärkezucker bildet feste, harte, rein weisse, nicht krystallinische Massen, die in Broten oder Stücken in den Handel gebracht werden. Die Sekundawaaren sind gelblich gefärbt. Die Hauptbestandtheile sind: Dextrose, Dextrine, Wasser und Aschenbestandtheile. Stickstoffhaltige Bestandtheile sind kaum vorhanden. Der durch direkte Reduktion bestimmte Dextrosegehalt beträgt bei festem Stärkezucker 65—75 Proc., der Wassergehalt 15—20 Proc., der Rest besteht aus Dextrinen.

Stärkezucker löst sich in etwa dem gleichen Gewicht kalten Wassers. Er ist nur etwa $^2/_3$ so süss wie Rohrzucker, reducirt die FEHLING'sche Lösung und Wismutsalze in alkalischer Flüssigkeit und ist direkt gährungsfähig. Die wässerige Lösung ist polarisirtem Lichte gegenüber rechtsdrehend (r^0). Die specifische Drehung beträgt für die wasserfreie Verbindung bei $20^0 = + 53^0$.

Traubenzucker zeigt die Erscheinung der Birotation, d. h. eine frisch bereitete Lösung dreht etwa doppelt so stark, als die gleiche Lösung nach längerem Stehen. Ein Zusatz von wenigen Tropfen Ammoniakflüssigkeit hebt diese Erscheinung sogleich auf.

Stärkesirup. Kapillärsirup. Kommt im Handel als weisser Stärkesirup (Kapillärsirup) von 44° Bé und als gelber Stärkesirup von 42° Bé vor. Er dient zur Bonbonfabrikation, zum Verschneiden des Honigs und der Fruchtsäfte, zum Einmachen von Früchten, zum Gallisiren des Weines u. dergl. mehr. Man beachte, dass der Stärkezucker noch nach alten Graden Bé gehandelt wird.

Man erkennt den Stärkesirup daran, dass seine wässerige Lösung gegen FEHLING'sche Lösung stark reducirend wirkt, dass die wässerige Lösung ferner stark rechtsdrehend ist, und dass diese Rechtsdrehung durch Inversion eine starke Zunahme erfährt.

Reine Dextrose. Reiner Traubenzucker. Man versetzt 500 ccm Alkohol von 90 Proc. mit 20 ccm rauchender Salzsäure, erwärmt die Mischung auf 45° C. und trägt in 4—5 Antheilen 160 g gepulverten reinen Rohrzucker ein. In etwa 2 Stunden ist bei fleissigem Umrühren der Zucker gelöst und invertirt. Beim Stehen dieser Lösung erscheinen nach 6—8 Tagen die ersten Krystalle, deren Menge durch Umschütteln der Flüssigkeit vermehrt werden kann. Man sammelt diese, wäscht sie mit starkem Alkohol, saugt sie ab und trocknet sie. Im Besitz dieser Krystalle gestaltet sich die Darstellung schneller. Man mischt dann 1,2 l Alkohol von 90 Proc. mit 48 ccm rauchender Salzsäure, erwärmt auf 45° C. und trägt wie vorher 400 g Zuckerpulver ein. Nach zweistündigem Erhitzen (unter Umrühren) auf 45° C. ist der Zucker gelöst und invertirt. Man lässt erkalten, trägt etwas von den vorhandenen Traubenzuckerkrystallen ein und rührt öfter um. Die nach 2—3tägigem Stehen abgeschiedenen Krystalle werden gesammelt, mit starkem Alkohol gewaschen und aus siedendem Methylalkohol umkrystallisirt. Der so gewonnene Traubenzucker ist wasserfrei. Eine Lösung von 32,683 g reinem wasserfreien Traubenzucker : 100 ccm dreht bei 17,5° C. = 100° nach VENTZKE-SOLEIL SCHEIBLER.

Dextrosezucker. Ist ein im Handel vorkommender Stärkezucker mit 14 Proc. Wasser, ca. 0,3 Proc. Mineralstoffen und etwa 1 Proc. Zwischenprodukten zwischen Stärke und Dextrose. Ein solcher Zucker ist als technisch rein im Sinne des Weingesetzes aufzufassen.

Oenoglukose. Ist ein technisch reiner Traubenzucker, welcher zum Zuckern des Weines verwendet wird.

Tinctura Sacchari tosti. Zuckercouleur. 1000 Th. Zucker (oder Stärkesirup) kocht man mit einer Lösung von 20 Th. Kaliumkarbonat und 400 Th. Wasser in einem blanken kupfernen Kessel so lange, bis die Masse tiefdunkel geworden ist. Nachdem sie halb erkaltet ist, löst man sie in einer Mischung von je 1000 Th. Spiritus und Wasser und filtrirt nach mehrtägigem Absetzen. Zum Braunfärben spirituöser Tinkturen. — Die Zuckercouleur der Destillateure ist koncentrirter. Man löst den wie oben gekochten Zucker nur in je 500 Th. Spiritus und Wasser auf. — Rumcouleur wird durch Kochen von Stärkesirup mit $^1/_{30}$ seines Gewichtes kryst. Soda, Essigcouleur durch Kochen von Stärkesirup mit $^1/_{100}$ seines Gewichtes kryst. Soda und $^1/_{40}$ des Gewichtes Ammoniumkarbonat dargestellt.

Die Zuckercouleur des Handels ist wiederholt arsenhaltig befunden worden.

BRÜCKE's Reagens auf Glukose. 5,5 g frisch gefälltes, noch feuchtes Wismutsubnitrat, 30 g Kaliumjodid und 150 g Wasser werden 10 Minuten lang gekocht, dann fügt man zu: 5 g Salzsäure von 25 Proc. HCl. Glukose (bez. Harnzucker) bewirkt beim Erwärmen eine braunschwarze Färbung.

III. Lävulose. Levulose. Fructose. Fruchtzucker. Linkszucker. Diabetin. $C_6H_{12}O_6 + H_2O$. Mol. Gew. = 198.

Darstellung. 10 g Invertzucker werden in 100 ccm Wasser gelöst und durch Eiswasser auf 0° C. abgekühlt. Zu dieser Lösung giebt man unter beständigem Umschütteln 6 g gelöschten Kalk als feines Pulver. Es fällt nunmehr die schwerlösliche Calciumverbindung der Lävulose [$C_6H_9(CaOH)_3O_6$ in 333 Th. kaltem Wasser löslich] aus, während die Calciumverbindung der Dextrose gelöst bleibt. Die gesammelte und mit Eiswasser gewaschene Calciumverbindung wird schliesslich in Wasser vertheilt und mit

Kohlensäure zersetzt. Es fällt Calciumkarbonat aus, und die von diesem getrennte Lävuloselösung wird im Vakuum zur Trockne gebracht (DUBRUNFAUT).

Nach D.R.P. 67087 geht man von der Melasse aus. Letztere wird in der 6fachen Menge Wasser gelöst, durch Salzsäure invertirt, diese Lösung abgekühlt und mit Kalkhydrat versetzt, im übrigen wie vorher angegeben behandelt.

Eigenschaften. Die Lävulose des Handels stellt weisse, krümelige, krystallinische, etwas hygroskopische Massen oder ein weisses Pulver dar. Sie ist in absolutem Alkohol ziemlich löslich, sehr leicht löslich in Wasser und in verdünntem Weingeist. Die wässerige Lösung ist neutral und süsser als die des Rohrzuckers. Sie reducirt FEHLING'sche Lösung und Wismutsalze in alkalischer Flüssigkeit, und wird ebenso wie die des Traubenzuckers beim Erwärmen mit Kali- oder Natronlauge gebräunt. Sie lenkt die Ebene des polarisirten Lichtes nach links ab (l°). Als specifische Drehung wird für Lävulose bei 20° C. der Werth — 71,4 bis — 100° angegeben. Aus der Drehung des Invertzuckers würde sich sogar der Werth 108,5° berechnen. Lävulose ist direkt vergährbar, doch vergährt sie langsamer als Dextrose. Das Anhydrid schmilzt bei 95—105° C., bei höherem Erhitzen wird es tiefgreifend zersetzt.

Prüfung. Farblose, geruchlose, krystallinische Massen, welche beim Erhitzen unter Karamelbildung verkohlen und schliesslich, ohne einen wägbaren Rückstand (anorganische Substanzen) zu hinterlassen, verbrennen. In Wasser und in verdünntem Weingeist leicht löslich; die wässerige Lösung reducirt FEHLING'sches Reagens und dreht links. Löst man 5,5 g in Wasser zu 100 ccm auf, so gebe diese Lösung im 200 mm-Rohr nach VENTZKE-SOLEIL bei 20° C. eine Ablenkung von 25—26°, was einem Gehalte von 98 bis 99 Proc. Lävulose entspricht.

Aufbewahrung. Wegen der hygroskopischen Eigenschaften in gut verschlossenen Gefässen.

Anwendung. Als Süssmittel für Diabetiker. Da diese die Lävulose in nicht zu grossen Mengen voll ausnutzen und verbrennen, so erhalten sie damit ein sie zugleich ernährendes Süssmittel. In leichteren Fällen von Diabetes wurden täglich 50 g assimilirt, in schwereren Fällen weniger.

IV. Invertzucker. Entsteht aus dem Rohrzucker durch Einwirkung von Fermenten (Invertin) oder verdünnten Säuren auf die wässerige Lösung desselben. Der Invertzucker ist ein Gemisch gleicher Gewichtstheile Dextrose und Lävulose. Da das spec. Drehungsvermögen der letzteren grösser ist als dasjenige der ersteren, so ist Invertzucker linksdrehend. Er ist von milder angenehmer Süsse und direkt vergährbar, und zwar vergährt zuerst die Dextrose und erst später auch die Lävulose, so dass bei partieller Vergährung von Invertzucker zunächst eine linksdrehende Flüssigkeit erhalten wird.

Eine Rohrzuckerlösung, welche vor der Inversion + 100° polarisirt, giebt nach der Inversion eine Linksdrehung von (—) 32,66° bei 20° C. und von 42,66° bei 0° C. Die Drehung ist von der Temperatur sehr abhängig.

KLOTZ's Lösender Sirup. Ist ein 70 Proc. Zucker enthaltender weisser Sirup. Der Zucker ist z. Th. als Rohrzucker, z. Th. als Invertzucker vorhanden. Das Verhältniss beider wurde bei verschiedenen Untersuchungen verschieden gefunden. B. FISCHER.

Antispasmodischer Sirup von DESAGA gegen Keuchhusten. Ist ein schwach roth gefärbter, etwas Kaliumkarbonat enthaltender Zuckersirup.

Fruchtzucker des Handels. Flüssiger Raffinade-Zucker. Die unter diesen Namen im Handel befindlichen Präparate sind z. Th. aus Invertzucker, z. Th. aus Rohrzucker bestehende Sirupe mit einem Zuckergehalt von etwa 80 Proc. auf Rohrzucker berechnet, darunter etwa 40 Proc. Invertzucker. Der Invertzucker ist dem Rohrzucker für manche Zwecke vorzuziehen, da er süsser und vollmundiger schmeckt als dieser und weniger zum Auskrystallisiren neigt. Als Ersatz des *Sirupus simplex* dürfen diese Sirupe in der Receptur nicht verwendet werden.

V. Raffinose. Melitriose. Pluszucker. $C_{18}H_{32}O_{16}$. Mol. Gew. = 504.

Kommt zu etwa 0,02 Proc. in der Zuckerrübe vor und reichert sich in der Melasse an. Krystallisirt aus wässeriger Lösung in feinen weissen Nadeln mit 5 Mol. Wasser

($C_{18}H_{32}O_{16} + 5\,H_2O$). Ist in kaltem Wasser schwerer, in heissem Wasser leichter löslich wie Rohrzucker, sie ist unlöslich in absolutem Aethyl-Alkohol, dagegen löslich in 10 Th. absolutem Methyl-Alkohol. Die Lösungen schmecken nicht süss. Raffinose ist gährungsfähig, wirkt aber auf FEHLING'sche Lösung nicht reducirend. Die Lösungen sind rechtsdrehend. In 10procentiger Lösung ist $[\alpha]_D = + 104,5^0$. Auf gleiche Gewichtstheile berechnet ist das Rechtsdrehungsvermögen der Raffinose 1,57 mal und das des Raffinoseanhydrids 1,85 mal grösser als das des Rohrzuckers. Löst man 26,048 g Rohrzucker zu 100 ccm, so zeigt diese Lösung im 200 mm-Rohr (nach VENTZKE-SOLEIL) + 100° Drehung. Die gleiche Menge Raffinosehydrat giebt unter den nämlichen Bedingungen + 157,15° und die gleiche Menge Raffinoseanhydrid = + 185° Drehung.

Bei der Inversion durch verdünnte Säuren wird die Raffinose nach der Gleichung $C_{18}H_{32}O_{16} + 2\,H_2O = 3\,C_6H_{12}O_6$ gespalten in Lävulose, Dextrose und Galaktose. Da von den Spaltprodukten nur die Lävulose linksdrehend, dagegen Dextrose und Galaktose (letztere in hohem Maasse) rechtsdrehend sind, so besitzt die invertirte Flüssigkeit eine mässige Rechtsdrehung. Eine Lösung von 16, 576 g Raffinosehydrat zu 100 ccm in Wasser polarisirt direkt + 100°, nach der Inversion noch + 51,24°.

Die Raffinose kommt als Süssstoff nicht in Betracht, sondern lediglich als Verunreinigung des Rübenzuckers. Die ersten Produkte sind frei von Raffinose, dagegen enthalten die aus der Melasse dargestellten Nachprodukte Raffinose. In diesem Falle lässt die Polarisation den Zucker höherprocentig erscheinen, als er thatsächlich ist, unter Umständen kann die polarimetrische Untersuchung einen 100 Proc. übersteigenden Zuckergehalt finden lassen. Daher der Name „Pluszucker".

VI. Maltose (Isomaltose). $C_{12}H_{22}O_{11}$. Mol. Gew. = 342.

Entsteht durch Einwirkung von Diastase auf Stärke, auch durch Einwirkung von verdünnter Schwefelsäure auf Stärke, ist daher im Malzextrakt und auch im Stärkezucker enthalten. Sie krystallisirt aus Wasser in weissen, süssen Nadeln $C_{12}H_{22}O_{11} + H_2O$, ist leicht löslich in Wasser, Alkohol und Methylalkohol. Durch Trocknen bei 100—110° C. wird sie wasserfrei, doch beginnt sie sich dabei unter Bräunung zu zersetzen.

Maltose ist leicht und vollständig vergährbar. Die wässerige Lösung ist rechtsdrehend. Die specifische Drehung ist bei 20° C. = 138,29. Die Lösungen zeigen die Erscheinung der Halbrotation, d. h. sie drehen frisch bereitet wesentlich geringer als nach längerem Stehen. Geringer Zusatz von Ammoniakflüssigkeit bringt die Rotation sofort auf den normalen Betrag. — Maltose reducirt die FEHLING'sche Lösung, nicht aber eine neutrale Lösung von Kupferacetat (BARFOED's Reagens s. Bd. I, S. 1025). Bei der Inversion durch verdünnte Säuren entstehen aus 1 Mol. Maltose = 2 Mol. Dextrose. — Es ist daher verständlich, dass durch die Inversion die Rechtsdrehung der Maltose auf etwa den dritten Theil herabgesetzt wird, während die reducirende Wirkung auf etwa das Doppelte erhöht wird.

Maltose ist im reinen Zustande kein Handelsartikel, da sie noch zu theuer ist. Dagegen ist sie wichtig als Bestandtheil der Malzpräparate, z. B. Malzextraktes und des Bieres.

VII. Saccharum Lactis (Austr. Brit. Germ. Helv. U-St.). Sucre de lait (Gall.). Milchzucker. Lactose. Sugar of milk. Milk-Sugar. Sel de lait. Lactine. $C_{12}H_{22}O_{11} + H_2O$. Mol. Gew. = 360.

Darstellung. Die beim Verkäsen der Milch mittels Lab sich ergebenden Molken werden aufgekocht, filtrirt und im Vakuum eingedampft. Beim Erkalten unter Bewegung krystallisirt der Milchzucker als feiner Krystallsand aus. Dieser wird in Centrifugen unter Zulaufenlassen von kaltem Wasser abgeschleudert, dann in Wasser gelöst, durch Thierkohle entfärbt und zur Krystallisation gebracht.

In den Handel gelangt er in Krystalltafeln oder walzenförmigen Krystallmassen oder als feines Pulver.

Eigenschaften. Milchzucker bildet geruchlose, harte, weisse, nicht glänzende, vierseitige rhombische Prismen von schwach süssem Geschmacke, welche zwischen den

Zähnen sandig knirschen. Er löst sich in 7 Th. Wasser von gewöhnlicher Temperatur oder in 1,2 Th. siedendem Wasser zu einer nicht sirupartigen Flüssigkeit. Unlöslich ist er in Weingeist, Aether und Chloroform. Aus der wässerigen Lösung krystallisirt er mit 1 Mol. Krystallwasser und hat dann die Formel $C_{12}H_{22}O_{11} + H_2O$. Beim Erhitzen auf 130° C. entweicht das Krystallwasser; bei 180° C. färbt sich der Milchzucker braun, indem er unter Austritt von Wasser in amorphen Lactocaramel $C_{12}H_{20}O_{10}$ übergeht. Milchzucker bräunt sich beim Erhitzen mit Alkalien. Konc. Schwefelsäure verändert ihn anfänglich nicht; allmählich aber, schneller beim Erhitzen, tritt Zersetzung und Schwärzung ein (Unterschied von Rohrzucker). Er reducirt alkalische Kupferlösung und ammoniakalische Silberlösung, letztere unter Spiegelbildung.

Die wässerige Lösung ist rechtsdrehend (r°). Das specifische Drehungsvermögen bei 20° C. ist = 52,53°. Durch Erhitzen mit verdünnter Schwefelsäure wird der Milchzucker in gleiche Molekule Dextrose und Galaktose gespalten; er ist daher als eine anhydridartige Verbindung von Dextrose und Galaktose aufzufassen.

Durch Bierhefe wird Milchzucker nicht vergohren, auch durch das Invertin der Bierhefe nicht in Dextrose und Galaktose gespalten. Wohl aber vergährt der Milchzucker durch gewisse Spaltpilze (s. S. 253). Hierauf beruht die Darstellung des Kefirs und des Kumyss.

Prüfung. Dieselbe erstreckt sich hauptsächlich auf einen Gehalt an Dextrin oder Rohrzucker und beruht darauf, dass Milchzucker in verdünntem Weingeist nahezu unlöslich ist, während Rohrzucker sich in demselben reichlich löst. Man lässt 15 g Milchzucker unter bisweiligem Umschütteln 1/2 Stunde mit 50 ccm verdünntem Weingeist in Berührung, alsdann filtrirt man ab und versetzt das Filtrat mit einem gleichen Volumen absolutem Alkohol. Eine hierdurch eintretende Trübung zeigt Rohrzucker oder Dextrin an. Bleibt die Flüssigkeit klar, so wird der Verdampfungsrückstand bestimmt. Bei reinem Milchzucker beträgt derselbe seiner geringen Löslichkeit wegen nicht mehr als 0,03 g für 10 ccm Filtrat. Ist der Verdampfungsrückstand erheblicher, so ist die Anwesenheit von Rohrzucker wahrscheinlich.

Milchzucker, welcher dumpfig oder ranzig riecht oder gelb gefärbt ist, werde verworfen.

Aufbewahrung. An einem trocknen Orte in wohl verschlossenen Gefässen. Reiner Milchzucker ist nicht hygroskopisch.

Anwendung. Milchzucker wird als Vehikel an Stelle des Rohrzuckers für schwere bezw. nicht lösliche Pulver angewendet. Man giebt ihn Säuglingen als Nahrungsmittel. In grossen Gaben wirkt er diuretisch.

Sterilisirter Milchzucker. Ist durch discontinuirliche Sterilisation angeblich steril gemachtes Milchzuckerpulver und besonders für die Säuglingsernährung bestimmt.

Analytisches. Man bedient sich zur analytischen Bestimmung des Zuckers in der Praxis dreier Methoden, von denen jede dann anzuwenden ist, wenn sie für einen gegebenen Zweck am besten passt.

1) Die densimetrische Methode. Man bestimmt das specifische Gewicht einer wässerigen Zuckerlösung und schlägt in einer Tabelle nach, welcher Zuckergehalt dem gefundenen specifischen Gewichte entspricht. Die so ermittelte Zahl giebt den scheinbaren Zuckergehalt wieder, denn es ist klar, dass eine Erhöhung des specifischen Gewichtes auch durch andere Bestandtheile, die nicht Zucker sind, bedingt werden kann. In der dem Pharmaceuten nahe stehenden Praxis führt man die Bestimmung des specifischen Gewichtes bei 15° C. mit Aräometern oder der Mohr-Westphal'schen Wage oder mit Pyknometern aus. Als Einheit dient das Gewicht des Wassers bei 15° C., d. h. man ermittelt das spec. Gew. $\frac{15}{15}$. Als Tabelle ist für unsere Verhältnisse die von C. Windisch zu empfehlen. Sie ist eigentlich nur für Rohrzucker aufgestellt worden, aber man kann sie, ohne wesentliche Fehler zu begehen, auch zur Ermittelung des Gehaltes wässeriger Lösungen anderer Zuckerarten benutzen, ausserdem dient sie auch zur Bestimmung des Extraktgehaltes von Weinen und Likören. Betont muss werden, dass diese Tabelle sich lediglich auf wässerige Lösungen bezieht; ist also in einer Lösung Alkohol zugegen, so muss dieser durch Erwärmen beseitigt werden.

Tafel zur Ermittelung des Zuckergehaltes wässeriger Zuckerlösungen aus der Dichte bei 15° (*d* 15°/15° C.). Zugleich Extrakttafel für die Untersuchung von Bier, Süssweinen, Likören, Fruchtsäften etc. nach K. WINDISCH.

Spec. Gew. *d* 15°/15° C.	Gewichts-Proc. Zucker	g Zucker in 100 ccm	Spec. Gew. *d* 15°/15° C.	Gewichts-Proc. Zucker	g Zucker in 100 ccm	Spec. Gew. *d* 15°/15° C.	Gewichts-Proc. Zucker	g Zucker in 100 ccm	Spec. Gew. *d* 15°/15° C.	Gewichts-Proc. Zucker	g Zucker in 100 ccm
1,000	0,00	0,00	1,056	13,75	14,51	1,112	26,28	29,20	1,168	37,77	44,08
1,001	0,26	0,26	1,057	13,99	14,77	1,113	26,50	29,47	1,169	37,97	44,35
1,002	0,52	0,52	1,058	14,22	15,03	1,114	26,71	29,73	1,170	38,17	44,62
1,003	0,77	0,77	1,059	14,45	15,29	1,115	26,92	29,99	1,171	38,36	44,88
1,004	1,03	1,03	1,060	14,69	15,55	1,116	27,13	30,26	1,172	38,56	45,15
1,005	1,28	1,29	1,061	14,92	15,81	1,117	27,35	30,52	1,173	38,76	45,42
1,006	1,54	1,55	1,062	15,15	16,07	1,118	27,56	30,79	1,174	38,95	45,69
1,007	1,80	1,81	1,063	15,38	16,33	1,119	27,77	31,05	1,175	39,15	45,96
1,008	2,05	2,07	1,064	15,61	16,60	1,120	27,98	31,31	1,176	39,34	46,22
1,009	2,31	2,32	1,065	15,84	16,86	1,121	28,19	31,58	1,177	39,54	46,49
1,010	2,56	2,58	1,066	16,07	17,12	1,122	28,40	31,84	1,178	39,73	46,76
1,011	2,81	2,84	1,067	16,30	17,38	1,123	28,61	32,11	1,179	39,92	47,03
1,012	3,07	3,10	1,068	16,53	17,64	1,124	28,82	32,37	1,180	40,12	47,30
1,013	3,32	3,36	1,069	16,76	17,90	1,125	29,03	32,64	1,181	40,31	47,57
1,014	3,57	3,62	1,070	16,99	18,16	1,126	29,24	32,90	1,182	40,50	47,83
1,015	3,82	3,87	1,071	17,22	18,43	1,127	29,45	33,17	1,183	40,70	48,11
1,016	4,07	4,13	1,072	17,45	18,69	1,128	29,66	33,43	1,184	40,89	48,37
1,017	4,32	4,39	1,073	17,68	18,95	1,129	29,87	33,70	1,185	41,08	48,64
1,018	4,57	4,65	1,074	17,90	19,21	1,130	30,08	33,96	1,186	41,28	48,91
1,019	4,82	4,91	1,075	18,13	19,47	1,131	30,29	34,23	1,187	41,47	49,18
1,020	5,07	5,17	1,076	18,35	19,73	1,132	30,49	34,49	1,188	41,66	49,45
1,021	5,32	5,43	1,077	18,58	20,00	1,133	30,70	34,75	1,189	41,85	49,72
1,022	5,57	5,69	1,078	18,81	20,26	1,134	30,91	35,02	1,190	42,04	49,99
1,023	5,82	5,94	1,079	19,03	20,52	1,135	31,12	35,29	1,191	42,23	50,26
1,024	6,06	6,20	1,080	19,26	20,78	1,136	31,32	35,55	1,192	42,42	50,53
1,025	6,31	6,46	1,081	19,48	21,04	1,137	31,53	35,82	1,193	42,62	50,80
1,026	6,56	6,72	1,082	19,71	21,31	1,138	31,73	36,08	1,194	42,81	51,07
1,027	6,80	6,98	1,083	19,93	21,57	1,139	31,94	36,35	1,195	43,00	51,34
1,028	7,05	7,24	1,084	20,16	21,83	1,140	32,14	36,61	1,196	43,19	51,61
1,029	7,29	7,50	1,085	20,38	22,09	1,141	32,35	36,88	1,197	43,37	51,87
1,030	7,54	7,76	1,086	20,60	22,36	1,142	32,55	37,14	1,198	43,56	52,15
1,031	7,78	8,02	1,087	20,83	22,62	1,143	32,76	37,41	1,199	43,75	52,42
1,032	8,02	8,27	1,088	21,05	22,88	1,144	32,96	37,67	1,200	43,94	52,68
1,033	8,27	8,53	1,089	21,27	23,14	1,145	33,17	37,95	1,201	44,13	52,95
1,034	8,51	8,79	1,090	21,49	23,41	1,146	33,37	38,21	1,202	44,32	53,22
1,035	8,75	9,05	1,091	21,72	23,67	1,147	33,57	38,47	1,203	44,50	53,49
1,036	9,00	9,31	1,092	21,94	23,93	1,148	33,78	38,75	1,204	44,69	53,76
1,037	9,24	9,57	1,093	22,16	24,20	1,149	33,98	39,01	1,205	44,88	54,03
1,038	9,48	9,83	1,094	22,38	24,46	1,150	34,18	39,27	1,206	45,07	54,30
1,039	9,72	10,09	1,095	22,60	24,72	1,151	34,38	39,54	1,207	45,25	54,58
1,040	9,96	10,35	1,096	22,82	24,99	1,152	34,58	39,80	1,208	45,44	54,85
1,041	10,20	10,61	1,097	23,04	25,25	1,153	34,79	40,08	1,209	45,63	55,12
1,042	10,44	10,87	1,098	23,25	25,51	1,154	34,99	40,34	1,210	45,81	55,39
1,043	10,68	11,13	1,099	23,47	25,78	1,155	35,19	40,61	1,211	46,00	55,66
1,044	10,92	11,39	1,100	23,69	26,04	1,156	35,39	40,88	1,212	46,19	55,93
1,045	11,16	11,65	1,101	23,91	26,30	1,157	35,59	41,14	1,213	46,37	56,20
1,046	11,40	11,91	1,102	24,13	26,56	1,158	35,79	41,41	1,214	46,56	56,48
1,047	11,63	12,17	1,103	24,34	26,83	1,159	35,99	41,68	1,215	46,74	56,75
1,048	11,87	12,43	1,104	24,56	27,09	1,160	36,19	41,94	1,216	46,93	57,02
1,049	12,10	12,69	1,105	24,78	27,35	1,161	36,39	42,21	1,217	47,11	57,28
1,050	12,34	12,95	1,106	24,99	27,62	1,162	36,59	42,48	1,218	47,30	57,56
1,051	12,58	13,21	1,107	25,21	27,88	1,163	36,78	42,74	1,219	47,48	57,83
1,052	12,81	13,47	1,108	25,42	28,15	1,164	36,98	43,01	1,220	47,66	58,10
1,053	13,05	13,73	1,109	25,64	28,41	1,165	37,18	43,28	1,221	47,85	58,38
1,054	13,28	13,99	1,110	25,85	28,67	1,166	37,38	43,55	1,222	48,03	58,65
1,055	13,52	14,25	1,111	26,07	28,94	1,167	37,58	43,82	1,223	48,22	58,92

Spec. Gew. d 15°/15° C.	Gewichts-Proc. Zucker	g Zucker in 100 ccm	Spec. Gew. d 15°/15° C.	Gewichts-Proc. Zucker	g Zucker in 100 ccm	Spec. Gew. d 15°/15° C.	Gewichts-Proc. Zucker	g Zucker in 100 ccm	Spec. Gew. d 15°/15° C.	Gewichts-Proc. Zucker	g Zucker in 100 ccm
1,224	48,40	59,19	1,269	56,41	71,52	1.314	64,02	84,05	1,359	71,27	96,78
1,225	48,58	59,46	1,270	56,58	71,80	1,315	64,19	84,34	1,360	71,43	97,07
1,226	48,76	59,73	1,271	56,76	72,08	1,316	64,35	84,61	1,361	71,59	97,35
1,227	48,95	60,01	1,272	56,93	72,35	1,317	64,52	84,90	1,362	71,75	97,64
1,228	49,13	60,28	1,273	57,10	72,63	1,318	64,68	85,18	1,363	71,90	97,92
1,229	49,31	60,55	1,274	57,27	72,90	1,319	64,85	85,46	1,364	72,06	98,21
1,230	49,49	60,82	1,275	57,45	73,18	1,320	65,01	85,74	1,365	72,22	98,50
1,231	49,67	61,10	1,276	57,62	73,46	1,321	65,17	86,02	1,366	72,38	98,78
1,232	49,85	61,37	1,277	57,79	73,73	1,322	65,34	86,30	1,367	72,53	99,07
1,233	50,04	61,64	1,278	57,96	74,01	1,323	65,50	86,58	1,368	72,69	99,35
1,234	50,22	61,92	1,279	58,13	74,29	1,324	65,66	86,86	1,369	72,85	99,64
1,235	50,40	62,19	1,280	58,31	74,57	1,325	65,82	87,14	1,370	73,00	99,92
1,236	50,58	62,46	1,281	58.48	74,85	1,326	65,99	87,43	1,371	73,16	100,21
1,237	50,76	62,73	1,282	58,65	75,12	1,327	66,15	87,71	1,372	73,31	100,50
1,238	50,94	63,01	1,283	58,82	75,40	1,328	66,31	87,99	1,373	73,47	100,79
1,239	51,12	63,28	1,284	58,99	75,68	1,329	66,48	88,27	1,374	73,62	101,07
1,240	51,30	63,56	1,285	59,16	75,95	1,330	66,64	88,55	1,375	73,78	101,36
1,241	51,48	63,83	1,286	59,33	76,23	1,331	66,80	88,84	1,376	73,94	101,65
1,242	51,66	64,11	1,287	59,50	76,51	1,332	66,96	89,12	1,377	74,09	101,93
1,243	51,83	64,37	1,288	59,67	76,79	1,333	67,12	89,40	1,378	74,25	102,23
1,244	52,01	64,65	1,289	59,84	77,07	1,334	67,29	89,69	1,379	74,40	102,51
1,245	52,19	64,92	1,290	60,01	77,35	1,335	67,45	89,97	1,380	74,50	102,81
1,246	52,37	65,20	1,291	60,18	77,63	1,336	67,61	90,25	1,381	74,71	103,09
1,247	52,55	65,47	1,292	60,35	77,90	1,337	67,77	90,53	1,382	74,87	103,38
1,248	52,73	65,75	1,293	60,52	78,19	1,338	67,93	90,81	1,383	75,02	103,66
1,249	52,90	66,02	1,294	60,69	78,46	1,339	68,09	91,09	1,390	76,10	105,69
1,250	53,08	66,29	1,295	60,85	78,73	1,340	68,25	91,38	1,400	77,63	108,59
1,251	53,26	66,57	1,296	61,02	79,02	1,341	68,41	91,66	1,410	79,14	111,49
1,252	53,43	66,84	1,297	61,19	79,30	1,342	68,57	91,94	1,420	80,64	114,41
1,253	53,61	67,12	1,298	61,36	79,57	1,343	68,73	92,23	1,430	82,13	117,35
1,254	53,79	67,40	1,299	61,53	79,86	1,344	68,89	92,51	1,440	83,61	120,29
1,255	53,96	67,67	1,300	61,69	80,13	1,345	69,05	92,79	1,450	85,07	123,25
1,256	54,14	67,94	1,301	61,86	80,41	1,346	69,21	93,08	1,460	86,52	126,22
1,257	54,32	68,22	1,302	62,03	80,69	1,347	69,37	93,36	1,470	87,97	129,20
1,258	54,49	68,49	1,303	62,20	80,97	1,348	69,53	93,65	1,480	89,40	132,20
1,259	54,67	68,77	1,304	62,36	81,25	1,349	69,69	93,94	1,490	90,82	135,21
1,260	54,84	69,04	1,305	62,53	81,53	1,350	69,85	94,21	1,500	92,23	138,23
1,261	55,02	69,32	1,306	62,70	81,81	1,351	70,01	94,50	1,510	93,63	141,26
1,262	55,19	69,59	1,307	62,86	82,09	1,352	70,16	94,79	1,520	95,03	144,32
1,263	55,37	69,87	1,308	63,03	82,37	1,353	70,32	95,07	1,530	96,41	147,38
1,264	55,54	70,14	1,309	63,19	82,65	1,354	70,48	95,35	1,540	97,78	150,46
1,265	55,72	70,42	1,310	63,36	82,93	1,355	70,64	95,64	1,550	99,15	153,55
1,266	55,89	70,69	1,311	63,52	83,21	1,356	70,80	95,93	1,55626	100,00	155,49
1,267	56,06	70,97	1,312	63,69	83,49	1,357	70,96	96,21			
1,268	56,24	71,25	1,313	63,86	83,77	1,358	71,12	96,49			

Beispiel. Angenommen, man wolle den scheinbaren Zuckergehalt, d. h. also den Trockenrückstand eines Honigs bestimmen. Zu diesem Zwecke wägt man genau 10 g Honig in eine Platinschale, löst diese Menge in Wasser und füllt die Lösung bei 15° C. (!) auf 100 ccm auf. Man bestimmt alsdann das spec. Gewicht dieser Lösung bei 15° C. (!) und findet es zu 1,032. Dieser Dichte entspricht nach der Tabelle ein Zuckergehalt von 8,27 g in 100 ccm. D. h. in unseren 100 ccm Lösung sind 8,27 g Zucker enthalten, mit anderen Worten der Honig enthält 82,7 Proc. Trockenrückstand.

2) Die polarimetrische Methode. Sie beruht auf der Thatsache, dass die einzelnen Zuckerarten in wässeriger Lösung die Ebene des polarisirten Lichtes in verschiedener Weise beeinflussen (ablenken oder drehen). Da die specifische Drehung der Zuckerarten eine konstante Grösse ist, so kann man aus der im einzelnen Falle beobachteten Drehung auf den Zuckergehalt einer Lösung schliessen, wenn alle übrigen Mo-

mente gleich sind, und wenn ausser dem zu bestimmenden Zucker keine andere Substanz zugegen ist, welche die Ebene des polarisirten Lichtes beeinflusst.

Die specifische Drehung [α] einer Substanz giebt an, um wie viele Grade die Ebene der polarisirten Lichtes abgelenkt wird, wenn das polarisirte Licht bei 0° C. eine 10 cm dicke Schicht (bez. Lösung) des betreffenden Körpers, welche in 1 ccm = 1 g Substanz enthält, passirt.

Die specifische Drehung $[\alpha]_D$ giebt den gleichen Betrag an für den Lichtstrahl D des Spektrums. Findet sich bei dem Werthe $[\alpha]_D$ noch eine Zahl, z. B. $[\alpha]_D^{20}$, so bedeutet diese, dass die Beobachtung bei einer von der Normaltemperatur (0° C.) abweichenden Temperatur, im vorliegenden Falle bei 20° C., ausgeführt wurde.

Man wird nicht erwarten dürfen; aus diesem Handbuche die Einzelheiten der polarimetrischen Methode erlernen zu können. Die polarimetrische Methode setzt das Vorhandensein eines theuren Polarisationsapparates voraus, und wer im Besitze eines solchen ist, wird auch die nothwendigen litterarischen Hilfsmittel zu seiner Benutzung sich verschaffen können. Wir werden uns daher darauf beschränken, einige Angaben zu machen, welche sonst nicht leicht zu finden sind.

Die rein wissenschaftlichen Zwecken dienenden Polarisationsapparate besitzen eine Skala, welche einen Kreis darstellt, der in 360° getheilt ist. Will man z. B. die spec. Drehung des Terpentinöls bestimmen, so füllt man ein Beobachtungsrohr von 100 mm mit Terpentinöl, liest die Drehung ab und reducirt den beobachteten Betrag auf 0° C. unter Berücksichtigung des spec. Gewichtes. Man hat alsdann direkt die spec. Drehung des Terpentinöls.

Würde man diese Apparate zur Untersuchung von Zucker benutzen, so würden sich umständliche, leicht zu Fehlern führende Rechnungen erforderlich machen. Es sind daher für die Untersuchung des Zuckers besondere, „Saccharimeter" genannte Apparate konstruirt worden.

Die Saccharimeter. Wägt man bei einem solchen Saccharimeter die dem zugehörigen „Normalgewicht" entsprechende Substanzmenge ab, löst in Wasser und füllt bei 17,5° C.[1]) auf 100 ccm auf, so geben die bei 17,5° C. im 200 mm-Rohr beobachteten Grade der Skala direkt den Procentgehalt im Rohrzucker an. Die im praktischen Gebrauche befindlichen Saccharimeter weichen bezüglich der Koncentration der zu beobachtenden Lösungen stark von einander ab; die von verschiedenen Instrumenten gemachten Angaben sind, sobald eine Zuckerlösung von unbekannnter Koncentration vorliegt, nur dann vergleichbar, wenn sich jede Angabe auf das Normalgewicht des betreffenden Apparates bezieht.

Die wichtigsten dieser Apparate sind folgende:

1) Soleil-Ventzke-Scheibler. **Farbenapparat.** Die Beobachtung erfolgt mit gewöhnlichem Lampenlicht. **Normalgewicht = 26,048 g,** d. h. werden 26,048 g reiner Rohrzucker in Wasser gelöst, und wird diese Lösung bei 17,5° C. im 200 mm-Rohr polarisirt, so zeigt dieser Apparat 100 Theilstriche Drehung = 100 Proc. Zucker an. Beobachtet man also eine unbekannte Zuckerlösung in diesem Apparat bei 17,5° C. in einem 200 mm-Rohr, so zeigt jeder beobachtete Grad (+) Drehung die Menge von 0,26048 g Zucker in 100 ccm Lösung an.

Dieser Apparat ist in Deutschland gebräuchlich.

2) **Halbschatten-Apparat** von Schmidt & Haensch mit **Soleil-Ventzke-Scheibler'scher Skala.** Der Apparat ist auf den Nullpunkt eingestellt, wenn beide Hälften des Gesichtsfeldes gleiche Beschattung (gleiche Helligkeit) zeigen. Als Lichtquelle dient gewöhnliches Lampenlicht. Normalgewicht, Temperatur, Länge des Beobachtungsrohres und die übrigen Daten wie bei dem vorigen Apparat.

Vorzugsweise in Deutschland in Gebrauch.

3) **Saccharimeter von Soleil-Dubosq.** Als Lichtquelle benutzt man Natriumlicht. Bei diesem Apparat ist die Ablenkung einer rechtsdrehenden Quarzplatte von 1 mm Dicke in 100 Theile getheilt. Die gleiche Ablenkung wird hervorgebracht, wenn eine Zucker-

[1]) Zur Zeit schweben Verhandlungen, welche bezwecken, die Normaltemperatur für alle bei der Analyse des Zuckers auszuführenden Messungen auf + 20° C. festzusetzen.

lösung, welche bei 17,5° C. in 100 ccm = 16,350 g reinen Rohrzucker enthält, bei 17,5° C. im 200 mm-Rohr beobachtet wird. Daher ist das Normalgewicht dieses Apparates = 16,350 g.

Beobachtet man also eine unbekannte Zuckerlösung in diesem Apparate bei 17,5° C. und in einem 200 mm-Rohre, so zeigt jeder beobachtete Grad (+) Drehung die Menge von 0,1635 g Zucker in 100 ccm Lösung an.

Dieser Apparat ist namentlich in Frankreich in Gebrauch.

4) Apparate nach Mitscherlich, Laurent und Wild mit Kreistheilung. Die Skala ist bei diesen Apparaten ein in 360 Bogengrade getheilter Kreis. Die Beobachtung erfolgt bei Natriumlicht, die Ablenkung bezieht sich auf den Strahl D des Spektrums.

Polarisirt man in diesen Apparaten im 200 mm-Rohr bei 17,5° C., so müsste eine Zuckerlösung in 100 ccm = 75 g reinen Zucker enthalten, wenn man einen Drehungsbetrag von 100° der Kreisskala erhalten wollte. Eine solche Lösung wäre natürlich zu koncentrirt. Man löst daher nur den $^{1}/_{5}$ Theil $\left(\frac{75}{5}\right)$ d. h. 15 g Zucker in Wasser zu 100 ccm. Eine solche Lösung dreht in den obigen Apparaten = 20° **der Kreistheilung.** Man muss daher den gefundenen Betrag mit 5 multipliciren, um den Procentgehalt des Zuckers zu erhalten.

5) Apparat nach Wild mit Zuckerskala. Als Lichtquelle dient wie bei den vorigen Natriumlicht. Um den Wild'schen Apparat auch als Saccharimeter benutzen zu können, hat derselbe ausser der Kreisgradtheilung noch eine Zuckerskala: 53,134 Kreisgrade sind in 400 gleiche Theile getheilt. Daraus folgt, dass je 1 Grad dieser Zuckerskala = 0,1328 Graden der Kreistheilung entspricht. Beobachtet man in diesem Apparat im 200 mm-Rohr bei 17,5° C. eine Lösung von 10 g Zucker zu 100 ccm (bei 17,5° C.), so erhält man eine (+) Drehung von 100 Grad der Zuckerskala. Jeder Grad der Zuckerskala zeigt mithin einen Gehalt von 0,1 g Zucker in 100 ccm Lösung an.

Uebersicht der einzelnen Apparate:

Apparat:	Temperatur	Normalgewicht	Lösung des Normalgewichtes: 100 ccm bei 17,5° C. polarisirt im 200 mm-Rohr	Jeder bei Beobachtung im 200 mm-Rohr u. 17,5° C. abgelesene Grad giebt an, dass in 100 ccm Lösung enthalten sind g Zucker
Soleil-Ventzke-Scheibler (Farbenapparat)	+ 17,5° C.	26,048 g	100	0,26048 g
Schmidt & Haensch, Halbschattenapparat mit der Skala des vorigen	+ 17,5° C.	26,048 g	100	0,26048 g
Soleil-Dubosq	+ 17,5° C.	16,350 g	100	0,16350 g
Mitscherlich, Laurent u. Wild, **Kreisgrade**	+ 17,5° C.	15,0 g	20[1]) Kreisgrade	0,75000 g
Wild, **Zuckerskala**	+ 17,5° C.	10,0 g	100 Zuckerskala	0,1000 g

Die Angaben der verschiedenen Polarisationsapparate lassen sich wie folgt vergleichen (Temperatur = 17,5° C., Beobachtung im 200 mm-Rohr):

Umrechnung der Drehung der verschiedenen Polarisationsapparate:

1° Soleil-Ventzke-Scheibler	= 1,5932° Soleil-Dubosq
1° Soleil-Ventzke-Scheibler	= 0,3460° Wild, Laurent od. Mitscherlich **(Kreisgrade)**
1° Soleil-Dubosq	= 0,2172° Wild, Laurent od. Mitscherlich **(Kreisgrade)**
1° Soleil-Dubosq	= 0,6277° Soleil-Ventzke-Scheibler
1° Wild (Laurent od. Mitscherlich) **Kreisgrade**	= 4,6043° Soleil-Dubosq
1° Wild (Laurent od. Mitscherlich) **Kreisgrade**	= 2,89° Soleil-Ventzke-Scheibler
1° Wild **(Kreisgrade)**	= 7,5281° Wild **(Zuckerskala)**
1° Wild **(Zuckerskala)**	= 0,1328° Wild **(Kreisgrade).**

[1]) Der gefundene Betrag ist mit 5 zu multipliciren, wenn man Procente Zucker erhalten will.

3) Gewichtsanalytische Zuckerbestimmung nach SOXHLET, ALLIHN u. A. Diese zur Zeit am häufigsten benutzte Methode zur Bestimmung der verschiedenen Zuckerarten beruht auf der Thatsache, dass die sog. reducirenden Zuckerarten beim Erhitzen mit einer alkalischen Kupferlösung aus dieser Kupferoxydul abscheiden. Man filtrirt dieses ab, wäscht es aus und führt es durch Erhitzen im Wasserstoffstrome in metallisches Kupfer über.

Es muss nun zunächst betont werden, dass diese Methoden, abgesehen von ihrer wissenschaftlichen Grundlage, durchaus konventionell sind, d. h. übereinstimmende Ergebnisse werden nur dann erhalten, wenn man die gegebenen Vorschriften bis in alle Einzelheiten genau innehält. Man muss:

1) Stets diejenigen Lösungen (nach SOXHLET, ALLIHN etc.) verwenden, welche für den gegebenen Fall vorgeschrieben sind. — **2)** Stets in derjenigen Verdünnung arbeiten, welche angegeben ist, da in anderen Koncentrationen der Reductionswerth der Zuckerlösungen abweicht. — **3)** Die zuzusetzende Zuckerlösung darf über eine bestimmte Koncentration (meist 1 Proc.) nicht hinausgehen. Auch darf man nicht mehr Zuckerlösung zusetzen als vorgeschrieben ist. — **4)** Die im einzelnen Falle vorgeschriebene Kochdauer ist an der Hand der Uhr genau innezuhalten. — **5)** Das ausgeschiedene Kupferoxydul ist sofort abzufiltriren; zum Abfiltriren hat man sich guter Filtrirröhrchen zu bedienen.

Die technische Ausführung der Zuckerbestimmungen ist für alle Zuckerarten die nämliche: Man giebt in eine nicht zu kleine, halbkugelige, glatte Porcellanschale (am besten ein Porcellankasserol mit Stiel oder eine Zuckerschale nach B. FISCHER) die vorgeschriebene Menge Seignettesalzlösung, fügt die vorgeschriebene Menge Kupfersulfatlösung, sowie die angegebene Menge destillirtes Wasser zu, rührt um, bedeckt die Schale mit einem Uhrglase und erhitzt den Inhalt. Wenn derselbe zu sieden beginnt, so nimmt man die Lampe

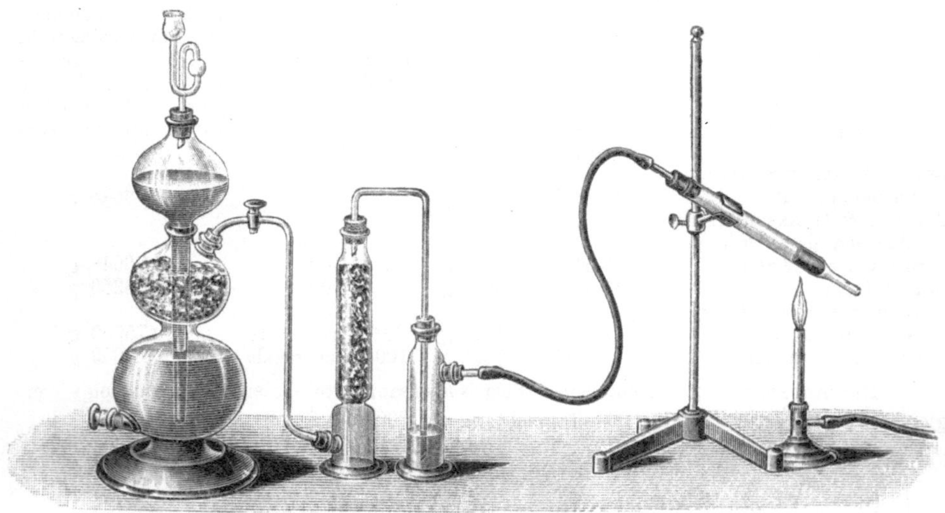

Fig. 108. Apparat zur Reduktion des Kupferoxyds (bez. -oxyduls) im Wasserstoffstrome.

weg, rückt das Uhrglas etwas zur Seite und lässt aus einer Pipette oder Bürette genau die vorgeschriebene Menge der Zuckerlösung (meist 25 ccm einer in maximo 1 Proc. Zucker enthaltenden Lösung) zufliessen. Dann bringt man das Uhrglas wieder in die frühere Lage, stellt die Lampe unter die Schale und erhitzt. Sobald die Flüssigkeit siedet, notirt man die genaue Zeit und hält die Flüssigkeit von da an noch die vorgeschriebene Zeitdauer im ruhigen Sieden. Wenn die vorgeschriebene Zeit verflossen ist, so dreht man die Lampe aus, spritzt das Uhrglas mit heissem (!) Wasser ab und filtrirt das gefällte Kupferoxydul ohne Verzug ab. Dies geschieht in der Weise, dass man ein gewogenes Asbestfilterrohr auf eine Saugflasche aufsetzt, zunächst etwas heisses Wasser durchsaugt und alsdann den Inhalt der Schale aufgiesst. Man arbeitet so, dass das Filtrat lebhaft abläuft und giebt in dem Maasse, als das Filtrat abläuft oben frische Flüssigkeit zu (das Filtrat muss noch lebhaft blau gefärbt und absolut klar sein). Die letzten Antheile von Kupferoxydul spült man unter Beihilfe einer Federfahne mit Hilfe von heissem Wasser in das Röhrchen. Dann wäscht man Röhrchen und Kupferoxydul etwa 12—15mal mit heissem Wasser aus, wäscht, nachdem dieses abgelaufen, noch 2—3mal mit Alkohol und ebenso oft mit Aether nach, saugt letzteren vollständig ab und trocknet das Röhrchen kurze Zeit im Trockenschranke. Hierauf nimmt man es vor die Saugpumpe und erhitzt mit einer kleinen Flamme das Kupferoxydul, während man zugleich einen schwachen Luftstrom durchleitet, bis dieses zu schwarzem Kupferoxyd oxydirt ist. Man lässt nun das Röhrchen vollständig erkalten (!). Hierauf verbindet man es an dem weiteren Ende mit einem Apparate, welcher gewaschenes und getrocknetes Wasserstoffgas liefert, füllt das Röhrchen zunächst mit Wasserstoffgas und stellt alsdann unter die Kupferoxydschicht eine kleine Flamme. Es lässt sich nunmehr verfolgen, wie das schwarze Kupferoxyd allmählich zu rothem metallischem Kupfer reducirt wird. Damit das Röhrchen nicht am Schluss der Operation noch springt, muss man vermeiden, dass das bei der Reaktion gebildete Wasser sich im oberen Theile des Rohres tropfenförmig kondensirt. Ein von dort auf die stark erhitzte Glaswand abfliessender Tropfen bringt das Röhrchen unfehlbar zum Springen. Um das zu vermeiden, erhitzt man mit einer zweiten Flamme, welche man in der Hand hält, unter Hin- und Herbewegen der Flamme die Theile des Röhrchens, welche nicht von der ersteren Flamme getroffen werden (Fig. 108).

Der Wasserdampf entweicht alsdann durch das untere, engere Ende des Röhrchens. Wenn die Reduktion beendet ist — man erkennt dies daran, dass an dem unteren Theile des Röhrchens sich Wassertröpfchen nicht mehr absetzen, auch Wasserdampf nicht mehr entweicht —, lässt man das Röhrchen im Wasserstoffstrome erkalten, bringt es kurze Zeit in den Exsiccator und wägt es.

Zur Kontrolle erhitzt man es nochmals kürzere Zeit im Wasserstoffstrome. Die zweite Wägung muss mit der vorhergegangenen übereinstimmen.

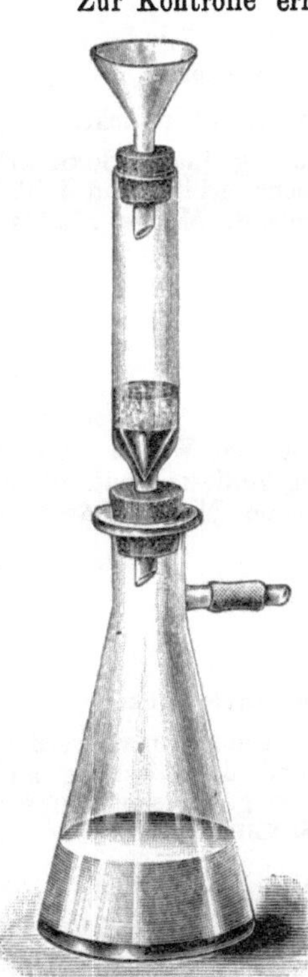

Fig. 109.
Asbest-Filtrirröhrchen.

Man sucht die dem gefundenen Kupfer entsprechende Menge Zucker in der zugehörigen Tabelle auf und berechnet den Werth auf die ursprüngliche Substanz.

Asbest-Filterröhrchen. Diese werden aus einem Stück schwer schmelzbaren Glases, wie beistehende Figur 109 zeigt, ausgezogen. Es ist zweckmässig, sie da, wo das Rohr in den verengten Theil übergeht, etwas zusammenfallen zu lassen. In ein solches Rohr schiebt man mit Hilfe eines Reagensrohres einen siebartig durchlöcherten Platinconus ein und drückt ihn mit Hilfe des Reagensrohres möglichst glatt an die Wandungen an. Dieses Rohr setzt man auf die Saugflasche und giesst in das Rohr, während man die Saugpumpe in Thätigkeit setzt, aufgeschwemmten, präparirten Asbest ein. Durch sanftes Aufdrücken mit einem abgeplatteten Glasstabe stellt man eine möglichst ebene Asbestfilterschicht her. Man fährt so lange fort, bis man eine etwa 1 ccm hohe Asbestschicht eingestopft hat. Der Asbest muss an allen Stellen über dem Platinconus stehen. Man saugt durch dieses Rohr eine grössere Menge heisses Wasser, dann einige Male Alkohol und Aether, trocknet und glüht es. Ein solches Rohr darf durch den Gebrauch nur Bruchtheile eines Milligramms an Gewicht verlieren.

Nicht jeder Asbest ist zum Füllen eines solchen Rohres zu gebrauchen. Am besten eignet sich hierzu sog. präparirter Asbest, von Apparatenhandlungen zu beziehen. Dies ist ein ausgesuchter Asbest, welcher in etwa 0,5 cm lange Stücke zerschnitten und mehrmals mit Salpetersäure und Natronlauge ausgekocht worden ist.

Die gebrauchten Röhrchen werden auf Reagenscylinder aufgesetzt; man giesst auf das Kupfer einige Kubikcentimeter 25proc. Salpetersäure und wartet, bis das Kupfer gelöst worden ist. Dann wäscht man die Röhrchen vor der Strahlpumpe mit heissem Wasser, Alkohol und Aether und trocknet sie.

Die zur Zuckerbestimmung benutzten Lösungen und Verfahren. Zur gewichtsanalytischen Zuckerbestimmung benutzt man nicht die fertige FEHLING'sche Lösung, sondern man bereitet **a)** eine Kupfersulfatlösung, **b)** eine alkalische Seignettesalzlösung. Durch Vermischen gleicher Volume beider Lösungen erhält man eine der FEHLING'schen entsprechende Lösung.

Bestimmung des Traubenzuckers (Dextrose) nach MEISSL und ALLIHN.

a) Kupfersulfatlösung. 69,278 g reinstes krystallisirtes Kupfersulfat werden in Wasser gelöst und zu 1 l aufgefüllt.

b) Seignettesalzlösung. 346,0 g Seignettesalz und 250,0 g festes Kalihydrat werden in Wasser gelöst und zu 1 l aufgefüllt.

30 ccm Kupfersulfatlösung, 30 ccm Seignettesalzlösung und 60 ccm Wasser werden in einer Porcellanschale gemischt und erhitzt. Dann fügt man 25 ccm der nicht mehr als 1 Proc. Zucker enthaltenden Lösung hinzu, erhält 2 Minuten im Sieden, und verfährt wie oben angegeben ist. Die dem gefundenen Kupfer entsprechende Menge Dextrose schlägt man in der **Tabelle I** von ALLIHN nach.

Bestimmung des Invertzuckers nach E. MEISSL.

a) Kupfersulfatlösung. 69,278 g reinstes, krystallisirtes Kupfersulfat werden in Wasser gelöst und zu 1 l aufgefüllt.

b) Seignettesalz-Natron-Lösung nach SOXHLET. 346,0 g Seignettesalz löst man in etwa 800 ccm Wasser, fügt 103 g festes Aetznatron hinzu und füllt zu 1 l auf.

25 ccm Kupfersulfatlösung, 25 ccm Seignettesalz-Natron-Lösung (nach SOXHLET) und soviel Kubikcentimeter Invertzuckerlösung, als im Maximum 0,245 g Invertzucker entsprechen, füllt man mit Wasser zu 100 ccm auf und erhält 2 Minuten lang im Sieden. Die dem gefundenen Kupfer entsprechende Menge Invertzucker ist in **Tabelle II** von MEISSL nachzuschlagen.

Bestimmung der Maltose nach E. WEIN.

a) Kupfersulfatlösung. Wie bei Traubenzucker und Invertzucker.

b) Seignettesalz-Natron-Lösung (nach SOXHLET). Wie bei Invertzucker.

25 ccm Kupfersulfatlösung, 25 ccm Seignettesalz-Natron-Lösung (nach SOXHLET) und 25 ccm der nicht mehr als 1 proc. Maltoselösung werden gemischt, erhitzt und 4 Minuten im Sieden erhalten. Die dem gefundenen Kupfer entsprechende Menge Maltose schlägt man in **Tabelle III** von E. WEIN nach.

Bestimmung der Lävulose nach LEHMANN.

a) Kupfersulfatlösung. Wie bei Dextrose.

b) Seignettesalzlösung. Wie bei Dextrose.

25 ccm Kupfersulfatlösung, 25 ccm Seignettesalzlösung und 50 ccm Wasser werden erhitzt; man lässt 25 ccm der nicht mehr als 1 proc. Lävuloselösung zufliessen und erhält 15 Minuten im Sieden. Die dem gefundenen Kupfer entsprechende Menge Lävulose schlägt man in **Tabelle IV** von LEHMANN nach.

Bestimmung des Milchzuckers nach SOXHLET.

a) Kupfersulfatlösung. Wie bei Dextrose.

b) Seignettesalz-Natron-Lösung (nach SOXHLET) wie bei Invertzucker.

25 ccm Kupfersulfatlösung, 25 ccm Seignettesalz-Natron-Lösung (nach SOXHLET) werden mit 20—60 ccm einer etwa 0,5 proc. Milchzuckerlösung gemischt und die Mischung auf 150 ccm aufgefüllt. Man erhält 6 Minuten im Sieden. — Die dem gefundenen Kupfer entsprechende Menge Milchzucker schlägt man in **Tabelle V** von SOXHLET nach.

Bestimmung des Rohrzuckers durch Inversion. Da Rohrzucker auf alkalische Kupferlösung direkt nicht reducirend einwirkt, so kann Rohrzucker durch die Reduktionsmethode direkt nicht bestimmt werden. Wohl aber kann man den Rohrzucker in Invertzucker überführen, diesen bestimmen und dann in Rohrzucker umrechnen.

100 ccm der nicht mehr als 1 proc. Rohrzuckerlösung werden in einen 250 ccm-Kolben gebracht und im Wasserbade (der Kolben muss bis unter das Niveau der Flüssigkeit in das siedende Wasser eintauchen) eine halbe Stunde lang mit 30 ccm $^1/_{10}$-Normal-Salzsäure erhitzt. Man *kühlt ab* (!), neutralisirt durch Zugabe von 30 ccm $^1/_{10}$-Normal-Kalilauge und füllt mit Wasser auf 250 ccm auf.

50 ccm dieser Invertzuckerlösung werden (s. Invertzucker) mit 25 ccm Kupfersulfatlösung, 25 ccm Seignettesalz-Natron-Lösung (ohne Zugabe von Wasser) erhitzt und, wie bei Invertzucker angegeben, weiter behandelt. Die gefundene Menge Invertzucker, multiplicirt mit 0,95, ist gleich dem vorher vorhanden gewesenen Rohrzucker.

Sind ausser Rohrzucker noch direkt reducirende Zuckerarten zugegen, so macht man eine Bestimmung a) vor der Inversion, b) nach der Inversion.

Man zieht also von der *nach* der Inversion erhaltenen Kupfermenge die *vor* der Inversion gefundene ab und sucht die dem verbleibenden Reste entsprechende Menge Invertzucker auf, die man auf Rohrzucker umrechnet. Der *vor* der Inversion gefundene Zucker wird als „Zucker vor der Inversion" angegeben.

Tabelle I zur Ermittelung des Traubenzuckers (der Dextrose, $C_6H_{12}O_6$) aus den gewichtsanalytisch bestimmten Kupfermengen nach Allihn.

Kupfer mg	Dextrose mg	Kupfer mg	Dextrose mg	Kupfer mg	Dextrose mg	Kupfer mg	Dextrose mg	Kupfer mg	Dextrose mg	Kupfer mg	Dextrose mg
10	6,1	86	43,9	162	82,7	238	122,8	314	164,2	390	207,1
12	7,1	88	44,9	164	83,8	240	123,9	316	165,3	392	208,3
14	8,1	90	45,9	166	84,8	242	125,0	318	166,4	394	209,4
16	9,0	92	46,9	168	85,9	244	126,0	320	167,5	396	210,6
18	10,0	94	47,9	170	86,9	246	127,1	322	168,6	398	211,7
20	11,0	96	48,9	172	87,9	248	128,1	324	169,7	400	212,9
22	12,0	98	49,9	174	89,0	250	129,2	326	170,9	402	214,1
24	13,0	100	50,9	176	90,0	252	130,3	328	172,0	404	215,2
26	14,0	102	51,9	178	91,1	254	131,4	330	173,1	406	216,4
28	15,0	104	52,9	180	92,1	256	132,4	332	174,2	408	217,5
30	16,0	106	54,0	182	93,1	258	133,5	334	175,3	410	218,7
32	17,0	108	55,0	184	94,2	260	134,6	336	176,5	412	219,9
34	18,0	110	56,0	186	95,2	262	135,7	338	177,6	414	221,0
36	18,9	112	57,0	188	96,3	264	136,8	340	178,7	416	222,2
38	19,9	114	58,0	190	97,3	266	137,8	342	179,8	418	223,3
40	20,9	116	59,1	192	98,4	268	138,9	344	180,9	420	224,5
42	21,9	118	60,1	194	99,4	270	140,0	346	182,1	422	225,7
44	22,9	120	61,1	196	100,5	272	141,1	348	183,2	424	226,9
46	23,9	122	62,1	198	101,5	274	142,2	350	184,3	426	228,0
48	24,9	124	63,1	200	102,6	276	143,3	352	185,4	428	229,2
50	25,9	126	64,2	202	103,7	278	144,4	354	186,6	430	230,4
52	26,9	128	65,2	204	104,7	280	145,5	356	187,7	432	231,6
54	27,9	130	66,2	206	105,8	282	146,6	358	188,9	434	232,8
56	28,8	132	67,2	208	106,8	284	147,7	360	190,0	436	233,9
58	29,8	134	68,2	210	107,9	286	148,8	362	191,1	438	235,1
60	30,8	136	69,3	212	109,0	288	149,9	364	192,3	440	236,3
62	31,8	138	70,3	214	110,0	290	151,0	366	193,4	442	237,5
64	32,8	140	71,3	216	111,1	292	152,1	368	194,6	444	238,7
66	33,8	142	72,3	218	112,1	294	153,2	370	195,7	446	239,8
68	34,8	144	73,4	220	113,2	296	154,3	372	196,8	448	241,0
70	35,8	146	74,4	222	114,3	298	155,4	374	198,0	450	242,2
72	36,8	148	75,5	224	115,3	300	156,5	376	199,1	452	243,4
74	37,8	150	76,5	226	116,4	302	157,6	378	200,3	454	244,6
76	38,8	152	77,5	228	117,4	304	158,7	380	201,4	456	245,7
78	39,8	154	78,6	230	118,5	306	159,8	382	202,5	458	246,9
80	40,8	156	79,6	232	119,6	308	160,9	384	203,7	460	248,1
82	41,8	158	80,7	234	120,7	310	162,0	386	204,8	462	249,3
84	42.8	160	81,7	236	121,7	312	163,1	388	206,0	463	249,9

Tabelle II zur Bestimmung des Invertzuckers $C_6H_{12}O_6$ nach MEISSL.[1])

Kupfer mg	Invertzucker mg	Kupfer mg	Invertzucker mg	Kupfer mg	Invertzucker mg	Kupfer mg	Invertzucker mg	Kupfer mg	Invertzucker mg	Kupfer mg	Invertzucker mg
90	46,9	148	77,8	206	109,6	264	142,7	322	176,8	380	212,4
92	47,9	150	78,9	208	110,8	266	143,8	324	178,0	382	213,6
94	48,9	152	80,0	210	111,9	268	144,9	326	179,2	384	214,9
96	50,0	154	81,0	212	113,0	270	146,1	328	180,4	386	216,1
98	51,1	156	82,1	214	114,2	272	147,2	330	181,6	388	217,4
100	52,1	158	83,2	216	115,3	274	148,4	332	182,8	390	218,7
102	53,2	160	84,3	218	116,4	276	149,5	334	184,1	392	219,9
104	54,3	162	85,4	220	117,5	278	150,7	336	185,4	394	221,2
106	55,3	164	86,5	222	118,7	280	151,9	338	186,6	396	222,4
108	56,4	166	87,6	224	119,8	282	153,1	340	187,8	398	223,7
110	57,5	168	88,6	226	120,9	284	154,3	342	189,0	400	224,9
112	58,5	170	89,7	228	122,1	286	155,5	344	190,2	402	226,4
114	59,6	172	90,8	230	123,2	288	156,7	346	191,4	404	227,8
116	60,7	174	91,9	232	124,3	290	157,8	348	192,6	406	229,3
118	61,7	176	93,0	234	125,5	292	159,0	350	193,8	408	230,7
120	62,8	178	94,1	236	126,6	294	160,2	352	195,0	410	232,1
122	63,9	180	95,2	238	127,8	296	161,4	354	196,2	412	233,5
124	64,9	182	96,2	240	128,9	298	162,6	356	197,4	414	235,0
126	66,0	184	97,3	242	130,0	300	163,8	358	198,6	416	236,4
128	67,1	186	98,4	244	131,2	302	165,0	360	199,8	418	237,8
130	68,1	188	99,5	246	132,3	304	166,2	362	201,1	420	239,2
132	69,2	190	100,6	248	133,5	306	167,3	364	202,3	422	240,6
134	70,3	192	101,7	250	134,6	308	168,5	366	203,6	424	242,0
136	71,3	194	102,9	252	135,8	310	169,7	368	204,8	426	243,4
138	72,4	196	104,0	254	136,9	312	170,9	370	206,1	428	244,9
140	73,5	198	105,1	256	138,1	314	172,1	372	207,3	430	246,3
142	74,5	200	106,3	258	139,2	316	173,3	374	208,6		
144	75,6	202	107,4	260	140,4	318	174,5	376	209,9		
146	76,7	204	108,5	262	141,5	320	175,6	378	211,1		

Tabelle III zur Bestimmung der Maltose $C_{12}H_{22}O_{11}$ nach E. WEIN.

Kupfer mg	Maltose mg	Kupfer mg	Maltose mg	Kupfer mg	Maltose mg	Kupfer mg	Maltose mg	Kupfer mg	Maltose mg	Kupfer mg	Maltose mg
30	25,3	76	65,4	122	106,2	168	147,6	214	188,6	260	229,8
32	27,0	78	67,1	124	108,0	170	149,4	216	190,4	262	231,6
34	28,7	80	68,9	126	109,8	172	151,2	218	192,1	264	233,4
36	30,5	82	70,6	128	111,6	174	152,9	220	193,9	266	235,2
38	32,2	84	72,4	130	113,4	176	154,7	222	195,7	268	237,0
40	33,9	86	74,1	132	115,2	178	156,5	224	197,5	270	238,8
42	35,7	88	75,9	134	117,0	180	158,3	226	199,3	272	240,6
44	37,4	90	77,7	136	118,8	182	160,1	228	201,1	274	242,4
46	39,1	92	79,5	138	120,6	184	161,8	230	202,9	276	244,2
48	40,9	94	81,2	140	122,4	186	163,6	232	204,7	278	246,0
50	42,6	96	83,0	142	124,2	188	165,4	234	206,5	280	247,8
52	44,4	98	84,8	144	126,0	190	167,2	236	208,3	282	249,6
54	46,1	100	86,6	146	127,8	192	169,0	238	210,0	284	251,3
56	47,8	102	88,4	148	129,6	194	170,7	240	211,8	286	253,1
58	49,6	104	90,1	150	131,4	196	172,5	242	213,6	288	254,9
60	51,3	106	91,9	152	133,2	198	174,3	244	215,4	290	256,6
62	53,1	108	93,7	154	135,0	200	176,1	246	217,2	292	258,4
64	54,8	110	95,5	156	136,8	202	177,9	248	219,0	294	260,2
66	56,6	112	97,3	158	138,6	204	179,6	250	220,8	296	262,0
68	58,3	114	99,0	160	140,4	206	181,4	252	222,6	298	263,7
70	60,1	116	100,8	162	142,2	208	183,2	254	224,4	300	265,5
72	61,8	118	102,6	164	144,0	210	185,0	256	226,2		
74	63,6	120	104,4	166	145,8	212	186,8	258	228,0		

[1]) Die für 10—89 mg entsprechenden Mengen Invertzucker sind in der vorhergehenden Tabelle für „Traubenzucker“ aufzusuchen.

Tabelle IV zur Bestimmung der Lävulose $C_6H_{12}O_6$ nach Lehmann.

Kupfer mg	Lävulose mg	Kupfer mg	Lävulose mg	Kupfer mg	Lävulose mg	Kupfer mg	Lävulose mg	Kupfer mg	Lävulose mg	Kupfer mg	Lävulose mg
20	7,15	82	43,57	144	81,55	206	121,30	268	163,07	330	207,36
22	8,41	84	44,76	146	82,81	208	122,61	270	164,51	332	208,83
24	9,67	86	45,96	148	84,06	210	123,92	272	165,90	334	210,30
26	10,81	88	47,17	150	85,31	212	125,24	274	167,29	336	211,78
28	11,84	90	48,38	152	86,55	214	126,56	276	168,68	338	213,25
30	12,87	92	49,58	154	87,78	216	127,85	278	170,06	340	214,73
32	14,05	94	50,78	156	89,05	218	129,10	280	171,44	342	216,23
34	15,23	96	51,98	158	90,34	220	130,36	282	172,85	344	217,72
36	16,40	98	53,19	160	91,63	222	131,77	284	174,26	346	219,21
38	17,57	100	54,39	162	92,90	224	133,18	286	175,67	348	220,71
40	18,74	102	55,62	164	94,17	226	134,56	288	177,10	350	222,21
42	19,91	104	56,85	166	95,44	228	135,89	290	178,53	352	223,72
44	21,08	106	58,07	168	96,71	230	137,23	292	179,95	354	225,23
46	22,25	108	59,30	170	97,99	232	138,57	294	181,36	356	226,74
48	23,42	110	60,52	172	99,27	234	139,18	296	182,78	358	228,25
50	24,59	112	61,74	174	100,54	236	141,27	298	184,21	360	229,76
52	25,76	114	62,97	176	101,32	238	142,62	300	185,63	362	231,28
54	26,93	116	64,21	178	103,11	240	143,97	302	187,06	364	232,81
56	28,11	118	65,46	180	104,39	242	145,32	304	188,49	366	234,33
58	29,30	120	66,72	182	105,68	244	146,67	306	189,93	368	235,86
60	30,48	122	67,92	184	106,97	246	148,03	308	191,37	370	237,39
62	31,66	124	69,13	186	108,27	248	149,40	310	192,81	372	238,93
64	32,84	126	70,35	188	109,56	250	150,76	312	194,25	374	240,46
66	34,02	128	71,58	190	110,86	252	152,12	314	195,69	376	241,87
68	35,21	130	72,81	192	112,14	254	153,49	316	197,12	378	243,15
70	36,40	132	74,05	194	113,42	256	154,91	318	198,55	380	244,43
72	37,59	134	75,29	196	114,72	258	156,40	320	199,97	382	246,25
74	38,78	136	76,53	198	116,04	260	157,88	322	201,44	384	248,08
76	39,98	138	77,77	200	117,36	262	159,09	324	202,91	385	248,99
78	41,17	140	79,01	202	118,68	264	160,30	326	204,39		
80	42,37	142	80,28	204	119,99	266	161,63	328	205,88		

Tabelle V zur Bestimmung des Milchzuckers $C_{12}H_{22}O_{11} + H_2O$ nach Soxhlet.

Kupfer mg	Milchzucker mg	Kupfer mg	Milchzucker mg	Kupfer mg	Milchzucker mg	Kupfer mg	Milchzucker mg	Kupfer mg	Milchzucker mg	Kupfer mg	Milchzucker mg
100	71,6	152	110,3	204	150,0	256	189,4	308	230,6	360	272,1
102	73,1	154	111,9	206	151,5	258	191,0	310	232,2	362	273,7
104	74,6	156	113,4	208	153,0	260	192,5	312	233,7	364	275,3
106	76,1	158	114,9	210	154,5	262	194,1	314	235,3	366	277,1
108	77,6	160	116,4	212	156,0	264	195,7	316	236,8	368	278,8
110	79,0	162	117,9	214	157,5	266	197,2	318	238,4	370	280,5
112	80,5	164	119,4	216	159,0	268	198,8	320	240,0	372	282,2
114	82,0	166	120,9	218	160,4	270	200,3	322	241,5	374	283,9
116	83,5	168	122,4	220	161,9	272	201,9	324	243,1	376	285,7
118	85,0	170	123,9	222	163,4	274	203,5	326	244,6	378	287,4
120	86,4	172	125,5	224	164,9	276	205,1	328	246,2	380	289,1
122	87,9	174	127,0	226	166,4	278	206,7	330	247,7	382	290,8
124	89,4	176	128,5	228	167,9	280	208,3	332	249,2	384	292,5
126	90,9	178	130,1	230	169,4	282	209,9	334	250,8	386	294,2
128	92,4	180	131,6	232	170,9	284	211,5	336	252,5	388	296,0
130	93,8	182	133,1	234	172,4	286	213,1	338	254,1	390	297,7
132	95,3	184	134,7	236	173,9	288	214,7	340	255,7	392	299,4
134	96,9	186	136,2	238	175,4	290	216,3	342	257,4	394	301,1
136	98,3	188	137,7	240	176,9	292	217,9	344	259,0	396	302,8
138	99,8	190	139,3	242	178,5	294	219,5	346	260,6	398	304,6
140	101,3	192	140,8	244	180,1	296	221,1	348	262,3	400	306,3
142	102,8	194	142,3	246	181,6	298	222,7	350	263,9		
144	104,3	196	143,9	248	183,2	300	224,4	352	265,5		
146	105,8	198	145,4	250	184,8	302	225,9	354	267,2		
148	107,3	200	146,9	252	186,3	304	227,5	356	268,8		
150	108,8	202	148,5	254	187,9	306	229,1	358	270,4		

Maassanalytische Zuckerbestimmung. Die Bestimmung der Zuckerarten kann auch auf maassanalytischem Wege erfolgen, und zwar sucht man diejenige Menge einer ca. 1procentigen Zuckerlösung zu ermitteln, welche grade erforderlich ist, um ein bestimmtes Quantum FEHLING'scher Lösung zu reduciren. Der Chemiker zieht im allgemeinen die gewichtsanalytische Bestimmung vor, doch wird die maassanalytische Methode z. B. sehr häufig zur Bestimmung des reducirenden Zuckers im Harn angewendet. Die Einzelheiten des Verfahrens sind unter „Urina" beschrieben. Hier sollen lediglich die Reduktionswerthe der praktisch wichtigsten Zuckerarten gegenüber FEHLING'scher Lösung angegeben werden.

Zur Reduktion von 100 ccm FEHLING'scher Lösung bedarf es folgender Zuckermengen, welche in ca. 1procentiger Lösung zugesetzt werden:

Dextrose (wasserfrei)	0,4753 g
Lävulose (wasserfrei)	0,5144 g
Invertzucker (wasserfrei)	0,4948 g
Maltose (wasserfrei)	0,7788 g
Milchzucker, krystallisirt (+ 1 H_2O)	0,6760 g

Bestimmung des Zuckers durch Gährung. Man kann den Zucker auch durch Gährung bestimmen. Zu diesem Zwecke wird eine Zuckerlösung (wenn sie direkt gährungsfähig ist ohne weiteres, sonst nach erfolgter Inversion) mit Hefe versetzt und der Gährung überlassen. Dadurch, dass man den austretenden Gasstrom über neutrales Chlorcalcium leitet, wird bewirkt, dass nur die gebildete Kohlensäure entweicht. Stellt man deren Gewicht fest, so ist man in der Lage, die Menge des vergohrenen Zuckers zu berechnen. Das Verfahren wird namentlich zur Bestimmung des Traubenzuckers im Urin benutzt und wird unter Urina genauer beschrieben werden.

Salep.

Tubera Salep (Germ.). **Tuber Salep** (Helv.). **Radix Salep** (Austr.). — **Salep. Salepknollen. Salepwurzeln.** — **Salep** (Gall.).

Die Droge wird geliefert von den kugelig oder birnförmig angeschwollenen Wurzeln verschiedener **Orchideae — Ophrydinae,** nämlich **Orchis mascula L., O. militaris Huds., O. Morio L., O. ustulata L., Anacamptis pyramidalis Rich., Platanthera bifolia Rchb.** in Deutschland (Rhön, Taunus, Odenwald), **O. Morio L., O. mascula L., O. saccifera Brogn., O. coriophora L., O. longicruris Luck** in Griechenland (Thessalien, Epirus), **O. laxiflora Lam.** in Persien. Dieselben Arten und wohl noch andere liefern die Droge in Kleinasien, von wo die Hauptmenge kommt.

Beschreibung. Jede Pflanze trägt am Grunde zwei Knollen, von denen die eine, den diesjährigen Stengel tragend, schlaff und ausgesogen, die andere, für das nächste Jahr bestimmte, prall ist. Nur diese letztere wird verwendet. Man sammelt, indem man die blühenden Pflanzen ausgräbt, die Knollen, befreit sie durch Abbürsten von der anhaftenden Erde, tödtet sie durch Brühen in kochendem Wasser und trocknet sie. Sie sind kugelig oder birnförmig, bis 4 cm lang, bis 2 cm dick (der orientalische Salep hat die grössten Knollen), aussen etwas längsrunzelig, bräunlich, hornartig durchscheinend, an der Spitze mit der für das nächste Jahr bestimmten Knospe oder der Narbe derselben. Sie sind ausserordentlich hart und schwierig zu pulvern, geruchlos, von fade schleimigem Geschmack.

Auf dem Querschnitt besteht das Gewebe aus grossen Zellen, die von einem farblosen Schleimklumpen so gut wie vollständig erfüllt sind und in dem man meist ein Bündel feiner Oxalatnadeln erkennt. In den peripher gelegenen, kleineren Zellen sind diese Bündel besonders gross, in den grösseren, mehr central gelegenen Zellen sind sie kleiner, können wohl auch fehlen. Zwischen diesen Schleimzellen liegt stärkeführendes

Parenchym, dessen Stärkekörnchen, durch das Brühen verkleistert, einen strukturlosen Klumpen bilden. Die kleinen, radialen Gefässbündel fallen wenig auf.

Im Querschnitt durch eine frische Knolle erkennt man 1) die Epidermis, deren Zellen häufig zu Wurzelhaaren ausgewachsen sind, 2) eine nur eine Zelllage dicke Rinde (1 und 2 sind bei der Droge durch das Bürsten meist entfernt), 3) eine Endodermis, 4) das aus Schleim- und Stärkezellen bestehende Grundgewebe, in dem man 5) die kleinen radialen Gefässbündel erkennt, von denen jedes wieder von einer Endodermis umschlossen ist.

Im Pulver fallen die Stärkeklumpen, die Schleimklumpen, in denen man, wenn man sie vorsichtig quellen lässt, die Raphidenbündel erkennen kann, und einzelne Raphiden auf. Das Pulver ist nicht selten mit Stärke (z. B. von Weizen) verfälscht, dessen Körnchen (Band I, S. 294) unter dem Mikroskop neben den formlosen Stärkeklumpen der Droge sofort auffallen.

Bestandtheile. 48 Proc. Schleim, der mit Jod und Schwefelsäure gelb wird, 27 Proc. Stärke, 1 Proc. Zucker, 5 Proc. Proteïn, 2 Proc. Asche.

Verwechslung. Die Knollen von Colchicum auctumnale L. (Band I, S. 923).

Einsammlung und Pulverung. Die Knollen werden von den genannten Arten zur Blüthezeit oder während des Abblühens, sobald der Stengel welk wird — im Juli und August — gesammelt, von den alten, stengeltragenden, verschrumpften Knollen befreit, gut abgewaschen, zur Zerstörung der Lebensfähigkeit mit heissem Wasser gebrüht, mit einem Tuche abgerieben und in der Regel auf Fäden gereiht bei 50—60° C. getrocknet. Sie kommen nur gepulvert zur Anwendung. Um ein möglichst helles Pulver zu erzielen, wäscht man die Knollen nach Entfernung aller dunkler gefärbten Stücke und etwaigen Fremdkörper sorgfältig unter kräftigem Umrühren mit Wasser, lässt sie darin 1—2 Stunden, bringt sie dann auf einen Durchschlag, nach dem Abtropfen auf ein leinenes Tuch zum Abtrocknen, hierauf für einen Tag in eine Wärme von 30—40° C. und verwandelt sie schliesslich in ein mittelfeines oder feines Pulver (V. Germ., VII. Helv.).

Gall. lässt die Knollen nach 24 stündigem Einweichen in Wasser auf einem groben Tuche abtrocknen, zerstossen, bei höchstens 50° C. trocknen und in ein feines Pulver (No. 100) überführen.

Man bewahrt es in Glas- oder Porcellangefässen auf.

Anwendung. Seines Schleim- und Stärkegehaltes wegen dient Salep in Form des Schleimes gegen Durchfall der Kinder, sowohl innerlich, wie im Klystier, ferner zum Einhüllen scharfer Arzneimittel (Karbolsäure etc.) — doch ist es eigentlich mehr ein Nährmittel, das bei Schwäche, katarrhalischen u. a. Leiden gleichzeitig mit Wein, Fleischbrühe u. dergl. genommen wird.

Mucilago Salep. Decoctum Salep. Salepschleim. Mucilage de salep. Slime or Mucilage of Salep. Germ. IV: 1 Th. mittelfein gepulverten Salep schüttet man in eine Flasche, welche 9 Th. (kaltes) Wasser enthält, vertheilt durch Umschütteln, fügt 90 Th. siedendes Wasser hinzu und schüttelt bis zum Erkalten. — Helv.: 1 Th. Salep mischt man mit 1 Th. Milchzucker, schüttelt mit wenig kaltem Wasser an, dann sofort mit q. s. kochenden Wasser zu 100 Th. Schleim. — Nat. form.: Aus 1 Th. Salep, 10 Th. kaltem, 90 Th. heissem Wasser wie Germ.

Bei genauer Einhaltung dieser Vorschriften wird der Schleim stets gleichmässig ausfallen, sobald man ein von Klümpchen freies Saleppulver verwendet, nach dessen Vertheilung im kalten Wasser man sogleich die ganze Menge des heissen Wassers zusetzt und einige Minuten kräftig schüttelt. Die Abkühlung kann man durch Einstellen in kaltes Wasser beschleunigen. Enthält die betr. Arzneimischung einen Sirup, so kann man das Saleppulver mit einem Theile desselben, statt mit kaltem Wasser, anschütteln, wodurch das Zusammenballen sicher vermieden wird. Salepschleim ist nur auf Verordnung zu bereiten und wird auch verabfolgt, wenn vom Arzte Decoctum Salep verschrieben ist.

Gewichtsverhältnisse für Bereitung von Salepschleim nach Germ. IV:

Salep pulv.	0,2	0,3	0,5	0,7	0,8	1,0	1,2	1,5
Aqua frigida	1,8	2,7	4,5	6,3	7,2	9,0	10,8	13,5
Aqua fervida	18,0	27,0	45,0	63,0	72,0	90,0	108,0	135,0
Mucilago Salep	20,0	30,0	50,0	70,0	80,0	100,0	120,0	150,0

Gelatina Salep. Salepgelée.

Rp.		
	1. Tuber. Salep. pulv.	3,0
	2. Sacchar. Lactis „	3,0
	3. Aquae frigidae	30,0
	4. Aquae fervidae	50,0
	5. Sirup. Aurantii cort.	20,0.

Man reibt 1 und 2 mit 3 an, fügt 4 hinzu, erhitzt $^1/_2$ Stunde im Dampfbade, mischt 5 hinzu und kühlt schnell ab.

Pasta Cacao cum Salep.
Salep-Chokolade.

Rp.		
	Pastae Cacao	500,0
	Sacchari pulv.	450,0
	Tub. Salep. pulv.	50,0.

Wie Pasta Cacao arom. Bd. I, S. 526. Bei Durchfall der Kinder.

Salia thermarum factitia.

Der Verbrauch an sog. künstlichen Quellsalzen hat in den letzten Jahrzehnten eine bedeutende Steigerung erfahren, was darauf hinzudeuten scheint, dass diese Salze eine gewisse Berechtigung sich erworben haben. Wir geben im Nachstehenden die Vorschriften zur Herstellung der wichtigeren dieser Salzmischungen. Zur Vervollständigung der Nachbildung wird man diese Salze zweckmässig mit kohlensaurem Wasser nehmen lassen.

Emser Salz (Ergänzb.).

Rp.		
	Natrii chlorati	90,0
	Natrii bicarbonici	220,0
	Natrii sulfurici sicci	2,0
	Kalii sulfurici neutralis	4,0.

Auf ein Trinkglas Brunnenwasser von ca. 200 ccm = 0,8 g.

Kissinger Salz (Nat. form.).

Rp.		
	Kalii chlorati (KCl)	17,0
	Natrii chlorati	357,0
	Magnesii sulfurici anhydrici	59,0
	Natrii bicarbonici	107,0.

Durch Auflösen von 1,5 g des Salzes in ca. 200 ccm Brunnenwasser erhält man ein dem „Rakoczi" ähnliches Wasser.

Karlsbader Salz in Pulverform, s. S. 467.

Karlsbader Salz in Krystallen. Ergänzb. giebt hierfür die auf S. 467 angegebene Vorschrift.

Marienbader Salz, s. S. 467.

Ober-Salzbrunnen (Ergänzb.).

Rp.		
	Natrii bicarbonici	200,0
	Natrii chlorati	10,0
	Natrii sulfurici sicci	2,0
	Magnesii sulfurici sicci	30,0.

Durch Auflösen von 0,8 g in etwa 200 ccm Brunnenwasser erhält man ein dem „Oberbrunnen" ähnliches Getränk.

Sodener Salz (Ergänzb.).

Rp.		
	Natrii chlorati	100,0
	Natrii bicarbonici	1,0
	Kalii sulfurici neutralis	1,0.

Durch Auflösen von 1 g in etwa 200 ccm Brunnenwasser erhält man ein dem „Sodener" ähnliches Wasser.

Vichy-Salz (Ergänzb.).

Rp.		
	Natrii bicarbonici	50,0
	Kalii bicarbonici	3,5
	Natrii sulfurici sicci	3,0
	Natrii chlorati	5,0
	Natrii phosphorici sicci	1,0.

Durch Auflösen von 1,2 g in ca. 200 ccm Brunnenwasser erhält man ein dem „Vichy" (grand grille) ähnliches Wasser.

Wildunger Salz.
Georg-Victor-Quelle (Ergänzb.).

Rp.		
	Natrii sulfurici sicci	
	Natrii bicarbonici	āā 35,0
	Kalii sulfurici neutralis	6,0
	Natrii chlorati	3,5
	Calcii carbonici ponderosi	245,0
	Magnesii carbonici ponderosi	175,0.

Durch Vermischen von 0,3 g mit ca. 200 ccm Brunnenwasser erhält man ein der obigen Quelle ähnliches Wasser.

Wildunger Salz.
Helenen-Quelle.

Rp.		
	Natrii bicarbonici	115,0
	Natrii chlorati	140,0
	Kalii sulfurici neutralis	4,0
	Natrii sulfurici sicci	2,0
	Calcii carbonici ponderosi	
	Magnesii carbonici ponderosi	āā 120,0.

Durch Vermischen von 0,8 g mit ca. 200 ccm Brunnenwasser erhält man ein der obigen Quelle ähnliches Wasser.

Pulvis Salis Carolini factitii effervescens (Nat. form.).
Brausendes künstliches Carlsbader Salz.

Rp.		
	Salis Carolini factitii sicci	180,0
	Natrii bicarbonici	308,0
	Sacchari albi	235,0
	Acidi tartarici	277,0.

Pulvis Salis Kissingensis factitii effervescens (Nat. form.).
Brausendes künstliches Kissinger Salz.

Rp.		
	Salis Kissingensis factitii	280,0
	Natrii bicarbonici	270,0
	Sacchari albi	207,0
	Acidi tartarici	243,0.

Pulvis Salis Vichyani factitii effervescens. (Nat. form.).
Brausendes künstliches Vichy-Salz.

Rp.		
	Salis Vichyani factitii	240,0
	Natrii bicarbonici	285,0
	Sacchari albi	219,0
	Acidi tartarici	256,0.

Pulvis Salis Vichyani factitii effervescens cum Lithio (Nat. form.).
Brausendes künstliches Vichy-Salz mit Lithium.

Rp.		
	Salis Vichyani factitii	156,0
	Lithii citrici	56,0
	Natrii bicarbonici	295,0
	Sacchari albi	266,0
	Acidi tartarici	227,0.

Emser-Katarrh-Pastillen bestehen aus: Sacchari albi 2000,0, Gummi arabici 1000,0, Emser Salz 20,0, Isländisch Moos 10,0.

Salix.

Gattung der **Salicaceae.**

I. Salix alba L. und **S. fragilis L.**, beide heimisch in Europa, liefern in der Rinde: **Cortex Salicis** (Helv. Austr.). — **Weidenrinde.** — **Écorce de saule blanc** (Gall. nur die erste der beiden Arten). — **Willow Bark. Sallow Bark.** Helv. und Austr. lassen auch die Rinde anderer Arten zu.

Beschreibung. Von jüngeren Aesten gesammelt, bildet sie biegsame, bis 1 mm dicke, aussen braune oder grünliche, glatte, innen blassgelbe bis braune Streifen. Querschnitt gelb oder bräunlich, im Bast unter der Lupe zart gefeldert. — Korkzellen an der Aussenseite verdickt, Steinzellen in der primären Rinde fehlend oder spärlich. Die Innenrinde durch Bastfaserplatten tangential geschichtet. Die einzelnen Fasern stark verdickt, die Bündel von Krystallzellen, die Einzelkrystalle enthalten, umscheidet. Im Parenchym Drusen von Oxalat. Markstrahlen 1 Zellreihe breit. — Geruchlos, Geschmack bitter und adstringirend. Der Querschnitt wird mit Schwefelsäure roth, mit Eisenchlorid schwarz.

Bestandtheile. Salicin bei I 0,53 Proc., bei II 1,06—3,13 Proc., Gerbstoff bis 13 Proc.

Man sammelt die Rinde im ersten Frühlinge von 2- und 3jährigen Zweigen, trocknet bei gelinder Wärme und bewahrt sie zerschnitten auf. 7 Th. frische geben 3 Th. trockne. Sie wird nur noch selten in den gleichen Fällen wie Chinarinde und als billiger Ersatz derselben angewendet. Pharmaceutische Zubereitungen daraus sind wie die entsprechenden Chinapräparate (Bd. I, S. 734 ff.) darzustellen.

II. Salix nigra Marsh. Im atlantischen Nordamerika. Black Willow. Catkins Willow. Puny Willow. Die Rinde resp. ein aus ihr hergestelltes Fluidextrakt wird als Carminativum und Sedativum bei sexueller Erregung (Spermatorrhoe) empfohlen (3—6 ccm des Fluidextraktes). — Die Rinde der Wurzel gilt als Fiebermittel.

Heilbitterer von C. ROWLAND in Philadelphia enthält als Hauptbestandtheile Cortex Salicis, Fraxini und Andirae Aubletii (HAHN u. HOLFERT).

Salicinum (Brit. U-St. Ergänzb.). **Salicin. Orthooxybenzylglukosid.** $C_6H_4(CH_2 . OH)O . C_6H_{11}O_5$. **Mol. Gew. = 286.** Ein vorzugsweise in den Weidenrinden vorkommendes Glukosid. Die Rinden von *Salix Helix L.*, *Salix pentandra L.* und *Salix praecox Hoppe* sollen 3—4 Proc. des Glukosids enthalten.

Darstellung. Man kocht 3 Th. zerkleinerte Weidenrinde dreimal mit Wasser aus, verdampft die Auszüge bis auf 9 Th. und digerirt diesen koncentrirten Auszug während 24 Stunden mit 1 Th. geschlämmter Bleiglätte. Alsdann filtrirt man, entbleit das Filtrat durch Einleiten von Schwefelwasserstoff, filtrirt wiederum und verdampft das Filtrat zum Sirup. Das in der Kälte sich ausscheidende Salicin wird gesammelt und durch Umkrystallisiren aus siedendem Wasser gereinigt (DUFLOS).

Eigenschaften. Farblose Nadeln, Blättchen oder rhombische Prismen von sehr bitterem Geschmack. Sie lösen sich in 30 Th. Wasser oder Alkohol von gewöhnlicher Temperatur, sehr leicht in (1 Th.) siedendem Wasser und in siedendem Weingeist, aber nicht in Aether oder Chloroform. Schmelzpunkt 201° C. Wird es längere Zeit auf 230 bis 240° C. erhitzt, so zerfällt es zum Theil in Saliretin und Glukosan. — Die wässerige Lösung ist neutral, linksdrehend und wird weder durch Silbernitrat-, noch durch Baryumchlorid-, noch durch Ferrichloridlösung verändert. — Uebergiesst man Salicin in Substanz mit konc. Schwefelsäure, so färbt es sich roth. Verdünnte Salpetersäure oxydirt es zu Helicin $C_6H_4(CHO)O . C_6H_{11}O_5$. — Erhitzt man 0,1 g Salicin nur bis zur dunkelbraunen Färbung, zieht den Rückstand mit 2 ccm Wasser aus, so wird das Filtrat durch einen

Tropfen Eisenchloridlösung violett gefärbt (infolge Bildung von Saligenin). — Erwärmt man 0,1 g Salicin mit 0,2 g Kaliumdichromat und 2 ccm verdünnter Schwefelsäure gelinde, so entwickelt sich der angenehm aromatische Geruch des Salicylaldehyds.

Beim Erhitzen der wässerigen Lösung mit verdünnter Mineralsäure oder durch Einwirkung von Fermenten, z. B. Emulsin, zerfällt das Salicin in Saligenin und Dextrose. $C_{13}H_{18}O_7 + H_2O = C_7H_8O_2 + C_6H_{12}O_6$. Daher ist das Salicin aufzufassen als ein Glukosid des Saligenins mit Dextrose.

Prüfung. **1)** Salicin sei farblos, in Wasser klar löslich und schmelze bei 201° C. ohne Färbung. — **2)** Die wässerige (1 = 50) Lösung werde weder durch Schwefelsäure getrübt, noch durch Schwefelwasserstoffwasser gebräunt (Blei). — **3)** Dieselbe 2procentige Lösung werde weder durch Pikrinsäurelösung, noch durch Gerbsäurelösung, noch durch Jodlösung getrübt (Alkaloide würden Fällungen geben). — **4)** 0,2 g Salicin verbrenne auf dem Platinbleche ohne einen Rückstand zu hinterlassen.

Aufbewahrung. Unter den indifferenten Arzneimitteln. ***Anwendung.*** Innerlich zu 0,3—1,0—6,0 und mehr auf einmal als Fiebermittel; bei Wechselfiebern 4,0—12,0 g während der fieberfreien Zeit. Es steht dem Chinin an Wirksamkeit nicht nach und wurde früher zum Verfälschen desselben benutzt. Salicin wird durch den Urin ausgeschieden, z. Th. unverändert, z. Th. als Saligenin, Salicylaldehyd und Salicylsäure.

Saligeninum. Saligenin. Salicylalkohol. o-Oxybenzylalkohol. $C_7H_8O_2$. Mol. Gew. = 124. Entsteht als Spaltungsprodukt des Salicins und wird seit 1894 auch synthetisch dargestellt.

Darstellung. **A)** Aus Salicin: 50 Th. Salicin werden mit 200 Th. Wasser übergossen und mit 3 Th. Emulsin versetzt. Nach 12stündigem Stehen ist der grösste Theil des Saligenins herauskrystallisirt. Das in Lösung befindliche Saligenin gewinnt man durch Ausschütteln mit Aether (Salicin ist in Aether unlöslich). Zur Reinigung krystallisirt man das so gewonnene Saligenin aus heissem Benzol um. — **B)** Synthetisch erhält man das Saligenin nach LEDERER durch Kondensation von Phenol und Formaldehyd in alkalischer Flüssigkeit:

$$C_6H_5OH + H_2C\begin{matrix}\diagup OH\\ \diagdown OH\end{matrix} = H_2O + C_6H_4\begin{matrix}\diagup OH\\ \diagdown CH_2OH.\end{matrix}$$

Eigenschaften. Farblose Rhomboëder oder Tafeln von fadem, schwach süsslichem Geschmacke. Sie schmelzen bei 82° C. und beginnen schon bei 100° C. zu sublimiren. Löslich bei 22° C. in 15 Th. Wasser, in siedendem Wasser fast in jedem Verhältnisse löslich, auch leicht löslich in Alkohol und in Aether, ferner in 50 Th. Benzol. Die wässerige Lösung ist neutral und wird durch Ferrichlorid veilchenblau gefärbt. Uebergiesst man Saligenin in Substanz mit konc. Schwefelsäure, so färbt sich das Saligenin blutroth; die rothe Färbung theilt sich beim Stehen auch der Schwefelsäure mit. Von kalter 25 proc. Salpetersäure wird es zu einer gelbbraunen Flüssigkeit gelöst, welche sich beim Verdünnen mit Wasser trübt infolge Ausscheidung von Saliretin.

Prüfung. **1)** Saligenin sei farblos und schmelze bei 82° C. Die wässerige Lösung sei neutral und werde weder durch Silbernitrat noch durch Baryumchlorid verändert. — **2)** 0,2 g Saligenin sollen beim Verbrennen auf dem Platinbleche höchstens Spuren eines glühbeständigen Rückstandes hinterlassen, der meist aus Natriumkarbonat bestehen wird.

Aufbewahrung. Unter den indifferenten Arzneimitteln.

Anwendung. Man giebt das Saligenin ebenso wie das Natriumsalicylat und zwar zweistündlich in Gaben von 0,2—0,5—1,0 g als Oblatenpulver gegen akuten Gelenkrheumatismus. Es wirkt in kleineren Gaben und nachhaltiger als Natriumsalicylat.

Pilulae Salicini.

Rp.	Salicini	5,0
	Piperis nigri	2,5
	Extracti Gentiani	5,0
	Radicis Gentianae q. s.	

Fiant pilulae No. 100. Dreistündlich in der fieberfreien Zeit je 10 Pillen; bei Intermittens.

Sirupus Salicini.

Rp.	Salicini	5,0
	Sirupi Sacchari	150,0.

Zweistündlich 1/2 bis 1/1 Esslöffel; bei Keuchhusten.

Agopyrin von Apotheker FRAESSLE, Specialität gegen Influenza. Tabletten. Jede Tablette enthält: 0,25 g Salicin, 0,025 g Ammoniumchlorid und 0,025 g Cinchoninsulfat.

Antiarthrin von SELL & Co. ist eine Specialität, welche hauptsächlich die Extraktivstoffe der Rosskastanie, Salicin, Salzsäure, Saligenin und Dextrose enthält und in der Form von Pillen in den Handel kommt. Gegen Gicht empfohlen (E. MERCK's Bericht von 1899).

Salolum.

Man versteht unter „Salolen" die Ester der Salicylsäure mit Phenolen, unter „Salol" schlechthin aber den Ester der Salicylsäure mit dem gewöhnlichen Phenol C_6H_6O.

I. Salolum. **Phenylum salicylicum** (Germ.). **Salol** (Brit. Helv. U-St.). **Salicylate de phenol. Salicylsäure-Phenylester. Phenylsalicylat.** $C_7H_5O_3 . C_6H_5$. **Mol. Gew. = 214.**

Darstellung. Diese erfolgt fabrikmässig durch Verestern von Phenol und Salicylsäure nach mehreren Verfahren. Z. B. werden molekulare Mengen von Natriumsalicylat und Phenolnatrium mit Chlorphosphor (in der Regel Phosphoroxychlorid) erhitzt. Das Salol entsteht alsdann nach folgender Gleichung: $2C_6H_5ONa + 2C_7H_5O_3Na + POCl_3 = 3NaCl + PO_3Na + 2C_7H_5O_3 . C_6H_5$. — Das Reaktionsprodukt wird durch Aussüssen mit Wasser von dem beigemengten Natriumchlorid und Natriummetaphosphat befreit, und der Rückstand aus heissem Alkohol unter Zusatz von Thierkohle umkrystallisirt.

Eigenschaften. Salol ist ein weisses Pulver, das unter dem Mikroskop betrachtet aus tafelförmigen Krystallen bestehend sich erweist, oder es stellt durchsichtige, tafelförmige Krystalle dar. Es besitzt schwach aromatischen Geruch, ist indessen, weil in Wasser so gut wie unlöslich, nahezu geschmacklos. Es löst sich in 10 Th. Alkohol oder in 0,3 Th. Aether, auch in Chloroform. Giebt man von einer alkoholischen Lösung etwas in Wasser, so entsteht eine Flüssigkeit von emulsionsartigem Aussehen, welche kleine Mengen Salol in feiner Vertheilung suspendirt enthält. Das Salol schmilzt in reinem Zustande zwischen 42 und 43° C. Auf dem Platinblech erhitzt, verbrennt es mit stark russender Flamme, ohne einen Rückstand zu hinterlassen.

Während alkoholische Lösungen von Karbolsäure oder Salicylsäuse mit Eisenchlorid eine blaue bezw. violette Färbung erzeugen, bringt eine alkoholische Lösung von Salol in wässeriger Eisenchloridlösung eine Trübung, aber keine Färbung hervor. Dagegen bringt Eisenchlorid in einer alkoholischen Salollösung die charakteristische Violettfärbung hervor.

Bromwasser fällt aus der alkoholischen Lösung ein weisses Pulver, Monobromsalol, welches aus Alkohol krystallisirt lange Nadeln bildet.

Mit Natronlauge erwärmt, löst sich das Salol auf; nach Zusatz von Salzsäure bis zur sauren Reaktion fällt Salicylsäure aus, da durch das Kochen mit Natronlauge der Aether verseift wird, indem sich Natriumsalicylat und Phenolnatrium bilden.

Prüfung. Salol muss farblos, geschmacklos und nahezu geruchlos sein. Ein stark aromatischer, dem Wintergrün-Oel sich nähernder Geruch ist einer Verunreinigung zuzuschreiben; reine Präparate zeigen diesen Geruch nur in sehr geringem Grade. — Es darf ferner feuchtes blaues Lackmuspapier nicht röthen (freie Säure, z. B. Salicylsäure oder Phosphorsäure). Mit 50 Th. Wasser geschüttelt, muss es ein Filtrat liefern, welches weder durch Eisenchloridlösung (1 Liquor Ferri sesquichlorati + 19 Wasser) violett gefärbt (Karbolsäure, Salicylsäure), noch durch Baryumnitrat- oder Silbernitratlösung (weisse Trübung = Sulfate bezw. Chloride) verändert werden darf. — Der Schmelzpunkt des Präparates muss zwischen 42 und 43° C. liegen. Hierbei ist nicht ausser Acht zu lassen, dass schon ein sehr geringer Feuchtigkeitsgehalt des Präparates den Schmelzpunkt erheblich herunterdrückt. Es ist daher unbedingt nothwendig, das Präparat vor dieser Bestimmung durch Stehenlassen über Schwefelsäure gut zu trocknen.

Aufbewahrung. Unter den indifferenten Arzneistoffen.

Anwendung. Das Salol findet innerlich als Ersatz der Salicylsäure und des Natriumsalicylates Verwendung als Antiparasiticum, Antipyreticum, hauptsächlich aber bei Rheumatismen und bei auf rheumatischen Affektionen beruhenden Erkrankungen. Bei akuten Rheumatismen wird es als prompt wirkend gerühmt, bei atypischem Gelenkrheumatismus soll es wirkungslos sein. — Die antipyretische Wirkung tritt nach grösseren Dosen (2—3 g) sicher ein, Gaben unter 0,5 g sind ohne Erfolg. Neuerdings wird es bei Dysenterie und bei Cholera gerühmt. Einzelgaben sind 1 g, Tagesgaben 5—8 g. — Der Urin nimmt nach Salolgebrauch die Eigenschaften des Karbolharns an; er wird olivengrün, bei längerem Gebrauche des Mittels grünschwarz. Durch Ausschütteln des Harns mit Aether lässt sich in den meisten Fällen die als Spaltungsprodukt vorhandene Salicylsäure isoliren. Komprimirte Tabletten sind stets unter Zusatz von Stärke zu bereiten. Salolpulver sind stets mit indifferenten Zusätzen zu mischen, da sich sonst „Salol-Steine" im Darme bilden. — Aeusserlich benutzt man es in Substanz als Antisepticum und Desodorans ähnlich wie Jodoform, ferner als Streupulver und in Form von aromatischen Tinkturen als Zusatz für Mundwasser. — Das Ueberziehen von Pillen mit Salol, um diese erst im Dünndarm zur Auflösung gelangen zu lassen, hat sich nicht bewährt.

Aqua dentifricia cum Salolo.

Salol-Mundwasser.

I. Hamb. Vorschr.

Rp.	1. Coccionellae pulv.	
	2. Tartari depurati	ää 3,0
	3. Spiritus (90 Proc.)	1000,0
	4. Saloli	10,0
	5. Olei Menthae pip.	1,2

Man bereitet einen Auszug von 1—3 und löst darin 4—6.

II. Ergänzb.

Rp.	Saloli	2,5
	Spiritus (90 Proc.)	97,0
	Olei Menthae pip.	0,5
	Olei Caryophyllorum	0,04
	Olei Carvi	0,04
	Saccharini	0,004.

Gilt als Ersatz des als Odol bekannten Mundwassers.

Pulvis antidiabeticus Dr. Weissbach-Hartung. Rp. Saloli 36,0, Foliorum Uvae Ursi 10,0, Radicis Valerianae 20,0, Lycopodii 30,0 (Aufrecht).

Salosantol. Ist ein Gemisch von Salol und Sandelholzöl in Gelatinekapseln. Gegen Gonorrhoe.

Antipyrin-Salol. Gleiche Theile Antipyrin und Salol werden zusammengeschmolzen. Bräunliche Flüssigkeit, als Hämostaticum in Form von Tampons bei Uterinblutungen.

Pilulae antigonorrhoicae Webler. Es sind mehrere Vorschriften im Gebrauche: I. Pichisalolpillen. Rp. Extracti Pichi Americani sicci, Saloli ää 2,0, Magnesii carbonici, Cerae albae ää q. s. ad pilulas 30. Täglich 1—3 Pillen nach der Mahlzeit. II. Santalsalolpillen. Rp. Olei Santali flavi Ostindici (oder Olei Santali rubri) Saloli ää 2,0, Magnesii carbonici, Cerae albae ää q. s. ad pilulas 30. Täglich 1—3 Pillen nach der Mahlzeit. III. Pichisantalpillen. Rp. Extracti Pichi Americani sicci, Olei Santali flavi Ostindici (oder Olei Santali rubri) ää 2,0, Magnesii carbonici, Cerae albae ää q. s. ad pilulas 30. Täglich 1—3 Pillen nach der Mahlzeit.

Illodin-Zahnwasser. Rp. Olei Menthae piperitae 1,5, Olei Caryophyllorum 2,0, Olei Rosae 0,3, Olei Anisi 0,5, Mentholi 1,5, Saloli 1,0, Coccionellae 1,0, Spiritus (90proc.) 180,0.

Salolgaze 10 Proc. Gaze au salicylate de phenol 10 proc. (Gall.). Rp. Saloli 1 kg, Spiritus (90proc.) 13,5 kg, Terebinthinae 0,5 kg Gaze q. s. Es ist wie bei Karbolgaze Bd. I, S. 31 zu verfahren. 1 kg Gaze soll 1,65 kg der Lösung zurückhalten. Die getränkte Gaze ist bei 20—25° C. zu trocknen.

Salicol. Französische Specialität, kosmetisches Antisepticum, ist ein Gemisch von Salicylsäure, Wintergreenöl, Methylalkohol und Wasser.

Salol-Streupulver. Saloli 0,5, Amyli 50,0.

Salol-Mundwasser. I. Caryophyll., Cort. Cinnam. ceyl., Fruct. Anisi stellati ää 20,0, Coccionellae 10,0, Spiritus 2000,0. Digere per dies octo: in colatura solve: Ol. Menth. pip. 10,0, Saloli 50,0 (Sahli). II. Saloli 5,0, Spirit. dil. 100,0, Tinct. Coccionellae 4—5,0, Ol. Menth. pip. gtt. 2. Ol. Rosarum gtt. 3 (B. Fischer).

Kampher-Salol, ein molekulares Gemisch von Kampher und Salol in dem Verhältniss $C_{10}H_{16}O . C_{13}H_{10}O_3$ ist eine hellgelbliche, ölige Flüssigkeit.

Nitrosalol, $C_6H_4(OH)CO_2 . C_6H_4NO_2$, Salicylsäure-p-Nitrophenylester. Durch Kondensation von Salicylsäure mit p-Nitrophenol zu erhalten. Gelblich-weisses, geruch- und geschmackloses Krystallpulver, unlöslich in Wasser, löslich in Alkohol und in Aether.

Schmelzpunkt 148° C. Wird durch Alkalien und im Darme in Salicylsäure und p-Nitrophenol gespalten.

Methylsalol, $C_6H_3(OH)(CH_3)CO_2 . C_6H_5$ ist Parakresotinsäure-Phenylester.

Phenosalyl besteht aus 9 Th. Phenol, 1 Th. Salicylsäure, 2 Th. Milchsäure und 0,1 Th. Menthol, ist natürlich eine Mischung und soll als Antisepticum verwendet werden.

II. Chlorsalole. Salicylsäure-Chlorphenylester. $C_7H_5O_3(C_6H_4Cl)$. **Mol. Gew. = 248,5.** Die Chlorsalole werden dargestellt, indem man auf Mischungen von Salicylsäure mit o-Chlorphenol bez. p-Chlorphenol bei etwa 140° C. Phosphorpentachlorid einwirken lässt.

o-Chlorsalol. Farblose, bei 55° C. schmelzende Krystalle, in Wasser unlöslich, in Alkohol und in Aether löslich.

p-Chlorsalol. Farblose, bei 72° C. schmelzende Krystalle, in Wasser unlöslich, in Alkohol und in Aether löslich.

Die Chlorsalole werden im Organismus in Salicylsäure und die zugehörigen Chlorphenole gespalten und an Stelle des Salols empfohlen, vor welchem sie sich durch energischere desinficirende Wirkung auszeichnen sollen.

III. Tribromsalol. Salicylsäure-Tribromphenylester. Cordol. $C_6H_4(OH)CO_2 . C_6H_2Br_3$. **Mol. Gew. = 451.** Wird durch Einwirkung von Phosphorchlorid auf ein Gemenge von Salicylsäure und Tribromphenol dargestellt analog dem Salol.

Farblose, in Wasser unlösliche, in Alkohol lösliche Krystalle. Schmelzpunkt 189° C. Wird im Organismus in Salicylsäure und Tribromphenol gespalten. Anwendung als Darmantisepticum.

IV. Dijodsalol. Dijodsalicylsäurephenylester. $C_6H_2J_2(OH)CO_2C_6H_5$. **Mol. Gew. = 466.**

Zur Darstellung lässt man äquimolekulare Mengen von Salol und Jod in alkoholischer Lösung aufeinander einwirken unter Bindung der entstandenen Jodwasserstoffsäure durch Quecksilberoxyd. Die Trennung vom Jodquecksilber erfolgt durch fraktionirte Krystallisation.

Farblose, seidenglänzende Nadeln vom Schmelzpunkt 135° C., unlöslich in Wasser, löslich in Alkohol und in Aether.

Wird als Antisepticum an Stelle des Jodoforms und zum innerlichen Gebrauche als Ersatz des Natriumsalicylats und des Kaliumjodids empfohlen.

V. Meta-Kresalol. Salicylsaures Meta-Kresol. Salicylsaurer Metakresyläther. Metakresylsalicylat. $C_7H_5O_3 . C_6H_4(CH_3)$ **(1 : 3). Mol. Gew. = 228.** Wird in analoger Weise wie das Phenylsalicylat aus Meta-Kresolnatrium und Natriumsalicylat mit Phosphorchlorid dargestellt.

Farblose Krystalle, unlöslich in Wasser, löslich in Alkohol und in Aether, geruchlos, fast geschmacklos. Schmelzpunkt 73—74° C. Zerfällt beim Kochen mit Natronlauge, ebenso im Darme, in m-Kresol und Salicylsäure. Die Wirkung ist die gleiche wie die des Phenylsalicylats.

VI. Para-Kresalol. Salicylate de crésol (Gall.). **Cresalol. Salicylsaures Para-Kresol. Salicylsaurer Parakresyläther. Parakresylsalicylat.** $C_7H_5O_3 . C_6H_4(CH_3)$ **(1 : 4). Mol. Gew. = 228.** Wird in analoger Weise wie das Phenylsalicylat aus Para-Kresolnatrium und Natriumsalicylat mit Phosphorchlorid dargestellt.

Farblose Krystalle, unlöslich in Wasser, löslich in Alkohol und in Aether, geruchlos und fast geschmacklos. Schmelzpunkt 39—40° C. Zerfällt beim Kochen mit Natronlauge, ebenso im Darme, in Salicylsäure und p-Kresol. Das im Darme abgespaltene p-Kresol findet sich im Urin zum Theil als ätherschwefelsaures Salz, zum Theil als Oxybenzoësäure wieder.

Para-Kresalol wirkt wie Salol, ist aber wirksamer und doch ungiftiger als dieses (man denke an die gleichen Verhältnisse bei Kresol und Phenol). Anwendung bei Rheumatismus und in den Anfangsstadien der Cholera.

VII. Xylenol-Salole. $C_6H_4(OH)CO_2C_6H_3(CH_3)_2$. **Mol. Gew. = 242.** Werden dargestellt durch Einwirkung wasserentziehender Mittel, z. B. Phosphorpentachlorid, auf Gemische äquimolekularer Mengen von Xylenolen und Salicylsäure.

Salicylsaures o-Xylenol. Farbloses Krystallpulver, unlöslich in Wasser, löslich in Alkohol und in Aether. Schmelzpunkt 36° C. Durch Erhitzen mit Natronlauge erfolgt Spaltung in die Komponenten.

Salicylsaures m-Xylenol. Farbloses Krystallpulver, unlöslich in Wasser, löslich in Alkohol und in Aether. Schmelzpunkt 41° C. Durch Erhitzen mit Natronlauge erfolgt Spaltung in die Komponenten.

Salicylsaures p-Xylenol. Farbloses Krystallpulver, unlöslich in Wasser, löslich in Alkohol und in Aether. Schmelzpunkt 37° C. Durch Erhitzen mit Natronlauge erfolgt Spaltung in die Komponenten.

VIII. Betolum. **Naphthalolum** (Ergänzb.). **Naphthosalol. Naphtholum salicylicum. Salinaphthol. Salicylsäure-Naphthyläther** (β). **β-Naphthylsalicylat. Salicylate de naphthol β** (Gall.). $C_7H_5O_3 . C_{10}H_7(\beta)$. **Mol. Gew. = 264.**

Darstellung. Wird in analoger Weise wie das Salol dargestellt, indem man Phosphoroxychlorid auf ein Gemenge von β-Napthol-Natrium und Natriumsalicylat einwirken lässt.

Eigenschaften. Ein rein weisses, aus glänzenden Krystallen bestehendes Pulver ohne Geruch und Geschmack, Schmelzpunkt 95° C. In kaltem wie in heissem Wasser ist es so gut wie unlöslich, unlöslich auch in kaltem und in heissem Glycerin, schwer löslich in kaltem Alkohol und in kaltem Terpentinöl, leicht löslich in siedendem Alkohol (1 : 3), in Aether, Benzol, sowie in heissem bez. warmem Leinöl. In der Kälte wird es weder von Säuren noch Alkalien mittlerer Koncentration verändert. Erst bei Einwirkung koncentrirter Säuren oder Aetzalkalien in der Hitze wird es in seine Komponenten (Salicylsäure und β-Naphthol) gespalten. Kocht man also 0,5 g Betol mit 5 ccm Natronlauge, so löst es sich unter Bildung von β-Naphthol-Natrium und Natriumsalicylat auf. Uebersättigt man diese Lösung nach dem Erkalten mit Salzsäure, so scheidet sich Salicylsäure (gemengt mit β-Naphthol) in feinen Nadeln aus. Löst man 0,1 g Betol in 10 ccm Alkohol, so bringt 1 Tropfen stark verdünntes Eisenchlorid in dieser Lösung Violettfärbung hervor. Umgekehrt wird eine stark verdünnte Eisenchloridlösung nur getrübt, nicht gefärbt, wenn man sie mit 10—20 Tropfen obiger alkoholischer Betollösung versetzt. — Uebergiesst man 0,1 g Betol mit 2—3 ccm reiner Schwefelsäure, so nimmt es reincitronengelbe Färbung an, und nach einigen Sekunden erhält man eine ebensolche Lösung. Durch Zusatz einer Spur Salpetersäure geht diese Färbung in eine olivenbraungrüne über. (Unterschied vom Salol.)

Prüfung. 1) Der Schmelzpunkt des getrockneten Betols liege bei 95° C. — 2) 0,5 g müssen auf dem Platinbleche verbrennen, ohne einen Rückstand zu hinterlassen. (Mineralische Verunreinigungen.) — 3) Schüttelt man 1 g Betol mit 30 ccm siedendem Wasser und filtrirt durch ein genässtes Filter, so darf das Filtrat a) nicht sauer reagiren (Salicylsäure, Salzsäure, Phosphorsäure), b) nach dem Erkalten keine krystallinischen Ausscheidungen zeigen (Salicylsäure, β-Naphthol), auf Zusatz von Silbernitrat (Chloride oder Phosphate) oder Baryumnitrat (Sulfate) sich nicht trüben und durch Ferrichloridlösung nicht violett gefärbt werden.

Aufbewahrung. Unter den indifferenten Arzneimitteln.

Anwendung. Es wird in der nämlichen Weise wie Natriumsalicylat innerlich in Pulverform zu 0,3—0,4—0,5 g viermal täglich gegen Blasenkatarrh, namentlich bei gonorrhoischer Cystitis mit alkalischer Zersetzung des Harns und akutem Gelenkrheumatismus gegeben. Aeusserlich in Form von Bougies (1 Th. Betol und 4 Th. Oleum Cacao) gegen Gonorrhoe. — Die Ausscheidung des Betols erfolgt durch den Urin als Salicylursäure bez. als β-Naphthyl-Schwefelsäure.

IX. Alphol. **Salicylsäure-α-Naphtholester. $C_7H_5O_3 . C_{10}H_7 . (\alpha)$. Mol. Gew. = 264.** Diese dem Betol isomere Verbindung wird in gleicher Weise wie dieses durch Erhitzen von α-Naphtholnatrium und Natriumsalicylat mit Phosphoroxychlorid dargestellt.

Weisses, krystallinisches Pulver, unlöslich in Wasser; in Alkohol, Aether und fetten Oelen leichter löslich. Schmelzpunkt 83° C. Wird im Darm in α-Naphthol und in Salicylsäure gespalten.

In Gaben von 0,5—1,0 g ist es mit gutem Erfolge bei gonorrhoischer Cystitis und bei akutem Gelenkrheumatismus angewendet worden.

X. Salithymol. **Salicylsäurethymylester. Thymylsalicylat. $C_6H_3(CH_3)C_3H_7O(C_7H_5O_2)$. Mol. Gew. = 270.**

Wird in analoger Weise wie das Salol aus Thymolnatrium und Natriumsalicylat durch Einwirkung von Phosphoroxychlorid dargestellt. Weisses, krystallinisches Pulver von schwach süsslichem Geschmack, in Wasser unlöslich, in Alkohol und in Aether leicht löslich. — Wurde als innerliches Antisepticum empfohlen. Die Dosirung ist wie beim Salol.

Salvia.

Gattung der **Labiatae** — **Stachyoideae** — **Salvieae.**

I. Salvia officinalis L. Heimisch von Spanien bis zu den adriatischen Küsten, vielfach kultivirt. Strauch oder Halbstrauch mit aufrechten Aesten, grauhaarig, Blüthen in 1—3 blüthigen Halbquirlen in den Achseln eiförmiger, bald abfallender Hochblätter, Trauben bildend. Korolle blauviolett, selten weiss, Oberlippe fast helmartig abgerundet oder fast ausgerandet, Mittellappen der Unterlippe gespreizt zweilappig. Nur die zwei unteren Antheren fruchtbar mit nur einer Antherenhälfte und breitem, hebelartig funktionirendem Konnektiv. — Verwendung finden die Blätter:

Folia Salviae (Austr. Germ.). **Folium Salviae** (Helv.). **Salvia** (U-St.). **Herba Salviae hortensis.** — **Salbeiblätter. Gartensalbei. Muskatellerkraut. Salvei.** — **Plante fleurie de sauge officinale** (Gall.). **Feuilles de sauge.** — **Sage. Garden-sage Leaves.**

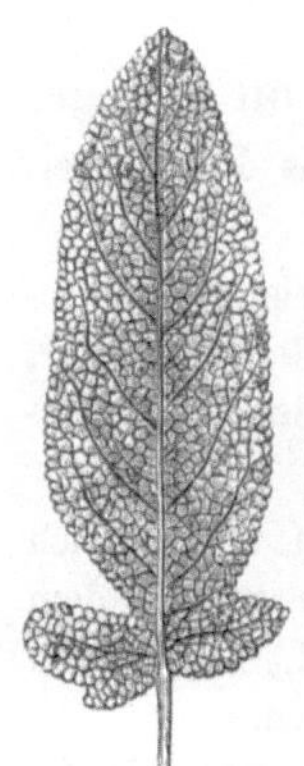

Fig. 110. Geöhrtes Blatt von Salvia officinalis L.

Beschreibung. Sie sind ziemlich langgestielt, bis 10 cm lang, länglich bis lanzettlich, stumpf oder zugespitzt, am Grunde verschmälert, abgerundet, schwach herzförmig oder geöhrt (Fig. 110), am Rande fein gekerbt, durch das hervorragende Adernetz stark runzelig, besonders auf der Unterseite graufilzig behaart. — Spaltöffnungen fast nur auf der Unterseite, hoch emporgewölbt. An der Oberseite zwei Palissadenschichten. Die stärkeren Gefässbündel oben und unten von Kollenchymkeilen begleitet. Der Filz der Blätter besteht aus 3—4 zelligen Gliederhaaren, die starkwandig, englumig, glatt, an den Septirungsstellen angeschwollen sind. Ferner grössere und kleinere Köpfchenhaare mit bis 8 zelligem Kopf. Geruch charakteristisch aromatisch, Geschmack bitter aromatisch.

Bestandtheile. Aetherisches Oel (vergl. unten), Gerbstoff 5 Proc., Stärke 1,6 Proc., Harz 5,6 Proc. etc.

Einsammlung und Aufbewahrung. Man sammelt die Blätter im Mai und Juni vor der Entfaltung der Blüthe, nach Austr. während der Blüthezeit, von der angebauten Pflanze (Helv.), trocknet nach Entfernung etwaiger Stengeltheile im Schatten und bewahrt sie geschnitten und von dem wollig-haarigen Staube durch Absieben befreit in dichtschliessenden Blechgefässen auf. 4—5 Th. frische geben 1 Th. trockne. Beim Einkauf giebt man der „silbrigen“ Waare den Vorzug.

Anwendung. Innerlich nur selten im Aufgusse (10—20 : 200) gegen Durchfall und Nachtschweiss, häufiger zu Mund- und Gurgelwässern bei Katarrh, Blutungen des Zahnfleisches, Speichelfluss; das ätherische Oel tropfenweise bei hartnäckigen Verschleimungen der Athmungswerkzeuge. Die Tinktur zu 30—50 Tropfen mehrmals täglich gegen übermässige Schweissabsonderung bei Schwindsucht, Rheuma.

Aqua Salviae. Salbeiwasser. Ergänzb.: Aus 1 Th. Salbei und q. s. Wasser 10 Th. Destillat. Austr.: Aus 1 Th. Salbei und 15 Th. Wasser 5 Th. Destillat. Anfangs trübe, später klar. Ex tempore: Ol. Salviae gtts. II, Aq. tepid. 100,0.

Aqua Salviae concentrata (decemplex). Starkes oder koncentrirtes Salbeiwasser. Eau de sauge concentrée. Ergänzb. Helv.: Aus 50 Th. frischen oder 10 Th. getrockneten Salbeiblättern und q. s. Wasser bereitet man 100 Th. Destillat, fügt diesem 2 Th. Weingeist hinzu und destillirt 10 Th. ab. — Nach Ergänzb. wird zum Gebrauch 1 Th. mit 9 Th. Wasser gemischt.

Extractum Salviae wird wie Extractum Absinthii (Bd. I, S. 408) dargestellt.

Tinctura Salviae. Aus 1 Th. Salbei und 10 Th. verdünntem Weingeist.

Guttae contra sudorem nocturnum
H. E. Richter.

Rp.	Olei Salviae	0,1
	Mixtur. sulfuric. acidae	10,0.

Ptisana de foliis Salviae (Gall.).
Tisane de sauge.

Rp.	Folior. Salviae	5,0
	Aquae ebullientis	1000,0.

Nach $^1/_2$ Stunde abpressen.

Pulvis dentifricius herbarum.
Kräuter-Zahnpulver nach Dieterich.

Wie Pulv. dentifric. c. China Bd. I, S. 787; doch statt 1 und 2 mit einer Lösung von 15,0 Chlorophyll Schütz in 75,0 Aether und statt 4 mit Fol. Salviae pulv. subt. 150,0.

Species antarthriticae ad cubile.

Rp.	Folior. Lavandul.	
	Folior. Rosmarin.	āā 500,0
	Folior. Salviae	1000,0
	Herb. Meliloti	500,0
	Zosterae marin. (Seegras)	2000,0
	Mixtur. oleoso-balsam.	50,0
	Spirit. camphorat.	15,0.

Füllung zu Matratzen für Gichtkranke und rhachitische Kinder.

Spiritus Salviae.
Wie Spirit. Juniperi Bd. II, S. 163.

Trochisci Morphini cum Salvia Waldenburg.
Die fertigen Pastillen werden mit je 1 Tropfen Ol. Salviae beträpfelt.

Vet. Schwammsaft für Kälber.

Rp.	Infus. fol. Salviae	25,0 : 250,0
	Boracis	15,0
	Mellis crudi	35,0.

Dialysatum fol. Salviae und **Species ad Gargarisma dialysat. Golaz** siehe Fussnote Bd. II, S. 380; die Bestandtheile der Species sind: Fol. Salviae, Herb. Plantag., Rad. Pimpinell., Flor. Sambuci.

Mundwasser von H. Thiel ist ein weingeistiger Auszug aus Salbei, Krauseminze und Sandelholz.

Radhorster Universalthee von J. Seichert enthält Salbei, Mohnkapseln, Bittersüss, Huflattig, Eibischkraut, Quecken, Weidenrinde, Betonika.

Oleum Salviae (Ergänzb. Gall.). Salbeiöl. Essence de Sauge. Oil of Sage.

Darstellung. Durch Destillation mit Wasserdampf erhält man aus dem Salbeikraute 1,3—2,5 Proc. ätherisches Oel.

Eigenschaften. Gelbliche oder grüngelbe Flüssigkeit von charakteristischem Geruch. Spec. Gew. 0,915—0,925. Drehungswinkel im 100 mm-Rohre +10 bis +25°. Löslich in jedem Verhältniss in 90 procentigem, sowie in 2 und mehr Theilen 80 procentigem Spiritus.

Bestandtheile. Salbeiöl verdankt seinen charakteristischen Geruch vornehmlich der Gegenwart von Thujon (Tanaceton), einem Keton $C_{10}H_{16}O$. Ausserdem sind in dem Oele nachgewiesen: Pinen $C_{10}H_{16}$, Cineol $C_{10}H_{18}O$ und Borneol $C_{10}H_{17}OH$. Pinen sowohl wie Borneol sind als Gemische beider optischer Modifikationen zugegen.

II. Zahlreiche andere Arten werden ähnlich verwerthet, so **Salvia pratensis L. (Herba Hormini pratensis), S. Sclarea L.** und **S. Horminium L. (Herba Sclareae seu Hormini sativi seu Gallitrichi), S. aurea L., S. integrifolia R. et P.** etc.

III. Andere Arten werden wegen des in der Epidermis der Fruchtschale enthaltenen Schleimes angewendet, so kommen aus Mexiko unten dem Namen **Chiasamen** zuweilen die Früchte von **Salvia Columbariae Benth., S. Chia R. et P., S. hispanica L.,**

S. urticifolia L., S. polystachya (?) u. a. in den Handel. Sie sind bis 3 mm lang, 1 mm breit, cylindrisch, an den Enden zugespitzt. Glatt, glänzend, von grauer Farbe mit braunen Flecken. Man soll ihnen zuweilen die Früchte von Plantago Psyllium L. substituiren (Band II, S. 652).

Sambucus.

Familie der **Caprifoliaceae — Sambuceae.**

I. Sambucus nigra L. Verbreitet durch fast ganz Europa, vielfach kultivirt. Strauch oder Baum mit verkümmerten oder fehlenden Nebenblättern, Blätter unpaarig, meist zweijochig gefiedert, die Fiedern kurz gestielt, eiförmig lang zugespitzt, am Rande ungleich gesägt. Doldenrispen endständig, ihre letzten Verzweigungen meist dichasial. Die wohlriechenden Blüthen gelblich-weiss. Die fünf Kelchzähne stumpf-dreieckig, Krone mit kurzer Röhre und fünf stumpfen Lappen. Staubblätter fünf, pfriemlich, mit gelben Antheren (Fig. 111). Der kurze Griffel mit drei kopfförmigen Narben. Frucht eine schwarze Beere, vom Kelchsaum genabelt, saftig, mit meist drei Steinen, die eiförmig zugespitzt, auf dem Rücken gewölbt und querrunzelig sind.

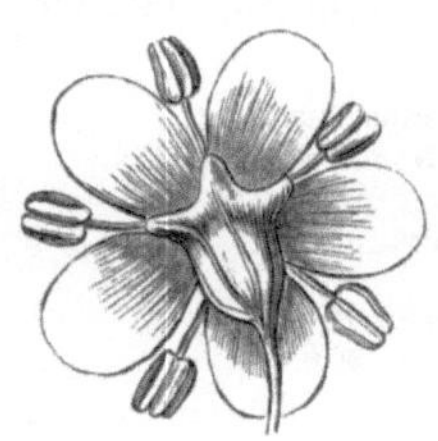

Fig. 111. Blüthe von Sambucus nigra L.

Man verwendet 1) die Blüthen:

Flores Sambuci (Austr. Germ.). **Flos Sambuci** (Helv.). **Sambuci Flores** (Brit.). — **Holunderblüthen. Fliederblüthen. Holderthee. Fliederthee. Kailkenblumen. Hütschelblumen.** — **Fleur de sureau** (Gall.). — **Elder Flowers.**

Bestandtheile. 0,025 Proc. ätherisches Oel. Es ist bei gewöhnlicher Temperatur butterartig, hellgelb oder gelbgrün, von starkem Holundergeruch. Enthält ein Terpen $C_{10}H_{16}$ und anscheinend ein Paraffin.

Ausserdem sind Gerbstoff und Schleim aufgefunden.

Verwechslungen und Verfälschungen. 1) Blüthen anderer Sambucus-Arten: Sambucus Ebulus L., Blüthen weiss mit purpurrothen Antheren. S. racemosa L., Blüthen grünlich mit gelben Antheren. S. canadensis L. vergl. unten.

2) Blüthenköpfchen von Achillea Millefolium L., als von einer Komposite abstammend leicht zu erkennen (Bd. II, S. 393).

3) Blüthen von Spiraea Ulmaria L., Staubblätter zahlreicher, 5—9 getrennte Fruchtblätter. (Vergl. Spiraea.)

4) Geschälte Hirse.

Einsammlung und Aufbewahrung der Blüthen erfordern bei dem von Ende Mai bis Anfang Juli blühenden Holunder besondere Sorgfalt, da sie gegen Nässe äusserst empfindlich sind und leicht missfarbig werden. Eine nach Vorschrift der Arzneibücher gelblich gefärbte Waare ist nur zu erlangen, wenn man die Blüthen bei sonnigem Wetter in den späteren Tagesstunden und nicht etwa nach einem Regen oder am frühen Morgen pflückt. Man schneidet die eben erst aufgeblühten „Träubchen" möglichst kurzstielig ab, entfernt dickere Stengel, trocknet in dünner Schicht schnell, nöthigenfalls bei künstlicher Wärme (ca. 30° C.) und bewahrt sie in dichtschliessenden Blechgefässen auf. Durch Schneiden dieser Blüthenstände erhält man keine vorschriftsmässig stielfreie Waare; man rebelt sie daher, sobald sie soweit trocken sind, dass sie sich bei gelindem Reiben auf einem mittelfeinen Drahtsiebe von den Stielen trennen, ab, entfernt Grus und Staub durch Absieben und trocknet sie vor dem Einfüllen in die Vorrathsgefässe scharf nach, am besten im Kalktrockenschranke. 5—6 Th. frische Blüthen geben 1 Th. trockne, 8 Th. frische etwa 1 Th. trockne, stielfreie Waare.

Flores Sambuci saliti, nach Art der gesalzenen Rosenblätter, dienen nach Brit. zur Bereitung des Aqua Sambuci.

Anwendung. Innerlich im Aufguss (5—15:200) für sich oder mit anderen schweissstreibenden und auswurfbefördernden Mitteln bei Erkältungen sehr gebräuchlich; äusserlich zu Kräuterkissen, Bähungen, Gurgelwässern. Sie bilden einen Hauptbestandtheil des bekannten St. Germainthees.

Aqua seu Hydrolatum Sambuci. Holunderblüthenwasser. Fliederwasser. Eau distillée de sureau. Elder-flower Water. Ergänzb.: Aus 1 Th. Blüthen und q. s. Wasser 10 Th. Destillat. — Brit.: Aus 1 Th. frischen oder einer entsprechenden Menge eingesalzener Blüthen und 5 Th. Wasser 1 Th. Destillat. — Gall.: Aus 1 Th. Blüthen und q. s. Wasser mittels Dampfstrom 4 Th. Destillat.

Aqua Sambuci concentrata (decemplex). Ergänzb. und Helv.: Wie Aq. Salviae conc. S. 779.

Ptisana de floribus Sambuci (Gall.). **Tisane de sureau.** 5 Th. Blüthen, 1000 Th. siedendes Wasser; nach $^1/_2$ Stunde durchseihen.

Fotus sambucinus (Gall.).

Fomentation avec la fleur de sureau.

Rp.	Flor. Sambuci	30,0
	Aquae ebullientis q. s. ad colatur.	1000,0.

Pulvis Sambuci compositus.

Pulvis ad Erysipelas. Streupulver auf die Rose.

Rp.	Flor. Sambuci pulv.	30,0
	Boli Armenae	10,0
	Cretae praeparatae	10,0
	Farinae Tritici	50,0.

Species diaphoreticae (Münch. Vorschr.).

Rp. Flor. Sambuci
Flor. Tiliae
Flor. Verbasci āā.

2) Die Früchte: **Fructus seu Baccae Sambuci. Grana Actes. — Holunder- oder Fliederbeeren. Hütscheln. — Fruit de sureau.**

Beschreibung. Die Frucht ist eine tief violett gefärbte, rundlich-eiförmige Steinbeere mit meist drei vom steinharten Endocarp umhüllten Samen. Die Steinkerne sind runzelig, unter einem dünnen Parenchym enthalten sie stark verdickte, kurze, radial gestreckte, vielfach ineinander verschobene und miteinander verzapfte Steinzellen und unter denselben zwei Faserschichten, deren Zellen an den Enden abgerundet, spitz oder knorrig-gegabelt sind. Im Samen ein ziemlich grosses Endosperm, das den geraden Embryo umschliesst.

Fig. 112.
Früchte von Sambucus nigra L.

Bestandtheile. Aepfelsäure, Weinsäure, Zucker, Gerbstoff. Der Farbstoff wird mit Brechweinstein rothviolett gefärbt, durch Bleiessig grün gefällt.

Succus Sambuci inspissatus (Ergänzb. Helv.). **Roob Sambuci** (Austr.). **Extractum Sambuci. Holundermus. Holundersalse. Fliedermus. Fliederkreide. Rob de sureau.** Frische, reife, abgestielte Holunderbeeren werden für sich oder mit wenig Wasser (in einer zinnernen Schale) erhitzt, bis sie zerplatzt sind; man lässt auf einem Haarsiebe den Saft abfliessen, presst den Rückstand aus und dampft entweder den durch Absetzenlassen und Durchseihen gereinigten Saft zu einem dicken Extrakt ein, dem man nach Ergänzb. noch warm auf 12 Th. 1 Th. gepulverten Zucker zumischt — nach Austr. auf 9 Th. 1 Th. gepulv. Zucker zusetzt und zur Roobdicke verdampft — oder löst nach Helv. in 6 Th. desselben 1 Th. Zucker und dampft dann zur Honigdicke ein. Ein rothbraunes Mus, wie es Ergänzb. verlangt, wird man nur bei Benutzung einer kupfernen oder porcellanenen Schale erhalten, ein violettbraunes nach Helv. durch Erhitzen in einer zinnernen Schale; eiserne Geräthe sind zu vermeiden. Darstellungszeit: August, September. Ausbeute 20—24 Proc. Das Mus findet als Bestandtheil des Electuarium lenitivum (Austr.), ferner in Fliederthee oder in Mixturen zu 10—15 g als schweisstreibendes Mittel Anwendung. Im Haushalte färbt man damit Lederhandschuhe; in manchen Gegenden wird es dem Pflaumenmus zugesetzt.

Succus e fructu Sambuci (Gall.). **Suc de fruits de sureau** wird wie Suc de nerprun (Bd. II, S. 727) dargestellt.

Vinum Sambuci. Holunderbeerwein. Die reifen, entstielten Früchte liefern beim Vergähren des frischen Saftes mit Zucker unter Hefezusatz einen billigen und schmackhaften Wein (Frontignac) der als Weinfarbe vielfach benutzt wird.

Weinfarbe, Färbewein. Vin de tinte, in Frankreich gebräuchlich, ist ein mit Alaun versetzter Saft von Sambuc. nigra und S. Ebulus.

3) Die Blätter: **Folia Sambuci. — Holunderblätter. — Feuilles de sureau. — Elder leaves.**

Beschreibung. Die Epidermiszellen der Oberseite sind polyedrisch, dickwandig mit welliger Cuticula, Spaltöffnungen fehlen, mit kurzen, einzelligen Haaren. Epidermiszellen der Unterseite schwach wellig und die Radialwände rosenkranzförmig verdickt. Cuticula grobwellig, Spaltöffnungen zahlreich, gross. Unter der Oberseite eine Reihe von Palissaden. Geruch und Geschmack unangenehm.

Bestandtheile. Nach DE SANCTIS (1895) ein Alkaloid, das dem Coniin nahestehen soll.

Verwendung. Gegen Wassersucht, auch als Fälschung des Thee. (Vergl. Thee.)

4) Die Rinde: **Cortex Sambuci. — Holunderrinde. — Écorce de sureau** (Gall.). — **Elder bark.**

Man verwendet die im Frühling von den jungen Zweigen geschälte und durch Schaben vom Kork befreite Rinde.

Beschreibung. Die primäre Rinde mit Kollenchym, Bündeln primärer Fasern und Schläuchen mit rothbraunem Inhalt. Markstrahlen bis vier Zellreihen breit, die Baststrahlen durch Faserbündel koncentrisch geschichtet. Krystallsand in allen Rindentheilen. Geruch und Geschmack widerlich.

Bestandtheile. Angeblich dasselbe Alkaloid wie in den Blättern.

Verwendung. Ehemals als Abführmittel, heute nur noch vom Volke gegen Wassersucht gebraucht. Ein daraus bereitetes Fluidextrakt wird von LEMOINE unter der Bezeichnung Sambucium in Gaben zu 25 g als harntreibendes Mittel empfohlen.

Wassersuchtmittel von BREDA besteht im wesentlichen aus Cortex Sambuci, Radix Bryoniae und Semen Genistae.

II. Sambucus racemosa L. In den gemässigten Gebieten Europas, Asiens und Nordamerikas. Strauchartig. Blättchen länglich-elliptisch. Blüthen in dichtbehaarten Rispen. Blüthen zuerst grünlich, dann gelblich-weiss. Staubbeutel gelb. Früchte scharlachroth. Mark gelbbraun. Die Gerbstoffschläuche mit braunem Inhalt (vergl. oben) fehlen der Rinde.

Man verwendet die Blätter:

Tinctura viridans.
Grüne Essenz.

Rp. Folior. Sambuci racemos. recent. cont. 250,0
Spiritus diluti 1000,0.
Zum Färben von Likören etc. Vor Licht geschützt aufzubewahren.

III. Sambucus Ebulus L. Heimisch durch Europa bis nach Nordafrika und Persien. Stengel krautartig, mit lanzettlichen, gesägten Nebenblättern. Blättchen länglichlanzettlich, zugespitzt, gesägt. Doldenrispe flach. Blüthen weiss, aussen röthlich, Staubbeutel roth. Frucht schwarz, selten grün. Die ganze Pflanze gilt als giftig.

Man verwendet die Früchte:

Fructus s. Baccae Ebuli. — Attichbeeren. — Baies d'hièble (Gall.), die getrocknet bisweilen als gelindes Abführmittel gebraucht werden. Aus ihnen bereitet man den

Succus Ebuli. Succus e fructu Ebuli. Suc d'hièble (Gall.) genau so wie Succus Sambuci.

Der frische Saft wird auch einer Gährung unterworfen und auf Weingeist verarbeitet. Ferner giebt er eine blaue Farbe für Leder und Garn.

Die Wurzel ist ein Bestandtheil des Wühlhuberthees von Pfarrer KNEIPP und scheint hier zu Vergiftungen Veranlassung gegeben zu haben.

IV. Sambucus canadensis L. Heimisch in Nordamerika von Kanada bis Karolina, bei uns häufig kultivirt. In den Vereinigten Staaten verwendet man die fast geruchlosen

Blüthen wie bei uns die von I (**Sambucus. Elder.** U-St.). Sie enthalten 0,5 Proc. ätherisches Oel von butterartiger Konsistenz, aromatischem Geruch und leicht bitterem Geschmack. Die Rinde enthält Baldriansäure.

Sandaraca.

Sandaraca. Resina Sandaraca (Ergänzb.). — **Sandarak. Sandarach.** — **Sandaraque** (Gall.).

I. Ist das aus Einschnitten in die Rinde oder freiwillig austretende Harz der **Callitris quadrivalvis Vent.** (**Coniferae — Pinoideae — Cupressineae — Actinostrobinae**), heimisch in den Gebirgen des nordwestlichen Afrika, besonders im Atlas. Kommt über Mogador in den Handel.

Beschreibung. Rundliche Körner oder stalaktitenartige Massen, die bis 1,5 cm dick und 3,5 cm lang werden. Die besten weissgelb und durchsichtig, geringere bis röthlichbraun. Von aussen sind die Stücke weisslich bestäubt. Bruch muschelig, glasglänzend. Beim Kauen zerfällt Sandarac zu einem Pulver und klebt nicht an den Zähnen. Geschmack bitter, Geruch schwach aromatisch.

Völlig löslich in Alkohol, Aether, Amylalkohol, Aceton, 0,5—1,0 proc. Kalilauge und manchen ätherischen Oelen, wenig löslich in Benzol, Toluol, Xylol, Chloroform, Petroläther, Terpentinöl und Schwefelkohlenstoff. Koncentrirte Schwefelsäure löst mit kirschrother Farbe, welche Lösung beim Verdünnen mit Wasser violette Blättchen fallen lässt.

Bestandtheile nach Balzer (1896): 85 Proc. Sandaracolsäure $C_{43}H_{61}O_3(OH)(OCH_3)COOH$, 10 Proc. Callitrolsäure $C_{64}H_{82}O_5(OH)COOH$, 1 Proc. ätherisches Oel, 1,84 Proc. Bitterstoff, 0,56 Proc. Wasser, 0,1 Proc. Asche.

Verfälschungen. Kolophonium, Resina Pini, Dammar, Mastix (indessen ist dieser doppelt so theuer, kommt also wohl nur als Verwechslung vor).

Prüfung. Kolophonium erhöht ebenso wie Resina Pini die Säurezahl und erhöht die in Aether löslichen Bestandtheile. Dammar drückt die Säurezahl herab. Mastix erweicht beim Kauen und ist in Terpentinöl leichter löslich wie Sandarak.

Bestimmung der Säurezahl nach K. Dieterich: 1 g Sandarak übergiesst man mit 20 ccm $^1/_2$-N.-alkoholischer Kalilauge, 50 ccm Petroleumbenzin (0,700 spec. Gew.) und lässt 24 Stunden wohl verschlossen stehen. Dann titrirt man ohne Wasserzusatz mit $^1/_2$-N.-Schwefelsäure zurück. Die gebundenen Kubikcentimeter Lauge $\times$ 28,08 = Säurezahl. K. Dieterich fand 130—160.

Aufbewahrung. Anwendung. Sandarak wird ganz und als feines Pulver vorräthig gehalten. Man benutzt ihn zu Pflastermischungen und Zahnkitten, in der Technik zu Lackfirnissen, gepulvert für Bühnenzwecke (zum Befestigen künstlicher Bärte etc.).

II. Australisches oder Tasmanisches Sandarak wird von mehreren Arten der Gattung Callitris geliefert, es kommen in Betracht hauptsächlich **C. verrucosa R. Br., C. Preissii Miquel, C. calcarata R. Br., C. australis Sweet.** Die Stücke des Harzes sind meist grösser wie die von I, sie zeichnen sich durch verhältnissmässig reichliche Löslichkeit in Petroläther aus (22—36 Proc.). Das Harz scheint sich für die Verwendung ebenso gut zu eignen wie I.

Bildhauerlack, Petersburger Buchh.

Rp.	Copal (Manila)	200,0
	Sandaracae	130,0
	Aetheris	50,0
	Olei Terebinth.	200,0
	Spiritus	420,0.

Broncefarbe auf Eisen.

Sandarak wird in Kalilauge gelöst, mit Wasser verdünnt, mit Kupfersulfatlösung versetzt, der Niederschlag ausgewaschen, getrocknet, in Terpentinöl gelöst.

Buchbinderlack.

Rp.	Camphorae	10,0
	Masticbes	100,0
	Sandaracae	250,0
	Alcohol absolut.	650,0.

Der Lack kann durch Drachenblut, Gutti, Fuchsin etc. beliebig gefärbt werden. Die zu überziehenden Bilder, Karten und dergl. werden zuvor zweimal mit Hausenblasenlösung bestrichen.

Glutine. Bartwachs.

Rp. Mastiches 5,0
Sandarac. 10,0
Colophon. 30,0
Aetheris 5,0
Alcohol. absolut. 50,0.

Holländischer Möbellack BUCHH

Rp. Laccae in tabulis 30,0
Colophonii 70,0
Sandaracae 100,0
Terebinth. laricin. 70,0
Spiritus 730,0.

Holzlack.

Rp. Sandaracae pulv. 125,0
Laccae in tabulis pulv. 100,0
Mastiches pulv. 30,0
Sanguinis Draconis pulv. 20,0
Elemi 15,0
Terebinth. laricin. 60,0
Alcohol absolut. 650,0.

Lacke für Photographen.

1. Negativlack für heisse Platten.

Rp. Camphorae 5,0
Terebinth. laricin. 5,0
Olei Ricini 10,0
Sandaracae 50,0
Spiritus 300,0.

2. Retouchir-Mattlack (DAVID & SCOLIK).

Rp. Balsam. canadens. 1,0
Sandaracae 4,0
Benzoli 22,5
Aetheris 45,0.

3. Spiritus-Mattlack BUCHH.

Rp. 1. Sandarac. 100,0
2. Aetheris 800,0
3. Benzini 100,0.

Man löst 1 in 2, fügt 3 hinzu und giesst klar ab.

Lack für Oelgemälde und Oelschilder.

Rp. Sandarac. cont. 250,0
Mastiches „ 100,0
Balsam. Copaiv. 30,0
Terebinth. laricin. 70,0
Olei Terebinth. 100,0
Alcohol absolut. 450,0.

Mattlack, zur Nachahmung mattgeschliffenen Glases.

Rp. Mastiches 10,0
Sandaracae 50,0
Aetheris 600,0
Benzoli 300,0—400,0.

Möbelpolitur, zum Nachpoliren.

Rp. Sandaracae 20,0
Benzoli 10,0
Spiritus 300,0
Benzini 670,0.

Papierschilderlack.

Etiquettenlack. Sandaraklack.

Rp. 1. Sandaracae 25,0
2. Alcohol absoluti 20,0
3. Alcohol absoluti 60,0
4. Camphorae 7,5
5. Terebinth. laricin. 5,0.

Man schüttelt 1 einige Augenblicke mit 2 in einer Flasche, giesst das Flüssige fort, fügt 3—5 hinzu und filtrirt, sobald Alles gelöst ist. Ein ganz vorzüglicher Lack! Die zu lackirenden Schilder müssen der Unterlage dicht anhaften, völlig trocken sein und vorher zweimal mit verdünntem Collodium (Coll., Aether ää) oder verd. Gummischleim überzogen werden. Der Lack wird zweimal aufgetragen; er trocknet schnell. Unsauber gewordene Schilder reinigt man mit 1 : 10 verdünntem Salmiakgeist.

Tapetenlack.

Rp. Laccae in granis
Mastiches
Terebinth. laricin. ää 50,0
Elemi 20,0
Sandaracae 100,0
Spiritus (96 proc.) 730,0.

Universal-Lack, elastischer BUCHH.

		I.	II. härter.
Rp.	Colophonii	60,0	80,0
	Mastiches	60,0	80,0
	Sandaracae	120,0	160,0
	Spiritus	730,0	680,0
	Camphorae	30,0	—

Universal-Weingeistlack von MILLER.

Rp. Camphorae 15,0
Mastiches 250,0
Sandaracae 250,0
Alcohol 500,0.

Man löst im Wasserbade. Dieser Lack lässt sich gut poliren.

Sanguinaria.

Gattung der **Papaveraceae — Papaveroideae — Chelidonieae.**

Sanguinaria canadensis L. Heimisch im atlantischen Nordamerika. Staude mit kriechendem Rhizom, dem jährlich ein handförmig gelapptes Blatt und ein einblüthiger Schaft mit grosser weisser Blüthe entspringt. Kronblätter 8—12, Kelchblätter 2, Staubblätter zahlreich, Frucht eine längliche, zweiklappige, vielsamige Kapsel.

Verwendung findet das Rhizom:

† Rhizoma Sanguinariae. Radix Sanguinariae canadensis. Sanguinaria (U-St.). — **Blutwurzel.** — **Bloodroot.**

Beschreibung. Die Droge besteht aus dem Rhizom. Dasselbe, ein Sympodium, ist bis 5 cm lang, 1 cm dick, gegliedert, am Ende jedes Gliedes mit der Narbe der Axe und auf der Oberseite von den Blattnarben undeutlich geringelt. Auf der Unterseite die Narben der abgeschnittenen Wurzeln. Farbe aussen dunkel-zimmtbraun, innen heller. Frisch von schwach aromatischem Geruch, Geschmack scharf und bitter. Man sammelt die Droge im Herbst. — Das Mikroskop lässt eine dünne Rinde und einen Kreis relativ kleiner, rundlicher Gefässbündel erkennen, die das grosse Mark einschliessen. Zahlreiche Zellen sind zu Sekretzellen mit lebhaft rothem Inhalt (Milchsaft) umgewandelt. Im Parenchym reichlich Stärkekörnchen, die rund sind und 8—20 μ messen. Legt man einen Querschnitt durch die Droge in einen Tropfen mässig verdünnter Salzsäure, so sieht man im Parenchym überall reichlich rothe Krystalle der salzsauren Alkaloide anschiessen.

Bestandtheile. Alkaloid Chelerythrin $C_{19}H_{11}NO_2(OCH_3)_2$, dasselbe ist farblos, liefert aber gelbe Salze, Sanguinarin $C_{19}H_{12}NO_3(OCH_3)$, β-Homochelidonin und γ-Homochelidonin $C_{19}H_{15}(OCH_3)_2NO_3$, beide farblose Salze liefernd, Protopin $C_{20}H_{17}NO_5$.

Verwechslung. Die Droge ist mit dem Rhizom von Chamaelirium carolinianum Willd. verwechselt worden. Dasselbe ist ähnlich der Gestalt nach, aber grün und weisslich geringelt. Im Innern zeigt es zerstreute Gefässbündel und keine Sekretzellen.

Aufbewahrung. Anwendung. Das im Herbste gesammelte, von den Wurzeln befreite Rhizom wird unter den starkwirkenden Mitteln aufbewahrt. Man gebraucht es innerlich zu 0,03—0,3 bei Verdauungsstörungen und Verschleimungen der Luftwege, zu 0,4—0,8 als Pulver oder Abkochung in den gleichen Fällen wie Ipecacuanha; äusserlich in Pulverform gegen Flechten, Nasenpolypen etc. Starke Dosen wirken emetisch und purgirend. Die Blutwurzel gilt seit lange als Sondermittel gegen Krebs.

Grösste Einzelgabe 1,0; grösste Tagesgabe 3,0 (Hager). In der Thierheilkunde bei Pferden und Rindern zu 3—5 g als Fiebermittel.

† **Acetum Sanguinariae** (Nation. form.). **Vinegar of Sanguinaria.** Aus 100 g gepulverter Blutwurzel (No. 30) und q. s. verdünnter Essigsäure (U-St. = 6 Proc. $C_2H_4O_2$) bereitet man im Verdrängungswege (zum Befeuchten 50 ccm) 1000 ccm Perkolat. Man benutzt einen gläsernen Perkolator, wie zu den folgenden.

† **Extractum Sanguinariae fluidum** (U-St.). **Fluid Extract of Sanguinaria.** 1000 g gepulverte Blutwurzel (No. 60) befeuchtet man mit einer Mischung aus 225 ccm Weingeist (91 proc.), 75 ccm Wasser und 50 ccm Essigsäure (U-St. = 36 proc.), stellt 48 Stunden warm und erschöpft dann im Verdrängungswege mittels einer Mischung aus 750 ccm Weingeist und 250 ccm Wasser; man fängt die ersten 850 ccm für sich auf und bereitet l. a. 1000 ccm Fluidextrakt.

† **Tinctura Sanguinariae** (U-St.). 150 g Blutwurzel (No. 60) befeuchtet man mit einer Mischung aus 60 ccm Weingeist (91 proc.), 40 ccm Wasser und 20 ccm Essigsäure (U-St. = 36 proc.); nach 24 Stunden perkolirt man mittels einer Mischung aus 600 ccm Weingeist und 400 ccm Wasser, so dass man l. a. 1000 ccm Tinktur erhält.

† **Sirupus Sanguinariae** (Nat. form.). **Syrup of Sanguinaria or of Bloodroot.** 225 g gepulverte Blutwurzel (No. 20) befeuchtet man mit q. s. einer Mischung aus 125 ccm Essigsäure (U-St. = 36 Proc.) und 375 ccm Wasser, bringt nach 2 Stunden in einen Perkolator, erschöpft zuerst mit dem Rest, dann mit q. s. Wasser, bis man 750 ccm Perkolat erhalten hat, dampft dieses auf 450 ccm ein, löst 800 g Zucker und bringt auf 1000 ccm Sirup.

Glycerolatum Sanguinariae Van der Espt.

Rp. Extracti Sanguinar. fluid. 2,5
Glycerini 27,5.

Pilulae purgantes Green.

Rp. Rhizom. Sanguinar.
Rhizomatis Rhei āā 3,0
Saponis medicat. 2,0.
Man formt l. a. 50 Pillen.

Sanguis.

Sanguis. Blut. Blood (engl.). **Sang** (franz.).

Allgemeines. Das Blut besteht aus einer fast farblosen Flüssigkeit *(Liquor sanguinis* oder *Plasma)*, in welcher zahlreiche feste Körperchen suspendirt sind. Diese werden als rothe und weisse Blutkörperchen unterschieden. Der Farbstoff der rothen Blutkörperchen ist das Hämoglobin.

Das spec. Gewicht des menschlichen Blutes ist durchschnittlich = 1,060. Man bestimmt dasselbe, indem man Bluttröpfchen unmittelbar nach ihrem Austritt aus den Gefässen in Glycerin-Wassermischungen von bekanntem spec. Gewicht einfallen lässt. Als spec. Gewicht des Blutes wird das specifische Gewicht derjenigen Mischung angenommen, in welcher die einfallenden Bluttröpfchen zum Schweben gelangen.

Die Reaktion des Blutes innerhalb des Organismus ist stets alkalisch; diese alkalische Reaktion wird bedingt durch die in dem Blute gelösten alkalischen Salze. — Der Geschmack des Blutes ist salzig, der Geruch, *Halitus sanguinis*, welcher besonders beim Erwärmen auftritt, ist zwar schwach, aber eigenthümlich; er rührt her von kleinen Mengen in dem Blute vorhandener flüchtiger Fettsäuren. Die Blutmenge beträgt etwa $^1/_{14}$—$^1/_{12}$ des Körpergewichtes.

Gerinnung. Wenige Minuten, nachdem das Blut den Körper verlassen hat, wird es dick und verwandelt sich in eine rothe, steife Gallerte. Diese Gallerte scheidet sich infolge Kontraktion später in einen dichteren Blutkuchen *(Placenta sanguinis)* und eine fast farblose Flüssigkeit, das *Serum*. — Die Gerinnung des Blutes wird beschleunigt durch Berührung desselben mit Fremdkörpern aller Art, z. B. durch Schlagen des Blutes mit Ruthen und durch Schütteln in Flaschen, ferner durch Zusatz kleiner(!) Mengen von Salzen, z. B. Natriumchlorid. Die Gerinnung wird verzögert bez. verhindert: durch Abkühlung des Blutes auf niedrige Temperatur, durch Zusatz hinreichender Mengen von Neutralsalzen, z. B. Natriumsulfat, Magnesiumsulfat, Natriumchlorid, Kaliumnitrat, endlich durch Ueberführung der in dem Blute enthaltenen Kalksalze in unlöslichen Zustand, z. B. durch Zusatz von Ammoniumoxalat.

Der Blutkuchen *(crassamentum)* besteht aus einem Netzwerke von Fibrin, in welchem die Blutkörperchen eingeschlossen sind.

Die gröbere Zusammensetzung des Blutes und die Veränderungen, welche infolge der Gerinnung auftreten, verdeutlicht nachstehendes Schema. Zu beachten ist, dass Serum und Plasma nicht gleichbedeutend sind, vielmehr ist Serum = Plasma minus Fibrin.

Blut	Plasma	Serum	
		Fibrin	Blutkuchen oder Crassamentum.
	Blutkörperchen	Rothe Blutkörperchen	
		Weisse Blutkörperchen	
		Blutplättchen	

100 Th. Blut enthalten etwa 60—65 Th. Plasma und 35—40 Th. Blutkörperchen.

Gerinnungs-Theorie von Hammarsten. Solange das Blut in den Gefässen cirkulirt, befindet sich ein Bestandtheil des Plasma in Lösung, nämlich das Fibrinogen, ein zu den Globulinen gehöriger Eiweisskörper. Nachdem das Blut die Gefässe verlassen hat, geht das Fibrinogen in das unlösliche Fibrin über und zwar, wie Hammarsten annimmt, durch die Thätigkeit eines Fermentes, des sog. „Fibrinfermentes". Hierauf beruht die Gerinnung des Blutes.

Chemie des Blutes. 1) Das Plasma. Dieses enthält etwa 10 Proc. fester Bestandtheile, darunter etwa 8 Proc. eiweissartiger Substanzen und etwa 2 Proc. Nicht-Eiweissstoffe. Im Plasma sind von Eiweissstoffen vorhanden: Serumalbumin, Serumglobulin und Fibrinogen.

Das Serumalbumin zeigt das allgemeine Verhalten der Eiweissstoffe (s. Bd. I, S. 198); es gerinnt bei + 75° C. — Das Serumglobulin zeigt das allgemeine Verhalten der Globuline; es gerinnt bei + 68 bis + 75° C. und wird aus seiner wässerigen Lösung durch Sättigen derselben mit Kochsalz bis zu einem Gehalt von 15 Proc. Kochsalz nicht gefällt, dagegen durch vollkommene Sättigung mit Kochsalz bei gewöhnlicher Temperatur zum Theil(!) ausgefällt. — Das Fibrinogen ist ein zu den Globulinen gehöriger Eiweisskörper. Erhitzt man es in wässeriger Lösung, so wird es bei + 55° C. in zwei Substanzen zerlegt, von denen die eine bei + 55° C., die andere bei + 64—72° C. gerinnt. Giebt man zu wässerigen Lösungen von Fibrinogen soviel Kochsalz, dass die Lösung 15 Proc. Kochsalz enthält, so wird das Fibrinogen theilweise gefällt. Sättigt man dagegen die Lösung bei gewöhnlicher Temperatur mit Kochsalz, so wird es vollständig gefällt.

2) Das Serum. Enthält ebenso wie das Plasma die beiden Eiweissstoffe: Serumalbumin und Serumglobulin, dagegen kein Fibrinogen. Als neuen Bestandtheil, der im Plasma nicht vorhanden ist, enthält es das „Fibrinferment".

Eiweissstoffe des Plasma	Eiweissstoffe des Serum
Fibrinogen	Serumglobulin
Serumglobulin	Serumalbumin
Serumalbumin	Fibrinferment.

Das Fibrinferment ist im cirkulirenden Blute nicht vorhanden, es entsteht nach Alex. Schmidt vielmehr aus den weissen Blutkörperchen und wahrscheinlich auch aus den Blutplättchen. Das Ferment ist bei + 40° C. am wirksamsten, bei 0° C. wird seine Wirkung aufgehoben, bei + 75° C. wird das Ferment vernichtet.

Extraktivstoffe des Serum und Plasma (d. h. die organischen Nicht-Eiweissstoffe) bestehen aus: Neutralfetten, Cholesterin, Lecithin, Harnstoff, Harnsäure, Kreatin, Xanthin, Hypoxanthin, Hippursäure.

Salze des Plasma. 1000 Th. Plasma enthalten etwa 8,55 Th. Mineralbestandtheile und zwar: Cl = 3,64, SO_3 = 0,115, P_2O_5 = 0,191, K = 0,323, Na = 3,341, $Ca_3(PO_4)_2$ = 0,311, $Mg_3(PO_4)_2$ = 0,222. Die Salze des Serums weisen qualitativ die nämlichen Bestandtheile auf, die quantitative Zusammensetzung ist etwas abweichend.

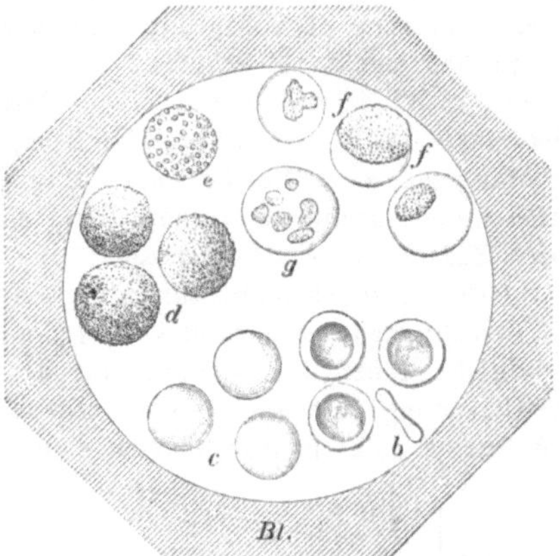

Fig. 113. Blutzellen. 600—700fache Lin.-Vergr. *b* Rothe Blutzellen, *b* eine rothe Blutzelle im Verticaldurchschnitt, *c* rothe Blutzellen in Wasser macerirt, *d* weisse Blutzellen, *e* eine solche mit einer Fettgranulation beladen, *f* solche nach der Einwirkung des Wassers, *g* eine solche nach der Einwirkung der Essigsäure.

Die organisirten Elemente des Blutes bestehen aus weissen und rothen Blutkörperchen und den Blutplättchen.

Die weissen Blutkörperchen (Leukocyten) sind typische thierische Zellen. Sie bestehen aus einem mehr oder weniger granulirten Protoplasma und stellen kugelige Klümpchen dar, in denen nach Zusatz von Wasser oder 2procentiger Essigsäure 1—4 Kerne sichtbar werden. Sie zeigen amöboide Bewegungen. Durchschnittlich kommt auf 350 rothe Blutkörperchen ein weisses. Ihre Grösse ist nicht konstant. Beim Menschen beträgt ihr Durchmesser etwa 0,01 mm. Das spec. Gewicht ist etwas geringer als das der rothen Blutkörperchen, daher setzen sich die letzteren in der Ruhe rascher zu Boden. Die Kerne bestehen aus Nucleïn.

Die Blutplättchen sind farblose Scheiben von 0,002—0,003 mm Durchmesser. Ueber Ursprung und Bestimmung ist nichts Sicheres bekannt. Sie sind bisher nur im Blute der Säugethiere gefunden worden, nicht in dem der Fische, Vögel und Amphibien. Man nimmt an, dass sie eine Rolle bei der Fibrinbildung spielen. 1 Kubikmillimeter des Blutes gesunder Menschen soll 180 000—250 000 dieser Blutplättchen enthalten.

Die rothen Blutkörperchen (Erythrocyten). Die des Menschen und der Säugethiere stellen (mit Ausnahme des Lamas und Kameels sowie deren Verwandten) unter dem Mikroskop bei 300—500 facher Vergrösserung blassgelbe (erst in dickerer Schicht erscheint die Färbung röthlich) runde, bikonkave Scheiben dar ohne Membran und ohne Kern. Bei den Vögeln, Amphibien und Fischen sind die Blutkörperchen dagegen (mit Ausnahme der Cyclostomen) kernhaltig, bikonvex und mehr oder weniger elliptisch. Die Grösse ist bei den verschiedenen Thieren verschieden. Beim Menschen beträgt der Durchmesser im Mittel 7—8 μ,[1]) die grösste Dicke 1,9 μ. Das spec. Gewicht ist nach

[1]) μ = Mikromillimeter = 0,001 mm.

C. Schmidt = 1,088—1,089, also grösser als das des Serums. — Die rothen Blutkörperchen haben die Neigung, sich ausserhalb der Blutbahn geldrollenartig aneinander zu legen.

1 Kubikmillimeter Blut vom männlichen Menschen enthält etwa 5 000 000, vom weiblichen Menschen etwa 4 500 000 rothe Blutkörperchen. Die Zählung erfolgt durch das Hämatocytometer von Gowers, dem eine ausführliche Gebrauchsanweisung beigegeben wird.

Behandelt man die rothen Blutkörperchen mit Wasser, so laugt dieses den Blutfarbstoff aus und hinterlässt ein farbloses Stroma. — Durch Salzlösungen schrumpfen die Blutkörperchen, sie werden runzelig und stachelig (Stechapfelform). — Verdünnte Alkalien (z. B. 0,2 proc. Kalilauge) lösen sie allmählich auf. Gegen konc. Alkalien (z. B. 30 proc. Kalilauge) sind sie verhältnissmässig widerstandsfähig. — Verdünnte Säuren (z. B. 1—2 proc. Essigsäure) wirken wie Wasser und lassen die Kerne deutlich hervortreten. 1000 Th. feuchte rothe Blutkörperchen enthalten 688 Th. Wasser, 303,88 Th. organische und 8,12 Th. unorganische Bestandtheile. Die letzteren bestehen aus: Cl = 1,686, SO_3 = 0,066, P_2O_5 = 1,134, K = 3,328, Na = 1,052, $(PO_4)_2Ca_3$ = 0,114, $(PO_4)_2Mg_3$ = 0,073.

Der Hauptbestandtheil der rothen Blutkörperchen ist der rothe Farbstoff, „der Blutfarbstoff oder das Hämoglobin".

Hämoglobin. Der Farbstoff der rothen Blutkörperchen. Giebt die Eiweissreaktionen und enthält Eisen. Der Gehalt des reinen Hämoglobins an Eisen (Fe) beträgt etwa 0,4 Proc. Im arteriellen Blute ist das Hämoglobin mit Sauerstoff zu der lockeren Verbindung „Oxyhämoglobin" verbunden, im venösen Blute ist es wieder als (reducirtes) Hämoglobin vorhanden, d. h.: Durch den Athmungsprocess wird das Blut in den Lungen mit Luft in Berührung gebracht; es entzieht der Luft einen Theil des Sauerstoffs, indem sich das Hämoglobin mit dem Sauerstoff zu Oxyhämoglobin verbindet, wobei das Blut lebhaft rothe Farbe annimmt. Wird dieses oxyhämoglobinhaltige Blut in die Gewebe geschickt, so giebt es hier den Sauerstoff ab und kehrt als hämoglobinhaltiges dunkles Blut wieder in die Lungen zurück. Man hat daher die rothen Blutkörperchen mit kleinen Schiffchen verglichen, auf welche der Sauerstoff in den Lungen aufgeladen wird, um in den Geweben wieder abgeladen zu werden. 1 g Oxyhämoglobin bindet nach Hüfner 1,582 ccm Sauerstoff bei 0° C. und 760 mm B. — Mit dem Sauerstoff geht das Hämoglobin noch eine zweite Verbindung, das Methämoglobin, ein, von welcher weiter unten die Rede sein wird.

Ausserdem verbindet sich das Hämoglobin mit dem Kohlenoxyd zu Kohlenoxyd-Hämoglobin und mit dem Stickoxyd zu Stickoxyd-Hämoglobin.

Das Oxyhämoglobin ist krystallisierbar, doch ist die Krystallisationsfähigkeit bei den verschiedenen Thiergattungen verschieden, ebenso sind die Krystallformen bei einzelnen Thiergattungen verschieden.

Verdünnt man eine wässerige Lösung von Oxyhämoglobin passend, so giebt sie vor dem Spektralapparat ein charakteristisches Absorptions-Spektrum. Man sieht zwei Absorptionsstreifen zwischen den Frauenhofer'schen Linien D und E. Der nach dem rothen Theile des Spektrums zu gelegene schmälere Streifen ist dunkler und schärfer abgegrenzt und liegt an der Linie D. Der zweite, breitere, aber weniger scharf begrenzte, liegt bei E. Versetzt man eine solche Blutlösung mit etwas gelbem Schwefelammonium oder mit Stokes'scher Lösung[1]), so verschwinden die beiden vorher beobachteten Absorptionsstreifen und an ihrer Stelle tritt ein einziges nicht scharf begrenztes Absorptionsband zwischen D und E auf, also in dem Raume, der vorher zwischen den beiden Absorptionsbändern lag und hell war. Vergl. weiter unten, S. 812.

Methämoglobin nennt man einen Farbstoff, welcher die gleiche Zusammensetzung hat wie Oxyhämoglobin und durch Zersetzung des normalen Blutfarbstoffs (des Hämoglobins und des Oxyhämoglobins) entsteht. Er tritt daher auf in bluthaltigen Transsudaten und

---

[1]) **Stokes'sche Lösung.** Ferri sulfurici crystallisati, Acidi tartarici ãã 1,0, Aquae destillatae 10,0, Liquoris Ammonii caustici 0,6 g. Jedesmal frisch zu bereiten.

Cystenflüssigkeiten, im Harn bei Hämaturie oder Hämoglobinurie, im Harn und Blut bei Vergiftungen mit Kaliumchlorat, Amylnitrit, Alkalinitrit und Alkalinitrat u. a. Stoffen. Setzt man eine Lösung von Oxyhämoglobin in dünner Schicht der Luft aus, so wird sie sauer und bräunt sich; sie enthält alsdann Methämoglobin. Zu Vergleichszwecken stellt man sich Methämoglobinlösungen dar, indem man zu normaler Blutlösung etwas Ferricyankalium- oder Kaliumpermanganatlösung zusetzt. Man nimmt an, dass der Sauerstoff im Methämoglobin fester gebunden ist wie im Oxyhämoglobin, ohne aber angeben zu können, in welcher Weise dies der Fall ist. Vor dem Spektroskop zeigt das Methämoglobin: zwei Absorptionstreifen wie das Oxyhämoglobin zwischen D und E, ferner einen schmalen und schwachen Streifen im Roth und einen leicht zu übersehenden schwachen Absorptionsstreifen nach dem blauen Theile des Spektrums bei der FRAUENHOFER'schen Linie F. Die Beobachtung ist zunächst in dicker, nur Roth durchlassender Schicht zu machen. Nachdem man den Absorptionsstreifen im Roth festgestellt hat, beobachtet man auch die verdünnten Lösungen. — Fügt man zu einer Methämoglobinlösung gelbes Schwefelammonium, so verschwindet der Streifen im Roth sofort, die beiden Streifen zwischen D und E verschwinden allmählich und gehen in das Band des (reducirten) Hämoglobins über.

Charakteristisch für das Methämoglobin ist also (neben den beiden Streifen zwischen D und E) der Streif im Roth. Durch Zusatz von Schwefelammonium muss letzterer sofort verschwinden; allmählich verschwinden auch die beiden Streifen zwischen D und E, und man erhält das Absorptionsband des (reducirten) Hämoglobins.

Hämatin (auch Oxyhämatin) genannt. Behandelt man Hämoglobin (oder Oxyhämoglobin) mit Säuren, so wird es gespalten in einen Eiweisskörper (Globin) und in einen eisenhaltigen, „Hämatin" genannten Farbstoff. Hämatin ist amorph, schwarzbraun oder blauschwarz. In Wasser, verdünnten Säuren, Alkohol, Aether und Chloroform ist es unlöslich, von Alkalien wird es leicht gelöst; die alkalischen Lösungen sind dichroïtisch, d. h. in dickeren Schichten erscheinen sie im durchfallenden Lichte roth, in dünnen Schichten grünlich. Saure Lösungen des Hämatins sind stets braun. Das Absorptionsspektrum des Hämatins ist verschieden, je nachdem eine saure oder alkalische Lösung vorliegt.

Charakteristisch für das Hämatin in saurer Lösung ist ein schwacher Absorptionsstreifen im Roth, etwa an der FRAUENHOFER'schen Linie C, neben dem auch noch die Absorptionsstreifen des Oxyhämoglobins vorhanden sein können. Ist die Lösung sehr stark verdünnt, so kann der Streifen im Roth, ja auch das Absorptionsspektrum des Oxyhämoglobins fehlen. Fügt man jedoch gelbes Schwefelammonium hinzu, so erhält man das charakteristische Spektrum des reducirten Hämatins oder des Hämochromogens. Da wo etwa der erste (schmale) Oxyhämoglobinstreifen erscheint, erkennt man einen tief dunklen, je nach der Koncentration verschieden breiten Absorptionsstreifen mit scharfen Rändern, und am Rande desselben, nach dem Blau zu, eine leicht schattige Absorption, die in stark verdünnten Lösungen schwer zu erkennen ist. Der dunkle Streif des Hämochromogens ist auch in dem verschwommenen Bande des reducirten Hämoglobins noch deutlich zu erkennen.

Das alkalische Hämatin lässt den Absorptionsstreifen an das erste schmale Band des Oxyhämoglobins als Schatten heranrücken. Auf Zusatz von gelbem Schwefelammonium erhält man wie vorher das charakteristische Absorptionsband des reducirten Hämatins (Hämochromogens), während Methämoglobin das mit dem reducirten Hämoglobin übereinstimmende diffuse Band geben würde.

Kohlenoxydhämoglobin. Entsteht durch Einleiten von Kohlenoxyd oder gewöhnlichem Leuchtgas in Blutlösung. Das Blut hat eine kirschrothe Farbe und neigt weniger zur Fäulniss. Das Kohlenoxyd ist ziemlich fest an das Hämoglobin gebunden. Vor dem Spektrum giebt die Lösung des Kohlenoxydhämoglobins zwei mit denen des Oxyhämoglobins übereinstimmende[1]) Absorptionsstreifen. Auf Zusatz von gelbem Schwefelammonium bleiben diese Streifen unverändert bestehen.

[1]) Die geringen Abweichungen lassen sich nur von Geübten mit genügend grossen Apparaten erkennen.

Sulfhämoglobin. Entsteht durch Absorption von Schwefelwasserstoff durch Blut bez. Blutlösung oder durch freiwillige Zersetzung von Blut und charakterisirt sich vor dem Spektroskop durch einen Absorptionsstreifen im Roth. Dieser Streifen ist nur in koncentrirten Lösungen, bei engem Spalt, wahrnehmbar. Zusatz von gelbem Schwefelammonium lässt den Streifen bestehen und macht ihn eventuell stärker. Das Sulfhämoglobin ertheilt dem Blute in dünnen Schichten eine grünliche Färbung und ist die Ursache für die Grünfärbung von Leichen z. B. der grünen Flecken in den Bauchdecken und der grünen Färbung der Haut von „verhitztem Wild" oder „verhitztem Geflügel."

Nachweis von Blutflecken. Die Feststellung, ob ein Fleck von Blut oder von anderen, ähnlich gefärbten Substanzen herrührt, ist in forensischer Beziehung häufig von grosser Bedeutung. Um diese Frage zu beantworten, stehen uns besonders drei Methoden zur Verfügung, der chemische, spektroskopische und mikroskopische Nachweis. Hat man eine solche Frage zu lösen, so wird man zweckmässig wie folgt verfahren:

Allgemeine Besichtigung. Der zu untersuchende Gegenstand wird zunächst einer genauen Besichtigung unterzogen, ob sich an ihm irgendwo Flecken vorfinden, welche den Verdacht erregen, dass sie von Blut herrühren. Nur diese verdächtigen Flecken wird man für gewöhnlich untersuchen, nicht einen ganzen Rock extrahiren, ebensowenig blindlings ein Stück Stoff ausschneiden und untersuchen. Die verdächtigen Stellen umzieht man auf dunklen Stoffen mit Schneiderkreide und versieht sie mit laufenden Nummern. Man gewinnt recht bald eine gewisse Uebung im Auffinden von solchen verdächtigen Stellen. Rasch eingetrocknetes Blut verursacht rothbis braunschwarze glänzende Flecken, welche im trockenen Zustande spröde sind. Ist das Blut nicht rasch getrocknet, sondern längere Zeit auf feuchter Unterlage gewesen ohne zu trocknen, so kann es chokoladenbraune Flecken bilden, und falls es in Sulfhämoglobin übergegangen ist, so sind die Flecken braungrün. — Bei Kleidungsstücken verabsäume man auch nicht, das Innere der Taschen und das Futter genau zu durchmustern, da der Thäter schon häufig die blutende Hand in die Tasche gesteckt hat, um sie zu verbergen, und viele Menschen die Gewohnheit haben die beschmutzte Hand am Rockfutter oder am Gesäss abzuwischen.

Fig. 114. Hämatinhydrochloratkrystalle. TEICHMANN'sche Häminkrystalle. 350 malige Vergrösserung.

Bei dieser Besichtigung ist u. U. auch die Form der Blutflecken genau zu notiren, event. ist der Befund durch eine Zeichnung oder eine Photographie festzuhalten. Eine spritzende Arterie z. B. verursacht Spritzen, in denen die einzelnen Bluttröpfchen perlschnurartig aneinander gereiht sind.

Für alle Fälle lassen sich in dieser Beziehung Anweisungen nicht geben. Der Experte muss seine Aufmerksamkeit auf den vorliegenden Fall koncentriren.

a) Der chemische Nachweis. Bei einem verdächtigen Flecke wird man sich zunächst die Frage vorzulegen haben, ob er überhaupt von Blut herrührt, d. h. ob sich in ihm der charakteristische Bestandtheil des Blutes, d. i. der rothe Blutfarbstoff, nachweisen lässt. Der Nachweis beruht darauf, dass das Hämoglobin durch Erhitzen mit Säuren in Hämatin und den Eiweissstoff Globin gespalten wird. Das Hämatin bildet ein salzsaures Salz, welches in Wasser ziemlich schwer löslich und von grosser Krystallisationsfähigkeit ist. Die Bildung dieses Salzes erfolgt, wenn man die oben erwähnte Spaltung bei Gegenwart eines löslichen Chlorides, z. B. Natriumchlorid, ausführt. Man verfährt in der Praxis wie folgt:

Auf einen sauberen Objektträger bringt man einige Partikel des verdächtigen Fleckens, die man mit einer Präparirnadel an der betr. Stelle abschabt. Hierzu bringt man eine Spur (Bruchtheile eines Milligrammes) Kochsalz, welches man vorher im Mörser bis zur Unfühlbarkeit (!) gepulvert hatte. Man mischt mit der Nadel beides etwas durcheinander, legt ein Deckglas auf und lässt nun aus einer Pipette 1—2 Tropfen Eisessig (!) zwischen Objektträger und Deckglas fliessen. Dann ergreift man den Objektträger mit der Hand und erhitzt ihn über einem sog. Mikrobrenner solange (aber nicht länger!), bis der Eisessig Blasen zu bilden beginnt. Wenn dies der Fall ist, so legt man das Präparat an einen warmen Ort und lässt den Eisessig langsam verdunsten. Dann sieht man das Präparat bei etwa 300 facher linearer Vergrösserung sorgfältig durch, berücksichtigt namentlich die Stellen am Rande des Deckglases. War in dem Flecken Blut enthalten, so sieht man in dem Gesichtsfelde charakteristische, flohbraun gefärbte, prismatische Krystalle, bisweilen nur vereinzelt, bisweilen in Massen nebeneinander liegend, oft nur ganz klein. oft aber auch von bedeutender Grösse. Ihre Flächen sind äusserst scharf begrenzt, die Krystalle haben die Neigung sich zu Zwillingen oder auch zu Drusen zusammenzulegen, bisweilen sind auch eine oder zwei Flächen etwas gerundet, so dass wetzsteinartige Formen zu stande kommen. Zu verwechseln sind sie, wenn man sie einige Male gesehen hat, überhaupt nicht. Auch Flohexkremente, Flecken, welche durch zerdrückte Wanzen entstanden sind, würden diese Krystalle geben (Fig. 114).

Nur muss sich der weniger Geübte hüten, jede dunkle Scholle für einen solchen Krystall zu halten. Diese Krystalle bestehen aus salzsaurem Hämatin, man nennt sie auch Hämin-Krystalle (Hämin ist salzsaures Hämatin) oder TEICHMANN'sche Krystalle.

Liegt ein nicht sehr altes Blut vor, so gelingt die Darstellung dieser Krystalle ohne weiteres, so zu sagen auf Anhieb. Ist das Blut aber alt, so ist die Darstellung der Krystalle bisweilen schwierig. Man muss dann die Blutschollen erst einige Stunden mit dem Eisessig weichen lassen und dann die beschriebene Operation ausführen, oder man muss, wenn der Eisessig des Präparates zum ersten Male abgedunstet ist, nochmals Eisessig zugeben, wiederum erhitzen und abdunsten lassen und die ganze Operation wiederholt ausführen. Kurz die Darstellung der sog. TEICHMANN'schen Krystalle nimmt häufig die Geduld des Untersuchenden stark in Anspruch. In manchen Fällen kann es sich auch empfehlen, den verdächtigen Fleck mit Wasser auszuziehen und den im Vakuum über Schwefelsäure erhaltenen Verdunstungsrückstand zur Herstellung der TEICHMANN'schen Krystalle zu benutzen, oder man zieht mit Kaliumjodidlösung aus, fällt aus dieser Lösung den Blutfarbstoff mittels Zinkacetat oder Natriumwolframat und benutzt diese Fällungen zur Darstellung der Krystalle. Vergl. unter „Nachweis durch das Spektroskop".

Es kann aber vorkommen, dass man von einem Flecken, der unzweifelhaft von Blut herrührt, also z. B. von Flecken, die man als Vergleichsmaterial sich selbst hergestellt hat, schliesslich trotz aller Mühe Häminkrystalle nicht mehr erhält. In solchen Fällen ist die Zerstörung des Blutfarbstoffes so weit vorgeschritten, dass durch Einwirkung von Säuren Hämatin nicht mehr abgespalten wird.

Das Auftreten der Hämin-Krystalle beweist aber nichts anderes, als dass die untersuchte Substanz Blutfarbstoff enthalten hat. Zahlreiche der modernen aus Blut dargestellten Heilmittel z. B. Hämoglobin, Carno und dergl., werden gleichfalls TEICHMANN'sche Krystalle geben.

b) Der spektroskopische Nachweis. Unter Umständen kann es zweckmässig sein, einen wässerigen Auszug des verdächtigen Fleckens herzustellen und diesen (filtrirt!) vor dem Spektralapparat zu prüfen. Rührt der Flecken von Blut her, so wird man gewöhnlich das Spektrum des Oxyhämoglobins erhalten. Durch Zusatz von gelbem Schwefelammonium geht dieses in das Spektrum des reducirten Hämoglobins über. Ist das Blut schon zersetzt, so kann man unter Umständen auch das Spektrum des Methämoglobins erhalten. Auch dieses geht durch Zusatz von gelbem Schwefelammonium in das Spektrum des reducirten Hämoglobins über. Endlich kann die Zersetzung des Blutes schon bis zum Hämatin vorgeschritten sein. In diesem Falle würde man entweder gar keine Absorptionsstreifen oder das Spektrum des Hämatins erhalten; auf Zusatz von Schwefelammonium würde jedoch das Spektrum des reducirten Hämatins auftreten. Diese Bestimmungen sind unter Umständen geeignet, Aufschluss über das ungefähre Alter der Blutflecken zu geben (s. S. 812).

Geht der Blutfarbstoff von seiner Unterlage nicht gut in die wässerige Lösung, so kann man versuchen, ihn durch Maceration mit stark verdünnter Ammoniakflüssigkeit oder durch Kaliumjodidlösung ($1+4$) in Lösung zu bringen. Man beobachtet diese Lösungen nach dem Filtriren direkt vor dem Spektroskop oder koncentrirt sie vorher durch Eindunsten, am besten im Vakuum. Oder man fällt den Blutfarbstoff zunächst aus seiner Lösung aus: **1)** Eine gesättigte, mit Essigsäure stark angesäuerte Lösung von Natriumwolframat erzeugt noch in sehr verdünnter Blutlösung einen voluminösen rothbraunen oder bräunlichen Niederschlag, welcher durch Erhitzen dichter wird. Man erhitzt also, filtrirt ab und wäscht mit verdünnter Essigsäure aus. — **2)** Man fällt die stark verdünnte Blutlösung mit Zinkacetat und wäscht den Niederschlag mit verdünnter Essigsäure aus.

Gleichgiltig, welche dieser Fällungen man dargestellt hatte, so kann man den Niederschlag in einer Mischung von 1 Vol. Ammoniakflüssigkeit (von 10 Proc.) und 8 Vol. Alkohol (von 96 Proc.) lösen und die Lösung spektroskopiren vor und nach Zusatz von gelbem Schwefelammonium. Man kann diese Lösung auch verdunsten und den Rückstand zur Darstellung der Hämin-Krystalle verwenden. — Unter Umständen kann es auch vortheilhaft sein, das Mikro-Spektroskop zu benutzen.

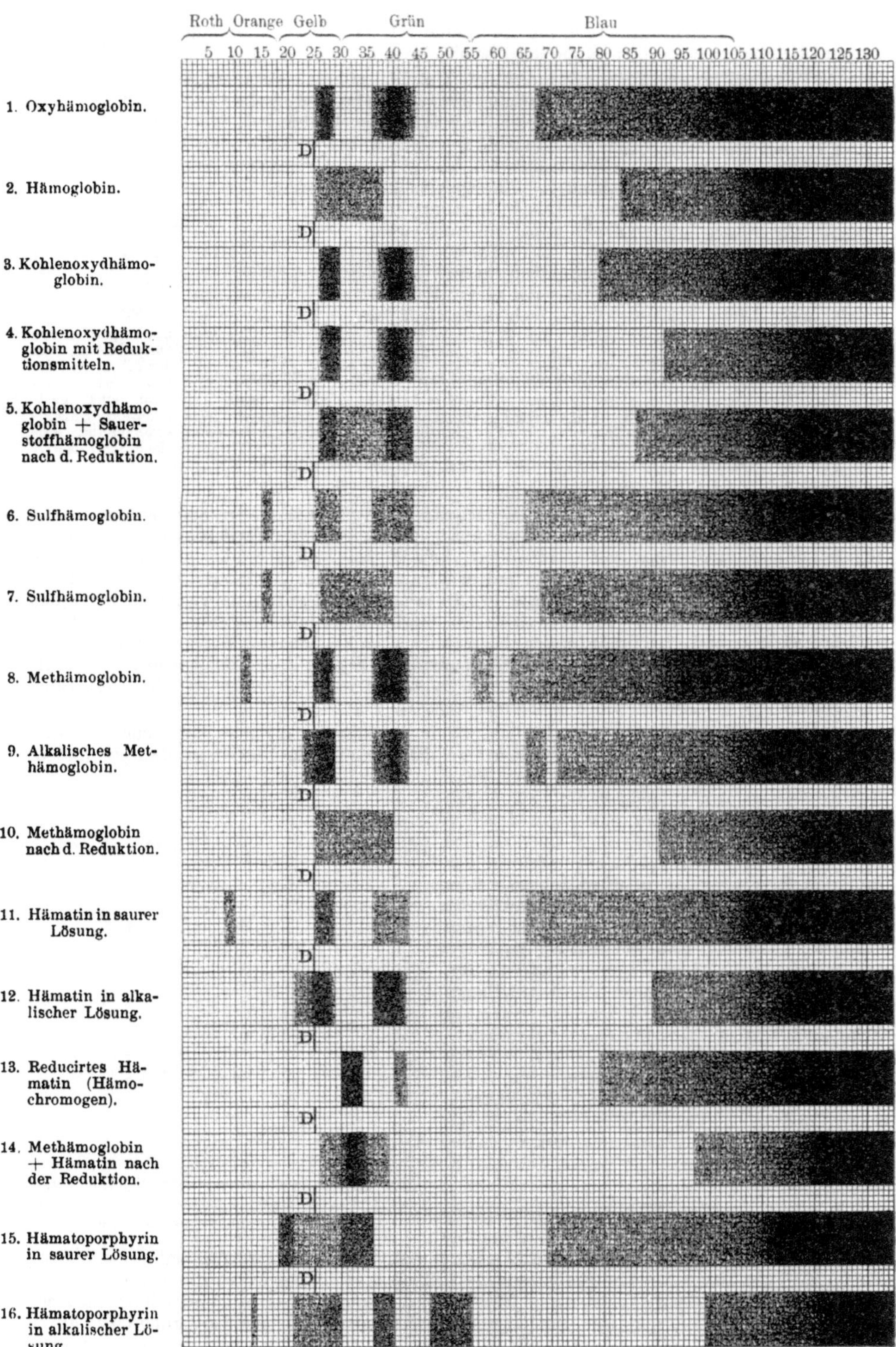

Fig. 115. Blutspektren nach L. Lewin.

Auch der spektroskopische Blutnachweis giebt lediglich Aufschluss darüber, dass in einem gegebenen Objekte Blutfarbstoff enthalten ist. Für denselben gilt genau das Gleiche, was am Schlusse des vorigen Kapitels (Chemischer Nachweis) gesagt worden ist.

c) Der mikroskopische Nachweis. Um Blut mikroskopisch mit Erfolg nachweisen zu können, muss man zunächt an bekannten Präparaten Blutkörperchen sehen und erkennen lernen. Zu diesem Zwecke genügt es nicht, ein Tröpfchen Blut auf ein Deckglas zu bringen, sondern man muss sich besondere Blut-Dauerpräparate in folgender Weise darstellen: Man erwärmt spiegelblanke Objektträger auf ca. 40° C. und streicht auf diese noch warmen Gläser rasch mittels eines Streifens Filtrirpapier eine äusserst dünne Schicht des frisch(!) entnommenen Blutes. Die Blutschicht trocknet sofort ein, und wenn man von jeder Blutart etwa 6—12 Präparate fertigt, kann man sicher sein, mehrere brauchbare Stellen zu finden. Die Objektträger signirt man mit einem Schreibdiamanten. Diese Präparate kann man ohne Deckglas nach dem Trocknen direkt unter das Mikroskop nehmen. Zunächst betrachtet man mit 300—400facher linearer Vergrösserung. In den dickeren Schichten stellt sich das Blut als eine verschwommene lackartige, gelbe bis röthlichbraune Masse dar, in welcher Blutkörperchen nicht ohne weiteres zu erkennen sind. Dagegen gelingt es, diese in den dünnen Schichten zu erkennen.

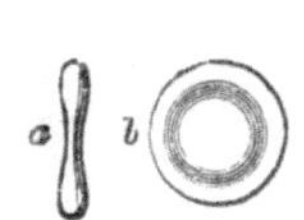

Blutkörperchen von Säugern, 700fach vergrössert.

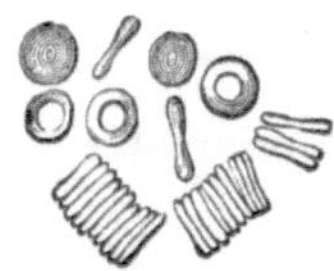

Blutkörperchen von Säugethieren, auf der Fläche und der hohen Kante liegend, auch geldrollenförmig aneinandergereiht. 300fach vergrössert.

Fig. 116.

Bei den Säugethieren stellen sie kreisrunde (mit Ausnahme der Kameelthiere, siehe oben S. 807) Scheiben dar, die im Centrum auf beiden Seiten eine Vertiefung (Delle) haben. Sie lassen sich vergleichen mit Geldmünzen, welche auf beiden Seiten in der Mitte eine Vertiefung haben. Stehen sie auf der hohen Kante, so haben sie Bisquitform. Die Blutkörperchen sind, wo sie einzeln liegen, nur gelb bez. schwach gelbröthlich gefärbt, nur dicke Schichten erscheinen roth. Sie sind kernlos. Nicht alle Blutkörperchen sind in solchen Präparaten kreisrund, viele schrumpfen vielmehr infolge Abgabe von Wasser ein und haben dann gezackte Ränder oder die sog. Stechapfelform (s. Fig. 117). — Bringt man ein Tröpfchen frisches Blut unter das Mikroskop, so kann man häufig beobachten, dass die Blutkörperchen sich geldrollenförmig aneinanderlegen (s. Fig. 116).

Ist das Blut frisch bez. noch nicht zu lange eingetrocknet, so kann man ziemlich sicher darauf rechnen, noch intakte, leicht zu diagnosticirende Blutkörperchen zu finden. Man muss nur von den Objekten möglichst dünne Schichten entnehmen und zur Untersuchung vorbereiten. Man betrachtet das Blut unter dem Mikroskop nicht in Wasser sondern in 0,7procentiger Kochsalzlösung oder in verdünntem Glycerin oder in 30procentiger Kalilauge. — Kann man unter diesen Umständen intakte (runde) Blutkörperchen nicht wahrnehmen, so muss man versuchen, die eingetrockneten und in ihrer Form veränderten (geschrumpften) Blutkörperchen durch Quellungsmittel wieder in ihre ursprüngliche Form zu bringen. Hierzu benutzt man: 1) 30proc. Kalilauge, 2) Pacini-Hofmann'sche Lösung: 300 Th. Wasser, 100 Th. Glycerin, 2 Th. Kochsalz, 1 Th. Quecksilbersublimat. 3) Roussin-sche Lösung: 3 Th. Glycerin, 1 Th. konc. Schwefelsäure, mit Wasser bis zum spec. Gewicht 1,028 verdünnt. Die besten Dienste leistet die 30proc. Kalilauge.

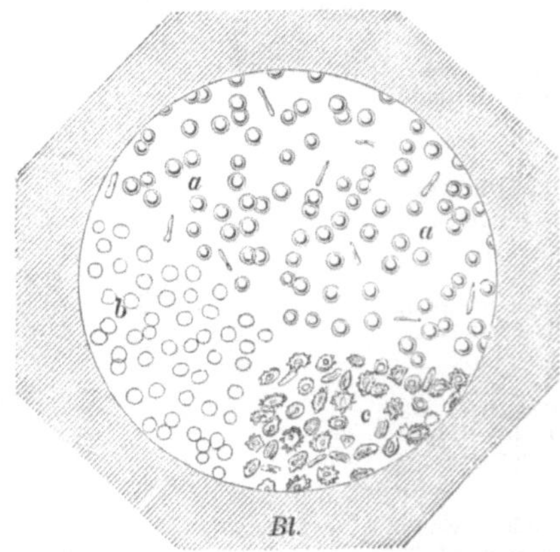

Fig. 117. Rothe Blutzellen. 130 malige Lin.-Vergr. *a* Im frischen Blute, *b* nach der Einwirkung des Wassers, *c* im eingetrockneten Blute.

Man bringt zweckmässig eine sehr kleine Menge der mit einer Nadel abgeschabten Masse auf einen Objektträger, legt ein Deckglas auf, bringt des Präparat unter das Mikroskop, lässt von der Seite das Quellungsmittel zufliessen und beobachtet die Veränderungen, die sich in dem Präparat einstellen. Man darf sich nun nicht die Vorstellung machen, dass jetzt alle Blutkörperchen sozusagen auf Kommando in ihre ursprüngliche Form zurückkehren, vielmehr kommt man auch unter diesen Umständen in die Lage, nur vereinzelte Körperchen zu betrachten, welche die normale Form der Blutkörperchen haben, und wiederum sind es die dünnen Blutschichten, namentlich die Ränder der einzelnen Schollen, an denen man Blutkörperchen beobachten kann. Unter Umständen sieht man, wie einzelne Blutkörperchen sich von den Rändern der Schollen ablösen und frei im Gesichtsfelde umherschwimmen.

Verwechselt werden können die Blutkörperchen mit den Sporen einiger Schimmelpilze, indess auch diese Verwechslung ist bei einiger Uebung nicht gut möglich.

Blut von Säugern einerseits und von Vögeln, Fischen und Amphibien anderseits. Das Blut der Säugethiere stellt (mit Ausnahme der Kameelthiere) kreisrunde Scheiben dar, welche in der Mitte eine Vertiefung (Delle) haben. Das Blut der Vögel, Fische und Amphibien stellt ovale Scheiben dar. Die Blutkörperchen der Säuger sind kernlos, diejenigen der Vögel, Fische und Amphibien besitzen einen Kern. Zudem sind die Blutkörperchen der Vögel, Fische und Amphibien meist grösser, auch weniger gefärbt als diejenigen der Säugethiere. Um die Kerne deutlich zur Anschauung zu bringen, behandelt man das Blutpräparat unter dem Mikroskop mit 2 proc. Essigsäure: Bei Säugethierblut scheinen sich die Schollen allmählich aufzulösen. Waren die Blutkörperchen vorher sichtbar, so verschwinden sie jetzt und hinterlassen ein kaum noch sichtbares farbloses Stroma. Bei den Blutkörperchen der Vögel, Fische und Amphibien dagegen treten die Kerne auf Zusatz der Essigsäure zunächst stark und deutlich hervor, dann verblasst der übrige Theil des Blutkörperchens, so dass um die Kerne ein kaum noch erkennbares Stroma verbleibt; es bleiben dann eigentlich nur noch die Kerne selbst erkennbar.

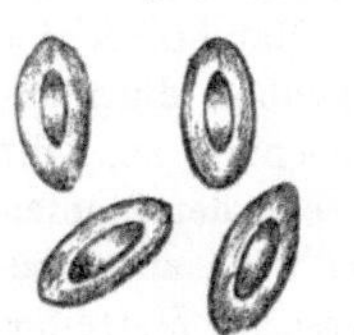

Fig. 118. Blutkörperchen der Taube. 500fache lineare Vergrösserung.

Unterscheidung des Menschenblutes vom Blute der Thiere. Lässt sich das Blut der Säugethiere von dem der Vögel, Fische und Amphibien ohne erhebliche Schwierigkeiten auf Grund der vorher angegebenen Merkmale unterscheiden, so liegt die Sache ganz anders, sobald die Frage gestellt wird: Menschenblut oder Blut von anderen Säugern? Diese Frage ist nur unter ganz besonders günstigen Verhältnissen mit einiger Sicherheit zu lösen.

Die Blutkörperchen der verschiedenen Säugethiere unterscheiden sich untereinander nur durch ihre etwas abweichende Grösse: Schmidt giebt als Durchmesser für die Blutkörperchen verschiedener Thierklassen folgende an:

		Im Durchschnitt.
Mensch .	0,0074 — 0,0080 mm.	0,0077 mm.
Hund . .	0,0066 — 0,0074 „	0,0070 „
Kaninchen	0,0060 — 0,0070 „	0,0064 „
Ratte . .	0,0060 — 0,0068 „	0,0060 „
Schwein .	0,0060 — 0,0065 „	0,0062 „
Maus . .	0,0058 — 0,0065 „	0,0061 „
Ochs . .	0,0054 — 0,0060 „	0,0058 „
Katze . .	0,0053 — 0,0060 „	0,0056 „
Pferd . .	0,0053 — 0,0060 „	0,0057 „
Schaf . .	0,0040 — 0,0048 „	0,0045 „

Im Mittel von 20 Messungen sind die Blutzellen vom

Huhn . .	0,0076 mm breit	und	0,0127 mm lang
Frosch .	0,0154 „ „	„	0,0211 „ „

Nur wer grosse Erfahrungen im mikroskopischen Nachweise von Blutkörperchen hat, sollte Gutachten über solche Fragen abgeben; die Beantwortung der Frage, ob das Blut vom Menschen oder von anderen Säugern herrührt, sollte der Sachverständige für gewöhnlich ablehnen.

Bestimmung des Eisengehaltes im Blute nach Jolles.

Das Princip der Methode beruht darauf, dass 0,05 ccm Blut, welche minimale Blutmenge mittels Einstiches einer Nadel in die Fingerbeere austritt oder leicht herausgedrückt wird, im Platintiegel mit Hilfe einer Bunsenflamme verascht wird, wobei das Bluteisen in Form von Eisenoxyd als rostrother Fleck auf dem Boden des Tiegels zurückbleibt. Das Eisenoxyd wird nun durch Schmelzen mit 0,1 g saurem schwefelsauren Kali in schwefelsaures Eisenoxyd übergeführt, und die Schmelze so lange erhitzt, als noch Schwefelsäuredämpfe aus ihr entweichen. Die Schmelze löst sich sehr leicht in heissem destillirten Wasser. Der Gehalt der Lösung an Eisen wird auf kolorimetrischem Wege bestimmt. —

C. Reichert in Wien VIII, Bennogasse 24—26 liefert einen zur Ausführung dieser Methode bestimmten Apparat, dem eine genaue Gebrauchsanweisung beigegeben wird.

Nachweis von Kohlenoxydhämoglobin im Blut. Das Blut ist nach Aufnahme von Kohlenoxyd auffallend lebhaft roth und neigt wenig zur Fäulniss.

Man bereitet sich eine ziemlich stark gefärbte, wässerige Lösung des fraglichen Blutes und filtrirt diese durch ein genässtes Filter, bis sie völlig klar ist. Von dieser Lösung bringt man eine angemessene Menge in ein planparalleles Gläschen, verdünnt mit Wasser zur gesättigt rothen Färbung und stellt vor den Spalt eines Spektralapparates. Hat dieser eine Skala, so stellt man genau die Begrenzung der Streifen fest. Man beobachtet bei normalem Blut die beiden Streifen des Oxyhämoglobins (bei Kohlenoxydblut die nämlichen Streifen). Hierauf giebt man etwa 20 Tropfen gelbes Schwefelammonium zu, füllt mit Wasser bis dicht unter den Stopfen, mischt durch sanftes Schwenken, setzt den Stopfen gut auf und beobachtet wieder. Ist Kohlenoxydhämoglobin zugegen, so wird zwar das ganze Spektrum etwas heller, aber die beiden vorher beobachteten Absorptionsstreifen bleiben bestehen, während sie, wenn lediglich Oxyhämoglobin vorliegt, in das einfache Band des reducirten Hämoglobins übergehen. Man muss mehrere solcher Versuche ausführen, zum Vergleiche auch normales Blut in gleicher Koncentration heranziehen. In zweifelhaften Fällen, wenn z. B. neben viel Oxyhämoglobin nur wenig Kohlenoxydhämoglobin vorhanden ist, giebt ein kleines Spektroskop (à vision dirècte) meist ein unzweideutigeres Bild als die grossen Apparate. Während der Beobachtung der mit Schwefelammonium versetzten Blutlösung muss der Zutritt von Sauerstoff vermieden werden, da z. B. durch Schütteln mit Luft des Spektrum des Oxyhämoglobins für kurze Zeit auftritt und dann natürlich unter Umständen für Kohlenoxydhämoglobin gehalten werden kann. Um das Spektrum des Kohlenoxyds zu studieren, leitet man in eine Blutlösung einige Zeit hindurch Leuchtgas ein.

Sanguis Hirci. Bocksblut. Das (nicht defibrinirte) eingetrocknete Blut des Rindes. Es wird im Handel bezogen und als Pulver vorräthig gehalten. In vielen Gegenden Deutschlands ist das Bocksblut noch Volksheilmittel, besonders bei Lungenentzündung, Blutspeien, Blutflüssen, überhaupt bei allen Krankheiten, von welchen nach Ansicht des Volkes das Blut die Ursache ist.

Sanguis bovinus inspissatus. Extractum Sanguinis bovini. Völlig frisches, durch Quirlen defibrinirtes Rinderblut wird unter Agitiren im Dampfbade erhitzt, bis es in eine teigig-krümlige Masse verwandelt ist. Diese wird an einem Orte von 40—60° C. unter bisweiligem Umrühren ausgetrocknet und in ein Pulver verwandelt. Es werde in dicht geschlossenem Glasgefäss aufbewahrt. Ein röthlich-braunes, in Wasser unvollständig lösliches Pulver, welches ca. 0,5 Proc. Eisen und 13 Proc. Stickstoff enthält. Es wird als Tonicum, ein weniger sorgfältig bereitetes Extrakt in der Oekonomie als Pferdefutter gebraucht.

Man giebt es zu 0,5—1,0—1,5 einige Male des Tages bei Skrofeln, Atrophie, chronischer Anämie, Chlorose.

Haematinum. Haematosinum. Haematosin. Frisches defibrinirtes Blut wird mit dem 5fachen Volumen Weingeist durchschüttelt, das entstandene Coagulum ausgepresst, dann fein zertheilt, im Wasserbade in Weingeist, welcher mit 8 Proc. koncentrirter Schwefelsäure versetzt ist, gelöst, heiss filtrirt und das Filtrat mit einem Zehntelvolumen Wasser und soviel trocknem Kochsalz versetzt, dass möglichst genau aus dem Natron desselben mit der Schwefelsäure Natriumsulfat entsteht (auf 10 konc. Schwefelsäure 12 Kochsalz). Man erhitzt das Gemisch im Wasserbade eine Stunde hindurch und lässt dann erkalten. Der Bodensatz wird erst mit Wasser, dann mit Weingeist gewaschen, hierauf in verdünnter Aetznatronlauge gelöst, und aus der Lösung das Hämatin mit verdünnter Schwefelsäure ausgefällt. Der Niederschlag wird erst mit Wasser, dann mit Weingeist ausgewaschen und in gelinder Wärme getrocknet.

Hämatin ist ein amorphes, röthlich-braunes oder braunes Pulver mit metallischem Reflex, geruch- und geschmacklos, unlöslich in Wasser, Weingeist, Aether, löslich in mit Säuren oder Alkalien versetztem Weingeist, wässrigem Aetzammon und Aetzalkalilösungen, auch in flüchtigen und fetten Oelen. Es enthält 8—9 Proc. Eisen. Dieses Hämatinpräparat dürfte durch die modernen Blutpräparate vollständig ersetzt werden.

Das Hämatin ist von Tabourin als ein Eisenmedikament und Tonicum empfohlen worden, weil es das Eisen in einer im Magensafte leicht löslichen Form enthalte. Es wird zu 0,5—0,75—1,0 einige Male des Tages in Pulvern, Pillen, Chokolade etc. bei Atrophie,

Chlorose und anderen Schwächeleiden gegeben. Die Heilerfolge sind von einigen Seiten bestritten worden.

Liquor Haemalbumini.

Bad. Taxe.

Rp.	1. Haemalbumini	30,0
	2. Aquae fervidae	650,0
	3. Spiritus (90 Proc.)	150,0
	4. Sirupi Sacchari	150,0
	5. Tincturae aromaticae	20,0
	6. Aetheris acetici gtts.	20,0.

Man löst 1 in 2, fügt nach dem Erkalten 3—6 hinzu, lässt absetzen und filtrirt.

Liquor Haemalbumini (Münch. Ap.-V.).

Haemalbuminessenz.

Rp.	Haemalbumini	30,0
	Aquae destillatae	652,0
	Tincturae Vanillae	5,0
	Arak	10,0
	Spiritus Aetheris nitrosi	2,0
	Elaeosacchari Cumarini (1:1000)	0,2
	Elaeosacchari Amygdalarum (1:50)	0,4
	Elaeosacchari Rosae (1:50)	0,4
	Saccharini	0,2
	Spiritus (90 Proc.)	100,0
	Sirupi Sacchari	200,0.

Man löst das Hämalbumin unter Erwärmen im Wasser, fügt die übrigen Bestandtheile der noch heissen Lösung zu und filtrirt nach mehrtägigem Absetzen.

Pilulae Haemalbumini cum Guajacolo.

(Münch. Ap.-V.).

Rp.	Haemalbumini sicci pulv.	10,0
	Guajacoli carbonici	5,0
	Extracti Strychni (Germ.)	0,35
	Extracti Gentianae	1,0
	Glycerini	q. s.

Fiant pilulae No. 100.

Moderne Blutpräparate. Die Erwägung, dass das Blut sämmtliche für den thierischen Organismus erforderlichen Baustoffe in der am leichtesten assimilirbaren Form enthält, und dass der rothe Blutfarbstoff eine natürliche Eisenverbindung ist, die jedenfalls leicht assimilirt wird, hat in den letzten Jahren dazu geführt, eine Anzahl von Blutpräparaten darzustellen, welche bestimmt sind, als roborirende Mittel an die Stelle der bisher benutzten Eisenpräparate zu treten. Diese Mittel treten zur Zeit meist als Specialitäten auf, deren Darstellungsvorschrift nicht sicher bekannt ist, die überhaupt zur Zeit noch nicht genügend bezüglich ihrer Zusammensetzung studirt sind.

L. Lewin hat die wichtigsten dieser Mittel spektroskopisch geprüft, um die Frage zu entscheiden, inwieweit dieselben noch unveränderten Blutfarbstoff enthalten oder nicht. Er macht über diesen Punkt folgende Angaben:

I. Präparate, welche den Blutfarbstoff unverändert oder nur Spuren von Methämoglobin enthalten.

Pfeuffer's Hämoglobinextrakt. Eine blutrothe, sirupartige Masse, die ca. 33 Proc. Hämoglobin enthalten soll. Zeigt die Linien des Oxyhämoglobins und des Methämoglobins.

Hommel's Hämatogen. Aus defibrinirtem Rinderblut mit Zusatz von Malaga und Glycerin hergestellt. Eine dunkelrothe Flüssigkeit, zeigt bei geringer Verdünnung einen starken Methämoglobinstreifen, bei weiterer Verdünnung die beiden Blutlinien, nach der Reduktion das verwaschene Hämoglobinband.

Fortuna-Hämatogen von Bernhard Goldmann. Erweist sich als methämoglobinhaltiges Blutpräparat.

Hämoglobin-Albuminat von Theuer. Eine rothbraune, mit Malagawein hergestellte Flüssigkeit, „welche alle Bestandtheile des gesunden Blutes in natürlicher, verdaulicher Form enthält“, zeigt die Methämoglobinlinie neben den beiden Oxyhämoglobinstreifen, nach der Reduktion das verwaschene Hämoglobinband.

II. Präparate, welche Methämoglobin und Hämatin enthalten.

Die nachstehenden Präparate zeigen spektroskopisch die Methämoglobinlinie mit den Linien des Oxyhämoglobins; nach der Reduktion erscheint das breite, verwaschene Hämoglobinband und innerhalb desselben eine Hämochromogenlinie, wodurch die Anwesenheit von Hämatin in den Präparaten gekennzeichnet ist.

Pfeuffer's physiologisches Hämoglobin-Eiweiss, welches in Form von mit Chokolade überzogenen Zeltchen in den Handel kommt und einen Mindestgehalt von 1 g Hämoglobin enthalten soll.

Hämoglobin Nardi. Natürlicher Blutfarbstoff in Pulverform und in Chokoladepastillen.

Dynamogen von Sauer. Ein flüssiges, organisches Eisenhämoglobinpräparat.

Radlauer's Hämoglobintabletten. In jeder Tablette ca. 0,5 g Hämoglobineiweiss enthaltend.

Hämoglobin in lamellis von E. Merck. Rothbraun glänzende Blättchen, in Wasser mit rother Farbe löslich.

Ferrhämin-Hertel. Neuestes, organisches Eisenalbuminat, eine organische Verbindung von frischem Rinderblut und Eisen, der zur Konservirung 20 Proc. spanischen Weines zugesetzt sind.

III. Präparate, in denen Hämoglobin, bez. Oxyhämoglobin spektroskopisch nicht mehr zu erkennen ist.

Hämalbumin-Dahmen, von F. W. Klewer in Köln a./Rh. dargestellt, kommt als schwarzes Pulver in den Handel. Dasselbe ist in heissem Wasser leicht löslich und besteht aus nicht koagulirbaren Albuminaten.

Hämol-Kobert. Wird durch Einwirkung von Zinkstaub als Reduktionsmittel auf defibrinirtes Blut erhalten. Ein graues, in Wasser schwer lösliches Pulver.

Hämogallol-Kobert. Durch Einwirkung von Pyrogallol auf stromafreie, koncentrirte Blutlösung dargestellt, ist ein braunrothes, in Wasser schwer lösliches Pulver.

Die vorstehend genannten Präparate zeigen mit Ausnahme des Hämogallols den Streifen des sauren Hämatins. Nach der Reduktion geben sie das Band des reducirten Hämatins (Hämochromogens).

Cuprohämol. Hämolum cupratum. Kupferhämol. Wird durch Fällen einer Blutlösung mit Kupfersalzlösung dargestellt. Dunkelbraunes Pulver, Anwendung gegen Anämie.

Dynamogen ist ein dem Hämatogen ähnliches Präparat.

Fer crémol von E. Merck. Eine Verbindung von Blutfarbstoff mit Eisen. Wird durch Fällung einer Blutlösung mit einer Eisenlösung dargestellt. Ein braunes, fast geschmackloses Pulver, in ammoniakalischem Wasser mit rother Farbe löslich. Enthält ca. 3 Proc. Eisen.

Ferrohämol Merck. Eisenhämol. Eine 5proc. von den Hüllen der Blutkörperchen befreite Blutlösung wird mit einer möglichst neutralen Ferrisalzlösung in solcher Menge versetzt, dass auf 1 l Blut ca. 4,5 g Eisen kommen. Man neutralisirt die saure Mischung mit Natriumkarbonat, filtrirt den braunen Niederschlag ab, wäscht ihn aus, presst ihn ab und trocknet nicht über 40° C. — Braunes, fast geschmackloses Pulver, in sehr verdünntem Ammoniak mit rother Farbe löslich; enthält ca. 3 Proc. Eisen. Bei chlorotischen Zuständen.

Hämalbumin-China-Elixir. Hämalbumini 3,0, Aquae fervidae 45,0, Vini Chinae 45,0, Glycerini 5,0, Spiritus 2,0.

Häminal-Groppler. Ein dem Hämalbumin ähnliches, aus Rinderblut bereitetes Präparat. Ein braunes, amorphes, geruchloses Pulver, mit etwa 90 Proc. Trockensubstanz.

Hämoferrogen ist trockenes Hämatogen.

Hämolum bromatum. Bromhämol. Enthält 2,7 Proc. Brom an den Blutfarbstoff gebunden. Wird als beruhigendes Mittel an Stelle des Kaliumbromids angewendet.

†† **Hämolum Hydrargyro-jodatum. Quecksilberjodür-Hämol.** Enthält 13 Proc. Quecksilber und 28 Proc. Jod an Blutfarbstoff gebunden. Dreimal täglich in Gaben von je 0,1 g als Pillen bei den Spätformen der Syphilis.

Jodhämol. Hämolum jodatum. Eine von den Blutkörperhüllen befreite Blutlösung wird mit einer wässerigen oder alkoholischen Jodlösung, eventuell unter Neutralisation der entstehenden Säure durch Alkali, bei einer 0° C. nicht erheblich übersteigenden Temperatur gefällt. Braunes Pulver, 16,6 Proc. Jod enthaltend. Anwendung an Stelle des Kaliumjodids bei tertiärer Syphilis, Skrophulose. Dreimal täglich 0,2—0,3 g in Pillen.

Oxycruorin ist ein amerikanisches Synonym für Oxyhämoglobin.

Sanguinal Krewel & Co. Soll in 100 Th. = 46 Th. natürliche Blutsalze, 10 Th. Oxyhämoglobin und 44 Th. peptonisirtes Muskeleiweiss enthalten. **Pilulae Sanguinali Krewel & Co.** sollen in jeder Pille die wirksamen Bestandtheile von 5 g frischem Blut enthalten.

Trefusia. Ist eingedicktes Ochsenblut. Diätetisches Präparat.

Blutflecken zu entfernen. Man entfernt Blutflecken durch Behandeln mit Kaliumjodidlösung oder Weinsäurelösung.

Hayem'sche Flüssigkeit zur Zählung der Blutkörperchen. Aquae destillatae 200,0, Natrii chlorati 1,0, Natrii sulfurici crystallisati 5,0, Hydrargyri bichlorati 0,5.

Hensel's physiologisches Salz. Ist eine künstliche Mischung der im Blutserum zu etwa 0,8 Proc. enthaltenen anorganischen Salze.

Melassez' Lösung. Findet bei der Herstellung der Teichmann'schen Krystalle Verwendung. Rp. Mucilaginis Gummi Arabici 3,75, Natrii sulfurici 1,875, Natrii chlorati 1,03, Aquae 100,0. Das spec. Gewicht ist = dem des Blutes (1,05—1,0571).

Pilulae roborantes von Apotheker Selle. Drei Pillen enthalten die Salze aus 2 g Blut und 1 g Muskelfleisch, neben den nöthigen Bindemitteln.

Schio-Liao. Chinesischer Kitt für Porcellan etc. Gepulverter frisch gebrannter Kalk 54,0, Alaunpulver 6,0, Blut frisches 40,0.

Vibert's Flüssigkeit zur Konservirung der Blutkörperchen: Hydrargyri bichlorati 5,0, Natrii chlorati 20,0, Aquae destillatae 1000,0.

Sanguis Draconis.

Resina Draconis (Ergänzb.). **Sanguis Draconis. — Drachenblut. — Sang-dragon** (Gall.). — **Dragon's blood** ist das rothgefärbte Harz verschiedener Pflanzen, von denen gegenwärtig nur I von grösserer Bedeutung ist.

I. Indisches oder Palmendrachenblut von Calamus (Daemonorops) Draco Willd. (Palmae — Lepidocaryinae — Metroxyleae — Calameae) aus Borneo und Sumatra. Man gewinnt das freiwillig aus den schuppigen Früchten oder nach Anritzen derselben austretende Harz, indem man 1) die Früchte in Säcken schüttelt, das abgestossene Harz in der Sonne erweicht und in Kugeln oder Stäbchen von 20 cm Länge und 1—2 cm Dicke formt, welch letztere mit Blättern umhüllt und mit Grashalmen umschnürt werden (beste Sorte), oder 2) die schon geschüttelten Früchte auskocht und das Harz in Kuchen formt.

Es ist aussen braunroth, auf dem Bruche fast karminroth. Geruch fehlt, Geschmack kratzend und etwas süsslich. Unter dem Mikroskop sind kleinste Splitter gelb. Gute Sorten sind in Alkohol und Aether leicht löslich, in Benzol, Chloroform, Essigäther, Petroläther, Schwefelkohlenstoff theilweise löslich. Beim Lösen hinterbleiben stets Pflanzenreste (Epidermis, Fasern, Steinzellen, Gefässe).

Bestandtheile nach K. Dieterich. 2,5 Proc. Dracoalban $C_{20}H_{40}O_4$, 13,58 Proc. Dracoresen $C_{20}H_{44}O_2$, 56,86 Proc. Benzoësäureester des Dracoresinotannols $C_8H_5COO.C_8H_9O$ und Benzoylessigsäureester desselben Alkohols $C_6H_5CO.CH_3COO.C_8H_9O$, 0,33 Proc. in Aether unlösliches Harz, 0,03 Proc. Phlobaphen, 8,3 Proc. Asche, 18,4 Proc. pflanzliche Reste.

Verfälschungen. Eisenoxyd, Bolus, Kunstprodukte aus Harz, rothem Sandelholz, Gummi und Kolophonium.

Zum Nachweis von Palmendrachenblut pulvert man 10 g, zieht mit 50 ccm Aether heiss aus, koncentrirt die Lösung auf 30 ccm, giesst sie in 50 ccm absoluten Alkohol und stellt beiseite. Nach einer Stunde entsteht ein weisser, flockiger Niederschlag.

Bestimmung der Harzzahl nach Dieterich. 1 g Drachenblut übergiesst man mit 50 ccm Aether, 25 ccm alkoholischer $^1/_2$-N.-Kalilauge und lässt in einer verschlossenen Glasstöpselflasche 24 Stunden stehen. Dann setzt man 250 ccm Wasser und 100 ccm Alkohol zu und titrirt mit $^1/_2$-N.-Schwefelsäure und Phenolphthaleïn zurück. Die gebundenen Kubikcentimeter KOH $\times$ 28,08 = Harzzahl. Dieselbe beträgt 79,8—119,0.

Bestimmung der Gesammt-Verseifungszahl. 1 g Drachenblut übergiesst man mit 50 ccm Aether, 25 ccm alkoholischer $^1/_2$-N.-Kalilauge und lässt 24 Stunden verschlossen stehen. Dann fügt man 25 ccm wässerige $^1/_2$-N.-Kalilauge zu, lässt wieder 24 Stunden stehen und titrirt mit denselben Zusätzen wie oben zurück. Die gebundenen Kubikcentimeter KOH $\times$ 28,08 = Gesammt-Verseifungszahl. Dieselbe beträgt 86,8—173,2.

Anwendung: Als Heilmittel ist es veraltet und wird nur noch als färbender Zusatz zu Pflastern, Zahnmitteln, in der Technik zu Firnissen, Holzbeizen u. dergl. gebraucht.

Goldlack. 100 Körnerlack, 50 Mastix, 75 Sandarak, 15 Drachenblut, 25 Gutti, 5 trockner Orlean, 30 venet. Terpentin, 10 rothes Sandelholz, 700 Weingeist (94proc.).

Mahagoni-Anstrich für Holz. Man beizt das Holz mit verdünnter, roher Salpetersäure und bepinselt es dann mit einer filtrirten Lösung von 30 Drachenblut, 22,5 Soda, 600 Weingeist (Brit. and Col. Drugg.).

II. Kanarisches Drachenblut von Dracaena Draco L. (Liliaceae — Dracaenoideae — Dracaeneae) ist aus dem Handel völlig verschwunden.

III. Drachenblut von der Insel Socotra von Dracaena Cinnabari Balf. fil. Es bildet bis 1,25 cm lange Thränen von tiefrother Farbe, die häufig roth bestäubt erscheinen. In absolutem Alkohol lösen sich 90,5 Proc. mit blutrother Farbe. Asche 3,45 Proc. Harzzahl 81,2—87,4. Gesammt-Verseifungszahl 92,4—95,4.

IV. In Westindien und Südamerika wird Dachenblut aus **Pterocarpus Draco L.** gewonnen ebenso in Südamerika (Venezuela) aus **Croton gossypifolium H. B. K.** und in Mexiko aus **Croton Draco Schlechtdl.** (Vergl. weiter Bd. I, S. 972.)

Sanicula.

Gattung der **Umbelliferae — Saniculoideae — Saniculeae.**

I. Sanicula europaea L. Heimisch in Europa, Kaukasus, Persien, Gebirge des tropischen Afrika, Kap. Mit kahlem, gefurchtem, 0,5 m hohem Stengel und grundständigen, langgestielten, handförmig-5theiligen Blättern, deren Zipfel dreilappig und ungleich doppelt gesägt sind. Die kopfförmig zusammengezogenen Dolden mit vielblättriger Hülle haben weisse oder röthliche Blüthen.

Man verwendet die geruchlosen, etwas salzig-bitter schmeckenden Grundblätter: **Folia Saniculae. Herba Saniculae s. Diapensiae. — Sanickel. Saunickel. Bruchkraut. — Herbe de sanicle** (Gall.).

Volksmittel gegen Leiden der Luftwege.

II. Ebenso verwendet man in Amerika von **S. marylandica L.** (Black snakeroot) und **S. canadensis L.** (Poolroot) die Blätter und die Wurzeln.

Santalum.

Gattung der **Santalaceae — Osyrideae.**

I. Santalum album L. Heimisch in Ostindien und im malayischen Archipel. Liefert: **Lignum Santali album seu citrinum. — Weisses oder gelbes Sandelholz. Bombay- oder Makassar-Sandelholz. — Bois de santal citrin** (Gall.). **— Sandel Wood.**

Beschreibung. Man unterscheidet weisses und gelbes Sandelholz, und zwar soll ersteres der Splint, letzteres das Kernholz sein. Es ist deutlich koncentrisch geschichtet, unter der Lupe lässt es Markstrahlen und Gefässporen erkennen. Die Markstrahlen sind 1—2 Zellenreihen breit. Die Gefässe werden 89 μ weit, sie sind einzeln oder zu 2—3 gruppirt. Die Holzfasern sind stark verdickt. Ferner in den Holzstrahlen kurze tangentiale Reihen von Krystallzellen. — Das Holz ist hart und schwer, sinkt aber im Wasser nicht unter. Geruch, besonders des frisch geschnittenen, angenehm. Liefert ätherisches Oel:

Oleum Santali (Germ. Austr. Brit. Helv. U-St.). **Oleum ligni Santali. — Sandelholzöl. Ostindisches Sandelholzöl. — Essence de Santal. — Oil of Sandal Wood.**

Darstellung. Sandelholzöl wird gewonnen durch Destillation des zerkleinerten Holzes oder Wurzelholzes mit Wasserdampf. Ausbeute 3—5 Proc. Das in Ostindien destillirte Oel ist meist von dunkler Farbe, die von Zersetzungsprodukten herrührt; es ist häufig noch obendrein mit fettem Oel verfälscht und kommt für den Arzneigebrauch nicht in Betracht. Als „Makassar Sandelholzöl" wird eine geringere Sorte des ostindischen Sandelholzöls bezeichnet.

Eigenschaften. Ziemlich dicke, ölige, gelbe Flüssigkeit von gewürzhaftem, schwachem, aber sehr anhaftendem Geruch und unangenehmem, kratzigem Geschmack. Spec. Gewicht 0,975—0,980, Germ. (0,975—0,980 Brit. 0,97—0,98 Helv. U-St. Oel vom spec. Gewicht 0,960[!], wie es Austr. fordert, ist niemals rein.). Drehungswinkel im 100 mm-Rohr —17° bis —19°. Sandelholzöl löst sich bei +20° C. in 5 Th. Spiritus dilutus (von 70 Vol. Proc.) klar auf. Verseifungszahl 5—15.

Zusammensetzung. Ueber 90 Proc. des Sandelholzöls bestehen aus „Santalol", worunter man nach neueren Untersuchungen ein Gemenge zweier Alkohole versteht, von denen der eine, α-Santalol, schwach rechts, der andere, β-Santalol, ziemlich stark nach links dreht. α-Santalol siedet bei 300—302° C. und hat die Zusammensetzung $C_{15}H_{24}O$; β-Santalol siedet bei 309—310° C. Ferner enthält das Oel Santen, einen Kohlenwasserstoff C_9H_{14} vom Siedepunkt 139—140° C., ein Keton $C_{11}H_{16}O$, Santalon, Teresantalsäure $C_{10}H_{14}O_2$ vom Schmelzpunkt 157° C., und endlich flüssige Santalsäure $C_{15}H_{24}O_2$.

Prüfung. Gute Kriterien für die Reinheit sind das specifische Gewicht und die Löslichkeit in Spiritus dilutus. In zweifelhaften Fällen ist die Ausführung einer Acetylirung zu empfehlen, die unter *Olea aetherea* auf S. 500 beschrieben ist. Reines Sandelholzöl enthält mindestens 90 Proc. Santalol.

Aufbewahrung. Sandelholzöl muss geschützt vor Luft und direktem Sonnenlicht aufbewahrt werden, da es sonst seine Löslichkeit in Spiritus dilutus schnell verliert.

Anwendung. Bei katarrhalischen Erkrankungen der Schleimhäute, chronischer Bronchitis und besonders mit gutem Erfolge bei akuter Gonorrhoe und gonorrhoischer Cystitis. Dosis: 1—3 mal täglich 20 Tropfen in Gelatinekapseln.

Westindisches Sandelholzöl ist das Destillat des Holzes von **Amyris balsamifera L.** (Familie der **Burseraceae**). Es stellt eine dicke, zähe Flüssigkeit dar vom spec. Gewicht 0,960—0,967. Es ist vom ostindischen Oele leicht durch seine Rechtsdrehung sowie durch seine Nichtlöslichkeit in Spiritus dilutus zu unterscheiden. Seine Bestandtheile sind Amyrol $C_{15}H_{26}O$ sowie Cadinen $C_{15}H_{24}$.

II. Lignum Santali rubrum (Austr.). **Pterocarpi Lignum** (Brit.). **Santalum rubrum** (U-St.) **Lignum santalinum rubrum. — Rothes Sandelholz. Caliaturholz. — Bois de santal rouge** (Gall.). — **Red Sanders Wood. Red Sandal Wood. Red Saunders. Ruby Wood.** Stammt von **Pterocarpus santalinus L. f.** **(Papilionaceae — Dalbergieae — Pterocarpinae).** Heimisch in Vorderindien.

Beschreibung. Die Droge soll nur aus dem Kernholz ohne den heller gefärbten Splint bestehen. Unter der Lupe erkennt man die Gefässporen und, sie umschliessend, tangential verlaufende, hellröthliche Bänder (Parenchym) und die feineren Markstrahlen. Die Farbe ist auf der frischen Spaltfläche blutroth.

Die Hauptmasse des Holzes machen die verdickten Libriformfasern aus, die von Krystallkammerfasern, die Einzelkrystalle von Oxalat führen, begleitet werden. Die Gefässe werden 350 μ weit. Die Markstrahlen sind eine Zellreihe breit und 5—10 Zellen hoch. Im Pulver fallen die Libriformfasern besonders auf.

Bestandtheile. Ein rother Farbstoff: Santalin $C_{14}H_9(CH_3)(OH)COOH$. Er besitzt den Charakter einer Säure und bildet prismatische Krystalle, die in Wasser unlöslich, in Aether, Alkohol und Alkalien löslich sind.

Aufbewahrung. Anwendung. Man bewahrt das von etwaigen Resten des Splints befreite Kernholz theils geschnitten, theils gepulvert in dicht verschlossenen Gefässen vor Licht geschützt auf. Es dient in Speciesform zu Theemischungen, gepulvert zum Bestreuen von Pillen und Bissen, als färbender Zusatz zu Pflastern, Zahnpulvern, Räucherkerzen — überhaupt als Färbemittel für Tinkturen, Mundwässer, Firnisse, Holzbeizen u. dergl., ferner zur Verfälschung von Safran (Bd. I, S. 967). Technisch ist es wegen seiner Politurfähigkeit als „Caliaturholz“ geschätzt. Für pharmaceutische Zwecke verwendet man nur das aus „unfermentirtem“ Holze hergestellte Pulver, nicht die dreimal so billige, für Färber geeignete Handelswaare; ebenso die eigens hergestellten Schnittformen, nicht die käuflichen Raspelspäne.

Tinctura Santali rubri: 1 Th. grob gepulvertes Sandelholz, 5 Th. Weingeist.

Aqua dentifricia americana.
Hamb. Vorschrift.

Rp.	Acidi sulfuric. dilut.		2,0
	Balsami peruvian.		0,8
	Olei Rosarum		0,2
	Tinctur. Benzoës		50,0
	„ Cinnamom.		25,0
	„ Pyrethri		25,0
	„ Santali rubr.		75,0
	Aquae destill.		60,0
	Spiritus (90 Vol. proc.)		762,0.

Collemplastrum oxycroceum (DIETERICH).

Rp.	Massae Collemplastri (Bd. I, S. 682)	800,0
	Ligni Santali rubr. pulv.	50,0
	Sandaracae pulv.	20,0
	Extr. Capsici aeth.	1,0
	Olei Juniperi	2,0
	Elemi (mollis)	5,0
	Olei Resinae	15,0
	Aetheris	150,0.

Wie Collempl. adhaesiv. (Bd. I, S. 681) zu bereiten.

Emplastrum incognitum seu santalinum.

Rp.	Cerae flavae		
	Resinae Pini	āā	30,0
	Terebinthinae		20,0
	Ligni Santal. rubr		10,0
	Croci pulv.		
	Aluminis pulv.		
	Myrrhae „		
	Olibani „	āā	2,5.

Pilulae Olei Santali.

Rp. Benzoës pulv.
Olei Santali ää 5,0
Carbonis animalis q. s.
Man formt l. a. 50 Pillen.

Pulvis Santali lignorum.
Espèces ou Poudre des trois santaux.

Rp. Ligni Santal. rubr. pulv. 20,0
Flor. Rosae „ 60,0
Rhizomatis Rhei pulv.
Radicis Liquirit. „
Gummi arabici „
Tragacanthae „ ää 5,0.

Tinctura vulneraria.
Wundwasser.

Rp. Tinctur. Chinae 50,0
Tinctur. Santali 100,0
Aquae vulnerar. spirit. 850,0.

Antirhinolkapseln von Apoth. KURT MÄTZKE, gegen Tripper, enthalten gerbsaures Saloleiweiss mit Santalol.

Capsules Indiennes sind Kapseln mit Ol. Santali.

Gonorol von HEINE & Co. in Leipzig, gegen Leiden der Harnwerkzeuge, ist ein fast reines Santalol.

HATTE's Remedy gegen Augenkrankheiten ist mit Santelholz gefärbte Butter und ein Rosmarinblätterauszug.

Salosantal, gegen Krankheiten der Harnwerkzeuge, ist ein aus Salol und Ol. Santali dargestelltes Präparat (RIEDEL's Mentor).

Santal Midy sind mit unreinem Ol. Santali gefüllte Gallertkapseln (WYNNE).

Santolina.

Gattung der **Compositae — Anthemideae — Anthemidinae.**

I. Santolina Chamaecyparissus L. Heimisch im westlichen Mittelmeergebiet. Kleiner, graufilzig behaarter Strauch mit lineal-vierseitigen, vierreihig gezähnten Blättern. Blüthenköpfchen mit weichhaarigem, glockigem, ziegeldachigem Hüllkelch und citronengelben Blüthen, Randblüthen weiblich, undeutlich zungenförmig, Scheibenblüthen zwitterig mit zusammengedrückter Kronröhre. Blüthenboden mit Spreublättern. Geruch durchdringend aromatisch, Geschmack bitter. Liefert im blühenden Kraut:

Flores Santolinae. Summitates Santolinae seu Abrotani montani. — Sommité fleurie de santoline ou d'Aurore femelle (Gall.).

Wird als Volksmittel gegen Eingeweidewürmer angewendet.

II. Die Blätter von I und die von **Santolina rosmarinifolia L.** sind als Folia Rosmarini in den Handel gekommen (s. Rosmarinus).

Santoninum.

I. † Santoninum. (Austr. Brit. Germ. Helv. U-St.). **Santonine** (Gall.). **Santonin. Santonina. Acidum santoninicum (santonicum). Santoninsäure(anhydrid) $C_{15}H_{18}O_3$. Mol. Gew. = 246.**

Der aus den Zittwerblüthen abgeschiedene, wirksame Bestandtheil, chemisch ein Säureanhydrid darstellend.

Darstellung. Diese beruht darauf, dass das Santonin beim Behandeln mit Kalkhydrat in das in Wasser und Weingeist leicht lösliche Kalksalz der Santoninsäure übergeht und aus dieser Lösung durch Säuren wieder als Santonin gefällt wird: 5 Th. Wurmsamen werden mit 1 Th. Kalkhydrat zusammen gemahlen und die Mischung einer systematischen Auslaugung mit heissem Wasser in einer Batterie cylinderförmiger Extraktionsgefässe unterworfen. Die genügend koncentrirte Lauge wird im Vakuum zur dünnen Sirupkonsistenz eingedampft und mit Salzsäure zerlegt. Es scheidet sich mit Harz verunreinigtes Rohsantonin ab, welches nach einigen Tagen von der Lauge getrennt, mit Wasser ausgewaschen und durch Behandlung mit verdünntem Ammoniak von dem Harz befreit wird. Die völlige Reinigung geschieht durch mehrmaliges Umkrystallisiren aus Weingeist und Filtriren der heissen Lösung über Thierkohle. Die von der Lauge getrennten Krystalle werden bei gelinder Wärme im Dunkeln getrocknet.

Eigenschaften. Das Santonin bildet farb- und geruchlose, bitterschmeckende, rhombische Tafeln oder Prismen, welche sich am Lichte rasch gelb färben. Sie haben bei 21° C. das spec. Gewicht 1,247, schmelzen bei 170° C. und drehen die Ebene des polarisirten Lichtes nach links. Kleine Mengen sublimiren bei vorsichtigem Erhitzen über den Schmelzpunkt ohne erhebliche Zersetzung. Das Santonin löst sich in 5000 Th. kaltem und 250 Th. kochendem Wasser, in 45 Th. kaltem und 3 Th. siedendem Weingeist von 90 Proc., in etwa 75 Th. Aether und in 4 Th. Chloroform zu neutralen Flüssigkeiten. Auch in flüchtigen und fetten Oelen ist es mehr oder weniger löslich. Das durch das Licht gelb gefärbte Santonin giebt mit Weingeist und Chloroform gelbe Lösungen, welche beim Verdunsten jedoch wieder farbloses Santonin hinterlassen. Essigsäure und Schwefelsäure lösen das Santonin leicht.

Das Santonin ist ein inneres Anhydrid (Lacton) der Santoninsäure $C_{15}H_{20}O_4$. Salze der letzteren entstehen, wenn man Santonin in Kalilauge oder Natronlauge, Kalk- oder Barytwasser auflöst. $C_{15}H_{18}O_3 + KOH = C_{15}H_{19}O_4K$. Werden solche Salzlösungen mit Säuren angesäuert, so wird zunächst die Santoninsäure in Freiheit gesetzt (man kann sie durch sofortiges Ausschütteln mit Aether isoliren). Bleibt die Santoninsäure längere Zeit in Berührung mit Säuren, so wird sie — ebenso auch beim Erwärmen — in Wasser und das zugehörige lactonartige Anhydrid, d. i. Santonin, gespalten.

Wird eine alkoholische Lösung von Santonin einige Monate lang dem Lichte ausgesetzt, so entsteht die zweibasische Photosantonsäure, bezw. deren Aethylester. Gegen Oxydationsmittel ist Santonin ziemlich beständig; von Kaliumpermanganat wird es in der Kälte kaum angegriffen, von verdünnter Salpetersäure wird es beim Erwärmen ohne Bildung von Zwischenprodukten zu Kohlensäure, Bernsteinsäure, Essigsäure und Cyanwasserstoffsäure oxydirt. Nach seinen bis jetzt bekannt gewordenen Abbau- und Umwandlungsprodukten ist es als ein Derivat des Naphthalins anzusehen und zwar kommt ihm die beistehende Konstitutionsformel zu.

Santonin.

Reaktionen. 1) Schüttelt man etwa 0,05 g Santonin mit ungefähr 5 ccm weingeistiger Kalilauge, so entsteht, namentlich beim leichten Anwärmen der Flüssigkeit, Rothfärbung. — 2) Schüttelt man 0,01 g gepulvertes Santonin mit einem erkalteten Gemisch von 1 ccm Schwefelsäure und 1 ccm Wasser, erwärmt die entstandene, farblose Lösung auf 95—100° C. und setzt dann eine sehr geringe Menge verdünnte Eisenchloridlösung zu, so färbt sich die Flüssigkeit schön violett.

Prüfung. **1)** Das Santonin sei farblos (nicht gelb) und färbe sich beim Durchfeuchten mit Schwefelsäure oder Salpetersäure nicht. Bei dieser Prüfung ist jede Erwärmung auszuschliessen, da z. B. auch völlig reines Santonin beim Erwärmen mit Schwefelsäure Gelbfärbung annimmt. Man giebt auf zwei Uhrgläser je etwa 1 ccm konc. Schwefelsäure bez. 25proc. Salpetersäure und rührt in beide Säuren je einige Kryställchen Santonin ein. Tritt gelbe, rothe oder braune Färbung ein, so können Salicin oder Zucker oder ähnliche Substanzen zugegen sein. Derartige Verunreinigungen würden sich leicht nachweisen lassen, wenn man 1 g des verdächtigen Santonins mit 10 ccm Chloroform im Probirrohre schüttelt. Reines Santonin würde eine klare Lösung geben, die genannten Verunreinigungen würden ungelöst zurückbleiben. — **2)** Prüfung auf Alkaloide, namentlich Brucin und Strychnin. Man kocht 2 g des gutdurchmischten Santonins mit 60—80 ccm Wasser und 5 ccm verdünnter Schwefelsäure, lässt unter häufigem Umschütteln völlig (!) erkalten und filtrirt. 10 ccm des Filtrates werden mit 10 ccm Wasser verdünnt und mit Kaliumquecksilberjodidlösung (Mayer's Reagens) versetzt. Es darf auch nach 2—3stündigem Stehen weder ein Niederschlag, noch eine Trübung entstehen. (Abwesenheit von Alkaloiden überhaupt.) — Ein anderer Theil des Filtrates wird mit etwa 10 Tropfen Kaliumdichromatlösung versetzt: Es darf keine Trübung entstehen, bez. sich ein gelber Niederschlag nicht bilden. Ein solcher würde muthmasslich aus Strychnin bestehen. In diesem Falle würde dieser Niederschlag, nach einmaligem Auswaschen auf konc. Schwefelsäure gebracht, diese blau bis blauviolett färben. — 3) 0,5 g Santonin müssen auf dem Platinbleche verbrennen, ohne wägbare Mengen eines unverbrennlichen Rückstandes zu hinterlassen.

Aufbewahrung. Wegen seiner stark wirkenden Eigenschaften werde Santonin vorsichtig und, da es sich am Lichte gelb färbt, auch vor Licht geschützt aufbewahrt.

Anwendung. Das Santonin besitzt eine specifische Wirkung gegen die Spulwürmer (Ascarides), welche schon durch verhältnissmässig kleine Dosen gelähmt und meist getödtet werden. Zur Abtreibung anderer Darmparasiten, wie Oxyuris (Spring- oder Madenwurm) und der Tänien ist Santonin nicht geeignet, weil diese erst durch grössere Dosen afficirt werden, welche für den Menschen selbst giftig sind.

Man giebt das Santonin in Pulvern oder Trochisken. Kleine Kinder erhalten 0,025 g, grössere 0,05, 1—2mal täglich. Zweckmässig ist die Darreichung desselben in Ricinusöl oder, wo dieses nicht vertragen wird, in Mandelöl gelöst, da es in dieser Lösung vom Magen nicht resorbirt wird und im Darm zur vollen Wirkung gelangen kann. Starke Gaben sind namentlich bei Kindern zu vermeiden, da diese Vergiftungserscheinungen und selbst den Tod zur Folge haben können. Die Symptome der Santoninvergiftung sind Gelbsehen, Schwindel, Erbrechen, Mydriasis und selbst Konvulsionen. Der Harn nimmt citronengelbe Färbung an, welche durch Zusatz von Alkalien oder bei Alkalescenz des Harns in purpurroth übergeht. Als Antidote werden Brech- und Abführmittel, gegen die Krämpfe Chloroform- oder Aetherinhalationen angewendet.

Höchstgaben: *pro dosi* 0,1 (Austr. Germ.), 0,05 (Helv.); *pro die* 0,25 (Helv.), 0,3 (Austr. Germ.).

† Santoninoxim. $C_{15}H_{18}O_2 . NOH$. **Mol. Gew. = 261.**
Wird dargestellt durch mehrstündiges Kochen von 5 Th. Santonin mit 4 Th. Hydroxylaminchlorhydrat, 50 Th. Alkohol und 3—4 Th. Calciumkarbonat.

Farblose, nadelförmige Krystalle, vom Schmelz-P. 216—217° C. In Wasser unlöslich, ziemlich gut löslich in Alkohol, auch in Fetten und in fetten Oelen. Vorsichtig und vor Licht geschützt aufzubewahren. Anwendung gegen Askariden wie Santonin, aber wegen der geringeren Löslichkeit weniger giftig als dieses. Kindern von 2 bis 3 Jahren *pro dosi* 0,05 g, bis zum Alter von 9 Jahren steigt die Dosis allmählich auf 0,15 g, Erwachsene erhalten 0,3 g.

Santoninzeltchen. Die Form der Zeltchen ist diejenige, in welcher das Santonin namentlich bei Kindern am häufigsten zur Anwendung kommt. In der Regel werden diese Zeltchen nicht vom Apotheker selbst, sondern vom Konditor hergestellt. Der Apotheker bezieht die Zeltchen entweder fertig oder er übergiebt dem Konditor eine Verreibung von Zucker und Santonin mit dem Auftrage, eine bestimmte Anzahl von Zeltchen daraus zu formen. Will man sie selbst darstellen, so verfährt man wie folgt:

1) 150 Th. feinstes Zuckerpulver, 25 Th. Weizenstärke und 1 Th. feinstes Traganthpulver werden mit einer Anreibung von 5 Th. Santonin und 100 Th. Zuckerpulver aufs innigste vermischt. Dann rührt man unter die Mischung so viel zu Schnee geschlagenes Eiweiss, dass eine schaumige, nicht mehr vom Spatel abfliessende Masse entsteht, und füllt diese Masse in eine „Tortenspritze". Mit Hilfe dieser formt man 200 Zeltchen, welche auf Wachspapier oder auf eine mit Stärke bestreute Unterlage aufgesetzt werden. Man trocknet die Zeltchen zunächst an einem lauwarmen, später an einem warmen Orte aus und verpackt sie zwischen Watte. — 2) Zum Zwecke sorgfältigerer Dosirung benutzt man in Gips geschnittene Formen. Diese drückt man in aufgeschichtete Stärke ein und lässt die sub 1 bereitete Masse mittels der Spritze in die so erzeugten Hohlräume fliessen. — 3) Man schlägt eine dünne, etwa 1—2proc. Gelatinelösung zu Schaum, rührt mit diesem die Mischung von Santonin mit Zucker an, fügt etwas Alaun zu und verfährt mit dieser Masse wie bei 1 oder 2.

Die nur mit Eiweiss bereiteten Zeltchen haben besseren Geschmack, zeigen aber die Unannehmlichkeit, dass sie viel Bruch geben. Diese Unannehmlichkeit zeigen die mit Gelatine bereiteten Zeltchen in geringerem Grade, namentlich dann, wenn sie unter Zusatz von Alaun hergestellt wurden. Es entsteht alsdann nämlich Thonerde-Gelatine von grosser Festigkeit. Die Zeltchen „klingen" beim Rütteln und brechen nicht so leicht beim Transport.

Formen und Recepte für Santonin-Zeltchen liefert: W. E. H. Sommer in Bernburg.

Gehaltsbestimmung. Diese ist verschieden, je nachdem die Pastillen etc. Zucker oder Chokolade als Grundmasse enthalten. a) Pastillen mit Zucker: Man zerreibt 4—8 Pastillen, mischt das Pulver mit Sand oder gepulvertem Bimsstein und extrahirt im Soxhlet'schen Extraktionsapparat mit Chloroform. Man destillirt von dem Auszuge des Chloroform ab und trocknet den Rückstand bei 100° C. bis zum gleichbleibenden Gewichte. b) Pastillen mit Chokolade: Man verfährt wie vorher, entfernt aber das Fett zunächst durch Extraktion mit kaltem (!) Petroläther, extrahirt alsdann wie vorher mit Chloroform und verfährt im übrigen wie bei a.

Gefärbtes Santonin. Ist das Santonin durch Einwirkung des Lichtes gelb geworden, so löst man es in Kalilauge, fällt es aus dieser Lösung durch Salzsäure, wäscht es mit Wasser und krystallisirt es aus siedendem Alkohol um. Die Arbeiten sind unter Lichtschutz auszuführen.

Trochisci Santonini.

Trochisci Santonini (Austr.).

Rp.	Santonini	2,5
	Sacchari albi	100,0
	Spiritus diluti	q s.

Fiant pastilli 100. Jede Pastille enthält 0,025 g Santonin.

Trochiscus Santonini (Brit.).

Rp.	Santonini	0,0648 g
	Simple Basis	q. s.

Zu einer Pastille.

Tablettes de santonine (Gall.).

Rp.	Santonini	5,0
	Sacchari albi	500,0
	Mucilaginis Tragacanthae	45,0.

Fiant pastilli 500; jede Pastille enthält 0,01 g Santonin.

Pastilli Santonini (Germ.).

Jede Pastille soll 0,025 g Santonin enthalten.

Pastilli Santonini (Helv.).

Rp.	Santonini	25,0
	Tragacanthae	10,0
	Sacchari albi	965,0
	Aquae	80,0.

Fiant pastilli 1000. Jede Pastille enthält 0,025 g Santonin.

Trochisci Santonini (U-St.).

Rp.	Santonini	3,0
	Sacchari albi	110,0
	Tragacanthae	3,0
	Aquae Aurantii floris triplicis	q. s.

Fiant pastilli 100. Jede Pastille enthält 0,03 g Santonin.

Trochisci Natrii santoninici.

Trochisci Sodii Santoninatis (Nat. form.).

Rp.	Natrii santoninici	6,5 g
	Sacchari albi	130,0
	Tragacanthae	3,75
	Aquae Aurantii floris	q. s.

Fiant pastilli 100.

Conservae Tamarindorum cum Santonino

(Hamb. V.).

Zu bereiten wie Tamarinden-Konserven unter Zusatz von 0,025 g Santonin für jedes einzelne Plätzchen.

Vet. **Wurmpillen für Pferde.**

Rp.	Santonini	4,0
	Tartari stibiati	2,0
	Saponis medicati	
	Aloës	āā 8,0.

II. † Natrium santoninicum. (Ergänzb.) **Natrium santonicum. Natriumsantoninat. Santoninsaures Natrium. Santonsaures Natrium.** $C_{15}H_{19}O_4Na + 3\,^1/_2H_2O$. **Mol. Gew. = 349.**

Darstellung. Man bringt in einen Kolben 100 Th. Santonin, dazu 400 Th. Wasser und 95 Th. einer frisch bereiteten Natronlauge vom spec. Gew. 1,17 (15 Proc. NaOH enthaltend). Man erwärmt im Wasserbade bis zur Auflösung des Santonins, filtrirt und bringt die Salzlösung durch Eindunsten zur Krystallisation. Bei der Darstellung ist das Tageslicht abzuhalten. Ausbeute etwa 120 Th. Aus der Mutterlauge fällt man das Santonin durch Ansäuern derselben mit Salzsäure.

Eigenschaften. Farblose, durchscheinende, tafelförmige oder blätterige Krystalle von bitterem, salzigem Geschmacke und schwach alkalischer Reaktion. An der Luft verwittert das Salz allmählich, am Lichte färbt es sich langsam gelb, beim Erhitzen auf dem Platinbleche verkohlt es und hinterlässt einen alkalisch reagirenden Rückstand, welcher, mit Salzsäure befeuchtet, die Flamme gelb färbt. Natriumsantoninat ist in 3 Th. kaltem Wasser, ferner in 12 Th. Weingeist, leicht in heissem Wasser löslich.

Die wässerige Lösung scheidet auf Zusatz von Salzsäure einen krystallinischen, in Chloroform leicht löslichen Niederschlag ab, der sich in einer Mischung aus 1 Raumtheil Kalilauge und 3 Raumtheilen Weingeist mit vorübergehend rother Färbung wieder auflöst. — 100 Th. des Salzes hinterlassen, bei 100° C. bis zum gleichbleibenden Gewichte getrocknet, 82 Th. (rechnerisch 81,76 Th.) des wasserfreien Salzes. — Die wässerige Lösung darf weder durch Natriumkarbonatlösung (Kalksalze) noch durch Gerbsäurelösung (Eiweiss) getrübt werden.

Aufbewahrung. Vorsichtig, und vor Licht geschützt.

Anwendung. Man hat das Natriumsantoninat an Stelle das Santonins als Wurmmittel empfohlen, weil es angeblich nicht so leicht unangenehme Nebenwirkungen verursacht, auch rascher und sicherer wirken soll. Letzteres ist gewiss nicht zutreffend, vielmehr ist das freie Santonin sicherer in seiner Wirkung, da es nicht darauf ankommt, dass eine Resorption des Santonins vom Magen aus eintritt, sondern dass möglichst viel Santonin in die Darmregion gelangt, in welcher sich die Eingeweidewürmer befinden. Höchstgaben: *pro dosi* 0,2 g, *pro die* 0,6 g (Ergänzb.).

III. † Natrium santoninicum albuminatum. Santonin-Natron-Albuminat. Ein von C. Pavesi empfohlenes Präparat.

Darstellung. 1 Th. Santonin, 4 Th. Natriumbikarbonat und 2 Th. trocknes, in Wasser lösliches Eiweiss werden mit der genügenden Menge (circa 50 Th.) destillirtem Wasser übergossen und unter öfterem Umrühren bei 50 bis 60° C. digerirt, bis Lösung erfolgt ist. Diese Lösung wird eingedampft und aufs neue in Wasser gelöst, dann filtrirt, das Filtrat endlich bei gelinder Wärme eingedampft, auf Glasscheiben gestrichen und ausgetrocknet.

Eigenschaften. Das Santonin-Natron-Albuminat soll blendend weisse, perlmutterglänzende, in Wasser lösliche, bitteralkalisch schmeckende Plättchen bilden. Aus der Lösung derselben fällen Mineralsäuren sowohl das Eiweiss wie die Santoninsäure, 1 Grm. enthält 0,15 Santonin.

Anwendung. Dieses Präparat soll die Nebenwirkung des Gelbsehens (Xanthopsie) nicht zeigen, indessen ist es als durchaus entbehrlich zu bezeichnen. Als Höchstgaben sind anzunehmen: 0,6 g *pro dosi*, 2,0 g *pro die*.

IV. † Lithium santoninicum. Lithium santonicum. Lithiumsantoninat. $C_{15}H_{19}LiO_4$. **Mol. Gew. = 270.**

Zur Darstellung werden 25 Th. Santonin in 750 Th. Weingeist gelöst, mit 4 Th. Lithiumkarbonat versetzt und einige Stunden bei 60 bis 70° C. unter bisweiligem Umrühren digerirt. Die Lösung lässt man an einem warmen Orte absetzen, dekanthirt, filtrirt den trüben Rest und überlässt die Lösung der freiwilligen Verdunstung.

Das Salz bildet farblose spiessige Krystalle, welche vor Tageslicht geschützt in der Reihe der stark wirkenden Arzneikörper aufbewahrt werden.

Dieses Salz wurde von Cambi und Canova als ein vorzügliches Mittel bei Harndiathese empfohlen. Es soll nicht nur die Konkretionen der Harnwege einschränken, auch der Bildung derselben vorbeugen. Man soll es zu 0,05—0,1 einige Male des Tages geben. Es kann gleichfalls als ein entbehrliches Präparat bezeichnet werden.

† Hydrargyrum santoninicum oxydulatum. Hydrargyrum santonicum. Santonin-Quecksilber. Mercurosantoninat. $C_{15}H_{19}HgO_4$. **Mol. Gew. = 463.** Die Darstellung ist nach Pavesi folgende: 10,0 krystallisirtes Mercuronitrat werden zerrieben und in eine Lösung von 12,5 Natriumsantoninat in 120,0 destillirtem Wasser eingetragen. Nach öfterem Umrühren und eintägigem Stehen wird der Bodensatz gesammelt, im Dunklen getrocknet und in dicht geschlossenem Glase in der Reihe der stark wirkenden Arzneikörper aufbewahrt.

Sapo.

Sapo. Seife. Savon (franz.). **Soap** (engl.).

Allgemeines. Unter Seifen versteht man im chemischen Sinne die Alkalisalze höherer Glieder der Fettsäurenreihe und auch der Oelsäure und verwandter Säuren. In der Regel besteht eine Seife nicht aus dem Alkalisalz einer einzigen Fettsäure, sondern aus Gemischen der Alkalisalze verschiedener Säuren; die wichtigsten dieser Säuren sind: Palmitinsäure, Stearinsäure und Oelsäure und die Säuren des Leinöls (s. S. 297). Die Darstellung der Seifen erfolgt durch Verseifung der natürlich vorkommenden Fette und fetten Oele. Diese sind ihrer chemischen Zusammensetzung nach neutrale Ester der Fettsäuren (und verwandter Säuren) mit dem Glycerin. — Werden die Fette und fetten

Oele mit Lösungen der ätzenden Alkalien (Kalilauge, Natronlauge) erhitzt, so werden die Glycerinester gespalten, d. h. es entstehen einerseits die Alkalisalze der Fettsäuren (man nennt sie Seifen), und anderseits tritt der dreiwerthige Alkohol Glycerin auf. — Man bezeichnet daher als „Verseifung" oder „Saponifikation" den Vorgang, durch welchen die Fette in Fettsäuren und Glycerin zerlegt werden.

Die Konsistenz der Seifen ist in hohem Grade abhängig von der Art der Base, welche zur Verseifung verwendet wird: Kaliseifen sind weiche Seifen, Natronseifen sind feste Seifen. Abgesehen hiervon aber ist die Konsistenz einer Seife auch abhängig von den Fettsäuren, welche in der Hauptmenge vertreten sind. So giebt z. B. die Stearinsäure härtere Seifen wie die Palmitinsäure, und die Oelsäure hat die Eigenschaft, relativ weiche Seifen zu bilden.

Die Seifen, welche Kali oder Natron als basische Grundlage haben, sind in Alkohol und in Wasser löslich. Die Natronseifen sind in Salzlösungen, z. B. Kochsalzlösungen unlöslich, wenn deren Kochsalzgehalt mehr als 5 Proc. beträgt. Versetzt man also eine wässerige Lösung von Natronseife mit soviel Kochsalz, dass der Gehalt der wässerigen Flüssigkeit an Kochsalz 5 Proc. übersteigt, so wird die Seife unlöslich abgeschieden. Man nennt dies das „Aussalzen" der Seife. Kaliseifen können zum Unterschiede von den Natronseifen nicht ausgesalzen werden; versucht man sie mit Kochsalz auszusalzen, so werden sie in Natronseifen umgewandelt.

Die Alkaliseifen (Kali- und Natronseifen) sind ferner relativ löslich in heissem Glycerin, nahezu unlöslich sind sie in Benzin, Petroleumäther, Aether, fetten und flüchtigen Oelen. Die Bleisalze der Fettsäuren bilden den Hauptbestandtheil der Pflaster.

Die Calcium- und Magnesiumsalze der oben genannten Fettsäuren heissen Kalkseifen, bez. Magnesiaseifen. Sie sind in Wasser unlöslich, in Glycerin fast unlöslich, dagegen löslich in Weingeist, ferner in Fetten und Oelen und zum Theil auch in flüchtigen Oelen.

Seifen des Handels. Unter Kernseifen versteht man wasserarme Natrontalgseifen. Sie enthalten gewöhnlich 10, höchstens 20 Proc. Wasser. Geschliffene Seifen sind wasserreich. Sie enthalten neben freiem Natriumkarbonat bis zu 60 Proc. Wasser. Die gute Hausseife (Sapo domesticus) ist eine Natronseife aus Talg bereitet, grüne Seife (Sapo viridis) eine Schmierseife aus Kali und Hanföl, schwarze Seife (Sapo niger) eine ähnliche Kaliseife aus minderwerthigen Fetten und Fettabfällen, gefärbt mit Blauholzabkochung, Eisenvitriol etc. Die Spanische oder Venedische Seife (Sapo Hispanicus) ist eine Natronseife aus Olivenöl bereitet, Kokosnussölsodaseife ist eine Kaliseife enthaltende Natronseife, aus Talg und Kokosöl bereitet. Kosmetische Seifen enthalten letztere zur Grundlage und kleine Mengen Riechstoffe oder arzneilich wirkende Körper.

Berechnung des Alkaliverbrauchs für die Verseifung. Wenn der Apotheker sich gegenwärtig nicht gern mit der Darstellung von Seife beschäftigt, so kommt dies zum grossen Theile daher, dass er den vielen im Handel befindlichen ausländischen Fetten gegenüber ein Gefühl der Unsicherheit hat, welcher Menge Alkali er zu deren Verseifung bedarf. Dies ist eine völlige Verkennung der Thatsachen! — Die theoretisch zur Verseifung eines Fettes erforderliche Menge Kalihydrat lässt sich durch Feststellung der sog. Köttstorfer'schen Verseifungszahl leicht und rasch ermitteln. Für die gangbarsten Handelsfette sind die durchschnittlichen Verseifungszahlen mit hinreichender Zuverlässigkeit bekannt (s. die Tabelle S. 510 dieses Bandes). Wenn also dort angegeben ist, dass die Verseifungszahl des Kokosöles 255—260 ist, so wird dadurch ausgedrückt, dass man zur völligen Verseifung von 1000 g Kokosöl = 255—260 g reines Kalihydrat (KOH) bedarf. Man wird hierbei allerdings berücksichtigen müssen, dass das Kalihydrat des Handels niemals 100 Proc. KOH (vgl. S. 171), sondern nur etwa 60—80 Proc. KOH enthält. Wenn man also diesen Fehler ausschliessen will, so wird man den Gehalt des Kalihydrates oder der Kalilauge maassanalytisch (Methylorange als Indikator) festzustellen haben. Man erhält alsdann die zur Verseifung theoretisch erforderliche Menge Kalihydrat und wird nun die praktisch erforderliche Menge bei einiger Aufmerksamkeit leicht treffen können.

Aus den KÖTTSTORFER'schen Verseifungszahlen lässt sich des weiteren die zur Verseifung erforderliche Menge Natronhydrat leicht berechnen. Der Faktor für die Umrechnung von KOH in NaOH ist = 0,7143. Die Umrechnung ergiebt, dass man zur Verseifung von 1000 g Kokosöl = 182—186 g Natronhydrat (NaOH) bedarf. Natürlich wird man auch hier den wahren Gehalt des käuflichen Natronhydrats oder der Natronlauge an NaOH maassanalytisch zu bestimmen haben.

I. Sapo butyrinus. Butterseife. Ist schon Band I, S. 517 behandelt.

II. Sapo cocoïnus. Sapo Olei Cocoïs. Kokosölseife. Kokosseife. Kokosnussölsodaseife.

Das Kokosöl verhält sich bei der Verseifung abweichend von anderen Fetten und Oelen: Die Verseifung des Kokosöles erfolgt schon weit unter dem Siedepunkte des Wassers, bei gewöhnlicher Zimmertemperatur. Man bereitet daher die Kokosölseifen in der Regel durch kalte Verseifung. Die leichte Verseifbarkeit überträgt das Kokosöl auch auf andere, sonst schwierig zu verseifende Fette und Oele, wenn es mit diesen gemischt wird. Daher wird Kokosfett häufig den auf Seife zu verarbeitenden Fetten zugesetzt, um deren Verseifung zu erleichtern. Aber die Kokosöl-(Natron)-Seifen lassen sich nicht aussalzen. Dies hat zur Folge, dass sie für gewöhnlich wasserreicher sind als die durch Aussalzen abgeschiedenen Kernseifen und dass in diesen Seifen die ganze Lauge, welche bei dem Aussalzverfahren als sog. „Unterlauge" abgeschieden wird, enthalten bleibt. — Wie oben ausgeführt worden ist, bedarf man zur Verseifung von 1000 Th. Kokosfett = rund 180 Th. Natronhydrat.

Darstellung. Man schmilzt 1000 Th. Kokosfett und rührt unter das halb erkaltete Fett = 500 Th. Natronlauge von 38 Bé (sp. G. 1,35 = 32 Proc. NaOH enthaltend) ein. Man erhält eine emulsionsartige Mischung, die man sich selbst überlässt. Die Verseifung beginnt sofort unter Selbsterwärmung, bisweilen tritt sie ziemlich stürmisch ein. Man erhitzt die fertige Seife bis zum Flüssigwerden, giesst sie in Formen aus, lässt erstarren und schneidet sie in Stücke.

Bei dieser Vorschrift werden zur Verseifung von 1000 Th. Kokosfett = rund 160 Th. Natronhydrat angewendet, während theoretisch rund 180 Th. erforderlich sein würden. Es ergiebt sich daraus, dass die Praxis lieber etwas unverseiftes Fett in den Seifen belassen als es darauf ankommen lassen will, freies Natronhydrat in denselben zu haben.

Eine andere Vorschrift zu einer gemischten Kokosseife lautet: 300 Th. Rindertalg und 360 Th. Kokosfett werden in einem eisernen Kessel bei gelinder Wärme geschmolzen. Wenn die Mischung auf 25—30° C. abgekühlt ist, mischt man 350 Th. Natronlauge vom spec. Gew. 1,338—1,340 und 50 Th. Kalilauge vom spec. Gew. 1,333, beide vorher zusammengemischt und auf etwa 20° C. gebracht innig dazu, sodass ein gleichmässiger Brei entsteht. Man lässt die Masse 1 Stunde lang bei 25—30° C. stehen und bringt sie alsdann in Formen.

Kokosseife ist eine in Wasser verhältnissmässig leicht lösliche Seife, daher schäumt sie auch leicht und giebt beim Waschen einen reichlichen Schaum. Man verwendet sie deshalb zur Bereitung der billigeren Toilettenseifen und, weil sie in Glycerin verhältnissmässig leicht löslich ist, auch zur Bereitung wahrer Glycerinseifen. Anderseits hat die Kokosseife die Fähigkeit, eine grosse Menge Wasser zu binden, ohne die feste Konsistenz zu verlieren. — Gegenwärtig wird sie, wie schon bemerkt, meist als Grundlage für billigere Toiletteseifen verwendet, die besseren Toiletteseifen werden aus neutralen Kernseifen hergestellt.

III. Sapo sebacinus. Sapo sebaceus. Sapo domesticus (Ergänzb.). **Talgkernseife. Talgseife. Hausseife.** Wird durch Verseifen von Talg mit Natronlauge und Aussalzen dargestellt, ist also eine sog. „Kernseife". Diese Seife war diejenige, welche früher in den grössten Mengen für die Zwecke des Haushalts und der Technik hergestellt wurde. Gegenwärtig wird sie nicht immer nur aus Talg bereitet, sondern man verwendet ausser Talg auch noch pflanzliche Fette und pflanzliche Talge zu ihrer Darstellung, z. B. Palmöl, bisweilen sogar Harze wie Kolophonium.

Diese Seife kommt gewöhnlich in Riegeln in den Handel, welche entweder naturweiss oder grau marmorirt sind. Sie ist weniger leicht in Wasser löslich, schäumt auch nicht so stark wie die Kokosseife, aber sie „giebt viel aus“ und ist von guter reinigender Wirkung. Es ist diejenige Sorte, welche überhaupt im grössten Umfange dargestellt wird. Leider wird sie auch im grossen Umfange verfälscht. Die Hausfrauen kauften sie früher in grösseren Mengen ein und trockneten sie durch Liegen an der Luft ein, weil dann die Seife trockner wurde, sich nicht mehr allzuleicht in Wasser löste, daher beim Waschen nicht so leicht vergeudet werden konnte wie eine in Wasser leicht lösliche Seife.

Das Ergänzb. hat als Sapo domesticus eine weisse, harte, unverfälschte Talgnatronseife aufgenommen, die einen Trockenrückstand von mindestens 80 Proc. haben soll.

IV. Sapo medicatus. Medicinische Seife. Unter diesem oder einem ähnlichen Namen führen die Pharmakopöen eine (harte) Natronseife auf, zu deren Bereitung sie meist Vorschriften geben. Diese Seife wird bereitet aus Natronlauge mit Olivenöl oder Schweineschmalz oder Gemischen beider Fette. Es wird Werth darauf gelegt, dass diese, auch zum inneren Gebrauche bestimmte Seife aus unverdorbenen Fetten bereitet, und dass sie völlig neutral ist. Wir geben im Nachstehenden die Vorschrift der Germ. genauer wieder.

Sapo medicatus. Medicinische Seife. (Germ.)

Darstellung. Zur Darstellung kleinerer Mengen wählt man zweckmässig Porcellanschalen, für grössere Mengen Kessel aus Zinn oder zinnplattirtem Kupfer. Zum Umrühren benutzt man Rührscheite aus hartem Holze. — Zunächst werden 120 Th. Natronlauge (spec. Gew. = 1,170) im Dampfbade erhitzt; wenn dieselbe etwa auf 80° C. gekommen ist, fügt man unter Umrühren allmählich ein geschmolzenes heisses Gemisch von 50 Th. Schweineschmalz und 50 Th. Olivenöl hinzu. Die Mischung färbt sich bräunlich und zeigt ein emulsionsartiges Aussehen, allmählich entstehen in derselben körnige Ausscheidungen von gebildeter Natronstearinseife. Man erhitzt nun unter ruhigem Umrühren $^1/_2$—1 Stunde lang im vollen Dampfbade, während welcher Zeit die Verseifung zwar vorschreitet, aber doch nicht zu Ende gebracht wird. Nach dieser Zeit fügt man 12 Th. Weingeist hinzu und erhitzt nun unter fortgesetztem ruhigen Rühren so lange, bis sich eine vollständig gebundene Masse, d. i. eine konsistente Seife gebildet hat, in welcher unverseiftes Fett nicht mehr zu erkennen ist. Hierzu sind bei mittleren Mengen 1—2 Stunden erforderlich. Sobald die Masse das erwähnte gleichmässige (gebundene) Aussehen angenommen hat, setzt man unter Umrühren und in kleinen Antheilen 200 Th. heisses destillirtes Wasser hinzu. Es muss sich nunmehr ein durchsichtiger, zäher Seifenleim bilden, welcher sich in heissem Wasser klar und ohne Abscheidung von Fetttröpfchen löst. Ist der Seifenleim trübe, so kann das auf mehrere Ursachen zurückzuführen sein: 1. Auf Mangel an Wasser. 2. Auf Gegenwart von noch unverseiftem Fett. 3. Gegenwart eines Ueberschusses an Alkali. Im ersten wie im letzten Falle tritt auf Zusatz einer genügenden Menge destillirten Wassers Klärung ein, im zweiten Falle entsteht mit heissem destillirten Wasser eine trübe Mischung, und in diesem Falle muss unter Zusatz von dünner Natronlauge weiter erhitzt werden. Hat der Seifenleim den vorgeschriebenen Zustand erreicht, so setzt man eine filtrirte Lösung von 25 Th. Kochsalz und 3 Th. krystall. Soda in 80 Th. destillirtem Wasser hinzu. Die Seife scheidet sich nun auf der Oberfläche der Flüssigkeit ab, weil sie selbst in verdünnter Kochsalzlösung unlöslich ist. Der Zusatz von Natriumkarbonat zu der Kochsalzlösung erfolgt, um das in dem Kochsalz stets anwesende Magnesiumchlorid, welches zur Bildung unlöslicher Magnesiumseife Veranlassung geben würde, als Magnesiumsubkarbonat vorher abzuscheiden. Man rührt eine kurze Zeit um, erhält dann die Masse, damit die Seife sich an der Oberfläche sammeln kann, ohne Umrühren heiss und lässt sie schliesslich erkalten.

Nach dem Erkalten schwimmt die Seife auf der Unterlauge als fester Kuchen; man hebt diesen ab, spült ihn mehrmals mit destillirtem Wasser ab und presst ihn schliesslich zwischen leinenen Tüchern (nicht Filtrirpapier) scharf ab. Die Presskuchen schneidet man in dünne Scheiben, welche, im Trockenschranke ausgetrocknet, zum Theil in dieser Form aufbewahrt, zum Theil in feines Pulver verwandelt werden. 100 Th. Fettsubstanz geben etwa 105 Th. trockne Seife. Das fertige Pulver ist nachzutrocknen.

Eigenschaften. Gut ausgetrocknet in Stücken, sowie auch gepulvert, bildet die medicinische Seife eine weisse, wenig hygroskopische, fast geruchlose oder nur schwach seifig riechende, in Weingeist völlig klar, in Wasser fast klar lösliche, schwach alkalisch reagirende Substanz. Sie besteht annähernd aus 91 Proc. Fettsäure, 7 Proc. Natron und 3 Proc. Wasser.

Prüfung. 1) Medicinische Seife sei weiss, nicht ranzig, in Wasser und Weingeist klar löslich, Kalk- und Magnesiaseife ist in Wasser unlöslich; eine durch diese verunreinigte Seife würde mit destillirtem Wasser eine mehr oder weniger trübe Lösung geben. — 2) Man löse 2 g Seife in 10 ccm Weingeist. Die eine Hälfte dieser Lösung darf durch Zugeben von 1 Tropfen Phenolphthaleïnlösung nur sehr schwach geröthet (freies Alkali), die andere Hälfte darf durch Schwefelwasserstoffwasser nicht dunkel gefärbt werden (Metalle).

Aufbewahrung. Man bewahrt medicinische Seife ausgetrocknet in kleinen Stücken (zur Bereitung des Opodeldoks), die gepulverte Seife als feines Pulver in gut verschlossenen Glasgefässen. Ist das Pulver feucht, oder wird es in mangelhaft verschlossenen Gefässen aufbewahrt, so nimmt es bald ranzigen Geruch an.

Pulverung. Der Seifenstaub wirkt ätzend auf die Schleimhäute, daher soll der Arbeiter, der die Pulverung besorgt, ein feuchtes Tuch vor Nase und Mund binden, auch eine Staubbrille aufsetzen, oder eine Staubklappe über den Kopf ziehen. Das fertige Pulver ist nachzutrocknen.

Anwendung. Eine innerliche Anwendung zu Heilzwecken (0,1—0,3—0,6 g 2 bis 4 mal täglich) erfolgt fast nur noch in der Form von Pillen. Die Seife soll die Gallen- und Darmsekretion fördern. In starken Gaben bewirkt sie Uebelkeit, Erbrechen und Dyspepsie. Als Gegengift bei Vergiftungen mit Säuren wendet man sie nur an, wenn ein anderes Mittel nicht gleich zur Hand ist. Aeusserlich dient sie zur Reinigung und Erweichung der Haut, in Klystieren und Suppositorien (zu 1,0—2,0—4,0 g) zur Beförderung der Sedes.

Austr. Sapo medicinalis. Medicinische Seife. Man erwärmt 100 Th. Natronlauge von 1,35 spec. Gewicht, mischt allmählich und unter Umrühren 200 Th. geschmolzenes Schweineschmalz hinzu und erwärmt die Mischung im Wasserbade unter zeitweiligen Umrühren, bis vollständige Verseifung eingetreten ist. — Die beim Erkalten erhärtete Masse ist, in Täfelchen zerschnitten, an einem warmen Orte zu trocknen.

Da eine Natronlauge von obiger Koncentration = 32 Proc. NaOH enthält, so schreibt die Austr. zur Verseifung von 100 Th. Schweineschmalz = 16 Th. Natronhydrat vor. Nach den auf S. 826 gegebenen Regeln ist zu berechnen, dass 100 Schweineschmalz nur = 14 Th. Natronhydrat verbrauchen. Mithin wird ein Ueberschuss von Natronhydrat verwendet, und die Seife kann nicht neutral sein, weil sie nicht ausgesalzen wird, also die ganze Unterlauge in der Seife verbleibt.

Helv. Sapo oleaceus. Medicinische Seife. Man erwärmt 100 Th. Olivenöl mit 50 Th. Natronlauge von 1,33 spec. Gew. und 30 Th. Weingeist im Dampfbade bis zur vollständigen Verseifung. Die gebildete Seife wird in 300 Th. heissem destillirten Wasser gelöst. Aus dieser Lösung salzt man die Seife aus durch Zumischen einer filtrirten Lösung von 25 Th. Natriumchlorid und 5 Th. krystall. Natriumkarbonat in 80 Th. Wasser. Im übrigen wird wie unter Germ. verfahren. Diese Seife ist ebenso wie die der Germ. annähernd neutral, überhaupt nur wenig von derselben verschieden.

Gall. Savon médicinal. Savon amygdalin. Man mischt in einer Porcellanschale 21 Th. Mandelöl mit 10 Th. Natronlauge von 1,332 (ca. 30 Proc. NaOH enthaltend), bis eine gleichmässige Emulsion entstanden ist. Diese lässt man unter gelegentlichem Umrühren einige Tage bei 18—20° C. stehen, bis sie die Konsistenz einer weichen Paste erlangt hat. Diese drückt man in Steingutformen ein und nimmt die Stücke erst dann heraus, nachdem sie vollständig fest geworden sind. Diese Seife darf zum arzneilichen Gebrauch erst verwendet werden, nachdem sie durch 1—2 monatliches Lagern an der Luft das freie Aetznatron verloren hat, d. h. bis das Aetznatron in Natriumkarbonat übergegangen ist. Sie darf alsdann keinen stechend laugigen Geschmack mehr haben und, bei Gegenwart von Wasser mit Kalomel zusammengebracht, diesen nicht sogleich schwärzen.

Gall. Savon animal. Sapo animalis. Man schmilzt in einer Porcellanschale 500 Th. Rindstalg, fügt 1000 Th. warmes destillirtes Wasser, alsdann unter Umrühren in mehreren Antheilen 250 Th. Natronlauge vom spec. Gew. 1,332 (ca. 30 Proc. NaOH enthaltend) hinzu und erhitzt auf dem Wasserbade unter Umrühren bis zur vollständigen (!) Verseifung, Man fügt alsdann 100 Th. Kochsalz zu, erwärmt bis zur Abscheidung der Seife und lässt alsdann erkalten. Man hebt den erkalteten Seifenkuchen ab, wäscht ihn einige Male mit Wasser ab, schmilzt ihn und giesst die Seife in Steingutformen aus, in denen man sie erstarren lässt.

Brit. Sapo animalis. Curd Soap. Eine aus Talg und Natronlauge bereitete Seife, welche etwa 30 Proc. Wasser enthält. Sie kann nach der von Gall. angegebenen Vorschrift bereitet werden. An Stelle von Rindstalg kann hier Hammeltalg treten.

Brit. Sapo durus. Hard Soap. Eine aus Olivenöl und Natronlauge bereitete Seife, welche etwa 30 Proc. Wasser enthält. Man wird sie nach der von Helv. gegebenen Vorschrift zu bereiten haben.

Helv. Sapo stearinicus. Sapo sebaceus. Stearinseife. Wird nach der von Helv. für die medicinische Seife angegebenen Vorschrift bereitet unter Ersatz des Olivenöls durch Talg oder Butter. Weisses, geruchloses Pulver, welches sich im 10fachen Gewichte Weingeist beim Erwärmen klar löst. Die erkaltete Lösung gebe eine fast durchsichtige, gelatinöse Masse.

U-St. Sapo. Soap. White Castile soap. Eine aus Olivenöl mit Natronlauge bereitete Seife. Man kann sie nach der von Helv. angegebenen Vorschrift darstellen. Sie soll nicht mehr als 36 Proc. Wasser enthalten.

Sapo Medullae bovinae. Markseife. 100 Th. geschmolzenes und durch Koliren gereinigtes Mark von Rinderknochen werden mit 50 Th. Natronlauge von 1,33 spec. Gewicht und 200 Th. Wasser unter öfterem Umrühren im Wasserbade verseift, dann mit 20 Th. Natriumchlorid ausgesalzen, bis zum Abscheiden der Seife erhitzt, erkalten gelassen u. s. w. Dies war die frühere Vorschrift des Sapo animalis der Gall.

V. Sapo oleaceus. (Ergänzb.) Sapo Hispanicus. Sapo Venetus. (Austr.) Sapo Alicantinus. Sapo Marsiliensis. Oelseife. Spanische Seife. Venedische Seife. Venetianische Seife.

Diese Seife hat früher in der Pharmacie eine sehr bedeutende Rolle gespielt, insofern als sie als die beste, unverfälschteste und von ätzenden Alkalien freie Seife galt, die man beschaffen konnte. Diese Bedeutung hat sie für die Pharmacie gegenwärtig nicht mehr, da die Pharmakopöen wie Germ. und Helv. nunmehr Vorschriften geben, welche sicher zur Erlangung einer völlig neutralen und für alle therapeutischen Zwecke geeigneten Seife führen. — Für die Technik dagegen, namentlich für Spinnereien, Färbereien und Waschanstalten hat diese Seife ihre Bedeutung nach wie vor behalten.

Diese Oel-Natronseife wird namentlich im südlichen Frankreich in enormen Mengen erzeugt. Als Ausgangsmaterial dient vorzugsweise das Olivenöl; je nach dessen Färbung ist die Seife entweder rein weiss oder gelblich, bis grünlich. Neuerdings wird nicht nur Olivenöl allein, sondern es werden auch Gemische von Olivenöl mit anderen Oelen, namentlich Arachisöl zu dieser Seife verarbeitet. — In den Handel gelangt diese Seife in der Form parallelepipedischer, 20—40 cm langer, 6—8 cm dicker Stücke, sog. „Riegel". Sie ist hart, weisslich bis gelblich und grünlich, nicht hygroskopisch, nicht ranzig, sondern von charakteristischem Olivengeruch. In der 20fachen Menge warmen Weingeistes ist sie bis auf einen unbedeutenden trüben Bodensatz völlig löslich. Diese Lösung bleibt beim Erkalten völlig flüssig und gelatinirt nicht.

Aufbewahrung. Diese Seife wird in ganzen Stücken und als feines Pulver aufbewahrt. Damit die Seife nicht alsbald austrocknet und zu einer harten hornartigen Masse werde, ist sie in steinzeugne Töpfe einzuschliessen.

Prüfung. Diese besteht gegenwärtig lediglich in einer von der Technik geforderten Werthbestimmung, welche nach den allgemeinen Methoden der Seifenuntersuchung, s. S. 834, ausgeführt wird. Ergänzb. fordert einen Trockenrückstand von 80 Proc.

Anwendung. Die Oelseife wird selten innerlich, meist nur zur Darstellung von Seifenspiritus, Seifenpflaster und anderen zum äusserlichen Gebrauch bestimmten Zusammensetzungen gebraucht. Zuweilen wird sie zum Waschen des Seidenzeuges und feiner

Kleider-Spitzen in den Apotheken gefordert, weil man sie für eine reine und nicht alkalische Seife hält.

Sapo Hispanicus marmoratus. Marmorirte Spanische Seife (Savon bleu, Savon marbré) kommt in 1,5—2 kg schweren Riegeln (pains, briques) in den Handel. Auf der Höhendurchschnittsfläche muss sie eine schön jaspirte oder marmorirte Fläche darbieten. Die grauröthlichen Zeichnungen sind hier durch Thonerde- und Eisenseife hervorgebracht, indem man der flüssigen Seife etwas alkalische Thonerde- und Eisenvitriollösung zusetzt und dann das Gemisch recht langsam erstarren lässt. Es scheidet sich hier die Thonerde-Eisenseife von der Natronseife unter Bildung baumartiger Verzweigungen durch die Seifenmasse. Diese marmorirte Seife dient zu technischen Zwecken.

VI. Sapo stearinicus. (Ergänzb.) **Stearinseife.** Nicht zu verwechseln mit dem Sapo stearinicus der Helv. s. S. 830.

In eine im Dampfbade erhitzte Lösung von 56 Th. krystall. Natriumkarbonat in 300 Th. Wasser werden 100 Th. geschmolzene Stearinsäure nach und nach eingetragen, worauf die Mischung unter Umrühren $^1/_2$ Stunde lang erhitzt wird. Nach Hinzufügung von 10 Th. Weingeist wird weiter erhitzt, bis sich ein durchsichtiger, in heissem Wasser völlig löslicher Seifenleim gebildet hat. Hierauf wird eine filtrirte Lösung von 25 Th. Kochsalz und 3 Th. rohem Natriumkarbonat in 80 Th. Wasser zugefügt, und die ganze Masse unter Umrühren weiter erhitzt, bis sich die Seife vollständig abgeschieden hat. Die erkaltete, von der Mutterlauge getrennte Seife wird mehrmals mit geringen Mengen Wasser abgewaschen, dann vorsichtig (zwischen Leinwand), aber stark ausgepresst, in Stücke zerschnitten, getrocknet und fein gepulvert.

Eine weisse Seife, welche in Wasser und Weingeist klar löslich ist. Sie dient vorzugsweise zur Bereitung des Opodeldok.

VII. Palmölseife. Wird entweder aus naturellem oder gebleichtem Palmfett dargestellt. Im ersteren Falle ist die Seife mehr oder weniger gelb, im letzteren Falle weiss und von Talgkernseife äusserlich nicht zu unterscheiden. Häufig wird auch Harz in Verbindung mit Palmöl zu Seife verarbeitet.

VIII. Oleïnseife. Elaïnseife. Elaïdinseife. Oelsäureseife. Wird aus der bei der Fabrikation von Stearinkerzen als Nebenprodukt erhaltenen rohen Oelsäure mit Natronlauge gewonnen und findet nahezu ausschliesslich Verwendung in der Technik.

IX. Harzseifen. Die Harze (Harzsäuren) geben mit Alkalien Verbindungen, welche den Seifen ähnlich sind. Sie lösen sich in Wasser zu schäumenden Flüssigkeiten. Sie können durch Natriumkarbonat oder durch Natriumchlorid aus der wässerigen Lösung ausgesalzen werden, indessen erhält man dadurch nicht harte, sondern weiche, schleimige Massen.

Mischt man dagegen Harzseifen mit Talgseifen oder Palmölseifen in geeigneten Verhältnissen, so erhält man harte, zum Waschen geeignete Seifen, welche Harz-Talgseifen oder Harz-Palmölseifen genannt werden. — Man stellt sie dar, indem man das Talg oder Palmöl gesondert verseift und dann der noch heissen Seife eine bestimmte Menge besonders dargestellter Harzseife (Kolophoniumseife) zusetzt. Ueber den Gehalt an Harz vergl. S. 836. Diese Seifen enthalten gewöhnlich 20—25 Proc. Wasser und 60—70 Proc. Fettsäuren + Harz.

X. Ueberfettete Seifen. Mit diesem Namen bezeichnet man Seifen, welche aus neutraler Seife und einem kleinen Ueberschuss von 3—5 Proc. unverseiftem Fett oder freien Fettsäuren bestehen. Sie schäumen zwar nicht so stark wie die alkalischen oder neutralen Seifen, aber sie sind von sehr milder Wirkung auf die Haut, daher besonders zum Gebrauche für empfindliche Personen bestimmt oder zur Mischung mit Chemikalien, welche durch Alkali verändert werden.

XI. Dialysirte Seifen. Um die auch in den sorgfältigst bereiteten Seifen enthaltenen Reste von Salzen zu entfernen, unterwirft E. Dieterich die Seifen der Dialyse, indem er die Lösungen derselben in Därme aus Pergamentpapier einfüllt und diese in Wasser einhängt. Die von den Salzen befreite Seifenlösung wird durch Eindampfen wieder zur Trockne gebracht. Diese dialysirten Seifen werden namentlich zur Bereitung des Opodeldok empfohlen.

XII. Centrifugirte Seifen. Die Natronseifen, welche sich durch Salze aussalzen lassen, können in völlig neutralem Zustande erhalten werden, wenn man die mit der erforderlichen Menge Kochsalz versetzte Seifenlösung in Becher-Centrifugen dem Centrifugiren unterwirft. Die spec. leichtere Seife scheidet sich alsdann über der Unterlauge ab. Löst man diese Seife nochmals in Wasser, salzt sie wieder aus und centrifugirt wiederum, so erhält man mit Sicherheit eine völlig neutrale Seife.

XIII. Sapo kalinus. Kali-Seife. Die Kaliseife oder Schmierseife des Handels ist meist stark verfälscht und deshalb zu vielen Zwecken unbrauchbar. Vergl. Liquor Kresoli saponatus S. 243. Die meisten Pharmakopöen haben daher Vorschriften für die Bereitung der Schmierseife gegeben, und das hat denn auch zur Folge gehabt, dass diese Seife jetzt weitaus häufiger verwendet wird als früher.

Germ. Sapo kalinus. Kaliseife. Man erwärmt 20 Th. Leinöl im Dampfbade in einer geräumigen Porcellanschale, setzt zu dem heissen Oele unter Umrühren mit einem Holzspatel eine Mischung aus 27 Th. Kalilauge (spec. Gew. 1,14) und 2 Th. Weingeist und erwärmt unter langsamem Umrühren so lange, bis die beiläufig schnell eintretende Verseifung beendet ist, was man daran erkennt, dass eine gezogene Probe in Wasser klar löslich ist, ohne Abscheidung von Oeltröpfchen. Die Beendigung der Verseifung zeigt sich ausserdem daran, dass die ursprünglich emulsionsartige Masse die Konsistenz einer Schmierseife annimmt. Unter Zugrundelegung der obigen Verhältnisse kann man auf etwa 40—45 Th. Kaliseife rechnen. Der Weingeist, welcher sich im Verlaufe der Darstellung zum grössten Theile verflüchtigt, wird zugesetzt, um die Verseifung zu befördern.

Zur Verseifung von 100 Th. Leinöl sind hier rund 20 Th. Kalihydrat (KOH) vorgeschrieben.

Helv. Sapo kalinus. Man verseift im Dampfbade 50 Th. Leinöl mit 25 Th. Kalilauge (spec. Gew. 1,33) und 7 Th. Weingeist und mischt nach vollständiger Verseifung der entstandenen Seife 18 Th. heisses Wasser zu. — Zur Verseifung von 100 Th. Leinöl sind hier rund 17 Th. Kalihydrat (KOH) vorgeschrieben. Diese Seife ist annähernd neutral.

U-St. Sapo mollis, Soft soap. Man verseift 400 Th. Leinöl mit einer Lösung von 90 Th. festem Kalihydrat in 450 Th. Wasser sowie 40 ccm Weingeist. Da das feste Kalihydrat der U-St. 90 Proc. KOH enthalten soll, so werden wie bei Germ. zur Verseifung von 100 Th. Leinöl = rund 20 Th. Kalihydrat (KOH) vorgeschrieben.

Eigenschaften. Die mit Leinöl bereitete Kaliseife der Germ., Helv. und U-St. bildet eine gelbbräunliche, durchsichtige, weiche, schlüpfrige Masse, welche in Wasser und Weingeist klar löslich ist, mit Wasser stark schäumt und nur schwach seifenartig riecht. — Sie enthält neben Wasser die Kaliumsalze der Linolensäure und Isolinolensäure ($C_{18}H_{29}O_2K$), der Linolsäure ($C_{18}H_{31}O_2K$), ferner das bei der Verseifung entstandene Glycerin und einen sehr geringen Ueberschuss an Kalilauge.

Prüfung. Eine Lösung von 10 g Kaliseife in 30 g Spiritus sei klar. (Trübung könnte von Harzseife herrühren.) — Helv.: Wird diese Lösung mit 1 Tropfen Phenolphthaleïnlösung versetzt, so werde sie kaum geröthet. Es wird demnach eine annähernd neutrale Seife verlangt. Germ.: Versetzt man die Lösung von 10 g Kaliseife in 30 g Spiritus mit 0,5 ccm Normalsalzsäure, so bleibe sie klar (Trübung = Harzseife) und färbe sich auf Zusatz von 1 Tropfen Phenolphthaleïnlösnng nicht roth. Durch diese Prüfung wird ein Gehalt von rund 0,28 Proc. Kalihydrat in der Seife (ungebunden) zugelassen. Dieses Kalihydrat geht allmählich in Kaliumkarbonat über.

Aufbewahrung. An einem kühlen, trockenen Orte in gut schliessenden Gefässen aus Porcellan oder Glas. Kaliseife zieht aus feuchter Luft Feuchtigkeit an und nimmt alsdann an den mit der Luft in Berührung gewesenen Schichten dünnflüssige Konsistenz an.

Anwendung. Kaliseife findet Verwendung als reinigendes Mittel, z. B. nach Krätzekuren oder Quecksilberschmierkuren. Sie macerirt und erweicht ferner die Epidermis und findet aus diesen Gründen in der Dermatotherapie eine ziemlich ausgedehnte Verwendung. Der Arzt bedient sich der Kaliseife auch zur Reinigung seiner Hände und der Instrumente. Nach Germ. und Helv. ist diese reinere Kaliseife abzugeben, wenn der Arzt nicht ausdrücklich die käufliche Schmierseife verordnet hat.

Brit. Sapo mollis. Soft soap. Eine mit Olivenöl bereitete Kaliseife. Sie wird in gleicher Weise dargestellt wie die Kaliseife der Germ. aus 120 Th. Olivenöl, 21 Th. festem Kalihydrat, 20 Th. Alkohol und 100 Th. Wasser.

Je nachdem man ein gelbes oder grünes Olivenöl anwendet, ist diese Seife gelblichweiss bis grünlich.

Toilette-Kaliseife. Sie wird unter Verwendung einer mittleren Sorte Olivenöl nach der bei Sapo mollis Brit. gegebenen Vorschrift dargestellt und entweder überhaupt nicht parfümirt oder mit einem passenden Parfüm schwach parfumirt.

XIV. Sapo kalinus venalis. (Germ.-Helv.) **(Sapo kalinus der Austr.) Sapo viridis. Sapo niger. Schmierseife. Weiche Seife. Grüne Seife. Schwarze Seife. Savon mou. Savon vert. Savon noir. Barrel-Soap. Dutch Soap.**

Die Schmierseife des Handels ist ein Produkt von sehr wechselnder Beschaffenheit. Sie wird aus Gemischen von Rüböl mit Leinöl, Thran, Hanföl, Harz bereitet, enthält in der Regel einen grossen Ueberschuss von Alkali und ist ausserdem häufig durch Eisenvitriol, Blauholzabkochung, Eisentannat, Indigo und andere Farbsubstanzen auf eine durch die Neigungen der Käufer bestimmte Färbung gebracht. Hanföl giebt eine schön grüngefärbte Seife ohne künstliche Färbung. Es wird als ein Zeichen der Güte angesehen, wenn sich in der grünen Seife weissliche, senfkorn- bis linsengrosse Abscheidungen vertheilt befinden. Zur Erzeugung derselben setzen die Seifensieder der Kaliseife etwas Natrontalgseife, oft wohl gar angefeuchtete granulirte Schlämmkreide hinzu.

Die Schmierseife des Handels besteht etwa aus 50 Proc. Wasser, 40 Proc. Fettsäuren, 8 Proc. Kali mit etwas Natron und 2 Proc. Unreinigkeiten. Sie ist aber sehr häufig verfälscht mit: Stärke, Wasserglas, durch übermässigen Wassergehalt u. dergl. mehr.

In der Menschenheilkunde wird sie lediglich zum äusseren Gebrauch (zu Reinigungszwecken) verwendet, in der Thierheilkunde auch innerlich gegeben.

Prüfung. 1) 10 g dieser Seife sollen sich in 50 g Weingeist auflösen, ohne einen erheblichen Rückstand zu hinterlassen. Bleibt ein solcher erheblicher Rückstand zurück, so ist er zunächst unter dem Mikroskop und mit Jodwasser zu prüfen, ob er aus Stärke besteht. Ist dies nicht der Fall, so erhitzt man eine Probe auf dem Platinblech; man wird alsdann in der Regel feststellen können, dass dieser Rückstand glühbeständig ist, und ihn weiter zu untersuchen haben. 2) Nach Germ.: Zur Bestimmung des Fettsäuregehaltes löst man 5 g Schmierseife in 100 ccm heissem Wasser. Die Lösung wird in einem Arzneiglase mit 10 ccm verdünnter Schwefelsäure versetzt und im Wasserbade so lange erwärmt, bis die ausgeschiedenen Fettsäuren klar auf der wässerigen Flüssigkeit schwimmen. Der erkalteten Flüssigkeit setzt man 50 ccm Petroleumbenzin zu, verschliesst das Glas und bewegt es, bis die Lösung der Fettsäuren erfolgt ist. 25 ccm dieser Lösung lässt man in einem Becherglase bei gelinder Wärme verdunsten und trocknet den Rückstand bis zum gleichbleibenden Gewicht bei einer 75° C. nicht übersteigenden Temperatur. Das Gewicht des Rückstandes soll mindestens 1 g betragen. Hierdurch wird ein Minimalgehalt von mindestens 40 Proc. Fettsäuren verlangt. — Helv. verlangt einen Trockenrückstand von mindestens 60 Proc., der an warmen Petroleumäther kein Fett abgeben darf.

Sapo mollis albus. Sapo kalinus albus. Silberseife. Schälseife. Glatte Elaïnseife. Weisse Schmierseife. Die weisse Schmierseife wird aus gereinigtem Baumwollsamenöl, Knochenfett, Talg, Schweineschmalz, zusammen 100 Th., mit 55 Th. Kalilauge vom spec. Gewicht 1,33, welche etwas Natronlauge enthält, dargestellt. Zu einer gelblichen Schmierseife werden 20—30 Proc. der obigen Fettmischung durch Palmfett oder Leinöl ersetzt.

Die weisse Schmierseife dient an Stelle der gewöhnlichen Schmierseife als eine bessere Sorte derselben für Reinigungszwecke. Ist sie zu stark alkalisch, so mischt man ihr 3—5 Proc. feingepulvertes Natriumbikarbonat bei.

XV. Thiosapol-Präparate. Mit diesem Namen werden Seifen bezeichnet, welche Schwefel chemisch gebunden enthalten. Zu ihrer Darstellung werden Fette, Oele, Fettsäuren und Harzsäuren so lange mit Schwefel auf 120—160° C. erhitzt, bis der Schwefel vollständig gelöst ist. Diese geschwefelten Produkte werden mit gewöhnlichen Fetten gemischt, und diese Mischungen werden alsdann unter Vermeidung allzu hoher Temperatur mit ätzenden Alkalien verseift. Diese Präparate werden als Schwefelpräparate therapeutisch verwendet.

Thiosapol-Natrium mit ca. 10 Proc. Schwefel. Man erhitzt 1 kg Oelsäure mit 120 g Schwefel und verrührt das geschwefelte Produkt nach dem Erkalten mit 600 g Natronlauge von 25 Proc. unter Abkühlung und Abpressen der schliesslich teigig gewordenen Masse.

Thiosapol-Kokosseife mit ca. 5 Proc. Schwefel. Man erhitzt 1 kg Leinöl mit 160 g Schwefel. 1 kg des geschwefelten Leinöls wird mit 1 kg Kokosöl zusammengeschmolzen. Der auf ca. 25° C. erkalteten Mischung wird 1 kg Natronlauge von 35 Proc. NaOH zugemischt und die Mischung bis zur eingetretenen vollständigen Verseifung bei gewöhnlicher Temperatur sich selbst überlassen.

Untersuchung und Werthbestimmung der Seife. Zunächst ist ein gutes Durchschnittsmuster herzustellen, indem man bei weichen Seifen diese in einer Schale gut durchrührt und ein Muster in ein dicht zu verschliessendes, weithalsiges Glas abfüllt. — Bei festen Seifen schneidet man ein mitten aus dem Riegel entnommenes Stück in kleine Würfel oder feine Späne, mischt diese gleichfalls durcheinander und bringt sie in ein dicht zu verschliessendes Glas. Sodann stellt man fest, ob die Seife in der 30fachen Menge Alkohol klar oder fast klar löslich ist. Ist dies der Fall, so wird hierdurch die Untersuchung wesentlich vereinfacht. Bleibt ein in Alkohol unlöslicher, erheblicher Rückstand zurück, so wird die Untersuchung etwas umständlich.

1) Trockenrückstand. Man bringt in eine Platinschale etwa 20 g mit Salzsäure extrahirten und gewaschenen Quarzsand, giebt ein leichtes Glasstäbchen dazu und trocknet bei 103° C. (zweckmässig im Soxhlet'schen Trockenschrank) bis zu konstantem Gewicht. Dann wägt man etwa 3—5 g Seife dazu, übergiesst mit 20—30 ccm verdünntem Alkohol und stellt das Ganze unter gelegentlichem Umrühren an einen warmen Ort. Wenn die Seife hinreichend erweicht ist, rührt man das Gemenge gut durch, lässt erst den Alkohol an einem warmen Orte vorsichtig (!) abdunsten, dampft dann im Wasserbade unter gelegentlichem Umrühren zur Trockne und trocknet dann im Trockenschranke (am besten im Soxhlet'schen Trockenschranke) bis zum konstanten Gewichte. Trocknet man im Wasserbadtrockenschranke, so wägt man zuerst nach etwa 8 Stunden, dann in 3stündigen Intervallen.

2) Asche. Man verascht in einer gewogenen Platinschale etwa 5 g von harten Seifen direkt, von Schmierseifen nach dem Eindampfen auf dem Wasserbade durch Erhitzen auf mässige Rothgluth (bei zu starker Hitze können Kalisalze verflüchtigt werden). Wenn die Verbrennung der Kohle nicht fortschreitet, lässt man erkalten, übergiesst den kohligen Rückstand mit ca. 20 ccm Wasser, digerirt im Wasserbade, filtrirt durch ein aschefreies Filter und wäscht 3—4 mal mit siedendem Wasser nach. Dann bringt man Filter und Kohle in die Platinschale zurück, trocknet und erhitzt wiederum bei dunkler Rothgluth. Die Kohle brennt jetzt sehr rasch weiss. Man lässt erkalten, giebt das vorher erhaltene Filtrat zu dem Rückstand in der Platinschale (spült mit Wasser 3—4 mal nach), dampft zur Trockne, befeuchtet den Rückstand mit Ammoniumkarbonat, trocknet ein und erhitzt bei dunkler Rothgluth bis zum gleichbleibenden Gewichte.

Die Asche zieht man mit Wasser aus, filtrirt, wäscht das Filter gründlich aus und bestimmt den im Wasser unlöslichen Antheil durch Weissbrennen im Platintiegel. Den wässerigen Auszug der Asche versetzt man mit Methylorange und titrirt mit $^1/_2$ normaler Salzsäure in der Kälte (!). Das Ergebniss der Titration ist auf Natriumkarbonat oder Kaliumkarbonat umzurechnen; bei Natronseifen stimmt es ziemlich genau mit dem Aschenwerth überein, bei Kaliseifen erhält man in der Regel eine kleine Abweichung vom Aschenwerth.

Man dampft die austitrirte Flüssigkeit in einer Platinschale zur Trockne, glüht schwach und kann nun bei Kaliseifen in dem Rückstande das Kali nach S. 173 bestimmen.

3) In Alkohol unlösliche Antheile. Man löst ca. 5 g Seife in 120 ccm Alkohol, filtrirt durch ein im Wägegläschen getrocknetes und gewogenes Filter (diese Filtration erfolgt am besten vor der Strahlpumpe mit untergelegtem Leinwand-Konus, aus einem alten Taschentuch hergestellt), wäscht mit heissem Alkohol gründlich aus und trocknet im Trockenschranke bis zum konstanten Gewichte.

Der Rückstand ist mikroskopisch zu untersuchen, ob er aus Stärke besteht, nöthigenfalls qualitativ und quantitativ zu analysiren.

Das alkoholische Filtrat kann man benutzen, um die in Lösung gegangene Seife im trockenen Zustande zu bestimmen. Man dunstet den Alkohol in einer gewogenen Platinschale vorsichtig ab, trocknet den Rückstand und wägt ihn. Nach dem Wägen kann man ihn in Wasser lösen, die gelöste Seife durch Säure zersetzen und nunmehr in dieser Portion die Fettsäuren bestimmen.

4) Fettsäuregehalt. a) Die Seife ist in Alkohol klar löslich. Man löst 5 g Seife in etwa 150--200 ccm destillirtem Wasser unter Erwärmen auf, zersetzt die Seifenlösung durch Zugabe eines Ueberschusses von Salzsäure oder verdünnter Schwefelsäure (Prüfung mit Methylorange-Papier) und erhitzt auf einer Asbestplatte, bis die Fettsäuren sich gut abgeschieden haben und die unter ihnen befindliche saure Flüssigkeit klar geworden ist. Ist dies der Fall, so netzt man ein in einem Wägegläschen bis zum konstanten Gewichte gewogenes Filter mit heissem Wasser, lässt zunächst 3—4 mal heisses Wasser durchlaufen und giesst alsdann die noch heisse, saure Flüssigkeit (+ Fettsäuren) auf. Man hat darauf zu achten, dass am Grunde des Filters immer genügend wässerige Flüssigkeit sich befindet, damit die Fettsäuren nicht durchlaufen. Ist alle Flüssigkeit aufgegossen, so spritzt man das Gefäss, in dem die Zersetzung der Seifenlösung erfolgt war, mit heissem Wasser gut aus und wäscht die Fettsäuren mit heissem Wasser aus, bis das Filtrat gegen empfindliches Lackmuspapier nicht mehr sauer reagirt. Alsdann bringt man das Filtrat mit den Fettsäuren verlustlos in das Wägegläschen und trocknet bis zum konstanten Gewichte. (Die Bestimmung ist ungefähr identisch mit der Bestimmung der unlöslichen Fettsäuren nach Hehner-Angell und kann Bd. I, S. 515 näher nachgelesen werden.) Erste Wägung nach 4—5 Stunden, dann in 2stündigen Pausen.[1]) Zeigt es sich, was häufig vorkommt, dass bei den Fettsäuren Sand oder dergl. sich befindet, so extrahirt man nach der Wägung das Filter mit Aether vollständig und kann nun den ätherischen Verdampfungsrückstand und das Filter nochmals wägen. Bei Sand kann man auch ohne erheblichen Fehler einfach den Verbrennungsrückstand des mit Aether extrahirten Filters in Rechnung stellen.

b) Die Seife enthält erhebliche Mengen in Alkohol unlösliche Antheile. In diesem Falle versetzt man den bei der Bestimmung der alkohollöslichen Antheile (sub 3) erhaltenen alkoholischen Auszug zunächst mit etwa der gleichen Menge Wasser, dampft diese Flüssigkeit vorsichtig (!), um den Alkohol zu verjagen, bis zur Trockne, löst den Rückstand in heissem Wasser, zersetzt die Seifenlösung mit verdünnter Schwefelsäure und verfährt wie vorher bei a angegeben. Oder. Man verfährt wie bei a angegeben, trocknet die Fettsäuren bis zum konstanten Gewicht und wägt sie. Hierauf bringt man das Filter in einen Trichter, setzt eine gewogene Aetherschale unter und löst zunächst die Fettsäuren in dem Wägegläschen durch warmen absoluten Aether. Die ätherische Lösung bringt man verlustlos auf das Filter und wäscht in dieser Weise Wägegläschen und Filter so lange mit warmem Aether aus, bis einige Tropfen des Filtrats, auf einem blanken Uhrglase verdunstet, keinen Rückstand mehr hinterlassen. Man lässt den Aether an einem warmen Orte verdunsten und trocknet die Fettsäuren bis zum gleichbleibenden Gewichte.

5) Bestimmung des Gesammt-Alkaligehaltes. (Oder des alkalisch reagirenden Salzes.) Man löst etwa 10—20 g Seife in 200 ccm heissem Wasser, fügt einen Ueberschuss von Normal-Schwefelsäure zu, sodass die Seife vollkommen zersetzt wird, und erhitzt. Die abgeschiedenen Fettsäuren werden abfiltrirt und ausgewaschen. Das Filtrat füllt man auf ein passendes Volumen auf, mischt es durch und titrirt einen aliquoten Theil (unter Benutzung von Methylorange als Indikator) mit Normal-Lauge. Da die etwa gelösten Fettsäuren auf Methylorange nicht einwirken, so giebt die Bestimmung an, wie viel Schwefelsäure gebunden worden ist durch das Alkali, welches in der Seife im freien Zustande + demjenigen, welches vorher an die Fettsäuren gebunden gewesen ist. Die Ergebnisse sind, je nachdem Kali- oder Natronseife vorliegt, auf Kalihydrat oder Natronhydrat zu berechnen.

6) Bestimmung des freien Alkalis. Man löse 10—30 g Seife in 96 procentigem Alkohol und filtrire von dem ungelöst gebliebenen (Soda, Borax, Wasserglas) ab und wasche den Rückstand mit heissem Alkohol gut aus. Man füllt das Filtrat bis zu einem passenden Volumen auf. Wird eine Probe desselben durch Zusatz von Phenolphthaleïn roth gefärbt, so enthält die Seife freies Alkali. Man bestimmt die Menge des letzteren, indem man einen aliquoten Theil des Filtrats erwärmt, mit Phenolphthaleïn versetzt und mit Normal-Salzsäure oder Normal-Schwefelsäure auf farblos titrirt.

[1]) Wird diese Bestimmung bei Kokosseifen ausgeführt, so beobachtet man, dass sich aus dem Filtrate beim Erkalten feine Krystalle von Fettsäuren ausscheiden. Auch erhält man beim Trocknen der Fettsäuren kein konstantes Gewicht und nimmt alsdann das nach 6—8stündigem Trocknen erhaltene Gewicht als das richtige an.

Wir geben im Nachstehenden einige Analysen aus der Praxis, welche zeigen, welche Resultate erhalten werden.

	I. Weisse Talgkern-Seife	II. Gelbe Marseiller-Seife	III. Grüne Marseiller-Seife	IV. Olein-Schmier-Seife
Wasser	23,33 %	27,40 %	22,26 %	43,1 %
Trockenrückstand	76,67 „	72,60 „	77,74 „	56,9 „
Fettsäuren	65,35 „	66,10 „	69,40 „	41,55 „
Asche	14,77 „	13,20 „	13,93 „	17,94 „
Durch Titriren gefunden	14,43 % Na_2CO_3	12,90 % Na_2CO_3	13,27 % Na_2CO_3	15,5 % K_2CO_3.

Vereinbarungen des Verbandes der Seifenfabrikanten bei behördlichen Ausschreibungen von Seife in Bayern, Sachsen und Baden.

Es sollen enthalten:

Harte Seifen:

a) Kernseife mindestens 60 %
b) Halbkernseife mindestens 46 %
c) Kokosseife mindestens 60 %
} Fettsäuren.

Weiche Seifen:

a) Naturkernseife
b) Glatte Seife grün, gelb, braun
c) Hellgelbe, sog. Silberseife
} mindestens 40 % Fettsäuren.

Harzseifen.

Nach Vereinbarung mit der Badischen Regierung dürfen diese nicht mehr als 20 Proc. Harzzusatz erhalten.

XVI. Emplastrum saponatum. Die Vorschriften zur Bereitung des Seifenpflasters weichen bei den einzelnen Pharmakopöen stark ab. Einige schreiben Zusatz von Kampher vor, andere nicht. Nach Austr., Germ. und Helv. wird der geschmolzenen und halb erkalteten (!) Pflaster-Wachsmischung die trockene (!) Seife in Pulverform beigemischt. Ist hierbei die Temperatur der Mischung zu heiss, so entstehen Knötchen von Seife in dem Pflaster. Man formt das Pflaster am einfachsten durch Ausgiessen in stark (!) geölte Papierkapseln, von denen es sofort (!) nach dem Erkalten mit Leichtigkeit abzulösen ist. Will man es ausrollen, so geschehe dies auf einem nur feuchten Rollbrett: bei Anwendung von viel Wasser wird das Pflaster „glitschrig“.

Austr. Emplastrum saponatum. Rp. Emplastri Plumbi simplicis 600,0, Cerae albae 100,0, Saponis Veneti pulv. 50,0, Camphorae 10,0, Olei Olivae 40,0.

Brit. Emplastrum Saponis. Rp. Saponis Veneti 150,0, Emplastri Plumbi simplicis 900,0, Colophonii 25,0. Man schmilzt jeden der Bestandtheile bei gelinder Wärme, mischt und dampft im Wasserbade bis zur geeigneten Konsistenz ab.

Gall. Emplatre de savon. Rp. Emplastri Plumbi simplicis 2000,0, Cerae albae 100,0 werden im Dampfbade geschmolzen. Dann mischt man hinzu 125,0 der aus Mandelöl bereiteten Savon medicinal (Gall.), die vorher auf einem Reibeisen zerrieben ist, und vertheilt sie durch Umrühren.

Germ. Emplastrum saponatum. Rp. Emplastri Plumbi simplicis 70,0, Cerae flavae 10,0 werden bei mässiger Wärme geschmolzen. Darauf werden zu der halb erkalteten Masse unter Umrühren Saponis medicati pulverati (mittelfein) und Camphorae 1,0, das vorher mit Olei Olivae 1,0 angerieben wurde, zugefügt.

Helv. Emplastrum saponatum. Rp. Emplastri Plumbi simplicis 75,0, Cerae albae 10,0, Terebinthinae 1,0 werden im Wasserbade geschmolzen. Der genügend erkalteten Masse setzt man zu Camphorae 2,0, in Olei Olivae 2,0 gelöst, sowie Saponis medicati 10,0. Das Pflaster ist in stark geölte Papierkapseln auszugiessen.

U-St. Emplastrum Saponis. Man rührt Saponis veneti pulv. 100,0 mit soviel Wasser an, dass sie halb flüssig wird, mischt den Brei mit Emplastri Plumbi simplicis 900,0 und dampft bis zu geeigneter Konsistenz ein.

XVII. Spiritus Saponis. Seifenspiritus. Dieser wurde früher allgemein aus Marseiller Seife (also aus Natronölseife) bereitet. Da dieser Seifenspiritus aber stets von neuem Bodensätze bildete, gingen einige Pharmakopoeen zu einer Kali-Oelseife über, die ausserdem *ex tempore* bereitet wird.

Austr. Spiritus saponatus. Seifengeist. Rp. Saponis veneti 125,0, Spiritus (90 proc.) 750,0, Olei Lavandulae 2,0, Aquae destillatae 250,0. Man digerirt bis zur vollständigen Lösung der Seife, lässt absetzen und filtrirt.

Gall. Teinture de savon. Alcoolé de savon. Saponis medicinalis (Gall.) siccati 100,0, Spiritus (60 proc.) 500,0. Man digerirt bis zur vollständigen Auflösung der Seife, lässt absetzen und filtrirt.

Germ. Spiritus saponatus. Man stellt 6 Th. Olivenöl, 7 Th. Kalilauge (vom spec. Gew. 1,138—1,140) und 7,5 Th. Spiritus in einer verschlossenen Flasche unter häufigem Schütteln bei Seite, bis die Verseifung beendet ist, also bis eine Probe sich mit Wasser klar mischen lässt. Dann fügt man 22,5 Th. Weingeist und 17 Th. Wasser zu und filtrirt. Spec. Gew. = 0,925—0,935.

Helv. Spiritus Saponis. Man verseift 100 Th. Olivenöl mit 52 Th. Kalilauge (Spec. Gew. = 1,33 = 33 Proc. KOH enthaltend) und 100 Th. Weingeist wie bei Germ. und fügt 400 Th. Weingeist und 348 Th. Rosenwasser hinzu. Spec. Gew. = 0,925—0,935.

XVIII. Opodeldok. Man versteht hierunter eine Lösung von Seife in Alkohol, welche mit Ammoniak, Kampher und ätherischen Oelen versetzt ist, und welche nach dem Erkalten zu einer Gallerte erstarrt. Diese Gallerte soll bei gewöhnlicher Temperatur nicht, sondern erst durch die Körperwärme verflüssigt werden. Sie soll durchscheinend und frei von Krystallisationen sein, welche beim Einreiben die Haut ritzen könnten. Die Vorschriften zum Opodeldok sind Legion. Früher wurde gewöhnliche Hausseife zur Bereitung des Opodeldoks verwendet, später Butterseife und in den letzten Jahren entweder medicinische Seife oder eigens zu diesem Zwecke bereitete Opodeldokseifen (*Sapo stearinicus* bez. Sapo *stearinicus* dialysatus).

Die Auflösung der Seife im Weingeist erfolgt unter Erwärmen. Wenn Vorrichtungen nicht vorhanden sind, mit deren Hilfe das Auflösen am Rückflusskühler geschehen kann, so beachte man die Feuergefährlichkeit (!) dieser Operation. Man thut dann gut, die Seife mit dem vorgeschriebenen Spiritus erst 24—48 Stunden bei gewöhnlicher Temperatur quellen zu lassen, so dass es dann nur einer kurzen, leichter zu überwachenden Erwärmung auf dem Wasserbade bedarf, um die Seife völlig in Lösung zu bringen. — Das Filtriren grösserer Mengen erfolgt im Warmtrichter. Ohne Feuersgefahr ist der

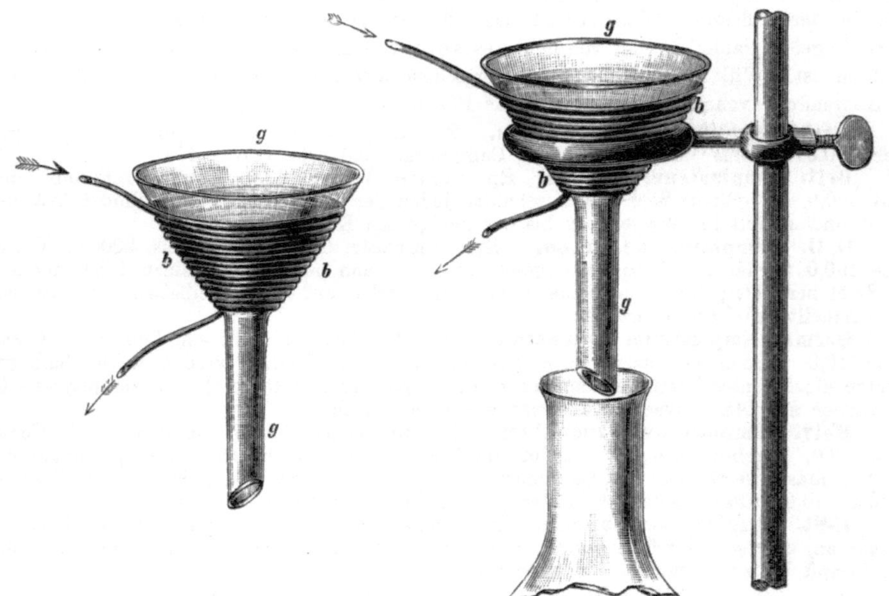

Fig. 119. Dampftrichter nach BERGAMI & STANGE. *b* ist der aus einem Bleirohr hergestellte Trichtermantel, durch den in der Richtung der Pfeile Wasserdampf geleitet wird, *g* der einzusetzende Glastrichter.

aus Bleirohr hergestellte Wasserdampftrichter Fig. 119. Dieser Trichter besteht aus einem zu einem Trichtermantel zusammengelötheten längeren Bleirohr. Das obere Ende setzt man mit einem in einiger Entfernung stehenden Dampfentwickler (eine umgekehrte Spritzflasche genügt) in Verbindung und leitet die heissen Dämpfe durch den Trichter in der Richtung der Pfeile.

Austr. Linimentum saponatum camphoratum. Opodeldok. Saponis Veneti concisi 40,0, Saponis domestici concisi 80,0, Spiritus diluti (70 Vol.-Proc.) 500,0, Olei Lavendulae, Olei Rosmarini ää 5,0, Liquoris Ammonii caustici (10 Proc.) 20,0, Camphorae 10,0, welcher in 96proc. Weingeist gelöst ist.

Gall. Baume Opodeldoch. Saponis animalis (Gall.) rasi et siccati 120,0, Camphorae pulv. 96,0, Liquoris Ammonii caustici (mit 20 Proc. NH_3) 40,0, Olei Rosmarini 24,0, Olei Thymi 8,0, Spiritus von 90 Proc. = 1000 g.

Germ. Linimentum saponato-camphoratum. Opodeldok. Saponis medicati 40,0, Camphorae 10,0, Spiritus (90 Proc.) 420,0, Olei Thymi 2,0, Olei Rosmarini 3,0, Liquoris Ammonii caustici (10 Proc.) 25,0.

Helv. Opodeldok. Adipis suilli (vel Adipis Butyri), Liquoris Natri caustici (spec. Gew. 1,33 mit ca. 30 Proc. NaOH), Spiritus ää 25,0 werden auf dem Wasserbade in einem Kolben verseift. Die Seife löst man in 810, Spiritus von 95 Vol.-Proc. und mischt dazu: Camphorae 25,0, Olei Rosmarini 10,0, Olei Thymi 5,0, Liquoris Ammonii caustici 50,0.

Kerndl's Kataplasmen zur Zertheilung torpider Bubonen. Kaliseife, geröstete Zwiebeln ää 90,0, Senfpulver 15,0 werden mit Wasser q. s. kurze Zeit erhitzt.

Kinderseife. Eine neutrale Oel-Natronseife mit 2 Proc. Reismehl und 2 Proc. weissem Vaselin. — Parfum ad libitum.

Marineseife. Ist Seife, welche sich zum Waschen mit Seewasser eignet. Solche Seifen sind gewöhnlich stark alkalisch, enthalten Wasserglas und bestehen wohl auch nur aus Harzseife, da Fettseifen durch Kochsalzlösung ausgesalzen werden.

Marmorstaubseife nach Schleich. 1 Vol. gepulverte Hausseife, 3 Vol. Marmorstaub werden mit 4 Proc. Lysol und q. s. Schleich'scher Wachspaste zur Masse angestossen.

Melassen-Seife ist mit Zuckermelasse versetzte weisse oder gelbe Schmierseife.

Metall-Putzseife. Zu bereiten durch Mischung von 39 Th. Kieselguhr, 30 Th. Kaliseife, 1 Th. Bolus. Die Pulver müssen feinst geschlämmt sein.

Nürnberger Seifenstein. 1000 Th. frischer Talgseife werden in 400 Th. heissem Wasser zertheilt, nach dem Erkalten mit 350 Th. oder der genügenden Menge calcinirter Soda gemischt, worauf man die Masse in würfelförmige Stücke formt.

Pfund's Milchseife. Eine unter Zusatz von Milch bereitete Natronseife, welche besonders zum Waschen empfindlicher Haut z. B. für Damen und Kinder empfohlen wird.

Rasirpulver. Soll besonders gute Dienste leisten. Mischung aus 1 Th. Stärkepulver mit 3 Th. Seifenpulver. Event. schwach rosa zu färben.

Salbon. Unguentum saponaceum J. D. Stiefel. Ist überfette, weisse, weiche Seife.

Sandmandelkleie von Prehn. Besteht aus Infusorienerde 60,0, Mehl 7,5, Seifenpulver 7,5, Glycerin 7,5.

Seife, benzinlösliche. Ist saures Alkali-Oleat mit etwa 12 Proc. Wassergehalt. Vergl. Benzinbrände, Bd. I, S. 475.

Seifen-Crême. Bereitet man in der Weise, dass man 50 Th. Wasser, 20 Th. Glycerin und 10 Th. gereinigte Potasche zum Sieden erhitzt und unter Umrühren nach und nach mit 20 Th. geschmolzener Stearinsäure versetzt. Der halb erkalteten Masse setzt man ein beliebiges Parfüm (z. B. Tuberose) zu und rührt bis zum Erkalten.

Seifenstifte, plastische, arzneiliche von Garesnier. 1 g Arzneistoff (z. B. Kupfersulfat oder Kaliumjodid) wird im erwärmten Porcellanmörser mit 30 Tropfen Glycerin und 10 Tropfen Ricinusöl gut verrieben, dann mit geschabter Seife gut durchgearbeitet, hierauf die Masse im Wasserbade bis zur halbflüssigen Konsistenz erhitzt und in Glasröhren aufgesogen.

Shampoo-Liquid. Saponis kalini 1,0, Liquoris Kalii carbonici, Spiritus ää 2,0, Aquae 20,0, Parfum ad libitum.

Prof. Dr. Stoll's Blutlausmittel. Man löst 150 g Hausseife unter Erwärmen in 1 Liter heissem Wasser, und giesst 2 Liter angewärmtes Petroleum in dünnem Strahle und unter Umrühren mit einem Reiserbesen ein.

Superior, Metall-Putzseife. Man schmilzt 480 Th. Seife durch Erwärmen mit q. s. Wasser und rührt ein Gemisch von 60 Th. Kreide, 30 Th. Bleiweiss, 30 Th. Weinstein und 30 Th. Magnesiumkarbonat ein.

Typenpulver. Zum Waschen gebrauchter Lettern und Klichés. Ist ein Gemisch von Soda und Seifenpulver mit 10—15 Proc. Aetznatron.

Unna's überfettete Grundseife. Wird bereitet aus 16 Th. Rindstalg, 2 Th. Olivenöl, 6 Th. Natronlauge von 38° B. und 3 Th. Kalilauge von 38° B. In dieser Seife bleiben etwa 4 Proc. Fett unverseift. Sie dient als Grundlage zur Bereitung zahlreicher medikamentöser Seifen.

Wasserglaskomposition. Wird bereitet durch Zusatz von 3 Proc. Glycerin und 12 Proc. Kokosöl zu koncentrirter, etwas erwärmter Natronwasserglaslösung. Das Kokosöl wird allmählich verseift.

Wasserglasseifen. Sind Seifen, welche aus Kokosöl oder aus Gemischen von Kokosöl und Palmöl bereitet und mit 25—40 Proc. konc. kieselsäurereicher Wasserglaslösung vom spec. Gew. 1,31—1,32 versetzt sind. Solche Seifen enthalten 9—10 Proc. Kieselsäure, 30—40 Proc. Wasser und 44—48 Proc. Fettsäuren. Es wird angenommen, dass diese Seifen besser reinigend wirken (Waschen von Maschinen-Putzlappen!) als gewöhnliche Seife. Der Beweis hierfür steht noch aus.

Zahnpasta von Prof. Miller. I. Magnesii carbonici, Rhizomatis Iridis pulv., Talci Veneti, Saponis medicati ää 5,0 g, Olei Menthae piperitae gtt. X, Mucilaginis Gummi Arabici q. s. **II.** Calcii carbonici 100,0, Rhizomatis Iridis Florentinae 5,0, Ossis Sepiae pulv. 4,0, Sacchari albi, Myrrhae pulveratae ää 2,0, Mellis, Glycerini q. s. ad pastam.

Zahnpaste in Tuben. Calcii carbonici 300,0, Saponis medicati 60,0, Carmini q. s. (4,0), Olei Menthae piperitae, Olei Geranii ää 3,0, Glycerini q. s. ad pastam mollem. Die Rothfärbung kann auch durch Phloxin geschehen. Vergl. Bd. I, S. 554.

Zahnseife nach Frohmann. Thymoli 0,25 g, Extracti Ratanhiae 1,0, Glycerini fervidi 6,0, Magnesiae ustae 0,5, Boracis 4,0, Saponis medicati 29,0, Olei Menthae piperitae 1,0.

Baerle's Waschgallerte. Zum Reinigen alter Putztücher. Besteht aus Seife und Schwefelnatrium-Wasserglas.

Balcam der Gebr. Heitmann. Kleiderreinigungs- und Färbemittel. Wird bereitet aus 1 Th. Quillajarinde, 4 Th. Seife, 4 Th. Haemateïn und 4—8 Th. Seife. — Kommt in viereckigen Stücken von Seifenkonsistenz und verschiedener Farbe in den Handel.

Bergmann's Zahnpasta. Ist ein Gemisch von Oelseife, Zucker und Pfefferminzöl, mit einem rothen Farbstoff gefärbt (Gscheidlen).

Carbolseife für Klosets, Pissoirs etc. Ist Kokosseife, welche auf 100 kg = 30 kg mit Roh-Kresol getränktes grobes Bimssteinpulver enthält.

Cataplasma Kern's besteht aus: Farinae seminis Lini 1,0 und Saponis kalini 5,0.

Eau Athénienne von Bourgeois in Paris, pour nettoyer la tête et enlever les pellicules. Eine in Weingeist gelöste Kaliseife, versetzt mit etwas Potaschenlösung und aromatischem Oel. (Goppelsroeder, Analyt.)

Electra, ein Waschpulver. Wird hergestellt aus: 3 Th. Oleïn, 53 Th. calcinirter Soda, 12 Th. kaustischer Soda und 32 Th. Wasser.

Eschweger Seife. Eine sehr stark alkalische, gefüllte Seife zum Scheuern von Holz und Dielen.

Feraxolin. Putzmittel von Grolich in Brünn. Eine wachsähnliche Mischung von 10 Th. Natronseife, 2 Th. medicinischer Seife und etwas Kaliumbioxalat (Aufrecht).

Frese's Dresdener Waschseife. Ist ein Gemisch von wenig Seifenpulver mit viel Soda.

Gerlach's Präservativ-Crême. Kaliseife 50,0, Wasser 28,0, Vaseline 16,0, Zinkoxyd 6,0.

Gesundheitsseife von J. Oschinski in Breslau. Eine hellbraungrüne, gallertartige Masse, aus 7 Th. Seife, 5 Th. Harz, 88 Th. Brennspiritus, etwas Kampher, Lavendelöl und Rosmarinöl bestehend. (120 g 1 Mark.) (Hager, Analyt.)

Glycerinseife, flüssige. Man verseift 500 Th. Olein mit 100 Th. Spiritus und 280 Th. Kalilauge von 33 Proc., giebt 50 Th. Kaliumkarbonat in 100 Th. Wasser gelöst hinzu, erwärmt bis zur klaren Lösung und mischt 1570 Th. Glycerin hinzu.

Granulin, ein Waschmittel. Besteht aus 88 Proc. Natronseife und 12 Proc. trockener Soda.

Herpinolseife des Apothekers O. Senff in Berlin soll eine Resorcin und Naphthol enthaltende Seife sein.

Kräuterseife von Borchardt in Berlin. Eine mit etwas Kurkuma, einer Spur Indigokarmin und einigen ätherischen Oelen (Lavendelöl, Bergamottöl, Zimmtöl, Pfefferminzöl) versetzte Oelseife. (75 g 0,6 Mk.) (Wittstein, Analyt.)

Krug's Waschpulver, ebenso **Königl. Bayerisches privil. Waschmehl** sind Gemische von Seifenpulver mit kalcinirter Soda.

Odontine-Pasta, Wiener. 2500 Th. Schweinefett werden mit 1250 Th. Potaschenlauge im Wasserbade verseift und dem Seifenleime zugemischt: 1500 Th. Bimsstein, 500 Th. gebrannter Alaun, 1000 Th. präparirtes Hirschhorn, 500 Th. Zucker, 250 Th. Weinstein, 30 Th. Karmin, welcher mit 60 Th. Weingeist abgerieben ist, 120 Th. Pfefferminzöl. (Hager, Analyt.)

Odontosmegma von J. Hafner, Zahnarzt in Agram, zur Reinigung und Erhaltung der Zähne. Zwei aus Zinn gedrehte Schachteln mit elegantem Etiquett enthalten je 37 g eines rosarothen Zahnpulvers, bestehend aus präparirten Austerschalen, Magnesia und Seife, stark mit Pfefferminzöl parfümirt. (4 Mk.) (Hager, Analyt.)

Oleagine, eine gewöhnliche Seife aus Schweinefett und Natron mit Stärkemehl und wohlriechenden Oelen, als Hautverschönerungsmittel empfohlen. (Leuch, Analyt.)

Pasta di Roma des Apothekers GRUBER besteht aus circa 50 Proc. eines Gemisches aus Schweinefett und Kakaoöl, 6 Proc. Seifenpulver, 12 Proc. eines gewöhnlichen Glycerins, 3 Proc. weissem, geschlämmtem Bolus, circa 5 Proc. einer Schleimsubstanz (Gummi arabicum), circa $1^1/_2$ Proc. Storax oder Benzoë, $2^1/_2$ Proc. Wasser, mit diversen ätherischen Oelen wohlriechend gemacht. (25 g = 2,4 Mark.) (HAGER, Analyt.)

Puritas, specifische Mundseife, von Dr. CARL MARIA FABER. 30 Th. Seifenpulver, 50 Th. Schlämmkreide, 15 Th. Florentiner Lack oder Karmoisinlak, 5 Th. Alaun, parfümirt mit wohlriechenden Oelen. (20 g 2 Mark.) (HAGER, Analyt.)

Sapolyt von MAYNZ & WOLFF in Offenbach a/M. Ein Füllmittel für Seifen. Besteht aus Wasserglas mit wenig Seife und grossen Mengen Kaliumchlorid.

Saponal von ENGELHARDT in Leipzig, besteht aus 24 Proc. trockener Seife, 60 Proc. Krystallsoda, 2 Proc. Salzen und 14 Proc. Wasser.

Salzseife von ACKERMANN, gegen allerlei Hautübel, ist eine aromatisirte und mit Kochsalz versetzte Seife.

Sozodont von BUSKIERK. Eine Lösung von 7,5 Th. Sapo Venetus in 100 Th. Spiritus dilutus, mit Sandelholz roth gefärbt und mit Wintergrünöl parfümirt. Dazu ein Zahnpulver: Calcii carbonici 25,0, Rhizomatis Iridis pulverati 12,0, Magnesii carbonici 5,0, Olei Caryophyllorum q. s.

Steinpillen der Madame STEPHENS sollen aus gepulverten Eierschalen und schwarzer Seife bestehen.

Terpentin-Salmiak-Schwenkseife. Besteht aus Natronseife 76 Proc., Wasser 10,0, Kartoffelstärke 7, Natriumkarbonat (Na_2CO_2) 5,0, Ammoniak, Terpentinöl je 1,0. Soll das Reiben der Wäsche unnöthig machen. (B. FISCHER.)

THOMSON's Seifenpulver. Ist ein Gemisch von Seifenpulver mit theilweise entwässerter Soda.

Ubrigin. In drei Nummern verkäuflich. Eine Seife mit 5, bez. 10, bez. 25 Proc. grobgepulverter Rinde (Cortex Ulmi interior?) versetzt. (AUFRECHT.)

Venetianischer Balsam von J. F. REGENSPURGER in Berlin. Gegen Rheumatismus, Gicht, Hautkrankheiten, Fussschmerzen, Frostbeulen. Eine Auflösung von 15 g ordinärer Oelseife in 60 g Branntwein, welche mit einigen Tropfen wohlriechenden Oels parfümirt ist. (7,5 g 0,5 Mark.) (HAGER, Analyt.)

CAROL WEIL's Seifenextrakt. Ist eine Mischung von Seife und Soda mit rund 40 Proc. Fettsäuren.

Wasserglasseife der Firma van BAERLE & SPONNAGEL in Berlin ist ein Gemisch aus weisser Schmierseife und Natronwasserglas, durch Schlagen und Rühren mit Luft durchsetzt.

Zahnpasta von BERGMANN in Waldheim in Sachsen. 50 Th. einer feinen Oelseife und 25 Th. weisser Zucker werden in Weingeist von 40 Proc. bei gelinder Wärme gelöst, etwas Pfefferminzöl nebst wenig Anilinroth hinzugesetzt und in eine Form ausgegossen. (30 g 0,4 Mark.) (WITTSTEIN Analyt.)

Zahnseife von BERGMANN sind 0,9 cm dicke, 3,6 cm breite durchscheinende, rothbräunliche Tafeln, welche aus einer Glycerinseife, stark parfümirt mit Pfefferminzöl und versetzt mit aromatischen Auszügen, bestehen. Die Gebrauchsanweisung, in welche die Zahnseife eingewickelt ist, giebt recht lehrreiche, mit Holzschnitten illustrirte Erklärungen über den Bau der Zähne, Zahnwürmer, Zahnpilze (sie ist entnommen der Klenke'schen Schrift „Ueber die Verderbniss der Zähne"). (HAGER, Analyt.)

Amandine von FAGUER.

Rp.		
1.	Gummi arabici	10,0
2.	Mellis depurati	30,0
3.	Saponis kalini albi	15,0
4.	Olei Amygdalarum	150,0
5.	Vitellum ovi unius	
6.	Emulsionis Amygdalarum	25,0
7.	Benzaldehydi	gtt. 5—10.

Man mischt 1—3 und fügt unter Umrühren die aus 4—7 bereitete Emulsion hinzu. Ein in Frankreich beliebter kosmetischer Seifencrême.

Anadoli oriental.

Mundpulver. Kosmetisches Waschpulver.

Rp.	
Saponis medicati pulv.	50,0
Amyli Tritici	
Rhizomatis Iridis Florent.	āā 20,0
Boracis pulv.	5,0
Acidi salicylici	2,5
Olei Geranii	gtt. X
Olei Menthae pip.	gtt. X.

Einen Theelöffel voll in einem halben Glase lauwarmen Wassers vertheilt zum Gurgeln und zum Ausspülen des Mundes.

Baume Opodeldok liquide (Gall.).

Rp.	
Saponis medicati (Gall.) concisi et siccati	100,0
Camphorae pulv.	90,0
Olei Rosmarini	20,0
Olei Thymi	10,0
Liquoris Ammonii caustici (von 20 Proc. NH_3)	30,0
Spiritus (80 Vol.-Proc.)	1000,0.

Clysma saponatum.

Seifen-Klystier.

Rp.		
1.	Saponis domestici	10,0
2.	Aquae destillatae	50,0
3.	Aquae destillatae	140,0.

Man löst 1 in 2 unter Erwärmen und fügt 3 hinzu. Lauwarm zu einem Klystier zu verbrauchen.

Eau d'Atirona.

Rp.	Spiritus saponati	40,0
	Spiritus Resedae	
	Spiritus Violarum	
	Aquae Aurantii floris	āā 20,0
	Spiritus Coloniensis	100,0
	Boracis pulverati	2,0.

Man digerirt 1 Tag unter gelegentlichem Umschütteln und filtrirt.

Als Zusatz zum Waschwasser bei Unreinigkeiten der Haut.

Emplastrum salicylicum saponatum.

Rp.	Emplastri Plumbi simplicis	
	Emplastri saponati	āā 40,0
	Vaselini	15,0
	Acidi salicylici	15,0.

Emplastrum saponatum camphoratum.
Emplastrum Hjaerneri (camphoratum).
Emplastrum saponatum Barbette.

Ist das Emplastrum saponatum der Germ.

Emplatre de savon camphré (Gall.).

Rp.	Camphorae	1,0
	Emplastri saponati (Gall.)	99,0.

Emplastrum saponatum rubrum.

Auf 100 Th. Seifenpflaster (Germ.) werden 5 Th. Mennige, mit Oel angerieben, zugesetzt.

Emplastrum volatile KIRKLAND.

Rp.	Emplastri Plumbi simplicis	25,0
	Resinae Pini	
	Cerae flavae	āā 5,0
	Saponis oleacei pulv.	11,5
	Ammonii hydrochlorici subtilissime pulverati	3,5.

Zertheilendes Pflaster auf Anschwellungen und Verhärtungen.

Linimentum saponato-ammoniatum.
Flüssiges Seifenliniment.

		Ergänzb.	Hamb. V.
Rp.	Saponis veneti	1,0	—
	Saponis domestici	—	1,0
	Aquae	30,0	30,0
	Spiritus (90 Proc.)	10,0	10,0
	Liquoris Ammonii caustici (10 Proc.)	15,0	15,0.

Liniment savonneux (Gall.).

Rp.	Tincturae Saponis (Gall.)	50,0
	Olei Amygdalarum	5,0
	Spiritus (80 Vol.-Proc.)	45,0.

Durch Schütteln zu vereinigen. Ersetzt man den Spiritus durch Kampherspiritus, so erhält man das Liniment savonneux camphré (Gall.).

Linimentum Saponis (Brit.).

Rp.	Saponis kalini (Brit.) ex Oleo Olivae parati	40,0 g
	Camphorae	20,0 „
	Olei Rosmarini	7,5 ccm
	Spiritus (90 Proc.)	320,0 „
	Aquae destillatae	80,0 „

Linimentum Saponis (U-St.).

Rp.	Saponis Veneti pulv.	70,0 g
	Camphorae	45,0 „
	Olei Rosmarini	10,0 ccm
	Spiritus	750,0 „
	Aquae	q. s. ad 1,0 l.

Linimentum Saponis mollis (U-St.).
Liniment of soft soap.

Rp.	Saponis kalini	650,0 g
	Olei Lavandulae	20,0 ccm
	Spiritus	300,0 „
	Aquae	q. s. ad 1,0 l.

Opodeldoc liquidum (Helv.).
Spiritus saponato-camphoratus (Germ.).
Flüssiger Opodeldok.

		Germ.	Helv.
Rp.	Spiritus camphorati	60,0	240,0
	Spiritus saponati	175,0	680,0
	Liquor. Ammonii caustici	12,0	65,0
	Olei Rosmarini	2,0	10,0
	Olei Thymi	1,0	5,0.

Pasta amygdalina saponacea.
Crême d'amandes.
Mandelseifencrême.

Rp.	Saponis kalini albi	170,0
	Saponis medicati pulv.	30,0
	Boracis pulverati	5,0
	Natrii carbonici sicci	2,5
	Talci Veneti pulverati	50,0
	Aquae Rosae	30,0
	Glycerini	20,0
	Benzaldehydi	2,0
	Spiritus Coloniensis	10,0
	Aquae Aurantii floris	q. s.

ut fiant pasta mollis.

Pilulae saponatae.

Rp.	Saponis medicati	18,0
	Rhizomatis Iridis Florent.	2,0
	Spiritus saponati	q. s.

Fiant pilulae No. 100, amylo conspergendae.
Zur Unterstützung der Gallenabsonderung

Pulvis cosmeticus lavatorius.
Poudre de fèves. Poudre de savon.

Rp.	Saponis oleacei pulv.	50,0
	Natrii carbonici sicci	5,0
	Rhizomatis Iridis Florentinae	
	Amyli Tritici	
	Talci Veneti	āā 15,0
	Tuberose-Parfum	q. s.

Pulvis manuarius WELPER.
WELPER's kosmetisches Waschpulver.

Rp.	Farinae Tritici	25,0
	Rhizomatis Iridis Florent.	20,0
	Natrii carbonici sicci	5,0
	Saponis domestici pulv.	50,0
	Mixtura oleoso-balsamicae	2,5
	Spiritus camphorati	gtt. 5.

Sapo aromaticus ad balneum.
Aromatische Badeseife.

Rp.	Saponis oleacei	120,0
	Amyli	50,0
	Rhizomatis Iridis Florentianae	20,0
	Natrii carbonici sicci	10,0
	Olei Bergamottae	2,0
	Olei Caryophyllorum	
	Olei Citri	
	Olei Lavandulae	
	Balsami Peruviani	āā 1,0.

Detur ad ollam. Zu einem Vollbade.

Sapo cutifricius UNNA.
UNNA's Schleifseife.

Rp.	Saponis unguinosi	40,0
	Cremoris Gelanthi	10,0
	Pulveris Lapidis Pumicis	50,0.

Sapo glycerinatus liquidus (Hamb. V.).
Flüssige Glycerinseife.

Rp.	Saponis kalini	650,0
	Glycerini	270,0
	Spiritus (90 Proc.)	100,0
	Olei Amygdalarum aetherei (blausäurefrei)	2,0.

Sapo Hydrargyri bichlorati (Nederlandica).

Rp. 1. Saponis unguinosi 99,0
2. Hydrargyri bichlorati 1,0
3. Spiritus 4,0.

Man löst 2 in 3, mischt die Lösung zu 1 und dampft bis zum Gewicht von 100 ein.

Sapo Natrii peroxydati UNNA.

Zur Grundlage dient eine Mischung aus 3 Th. Paraffinum liquidum, mit 7 Th. Sapo medicatus, welcher 2—20 Proc. Natriumperoxyd zugesetzt werden. Gegen Acne, Sommersprossen, Mitesser.

Sapo pulvinaris neutralis.
Neutrale Pulverseife EICHHOFF.

Rp. Saponis stearinici pulv. (Ergänzb.) 75,0
Saponis medicati pulv. 25,0.

Sapo pulvinaris alkalinus.
Alkalische Pulverseife EICHHOFF.

Rp. Saponis pulvinaris neutralis 95,0
Natrii carbonici sicci 5,0

Sapo pulvinaris oleosus.
Ueberfettete Pulverseife EICHHOFF.

Rp. Saponis pulvinaris neutralis 95,0
Olei Cacao raspati 5,0.

Sapo terebinthinatus (Hamb. V.).

Rp. Saponis oleacei pulv.
Olei Terebinthinae āā 6,0
Kalii carbonici 1,0.

Durch Mischung zu bereiten.

Sapo unguinosus (Ergänzb.).
MOLLIN (Hamb. V.).

Rp. 1. Liquoris Kali caustici (15 Proc.) 50,0
2. Adipis suilli 40,0
3. Spiritus 4,0
4. Glycerini 15,0.

Man dampft 1 auf 40 Th. ein, erwärmt damit unter Umrühren 2, giebt 3 zu, erwärmt noch 12 Stunden auf 50—60° C. und mischt 4 hinzu.

Spiritus Saponis kalini.
Kaliseifengeist.

I. Austr.

Rp. Saponis kalini 200,0
Spiritus Lavandulae 100,0.

Man digerirt bis zur Auflösung der Seife und filtrirt nach dem Absetzen.

II. Ergänzb.

Rp. Saponis kalini
Spiritus (90 Proc.) āā 50,0.

Man löst und filtrirt.

Spiritus Saponis kalini HEBRA.
HEBRA'scher Seifenspiritus (Hamb. V.).

Rp. Saponis kalini 24,0
Spiritus 12,0
Spiritus Lavandulae 1,0.

Die Lösung ist zu filtriren.

Spiritus saponato-aromaticus ad balneum.
Badespiritus.

Rp. Spiritus saponati 50,0
Spiritus Calami 20,0
Mixturae oleoso-balsamicae 10,0.

Einem Vollbade zuzusetzen.

Spiritus saponatus NAUMANN.
Spiritus Rosmarini saponatus.
Balsamum Saponis. Seifenbalsam.

Rp. Spiritus camphorati
Spiritus Lavandulae
Spiritus Rosmarini
Spiritus Serpylli āā 20,0
Spiritus saponati 40,0.

Unguentum abortivum REVILLOT.

Rp. Unguenti Hydrargyri cinerei 20,0
Saponis medicati pulverati
Glycerini āā 10,0.

Vet. **Sapo petroleatus** THELLOT.

Rp. Paraffini liquidi 10,0
Petrolei 20,0
Cerae Japonicae
Sebi ovilis
Olei Olivae
communis āā 30,0
Liquoris Natri caustici
(sp. Gew. = 1,33) 65,0.

Man verseift in einem Kolben durch Erwärmen im Wasserbade unter Umschütteln. Als Seife zum Waschen bei Räude der Hausthiere.

Vet. **Spiritus saponatus kalinus.**

Rp. Saponis oleacei 100,0
Kalii carbonici crudi 10,0
Spiritus diluti 400,0
Olei Terebinthinae 20,0.

Zu filtriren. Einreibung bei Stollbeulen, Sehnenklapp, verhärteten Drüsen.

Medicinische Seifen. Man versteht hierunter Seifen mit Zusätzen von arzneilichen Substanzen. Bezüglich ihrer Darstellung gilt das Nämliche wie von den Toilette-Seifen, d. h. sie werden zum Theil als Leimseifen bereitet, indem man einer halbflüssigen Leimseife die betreffende Arzneisubstanz zusetzt und die Mischung alsdann erkalten lässt, oder sie werden aus Kernseifen durch Piliren dargestellt. — Die an die medicinischen Seifen zu stellenden Anforderungen sind folgende: 1) Sie müssen aus neutraler Seife hergestellt sein, wenn nicht etwas Anderes sich von selbst ergiebt. 2) Sie müssen den angegebenen Gehalt des Arzneimittels haben. Da sich dies häufig nicht mit Sicherheit wird feststellen lassen, so empfiehlt es sich, die medicinischen Seifen nur aus ganz zuverlässigen Quellen zu beziehen. — Will man die Seifen selbst bereiten, so wird man stets gut thun, sich mit einem tüchtigen Seifenfabrikanten in Verbindung zu setzen und die Seifen mit diesem gemeinschaftlich herzustellen.

Sapo Acidi carbolici. Karbolseife, 4—10 proc. Wird entweder als Leimseife oder als pilirte Seife hergestellt.

Sapo Acidi tannici. Gerbsäureseife. Eine pilirte, mit 2—3 Proc. freier Fettsäure überfettete Seife mit 5 Proc. Gerbsäure.

Sapo Boracis. Boraxseife. Wird entweder als Leimseife oder als pilirte Seife und zwar mit einem Zusatz von 5—10 Proc. dargestellt.

Sapo aromaticus pro balneo. Ein pulverförmiges Gemisch von 100 Th. Sapo oleaceus, 50 Th. Amylum, 20 Th. Rhizoma Iridis Florentinae, 10 Th. Natrium carbonicum siccum, je 1 Th. Oleum Bergamottae, Oleum Citri, Oleum Lavandulae und 0,5 Th. Balsamum Peruvianum. Dosis für ein Vollbad.

Sapo arsenicalis. Arsenikseife. Siehe Bd. I, S. 391.

Sapo bromatus. Bromkaliseife. Ist eine pilirte Natronseife, mit 5—10 Proc. Kaliumbromidpulver gemischt und in Stücke gepresst.

Sapo camphoratus. Kampherseife. Natronseife mit Zusatz von 5 Proc. Kampher, in Stücke gepresst.

Sapo chloratus. Chlorkalkseife. Eine Talgnatronseife mit 5—10 Proc. Chlorkalk, in Stücke gepresst. Unzweckmässiges Präparat.

Sapo desinficiens PINCUS. Eine mit Kaliumpermanganat versetzte Seife. Ist ein vollständig unrationell bereitetes Präparat.

Sapo Ichthyoli. Ichthyolseife. Eine Leimseife oder pilirte Seife mit 5 Proc. Ammoniumsulfoichthyolat.

Sapo jodosulfurata HEBRA. Eine Mischung aus 8 Th. Sapo oleaceus, 0,5 Th. Kalium jodatum und 1 Th. Calcium sulfuratum. Die Mischung ist zweckmässig durch Druck in Formen zu bringen.

Sapo kreosotatus. Eine unter Verwendung von Kokosnussöl bereitete Leimseife mit einem Zusatz von 5 Proc. Kreosot.

Sapo kreosotatus AUSPITZ. Ist eine pilirte Seife aus 75 Th. Talgnatronseife, 5 Proc. Kreosot und 20 Proc. Bimssteinpulver.

Sapo Mellis. Honigseife. 100 Th. Kokosseife werden mit 10 Th. Honig versetzt, gelb gefärbt und mit einer Mischung von Bergamottöl und Citronellöl pafürmirt.

Sapo mercurialis. Sapo Hydrargyri. S. S. 29.

Sapo Hydrargyri bichlorati 1 procent. Sublimatseife. 1) Nach GEISSLER. Eine ca. 3 Proc. freie Fettsäure (nicht freies Fett) enthaltende Seife, wird mit 1 Proc. Quecksilbersublimat gemischt und in Formen gepresst. — **2)** Neutrale centrifugirte Seife wird durch Piliren mit 0,5—1,0 Proc. Quecksilbersublimat gemischt und in Formen aus Hartglas gepresst. — **3)** NEERLAND. 99 Th. Mollin werden im Wasserbade erwärmt, mit einer Lösung von 1 Th. Quecksilbersublimat in 4 Th. Spiritus (von 96 Proc.) vermischt und im Wasserbade unter Umrühren bis auf 100 Th. eingedampft.

Sapo Hydrargyri chlorati. Kalomelseife. Wird bereitet durch Vermischen von Kalomel mit einer weichen Olivenöl-Kaliseife, welche mit 5 Proc. Olivenöl überfettet ist. Man kann auch einfach Mollin verwenden. Der Kalomelgehalt ist vom Arzt vorzuschreiben.

Sapo Naphtholi. Eine durch Piliren bereitete, 10 Proc. β-Naphthol enthaltende, etwas überfettete Seife

Sapo Naphtholi sulfuratus. Enthält auf 100 Th. Seife = 1 Th. Naphthol und 4 Th. Kalischwefelleber.

Sapo piceus HEBRA. **HEBRA's flüssige Theerseife.** Ist identisch mit: Linimentum cadinum saponatum HEBRA. S. 165.

Sapo Picis 5—10 Proc. Theerseife. Eine gute Talgnatronseife wird durch Piliren mit 5—10 Proc. Holztheer oder Birkentheer gemischt und die Mischung darauf in Formen gepresst.

Sapo Pumicis. Bimssteinseife. a) Man mischt 9 Th. einer Talgnatronseife mit 1 Th. Bimsstein und presst die Mischung in Formen oder **b)** man arbeitet nach der auf S. 700 gegebenen Vorschrift.

Sapo salicylicus. Salicylsäureseife. Eine pilirte Seife aus 150 Th. Talgnatronseife, 5 Th. Borax, 5 Th. Salicylsäure und 30 Th. Talcum Venetum.

Sapo sulfuratus. Schwefelseife. Diese Seife wird nach sehr verschiedenen Vorschriften bereitet: **1)** Eine pilirte Seife mit 5—10 Proc. präcipitirtem Schwefel. **2)** Eine pilirte Seife mit 10 Proc. Calcium sulfuratum. **3)** Eine Kokosnussseife (Leimseife), welcher 10 Proc. Kalischwefelleber, in wenig Wasser gelöst, zugesetzt ist. Diese Seife zu 3) ist nur beschränkt haltbar.

Sapo Thymoli. Thymolseife. Eine pilirte Seife mit 2—3 Proc. Thymol.

Toilette-Seifen. Als Reinigungsmittel für die Haut benutzt man fast ausschliesslich die festen Natronseifen, weil sie ihrer Konsistenz wegen leicht zu handhaben und im Gebrauch sparsam, ferner weil sie leichter neutral herzustellen sind als die Kaliseifen. Der letztere Vortheil fällt weg bei den sog. Kokosnussöl-Sodaseifen, welche nicht ausgesalzen werden können, daher als „Leimseifen" dargestellt werden.

Die billigen Toiletteseifen sind zur Zeit vorwiegend Natronseifen, welche entweder aus reinem Kokosfett oder aus Gemischen von Kokosfett mit anderen Fetten hergestellt sind. Sie sind sehr wasserreich, kaum jemals neutral, schäumen stark und sind im Gebrauche nicht sparsam. — Sie werden als Leimseifen bezw. auf kaltem Wege bereitet und ohne weiteres Reinigungsverfahren einschliesslich des Parfümirens fertiggestellt. Man verseift z. B. Kokosfett oder ein Gemenge von Kokosfett und anderen Fetten mit Natronlauge, bringt die Seife in halbflüssigen Zustand, fügt ihr Parfum und Farbstoff zu, lässt sie erstarren und schneidet sie alsdann in Riegel, welche erforderlichen Falles in kleinere Stücke zerschnitten und gepresst werden.

Die besseren Toiletteseifen sind gleichfalls Natronseifen. Sie werden selten aus einem einzigen Fett, sondern meist aus Mischungen mehrerer Fette bezw. Oele (wie Talg, Schweineschmalz, Fetten, Oelen z. B. Olivenöl) hergestellt. Diese Seifen werden ausgesalzen und sind daher in der Regel praktisch als neutral anzusehen. Die zweimal ausgesalzenen und centrifugirten Seifen sind thatsächlich neutral.

Zur Herstellung der besseren Toiletteseifen werden die so erhaltenen Grundseifen dem „Piliren“ genannten Verfahren unterworfen, d. h. die fertige und übertrocknete Seifenmasse wird durch besondere Maschinen (Pilirmaschinen) in feine Späne verwandelt. Diese werden gefärbt und parfümirt und durch Pressen unter starkem Druck in Formen gebracht. Die Grundmasse ist für alle diese Seifen in der Regel die nämliche, sie nimmt aber je nach dem zugesetzten Farbstoff, dem Parfum etc. verschiedene Gestalten an, so dass die bisweilen hohen Preise der Toiletteseifen eigentlich nur durch das Parfum und durch die mehr oder weniger kostspielige Aufmachung bedingt werden.

Für zarte Haut ist eine durch Zusatz von Fett oder Fettsäuren, auch durch Zusatz von Lanolin etwas überfettete Toiletteseife zu empfehlen.

Transparente Seifen. Transparente oder durchsichtige Seifen werden erhalten, indem man eine beliebige Natronseife (meist Kokosseife) in Spiritus löst, diese Lösung durch Absetzen klären lässt, die Hauptmenge des Spiritus abdestillirt und die zurückbleibende koncentrirte, alkoholische Seifenlösung in Riegeln erkalten lässt. Nach längerem Austrocknen an der Luft sind diese so hart, dass sie sich schneiden, bez. in Formen pressen lassen. Zur Erzeugung transparenter Seifen werden zahlreiche Kunstgriffe angewendet, z. B. Zusatz von Ricinusöl zu dem zu verseifenden Oele, Zusatz von Zucker zur fertigen Seife u. dgl. mehr. Die Transparentseifen sehen im allgemeinen gut aus, sind aber als Seifen nicht zu empfehlen.

Glycerinseife. Als „Glycerinseife“ wird im Handel gewöhnlich eine transparente Seife bezeichnet, welche indessen Glycerin in der Regel nicht enthält. Um eine wirkliche, z. B. 20proc. Glycerinseife darzustellen, bringt man in einem verzinnten Kupferkessel 25 Th. Glycerin und 100 Th. in dünne Späne geschnittene Kokosnussöl-Sodaseife. Man erhitzt über schwachem Feuer oder im Dampfbade bis zur Auflösung der Seife, parfümirt die Auflösung, färbt sie wenn erforderlich und giesst die flüssige Seife in Riegel. Nach dem Erkalten kann man diese in Stücke schneiden. Diese Seife ist stark hygroskopisch; beim Liegen an der Luft setzen sich an ihrer Oberfläche Tröpfchen von verdünntem Glycerin ab, aber sie ist ein sehr angenehmes Waschmittel. — Will man weniger Glycerin einverleiben, so muss man die Auflösung der Seife im Glycerin durch Zusatz von Alkohol unterstützen und vor dem Ausgiessen der Seife den Alkohol durch Abdampfen oder Abdestilliren zum grössten Theile verjagen.

Teppichseife. Ist eine aus hartem Talg (Hammeltalg) hergestellte Talgnatronseife. Sie dient zum Reinigen der Teppiche, indem man sie zu einem konsistenten Schaum verarbeitet, diesen auf die zu reinigenden Teppiche aufträgt, auf ihnen trocknen lässt und dann abklopft.

Rasirseife. Eine geeignete Rasirseife ist eine solche, deren Schaum lange genug stehen bleibt, um das Wegnehmen des Bartes zu ermöglichen. Es ist durchaus falsch, zu diesem Zwecke leicht schäumende Seifen, wie z. B. die Kokosseifen zu verwenden. Man muss vielmehr zum Rasiren solche Seifen verwenden, welche erst in koncentrirterer Lösung Schaum geben. Besonders eignen sich hierzu die reinen Talgnatronseifen. — Man bereitet also Rasirseifen, indem man reinen Rindstalg oder Hammeltalg mit Natronlauge verseift oder (die besseren Sorten), indem man aus der beim Verseifen durch Natronlauge erhaltenen Seife die Fettsäuren abscheidet, mit Wasser wäscht, filtrirt und nun diese gereinigten Fettsäuren nochmals mit Natronlauge verseift und aussalzt etc.

Die so erhaltene Talgnatronseife wird schwach parfümirt und entweder in passenden Stücken oder in Form eines feinen Pulvers als „Rasirseife“ in den Handel gebracht.

Gallseife. Man rührt 1 kg geschmolzenes Kokosfett mit 0,5 kg Natronlauge von 30° B. innig zusammen, rührt dazu ferner 500 g weissen venetianischen Terpentin (der vorher angewärmt worden ist) und lässt die Mischung 4—5 Stunden stehen. Nach dieser

Zeit wird die Seifenmasse bis zum Fliessen erwärmt, dann mischt man 1 kg Ochsengalle sowie 1—2 kg Talgnatronseifenpulver bez. soviel von dieser hinzu, bis man eine derb plastische Masse erhält, welche man in Formen bringt und austrocknet.

Saponaria.

Gattung der Caryophyllaceae — Silenoideae — Diantheae.

I. Saponaria officinalis L. Heimisch in Vorderasien und fast ganz Europa, häufig kultivirt und aus den Kulturen leicht verwildernd, durch die weit kriechenden Ausläufer ein schwer auszurottendes Unkraut. Stengel bis 50 cm hoch, schwach behaart und schwach knotig. Blätter gegenständig, länglich-elliptisch, spitz, dreinervig, am Rande rauh. Blüthen büschelig gehäuft, kurz gestielt, Kelch cylindrisch mit kurz-eiförmigen, zugespitzten Zähnen. Blumenblätter genagelt, der Nagel länger als die Platte, weiss bis röthlich, Antheren schieferblau. Liefert: **Radix Saponariae** (Ergänzb.). **Rad. Saponariae rubra. — Seifenwurzel. Waschwurzel. — Racine de saponaire officinale** (Gall.). — **Soap Wort.**

Beschreibung. 0,4—1,0 cm dick, braun, längsrunzelig, im Bruche glatt; geruchlos. Geschmack anfangs süsslich, dann kratzend. Rinde weisslich, Holz gelblich. In der Rinde zahlreiche Oxalatdrusen, Markstrahlen im Holz auf dem Querschnitt nicht zu erkennen. Im Parenchym formlose Massen (Saponin?). — Die nicht selten unter der Droge befindlichen Ausläufer sind knotig und lassen im Centrum ein Mark oder eine durch dessen Schwund entstandene Höhlung erkennen.

Bestandtheile: Saponin $C_{32}H_{52}O_{17}$, nach Buchholz bis 34 Proc., nach Christophson 4—5 Proc. Es verursacht das Schäumen von Auszügen der Wurzel.

Einsammlung. Aufbewahrung. Die Wurzel wird im Frühling oder im Herbst gesammelt, getrocknet und in Bündeln oder in geschnittener Form aufbewahrt. Sie ist durch die billigere und zugleich saponinreichere Quillajarinde nahezu verdrängt. Innerlich gebraucht man sie als Abkochung (10—15 : 200) in den gleichen Fällen wie die Sarsaparille.

Gall. lässt auch die Stengel und Blätter: **Tige et feuille de saponaire,** verwenden.

II. Radix Saponariae alba s. Levantica s. Hispanica s. Aegyptiaca. Rad. Lanariae. — Weisse, levantische, spanische oder ägyptische Seifenwurzel.

Von einer nicht sicher bestimmten **Gypsophila-Art (Caryophyllaceae—Alsinoideae — Diantheae).** Die in der Litteratur angeführte G. Struthium L. scheint nicht die Stammpflanze zu sein.

Beschreibung. Bildet bis 20 cm lange, bis 4 cm dicke Stücke oder Querscheiben, die aussen fahlgelb bis braungelb sind, an den Stellen, wo der Kork abgestossen, weissfleckig. Mit quergestellten Korkleisten. Querschnitt hornartig, weisslich mit dunklem Cambiumring.

Bestandtheile. Struthiin (wohl mit Saponin, vergl. I., identisch).

Verwendung. Zum Waschen.

Extractum Saponariae. Seifenwurzel-Extrakt. Extrait de saponaire. Wie Extractum Cardui benedicti Germ. (Bd. I, S. 864) zu bereiten. Ausbeute etwa 30 Proc. — Gall.: Wie Extractum Gentianae Gall. (Bd. I, S. 1213).

Ptisana de folio Saponariae (Gall.) **Tisane de feuille de saponaire.** 10,0 Seifenkrautblätter, 1000,0 siedendes Wasser; nach 1/2 Stunde durchseihen.

Ptisana Saponariae (Gall.). **Tisane de saponaire.** 20,0 Seifenwurzel, 1000,0 siedendes Wasser; nach 2 Stunden durchseihen.

Sirupus de Saponaria (Gall.). **Sirop de saponaire.** Aus Seifenwurzel wie Sirop de coquelicot Gall. S. 558.

Blutreinigungsthee, Schwedischer. 75 Süssholz, 175 Seifenwurzel, 300 Sassafras, 450 Guajakholz.

Eau Rolland, ein Universal-Reinigungsmittel, ist eine mit 1 Proc. Salmiakgeist vermischte Seifenwurzelabkochung 50 : 800. (Industriebl.)

Fleckwasser, François', ist ein mit 2,5 Proc. Citronensaft und 10 Proc. Weingeist versetzter Seifenwurzelaufguss.

Handwasser von E. Kreplin ist ein Seifenwurzelaufguss mit wenig Alaun, Salmiak und ätherischen Oelen.

Lychnol ist ein koncentrirtes Fluidextrakt aus der weissen Seifenwurzel (Riedel's Mentor).

Perlenessenz, eine Saponinlösung, wird Branntwein zugesetzt, damit er schön perlt.

Species depurativae dialysat. Golaz (s. S. 380 die Fussnote) enthalten die Bestandtheile von Folia und Nuces Juglandis, **Radix Saponariae, Herba Fumariae** und Herba Violae tricoloris.

Viscosin zur Schaumerzeugung auf Bier ist Seifenwurzelextrakt mit Zuckerfarbe (Riedel's Mentor).

Saponinum. Saponin. Unter der Bezeichnung „Saponine" fasst man eine Anzahl im Pflanzenreiche weit verbreiteter Substanzen zusammen, welche folgende Eigenschaften besitzen: Sie lösen sich in Wasser; diese Lösungen schäumen stark beim Schütteln. Sie schmecken kratzend, erregen im gepulverten Zustande Niesen, emulgiren Oele und ähnliche Liquida und lösen die rothen Blutkörperchen auf. Solche Saponin enthaltende Pflanzentheile sind: die Seifenwurzel, die Quillajarinde, ausserdem aber noch zahlreiche andere (Senegawurzel, Sassaparillwurzel, Kornradensamen u. s. w., u. s. w.).

Darstellung. 1) Man zieht die gepulverte Seifenwurzel oder deren trockenes wässeriges Extrakt mit heissem Alkohol aus und filtrirt die heisse Lösung. Aus dieser scheidet sich beim Erkalten das Saponin pulverförmig aus. Zur Reinigung fällt man die wässerige Lösung des so erhaltenen Saponins mit Barytwasser: der entstandene Niederschlag ist in überschüssigem Barytwasser unlöslich, in reinem Wasser löslich. Man fällt aus der wässerigen Lösung das Baryum durch Einleiten von Kohlensäure und fällt alsdann aus dem durch Eindunsten koncentrirten Filtrat das Saponin durch Zusatz von Alkohol-Aether. — 2) Man kocht Quillajarinde drei bis viermal mit Wasser aus, bringt das Extrakt zur Trockne und kocht es wiederholt mit Alkohol von 80 Proc. am Rückflusskühler aus. Das aus diesen Auszügen beim Erkalten ausgeschiedene Roh-Saponin wird so oft in siedendem Alkohol von 90 Proc. gelöst und das nach dem Erkalten ausgeschiedene Saponin der gleichen Operation unterworfen, bis es völlig weiss erscheint.

Eigenschaften. Das Saponin des Handels ist meist aus Quillajarinde gewonnen. Es ist ein schneeweisses, amorphes Pulver von süsslichem, hintennach etwas kratzendem Geschmack; verstäubt reizt es zum Niesen. In Wasser ist es leicht löslich, die wässerige Lösung schäumt noch bei einem Gehalte von 1 : 1000 stark wie Seifenlösung. Sie emulgirt ferner fette Oele. Bei der Dialyse geht die Hauptmenge des Saponins nicht durch die Membran; das Saponin ist also eine colloïdale Substanz. In kaltem Alkohol ist es schwer, in heissem Alkohol leichter löslich, in Aether unlöslich. Von konc. Schwefelsäure wird es gelöst; diese Lösung wird beim Stehen gelblich, allmählich roth. Von verdünnten Säuren wird das Saponin gespalten in Sapogenin und Zucker.

Das Saponin des Handels ist keine einheitliche Substanz, sondern ein Gemenge. Nach Kobert sind in demselben enthalten: 1) das eigentliche, reine Saponin, nicht giftig und nicht Niesen erregend, 2) ein Kohlehydrat, wahrscheinlich Lactosin, 3) Sapotoxin, 4) Quillajasäure. Die beiden letzten sind gleichfalls Glukoside und stark giftig (vergl. S. 717 und 845). Die Formeln der Saponinsubstanzen sind nicht sichergestellt.

Anwendung. Nicht therapeutisch, sondern nur technisch. Man verwendet das Saponin namentlich, um auf Limonaden und ähnlichen Getränken einen bleibenden Schaum zu erzeugen. Hierzu würde natürlich in erster Linie nur ein von Sapotoxin und Quillajasäure freies Saponin zu verwenden sein. Inwieweit die Herstellung eines solchen der Technik möglich ist, entzieht sich der Beurtheilung. Die Frage, ob solche Zusätze von Saponin zu Nahrungs- und Genussmitteln zulässig sind, ist bisher noch nicht endgiltig entschieden worden. Gesundheitliche Störungen durch den Genuss saponinhaltiger Limonaden scheinen noch nicht beobachtet worden zu sein.

Gummi-Crême. Spumatolin. Schaumentwickler. Sind Lösungen von Saponin, wie sie von Mineralwasserfabrikanten als Zusatz zu Limonaden benutzt werden.

Sarsaparilla.

Radix Sarsaparillae (Austr. Germ. Helv.). **Sarsae Radix** (Brit.). **Sarsaparilla (U-St.). Rad. Sassaparillae. Sarsaparilla de Honduras. — Sarsaparille. Sarsaparillwurzel. Sarsa. Stechwindenwurzel. — Salsepareille du Mexique. Salsapareille Tuspan** (Gall.).

Die Droge wird geliefert von mehreren Arten der Gattung **Smilax (Liliaceae — Smilacoideae),** die sämmtlich der Sektion Eusmilax angehören: kletternde Sträucher mit zweireihigen, eiförmigen bis pfeilförmigen Blättern, deren Blattscheiden in Ranken übergehen. Blüthen klein, zweihäusig, in Dolden. Blätter der Blüthenhülle nach aussen gebogen. Staubblätter 6. Die die Droge liefernden Arten kommen von Mexiko bis zum Amazonenstrom vor, doch sind die Stammpflanzen der einzelnen Sorten mehrfach unsicher.

Es werden von den Arzneibüchern genannt: **Smilax medica Schlecht. et Chamisso** (U-St. Gall.) an den Ostabhängen der mexikanischen Cordilleren, liefert sehr wahrscheinlich die **Veracruz-Sarsaparilla. Smilax officinalis Humb., Bonpl., Kth.,** (U-St.) am Magdalenenstrom und in Costa Rica heimisch, in Jamaica kultivirt, liefert **Jamaica-Sarsaparilla. Smilax papyracea Duhamel** (U-St.), am Cassiquiare, Rio negro und in Guyana soll **Para-Sarsaparilla** liefern. **Smilax ornata Hook. f.** (Brit.), heimisch in Costa Rica, liefert **Jamaica-Sarsaparilla.** Die Pflanzen haben ein kurzes, knotig-gegliedertes Rhizom, dem die mehrere Meter langen, zahlreichen Wurzeln entspringen. Man sammelt sie meist mit dem Rhizom. (Vergl. unten.)

Beschreibung. Die Wurzeln sind grau bis braun, auch wohl schwärzlich, mehr oder weniger längsfurchig. Auf dem Querschnitt erkennt man mit der Lupe in der weissen, gelblichen oder bräunlichen Grundmasse an der Peripherie einen schmalen braunen Ring (Hypoderm) und mit ihm koncentrisch in einiger Entfernung einen zweiten (Endodermis u. Gefässcylinder), der das Mark umschliesst. Zwischen dem ersten und zweiten Ring liegt das Parenchym der Rinde.

Unter dem Mikroskop erkennt man: 1) Die Epidermis aus dünnwandigen Zellen die häufig zu kurzen Wurzelhaaren ausgewachsen sind (Fig. 120). 2) Das Hypoderm aus 2—5 Zelllagen, die besonders nach aussen stark verdickt und getüpfelt sind (Fig. 120). 3) Das Parenchym der Rinde, bestehend aus rundlichen Zellen, die kleine Intercellularräume zwischen sich lassen. Sie enthalten Stärke in rundlichen Einzelkörnern oder aus 4 zusammengesetzten Körnchen. Die Einzelkörnchen sind rund, mit centralem Spalt, bis 20 μ gross. Zuweilen ist die Stärke verkleistert und bildet dann formlose Klumpen. Daneben kommen bräunliche Klumpen von harzartiger Beschaffenheit vor. Ziemlich zahlreiche Zellen enthalten Raphidenbündel. 4) Die Endodermis aus einer Zellreihe bestehend, von wechselnder Gestalt und Dicke der Membran (Fig. 121). (Vergl. unten bei den Sorten.) 5) Der Gefässcylinder, enthaltend das polyarche radiale Bündel, das bis zu 40 Gefässplatten aus einer geringen Zahl von Gefässen und ebensoviel ovale Siebbündel enthält, welche nahe an die Endodermis herangerückt sind, beide eingebettet in stark verdickte Holzzellen. 6) Das Mark von derselben Beschaffenheit wie das Parenchym der Rinde, in demselben liegen zuweilen noch ein oder wenige Gefässe. — Für den mikroskopischen Nachweis einer Sarsaparille kommt wohl nur die Stärke und die Raphiden in Betracht.

Man kann nach dem Bau der Droge und speciell der Beschaffenheit des Hypoderms und der Endodermis, sowie nach der Herkunft eine Anzahl ***Sorten*** unterscheiden, von denen die folgenden als officiell zu betrachten sind:

1) Honduras-Sarsaparilla (Germ. Helv. Austr. Gall.[1])) kommt aus dem Staate

[1]) Welche Sorte Gall. eigentlich verstanden wissen will, ist unklar; sie nennt Salsepareille du Mexique und S. Tuspan „faussement nommé longtemps S. Honduras"; unter mexikanischer S. wird aber sonst allgemein die Veracruz-S. verstanden (und die hier nicht interessirende Tampico-S., die freilich im Bau der Honduras-S. gleicht), als Stammpflanze nennt sie aber Sm. medica, von der die Veracruz-S. stammen soll. Ebenso

Honduras und der gleichnamigen britischen Kolonie, ferner aus Nicaragua und Guatemala in den Handel. Besteht meist aus dem Wurzelstock mit den Wurzeln. Farbe gelblichgrau bis dunkelbraun, relativ wenig gefurcht. Im Inneren mehlig, weisslich. Bis 5 mm dick. Zellen der Endodermis meist quadratisch im Querschnitt und rings herum ziemlich gleichmässig verdickt (Fig. 121). Die am meisten geschätzte Sorte. (Vergl. Bestandtheile.)

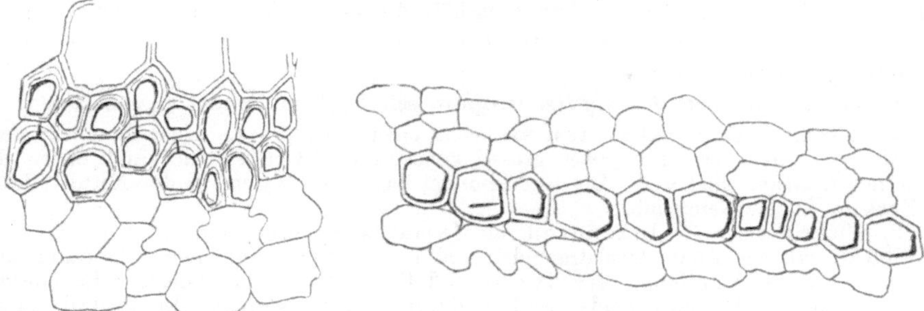

Fig. 120. Honduras-Sarsaparilla. Epidermis und Hypoderm.

Fig. 121. Honduras-Sarsaparilla. Endodermis.

2) Veracruz-, Ostmexikanische-, Tampico[1]**-Sarsaparilla** (U-St. Gall.?) aus den ostmexikanischen Küstengebieten. Besteht ebenfalls aus dem Wurzelstock und den Wurzeln. Tief gefurcht, strohig, roth- oder graubraun, oft von anhaftender Erde schmutzig. Die Rinde fehlt nicht selten streckenweise. Das spärlich vorhandene Stärkemehl nicht selten verkleistert. Zellen der Endodermis radial gestreckt, an der Innenwand und den Seiten-

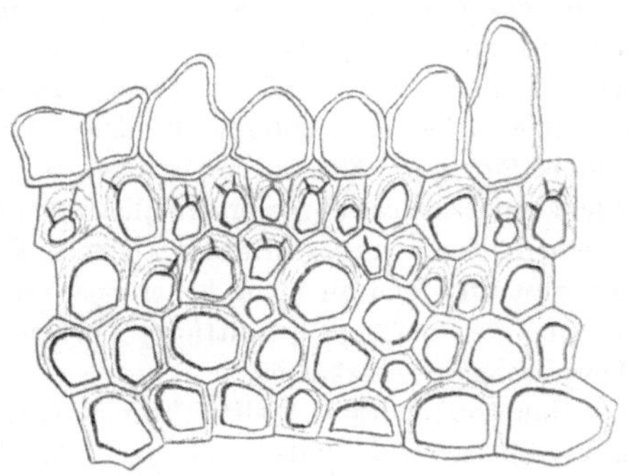

Fig. 122. Veracruz-Sarsaparilla. Epidermis und Hypoderm.

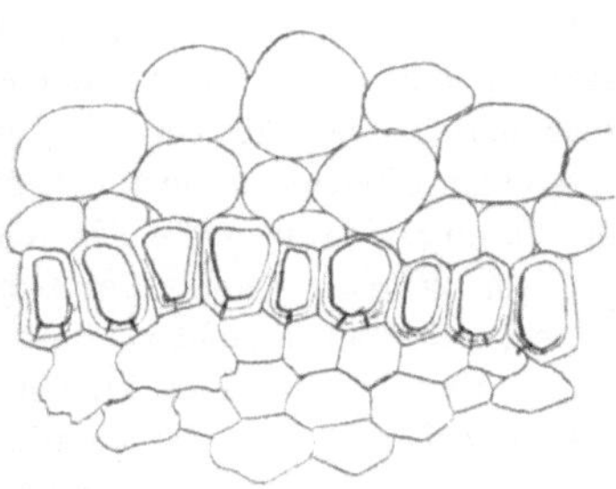

Fig. 123. Veracruz-Sarsaparilla. Endodermis.

wänden stark verdickt (Fig. 123). Hypoderm bis fünf Zellreihen breit, die Zellen stark verdickt (Fig. 122). Die am wenigsten geschätzte Sorte. (Vergl. Bestandtheile.)

3) Jamaica-Sarsaparille (Brit.). Kommt aus Costa Rica und aus Kulturen in Jamaica in den Handel ohne Rhizom. Reich befaserte, gefurchte, auffallend braunrothe Wurzeln, die im Bau mit 1. übereinstimmen.

4) Para-, Lissabon-, Rio negro-, brasilianische Sarsaparilla (U-St.). Aus dem Stromgebiet des Amazonas. Farbe der Rinde durch anhängende Erde und durch Räucherung grau. Zellen der Endodermis radial gestreckt, nach innen stärker verdickt.

Die Droge schmeckt schleimig, dann kratzend, Geruch fehlt.

---

ist U-St. unklar, die drei von ihr genannten Stammpflanzen (vgl. oben) werden auf Veracruz-S., Jamaica-S. und Para-S. bezogen, die demnach alle drei zulässig sein würden.

[1] Wir führen Tampico-S. noch als Synonym auf, bemerken aber, dass mehrere so bezeichnete Sorten, die wir untersuchten, sich im Bau nicht von Honduras-S. unterschieden. Ob Honduras-S. aus irgend einem Grunde unter diesem Namen zuweilen in den Handel kommt, oder ob die die Honduras-S. liefernde Pflanze wirklich so weit nördlich vorkommt, ist unsicher.

Bestandtheile. 3 Saponinkörper: Parillin $C_{26}H_{44}O_{10} \cdot 2^1/_2H_2O$. Krystallinisch, in Alkohol ziemlich leicht löslich. Sarsaparillsaponin (Smilacin) 5 ($C_{20}H_{32}O_{10} \cdot 2^1/_2H_2O$.). Amorph. Sarsasaponin 12 ($C_{22}H_{36}O_{10} \cdot 2H_2O$). Krystallinisch, in Wasser leicht löslich. Von diesen dreien ist Sarsasaponin am giftigsten, dem folgt Parillin und zuletzt Sarsaparillsaponin. Sie erregen Ekel, Speichelfluss, Erbrechen und Durchfall (v. Schulz 1892). Es scheint, als ob die harzreiche und stärkearme Veracruzsorte am meisten von diesen wirksamen Bestandtheilen enthielte. — Ferner enthält die Honduraswurzel 0,03 Proc. flüchtiges Oel, 2,5 Proc. bitteres, scharfes Harz, 52,0 Proc. Stärke, 8,5 Proc. Extraktivstoffe, 26,0 Proc. Holzfaser.

Substitutionen und Verfälschungen, seit 1890 im Handel vorgekommen:

1) Rhizom eines Farnkrautes, vielleicht einer Pterisart. Dunkelbraune, meist glatte Stücke. Im Querschnitt zwei grosse koncentrische Gefässbündel und näher der Peripherie ein Kranz kleinerer. Die Gefässbündel haben das Xylem in der Mitte. Ueber New-York in England eingeführt.

2) Wurzeln eines Philodendron, als Jamaica-S. vorgekommen. 4 mm bis 2 cm dicke Stücke. In der Rinde Oxalatraphiden und Faserbündel, die einen Sekretraum umschliessen. Radiale Anordnung der Xylem- und Phloëmtheile nur nahe der Endodermis deutlich, weiter nach innen beide regellos durch einander gestellt. Im Centralcylinder Sekretschläuche mit braunem Inhalt. Dickere Stücke mit starkem Kork.

3) Rhizom von Aralia nudicaulis L. Reich verzweigt mit zahlreichen konkaven Blattnarben. Markstrahlen im Holz zweireihig. In der Rinde Bastfasern und wie im Mark Oxalatkrystalle und schizogene Sekretbehälter. In Amerika unter der Droge gefunden.

4) Wurzeln einer Liliacee, vermuthlich einer Herreria, aus Brasilien stammend. Das Hypoderm besteht aus gleichmässig verdickten Zellen, Oxalatraphiden und Stärkemehl fehlen. Zellen der Endodermis fast quadratisch oder radial gestreckt, an den Innenseiten und den Seitenwänden stark verdickt, Aussenseite unverdickt.

Einkauf und Aufbewahrung. Die gewöhnliche Handelswaare in Bündeln birgt bei äusserlich guter Beschaffenheit im Innern häufig minderwerthige Wurzeln. Es empfiehlt sich deshalb für den Apotheker, trotz des um die Hälfte höheren Preises die von derartigen, ungehörigen Beimischungen, von Wurzelköpfen und erdigen Theilen befreite „nachgebündelte“ Sorte zu beziehen, die in gleichförmigen, 30—50 cm langen, an den Enden glatt abgeschnittenen Bündeln in den Handel kommt und auch beim ersten Blick erkennen lässt, ob die einzelnen Wurzeln die von den Arzneibüchern vorgeschriebene Dicke u. s. w. haben. Diese Wurzeln werden der Länge nach gespalten und zu einer feinen Speciesform zerschnitten, falls man es nicht vorzieht, die schöne, gleichmässige Schnittform „in Scheibchen“ fertig vom Drogisten zu kaufen. Aufbewahrung in Holzkästen.

Anwendung. Die Sarsaparille ist ein Hauptbestandtheil vieler Theemischungen, die als sogenannte Blutreinigungsmittel dienen. Sie soll die Esslust anregen, die Verdauung befördern, besonders aber bei Gicht, veraltetem Rheuma, Syphilis und Hautausschlägen wirksam sein. Man benutzt sie in Form der Abkochung (*pro die* 30—50 g: 300—500—1000 g nach vorheriger, mehrstündiger Maceration), bei Syphilis gewöhnlich als ZITTMANN'sches Dekokt (s. unten). Der Verbrauch hat gegen früher erheblich abgenommen.

In Deutschland ist Sarsaparille dem freien Verkehr entzogen.

Extractum Sarsaparillae (alcoole paratum). Extrait de salsepareille (alcoolique). Ergänzb.: 1 Th. fein zerschnittene Sarsaparille wird mit 4 Th. (nach DIET. 3 Th.) einer Mischung aus āā Weingeist und Wasser 4 Tage, dann mit 2 Th. der Mischung 12 Stunden ausgezogen (nach E. DIETERICH 6, dann 3 Tage), die Pressflüssigkeiten werden zu einem dicken Extrakt eingedampft. Harzige Ausscheidungen löst man mittels kleiner Mengen (des abdestillirten) Weingeists. Ausbeute bis 20 Proc. — Gall.: Wie Extr. de digitale alc. Gall. Bd. I, S. 1041, 2.

Extractum Sarsaparillae fluidum. Fluid Extract of Sarsaparilla. U-St.: Aus gepulv. Sarsaparille (No. 30) wie Extractum Quassiae fluidum. U-St. (S. 710), doch als I Perkolat hier nur 800 ccm. — Münch. Vorschr.: Wie Extractum Condurango fluidum Germ. (Bd. I, S. 942).

Extractum Sarsaparillae aquosum. Man zieht die Wurzel mit siedendem Wasser aus und dampft zur Trockne ein. Ausbeute ca. 10 Proc.

Extractum Sarsae liquidum (Brit.). **Liquid Extract of Sarsaparilla.** Aus 1000 g Sarsaparille (Pulver No. 40), 100 ccm Glycerin und q. s. 20 vol. proc. Weingeist durch

Reperkolation. Man theilt das Pulver in 3 gleiche Theile, befeuchtet Th. I mit 200 ccm Weingeist und sammelt zunächst 200 ccm Perkolat. Hiermit befeuchtet man Th. II, sammelt auch hier 200 ccm Perkolat und verfährt damit ebenso bei Th. III. In gleicher Weise verwendet man die weiteren Auszüge von Th. I bei Th. II und III, stellt l. a. 900 ccm Reperkolat her und durch Hinzufügen des Glycerins 1000 ccm Gesammtflüssigkeit.

Apozema Salsaparillae compositum.
Ptisana FELTZ (Gall.).
Apozème de Salsepareille composé.
Tisane de FELTZ.

Rp. 1. Stibii sulfurati nigri pulv. 80,0
2. Aquae destillat. 2000,0
3. Rad. Sarsaparill. min. conc. 60,0
4. Collae piscium 10,0
5. Aquae destillat. 2000,0.

Man kocht 1, in ein leinenes Säckchen eingeschlossen, 1 Stunde in einem Porcellangefässe mit 2, giesst die Flüssigkeit fort, kocht 1 im Säckchen mit 3—5 bis zur Hälfte ein und seiht durch.

Decoctum Sarsaparillae compositum.
Sarsaparill-Abkochung.
Compound Decoction of Sarsaparilla.
Germanica.

Rp. 1. Rad. Sarsaparill. conc. 20,0
Aquae 520,0
2. Sacchari albi 1,0
Aluminis 1,0
3. Fruct. Anisi contus. 1,0
Fruct. Foeniculi „ 1,0
Radic. Liquirit. conc. 2,0
Folior. Sennae „ 5,0.

Man lässt 1 in einem bedeckten Zinn- oder Porcellangefässe 24 Stunden bei 35—40° C. stehen, fügt 2 hinzu, erhitzt 3 Stunden, dann nach Zusatz von 3 noch 1/4 Stunde im Wasserbade, presst aus, lässt im kühlen Raume absetzen und bringt mittels Wasser auf 500. — Nur bei Bedarf zu bereiten und auch abzugeben, wenn Decoctum Zittmanni verschrieben ist.

United-States.

Rp. 1. Rad. Sarsaparillae 100 g
2. Ligni Guajaci 20 „
3. Ligni Sassafras 20 „
4. Radic. Liquiritiae 20 „
5. Cortic. Mezerei 10 „
6. Aquae q. s. ad 1000 ccm.

Man kocht 1 und 2 1/2 Stunde mit 1000 ccm von 6, fügt 3—5 hinzu, macerirt 2 Stunden, seiht durch und bringt auf 1000 ccm.

Decoctum Sarsaparillae compositum fortius
(Austr.).
Stärkeres zusammengesetztes Sarsaparilladekokt.

Unterscheidet sich von der Vorschr. der Germ. nur dadurch, dass 1 mit 2 digerirt, nur 1 Stunde gekocht, je 0,8 Anis und Fenchel und 2,5 Süssholz zugesetzt wird.

Decoctum Sarsaparillae compositum mitius.
Schwächeres zusammengesetztes Sarsaparilladekokt.

Rp.	Austr.	Ergänzb.
1. Radic. Sarsaparill. conc.	10,0	10,0
2. Aquae	q. s.	500,0
3. Cortic. Citri fruct.	0,5	1,0
4. Cortic. Cinnamom. gr. plv.	0,5	1,0
5. Fruct. Cardamom. „	0,5	1,0
6. Radic. Liquirit. conc.	0,5	1,0.

Austr. lässt den Pressrückstand von der stärkeren Abkochung mit 1 und 2 eine Stunde kochen gegen Ende des Kochens 3—6 zusetzen; Ergänzb. 1 und 2 24 Stunden digeriren (35—40° C.), 3 Stunden im Wasserbade erhitzen, 3—6 zusetzen und 1/4 Stunde bei Seite setzen. Die Pressflüssigkeit ist auf 500,0 zu bringen. — Die Klärung wird durch Zusatz von Talcum depuratum beschleunigt.

Decoctum Sarsaparillae POLLIN.
Decoctum Pollini.

Rp. Radic. Sarsaparill. 30,0
Ligni Guajaci 25,0
Cort. nuc. Jugland. 8,0
Stibii sulfurat. nigr. laevig. 2,5
Aquae q. s. ad colat. 700,0
Filtra et adde
Aquae Cinnamom.
Sirup. Aurant. cort. ää 30,0.

Decoctum Zittmanni.

Die ursprüngliche Vorschrift zu dem Decoct. Zittmanni fortius ist die der Germ. (siehe oben) mit einem Zusatze von 0,8 Calomel und 0,2 Cinnabaris praep., die mit dem Zucker und Alaun in ein Säckchen gethan und mit gekocht wurden. In Deutschland und Oesterreich wird für ZITTMANN das Präparat der betr. Pharmakopoe verabfolgt. — PASSERINI's, SALVADORI's, VINACHE's Dekokt entspricht dem ZITTMANN'schen.

Electuarium Sarsaparillae compositum.
WERLHOF's blutreinigende Latwerge.

Rp. Radic. Sarsaparill. pulv. 20,0
Ligni Guajaci „ 5,0
Folior. Sennae „ 4,0
Rhiz. Rhei „ 2,0
Ligni Sassafras „ 1,0
Fruct. Anisi „ 1,0
Tinct. ligni Guajaci 7,0
Sacchari albi 20,0
Mellis depurati 40,0.

Die Pulvermischung wird auch für sich als WERLHOF's Blutreinigungspulver gebraucht.

Essentia Sarsaparillae concentratissima WOLFF.
(Form. mag. Coloniens.).

Rp. 1. Rad. Sarsaparill. conc. 600,0
2. Aquae destill. 5000,0
3. Aquae destill. 4000,0
4. Spiritus 50,0.

Man kocht 1 mit 2, dann mit 3 je 1 Stunde, presst aus, dampft auf 450,0 ein und fügt 4 hinzu.

Extractum Sarsaparillae fluidum compositum
(U-St.).
Compound Fluid Extract of Sarsaparilla.

Rp. 1. Rad. Sarsaparill. pulv. No. 30 750 g
Rad. Glycyrrhizae „ 120 „
Ligni Sassafras „ 100 „
Cort. Mezerei „ 30 „
2. Glycerini 100 ccm
3. Spiritus (91 proc.) q. s.
4. Aquae q. s.

Man mischt 2 mit 300 ccm von 3 und 600 ccm von 4, befeuchtet 1 mit 400 ccm dieser Mischung und perkolirt zuerst mit dem Rest, dann mit q. s. einer Mischung von 3 und 4 im gleichen Verhältniss. Die ersten 800 ccm Perkolat fängt man für sich auf und stellt l. a. 1000 ccm Fluid-Extrakt her.

Extractum sudorificum SMITH.

Rp. Radic. Sarsaparill. 200,0
Radic. Liquiritiae
Ligni Guajaci
Ligni Sassafras
Flor. Cinae ää 100,0
Spiritus
Aquae destill. ää 1300,0.

Man digerirt 2 Tage und dampft die Pressflüssigkeit zum weichen Extrakt (ca. 100,0) ein.

Liquor Sarsae compositus concentratus (Brit.).
Concentrated compound Solution of Sarsaparilla.

Rp. 1. Rad. Sarsaparill. conc. 1000 g
2. Aquae destillat. ferv. (71° C.) 5000 „
3. { Radic. Sassafras 100 „ / Ligni Guajaci 100 „ / Cort. Mezerei 50 „ / Radic. Liquiritiae 100 „ }
4. Aquae destillat. q. s.
5. Spiritus (90 vol. proc.) 225 ccm.

Man zieht 1 dreimal je 1 Stunde mit $^1/_3$ von 2 aus, erschöpft 3 durch Kochen mit 4, dampft die vereinigten Auszüge auf 800 ccm ein, fügt 5 hinzu, lässt 14 Tage absetzen, filtrirt und bringt auf 1000 ccm. Aehnlich zusammengesetzt sind: Bochet simple, Decoctum antisyphiliticum von ARNOUD, ASTRUC, MUSITANUS und das Decoctum Lissabonense, Lisbon Diet Drink.

Ptisana Salsaparillae (Gall.).
Tisane de salsepareille.

Rp. 1. Rad. Sarsaparill. conc. 50,0
2. Aquae destillat. q. s. ad 1000,0.

Man macerirt 1 in etwa 1050,0 von 2 zwei Stunden, erhitzt bis zum Sieden, stellt 2 Stunden warm und bereitet 1000,0 Seihflüssigkeit.

Sirupus de radice Salsaparillae (Gall.).
Sirop de salsepareille.

Rp. 1. Radic. Sarsaparill. conc. 1000,0
2. Aquae destill. ferv. (80° C.) q. s.
3. Sacchari albi 2000,0.

Man digerirt 1 zweimal je 6 Stunden mit q. s. von 2, dampft die vereinigten Auszüge auf 1600,0 ein, klärt mittels Eiweiss und bereitet durch Kochen mit 3 einen Sirup vom Spec. Gew. 1,27.

Sirupus Sarsaparillae compositus.
Extractum Sarsaparillae compositum. Roob antisyphiliticum. Sirupus antisyphiliticus. Sarsaparillsirup. Sirop de salsepareille composé. Sirop de CUISINIER. Sirop de LAFFECTEUR ou de SAVDRESI. Sirop dépuratif ou sudorifique. Compound Syrup of Sarsaparilla.

Ergänzungsbuch.

Rp. 1. { Rad. Sarsaparill. conc. 125,0 / Ligni Guajaci „ 75,0 / Ligni Sassafras „ 75,0 / Rhizom. Chinae „ 75,0 / Cort. Chinae gr. plv. 50,0 / Fruct. Anisi cont. 25,0 }
2. Aquae 1250,0
3. Spiritus (87 proc.) 50,0
4. Sacchari 650,0.

Man zieht 1 mit 2 24 Stunden bei 15—20° C., dann einige Stunden im Dampfbade aus, presst, lässt absetzen, dampft auf 350,0 ein, setzt 3 hinzu und filtrirt nach 12 Stunden. Aus 350,0 Filtrat bereitet man mit 4 1000,0 Sirup.

Helvetica.

Rp. Rad. Sarsaparill. (III) 100,0
Ligni Guajaci (III) 20,0
Fol. Sennae (IV) 15,0
Cort. Sassafras (III) 5,0
Fruct. Anisi (IV) 10,0
Spiritus (P. spec. 0,947) 100,0

macerirt man 36 Stunden, sammelt durch Verdrängung mit Weingeist (Spec. Gew. 0,947) 600,0 Perkolat, dann durch Nachwaschen mit Wasser noch 100,0, mischt die Auszüge, dampft auf 400,0 ein, filtrirt und löst
Sacchari 600,0.

Der Sirup muss mit 100 Th. Wasser geschüttelt einen bleibenden Schaum geben.

United-States.

Rp. 1. { Extract. Sarsaparill. fluid. 200,0 ccm / Extract. Glycyrrhiz. „ 15,0 „ / Extract. Sennae „ 15,0 „ }
2. { Olei Sassafras gtts. II = 0,1 „ / Olei Anisi „ 0,1 „ / Olei Gaultheriae „ 0,1 „ }
3. Sacchari 650,0 g
4. Aquae q. s.

Man mischt 1 und 2, fügt 370 ccm von 4 hinzu, filtrirt nach 1 Stunde, löst 3 und bringt mittels 4 auf 1000 ccm.

Gallica.

Rp. 1. Rad. Sarsaparill. conc. 1000,0
2. Aquae destill. ferv. (80° C.) q. s.
3. { Flor. Borraginis 60,0 / Flor. Rosae pallid. 60,0 / Folior. Sennae 60,0 }
4. Fruct. Anisi vulg. 60,0
5 Sacchari albi 1000,0
6. Mellis 1000,0.

Man zieht 1 dreimal je 6 Stunden mit q. s. von 2 aus, dampft Auszug I und II auf 500,0 ein, übergiesst mit dem zum Sieden erhitzten Auszug III 3 und 4, presst nach 12 Stunden, dampft die vereinigten Auszüge auf 2000,0 ein, klärt mittels Eiweiss, fügt 5 und 6 hinzu und bereitet einen Sirup vom Spec. Gew. 129.

Unter Sirop de CUISINIER de 2ième, 3ième cuite versteht man in Frankreich einen mit Sublimat versetzten Sirup.

Vinum Sarsaparillae.

Rp. 1. Extract. Sarsaparill. fluid. 50,0
2. Vini Hispanici 80,0.

Man dampft 1 auf 20,0 ein und mischt mit 2.

Antineon, gegen Tripper, ist ein weingeistiger Auszug aus Rad. Sarsaparill., Herb. Veronicae und Herb. Portulacae.

Decoctum PARAI, PARAI'scher Klostertrank ist ein Likör, der als Hauptbestandtheile Sarsaparille und Gewürze enthält.

Regenerator, DR. LIEBAUT's, ist im wesentlichen Decoct. Sarsaparill. comp.

Renovating Resolvent, RADWAY's
Salsepareille-CAMBRESY
Sarsaparillian von RICHTER
} enthalten als Hauptbestandtheil Sarsaparille und Jodkalium.

Sirop antiarthrique DUBOIS, Sirop antidartreux BERTHOMÉ, Sirop antigout-

teux Boubée, Swaim's **Panacea** ähneln mehr oder weniger dem Sirupus Sarsaparillae compositus.

Tisane de Callac, ebenso Walker's **California Vinegar bitters** entsprechen annähernd einem Zittmann'schen Dekokt.

Sassafras.

Gattung der **Lauraceae — Persoideae — Litseeae.**

Sassafras officinale Nees, heimisch im atlantischen Nordamerika von Kanada bis Florida. Bis 30 m hoher Baum mit jährlich abfallenden, ungetheilt-eiförmigen oder vorn 2- resp. 3lappig getheilten Blättern. Blüthen zweihäusig, gelblich, schlaffe Doldentrauben bildend. Die beerenartige Frucht in der becherförmig verbreiterten Axe sitzend. —

Verwendung finden:

1) Die Wurzel und zwar nach Germ. und Austr. nur das Holz derselben, Brit. Holz mit Rinde. Helv. und U-St. nur die Rinde. Gall. nennt nur „Bois", meint aber wohl auch das der Wurzel.

Lignum Sassafras (Germ.). **Radix Sassafras** (Austr.). **Sassafras Radix** (Brit.) **Lignum pavanum. — Sassafrasholz. Sassafraswurzel. Fenchelholz. Panamaholz.**[1] — **Bois de sassafras** (Gall.). **Pavanne. — Sassafras Root.**

Cortex Sassafras (Helv.). **Sassafras** (U-St.). **Cortex Ligni s. Radicis Sassafras. — Sassafrasrinde. — Écorce de sassafras.**

Beschreibung. Die Wurzel kommt in starken, bis armdicken Stücken in den Handel, die geraspelt oder in kleine Würfel geschnitten werden. Das Holz ist specifisch leicht, gut spaltbar, grünlich, bräunlich oder röthlich. Der Querschnitt zeigt deutliche Jahresringe. Die Gefässe messen im Durchmesser 40—160 μ, ihre Wände sind behöftgetüpfelt. Ferner reichlich schwach verdickte Holzfasern, die 10—35 μ dick und schief getüpfelt sind. Sie enthalten, ebenso wie das Holzparenchym und die Markstrahlen reichlich Stärke, deren Körner einzeln sind oder aus bis 4 Theilkörnern bestehen. Die Einzelkörner messen bis 24 μ, die zusammengesetzten bis 48 μ. Die Markstrahlen sind bis 4 Zellreihen breit, bis 30 Zellen hoch. Im Parenchym Oelzellen mit farblosem Inhalt.

Die Rinde ist schwammig, braunroth. Sie ist aussen von ansehnlichem Kork bedeckt, der aus grossen dünnwandigen Zellen besteht. In der sekundären Rinde Bastfasern, primäre Fasern und Steinzellen fehlen. Im Parenchym Oelzellen wie im Holz.

Geschmack und Geruch bei der Rinde und dem Holz angenehm aromatisch, an Fenchel erinnernd.

Bestandtheile. Aetherisches Oel vergl. unten. Die Rinde enthält ferner Sassafrid, bräunliche, geschmacklose Krystallkörner, wahrscheinlich aus Gerbstoff entstanden.

Verfälschungen. Holz und Rinde des Stammes, die letztere hat Steinzellen und primäre Fasern, das erstere Mark und höchstens drei Zellen breite Markstrahlen. Beide sind nur von schwachem Geruch und Geschmack.

Aufbewahrung. Anwendung. Von den im Handel vorkommenden Zerkleinerungsformen eignet sich für pharmaceutische Zwecke wegen des gleichförmigen Schnittes das Lign. Sassafras electum □ concisum besonders zu Theemischungen, die feine Speciesform für Abkochungen. Das Holz darf vor dem Schneiden nicht genässt werden, denn durch das nachherige Trocknen leiden Geruch und Geschmack. Man bewahrt es in gut schliessenden Blechgefässen auf. — Sassafrasholz dient seiner schweiss- und harntreibenden Eigenschaften wegen als Blutreinigungsmittel und wird bei hartnäckigen Hautausschlägen, Katarrhen, Rheuma, Syphilis entweder für sich im Aufguss (50,0 : 1 l) oder häufiger mit anderen Hölzern oder holzigen Wurzeln (Holzthee) als Decocto-Infusum angewendet.

[1]) Unter diesem Namen geht sonst Cortex Quillajae.

Oleum Sassafras (U-St.). **Sassafrasöl. — Essence de Sassafras. — Oil of Sassafras.**

Darstellung. Sassafrasöl wird in den Vereinigten Staaten von Nordamerika durch Destillation der zerkleinerten Wurzeln mit Wasserdampf gewonnen. Das Wurzelholz enthält weniger als 1 Proc., die Wurzelrinde 6—9 Proc. ätherisches Oel.

Eigenschaften. Gelbe bis röthlichgelbe, stark nach Safrol riechende Flüssigkeit vom spec. Gewicht 1,070—1,080 (U-St.) und schwacher Rechtsdrehung. Das Oel ist in jedem Verhältniss mit 95 procentigem Alkohol mischbar.

Bestandtheile. Seine charakteristischen Eigenschaften verdankt das Sassafrasöl in erster Linie dem Safrol, $C_{10}H_{10}O_2$, das bis zu 80 Proc. in dem Oele enthalten ist und sich bei niedriger Temperatur zuweilen in grossen Krystallen abscheidet. Weitere Bestandtheile sind: Rechts-Kampher, $C_{10}H_{16}O$, Eugenol, $C_{10}H_{12}O_2$, ferner die Terpene Pinen und Phellandren und endlich der Sesquiterpenreihe angehörende Kohlenwasserstoffe.

2) Das Mark der Axe: **Medulla Sassafras. Sassafras Medulla** (U-St.). **— Sassafrasmark. — Sassafras Pith.**

Dasselbe besteht aus rundlichen, getüpfelten, schleimreichen Zellen, die reichlich feine Oxalatnadeln enthalten. Von fade schleimigem Geschmack. Es bildet cylindrische, häufig gebogene Stücke.

Verwendung. Zur Herstellung eines Schleimes in Nordamerika wie sonst die Eibischwurzel. Man benutzt dazu auch die ganzen jungen Zweige und die Blätter.

Aqua Sassafras.

Rp. Olei Sassafras gtts. II
Aquae destill. tepid. 100,0

Mistura Sassafras et Opii (Nat. form.).
Mistura Opii alkalina. GODFREY's Cordial.

Rp. 1. Olei Sassafras 1 ccm
2. Spiritus (91 proc.) 50 „
3. Tinctur Opii (U-St.) 35 „
4. Kalii carbonici 8 g
5. Aquae destill. 500 ccm
6. Sirup. communis (Melasse) 325 „
7. Aquae destill. q. s. ad 1000 „

Man löst und mischt in der angegebenen Reihenfolge und klärt durch Absetzenlassen.

Mucilago Sassafras Medullae (U-St.).
Mucilage of Sassafras Pith.

Rp. Medullae Sassafras 2,0
Aquae 100,0

macerirt man 3 Stunden und seiht durch. Bei Bedarf frisch zu bereiten.

Sirupus pectoralis (Nat. form.).
Pectoral Syrup. JACKSON's Pectoral or Cough Syrup.

Rp. Morphini hydrochlorici 0,55 g
Olei Sassafras 0,5 ccm
Sirupi Acaciae (U-St.) q. s. ad 1000,0 ccm.

Sirupus Sassafras (Gall.).

Wie Sirop de Camomille Gall. (Bd. I, S. 716) zu bereiten.

Species pectorales RICHTER.
Halle'scher Brustreinigungsthee.

Rp. Ligni Sassafras 150,0
Herbae Basilici
Herbae Betonicae
Herbae Hyssopi
Herbae Veronicae
Folior. Melissae ää 100,0
Radic. Liquirit.
Rhizom. Polypodii
Rhizom. Chinae ää 75,0
Cortic. Citri 50,0
Cortic. Cinnamomi 30,0
Fruct. Amomi
Fruct. Anisi
Fruct. Foeniculi ää 15,0.

OWBRIDGE's Lungenheilmittel ist gewöhnlicher Sirup mit einer Spur Sassafrasöl.

Wunderöl gegen Rheuma: Ol. Gaultheriae, Ol. Sassafras, Chloroform, Liq. Ammonii caust. ää 1,0, Spirit. camphor. 2,0, Tinct. Capsici 0,5, Spiritus 10,0 (Americ. Drugg.).

II. Zahlreiche andere Drogen führen den Namen Sassafras wegen des ähnlichen Geruches, den sie wohl einem Gehalt an Safrol verdanken: Australisches Sassafrasholz von Atherosperma moschatum Labill., brasilianisches Sassafrasholz von Mespilodaphne Sassafras Meister, neukaledonisches Sassafrasholz von Doryphora Sassafras Endl., Sassafrasnüsse sind die jetzt obsoleten Pichurimbohnen von Nectandra spec.

Satureja.

Gattung der **Labiatae** — **Stachyoideae** — **Melissinae.**

I. Satureja hortensis L. Heimisch von Spanien bis zum Orient und Sibirien, vielfach kultivirt und aus den Kulturen verwildert. Zweijährig, bis 20 cm hoch, mit ästigem, kurzhaarigem Stengel, kurz gestielten, schmallanzettlichen, spitzlichen, drüsig punktirten, gewimperten Blättern und 6—10 blüthigen Scheinquirlen in den Achseln von Laubblättern. Kelch glockig, 10nervig, mit meist kahlem Schlunde. Korolle zweilippig, mit gerade vorgestreckter flacher Oberlippe und gleichmässig dreilappiger Unterlippe. Verwendung findet das Kraut:

Herba Saturejae. — Pfefferkraut. Kölle. Bohnenkraut. — Sommité fleurie de sarriette (Gall.). — **Pepper-wort. Summer Savory.**

Bestandtheile nach Koenig: Wasser 71,88 Proc., Stickstoffsubstanz 4,15 Proc., Fett 1,65 Proc., Zucker 2,45 Proc., sonstige stickstofffreie Bestandtheile 9,16 Proc., Holzfaser 8,60 Proc., Asche 2,11 Proc., Phosphorsäure 0,335 Proc., Schwefel, organisch gebunden 0,079 Proc. Aetherisches Oel vergl. unten.

Man sammelt das ganze blühende Kraut, trocknet im Schatten (4 Th. frisches = 1 Th. trocknes) und bewahrt es in gut schliessenden Blechgefässen auf, entweder in Bündeln, oder besser die stengelfreie Blattwaare, Herba Saturejae in foliis der Drogisten, die im Handverkauf ohnehin bevorzugt wird. Es dient heute ausschliesslich als Küchengewürz.

Oleum Saturejae. Das frische blühende Kraut enthält etwa 0,1 Proc. ätherisches Oel von kräftig aromatischem Geruch und beissend scharfem Geschmack. Sein specifisches Gewicht liegt zwischen 0,895 und 0,925. Etwa ein Drittel des Oeles besteht aus einem Phenol, Carvacrol, $C_{10}H_{14}O$; von Kohlenwasserstoffen enthält es Cymol, $C_{10}H_{14}$, und ein nicht näher bestimmtes Terpen.

II. Aehnlich verwendet man: **Satureja montana L.** und **S. Calamintha (L.) Scheele.**

Scabiosa.

Gattung der **Dipsacaceae.**

Herba Scabiosae. — Teufelsabbiss. — Feuille et Capitule de scabieuse (Gall.). — **Devils-bit.** Ist das Kraut von **Succisa pratensis Moench** (syn: Scabiosa succisa L.). Heimisch in ganz Europa mit Ausnahme der arktischen Gebiete. Mit kurz „abgebissenem", mit Wurzeln besetztem Wurzelstock, elliptischen, ganzrandigen oder zuweilen entfernt gesägten Blättern und blauen Blüthenköpfchen mit am Rande nicht strahlenden, vierspaltigen Blüthen. Hier und da noch Volksmittel gegen Durchfall. Ebenso verwendet man auch den Wurzelstock mit den Wurzeln: **Radix Succisae. Radix Morsus diaboli.** Unter dem Namen **Herba Scabiosae** geht auch das Kraut der **Knautia arvensis Coulter** (syn: Scabiosa arvensis L.), ebenfalls in Europa heimisch, mit zottig-rauhen, fiedertheiligen Blättern und strahlenden Blüthenköpfchen.

Ptisana de folio Scabiosae (Gall.). **Tisane de scabieuse.** 10,0 Blätter, 1000,0 siedendes Wasser, nach $^1/_2$ Stunde durchseihen.

Scammonium.

Convolvulus Scammonia L. **(Convolvulaceae.)** Heimisch im östlichen Mittelmeergebiet. Verwendung findet:

† 1) Die Wurzel: **Scammoniae Radix** (Brit.). — **Scammoniawurzel. Purgirwindenwurzel. — Racine de scammonée. — Scammony Root.**

Beschreibung. Die gedrehte Wurzel erreicht eine Länge von 1 m, Dicke von 5 bis 7 cm, der Wurzelkopf wird 10 cm dick. Sie ist holzig, graubraun, mit rauhem, rissigem Kork bedeckt. Der Querschnitt lässt eine Anzahl unregelmässiger, von einander isolirter Holzkörper erkennen. Im Parenchym Sekretzellen.

Bestandtheile nach Hager: 15 Proc. Zucker, Dextrin und Extraktivstoffe, 10 Proc. Harz (Scammonium), 3 Proc. Gerbstoff.

Aus dem oberen Theil der von Erde entblössten Wurzel gewinnt man durch Einschnitte:

† 2) Das Harz: **Scammonium** (Helv. Brit. U-St.). **Gummi-resina Scammonium. Scammonium Halepense. Diagrydium. — Scammonium. — Scammonée d'Alep** (Gall.). **— Scammony.**

Beschreibung. Rein stellt es eine amorphe, harzige, bräunlich gelbe bis schwarzgrüne, an der Oberfläche grau bestäubte, auf dem Bruch glasglänzende Masse dar. Der Geruch ist schwach extraktartig, der Geschmack etwas zusammenziehend, hintennach bitter. Gute Waare soll 75--85 Proc. an Aether abgeben und nicht mehr wie 8 Proc. Asche enthalten. Diese Eigenschaften kommen dem aleppischen Scammonium zu.

Smyrnaer Scammonium bildet flache, kreisrunde Kuchen von schwarzbrauner Farbe, die nicht selten von Insekten durchfressen sind. In Aether wenig löslich. Wird wahrscheinlich durch Auskochen der Wurzel erhalten. Soll aber auch aus Periploca Secamone L. (Asclepiadaceae) hergestellt werden.

Bestandtheile. 4 Proc. eines Glukosids: Scammonin $C_{88}H_{156}O_{42}$, das ein Säureanhydrid ist.

Verfälschungen. Mit Stärkemehl (es sind Sorten vorgekommen, die zum grössten Theil daraus bestanden), Gummi (42,6 Proc. beobachtet), kohlensaurer Kalk, Schwefelblei. Da die Handelswaare nur selten unverfälscht ist, so substituirt man ihr am besten die Resina Scammoniae (vergl. unten).

Substitution. Man empfiehlt als solche das Gummiharz aus Convolvulus althaeoïdes L., ebenfalls in Vorderasien heimisch.

Anwendung. Wie Jalape. Dosis maxima: 0,2 g, pro die 0,5 g (Helv.).

Französisches Scammonium oder Scammonium von Montpellier ist der eingedickte Saft von Cynanchum Monspeliacum L. Scammonium europaeum ist der eingedickte Milchsaft von Euphorbia Cyparissias L.

In Frankreich kennt man ein aus Calystegia Sepium L. hergestelltes deutsches Scammonium.

† Resina Scammoniae (Ergänzb.) **seu Scammonii** (U-St.) **seu Scammonae** (Gall.). **Scammoniae Resina** (Brit.). — **Scammoniaharz. — Résine de scammonée. — Resin of Scammony.** Ergänzb.: 1 Th. grob gepulverte Scammoniawurzel wird zuerst mit 4, dann mit 2 Th. Weingeist (87proc.) je 24 Stunden bei 35—40° C. ausgezogen, die Pressflüssigkeit filtrirt, der Weingeist abdestillirt, der Rückstand solange mit warmem Wasser geknetet, bis dasselbe farblos bleibt, dann im Dampfbade getrocknet, bis eine erkaltete Probe sich zerreiben lässt. — Brit. lässt die Wurzel durch Perkoliren mittels Weingeist (90 vol.-proc.) erschöpfen, diesen nur zum grösseren Theil abziehen, den Rückstand in Wasser eintragen — sonst ebenso. — U-St. 1000 g Scammonium (Pulv. No. 60) erschöpft man mit siedendem Alkohol (91 proc.), destillirt diesen grösstentheils ab, mischt den sirupdicken Rückstand mit 2500 ccm Wasser, wäscht den Niederschlag sorgfältig mit Wasser und trocknet. — Gall.: 1000 g grob gepulvertes Scammonium zieht man zuerst mit 2000, dann mit 1000 g Weingeist (90proc.) je 4 Tage aus, behandelt die vereinigten Auszüge einige Tage mit Thierkohle, filtrirt, destillirt den Weingeist ab und trocknet das Harz auf flachen Schalen in der Wärme. — Bei der Bereitung des Harzes sind eiserne Geräthe zu vermeiden. Ausbeute bei Darstellung aus der Wurzel ca. 10 Proc.; aus gutem Scammonium 70—80 Proc. Vorsichtig aufzubewahren! Ist dem freien Verkehr entzogen und darf nur gegen ärztliche Verordnung verabfolgt werden. Das Harz dient zu 0,02—0,04 zur Anregung der Darmthätigkeit, zu 0,25—0,5 (Brit.) in getheilter Dosis als Abführmittel, gewöhnlich in Pillen. Es darf höchstens 1 Proc. Asche hinterlassen und mit 10 Th. Wasser angerieben kein gefärbtes Filtrat geben.

† Resina Scammoniae alba. Scammonin. Patent-Scammony erhält man durch genaue Neutralisation der weingeistigen Lösung des Scammoniumharzes oder des weingeistigen Scammoniumauszuges mit verd. Schwefelsäure, Abfiltriren der farblosen Flüssigkeit, Abdestilliren des Weingeists und Trocknen des fast weissen Rückstandes. Im Handel finden sich die Scammoniumharze gewöhnlich in „Zöpfen".

† Tinctura Scammonii (Gall.). **Teinture ou Alcoolé de scammonée.** Aus 1 Th. Scammonium und 5 Th. Weingeist (80proc.) durch 10tägige Maceration.

Boli anthelminthici NUFFERT.

Rp. Calomelanos 0,3
Gutti 0,25
Pulver. aromatic. 0,5
Resin. Scammon. 0,5
Sacchari 1,0
Mellis depurati q. s.

Man formt 5 Boli. (Bandwurmmittel.)

Electuarium Scammonii (Form. Brit.).
Confectio Scammonii.

Rp. Scammonii 3,0
Rhizom. Zingiber. 1,5
Sirup. Sacchari 4,5
Mellis depurati 2,2
Olei Carvi gtts. IV
Olei Caryophyllor. gtts. II.

Electuarium Scammonii compositum.
Diaphoenix. Electuarium purgativum de HAUTESIERK.

Eine Mandelemulsion, mit Gewürzen, Zucker und Honig zur Latwerge gemacht, mit 2,5 Proc. Scammonium und 5 Proc. Jalapenpulver.

Emulsio Scammoniae.
Lac seu Mixtura Scammonii.

		Form. Brit.	Form. Gallic.
Rp.	Resin. Scammon.	0,25	albae 0,75
	Sacchar. alb.	—	20,0
	Aquae Laurocer.	—	10,0
	Lactis vaccini	200,0	170,0.

Mixtura laxativa fortior (BOSSU).

Rp. Resinae Jalapae
Resinae Scammoniae ää 0,25
Olei Crotonis gtts. II
Mucilag. Gummi arabici 2,5
Aquae Aurantii florum 5,0
Sirupi Sennae comp. 42,0
Aquae Menthae piper. 100,0.

Bei Bleikolik.

Pastilli seu Trochisci laxantes.
Abführpastillen. Laxirbrödchen.

Rp. Resinae Jalapae pulv. 1,0
Resinae Scammoniae „ 2,0
Pulveris aromatic. 5,0
Rhizomatis Rhei „ 10,0
Pastae Cacao „ 20,0
Sacchari albi „ 60,0
Tragacanthae „ 2,0
Glycerini 6,0
Aquae q. s.

Man formt 100 Pastillen mit je 0,02 Scammoniaharz. Kleinen Kindern 1, grösseren 1—2 Stück.

Pilulae Colocynthidis compositae (Nat. form.).
Pilulae Cocciae. Cochia Pills.

Rp. Extract. Colocynth. (U-St.) 1,1 g
Aloës purificatae 13,0 „
Resinae Scammon. 13,0 „
Olei Caryophyllor. 1,5 ccm.

Für 100 Pillen. (Vergl. Bd. I, S. 935).

Pilulae digestivae SAIFFERT.

Rp. Scammonii
Fellis Tauri inspiss. ää 2,5
Extracti Gentianae 5,0
Radicis Gentianae q. s.

Man formt 100 Pillen mit je 0,025 Scammonium.

Pilulae hydragogae JANIN.

Eine aus etwa 18 grösstentheils stark wirkenden Stoffen (Scammon., Calomel, Gutti, Tart. stibiat.) zusammengesetzte Masse.

Pilula Scammonii composita (Brit.).
Compound Scammony Pill.

Rp. Resin. Scammon.
Resin. Jalapae
Sapon. animalis ää 25 g
Tinctur. Zingiber. 75 ccm.

Man bringt im Dampfbade zur Pillenkonsistenz.
Dosis 0,25—0,5 g.

Pilulae triplices JOHN W. FRANCIS (Nation. formul.).
FRANCIS' Triplex Pill.

Rp. Aloës purificat.
Scammonii
Massae Hydrargyri (U-St.) ää 5,5 g
Olei Crotonis 0,32 ccm
Olei Carvi 1,6 „
Tinct. Aloës et Myrrhae q. s.

Man formt 100 Pillen.

Pulvis Scammonii antimonialis.
Pulvis Cornacchini. Pulvis Warwick. Pulvis de tribus. Pulvis basilicus. Cerberus triceps. Pulvis trium diabolorum. Poudre cornachine.

Rp. Scammonii
Tartari depurati
Kalii stibici ää 1,0.

Divide in part. aeq. X.

Pulvis Scammonii compositus (Brit.).
Compound Powder of Scammony.

Rp. Resin. Scammoniae 100,0
Tuber. Jalapae 75,0
Rhizom. Zingiberis 25,0.

Dosis 0,6—1,2 g.

American Pills für Vollblütige etc., von LESINGTON, bestehen aus Scammonium, Rhabarber und Seife.

Asthmatic-Pastills von D. WHITE & Co. in New-York, enthalten Scammonium, Salpeter, Gummi, Kohle, Zucker.

Biscuits purgatifs von CAROZ, GRÄF, SULOT, enthalten je 0,2, 0,25 und 0,6 (!) Resina Scammoniae.

Elixir antibilieux D'ETIENNE, enthält als Hauptbestandtheile Jalape, Scammonium und Ipecacuanha.

Pilulae Parai von KIETZ & Co., enthalten Aloë, Chinaextrakt, Scammonium.

Scilla.

Gattung der **Liliaceae** — **Lilioideae** — **Scilleae,** jetzt **Urginea. Urginea maritima (L.) Baker** (syn.: Urginea Scilla Steinh., Scilla maritima L.), an den Küsten des Mittelmeergebietes von den Kanaren bis Syrien. Die Pflanze entwickelt aus der Zwiebel, die z. Th. über den Boden hervorragt, zuerst 10—20 breite, lanzettliche, graugrüne Blätter, denen dann im Herbst der bis 1 m lange Blüthenschaft folgt, an dem in der Achsel lanzettlicher Deckblätter die weissen, grüngekielten Blüthen folgen, die auf dem Rücken der Perigonzipfel einen spornartigen Höcker haben. Verwendung findet

Die Zwiebel: **(†) Bulbus Scillae** (Austr. Germ. Helv.). **Scilla** (Brit. U-St.). **Radix Scillae seu Squillae.** — **Meerzwiebel.** — **Bulbe de scille** (Gall.). **Squames de scille ou de squille. Oignon de mer.** — **Squill.**

Beschreibung. Die Zwiebel ist dick, birnförmig, wird bis $2^1/_2$ kg schwer und erreicht 30 cm Durchmesser. Sie besteht aus der wenig bewurzelten, kurzen Achse, dem „Zwiebelkuchen" und zahlreichen Zwiebelschalen, von denen die äusseren trocken, die inneren dick und fleischig sind, sie umschliessen die neue Knospe. Man unterscheidet eine röthliche oder bräunliche Sorte aus Calabrien und eine weisse aus Griechenland und Malta. Die Zwiebelschalen bestehen zwischen den Epidermen, die beide Spaltöffnungen haben, aus Parenchym, durchzogen von schwachen Gefässbündeln. Im Parenchym Schleim und in zahlreichen Zellen desselben Bündel von Oxalatraphiden von einer Schleimhülle umgeben, die eine Länge von 1 mm erreichen können. Im Parenchym der rothen Form ein röthlicher Farbstoff, der dem Anthocyan nahe steht. Um die Gefässbündel finden sich zuweilen spärliche Stärkekörnchen.

Für die mikroskopische Beurtheilung des Pulvers ist in erster Linie zu achten auf die Oxalatraphiden, die zuweilen noch zu Bündeln vereinigt und mit einem Schleimmantel umhüllt, gefunden werden. Kleine Stärkekörnchen finden sich nur ganz vereinzelt, was zu beachten ist, da das Pulver nicht selten mit Weizenstärke verfälscht werden soll.

Bestandtheile. Nach E. Merck (1879): Scillipikrin, ein gelblichweisses, hygroskopisches Pulver von bitterem Geschmack. Scillitoxin, ebenfalls amorph, zimmtbraun, unlöslich in Wasser und Aether, löslich in Alkohol. Mit koncentrirter Schwefelsäure roth, dann braun, mit Salpetersäure schwach roth, dann orangegelb und grün. Scillin, krystallinisch, schwer löslich in Wasser, leichter in Alkokol und kochendem Aether. Mit Salpetersäure gelb, beim Erhitzen dunkelgrün. Nach E. v. Jarmenstedt ist der wirksame Bestandtheil ein Glukosid: Scillaïn, das sich in koncentrirter Salzsäure mit rother Farbe löst. Ferner enthält die Droge ein Kohlehydrat Sinistrin ($C_6H_{10}O_5$) und ein übelriechendes Oel. Die Menge des Kalkoxalates in der bei 100° C. getrockneten Droge beträgt 3 Proc. Asche 4—5 Proc.

Verwechslungen. Soll mit der Zwiebel der am Kap heimischen und vielfach kultivirten Eucomis punctata l'Hér. verwechselt werden.

Die vielfach als „Meerzwiebel" kultivirten Pflanzen, deren Blätter gegen Brandschäden angewendet werden, sind Ornithogalum-Arten, wie O. caudatum, O. altissimum.

Einsammlung. Aufbewahrung. Die im Herbste nach dem Abblühen der Pflanze gesammelten Zwiebeln werden von den äusseren, trocknen, papierartigen, bräunlichen Schalen, ebenso von den innersten Schuppen und dem Zwiebelkuchen befreit, also nur die mittleren fleischigen Schalen ausgewählt; diese werden in Streifen geschnitten, auf Fäden gereiht oder ausgebreitet zunächst an der Sonne, dann bei künstlicher Wärme scharf nachgetrocknet, um den Anforderungen der Arzneibücher gemäss einen hornartig glasigen Bruch zu zeigen, und so in den Handel gebracht. 6 Th. frische geben 1 Th. trockne.

Für die weitere Verwendung bringt man sie in eine mittelfeine Speciesform und bewahrt sie in nicht zu grossen Gläsern mit dichtem Verschluss auf. Das Pulvern der zuvor genügend ausgetrockneten Schalen nimmt man bei sonnigem, trocknem Wetter vor, füllt das äusserst leicht feucht werdende Pulver in kleinere, in der Wärme getrocknete und noch heisse Flaschen, die man sofort verkorkt und durch Eintauchen in geschmolzenes Paraffin gegen Luftzutritt schützt. Bei solcher Aufbewahrung hält sich das Pulver, das sonst leicht zusammenbackt, unverändert; es soll nach Germ. weiss bis gelblich-weiss, nach Austr. und Helv. aber, welche die rothe Varietät aufgenommen haben, fleischroth bis rosenroth sein und darf unter dem Mikroskope nur wenig Stärke und keine Sklerenchymzellen erkennen lassen. (Vergl. oben.) Austr. und Helv. schreiben für die Meerzwiebel vorsichtige Aufbewahrung vor.

Wirkung und Anwendung. Meerzwiebel wirkt auf das Herz, verursacht Pulsfrequenz, Steigerung des Blutdrucks und Vermehrung der Diurese. Ferner wirkt sie brechenerregend und expektorirend. Scillitoxin ist Herzgift, Scillipikrin wirkt weniger energisch auf das Herz, Scillin bewirkt Erbrechen — die frische Zwiebel wirkt örtlich reizend. — Die rothe soll wirksamer sein wie die weisse. Innerlich zu 0,05—0,2, steigend bis zu 0,5 in Pillen, seltener Pulvern; in Aufgüssen (2,0—5,0 : 200,0), weinigen Auszügen häufig in Verbindung mit Digitalis. Grösste Einzelgabe 0,5, grösste Tagesgabe 3,0 (Helv.).

Grösste Gabe für Thiere: Pferde und Rinder 5,0—10,0, Schafe und Ziegen 1,0—2,0, Hunde 0,2—0,5, Katzen 0,1 (Feist).

Pulver mit Scilla sind in Wachskapseln, Pillen mit Pulvis oder Extract. Scillae in Stöpselgläsern zu verabfolgen.

Getrocknete Meerzwiebel ist in Deutschland dem freien Verkehr entzogen. Als starkwirkendes Mittel sollte man sie sammt ihren Zubereitungen nur gegen ärztliche Verordnung abgeben; gesetzlich ist dieses jedoch nur für das Extrakt im Bereiche der Austr., für das Extrakt und die Tinkturen im Bereiche der Germ. vorgeschrieben.

Bulbus Scillae recens, frische Meerzwiebel findet Verwendung zur Herstellung sogen. giftfreier Vertilgungsmittel für Ratten. Bei geringem Verbrauch bezieht man sie am besten je nach Bedarf vom Drogisten; grössere Vorräthe werden zweckmässig in Körben auf trockenen, luftigen Bodenräumen aufbewahrt. Aus den frischen Zwiebeln formt man Rattenkuchen, indem man sie durch eine Fleischhackmaschine gehen lässt, mit Fleisch- oder Leberwurst und Mehl zu einem Teig verarbeitet, diesen wie Pfannkuchen mit Fett bäckt und mit Zucker bestreut. Die ausgelegten, für andere Hausthiere unschädlichen Kuchen werden von den Nagern begierig gefressen und wirken vorzüglich (Caesar und Loretz).

In Griechenland dient die frische Zwiebel zur Bereitung von Branntwein.

Acetum Scillae. Acetum scilliticum. Meerzwiebelessig. Vinaigre ou Acétolé de scille. Vinaigre scillitique. Vinegar of Squill. Germ.: 5 Th. getrocknete Meerzwiebel (II), 5 Th. Weingeist (87 proc.), 9 Th. verdünnte Essigsäure (30 proc.), 36 Th. Wasser lässt man 3 Tage stehen, presst gelinde aus, lässt 24 Stunden stehen und filtrirt. Klar, gelblich. 10 ccm sollen 8,0—8,5 ccm Normal-KOH neutralisiren (= etwa 5 Proc. Essigsäure). — Helv.: 1 Th. Meerzwiebel (II), 1 Th. Weingeist (94 proc.), 9 Th. Essig (5 proc.); nach 8 Tagen auspressen. Gelb. — Austr.: 100,0 getrocknete, klein zerschnittene Meerzwiebel, 100,0 verdünnter Weingeist (60 proc.), 100,0 Wasser, 60,0 verdünnte Essigsäure (20,4 proc.) macerirt man 3 Tage im Perkolator, lässt ablaufen und verdrängt mittels einer Mischung aus 1 Th. verdünnter Essigsäure und 3 Th. Wasser, so dass man 1000,0 Gesammtflüssigkeit erhält. Rothbraun. Enthält etwa 5 Proc. Säure. — Brit.: Aus 125 g Meerzwiebel und 1000 ccm verdünnter Essigsäure (4,27 proc.) bereitet man durch 7 tägige Maceration l. a. 1000 ccm. — U-St.: 100 g Meerzwiebel (No. 30) macerirt man 7 Tage mit 900 ccm verdünnter Essigsäure (6 proc.), seiht durch und bringt durch Nachwaschen mit verdünnter Essigsäure auf 1000 ccm. — Gall.: Aus 100,0 getrockneter Meerzwiebel, 20,0 konc. Essigsäure und 980,0 Essig (7—8 proc.) durch 8 tägige Maceration. — Innerlich zu 20—50 Tropfen, als Höchstgabe sind 5,0, als grösste Tagesgabe 25,0 anzusehen, sowohl innerlich wie als Klystier. Aeusserlich zu Umschlägen, Gurgelwässern (10,0 : 100,0 Wasser). In der Thierheilkunde mit 2 Th. Wasser verdünnt zu Waschungen der Pferde gegen lästiges Jucken. — Meerzwiebelessig ist kühl und vor Licht geschützt aufzubewahren. Obwohl er wegen seines allmählich zurückgehenden Säuregehalts sich wenig zu Saturationen eignet, wird er bisweilen doch noch von Aerzten in dieser Form verordnet. Die nachfolgenden, abgerundeten Zahlen gelten für das etwa 5 Proc. Essigsäure enthaltende Präparat der Austr. und Germ.

Es sättigt:				Es sättigen:		
1,0	Ammon. carbonic.	20,1 Acet. Scillae.		10,0 Acet. Scillae	0,5	Ammon. carbonic.
1,0	Kalium carbonic.	17,4 „ „		10,0 „ „	0,58	Kalium carbonic.
1,0	Kalium bicarbon.	11,9 „ „		10,0 „ „	0,85	Kalium bicarbon.
1,0	Magnes. carbonic.	25,7 „ „		10,0 „ „	0,39	Magnes. carbonic.
1,0	Natrium carbonic.	8,4 „ „		10,0 „ „	1,2	Natrium carbonic.
1,0	Natrium bicarbon.	14,2 „ „		10,0 „ „	0,7	Natrium bicarbon.

† Extractum Scillae. Ergänzb.: 1 Th. Meerzwiebel (IV) zieht man 6 Tage mit 4 Th. verdünntem Weingeist (60 proc.) aus, presst, filtrirt und dampft zum dicken Extrakt ein. Ausbeute 35—40 Proc. — Helv.: Wie Extr. Cascarill. Helv. (Bd. I, S. 670). — Austr.: Wie Extr. Aconiti Austr. (Bd. I, S. 155). Ausbeute 35 Proc. — Gall.: 1 Th. grob gepulv. Meerzwiebel zieht man 10 Tage mit 6 Th., dann 3 Tage mit 2 Th. Weingeist (60 proc.) aus, presst aus, destillirt den Weingeist ab und dampft zum weichen Extrakt ein. Braun, in Wasser fast klar löslich. Nach Austr. und Helv. vorsichtig aufzubewahren. Höchste Einzelgabe 0,2, höchste Tagesgabe 1,0.

Extractum Scillae aquosum, wie Extractum Cascarillae Germ. (Bd. I, S. 670) zu bereiten, ist veraltet; es steht dem vorigen an Wirksamkeit bedeutend nach.

† Extractum Scillae fluidum (U-St.). Fluid Extract of Squill. Aus 1000 g gepulverter Meerzwiebel (No. 20) und q. s. einer Mischung aus 750 ccm 91 proc. Weingeist und 250 ccm Wasser im Verdrängungswege. Man befeuchtet mit 200 ccm, fängt die ersten 750 ccm Perkolat für sich auf und bereitet l. a. 1000 ccm Fluidextrakt.

Oxymel Scillae seu scilliticum. Meerzwiebelhonig. Meerzwiebel-Sauerhonig. Meerzwiebelsaft. — Mellite de vinaigre scillitique. Oxymel scillitique. Oxymel of Squill. Germ., Austr.: 1 Th. Meerzwiebelessig, 2 Th. gereinigten Honig dampft man im Wasserbade auf 2 Th. ein und seiht durch. — Helv.: 3 Th. Meerzwiebelessig, 3 Th. Zucker, 4 Th. gereinigter Honig werden in geschlossenem Gefässe bis zur Auflösung erwärmt und filtrirt. — Brit.: 75 g Meerzwiebel digerirt man 7 Tage mit 75 ccm Essigsäure (33 proc.) und 240 ccm Wasser, presst aus, filtrirt und mischt mit 810 ccm oder soviel gereinigtem Honig, dass der Sauerhonig das spec. Gew. von 1,32 zeigt. — Gall.: 500 Th. Meerzwiebelessig und 2000 Th. weissen Honig dampft man ein, bis die heisse Flüssigkeit das spec. Gew. 1,26 zeigt. — Nat. form.: Wie Germ.

Bei der Darstellung des Meerzwiebelhonigs sind Metallgeräthe zu vermeiden. Im Handverkauf sollte man ihn nur in kleinen Mengen und nicht unvermischt abgeben, da schon Gaben von 1 Theelöffel brechenerregend wirken können. Der Säuregehalt beträgt bei dem Präparat der Austr. und Germ. durchschnittlich 0,9 Proc.

Sirupus Scillae. Meerzwiebelsirup. Syrup of Squill. Brit.: 950 g Zucker löst man unter Erwärmen in 500 ccm Meerzwiebelessig. — U-St.: 800 g Zucker löst man in 450 ccm heissem, filtrirtem Meerzwiebelessig und bringt nach dem Erkalten mit Wasser auf 1000 ccm. — Dresd. Vorschr.: 50 Th. Meerzwiebel, 100 Th. verdünnte Essigsäure (30 proc.), 250 Th. Wasser und 35 Th. Weingeist macerirt man 3 Tage und löst in 320 Th. Seihflüssigkeit 480 Th. Zucker. — Münch. Vorschr.: 3 Th. Meerzwiebelextrakt löst man in 97 Th. weissem Sirup.

† Tinctura Scillae. Meerzwiebeltinktur. Teinture ou Alcoolé de scille. Tincture of Squill. Germ., Helv., Gall.: 1 Th. Meerzwiebel (II), 5 Th. verdünnter Weingeist (60-, Helv. 62 proc.). — Brit.: 200 g Meerzwiebel, 1000 ccm Weingeist (60 vol.-proc.). — U-St.: Aus 150 g gepulverter Meerzwiebel (No. 30) und q. s. einer Mischung aus 750 ccm Weingeist (91 proc.) und 250 ccm Wasser im Verdrängungswege. Man befeuchtet mit 200 ccm und sammelt l. a. 1000 ccm Tinktur. Innerlich zu 10—20 Tropfen mehrmals täglich als harntreibendes Mittel, äusserlich zu Einreibungen bei Wassersucht. Grösste Einzelgabe 2,5 g, grösste Tagesgabe 10 g (Helv.). Nach Helv. vorsichtig aufzubewahren.

Vinum Scillae seu scilliticum. Meerzwiebelwein. Vin ou Oenolé de scille. Vin scillitique. Gall.: Aus 60 Th. Meerzwiebel und 1000 Th. Roussillonwein (Grenache) durch 10tägige Maceration. — Bad. T.: Wie Vinum Condurango Germ. (Bd. I, S. 942). Ex tempore: Extract. Scillae 2,0, Vini Xerensis 100,0.

Elixir pectorale Hufeland.

Rp. Ammoniaci
Benzoës
Fruct. Anisi
Myrrhae
Succi Liquirit. dep. ãã 5,0
Croci 4,0
Bulbi Scillae
Radic. Helenii
Rhizom. Iridis flor. ãã 10,0
Spiritus diluti 120,0.

Vermehrt man die Weingeistmenge auf 200,0 so erhält man das Elixir pectorale Wedel.

Extractum Scillae solidum (Dieterich).

Rp. 1. Bulbi Scillae conc. 1000,0
2. Aquae destill. 5000,0
3. Aquae dest. ebull. 400,0
4. Spiritus 100,0
5. Sacchari Lactis pulv. q. s. ad 1000,0.

Man zieht 1 zuerst 24 Stunden mit 2 aus, presst aus, übergiesst mit 3, presst nach 1 Stunde, mischt die Auszüge mit 4, filtrirt nach 48 Stunden, löst 600,0 von 5, dampft zum dicken Extrakt ein, trocknet und bringt mit 5 auf 1000,0.

Gliricin. Electuarium gliricidum.
Meerzwiebelpasta. Rattentod.

Rp. Adipis suilli tost. (Bratenfett) 450,0
Bulb. Scill. recent. contus. 500,0
Amygdalar. amar. cont.
Lactis vaccin. ãã 25,0.

Mäuseweizen, giftfreier.

Man lässt Weizen in einem Infus. Scillae conc. (1 : 5) quellen, solange er davon noch aufnimmt und trocknet bei gelinder Wärme.

Mellitum Scillae.

Rp. Extract. Scillae 3,0
Mellis depurati 97,0.

Oxymel antihydropicum v. SKODA.

Rp. Extract. Scillae 0,5
Extract. Graminis 10,0
Oxymellis Scillae 90,0.

Pilula Scillae composita (Brit.).
Compound Squill Pill.

Rp. Ammoniaci pulv. 20,0
Bulbi Scillae „ 25,0
Rhizom. Zingiber. pulv. 20,0
Saponis duri pulv. 20,0
Sirup. Glucosi 20,0 vel q. s.
formt man zur Masse. Dosis 0,25—0,5.

Pulpa e bulbo Scillae (Gall.).
Pulpe de scille.

Man schabt die Zwiebeln auf einer Reibe und treibt durch ein Haarsieb.

Pulvis diureticus (Form. Berol.).

Rp. Bulbi Scillae pulv.
Folior. Digitalis „ ää 0,05
Cort. Cinnamomi „ 0,15
Boracis „ 0,5
Tartari depurati 1,0
Olei Juniperi gtts. II.

Dent. tal. dos. X. ad chart. cerat. Täglich 2—3 Stück.

Pulvis Scillae boraxatus.

Rp. Bulbi Scillae pulv. 1,0
Boracis „ 10,0
Sacchari albi „ 19,0
Tartari depurati 70,0.

Sirupus Chondri compositus (Nat. form.).
Compound Syrup of Chondrus or of Irish Moss.

Rp. 1. Carrageen 1,0 g
2. Aquae destill. 60,0 ccm
3. Aquae fervidae 60,0 „
4. { Extract. Ipecac. fluid. (U-St.) 1,0 „
Extract. Scillae „ „ 16,0 „
Extract. Senegae „ „ 16,0 „
Tinct. Opii camphorat. „ 28,0 „ }
5. Talci purificati 15,0 „
6. Aquae destillat. 325,0 „
7. Sacchari 650,0 g
8. Aquae destill. q. s. ad 1000,0 ccm.

Man bereitet aus 1 und 2 durch Maceriren, dann $^1/_4$stündiges Erhitzen im Dampfbade, Durchseihen und Nachwaschen mit 3 einen Schleim, ferner durch Mischen von 4 mit 5 und 6, Absetzenlassen und Filtriren eine klare Lösung; man mischt beide Flüssigkeiten, löst 7 und bringt durch Nachwaschen des Filters mit 8 auf 1000 ccm.

Sirupus Scillae compositus.
Compound Syrup of Squill.
United States.

Rp. 1. Extract. Scillae fluidi 80,0 ccm
2. Extract. Senegae fluidi 80,0 „
3. Calcii phosphorici praecip. 10,0 g
4. Tartari stibiati 2,0 „
5. Sacchari 750,0 „
6. Aquae destillat. q. s. ad 1000,0 ccm.

Man dampft 1 und 2 auf 100 g ein, mischt mit 350 ccm von 6, fügt 3 hinzu, filtrirt und bringt durch Nachwaschen des Filters mit 6 auf 400 ccm, fügt 4 in 25 ccm heissem Wasser gelöst, hinzu, löst 5 und bringt mittels 6 auf 1000 ccm.

Bad. Taxe und Dresd. Vorschr.

Rp. Cort. Cinnamom. 2,5
Rhizom. Zingiber. 2,5
Aceti Scillae 50,0
macerirt man 3 Tage und löst
im Filtrat 40,0
Sacchari 60,0.

Tinctura Scillae kalina (Ergänzb.).

Rp. Bulbi Scillae conc. 16,0
Kali caustici fusi 2,0
Spiritus diluti (60 proc.) 100,0.

Innerlich zu 10—20—30 Tropfen.

Vinum Scillae compositum.

Vinum diureticum (Helv.). Harntreibender Wein. Meerzwiebelwein. Vin de scille composé de la Charité (Gall.). Oenolé de scille composé. Vin diurétique amer de la Charité.

Helvetica.

Rp. Bulbi Scillae (II)
Macidis (II)
Fruct. Juniperi (I)
Radic. Angelicae (III)
Rhizom. Calami (III) ää 3,0
Fol. Melissae (II)
Herb. Absinthii (II) ää 6,0
Cortic. Chinae (IV)
Cortic. Citri (II)
Cortic. fruct. Aurant. (II) ää 12,0
Spiritus (94 proc.) 40,0
Vini albi 760,0.

Man macerirt zuerst 12 Stunden mit dem Weingeist, fügt dann den Wein hinzu, presst nach 10 Tagen und filtrirt. Klar, gelblich.

Gallica.

Rp. Radic. Angelicae
Radic. Vincetoxici
Bulbi Scillae ää 15,0
Cort. Chinae griseae
Cort. Winterani ää 60,0
Fol. Melissae
Herb. Absinthii ää 30,0
Fruct. Juniperi
Macidis ää 15,0
Cort. Citri recent. 30,0
Spiritus (60 proc.) 200,0
Vini albi 4 l.

Man macerirt 10 Tage, presst und filtrirt.

Dresdener Vorschrift.

Rp. Bulbi Scillae 3,0
Folior. Digitalis 6,0
Fruct. Juniperi 30,0
Kalii acetici 9,0
Spiritus 50,0
Vini albi 400,0.

4 Tage zu maceriren.

Münchener Nosokomialvorschrift.

Rp. Bulbi Scillae
Cort. Aurantii fruct.
Fruct. Juniperi
Radic. Ononidis
Rhizom. Calami ää 10,0
Vini Xerensis 1000,0.

8 Tage maceriren, abseihen, filtriren. Braune Flüssigkeit.

Vinum scilliticum seu Juniperi alkalisatum.

Rp. Bulbi Scillae 30,0
Cortic. Cinnamom. 15,0
Fruct. Juniperi 40,0
Rhizom. Zedoariae 15,0
Kalii carbonici 10,0
Spiritus 50,0
Vini albi 1000,0.

Vet. Boli antasthmatici WHITE.
Bissen gegen Dämpfigkeit der Pferde.

Rp. Ammoniaci 20,0
Asae foetidae 5,0
Bulbi Scillae 30,0
Fruct. Anisi 15,0
Opii 1,0
Spiritus saponat. 7,5.

Mittels q. s. Aqua formt man 10 Boli. Täglich 2 bis 3 Stück.

COXE's hive-syrup, Keuchhustensaft. Ein Infus. Scillae und Serpentariae āā 10,0 : 100,0, mit Mel und Sacchar. āā 50,0 zum Sirup gemacht, dazu 0,025 Tart. stibiatus.

Eutodome von SONNTAG ist dem Gliricin ähnlich zusammengesetzt.

FINN's Wassersuchtpulver: Jalape, Päonienwurzel je 7,5, Meerzwiebel 5,0, Kaliumsulfat 15,0 (Pharm. Zeitg.).

Gichtwein von MÜLLER in Coburg. Weisswein mit wenig Meerzwiebelaufguss und Spuren Brechweinstein.

GOERING's Familiensalbe. Enthält Fett, Wachs, Terpentin und den Saft von Ornithogalum

DR. MOTH's Brustsirup. Eine Mischung aus Aq. Amygdal. am., Aq. Foeniculi, Extr. Marrubii, Oxymel Scillae, Spir. aether., Sirup. Althaeae und Liquiritiae.

Pulmonic Wafers, LOCOCK's. Oblaten aus Zucker, Stärke, Gummi, Scilla, Ipecacuanha, Lactucarium.

Tord-boyaux von GUÉRARD & Co. ist ein Rattengift aus Scilla und Bratentalg in Form kleiner Würste.

Scolopendrium.

Gattung der **Filicales — Polypodiaceae — Aspleneae.**

Scolopendrium vulgare Sm. Heimisch auf der nördlichen Halbkugel. Blätter büschelig, kurz gestielt, aus herzförmiger Basis lanzett-zungenförmig, meist ganzrandig. Stiel und Unterseite der Spindel mit Spreuschuppen. Sori lineal und seitenständig, immer zwei derselben einander genähert, das eine auf dem vorderen Aste eines Seitennerven, das andere auf dem hinteren Aste des folgenden sitzend, die Indusien an den einander zugekehrten Rändern frei.

Liefert **Folia Scolopendrii. Folia linguae cervinae seu Phyllitidis. — Hirschzunge. — Fronde de scolopendre** (Gall.) gegen Lungenkrankheiten als Diureticum und Diaphoreticum.

Scopolaminum.

Als „Skopolamin" wird die von E. SCHMIDT aus Solaneen abgeschiedene Base $C_{17}H_{21}NO_4$ bezeichnet. Dieser Base ist früher die Zusammensetzung $C_{17}H_{23}NO_3$ zugeschrieben worden; sie galt nach dieser Zusammensetzung als isomer mit Atropin und Hyoscyamin und wurde aus diesem Grunde auch Hyoscin genannt. Der letztere Name hat sich denn auch noch in einigen Arzneibüchern erhalten.

I. †† Scopolaminum. Hyoscinum. Hyoscine. $C_{17}H_{21}NO_4$. Mol.-Gew. 303. Die Base kommt vor in kleinen Mengen in vielen Solaneen, relativ reichlich (zu 0,02—0,03 Proc.) in den Samen von *Hyoscyamus niger* L., und in den Blättern von *Duboisia myoporoïdes* R. Br., ferner in der Wurzel von *Scopolia japonica.* Ausserdem ist es enthalten im Stechapfelsamen und in der Belladonnawurzel.

Darstellung. Die Samen von *Hyoscyamus niger* werden mit 80—85 procentigem Weingeist ausgezogen; der Weingeist wird im Vakuum abdestillirt. Das hinterbleibende Extrakt scheidet sich nach mehrtägigem Stehen in einen wässerigen Theil, welcher die Alkaloide als Salze organischer Säuren enthält, und in eine obenauf schwimmende Fettschicht. Man beseitigt die Fettschicht, setzt die Basen durch Zufügung von Alkali in Freiheit und schüttelt mit Aether aus. Die entwässerte Aetherlösung hinterlässt nach dem Verdunsten das Alkaloidgemenge als Sirup, aus welchem bei längerem Stehen das Hyoscyamin auskrystallisirt. Die von letzterem abgepresste Mutterlauge enthält neben einer anderen amorphen Base, welche als „*Hyoscyaminum amorphum coloratum*“ in den Handel kommt, das Skopolamin. In ähnlicher Weise werden aus den Blättern von *Duboisia myoporoïdes* die Rohalkaloïde gewonnen.

Aus den Rohalkaloiden scheidet man im Laboratorium das Skopolamin auf dem Umwege des Golddoppelsalzes ab; die Fabriken wenden einfachere, aber geheim gehaltene Methoden an, welche jedenfalls die Abscheidung durch Vermittelung einer schwer löslichen Verbindung des Skopolamins bewirken.

Eigenschaften. Die freie Base bildet luftbeständige, ziemlich ansehnliche Krystalle, welche in Wasser wenig löslich, dagegen in Alkohol, Aether, Chloroform und verdünnten Säuren leicht löslich sind. Die alkoholische Lösung besitzt alkalische Reaktion. Die Formel der Base ist $C_{17}H_{21}NO_4 + H_2O$. Im lufttrocknen Zustande schmelzen die Krystalle bei 59° C. zu einem farblosen Liquidum, welches auch nach längerer Zeit nicht wieder fest wird. Ueber Schwefelsäure verwandeln sich die Krystalle allmählich, unter Gewichtsverlust, in eine farblose, amorphe, fast glasartige Masse, die nicht wieder zur Krystallisation gebracht werden konnte. Es scheint überhaupt, als ob die Bedingungen, unter welchen krystallisirtes Skopolamin erhalten werden kann, noch nicht genau erforscht sind.

In seinem Verhalten gegen Reagentien nähert sich das Skopolamin ausserordentlich dem Hyoscyamin und Atropin:

Die schwach salzsaure Lösung wird durch Kaliumquecksilberjodid gelblich weiss, durch Phosphorwolframsäure und Quecksilberchlorid weiss gefällt. Gerbsäure giebt keinen Niederschlag, Platinchlorid fällt koncentrirte Lösungen gelb, in verdünnten entsteht kein Niederschlag. Jodsäure bewirkt eine braune Fällung, Pikrinsäure scheidet ein gelbes Pikrat ab. Alkalien und Ammoniak erzeugen nur in koncentrirten Lösungen ölige Niederschläge, verdünnte Lösungen werden nicht gefällt.

Charakteristisch für das Skopolamin ist das Goldchloriddoppelsalz, $C_{17}H_{21}NO_4 . HCl . AuCl_3$. Dasselbe entsteht durch Fällung der mit Salzsäure schwach angesäuerten Lösung des Skopolaminhydrochlorids mit Goldchlorid. Es bildet, aus Wasser umkrystallisirt, breite, gelbe, glänzende Nadeln, die bei 212—214° C. schmelzen. (Das Hyoscingoldchlorid-Ladenburg schmilzt bei 198° C..)

Uebergiesst man Skopolamin oder eins seiner Salze mit einigen Tropfen rauchender Salpetersäure und trocknet auf dem Dampfbade ein, so bleibt ein kaum gelb gefärbter Rückstand, welcher, nach dem Erkalten mit alkoholischer Kalilauge übergossen, eine violette Färbung giebt, die nach kurzer Zeit in eine rothe übergeht. Diese Farbenreaktion hat das Skopolamin mit dem Atropin und Hyoscyamin (auch Hyoscin-Ladenburg?) gemein. Ebenso wirkt es wie diese erweiternd auf die Pupille des menschlichen Auges. Die Salze des Skopolamins reagiren schwach sauer und krystallisiren meist gut.

Das Skopolamin hat nach E. Schmidt die Zusammensetzung $C_{17}H_{21}NO_4$, es ist demnach mit dem Kokaïn isomer. Beim Behandeln mit Alkalien oder mit Barytwasser wird es gespalten unter Bildung von Atropasäure und einer Skopolin genannten Base:

$$\underset{\text{Skopolamin}}{C_{17}H_{21}NO_4} = \underset{\text{Atropasäure}}{C_6H_5-C{<}^{CH_2}_{CO_2H}} + \underset{\text{Skopolin}}{C_8H_{13}NO_2}$$

während das Hyoscin-Ladenburg unter den gleichen Bedingungen in Tropasäure und Pseudotropin gespalten wird: $C_{17}H_{23}NO_3 + H_2O = C_9H_{10}O_3 + C_8H_{15}NO$.

Das oben erwähnte Skopolin stellt farblose, bei 110° C. schmelzende Krystalle dar und siedet bei 241—243° C.

Aufbewahrung. Sehr vorsichtig. ***Anwendung.*** Nur als Ausgangsmaterial zur Darstellung der Skopolamin- (bezw. Hyoscin-) Salze.

II. †† Scopolaminum hydrobromicum (Germ.). Skopolaminhydrobromid. Hyoscinum hydrobromicum (Helv.). Hyoscinae Hydrobromidum (Brit.). Hyoscinae Hydrobromas (U-St.). Hyoscinhydrobromid. $C_{17}H_{21}NO_4.HBr + 3H_2O$. Mol. Gew. = 438.

Darstellung. Um aus der freien Base das officinelle Hydrobromid zu gewinnen, stellt man mittels verdünnter Bromwasserstoffsäure eine schwach saure Lösung desselben her, verdunstet diese bei gelinder Wärme, am besten im Vakuum, zur Sirupdicke und bringt einen gut ausgebildeten Krystall des Hydrobromids hinzu. Nach einigen Tagen ist die Krystallisation beendet, die Krystalle werden von der Lauge befreit und bei etwa 30° C. getrocknet.

Eigenschaften. Das Skopolaminhydrobromid bildet rhombische Krystalle, welche sich durch Grösse und Schärfe der Flächen auszeichnen: sie sind völlig farblos und durchsichtig und können bei Darstellung in grösserem Maassstabe leicht in Grössen von 5—7 cm erhalten werden. In warmer Luft beginnen sie zu verwittern; bei 100° C. wird das Salz völlig wasserfrei. Der theoretische Gehalt an Krystallwasser beträgt 12,33, entsprechend der Formel $C_{17}H_{21}NO_4 . HBr + 3 H_2O$ für das lufttrockne Salz. Das bei 100° C. getrocknete Salz beginnt bei 187° C. zu erweichen und ist bei 191° C. vollständig geschmolzen. In Wasser sowie in Weingeist ist das Skopolaminhydrobromid leicht löslich; die Lösung reagirt gegen Lackmus schwach sauer. Von Chloroform wird es nur wenig, von Aether fast gar nicht gelöst.

Das Skopolaminhydrobromid des Handels besteht in der Regel aus Bruchstücken grösserer Krystalle, bisweilen hat es auch die durch gestörte Krystallisation erhaltene kleinkrystallisirte Form. Letzteres Präparat ist vorzuziehen, weil es sich leichter dispensiren lässt.

Prüfung. 1) 0,05 g des Salzes, bei Luftzutritt erhitzt, müssen ohne einen Rückstand zu hinterlassen, verbrennen. — 2) Die wässerige Lösung des Skopolaminhydrobromids (1 = 60) wird durch Silbernitrat infolge Ausscheidung von Silberbromid gelblich gefällt; durch Natronlauge wird sie weisslich getrübt, infolge Ausscheidung der freien Skopolaminbase. Diese Trübung tritt nur ein auf Zusatz einer reichlichen Menge Natronlauge, und sie verschwindet nach einiger Zeit wieder, indem das Skopolamin weiter zersetzt wird. — Dagegen wird die wässerige Lösung (1 : 60) durch Ammoniakflüssigkeit nicht gefällt. Hierdurch unterscheidet sich das Skopolamin von anderen Basen, mit denen es gelegentlich verwechselt werden könnte.

Aufbewahrung. Das Skopolaminhydrobromid ist eins der heftigsten Pflanzengifte; es muss daher sehr vorsichtig aufbewahrt werden. Wird das Präparat, vor Feuchtigkeit geschützt, in kleinen gut verschlossenen Gefässen untergebracht, so hält es sich Jahre lang unverändert.

Anwendung. Das Skopolaminhydrobromid dient als äusserliches und innerliches Arzneimittel. Aeusserlich findet es als Mydriaticum die nämliche Anwendung wie Atropin und Homatropin; es erweitert die menschliche Pupille rascher, als dies durch eine gleich starke Atropinlösung geschieht, die Erweiterung ist auch eine stärkere, ihre Dauer aber kürzer. Zum Einträufeln in's Auge benutzt man in der Regel eine Lösung von 1 : 400. Innerlich ist es ein sehr energisches Hypnoticum (Narkoticum), und zwar wird es hauptsächlich bei Aufregungszuständen Geisteskranker bezw. Tobsüchtiger gegeben. Die übliche Dosis ist 0,0005—0,001 (!) g. Auch subkutan wird es angewendet; der Schlaf tritt gewöhnlich 10—12 Minuten nach der Einspritzung ein und dauert 6—8 Stunden. Die Dosis für subkutane Injektionen beträgt 0,0001—0,001 g.

Höchstgaben: *pro dosi* 0,0005 g (Helv.) 0,001 g (Germ. IV), *pro die* 0,002 g (Helv.) 0,003 g (Germ. IV). Pro injectione: *dosis simplex* 0,0002 g, *pro die ad injectionem* 0,001 g (Helv.).

III. †† Scopolaminum hydrochloricum. (Ergänzb.). **Skopolaminhydrochlorid (Hyoscinum hydrochloricum, Hyoscinhydrochlorid). $C_{17}H_{21}NO_4 . HCl + 2 H_2O$. Mol. Gew. = 375,5.**

Farblose, prismatische Krystalle oder ein farbloses krystallinisches Pulver, aus nadelförmigen Krystallen bestehend. Sehr leicht löslich in Wasser, leicht löslich in Weingeist. Die wässerige Lösung reagirt schwach sauer. In der wässerigen Lösung erzeugt Silbernitrat einen weissen, in Salpetersäure unlöslichen, in Ammoniakflüssigkeit aber löslichen Niederschlag von Silberchlorid. Gegen Natronlauge und Ammoniak, ferner bei der Farbenreaktion durch Eindampfen mit rauchender Salpetersäure verhalte es sich wie das bromwasserstoffsaure Salz, bezw. wie die freie Base.

Sehr vorsichtig aufzubewahren. Höchstgaben: *pro dosi* 0,0005 g, *pro die* 0,0015 g (Ergänzb.). **Man** wird diese Dosen aber unbedenklich auf 0,001 bis 0,003 g steigern dürfen.

IV. †† Scopolaminum hydrojodicum (Ergänzb.). **Skopolaminhydrojodid (Hyoscinum hydrojodicum, Hyoscinhydrojodid).** $C_{17}H_{21}NO_4 . HJ$. **Mol. Gew. = 431.** Zur Darstellung neutralisirt man 10 Th. krystallisirtes Skopolamin (mit 16 Th. Jodwasserstoffsäure von 25 Proc.), dunstet die Lösung zur Trockne und krystallisirt den Salzrückstand aus heissem Alkohol ein.

Farblose, durchscheinende, kompakte, prismatische Krystalle oder deren Fragmente, in Wasser mässig leicht, in Alkohol schwerer löslich. Die wässerige Lösung ist neutral oder reagirt nur ganz schwach sauer. Die wässerige Lösung des Salzes (1 : 60) wird durch Silbernitrat gelb gefällt; der Niederschlag ist sowohl in Salpetersäure als auch in Ammoniakflüssigkeit unlöslich. Durch Natronlage wird die wässerige Lösung weiss getrübt, durch Ammoniakflüssigkeit dagegen nicht verändert (s. oben). — Wird 0,01 g Skopolaminhydrojodid mit 5 Tropfen rauchender Salpetersäure im Wasserbade in einem Porcellanschälchen eingedampft, so erhält man einen schwach gelblich gefärbten Rückstand, welcher erkaltet beim Uebergiessen mit weingeistiger Kalilauge (1 : 10) eine violette Färbung annimmt. Bei Luftzutritt erhitzt, verbrennt es, ohne einen Rückstand zu hinterlassen.

Sehr vorsichtig aufzubewahren. Höchstgaben: *pro dosi* 0,0005 g, *pro die* 0,0015 g (Ergänzb.). Man wird diese Gaben aber unbedenklich auf 0,001—0,003 g steigern dürfen.

Es kann einem Zweifel nicht unterliegen, dass Skopolamin und Hyoscin *promiscue* zu gebrauchen sind, d. h. wenn Hyoscin und seine Salze verordnet sind, so sind Skopolamin und dessen Salze abzugeben und umgekehrt.

Scrophularia.

Gattung der **Scrophulariaceae — Antirrhinoideae — Cheloneae.**

I. Scrophularia nodosa L. Heimisch in Europa, Centralasien und Nordamerika. Lieferte früher **Herba und Radix Scrophulariae foetidae seu vulgaris.** Neuerdings in Amerika unter dem Namen „Carpenter's square“ in Verwendung. Die Pflanze wirkt auf das Herz giftig, ähnlich wie Digitalis, die wirksamen Bestandtheile sind noch nicht sicher bekannt. Von anderen Bestandtheilen sei Zimmtsäure erwähnt.

Alle grünen Theile der Pflanze führen in den Zellen Sphaerokrystalle.

II. Scrophularia aquatica L. wurde wie I. verwendet.

III. Scrophularia frigida Boiss. Heimisch im Orient. Liefert eine Art Manna.

Sebum.

Als Talg oder Unschlitt bezeichnet man das bei gewöhnlicher Temperatur feste Fett der Thiere, insbesondere der Wiederkäuer. Die diesen Fetten in Bezug auf ihre Konsistenz ähnlichen pflanzlichen Fette werden als Pflanzentalge unterschieden. Ueber Talg im Sinne der Steuerkontrolle s. w. unten.

In der Pharmacie unterscheidet man vorzüglich folgende Talgarten:

Sebum ovile, Schaftalg, Schöpsentalg, Hammeltalg.
Sebum bovinum oder taurinum, Rindstalg, Ochsentalg.
Sebum hircinum, Ziegentalg, Bockstalg.
Sebum cervinum, Hirschtalg.

Von allen diesen Talgarten ist der Rindertalg der am besten haltbare, in der Pharmacie dagegen ist der Hammeltalg der am meisten gebrauchte. Als „Sebum“ haben Austr., Germ., Gall., Brit. und U-St. den Hammeltalg aufgenommen, nach Helv. kann Hammeltalg oder Rindstalg verwendet werden.

I. Sebum ovile (Austr. Germ.). **Sebum** (Helv.). **Sevum** (U-St.). **Sevum praeparatum** (Brit.). **Suif de mouton** (Gall.). **Sebum ovillum. Sebum vervecinum. Hammeltalg. Schöpsentalg. Unschlitt. Inselt. Suet. Moutton-suet. Tallow.** Das harte Fett des Schafes.

Allgemeines. Der officinelle Schaftalg ist meist das Fett des männlichen, durch Kastration zum Hammel gemachten Schafes. Dieses gehört zu der grossen Abtheilung der mit Placenta versehenen Säugethiere, der Placentalia, zu den Wiederkäuern (Ruminantia) und unter diesen zu den Cavicornia. Die Wiederkäuer selbst bilden eine Untergruppe der mit paarigen Zehen versehenen Placentalia.

In physiologischer Beziehung ist jeder thierische Talg nichts anderes als Fett und wird nur wegen seiner festeren Beschaffenheit mit einem besonderen Namen belegt. Im thierischen Körper liegt er in den Zellen des Fettgewebes mehr oder weniger durch den ganzen Körper vertheilt, speichert sich aber in bestimmten Theilen besonders auf, so dass man in der Technik für diese Ansammlungen bestimmte Bezeichnungen hat. So spricht man von Eingeweidefett, Herzfett, Taschenfett (von den Genitalien), Lungenfett, Stichfett oder Kammfett (von den Halstheilen), endlich vom Netzfett, welch letzteres für die pharmaceutische Verwendung in Betracht kommt, wenigstens dann, wenn der Apotheker die Darstellung selbst vornimmt.

Alle genannten Fettablagerungen nennt man in der Technik „Rohkern“ und unterscheidet davon als „Rohausschnitt“ das Fett der Beine.

Gewinnung. Im thierischen Organismus ist das Talg genannte Fett in Zellen eingeschlossen; die Aufgabe bei der Gewinnung besteht also darin, das Fett aus diesen Zellen zu befreien, indem man diese mechanisch und chemisch zerstört. Dies geschieht in folgender Weise:

Die Talgmassen werden beim Schlächter bestellt, in thunlichst frischem Zustande bezogen und möglichst rasch verarbeitet, denn während des Sommers kann Rohtalg innerhalb 24 Stunden fauligen Geruch annehmen. Ist die sofortige Verarbeitung nicht möglich, so muss der Rohtalg auf Eis aufbewahrt werden.

Man breitet die vom Schlächter in der Regel zusammengerollten Talgmassen auseinander, entfernt mit dem Messer und den Fingern alle blutigen und häutigen Antheile, wäscht den Talg gut mit fliessendem Wasser und schneidet ihn in kleine Würfel oder schickt ihn durch eine locker gestellte Fleischhackmaschine (um die Zellhäute zu zerreissen). Die so zerkleinerte Masse erhitzt man in einem verzinnten Kupferkessel entweder sehr vorsichtig (!) unter Umrühren (!) über einem gelinden (!) freien Feuer oder ohne besondere Vorsichtsmassregeln im Dampfbade. Die zuerst ausschmelzenden Antheile kolirt man ab, sie geben eine Prima-Sorte Talg, durch weiteres Erhitzen der zurückbleibenden Grieben bei etwas verstärktem Feuer gewinnt man weitere Mengen einer Sekunda-Sorte Talg, die immer noch zu gefärbten Salben verwendbar ist. Die durch heisses Pressen von dem Talg getrennten Grieben werden verfeuert.

Der ausgeschmolzene bezw. abgepresste Talg wird durch Erhitzen im Wasserbade geklärt, erforderlichen Falles durch Erwärmen mit wasserfreiem Glaubersalz entwässert und durch getrocknete (!) Papierfilter im Wasserbadtrichter filtrirt. Man giesst ihn zweckmässig sogleich in Blechformen aus, von denen jede etwa 125 g fasst.

In der Grossindustrie setzt man entweder ein Fünftel sehr verdünnte Schwefelsäure zu, um die Zellhäute zu zerstören, oder schmilzt in Kesseln, in denen eine Dampfschlange liegt. In ersterem Falle werden freies Feuer, Rührwerk und, zur Vermeidung des üblen Geruches, verschlossene Kessel angewendet.

Handelswaare. Grosse Mengen Talg kommen aus Holland, Russland, Polen, Süd- und Nordamerika, Australien, Irland. — Diese finden jedoch meist in der Technik, die zwischen besserem oder Lichtertalg und schlechterem oder Seifentalg unterscheidet, Verwendung.

Die Einfuhr wird auf 3—4 Millionen Kilo geschätzt. Sehr bedeutend ist die Gewinnung in Südrussland. Den besten Talg liefert Kasan, Holland, Polen, Irland. Der Handel spricht von Platztalg und Markttalg. Der zu pharmaceutischen Zwecken benutzte Talg ist wohl fast immer das einheimische Produkt grosser pharmaceutischer Laboratorien.

Eigenschaften. Ein weisses oder schwach gelbliches, bei gewöhnlicher Temperatur festes, in der Kälte sprödes Fett von schwachem, nicht ranzigem Geruch. Das spec. Gewicht ist bei 15° C. = 0,937—0,953, bei 100° C. = 0,858—0,860. Der Schmelzpunkt liegt bei etwa 46,5—51,0° C., doch wechselt derselbe je nach der Rasse und dem Fütterungszustand des Thieres, ja der Talg des nämlichen Thieres von verschiedenen Körpertheilen zeigt schon geringe Schwankungen. Beim längeren Lagern des Talges wird der Schmelzpunkt etwas erhöht. Der Erstarrungspunkt des Talges liegt bei etwa 32—36° C. Die Säurezahl ist etwa 0,8—2,0. Die Jodzahl 33,0—46,0. Guter Hammeltalg ist weiss, aussen glatt, auf der Bruchfläche krystallinisch. Er löst sich in ca. 80 Th. Spiritus von 90 Proc., ferner leicht in Aether, Benzin und Amylalkohol. Im Verlaufe der Lagerung wird der Talg allmählich ranzig, es nimmt alsdann ranzigen, bockigen Geruch an und an den Kanten zugleich auch gelbe Färbung.

Von den anderen oben aufgeführten Talgsorten unterscheidet sich der Hammeltalg nicht wesentlich. Chemisch besteht er aus einem Gemenge von Stearinsäure-, Palmitinsäure- und Oelsäureglycerid; der Gehalt an letzterem beträgt 30—40 Proc.

Prüfung. **1)** Guter Hammeltalg muss fast rein weiss sein. Er muss aussen glatt und auf dem Bruche körnig sein. Bei gewöhnlicher Temperatur muss er fest sein und in der Handwärme nur allmählich erweichen. Er darf nicht faulig oder widerlich bockig riechen und an den Kanten nicht gelb gefärbt sein. Die Säurezahl betrage nicht mehr als 2,0. — **2)** Der Schmelzpunkt liegt bei 45—50° C., der Erstarrungspunkt bei 32—36° C. — **3)** Auf Verfälschungen prüft man wie folgt: **a)** man schmilzt eine Probe und beobachtet, ob sich erhebliche Mengen Wasser oder spec. schwerer Mineralsubstanzen abscheiden. Erforderlichen Falles bestimmt man das Wasser durch Trocknen von 3—5 g des Talges bei 100° C. bis zum gleichbleibenden Gewichte, während man suspendirte feste Stoffe auf einem gewogenen Filter sammelt und nach dem Auswaschen mit warmem, wasserfreiem Aether bestimmt. Unter Umständen wird man etwaige mineralische Beimengungen einfach durch eine Aschenbestimmung feststellen, indessen kommen solche Verfälschungen heute wohl kaum mehr vor. — **b)** Man bestimmt die Verseifungszahl nach Köttstörfer, welche (nach S. 510) = 192—195 ist, ferner die Säurezahl. Ist die letztere erheblich höher als 2,0, so würde möglicherweise Stearinsäure zugegen sein, indessen wird eine solche Verfälschung heute kaum noch vorkommen. **c)** Man bestimmt die Jodzahl. Diese beträgt bei normalem Talg 35—45. Eine Erhöhung der Jodzahl wäre z. B. möglich durch Zusatz von Baumwollsamenölstearin, eine Erniedrigung der Jodzahl durch Zusatz von Mineralfett. **4)** Hat man festzustellen, ob ein Fett aus Talg besteht, so wird man namentlich die Konstanten der Fettsäuren (s. S. 510) bestimmen. Das gleiche Verfahren wird man einzuschlagen haben, wenn die Frage zu beantworten ist, ob zur Bereitung einer Seife Talg oder ein anderes Fett benutzt worden ist. Man beachte hierbei aber, dass Hammeltalg sich analytisch vom Rindstalg oder Hirschtalg nicht wesentlich unterscheidet.

Aufbewahrung. An einem kühlen Orte, zweckmässig in trockene Brunnenkruken abgefüllt, welche durch Korken gut verschlossen werden. Zum Gebrauche wird der Kork dieser Brunnenkruken entfernt, der Talg durch Einstellen der Kruken in warmes Wasser geschmolzen und hierauf aus den Kruken ausgefüllt. — Im Handverkauf pflegt man den Talg in Form von Tafeln abzugeben. Es empfiehlt sich, den Talg hierzu unbedingt zu filtriren und ihn alsdann in polirte Zinnformen auszugiessen. Die Abgabe erfolgt unter Einwickeln in Wachspapier oder Stanniol, auch in Form von Stangen, welche in Schiebedosen untergebracht sind. Man halte diesen Talg aber nicht erheblich länger als ca. 4 Wochen vorräthig und verwende die alsdann verbleibenden Reste zu geringen Salben oder Pflastern.

Sebum salicylatum. Salicyltalg. 1) Austr.: Man digerirt Benzoës pulverati 10,0 mit Sebi ovilis 100,0 während einer Stunde im Wasserbade, kolirt und löst in der Kolatur Acidi salicylici 2,0. Es wird sich empfehlen, das fertige Präparat noch im Heisswassertrichter zu filtriren. — 2) Germ.: Acidi salicylici 2,0 und Acidi benzoici (e resina Germ. IV) 1,0 werden in Sebi ovilis 97,0, welches im Wasserbade geschmolzen ist, gelöst.

Sebum benzoïnatum. Benzoïnirter Talg. 1) Helv.: Sebi ovilis vel taurini 100,0 werden mit Benzoës grosse pulverati 2,0 in der unter Adeps angegebenen Weise (s. Bd. I, S. 159) benzoïnirt. — 2) Ergänzb.: Acidi benzoïci (e resina Germ. IV) 1,0 werden in Sebi ovilis 99,0, welche im Dampfbade geschmolzen sind, gelöst.

Geschirr-Präservativ. Eine zusammengeschmolzene Mischung aus Sebi ovilis 1,5 kg, Cerae flavae 0,5 kg, Olei Terebinthinae 0,5 kg. Man reibt das Leder ein und lässt es an einem lauwarmen Orte einziehen.

Knochenöl der Uhrmacher ist gereinigtes Klauenöl.

Löthfett. Man schmilzt 45 Th. Kolophonium mit 45 Th. Rindstalg und rührt unter die erkaltende Masse 10 Th. fein gepulvertes Ammoniumchlorid.

II. Sebum bovinum. Sebum taurinum. Rindstalg. Ochsentalg. Suif de veau (Gall.). **Suif de boeuf. Suet of beef. Oxtallow.** Der vom Rinde, namentlich vom Ochsen gewonnene Talg. Er ist dem Hammeltalg fast vollkommen gleich, analytisch von diesem nicht zu unterscheiden und zeigt von diesem folgende geringe Abweichungen: Rindstalg ist weniger weiss als Hammeltalg, auch etwas weniger fest, dagegen ist er von milderem Geschmack (deshalb seine Verwendung als Speisefett) und sehr schwachem, nicht bockigem Geruche und von grösserer Haltbarkeit als dieser. Spec. Gewicht bei 15° C. = 0,943—0,952, bei 100° C. = 0,860—0,861. Säurezahl 0,4—1,2, Schmelzpunkt 42,0—46,0° C. Erstarrungspunkt des Talges ca. 35—37° C. Jodzahl = 35,4—44,0.

Rindstalg besteht ebenso wie Hammeltalg aus Stearinsäure-, Palmitinsäure- und Oelsäureglycerid; der Gehalt an letzterem beträgt etwa 45 Proc.

Durch kalte Pressung wird der Talg in einen härteren Pressrückstand (Presstalg) und ein flüssiges Oel (Talgöl) zerlegt. Der Presstalg besteht im wesentlichen aus Stearinsäure- und Palmitinsäureglycerid, das Talgöl im wesentlichen aus Oelsäureglycerid.

III. Sebum cervinum. Hirschtalg. Rehtalg. Der von Hirschen und Rehen gewonnene Talg. Er ist nicht Handelsartikel, kann aber gelegentlich von Förstern und Wildhandlungen erhalten werden. Seinen physikalischen und chemischen Eigenschaften nach steht er dem Hammeltalg und Rindstalg sehr nahe; analytisch lässt er sich von diesen kaum unterscheiden.

Spec. Gewicht bei 15° C. = 0,957, bei 100° C. = 0,895; Säurezahl = 0,6. Jodzahl 32,3. Schmelzpunkt 47° C. (E. Dieterich.)

IV. Sebum hircinum. Ziegentalg. Bockstalg. Ist dem Hammeltalg sehr ähnlich, hat aber einen eigenthümlichen Geruch, welcher bedingt wird durch die Anwesenheit eines von Chevreul „Hircin" genannten, flüchtigen Stoffes. Ziegentalg wird dem Apotheker nur ausnahmsweise einmal unter die Hände kommen.

Oleum Tauri pedum. Axungia pedum Tauri. Rinderklauenfett. Ochsenpfotenfett. Klauenöl. Das Fett aus den Klauen der Rinder. Die Fetttheile werden den Klauen entnommen, zerschnitten und in kochendes Wasser eingetragen. Nach dem Erkalten wird das an der Oberfläche des Wassers abgesonderte Fett abgehoben, im Wasserbade erhitzt und kolirt. Es ist ein weisses oder weissliches, dickflüssiges Fett und zeichnet sich dadurch aus, dass es über ein Jahr aufbewahrt werden kann, ohne ranzig zu werden. Deshalb ist es ein vortreffliches Material für Haarpomaden. Durch Zusatz von Paraffin, gelbem Wachs oder Kacaoöl macht man es konsistenter. Das käufliche, aus Nord-Amerika kommende Klauenfett ist nicht selten mit anderen Fetten vermischt.

Um aus dem Klauenfett ein Schmieröl für Wand- und Thurmuhren darzustellen (Uhrenöl), löst man es in einem doppelten Volumen Benzin und stellt an einen Ort mit einer Temperatur von + 3 bis — 1°. Nach einem Tage dekanthirt man die klare Flüssigkeit und destillirt das Benzin im Wasserbade ab. Der Rückstand wird nach dem Erkalten mit $^1/_{20}$ seines Gewichtes feingepulvertem Natriumbikarbonat wiederholt durchschüttelt, dann zum Absetzen einige Wochen in dicht geschlossener Flasche bei Seite gestellt und endlich filtrirt.

Medulla bovina. Medulla bovis. Medulla ossium bovis. Sebum medullare. Moelle de boeuf. (Gall.) **Ochsenmark. Rindermark. Rindermarkfett.** Diese Fettsubstanz kommt im Handel nicht vor. Der Apotheker schmilzt sie selbst aus dem frischen, den grösseren Röhrenknochen des Rindes entnommenen, in kleine Stücke zerschnittenen Marke in der Wärme des Wasserbades aus, giesst es durch Gaze und füllt mit dem noch warmen flüssigen Fette Flaschen von 50—100 ccm Rauminhalt. Nach dem Erkalten werden in jede Flasche circa 2,0 Weingeist gegeben, die Flaschen dann dicht verkorkt und an einem dunklen Orte aufbewahrt. Für den Gebrauch werden die Flaschen geöffnet, nach dem Abgiessen und Abtropfenlassen des Weingeistes im Wasserbade erhitzt etc.

Das Rindermarkfett ist ein weissgelbliches starres Fett, etwas härter als Butter und etwas weicher als Talg, ohne Geruch und von mildem Geschmack. Es hält sich viele Monate hindurch, ohne ranzig zu werden, und ist daher eine ganz vorzügliche Fettmasse für kosmetische Pomaden. Zuweilen verordnen es Aerzte zu Salbenmischungen. Obgleich es in der oben angegebenen Weise aufbewahrt noch nach einem Decennium nichts Ranziges aufweist, sein Vorräthighalten also keine Schwierigkeit darbietet, so pflegt man dennoch häufig folgende, das Rindermark angeblich ersetzende Fettmischung zu dispensiren.

Medulla bovina factitia. Medulla ossium factitia. Eine in gelinder Wärme bewirkte Mischung aus 6,5 Schweinefett und 3,5 Kakaoöl, oder aus 3,5 bestem Olivenöl und 6,5 Kakaoöl.

Das Rindermarkfett ist nicht zu verwechseln mit dem Knochenfett, welches bei Darstellung des Knochenmehls als Nebenproduct gewonnen wird. Dieses ist etwas weicher als Schweinefett und wird besonders zu Maschinenschmieren, Wagenschmiere und Seife verarbeitet.

V. Pflanzentalge. Unter diesem Namen werden zur Zeit mehrere pflanzliche Fette aus überseeischen Ländern in den europäischen Handel gebracht, welche ihrer mehr oder weniger harten Konsistenz nach den thierischen Talgen sich mehr oder weniger nähern. Diese Talge sind namentlich als Material zur Seifen- und Kerzenfabrikation wichtig und besonders dann, wenn sie zu den billigen Zollsätzen der talgartigen Fette eingeführt werden können. Die wichtigsten sind die folgenden:

Chinesischer Talg. Stillingiatalg. Vegetabilischer Talg. Oleum Stillingiae. Suif d'arbre. Suif végétal de Chine. Vegetable tallow of China. Das aus den Samen des chinesischen Talgbaumes Stillingia sebifera Mchx. gewonnene harte Fett. Spec. Gewicht bei 15° C. = 0,918, Schmelzp. 35—44,5° C., Schmelzp. der Fettsäuren 56—57° C. Es besteht vornehmlich aus Palmitinsäureglycerid neben wenig Stearinsäureglycerid und findet in Europa zur Kerzen- und Seifenfabrikation Verwendung. — In den Handel gelangt dieser Talg in harten, brüchigen, aussen röthlich bestäubten, innen matt weissen Stücken. Im reinen Zustande macht er keine Fettflecken.

Malabartalg. Vateriafett. Pineytalg. Pflanzentalg. Suif de Piney. Malabar tallow. Piney tallow. Das aus den „Butterbohnen", den Samen von Vateria indica L. gewonnene harte Fett. Es ist im frischen Zustande grünlich gelb; bleicht an der Luft rasch aus und steht an Härte und Zähigkeit dem Schaftalg nahe. Spec. Gew. bei 15° C. = 0,915, Schmelzp. 36—42° C., Erstarrungspunkt 30,5° C., Verseifungszahl 191,9. Schmelzpunkt der Fettsäuren 56,6° C., Erstarrungspunkt der Fettsäuren 54,8° C. Eine Probe enthielt nach Benedikt 19 Proc. freie Fettsäuren.

Sheabutter. Galambutter. Beurre de Cé. Beurre de Shee. Suif de Noungou. Das aus den Samen von Bassia Parkii DC. gewonnene Fett. Es hat bei gewöhnlicher Temperatur Butterkonsistenz, ist grauweiss, zähe und klebrig und von aromatischem Geruch. Es enthält 3—6 Proc. eines wachsartigen Körpers und besteht sonst ausschliesslich aus Stearinsäureglycerid und Oelsäureglycerid, welche sich darin im Verhältniss 7 : 3 finden.

Spec. Gewichte bei 15° C. = 0,953—0,955, bei 100° C. = 0,859. Schmelzp. 28—29° C., Erstarrungspunkt 21—22° C., Verseifungszahl 192,3. — Die Fettsäuren schmelzen bei 39,5° C. und erstarren bei 38° C. Das Fett wird zur Seifenfabrikation verwendet.

Illipe-Oel. Mahwabutter. Bassiaöl. Das Fett aus den Samen von Bassia longifolia L. und Bassia latifolia Roxb. Es ist schmalzartig, im frischen Zustande gelb, bleicht aber an der Luft rasch aus und wird ranzig. Unter dem Mikroskop lassen sich Fettkrystalle erkennen. Das Fett enthält viel freie Fettsäuren und nur wenig Glycerin. 100 Th. der Fettsäuren bestehen aus 63,5 Th. Oelsäure und 36,5 Th. fester Fettsäuren, vornehmlich Palmitinsäure.

Spec. Gewichte bei 15° C. = 0,9175, Schmelzpunkt = 25,3° C., Erstarrungspunkt 17,5—18,5° C. Verseifungszahl 192,3. Schmelzp. der Fettsäuren 39,5° C., Erstarrungsp. der Fettsäuren 38° C.

Das Illipe-Oel ist ein geschätztes Material zur Seifenfabrikation; die Seifen sind weiss, hart und riechen angenehm.

Dikafett. Adikafett. Huile de Dika. Beurre de Dika. Oba oil. Dika oil. Das Fett aus den Samen des Mangabaumes, Mangifera Gabonensis Aubr. nach Anderen von Irvingia Barteri Hooker gewonnen. Ist ein dem Kakaofett ähnliches Fett. Schmelzp. 30—31° C., Jodzahl 30,9—31,3. Säurezahl ziemlich hoch (beobachtet 17—20).

Ucuhubafett. Urucabafett. Bicuhybafett. Ucuabafett. Das aus den Früchten von Myristica Bicuhyba Warb. stammende Fett. Es ist gelbbraun, aromatisch riechend und enthält nach Valenta Myristinsäure und Oelsäure, sonst keine anderen Fettsäuren, dagegen flüchtige, harzartige und wachsartige Bestandtheile. Das Fett färbt sich mit konc. Schwefelsäure prachtvoll roth.

Schmelzp. 39°—43° C., Erstarrungsp. 32—32,5° C. Hehner's Zahl 93,4, Verseifungszahl 219—220, Jodzahl 9,5. Schmelzp. der Fettsäuren 46° C.

Talgtiter. Im Grosshandel wird der Talg nach dem „Talgtiter", d. h. nach dem Erstarrungspunkt der Fettsäuren des Talges, gehandelt, und zwar wird ein Talg um so höher bewerthet, je höher der Erstarrungspunkt der aus ihm abgeschiedenen Fettsäuren liegt, denn desto besser eignet er sich zur Kerzenfabrikation.

Der Bestimmung des Erstarrungspunktes der Fettsäuren hat die Abscheidung der Fettsäuren vorauszugehen. Zu diesem Zwecke verseift man 50—200 g Talg mit einem Ueberschuss von Kalilauge (50—200 ccm von 30 Proc. KOH) und Zusatz genügender Menge Alkohol in einer geräumigen Porcellanschale unter Umrühren im Wasserbade vollständig, bis eine gezogene Probe in viel Wasser klar löslich ist. Dann dampft man die Seife bis zur völligen (!) Verjagung des Alkohols ab, löst sie in einer grösseren Menge heissem destillirten Wasser und zersetzt die Lösung durch Ansäuern mit Salzsäure oder verdünnter Schwefelsäure. (Prüfung mit Methylorangepapier ist nicht zu unterlassen!) Man lässt die Fettsäuren in der Hitze klar absetzen, hebert die saure wässerige Flüssigkeit ab und wäscht die Fettsäuren 4—5 mal mit heissem destillirten Wasser, bis dieses in der Kälte (!) Methylorange nicht mehr röthet. Man hebt die Fettsäuren ab, trocknet sie einige Zeit und filtrirt sie im Luftbade durch ein vorher getrocknetes Filter. Ist die Menge der so erhaltenen Fettsäuren hinreichend gross, so kann man die Bestimmung des Erstarrungspunktes der Fettsäuren (des Talgtiters) in dem von der Steuerbehörde vorgeschriebenen Apparate vornehmen, ist die Menge nicht hinreichend gross, so stellt man sich einen besonderen Apparat zusammen (Fig. 124).

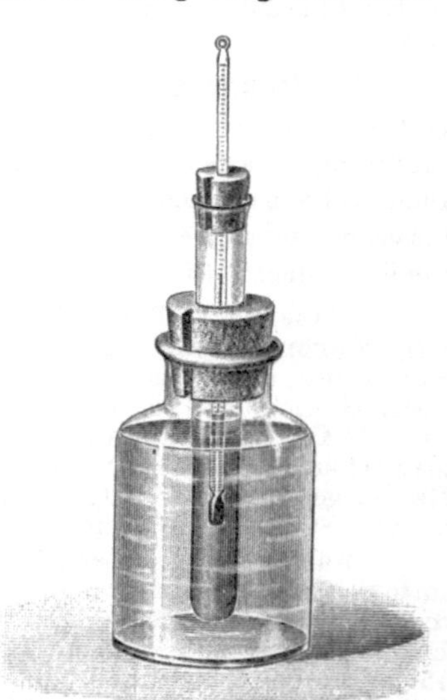

Fig. 124. Einfacher Apparat zur Bestimmung des Talgtiters.

Ein Probirglas von 1,5—2 cm lichter Weite wird zu 1/3 mit den geschmolzenen Fettsäuren gefüllt und mittels eines Korkes, welcher, um den Druckausgleich zu ermöglichen, leicht eingekerbt ist, in ein etwa 120—150 ccm fassendes Opodeldokglas eingesetzt. Dieses Opodeldokglas ist mit Wasser gefüllt, dessen Temperatur 5—10° C. höher ist als der zu erwartende Erstarrungspunkt, also z. B. 55° C. In die geschmolzenen Fettsäuren wird ein in 1/10—1/5 Grade getheiltes kurzes Thermometer (z. B. ein Fieberthermometer) so weit eingesenkt, dass sich die Quecksilberkugel in der Mitte der Fettschicht befindet. — Der ganze Apparat wird auf einen schlechten Wärmeleiter, z. B. einen Filzdeckel oder eine Linoleumplatte gestellt.

Man beobachtet nun, bei welcher Temperatur die Krystallisation (Trübung, Ausscheidung von Krystallen) beginnt, notirt diesen Punkt und rührt mit dem Thermometer je dreimal nach rechts und je dreimal nach links sanft um. Die Temperatur fällt alsdann noch um 1—2 Grade und steigt dann wieder, um einige Zeit konstant zu bleiben.

Dieser letzte Punkt, welcher der nämliche zu sein pflegt wie der zuerst notirte, bei dem die Krystallisation begann, ist der Erstarrungspunkt. Die Bestimmung ist drei- bis viermal zu wiederholen. Normaler Talg zeigt einen Talgtiter von + 44° C., bez. die Kerzenfabrikanten pflegen Talg mit einem niedrigeren Talgtiter als 44° C. für gewöhnlich nicht abzunehmen.

Die folgende Tabelle von Dalican giebt nun dem Erstarrungspunkte entsprechend die Mengen Stearinsäure und Oelsäure an, welche 100 Th. Talg ausgeben, wobei angenommen ist, dass circa 4 Proc. Glycerin und 1 Proc. Feuchtigkeit dem Talge angehören. An Stelle von 100 Th. Talg kommen also 95 Th. Fettsäure in Rechnung.

Therm. C.	Proc. Stearinsäure	Proc. Oleïnsäure	Therm. C.	Proc. Stearinsäure	Proc. Oleïnsäure	Therm. C.	Proc. Stearinsäure	Proc. Oleïnsäure
40°	35,15	59,85	43,5°	44,65	50,35	47°	57,95	37,05
40,5°	36,10	58,90	44°	47,50	47,50	47,5°	58,90	36,10
41°	38	57	44,5°	49,40	45,60	48°	61,75	33,25
41,5°	38,95	56,05	45°	51,30	43,70	48,5°	66,50	28,50
42°	39,90	55,10	45,5°	52,25	42,75	49°	71,25	23,75
42,5°	42,75	52,25	46°	53,20	41,80	49,5°	72,20	22,80
43°	43,70	51,30	46,5°	55,10	39,90	50°	75,05	19,95

Deutsches Reich. Verordnung betr. die zolltechnische Unterscheidung des Talges, der schmalzartigen Fette und der unter No. 26i des Zolltarifs fallenden Kerzenstoffe. Vom 6. Februar 1896.

Zur zolltechnischen Unterscheidung des Talges, der schmalzartigen Fette, soweit sie nicht in Schmalz von Schweinen oder Gänsen bestehen, und der unter dem Namen Stearin in den Handel kommenden nach No. 26i zu tarifirenden festen, harten Fettsäuregemische der Stearin- und Palmitinsäure, sowie ähnlicher Kerzenstoffe dient in erster Linie die von den Zollämtern vorzunehmende Feststellung des Erstarrungspunktes.

Liegt der ermittelte Erstarrungspunkt der Fette unter 30° C., so sind sie als schmalzartige Fette, liegt er zwischen 30 und 45° C., so sind sie als Talge, und liegt er über 45° C., so sind sie als Kerzenstoffe zu behandeln.

Jedoch wird Presstalg, der als solcher deklarirt ist, auch mit einem Erstarrungspunkt von 50° zur Verzollung als Talg zugelassen, wenn er nicht mehr als 5 Proc. freie Fettsäure enthält.

Von der Feststellung des Erstarrungspunktes kann bei den nicht in Schmalz von Schweinen oder Gänsen bestehenden Fetten nur abgesehen werden, wenn die Verzollung des zur Abfertigung gestellten Fettes zum Satz der No. 26h oder i angeboten wird, oder wenn die vorgeführte Waare bei einer Temperatur von 17,5° C. bis 18,5° C. schmalzartige Konsistenz zeigt und der Zollpflichtige dies anerkennt, bez. sich mit der Anwendung des höheren Zollsatzes einverstanden erklärt.

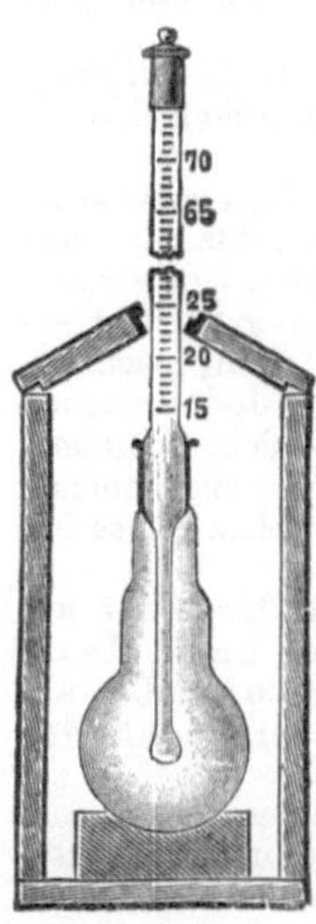

Fig. 125. Apparat der Steuerbehörden zur Bestimmung des Erstarrungspunktes von Fetten etc.

Behufs der Prüfung ist eine Durchschnittsprobe der Waare in der Weise herzustellen, dass mittels eines Bohrlöffels aus verschiedenen Höhenlagen des zu prüfenden Fettes, und zwar sowohl aus der Mittelaxe als auch aus den gegen die Seitenränder hin gelegenen Theilen desselben Proben entnommen und miteinander vermischt werden. Bei grösseren Fettposten von augenscheinlich gleicher Beschaffenheit und gleichem Ursprung genügt es, wenn aus 2—5 Proc. der Kolli je eine Durchschnittsprobe entnommen wird. Jede Probe ist für sich zu untersuchen; zeigt hierbei der Inhalt auch nur eines Kolli der Sendung eine abweichende Beschaffenheit, so ist die Prüfung der Sendung auf sämmtliche Kolli auszudehnen. Die Feststellung des Erstarrungspunktes hat mittels des hierneben abgezeichneten Apparates (die Zeichnung stellt die hintere Hälfte desselben nach Entfernung der vorderen durch einen senkrechten, ebenen Schnitt dar) zu erfolgen (Fig. 125). Derselbe besteht aus einem mit Klappendeckel versehenen viereckigen Kasten von Buchenholz von 70 mm lichter Weite, 144 mm lichter Höhe und 9 mm Wandstärke, einem Glaskolben, dessen Kugel einen Durchmesser von 49—51 mm hat, und einem in den Hals des Kolbens eingeschliffenen Thermometer. In der Mitte des Bodens des Kastens ist ein 22 mm hoher Kork befestigt; derselbe hat eine kleine Vertiefung in Form einer Kugelschale, in welche der Kolben zu stehen kommt. Wenn das in den Kolbenhals eingeschliffene

Thermometer in den Schliff eingesetzt wird, fällt der Mittelpunkt seiner Kugel mit demjenigen der Kugel des Kolbens in einen Punkt. In dem Schliff des Thermometers ist parallel zu der Axe eine Rinne angebracht, so dass die Luft in dem Kölbchen über dem Fette immer unter dem Drucke der Atmosphäre steht, wenn man die Schliffflächen rein hält. Werden die beiden Klappen, welche den Deckel des Kastens bilden, heruntergelassen und in dieser Lage durch 2 Haken befestigt, so halten sie das Thermometer, welches eine Durchbohrung in der Mitte des Deckels gerade ausfüllt, und mit ihm den Kolben in der richtigen Lage fest. Der Hals des Kolbens ist unten etwas erweitert (25 mm weit), damit die Kugel beim Erkalten des Fettes sicher voll bleibt, wenn man das flüssige Fett bis zur Marke am Halse, etwa 10 mm über der Kugel, eingefüllt hat. — Die Thermometerkugel hat 9 mm Durchmesser, der dünnere Theil des Thermometers 5 mm und der Schliff 12 mm. Die Theilung des Thermometers geht bis zu 75° C. in $^1/_5$ Graden, die Thermometerröhre hat aber ein etwas grösseres Reservoir, so dass das Thermometer bis zu 120° C. erhitzt werden kann, ohne zu platzen.

Das Verfahren der Feststellung des Erstarrungspunktes, welches etwa 2 Stunden in Anspruch nimmt, ist folgendes: Man bringt 150 g der Durchschnittsprobe des zu untersuchenden Fettes in einer unbedeckten Porcellanschale auf einem siedenden Wasserbade zum Schmelzen, lässt sie nach dem Eintritt der Schmelzung mindestens 10 Minuten oder so lange auf dem siedenden Wasserbade stehen, bis das geschmolzene Fett eine vollständig klare Flüssigkeit darstellt, und füllt alsdann aus der aussen abgetrockneten Schale Fett in das Kölbchen des Apparates bis zur Marke. Das Kölbchen stellt man, nachdem der Schliff, wenn nöthig, abgeputzt und das Thermometer eingesetzt ist, sofort in den Kasten, klappt den Deckel desselben zu und fängt, wenn das Thermometer auf 50° C. gesunken ist, an, den Stand desselben mit Zwischenräumen von 2 Minuten abzulesen und aufzuschreiben. — Bei harten Fetten fängt das Thermometer nach einiger Zeit an, langsamer zu fallen, bleibt einige Minuten stehen, steigt wieder, erreicht einen höheren Stand und sinkt abermals. Dieser höchste Stand ist der Erstarrungspunkt. Bei weichen Fetten fängt das Thermometer nach einiger Zeit an, langsamer zu fallen, bleibt mehrere Minuten auf einem sich nicht ändernden Stande stehen und sinkt dann, ohne den vorigen dauernden Stand wieder zu erreichen. Der beobachtete höchste, sich auf einige Zeit nicht ändernde Stand giebt den Erstarrungspunkt an. — In zweifelhaften Fällen ist die Bestimmung des Erstarrungspunktes in der Weise zu wiederholen, dass das Fett direkt im Kolben, nachdem man das Thermometer herausgenommen hat, durch Einstellen in das Heisswasserbad abermals geschmolzen und demnächst nochmals auf seinen Erstarrungspunkt geprüft wird. Eine genaue Regelung der Temperatur des Zimmers, in welchem die Untersuchung vorgenommen wird, ist, wenn dieselbe von einer gewöhnlichen Zimmertemperatur nicht sehr abweicht, nicht erforderlich. Das Abkühlen des mit einer Temperatur von 100° C. in den Kolben gebrachten Fettes auf 50° C. dauert etwa $^3/_4$ Stunden. Wenn die Untersuchung beendet ist, bringt man das Fett in dem Kölbchen durch Einstellen des letzteren in siedendes Wasser zum Schmelzen, nimmt erst dann das Thermometer heraus, giesst das Fett aus und spült das erkaltete Kölbchen mit einigen ccm Aether einige Male aus.

Bestehen über die Richtigkeit der Ermittelungen nach dem Verfahren der Prüfung des Fettes in Bezug auf den Erstarrungspunkt Zweifel — oder Meinungsverschiedenheiten, — so ist durch einen Chemiker die Jodzahl des Fettes zu bestimmen.

Zu diesem Zwecke bringt man 0,35—0,45 g des fraglichen Fettes (genau gewogen!) in eine 500—700 ccm fassende, mit gut eingeschliffenem Stopfen versehene Flasche, löst in 20 ccm Chloroform und setzt 20 ccm Hübl'sche Jodlösung, die 30—36 ccm n/10-Natriumthiosulfatlösung entsprechen müssen, hinzu. Man verschliesst die Flasche gut, lässt sie 2 Stunden unter öfterem Umschwenken bei 15—20° C. stehen und titrirt dann, nachdem man 20 ccm Jodkalium (1 : 10) und 200 ccm Wasser hinzugesetzt hat, den Jodüberschuss mit n/10-Natriumthiosulfatlösung zurück. Die Jodlösung ist unmittelbar vor dem Gebrauch, unter Zusatz von Chloroform, Jodkaliumlösung und Wasser in den oben angegebenen Mengenverhältnissen zu kontroliren.[1]) Ist sie schwächer, als oben vorgeschrieben ist, so hat man entsprechend mehr zu nehmen.

Liegt die ermittelte Jodzahl zwischen 30 und 42, so ist das Fett als Talg anzusprechen, bei Abweichungen von diesen Zahlen aber nach Massgabe des gefundenen Erstarrungspunktes entweder als Kerzenstoff oder als schmalzartiges Fett zu behandeln. Die schmalzartigen Fette zeigen höhere Jodzahlen als 42, die Kerzenstoffe dagegen niedrigere als 30.

Wenn die vorbezeichneten Untersuchungsmethoden sich nicht soweit ergänzen, dass eine endgültige Entscheidung getroffen werden kann, oder wenn es sich um die Unterscheidung des Stearins von dem sogenannten Presstalge handelt, d. i. den durch die Auspressung von thierischen Fetten in niederer oder höherer Temperatur gewonnenen Pressrückständen von nicht schmalzartiger Konsistenz, welche im wesentlichen Neutralfette sind

---

[1]) Ueber die Bestimmung der Jodzahl vergl. S. 508 dieses Bandes.

und in der Regel einen Erstarrungspunkt über 50° C. zeigen, bez. nicht mehr als 5 Proc. freier Fettsäure enthalten, so hat der mit der Sache befasste Chemiker eine Untersuchung der Durchschnittsprobe auf ihren Gehalt an Fettsäure im Wege des Titrirverfahrens vorzunehmen.

Wird bei der Titration in der Waarenprobe ein Gehalt von mehr als 30, in Proben von Presstalg ein Gehalt von mehr als 5 Proc. freier Fettsäure ermittelt, so ist die betreffende Waare als Kerzenstoff anzusehen.

Als Grundlage für die Berechnung der freien Fettsäure hat die Durchschnittszahl **270** des Molekulargewichts der Stearinsäure (284) und der Palmitinsäure (256) zu dienen.

Secale cornutum.

† **Secale cornutum** (Germ. Helv. Austr.). **Ergota** (Brit. U-St.). **Fungus Secalis. Clavus secalinus. — Mutterkorn. Roggenmutter. Hungerkorn. Kriebelkorn. Schwarzkorn. Taubkorn. — Ergot de seigle** (Gall.). **Seigle ergoté. — Ergot. Ergot of Rye. Ergotte-drye. Blighied-corn.**

Die Droge ist das **Sklerotium** oder **Dauermycelium** des Pilzes **Claviceps purpurea Tulasne (Ascomycetes — Euascales — Pyrenomycetinae — Hypocreaceae).** Der Pilz lebt auf einer Reihe von Gräsern und bildet auch dort sein Sklerotium, doch kommt ausschliesslich das auf dem Roggen (Secale cereale L.) lebende für die Verwendung in Betracht, obschon nur Germ. Helv. Brit. U-St. dieses ausdrücklich fordern.

Beschreibung. Das Sklerotium erreicht eine Länge von 4 cm, eine Dicke von 5 mm, es ist an beiden Enden verjüngt. Der Querschnitt ist stumpf dreikantig, die Seiten eingebogen, oft durch Längsspalten eingerissen. Es ist selten gerade, fast immer mehr oder weniger gekrümmt. Die Farbe ist dunkelviolett bis schwarz, im Querschnitt weisslich oder röthlich mit dünner, dunkelvioletter Rindenschicht.

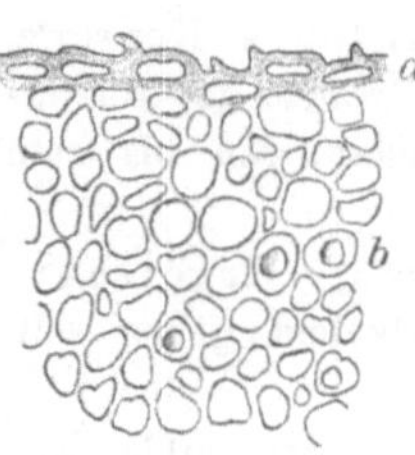

Fig. 126. Querschnitt durch Secale cornutum. *a* Rindenschicht. *b* Oeltropfen.

Das Sklerotium besteht aus fadenförmigen Hyphenzellen, die aber so eng mit einander verbunden sind, dass es auf dem Querschnitt aus rundlichen Parenchymzellen zu bestehen scheint, die aber, was besonders charakteristisch ist, von recht verschiedener Grösse erscheinen. Die dunkelgefärbte Rinde scheint aus mehr gleichmässigen Zellen zu bestehen mit dunkelviolettem Inhalt. Als Inhalt der Zellen des heller gefärbten Innern erkennt man Oeltropfen (Fig. 126).

Gutes Mutterkorn ist von fester Konsistenz, wenig biegsam, leicht zu zerbrechen, in Wasser untersinkend. Farbe aussen schwarzviolett, innen matt weiss oder schwach rosa. Geruch und Geschmack charakteristisch, nicht ranzig. Angezündet verbrennt es mit heller Flamme.

Bestandtheile. Derjenige Bestandtheil, dem das Mutterkorn seine die Gefässe kontrahirende und blutstillende Wirkung verdankt, ist ein Alkaloid: Ergotinin $C_{70}H_{40}N_4O_{12}$ (Tanret), dasselbe ist in der Droge zu höchstens 0,270 Proc. enthalten. Alle anderen, bisher beschriebenen Alkaloide aus der Droge sind unreines oder zersetztes Ergotinin, so Pikrosklerotin, Ekbolin und Cornutin. Indessen ist daran zu erinnern, dass auch das unzersetzte Alkaloid mit letzterem Namen bezeichnet wird. — Das Ergotinin wird als weisses oder schwach grau gefärbtes Pulver amorph oder in farblosen Nadeln erhalten, die eine Länge von mehreren Centimetern erreichen können. Es reagirt neutral, ist löslich in Alkohol, schwerer in Aether, die alkoholische Lösung zeigt violettblaue Fluorescenz. Die sauer reagirenden Salze des Ergotinins sind in Aether unlöslich, in Wasser löslich, durch Alkalien und ihre Karbonate werden sie gefällt, ebenso aber auch durch Säuren. Kaliumquecksilberjodid giebt in einer Verdünnung von 1 : 200 000 noch leichte Opalescenz. — **Charakteristische Reaktion:** Einigen ccm Eisessig, die $^1/_{10}$ mg des Alkaloids im ccm enthalten, setzt man eine Spur Eisenchlorid hinzu und unterschichtet mit koncentrirter Schwefelsäure, an der Berührungsstelle beider Flüssigkeiten tritt eine intensiv blaue Zone auf, und nach einiger Zeit färbt sich die Eisessigschicht violett. Enthält der Eisessig noch $^1/_{50}$ mg Alkaloid im ccm, so ist die blaue Farbe noch eben zu erkennen. Zum Anstellen dieser Reaktion mit Mutterkorn extrahirt man eine kleine Menge (5 g) desselben mit Aether, fällt aus der ätherischen Lösung das Alkaloid mit salzsäurehaltigem Aether aus, sammelt die ausgeschiedenen Flöckchen des salzsauren Salzes auf dem Filter, löst in Eisessig, setzt eine Spur Eisenchlorid zu u. s. w. (Keller).

Das Ergotinin zersetzt sich ausserordentlich leicht, schon durch die Einwirkung von Citronensäure in alkoholischer Lösung und geht dann ganz oder theilweise in das Cornutin Kobert's über, oder wenn man eine Lösung des salzsauren Ergotinins mit 10 proc. Salzsäure fällt. Das so erhaltene Alkaloid lässt sich in alkalischer Lösung nur theilweise mit Aether ausschütteln (Ergotinin), der Rest (Cornutin) kann mit Chloroform und Essigäther ausgeschüttelt werden.

Das Alkaloid ist im Mutterkorn frei vorhanden oder nur sehr locker gebunden, da es mit Aether ausgeschüttelt werden kann. (Vergl. unten.)

Das Spasmotin oder Sphacelotoxin Jacoby's, dessen Darstellung von Boehringer und Söhne zum Patent angemeldet ist, ist kein einheitlicher Körper, sondern im wesentlichen Sphacelinsäure (vgl. unten) mit einem Gehalt an Alkaloid. Neuerdings (1897) berichtet Jacoby über folgende wirksame Bestandtheile der Droge:

Chrysotoxin $C_{21}H_{24}O_{10}$, löslich in Aether, Chloroform, Alkohol, Benzol, unlöslich in Petroläther, Wasser und verdünnten Säuren. Vom Charakter eines Anthracens oder Phenanthrens.

Secalintoxin $C_{13}H_{24}N_2O_2$. Löslich in Alkohol, Essigäther, Benzol, Chloroform etc. Soll ein Alkoloid sein.

Sphacelotoxin ein stickstofffreies Harz, Hauptträger der Wirkung. Eine Bestätigung dieser Untersuchung muss abgewartet werden.

Wenn man auch sagen muss, dass noch nicht alle Fragen nach dem Hauptbestandtheil des Mutterkorns beantwortet sind, so scheint es doch, dass Tanret's Ergotinin und sein Zersetzungsprodukt, das Cornutin Kobert's, die grösste Aufmerksamkeit verdienen.

Ein weiterer giftig wirkender Bestandtheil ist die Sphacelinsäure Kobert's, identisch mit Wiggers' Ergotin, ein saures, sehr giftiges Harz, die Ursache des Mutterkornbrandes, des Ergotismus, erzeugt tiefgehende anatomische Veränderungen bis zum Brandigwerden und Abfallen einzelner Gliedmaassen. (Vergl. unten.)

Ergotinsäure Zweiffel's (Sklerotinsäure Dragendorff's, Ergotsäure Wenzell's), als Glukosid beschrieben, das bei der Hydrolyse ein Alkaloid geben soll. Wahrscheinlich ein mit Alkaloid verunreinigtes Kohlehydrat: Mannan.

Farbstoffe: Sclererythrin von saurem Charakter und rother Farbe, bildet mit Alkalien und alkalischen Erden rothgefärbte Salze, geht beim Schütteln einer solchen alkalischen Lösung nicht in Aether über, was aber der Fall ist, sobald man die Lösung ansäuert. Darauf beruht der Nachweis des Mutterkorns. (Vergl. unten.)

Scleroxanthin, von gelber Farbe, und sein heller gefärbtes Anhydrid Sclerokrystallin.

Scleropikrin, von rother Farbe, vielleicht Zersetzungsprodukt von Sclererythrin, aber in der Droge präexistirend.

Kohlehydrate: Trehalose $C_{12}H_{22}O_{11}2H_2O$, ferner Mannit $C_6H_8(OH)_6$. In frischem Mutterkorn Trehalose, aber kein Mannit, der sich in älterem, sorgfältig aufbewahrtem findet, in verdorbener, feuchter Waare fehlen beide. Ferner Mannan (damit identisch wahrscheinlich Scleromucin, Sclerotinsäure, Ergotinsäure) vergl. Ergotinsäure.

Ferner Ergosterin, ein dem Cholesterin verwandter Alkohol.

Endlich Phosphate des Calcium, Magnesium, Kalium und Natrium und zwar als saure Salze.

Asche 3,3—5,0 Proc., darin 12,5—23,0 Proc. Phosphorsäure.

Oel 18,3—39,6 Proc. Spec. Gew. 0,925. Säurezahl 4,95. Verseifungszahl 178,4. Reichert-Meissl'sche Zahl 0,20. Jodzahl 71,08. Hehner'sche Zahl 96,31. Esterzahl

173,45. Acetylverseifungszahl 241,3. Acetylzahl des Fettes 62,9. Enthält Glyceride der Palmitinsäure, Oelsäure und einer Oxyfettsäure.

Bestimmung des Gehaltes an Alkaloid nach KELLER: 25 g trocknes Mutterkornpulver werden in einem Perkolator so lange mit Petroläther perkolirt, bis der ablaufende Petroläther, auf dem Uhrgläschen verdunstet, keinen Rückstand hinterlässt. Durch diese Perkolation wird der Droge das Fett entzogen. — Dann trocknet man das Pulver, bringt es in ein trocknes Arzneiglas von 250 ccm Inhalt, übergiesst es mit 100 g Aether und giebt nach 10 Minuten Magnesiamilch hinzu, die man durch Anschütteln von 1 g Magnesia usta mit 20 ccm Wasser hergestellt hat. Die Mischung wird sofort anhaltend geschüttelt und das Schütteln während einer halben Stunde öfter wiederholt, wobei das Mutterkorn sich zusammenballt und die Lösung klar wird. Dann giesst man dieselbe ab (4 g = 1 g Mutterkorn), lässt sie, wenn sie etwas Mutterkornpulver suspendirt enthält, einige Stunden stehen, giesst dann klar in einen Scheidetrichter ab und schüttelt in demselben so lange mit 0,5 proc. Salzsäure aus, bis einige Tropfen der wässerigen Lösung mit MEYER's Reagens keine Trübung mehr geben. Eine dreimalige Ausschüttelung mit 25, 15 und 10 ccm wird genügen. — Da der oben hergestellte Petrolätherauszug geringe Mengen Alkaloid enthalten wird, schüttelt man ihn einige (2) Mal mit je 5 ccm 0,5 proc. Salzsäure aus und vereinigt diese Lösung mit der ersten.

Sollten die salzsauren Lösungen etwas trübe sein, so schüttelt man sie mit einer Messerspitze voll Talk, den man vorher mit Salzsäure behandelt und wieder ausgewaschen hat, lässt den Talk absetzen, giesst ab und wäscht mit wenig Wasser nach. Die wässerige Lösung giebt man dann wieder in einen Scheidetrichter, macht mit Ammoniak alkalisch und schüttelt mit dem gleichen Volum Aether aus. Die Ausschüttelung wiederholt man mit kleinen Mengen Aether, bis einige Tropfen der wässerigen Lösung, die man vorher angesäuert hat, mit MEYER'schem Reagens keine Trübung geben. Dann vereinigt man die ätherischen Lösungen, filtrirt, destillirt aus einem gewogenen Kölbchen den Aether ab und trocknet den Rückstand, indem man ihn noch zweimal mit wenig Aether behandelt, im Wasserbade bis zum konstanten Gewicht.

Der Gehalt des Mutterkorns an Alkaloid ist ein recht schwankender, d. h. nach der Provenienz und der Grösse der Sklerotien verschiedener, er differirt nach den bisher vorliegenden Angaben von 0,052—0,270 Proc. Die folgenden Angaben sind im wesentlichen nach CAESAR-LORETZ und nach KELLER. 1) Am reichsten an Alkaloid ist russische Waare, sie enthält bis 0,270 Proc., dann folgt österreichisches: 0,225 Proc., belgisches: 0,21 Proc., spanisches: 0,205 Proc., deutsches: 0,157 Proc., schweizerisches: 0,095 Proc., norwegisches: 0,087 Proc. Die mitgetheilten Zahlen sind bisher erhaltene Maximalzahlen. Jedenfalls sollte der Apotheker ein Mutterkorn, das erheblich weniger als 0,2 Proc. enthält, nicht verwenden. 2) kleine und mittelgrosse Sklerotien sind alkaloidreicher als grosse, z. B. bei russischem Mutterkorn 0,196 Proc. und 0,179 Proc. 3) Ein Trocknen der Sklerotien über Kalk bei gewöhnlicher Temperatur ist besser als ein solches auf der Darre bei 50° C., im ersteren Fall z. B. 0,198 Proc., im letzteren 0,179 Proc. 4) Es ist nicht richtig, dass das Mutterkorn bei sachverständiger Aufbewahrung im Alkaloidgehalt rasch zurückgeht; sorgfältig über Kalk getrocknetes und in gut schliessenden Blechdosen aufbewahrtes Mutterkorn zeigte nach 2 Jahren einen nennenswerthen Rückgang im Alkaloidgehalt nicht.

Nachweis von Mutterkorn. Handelt es sich um den Nachweis in Mehl, so rührt man eine Durchschnittsprobe desselben (10 g) mit viel Wasser an und lässt absetzen, dunkelgefärbte Partikelchen, die oben aufschwimmen, nimmt man mit einem Löffelchen ab, oder sucht sie im Bodensatz mit einer Pipette zu gewinnen. Man prüft sie unter dem Mikroskop, um sich zu überzeugen, dass man es nicht mit dunkelgefärbten Samenschalen von Unkrautsamen zu thun hat (z. B. Raden). Schwieriger ist es schon, das hellgefärbte Innere der Sklerotien aufzufinden: man behandelt eine Probe des Mehles nach Bd. I, S. 299 und untersucht den Bodensatz mikroskopisch. Der verschieden grosse Querschnitt der Hyphenzellen ist recht auffallend.

Zum chemischen Nachweis extrahirt man das Mehl oder zerkleinerte Brot mit wässerigem Alkali, säuert den Auszug schwach an und schüttelt mit Aether aus, der dann bei nicht zu geringer Menge des Mutterkorns röthlich oder orangefarben erscheint. Diese Lösung giebt ein charakteristisches Spektrum: ein deutliches Band zwischen D und E, ein zweites zwischen b und F und ein wenig deutliches zwischen F und G. Man vergleicht das Spektrum mit dem eines aus Mutterkorn hergestellten gleich intensiv gefärbten Auszuges. Dazu eignet sich das kleine VOGEL'sche Taschenspektroskop mit Vergleichsprisma vortrefflich. Hat man Sorge getragen, möglichst wenig Säure zu verwenden, so kann man dem ätherischen Auszug den Farbstoff (das Sklererythrin) mit einigen Tropfen einer wässerigen Lösung von Natriumbikarbonat entziehen, die, wenn sie nach dem Umschütteln sich am Grunde abgesetzt hat, noch bei 0,0004 g Mutterkorn deutlich röthlich ist. Diese alkalische Lösung giebt ebenfalls ein charakteristisches Spektrum: ein Band in Orange bei D und ein zweites, undeutliches im Grün auf E und b. Da die wässerige, alkalische Lösung sich bald trübt, untersucht man sie unter der Aetherdecke, oder bereitet sich eine alkoholische Lösung, die man alkalisch macht und filtrirt.

Fig. 127. Mutterkornmühle.

Gepulvertes und zerkleinertes Mutterkorn vorräthig zu halten, verbieten Germ. und Gall., Helv. gestattet das Vorräthighalten des Pulvers für kurze Zeit. Dieses Verbot hat seinen Grund darin, dass in solchem Mutterkorn das Fett bald ranzig wird und es auch sonst rascher dem Verderben ausgesetzt ist. Man hat daher dem Mutterkornpulver, um es haltbar zu machen, das Fett durch Aether entzogen. Diese Methode war zu verwerfen, da das Alkaloid der Droge in Aether löslich ist. Gegen Verwendung eines mit Petroläther entfetteten Pulvers, das sorgfältig aufbewahrt wird, dürfte nichts einzuwenden sein, doch ist zu beachten, dass es durch Entfernung des Fettes gehaltreicher wird. (2 Th. entöltes Pulver = 3 Th. nicht entöltes.)

Zur Herstellung von Infusen ist es jedesmal frisch zu zerkleinern, zu welchem Zweck eine Reihe von Mühlen zur Verfügung stehen (Fig. 127). Das aus frischem Mutterkorn bereitete Infusum ist röthlich, aus altem grau und missfarbig.

Ueber ***Einsammlung und Aufbewahrung*** geben die Arzneibücher genaue Anweisungen. Mit Ausnahme der Austr. schreiben sie ausdrücklich den auf dem Roggen entstandenen Pilz vor, und zwar ist derselbe kurz vor der Fruchtreife, also auf dem Acker zu sammeln. (!) Damit ist das beim Ausdreschen des Roggens auf der Tenne gesammelte Mutterkorn vom pharmaceutischen Gebrauche ausgeschlossen. Wennschon es sicher zu sein scheint, dass die erstere Waare gehaltreicher ist, so ist doch das Mutterkorn des Handels so gut wie ausschliesslich von der zweiten Sorte. —

Aus dem frisch eingesammelten Mutterkorn werden die nicht unversehrten Stücke ausgelesen und verworfen. Dann trocknet man es zunächst an einem schattigen Orte bei höchstens 25° C., hierauf über Aetzkalk solange, bis es hart und brüchig geworden ist, bringt es zum Schutze gegen Milbenfrass (Larven einer Trombidium-Art) in ein Blechgefäss, in welches man ein offenes Hafenglas mit Aether oder Chloroform stellt, und lässt es hierin unter dichtem Verschluss einige Tage. Nun erst füllt man das Mutterkorn in trockene, mit dicht schliessendem Stopfen versehene Hafengläser aus gelbem Glase oder gut schliessende Blechbüchsen und bewahrt es, nach Austr. und Helv. vorsichtig, an einem trockenen Orte und nicht länger als ein Jahr auf, obschon bei sorgfältiger Aufbewahrung eine Verminderung des Werthes nicht stattfindet. (Vergl. oben.) Auch das von der U-St. vorgeschriebene Verfahren, von Zeit zu Zeit ein wenig Chloroform in das Standgefäss zu tröpfeln (besser wohl, einen damit getränkten Wattebausch hineinzuhängen) schützt gegen Insekten, die sonst bei sorgloser Aufbewahrung die Vorräthe leicht zerstören.

Für den Einkauf ist die Erfahrung beachtenswerth, dass nicht die grossen, schön entwickelten Sklerotien, sondern gerade die kleineren am gehaltreichsten sind. (Vergl. oben.)

Das Mutterkorn der vorjährigen Ernte sollte man verbrennen oder doch nicht an einen Ort werfen, der den Hausthieren zugänglieh ist; auf Geflügel wirkt es als Gift.

Wirkung und Anwendung. Es erzeugt Gefässverengung, Blutdruckssteigerung und ruft daher bei schwangeren Frauen Kontraktionen des Uterus hervor. An dieser Wirkung ist das Alkaloid hauptsächlich betheiligt, während die Sphacelinsäure Brand erzeugt und Tetanus uteri. Dosen von einigen Gramm erzeugen Uebelkeit, Erbrechen, Schwindel, Blässe der Haut, verlangsamten, kleinen Puls, Schwäche, Kriebeln in den Extremitäten und Lähmungserscheinungen. — Nach grossen Dosen hat man den Tod unter Konvulsionen und unter Verlust des Bewusstseins eintreten sehen.

Man verwendet es als wehenbeförderndes Mittel, dann bei der Nachgeburtsperiode bei Verhaltung der Placenta und bei Blutungen aller Art.

Innerlich als wehenbeförderndes Mittel zu 0,5—1,0 g viertelstündlich, sonst zu 0,3—1,0 mehrmals täglich als Pulver, ferner in Form des Aufgusses 5,0—10,0 : 200,0 oder der verschiedenen Extrakte, die je nach ihrer Darstellungsweise mehr oder weniger Alkaloid enthalten.

Austr. u. Helv. setzen die grösste Einzelgabe des Mutterkorns auf 1,0 g, die grösste Tagesgabe auf 5,0 g, im Aufguss auf 10,0 (Helv.) fest. — Grösste Einzelgabe für Thiere: bei Pferden 15,0—25,0, Rindern 25,0—50,0, Schafen und Ziegen 5,0—10,0, Hunden 0,5—2,0, Katzen 0,2—1,0 (Els. Taxe).

Mutterkorn und seine Zubereitungen dürfen nur gegen ärztliche oder thierärztliche Verordnung abgegeben werden und sind in Deutschland dem freien Verkehr entzogen.

Mutterkorn-Extrakte.

† Extractum Secalis cornuti. Extractum Ergotae. Ergotina. Ergotinum. Extractum Fungi Secalis. Extractum haemostaticum. Extractum Clavicepis purpureae. — Extrait de seigle ergoté. Ergotine. — Extract of Ergot.

Ausser den im I. Bd. S. 1073 und 1074 gegebenen allgemeinen Vorschriften ist hier noch besonders zu berücksichtigen, dass wässerige Mutterkornauszüge sich, zumal bei Luftzutritt, schnell zersetzen, sodass das Verdrängungsverfahren wegen seiner langen Dauer hier nur bedingungsweise zu empfehlen ist. Aus diesem Grunde sind die Zeitangaben der Arzneibücher aufs peinlichste innezuhalten! Als Ansatzgefässe wähle man Weithalsflaschen mit Korkverschluss, zum Abdampfen Porcellanschalen. Das fertige Extrakt fülle man nicht in Thonkruken, sondern in Porcellankruken oder Hafengläser, die man dicht verschliesst und vor Licht geschützt aufbewahrt.

Aus den verschiedenen Bereitungsvorschriften geht hervor, dass die meisten Extrakte der Arzneibücher die Bestandtheile des Mutterkorns nur zum Theil enthalten und deshalb als dessen Ersatz nicht unbedingt angesehen werden können. Sie werden hauptsächlich zur Stillung innerlicher Blutungen in Pillen, Gallertkapseln oder Lösungen, in Form von subkutanen Einspritzungen oder von Klystieren gebraucht. Abgabe und wiederholte Anfertigung derartiger Verordnungen sind auch in Deutschland, trotzdem hier das Extrakt nicht unter die starkwirkenden Mittel aufgenommen ist, den nämlichen gesetzlichen Beschränkungen unterworfen, wie diese. — Lösungen von Mutterkornextrakt dürfen unter keinen Umständen vorräthig gehalten werden; sind solche zu Einspritzungen unter die Haut bestimmt, so werden sie durch Papier filtrirt, gewöhnlich auch sterilisirt (s. unter Extr. Secal. cornut. sol. und Inject. Sec.).

Extractum Secalis cornuti. Mutterkornextrakt.

Germanica. 2 Th. grob gepulvertes Mutterkorn werden zweimal je 6 Stunden mit 4 Th. Wasser bei 15—20° ausgezogen, die Pressflüssigkeiten auf 1 Th. eingedampft, mit 1 Th. Weingeist (87proc.) vermischt, nach 3 Tagen filtrirt und zu einem dicken Extrakt eingedampft. Rothbraun, in Wasser klar löslich. Ausbeute 15—18 Proc. Enthält 15—24 Proc. Feuchtigkeit und giebt 8—12 Proc. kalireiche Asche (Diet.). — Zu 0,2 bis 2,0 mehrmals täglich gegen Blutungen.

† Helvetica. 1000 Th. frisch gesammeltes Mutterkorn (IV) erschöpft man im Verdrängungswege (zum Befeuchten 500 Th.) mit q. s. verdünntem Weingeist (62proc.), dampft auf 250 Th. ein, fügt 250 Th. Wasser hinzu, filtrirt, knetet den harzigen Rückstand mit wenig Wasser, filtrirt dieses gleichfalls. Das Filtrat mischt man mit 50 Th. verdünnter Salzsäure (10 Proc. HCl), filtrirt nach 24 Stunden, wäscht mit Wasser nach, bis es nicht mehr sauer reagirt, dampft das Filtrat nach Zusatz von 20 Th. Natriumkarbonat auf 150 Th., dann nach Hinzufügen von 15 Th. Glycerin weiter bis auf 125 Th. ein. Dünnes, cornutinreiches Extrakt, dessen klare, wässerige Lösung schwach sauer reagirt. 1 Th. = 8 Th. Mutterkorn. Jährlich zu erneuern und vorsichtig aufzubewahren. Dosis max. 0,1, pro die 0,5.

† Austriaca. 100 Th. grob gepulvertes Mutterkorn macerirt man im Perkolator mit 200 Th. Wasser, lässt nach 12 Stunden ablaufen, erwärmt den Auszug im Wasserbade bis zum Gerinnen und filtrirt (I). Den Rückstand im Perkolator zieht man l. a. mit 300 Th. Wasser aus, verdampft das Perkolat zum Sirup, vereinigt mit I, lässt mit der dreifachen Menge Weingeist (87proc.) 24 Stunden stehen, filtrirt und dampft zum dicken Extrakt ein. Ausbeute 15—20 Proc. Dosis max. 0,5, pro die 1,5.

Extractum Ergotae. Ergotin. Extract of Ergot.

† Britannica. Man verfährt genau wie nach Helvet., dampft aber zu einem weichen Extrakt ein.

† United States. Das Extract. Ergotae fluidum U-St. wird bei höchstens 50° C. zur Pillenkonsistenz eingedampft.

Extractum Clavicepis purpurei. Ergotine. Extrait de Seigle ergoté.
† Gallica. Die Vorschrift stimmt mit der der Austriaca überein, doch ist hier der Weingeist nicht nach Gewicht angegeben; man soll soviel davon zusetzen, bis eine Trübung eintritt. Ferner ist die Konsistenz eines weichen Extrakts vorgeschrieben.

† **Extractum Secalis cornuti fluidum. Extractum Ergotae fluidum seu liquidum. Mutterkorn-Fluidextrakt. Fluid or Liquid Extract of Ergot.** Germ.: Aus 100 Th. grob gepulvertem Mutterkorn und einer Mischung aus 2 Th. Weingeist und 8 Th. Wasser im Verdrängungswege. Man befeuchtet mit 35 Th., fängt die ersten 85 Th. Perkolat für sich auf, fügt dem zweiten Auszuge vor dem Abdampfen 2,4 Th. Salzsäure hinzu und stellt l. a. 100 Th. Fluidextrakt her. Rothbraun, klar. Spec. Gew. 0,996—1,078. Trockenrückstand 12,3—19,1. Asche 1,32—2,5. Innerlich zu 0,3—1,0 in flüssigen Arzneimischungen. — Brit.: 100 g Mutterkorn digerirt man zuerst mit 500, dann mit 250 ccm Wasser je 12 Stunden, dampft die Pressflüssigkeiten auf 70 ccm ein, fügt 37,5 ccm Weingeist (90 vol.-proc.) hinzu, filtrirt und bringt auf 100 ccm. — U-St.: Aus 1000 g frischem Mutterkorn (No. 60) und einer Mischung aus 20 ccm Essigsäure (36 proc.) und 980 ccm verdünntem Weingeist (41 proc.) im Verdrängungswege. Man befeuchtet mit 300 ccm, erschöpft zuerst mittels der Mischung, dann mittels q. s. verdünntem Weingeist, fängt die ersten 850 ccm für sich auf und bereitet l. a. 1000 ccm Fluidextrakt.

† **Extractum Secalis cornuti solidum** (E. Dieterich). Aus 1000,0 Mutterkorn, 6000,0 kaltem, 5000,0 heissem Wasser, 800, dann q. s. Milchzucker wie Extr. Opii solid. S. 522.

† **Extractum Secalis cornuti solutum (ad usum subcutaneum).** Helv.: In einer zum Kochen erhitzten, wieder erkalteten Mischung von 50 Th. Wasser und 25 Th. Glycerin löst man 25 Th. Mutterkornextrakt. Nur auf Verordnung zu bereiten. 1 Th. = 2 Th. Mutterkorn. Dosis max. 0,5, pro die 2,0.

Von den zahlreichen Mutterkorn-Extrakten des Handels enthält die folgende Zusammenstellung nur die zur Zeit in Deutschland gebräuchlichsten.[1])

A. Ergotinum Bonjean. Wässeriges, weiches, durch Weingeist gereinigtes Extrakt. 1 Th. = 5—6 Th. Mutterkorn. Gabe 0,1—0,3.

B. Ergotinum Bonjean depuratum pro injectione. Wie das vorige, doch weiter gereinigt. 1 Th. = 4 Th. Mutterkorn. Zu 0,5—0,6 subkutan bei innerlichen Blutungen.

C. Ergotinum Bonjean siccum cum Dextrino. A mit āā Dextrin. Braunes Pulver. Gabe 0,2—0,6.

D. Ergotinum Bonjean siccum cum Saccharo Lactis. A mit āā Milchzucker. Zieht Feuchtigkeit an. Gabe wie bei vorigem.

E. Ergotinum Bombelon fluidum (Cornutinum ergoticum). Dunkelbraun, flüssig. Innerlich zu 2,0 g, subkutan 0,2—0,5 ccm. Originalgläser von 25 g Inhalt.

F. Ergotinum Bombelon spissum. Dickes Extrakt. Innerlich in Pillen oder in Lösung (s. Mixtura Ergotini Bombelon).

G. Ergotinum Denzel fluidum. Innerlich wie das Extrakt der Germ., in Zimmtwasser 1 : 100 gelöst. Für subkutane Anwendung wird die Formel empfohlen:

Ergotini Denzel	2,5
Boracis	0,25
Aqua destillatae	7,25.

In Originalgläsern zu 25, 50 und 100 g im Handel.

H. Ergotinum Fromme. Haltbares Fluidextrakt, das die Gesammt-Alkaloide, doch keine Ergotin- und Sphacelinsäure, Farbstoffe und unorganischen Salze enthält und sich besonders zu Subkutaninjektionen (0,1—0,4) eignet. 1 Th. = 5 Th. Droge. Dos. max. 0,4, pro die 1,5. Wird in Originalflaschen von 20 g durch Caesar & Loretz in Halle in den Handel gebracht.

I. Ergotinum Golaz. Extractum Secalis cornuti dialysatum. 1 Th. = 1 Th. frischem Mutterkorn. Dosis 10—20 Tropfen.

K. Ergotinum Keller. Hellbraun, flüssig. 1 Th. = 4 Th. Mutterkorn. Subkutan zu 0,1—0,5 unverdünnt. Innerlich höchste Tagesgabe 2,0. Enthält die wirksamen Bestandtheile (Cornutin) ohne die Sphacelinsäure und die Farbstoffe.

L. Ergotinum Kobert. Extractum Secalis cornuti sphacelinicum.

M. Ergotinum Kohlmann fluidum. Schwarzbraun, flüssig. 1 Th. = 1 Th. Mutterkorn. Wirkung wie bei der frischen Droge. Tagesgabe 4—5 g.

---

[1]) Siehe: E. Merck, Jahresbericht 1899 und 1900, sowie: Caesar und Loretz, Geschäftsbericht, Sept. 1899.

N. Ergotinum PAULSSEN liquidum.

O. Ergotinum WERNICH purum dialysatum, aus dem mit Aether, dann mit Weingeist behandelten Mutterkorn bereitetes wässeriges Dialysat. Man unterscheidet ein liquidum, spissum und siccum, deren Dosis maxima 4,0, 2,0 und 1,4 g beträgt.

P. Ergotinum WIGGERS purum siccum. Weingeistiges Extrakt aus theilweise entfettetem Mutterkorn. Enthält meist nur Sphacelinsäure. Innerlich zu 0,02—0,1. Grösste Tagesgabe 0,5 g

Q. Ergotinum YVON. Aus entfettetem Mutterkorn mittels verdünnter Weinsäurelösung bereitetes, schwarzbraunes Fluidextrakt mit einem Zusatz von Aq. Laurocerosi. 1 ccm = 1 g Mutterkorn. Innerlich zu 10—20 Tropfen; subkutan 1 ccm auf den Tag.

---

† Tinctura Secalis cornuti. Mutterkorntinktur. Teinture d'ergot de seigle. Liqueur obstétricale de Debourze. Ergänzb.: 1 Th. grob gepulvertes Mutterkorn, 10 Th. verdünnter Weingeist. — Helv.: Aus 10 Th. frisch gesammeltem Mutterkorn (IV) und q. s. verdünntem Weingeist im Verdrängungswege 100 Th. Tinktur. Vorsichtig und nicht über 1 Jahr aufzubewahren. Grösste Einzelgabe 5,0, grösste Tagesgabe 20,0.

Vinum Secalis cornuti. Vinum Ergotae. Mutterkornwein. Wine of Ergot. U-St.: Aus 150 g frisch gepulvertem Mutterkorn (No. 30) und einer Mischung aus 150 ccm Weingeist (91 proc.) und 850 ccm Weisswein. Man befeuchtet mit 40 ccm, perkolirt mit dem Rest der Mischung, dann mit q. s. Weisswein, sodass man 1000 ccm Perkolat erhält. — Nach BALARDINI: Aus 25,0 gepulvertem Mutterkorn und 1000,0 Weisswein durch 8tägige Maceration. — Ex tempore: Extract. Secalis cornuti fluid. 25,0, Vini Xerensis 1000,0.

Elixir Secalis cornuti ferratum GAY.

Rp.	Extract. Secalis cornuti	1,0
	Ferri citrici ammon.	10,0
	Glycerini	100,0
	Spiritus (87 proc.)	300,0
	Spiritus Meliss. comp.	30,0
	Sirupi simplicis q. s. ad	1000,0.

Enema cum Ergotino BONJEAN.

Rp.	Extracti Secalis cornuti	5,0
	Aquae	250,0.

Zu zwei Klystieren.

Gelatina Ergotini lamellata.
Ergotin-Lamellen.

Rp.	Gelatinae albae opt.	6,0
	Aquae destill.	12,0
	Glycerini	1,0
	Extract. Secalis cornuti	30,0
	Aquae destill.	12,0.

Man löst und mischt in obiger Reihenfolge und bereitet, wie Bd. I, S. 1202 angegeben, 300 Plättchen mit je 0,1 Ergotin.

Infusum Ergotae (Brit.).
Infusion of Ergot.

Rp.	Secalis cornut. rec. contus.	50,0
	Aquae destill. ebull.	1000,0.

Nach 1/4 Stunde durchseihen.

Injectio Ergotae hypodermica (Brit.).
Hypodermic Injection of Ergot (or of Ergotin).

Rp.	1. Acidi carbolici	0,3 g
	2. Aquae destillat.	20,0 ccm
	3. Extracti Ergotae	10,0 g.

Man erhitzt 1 und 2 fünf Minuten bis zum Kochen, lässt erkalten, löst 3 und bringt mit gekochtem und wieder erkaltetem Wasser auf 30 ccm. 1 ccm = 0,33 Extract. Ergotae.

Injectio Secalis cornuti subcutanea
LANGENBECK.

Rp.	Extract. Secal. cornut.	2,5
	Spiritus diluti	7,5
	Glycerini puri	7,5.

Injectio Secalis cornuti KELLER.

Rp.	Extracti Secalis cornuti (Helv.)	5,0
	Aquae sterilisatae	2,5
	Glycerini	2,5.

1 Th. = 4 Th. Mutterkorn.

Liquor Ergotini VIDAL.

Rp.	Extract. Secal. corn.	2,0
	Aquae bis destillat.	10,0
	Aquae Laurocerasi	1,0.

Liquor haemostaticus BONJEAN.

Rp.	Extract. Secal. corn.	10,0
	Aquae destillat.	75,0
	Liquor. Ferri sesquichlorat.	15,0.

Bei Flächenblutungen mittels Watte aufzulegen.

Liquor haemostaticus HANNON.
Eau hémostatique de HANNON.

Rp.	Acidi benzoici	10,0
	Aluminis	
	Extract. Secal. corn.	āā 30,0
	Aquae fervidae	250,0.

Zu Waschungen und Umschlägen.

Mixtura antidiabetica HASSE.

Rp.	Extracti Secalis cornuti	
	Extracti Hyoscyami	āā 1,0
	Liquoris Kalii acetici	25,0
	Aquae Foeniculi	150,0.

Esslöffelweise bei Zuckerkrankheit.

Mixtura contra purpuram haemorrhagicam
HENOCH.

Rp.	Extracti Secalis cornuti	2,5
	Aquae destillatae	150,0.

Gegen Blutfleckenkrankheit.

Mixtura Ergotini BOMBELON.

Rp.	Ergotini Bombelon	10,0
	Aquae Laurocerasi	7,5
	Spiritus	2,5.

Innerlich zu 5—15 Tropfen

Mixtura Ergotini BONJEAN.

Rp.	Extracti Secalis cornuti	1,0
	Aquae destillat.	75,0
	Sirup. Aurantii flor.	25,0.

Mixtura haemostatica SCHOELLER.

Rp.	Infusi {Secalis cornut. 5,0; Radic. Ipecacuanh. 0,3}	170,0
	Tinctur. Opii simpl.	1,0
	Acidi phosphorici	2,0
	Sirupi Cinnamomi	30,0.

Mixtura haemostatica WALDENBURG.

Rp. Infusi {Secal. cornut. 5,0 / Cort. Cinnamom. 2,5} 160,0
Tartari boraxati 10,0
Sirupi Cinnamom. 30,0.

Mixtura haemostyptica FRITSCH-DENZEL.
Nach HAHN und HOLFERT.

Rp. Secal. cornuti pulv. 10,0
Acidi sulfurici 2,0
Aquae destillat. 500,0
coque et evapora ad remanent. 182,0
Spiritus 20,0
Sirup. Cinnamom. 30,0.

Mixtura obstetricia STEARNS.

Rp. Infusi Secalis cornuti 1,5 : 250,0
Extracti Opii 0,05.

Mixtura Secalis cornuti GRIEPENKERL.

Rp. Infusi Secalis cornuti 2,0 : 50,0
Sacchari albi 50,0.
Bei Keuchhusten, theelöffelweise.

Mixtura Secalis cornuti.
(Münch. Nosok.-Vorschr.)

Rp. Infus. Sec. corn. 6,0 : 130,0
Sirup. Sacch. 20,0.

Mixtura styptica LANGE.

Rp. Acidi tannici 2,0
Extract. Secalis corn. 1,0
Aquae destillat. 170,0
Sirupi Sacchari 30,0.

Pastilli Ergotini DIETERICH.

Rp. Extracti Secalis cornuti 50,0
Radicis Liquiritiae pulv. 50,0
Sacchari albi pulv. 200,0
Pastae Cacao 200,0.
Man bereitet l. a. 1000 Pastillen mit je 0,05 Ergotin.

Pilulae anthaemoptysicae LEBERT.

Rp. Extracti Secalis cornuti
Acidi tannici ää 1,5
Extracti Opii 0,3
Succi Liquiritiae q. s.
Man formt 30 Pillen und bestreut mit Magnes. carbon.

Pilulae antidysmenorrhoicae GALLARD.

Rp. Extracti Secalis cornuti
Ferri oxydati fusci ää 5,0
Extracti Opii 0,25.
Man formt 50 Pillen.

Pilulae corrigentes ARNAL.
Pilulae Ergotini BONJEAN.

Rp. Extract. Secalis cornuti 5,0
Radicis Liquiritiae pulv. q. s.
Man formt 50 Pillen.

Pilulae Ergotini.
(Münch. Nosok.-Vorschr.)

Rp. Extr. Sec. corn.
Rad. Althae. plv. ää 5,0.
Zu 50 Pillen.

Pilulae haemostaticae RICHTER.

Rp. Extract. Secalis corn.
Secal. cornut. deoleat. pulv. ää 2,0.
Man formt 30 Pillen.

Pilulae haemostaticae HUCHARD.

Rp. Chinini sulfurici 7,5
Extracti Secalis cornuti 2,5
Extracti Hyoscyami 0,5
Folior. Digitalis pulv. 0,5.
Man formt 50 Pillen.

Pilulae haemostypticae FRITSCH-DENZEL.

Rp. Extracti Gossypii radicis
Extracti Hydrastis sicci
Ergotini Denzel
Succi Liquiritiae depur.
Radicis Liquiritiae pulv. ää 3,0.
Man formt 100 Pillen.

Pilulae stypticae HORION.

Rp. Secalis cornuti 1,0
Acidi tannici 0,3
Digitalini 0,01.
Man formt 10 Pillen.

Pulvis antiblennorrhoicus LAZOWSKI.

Rp. Secalis cornuti pulv.
Ferri oxydati fusci ää 4,0
Camphorae 0,25
Vanillae saccharatae 10,0.
Divide in part. aeq. XX.

Pulvis antihaemoptysicus GALLOIS.

Rp. Acidi tannici 2,5
Secalis cornuti 5,0.
Divide in part. aeq. X.

Pulvis obstetricius.
Wehenpulver.

Rp. Secalis cornuti pulv.
Corticis Cinnamomi pulv. ää 0,5.
Dentur tal. dos. V. 1/4stündlich 1 Pulver.

Pulvis obstetricius boraxatus SCHMIDT.

Rp. Secalis cornuti pulv.
Boracis pulv.
Elaeosacchar. Chamomill. ää 0,5.
Dentur tales doses V. 1/4stündlich 1 Pulver.

Sirupus Secalis cornuti.
Sirupus Ergotini. Ergotinsirup.

Rp. Extracti Secalis cornuti 2,0
Sirupi simplicis fervidae 98,0.
Bei Bedarf frisch zu bereiten.

Suppositoria antihaemorrhoidalia.

Rp. Extracti Secalis cornuti 0,1
Extracti Opii
Cocaini hydrochlorici ää 0,01
Olei Cacao 2,5.
Zu einem Stuhlzäpfchen.

Suppositoria Secalis cornuti ULLMANN.

Rp. Secalis cornuti pulv.
Cerae flavae ää 2,0
Olei Cacao 8,0.
Zu 4 Stuhlzäpfchen.

Tabulettae Secalis cornuti.

Rp. Secalis cornuti deoleati pulv. 25,0
Sacchari albi pulv. 2,5
Mucilag. Gummi arab. q. s.
Man presst l. a. 100 Tabletten mit je 0,25 Mutterkorn.

Tinctura haemostyptica (Ergänzb.).
(DENZEL's) Blutstillende Tinktur.

Rp. 1. Secalis cornuti gr. pulv. 10,0
2. Spiritus 20,0
3. Acidi sulfuric. dil.
(p. spec. 1,114) 12,0
4. Aquae destillat. 500,0
5. Calcii carbonici 2,0
6. Spiritus 30,0
7. Olei Cinnamomi gtts. III.
Man kocht 1—4 in einem Porcellangefässe bis au 200,0 ein, fügt 5 hinzu, presst nach Beendigung der CO_2entwickelung ab, dampft auf 70,0 ein, setzt die Lösung von 7 in 6 hinzu, lässt absetzen und filtrirt.

Acetractum Secalis cornuti: siehe unter Acetract. Cocae Bd. I, S. 870.

Chrysotoxin ist ein Mutterkornpräparat, dessen Natriumverbindung zu subkutanen Injektionen gebraucht wird. (GEHE, Neuere Heilmittel.) (Vergl. S. 873.)

Ergotinol. Ein Mutterkornextrakt, das der weingeistigen Gährung unterworfen wurde. (Ebend.)

Phosphergot ist eine Mischung aus gleichen Theilen Mutterkornpulver und Natriumphosphot (THOMS).

Selenum.

Selenium. Selenum. Selen. Se. Atomgew. = 79.

Von den verschiedenen Modifikationen des elementaren Selens ist die amorphe, in Schwefelkohlenstoff lösliche, zum therapeutischen Gebrauche empfohlen worden.

Man erhält diese Modifikation, indem man den selenhaltigen Bleikammer-Schlamm solcher Schwefelsäurefabriken, welche selenhaltige Kiese verarbeiten, mit Schwefelsäure und Salpetersäure erhitzt, bis die rothe Farbe der Flüssigkeit verschwunden ist, das Selen also in Selensäure SeO_4H_2 übergegangen ist. Man verjagt die Salpetersäure durch Eindampfen, führt die Selensäure durch Kochen mit Salzsäure in selenige Säure über $H_2SeO_4 + 2HCl = Cl_2 + H_2O + H_2SeO_3$ und fällt aus dieser Lösung das Selen durch Einleiten von Schwefligsäureanhydrid in der Wärme. Der erhaltene Niederschlag wird gesammelt, ausgewaschen und getrocknet.

Braunrothes, amorphes, sehr feines Pulver vom spec. Gewicht 4,26. Es löst sich in Schwefelkohlenstoff und krystallisirt aus dieser Lösung in dunkelrothen, monoklinen Prismen vom spec. Gew. 4,5. Es löst sich ferner in den koncentrirten Lösungen des Kaliumcyanids und des neutralen Kaliumsulfits und fällt aus diesen Lösungen beim Ansäuern derselben mit Salzsäure wieder aus. Beim Erhitzen vergast es allmählich, ohne einen bestimmten Schmelzpunkt zu zeigen. Aufbewahrung. In (mit Korkstopfen) gut verschlossenen Gefässen.

Nach DUMONT-PORCELET soll das Selen in 5procentiger Salbe äusserlich viel energischer wirken als z. B. der präcipitirte Schwefel. Die von ihm gegebene Formel lautet: Rp. Seleni präcipitati 2,0, Unguenti Paraffini 30,0.

Senecio.

Gattung der **Compositae — Senecioneae — Senecioninae.**

I. Senecio vulgaris L. Weit verbreitetes Unkraut. Man verwendet die Blätter: **Folia Senecionis. — Kreuzkraut. Grindkraut. Greiskraut. — Feuille de seneçon** (Gall.). Altes Mittel gegen Würmer und Koliken, neuerdings bei Störungen der Menstruation empfohlen. Enthält 2 Alkaloide: Senecionin und Senecin, zusammen 0,5 Proc.

II. Aehnlich werden neuerdings **Senecio Jacobaea L.** und **S. aureus L.** in Kalifornien und andere Arten empfohlen, letzteres speciell gegen Blutungen (Fluidextrakt 4 g 3—4mal täglich).

III. Senecio Grayanus Hemsl., S. cervariaefolius Hemsl. und **S. canicida** sind giftig. Sie enthalten lähmend wirkende Gifte.

Senecin ist ein aus Senecio Jacobaea bereitetes Elixir.

Senega.

Polygala Senega L. (**Polygalaceae — Polygaleae**). Heimisch in Nordamerika vom Winipegsee nach Tenessee, Nordkarolina und Südkanada. Ausdauerndes Kraut, das aus dem vielköpfigen Wurzelkopf 30 cm lange Stengel treibt, die mit grünlich-weisser, weisser oder röthlicher Blüthentraube endigen. Blätter am Grunde keine Rosette bildend, unten schuppenförmig, weiter oben lanzettlich, ganzrandig. Verwendung findet die Wurzel.

Radix Senegae (Germ. Helv. Austr.). **Senegae Radix** (Brit.). **Senega** (U-St.). **Radix Polygalae Senegae** seu **Polygalae Virginianae.** — **Senegawurzel. Klapperschlangenwurzel.** — **Racine de polygala de Virginie** (Gall.). **Racine de sénéga.** — **Senega Root. Snake Root**[1]).

Beschreibung. Die Droge besteht aus dem dicken, knorrigen Wurzelkopf, der einen Durchmesser von 5 cm erreichen kann und durch reichliche, dichasiale Knospen-

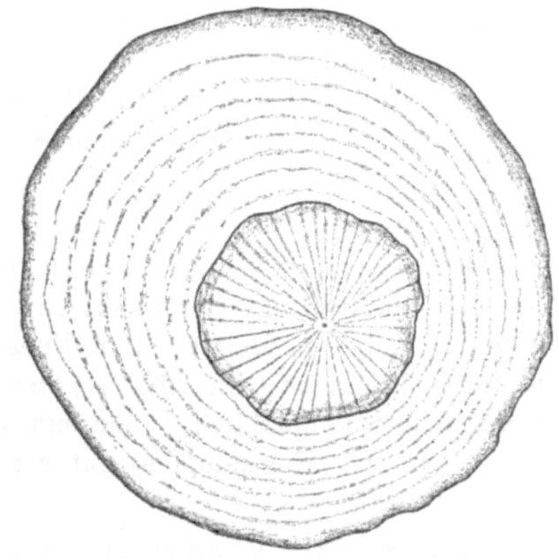

Fig. 128.
Querschnitt durch Radix Senegae von normalem Bau.

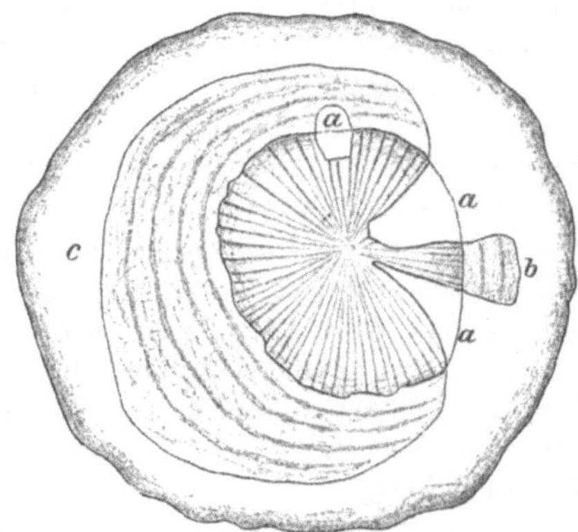

Fig. 129.
Querschnitt durch Radix Senegae, abnorm gebaut. *c* Seite des Kieles. *b* Phloëmtheil, der dem schmalen, mitten im grossen Ausschnitt stehenden Xylemkeil entspricht. *a* (oben) kleiner Ausschnitt. *a* (an der Seite) Cambium.

bildung zu Stande kommt. Auf demselben zuweilen noch Reste der Stengel und röthliche Schuppenblätter. Nach unten geht er über in die wenig verzweigte, bis 20 cm lange Wurzel. Beide von gelblicher oder gelbbräunlicher Farbe. Die Wurzel ist meist hin und hergebogen. Die konvexe Seite der Biegungen ist oft etwas wulstig aufgetrieben und quergerunzelt, die konkave gekielt, so dass es aussieht, als ob die Wurzel um den ziemlich gerade verlaufenden Kiel herumgedreht wäre. Beim Einweichen in Wasser verschwindet der Kiel fast völlig. Es kommen auch reichlich Wurzeln vor, denen der Kiel fehlt. Solche lassen im Querschnitt einen normalen, runden Holzkörper erkennen (Fig. 128). Gekielte Wurzeln lassen auf der dem Kiel entgegengesetzten Seite im Holz-

[1]) Man unterscheidet in Nordamerika ausser der Senega noch 4 „Schlangenwurzeln" = „Snake Root":

1) Die Canada Snake Root von Asarum canadense (Band I, S. 416).

2) Die Virginia Snake Root von Aristolochia Serpentaria (Vergl. Serpentaria).

3) Die Black Snake Root von Cimicifuga racemosa Barton (Bd. I, S. 831).

4) Ebenfalls Black Snake Root von Sanicula marylandica L. (Bd. II, S. 819).

körper einen mehr oder weniger breiten Ausschnitt erkennen, der fächerförmig bis zum Centrum zu reichen pflegt. Der Ausschnitt kann die Hälfte des Holzkörpers umfassen, so dass derselbe dann nur zur Hälfte ausgebildet ist. Macht man Querschnitte durch verschiedene Stellen derselben Wurzel, so sieht man, dass die Grösse des Ausschnittes wechselt. Macht man Querschnitte einer grösseren Anzahl solcher Wurzeln und legt sie in Phloroglucin und Salzsäure, so sieht man, dass der Verlauf der Ränder des Ausschnittes oft Absätze zeigt, sowie, dass in dem scheinbar vollständigen Theil des Holzkörpers kleinere Ausschnitte vorkommen können, oder dass in dem Ausschnitt kleine, sich roth färbende Holzkeile liegen (Fig. 129). — Das Cambium geht überall über den Ausschnitt hinweg. Denjenigen Stellen, wo innerhalb des Cambiums sich Holzgewebe befindet, entspricht ausserhalb desselben normale sekundäre Rinde. Der Ausschnitt besteht aus Parenchym, dem auch solches in der Rinde entspricht. Die Markstrahlen fallen wenig auf. Das Holz enthält enge Gefässe, Tracheïden und Libriformfasern. Aussen ist die Wurzel von einem dünnen Kork bedeckt. Steinzellen, Krystalle und Stärke fehlen der Droge, als Reservestoff lässt sich fettes Oel erkennen. Geschmack etwas kratzend, Geruch charakteristisch nach Methylsalicylat, alte Wurzeln etwas ranzig.

Bestandtheile. Zwei zu den Saponinen gehörige Glukoside, ein neutrales: Senegin $C_{18}H_{28}O_{10}$ und ein saures: Polygalasäure $C_{19}H_{30}O_{10}$. Beide sind chemisch mit dem Sapotoxin und der Quillajasäure aus Cortex Quillajae (Bd. II, S. 717) fast identisch, doch wirkt das Senegin 10mal so schwach wie das ihm entsprechende Sapotoxin. — Ferner enthält die Droge bis 8,68 Proc. fettes Oel, das zum grossen Theil aus freien Fettsäuren besteht. 0,9 Proc. Harz, durchschnittlich 0,3 Proc. Methylsalicylat und Baldriansäure, ebenfalls als Methyläther. Beide sind wahrscheinlich ursprünglich in der Droge in glukosidischer Bindung vorhanden, wie in anderen Polygala-Arten. Endlich 7 Proc. Traubenzucker.

Sorten. Infolge der Ausrottung der Pflanze, die übrigens gegenwärtig auch kultivirt zu werden scheint, und der sich rasch ausbreitenden Kultur haben die Produktionsgebiete der Droge mehrfach gewechselt. Im allgemeinen sammelt man sie von einer als: latifolia bezeichneten Varietät oder Formen, die derselben nahe stehen. Die Annahme, dass auch Polygala alba Nutt. zeitweise die Droge geliefert hat, ist nicht sichergestellt.

Man sammelte die Droge zuerst aus den nördlichen atlantischen Staaten der Union und aus Kanada, später aus den südlichen und südwestlichen Staaten. Beides sind relativ dünne, schwache Wurzeln. Etwa seit den 70er Jahren sammelt man grössere Wurzeln wieder aus nördlichen Staaten (Minnesota und Wisconsin) von einer zwischen latifolia und typica stehenden Form.

Verfälschungen und Beimengungen. 1) Panax quinquefolius L. Die Wurzel ist rübenförmig, nach unten häufig in zwei Aeste gespalten. In der Rinde schizogene Sekretbehälter. (Band I, S. 1218.)

2) Cypripedilum pubescens L. (Bd. II, S. 78).

3) Triosteum perfoliatum L. (Caprifoliaceae). In der dicken Rinde Oxalatdrusen und Stärkemehl, Holzkörper rund, Markstrahlen verholzt. Im Aeusseren der Senega nicht unähnlich.

4) Rhizom einer monokotylen Pflanze. Führt Oxalatraphiden.

5) Ruscus aculeatus L. (Bd. II, S. 761).

6) Asclepias Vincetoxicum L. (Asclepiadaceae). Das Rhizom ist cylindrisch, mit deutlichem Mark.

Aufbewahrung. Anwendung. Man bewahrt die Wurzel als mittelfeine Species auf. Sie wird zu 0,5—2,0 mehrmals täglich, meist in Form der Abkochung (10—20 : 200), als auswurfbeförderndes Mittel bei Luftröhrenkatarrh, Lungenentzündung etc. angewendet. Zu längerem Gebrauche eignet sie sich nicht, da sie die Verdauung ungünstig beeinflusst.

In Deutschland ist Senega dem freien Verkehr entzogen.

Extractum Senegae. Senegaextrakt. Extrait de polygala (alcoolique). Ergänzb.: Wie Extractum Quebracho siccum. Ergänzb. (S. 712). Gelbbraunes, in Wasser trübe lösliches Pulver. Ausbeute etwa 25 Proc. — Gall.: Wie Extractum Digitalis alcoolicum. Gall. (Bd. I, S. 1041. 2). —

Extractum Senegae fluidum. Helv.: Aus 100 Th. Senegawurzel (IV) und einer Mischung von ää Wasser und Weingeist (94proc.) im Verdrängungswege. Man befeuchtet mit 50 Th., erschöpft, dampft das Perkolat nach Zusatz von 10 Th. Ammoniakflüssigkeit auf 50 Th. ein und bringt durch Lösen in 20 Th. Wasser, 10 Th. Glycerin, 20 Th. Weingeist auf 100 Th. — U-St.: Aus 1000 g gepulverter Senega (No. 40) und einer Mischung aus 50 ccm Ammoniakflüssigkeit, 750 ccm Weingeist (91 proc.) und 200 ccm Wasser im Verdrängungswege. Man befeuchtet mit 450 ccm, erschöpft zuerst mit dem Rest, dann mittels q. s. einer Mischung aus 750 ccm Weingeist und 250 ccm Wasser, fängt die ersten 850 ccm Perkolat für sich auf und stellt l. a. 1000 ccm Fluidextrakt her. Man gebraucht 5—6000,0 Lösungsmittel.

Extractum Senegae solidum (Diet.). **Senega-Dauerextrakt** wird genau so wie Extractum Uvae Ursi solidum (Bd. I, S. 363) bereitet.

Ptisana de radice Senegae (Gall.). **Tisane de Polygala de Virginie.** 10,0 Senega, 1000,0 siedendes Wasser; nach 1/2 Stunde durchseihen.

Sirupus Senegae. Senegasirup. Sirop de Polygala. Syrup of Senega. Germ. Austr.: 1 Th. Senegawurzel (II Germ.; gr. pulv. Austr.) macerirt man mit 1 Th. Weingeist (2 Th. verdünntem Weingeist n. Austr.) und 9 Th. Wasser 2 Tage, und bereitet aus 8 Th. der filtrirten Pressflüssigkeit und 12 Th. Zucker 20 Th. Sirup. — Helv.: 5 Th. Senega-Fluidextrakt, 95 Th. Zuckersirup. — U-St.: 200 ccm Senega-Fluidextrakt mischt man mit 300 ccm Wasser und 5 ccm Ammoniakflüssigkeit, filtrirt nach einigen Stunden, bringt durch Nachwaschen mit Wasser auf 550 ccm Filtrat und stellt durch Lösen von 700 g Zucker ohne Erwärmen (durch Schütteln, oder im Perkolator, siehe unter Sirup. Sacchari) und q. s. Wasser 1000 ccm Sirup her. — Gall.: Wie Sirop de Camomille (Bd. I, S. 716).

Tinctura Senegae. Teinture ou Alcoolé de Polygala de Virginie. Tincture of Senega. Brit.: Aus 200 g Senega (No. 40) und q. s. Weingeist (60 vol. proc.) bereitet man durch Perkolation (zum Befeuchten 200 ccm) l. a. 1000 ccm Tinktur. — Gall.: Aus 1 Th. Senega und 5 Th. Weingeist (80 proc.) durch 10tägige Maceration.

Decoctum Senegae.
(Form. mag. Berolin. et Colon.).

Rp. Decoct. Rad. Seneg. 10,0 : 175,0
Liquor. Ammon. anisat. 5,0
Sirup. simplicis 20,0.

Decoctum Senegae concentratum
ist gleich Extractum Senegae solidum.
Im Geltungsbereich der Helv. verboten.

Elixir antasthmaticum TROUSSEAU.

Rp. Infusi Senegae 5,0 : 110,0
Kalii jodati 10,0
Spiritus Vini Gallici 50,0
Sirupi Papaveris 30,0.

Infusum Senegae (Brit.).

Rp. Radicis Senegae pulv. (No. 10) 50,0
Aquae destill. ebullientis 1000,0.
Nach 1/2 Stunde durchseihen.

Liquor Senegae concentratus (Brit.).
Concentrated Solution of Senega.

Rp. 1. Radicis Senegae pulv. (No. 20) 500 g
2. {Spiritus (20 vol. proc.) part. 2 / Spiritus (45 vol. proc.) part. 1.} 1250 ccm vel. q. s.
Man befeuchtet 1 mit 200 ccm von 2, perkolirt, indem man 12stündlich 100 ccm aufgiesst und sammelt l. a. 1000 ccm Gesammtflüssigkeit.

Mixtura Senegae anisata.
(Münch. Nosokom.-Vorschr.).

Rp. Decocti Radicis Senegae 10,0 : 130,0
Liquoris Ammonii anisati 5,0
Sirupi Liquiritiae 20,0.

Mixtura Senegae cum Morphino.
(Münch. Nosokom.-Vorschr.).

Rp. Decoct. Rad. Senegae 10,0 : 130,0
Morphini hydrochlorici 0,02
Sirupi Liquiritiae 20,0.

Pastilli Senegae E. DIETERICH.
Trochisci Senegae. Senega-Pastillen.

Rp. Extracti Senegae solidi Diet. 50,0
Sacchari pulverati 950,0
Mucilaginis Tragacanthae q. s.
Man formt 1000 Pastillen.

Hamburger Pastillen, von BR. SCHMIDT, enthalten Chinin, Goldschwefel, Senega- und Malzextrakt, Süssholz.

Senega-Pastillen von G. KÖTZ bestehen aus Senega-Fluidextrakt, Zucker und Milchzucker (HAHN & HOLFERT).

Senna.

I. Folia Sennae (Germ. Helv. Austr.). **Senna** (U-St.). **Senna Alexandrina et Indica** (Brit.). — **Sennesblätter.** — **Feuille de séné** (Gall.). — **Senna Leaves. Alexandrian and East Indian or Tinnevelly (Tinnivelly** Brit.**) Senna.** Die Droge wird geliefert von den Blättchen verschiedener Arten der Gattung **Cassia** (Familie der **Caesalpiniaceae** — **Cassieae**), halbstrauchigen Pflanzen mit gefiederten, bis 8jochigen Blättern und gelben Blüthen mit 7 fertilen und 3 sterilen Staubblättern. Früchte vergl. unten.

Es kommen gegenwärtig nur noch die Blättchen von 2 Arten in Betracht:

1) **Cassia angustifolia Vahl, var. β-Royleana Bischoff.** Heimisch auf beiden Seiten des Rothen Meeres, seit dem Anfange des 19. Jahrhunderts kultivirt in Tinnevelly, unweit der Südspitze Ostindiens. Nur diese letzteren Blätter gelangen in den Handel. Die Fiederblättchen sind bis 6 cm lang, bis 2 cm breit, lanzettlich, kurz gestielt, flach, ziemlich dünn, von lebhaft dunkelgrüner Farbe, schwach behaart (Fig. 130). Man sammelt die Blättchen vor der Fruchtreife und trocknet an der Sonne. Geschmack etwas schleimiger als bei der folgenden Art. Besteht ausschliesslich aus den sehr sorgfältig gesammelten und getrockneten Blättchen. Von allen Arzneibüchern zugelassen. Germ. lässt nur diese zu.

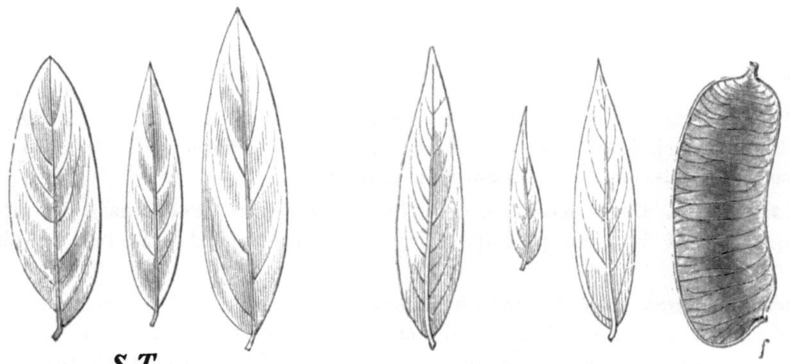

Fig. 130. Tinnevelly Senna. Fig. 131. Blättchen und Hülse der wilden Cassia angustifolia Vahl.

2) **Cassia acutifolia Delile.** Heimisch im mittleren Nilgebiete. Blättchen eirund, länglich bis lanzettlich, stumpf mit aufgesetztem Stachelspitzchen oder in letzteres übergehend, bis 3 cm lang. Farbe mattgrün, behaart. Konsistenz etwas lederig (Fig. 132). Die Blätter kommen nilabwärts über Alexandria oder über Häfen des Rothen Meeres in den Handel. Sie werden ausserordentlich unrein gesammelt und müssen für den Handel verlesen werden. (Vergl. unten.) Zugelassen von allen Arzneibüchern, ausser der Germ.

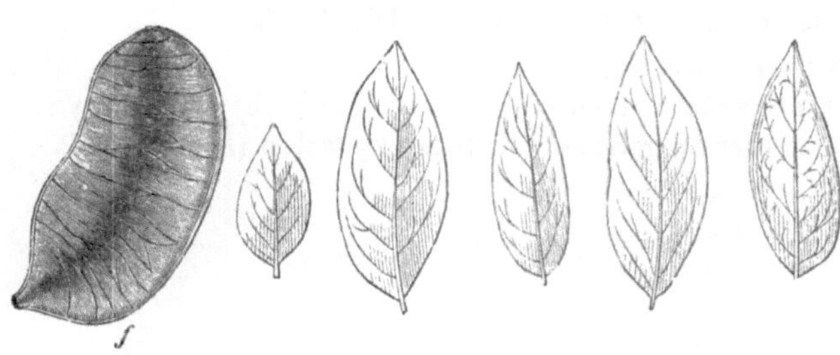

Fig. 132. Blättchen und Hülse der Cassia acutifolia Delile.

Bau der Blätter. Dieselben sind monofacial gebaut, haben also auf beiden Seiten Palissaden, die ein ziemlich schmales Schwammparenchym einschliessen, das Oxalatdrusen führt. Die Epidermiszellen beiderseits sind geradlinig polygonal mit einem Ueberzug von Wachskörnchen. Zahlreiche Epidermiszellen führen Schleim in Form einer Membranverdickung. Auf beiden Seiten rundliche, tiefliegende Spaltöffnungen und dickwandige, einzellige Haare mit warziger Membran oder deren sehr deutliche Narben (Fig. 133. 134).

Die Haare sind bei 1 120—150 μ lang und 12—15 μ breit, bei 2 160—220 μ lang und 16—20 μ breit. Um die Gefässbündel Zellen mit Einzelkrystallen von Oxalat.

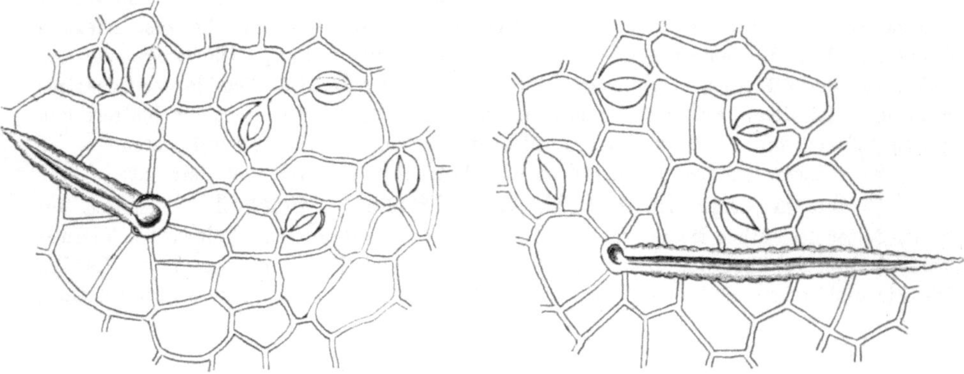

Fig. 133. Folia Sennae. Epidermis der Unterseite. Fig 134. Folia Sennae. Epidermis der Oberseite.

Im Pulver, das man mit Chloralhydrat aufhellt, fallen am meisten auf die Haare, Fetzen der Epidermis mit Spaltöffnungen und Haaren oder deren Narben, Fasern mit Krystallzellen aus den Gefässbündeln, Palissaden und Drusen.

Bestandtheile. Die Sennesblätter enthalten als wirksame Bestandtheile wie Aloë, Cortex Frangulae, Rhiz. Rhei etc. (s. dort), Chrysophansäure und Emodin. Asche 10,30 Proc.

Verwechslungen und Verfälschungen. Die Tinnevellyblätter kommen fast immer völlig rein, d. h. frei von fremden Blättern und Theilen der Stammpflanze in den Handel, nur neuerdings hat man aus Madras die Blätter der Cassia setigera DC. nach London eingeführt. Sie sehen der echten Droge sehr ähnlich, sollen aber kahl sein, die sekundären Nerven gehen von den primären unter auffallend stumpfem Winkel ab. Bemerkenswerth ist auch die besonders im Pulver auffallende grosse Menge von Oxalatdrusen.

Die von wildwachsenden Pflanzen gesammelten ägyptischen Blätter sind häufiger verunreinigt, indessen werden solche fremden Pflanzentheile beim Reinigen der Droge durch Absieben etc. meist entfernt und finden sich nur ausnahmsweise in derselben, wie sie in die Apotheken gelangt. Es kommen als solche in Betracht:

1. Theile der Sennapflanze: Früchte, Blüthen, Blattspindeln, Zweige.

2. Blätter und Theile anderer Cassia-Arten:

a) Blättchen der Cassia obovata Colladon und ihrer Form obtusata Hayne. Sie sind eiförmig, oben abgestutzt oder ausgerandet mit Stachelspitzchen (Fig. 135. 136).

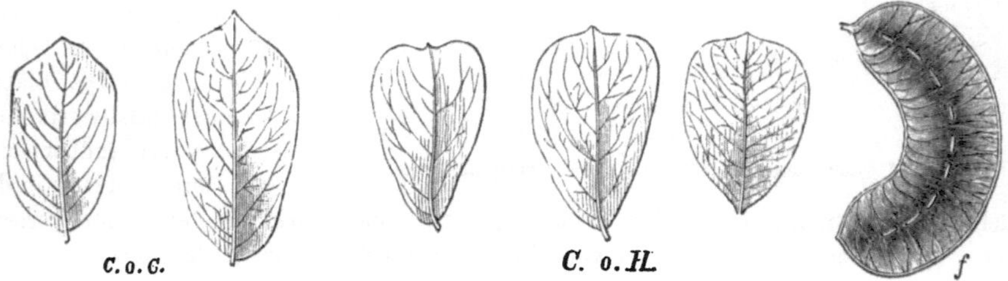

Fig. 135. Blättchen der Cassia obovata Colladon. Fig. 136. Blättchen und Hülse der Cassia obovata Coll. var.: obtusata Hayne.

b) Blättchen der Cassia pubescens R. Brown. Oval, mit Stachelspitzchen, vorn abgerundet oder vertieft gestutzt, stark behaart.

c) Blättchen der Cassia holosericea Fresenius. Blätter kleiner wie bei der echten Senna, stärker abgestutzt, stark behaart.

3. Blätter anderer Pflanzen:

a) Cynanchum Arghel Delile (syn. Solenostemma Arghel Hayne) (Asclepiadaceae). Grösser wie die der Senna, lanzettlich bis schmal eiförmig, steiflederig, verbogen, höckerig (Fig. 137). Behaart, die Haare mehrzellig. Das Blatt ist bifacial gebaut, hat also nur unter der Oberseite Palissaden, ferner im Mesophyll Milchsaftschläuche. An den mehrzelligen Haaren auch im Pulver zu erkennen. Nicht selten findet man unter der Droge auch die weissen Blüthen der Pflanze.

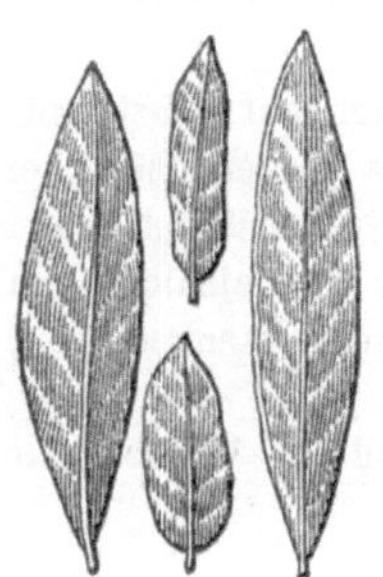

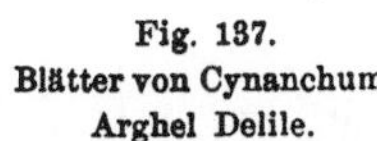

Fig. 137. Blätter von Cynanchum Arghel Delile.

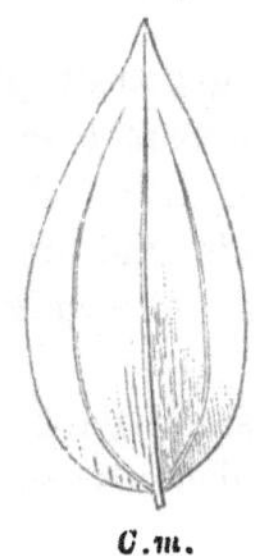

Fig. 138. Blatt der Coriaria myrtifolia.

b) Pistacia Lentiscus L. (1893 beobachtet). Im Gewebe des Blattes schizogene Sekretbehälter. Zwei Reihen Palissaden und in denselben zuweilen Oxalatdrusen.

c) Coriaria myrtifolia L. Blätter dreinervig, kahl (Fig. 138).

d) Tephrosia Apollinea Delile. Blätter filzig, die Haare vielzellig.

e) Globularia Alypum L. Mit kopfförmigen Drüsenhaaren und Krystallen in der Epidermis.

f) Colutea arborescens L. Blätter verkehrt-herzförmig, dünn, nur unterseits anliegend behaart (Fig. 139).

Col. a.

Fig. 139. Blättchen der Colutea arborescens.

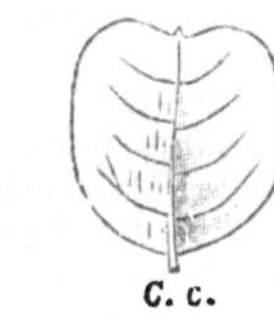

Fig. 140. Blättchen der Colutea cruenta.

g) Colutea cruenta Aiton. Blätter sehr zart, fast kreisrund, an der Spitze abgestutzt (Fig. 140).

Durch Absieben wird eine aus Bruchstücken bestehende Sorte „Folia Sennae parva“ gewonnen; sie darf nicht verwendet werden (Helv.), da andere Blätter schwer oder gar nicht in ihr erkannt werden können, ebenso ist die Anwesenheit von Arghelblättern nach Austr. und U-St. unzulässig, während Helv. eine Beimengung derselben, sowie von Blattspindeln etc. bis zu 10 Proc. gestattet.

Aufbewahrung. Man bewahrt die Blätter theils ganz auf und giebt sie so im Handverkauf ab, theils als mittelfeine Species, theils als feines Pulver, letzteres zweckmässig vor Licht geschützt. Das Pulvern bedingt einen Verlust von etwa 5 Proc. durch Eintrocknen und Verstäuben.

Anwendung. Sennesblätter sind eins der gebräuchlichsten Abführmittel; sie wirken zu 1—2 g ohne Beschwerden; in Gaben von 2—5—10 g erzeugen sie leicht Leibschneiden, selbst Erbrechen. Sie werden innerlich im Aufguss (7,5—10 : 100) oder als Pulver mit geschmackverbessernden Zusätzen, wie Citronensäure, Anis, Ingwer, Elaeosacchar. Citri, Kaffee, ferner in Tabletten, Latwergen oder der beliebten Form des Kurella'schen Pulvers gegeben. Bisweilen auch als Klystier. Der Leibschneiden erregende Stoff soll in den **kalten** wässerigen Auszug nicht übergehen.

Folia Sennae Spiritu extracta. Folia Sennae sine resina seu deresinata. Mit Weingeist ausgezogene oder entharzte Sennesblätter. Ergänzb. Austr.: 1 Th. zerschnittene Sennesblätter zieht man 2 Tage mit 4 Th. Weingeist (87 proc.) aus, presst und trocknet. Die Blätter erhalten ein schöneres Aussehen, wenn man sie nach dem Auspressen nochmals mit etwa 1 Th. Weingeist abspült und dann sogleich trocknet; am wenigsten werden sie verändert, wenn man sie in einem Perkolator auszieht und ohne zu pressen (!) den Weingeist freiwillig verdunsten lässt. Ausbeute etwa 90 Proc. Sie wirken wie Sennesblätter, aber schwächer und ohne Leibschneiden zu erzeugen. Der das Sennaharz enthaltende Weingeist wird abdestillirt und zu gleicher Verwendung aufbewahrt; der Harzrückstand ist wertlos. Es ist unzweifelhaft, dass bei der Extraktion mit Weingeist ein erheblicher Theil der wirksamen Bestandtheile entfernt wird.

II. Folliculi Sennae (Ergänzb.). **Fructus Sennae** (Helv.). — **Sennesbälge. Sennesbälglein. Sennesfrüchte** oder **-schoten.** — **Fruit de séné** (Gall.).

Es schreiben vor Helv. die Früchte von **Cassia obovata Colladon** (beschrieben werden aber diejenigen der C. acutifolia). Ergänzb. **C. acutifolia** und **C. angustifolia** Gall. dieselben.

Die Früchte (Hülsen) sind flach gedrückt, häutig, gegen die Bauchnaht gekrümmt, durch den Griffelrest schief und kurz geschnäbelt, an den Samen etwas aufgetrieben, bei C. obovata hier mit kammartigen Erhöhungen (Fig. 131. 132. 136). Die Gefässbündel gehen von beiden Rändern zur Mitte. Die Früchte von C. acutifolia sind breiter als diejenigen von C. angustifolia. Die Samen sind verkehrt herzförmig, fast keilförmig, zusammengedrückt, runzelig-warzig.

Für den Nachweis der Früchte im Pulver sind von besonderer Wichtigkeit Schichten langer, dickwandiger, faserförmiger Zellen, die sich kreuzen.

Aufbewahrung. Wie bei Folia Senna.

Anwendung ebenso. Sie sollen milder wirken wie die Blätter.

Extractum Sennae. Sennaextrakt. Extrait de séné. Gall.: Wie Extrait de digitale aqueux Gall. (Bd. I, S. 1041. 1). Es empfiehlt sich, aus der zum Sirup eingedampften Brühe mittels Weingeist den Schleim zu fällen. Ausbeute etwa 25 Proc.

Extractum Sennae fluidum (U-St.). **Fluid Extract of Senna** wird aus gepulverter Senna (No. 30) wie Extractum Rhamni Purshiani fluidum U-St. (S. 728) bereitet. Auf gleiche Weise erhält man aus entharzter Senna das Deodorized Fluid Extract of Senna der Nat. form.

Extractum Sennae solidum (Diet.) wie Extractum Colombo solidum (Bd. I, S. 937).

Sirupus Sennae. Sennasirup. Syrup of Senna. Germ.: 10 Th. Sennesblätter (II) und 1 Th. Fenchel werden, mit 5 Th. Weingeist durchfeuchtet, mit 60 Th. Wasser 12 Stunden ausgezogen, dann ohne Pressung durchgeseiht. Man erhitzt den Auszug zum Sieden, lässt erkalten und bereitet aus 35 Th. Filtrat und 65 Th. Zucker 100 Th. Sirup. — Brit.: 1200 g Senna zieht man 3 Tage mit 1200 ccm, dann nochmals 24 Stunden mit 450 ccm Weingeist (20 vol. proc.) aus, presst beide Male stark aus, zieht noch 3 Stunden mit 450 ccm Weingeist aus und dampft die Pressflüssigkeit ein, dass sie, mit den andern vereinigt, 1200 ccm beträgt. Man erhitzt das Ganze auf 82,2° C., filtrirt nach 24 Stunden, löst 1500 g Zucker, fügt 0,6 ccm Korianderöl, in 2,4 ccm 90proc. Weingeist gelöst, hinzu und bringt mit Wasser auf 2760 g. — U-St.: 250 g Alexandriner Senna übergiesst man mit 700 ccm kochendem Wasser, zieht 24 Stunden bei 60° C. aus, presst und sammelt durch Nachwaschen 600 ccm; man mischt 5 ccm Korianderöl, in 150 ccm Weingeist (91 proc.) gelöst, hinzu, lässt absetzen, filtrirt, bringt das Filtrat durch Nachwaschen mit Wasser auf 550 ccm und stellt durch Lösen von 700 g Zucker ohne Erwärmen 1000 ccm Sirup her.

Tinctura Sennae. Teinture ou Alcoolé de séné (Gall.). Aus 1 Th. grob gepulv. Senna und 5 Th. Weingeist (60 proc.) durch 10tägige Maceration.

Apozema laxativum (Gall.).
Ptisana regalis. Apozème laxatif. Tisane royale.

Rp.	Fruct. Anisi	
	Fruct. Coriandri	āā 5,0
	Folior. Sennae	
	Folior. recent. Petroselin.	
	Natrii sulfurici	āā 15,0
	Fructum Citri in orbiculos conc.	I
	Aquae frigidae	1000,0.

Man macerirt 24 Stunden, presst und filtrirt.

Electuarium antihaemorrhoidale.
Kurella-Latwerge.

Rp.	Foliorum Sennae subt. pulv.	15,0
	Radicis Liquiritiae " "	15,0
	Fructus Foeniculi pulv.	10,0
	Sulfuris depurati	10,0
	Sirupi Menthae piper.	50,0 vel q. s.

Electuarium e Senna.
Electuarium aperiens s. lenitivum s. eccoproticum. Electuarium Sennae compositum. Confectio Sennae. Eröffnende Latwerge. Sennalatwerge. Latwerge.

Électuaire lénitif. Confection of Senna. Lenitive electuary.

I. Electuarium e Senna (Germanica).

Rp.	Folior. Sennae subt. pulv.	1,0
	Sirupi simplicis	4,0
	Pulpae Tamarind. depur.	5,0.

Man mischt und erwärmt 1 Stunde im Dampfbade.

II. Electuarium lenitivum (Helvetica).

Rp.	Tartari depurati	1,0
	Folior. Sennae pulv. (VI)	2,0
	Mellis depurati	3,0
	Pulpae Tamarind. dep.	4,0

mischt man im Dampfbade.

III. Electuarium lenitivum (Austriaca).

Rp.	Folior. Sennae pulv.	1,0
	Tartari depurati "	1,0
	Pulpae Tamarind. dep.	2,0
	Roob Sambuci	2,0
	Pulpae Prunorum	4,0
	Mellis depurati	q. s.

Im Wasserbade zu bereiten.

IV. Confectio Sennae (Britannica).

Rp. 1. Caricarum 160,0
2. Fructus Pruni domestici 80,0
3. Pulpae Cassiae 120,0
4. Pulpae Tamarind. crudae 120,0
5. Sacchari albi 400,0
6. Extracti Glycyrrhizae (Brit.) 13,0
7. Foliorum Sennae pulver. 94,0
8. Fructus Coriandri „ 40,0
9. Aquae destillatae q. s.

Man kocht 1 und 2 mit 320,0 Wasser 4 Stunden, ergänzt das verdampfte Wasser, fügt 3 und 4 hinzu, digerirt 2 Stunden, treibt durch ein Haarsieb (verwirft das Zurückbleibende), löst 5 und 6 unter Erwärmen, fügt alsbald die Mischung von 7 und 8 hinzu und bringt durch Eindampfen oder Zusatz von 9 auf 1000,0.

V. Confectio Sennae (United States).

Rp. 1. Cassiae Fistulae 160,0
2. Pulp. Tamarind. crud. 100,0
3. Fruct. Pruni domest. conc. 70,0
4. Caricarum conc. 120,0
5. Sacchari albi pulv. 555,0
6. Foliorum Sennae pulv. (No. 60) 100,0
7. Olei Coriandri 5,0
8. Aquae q. s.

Man erhitzt 1—4 mit 500,0 von 8 in verschlossenem Gefässe 3 Stunden im Wasserbade, reibt zuerst durch ein grobes, dann durch ein feines Haarsieb, behandelt den Rückstand nach kurzem Erhitzen mit 150,0 von 8 ebenso, löst in der Pulpa 5, dampft auf 895,0 ein, fügt 6 und 7 hinzu und mischt noch warm.

VI. Electuaire de séné composé (Gallica).

Rp. 1. Hordei mundati 60,0
2. Rhizomatis Polypodii 60,0
3. Foliorum recent. Mercurialis 120,0
4. Foliorum recent. Scolopendrii 45,0
5. Passularum majorum (Malaga) 60,0
6. Injubarum 45,0
7. Foliorum Sennae pulv. 60,0
8. Sacchari 1200,0
9. { Pulpae Tamarindorum 200,0
Pulpae Cassiae 200,0
Pulpae Prunorum 200,0 }
10. { Folliculor. Sennae pulv. 150,0
Fructus Foeniculi „ 10,0
Fructus Anisi „ 10,0
Radicis Liquiritiae „ 10,0 }
11. Aquae destillatae q. s.

Man bereitet eine Abkochung aus 1, dann 2—6 mit q. s. von 11 und presst aus; ferner einen Aufguss aus 7 und q. s. von 11, mischt beide und dampft auf 2500,0 ein. Durch Lösen von 8 bereitet man einen Sirup vom spec. Gew. 1,27 und bringt mit 9 und 10 zur Latwerge.

Sennalatwerge ist an einem kühlen, trocknen Orte in Porcellangefässen aufzubewahren. Sie hält sich um so besser, je fester die Konsistenz ist. Man giebt sie zu 5—15 g in Oblaten.

Elixir catharticum compositum (Nat. form.).

Compound Cathartic Elixir.

Rp. Extracti Sennae fluidi (U-St.) 125 ccm
Extracti Podophylli „ „ 62 „
Extracti Leptandrae „ „ 50 „
Extracti Jalapae fluidi (s. S. 105) 50 „
Tartari natronati 125 g
Natrii bicarbonici 16 „
Elixir Taraxaci comp. (Nat. form.) 250 ccm
Elixir Glycyrrhizae (Nat. form.) q. s. ad 1000 ccm.

Nicht filtriren, sondern vor dem Gebrauche umschütteln.

Enema purgans (Gall.).

Lavement purgatif.

Rp. Infusi Foliorum Sennae 15,0 : 500,0
Natrii sulfurici 15,0.

Guttae cordiales Warner.

Essentia cordialis Warner.

Rp. Folior. Sennae 10,0
Fruct. Coriandri
Fruct. Foeniculi āā 5,0
Coccionellae
Croci
Succi Liquiritiae āā 2,5
Mellis crudi 100,0
Aquae
Spiritus diluti āā 500,0.

Hydromel Infantum (Austr.).

Kindermeth.

Rp. Infusi Sennae cum Manna (Austr.) 30,0
Sirupi Sennae cum Manna (Austr.) 10,0.

Infusum laxans (Form. mag. Berol. et Colon.).

Rp. Infusi Foliorum Sennae 15,0 : 155,0
Magnesii sulfurici 45,0.

Infusum Sennae (Brit.).

Infusion of Senna.

Rp. Foliorum Sennae conc. 100,0
Rhizomatis Zingiberis conc. 6,25
Aquae ebullientis 1000,0.

Nach 1/4 Stunde durchseihen.

Infusum Sennae compositum.

Infusum Sennae cum Manna (Austr.).

Infusum laxativum. Infusum Sennae Viennense. Potio laxans Viennensis. Wiener Trank oder Tränkchen. Mannahaltiger Sennaaufguss. Laxirtränkchen Infusion de Vienne. Tisane de séné composé. Compound Infusion of Senna.

I. Germanica IV.

Rp. 1. Foliorum Sennae conc. (II) 100,0
2 Aquae fervidae 900,0
3. Tartari natronati 100,0
4. Natrii carbonici 2,0
5. Mannae[1]) 200,0
6. Aquae fervidae q. s. ad 950,0
7. Spiritus (87 proc.) 50,0.

Man erwärmt 1 und 2 fünf Minuten im Wasserbade, lässt erkalten, presst aus, löst 3—5, seiht durch, fügt 6 und 7 hinzu, lässt 24 Stunden absetzen und giesst klar ab.

II. Helvetica.

Rp. Infusi Foliorum Sennae 10,0 : 80,0
Mannae[1]) 10,0
Tartari natronati 10,0.

Die klare Flüssigkeit soll 100,0 betragen und nur auf Verlangen bereitet werden.

III. Austriaca.

Rp. Infusi Foliorum Sennae Alex. 25,0 : 200,0
Mannae[1]) 35,0.

Vor der Abgabe zu filtriren.

IV. United States.

Rp. 1. Foliorum Sennae 60,0
2. Fructus Foeniculi contusi 20,0
3. Aquae ebullientis 800,0
4. Mannae[1]) 120,0
5. Magnesii sulfuric. 120,0
6. Aquae frigidae q. s. ad 1000,0 ccm.

Man infundirt und löst l. a.

Wiener Trank wird in kleineren, ganz gefüllten Gläsern kühl, vor Licht geschützt und nicht länger als 14 Tage aufbewahrt. Die durch Eindampfen hergestellten Formen: Infusum Sennae comp. duplex und triplex liefern beim Wiederauflösen ein Präparat, das an Wirksamkeit nicht einem frisch bereiteten Infusum gleichkommt.

[1]) Man verwendet die Manna electa in fragmentis.

Infusum Sennae salinum (Ph. Russ.).

Rp. Infusi Foliorum Sennae 15,0:150,0
Natrii sulfurici
Mellis depurati ää 15,0.

Liquor Sennae concentratus (Brit.).
Concentrated Solution of Senna.

Rp. 1. Foliorum Sennae pulv. (No. 5) 1000 g
2. Aquae destillatae q. s.
3. Tincturae Zingiberis 125 ccm
4. Spiritus (90 vol. proc.) 100 ccm.

Man theilt 1 in 3 gleiche Theile, stellt durch Perkoliren von Th. I mittels 2 250 ccm Perkolat her und reperkolirt weiter Th. II und III, wie bei Extract. Sarsa liquid. Brit. (S. 849) angegeben, so dass man schliesslich 800 ccm Auszug erhält, die man 5 Minuten auf 82,2° C. erhitzt, mit 3 und 4 gemischt 7 Tage bei Seite stellt und nach dem Filtriren auf 1000 ccm bringt.

Mistura Sennae composita (Brit.).
Compound Mixture of Senna. Black Draught.

Rp. 1. Magnesii sulfurici 250,0
2. Extract. Glycyrrhiz. liquid. 50,0 ccm
3. Tinct. Cardamom. comp. (Brit.) 100,0 „
4. Spiritus Ammon. aromat. 50,0 „
5. Infusi Sennae (Brit.) q. s. ad 1000 „

1 wird zunächst in der Hälfte von 5 gelöst.

Pilulae solventes ROSAS.

Rp. Foliorum Sennae pulv.
Kalii sulfurici
Saponis medicati ää 5,0
Extracti Taraxaci q. s.

Man formt Pillen von 0,2 g.

Potio laxativa seu antidysenterica SYDENHAM.

Rp. Infusi {Fol. Sennae 2,0 / Rhizomatis Rhei 6,0} 220,0
Pulpae Tamarindorum dep. 20,0
Mannae electae 30,0
Mellis rosati 30,0.

Pulvis haemorrhoïdalis
(Form. mag. Berol. et Colon.).

Rp. Foliorum Sennae
Magnesiae ustae
Sacchari albi
Sulfuris depurati
Tartari depurati ää 10,0.

Pulvis mundificans HIMLY.

Rp. Fructus Anisi 5,0
Corticis Ligni Sassafras
Fructus Juniperi
Radicis Helenii
Tuberis Jalapae ää 10,0
Foliorum Sennae
Ligni Guajaci
Rhizomatis Imperator. ää 20,0.

1 Th. dieses Pulvers giebt mit 3 Th. Mel depur. das Electuarium mundificans HIMLY.

Sirupus Sennae cum Manna (Germ.).

Rp. Sirupi Mannae
Sirupi Sennae ää.

Sirupus Sennae aromaticus (Nat. form.).
Aromatic Syrup of Senna.

Rp. 1. {Foliorum Sennae pulv. (No. 50) 125,0 g
Tuberis Jalapae „ 50,0 „
Rhizomatis Rhei „ 17,5 „
Corticis Cinnamomi „ 4,0 „
Caryophyllorum „ 4,0 „
Seminis Myristicae „ 2,0 „}
2. Olei Citri 1,5 ccm
3. Sacchari albi 750,0 g
4. Spiritus diluti (41 proc.) q. s. ad 1000,0 ccm.

Man mischt 1 und 2, perkolirt mittels 4, fängt die ersten 500 ccm für sich auf, löst darin 3 und perkolirt l. a. weiter, bis man 1000 ccm Gesammtflüssigkeit erhalten hat.

Sirupus Sennae compositus (Nat. form.).
Compound Syrup of Senna.

Rp. Olei Gaultheriae 4 ccm
Spiritus (91 proc.) 60 „
Extracti Sennae fluidi 135 „
Extracti Rhei fluidi 35 „
Extracti Frangulae fluidi 35 „
Sirupi Sacchari (U-St.) q. s. ad 1000 „

Man löst und mischt in obiger Reihenfolge.

Sirupus Sennae compositus JAEKWITZ.
Jackwitzsaft.

Rp. Boracis 10,0
Fructus Anisi
Fructus Foeniculi ää 15,0
Foliorum Sennae 100,0
Aquae ebullientis 550,0
In colaturae 400,0
solve Sacchari 600,0.

Species catharticae KÖLLER.
KÖLLER's Blutreinigungsthee.

Rp. Fructus Anisi 5,0
Rhizomatis Graminis 5,0
Radicis Ononidis 10,0
Radicis Taraxaci 10,0
Ligni Guajaci 20,0
Foliorum Sennae 50,0.

Species Hamburgenses (Ergänzb.).
Hamburger Thee.

Rp. 1. Acidi tartarici 3,0
2. Aquae 6,0
3. Fructus Coriandri contusi 15,0
4. Mannae concisae bene siccatae 30,0
5. Foliorum Sennae concisor. 60,0.

Man tränkt 3 mit der Lösung von 1 in 2, trocknet und mischt mit 4 und 5.

Species Herbarum alpinarum.
Alpenkräuterthee (Münch. Vorschr.).

Rp. Corticis Frangulae 40,0
Foliorum Sennae 20,0
Florum Tiliae 10,0
Florum Sambuci 10,0
Florum Verbasci 5,0
Florum Acaciae 5,0
Radicis Ononidis 5,0
Radicis Levistici 5,0.

Species laxantes (Germ. Helv.).
Species laxantes St. Germain. Species purgativae. Abführender Thee. St. Germain's abführende Species. Saint-Germainthee. Espèces purgatives (Gall.). Thé de Saint-Germain. Thé de santé. Laxative species.

I. Germanica IV.

Rp. 1. {Fructus Anisi contusi 125,0 / Fructus Foeniculi „ 125,0}
2. {Kalii tartarici 62,5 / Aquae 125,0}
3. {Acidi tartarici 37,5 / Aquae 37,5}
4. Florum Sambuci 250,0
5. Foliorum Sennae conc. (II) 400,0.

Man tränkt 1 mit Lösung 2, nach 1/2 Stunde mit Lösung 3, trocknet und mischt 4 und 5 hinzu.

II. Helvetica.

Rp. Foliorum Sennae (II) 4,0
Florum Sambuci 3,0
Fructus Anisi 1,0
Fructus Foeniculi 1,0
Tartari natronati (III) 1,0.

III. Austriaca.

Rp. Foliorum Sennae sine resina 52,5
Florum Tiliae conc. 30,0
Fructus Foeniculi cont. 15,0
Tartari depurati cont. 7,5

IV. Gallica.

Rp. Foliorum Sennae 40,0
Florum Sambuci 20,0
Fructus Anisi 20,0
Fructus Foeniculi 10,0
Tartari depurati 10,0.

Der nach II, III und IV bereitete Thee ist vor jedesmaligem Gebrauch gut durchzumischen, weil sich das schwerere Salz am Boden ansammelt.

Species laxantes Dr. Hoferi.

Hoferthee.

Rp. Foliorum Sennae conc. (II) 10,0
Florum Chamomill. roman. (II)
Florum Acaciae conc. (II)
Florum Rhoeados „
Florum Lamii „
Fructus Carvi contusi āā 1,0.

Species laxantes Schrammii.

Schramm'scher oder Dresdener Thee.

Rp. Foliorum Sennae concis. 3,0
Fructus Foeniculi contus. 2,0
Fructus Anisi contus. 1,0
Ligni Santali rubri minutim concis. 1,0.

Species laxantes Gasteinenses.

Gasteiner Thee.

Rp. Florum Calcatrippae 5,0
Rhizomatis Polypodii conc. 5,0
Sacchari candidi albi cont. 10,0
Foliorum Sennae conc. 20,0
Radicis Liquirit. □ conc. 20,0
Mannae elect. siccat. conc. 30,0
Passularum minorum 10,0.

Species Marienbadenses.

Marienbader Thee.

Wie der vorige, doch statt Passulae ebensoviel Caricae concisae.

Species Lignorum cum Senna (Münch. Vorschr.).

Rp. Specierum Lignorum 50,0
Foliorum Sennae Tinnevelly 20,0.

Species pectorales laxantes (Dresd. Vorschr.).

Rp. Foliorum Sennae 1,0
Specierum pectoralium cum fructibus 3,0.

Tabulettae Sennae.

Sennatabletten.

Rp. Foliorum Sennae pulv. 10,0
Sacchari albi „ 1,0
Gummi arabici „ 0,5.

Man feuchtet mit Spir. dilut. an und presst 20 Tabletten.

Tinctura cathartica seu laxativa.

Tinctura Sennae cum Rheo.

Blutreinigungselixir.

Rp. Foliorum Sennae conc. 100,0
Rhizomatis Rhei „ 50,0
Tuberis Jalapae gr. pulv. 25,0
Fructus Anisi stellati cont. 20,0
Fructus Coriandri cont. 20,0
Aquae destillatae 400,0
Spiritus (87 proc.) 600,0
in colatura solve
Sacchari albi 100,0.

Tinctura Sennae composita (Brit.).

Elixir Salutis. Compound Tincture of Senna.

Rp. Foliorum Sennae 200 g
Passularum majorum sine seminibus 100 „
Fructus Carvi 25 „
Fructus Coriandri 25 „
Spiritus (45 vol. proc.) 1000 ccm.

Vinum Sennae (Bad. Taxe).

Sennawein.

Wie Vinum Condurango Germ. (Bd. I, S. 942.)

Vinum Sennae compositum E. Dieterich.

Rp. 1. Foliorum Sennae sine resina 50,0
2. Vini Xerensis 850,0
3. Gelatinae 1,0
4. Aquae destill. 10,0
5. { Tincturae Corticis Aurantii 30,0
Tincturae Zingiberis 15,0
Tincturae aromaticae 5,0
Mellis depurati 100,0. }

Man macerirt 1 mit 2 acht Tage, presst aus, fügt 3, in 4 gelöst, und 5 hinzu und filtrirt nach 8 Tagen. Der Wein bleibt klar. Zu 15,0 bei Hämorrhoiden.

Alpenkräuterthee, Schröder's: Folia Sennae, Herba Galeops., Heder. terr., Thymi, Radix Liquirit.

Alpenkräuterthee, Weber's: Eine Art Holzthee, darin Folia Sennae, Menthae, Millefolii, Farfarae, Asperulae, Radix Althaeae etc.

Bickel'scher Thee: Anis, Fenchel, Kümmel, Holzkassia, Senna.

Blutreinigungsthee. 1) Amerikanischer von Kuhr: stimmt fast mit dem Weber'schen (s. oben) überein. 2) Köller's: desgl. 3) Wilhelm's antiarthritischer, antirheumatischer: 17 Bestandtheile, darunter Senna, Dulcamara, Liquiritia, Sarsaparilla, Farfara etc.

Bunsenliqueur, Hensler's, ist eine Tinktur aus Gentiana, Senna, Fructus Aurantii immaturi, Gutti, Acidum salicylicum, Kalium bicarbonicum. — Dessen Trank gegen Fettsucht eine Tinktur aus Aloë, Gentiana, Senna, Frangula.

Cedern-Essenz, Sommer's, ist eine Tinktur aus Crocus, Senna, Rheum, Folia Trifolii.

Geist'scher Thee aus Berlin: Folia Bucco, Sennae, Herba Fumariae, Violae tricoloris, Lignum Guajaci, Sassafras, Radix Ononidis und Sarsaparillae.

Hamburger Thee von Freese & Co. siehe Species Hamburgenses.

Kräuter-Heilmittel von Lampe in Goslar bestehen im wesentlichen aus Rheum, Senna, Frangula, Gentiana u. a. Bittermitteln.

Kräuterpulver von Boerhave: Folia Althaeae, Sennae, Radix Liquiritiae.

Kräuterthee von LE BEAU, BOERHAVE, LAMPE, DELACRUZ, MERVAY, WUNDRAM, ferner **Universalthee** von HABERECHT, K. MAYR, Dr. MORPHY sind sämmtlich Mischungen nach Art des Spanischen Kräuterthees, der aus etwa 25 Drogen besteht. Sie lassen sich durch ein Gemisch aus Species Lignorum mit Species pectorales cum fructibus ersetzen.

Lebenselixir von SIJBILLE ist eine Tinktur aus Faulbaumrinde, Senna, Rhabarber, Zimmt mit ätherischen Oelen.

Mahlerthee, Species Mahleri: Flores Acaciae 1, Species pectorales 2, Folia Sennae 3, Flores Chamomillae 3 (Züricher Vorschr.).

Maikurthee heisst eine Mischung aus Species Lignorum und Species laxantes St. Germain.

Orffin, ein Kräuter-Nährpulver enthält unter 18 z. Th. harmlosen Arznei- und Küchenkräutern auch Senna.

Reinigungsthee, STROINSKY's: Kornblumenkraut mit Sennesblättern.

Schmidlipulver ist Pulvis aromaticus mit Rhizoma Rhei und Folia Sennae.

Thé purgatif de Chambard: Folia Sennae, Fragariae, Hyssopi, Veronicae, Flores Calendulae und Sambuci.

Thé de Smyrne: Species laxantes, Manna, Folia Veronicae.

Serpentaria.

Radix Serpentariae (Ergänzb.). **Serpentariae Rhizoma** (Brit.). **Serpentaria** (U-St.). **Radix Serpentariae virginianae. Radix colubrina** seu **viperina.** — **Virginiche Schlangenwurzel.** — **Souche de serpentaire de Virginie** (Gall.). — **Serpentary Rhizome. Virginia Snakeroot. Birth-worth.**

Ist das Rhizom mit den Wurzeln von **Aristolochia Serpentaria L.** (**Aristolochiaceae** — **Aristolochieae**). Heimisch in Nordamerika von Florida bis zum Missisippi.

Das Rhizom ist 2 cm lang, 2 mm dick, schwach knotig, oben mit abgestorbenen Stengelresten, unten mit Wurzeln. Es lässt ein kleines, excentrisches Mark, einen strahligen Holzkörper und eine schmale Rinde erkennen (Fig. 141), die Wurzel ein kleines, primäres Bündel, umgeben von der deutlichen Endodermis und eine dicke Rinde. — Geruch und Geschmack scharf gewürzhaft.

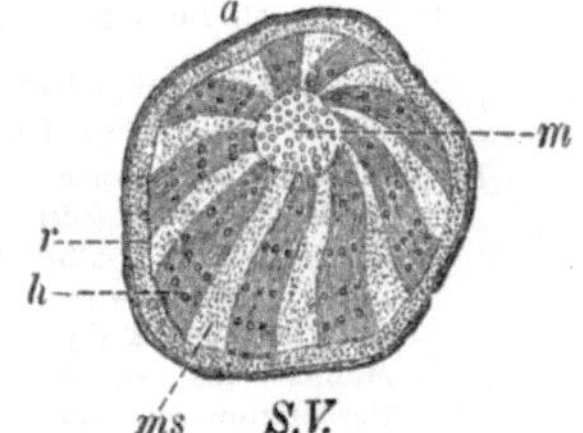

Fig. 141. Querschnitt durch das Rhizom von Aristolochia Serpentaria L.

Bestandtheile. Aetherisches Oel (vergl. unten).

U-St. lässt ausser der genannten Art auch **A. reticulata Nutt.** zu. Es kommen vor als Verfälschungen: Hydrastis, Ginseng, Cypripedilum und Spigelia (vergl. die betr. Artikel).

Verwendung. Früher als stimulirendes Mittel bei Fieber und Typhus. 0,5-1,5 g mehrmals täglich im Infusum.

Aufbewahrung. In gut verschlossenen Blech- oder Glasgefässen.

Oleum Serpentariae. Schlangenwurzel-Oel. Aus der Droge erhält man bei der Destillation 1—2 Proc. eines baldrianähnlich riechenden Oeles vom spec. Gewicht 0,89—0,99. Der einzige darin nachgewiesene Bestandtheil ist Borneol, $C_{10}H_{17}.OH$, wahrscheinlich als Aether in dem Oele enthalten.

Extractum Serpentariae fluidum (U-St.). **Fluid Extract of Serpentaria.** Wie Extractum Eriodictyi fluidum (Bd. I, S. 1056). Zum Befeuchten genügen 300 ccm.

Infusum Serpentariae (Brit.). **Infusion of Serpentary.** 50,0 Radicis Serpentariae, 1000,0 Aquae ebullientis. Nach $^1/_4$ Stunde durchseihen.

Liquor Serpentariae concentratus (Brit.). **Concentrated Solution of Serpentary.** Aus 500 g Radix Serpentariae (Pulver No. 40) und 1250 ccm oder q. s. Weingeist (20 vol. proc.) im Verdrängungswege (zum Befeuchten 250 ccm) 1000 ccm Perkolat.

Tinctura Serpentariae. Tincture of Serpentary. Brit.: Aus 200 g Radix Serpentariae (No. 40) und q. s. Weingeist (70 vol. proc.) im Verdrängungswege (zum Befeuchten 200 ccm) 1000 ccm Tinktur. — U-St.: Aus 100 g Wurzel und q. s. einer Mischung aus 650 ccm Weingeist und 350 ccm Wasser 1000 ccm Tinktur ebenso.

Serpyllum.

Herba Serpylli (Germ. Helv. Austr.). — **Quendel. Quendelkraut. Wilder oder Feld-Thymian. Feldkümmel. Gundelkraut.**[1]) — **Serpolet** (Gall.). **Herbe de thym sauvage. — Mother of thyme.**

Ist das blühende Kraut von **Thymus Serpyllum L.** (**Labiatae — Stachyoideae — Thyminae**). Verbreitet in Nordafrika, Europa und Centralasien. Halbstrauch mit kriechenden, an den Knoten wurzelnden Stengeln. Blätter länglich, höchstens 1 cm lang und 7 mm breit, sich in den 3 mm langen Blattstiel verschmälernd. In den Achseln der Blätter Seitentriebe mit reichblüthigen Blüthenköpfchen, aus Scheinquirlen bestehend. Kelch braunroth, Korolle purpurn oder weisslich. Blüthen entweder zwitterig mit grossen Korollen oder weiblich mit kleineren Korollen. Das Blatt zeigt im Querschnitt 2 Palissadenschichten, bis vierzellige, warzige Gliederhaare und für die Labiaten charakteristische Drüsenhaare. ***Bestandtheile.*** Aetherisches Oel. (Vergl. unten.)

Man sammelt die blühenden Zweige (Germ. Helv.) oder das ganze blühende Kraut (Austr.) im Juni und Juli, trocknet im Schatten und bewahrt es geschnitten in Blechgefässen auf. 7 Th. frisches geben 2 Th. trockenes.

Dient innerlich im Aufguss als Magenmittel, äusserlich zu Kräuterkissen und Bädern.

Oleum Serpylli. Trocknes Kraut, liefert bei der Destillation 0,15—0,6 Proc. eines angenehm melissenartig riechenden Oeles vom spec. Gewicht 0,890—0,920. Es enthält Thymol, $C_{10}H_{14}O$, Carvacrol, $C_{10}H_{14}O$, Cymol, $C_{10}H_{14}$, neben geringen Mengen eines Terpens $C_{10}H_{16}$.

Aqua Serpylli. Olei Serpylli gtt. I. Aquae tepidae 100,0.

Spiritus Serpylli. Quendelspiritus. Quendelgeist. Ergänzb. Helv.: 25 Th. Quendel lässt man 24 Stunden mit je 75 Th. Weingeist und Wasser stehen und destillirt dann 100 Th. ab. Klar, farblos. Spec. Gew. 0,895—0,905.

Aqua benedicta.

Aqua Serpylli composita. Gottesgnadenwasser.

Rp.	Olei Serpylli	0,5
	Olei Cinnamomi	
	Olei Foeniculi	
	Olei Macidis	
	Olei Thymi	ää 0,25
	Spiritus diluti	100,0.

Mixtura cardiotonica PAUL.

Rp.	Extracti Convallariae aquosi	10,0
	Infusi Herbae Serpylli	10,0:200,0
	Sirupi Corticis Aurantii	80,0.

Täglich 3 Esslöffel.

Spiritus Serpylli compositus.

I. Münchener Vorschr.

Rp.	Spiritus Serpylli	80,0
	Mixturae oleoso balsamicae	20,0.

II. Badische Taxe.

Rp.	Spiritus Serpylli	80,0
	Tincturae Strychni	5,0
	Liquoris Ammonii caustici	15,0.

Gichtwasser von METZGER ist eine Mischung aus Essigsäure und Quendelgeist.

Serum.

Das Wort „Serum" dient zur Bezeichnung verschiedener Substanzen. So bedeutet es z. B. die Molken der Milch s. S. 250 (Serum Lactis), ferner die klare Flüssigkeit, welche sich aus dem Blute (s. S. 807, Serum Sanguinis) abscheidet, wenn dieses einige Zeit in der Ruhe gestanden hat. Man bezeichnet damit aber auch Arzneimittel, welche die letzten Jahre namentlich gegen Infektionskrankheiten geschaffen haben und dieses Heilverfahren selbst als „Serumtherapie".

Die Serumtherapie (Orotherapie, Orrhotherapie) ist eine Frucht der modernen Bakteriologie. Die letztere hat den Beweis erbracht, dass die Mehrzahl der Infektionskrankheiten (muthmasslich sogar alle Infektionskrankheiten) auf die Thätigkeit specifischer Mikroorganismen zurückzuführen ist. Eine Infektion kommt zu Stande, indem der zuge-

[1]) Unter diesem Namen auch Herba Hederae terrestris (Band I, S. 1218).

hörige specifische Erreger in den thierischen Körper einwandert und hier solche Bedingungen findet, die ihm gestatten, sich zu vermehren. Man nimmt an, dass die pathogenen Mikroorganismen während ihres Aufenthaltes im thierischen Organismus specifische Stoffwechselprodukte (Toxine, Bakterientoxine) erzeugen, welche in hohem Grade giftig sind, und auf deren Anwesenheit wenigstens ein grosser Theil der bekannten specifischen Krankheitssymptome zurückzuführen ist.

Wie hat man sich nun die Thatsache zu erklären, dass auch die Infektionskrankheiten häufig in Genesung übergehen; wie die Thatsache, dass es eine Immunität gegen gewisse Infektionskrankheiten giebt?

Man nimmt an, dass in dem thierischen (menschlichen) Blute gewisse Schutzstoffe (Alexine) präformirt enthalten sind. Diese haben in der Art von Fermenten die Fähigkeit, die eingewanderten Mikroorganismen aufzulösen und dadurch zu töten. Je nachdem ein thierisches (menschliches) Blut weniger oder mehr von diesen „Alexinen“ enthält, wird es weniger oder mehr im Stande sein, etwa eingewanderte Mikroorganismen abzutöten, d. h. sich einer Infektion zu erwehren. Ausser diesen Alexinen steht dem Körper noch eine zweite Möglichkeit zur Verfügung, sich der Infektion durch pathogene Mikroorganismen zu erwehren. Die pathogenen Mikroorganismen erzeugen im Verlaufe ihres Stoffwechsels zwar die giftigen Toxine, gleichzeitig aber treten im Blute des erkrankten Individuums gewisse Stoffe auf, welche die Fähigkeit haben, die Giftwirkung der Toxine aufzuheben und die eingewanderten Mikroorganismen zu töten bez. in ihrer Entwickelung zu hemmen. Diese werthvollen Körper werden Antikörper oder Antitoxine genannt, und sie sind ebenso specifischer Natur wie die Toxine. Eine Infektionskrankheit geht also nach den heutigen Anschauungen in Genesung über, wenn die Menge der Alexine und Antikörper über die der Mikroorganismen und Toxine überwiegt, und sie verläuft letal, wenn der Körper nicht mehr im Stande ist, die nöthigen Mengen von Alexinen und Antikörpern zu produciren. Man nimmt zur Zeit an, dass die Toxine die Stoffwechselprodukte der Bakterien sind, die Antitoxine aber von dem erkrankten Organismus, wahrscheinlich von dessen Leukocyten gebildet werden, ohne dass diese Frage aber als endgiltig entschieden angesehen werden kann, da sich auch andere Erklärungen als möglich denken lassen.

Es hat sich alsdann weiterhin herausgestellt, dass ein Körper, welcher eine bestimmte Infektionskrankheit glücklich überstanden hat, gegen diese Krankheit nunmehr kürzere oder längere Zeit unempfindlich (immun) geworden ist. Man erklärt dies durch die Annahme, dass in dem Blute nunmehr soviel Schutzstoffe cirkuliren, dass die etwa von neuem eingeführten pathogenen Mikroorganismen nicht mehr zur Entwickelung gelangen können. Es hat sich aber weiter gezeigt, dass das Blut eines solchen geheilten Individuums im Stande ist, heilkräftig bei der in Frage kommenden Krankheit zu wirken, wenn man es in Form des Blutserums in einen anderen Körper einführt, ebenfalls aus dem Grunde, weil das Blut des geheilten Körpers Schutzstoffe enthält, welche heilkräftig auch bei anderen Individuen wirken.

Diese Verhältnisse hat man in doppelter Weise therapeutisch auszunutzen verstanden; die beiden hiernach sich ergebenden Heilmethoden werden als Toxinbehandlung (Bakterientoxinbehandlung) und als Serumtherapie unterschieden.

a) Toxinbehandlung. Das Wesentliche dieser Heilmethode besteht darin, dass man dem erkrankten Körper das Virus (Gift) derjenigen Krankheit zuführt, welche ihn befallen hat. Man spritzt z. B. einem an Tuberkulose Erkrankton die Stoffwechselprodukte des Tuberkelbacillus (das Toxin des Tuberkelbacillus) ein. Hierdurch wird der Organismus angeregt zur Produktion von Antitoxin. Indem man die Menge des einzuführenden Toxins allmählich steigert, vergrössert man zugleich die Menge der gebildeten Antitoxine, die schliesslich so gross wird, dass Heilung eintritt.

Der Nachtheil dieser Methode besteht darin, dass man die Arbeit der Erzeugung von Antitoxinen dem durch die Krankheit an sich geschwächten Körper auferlegt, und dass man eben das Virus selbst einführt. Da die verschiedenen Individuen verschieden gegen das Virus reagiren, so muss man mit äusserst kleinen Dosen beginnen, wenn man nicht Gefahr laufen will, Schaden zu stiften, und das hat wiederum zur Folge, dass der Heilerfolg hinausgeschoben wird.

b) Die Serumtherapie führt dem erkrankten menschlichen Organismus nicht das Virus, sondern das Heilmittel, die Antitoxine, zu. Die Bereitung der letzteren überträgt sie einem Zwischenwirth. Als Beispiel möge das Diphtherieserum dienen. Hier dienen als Zwischenwirthe junge Pferde. Diesen führt man das Virus zu; infolge dieser Einführung produciren diese Thiere die Antitoxine, und die letzteren führt man alsdann in den menschlichen Organismus als Heilmittel ein. Je öfter nun ein solches Thier das Virus zugeführt erhält, und je öfter es die Vergiftung übersteht, um so mehr werden in seinem Blute Antitoxine gebildet, so dass man durch oft wiederholte Zufuhr von Virus und durch allmähliche Steigerung der Giftdosen ein Blut und damit auch ein Serum von sehr hohem antitoxischen Werthe erzielen kann. — Soweit die Erfahrungen bis jetzt reichen, ist die Einverleibung der Antitoxine in den menschlichen Organismus ungefährlich; die Behandlung mit Antitoxinen ist also eine ideale, leider ist es bis jetzt nur nicht möglich gewesen, dieses Verfahren auf alle Infektionskrankheiten des Menschen auszudehnen. — Da sich die Toxinbehandlung und die Serumtherapie nicht in allen Fällen scharf von einander trennen lassen, so werden wir das bisher vorliegende Material nach den Krankheiten geordnet vorlegen, aber jedesmal scharf angeben, ob ein Heilmittel das Virus oder das Antitoxin darstellt. Wir beginnen mit dem Diphtherie-Heilserum.

Serum antidiphthericum (Germ. IV). **Diphtherieserum. Serum antidiphthérique.**

Allgemeines. Diphtherie-Heilserum ist das Blutserum von jungen, kräftigen, gesunden Pferden, die gegen das Diphtheriegift immunisirt sind. Man spritzt den Thieren Reinkulturenflüssigkeit des Löffler'schen Diphtheriebacillus, die zuvor durch einstündiges Erhitzen bei 70° C. abgeschwächt wurde, in solchen Mengen oder von solchem Giftigkeitsgrade ein, dass wohl lokale und allgemeine Krankheitserscheinungen auftreten, die Thiere die Krankheit aber überstehen. Die Krankheitserscheinungen treten dadurch ein, dass durch die zur Impfung benutzten Kulturen Bacillen in den thierischen Organismus gelangen, sich unter geeigneten Bedingungen weiter entwickeln und dabei Stoffwechselprodukte (Toxine) bilden, welche durch ihre Wirkung auf denselben die schädlichen Momente der Krankheit hervorrufen. Der Organismus ist im Stande, in seinem Blut Schutzstoffe zu erzeugen, welche entweder die eingedrungenen Erreger tödten bezw. abschwächen oder ihre giftigen Stoffwechselprodukte unschädlich machen, Antitoxine.

Uebersteht das Thier die Krankheit, so sind in seinem Blute eine gewisse Menge Schutzstoffe (Antitoxine) aufgespeichert, die dasselbe befähigen, nunmehr eine grössere Menge bezw. eine stärkere Dosis dieses Giftstoffes als vorher zu ertragen. Man spritzt nun dem Pferde eine grössere Menge Giftstoffe bezw. eine Kultur ein, die man durch einstündiges Erhitzen bei nur 60° C. in geringerem Grade abgeschwächt hat. Ist auch hiernach Heilung eingetreten, so ist wiederum die Menge der in der Blutbahn kreisenden Antitoxine erhöht. In dieser Weise fährt man fort, mit immer stärkeren Dosen bezw. Kulturen, deren Virulenz man steigert, und kann durch langandauernde, systematische Behandlung so eine erhebliche Giftfestigkeit des Thieres und damit einhergehend eine gesteigerte Produktion von Antitoxinen erzielen. Das solche Antitoxine enthaltende Blutserum ist im Stande, auch bei anderen Individuen die zugehörige Krankheit zur Heilung zu bringen, indem die eingeführten Antitoxine die Toxine unschädlich machen und den Krankheitserreger selbst zum Absterben bringen. Man führt mit dem Antitoxin haltenden Blute Heilstoffe in den zu heilenden kranken Körper ein. Für diese Versuche, ein Blut zu erhalten mit möglichst hohem Gehalt an Diphtherie-Antitoxinen bediente man sich anfangs der Schafe, Hunde und Ziegen, gegenwärtig aber nur noch der Pferde, welche sich hierfür als besonders geeignet erwiesen. Die Zeit, innerhalb welcher diese den gewünschten Grad der Immunität erreichen, dauert bis zu 15 Monaten.

Nachdem das Blut den gewünschten hohen Gehalt an Antitoxinen erhalten hat, zieht man dem Thiere 8—10 Liter Blut ab und wiederholt dieses Abziehen, nachdem das Thier sich wieder gekräftigt hat, zur Gewinnung weiterer Mengen von Serum. — Das abgezogene Blut lässt man in der Kälte absetzen, trennt den Blutkuchen von dem Serum ab und füllt dieses in Gläser, nachdem ihm zur Haltbarmachung antiseptische Substanzen, z. B. Phenol 0,5 Proc. oder Trikresol 0,2 Proc., zugesetzt worden sind.

Diese Flüssigkeit stellt dann das Diphtherie-Heilserum dar. Das Heilserum wird von den dazu berechtigten Fabrikationsstätten in den Handel gebracht, nachdem dasselbe vorher in Deutschland durch das kgl. preussische Institut für experimentelle Therapie in Frankfurt a. M. auf seinen Gehalt an Immunisirungseinheiten (I.-E.), auf Keimfreiheit, auf Gehalt an Konservirungsmitteln geprüft und zum Verkauf zugelassen worden ist. Diese Fabrikationsstätten sind zur Zeit in Deutschland:

Die Farbwerke vorm. Meister, Lucius & Brüning in Höchst a. M.,
die chemische Fabrik auf Aktien (vorm. E. Schering) in Berlin,
die chemische Fabrik von E. Merck in Darmstadt,
das Serumlaboratorium Ruete Enoch in Hamburg.

Immunität. Unter Immunität versteht man die Eigenschaft, zufolge derer ein Organismus gegen ein bestimmtes Gift oder einen bestimmten Krankheitserreger unempfindlich bezw. unempfänglich ist. Die Immunität ist kein konstanter Begriff, sondern eine veränderliche Grösse; sie kann hoch oder niedrig sein; das Serum kann im Stande sein, grössere oder kleinere Mengen von Toxinen unschädlich zu machen. Die Immunität ist auch zeitlich beschränkt.

Immunitäts-Einheiten. Als Immunitäts-Einheit **(I.-E.)** wird nach Behring diejenige Menge Antitoxin-Serum angesehen, welche genügt, 2500 g lebendes Meerschweinchengewicht gegen die 10fach tödtliche Dosis Diphtheriegift zu schützen bei Injektion des mit dem Gifte gemengten Antitoxins und Verwendung von ca. 250 g schweren Thieren. Ein Serum, welches 1 **I.-E.** in 1 ccm enthält, nennt man Normal-Serum; dieses hat also einen Immunisirungswerth von 1 : 2500. Ein Serum, welches 100 **I.-E.** in 1 ccm enthält, nennt man 100faches Normal-Serum. Dieses hat also einen Immunisirungswerth von 1 : 250000. Mit diesen Einheiten stimmen die französischen Werthe nicht überein, welche nach anderen Grundsätzen festgesetzt werden.

Flüssiges und festes Diphtherie-Heilserum. Diphtherie-Heilserum kommt in flüssiger und in fester Form in den Handel in Fläschchen, deren Verschluss staatlich plombirt ist, und welche in einer Aufschrift Angaben über Fabrikationsstätte, Antitoxingehalt eines Kubikcentimeters und den des ganzen Inhalts des Fläschchens, die Kontrolnummer und den Tag der amtlichen Kontrole enthalten. Die Fläschchen befinden sich in lichtdichter Verpackung. Die Plomben tragen auf der einen Seite einen Adler oder einen Löwen, die andere Seite giebt die Zahl der im Gesammtinhalt vorhandenen Immunisirungs-Einheiten an.

Das flüssige Heilserum stellt eine gelbliche, klare, höchstens einen geringen Bodensatz enthaltende Flüssigkeit dar, welche den Geruch des Konservirungsmittels besitzt. Es wird in Fläschchen von verschiedener Form und Farbe abgegeben, deren Inhalt dem Werthe von 100—3000 I.-E. entspricht.

Die am meisten gebräuchlichen Abfüllungen sind:

No. 0 = 200 I.-E.,	No. II = 1000 I.-E.,
„ I = 600 „ (resp. 500 I.-E.),	„ III = 1500 „

Diphtherie-Heilserum, welches mehr als 300 I.-E. in 1 ccm enthält, gilt als hochwerthiges Serum.

Das feste Diphtherie-Heilserum ist getrocknetes, hochwerthiges Diphtherie-Heilsernm, welches in 1 g mindestens 5000 Immunisirungs-Einheiten enthält und keinerlei antiseptische oder sonstige differente Zusätze erhalten hat. Es stellt gelbe, durchsichtige Blättchen oder ein gelblichweisses Pulver dar, welches sich mit 10 Theilen Wasser zu einer in Farbe und Aussehen dem flüssigen Diphtherie-Heilserum entsprechenden Flüssigkeit löst. Es ist in Einzeldosen von je 250 und 1000 I.-E. in weissen Glasstöpselfläschchen von 2 oder 6 ccm Inhalt abzugeben. Die Lösung soll mittels sterilisirten Wassers von 1 ccm auf je 250 I.-E. in dem Originalfläschchen jedesmal frisch bereitet werden: sie soll bis auf kleine Eiweissflöckchen klar sein und in den Originalfläschchen abgegeben werden.

Dispensation. Die kaiserliche Verordnung vom 31. December 1894 bestimmt für Deutschland, dass zu denjenigen Drogen und chemischen Präparaten, welche nach § 2 der Verordnung, betreffend den Verkehr mit Arzneimitteln, vom 27. Januar 1890 und dem zugehörigen Verzeichniss B nur in Apotheken feilgehalten und verkauft werden dürfen, hinzutritt Diphtherie-Serum. — Diphtherie-Serum gehört demnach zu den chemischen Präparaten, die, gleichgültig zu welchem Zweck sie benutzt werden sollen, ausschliesslich in Apotheken feilgehalten und verkauft werden dürfen.

Für die Abgabe des Diphtherie-Serums in den Apotheken kommen in Preussen nach dem Ministerial-Erlass vom 25. Februar 1895 und in den Bundesstaaten die §§ 1 und 3 der Vorschriften, betreffend die Abgabe stark wirkender Arzneimittel etc. in den Apotheken, vom 4. December 1891 in Betracht. Danach darf Diphtherie-Serum nur auf schriftliche, mit Datum und Unterschrift versehene Anweisung (Recept) eines Arztes (Thierarztes) als Heilmittel an das Publikum abgegeben werden. In Württemberg darf das Diphtherie-Serum nach der Ministerial-Verfügung Stuttgart den 11. Februar 1895, gleichviel, ob dasselbe zu Heil- oder Schutzzwecken dienen soll, in jedem einzelnen Fall nur gegen ärztliches Recept in den Apotheken abgegeben werden. Für Mecklenburg-Schwerin bestimmt die Ministerial-Verordnung vom 19. Juni 1896, dass die Abgabe des Diphtherie-Serums für Schutzimpfungen ebenfalls eine Abgabe als Heilmittel ist. — Während demnach in Württemberg und Mecklenburg-Schwerin die Abgabe des Heilserums zu Schutzzwecken ohne ärztliche Anweisung untersagt ist, ist in Preussen und in anderen Bundesstaaten über die Abgabe zu Schutzzwecken keine Bestimmung getroffen, woraus zu schliessen ist, dass die Abgabe des Diphtherie-Heilserums zu Schutzzwecken in diesen seitens der Apotheker auch ohne ärztliche Anweisung gestattet ist.

Eine wiederholte Abgabe ist ohne jedesmal erneute ärztliche Anweisung nicht gestattet. Weiter ist in allen Bundesstaaten angeordnet, dass nur mit dem staatlichen Prüfungszeichen versehene Fläschchen verkauft und feilgehalten werden dürfen.

Umtausch des Serums. Diphtherie-Serum soll klar sein und darf höchstens einen geringen Bodensatz haben. Serum mit bleibenden Trübungen oder stärkerem Bodensatz, sowie Serum einer bestimmten Kontrolnummer, deren Einziehung auf Grund der Untersuchung der Kontrollstation bestimmt wird, darf nicht abgegeben werden. Die Fabrikationsstätten haben sich bereit erklärt, derartige von ihnen gelieferte, mit Plombenverschluss noch versehene Fläschchen gegen einwandfreie Fläschchen franko gegen franko umzutauschen Der Apotheker bezieht die Fläschchen in fest umschlossenen und verklebten Hüllen, die unaufgeschnitten keine Kontrolle über den Inhalt zulassen. Fläschchen aber mit aufgeschnittenen Umhüllungen sind für den Apotheker schwer oder nicht mehr verkäuflich. Soll daher der Apotheker bei der Abgabe sich Gewissheit darüber verschaffen, ob das Serum noch klar ist, so müssen die Fabrikationsstätten eine Umhüllung wählen, die einen Einblick gestattet.

Taxpreis. Der Taxpreis für das geprüfte Diphtherie-Serum wird nach dem Gehalt an I.-E. und dem jeweiligen Fabrikpreis für 100 I.-E. berechnet. Zur Zeit ist der Maximalberechnungspreis von den Fabrikationsstätten für den Verkehr mit Apotheken einheitlich auf 35 Pf. für 100 I.-E. flüssigen Serums festgesetzt worden, für Universitätskliniken, Polikliniken, anderweite öffentliche Krankenanstalten oder für Personen, deren Recepte aus Staats- oder Gemeindemitteln, sowie von Krankenkassen im Sinne des Krankenkassengesetzes, oder von Vereinigungen, welche die öffentliche Armenpflege zu ersetzen oder zu erleichtern bezwecken, auf $27^1/_2$ Pf. Diese Preise gelten für alle Sera bis einschliesslich solcher von 500facher Werthigkeit. Für hochwerthigere Sera erhöht sich dieser Preis auf 60 Pf. für je 100 I.-Einheiten, gleichgültig wie hochwerthig das betreffende Serum ist.

Die preussische Arznei-Taxe für 1901 bestimmt, dass das Serum antidiphthericum nach folgenden Ansätzen zu berechnen ist:

	für Privat-Recepte	für Kassen-Recepte
No. 0	1,20 Mk.	1,00 Mk.
„ I	2,60 „	2,15 „
„ II	4,25 „	3,50 „
„ III	6,25 „	5,15 „

	für Privat-Recepte	für Kassen-Recepte
500fach 1 ccm	2,25 Mk.	1,75 Mk.
2 „	4,25 „	3,50 „
3 „	6,25 „	5,25 „
4 „	8,50 „	7,00 „
6 „	12,50 „	10,50 „

Eine Preisermässigung für Sera von höherer als 500facher Werthigkeit für Krankenhäuser etc. wird nicht gewährt.

Der Preis für das feste Diphtherie-Serum beträgt zur Zeit für eine Dosis von 250 I.-E. = 2 Mk., für eine solche von 1000 I.-E. = 8 Mk. — Dem Apotheker stehen für das Auflösen und den Vertrieb des festen Diphtherie-Serums zu: 0,75 Mk. für ein Fläschchen mit 250 I.-E. und 1,25 Mk. für ein solches mit 1000 I.-E.

Hinsichtlich des Bezuges des im Preise ermässigten Serums zu Gunsten von Instituten, Kassen etc. wird empfohlen, dass der Apotheker sich zunächst einen den örtlichen Verhältnissen entsprechenden Vorrath von Fläschchen zu dem gewöhnlichen Fabrikpreis von 35 Pf. für 100 I.-E. beschafft und von diesem bei Bedarf für die bezeichneten Personen gegen ärztliches, mit Beglaubigungsvermerk versehenes Recept Serum zum ermässigten Preis abgiebt. Den Ersatz für derartig abgegebene Fläschchen erhält der Apotheker zu ermässigtem Preise von einer Centralstelle oder direkt von der Fabrikationsstätte gegen Einsendung der mit amtlichem Beglaubigungsvermerk versehenen ärztlichen Recepte.

Als Beglaubigungsvermerk dient der Aufdruck eines behördlichen Stempels oder entsprechenden Vermerks des Pfarrers, Gemeindevorstehers, Armenvorstehers, der Ortspolizei u. s. w. Hinsichtlich der Kassen-Recepte genügt die übliche Stempelung, welche Kassen-Recepte kennzeichnen. Das Porto für die Ersatzsendungen, welche von den vermittelnden Centralstellen aus bezogen werden, geht zu Lasten derjenigen Fabrikationsstätte, deren Serum ursprünglich verkauft wurde. Nach der Erklärung der Fabrikationsstätten genügt ihnen das einfache ärztliche Attest oder die Bescheinigung des behandelnden Arztes nicht.

Aufbewahrung. **Aufzubewahren ist das Diphtherieserum vor Licht geschützt an einem kühlen, aber frostfreien Orte, da das Serum durch Gefrieren nach den bisherigen Beobachtungen eine bleibende Trübung erfahren kann. Eine Verordnung, das Diphtherie-Heilserum bei den Arzneimitteln, welche von den übrigen getrennt und vorsichtig aufzubewahren sind, aufzustellen, ist nicht erlassen worden. Eine Signirung des Aufbewahrungskastens hat demnach mit schwarzer Schrift auf weissem Grunde zu geschehen.**

Anwendung. **Die Anwendung des Diphtherie-Heilserum erfolgt nur äusserlich und zwar am besten unter die Haut des Oberschenkels mittels besonderer, sterilisirter Spritzen, nachdem die Injektionsstelle sorgfältig sterilisirt worden ist. Es wird der gesammte Inhalt eines Fläschchens eingespritzt, und die Stichwunde mit etwas Collodium oder Jodoform-Collodium verschlossen. Je nach der Schwere des Falles wendet man Serum mit 1000 I.-E. und darüber an. — Zu Schutzimpfungen benutzt man gewöhnlich 600 I.-E.; der Immunitätsschutz des Serums wird auf etwa 6 Wochen angegeben.**

Alkoholismus. Thébault, Broca und Sapelier stellten aus dem Blute von Pferden, welche allmählich an Alkohol gewöhnt worden waren, ein Serum dar, welches, Potatoren eingespritzt, bei diesen angeblich Widerwillen gegen den Genuss von Alkohol erzeugen soll, während es gegen die durch den Alkoholgenuss verursachten Organveränderungen unwirksam sein soll. Die Antitoxine dieses Serums sind die sog. „Stimuline“ Metschnikoff's. Die Nachprüfungen haben bisher eine Bestätigung dieser Angaben nicht gebracht. Hergestellt wird dieses Serum von der Firma Arnold Köchling in Cöln a/Rh.

Blattern. Variola vera. Im Jahre 1796 führte der Engländer Jenner die Schutzpockenimpfung (Vaccination) in die Therapie ein. Diese Impfung beruht auf der Beobachtung, dass das Kuhpockenvirus (Vaccina) dem Blatternvirus (Variola) ausserordentlich ähnlich ist. Wird ein Mensch mit dem Kuhpockenvirus geimpft, so kommt es zu einer leichten lokalen Erkrankung und einer unschädlichen Durchseuchung des Körpers mit Kuhpockengift. Aber diese Durchseuchung bietet dem geimpften Individuum für eine längere Zeit (12—14 Jahre) einen Schutz gegen die weitaus gefährlicheren Menschenpocken. Den gleichen Schutz bietet der vom Menschen reproducirte Kuhpockenstoff (humanisirte Lymphe). Der vaccinirte Mensch ist entweder gegen die echten Pocken (variola) völlig immun oder, wenn er doch befallen wird, so treten diese in einer weitaus milderen Form auf. Die Bereitung der Kälberlymphe (Vaccine) erfolgt in Deutschland durch staatliche Institute.

Zur Zeit ist weder der Erreger der echten Pocken noch derjenige der Kuhpocken bekannt, noch auch derjenige der Mauke beim Pferde, doch sprechen alle Thatsachen dafür, dass diese drei Erkrankungen Abarten der nämlichen Krankheit sind.

Bei der Vaccine-Impfung wird nicht ein Antitoxin, sondern das Virus selbst in den Körper eingeführt und die Bildung der Antitoxine dem Körper überlassen.

Cholera. Als der Erreger der Cholera gilt der von Koch aufgefundene sogenannte Kommabacillus, *Vibrio cholerae, Spirochaete cholerae* Koch, *Spirillum cholerae asiaticae. Microspira comma;* ob aber dieser Bacillus die alleinige Ursache der Cholera ist, oder ob noch ein anderer Faktor erforderlich ist, um das Gesammtbild der Cholera hervorzubringen, ist noch nicht entschieden. Die Versuche, Immunität gegen Cholera zu erzielen, sind nicht ohne Erfolg geblieben. Haffkine stellte ein koncentrirtes Choleravirus dar, indem er das Choleravirus dreissigmal hintereinander von einem Meerschweinchen auf das andere überimpfte. Hierdurch wurde 20fache Giftigkeit des ursprünglichen Virus erzielt. Andererseits stellte er ein sehr abgeschwächtes Virus her durch Züchten von Cholerakulturen bei 39° C. durch Zufügung von Karbolsäure zu Cholerakulturen. Meerschweinchen, welche mit dem starken Virus inficirt werden, sterben mit Sicherheit. Das abgeschwächte Serum brachte bei Meerschweinchen keine Reaktion hervor; wurden die mit dem abgeschwächten Virus vorbehandelten Thiere jetzt mit dem koncentrirten Virus behandelt, so starben sie nicht mehr. Thiere welche mit allmählich steigenden Gaben des abgeschwächten und koncentrirten Serums behandelt worden waren, erwiesen sich als immun gegen Cholera. Haffkine hat diese Erfahrungen während der letzten Jahre in Indien praktisch verwerthet und viele Tausend Präventiv-Impfungen gegen Cholera ausgeführt; er benutzte kein Serum, sondern spritzte das abgeschwächte Virus selbst (Cholerakulturen) ein.

Es ist dann Behring und Ransom gelungen, nachzuweisen, dass das Choleratoxin ein in Wasser löslicher Körper ist, und dasselbe in fester Form abzuscheiden. Wurden Meerschweinchen oder Ziegen mit diesem Toxin behandelt, so erwies sich ihr Serum als antitoxisch sowohl gegen Choleratoxin als auch gegen lebende Cholerakulturen.

Wenn zur Zeit auch dieses Serum auf dem europäischen Festlande glücklicherweise praktisch nicht zur Verwendung gelangt, so dient es doch zur Differential-Diagnose des Choleravirus. Bringt man nämlich von diesem Serum zu einer verdächtigen Kultur, so werden nur die Choleravibrionen, nicht aber die dem Choleravibrio ähnlichen wie *Vibrio* Finkler-Prior, *Bacterium coli commune* u. s. w. abgetödtet.

Anticholerin-Klebs. Erhalten aus Cholerakulturen durch Entfernung der giftigen Bestandtheile und Reindarstellung der wirksamen Substanz. Braungelbe, dickliche, klare Flüssigkeit, im Geruche an die Dejekte von Cholerakranken erinnernd. Wirkt direkt schädigend auf die Choleravibrionen.

Choleraplasmin Buchner. Es werden Massenkulturen von Choleravibrionen angelegt und die Bakterienmassen mit Quarzsand und Kieselguhr unter Zusatz von Glycerin oder physiologischer Kochsalzlösung feingerieben und die feingeriebenen Massen unter hohem Druck gepresst, die Pressflüssigkeit schliesslich filtrirt. Meerschweinchen erhielten durch Einspritzungen mit diesem Präparat einen hohen Grad von Immunität.

Man hat also bisher Immunität des Menschen gegen Cholera erzeugt durch Einspritzung des Virus, die Verwendung des Serums ist bis jetzt noch nicht möglich gewesen.

Gelbfieber. Typhus icteroïdes. Amarillfieber. Es ist noch nicht ganz sicher, ob der Erreger dieser Krankheit eine Amöbe oder der *Bacillus icteroïdes* ist. Letzterer erzeugt ein specifisches Toxin, welches, wenn es Pferden oder Rindern injicirt wird, im Stande ist, diese gegen Krankheit zu immunisiren. Das von diesen Thieren (nach 15 bis 18monatlicher Vorbereitung) gewonnene Serum wirkt zwar nicht antitoxisch, aber baktericid und hat sich anscheinend beim Menschen bewährt. Die Behandlung gehört also zur Serumtherapie.

Krebs, Carcinoma. Der Erreger des Krebses ist noch nicht bekannt, es ist aber wahrscheinlich, dass die Krankheit durch ein Mikrobium verursacht wird.

Krebsserum von Emmerich. Anticancrin-Emmerich. Emmerich und seine Schüler versuchten zur Heilung des Krebses ein Serum, welches von Schafen entnommen war, welche durch Erysipel inficirt waren, und zwar wurde dieses in die Krebsgeschwülste direkt injicirt. Das Verfahren scheint keinen Erfolg gehabt zu haben.

Lepra, Aussatz. Der infektiöse Charakter dieser Krankheit ist durch die Auffindung des specifischen Erregers, *Bacillus Leprae*, durch Armauer-Hansen sichergestellt. Carrasquilla hat versucht, die Krankheit durch eine Serumbehandlung zu heilen Er entnahm von der Lepra befallenen, kräftigen Menschen Blut und liess in diesem sich das Serum abscheiden, welches durch Zusatz antiseptischer Stoffe vor Verderben geschützt wurde. Dieses Serum injicirte er Pferden, welche darauf mit fieberähnlichen Erscheinungen reagirten, welche aber bald verschwanden. Die Injektionen werden in 10tägigen Intervallen wiederholt. Schliesslich wird den Pferden Blut entnommen und das von diesen gewonnene Serum den Leprösen in Mengen von 1—5 ccm injicirt, auch in Mengen von 2,5—3,0 ccm innerlich gegeben. In zahlreichen Fällen wurde günstige Beeinflussung des

Aussatzes beobachtet, während die Nachprüfungen widersprechende Resultate gaben. Die Frage, ob das Lepraserum die Krankheit günstig zu beeinflussen vermag, ist noch als strittig anzusehen. In Deutschland wird das Lepraserum von E. Merck in Darmstadt dargestellt. — Die hier skizzirte Behandlung der Lepra gehört demnach zur Serumtherapie.

Lyssa, Tollwuth, Rabies. Der Erreger der Tollwuth ist noch nicht bekannt, doch nimmt man an, dass es ein Mikroorganismus ist. Pasteur stellte fest, dass das Tollwuthgift in seiner Giftigkeit geschwächt wird, wenn es mehrmals durch bestimmte Thierkörper (z. B. Affen) hindurchgeführt wird, dass es dagegen verstärkt wird, wenn es mehrmals durch andere Thierkörper (Kaninchen) hindurchgeführt wird. Man kann also durch wiederholte Ueberimpfung von Kaninchen zu Kaninchen ein sehr hochvirulentes Wuthgift darstellen, dieses alsdann aber abschwächen, indem man es an der Luft austrocknet oder stark verdünnt. Pasteur impfte zunächst das Virus so lange von Kaninchen zu Kaninchen (etwa 50mal), bis es eine konstante, hohe Giftigkeit erlangt hatte. Das solchen Kaninchen steril entnommene Rückenmark wird in Stücke von etwa 5 cm Länge zerschnitten. Diese werden 1—14 Tage in trockner steriler Luft zum Trocknen aufgehängt, wodurch das Mark je nach der Länge der Zeit an Giftigkeit verliert. Es werden darauf, beginnend mit Mark, welches 14 Tage dem Trocknungsprocess unterworfen worden war, Injektionen gemacht, indem man etwa 0,2 cm Mark in Form einer Emulsion bringt und einspritzt. So schreitet man vor, bis zur Injektion von frischem Mark. Die Kur dauert 14 Tage bis 3 Wochen. Heilung erfolgt durch diese Methode nur, so lange die Wuthkrankheit noch im Inkubationsstadium sich befindet. Nachdem sie erst einmal manifest geworden ist, sind die Impfungen nutzlos. Bei dieser Methode erfolgt die Impfung mit dem Virus selbst.

Ein Wuthserum, Serum antirabicum haben Tizzoni und Centanni dargestellt, indem sie Schafe und Hunde mit allmählich steigenden Dosen von Wuthgift impften. Nach etwa 30 Tagen hatte das Blut den höchsten antitoxischen Werth. Das aus diesem Blute gewonnene Serum war unschädlich und von hohem antitoxischen Werth. Die Behandlung mit diesem Serum würde zur Serumtherapie zu rechnen sein.

Pest. Beulenpest. Bubonenpest. Als Erreger der Beulenpest wurde von Yersin der Pestbacillus nachgewiesen; neuerdings soll Kitasato einen zweiten Erreger aufgefunden haben.

Yersin hat ein Pestserum dargestellt. Er injicirte Pferden intravenös frische Pestkulturen. Wenn jene sich von der Erkrankung erholt hatten, wurden die Injektionen wiederholt und zwar mit steigenden Dosen. Nach längerer Behandlung wurde den Pferden Blut entnommen und aus diesem das Serum abgeschieden. Dieses Yersin'sche Serum erwies sich als nützlich zu prophylaktischen Impfungen gegen die Pest und als heilkräftig in den ersten Anfangsstadien der Krankheit. Ist die Krankheit schon vorgeschritten, so ist es nicht von hinreichender Wirkung. Das Yersin'sche Pestserum wird in Frankreich durch das Institut Pasteur dargestellt, auch in Italien und Russland sind Laboratorien errichtet. Das Pestserum hält sich längere Zeit und kann auf grössere Entfernungen versendet werden.

Haffkine's Schutzstoff gegen Pest. Haffkine tödtete Aufschwemmungen von Pestkulturen durch Erhitzen auf 65—70° C. ab und injicirte die Filtrate in allmählich steigenden Dosen. Es gelang ihm durch diese Impfungen in der Mehrzahl der Fälle Immunität gegen Pest zu erzielen.

Lustig's und Galeotti's Impfstoff gegen Pest. Pestkulturen wurden mit 1proc. Kalilauge behandelt und die Flüssigkeit nach 12—24stündiger Einwirkung filtrirt. Aus dem Filtrat wurde durch Essigsäure oder Salzsäure eine flockige Substanz ausgeschieden, welche gewaschen und über Schwefelsäure getrocknet wurde. Die Substanz wurde in Natriumkarbonatlösung gelöst, dann durch Chamberlandfilter filtrirt, und diese Lösung diente zu den Thierversuchen. Für den Menschen ist der Impfstoff unschädlich.

Pneumonie. Injicirt man Kaninchen mit allmählich steigenden Mengen des Erregers der Pneumonie *(Diplococcus pneumoniae)*, so werden im Blute derselben Antitoxine aufgespeichert. Das Serum der so behandelten Kaninchen hat sich bei der Pneumonie der Menschen als heilkräftig erwiesen, während es selbst unschädlich ist.

Staphylokokkeninfektion. Viquerat behandelte Ziegen mit Bouillonkulturen des *Staphylococcus pyogenes aureus* (Erreger des gelben Eiters), welche durch abnehmende Mengen von Jodtrichlorid abgeschwächt worden waren, und erhielt schliesslich von ihnen ein Serum, welches Staphylokokkeninfektionen beim Menschen günstig beeinflusste, gegen Streptokokkeninfektionen aber wirkungslos war.

Streptokokkeninfektion. Streptokokkenserum. Das im Handel zu erhaltende Streptokokkenserum von Marmorek stammt von Pferden, welche mit bestimmten Arten von Streptokokken immunisirt sind. Es scheint, dass dieses Serum gegen gewisse Streptokokkeninfektionen heilkräftig ist, indessen bei der zur Zeit noch mangelhaften Kenntniss der Streptokokken überhaupt können die Versuche noch nicht als abgeschlossen angesehen werden.

Syphilisserum. Serum antisyphiliticum. Richet und Héricourt injicirten Hunden (und Eseln) das Blut von sekundären und tertiären Syphilitikern und beobachteten, dass das Serum des Blutes der so behandelten Thiere den Allgemeinzustand bei Syphilitikern hob. Die Nachprüfung hat diese Ergebnisse nicht durchweg bestätigt. Ein Syphilisserum wird von Burroughs, Welcome & Co. in den Handel gebracht.

Tetanusserum. Zur Heilung des Wundstarrkrampfes verfährt Behring in analoger Weise wie bei Diphtherie. Pferde oder Schafe werden progressiv mit Tetanusbacillen *(Bacillus tetani)* inficirt. Das Serum dieser Thiere enthält das specifische Antitoxin, welches sowohl im flüssigen als im festen Zustande in den Handel kommt und sowohl als Prophylacticum als auch als kuratives Mittel nach ausgebrochenem Tetanus verwendet wird. Das trockene Präparat wird als „Tetanusantitoxin Tet. A N^{100}“, d. h. als 100faches Tetanus-Normalantitoxin bezeichnet, von welchem 1,0 g = 100 Normal-Antitoxineinheiten enthält. Ein Originalfläschchen von 5,0 g enthält die für Menschen und Pferde erforderliche Heildosis. Zum Gebrauche wird der Inhalt eines solchen Glases in 45 ccm sterilisirtem Wasser von höchstens 40° C. gelöst und die ganze Menge auf einmal injicirt. Zu Schutzzwecken wird das flüssige Tetanusantitoxin, Tet. A. N^5, d. i. ein fünffaches Normalantitoxin angewendet. Die Fläschchen enthalten 5,0 ccm; bei Verdacht von Tetanusinfektion werden 0,5—5,0 ccm subkutan injicirt. Das Serum wird durch die Farbenfabriken Meister, Lucius & Brüning in Höchst a/M. dargestellt.

Typhus (Typhus abdominalis). Die Behandlung des Darmtyphus und der Schutz gegen denselben durch die Serumptherapie ist von den verschiedensten Forschern in Angriff genommen worden. Festgestellt ist, dass das Blut der typhuserkrankten Menschen bez. der Typhus-Rekonvalescenten unmittelbar nach Ablauf der Krankheit die Typhusbacillen tödtet. — Nach Pfeiffer und Kolle führt die einmalige Einimpfung minimaler Mengen abgetödteter Typhuskulturen beim Menschen einen hohen Grad von Immunität gegen Typhus herbei.

Zur Heilung des Typhus beim Menschen benutzten: Rumpf sterilisirte Kulturen des *Bacillus pyocyaneus,* Löffler und Abel das Serum von Ziegen, welche gegen Typhus- und Colibacillen immunisirt waren, Klemperer die Milch immunisirter Ziegen per os und als Klysma. Ferner wurde dargestellt das Serum von Hunden, Ziegen und Pferden, die gegen Typhus immunisirt wurden. Zum Theil wurden mit diesem Serum günstige Erfolge auch beim Menschen erzielt, doch sind die Versuche noch nicht abgeschlossen.

Dagegen haben sich diese Sera als geeignet erwiesen zur Differentialdiagnose des Typhusbacillus. Das Verfahren beruht darauf, dass das Blutserum eines gegen Typhus immunisirten Thieres, wenn es mit Typhusbacillen zusammengebracht wird, diese in ihrer Beweglichkeit hemmt und zur Agglutination (d. h. zum Zusammenballen in grössere, unbewegliche) Häufchen bringt. Diese Wirkung enfaltet das Typhusserum nur gegen die Typhusbacillen, nicht gegen die diesen ähnlichen Colibacillen u. a.

Typhoplasmin-Buchner. Ein Presssaft aus Typhusbacillen, welcher in analoger Weise dargestellt wird wie das Choleraplasmin. Dient in Injektionen zur Immunisirung.

Typhase-Klebs. Wird aus Typhuskulturen nach der nämlichen Methode dargestellt wie das Tuberculocidin-Klebs.

Serum antivenicum. Schlangengiftserum. Das Serum von Eseln und Pferden, welche gegen Schlangengift immunisirt worden sind, kommt im flüssigen und im festen Zustande in den Verkehr und ist längere Zeit haltbar, wenn es an einem dunklen, kühlen Orte aufbewahrt ist, durch Erwärmen auf 50° C. und darüber hinaus wird es unwirksam. Dieses Serum, subkutan injicirt, schützt gegen den Biss sämmtlicher bekannter Giftschlangen, wenn es prophylaktisch vor dem Biss oder rechtzeitig (1—2 Stunden) nach dem Biss angewendet wird.

Künstliche Sera.

Man bezeichnet mit diesem Namen Salzlösungen, welche zu subkutanen oder intravenösen Einspritzungen verwendet werden und einen Ersatz der Bluttransfusionen darstellen sollen. Die Lösungen sind in Glasgefässen aus bleifreiem Glase zu sterilisiren.

Serum Chéron.

Rp.	Acidi carbolici	1,0
	Natrii chlorati	2,0
	Natrii sulfurici	8,0
	Natrii phosphorici	4,0
	Aquae sterilisatae	1000,0.

Zu hypodermatischen Einspritzungen. Bei Neurasthenikern alle 2—3 Tage 5—10 ccm. Die Lösung ist nicht zu verwechseln mit dem Serum bichloré Chéron S. 37

Serum Crocq.

Rp.	Natrii phosphorici	2,0
	Aquae sterilisatae	100,0.

Serum Hayem.

Rp.	Natrii chlorati	3,0
	Natrii sulfurici	10,0
	Aquae sterilisatae	1000,0.

Serum nach Mayet.

Rp.	Natrii phosphorici sicci	2,0
	Aquae destillatae	100,0
	Sacchari	q. s.

ad solutionis pondus specificum 1,085. Zum Zählen der Blutkörperchen.

Sesamum.

Gattung der **Pedaliaceae — Pedalieae.**

I. Sesamum indicum L. In vielen Kulturformen in den wärmeren und heisseren Gegenden der Erde kultivirt, Heimath mit Sicherheit nicht bekannt, vielleicht Indien.

Verwendung finden die Samen, resp. das aus ihnen hergestellte Oel. Die Samen sind braunviolett, schwärzlich, bräunlich, hellgelb bis weisslich, eiförmig im Umriss, plattgedrückt, etwa 4 mm lang, 2 mm breit, 1 mm dick, durchschnittlich 0,004 g schwer. Vom Nabel, der am spitzen Ende liegt und der durch eine hellgefärbte Erhabenheit gekennzeichnet ist, gehen zum stumpferen Ende 4 zarte Leisten. Endosperm fehlt, der Embryo mit 2 dicken Kotyledonen. Die Samenschale hat radial gestreckte Epidermiszellen. Im Embryo fettes Oel und 0,005 bis 0,01 mm grosse, rundliche Aleuronkörner mit Globoiden und Krystalloiden.

Bestandtheile nach Koenig. Wasser 5,50 Proc., stickstoffhaltige Substanz 20,30 Proc., Fett 45,60 Proc., stickstofffreie Extraktstoffe 14,98 Proc., Holzfaser 7,15 Proc., Asche 6,47 Proc.

Verwendung finden sie als Nahrungsmittel, zu Backwaaren etc., hauptsächlich aber zur Darstellung des fetten Oeles.

Oleum Sesami (Ergänzb. U-St.). — **Sesamöl. — Huile de sesamé. — Oil of Sesamum. Sesame Oil. Teel Oil. Benne Oil. Gingelly Oil.**

Eigenschaften. Es ist gelb, geruchlos und angenehm schmeckend, wird schwer ranzig und ist nicht trocknend. Es dreht die Polarisationsebene rechts.

Konstanten des Oeles. Spec. Gew. bei 15° C. 0,921—0,924. Erstarrt bei —4 bis —6° C. Schmelzpunkt der Fettsäuren 23—31° C. Erstarrungspunkt 18—24° C. Hehner'sche Zahl 95,60—95,86. Verseifungszahl 187—192. Verseifungszahl der Fettsäuren 199,3. Reichert'sche Zahl 0,35. Jodzahl 102,7—111,7. Jodzahl der Fettsäuren 108,9—112,0.

Bestandtheile. Glyceride der Stearinsäure, Palmitinsäure, Oelsäure und Linolsäure, im Mittel 4,89 Proc. freie Fettsäuren, auf Oelsäure berechnet, ferner in geringen Mengen ein harzartiger Körper der dem Oel durch Schütteln mit Eisessig entzogen werden kann. Dieser Körper ist Träger der folgenden Farbreaktionen.

Reaktionen zum Nachweis von Sesamöl: 1) Probe nach Baudouin Bd. II, S. 495. 2) Diese Probe wird folgendermassen modificirt: 0,1 ccm einer 2 proc. Lösung von Furfurol wird in ein Reagensgläschen gebracht, 10 ccm des zu prüfenden Oeles und 10 ccm Salzsäure (spec. Gew. 1,19) zugegeben, $^1/_2$ Minute geschüttelt und absetzen gelassen. Noch bei Gegenwart von weniger wie 1 Proc. Sesamöl ist die wässerige Schicht roth. 3) 6 ccm Oel werden mit 3,5 ccm Salpetersäure vorsichtig geschüttelt unter Vermeidung von Emulsionsbildung. Reines Sesamöl giebt eine blaue Färbung, die in Grün und Roth übergeht. In Gemengen erscheint nur die rothe Farbe, die ziemlich rasch verschwindet. Weniger zuverlässig wie 1 und 2.

Verfälschungen mit trocknenden Oelen werden durch Erhöhung der Jodzahl nachgewiesen. Rüböl erniedrigt die Verseifungszahl. Arachisöl wird nachgewiesen durch Abscheidung der Arachissäure. Band I, S. 361. Band II, S. 495.

Anwendung. Das bei richtiger Aufbewahrung — vor Licht und Luft geschützt — lange Zeit haltbare Oel dient als billiges Speiseöl, zu kosmetischen Zwecken in der Parfümerie bei der sog. Enfleurage, zur Darstellung von Seifen sowie der Margarine, welche in Deutschland laut Gesetz 10 Proc. Sesamöl enthalten muss, in der Pharmacie zu Salben und Linimenten. Zu Haarölen ist es wenig geeignet.

Die Presskuchen bilden ein werthvolles Viehfutter und Düngemittel. Sie enthalten im Mittel: Wasser 12,45 Proc., Protein 36,57 Proc., Fett 11,86 Proc., stickstofffreie Extraktstoffe 21,12 Proc., Holzfaser 8,12 Proc., Asche 9,88 Proc.

Ein wässeriger Auszug der Blätter der Pflanze dient in Nordamerika als linderndes Getränk bei ruhrartigen Krankheiten. Auch das ganze Kraut wird arzneilich verwendet.

Die Früchte der Lallemantia iberica Fisch. et Mey. (Labiatae) kommen zuweilen als Sesam vor, sie enthalten 30 Proc. Fett. Das Oel der Leindotter, Camelina sativa Crntz. (Cruciferae), führt den Namen „deutsches Sesamöl".

II. Sesamum radiatum Schum. et Thonn. wird vielfach in Afrika, in Asien und selten in Amerika wie I. gebaut.

Simaba.

Gattung der **Simarubaceae — Simarubeae.**

I. Simaba Cedron Planchon. Heimisch in Mittelamerika und Kolumbien. Liefert: **Semen Cedronis. Cedronsamen.**

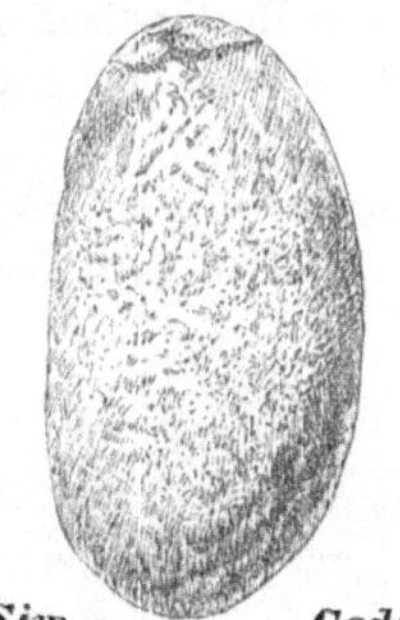

Fig. 142.
Kotyledon von Simaba Cedron.

Frucht 10 cm lang, 8 cm breit, eiförmig, enthält einen grossen, bis 4,0 cm langen, bis 2,5 cm breiten, etwas nierenförmigen Samen. Die Droge wird von den einzelnen Kotyledonen des Samens geliefert. Dieselben sind von den angegebenen Dimensionen, auf einer Seite gewölbt, auf der anderen flach, von braungelber Farbe, am einen Ende, wo die Radicula sich befunden hat, mit zwei zarten Ausschnitten, durch die kleine kreisförmige Stücke abgetrennt werden. Der Querschnitt lässt 5—6 schwache Gefässbündel und im Parenchym reichlich Stärke in rundlich-ovalen Körnern mit Querspalt erkennen.

Bestandtheile. Ein Bitterstoff Cedrin, löslich in Wasser, Alkohol, Aether und Chloroform, in Rhomboëdern kystallisirend, ferner 36 Proc. Stärke, 12 Proc. Fett.

Anwendung gegen Intermittens zu 0,75 bis 1,0 g pro die, ursprünglich gegen Hundswuth und Schlangenbisse empfohlen.

II. Simaba Waldivia in Brasilien, wird ähnlich verwendet. Enthält Waldivin, das giftiger sein soll wie Cedrin.

III. Die Rinde des Stammes und der Wurzel von **Simaba ferruginea St. Hil.** (Celunga) und **S. salubris Engl.** (Calunga, Celung) beide in Brasilien, verwendet man auch gegen Fieber.

Simaruba.

Gattung der **Simarubaceae.**

I. Simaruba amara Aubl. Heimisch im französischen Guyana und auf einigen westindischen Inseln. Liefert **Écorce de la racine de simarouba** (Gall.).

II. Simaruba officinalis Macf. Heimisch in Panama, Guatemala, Florida und einigen westindischen Inseln.

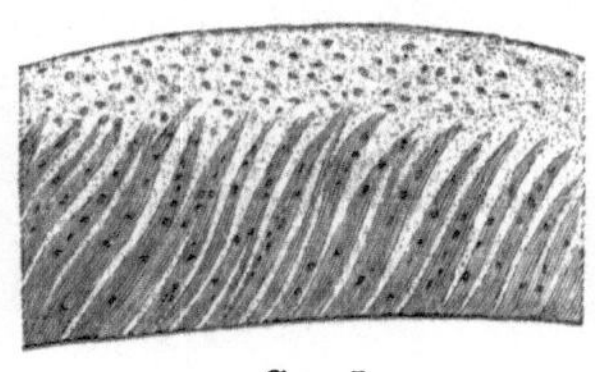

Smrb.
Fig. 143.
Querschnitt von Cortex Simarubae.

Beide liefern **Cortex Simarubae — Ruhrrinde.** Die der ersten Art kommt in blaugrauen, 1 m und darüber langen, bis 7 cm breiten, bis 5 mm dicken, flachen oder gerollten Stücken, die aussen stark höckerig sind, in den Handel. Kork weissgelb, Bast braungelb. Enthält dünnwandige Fasern und gelbe Steinzellen. Die der zweiten Art ist dicker, gelblichweiss mit fast weissem Bast. Steinzellen reichlicher vorhanden. In beiden in der Mittelrinde Zellen mit braunem Inhalt.

Bestandtheil. Ein Bitterstoff, vielleicht Quassiin (Vergl. Bd. II, S. 709).

Verwendung. Gegen Diarrhoe, in grosser Menge in Hinterindien angewendet.

Ptisana Simarubae. Tisane de simarouba (Gall.) wie Ptisana Quassiae S. 711.

Sinapis.

Jetzt zur Gattung **Brassica: Cruciferae — Sinapeae — Brassicinae.**

I. Brassica nigra (L.) Koch. Heimisch im Mittelmeergebiet und in Mitteleuropa. Einjährig, mit aufrechtem, unterwärts behaartem Stengel. Blätter gestielt. Die unteren leierförmig gefiedert, die oberen lanzettlich, ganzrandig. An den Blüthentrauben überragen die Knospen die obersten, geöffneten, fast wagerecht abstehenden Blüthen. Die anfänglich zusammenneigenden Kelchblätter stehen später wagerecht ab. Schoten kurz, jede Klappe von einem starken Mittelnerven durchzogen. Die Schoten aufrecht der Traubenaxe angedrückt. Liefert:

Semen Sinapis (Austr. Germ. Helv.) **seu Sinapeos. Sinapis nigrae semina** (Brit.). **Sinapis nigra** (U-St.). — **Senfsamen. Grüner, schwarzer** oder **Holländischer Senf.** — **Semence ou Graine de moutarde noire** (Gall.). — **Black, brown or red Mustard. Mustard-seeds.**

Beschreibung. Die ziemlich kugeligen oder kurz eiförmigen Samen sind etwa 1,5 mm lang und 1 mg schwer, aussen dunkelrothbraun, innen gelb. Der Nabel tritt als helles Pünktchen hervor. Unter der Lupe betrachtet ist der Samen netzig-grubig und schülfert leicht etwas ab (Epidermisfetzen). Im Querschnitt sieht man, dass die beiden Keimblätter der Länge nach gefaltet sind, so dass das eine das andere umfasst, in der so entstehenden Rinne liegt die Radicula.

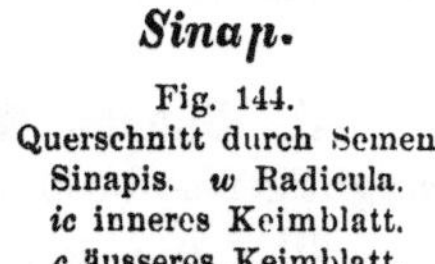

Fig. 144. Querschnitt durch Semen Sinapis. *w* Radicula. *ic* inneres Keimblatt. *c* äusseres Keimblatt.

Die Samenschale besteht 1. aus der Epidermis, deren Wände quellen und stark verdickt sind; 2. einer Schicht grosser leerer Zellen; 3. einer Schicht hoher becherförmiger Zellen, deren Seitenwände im unteren Theile stärker verdickt sind und die so in Gruppen angeordnet sind, dass die kürzesten in der Mitte stehen und nach aussen immer grössere folgen; in die so entstehenden Gruben legen sich beim trocknen Samen die beiden Schichten 1 und 2 hinein und bedingen so das charakteristische Aussehen desselben unter der Lupe. Die folgende 4., die „Pigmentschicht", hat einen braunen, mit Eisenchlorid schmutzig blau werdenden Inhalt. Die 5. Schicht enthält Aleuron und fettes Oel die letzte ist stark zusammengefallen.

Das dünnwandige Gewebe des Embryo enthält fettes Oel und Aleuronkörner, in den letzteren zahlreiche keine Globoide. Einzelne Zellen zeigen einen abweichenden, ebenfalls aus Eiweissstoffen bestehenden Inhalt, sie sind vielleicht Sitz des Myrosins.

Das Pulver lässt ohne weiteres die verdickten Zellen der Schicht 3 mit scharf polygonalem Umriss und rundlichem Lumen, sowie die darüber liegenden Zellen der Schicht 2 erkennen (Fig. 145).

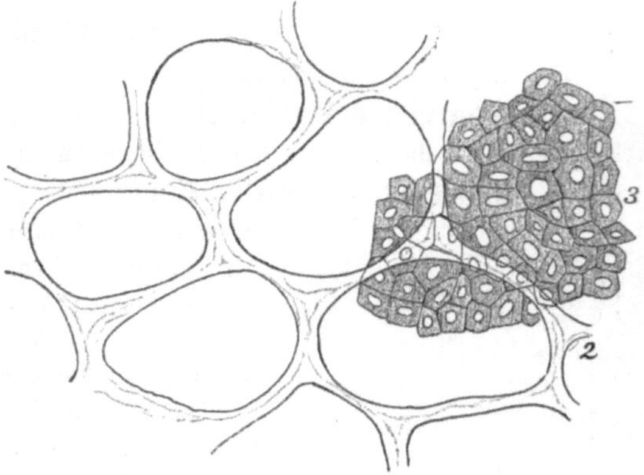

Fig. 145. Aus der Samenschale von Semen Sinapis. 2 und 3 vergl. im Text.

Bestandtheile nach Koenig: Wasser 6,3 Proc., stickstoffhaltige Substanz 27,58 Proc., flüchtiges Oel 1,33 Proc., Fett 31,12 Proc., stickstofffreie Extraktstoffe 12,25 Proc., Holzfaser 10,4 Proc., Asche 5,04 Proc.

Der wichtigste Bestandtheil ist das glukosidische Sinigrin oder Kaliummyronat $C_{10}H_{16}NS_2KO_9$, das Kaliumsalz einer Aetherschwefelsäure, die sich von einer hypothetischen

Iminooxythiokohlensäure in der Weise ableiten könnte, dass die drei Wasserstoffatome derselben der Reihe nach durch SO_2OK, $C_6H_{11}O_5$ und Allyl ersetzt sind:

OH	OH	O . SO_2OK
|	|	|
C—OH	C—SH	C—S . $C_6H_{11}O_5$
‖	‖	|
O	NH	N . C_3H_5
Kohlensäure	Iminooxythiokohlensäure	Sinigrin.

Vergl. unten Oleum Sinapis.

Ferner enthalten die Samen: Sinapinsäure $C_{11}H_{12}O_5$ und Sinapin $C_{16}H_{25}NO_6$, einen Ester des Cholins und der Sinapinsäure.

Bestimmung des Gehaltes an Senföl im Samen: 5 g gepulverte Senfsamen werden in einem Kolben mit 100 ccm Wasser von 20—25° übergossen und verschlossen unter wiederholtem Umschwenken 2 Stunden stehen gelassen. Während dieser Zeit zerlegt das Myrosin das Sinigrin. Dann setzt man 20 ccm Alkohol, um die weitere Einwirkung des Myrosins zu unterbrechen, und 2 ccm Olivenöl zu, um beim folgenden Destilliren ein Ueberschäumen zu verhüten, und destillirt unter sorgfältiger Kühlung. Die zuerst übergehenden 40—50 ccm werden in einem 100 ccm fassenden Messkolben, welcher 10 ccm Ammoniakflüssigkeit enthält, aufgefangen und mit 20 ccm $^1/_{10}$ N.-Silbernitratlösung versetzt. Dann füllt man mit Wasser bis zur Marke auf und lässt in dem verschlossenen Kolben unter häufigem Umschütteln 24 Stunden stehen, worauf nach $^1/_2$ Stunde auf 80° erwärmt wird. 50 ccm des klaren Filtrats werden alsdann nach Zusatz von 6 ccm Salpetersäure und 1 ccm Ferriammoniumsulfatlösung mit $^1/_{10}$ N.-Ammoniumrhodanidlösung bis zum Eintritt der Rothfärbung titrirt. Jedes ccm der zur Bildung von Schwefelsilber verbrauchten Silberlösung entspricht 0,0049575 g Allylsenföl. — Die Titration ist ausgeführt mit dem Senföl aus 2,5 g Samen, das Resultat ist also mit 40 zu multipliciren. Vergl. unten Oleum Sinapis.

Nach K. Dieterich beträgt der Gehalt an Senföl 0,09—1,378 Proc., im Durchschnitt 0,734 Proc. Germ. verlangt 0,55 Proc.

Anwendung. Innerlich wird Senf bisweilen im Nothfalle als Brechmittel bei Vergiftungen (5—10—15 g mit Vorsicht!) verordnet. Verbreitet ist der Gebrauch als Reiz- und Genussmittel als Zusatz zur Fleischkost (Mostrich). Aeusserlich als schnell wirkendes Hautreizmittel bei Ohnmachten, Erstickungsgefahr etc., ferner bei Zahnweh, Rheuma in der Form des Senfteigs, Senfpapiers oder Senfspiritus. Zu Senffussbädern nimmt man 50—100 g Senfmehl, zu Vollbädern (bei Cholera gebräuchlich) 100—250 g, oder eine entsprechende Menge Spirit. Sinapis.

Semen Sinapis pulveratum. Farina Sinapis. Species ad sinapismum. Senfmehl. Farine de moutarde stellt man aus dem kurze Zeit bei sehr gelinder Wärme, besser im Kalttrockenschrank getrockneten Samen dar. Man bewahre es in dichtverschlossenen Blechbüchsen auf und halte davon nicht zu viel vorräthig, denn bei längerem Lagern verliert es an Wirksamkeit. Der Verlust beim Pulvern beträgt bis zu 10 Proc. Es darf mit Jodlösung keine Blaufärbung geben (Nachweis fremder Mehle).

Semen Sinapis pulveratum exoleatum. Pulvis Sinapis concentratus. Haltbarer und für längere Aufbewahrung geeigneter ist das vom fetten Oel befreite Senfmehl; auch wirkt es schneller und kräftiger und wird deshalb zur Darstellung der Senfpapiere des Handels benutzt.

Durch Senfmehl werden viele Riechstoffe, selbst der des Moschus, zerstört; deshalb eignet es sich vortrefflich zur Entfernung des dumpfen Geruches aus Flaschen, Wein- oder Bierfässern. In ein Fass von 100 l giebt man 10 g Senfmehl, dazu 1 l heisses Wasser und lässt dicht verschlossen einige Tage stehen.

Oleum Sinapis. (Germ. Austr. Brit. Gall. Helv. U-St.). **Oleum Sinapis aethereum. — Senföl. — Essence de Moutarde. — Oil of Mustard.**

Darstellung. Das ätherische Senföl ist im Senfsamen nicht als solches enthalten sondern entsteht erst durch einen Gährungsprocess, in dem das eiweissartige Ferment, Myrosin, auf das Glukosid Sinigrin (myronsaures Kali) einwirkt, das dann unter Wasseraufnahme in Senföl, Traubenzucker und Kaliumbisulfat zerlegt wird.

$$\underset{\text{Sinigrin}}{C_{10}H_{16}NS_2KO_9} + \underset{\text{Wasser}}{H_2O} = \underset{\text{Senföl}}{CSNC_3H_5} + \underset{\text{Traubenzucker}}{C_6H_{12}O_6} + \underset{\text{Kaliumbisulfat.}}{KHSO_4}$$

Nebenbei verlaufen noch andere Reaktionen, die Ursache für das stete Vorkommen von Cyanallyl und Schwefelkohlenstoff im Senföl sind.

Zur Gewinnung des Oeles werden die zerstossenen oder gemahlenen Senfsamen durch Pressen unter hydraulischem Druck von dem fetten Oele befreit. Die zerkleinerten Presskuchen rührt man mit der vier- bis fünffachen Menge Wassers zu einem Brei an, lässt kurze Zeit stehen und destillirt das gebildete Oel durch eingeleiteten Dampf ab. Man verwendet hierzu am besten emaillirte eiserne Blasen, kupferne sind zu vermeiden, da metallisches Kupfer Senföl zersetzt:

$$\underset{\text{Senföl}}{CSNC_3H_5} + \underset{\text{Kupfer}}{Cu} = \underset{\text{Cyanallyl}}{CNC_3H_5} + \underset{\text{Schwefelkupfer}}{CuS}$$

Die Ausbeute an Senföl beträgt, auf die Samen berechnet, 0,5 bis 0,75 Proc.

Eigenschaften. Dünne, hellgelbe, stark lichtbrechende Flüssigkeit von scharfem, die Augen zu Thränen reizendem Geruch. Senföl wirkt auf die Haut gebracht, heftig brennend und blasenziehend. Das specifische Gewicht, das von den einzelnen Pharmakopöen sehr verschieden vorgeschrieben wird (1,010—1,020 Austr., 1,018—1,030 Brit., 1,020—1,025 Helv., 1,018—1,029 U-St.), schwankt zwischen 1,016 und 1,030 und liegt in der Regel zwischen 1,018 und 1,025 (Germ. IV). Mit Weingeist ist Senföl in jedem Verhältniss mischbar. Mit 5 Raumtheilen Weingeist verdünnt, soll es mit Eisenchloridlösung nicht verändert werden. Es siedet grösstenteils zwischen 148 und 152° C. (147,2—152,2° C. Brit., 148—150° C. U-St.).

Bestandtheile. Das ätherische Senföl besteht fast ganz aus Allylsenföl oder Isothiocyanallyl, enthält jedoch stets etwas Cyanallyl und Schwefelkohlenstoff. Die Menge dieser beiden Körper hängt in erster Linie von den bei der Darstellung eingehaltenen Bedingungen ab und kann bei sorgloser Fabrikation recht beträchtlich werden.

Prüfung. Die Werthbestimmung des Senföls nach Ph. G. IV besteht in der quantitativen Ermittlung seines Schwefelgehaltes, indem zunächst das Isothiocyanallyl durch Ammoniak in Thiosinamin übergeführt wird.

$$\underset{\text{Allylsenföl}}{CSNC_3H_5} + \underset{\text{Ammoniak}}{NH_3} = \underset{\text{Thiosinamin.}}{CS{<}^{NHC_3H_5}_{NH_2}}$$

Der Schwefel des Thiosinamins wird durch Silbernitrat als Schwefelsilber gefällt, und das überschüssige Silbernitrat kann dann mit Rhodanammonium zurücktitrirt werden.

5 ccm (= 4,2 g Senfspiritus = 0,084 g Senföl) einer Lösung des Senföls in Weingeist (1 = 50) werden in einem 100 ccm fassenden Messkolben mit 50 ccm Zehntel-Normal-Silbernitratlösung und 10 ccm Ammoniakflüssigkeit versetzt und gut bedeckt unter häufigem Umschütteln 24 Stunden lang stehen gelassen. Nach dem Auffüllen bis zur Marke sollen auf 50 ccm des klaren Filtrats nach Zusatz von 6 ccm Salpetersäure und 1 ccm Ferriammoniumsulfatlösung 16,6—17,2 ccm Zehntel-Normal-Ammoniumrhodanidlösung bis zum Eintritt der Rothfärbung erforderlich sein (Germ. IV).

Nach K. Dieterich ist es nothwendig, die Mischung nach dem 24stündigen Stehen einige Zeit auf dem Wasserbade zu erwärmen, um die Reaktion zu Ende zu führen. Unterlässt man dies, so wird die Schwefelbestimmung zu niedrig ausfallen. Die in der Vorschrift gegebenen Zahlen — 16,6 bis 17,2 ccm Ammoniumrhodanidlösung — entsprechen einem Verbrauch von 16,7 bis 15,2 ccm $^1/_{10}$ Normalsilberlösung. Da jeder ccm der Silberlösung gleich ist 0,0049575 g Senföl, so fordert die Vorschrift einen Gehalt von 92,06 bis 99,15 Proc. Isothiocyanallyl oder 29,71 bis 32,33 Proc. Schwefel im Senföl. Hierbei ist zu berücksichtigen, dass auf normale Weise dargestellte Senföle zuweilen einen etwas niedrigeren Schwefelgehalt als 29,7 Proc. aufweisen, und dass ferner der Schwefelgehalt allein nicht für die Güte des Senföls massgebend ist. Denn auch der Schwefel des Schwefelkohlenstoffs wird nach dem angeführten Verfahren mit bestimmt, da er sich mit Ammoniak zu Schwefelcyanammonium und Schwefelammonium umsetzt.

Giesst man zu 3 g Senföl nach und nach unter guter Kühlung 6 g Schwefelsäure, so tritt beim Umschütteln Gasentwicklung ein. Die gelbe, keinesfalls dunkle Mischung ist zunächst vollkommen klar, wird dann zähflüssig, bisweilen krystallinisch und verliert den scharfen Geruch des Senföls (Germ. IV). Durch diese Probe werden Beimischungen anderer ätherischer Oele durch intensive Dunkelfärbung angezeigt. Bei Gegenwart von Chloroform, Petroleum, Petroläther sowie grösserer Mengen Schwefelkohlenstoff wird die Mischung von Senföl und Schwefelsäure zunächst getrübt erscheinen und sich beim Stehen in zwei Schichten theilen, deren obere aus den erwähnten Beimengungen bestände.

Aufbewahrung. Senföl ist vorsichtig und vor Licht geschützt aufzubewahren. Durch die Einwirkung des Lichts färbt es sich röthlichbraun, während sich an den Wänden des Gefässes ein schmutziggelber Niederschlag absetzt.

Anwendung. Senföl wird nur äusserlich und dann fast nur in verdünntem Zustande, gewöhnlich als Spiritus Sinapis verwendet.

Oleum sinapis pingue. Oleum Sinapis nigri. — Schwarzsenföl. — Huile de moutarde noire. — Black mustard oil. Es wird aus den Samen durch Pressen gewonnen und ist bräunlichgelb, von meist mildem Geschmack und geruchlos. Konstanten des Oeles: Spec. Gew. bei 15° C.: 0,916—0,920. Erstarrt bei —17° C. Verseifungszahl 174,0—174,6. Jodzahl 106,25—106,57 (nach anderer Angabe 96). Jodzahl der Fettsäuren 109,6.

Bestandtheile. Glyceride der Behensäure und Erucasäure, ferner Glyceride flüssiger Fettsäuren. Es soll auch stets etwas Schwefel enthalten. Zur Erkennung wichtig ist die niedrige Verseifungszahl.

Charta sinapisata (Germ.). **Charta Sinapis** (Brit. U-St.). **Charta cum pulvere Sinapis. Senfpapier. Sinapisme en feuille** (Gall.). **Papier moutarde. Moutarde en feuilles. Mustard-paper.** Die Hauptbedingung für ein wirksames und haltbares Senfpapier ist die Verwendung eines vollständig entfetteten Senfpulvers, sowie eines Klebstoffes, der weder Wasser, noch Weingeist, noch Fette enthält. Man bedient sich einer Lösung von 4—5 Th. Kautschuk in 100 Th. Petroleumäther und Schwefelkohlenstoff āā (Gall.) oder von 1 Kolophonium und 5 Kautschuk in 100 Benzol (Benzin) oder CS_2, trägt diese in gleichmässiger Schicht auf starkes, geleimtes Papier, siebt sofort entöltes Senfpulver darüber und befestigt dieses, indem man das Papier durch ein Walzwerk gehen lässt. Abweichend hiervon lässt Brit. gleiche Theile schwarzen und weissen Senf (Pulv. No. 60) durch Perkoliren mit Benzol entfetten, je 5 g davon mit 18 ccm Kautschuklösung (Liq. Cautschouc, Bd. I, S. 682) mischen und damit 2 qdm Papier überziehen; U-St. lässt 100 g Senfmehl mittels Benzin entfetten, mit einer Lösung von 10 g Kautschuk in je 100 ccm Benzin und Schwefelkohlenstoff mischen und je 4 g Senf auf 60 qcm Fläche vertheilen. Hierauf trocknet man das Senfpapier, zerschneidet es in gleichmässige Stücke von 80 bis 100 qcm (Spielkartengrösse), die gewöhnlich mit Gebrauchsanweisung bedruckt in den Handel kommen. In Deutschland sind besonders die Marken Helfenberg, Roestel, Rueff, in Frankreich das Papier Rigollot in Gebrauch. Senfpapier bietet die haltbarste und sauberste Anwendungsform des Senfs als hautröthendes und ableitendes Mittel; zum Gebrauch wird es einige Augenblicke in lauwarmes Wasser getaucht, auf der betreffenden Hautstelle befestigt und je nach der Empfindlichkeit der Haut 10 bis 15 Minuten liegen gelassen. Ein gutes Senfpapier lässt sich nach dieser Zeit glatt entfernen. Ebensowenig darf natürlich die Senfschicht während der Aufbewahrung abblättern.

Das Senfpapier der Helfenberger Fabrik enthält auf 100 qcm durchschnittlich 2 g Senfmehl mit 1,05 bis 1,40 Proc. ätherischem Senföl.

Man bewahrt das Senfpapier an einem nicht zu warmen Orte in Blechdosen auf.

Zur Bestimmung des Gehaltes an Senföl werden nach Germ. 100 qcm in Streifen zerschnittenes Senfpapier mit 50 ccm Wasser von 20 bis 25° übergossen. Man lässt den verschlossenen Kolben unter wiederholtem Umschwenken 10 Minuten lang stehen, setzt dem Inhalte 10 ccm Weingeist und 2 ccm Olivenöl zu und destillirt 20 bis 30 ccm in einen 100 ccm Kolben, der 10 ccm Ammoniakflüssigkeit enthält, ab. Vergl. weiter oben bei Sem. Sinapis. Nach Germ. sollen 100 qcm Senfpapier mindestens 0,0236 g Senföl liefern.

Sinapismus (Ergänzb.). **Cataplasma rubefaciens** (Gall.). **Pasta epispastica. Cataplasma epispasticum. Senfteig. Sinapisme.** Gleiche Gewichtstheile grob gepulverten Senf und lauwarmes Wasser rührt man zu einem Brei an. Wird jedesmal frisch bereitet und, auf Leinwand gestrichen, wie Senfpapier angewendet.

Tela sinapinata. Senfzeug. Senfgewebe. Lebaigne's Tissu-Sinapisme, in Frankreich gebräuchlich, besteht aus Papier mit 2 darübergelegten Gewebeschichten, von denen die eine mit Myrosin, die andere mit Kaliummyronat getränkt ist. Die Wirkung erklärt sich nach dem oben Gesagten leicht.

II. Brassica juncea Hook f. et Thoms. Heimisch in Südrussland, am kaspischen Meer, Nordafrika, Asien, kultivirt an der Wolga (Gouv. Saratow) und Ostindien. Untere Blätter eilanzettlich, grob gesägt, die oberen lanzettlich und ganzrandig. Verwendung finden ebenfalls die Samen. Sie sind denen von I sehr ähnlich. Der Durchmesser der Sklereiden der Schicht 3 beträgt 10—15 μ gegen 5—7 μ von I. Die Aussenwand dieser Schicht besteht aus einer dicken Schleimmembrane, die vielleicht durch Verschleimung einer Zellschicht entstanden ist.

Anwendung. Die Samen des „Sareptasenfs" werden wie die des schwarzen Senfs, ferner zur fabrikmässigen Darstellung des ätherischen Oels, das Pulver der geschälten und entölten Samen für Speisezwecke verwendet. Die Samen kommen meist geschält in den Handel, im Pulver fehlen also die Elemente der Samenschale oder sind nur spurenweis vorhanden.

III. Sinapis alba L. **(Cruciferae — Sinapeae — Brassicinae.)** Heimisch im Mittelmeergebiet und in Mitteleuropa, vielfach kultivirt und verwildert. Bis 60 cm hoch, nebst den Blättern kurz borstig. Blätter gefiedert oder fiederspaltig, die Lappen buchtig gezähnt. Blüthen mit wagerecht abstehendem Kelch. Schoten so lang oder länger als der bleibende Schenkel, borstig, ihre Klappen fünfnervig.

Verwendung finden ebenfalls die Samen: **Semen Erucae** (Germ.). **Semen Sinapis albae** (Helv.). **Sinapis albae semina** (Brit.). **Sinapis alba** (U-St.). — **Weisser Senfsamen. Weisser oder gelber Senf.** — **Semence ou Graine de moutarde blanche** (Gall.). — **White Mustard.**

Beschreibung. Annähernd kuglig, bis 2 mm dick, hellröthlichgelb, sehr zart punktirt, manchmal weissschülferig. Der Bau ist im wesentlichen dem von I und II ähnlich, doch ergeben sich folgende Unterschiede: die unter der Schleimepidermis befindliche Schicht (2) grosser Zellen besteht aus 2 Lagen an den Ecken kollenchymatisch verdickter Zellen mit kleinen Intercellularräumen. Die Zellen der folgenden Schicht 3 sind in der Höhe ziemlich gleichförmig. Die Zellen der folgenden 4. Schicht haben keinen dunkelgefärbten Inhalt.

Bestandtheile. Analog dem Sinigrin in I besitzen die Samen ein Glukosid Sinalbin $C_{30}H_{42}N_2S_2O_{15}$. Mit Myrosin wird es unter Wasseraufnahme in ein Senföl: $C_7H_7O—NCS$, Sinapinbisulfat: $C_{16}H_{24}NO_5 \cdot HSO_4$, und Traubenzucker gespalten: $C_{30}H_{42}N_2S_2O_{15} + H_2O = C_7H_7O \cdot NCS + C_{16}H_{24}NO_5 \cdot HSO_4 + C_6H_{12}O_6$. Dieses Senföl ist mit Wasserdämpfen nicht flüchtig, sondern liefert beim Erhitzen HSCN und S. Daher riechen die zerriebenen Samen nicht scharf, haben aber einen scharfen Geschmack.

Das fette Oel der Samen hat das spec. Gew. 0,9142. Es erstarrt bei —16,25° C. Schmelzpunkt der Fettsäuren 16° C. Erstarrungspunkt 15,5° C. Jodzahl 96.

Anwendung. Wird wie der schwarze Senf und mit diesem zusammen gebraucht, wobei er dessen Wirkung erhöht — sonst aber steht er demselben an Schärfe nach. Die Verwendung für Küchenzwecke ist bekannt.

Acetum Sinapis. Acetum ad mostardum.

Senfessig. Tafelessig.

Rp.	Bulbi Allii Cepae (Gartenzwiebel)	100,0
	Bulbi Allii sativi (Knoblauch)	25,0
	Bulbi et Herbae Allii Schoenoprasi (Schnittlauch)	25,0
	Corticis fructus Citri recentis	50,0
	Herbae Dracunculi (Estragon)	100,0
	Rhizom. Apii dulcis rec. (Sellerie)	200,0
	Seminis Sinapis nigri pulv.	200,0
	Spiritus Vini Gallici	100,0
	Vini albi	1000,0
	Aceti optimi (6 proc.)	9000,0.

Man zieht 8 Tage aus, presst (Metalle vermeiden!), löst

Sacchari albi	250,0—500,0

lässt absetzen und filtrirt.

Aqua Sinapis. Senfwasser.

Rp.	Olei Sinapis aether.	gtt. I
	Aquae destillat.	200,0.

Balneum sinapisatum (Gall.).

Senf-Fussbad. Pédiluve sinapisé.

Rp.	Seminis Sinapis pulv.	150,0
	Aquae tepidae (35—40° C.)	q. s.

Linimentum Sinapis (Brit.).

Linimentum Sinapis compositum (U-St.).

(Compound) Liniment of Mustard.

		Brit.	U-St.
Rp.	Camphorae	6 g	6 g
	Spiritus (90 proc.)	86 ccm	50 ccm
	Extracti Mezerei fluidi	—	20 „
	Olei Ricini	14 „	15 „
	Olei Sinapis aeth.	4 „	3 „
	Spiritus	—	q. s. ad 100 „

Mostardum.

Mostrich. Tafelsenf. Moutarde.

I. Deutscher, nach E. Dieterich.

Rp.	1. Semin. Erucae pulv.	250,0
	2. Semin. Sinapis „	250,0
	3. Aceti fortis (Essigsprit)	500,0
	4. Sacchari pulver.	250,0
	5. Aquae	250,0
	6. Aquae	250,0.

Man lässt 1—3 24 Stunden, nach Zusatz von 4 und 5 solange stehen, bis sich die Schärfe genügend entwickelt hat, mischt 6 hinzu und füllt in Steingutbüchsen.

II. Deutscher, mit Gewürz.

Rp.	Semin. Sinap. nigr.	250,0
	Semin. Erucae	150,0
	Aceti	400,0
	Fruct. Amomi	5,0
	Cort. Cinnamom.	2,5
	Caryophyllor.	2,5
	Piperis albi	2,5
	Rhizom. Zingiber.	2,5
	Sacchari albi	100,0
	Natrii chlorati	50,0
	Aceti (vel. Acet. Sinapis)	q. s.

III. Französischer nach Vomáčka.

Rp. Fruct. Cappar. spin. (Kapern) 50,0
Bulbi Allii Cepae 25,0
Bulbi Allii sativi 5,0
Florum Cassiae 2,0
Macidis 1,0
Seminis Amomi 1,0
Natrii chlorati 50,0
Sacchari 150,0
Seminis Sinapis Sarepta (S. 906) 700,0
Aceti Dracunculi q. s

Man mischt oder mahlt in der Mostrichmühle und füllt, sobald die übermässige Schärfe sich verloren hat, in Steingutgefässe.

Pulvis ad mostardum.

Mostrichpulver.

Man verwendet die Pulvermischung zu obiger Vorschrift II, mit oder ohne die Gewürze.

Serum Lactis sinapisatum.

Senfmolken.

Rp. Lactis vaccini 500,0
Seminis Sinapis pulv. 30,0.

Man erhitzt zum Sieden und seiht das Gerinnsel ab. Bei Wassersucht.

Sirupus Sinapis. Senfsirup.

Rp. Spiritus Sinapis 1,0
Sirupi Sacchari 99,0.

Nimmt man nur 0,5 Spir. Sinapis, so erhält man den sog. Rettigsaft, Meyer's Brustsaft.

Spiritus Cochleariae (Germ. IV).
(Germ. III, siehe Bd. I, S. 888.)

Rp. 1. Herbae Cochleariae siccatae 4,0
2. Seminis Erucae pulv. 1,0
3. Aquae 40,0
4. Spiritus (87 proc.) 15,0.

Man lässt 1—3 in einer Destillirblase 3 Stunden stehen, fügt 4 hinzu und destillirt ab 20,0. Klar farblos; spec. Gew. 0,908—0,918.

Spiritus Sinapis.

Spiritus s. Tinctura rubefaciens. Senfspiritus. Senfgeist. Esprit de moutarde. Spirit of Mustard.

		Germ. Helv. Austr.	Nat. form.
Rp.	Olei Sinapis aether.	2,0	2,0
	Spiritus	98,0	100,0.

Nach Austr. nur im Bedarfsfalle zu bereiten.

Stilus Sinapis E. Dieterich. Senfstift.

Rp. 1. Cetacei 10,0
2. Mentholi 85,0
3. Olei Sinapis aether. 5,0.

Man schmilzt 1 und 2, fügt 3 hinzu und giesst in Formen (s. Stylus Mentholi).

Tinctura Sinapis.

Senftinktur.

Rp. 1. Sem. Sinapis exoleati 7,0
2. Aquae destill. 30,0
3. Spiritus 70,0.

1 mit 2 eine Stunde bei Seite stellen, 3 hinzufügen, und nach 3 Tagen filtriren.

Algophon, Bernhard's, gegen Zahnschmerzen, ist eine durch Safran und Lackmus grün gefärbte Lösung von Senföl in Löffelkrautspiritus.

Brassicon, gegen Kopfschmerzen, enthält Senföl, Pfefferminzöl, Kampher, Aetherweingeist (Riedel's Mentor).

Cooper's Mustard-paper, Sinapine tissue sind mit Capsicum- und Euphorbiumauszug getränkte Papierblätter.

Fluid-Lightning, flüssiger Blitz: Mit Sassafras- und Pfefferminzöl versetzter Senfspiritus.

Sinapol: 0,5 Aconitin, je 30,0 Menthol und Senföl, 120,0 Ricinusöl, 780,0 Rosmarinspiritus (Riedel's Mentor).

Weisse Gesundheitskörner von Didier sind weisse Senfsamen.

Whitehead's Spirit of mustard: Camphor. 5,0, Ol. Rosmarin. 10,0, Ol. Tereb. 20,0, Spirit. Sinap. 50,0, Spiritus 100,0.

Wundersaft von Koch ist ein Rettigsaft (s. oben).

Sisymbrium.

Gattung der **Cruciferae — Sinapeae — Sisymbrinae.**

I. Sisymbrium officinale Scopoli (syn. Erysimum officinale L.). Einjährig mit oft wagrecht abstehenden Aesten und schrotsägeförmig-fiedertheiligen Blättern. Blüthen kurz gestielt. Fruchtstand verlängert, ruthenförmig, die pfriemlichen Schoten angedrückt. Liefert:

Herba Erysimi officinalis. Herba Sisymbrii. — Wilder Senf. Raukensenf. (Sängerkraut.) — Erysimum. Vélar. Tortelle. Herbe aux chantres (Gall.). — Das ganze, blühende Kraut. Es wird neuerdings mit Erfolg bei Kehlkopfkatarrh angewendet, und zwar in Form einer mit 60,0 Sirupus Erysimi versüssten Abkochung von 30,0 der Blätter.

Sirupus Erysimi wird wie Sir. Chamomill. (Bd. I, S. 716) dargestellt.

Sirupus Erysimi comp., s. Bd. I, S. 828.

II. Sisymbrium Sophia L. lieferte **Herba** und **Semen Sophiae chirurgorum. S. Irio L.** ebenso **Herba** und **Semen Irionis. S. Alliaria L. Herba** und **Semen Alliariae.**

Smilax.

Mehrere Arten der Gattung **Smilax (Liliaceae — Smilacoideae)** haben an dünnen Ausläufern dicke, meist etwas abgeplattete, sehr unregelmässig gestaltete, braune Knollen vom Charakter unentwickelter Internodien. Sie werden in Ostasien gesammelt von **Smilax China L., Sm. glabra Roxb., Sm. lanceaefolia Roxb.** und kommen in den Handel als:

Rhizoma Chinae (Ergänzb.). **Radix** s. **Tuber Chinae. Radix Chinae nodosae, ponderosae** s. **orientalis. — Chinawurzel. Pockenwurzel. — Souche de squine** (Gall.). — **China root.**

Sie sind gewöhnlich geschält und bestehen dann aus einem Parenchym poröser Zellen, die Stärke in bis 50 μ grossen Körnern, Oxalatnadeln und hier und da braune Klumpen enthalten. Das Gewebe ist von zarten Gefässbündeln durchzogen (Fig. 146).

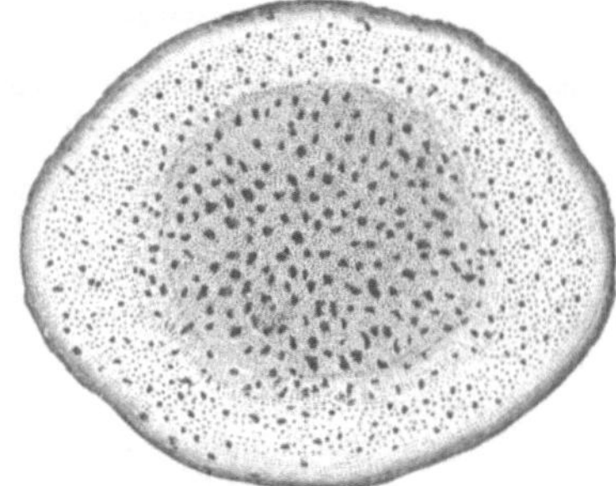

Fig. 146.
Querschnitt durch Rhizoma Chinae.

Bestandtheile. Ein krystallisirter Körper Smilachin.

Substitutionen. Als solche kommen zuweilen Knollen anderer Smilax-Arten vor, so die von Smilax zeylanica L. aus Ostindien, Sm. Pseudochina L., Sm. tenuifolia Mich., Sm. brasiliensis Sprengel aus Südamerika.

Verwendung wie Sarsaparilla.

Sorbus.

Gattung der **Rosaceae — Pomoideae — Pomariae.**

I. Sorbus Aucuparia L. (syn. Pirus Aucuparia Gärtn.). Heimisch in Nordasien und Europa. Mit gefiederten Blättern. Blüthen in vielblüthigen Doldenrispen. Früchte beerenartig, kuglig, erbsengross, scharlachroth, vom Kelche gekrönt, in jedem der 3 bis 4 Fächer 2 Samen. Man verwendet die Früchte:

Fructus Sorbi, Baccae Sorbi Aucupariae. — Ebereschenbeeren. Vogelbeeren. Sperberbeeren.

Die frischen, im Spätherbst reifenden Früchte geben den **Succus Sorborum** (inspissatus), Roob Sorborum. Ebereschenmus, indem man sie mit ihrem gleichen Gewicht kochenden Wassers übergiesst, $^1/_2$ Stunde im Wasserbade erhitzt und weiter verfährt wie bei Succ. Sambuci angegeben.

Sirupus Sorborum wird wie Sirup. Cerasi bereitet. Ein aus den Beeren dargestelltes Fluidextrakt wird in Gaben bis zu 1 Esslöffel als mildes Abführmittel empfohlen.

Die völlig reifen Früchte geben unter Zusatz von Weinhefe regelrecht vergohren bei der Destillation einen Branntwein, der besonders in Dänemark beliebt sein soll.

Aus den reifen Früchten, die Apfelsäure enthalten, stellt man zuweilen Extract. Ferri pomati (Band I, S. 1117) dar, das aber von wenig angenehmem Geschmack sein soll.

Der in dem Safte der Früchte aufgefundene Zucker, Sorbose, präexistirt in demselben nicht, sondern entsteht erst durch Gährung aus dem Sorbit $C_6H_{14}O_6$.

C. Lück's **Kräuterhonig** besteht nach Angabe des Darstellers aus: Honig, Ebereschensaft, Wasser, Weisswein, Bingelkraut, Eberwurz, Enzian u. a. unschuldigen Kräutern und Wurzeln.

II. Sorbus Aria Crantz (syn. Pirus Aria Ehrh). Mit grossen, ungetheilten, unterseits weissfilzigen, gesägten Blättern und grösseren kugligen Früchten: **Mehlbeeren.** Dieselben enthalten im Fruchtfleisch Glukose 11,44 Proc., Sorbin 13,56 Proc., stickstoffhaltige Stoffe 6,8 Pro., Cellulose 6,05 Proc., Fett 0,5 Proc. Sie finden als **Baccae Sorbi alpinae** Verwendung gegen Durchfall.

Sparteïnum.

I. † Sparteinum. Sparteïn. Spartéïne. $C_{15}H_{26}N_2$. **Mol. Gew. = 234.** Das aus dem Besenginster, *Spartium scoparium L.* (*Sarothamnus scoparius L.*) abgeschiedene Alkaloid.

Darstellung. Man zieht nach Mills die ganze Pflanze mit schwefelsäurehaltigem Wasser aus, verdampft den Auszug auf ein kleines Volumen und destillirt nun mit Aetznatron, bis das Destillat nicht mehr alkalisch reagirt. Das Destillat wird nach Uebersättigung mit Salzsäure im Wasserbade bis zur Trockne gebracht, und darauf der Rückstand mit konc. Kalilauge der Destillation unterworfen. Es entweicht erst Ammoniak, dann geht die Base als dickes Oel über. Dasselbe wird zur Entwässerung mit metallischem Natrium im Wasserstoffstrome mässig erwärmt und dann, vom Natrium getrennt, noch einmal rectificirt.

Eigenschaften. Im reinen Zustande eine vollkommen farblose, ölige Flüssigkeit, welche bei 287° C. siedet, von intensiv bitterem Geschmack, ähnlich wie Anilin riechend. Das spec. Gewicht ist höher als dasjenige des Wassers. Sparteïn löst sich nur wenig in Wasser, dagegen leicht in Alkohol, in Aether und in Chloroform, unlöslich ist es dagegen in Benzol und in Petroleumbenzin. Unter dem Einfluss von Luft und Licht nimmt es sehr leicht Sauerstoff auf, es färbt sich gelb bis dunkelbraun und verdickt. Diese Veränderlichkeit ist so leicht, dass die Fabrikanten es für gewöhnlich ablehnen, die freie Sparteïn-Base zu versenden.

Seinen chemischen Eigenschaften nach ist das Sparteïn eine starke und zwar zweisäurige Base. Seine wässerige Lösung reagirt stark alkalisch; nähert man dem freien Sparteïn einen mit Salzsäure befeuchteten Glasstab, so entstehen — ähnlich wie beim Ammoniak unter gleichen Bedingungen — weisse Nebel von salzsaurem Sparteïn. — Es verbindet sich mit Säuren und bildet sehr schnell krystallisirende Salze. Sparteïnsulfatlösungen geben mit Kalium- und Ammoniumsulfat einen weissen, im Ueberschuss des Reagens unlöslichen Niederschlag; kalte Natriumbikarbonatlösung giebt keinen Niederschlag, aber mit warmer wird die Flüssigkeit trübe und giebt einen weisslichen Bodensatz. Mit koncentrirten Mineralsäuren tritt keine Veränderung ein. Cadmiumjodid giebt mit Sparteïn einen weisslichen, käsigen Niederschlag; Natriumphosphomolybdat ein weissliches, beim Erhitzen lösliches Präcipitat. Mit Kupfersalzen entstehen grünliche Niederschläge. Platinchlorid bildet einen krystallinischen, gelblichen Niederschlag. Durch Reduktion geht das Sparteïn in Dihydrosparteïn $C_{15}H_{28}N_2$, durch Oxydation in eine sauerstoffhaltige Base $C_{15}H_{26}N_2O_2$ über.

Die Aufbewahrung würde vorsichtig zu erfolgen haben; zweckmässig würde man das freie Sparteïn in Glasröhren einzuschliessen haben, die mit Wasserstoffgas zu füllen wären. Therapeutische Anwendung findet die freie Base nicht, sie dient lediglich zur Darstellung der Sparteïnsalze.

II. † Sparteïnum sulfuricum (Helv. Ergänzb.). **Sparteïnae Sulfas** (U-St.). **Sulfate de spartéïne** (Gall.). **Sparteïnsulfat. Schwefelsaures Sparteïn.** Der Aufnahme in die Pharmakopöen ist der Umstand hinderlich gewesen, dass dieses Salz mit verschiedenem Wassergehalt krystallisirt. Es kommen im Handel vor: das wasserfreie Salz, Salze mit 3 und 5 Mol. Wasser, endlich ist in der Litteratur auch noch ein Salz mit 8 Mol. Wasser beschrieben. **U-St.** schreibt vor das Salz $C_{15}H_{26}N_2 \cdot H_2SO_4 + 4H_2O$. **Mol. Gew. = 404, Gall. das Salz** $C_{15}H_{26}N_2 \cdot H_2SO_4 + 5H_2O$. **Mol. Gew. = 422.** Ergänzb. u. Helv. machen keine bestimmten Angaben bezüglich des Wassergehaltes.

Es würde sich empfehlen, als officinell das Salz der Gall. mit $5H_2O$, also von der Zusammensetzung $C_{15}H_{26}N_2H_2SO_4 + 5H_2O$ Mol. Gew. = 422, Gehalt an Krystallwasser rund 21,3 Proc. allgemein anzunehmen.

Darstellung. Man neutralisirt 10 Th. Sparteïn mit einer Mischung von 25 Th. Wasser und ca. 25 Th. verdünnter Schwefelsäure vom spec. Gew. 1,110 — 1,114 und überlässt diese Lösung an einem warmen Orte der Krystallisation.

Eigenschaften. Farblose, rhomboëdrische Krystalle oder ein krystallinisches Pulver, löslich in 2 Th. Wasser oder 5 Th. Weingeist zu bitter schmeckenden schwachsauer reagirenden oder neutralen Flüssigkeiten, unlöslich in Aether. Das mit 5 Mol. Wasser krystallisirte Salz verliert bei 110° C. = 21,3 Proc. Krystallwasser (das mit 4 Mol. Wasser krystallisirende verliert 17,8 Proc. Krystallwasser), das wasserfreie Salz schmilzt bei 138° C. Das Salz ist etwas hygroskopisch.

Die 5procentige wässerige Lösung wird durch Baryumnitratlösung weiss, durch Gerbsäurelösung gelblich-weiss, durch Jodlösung rothbraun gefällt. Auf Zusatz von Kaliumferrocyanidlösung scheiden sich allmählich gelbe Krystallblättchen aus. Natronlauge bewirkt in der 10procentigen Lösung eine weisse Trübung, welche sich bald zu Oeltröpfchen vereinigt, die in Aether und Chloroform löslich sind.

Prüfung: **1)** Das Sparteïnsulfat sei farblos. **2)** Beim Erhitzen auf dem Platinbleche verbrenne es, ohne einen Rückstand zu hinterlassen (anorganische Verunreinigungen). — **3)** 0,1 g, mit 5 Tropfen Chloroform und 1 ccm alkoholischer Kalilauge erhitzt, sollen keinen widerlichen Geruch, von Isocyanphenyl herrührend, verbreiten (Anilinsulfat). **4)** In konc. Schwefelsäure löse sich Sparteïnsulfat ohne Färbung; der Zusatz eines Körnchens Kaliumdichromat rufe in dieser Lösung eine grüne, keine violette Färbung hervor: Strychnin).

Aufbewahrung. Dieselbe geschehe in gut geschlossenen Gefässen, vorsichtig.

Anwendung. Das Sparteïnsulfat wurde von Germain-Sée als Ersatz der Digitalis bei Affektionen des Herzmuskels empfohlen, wenn dieser nicht im Stande ist, die Cirkulationswiderstände auszugleichen, sowie bei irregulärem, aussetzendem, arythmischem, langsamem Pulse und zwar in Gaben von 0,1 bis 0,15 g mehrmals täglich. Andere Beobachter konnten indessen gar keine Wirkung auf den Blutdruck und nur eine unzuverlässige diuretische und herzregulirende Wirkung (bei Stenokardie) feststellen. Aeusserlich in 5proc. wässeriger Lösung zu Pinselungen auf die gesunde Haut bei fieberhaften Krankheiten, z. B. Phthisis, zur Erzielung eines erheblichen Temperaturabfalles. Höchstgaben: *pro dosi:* 0,1 g (Ergänzb.), 0,2 g (Helv.); *pro die:* 0,3 g (Ergänzb.), 0,8 g (Helv.).

Spergularia.

Gattung der **Caryophyllaceae — Alsinoideae — Sperguleae.**

Spergularia rubra Pr. (syn.: Arenaria rubra L.). Auf feuchten, sandigen Wiesen. Einjährig. Blätter lineal-fadenförmig, stachelspitzig, etwas fleischig. Nebenblätter verlängert, silberweiss glänzend. Aeste traubig. Blüthe rosenroth. Kapsel dreieckig-eiförmig, so lang als der Kelch. Samen ungeflügelt mit wulstigem Rande. Verwendung findet die ganze Pflanze: **Herbe d'Arenaria rubra** (Gall.).

Spigelia.

Gattung der **Loganiaceae — Spigelieae.**

I. Spigelia marylandica L. Heimisch in den Südstaaten der Vereinigten Staaten. Perennirend, mit vierkantigem, kahlem Stengel, eilanzettlichen Blättern und einer gipfelständigen Aehre aus 3—8 scharlachrothen, innen gelben, 5zähligen Blüthen. Frucht eine wandspaltige, zweiklappige Kapsel. Verwendung findet das Rhizom mit den reichlich vorhandenen dünnen Wurzeln:

Radix Spigeliae Marylandicae. — Marylandische Spigelienwurzel. Wurmgraswurzel. — Spigelia (U-St.). **— Pinkroot.**

Beschreibung. Das Rhizom ist bis 15 cm lang, 3 cm dick, etwas ästig, dünn berindet, oberseits mit Stengelnarben, unterseits mit zahlreichen dünnen Wurzeln. Rinde purpurbraun, Holz gelblich.

Bestandtheile. Ein Alkaloid Spigelin, das dem Nicotin, Lobelin und Coniin ähnlich wirken soll, ätherisches Oel, Gerbstoff, Harz.

Verfälschung. Die gegenwärtig im Handel befindliche Droge soll häufig aus den Wurzeln von Phlox Carolina und denen anderer Arten derselben Gattung bestehen.

Verwendung als Anthelminthicum. Kindern 0,5—1,0, Erwachsenen 4,0—8,0 pro die.

Extractum Spigeliae fluidum (U-St.). **Fluid Extract of Spigelia.** Aus 1000 g gepulverter Wurzel (No. 60) und q. s. verdünntem Weingeist (41 proc.) im Verdrängungswege. Man befeuchtet mit 300 ccm, fängt die ersten 850 ccm Perkolat für sich auf und bereitet l. a. 1000 ccm Fluidextrakt.

II. Spigelia Anthelmia L. Heimisch in Westindien und Südamerika bis Peru. Mit eiförmig-zugespitzten, schwach rauhhaarigen, ganzrandigen Blättern. Blüthenähren einseitswendig mit kleinen, blassröthlichen Blüthen. Geruchlos, von fadem, bitterlichem Geschmack. Verwendung findet das Kraut mit der Wurzel:

† Radix Spigeliae Anthelmiae cum herba. — Indianisches Wurmkraut. — Herbe de Brinvillière. Plante fleurie de Spigélie anthelminthique (Gall.).

Bestandtheile. Ein Alkaloid Spigeleïn, das bisher nicht krystallinisch erhalten wurde. Löslich in Chloroform, in Aether, Schwefelkohlenstoff und Wasser unlöslich. Stark giftig, wirkt lähmend.

Anwendung. Als Anthelminthicum, in der Homöopathie auch gegen nervösen Kopfschmerz und Herzaffektionen.

† Sirupus Spigeliae Anthelmiae. Aus 100,0 der grob gepulverten Droge, 100,0 Weingeist und 350,0 Wasser bereitet man durch 24 stündige Digestion 350,0 Auszug und hieraus mit 650,0 Zucker 1000,0 Sirup. 10 Th. Sirup = 1 Th. Spigelia.

† Tinctura Spigeliae Anthelmiae. 1 Th. der Droge, 5 Th. verdünnter Weingeist.

Spilanthes.

Gattung der **Compositae — Heliantheae — Verbesininae.**

Spilanthes oleracea Jacq. Heimisch in Südamerika und Westindien, vielfach kultivirt. Zweijährig, bis 30 cm hoch, mit gestielten, ei- oder herzförmigen, am Grunde keilförmig in den Blattstiel verlaufenden Blättern. Der gewimperte Rand ausgeschweift, oder kerbig-gesägt. Die Blüthenköpfchen auf langen Stielen, ohne Randblüthen, mit gelben oder purpurnen Röhrenblüthen auf dem sich kegelförmig verlängernden Blüthenboden. Achaenen zusammengedrückt, gewimpert, ohne Pappus oder mit 2 Grannen. Von scharf brennendem und Speichelfluss erregendem Geschmack. Verwendung findet das Kraut:

Herba Spilanthis (Austr. Ergänzb.). **Herba Spilanthis oleraceae. Flores** s. **Summitates Spilanthis. — Parakresse. Parakressenkraut. — Cresson de Para. Feuille et Capitule de spilanthe** (Gall.).

Bestandtheile. Scharf schmeckendes Harz, ferner krystallisirbares Spilanthin, vielleicht mit Pyrethrin (S. 703) identisch.

Das zur Blüthezeit gesammelte Kraut wird entweder frisch zur Tinktur verarbeitet (diese Tinktur gilt für wirksamer), oder getrocknet und vor Licht- und Luftzutritt geschützt aufbewahrt. Man gebraucht es gegen Krankheiten des Zahnfleisches, gegen Zahnweh; selten innerlich bei Gicht und Blasenleiden.

Tinctura Spilanthis composita. Alcoolatura seu Tinctura Spilanthis oleraceae. (Zusammengesetzte) Parakressentinktur. Paratinktur. Alcoolature de cresson de Para. Paraguay-Roux.[1]) Ergänzb.: 2 Th. Parakresse (II), 2 Th. Bertramwurzel (IV),

[1]) Nach den ersten Darstellern Roux & Chaix in Paris.

10 Th. verdünnter Weingeist. — Austr.: 25 Th. Parakresse, 20 Th. Bertramwurzel, 120 Th. Weingeist (87 proc.); 3 Tage digeriren. — Gall.: Aus frischer Parakresse wie Alcoolatura Digitalis (Bd. I, S. 1041). — Versetzt man je 10,0 der Tinktur mit 5,0 Kreosot, oder 2,5 Tinct. Opii, oder 2,5 Acid. carbolic., oder 10,0 Spirit. Sinapis, so erhält man die **Tinctura Parae kreosotata, opiata, phenylata, sinapinata.**

Tinctura antiscorbutica.

Rp.	Tincturae Spilanthis compos.	75,0
	Spiritus Cochleariae	25,0
	Olei Menthae piperitae	1,0.

1 Theelöffel dem Mundspülwasser zusetzen.

Tinctura dentifricia JOANOVITS.

Rp.	Acidi tannici	5,0
	Tincturae Spilanthis compos.	95,0.

Clarissima, WALBERER's, gegen Zahn- und Ohrenschmerz ist Paratinktur.

Mundwasser von J. POHLMANN in Wien. I, II und III. Sind in verschiedenen Verhältnissen bereitete weingeistige Auszüge, deren Hauptbestandtheile: Parakresse, Anis, Benzoë, Myrrhe, Bertramwurzel sind.

Spiraea.

Gattung der **Rosaceae — Spiraeoideae — Spiraeeae.**

I. Spiraea Ulmaria L. Wurzelstock mit zahlreichen, dünnen Fasern, Blätter unterbrochen fiederschnittig, Nebenblätter eingeschnitten, gezähnt. Blüthen gelblichweiss, zwitterig, in rispigen Trugdolden. Kapseln kahl, zusammengewunden.

Die Blüthen enthalten Methylsalicylat, Piperonal und Vanillin.

Verwendung finden die Blüthen. **Flos Spiraeae** (Helv.). **Flores Ulmariae seu Reginae prati. — Spierblume. — Fleur d'Ulmaire ou Reine-des-Prés** (Gall.).

II. Spiraea Filipendula L. Wurzelstock mit an der Spitze knollig verdickten Fasern. Kapseln kurzhaarig, nicht gewunden.

Liefert **Radix et Herba Filipendulae seu Saxifragae rubrae.**

III. Spiraea tomentosa L. In Nordamerika. Strauch mit einfachen, eirundlänglichen, ungleich gesägten, unterseits rostfarbigen Blättern, ohne Nebenblätter. Blüthen roth, in gipfelständigen Rispen.

Man verwendet die gerbstoffhaltige Wurzel, sowie die blühenden Zweige und Blätter.

Spiritus.

Spiritus. Weingeist. Destillirter Branntwein. Alkohol. Alcool (franz.). **Esprit de vin. Alkohol** (engl.). Der von der Grosstechnik (den sog. Spiritusbrennereien) erzeugte Aethylalkohol. Für den europäischen Kontinent kommt praktisch nur der aus Kartoffeln erzeugte „Kartoffel-Spiritus" oder „Kartoffel-Sprit" in Betracht.

Handelssorten. Im deutschen Handel kommen hauptsächlich nachstehende Spiritussorten vor: 1. Absoluter Alkohol mit einem Gehalte von 99—99,8 Vol.-Proc. — 2. Höchstrektificirter Spiritus mit einem Gehalte von 94—96 Vol.-Proc. — 3. Rohspiritus nicht fuselfrei mit einem Gehalte von 90—92 Vol.-Proc. — 4. Denaturirter Spiritus mit einem Gehalte von mindestens rund 86 Vol.-Proc. Alkohol und mit dem vorgeschriebenen Denaturirungsmittel versetzt.

I. Alcohol absolutus. (Germ. Helv.). **Alcohol absolutum** (Brit. U-St.). **Absoluter Alkohol. Reiner Aethylalkohol.** C_2H_5OH. **Mol.-Gew. = 46.**

Das bisher im Handel als „Absoluter Alkohol" bezeichnete Präparat enthielt gewöhnlich 98 bis höchstens 99 Vol.-Proc. Alkohol. Ein solcher Alkohol ist für manche Zwecke, z. B. für die Glycerinbestimmung im Weine, namentlich aber zum Härten anatomischer Präparate, nicht hinreichend koncentrirt. Man wird bis auf weiteres, d. h. solange die Technik ein absolutes Präparat nicht liefert, dieses Präparat selbst darzustellen haben.

Die für diesen Zweck hier angegebene Vorschrift ist erprobt und führt mit Sicherheit zu einem Alkohol von 99,6—99,7 Vol.-Proc.

Der von der Gesellschaft für verflüssigte Gase in Berlin durch Krystallisation bei sehr niedriger Temperatur hergestellte *„Alkohol absolutus purissimus Pictet“* soll vollständig rein, d. h. wasserfrei sein.

Darstellung. Man füllt in eine Muffel oder in einen sonst dazu geeigneten Ofen etwa 500 g guten Aetzkalk, glüht ihn, indem man die Hitze allmählich steigert, etwa 3 Stunden lang scharf aus und lässt alsdann etwa $^1/_2$ Stunde erkalten. Inzwischen hatte man einen Rundkolben von etwa $2^1/_2$ l Fassungsraum mit möglichst starkem (z. B. 96 bis 97proc.) Industriealkohol (Feinsprit) zur reichlichen Hälfte beschickt und einen gut passenden Korkstopfen ausgesucht. In diesen Alkohol trägt man die noch warmen Kalkstücke ein, dann füllt man den Kolben bis zu etwa $^4/_5$ seines Inhaltes mit dem gleichen Alkohol an, schüttelt um und stellt ihn wohlverkorkt während eines Tages zur Seite. — Am nächsten Tage erhitzt man den Kolben ca. 8—9 Stunden im siedenden Wasserbade am Rückflusskühler, wobei die freie Oeffnung des Rückflusskühlers durch ein Chlorcalcium-Rohr abzuschliessen ist. — Sollte der Kühler stark schwitzen, so verhütet man das Herablaufen von Wassertropfen auf den durchbohrten Kork durch dicke, um das Kühlerende gewickelte und mit Bindfaden befestigte Streifen von Filtrirpapier. — Man lässt schliesslich erkalten, verstopft den Kolben wieder mit einem guten Kork und lässt das Ganze über Nacht stehen.

Am nächsten Tage destillirt man den Weingeist aus dem im Wasserbade stehenden Rundkolben. Der Kühler wird mittels eines zweifach durchbohrten Korkes mit der Vorlage luftdicht verbunden. Die zweite Bohrung enthält ein Chlorcalciumrohr, um das Destillat vor dem Anziehen von Feuchtigkeit zu schützen.

Nachdem man das spec. Gew. des Destillates bestimmt hat, wird der absolute Alkohol ohne Verzug in Gläser von ca. 200 ccm Fassungsraum abgefüllt, welche bis unter den Stopfen angefüllt und mit ausgesucht guten Stopfen verschlossen werden. Man erhält aus 2,5 Liter 97proc. Alkohol etwa 2 Liter absoluten Alkohol von 99,6—99,7 Vol.-Proc.

Eigenschaften. Der absolute Alkohol hat alle Eigenschaften eines reinen 96proc. Alkohols, nur ist ihm das Wasser in einem noch höheren Grade entzogen. Es ist, wie aus der Darstellung hervorgeht, nur unter Einhaltung bestimmter Bedingungen möglich, ein 99,6—99,7 Vol.-Proc. Alkohol enthaltendes Präparat darzustellen, und es erfordert ebenso bestimmte Vorsichtsmassregeln, um dem Präparate diesen Alkoholgehalt zu bewahren.

Absoluter Alkohol ist nämlich stark hygroskopisch. Er zieht Wasser aus der Luft an, ferner entzieht er Wasser allen Körpern, welche ihm dasselbe hergeben und wird alsdann natürlich minderprocentig. Dies ist der Grund dafür, weshalb man absoluten Alkohol von der hier geforderten Stärke in kleinen Gefässen, welche mit guten Korkstopfen verschlossen sind, unterbringt.

Prüfung. 1) Wichtig ist zunächst die Feststellung des spec. Gew. und des Siedepunktes. Die Bestimmung des ersteren erfolgt zweckmässig mittels der Westphal'schen (Mohr'schen) Wage oder mittels Pyknometers. Bewegt sich das spec. Gew. zwischen 0,796 und 0,800 und liegt zugleich der Siedepunkt bei 78,5° C., d. h. geht unterhalb dieser Temperatur keine erhebliche Menge über, so kann man sicher sein, dass das Präparat Aethylalkohol ist, und dass es auch den geforderten Alkoholgehalt hat. (Methylalkohol hat bei 18° C. zwar auch das spec. Gew. 0,796, aber der Siedepunkt liegt bei 65° C. — 2) Absoluter Alkohol rieche nicht fremdartig und lasse sich mit Wasser ohne Trübung mischen. Man stellt die sehr wichtige Geruchsprobe entweder durch Verreiben einiger Tropfen in den Handflächen oder durch Abdunsten des Alkohols auf etwas reinem Filtrirpapier oder in einer Verdünnung mit Wasser an. Ein fremdartiger Geruch wird in den meisten Fällen darauf zurückzuführen sein, dass dieser Alkohol in der chemischen Fabrik schon zu irgend einer Operation verwendet worden war und dabei sozusagen als Nebenprodukt gewonnen wurde. Da solche Beimengungen unter Umständen giftig sein können, weise man solche

Präparate, welche einen fremdartigen Geruch besitzen, unnachsichtlich zurück. — Eine beim Vermischen mit Wasser eintretende Trübung wird ebenfalls nicht durch Fuselöle, sondern für gewöhnlich durch solche aus chemischen Fabriken stammende Verunreinigungen bedingt werden. — **3)** Man mischt in einem absolut sauberen Probirglase 10 ccm absoluten Alkohol mit 5 Tropfen Silbernitratlösung und beobachtet zunächst einige Minuten in der Kälte, dann setzt man das Probirglas in ein mit heissem Wasser gefülltes Becherglas. Es darf nunmehr auch in der Wärme (im Verlauf einiger Minuten) weder eine Trübung noch eine Färbung eintreten. Eine Trübung könnte von Silberchlorid herrühren, falls der Alkohol bei der Darstellung von Chlorsubstitutionsprodukten vorher gebraucht worden war, eine Färbung durch Reduktion des Silbersalzes zu metallischen Silber bedingt und durch die Gegenwart von Aldehyd oder Ameisensäure verursacht sein. — **4)** Mischt man in einem Schälchen aus Porcellan oder Glas 10 ccm absoluten Alkohol mit 0,2 ccm Kalilauge und verdunstet die Mischung auf dem Wasserbade bis auf ca. 1 ccm (wobei Verseifung etwa gegenwärtiger Ester erfolgt), so soll nach Uebersättigen des Rückstandes mit verdünnter Schwefelsäure der Geruch nach Fuselöl nicht auftreten (Gäbel, Fuselölnachweis, der sich besonders gegen etwa anwesende Ester der Fuselöle richtet). — **5)** Das Auftreten einer rosenrothen Zone beim Schichten von absolutem Alkohol auf konc. Schwefelsäure würde es wahrscheinlich machen, dass das Präparat aus Melasse-Spiritus gewonnen wurde. — **6)** Vermischt man 10 ccm absoluten Alkohol mit 1 ccm Kaliumpermanganatlösung (1 : 1000), so tritt nach 20 Min. auch bei dem reinsten Präparate eine theilweise Entfärbung ein. Würde die Rothfärbung nach dieser Zeit vollständig verschwunden sein, so konnte dies durch die Gegenwart von Aldehyd oder Ameisensäure, aber auch durch Fuselöle und durch organische Extraktivstoffe der verschiedensten Art bedingt sein. **7)** Eine Färbung oder Fällung durch Schwefelwasserstoffwasser würden Verunreinigung durch Metalle (Kupfer, Blei), eine Färbung durch Ammoniakflüssigkeit ungehörige Extraktivstoffe anzeigen. — **8)** Bliebe beim Verdunsten von 5 ccm absolutem Alkohol ein wägbarer Rückstand, so würden voraussichtlich einige der vorher aufgeführten Proben positiv ausgefallen sein und der absolute Alkohol wäre als unbrauchbar zurückzuweisen.

Aufbewahrung. Man bewahre den absoluten Alkohol niemals in Fässern auf, da er aus diesen wahrscheinlich Extraktivstoff aufnimmt und in ihnen gegen Anziehen von Feuchtigkeit nicht genügend geschützt ist. Je nach der aufzubewahrenden Menge wählt man Flaschen von 100—200 ccm oder 1—2—5 Liter Fassungsraum, füllt diese ziemlich vollständig mit dem absoluten Alkohol an, verschliesst sie mit gut passenden Korkstopfen und überbindet diese mit Blase (Lackverschluss ist auszuschliessen).

Anwendung. Nicht zu therapeutischen Zwecken, sondern lediglich als Reagens.

Als spec. Gewicht des wirklich absoluten Alkohols bei 15° C. wird von C. Windisch der Werth 0,79425 angegeben. Ein solcher Alkohol aber kommt in der Praxis nicht vor, da der absolute Alkohol sehr hygroskopisch ist und schon aus der Luft merkliche Mengen von Wasser aufnimmt. Dem muss durch Zulassung eines geringen Wassergehaltes Rechnung getragen werden. Es verlangen:

Brit. Alcohol absolutum. Spec. Gew. bei 15° C. = 0,794—0,7969 entsprechend 99,95—99,0 Gewichtsprocente oder 99,95—99,4 Volumprocente.

Germ. Alcohol absolutus. Spec. Gew. bei 15° C. = 0,796—0,800, entsprechend nach Germ. 99,6—99,0 Gewichtsprocente oder 99,7—99,4 Volumprocente Alkohol (nach Windisch 99,44—98,13 Gewichtsprocente oder 99,66—98,84 Volumprocente).

Helv. Alcohol absolutus. Spec. Gew. bei 15° C. höchstens 0,800, wodurch mindestens 98,13 Gewichtsprocente oder 98,84 Volumprocente (cf. Windisch) verlangt werden.

U-St. Alcohol absolutum. Soll mindestens 99 Gewichtsprocente enthalten. Spec. Gew. nicht höher als 0,797 bei 15° C. (nach Windisch = 99,11 Gewichtsprocenten entsprechend).

II. Spiritus rectificatissimus. **Feinsprit des Handels. Spiritus** der Helv. **Alkohol deodoratum** der U-St. **Alcool à 95c centésimaux** der Gall.

Mittels der vervollkommneten Apparate der heutigen Technik ist man im Stande, in den Spiritus-Raffinerien direkt einen Alkohol von 94—96 Vol.-Proc. herzustellen,

welcher praktisch frei ist von Fuselöl und ohne weiteres Verwendung in der Pharmacie und in den Gewerben finden kann. Dieser Feinsprit ist dasjenige Produkt, welches im Grosshandel vertrieben wird. Der Apotheker setzt diesen Spiritus durch Zusatz von destillirtem Wasser auf den geforderten Alkoholgehalt herab.

Ein solcher hochprocentiger Feinsprit des Handels ist von der Helv., Gall. u. U-St. **aufgenommen worden.**

Helv. Spiritus. Weingeist. Ein Feinsprit vom spec. Gewicht 0,812—0,816 bei 15° C., entsprechend 95—96 Volumprocenten oder 92.5—94,0 Gewichtsprocenten wasserfreiem Alkohol. Diese Angaben stimmen praktisch überein mit denen der WINDISCH'schen Tabelle (s. diese).

U-St. Alcohol deodoratum. Deodorized Alkohol. Ein Feinsprit vom spec. Gewicht 0,816 bei 15° C., entsprechend einem Gehalte von 92,5 Gewichtsprocenten oder 95,1 Volumprocenten wasserfreiem Alkohol. Diese Angaben stimmen praktisch überein mit denen der WINDISCH'schen Tabelle.

Gall. Alcool à 95° centésimaux. Ein Feinsprit vom spec. Gewicht 0,8161 bei 15° C. Die Angabe stimmt praktisch überein mit derjenigen der WINDISCH'schen Tabelle.

Eigenschaften. Die Eigenschaften der verschiedenen höherprocentigen Weingeistsorten weichen von einander nur wenig ab, abgesehen von den Verschiedenheiten (im spec. Gewicht), welche durch die verschiedenen Stärken bedingt werden. Der absolute Weingeist ist eine farblose, klare, flüchtige, leicht entzündliche Flüssigkeit von geistigem Geruche und Geschmacke, welche, entzündet, mit bläulicher, nur schwach leuchtender Flamme zu Kohlensäure und Wasser verbrennt. Sein spez. Gewicht ist bei 15,0° C. = 0.79425. Er mischt sich in jedem Verhältnisse mit Wasser, Aether, Chloroform, Glycerin und vielen ätherischen Oelen. Er zieht leicht Wasserdampf an (ist hygroskopisch) und entzieht vielen, auch organisirten Stoffen, Wasser und wirkt dadurch auf Gewebe konservirend, dass er diesen Wasser entzieht und somit Fäulniss, welche nur bei Anwesenheit von genügenden Mengen Wasser eintreten kann, verhindert. Beim Mischen von Weingeist mit Wasser erfolgt unter Selbsterwärmung eine Kontraktion, d. h. mischt man bei 15° C. 53,9 ccm absoluten Weingeist mit 49,8 ccm Wasser, so beträgt das Volumen der fertigen Mischung bei 15° C. nicht 103,7 ccm, sondern weniger und zwar in dem angeführten Falle 100 ccm. Weingeist ist ferner ein vorzügliches Lösungsmittel für eine Anzahl von Harzen, Alkaloiden, Extraktivstoffen u. s. w., worauf seine Verwendung zu Lacken, Tinkturen, bei der Gewinnung von Alkaloiden u. s. w. beruht. Mit Calciumchlorid vereinigt er sich zu der krystallisirenden Verbindung Calciumchlorid-Alkoholat $CaCl_2 + 4C_2H_5.OH$. Von koncentrirter Schwefelsäure wird er ohne Färbung aufgenommen unter Bildung von Aethylschwefelsäure; beim Erwärmen einer solchen Mischung entsteht je nach den eingehaltenen Bedingungen Aethylen oder Aethyläther. Metallisches Natrium löst sich in Weingeist unter Entweichen von Wasserstoff und Bildung von Natriumalkoholat. Kali- und Natronhydrat lösen sich in Weingeist zunächst ohne Veränderung auf, aber diese Lösungen (alkoholische Kalioder Natronlauge) färben sich infolge Oxydation durch den Luftsauerstoff und damit einhergehender Bildung von Aldehydharz allmählich gelb bis bräunlich. — Durch Oxydation entstehen aus dem Alkohol successive Aldehyd C_2H_4O und Essigsäure $C_2H_4O_2$.

Reaktion. Fügt man zu einer alkoholhaltigen Flüssigkeit etwas Jod und Natriumkarbonat, so tritt bei schwachem Erwärmen der durchdringende Geruch nach Jodoform auf, und es scheiden sich gelbe Kryställchen von Jodoform ab, welche unter dem Mikroskope charakteristische Formen zeigen. Da diese Reaktion in der Regel mit dem Destillate der alkoholhaltigen Flüssigkeit ausgeführt wird, so kann von den übrigen jodoformbildenden Substanzen eigentlich nur Aceton zu Täuschungen führen. Man hat sich demnach zu vergewissern, dass Aceton abwesend ist. Dies geschieht wie folgt:

Man fügt zu 5—10 ccm der zu prüfenden Flüssigkeit einige Tropfen einer frisch bereiteten Nitroprussidnatriumlösung und etwas Kali- oder Natronlauge zu. Bei Gegenwart von Aceton nimmt die Flüssigkeit eine rasch verblassende rothe Färbung an, welche durch Neutralisation mit Essigsäure intensiv purpurroth wird (LEGAL).

Aufbewahrung. Man bewahrt den Weingeist in (Fässern), Glasballons, Glasflaschen oder Gefässen aus Weissblech an einem kühlen Orte (im Keller) auf und halte sich stets gegenwärtig, dass Weingeist eine leicht entzündliche Flüssigkeit ist, deren Dämpfe mit Luft explosive Gemenge geben. Ueber die Aufbewahrung grösserer Mengen Weingeist sind die geltenden polizeilichen Bestimmungen zu beachten.

Prüfung. **1)** Den richtigen Gehalt an Weingeist stellt man durch Ermittelung des spec. Gewichtes fest. Die Temperatur ist hierbei genau zu berücksichtigen, da die Angaben der Alkoholometer nur für die auf diesen angegebenen Temperaturen gültig sind. — **2)** Weingeist muss flüchtig, frei von fremdartigem Geruche sein und sich mit Wasser ohne Trübung mischen. Zur Feststellung der Flüchtigkeit verdunstet man 5—10 ccm Weingeist in einem blanken Glasschälchen; es darf höchstens ein hauchartiger Rückstand hinterbleiben. Ist der Rückstand erheblicher, so kann er aus Extraktivstoffen der Lagerfässer, oder aus Siegellack von der Steuerkontrolle herrühren, oder der Weingeist ist schon zu irgend einem Zwecke gebraucht worden. Den Geruch stellt man am besten durch Abdunsten auf Fliesspapier oder durch Verreiben in der hohlen Hand fest. — Trübung beim Vermischen mit Wasser kann von Fasspech herrühren. — 10 ccm Weingeist dürfen sich beim Erwärmen mit 5 Tropfen Silbernitratlösung weder trüben noch färben, andernfalls könnte Aldehyd oder Ameisensäure zugegen sein. — **3)** Werden 50 ccm Weingeist mit 1 ccm Kalilauge bis auf 5 ccm verdunstet, und der Rückstand mit verdünnter Schwefelsäure übersättigt, so darf sich ein Geruch nach Fuselöl nicht entwickeln. (Gaebel's Fuselnachweis, welcher sich besonders gegen die Fuselester richtet.) — Das Entstehen einer rosenrothen Zone beim Ueberschichten von Schwefelsäure mit Weingeist zeigt Melassespiritus an. — **4)** Mischt man 10 ccm Weingeist mit 1 ccm Kaliumpermanganatlösung, so darf die rothe Flüssigkeit ihre Farbe vor Ablauf von 20 Minuten nicht in Gelb verwandeln, andernfalls ist Aldehyd oder eine andere Verunreinigung zugegen. Färbung durch Schwefelwasserstoffwasser zeigt Metalle an, eine Färbung durch Ammoniakflüssigkeit würde vermuthen lassen, dass der betreffende Weingeist schon zu anderen Arbeiten, z. B. zur Darstellung von Extrakten oder Alkaloiden, gebraucht worden ist.

III. Spiritus von 90 Vol. Proz. **Spiritus Vini concentratus** (Austr.). **Spiritus rectificatus** (Brit.). **Spiritus** (Germ.). **Weingeist. Alkohol.** Ein Feinsprit des Handels von etwa 90 Vol. Proc. Alkoholgehalt.

Austr. Spiritus Vini concentratus. Spec. Gewicht bei 15° C. = 0,830—0,834, entsprechend 87,2—85,6 Gewichtsprocenten oder 91,2—90 Volumprocenten Alkohol. (Nach Windisch 87,35—85,8 Gewichtsprocenten oder 91,29—90,09 Volumprocenten.)

Germ. Spiritus. Spec. Gewicht bei 15° C. = 0,830—0,834, entsprechend 87,2 bis 85,6 Gewichtsprocenten oder 91,2—90,0 Volumprocenten Alkohol (nach Windisch 87,35 bis 85,8 Gewichtsprocenten oder 91,29—90,09 Volumprocenten).

Brit. Spiritus rectificatus. Rectified Spirit. Spec. Gewicht bei 15° C. = 0,834 (nach Windisch entsprechend = 90,09 Volumprocenten oder 85,80 Gewichtsprocenten).

Die Aufnahme eines 90 vol.-procentigen Spiritus in die Pharmakopëen datirt aus einer Zeit, in welcher die Rektifikationsapparate noch verhältnissmässig unvollkommen waren, so dass die Gewinnung eines Alkohols von dieser Koncentration dem Durchschnitt des Erreichbaren entsprach. Heute wird dieser 90 vol.-procentige Alkohol aus dem 94—96 volumprocentigen Feinsprit des Handels durch Vermischen mit destillirtem (!) Wasser hergestellt.

Zur Herstellung bestimmter Mengen eines 90 vol.-procentigen Alkohols aus 95 bis 96 vol.-procentigem Alkohol kann man sich nachfolgender Tafel bedienen.

Der Berechnung sind zu Grunde gelegt folgende aus den Windisch'schen Tabellen entnommene, bez. interpolirte Werthe:

	Spec. Gew. bei 15° C.	
Alkohol, reiner	0,79425	
„ 96 Vol.-Proc.	0,8125 = 93,85	Gewichtsproc.
„ 95 „	0,8165 = 92,41	„
„ 90 „	0,8343 = 85,68	„

Alkohol-Tafel.

Angebend die Gewichts- und Raummengen Alkohol von 95 und 96 Vol.-Proc., welche nöthig sind, um durch Verdünnen mit Wasser 1—10 kg Spiritus von 90 Vol.-Proc. herzustellen. Berechnet von B. Fischer.

Kilo Alkohol von 90 Vol.-Proc.	= Liter Alkohol von 90 Vol.-Proc.	= Liter reiner Alkohol	= Kilo Alkohol von 95 Vol.-Proc.	= Liter Alkohol von 95 Vol.-Proc.	= Kilo Alkohol von 96 Vol.-Proc.	= Liter Alkohol von 96 Vol.-Proc.
1,00	1,1986	1,0788	0,9272	1,1356	0,9129	1,1236
1,25	1,4983	1,3485	1,1590	1,4195	1,1412	1,4045
1,50	1,7979	1,6182	1,3907	1,7034	1,3694	1,6854
1,75	2,0975	1,8879	1,6226	1,9873	1,5977	1,9663
2,00	2,3972	2,1575	1,8543	2,2712	1,8259	2,2473
2,25	2,6969	2,4272	2,0861	2,5551	2,0541	2,5282
2,50	2,9965	2,6969	2,3179	2,8389	2,2824	2,8091
2,75	3,2961	2,9666	2,5497	3,1228	2,5106	3,0900
3,00	3,5958	3,2363	2,7815	3,4067	2,7388	3,3709
3,25	3,8955	3,5060	3,0133	3,6906	2,9671	3,6518
3,50	4,1951	3,7757	3,2451	3,9745	3,1953	3,9327
3,75	4,4947	4,0454	3,4769	4,2584	3,4235	4,2136
4,00	4,7944	4,3150	3,7087	4,5423	3,6518	4,4945
4,25	5,0941	4,5847	3,9405	4,8262	3,8800	4,7754
4,50	5,3937	4,8544	4,1723	5,1101	4,1083	5,0563
4,75	5,6933	5,1241	4,4041	5,3940	4,3365	5,3372
5,00	5,9930	5,3938	4,6359	5,6779	4,5647	5,6181
5,25	6,2927	5,6635	4,8677	5,9618	4,7930	5,8990
5,50	6,5923	5,9332	5,0994	6,2457	5,0212	6,1799
5,75	6,8919	6,2029	5,3312	6,5296	5,2494	6,4609
6,00	7,1916	6,4725	5,5630	6,8135	5,4777	6,7418
6,25	7,4913	6,7422	5,7948	7,0974	5,7059	7,0227
6,50	7,7909	7,0119	6,0266	7,3813	5,9342	7,3036
6,75	8,0905	7,2816	6,2584	7,6652	6,1624	7,5845
7,00	8,3902	7,5513	6,4902	7,9491	6,3906	7,8654
7,25	8,6899	7,8210	6,7220	8,2329	6,6189	8,1463
7,50	8,9895	8,0907	6,9538	8,5168	6,8471	8,4272
7,75	9,2891	8,3604	7,1856	8,8007	7,0753	8,7081
8,00	9,5889	8,6300	7,4174	9,0846	7,3036	8,9890
8,25	9,8886	8,8997	7,6492	9,3685	7,5318	9,2699
8,50	10,1882	9,1694	7,8810	9,6524	7,7600	9,5508
8,75	10,4878	9,4391	8,1128	9,9363	7,9883	9,8317
9,00	10,7874	9,7088	8,3445	10,2202	8,2165	10,1126
9,25	11,0871	9,9785	8,5763	10,5041	8,4448	10,3935
9,50	11,3867	10,2482	8,8081	10,7880	8,6730	10,6745
9,75	11,6863	10,5179	9,0399	11,0719	8,9012	10,9554
10,00	11,9861	10,7876	9,2717	11,3558	9,1295	11,2363

Der Gebrauch der Tafel ist ohne weiteres verständlich. Die in der 4. bez. 6. Spalte aufgeführten Gewichtsmengen 95 bez. 96 vol.-procentigen Alkohols sind mit der nöthigen Menge Wasser auf das in der 1. Spalte angegebene Gewicht zu bringen, um die gewünschte Menge Spiritus von 90 Vol.-Proc. zu erhalten.

IV. Spiritus dilutus. (Germ. Helv.) **Spiritus Vini dilutus** (Austr.) **Verdünnter Weingeist.** Ein mit Wasser auf einen mittleren Alkoholgehalt verdünnter Weingeist. Der Weingeistgehalt ist bei den hier angeführten Pharmakopöen ein etwas abweichender.

Austr. Spiritus Vini dilutus. Spec. Gewicht bei 15° C. = 0,894—0,896, entsprechend nach Angaben des Austr. einem Gehalte von 61,0—59,9 Gewichtsprocenten oder 70,0—67,5 Volumprocenten Alkohol.

Diese Angaben weichen ab von den Daten der Windisch'schen Tabelle. Nach dieser entspricht dem spec. Gewichte von 0,894—0,896 ein Gehalt von 60,88—60,02 Gewichtsprocenten oder 68,53—67,7 Volumprocenten.

Germ. Spiritus dilutus. Spec. Gewicht bei 15° C. = 0,892—0,896, entsprechend 61—60 Gewichtsprocenten oder 69—68 Volumprocenten Alkohol (nach Windisch 61,75 bis 60,02 Gewichtsprocenten oder 69,34—67,7 Volumprocenten).

Helv. Spiritus dilutus. Spec. Gewicht bei 15° C. = 0,890—0,892. Nach Helv. entsprechend etwa 62,5 Gewichtsprocenten oder 69—70 Volumprocenten (nach WINDISCH entsprechend 62,61—61,75 Gewichtsprocenten oder 70,16—69,34 Volumprocenten).

Auch dieser verdünnte Weingeist wird durch Vermischen von 95—96 volumprocentigem Feinsprit des Handels mit destillirtem (!) Wasser bereitet.

Zur Herstellung bestimmter Mengen eines 68,5 volumprocentigen Alkohols, wie ihn Austr. u. Germ. als Spiritus dilutus aufgenommen haben, aus 95 bis 96 volumprocentigem Alkohol kann man sich nachfolgender Tafel bedienen.

Der Berechnung zu Grunde gelegt sind folgende aus den WINDISCH'schen Tabellen entnommene, bez. interpolirte Werthe:

	Spec. Gew. bei 15° C.	
Alkohol, reiner	0,79425	
„ 96 Vol.-Proc.	0,8125	= 93,85 Gewichtsproc.
„ 95 „	0,8165	= 92,41 „
„ 68,5 „	0,894075	= 60,85 „

Alkohol-Tafel.

Angebend die Gewichts- und Raummengen Alkohol von 95 und 96 Vol.-Proc., welche nöthig sind, um durch Verdünnen mit Wasser 1—10 kg Spiritus (Spiritus dilutus) von 68,5 Vol.-Proc. herzustellen. Berechnet von B. FISCHER.

Kilo Alkohol von 68,5 Vol.-Proc.	= Liter Alkohol von 68,5 Vol.-Proc.	= Liter reiner Alkohol	= Kilo Alkohol von 95 Vol.-Proc.	= Liter Alkohol von 95 Vol.-Proc.	= Kilo Alkohol von 96 Vol.-Proc.	= Liter Alkohol von 96 Vol.-Proc.
1,00	1,1185	0,7661	0,6585	0,8065	0,6484	0,7980
1,25	1,3981	0,9577	0,8231	1,0081	0,8105	0,9975
1,50	1,6777	1,1492	0,9877	1,2097	0,9726	1,1970
1,75	1,9573	1,3407	1,1523	1,4113	1,1347	1,3965
2,00	2,2369	1,5323	1,3170	1,6129	1,2968	1,5960
2,25	2,5166	1,7238	1,4816	1,8145	1,4588	1,7955
2,50	2,7962	1,9153	1,6462	2,0162	1,6209	1,9950
2,75	3,0758	2,1069	1,8108	2,2178	1,7830	2,1945
3,00	3,3554	2,2984	1,9754	2,4194	1,9451	2,3940
3,25	3,6350	2,4899	2,1401	2,6210	2,1072	2,5935
3,50	3,9147	2,6815	2,3047	2,8226	2,2693	2,7930
3,75	4,1943	2,8730	2,4693	3,0242	2,4314	2,9925
4,00	4,4739	3,0645	2,6339	3,2259	2,5935	3,1920
4,25	4,7535	3,2561	2,7985	3,4275	2,7556	3,3915
4,50	5,0331	3,4476	2,9632	3,6291	2,9177	3,5910
4,75	5,3128	3,6391	3,1278	3,8307	3,0798	3,7905
5,00	5,5924	3,8307	3,2924	4,0323	3,2419	3,9900
5,25	5,8720	4,0222	3,4570	4,2339	3,4040	4,1895
5,50	6,1516	4,2137	3,6216	4,4356	3,5661	4,3890
5,75	6,4312	4,4053	3,7863	4,6377	3,7282	4,5885
6,00	6,7108	4,5968	3,9509	4,8388	3,8903	4,7880
6,25	6,9905	4,7883	4,1155	5,0404	4,0524	4,9875
6,50	7,2701	4,9799	4,2801	5,2420	4,2144	5,1870
6,75	7,5497	5,1714	4,4447	5,4436	4,3765	5,3865
7,00	7,8293	5,3629	4,6093	5,6452	4,5386	5,5860
7,25	8,1089	5,5545	4,7740	5,8469	4,7007	5,7855
7,50	8,3886	5,7460	4,9386	6,0485	4,8628	5,9850
7,75	8,6682	5,9375	5,1032	6,2501	5,0249	6,1845
8,00	8,9478	6,1291	5,2678	6,4517	5,1870	6,3840
8,25	9,2274	6,3206	5,4324	6,6533	5,3491	6,5835
8,50	9,5070	6,5121	5,5971	6,8549	5,5112	6,7830
8,75	9,7867	6,7037	5,7617	7,0566	5,6733	6,9825
9,00	10,0663	6,8952	5,9263	7,2582	5,8354	7,1820
9,25	10,3459	7,0867	6,0909	7,4598	5,9975	7,3815
9,50	10,6255	7,2783	6,2555	7,6614	6,1596	7,5810
9,75	10,9051	7,4698	6,4202	7,8630	6,3217	7,7805
10,00	11,1847	7,6613	6,5848	8,0646	6,4838	7,9800

Der Gebrauch der Tafel ist ohne weiteres verständlich. Die in der 4. bez. 6. Spalte aufgeführten Gewichtsmengen 95 bez. 96 volumprocentigen Alkohols sind mit der nöthigen Menge Wasser auf das in der 1. Spalte angegebene Gewicht zu bringen, um die gewünschte Menge Spiritus von 68,5 Vol.-Proc. zu erhalten.

Brit. Diluted Alcohol. Unter dieser Bezeichnung hat Brit. 1) einen Alkohol von 70 Volumproc. (spec. Gewicht = 0,8900 bei 15° C.), 2) von 60 Volumproc. (spec. Gewicht = 0,9135 bei 15° C.), 3) von 45 Volumproc. (spec. Gew. = 0,9436 bei 15° C.) und 4) von 20 Volumproc. (spec. Gewicht = 0,976 bei 15° C.) aufgenommen unter jedesmaliger ausdrücklicher Angabe des betreffenden Alkoholgehaltes.

U-St. Alkohol dilutum. Spec. Gewicht = 0,938 bei 15° C., entsprechend 41 Gewichtsprocenten oder 48,6 Volumprocenten Alkohol.

V. Denaturirter Spiritus. Der zu Brennzwecken dienende Spiritus ist von der Konsumabgabe befreit, wenn er mit einem Denaturirungsmittel versetzt in den Handel gebracht wird. Als Denaturirungsmittel des Brennspiritus dient das aus Holzgeist und Pyridinbasen bestehende allgemeine Denaturirungsmittel.

Es ist verboten: a) Aus denaturirtem Branntwein das Denaturirungsmittel ganz oder theilweise wieder auszuscheiden, oder — abgesehen von der Ausnahme zu 4[1]) — dem denaturirten Branntwein Stoffe beizufügen, durch welche die Wirkung des Denaturirungsmittels in Bezug auf Geschmack oder Geruch verändert wird.

b) Branntwein, welcher — abgesehen von der Ausnahme zu 4 — in der unter a angegebenen Weise behandelt ist, zu verkaufen oder feilzuhalten (Ziffer 5 der Verordnung vom 21. Juni 1888).

Deutsches Reich. Bekanntmachung des Bundesraths vom 27. Febr. 1896.

§ 3. Denaturirter Branntwein, dessen Stärke weniger als 80 Gewichtsprocente beträgt, darf nicht verkauft oder feilgehalten werden.

Das allgemeine Denaturirungsmittel ist 2 Proc. Holzgeist + 10 Proc. Pyridinbasen. Ausserdem können als Denaturirungsmittel zu besonderen Zwecken noch zugelassen werden: Benzol, 5—10 Proc. Holzgeist, 0,5 Proc. Terpentinöl, 0,5—1 Proc. Thieröl (Pyridinbasen), 10 Proc. Schwefeläther. Ein Gemisch von 200 Proc. Wasser und 3 Proc. Essigsäure, ferner von 30 Proc. Essig mit 6 Proc. Essigsäurehydratgehalt.

Fester Spiritus. Die erste Sorte war eine Art Opodeldok, d. h. Spiritus, welcher durch Auflösen von 5—10 Proc. Stearin-Natronseife in eine relativ harte Gallerte verwandelt war. Schmilzt beim Brennen und kann nicht als ein wesentlicher Fortschritt bezeichnet werden. Hinterlässt die Seife beim Verbrennen.

Hart-Spiritus Marke Smaragdine. Spiritus, welcher durch Auflösen von Schiessbaumwolle und Kampher zum Gelatiniren gebracht ist. Durch Malachitgrün grün gefärbte Würfel, welche fast ohne Rückstand verbrennen und auch beim Brennen nicht schmelzen. Neuerdings auch farblose Würfel im Handel.

Bestimmung des Fuselöles. Anweisung zur Bestimmung des Gehaltes der Branntweine an Nebenerzeugnissen der Gährung und Destillation vom 17. Juli 1895. (Bundesrath des Deutschen Reiches.)

Die Bestimmung der Nebenerzeugnisse der Gährung und Destillation erfolgt durch Ausschütteln des auf einen Alkoholgehalt von 24,7 Gewichtsprocent verdünnten Branntweins mit Chloroform.

a) Bestimmung des spec. Gewichtes, bez. des Alkoholgehaltes des Branntweins. Zur Feststellung des spec. Gewichts des Branntweins bedient man sich

---

[1]) 4) Dem allgemeinen Denaturirungsmittel darf von den zur Zusammensetzung desselben ermächtigten Fabriken ein Zusatz von 40 g Lavendelöl oder 60 g Rosmarinöl auf je 1 Liter beigemengt werden.

eines mit einem Glasstopfen verschliessbaren, amtlich geaichten Dichtefläschchens[1]) von 50 ccm Inhalt. Das Dichtefläschchen wird in reinem und trockenem Zustande leer gewogen, nachdem es 1/2 Stunde im Waagekasten gestanden hat. Dann wird es mit Hilfe eines fein ausgezogenen Glockentrichters bis über die Marke mit destillirtem Wasser gefüllt und in ein Wasserbad von 15° C. gestellt. — Nach einstündigem Stehen in dem Wasserbade wird das Fläschchen herausgehoben, wobei man nur den leeren Theil des Halses anfasst, und sofort die Oberfläche des Wassers auf die Marke eingestellt. Dies geschieht durch Eintauchen kleiner Stäbchen oder Streifen aus Filtrirpapier, die das über der Marke stehende Wasser aufsaugen. Die Oberfläche des Wassers bildet in dem Halse des Fläschchens eine nach unten gekrümmte Fläche; man stellt die Flüssigkeit am besten in der Weise ein, dass bei durchfallendem Lichte der schwarze Rand der gekrümmten Oberfläche soeben die Marke berührt. Nachdem man den inneren Hals des Fläschchens mit Stäbchen aus Filtrirpapier getrocknet hat, setzt man den Glasstopfen auf, trocknet das Fläschchen äusserlich ab, stellt es 1/2 Stunde in den Waagekasten und wägt es. Die Bestimmung des Wasserinhaltes des Dichtefläschchens ist dreimal auszuführen und aus den drei Wägungen das Mittel zu nehmen. — Wenn das Dichtefläschchen längere Zeit im Gebrauch gewesen ist, müssen die Gewichte des leeren und des mit Wasser gefüllten Fläschchens von neuem bestimmt werden, da diese Gewichte mit der Zeit sich nicht unerheblich ändern können.

Nachdem man das Dichtefläschchen entleert und getrocknet oder mehrmals mit dem zu untersuchenden Branntwein ausgespült hat, füllt man es mit dem Branntwein und verfährt genau in derselben Weise wie bei der Bestimmung des Wasserinhalts des Dichtefläschchens; besonders ist darauf zu achten, dass die Einstellung der Flüssigkeitsoberfläche stets in derselben Weise geschieht.

Bedeutet:

a das Gewicht des leeren Dichtefläschchens,

b das Gewicht des bis zur Marke mit destillirtem Wasser von 15° C. gefüllten Dichtefläschchens,

c das Gewicht des bis zur Marke mit Branntwein von 15° C. gefüllten Dichtefläschchens, so ist das spec. Gewicht d des Branntweins bei 15° C., bezogen auf Wasser von derselben Temperatur, $d = \frac{c - a}{b - a}$

Den dem spec. Gewichte entsprechenden Alkoholgehalt des Branntweins in Gewichtsprocenten entnimmt man der zweiten Spalte der Alkoholtafel von Windisch (Berlin 1893, bei Julius Springer).

b) Verdünnung des Branntweins auf einen Alkoholgehalt von 24,7 Gewichtsprocent. 100 ccm des Branntweins, dessen Alkoholgehalt bestimmt wurde, werden bei 15° C. in einem amtlich geaichten Maasskölbchen abgemessen und in eine Flasche von etwa 400 ccm Inhalt gegossen. Die Tafel I (s. S. 923) lehrt, wie viel Kubikcentimeter destillirtes Wasser von 15° C. zu 100 ccm Branntwein von dem vorher bestimmten Alkoholgehalt zugefügt werden müssen, um einen verdünnten Branntwein von annähernd 24,7 Gewichtsprocenten Alkohol zu erhalten. Man lässt die aus der Tafel I sich ergebende Menge Wasser von 15° C. aus einer in 1/5 ccm getheilten, amtlich geaichten Bürette zu dem Branntwein fliessen, wobei etwa 50 ccm Wasser zum Ausspülen des 100 ccm-Kölbchens dienen. Man schüttelt die Mischung um, verstopft die Flasche, kühlt die Flüssigkeit auf 15° C. ab und bestimmt aufs neue das spec. Gewicht beziehungsweise den Alkoholgehalt nach der unter a gegebenen Vorschrift. Der Alkoholgehalt des verdünnten Branntweins beträgt genau oder nahezu genau 24,7 Gewichtsprocent. Ist er höher als 24,7 Gewichtsprocent, so setzt man noch eine nach Maassgabe der Tafel I berechnete Menge Wasser von 15° C. zu dem verdünnten Branntwein. Ist der Alkoholgehalt des verdünnten Branntweins niedriger als 24,7 Gewichtsprocent, so entnimmt man aus der Tafel II die Anzahl Kubikcentimeter absoluten Alkohols von 15° C., die auf 100 ccm des verdünnten Branntweins zuzusetzen sind. Die etwa erforderliche Menge absoluten Alkohols von 15° C. wird mit Hilfe einer amtlich geaichten Messpipette oder Bürette zugegeben, die in Fünfzigstel- oder Hundertstel-Kubikcentimeter eingetheilt ist.

Beträgt der Alkoholgehalt des verdünnten Branntweins nicht weniger als 24,6 und nicht mehr als 24,8 Gewichtsprocent, so wird er durch den berechneten Wasser- beziehungsweise Alkoholzusatz hinreichend genau auf 24,7 Gewichtsprocent gebracht; von einer nochmaligen Alkoholbestimmung kann in diesem Falle abgesehen werden. Wird dagegen der Alkoholgehalt des verdünnten Branntweins kleiner als 24,6 oder grösser als 24,8 Gewichtsprocent gefunden, so muss der Alkoholgehalt nach Zugabe der berechneten Menge Wasser bez. Alkohols nochmals bestimmt werden, um festzustellen, ob er nunmehr hin-

---

[1]) d. h. Pyknometers.

reichend genau gleich 24,7 Gewichtsprocent ist. Ein hierbei sich ergebender Unterschied muss durch einen dritten Zusatz von Wasser beziehungsweise Alkohol nach Maassgabe der Tafeln I beziehungsweise II ausgeglichen werden.

c) Ausschütteln des verdünnten Branntweins von 24,7 Gewichtsprocent Alkohol mit Chloroform. Zwei amtlich geaichte Schüttelapparate werden in zwei geräumige, mit Wasser gefüllte Glascylinder gesenkt und das Wasser auf die Temperatur von 15° C. gebracht. Sodann giesst man unter Anwendung eines Trichters, dessen in eine Spitze auslaufende Röhre bis zu dem Boden der Schüttelapparate reicht, in jeden der beiden Schüttelapparate etwa 20 ccm Chloroform von 15° C. und stellt die Oberfläche des Chloroforms genau auf den untersten, die Zahl 20 tragenden Theilstrich ein; einen etwaigen Ueberschuss an Chloroform nimmt man mittels einer langen, in eine Spitze auslaufenden Glasröhre mit der Vorsicht aus den Apparaten, dass die Wände derselben nicht von Chloroform benetzt werden. In jeden Apparat giesst man 100 ccm des auf einen Alkoholgehalt von 24,7 Gewichtsprocent verdünnten Branntweins, die man in amtlich geaichten Messkölbchen abgemessen und auf die Temperatur von 15° C. gebracht hat, und lässt je 1 ccm verdünnte Schwefelsäure vom spec. Gewichte 1,286 bei 15° C. zufliessen. Man verstopft die Apparate und lässt sie zum Ausgleich der Temperatur etwa 1/4 Stunde in dem Kühlwasser von 15° C. schwimmen. Dann nimmt man einen gut verstopften Apparat aus dem Kühlwasser heraus, trocknet ihn äusserlich rasch ab, lässt durch Umdrehen den ganzen Inhalt in den weiten Theil des Apparates fliessen, schüttelt das Flüssigkeitsgemenge 150 mal kräftig durch und senkt den Apparat wieder in das Kühlwasser von 15° C., genau ebenso verfährt man mit dem zweiten Apparate. Das Chloroform sinkt rasch zu Boden; kleine, in der Flüssigkeit schwebende Chloroformtröpfchen bringt man durch Neigen und Umherwirbeln der Apparate zum Niedersinken. Wenn das Chloroform sich vollständig gesammelt hat, wird sein Volumen, d. h. der Stand des Chloroforms in der eingetheilten Röhre, abgelesen.

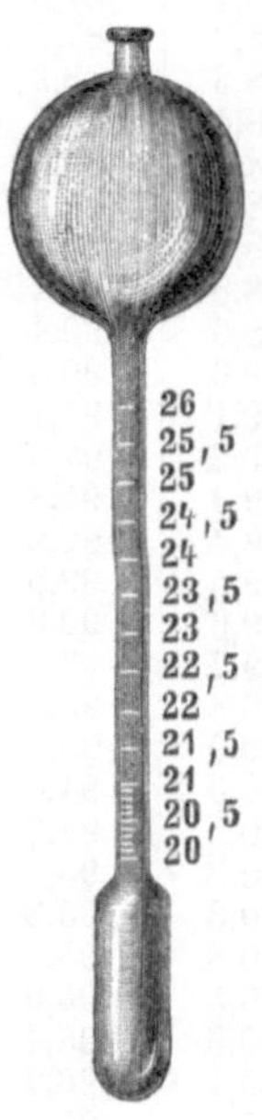

Fig. 147. ROESE-HERZFELD'scher Schüttelapparat zur Bestimmung des Fuselöls.

d) Berechnung der Menge der in dem Branntwein enthaltenen Nebenerzeugnisse der Gährung und Destillation. Zur Berechnung des Gehaltes der Branntweine an Nebenerzeugnissen der Gährung und Destillation muss die Volumenvermehrung bekannt sein, welche das Chloroform beim Schütteln mit vollkommen reinem Weingeiste von 24,7 Gewichtsprocent Alkohol erleidet. Man bestimmt dieselbe in der Weise, dass man mit dem reinsten Erzeugnisse der Branntwein-Rektifikationsanstalten, dem sogenannten neutralen Weinsprit, genau nach den unter a, b und c gegebenen Vorschriften verfährt und das Volumen des Chloroforms nach dem Schütteln feststellt. Wegen der grundsätzlichen Bedeutung dieses Versuchs mit reinstem Branntwein ist der Alkoholgehalt mit grösster Genauigkeit auf 24,7 Gewichtsprocent zu bringen und die Ermittelung des Chloroformvolumens für jeden Schüttelapparat drei- bis fünfmal zu wiederholen.

Dieser Versuch mit reinem Branntwein muss für jedes neue Chloroform und jeden neuen Apparat wieder angestellt werden; solange dasselbe Chloroform und dieselben Apparate in Anwendung kommen, ist nur eine Versuchsreihe nöthig. Man mache daher den Vorversuch mit einem Chloroform, von dem eine grössere Menge zur Verfügung steht. Das Chloroform ist vor Licht geschützt, am besten in Flaschen aus braunem Glase, aufzubewahren.

Ist das Chloroformvolumen nach dem Ausschütteln des zu untersuchenden Branntweins gleich a ccm, ferner das Chloroformvolumen nach dem Ausschütteln des reinsten Weinsprits gleich b ccm, so zieht man b von a ab. Je nachdem a — b kleiner oder grösser ist als 0,9 ccm, enthält der Branntwein weniger oder mehr als 2 Gewichtsprocent Nebenerzeugnisse der Destillation und Gährung auf 100 Gewichtstheile wasserfreien Alkohols. Die Zahl der Gewichtsprocente dieser Nebenerzeugnisse bis zu 5 Proc. erhält man erforderlichenfalls durch Multiplikation der Differenz a — b mit 2,22.

Die sämmtlichen, zur Untersuchung erforderlichen, in der vorstehenden Anweisung bezeichneten Messgeräthe sind von der Normal-Aichungs-Kommission zu beziehen.

Tafel I. Verdünnung von höherprocentigem Branntwein auf 24,7 Gewichtsprocent (= 30 Volumprocent) mittels Wasser bei 15° C.

Zu 100 ccm Branntwein von Gew.-Proc.	sind zuzusetzen Wasser ccm	Zu 100 ccm Branntwein von Gew.-Proc.	sind zuzusetzen Wasser ccm	Zu 100 ccm Branntwein von Gew.-Proc.	sind zuzusetzen Wasser ccm	Zu 100 ccm Branntwein von Gew.-Proc.	sind zuzusetzen Wasser ccm	Zu 100 ccm Branntwein von Gew.-Proc.	sind zuzusetzen Wasser ccm
24,7	0,1	30,5	22,6	36,3	44,6	42,1	66,1	47,9	86,9
24,8	0,5	30,6	23,0	36,4	45,0	42,2	66,4	48,0	87,2
24,9	0,9	30,7	23,3	36,5	45,3	42,3	66,8	48,1	87,6
25,0	1,3	30,8	23,7	36,6	45,7	42,4	67,1	48,2	87,9
25,1	1,7	30,9	24,1	36,7	46,1	42,5	67,5	48,3	88,3
25,2	2,0	31,0	24,5	36,8	46,5	42,6	67,9	48,4	88,7
25,3	2,4	31,1	24,9	36,9	46,8	42,7	68,2	48,5	89,0
25,4	2,8	31,2	25,3	37,0	47,2	42,8	68,6	48,6	89,4
25,5	3,2	31,3	25,6	37,1	47,6	42,9	69,0	48,7	89,7
25,6	3,6	31,4	26,0	37,2	48,0	43,0	69,3	48,8	90,1
25,7	4,0	31,5	26,4	37,3	48,3	43,1	69,7	48,9	90,4
25,8	4,4	31,6	26,8	37,4	48,7	43,2	70,0	49,0	90,8
25,9	4,8	31,7	27,2	37,5	49,1	43,3	70,4	49,1	91,1
26,0	5,2	31,8	27,6	37,6	49,5	43,4	70,8	49,2	91,5
26,1	5,6	31,9	27,9	37,7	49,8	43,5	71,1	49,3	91,8
26,2	5,9	32,0	28,3	37,8	50,2	43,6	71,5	49,4	92,2
26,3	6,3	32,1	28,7	37,9	50,6	43,7	71,9	49,5	92,5
26,4	6,7	32,2	29,1	38,0	51,0	43,8	72,3	49,6	92,9
26,5	7,1	32,3	29,5	38,1	51,4	43,9	72,6	49,7	93,2
26,6	7,5	32,4	29,8	38,2	51,7	44,0	72,9	49,8	93,6
26,7	7,9	32,5	30,2	38,3	52,1	44,1	73,3	49,9	93,9
26,8	8,3	32,6	30,6	38,4	52,4	44,2	73,7	50,0	94,3
26,9	8,7	32,7	31,0	38,5	52,8	44,3	74,0	50,1	94,6
27,0	9,1	32,8	31,4	38,6	53,2	44,4	74,4	50,2	95,0
27,1	9,4	32,9	31,7	38,7	53,5	44,5	74,7	50,3	95,3
27,2	9,8	33,0	32,1	38,8	53,9	44,6	75,1	50,4	95,7
27,3	10,2	33,1	32,5	38,9	54,3	44,7	75,5	50,5	96,0
27,4	10,6	33,2	32,9	39,0	54,7	44,8	75,8	50,6	96,4
27,5	11,0	33,3	33,3	39,1	55,0	44,9	76,2	50,7	96,7
27,6	11,4	33,4	33,7	39,2	55,4	45,0	76,5	50,8	97,1
27,7	11,8	33,5	34,0	39,3	55,7	45,1	76,9	50,9	97,4
27,8	12,2	33,6	34,4	39,4	56,1	45,2	77,3	51,0	97,8
27,9	12,6	33,7	34,8	39,5	56,5	45,3	77,6	51,1	98,1
28,0	12,9	33,8	35,2	39,6	56,9	45,4	78,0	51,2	98,5
28,1	13,3	33,9	35,5	39,7	57,2	45,5	78,3	51,3	98,8
28,2	13,7	34,0	35,9	39,8	57,6	45,6	78,7	51,4	99,1
28,3	14,1	34,1	36,3	39,9	58,0	45,7	79,1	51,5	99,5
28,4	14,5	34,2	36,7	40,0	58,4	45,8	79,4	51,6	99,8
28,5	14,9	34,3	37,1	40,1	58,7	45,9	79,8	51,7	100,2
28,6	15,3	34,4	37,4	40,2	59,1	46,0	80,1	51,8	100,5
28,7	15,6	34,5	37,8	40,3	59,5	46,1	80,5	51,9	100,9
28,8	16,0	34,6	38,2	40,4	59,8	46,2	80,8	52,0	101,2
28,9	16,4	34,7	38,6	40,5	60,2	46,3	81,2	52,1	101,6
29,0	16,8	34,8	39,0	40,6	60,6	46,4	81,6	52,2	101,9
29,1	17,2	34,9	39,3	40,7	60,9	46,5	81,9	52,3	102,3
29,2	17,6	35,0	39,7	40,8	61,3	46,6	82,3	52,4	102,6
29,3	18,0	35,1	40,1	40,9	61,7	46,7	82,6	52,5	102,9
29,4	18,3	35,2	40,5	41,0	62,0	46,8	83,0	52,6	103,3
29,5	18,7	35,3	40,8	41,1	62,4	46,9	83,3	52,7	103,6
29,6	19,1	35,4	41,2	41,2	62,8	47,0	83,7	52,8	104,0
29,7	19,5	35,5	41,6	41,3	63,1	47,1	84,1	52,9	104,3
29,8	19,9	35,6	42,0	41,4	63,5	47,2	84,4	53,0	104,7
29,9	20,3	35,7	42,3	41,5	63,9	47,3	84,8	53,1	105,0
30,0	20,7	35,8	42,7	41,6	64,2	47,4	85,1	53,2	105,3
30,1	21,0	35,9	43,1	41,7	64,6	47,5	85,5	53,3	105,7
30,2	21,4	36,0	43,5	41,8	65,0	47,6	85,8	53,4	106,0
30,3	21,8	36,1	43,8	41,9	65,3	47,7	86,2	53,5	106,4
30,4	22,2	36,2	44,2	42,0	65,7	47,8	86,5	53,6	106,7

Zu 100 ccm Branntwein von Gew.-Proc.	sind zuzusetzen Wasser ccm	Zu 100 ccm Branntwein von Gew.-Proc.	sind zuzusetzen Wasser ccm	Zu 100 ccm Branntwein von Gew.-Proc.	sind zuzusetzen Wasser ccm	Zu 100 ccm Branntwein von Gew.-Proc.	sind zuzusetzen Wasser ccm	Zu 100 ccm Branntwein von Gew.-Proc.	sind zuzusetzen Wasser ccm
53,7	107,1	59,7	127,3	65,7	146,8	71,7	165,5	77,7	183,5
53,8	107,4	59,8	127,6	65,8	147,1	71,8	165,8	77,8	183,8
53,9	107,7	59,9	127,9	65,9	147,4	71,9	166,1	77,9	184,1
54,0	108,1	60,0	128,3	66,0	147,7	72,0	166,4	78,0	184,4
54,1	108,4	60,1	128,6	66,1	148,0	72,1	166,7	78,1	184,7
54,2	108,8	60,2	128,9	66,2	148,3	72,2	167,0	78,2	185,0
54,3	109,1	60,3	129,2	66,3	148,7	72,3	167,4	78,3	185,3
54,4	109,5	60,4	129,6	66,4	149,0	72,4	167,7	78,4	185,6
54,5	109,8	60,5	129,9	66,5	149,3	72,5	168,0	78,5	185,9
54,6	110,1	60,6	130,2	66,6	149,6	72,6	168,3	78,6	186,2
54,7	110,5	60,7	130,6	66,7	149,9	72,7	168,6	78,7	186,5
54,8	110,8	60,8	130,9	66,8	150,2	72,8	168,9	78,8	186,7
54,9	111,2	60,9	131,2	66,9	150,6	72,9	169,2	78,9	187,0
55,0	111,5	61,0	131,5	67,0	150,9	73,0	169,5	79,0	187,3
55,1	111,8	61,1	131,9	67,1	151,2	73.1	169,8	79,1	187.6
55,2	112,2	61,2	132,2	67,2	151,5	73,2	170,1	79,2	187,9
55,3	112,5	61,3	132,5	67,3	151,8	73,3	170,4	79,3	188,2
55,4	112,9	61,4	132,9	67,4	152,1	73,4	170,7	79,4	188,5
55,5	113,2	61,5	133,2	67,5	152,5	73,5	171,0	79,5	188,8
55,6	113,5	61,6	133,5	67,6	152,8	73,6	171,3	79,6	189,1
55,7	113,9	61,7	133,8	67,7	153,1	73,7	171,6	79,7	189,4
55,8	114,2	61,8	134,2	67,8	153,4	73,8	171,9	79,8	189,6
55,9	114,6	61,9	134,5	67,9	153,7	73,9	172,2	79,9	189,9
56,0	114,9	62,0	134,8	68,0	154,0	74,0	172,5	80,0	190,2
56,1	115,2	62,1	135,2	68,1	154,4	74,1	172,8	80,1	190,5
56,2	115,6	62,2	135,5	68,2	154,7	74,2	173,1	80,2	190,8
56,3	115,9	62,3	135,8	68,3	155,0	74,3	173,4	80,3	191,1
56,4	116,2	62,4	136,1	68,4	155,3	74,4	173,7	80,4	191,4
56,5	116,6	62,5	136,5	68,5	155,6	74,5	174,0	80,5	191,7
56,6	116,9	62,6	136,8	68,6	155,9	74,6	174,3	80,6	192,0
56,7	117,3	62,7	137,1	68,7	156,2	74,7	174,6	80,7	192,2
56,8	117,6	62,8	137,4	68,8	156,5	74,8	174,9	80,8	192,5
56,9	117,9	62,9	137,8	68,9	156,9	74,9	175,2	80,9	192,8
57,0	118,3	63,0	138,1	69,0	157,2	75,0	175,5	81,0	193,1
57,1	118,6	63,1	138,4	69,1	157,5	75,1	175,8	81,1	193,4
57,2	118,9	63,2	138,7	69,2	157,8	75,2	176,1	81,2	193,7
57,3	119,3	63,3	139,0	69,3	158,1	75,3	176,4	81,3	194,0
57,4	119,6	63,4	139,4	69,4	158,4	75,4	176,7	81,4	194,3
57,5	119,9	63,5	139,7	69,5	158,7	75,5	177,0	81,5	194,5
57,6	120,3	63,6	140,0	69,6	159,0	75,6	177,3	81,6	194,8
57,7	120,6	63,7	140,3	69,7	159,3	75,7	177,6	81,7	195,1
57,8	120,9	63,8	140,7	69,8	159,7	75,8	177,9	81,8	195,4
57,9	121,3	63,9	141,0	69,9	160,0	75,9	178,2	81,9	195,7
58,0	121,6	64,0	141,3	70,0	160,3	76,0	178,5	82,0	196,0
58,1	122,0	64,1	141,6	70,1	160,6	76,1	178,8	82,1	196,2
58,2	122,3	64,2	142,0	70,2	160,9	76,2	179,1	82,2	196,5
58,3	122,6	64,3	142,3	70,3	161,2	76,3	179,4	82,3	196,8
58,4	123,0	64,4	142,6	70,4	161,5	76,4	179,7	82,4	197,1
58,5	123,3	64,5	142,9	70,5	161,8	76,5	180,0	82,5	197,4
58,6	123,6	64,6	143,2	70,6	162,1	76,6	180,3	82,6	197,7
58,7	124,0	64,7	143,6	70,7	162,4	76,7	180,6	82,7	197,9
58,8	124,3	64,8	143,9	70,8	162,8	76,8	180,9	82,8	198,2
58.9	124,6	64,9	144,2	70,9	163,1	76,9	181,2	82,9	198,5
59,0	124,9	65,0	144,5	71,0	163,4	77,0	181,5	83,0	198,8
59,1	125,3	65,1	144,8	71,1	163,7	77,1	181,8	83,1	199,1
59,2	125,6	65,2	145,2	71,2	164,0	77,2	182,1	83,2	199,4
59,3	125,9	65,3	145,5	71,3	164,3	77,3	182,4	83,3	199,6
59,4	126,3	65,4	145,8	71,4	164,6	77,4	182,6	83,4	199,9
59,5	126,6	65,5	146,1	71,5	164,9	77,5	182,9	83,5	200,2
59,6	126,9	65,6	146,4	71,6	165,2	77,6	183,2	83,6	200,5

Zu 100 ccm Branntwein von Gew.-Proc.	sind zuzusetzen Wasser ccm	Zu 100 ccm Branntwein von Gew.-Proc.	sind zuzusetzen Wasser ccm	Zu 100 ccm Branntwein von Gew.-Proc.	sind zuzusetzen Wasser ccm	Zu 100 ccm Branntwein von Gew.-Proc.	sind zuzusetzen Wasser ccm	Zu 100 ccm Branntwein von Gew.-Proc.	sind zuzusetzen Wasser ccm
83,7	200,8	87,0	209,9	90,3	218,7	93,6	227,1	96,9	235,2
83,8	201,0	87,1	210,1	90,4	218,9	93,7	227,4	97,0	235,5
83,9	201,3	87,2	210,4	90,5	219,2	93,8	227,6	97,1	235,7
84,0	201,6	87,3	210,7	90,6	219,4	93,9	227,9	97,2	235,9
84,1	201,9	87,4	210,9	90,7	219,7	94,0	228,1	97,3	236,2
84,2	202,1	87,5	211,2	90,8	220,0	94,1	228,4	97,4	236,4
84,3	202,4	87,6	211,5	90,9	220,2	94,2	228,6	97,5	236,6
84,4	202,7	87,7	211,7	91,0	220,5	94,3	228,9	97,6	236,9
84,5	203,0	87,8	212,0	91,1	220,7	94,4	229,1	97,7	237,1
84,6	203,3	87,9	212,3	91,2	221,0	94,5	229,4	97,8	237,3
84,7	203,5	88,0	212,6	91,3	221,3	94,6	229,6	97,9	237,6
84,8	203,8	88,1	212,8	91,4	221,5	94,7	229,9	98,0	237,8
84,9	204,1	88,2	213,1	91,5	221,8	94,8	230,1	98,1	238,1
85,0	204,4	88,3	213,4	91,6	222,0	94,9	230,4	98,2	238,3
85,1	204,6	88,4	213,6	91,7	222,3	95,0	230,6	98,3	238,5
85,2	204,9	88,5	213,9	91,8	222,5	95,1	230,9	98,4	238,8
85,3	205,2	88,6	214,2	91,9	222,8	95,2	231,1	98,5	239,0
85,4	205,5	88,7	214,4	92,0	223,1	95,3	231,3	98,6	239,2
85,5	205,7	88,8	214,7	92,1	223,3	95,4	231,6	98,7	239,5
85,6	206,0	88,9	215,0	92,2	223,6	95,5	231,9	98,8	239,7
85,7	206,3	89,0	215,2	92,3	223,8	95,6	232,1	98,9	239,9
85,8	206,6	89,1	215,5	92,4	224,1	95,7	232,3	99,0	240,1
85,9	206,8	89,2	215,8	92,5	224,3	95,8	232,6	99,1	240,4
86,0	207,1	89,3	216,0	92,6	224,6	95,9	232,8	99,2	240,6
86,1	207,4	89,4	216,3	92,7	224,9	96,0	233,1	99,3	240,8
86,2	207,7	89,5	216,6	92,8	225,1	96,1	233,3	99,4	241,1
86,3	207,9	89,6	216,8	92,9	225,4	96,2	233,5	99,5	241,3
86,4	208,2	89,7	217,1	93,0	225,6	96,3	233,8	99,6	241,5
86,5	208,5	89,8	217,3	93,1	225,9	96,4	234,0	99,7	241,8
86,6	208,8	89,9	217,6	93,2	226,1	96,5	234,3	99,8	242,0
86,7	209,0	90,0	217,9	93,3	226,4	96,6	234,5	99,9	242,2
86,8	209,3	90,1	218,1	93,4	226,6	96,7	234,7	100,0	242,4
86,9	209,6	90,2	218,4	93,5	226,9	96,8	235,0		

Tafel II. Bereitung des Branntweins von 24,7 Gewichtsprocent (= 30 Volumprocent) aus niedrigerprocentigem mittels Zusatzes von absolutem Alkohol bei 15° C.

Zu 100 ccm Branntwein von Gew.-Proc.	sind zuzusetzen absoluter Alkohol ccm	Zu 100 ccm Branntwein von Gew.-Proc.	sind zuzusetzen absoluter Alkohol ccm	Zu 100 ccm Branntwein von Gew.-Proc.	sind zuzusetzen absoluter Alkohol ccm	Zu 100 ccm Branntwein von Gew.-Proc.	sind zuzusetzen absoluter Alkohol ccm	Zu 100 ccm Branntwein von Gew.-Proc.	sind zuzusetzen absoluter Alkohol ccm
22,50	3,52	22,95	2,79	23,40	2,07	23,85	1,34	24,30	0,61
22,55	3,44	23,00	2,71	23,45	1,98	23,90	1,26	24,35	0,53
22,60	3,36	23,05	2,63	23,50	1,90	23,95	1,18	24,40	0,45
22,65	3,28	23,10	2,55	23,55	1,82	24,00	1,09	24,45	0,37
22,70	3,20	23,15	2,47	23,60	1,74	24,05	1,01	24,50	0,29
22,75	3,11	23,20	2,39	23,65	1,66	24,10	0,93	24,55	0,21
22,80	3,04	23,25	2,31	23,70	1,58	24,15	0,85	24,60	0,12
22,85	2,96	23,30	2,23	23,75	1,50	24,20	0,77	24,65	0,04
22,90	2,88	23,35	2,15	23,80	1,42	24,25	0,69		

Tabelle zur Ermittelung des Fuselölgehaltes nach den Beobachtungen im Kaiserlichen Gesundheitsamte.

Abgelesen ccm	Vol.-Proc. Fuselöl	Abgelesen ccm	Vol.-Proc. Fuselöl	Abgelesen ccm	Vol.-Proc. Fuselöl	Abgelesen ccm	Vol.-Proc. Fuselöl	Abgelesen ccm	Vol.-Proc. Fuselöl
21,64	0	21,78	0,0928	21,92	0,1857	22.06	0,2785	22,18	0,3581
21,66	0,0133	21,80	0,1061	21,94	0,1989	22,08	0,2918	22,20	0,3713
21,68	0,0265	21,82	0,1194	21,96	0,2122	22,10	0,3050	22,22	0,3846
21,70	0,0398	21,84	0,1326	21,98	0,2255	22,12	0,3183	22,24	0,3979
21,72	0,0530	21,86	0,1459	22,00	0,2387	22,14	0,3316	22,26	0,4111
21,74	0,0663	21,88	0,1591	22,02	0,2520	22,16	0,3448	22,28	0,4244
21,76	0,0796	21,90	0,1724	22,04	0,2652				

Im Kaiserlichen Gesundheitsamte ist für reinen 30 volumprocentigen Alkohol eine absolute Steighöhe von 1,64 gefunden worden. Da nun 20 ccm zum Ausschütteln des Fuselöls angewandt werden und 1,64 die absolute Steighöhe von reinem 30 procentigen Alkohol ist, so liegt der Nullpunkt vorstehender Tabelle bei 21,64.

Der nach dieser Tabelle entnommene Fuselölgehalt bedarf noch einer Umrechnung nach nachstehender Formel, wenn der untersuchte Branntwein nicht 30 Procent (wie nachträglich eingestellt), sondern einen Alkoholgehalt von n Procenten hat.

$$x = \frac{F\,(100 + a)}{100}$$

x = ccm Fuselöl in 100 ccm des ursprünglichen Branntweins,

a = Anzahl der ccm Wasser bez. Alkohol, welche 100 ccm des Branntweins zu dessen Einstellung auf 30 Vol.-Proc. zugesetzt werden mussten,

F = ccm Fuselöl, welche in dem 30 volumprocentigen Alkohol (Branntwein) gefunden worden sind.

Alkoholometrie. Der Gehalt einer Flüssigkeit an Alkohol wird in zweierlei Weise, nämlich nach Gewichts- und Volumprocenten angegeben.

Volumprocente geben an, wie viel Liter absoluten Alkohols in 100 Litern einer alkoholischen Flüssigkeit bei der festgesetzten (Normal-)Temperatur enthalten sind. Ist diese Normal-Temperatur = 15° C., so sind die Volumprocente identisch mit Graden nach Gay-Lussac, denn Gay-Lussac verglich die specifischen Gewichte der Alkohol-Wassermischungen von 15° C. mit Wassergewichten der nämlichen Temperatur (15° C.). — Tralles verglich das bei $15^{5}/_{9}$° C. (= $12^{4}/_{9}$° R. oder 60° F.) ermittelte Gewicht des Volumens der Alkohol-Wassermischungen mit dem Gewichte des gleichen Volumens Wasser von + 4° C. (= 39,83° F.), während Brix die Wägung beider Volumen, des Alkohols sowohl wie des Wassers, bei der nämlichen Temperatur, nämlich bei $15^{5}/_{9}$° C.[1] (= 60° F.) ausführte. Augenblicklich ist man im deutschen Reiche wieder zu den Grundsätzen von Gay-Lussac zurückgekehrt, d. h. man bezeichnet als Volumprocente zur Zeit amtlich diejenigen Zahlen, welche erhalten werden, wenn man das bei 15° C. ermittelte Gewicht der Alkohol-Wassermischungen mit dem gleichfalls bei 15° C. ermittelten Wassergewichte der Volumeneinheit vergleicht. Die dem so ermittelten spec. Gewichte entsprechenden Alkoholgehalte entnimmt man einer von C. Windisch berechneten Tabelle. Es ist nach dem vorher Gesagten selbstverständlich, dass man hierzu nicht jede beliebige Tabelle benutzen kann, sondern dass man eben nur diejenige benutzen darf, welche sich auf die spec. Gewichte $\frac{15^{0}\,C.}{15^{0}\,C.}$ bezieht, und das ist eben die von Windisch.

Gewichtsprocente geben an, wieviel Kilogramm absoluter Alkohol in 100 kg einer Alkohol-Wassermischung enthalten sind. Die Rechnung nach Gewichtsprocenten bürgert sich auch in Deutschland immer mehr ein und sie wird allmählich die Rechnung nach Volumprocenten vollständig verdrängen. Der Vortheil dieser Rechnung liegt darin, dass man von der Temperatur der alkoholischen Flüssigkeiten vollständig unabhängig wird. Hat man z. B. einen Alkohol von 90 Gewichtsprocenten und beabsichtigt man zu einer Flüssigkeit 360 g absoluten Alkohol hinzuzusetzen, so braucht man nur 400 g des 90 gewichtsprocentigen Alkohols hinzuzuwägen. Da das absolute Gewicht eines Körpers eine von der Temperatur unabhängige Funktion ist, so hat man in diesem Falle nicht nöthig,

---

[1]) Die Wahl der uns merkwürdig erscheinenden Normal-Temperatur von $15^{5}/_{9}$° C. ergiebt sich daraus, dass diese Normal-Temperatur ursprünglich in England mit 60° F. angenommen worden war.

die Temperatur des Alkohols zu berücksichtigen. Wollte man dagegen die 360 g absoluten Alkohol abmessen, so müsste man 489 ccm des obigen Alkohols abmessen; dieser aber müsste genau auf die Temperatur von 15° C. gebracht worden sein.

Mischt man Alkohol mit Wasser, so ergiebt sich neben einer Erwärmung auch noch eine Kontraktion beider Flüssigkeiten, d. h. 100 Vol. starker Alkohol von 15° C. und 100 Vol. Wasser von 15° C. geben nicht 200 Vol. verdünnten Alkohol, wenn man die Mischung wieder auf die Temperatur von 15° C. gebracht hat, sondern das Volumen der Mischung ist geringer; es hat eben eine Kontraktion stattgefunden (s. S. 916).

Die Folge dieser Erscheinung ist, dass man aus dem specifischen Gewichte nicht ohne weiteres durch einfaches Interpoliren nach Feststellung einiger Fixpunkte den Alkoholgehalt erschliessen konnte, sondern dass man gezwungen war, dieser Kontraktion durch Ausführung sehr zahlreicher Einzelbestimmungen Rechnung zu tragen. Es ist klar, dass dies eine ausserordentlich mühevolle Arbeit gewesen ist, und da solche Bestimmungen auch ihre Fehlerquellen haben, so ist es verständlich, dass im Verlaufe von etwa einem Jahrhundert zahlreiche Alkoholtabellen einander abgelöst haben.

Man ist also — nachdem zuverlässige Tabellen geschaffen worden sind — im Stande, aus dem spec. Gewichte einer Alkohol-Wassermischung auf den Alkoholgehalt derselben zu schliessen. Vorbedingung ist es dabei, dass die zu prüfende Flüssigkeit nichts anderes enthält als Alkohol und Wasser. Es darf weder ein Stoff zugegen sein, welcher (wie z. B. Zucker) das spec. Gewicht erhöhen, oder ein anderer Stoff (wie z. B. Methylalkohol oder Aethyläther), welcher das spec. Gewicht erniedrigen würde. In beiden Fällen würde der dem spec. Gewichte aus der Tabelle entnommene Alkoholgehalt dem thatsächlichen Alkoholgehalte nicht entsprechen, d. h. das erhaltene Resultat würde falsch sein.

Da ferner alkoholische Flüssigkeiten durch Wärme ziemlich erheblich ausgedehnt und durch Abkühlung kontrahirt werden, so ist bei der Bestimmung des spec. Gewichtes alkoholischer Flüssigkeiten auf die Temperatur derselben sorgfältig zu achten. Die im deutschen Reiche zur Zeit geltenden Messungen beziehen sich auf die Normaltemperatur von 15° C., d. h. es wird die Volumeneinheit des zu prüfenden Weingeistes als auch des zum Vergleich dienenden Wassers bei 15° C. gewogen. Man drückt dies aus durch die Bezeichnung $D\ \frac{15^0\ C.}{15^0\ C.}$

Die Bestimmung des spec. Gewichtes kann erfolgen:

1) Mittels Pyknometers. Dieser Art der Bestimmung bedient man sich vorzugsweise für wissenschaftliche Arbeiten; für die gröbere Praxis würde diese Art der Bestimmung etwas zu umständlich sein.

2) Mittels der hydrostatischen Waage. Im Gebrauche sind a) die ursprüngliche Mohr'sche Waage und b) die sogenannte Westphal'sche Waage. Die Bestimmungen mit Hilfe dieser Waage sind rasch auszuführen, nehmen wenig Material in Anspruch und stimmen mit den durch das Pyknometer gefundenen Zahlen recht gut überein. Diese Waage ist im pharmaceutischen Laboratorium sehr vielfach im Gebrauche.

3) Mittels Aräometern. Man kann natürlich jedes Aräometer, welches die fragliche Dichte anzeigt, für die Temperatur von 15° C. eingerichtet ist und richtige Angaben macht, zur Bestimmung des spec. Gewichtes auch des Alkohols benutzen.

Gleichgültig, ob man nach 1, 2 oder 3 gearbeitet hatte, so hat man mit Hilfe dieser Apparate zunächst lediglich das spec. Gewicht der betreffenden Flüssigkeit und zwar genau bei 15° C. bestimmt. Aus dem ermittelten spec. Gewichte erfährt man den Alkoholgehalt, indem man eine Tabelle und zwar die von C. Windisch nachschlägt.

4) Mittels Alkoholometern. Die in den Apotheken vorhandenen Aräometer zur Bestimmung des spec. Gewichtes von Flüssigkeiten, welche leichter sind als Wasser, haben meist nur geringe räumliche Ausdehnung. Sie geben wohl noch die dritten Decimalen, nicht mehr aber die vierten Decimalen mit genügender Sicherheit an. Ausserdem bedarf man bei ihrer Benutzung einer besonderen Tabelle, welche den Laien leicht zu Irrthümern führen kann und deren Benutzung etwas zeitraubend ist.

Mit Rücksicht auf die hohe Besteuerung des Spiritus hat der Staat ein erhebliches Interesse daran, den Alkoholgehalt von Alkohol-Wassermischungen thunlichst genau festzustellen. Er hat daher für alle amtlich gültigen Messungen besondere Apparate, Alkoholometer bezw. Thermo-Alkoholometer, vorgeschrieben.

Diese Alkoholometer sind Aräometer von etwa 0,5 m Länge, aus Jenenser Normalglas hergestellt. In ihrem Bauche enthalten sie ein Thermometer (daher der Name Thermo-Alkoholometer), welches die Temperatur der zu prüfenden Flüssigkeit anzeigt. Die in dem Stiel des Apparates untergebrachte Skala giebt nun nicht das spec. Gewicht an, sondern direkt die Alkohol-Procente und zwar sowohl nach Volumen als nach Gewicht. Infolge der grossen Längenausdehnung der ganzen Spindel sind die Intervalle der einzelnen Procente so gross, dass sich Bruchtheile von Graden gut schätzen lassen.

Für amtliche Messungen sind nur solche Thermo-Aräometer zugelassen, welche von einer berechtigten deutschen Aichungsstelle (einschliesslich des Thermometers) geaicht worden sind. Jedes Instrument trägt eine besondere Nummer, enthält den Aichstempel der betreffenden Aichstelle und ist von einem amtlichen Aichschein begleitet.

Die Thermo-Alkoholometer geben auf ihrer Skala nun nicht erst das spec. Gewicht der Alkohol-Wassermischung, sondern direkt den Procentgehalt an. Man bedarf also — vorausgesetzt, dass man genau bei 15° C. beobachtet hatte — keiner Umrechnungstabelle, sondern liest direkt den Procentgehalt an der Skala des Apparates ab. Geschah die Beobachtung nicht genau bei 15° C., so ist eine kleine Korrektur der Ablesung anzubringen, deren Betrag entweder auf dem Instrument selbst oder auf einer beigegebenen Tabelle vermerkt ist.

Die Ablesung des Alkoholometers erfolgt an derjenigen Linie, in welcher der Flüssigkeitsspiegel die Spindel schneidet. Die Ermittelung dieser Schnittlinie wird aber dadurch erschwert, dass um die Spindel ein kleiner, die Schnittlinie verdeckender Flüssigkeitswulst sich bildet, wie solcher in der Fig. 148 A etwas vergrössert angedeutet ist. — Um die Schnittlinie zu erkennen, bringt man das Auge in eine Stellung dicht unterhalb des Flüssigkeitsspiegels; man erblickt dann an der Stelle, über welcher der Flüssigkeitswulst liegt, nur noch einen Strich, welcher aus dem Flüssigkeitsspiegel zu beiden Seiten der Spindel deutlich hervortritt und scharf von der Spindel sich abhebt. Dieser Strich, wie ihn Fig. 148 B andeutet, giebt die Schnittlinie. Hält man das Auge zu

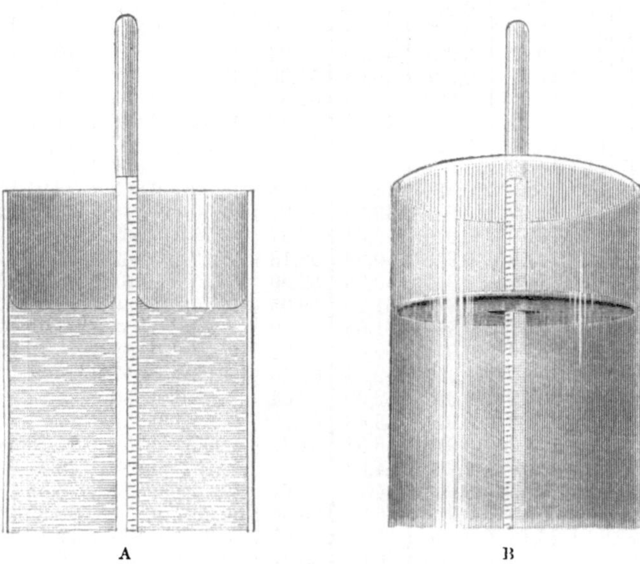

Fig. 148.

tief unterhalb des Flüssigkeitsspiegels, so sieht man statt des Striches eine länglich runde Fläche; erst wenn man das Auge hebt, zieht sich die Fläche zu dem Strich zusammen.

Die Angabe des der Ablesungslinie zunächst liegenden Skalenstriches gilt als scheinbare Stärke der Flüssigkeit. Liegt die Ablesungslinie in der Mitte zwischen beiden Skalenstrichen, so wird die Angabe des oberen Striches genommen.

Unmittelbar auf die Alkoholometer-Ablesung folgt die Ablesung des Thermometers. Dabei bringt man das Auge in gleiche Höhe mit dem oberen Ende der Quecksilbersäule. Die Angabe des zunächst liegenden Skalenstriches gilt als Wärmegrad der Flüssigkeit. Trifft das Auge auf Mitte zwischen zwei Skalenstrichen, so wird auch hier die Angabe des oberen Striches angenommen.

Alkohol-Tafel

enthaltend die den specifischen Gewichten pro 1,000—0,795 bei 15° C. entsprechenden Gewichts- und Volumprocente absoluten Alkohols. Auf Wasser von 15° = 1,00 bezogen. Nach C. Windisch.

Spec. Gewicht	Gewichts-procente	Volum-procente	Gramm Alkohol in 100 ccm	Spec. Gewicht	Gewichts-procente	Volum-procente	Gramm Alkohol in 100 ccm	Spec. Gewicht	Gewichts-procente	Volum-procente	Gramm Alkohol in 100 ccm
1,000	0,00	0,00	0,00	0,944	37,80	44,93	35,66	0,888	63,47	70,96	56,31
0,999	0,53	0,67	0,53	0,943	38,33	45,50	36,11	0,887	63,90	71,36	56,63
0,998	1,06	1,34	1,06	0,942	38,84	46,07	36,56	0,886	64,33	71,76	56,94
0,997	1,61	2,02	1,60	0,941	39,35	46,63	37,00	0,885	64,75	72,15	57,26
0,996	2,17	2,72	2,16	0,940	39,86	47,18	37,44	0,884	65,18	72,55	57,57
0,995	2,73	3,42	2,72	0,939	40,37	47,72	37,87	0,883	65,61	72,94	57,88
0,994	3,31	4,14	3,29	0,938	40,87	48,26	38,03	0,882	66,04	73,33	58,19
0,993	3,90	4,88	3,87	0,937	41,36	48,80	38,72	0,881	66,46	73,72	58,50
0,992	4,51	5,63	4,47	0,936	41,85	49,33	39,14	0,880	66,89	74,11	58,81
0,991	5,13	6,40	5,08	0,935	42,34	49,85	39,56	0,879	67,31	74,49	59,12
0,990	5,76	7,18	5,70	0,934	42,83	50,37	39,97	0,878	67,74	74,88	59,42
0,989	6,41	7,99	6,34	0,933	43,31	50,88	40,38	0,877	68,16	75,26	59,73
0,988	7,08	8,81	6,99	0,932	43,79	51,39	40,78	0,876	68,58	75,64	60,03
0,987	7,77	9,66	7,66	0,931	44,27	51,89	41,18	0,875	69,01	76,02	60,33
0,986	8,48	10,52	8,35	0,930	44,75	52,39	41,58	0,874	69,43	76,40	60,63
0,985	9,20	11,41	9,06	0,929	45,22	52,89	41,97	0,873	69,85	76,78	60,93
0,984	9,94	12,32	9,78	0,928	45,69	53,39	42,37	0,872	70,27	77,15	61,23
0,983	10,71	13,25	10,52	0,927	46,16	53,88	42,76	0,871	70,70	77,53	61,52
0,982	11,48	14,20	11,27	0,926	46,63	54,36	43,14	0,870	71,12	77,90	61,82
0,981	12,28	15,16	12,03	0,925	47,09	54,84	43,52	0,869	71,54	78,27	62,11
0,980	13,08	16,14	12,81	0,924	47,55	55,32	43,90	0,868	71,95	78,64	62,40
0,979	13,90	17,14	13,60	0,923	48,01	55,80	44,28	0,867	72,37	79,00	62,69
0,978	14,73	18,14	14,39	0,922	48,47	56,27	44,65	0,866	72,79	79,37	62,98
0,977	15,56	19,14	15,19	0,921	48,93	56,74	45,03	0,865	73,21	79,73	63,27
0,976	16,40	20,15	15,99	0,920	49,39	57,21	45,40	0,864	73,63	80,09	63,56
0,975	17,23	21,16	16,79	0,919	49,84	57,67	45,76	0,863	74,04	80,45	63,85
0,974	18,07	22,16	17,58	0,918	50,29	58,13	46,13	0,862	74,46	80,81	64,13
0,973	18,89	23,14	18,37	0,917	50,75	58,59	46,49	0,861	74,87	81,17	64,41
0,972	19,71	24,12	19,14	0,916	51,20	59,05	46,86	0,860	75,29	81,52	64,69
0,971	20,52	25,08	19,91	0,915	51,65	59,50	47,22	0,859	75,70	81,87	64,97
0,970	21,32	26,03	20,66	0,914	52,09	59,95	47,57	0,858	76,12	82,23	65,25
0,969	22,10	26,96	21,40	0,913	52,54	60,40	47,93	0,857	76,53	82,57	65,53
0,968	22,87	27,87	22,12	0,912	52,99	60,84	48,28	0,856	76,94	82,92	65,81
0,967	23,63	28,76	22,82	0,911	53,43	61,29	48,64	0,855	77,35	83,27	66,08
0,966	24,37	29,64	23,52	0,910	53,88	61,73	48,99	0,854	77,76	83,61	66,36
0,965	25,09	30,49	24,19	0,909	54,32	62,17	49,33	0,853	78,17	83,96	66,63
0,964	25,81	31,32	24,85	0,908	54,76	62,61	49,68	0,852	78,58	84,30	66,90
0,963	26,51	32,14	25,50	0,907	55,20	63,04	50,03	0,851	78,99	84,64	67,16
0,962	27,19	32,93	26,13	0,906	55,65	63,47	50,37	0,850	79,40	84,97	67,43
0,961	27,86	33,71	26,75	0,905	56,09	63,91	50,71	0,849	79,81	85,31	67,70
0,960	28,52	34,47	27,36	0,904	56,52	64,34	51,06	0,848	80,21	85,64	67,96
0,959	29,17	35,22	27,95	0,903	56,96	64,76	51,39	0,847	80,62	85,97	68,23
0,958	29,81	35,95	28,53	0,902	57,40	65,19	51,73	0,846	81,02	86,30	68,49
0,957	30,43	36,67	29,10	0,901	57,84	65,61	52,07	0,845	81,43	86,63	68,75
0,956	31,05	37,37	29,66	0,900	58,27	66,03	52,40	0,844	81,83	86,95	69,00
0,955	31,66	38,06	30,21	0,899	58,71	66,45	52,74	0,843	82,23	87,28	69,26
0,954	32,25	38,74	30,74	0,898	59,15	66,87	53,07	0,842	82,63	87,60	69,52
0,953	32,84	39,40	31,27	0,897	59,58	67,29	53,40	0,841	83,03	87,92	69,77
0,952	33,42	40,06	31,79	0,896	60,02	67,70	53,73	0,840	83,43	88,23	70,02
0,951	33,99	40,70	32,30	0,895	60,45	68,12	54,05	0,839	83,83	88,55	70,27
0,950	34,56	41,33	32,80	0,894	60,88	68,53	54,38	0,838	84,22	88,86	70,52
0,949	35,11	41,95	33,30	0,893	61,31	68,94	54,71	0,837	84,62	89,18	70,77
0,948	35,66	42,57	33,78	0,892	61,75	69,34	55,03	0,836	85,01	89,48	71,01
0,947	36,21	43,17	34,26	0,891	62,18	69,75	55,35	0,835	85,41	89,79	71,26
0,946	36,75	43,77	34,73	0,890	62,61	70,16	55,67	0,834	85,80	90,09	71,50
0,945	37,28	44,35	35,20	0,889	63,04	70,56	55,99	0,833	86,19	90,40	71,74

Spec. Gewicht	Gewichts-procente	Volum-procente	Gramm Alkohol in 100 ccm	Spec. Gewicht	Gewichts-procente	Volum-procente	Gramm Alkohol in 100 ccm	Spec. Gewicht	Gewichts-procente	Volum-procente	Gramm Alkohol in 100 ccm
0,832	86,58	90,70	71,97	0,819	91,50	94,35	74,87	0,806	96,11	97,54	77,40
0,831	86,97	90,99	72,21	0,818	91,87	94,61	75,08	0,805	96,46	97,76	77,58
0,830	87,35	91,29	72,44	0,817	92,23	94,87	75,29	0,804	96,79	97,99	77,76
0,829	87,74	91,58	72,67	0,816	92,59	95,13	75,49	0,803	97,13	98,20	77,93
0,828	88,12	91,87	72,90	0,815	92,96	95,38	75,69	0,802	97,47	98,42	78,10
0,827	88,50	92,15	73,13	0,814	93,31	95,63	75,89	0,801	97,80	98,63	78,27
0,826	88,88	92,44	73,36	0,813	93,67	95,88	76,09	0,800	98,13	98,84	78,44
0,825	89,26	92,72	73,58	0,812	94,03	96,13	76,29	0,799	98,46	99,05	78,61
0,824	89,64	93,00	73,80	0,811	94,38	96,37	76,48	0,798	98,79	99,26	78,77
0,823	90,02	93,28	74,02	0,810	94,73	96,61	76,67	0,797	99,11	99,46	78,93
0,822	90,39	93,55	74,24	0,809	95,08	96,85	76,86	0,796	99,44	99,66	79,08
0,821	90,76	93,82	74,45	0,808	95,43	97,08	77,04	0,795	99,76	99,86	79,24
0,820	91,13	94,09	74,66	0,807	95,77	97,31	77,22	0,79425	100,0	100,0	79,36

Reduktion von Gewichtsmengen 95 und 96 volumprocentigen Alkohols in Raummengen 95 und 96 volumprocentigen Alkohols sowie Liter reinen Alkohols und umgekehrt. Berechnet von B. Fischer.

Kilo Alkohol von 95 Vol.-Proc.	= Liter Alkohol von 95 Vol.-Proc.	= Liter reiner Alkohol	Kilo Alkohol von 96 Vol.-Proc.	= Liter Alkohol von 96 Vol.-Proc.	= Liter reiner Alkohol
1	1,22474	1,16349	1	1,23077	1,18162
2	2,44948	2,32698	2	2,46154	2,36324
3	3,67422	3,49046	3	3,69231	3,54485
4	4,89896	4,65395	4	4,92308	4,72647
5	6,12370	5,81744	5	6,15385	5,90809
6	7,34844	6,98093	6	7,38462	7,08971
7	8,57318	8,14441	7	8,61538	8,27132
8	9,79792	9,30790	8	9,84615	9,45294
9	11,02266	10,47139	9	11,07692	10,63456
0,8165	1	0,95	0,8125	1	0,96
1,6330	2	1,9	1,6250	2	1,92
2,4495	3	2,85	2,4375	3	2,88
3,2660	4	3,8	3,2500	4	3,84
4,0825	5	4,75	4,0625	5	4,8
4,8990	6	5,7	4,8750	6	5,76
5,7155	7	6,65	5,6875	7	6,72
6,5320	8	7,6	6,5000	8	7,68
7,3485	9	8,55	7,3125	9	8,64
0,85948	1,05263	1	0,84630	1,04167	1
1,71897	2,10526	2	1,69259	2,08333	2
2,57845	3,15789	3	2,53889	3,12500	3
3,43794	4,21053	4	3,38519	4,16667	4
4,29742	5,26316	5	4,23149	5,20833	5
5,15691	6,31579	6	5,07778	6,25000	6
6,01639	7,36842	7	5,92408	7,29167	7
6,87588	8,42105	8	6,77038	8,33333	8
7,73536	9,47368	9	7,61667	9,37500	9

Der Berechnung zu Grunde gelegt sind folgende, den Windisch'schen Tabellen entnommene, bez. aus deren Angaben interpolirte Werthe:

	Spec. Gew.		Gew.-Proc.
Alkohol, reiner	0,79425		
„ 96 Vol.-Proc.	0,8125	=	93,85
„ 95 „	0,8165	=	92,41

Verdünnung des Alkohols auf einen bestimmten Procentsatz. Diese im pharmaceutischen Laboratorium ausserordentlich häufig wiederkehrende Arbeit erfordert scheinbar viel Kopfzerbrechen und ist doch eine höchst einfache Operation. Man hat nur zu unterscheiden ob man Volumprocente auf Volumprocente oder Gewichtsprocente auf Gewichtsprocente herabsetzen soll.

a) Volumprocente auf Volumprocente. Bezeichnet man den Gehalt des stärkeren Alkohols an Volumprocenten mit V, denjenigen des zu erhaltenden schwächeren an Volumprocenten mit v, so erhält man einen Alkohol von v Volumprocenten, wenn man v Volume des stärkeren Alkokols (V) mit Wasser zu V-Volumen auffüllt. Und zwar müssen die V-Volume nach erfolgter Kontraktion bei 15° C. sich ergeben.

Beispiel. Ein Alkohol von 94 Vol.-Proc. soll zu einem Alkohol von 30 Vol.-Proc. verdünnt werden. In diesem Falle braucht man nur 30 Volume des starken (94 proc.) Alkohols mit Wasser zu 94 Volumen aufzufüllen.

b) Gewichtsprocente auf Gewichtsprocente. Bezeichnet man den Gehalt des stärkeren Alkohols an Gewichtsprocenten mit G, denjenigen des zu erhaltenden schwächeren an Gewichtsprocenten mit g, so erhält man einen Alkohol von g Gewichtsprocenten, wenn man g Gewichtstheile des stärkeren Alkohols (G) mit Wasser bis zum Gewicht G auffüllt. Es ist hierbei nicht nöthig, auf die Temperatur Rücksicht zu nehmen.

Beispiel. Ein Alkohol von 91 Gew.-Proc. soll zu einem Alkokol von 50 Gew.-Proc. verdünnt werden. In diesem Falle braucht man nur 50 Gewichtstheile des stärkeren (91 gew.-proc.) Alkohols mit Wasser bis zu 91 Gewichtstheilen aufzufüllen.

Analytisches. 1) Bestimmung des Alkoholgehaltes. Liegen lediglich Mischungen von Aethylalkohol mit Wasser vor, so kann man direkt aus dem specifischen Gewichte derselben auf den Alkoholgehalt schliessen (Tabelle von C. Windisch, S. 929). Enthält die Alkohol-Wassermischung ausserdem aber noch Extraktivstoffe, so ist der Alkohol vorher durch Destillation abzuscheiden. Man verfährt alsdann wie unter Vinum angegeben. Hierzu ist indessen Folgendes zu bemerken: Ist der Alkohol hochprocentig, so verdünnt man ihn bis auf etwa 20 Vol.-Proc. Wenn man alsdann langsam $^3/_4$ Volumen abdestillirt, so kann man sicher sein, dass aller Alkohol in das Destillat übergegangen ist. Die Destillation kann von Volum zu Volum geschehen, d. h. man destillirt z. B. 200 ccm ab, fängt das Destillat im 200 ccm-Kölbchen auf und füllt es bis zu 200 ccm mit Wasser auf. Man hat alsdann keine andere Rechnung auszuführen als die durch eine etwa stattgehabte Verdünnung bedingte. Dafür aber hat man bei dem beidesmaligen Abmessen genau die Temperatur von 15° C. einzuhalten. — Man kann aber auch von Gewicht zu Gewicht destilliren. Beispiel: Man wägt 200 g Flüssigkeit ab, verdünnt mit etwa 400 g Wasser und destillirt nun z. B. 483,328 g ab. Der gesammte Alkohol befindet sich in diesen 483,328 g Destillat. Man bringt dieses Destillat auf die Temperatur von 15° C. und bestimmt das spec. Gewicht bei dieser Temperatur. In der Tabelle findet man, wie viel g Alkohol in 100 g Alkoholwassermischung enthalten sind, man rechnet die Menge Alkohol aus, welche hiernach in 483,328 g Destillat enthalten sein muss und berechnet hiernach den Procentgehalt der angewendeten Flüssigkeitsmenge (hier 200 g) an Alkohol. Man hat also den Vortheil, die Flüssigkeit nur einmal genau auf 15° C. einstellen zu müssen.

Enthält die ursprüngliche Flüssigkeit flüchtige Säuren, so vermeidet man deren Uebergehen in das Destillat dadurch, dass man die ursprüngliche Flüssigkeit vor der Destillation (mit Magnesiumoxyd oder Natriumkarbonat) neutralisirt.

Sind in der Alkoholwassermischung ausser Alkohol und Wasser noch andere flüchtige Substanzen in erheblicher Menge zugegen, die sich nicht in irgend einer Weise abscheiden lassen, z. B. Aether, Essigäther, Aceton, Amylalkohol u. dergl., so ist natürlich eine genaue Bestimmung des Alkohols auf diesem Wege nicht ausführbar.

Bestimmung des Fuselöls in Branntweinen und Likören. Diese ist auszuführen nach der Anweisung des Bundesrathes mit der Abänderung, dass die Branntweine und Liköre zunächst mit einem kleinen Ueberschuss von Alkali zu destilliren sind. Die Bestimmung ist alsdann mit dem so erhaltenen Destillate auszuführen.

Nachweis des Aldehydes. **a)** 0,5 g reinstes Diamant-Fuchsin wird in $^1/_2$ Liter destillirtem Wasser unter Erwärmen gelöst, die Lösung wird filtrirt und mit einer Lösung von 5 g schwefliger Säure (SO_2) in $^1/_2$ Liter Wasser gemischt (der Gehalt der schwefligen Säurelösung ist jodometrisch festzustellen). Nach Verlauf einiger Stunden ist die Mischung wasserhell, falls ein wirklich reines Fuchsin verwendet wurde. — Der zu untersuchende Branntwein wird mit Wasser auf einen Alkoholgehalt von etwa 30 Vol.-Proc. verdünnt. In ein Probirröhrchen, welches vorher mit wässriger schwefliger Säure ausgespült wurde, bringt man 2 Raumtheile des (auf 30 Proc. Alkoholgehalt verdünnten) Branntweins, sowie 1 Raumtheil des Reagens und verschliesst, um den Luftsauerstoff abzuschliessen, sofort mit einem Gummistopfen. Man beobachtet die nach Verlauf von 2 Minuten auftretende Färbung. Eine innerhalb dieser Zeit auftretende Rothfärbung zeigt Aldehyd an. **b)** Man versetzt den auf einen Alkoholgehalt von 30 Vol.-Proc. verdünnten Branntwein mit einer Auflösung von reinem m-Phenylendiaminchlorhydrat in ausgekochtem Wasser; bei Gegenwart von Aldehyd tritt Gelbfärbung ein und nach einigem Stehen zeigt sich eine starke, grüne Fluorescenz.

Enthält ein Branntwein Zucker oder ist er nicht farblos, so ist zu den vorstehenden Reaktionen das Destillat zu verwenden.

Nachweis von Denaturirungsmitteln. **a)** Nachweis von Pyridinbasen. Eine grössere Menge Branntwein (200—300 ccm) wird mit verdünnter Schwefelsäure angesäuert, der Alkohol abdestillirt und der Rückstand stark eingeengt. Beim Uebersättigen des Rückstandes mit Alkali tritt beim Erwärmen der charakteristische Geruch der Pyridinbasen auf. Zur chemischen Charakterisirung der Pyridinbasen dampft man 200—300 ccm Branntwein mit wenig verdünnter Schwefelsäure auf ca. 10 ccm ein, neutralisirt den Rückstand genau (mit Schwefelsäure bez. Natronlauge, Tüpfeln auf violettem Lackmuspapier) und versetzt die neutrale Flüssigkeit mit einer 5procentigen wässerigen Lösung von Cadmiumchlorid. Bei Gegenwart von grösseren Mengen Pyridinbasen entsteht ein weisser Niederschlag.

b) Nachweis des Methylalkohols. Das Verfahren beruht auf der Thatsache, dass Dimethylanilin bei der Oxydation einen violetten Farbstoff (Methylviolett), Diäthylanilin aber keinen ähnlichen Farbstoff bildet: 10 ccm Branntwein (bei gefärbten oder extraktreichen Branntweinen 10 ccm des Destillates) werden mit 15 g Jod und 2 g rothem Phosphor versetzt, und die alsbald unter heftiger Reaktion sich bildenden Alkyljodide aus dem Wasserbade abdestillirt; als Vorlage dient ein kleiner Scheidetrichter mit 30 bis 40 ccm Wasser. Die von dem Wasser getrennten Jodide werden in ein Kölbchen mit nicht zu weitem Halse gebracht, das man vorher mit 6 ccm frisch destillirtem Anilin beschickt hat. Beim Erwärmen des Gemisches im Wasserbade auf 50—60° C. erstarrt das Ganze unter Bildung von jodwasserstoffsaurem Dialkylanilin. Man fügt kochendes Wasser hinzu, kocht bis zum Klarwerden der Lösung, scheidet durch Zusatz von Kalilauge die freie Base ab, bringt diese durch Wasserzusatz in den Hals des Kölbchens und lässt die gelbe ölige Flüssigkeit sich klären. Zur Oxydation der Base dient eine Mischung von 2 g Natriumchlorid, 3 g Kupfernitrat und 100 g Sand. Man verreibt diese Stoffe gleichmässig, trocknet das Gemisch bei 50° C. und zerdrückt von neuem die zusammengebackenen Klümpchen. Man bringt 10 g des Oxydationsgemisches in ein 2 cm weites Probirrohr, lässt 1 ccm der vorher gewonnenen öligen Base darauftropfen, mischt das Ganze mit einem Glasstabe gut durch und erhitzt 10 Stunden lang im Wasserbade auf 90° C. Dann zerreibt man den eine schwarze, zusammengebackene Masse bildenden Rohrinhalt in einer Porcellanschale, kocht ihn mit 100 ccm absoluten Alkohols aus, filtrirt durch ein Faltenfilter und löst 1 ccm des Filtrates in 50 ccm Wasser auf. Bei Gegenwart von Methylalkohol ist diese Lösung mehr oder weniger deutlich violett gefärbt. Reiner Aethylalkohol giebt nur eine ganz schwach röthlich gefärbte Lösung. Es ist zweckmässig, mit reinem Aethylalkohol, gegebenenfalls auch mit selbst bereiteten Mischungen von Methyl- und Aethylalkohol, Gegenversuche anzustellen.

Blausäure. a) Nachweis der freien. 5 ccm Branntwein werden in einem Probirröhrchen mit einigen Tropfen einer frischbereiteten Guajakharztinktur und 2 Tropfen stark verdünnter Kupfersulfatlösung versetzt und die Mischung umgestülpt. Bei Gegenwart von freier Blausäure färbt sich die Flüssigkeit blau. (Vergl. Bd. I, S. 62.) **b)** Nachweis der gebundenen Blausäure. 5 ccm Branntwein werden mit Kalilauge alkalisch gemacht. Nach 3—5 Minuten wird die Flüssigkeit mit Essigsäure ganz schwach (!) angesäuert, und zum Nachweise der nunmehr im freien Zustande vorhandenen Blausäure verfahren wie unter a. Enthält ein Branntwein gleichzeitig freie und gebundene Blausäure, so führt man die Guajak-Kupferprobe mit und ohne vorhergehende Behandlung der gleichen Menge Branntwein mit Alkali aus und vergleicht die Stärke der Blaufärbung. Um die Unterschiede der letzteren besser zu Tage treten zu lassen, muss man mitunter den Branntwein mit Wasser verdünnen. **c)** Bestimmung der freien Blausäure. 200—500 ccm Branntwein werden mit einer überschüssigen Menge einer schwachen titrirten Silbernitratlösung (z. B. $^1/_{50}$ normal) versetzt, die Mischung zu einem bestimmten Volumen aufgefüllt und filtrirt. In einem abgemessenen Theile des Filtrats wird das überschüssige Silber mit einer entsprechend schwachen verdünnten Rhodanammoniumlösung unter Verwendung von Eisenalaun als Indikator zurücktitrirt. (Chloride müssen bei dieser Bestimmung abwesend sein.) **d)** Bestimmung der gesammten Blausäure. 200 bis 500 ccm Branntwein werden mit Ammoniak stark alkalisch gemacht, sogleich mit einer überschüssigen Menge einer schwachen titrirten Silbernitratlösung versetzt und sofort mit verdünnter Salpetersäure schwach angesäuert. Man füllt die Mischung auf ein bestimmtes Volumen auf und bestimmt in einem aliquoten Theile des Filtrates den Ueberschuss des Silbers nach Volhard wie unter c. **e)** Bestimmung der an Aldehyde gebundenen Blausäure. Der Unterschied der gesammten und der freien Blausäure ergiebt die Menge der an Aldehyde (Benzaldehyd) gebundenen Blausäure.

Branntweinschärfen. Zum Nachweis dampft man 250—500 ccm Branntwein in einer Platinschale zur Sirupkonsistenz. Man prüft den Rückstand durch den Geschmack.

Derselbe darf nicht scharf pfefferartig sein. Hierauf trocknet man den Rückstand und erhitzt ihn über freier Flamme vorsichtig (!) bis zum Auftreten von Dämpfen. Bei Gegenwart von Paprika treten Dämpfe auf, welche die Schleimhäute in ungemein heftiger Weise reizen. Bei Verwendung von Pfeffer kann man unter Umständen aus dem Verdampfungsrückstande das Piperin krystallisirt abscheiden (s. S. 690).

VI. Cognac. **Spiritus e Vino** (Germ. Helv.). **Spiritus Vini Cognac** (Austr.). **Spiritus Vini Gallici** (Brit. U-St.). **Weinbranntwein. Cognac. Brandy.**

Ein durch Destillation von Wein erhaltener Branntwein, der seine edlen Eigenschaften aber erst durch längere Lagerung erhält. Erst nach mindestens 6jährigem Lager beginnt der Cognac trinkbar zu werden. Producirt wurde Cognac bisher im wesentlichen von Frankreich; neuerdings sind auch andere weinbautreibende Länder in diesen Wettbewerb eingetreten: Spanien, Portugal, Italien, Ungarn und Griechenland erzeugen recht gute Cognacs. Auch die deutschen Cognacs haben in den letzten Jahren wesentliche Fortschritte gemacht. Es liegt im Interesse aller Verbraucher, die Erzeugung dieser nicht französischen Cognacs zu befördern, und dies geschieht am besten dadurch, dass sie deren Absatz durch einen Probebezug fördern.

Von den Arzneibüchern ist der Cognac mit verschiedenem Alkoholgehalte aufgenommen: Austr. = 55—57 Vol.-Proc. Brit. = 43,5 Vol.-Proc., Germ. 44—48,5 Vol.-Proc., Helv. 50—60 Vol.-Proc., U.-St. = 46—55 Vol.-Proc.

Von seinem Gehalte an Alkohol abgesehen enthält der Cognac nur geringe Mengen Extraktivstoffe, durchschnittlich nicht mehr als 0,5 Proc., nur in seltenen Fällen mehr als 1 Procent. Diese Extraktivstoffe entstammen den Lagerfässern des Cognacs. Er reagirt ferner in der Regel, aber nicht immer, sauer. Der Säuregehalt beträgt, auf Schwefelsäure (SO_3) berechnet, für gewöhnlich nicht mehr als 0,2 Proc.

Neben verhältnissmässig wenig echtem Cognac werden sehr viel Verschnitte (d. h. Mischungen von echtem Cognac mit Spiritus und Essenzen) und noch viel mehr Façon-Cognacs, d. h. künstlich dargestellte Cognacs in den Verkehr gebracht. Eine analytische Unterscheidung solcher Cognacs ist, wenn es sich nicht gerade um ganz plumpe Falsifikate handelt, nicht möglich. Dem Apotheker kann daher zur Zeit nur der Rath gegeben werden, seinen Cognac aus einer zuverlässigen Quelle zu beziehen und zu therapeutischen Zwecken denjenigen Cognac vorräthig zu halten, welchen er nach seinem eigenen Urtheil oder nach demjenigen seiner Freunde für trinkbar hält. Ausserdem empfiehlt sich, die Aufmerksamkeit den ausserfranzösischen, nämlich den spanischen, portugiesischen, italienischen, ungarischen, griechischen und deutschen Cognacs zuzuwenden.

VII. Spiritus e Saccharo (Ergänzb. Helv.). **Rum. Taffia.** Ein 50—60 Volumprocent Alkohol enthaltendes Destillat, welches durch das Vergähren der Melasse des Zuckerrohres und anderer Rohrzuckerrückstände gewonnen wird. Die beste Sorte ist der Jamaica-Rum; das vorzügliche Aroma desselben wird dadurch erzeugt, dass man den zu vergährenden Flüssigkeiten Ananassaft zusetzt. Die Farbe des Rums ist gelb bis dunkelbraun.

Der echte Jamaica-Rum wird auf dem Kontinent vielfach mit Kartoffelspiritus verschnitten und so als „Rum-Verschnitt" in den Handel gebracht, ausserdem wird auch viel künstlicher Rum aus Kartoffelspiritus und Essenzen dargestellt.

Man unterscheidet solchen Kunstrum von natürlichem Rum durch folgende Reaktion: Werden 2 ccm Rum mit 5 ccm konc. Schwefelsäure gemischt, so bleibt bei natürlichem Rum das Aroma unverändert bestehen, während es bei Kunstrum nahezu völlig verschwunden ist.

Auch bei dem Rum ist die Prüfung mit der Zunge die wichtigste. Wer einige Male guten Rum geschmeckt hat, braucht sich nur einen Thee oder einen Grog mit einem fraglichen Rum herstellen zu lassen, um ein sicheres Urtheil über dessen Güte zu erlangen.

VIII. Spiritus ex Oryza (Ergänzb.). **Spiritus Oryzae. Arrak. Arak.** Aus vergohrener Reismaische oder vergohrenem Palmensaft durch Destillation gewonnene alkoholische Flüssigkeit. Sie ist ursprünglich farblos, nimmt aber aus den Lagerfässern bisweilen gelbliche Färbung an. Der Geruch ist eigenartig angenehm aber nicht so durchdringend wie derjenige des Rum. Der Gehalt an Weingeist beträgt 50—60 Vol.-Proc.

IX. Spiritus Frumenti. **Branntwein. Kornbranntwein.** Man versteht darunter den aus Getreide gebrannten Branntwein mit einem Alkoholgehalt von 50—70 Vol.-Proc. Falls er verordnet werden sollte, so würde er aus der nächsten Kornbranntweinbrennerei zu besorgen sein. In älteren Vorschriften vertritt „Spiritus Frumenti" einfach die Stelle unseres heutigen Spiritus und er würde in diesen ohne weiteres durch einen Alkohol von 60—70 Vol.-Proc. zu ersetzen sein.

Aldehydreagens von Guyon (aus Fuchsin und schwefliger Säure) s. S. 931.

Cologne-Spirit. Im amerikanischen Handel ein reiner, hochprocentiger, zur Herstellung von Parfumerien dienender Alkohol.

Proof-Spirit der British Pharmacopoea von 1885 war ein Alkohol von 0,920 spec. Gew. (= 57,2 Vol.-Proc.) und entspricht etwa dem Spiritus dilutus der Germ.

Topia-Probe. Man versteht darunter die mit Kalihydrat oder Natronhydrat eintretende Gelbfärbung, welche Aethylalkohol giebt, wenn er Spuren von Methylalkohol oder Amylalkohol enthält. Unzuverlässig!

Cognacin. Ein bei der Bereitung des Façon-Cognacs benutztes pulverförmiges Gemisch aus: Naphtholgelb, Roccellin und Vanillin.

Entfuselungspulver von Plattner. Besteht aus Stärke 2 Th., Eiweiss 1 Th., Milchzucker 1 Th.

Mixtura alcoholica Todd.

Rp. Tincturae Cinnamomi 10,0
Sirupi Sacchari
Spiritus (90 Proc.) ää 50,0
Aquae destillatae 100,0.

Vergl. auch Potion de Todd (Gall.), Bd. I, S. 847.

Spiritus Vini Gallici (Form. Berol.).

Rp. Tincturae aromaticae 0,4
Spiritus Aetheris nitrosi 0,5
Tincturae Ratanhae gtt. VI
Spiritus (90 Proc.) 100,0
Aquae destillatae q. s. ad 200,0.

Mixtura vinosa (Form. Berol.).

Rp. Tincturae amarae
Tincturae aromaticae ää 2,0
Sirupi Sacchari
Spiritus ää 25,0
Aquae destillatae q. s. ad 200,0.

Mixtura alkoholica seu Aqua Vitae (Form. Berol.).

Rp. Spiritus 40,0
Tincturae Chinae compositae 3,0
Aquae destillatae q. s. ad 200,0.

Spiritus Vini Gallici (Münch. Ap.-V.).
Franzbranntwein.

Rp. Acidi acetici diluti (30 Proc.) 4,0
Aetheris acetici 4,0
Tincturae aromaticae 40,0
Essentiae Cognacensis 40,0
Spiritus Aetheris nitrosi 20,0
Spiritus (90 Proc.) 5,0 kg
Aquae destillatae 2,5 kg.

Mixtura alcoholica composita.
Potio spirituosa. Mixtura restaurans.
Egg-flipp.

Rp. Vitellum ovorum trium
Sacchari pulverati 30,0
Salis culinaris 1,0
Aquae communis 20,0
Conterendo mixtis adde mixturam paratam e
Vini albi optimi
Spiritus Vini
Aquae communis ää 50,0.

D. S. Umgeschüttelt 1—2stündlich einen Esslöffel voll (als Stimulans und Restaurans z. B. bei Typhus abdominalis, Anämie etc.).

Egg-flipp der Engländer ist eine Mischung aus Bier (ca. 500,0), Rum (30,0), Eigelb (von 3 Eiern), Zucker (50,0—80,0), fein gepulvertem Ingwer (1,0), Zimmt (1,0), Muskatnuss (0,3).

X. Punschessenzen. Zur Herstellung derselben bedient man sich meist Gemischen von Arak und Rum. Beide müssen von bester Beschaffenheit sein. Die Citronensäure ist zweckmässig durch Weinsäure zu ersetzen, ausserdem empfiehlt es sich, Essenzen, welche längere Zeit aufbewahrt werden sollen, zu pasteurisiren (vgl. Bd. I, S. 951).

Arakpunschessenz. 50 l Bataviaarak von 58 Vol.-Proc., 1 l Bataviaarak mit 15 g Vanille angesetzt, 1 l Bataviaarak mit den Schalen von 4—8 frischen Citronen angesetzt, 350—400 g Citronensäure (Weinsäure) in Wasser zu 1/2 l gelöst, 6—12 l Spiritus von 95 bis 96 Proc., 42 l Zuckersirup mit 47,5 kg Kandis.

Arak-Rum-Punsch. 40 l Bataviaarak, 1 l Bataviaarak mit 20 g Vanille angesetzt, 1 l Bataviaarak mit den Schalen von 4—8 frischen Citronen angesetzt, 10 l Jamaica-Rum von 74 Vol.-Proc., 5 l Spiritus von 95—96 Vol.-Proc., 350—450,0 g Citronensäure (oder Weinsäure) zu 1/2 l gelöst, 43 1/2 l Zuckersirup mit 48,5 kg Kandis.

Wein-Punsch. Kandiszucker 10 kg, Rothwein 4 l kocht man zum Sirup, Schalen von 4 frischen Citronen, Zimmt 15,0 g, Vanille 5,0 g, Rum, Arak ää 4 l, Theeaufguss 75,0 : 500,0, Weinsäure 40,0.

Stannum.

Stannum. Zinn. Étain (franz.). **Tin** (engl.). Ein unedles **Metall. Sn. Atomg. = 118.**

Das reinste im Handel vorkommende Zinn ist das aus Ostindien kommende Bankazinn, Billitonzinn, Malaccazinn. Diese Sorten enthalten nur Spuren von Verunreinigungen (Arsen, Blei, Eisen, Antimon). Ihnen steht in seiner Reinheit nahe das englische Kornzinn (grain-tin) mit auch nur 0,1—0,2 Proc. Verunreinigungen. Häufig stark verunreinigt ist Zinn, welches aus Gekrätzen (Abfällen) abgeschieden worden ist. Kaysser beobachtete ein Lammzinn, welches 1,3 Proc. Quecksilber enthielt. Dasselbe war aus Rückständen der Spiegelfabrikation zusammengeschmolzen.

Wenn der Apotheker einmal kleiner Mengen eines technisch reinen Zinns bedarf und es auf den Preis nicht ankommt, so steht ihm solches stets in dem Stanniol zur Verfügung. Als technisch reines Zinn bezeichnet man ein solches welches mindestens 99 Proc. Zinn und in maximo nur 1 Proc. Verunreinigungen enthält.

Eigenschaften. Reines Zinn ist glänzend silberweiss mit einem leichten Stich ins Bläuliche, nächst dem Blei das weichste der Schwermetalle, biegsam und dehnbar. Wird es geschmolzen, so ist es nach dem Erkalten, vorausgesetzt, dass es nicht gehämmert wurde, krystallinisch. Die krystallinische Struktur zeigt sich beim Anätzen mit Salzsäure (Zinnmoiré, *Moiré métallique*) durch Hervortreten einer krystallinischen Oberfläche, ferner beim Biegen des Zinns durch Auftreten von Zinngeschrei. Zinn hat das spec. Gew. 7,29 und schmilzt bei 231,7° C. Wird es bis dicht unter seinen Schmelzpunkt erhitzt, so wird es so spröde, dass es zu Pulver gestossen werden kann. Wird es starker, anhaltender Kälte ausgesetzt, so zerfällt es ohne weitere äussere Einwirkung unter Aufblähung in körnige, krystallinische Stücke oder in ein grobes Pulver. Diese Erscheinung lässt sich demonstriren, wenn man das Zinn auf — 40° C. abkühlt. Auf diese Thatsache ist zurückzuführen die wiederholt beobachtete Zerstörung von Orgelpfeifen u. s. w. in nicht geheizten Kirchen. An der Luft, besonders wenn diese trocken ist, behält Zinn seinen Metallglanz; im geschmolzenen Zustande mit der Luft in Berührung, oxydirt es sich oberflächlich, bei Weissgluth vollständig zu Zinndioxyd. In Salzsäure löst sich Zinn unter Entwickelung von Wasserstoff zu Zinnchlorür, in warmer verdünnter Schwefelsäure löst es sich nur langsam, gleichfalls unter Wasserstoffentwickelung. In konc. Schwefelsäure löst es sich (ähnlich wie Kupfer) beim Erwärmen zu Stannosulfat $SnSO_4$ unter Bildung von Wasser und Schwefeldioxyd. Königswasser im Ueberschuss löst das Zinn unter Bildung von Zinntetrachlorid $SnCl_4$. Kalte verdünnte Salpetersäure löst es ohne Wasserstoffentwickelung zu Stannonitrat $Sn(NO_3)_2$, von konc. (heisser) Salpetersäure wird es in unlösliches Metazinnsäurehydrat SnO_3H_2 verwandelt. Auch konc. Kalilauge wirkt in der Wärme unter Entwickelung von Wasserstoff und Bildung von Kaliummetastannat SnO_3K_2 lösend auf Zinn.

Das Zinn geht mit dem Sauerstoff zwei Verbindungen ein: das Stannooxyd SnO, welchem die Stannoverbindungen entsprechen, und das Stannioxyd SnO_2, von welchem die Stanniverbindungen abgeleitet werden. Beide Salzreihen unterscheiden sich voneinander auch analytisch.

Erkennung und Bestimmung. Für die analytische Erkennung der Zinnverbindungen ist zu berücksichtigen, dass Stanno- und Stanniverbindungen sich gegen Reagentien zum Theil verschieden verhalten. Man wird also beide Verbindungsreihen gesondert zu betrachten haben.

a) Stannoverbindungen. Das allgemeine Charakteristicum derselben ist, dass sie Reduktionsmittel sind. Von speciellen Reaktionen sind die wichtigsten die folgenden: Schwefelwasserstoff fällt aus neutralen oder sauren Lösungen (nicht aus alkalischen) dunkelbraunes Stannosulfid SnS. Eine sehr grosse Menge Salzsäure kann die Fällung verhindern. Das braune Zinnsulfür löst sich in einfachem (farblosem) Schwefelammonium nicht oder fast nicht, leicht dagegen in gelbem Schwefelammonium. Aus dieser Lösung wird durch Salzsäure gelbes Stannisulfid (+ Schwefel) gefällt. Stannosulfid löst sich auch in Kali- oder Natronlauge; aus dieser Lösung fällt es durch Salzsäure wieder als braunes Stannosulfid. Durch konc. warme Salzsäure wird Stannosulfid unter Entwickelung von Schwefelwasserstoff gelöst. — Kalihydrat, Natronhydrat, Ammoniak sowie kohlensaure Alkalien fällen weisses, voluminöses Stannohydroxyd $Sn(OH)_2$, welches von Kali- oder Natronlauge leicht gelöst wird, in Ammoniak und kohlensauren Alkalien aber unlöslich ist. — Wird eine Lösung von Zinnchlorür oder die mit Salzsäure versetzte Lösung eines anderen Stannosalzes mit Mercurichlorid versetzt, so entsteht — falls das Quecksilbersalz im Ueberschusse ist — eine weisse Ausscheidung von Mercurichlorid (Calomel), dagegen wird allmählich graues metallisches Quecksilbermetall ausgefällt, wenn das Stannosalz im Ueberschusse ist. — Goldchloridlösung der Stannochloridlösung oder der mit Salzsäure versetzten Lösung eines anderen Stannosalzes zugesetzt, giebt einen braunen bis purpurrothen Niederschlag, in stark verdünnten Lösungen auch nur braune bis rothe Färbung.

b) Stanniverbindungen. Diese sind im Gegensatz zu den Stannoverbindungen Reduktionsmittel nicht.

Schwefelwasserstoff im Ueberschuss fällt aus den freie Säure enthaltenden Stannisalzlösungen gelbes Stannisulfid SnS_2. Dieses wird gelöst von farblosem oder gelbem Ammoniumsulfid, von Ammoniakflüssigkeit, von Kali- oder Natronlauge. Das gelbe Zinnsulfid wird ferner von konc. warmer Salzsäure und von Königswasser in Lösung übergeführt. — Kali- und Natronlauge erzeugen in Stannisalzlösungen weisse Niederschläge von Stannihydroxyd, welche sich im Ueberschusse der Laugen leicht auflösen. Goldchlorid und Mercurichlorid werden durch Stannisalzlösungen nicht reducirt.

Alle Zinnverbindungen geben folgende Reaktionen:

1) Mit Soda und Borax oder besser mit Soda und Cyankalium vor dem Löthrohr auf Kohle im Reduktionsfeuer geschmolzen, geben sie weisse, dehnbare Metallkörner. — 2) Mit Cyankalium im Porcellantiegel geschmolzen, werden alle Zinnverbindungen zu metallischem Zinn reducirt. Die Schmelzung ist unter Umständen zu wiederholen. — 3) Stellt man in die mit Salzsäure angesäuerten Lösungen einen Zinkstab, so wird metallisches Zinn in Form grauer Blätter oder schwammförmig abgeschieden. Nimmt man diese Reduktion auf dem Platinbleche vor, so scheidet sich das metallische Zinn am Zink ab und auf dem Platin entsteht kein dunkler Fleck. (Antimon und Arsen scheiden sich auf dem Platin ab und geben auf diesem einen dunklen Fleck.)

Dieses Verhalten ermöglicht die sichere Erkennung der Zinnverbindungen. Man scheidet das Zinn als Metall nach 1, 2 oder 3 ab, wäscht das Metall mit Wasser und löst es durch Erhitzen mit starker Salzsäure. Die so erhaltene Lösung von Stannochlorid prüft man auf ihr Verhalten gegen Mercurichlorid. Auf Zusatz eines Tropfens Mercurichlorid muss ein weisser, allmählich grau werdender Niederschlag entstehen.

Man bestimmt das Zinn in der Regel als Zinndioxyd SnO_2. Ist Antimon und Phosphor abwesend, so gestaltet sich die Bestimmung ziemlich einfach: Man bringt etwa 0,5 g des feingeschabten Metalles oder der Legirung in einen Erlenmeyer-Kolben, setzt einen Trichter auf und giesst 10 ccm Salpetersäure von 1,20 spec. Gew. dazu. Nachdem die unter Entwickelung von Stickstoffoxyden verlaufende Einwirkung in der Kälte zu Ende ist, erwärmt man auf dem Wasserbade bis zur Farblosigkeit, spült das Ganze in eine Porcellanschale und dampft im Wasserbade zur Trockne. Den Rückstand erhitzt man, um die Metazinnsäure in vollständig unlöslichen Zustand überzuführen, während 2 Stunden im Luftbade auf 150° C. Dann erwärmt man ihn 10—20 Minuten mit ca. 15 procentiger Salpetersäure im Wasserbade, verdünnt mit heissem Wasser, erhitzt nochmals und filtrirt durch ein mit heissem Wasser genässtes Filter. Das unter diesen Umständen (!) gut filtrirende Zinndioxyd wird ausgewaschen und mit dem Filter getrocknet. Dann entfernt man es möglichst vom Filter, tränkt dieses mit konc. Ammoniumnitratlösung und verbrennt es nach dem Trocknen im gewogenen Porcellantiegel. Man befeuchtet den erkalteten Glührückstand mit Salpetersäure, trocknet und glüht. Dann bringt man die Hauptmenge des Zinndioxyds dazu, setzt einen Deckel auf (!) und erhitzt zunächst bei kleiner Flamme, bis Decrepitiren nicht mehr zu besorgen ist, später bei verstärkter Flamme bei offenem Tiegel, schliesslich vor dem Gebläse bis zu gleichbleibendem Gewichte. $SnO_2 \times 0{,}78666 = Sn$.

Sind neben Zinn noch andere Metalle, z. B. Eisen, Kupfer und Blei zugegen, so bleiben kleine Mengen derselben trotz des Ausziehens mit Salpetersäure beim Zinndioxyd. Zur Trennung mischt man das gewogene Zinndioxyd mit der 6—8fachen Menge einer Mischung von gleichen Theilen Schwefel und Kaliumnatriumkarbonat (s. S. 441) in dem Porcellantiegel mit einem Glasstabe, bedeckt den Tiegel und erhitzt den Inhalt mit einer kleinen (!) Flamme, bis dieser geschmolzen und der überschüssige Schwefel verdampft ist. Man löst die erkaltete Schmelze unter Erwärmen in Wasser, filtrirt und wäscht die auf dem Filter hinterbleibenden Metallsulfide (PbS, FeS, CuS u. s. w.) mit einer 5 procentigen

Natriumsulfidlösung, zum Schluss mit heissem Wasser aus. Man zersetzt das Filtrat mit Salzsäure (Prüfung mit Methylorangepapier), verdünnt mit Wasser, leitet unter Erwärmen Schwefelwasserstoff ein, lässt absetzen, filtrirt ab und wäscht den aus Stannisulfid und Schwefel bestehenden Niederschlag mit einer ca. 5 procentigen Lösung von Ammoniumacetat aus, die mit Essigsäure deutlich angesäuert ist. Nach dem Auswaschen trocknet man den Niederschlag vollständig (!) und entfernt ihn thunlichst vom Filter. Dieses tränkt man in einem gewogenen Porcellantiegel mit Ammoniumnitratlösung, verbrennt es nach dem Trocknen, befeuchtet den Rückstand mit Salpetersäure, dampft ein und glüht. Dann bringt man die Hauptmenge des Zinndisulfids in den Tiegel, bedeckt den Tiegel mit einem Deckel und erhitzt einige Zeit bei sehr kleiner Flamme (!), damit der überschüssige Schwefel absublimiren kann. Dann erhitzt man bei offenem Tiegel und kleiner Flamme (!), bis schweflige Säure nicht mehr entweicht, und verstärkt alsdann erst die Flamme bis zum vollen Glühen. Nachdem man 10—15 Minuten stark erhitzt hat, lässt man halb erkalten, bringt etwas Ammoniumkarbonat in den Tiegel, bedeckt rasch mit dem Deckel und erhitzt. Dies wiederholt man so oft, bis alle vorhandene Schwefelsäure entfernt ist, das Gewicht also konstant bleibt. Der Sicherheit wegen glüht man zum Schluss noch vor dem Gebläse. Das gewogene Zinndioxyd zieht man nochmals mit heisser verdünnter Salpetersäure aus, trocknet es, verbrennt das Filter und glüht das Zinndioxyd bis zum gleichbleibenden Gewichte. Man erhält meist noch eine geringe Abnahme, weil bei dem Zinndioxyd noch kleine Mengen von (Natron-)Salzen waren.

Ueber die Trennung des Zinns vom Antimon s. unter Stibium.

Phosphor-Zinn-Legirungen. Ist neben Zinn auch Phosphor zugegen, so erhält man bei der Oxydation mit Salpetersäure nicht Zinndioxyd, sondern zum Theil auch Stanniphosphat. Man schmilzt dieses mit Kaliumnatriumkarbonat und Schwefel und führt die Bestimmung des Zinns wie vorher angegeben zu Ende. Die Phosphorsäure befindet sich alsdann im Filtrat und kann in diesem, nachdem der Schwefelwasserstoff durch Eindampfen beseitigt worden ist, nach der Molybdän-Methode bestimmt werden.

Maassanalytische Bestimmung. Zur maassanalytischen Bestimmung muss das Zinn im Zustande eines Stannosalzes zugegen sein. Man löst also 0,2—0,5 g metallisches Zinn oder Stannosalz (zweckmässig im Kohlensäurestrome) in Salzsäure und fügt eine koncentrirte Seignettesalzlösung sowie Natriumbikarbonat im Ueberschusse (!) hinzu. Die klare alkalische Flüssigkeit versetzt man alsdann mit etwas Stärkelösung und titrirt die ganze Menge oder einen aliquoten Theil mit $^1/_{10}$ Normal-Jodlösung bis zur Blaufärbung. Da die Reaktion nach der Gleichung $Sn(OH)_2 + H_2O + J_2 = SnO_3H_2 + 2HJ$ verläuft, so entsprechen 127 Th. Jod = 59 Th. Zinn oder 1 ccm $^1/_{10}$ Normal-Jodlösung zeigt 0,0059 g Zinn an.

Zur Ausmittelung des Zinns in Vergiftungsfällen untersucht man Nieren, Contenta, Faeces, Harn. Man bringt diese Objekte in Lösung, indem man sie in einem Kolben mit Salzsäure anrührt, als Rückflusskühler (wegen der Flüchtigkeit des Zinntetrachlorids) ein Glasrohr aufsetzt und nun unter öfterem Zusatz kleinerer Mengen von Kaliumchlorat auf dem Wasserbade erhitzt. Man filtrirt, stumpft die Hauptmenge der freien Salzsäure mit Ammoniak ab (Prüfung mit Methylorangepapier) und sättigt mit reinem Schwefelwasserstoffgase. Der entstandene Niederschlag wird abfiltrirt, mit Schwefelwasserstoffwasser gewaschen und getrocknet. Man reducirt alsdann das erhaltene Zinndisulfid, indem man dieses und die Filterasche mit der 10 fachen Menge Cyankalium schmilzt. Durch Behandeln der Schmelze mit Wasser erhält man alsdann Metallkörnchen, welche durch Auflösen in Salzsäure und Prüfung dieser Lösung mit Mercurichlorid als Zinn charakterisirt werden. Vergl. S. 936.

Bestimmung des Zinngehaltes in hochprocentigem Zinn, z. B. Banca-Zinn, Biliton-Zinn, Stanniol u. dergl. Es ist zunächst eine aus sehr feinen Spänen (!) bestehende Durchschnittsprobe herzustellen. — 5 g der sehr feinen Durchschnittsprobe werden in einem Kolben von 500 ccm Fassungsraum gebracht, mit 80 ccm rauchender Salzsäure übergossen und im gewaschenen Kohlensäurestrom bei gewöhnlicher Temperatur gelöst. Dies dauert bei sehr feinen Spänen 5—6 Stunden, bei groben Spänen länger als 24 Stunden. Der Gasstrom wird, falls das Arsen mitbestimmt werden soll, durch rauchende Salpetersäure geleitet, die sich in einer Waschflasche mit Glasschliff befindet. — Nach beendigter Auflösung verdünnt man mit ausgekochtem (!) Wasser, führt die Lösung mittels eines Trichters in einen $^1/_2$ l-Kolben über, kühlt ab und füllt zur Marke auf. Dann filtrirt man ab. Der Rückstand wird ausgewaschen, die Waschflüssigkeit aber beseitigt und nicht etwa zu dem Filtrat laufen gelassen.

Von dem Filtrat bringt man 50 ccm in ein Becherglas von 300 ccm Fassungsraum, erhitzt über dem Pilzbrenner auf einer Asbestplatte auf ca. 40° C. und setzt dann unter Umrühren körnchenweise (!) vorsichtig Kaliumchlorat bis zu einem geringen Ueberschuss (bis zur Gelbgrünfärbung der Flüssigkeit) hinzu. Nach 5 Minuten muss der Chlorgeruch noch deutlich wahrzunehmen sein. — Dann lässt man erkalten, setzt tropfenweise Ammoniakflüssigkeit zu, bis eine bleibende Trübung sich zeigt, und beseitigt diese wieder durch tropfenweisen Zusatz von Salzsäure.

Zur klaren Lösung setzt man 60 ccm gesättigte Ammoniumnitratlösung zu und erhitzt über einem Pilzbrenner bis zum beginnenden Sieden. Erfolgt hierbei keine Fällung, so fügt man tropfenweise (!) Ammoniak hinzu, aber so, dass die Flüssigkeit noch sauer bleibt (!). — Man erhitzt 10 Minuten, lässt heiss absetzen, dekanthirt durch ein Filter von 12,5 cm Durchmesser, wäscht den Niederschlag, indem man ihn möglichst nach dem Grunde des Filters spritzt, mit Ammoniumnitratlösung (1 : 20) bis zur vollständigen Chlorfreiheit aus. Dann verdrängt man das Ammoniumnitrat durch etwa dreimaliges Auswaschen mit Wasser. (Achtung wegen des Durchlaufens des Niederschlages!) Man trocknet nun Filter und Niederschlag bei ca. 105° C. vollständig aus.

Dann trennt man (mit einer Messerklinge) den Niederschlag vollständig vom Filter, wägt einen Porcellantiegel und Porcellandeckel getrennt, bringt in den Tiegel das Filter, verascht dieses vorsichtig, befeuchtet den Rückstand mit Salpetersäure, trocknet und glüht. Dann bringt man den Hauptniederschlag hinzu, setzt den Deckel auf, trocknet erst sehr vorsichtig über kleiner Flamme (Pilzbrenner) und verstärkt sehr allmählich (!) die Flamme bis zur vollen Gluth (Bunsenbrenner), schliesslich glüht man (10 Minuten) vor dem Gebläse bis zum gleichbleibenden Gewichte. $SnO_2 \times 0{,}78666 = Sn$.

Musivgold. Aurum musivum. Aurum mosaïcum. Stannisulfid. Stannum bisulfuratum. Zinnsulfid. SnS_2. Wird auf nassem, häufiger aber auf trockenem Wege dargestellt.

Ein gutes Musivgold erhält man nach folgender Vorschrift: 100 Th. Zinn werden mit 50 Th. Quecksilber amalgamirt, gepulvert, mit 50 Th. Ammoniumchlorid und 60 Th. gepulvertem Stangenschwefel gemischt, damit ein Glaskolben mit weitem Halse zur Hälfte angefüllt, in ein Sandbad gestellt, so dass das Niveau des Sandes einen Finger breit über das Niveau der Mischung im Kolben reicht und nun langsam bis zum schwachen Rothglühen erhitzt, bis keine Salmiakdämpfe mehr entweichen und schweflige Dämpfe hervorzutreten anfangen. Dann nimmt man den Kolben aus dem Sandbade und zerbricht ihn nach dem Erkalten. Die untere stahlähnliche (Zinnmonosulfid-)Schicht und das im Kolbenhalse hängende, Zinnober enthaltende Sublimat beseitigt man, dagegen wird die mittlere, bräunlich-gelbe glänzende Schicht sorgfältig gesammelt und als Musivgold aufbewahrt. Ausbeute ca. 100 Th.

Das Stannisulfid im wasserfreien Zustande ist auch unter den Namen Malergold, unechtes Muschelgold, Zinnbronce als Farbmaterial bekannt. Kupfer und Messing, mit einem Gemisch aus 1 Th. Musivgold und 4 Th. Kreide mittels eines angefeuchteten Lappens berieben, nehmen ein goldähnliches Ansehen an. Musivgold wird mit Firnissen und Lacken zur Erzeugung einer Broncefarbe angewendet.

Ein gutes Musivgold bildet zarte, goldgelbe bis bräunlichgelbe, metallglänzende, sich fettig wie Talk anfühlende Schüppchen. Das auf trockenem Wege bereitete Musivgold wird von Salzsäure und verdünnter Salpetersäure nur wenig angegriffen.

Stannum raspatum. Stannum limatum. Rasura Stanni. Limatura Stanni. Zinnfeilspäne. Reines Zinn wird in gröbliche Feilspäne oder Raspelspäne verwandelt. Die Späne können eine Breite von 0,5—1,5 mm und eine Länge von 2 bis 5 mm haben.

Stannum pulveratum. Zinnpulver. Ein gröbliches Pulver. Es wird durch Zerreiben von geschmolzenem Zinn mit trocknem Kochsalz in einem erwärmten porcellanenen Mörser, durch Auswaschen des Pulvers mit Wasser, Trocknen und Absieben dargestellt oder auch durch Schütteln von geschmolzenem Zinn mit erhitztem Kreidepulver in einer geschlossenen Holzkapsel.

Étain pur en baguettes (Gall.) wird erhalten durch Rühren des geschmolzenen, reinen Zinns im Porcellanmörser bis zum Erstarren.

Stannum praecipitatum. Präcipitirtes Zinnmetall. Ein mittelfeines, lockeres, graues, metallisches Pulver, dargestellt durch Abscheidung des Zinns aus einer salzsauren wässerigen Stannochloridlösung mittels reinen Zinkmetalls, kurze Maceration des gesammelten Zinnmetalls in 2,5 proc. Salzsäure, Abwaschen mit Wasser und Weingeist und schnelles Trocknen auf Fliesspapier. Ausbeute 45 Proc.

Diese drei Zinnpräparate müssen in dicht geschlossenen Gefässen aufbewahrt werden.

Man hat sie als Anthelminthica, besonders gegen Bandwurm angewendet. Wie es scheint, wirken sie nur mechanisch durch die scharfen Kanten und Ränder ihrer Partikel. Desshalb dürfen ihre Mischungen mit Pulvern, in Latwergen nur oberflächlich, nicht durch Reiben in dem Mörser bewerkstelligt werden.

Amalgama Stanni. Zinnamalgam. Ein pulveriges Amalgam aus 3 Th. Zinn und 1 Th. Quecksilber, dient ebenfalls als Anthelminthicum in Gaben zu 0,5—1,0—1,5 einige Male täglich.

Argentum musivum. Musivsilber. Muschelsilber. Ist ein in ein feines Pulver verwandeltes Amalgam aus 10 Th. Zinn, 10 Th. Wismut und 1 Th. reinem Quecksilber.

Argentin. Ist das aus einer sehr verdünnten Stannochloridlösung durch Zink ausgefällte metallische Zinn. Dient zur Herstellung von unechtem Silberpapier und zum Bedrucken von Geweben.

Babbith's Metall, als Antifriktionsmetall zum Ausgiessen der Lagerschalen benutzt. **A.** Zinn 50 Th., Antimon 4 Th., Kupfer 1,0. **B.** Zinn 82,0, Antimon 11,0, Kupfer 5,0, Blei 2,0.

Hartzinn. Legirungen aus reinem Zinn mit wenig Kupfer, also den Glocken- und Geschützbroncen nahestehend.

Orgelpfeifenmetall. Zinn 5 Th., Blei 2 Th.

Pewter werden verschiedene, Hartzinn ähnliche Legirungen genannt, z. B. 4 Th. Zinn, 1 Th. Blei, oder 6 Th. Zinn, 1 Th. Antimon, oder 81,2 Th. Zinn, 5,7 Th. Kupfer, 16 Th. Zink.

Spiegelmetall. Legirung aus 1 Th. Zinn und 2 Th. Kupfer, häufig noch mit Zusatz von etwas Arsen. Graues, sehr politurfähiges Metall.

Spiegelbelag. Ist ein Zinn-Amalgam. Es wird auf den Glasscheiben gebildet, indem man diese mit Quecksilber bedeckt, alsdann Zinnfolie auflegt und den Ueberschuss des Quecksilbers ablaufen lässt.

Zinngeräthe. Werkzinn. Zinngefässe aus völlig reinem Zinn sind nicht dauerhaft. Ein mässiger Bleigehalt macht das Zinn geschmeidiger, gegen Kälte widerstandsfähiger, überhaupt dauerhafter. Ein Bleigehalt bis zu 10 Proc. ist ohne Einfluss auf die in solchen Zinn-Bleilegirungen zubereiteten Speisen, selbst wenn sie kleine Mengen von Salzen oder freien organischen Säuren enthalten; es gehen namentlich aus blank gescheuerten Gefässen keine nachweisbaren Mengen Blei in die Speisen über.

Den Verkehr mit bleihaltigen Zinnlegirungen regelt für das Deutsche Reich das Gesetz vom 25. Juni 1887, cf. S. 661.

Zinnloth. Weichloth, Schnellloth der Klempner besteht aus Bleizinnlegirungen und zwar **a)** 66,6 Th. Zinn und 33,3 Th. Blei, **b)** 50 Th. Zinn und 50 Th. Blei. Zum Löthen von Ess-, Trink- und Kochgeschirren, Konservenbüchsen etc., so weit das Loth mit dem Inhalt der Gefässe voraussichtlich oder bestimmungsgemäss in Berührung kommt, darf nur ein Loth mit höchstens 10 Proc. Bleigehalt in Anwendung kommen. Vergl. Seite 662.

Zinnlothe zum Verlöthen von Zink, Zinn, Blei und Weissblech (aber nicht von Ess-, Trink- und Kochgeschirren):

Zinn	Blei	Schmelzpunkt	Zinn	Blei	Schmelzpunkt
100	150	223° C.	100	50	185° C.
100	100	200° C.	100	40	181° C.
100	60	190° C.			

Weichloth oder Schnellloth für Zink, Kupfer, Messing: 10 Th. Zinn und 20 Th. Blei, Schmelzpunkt 240° C.

Zinnloth für Gusseisen. Zinn, Blei, Wismut je gleiche Theile. Das zu löthende Gusseisen ist vorher mechanisch zu säubern und vor dem Löthen in eine gesättigte Lösung von Zinn und Salzsäure zu tauchen.

Verzinnung des Kupfers. Geräthe aus Kupfer, welche als Ess-, Trink- und Kochgeschirre im Haushalt oder im pharmaceutischen Laboratorium dienen sollen, dürfen nicht an der Innenseite bez. da, wo sie bestimmungsgemäss mit den Nahrungsmitteln in Berührung kommen, mit einer in 100 Gewichtstheilen mehr als 1 Th. Blei enthaltenden Legirung verzinnt sein (s. S. 661). Die Verzinnung kann in nachfolgender Weise leicht ausgeführt werden:

Die zu verzinnende Innenfläche des kupfernen Gefässes wird mit den üblichen mechanischen Mitteln blankgescheuert, dann über einem Holzkohlenfeuer erhitzt und geschmolzenes technisch reines Zinn in ausreichender Menge hineingegossen. Das flüssige Zinn wird sofort und während der Kessel auf dem Feuer bleibt, mittels eines mit gepulvertem Ammoniumchlorid bestreuten starken Bausches aus Werg auf die Kupferfläche eingerieben. Auf Stellen, wo das Zinn nicht haften will, streut man vor dem nochmaligen Bereiben mit dem flüssigen Zinn eine pulvrige Mischung aus gleichen Theilen Kolophonium und Ammoniumchlorid. Schliesslich kehrt man das Kupfergefäss um und wischt alle überflüssigen Zinntheile mit dem Wergbausch heraus.

Weiss-Sud. Kleinere Gegenstände verzinnt man durch Weiss-Sud, indem man sie in einem verzinnten Kessel, welcher 10 Th. gepulverten Weinstein, 250 Th. Wasser und gekörntes Zinn enthält, 2 Stunden kochen lässt (die verzinnten Gegenstände dann mit Sägespan abtrocknet) oder indem man die messingenen oder kupfernen Gegenstände in einer Lösung von Stannihydrat in Aetzlauge (Natronstannat) unter Berührung mit einem Zinkstabe oder mit Zinnschnitzeln kocht.

Wird nur eine schwache Verzinnung beabsichtigt, so kann man die gereinigten kupfernen, messingenen oder eisernen gelind erwärmten Gegenstände mit einem baumwollenen Lappen bereiben, welcher mit einer 12—15 proc. Stannochloridlösung getränkt ist und mit einem Gemisch von gepulvertem Weinstein mit gepulvertem Zinn (Zinnstaub) wiederholt bestreut wird.

Um eine Verzinnung zu beseitigen, kocht man den kupfernen oder messingenen Gegenstand in einer koncentrirten Kupfervitriollösung.

Schlagsilber, Unechtes Blattsilber, Silberschaum. Unechte Silberbronce. Sind dünne Blättchen bez. ein feines Pulver aus einer Zinn-Zinklegirung.

Fahluner Diamanten. Bestehen aus Zinnbleilegirungen.

Ashberrinum. Eine von Ashberry als Ersatz des Britannia-Metalls angegebene Legirung aus 80 Zinn, 14 Antimon, 2 Kupfer, 2 Nickel, 1 Aluminium, 1 Zink.

Klingel-Metall. Besteht aus 7 Th. Zinn und 1 Th. Antimon.

Stanniol. Zinnfolie. Ist Zinnblech von der Stärke des Schreibpapieres und wird durch Auswalzen von Zinn dargestellt. Gutes Stanniol, welches zum Verpacken von Nahrungs- und Genussmitteln benutzt wird, sollte aus technisch reinem Zinn hergestellt sein. Nach dem Deutschen Reichsgesetz vom 25. Juni 1887 (s. S. 662) „dürfen zur Packung von Schnupf- und Kautabak sowie von Käse Metallfolien nicht verwendet sein, welche in 100 Gewichtstheilen mehr als 1 Gewichtstheil Blei enthalten". Häufig aber enthält Stanniol beträchtliche Bleigehalte. Der Apotheker sollte das von ihm verwendete Stanniol unbedingt stets auf seinen Bleigehalt prüfen. Dies geschieht nach der auf S. 937 angegebenen quantitativen Methode. Die Verwendung des Stanniols zum Verpacken von Nahrungs- und Genussmitteln ist bekannt. Zu diesem Zwecke benutzt man es häufig auch im farbiglackirten Zustande.

Lack für Stanniol. Wird bereitet aus 25 Th. Schellack, 3 Th. Lärchenterpentin, 120 Th. Spiritus von 96 Vol.-Proc. und q. s. eines beliebigen in Alkohol löslichen Theerfarbstoffes. Zur Zeit benutzt man auch mit Theerfarbstoffen gefärbten Zaponlack (s. Bd. I, Seite 932).

Zinnkapseln. Werden als Deckverschluss verkorkter Flaschen benutzt. Sie bestehen aus bleihaltigem Zinn; der Bleigehalt ist häufig sehr hoch und steigt bis auf 90 Proc. Gesetzliche Bestimmungen über den Bleigehalt dieser Kapseln sind zur Zeit nicht vorhanden. Sie werden häufig gleichfalls farbig lackirt; in diesem Falle ist der vorstehend angegebene Lack zu benutzen.

Boli Stanni compositi.

Rp. Corticis Granati radicis 10,0
Cassiae Cinnamomi pulv.
Stanni pulverati ää 5,0
Sirupi Sacchari q. s.

Fiant boli decem. 1—2stündlich zwei Stück. Bandwurmmittel.

Electuarium vermifugum Mathieu.

Rp. Stanni pulverati 20,0
Rhizomatis Filicis 15,0
Florum Cinae pulv. 10,0
Tuberis Jalapae 5,0
Radicis Liquiritiae 2,5
Sirupi Sacchari q. s.

Fiat electuarium. An zwei aufeinanderfolgenden Tagen Vormittags je eine Hälfte zu nehmen. Bandwurmmittel.

Pulvis contra taeniam Becker.

Rp. Stanni praecipitati 5,0
Sacchari albi 20,0.

Täglich dreimal 1 Theelöffel.

Pulvis ophthalmicus inspersorius Juengken.

Rp. Stanni praecipitati 0,75
Boracis 5,0
Sacchari albi 10,0.

Fiat pulvis subtilissimus. Bei adynamischer Hornhauttrübung 2mal täglich mittels trockenen Pinsels aufzutupfen.

Stannum oxydatum. Zinndioxyd. Zinnsäure(anhydrid). Cineres Stanni. Cinis Jovis. Zinnasche. SnO_2. Mol. Gew. = 150.

Wird fabrikmässig entweder durch anhaltendes Erhitzen von Zinn an der Luft oder durch Oxydation von Zinn mit Salpetersäure, am häufigsten aber durch Erhitzen der Metazinnsäure SnO_3H_2 dargestellt.

Ein gelblich-weisses bis grau-weisses amorphes Pulver, vom spec. Gew. 6,71 unlöslich in Wasser, in Säuren und Alkalien mit nachstehenden Ausnahmen: mit konc. Schwefelsäure giebt es eine sirupöse Flüssigkeit. Mit Natronhydrat im Silbertiegel geschmolzen, geht es in lösliches Natriumstannat, mit einer Mischung von Kalium-Natriumkarbonat und Schwefel (s. S. 441) geschmolzen in lösliches Natriumsulfostannat Na_2SnS_3 über.

Zinndioxyd (Zinnasche) wird häufig mit Schwerspath und Gips verfälscht. Da das Zinnoxyd durch Schmelzen mit Natronhydrat leicht in eine lösliche Verbindung übergeführt wird, so ist eine solche Fälschung leicht nachzuweisen. Im Zweifelsfalle führt man durch die Hepar-Schmelze hindurch wie S. 936 angegeben eine Zinnbestimmung aus. Bei der Werthbestimmung des Zinndioxyds verabsäume man auch nicht, eine Wasserbestimmung durch Glühen im Porcellantiegel (zum Schluss vor dem Gebläse) auszuführen. Es ist uns schon wiederholt vorgekommen, dass an Stelle von Zinndioxyd das Hydrat SnO_3H_2 geliefert worden war, welches etwa 10 Proc. Wasser enthält. Die Zinnasche wird in der Technik verwendet zum Poliren von Stahl, Glas, Marmor und hierzu bisweilen aus der Apotheke bezogen. Die zu diesen Zwecken verwendete muss fein geschlämmt sein. Ausserdem dient sie zur Darstellung des Milchglases, des weissen Emails und der weissen Ofenkachelglasuren.

Natrium stannicum. Natriumstannat. Zinnoxyd-Natrium. Natrium-Zinnoxyd. Grundirsalz. Präparirsalz. $SnO_3Na_2 + 3H_2O$. Mol. Gew. = 266.

Es entsteht beim Zusammenschmelzen von Zinndioxyd mit Natronhydrat oder beim Kochen von konc. Natronlauge mit Zinndioxyd oder Zinnsäurehydraten oder beim Kochen von Zinn mit Natronlauge und oxydirend wirkenden Substanzen wie Natriumnitrat oder Natriumnitrit.

Das Salz krystallisiert in perlmutterglänzenden Krystallen (hexagonalen Tafeln) und kommt meist in farblosen Salzmassen in den Handel. Es ist in Wasser leicht löslich; die wässerige Lösung wird von Säuren, schon durch Kohlensäure, sowie durch Kochen mit Ammoniumchlorid unter Abscheidung von Metazinnsäure SnO_3H_2 zersetzt. — Das Salz wird in der Färberei als Beize angewendet. Seine Wirkung als Beize beruht darauf, dass beim Kochen der verdünnten wässerigen Lösung unter der Einwirkung von Kohlensäure, Schwefelsäure oder Ammoniumchlorid auf die Gewebsfasern Metazinnsäure niedergeschlagen wird, welche mit vielen Farbstoffen unlösliche Verbindungen eingeht. Hieraus erklären sich die Namen Grundirsalz und Präparirsalz. In England verwendet man zuweilen auch Doppelsalze von Natriumarseniat und Natriumstannat. Diese würden selbstverständlich als direkte Gifte zu behandeln sein.

Nägel-Polirpulver. Zum Poliren der Fingernägel empfohlenes kosmetisches Präparat, ist geschlämmte Zinnasche, mit Karmin schwachrosa gefärbt und parfümirt.

Stannum chloratum.

I. † Stannum chloratum crystallisatum. Stannum muriaticum. Stannochlorid. Zinnchlorür krystallisirt. Einfach-Chlorzinn. Zinnsalz. $SnCl_2 + 2H_2O$. Mol. Gew. = 225.

Darstellung. Man übergiesst etwa 200 Th. feine Drehspäne von möglichst reinem Zinn in einem Kolben mit ca. 500 ccm 25 proc. Salzsäure, stellt den Kolben zunächst einen Tag hindurch an einen warmen Ort und erhitzt ihn alsdann längere Zeit im Wasserbade. Man giesst alsdann die Flüssigkeit ab, filtrirt sie durch Glaswolle, säuert sie wenn nöthig mit Salzsäure an und dampft sie in einer Porcellanschale bis zur Krystallbildung ein. Die Krystalle werden von der Mutterlauge getrennt und durch Rollen auf Filtrirpapier an einem warmen Orte rasch getrocknet.

Eigenschaften. Das reine Stannochlorid bildet farblose, gewöhnlich etwas feucht aussehende Prismen von saurer Reaktion. Beim vorsichtigen Erhitzen auf 100° C. wird es wasserfrei, schmilzt dann bei 250° C. und destillirt ohne wesentliche Zersetzung bei 606° C. In salzsäurehaltigem Wasser sowie in Alkohol ist es fast klar löslich, durch viel Wasser wird es unter Abscheidung eines basischen Stannochlorides Sn(OH)Cl zerlegt. An der Luft ist es nicht unveränderlich, es nimmt aus derselben Sauerstoff auf unter theilweisem Uebergang in unlösliches Stannioxychlorid $SnOCl_2$.

Specifisches Gewicht der wässerigen Lösungen von krystallisirtem Stannochlorid bei 15° C. nach Gerlach.

Proc. $SnCl_2 + 2H_2O$	Spec. Gew.	Proc. $SnCl_2 + 2H_2O$	Spec. Gew.	Proc. $SnCl_2 + 2H_2O$	Spec. Gew.	Proc. $SnCl_2 + 2H_2O$	Spec. Gew.	Proc. $SnCl_2 + 2H_2O$	Spec. Gew.
75	1,840	60	1,582	45	1,385	30	1,230	15	1,105
74	1,821	59	1,568	44	1,374	29	1,221	14	1,097
73	1,802	58	1,554	43	1,363	28	1,212	13	1,090
72	1,783	57	1,539	42	1,352	27	1,203	12	1,083
71	1,764	56	1,525	41	1,341	26	1,194	11	1,076
70	1,745	55	1,510	40	1,330	25	1,185	10	1,068
69	1,728	54	1,497	39	1,319	24	1,177	9	1,061
68	1,711	53	1,484	38	1,309	23	1,169	8	1,054
67	1,694	52	1,471	37	1,299	22	1,161	7	1,047
66	1,677	51	1,458	36	1,288	21	1,152	6	1,040
65	1,660	50	1,445	35	1,278	20	1,144	5	1,033
64	1,644	49	1,433	34	1,268	19	1,136	4	1,026
63	1,629	48	1,421	33	1,259	18	1,128	3	1,020
62	1,613	47	1,409	32	1,249	17	1,121	2	1,013
61	1,598	46	1,397	31	1,240	16	1,113	1	1,007

Prüfung. Das reine Stannochlorid muss farblose Krystalle darstellen; dieselben dürfen weder gelb gefärbt (Eisen), noch milchig sein. In Wasser oder Alkohol, denen etwas Salzsäure zugesetzt ist, muss es sich klar auflösen. — Löst man 1 Th. des Salzes unter Zusatz von etwas Salzsäure in 50 Th. Wasser, so darf diese Lösung durch Baryumchlorid nicht getrübt werden (Schwefelsäure). — Beim Erhitzen des Salzes mit Natronlauge darf Ammoniak nicht in Freiheit gesetzt werden (Ammoniumchlorid). — Fällt man die aus 1 g des Salzes bereitete, mit Salzsäure schwach angesäuerte Lösung mit Schwefelwasserstoff im Ueberschuss, so soll das Filtrat nach dem Eindampfen und Glühen keinen wägbaren Rückstand hinterlassen. (Salze des Zinks, des Magnesiums und der Alkalien.) — Kocht man 2 g des Salzes einige Minuten mit 10 ccm konc. reiner Salzsäure, so muss die Flüssigkeit völlig klar und farblos bleiben. (Braune Färbung oder Fällung = Arsen.)

Aufbewahrung. In wohlverschlossenen Gefässen, vor der Einwirkung des Luftsauerstoffes und der Feuchtigkeit thunlichst geschützt, vorsichtig.

Anwendung. Die therapeutische Anwendung ist sehr selten. Man hat es in Gaben von 0,005—0,01—0,03 g mehrmals täglich in Pillen oder Lösung gegen Epilepsie und andere Neurosen, gegen Bandwurm und als Gegenmittel bei Vergiftung durch Quecksilbersalze empfohlen. Als Höchstgaben sind 0,05 *pro dosi* und 0,25 *pro die* anzunehmen. Aeusserlich in wässeriger Lösung 0,1—0,2 : 100,0 gegen Ekzeme. In der Analyse dient das Stannochlorid als kräftiges Reduktionsmittel zum Nachweis des Quecksilbers und Arsens. Technisch wird es namentlich in der Färberei benutzt.

Stannum chloratum technicum. Technisches Stannochlorid. Das wasserhaltige Stannochlorid für technische Zwecke kommt in den Handel meist in Form krystallinischer Massen, wie sie durch Schmelzen der Krystalle und Erstarren der geschmolzenen Masse erhalten werden. Sie sind in der Regel etwas gelb gefärbt. Ferner kommt als Einfach-Chlorzinn eine 12,5 proc., als Doppel-Chlorzinn eine 25 proc. salzsaure Lösung des Chlorzinns in den Handel. Die Werthbestimmung dieser Lösungen erfolgt auf jodometrischem Wege nach der auf S. 937 angegebenen Methode. Die technischen Präparate sind zuweilen mit Magnesiumsulfat verfälscht.

Bettendorf's Reagens. Zinnchlorür-Chlorwasserstoff. Solutio Stanni chlorati (Germ.). **Zinnchlorürlösung** (Germ.). Unter dem nicht ganz zutreffenden Namen „Zinnchlorürlösung" hat die Germ. eine gesättigte Auflösung von Zinnchlorür in starker Salzsäure aufgenommen. Sie benutzt diese Lösung zum Nachweise des Arsens in ihren Präparaten in der Weise, dass sie die zu prüfenden Substanzen mit dem Reagens mischt, bez. in demselben auflöst. Nach einstündigem Stehen wird beobachtet. Ist eine Braunfärbung oder braune Ausscheidung wahrzunehmen, so ist die Anwesenheit von Arsen als erwiesen anzunehmen. Arsenige Säure sowohl wie Arsensäure werden durch Zinnchlorür bei Gegenwart genügender Mengen von Chlorwasserstoff (!) schon in der Kälte zu metallischem Arsen (welches die braune Färbung bedingt) reducirt, und zwar nach den Gleichungen: **1)** $As_2O_3 + 3SnCl_2 + 6HCl = As_2 + 3SnCl_4 + 3H_2O$. **2)** $As_2O_5 + 5SnCl_2 + 10HCl = As_2 + 5SnCl_4 + 5H_2O$.

Darstellung. Man bringt 5 Th. krystallisirtes, zerriebenes Zinnchlorür in einen geeigneten Kolben, fügt 1 Th. (rauchende) Salzsäure (s. Bd. I, S. 56) hinzu und mischt mit einem Glasstabe das Salz mit der Flüssigkeit. Den Kolben verschliesst man mit einem doppeltdurchbohrten Gummistopfen, dessen eine Bohrung ein nicht zu enges Gaszuführungsrohr, dessen andere ein Gasabzugsrohr enthält. Durch das Zuführungsrohr leitet man einen Strom gasförmiger Salzsäure, welche am besten durch Zersetzung von Kochsalz mittels Schwefelsäure (s. Bd. I, S. 54) erzeugt und durch koncentrirte Schwefelsäure getrocknet wird. Die nicht absorbirte Salzsäure leitet man ins Freie oder lässt sie von vorgelegtem Wasser aufnehmen, wobei das Ableitungsrohr nur wenig tief in das Wasser einzutauchen braucht. Die Absorption des Salzsäuregases erfolgt unter Selbsterwärmung und unter Volumvergrösserung der Flüssigkeit. Mit Rücksicht auf den erwähnten ersten Punkt ist es daher zweckmässig, das Absorptionsgefäss durch Einstellen in kaltes Wasser kühl zu halten. In dem Maasse, als Salzsäure aufgenommen wird, erfolgt allmählich die Auflösung des Zinnchlorürs, ausserdem die Volumvermehrung des Kolbeninhaltes. Nimmt das Volumen nicht mehr zu, so ist die Sättigung der Flüssigkeit beendet.

Man lässt die Lösung hierauf an einem kühlen Orte in gut geschlossenem Glasstöpselgefässe so lange absetzen, bis sie sich geklärt hat, und filtrirt sie endlich durch Glaswolle. Die Bestimmung des spec. Gew. ergiebt alsdann, dass dasselbe mindestens 1,900 beträgt, in der Regel wird es = 2,00—2,05 sein.

Das Reagens bildet eine spez. schwere, blassgelbliche, lichtbrechende, an der Luft rauchende Flüssigkeit.

Prüfung. **1)** Das spec. Gewicht sei mindestens 1,90. — **2)** Mit 10 Raumtheilen Weingeist vermischt, soll die Zinnchlorürlösung auch nach Verlauf einer Stunde nicht getrübt werden, andernfalls sind fremde Salze (Natriumchlorid, Magnesiumsulfat, Zinksulfat) zugegen. — **3)** In der mit 10 Raumtheilen verdünnten Zinnchlorürlösung soll Baryumchloridlösung auch nach 10 Minuten eine Trübung nicht hervorrufen (Schwefelsäure). Die Abwesenheit der Schwefelsäure ist wichtig, da ein schwefelsäurehaltiges Reagens nur in der Kälte benutzt werden kann. In der Wärme nämlich könnte vorhandene Schwefelsäure durch das Zinnchlorür zu Schwefelwasserstoff reducirt werden. Es könnten alsdann bei gewissen Metallen (z. B. Wismut) Färbungen durch Bildung von Sulfiden auftreten, welche möglicherweise mit der von Arsen hervorgebrachten Braunfärbung verwechselt werden können.

Aufbewahrung. In kleinen, möglich angefüllten und mit gut eingeschliffenen Glasstopfen (welche etwas mit Paraffinsalbe eingerieben werden) verschlossenen Glasgefässen.

† Zinnchlorür wasserfrei. $SnCl_2$. Mol. Gew. = 189.

Käufliches Zinnchlorür wird langsam auf dem Gasofen erhitzt; das Salz schmilzt in seinem Krystallwasser, wird dann teigförmig und allmählich ganz fest. Schliesslich schmilzt das entwässerte Salz wieder zusammen. Man füllt es nach dem Erkalten in eine beschlagene Retorte (s. Bd. I, S. 240) aus schwer schmelzbarem Glase, deren oberen Theil man zur Verhütung zu starker Wärmeausstrahlung, mit einer Haube aus Drahtnetz oder Asbest versieht, und destillirt möglichst rasch in eine Porcellanschale, welche man mit einer zweiten Schale bedeckt hält. Da das Zinnchlorür erst oberhalb 600° C. siedet, muss das Feuer sehr stark sein. Am besten benutzt man einen kleinen Gebläseofen als Heizquelle. Der Hals der Retorte wird mit einem Bunsenbrenner erhitzt, damit er sich nicht durch das erstarrende Chlorür verstopft.

Durchscheinende, glänzende, fast reinweisse, zuweilen graue Masse von muscheligem Bruche. Schmilzt bei 250° C. und durchdringt Tiegel. Nach dem Schmelzen abgekühlt, bleibt es noch längere Zeit flüssig. Siedet bei 606° C. unter theilweiser Zersetzung. An der Luft hält es sich bei gewöhnlicher Temperatur ziemlich gut. Aufbewahrung: Vorsichtig.

Zinnkompositionen. Die sogenannten Zinnkompositionen oder Kompositionen der Färber sind hauptsächlich Stannochloridlösungen, dargestellt durch Lösen von Zinn in Salzsäure, mit Salpetersäure versetzt ohne Anwendung von Wärme und Verhütung der Entwickelung gefärbter Dämpfe. Diese verhindert eine Verdünnung mit Wasser. Zinn muss stets im Ueberschuss vorhanden sein.

Barwoodkomposition wird bereitet aus 5 Vol. Salzsäure, 1 Vol. Salpetersäure, 1 Vol. Wasser und Zinn (1 kg auf 10 Liter Säure);

Blauholzkomposition (Plumb spirit) aus 7 Vol. Salzsäure, 1 Vol. Salpetersäure, 1 Vol. Wasser, Zinn. Versetzen einer koncentrirten Blauholzabkochung mit dieser Lösung.

Gelbkomposition wird aus 5 Vol. Salzsäure, 1 Vol. Schwefelsäure, 2 Vol. Wasser und Zinn bereitet. Sie dient zum Färben mit Quercitronrinde.

Scharlachkomposition wird aus 3 Vol. Salzsäure, 1 Vol. Salpetersäure, 1 Vol. Wasser und Zinn dargestellt.

Bancroft'sche Beize, Dingler'sche Komposition, eine mit Alaun versetzte Stannochloridlösung.

II. † Stannum bichloratum. Krystallisirtes Stannichlorid. Zinnchlorid. Zinntetrachlorid. Physik. Rosirsalz. Zweifach Chlorzinn. $SnCl_4 + 5H_2O$. Mol. Gew. = 350.

Das krystallisirte Zinntetrachlorid wird gewöhnlich durch Auflösen von Zinn in Königswasser unter Erwärmen dargestellt und in der Form einer wässerigen Lösung in den Handel gebracht. Es findet Verwendung in der Färberei, bei der Darstellung von Florentiner Lack, Carminroth und anderen Farblacken.

Zur Darstellung einer reinen Stannichloridlösung für analytische Zwecke leitet man Chlor in eine gelind erwärmte reine Stannochloridlösung, bis diese aufhört, mit Goldlösung eine Reaktion zu geben.

Das Zinntetrachlorid ist im Gegensatze zum Stannochlorid kein Reduktionsmittel; es reduzirt also weder Quecksilber- noch Goldsalze. Mit Alkalichloriden — auch mit Ammoniumchlorid — vereinigt es sich zu gut krystallisirenden, beständigen Doppelsalzen.

† Stannum bichloratum anhydricum. Spiritus fumans Libavii. Wasserfreies Zinntetrachlorid. $SnCl_4$. Mol. Gew. = 260.

Wird im grossen nach mehreren Verfahren dargestellt, z. B. durch Erhitzen von entwässertem Stannochlorid im trocknen Chlorstrome oder durch Erhitzen von geschmolzenem Zinn im Chlorstrome. Das entstandene, sehr leicht flüchtige Stannichlorid destillirt ab und wird durch nochmalige Destillation gereinigt.

Farblose, an der Luft stark rauchende Flüssigkeit vom spec. Gew. 2,279 bei 0° C., Siedep. 114° C. Erstarrt bei — 33° C. Werden 3 Gewichtstheile mit 1 Gewichtstheil Wasser vermischt, so erstarrt die Mischung zu einer krystallinischen Masse, dem obigen Salze $SnCl_4 + 5H_2O$, Zinnbutter, Butyrum Stanni.

† Stanni-Ammoniumchlorid. Ammonium-Zinnchlorid. Pinksalz. $SnCl_4 . 2NH_4Cl$. Mol. Gew. = 367.

Das Salz obiger Zusammensetzung wird dargestellt, indem man eine Lösung von Zinnchlorid mit einer heissen Lösung von berechneten Mengen Ammoniumchlorid mischt. Beim Erkalten scheidet sich das Doppelsalz in Krystallen aus. Entweder ein weisses, luftbeständiges, krystallinisches Salzpulver oder farblose, luftbeständige, oktaëdrische oder würfelige Krystalle. Löslich in 3 Th. Wasser von 15° C. Beim Kochen der verdünnten Lösung scheidet sich Zinnsäurehydrat ab.

† Stanni-Natriumchlorid. Natrium-Zinnchlorid (sog. krystallisirtes Chlorzinn). $SnCl_4 . 2NaCl + 5H_2O$. Mol. Gew. = 467.

Wird dargestellt durch Erhitzen konc. Zinnchloridlösung mit berechneten Mengen Natriumchlorid, bis eine Probe der Flüssigkeit beim Erkalten rasch und vollständig erstarrt. Die heisse Flüssigkeit wird zum Erstarren in mit Pergamentpapier ausgelegte Pfannen ausgegossen. Nach dem Erstarren stellt das Doppelsalz weisse krystallinische, sehr harte Massen dar, welche in Wasser leicht löslich sind und an der Luft zu einer sirupartigen Flüssigkeit zerfliessen. Anwendung als Beize in der Färberei.

Pink-colour. Nelkenfarbe. Eine rosenrothe Malerfarbe und Druckfarbe, welche erhalten wird. wenn man 100 Th. Zinndioxyd mit 34 Th. Kreide, 5 Th. Kieselsäure, 1 Th. Thon und 3—4 Th. Kaliumdichromat glüht und die erkaltete Masse mit schwach angesäuertem Wasser auszieht. Anwendung besonders in der Fayence-Malerei.

Stibium.

I. Stibium. Antimonium. Antimoine (Gall.). **Antimony** (engl.). **Regulus Antimonii. Spiessglanzmetall. Sb. Atomgew. = 120.** Ein unedles Metall, nicht zu verwechseln mit dem Antimonium crudum, dem schwarzen Schwefelantimon des Handels.

In den Handel gelangt 1) ein rohes Antimonmetall. Dieses ist stets durch grössere oder geringere Mengen Arsen, Blei, Schwefelantimon, Eisen und andere Metalle verunreinigt und daher ohne weiteres zur Herstellung von Antimonpräparaten nicht geeignet. 2) Ein reines oder raffinirtes Antimon. Dieses enthält gewöhnlich nur noch Spuren von Verunreinigungen und ist das Ausgangsmaterial zur Darstellung der Antimonpräparate.

Reinigung. Ein für die meisten Zwecke ausreichend reines Antimonmetall erhält man nach der Liebig'schen Vorschrift, welche die Gall. zur Herstellung ihres Antimoine purifié aufgenommen hat:

Gall. Man mischt 1600 Th. gepulvertes rohes Antimonmetall mit 100 Th. schwarzem Schwefelantimon und 200 Th. calcinirter Soda. Diese Mischung bringt man in einen Hessischen Tiegel (nicht Graphittiegel!), bedeckt den Tiegel und hält die Mischung im Windofen etwa 1 Stunde im Schmelzen. Nach dem Erkalten der Schmelze zerschlägt man den Tiegel, nimmt das geschmolzene Metall (den regulus) heraus, pulvert es, mischt es mit dem gleichen Gewichte calcinirter Soda, bringt die Masse nochmals in einen Hessischen (!) Tiegel und hält sie im bedeckten Tiegel etwa 2 Stunden lang im Schmelzen.

Bei diesen Schmelzungen hat man das Hineinfallen von Kohle in den Tiegel sorgfältig zu vermeiden, denn diese würde das entstandene Arseniat wieder zu metallischem Arsen reduciren, welches wieder zu dem Antimon gehen würde. Die Schlacke der zweiten Schmelzung ist nur noch blassgelb gefärbt; sollte sie noch stark gelb gefärbt sein, so wäre eine weitere Schmelzung des vorhandenen Antimonmetalles mit 0,7 Th. Soda erforderlich.

Völlig reines Antimon erhält man, wenn man 10 Th. reines Antimonoxyd (aus Algarothpulver dargestellt) mit 8 Th. calcinirter Soda und 2 Th. Holzkohlepulver mischt und diese Mischung in einem Hessischen Tiegel oder Graphittiegel einschmilzt.

Eigenschaften. Antimon ist ein fast silberweisses, schwach ins Bläuliche spielendes, glänzendes, hartes, sprödes, deshalb leicht zu pulverndes Metall von blätterig krystallinischem Gefüge. Das spec. Gewicht des krystallisirten Antimons ist bei 15° C. = 6,7. An trockener Luft behält es seinen Glanz, an feuchter Luft wird es an seiner Oberfläche nur langsam glanzlos und grau bis schwarz. Es schmilzt bei 430° C. und krystallisirt alsdann beim Erstarren in rhomboëdrischen Krystallen. Wird es an der Luft zum Schmelzen erhitzt, so verbrennt es mit grünlich-weisser Flamme zu Antimonoxyd. Dieses Antimonoxyd verflüchtigt sich zum Theil als weisser Rauch, zum Theil umgiebt es die Oberfläche des geschmolzenen Antimons als Krystallschicht. Aus einer über den Schmelzpunkt hinaus an der Luft erhitzten Antimon(kugel) wachsen die Krystalle gleich einer Bürste von Krystallen zusehends heraus. — In Wasser, in Salzsäure und in verdünnter Schwefelsäure ist Antimon unlöslich, konc. Schwefelsäure verwandelt es beim Erhitzen unter Entwickelung von Schwefeldioxyd in Antimonsulfat; von Königswasser wird es, je nachdem dieses in unzureichender oder zureichender Menge zugegen ist, zu Antimontrichlorid oder Antimonpentachlorid gelöst. Salpetersäure verwandelt es (Aehnlichkeit mit dem Zinn) ohne es merklich zu lösen, in ein Gemisch von Antimontrioxyd und Antimonpentoxyd. Mit Chlor, Brom, Jod, mit Schwefel, Phosphor und Arsen verbindet sich das

Antimon direkt; im Chlorstrome erwärmt, verbrennt das gepulverte Antimon mit Lebhaftigkeit zu Antimonpentachlorid.

Prüfung. Etwa 3,0 des gepulverten oder zerstossenen Metalles werden in einem porzellanenen Schälchen mit 10 ccm 25proc. Salpetersäure übergossen und unter gelinder Erwärmung oxydirt, das Ganze eingetrocknet und dann mit stark verdünnter (5proc.) Salpetersäure aufgekocht. Das Filtrat wird bei mässiger Hitze eingedampft und der hier verbleibende Rückstand mit ca. 6 ccm 25proc. Salzsäure aufgenommen oder gelöst und in 3 Portionen (*A*, *B*, *C*) getheilt. Die Portion *A* versetzt man mit konc. rauchender Salzsäure und Stannochlorid (oder mit etwas Natriumchlorid, konc. Schwefelsäure und Stannochlorid) und erhitzt (vergl. Bettendorf's Methode der Prüfung auf Arsen unter Stannum). Braune Färbung oder braune Fällung zeigt Arsen an. — Portion *B* verdünnt man mit einem 8fachen Volumen Wasser. Eine eintretende Trübung zeigt Wismut an. Entstand keine Trübung, so versetzt man mit einigen ccm verdünnter Schwefelsäure. Eine bald oder mehrere Minuten später eintretende weisse Trübung zeigt Blei an. War Wismut zugegen, so ist die Flüssigkeit vor dem Zusatze der verdünnten Schwefelsäure zu filtriren. Nachdem das Bleisulfat durch Filtration abgeschieden ist, wird die Flüssigkeit getheilt und der eine Theil durch einen Ueberschuss an Ammoniak, der andere Theil mit Kaliumferrocyanid auf Kupfer geprüft. Portion *C* wird getheilt; ein Theil (bei Anwesenheit des Kupfers) mit Kaliumferrocyanid, der andere nach theilweiser Sättigung durch Ammoniak mittels Gerbsäure auf Eisen geprüft. Der oben mit verdünnter Salpetersäure ausgekochte Rückstand kann noch Zinnoxyd enthalten. Man übergiesst die Hälfte desselben mit 6 ccm einer 25proc. Salzsäure, erhitzt bis zum Aufkochen, filtrirt, versetzt mit 2,0 g gepulverter Weinsäure und nach erfolgter Lösung mit einem Ueberschuss von Ammoniak. Stannioxyd (Metazinnsäure) wird dadurch ausgeschieden (Antimonoxyd bleibt vorläufig in Lösung).

Analyse. Das Antimon bildet mit dem Sauerstoff zwei Oxyde, welche die Zusammensetzung Sb_2O_3 bez. Sb_2O_5 haben. Beide Oxyde haben sowohl den Charakter von Basen als auch von Säuren, d. h. sowohl mit Säuren als auch mit Basen bilden sie Salze. Die Verbindungen des Antimontrioxyds unterscheiden sich analytisch nicht besonders scharf von denen des Antimonpentoxyds. Sie sollen daher im folgenden zunächst nicht getrennt werden.

a) Man erkennt die Antimonverbindungen an folgenden Reaktionen:

Schwefelwasserstoff fällt das Antimon aus den alkalischen Lösungen nicht, aus neutraler Lösung unvollständig, aus schwach salzsaurer Lösung vollständig als rothes Antimontrisulfid Sb_2S_3, bez. Antimonpentasulfid Sb_2S_5. Dieses ist leicht löslich in konc. Salzsäure, leicht löslich ferner in Schwefelalkalien (Schwefelammonium, Schwefelnatrium etc.), so gut wie unlöslich in Ammoniumkarbonatlösung (Unterschied vom Arsensulfid). — Die in Wasser unlöslichen Antimonverbindungen werden durch Digeriren mit Ammoniumsulfid oder in der Heparschmelze (s. S. 936) in Schwefelantimon übergeführt und zu gleicher Zeit in Lösung gebracht. Aus diesen Lösungen wird durch Ansäuern mit Salzsäure das Antimon wieder als Schwefelantimon ausgeschieden. Löst man dieses Schwefelantimon in starker Salzsäure und verdunstet vorsichtig die Hauptmenge der Salzsäure, so lassen sich mit dieser salzsauren Lösung nachfolgende Reaktionen anstellen: Giesst man sie in eine grössere Menge Wasser ein, so erfolgt Ausscheidung eines weissen Niederschlages von Antimonoxychlorid SbOCl (Algarothpulver); durch Zufügung von Weinsäure wird dieser Niederschlag leicht gelöst. — Kalilauge oder Natronlauge erzeugen weisse Fällungen, welche von einem Ueberschusse dieser Laugen wieder gelöst werden. — Ammoniakflüssigkeit erzeugt einen weissen Niederschlag, der in Ammoniakflüssigkeit unlöslich ist, von Weinsäure aber gelöst wird. — Natriumkarbonat erzeugt einen weissen Niederschlag, der in der Kälte im Ueberschuss des Fällungsmittels unlöslich ist, und erst in der Wärme in Lösung geht. — Bringt man einige Tropfen einer Salpetersäure und freies Chlor nicht enthaltenden, mit Salzsäure angesäuerten Antimonsalzlösung auf ein Platinblech und legt ein Körnchen Zink in die Lösung, so dass dieses das Platinblech berührt, so scheidet sich auf dem Platin metallisches Antimon als schwarzer, fest haftender Ueberzug ab (vergl. S. 936). Durch kalte Salzsäure verschwindet der Fleck nicht, wohl aber wenn man ihn mit Jodtinktur befeuchtet und dann mit Salzsäure behandelt. Ebenso verschwindet der Fleck durch Erwärmen mit Salpetersäure. — Bringt man eine Salpetersäure oder freies Chlor nicht enthaltende Antimonlösung in den Marsh'schen Apparat, so wird Antimonwasserstoff entwickelt, welcher ähnliche Flecke und Spiegel liefert wie Arsenwasserstoff. Ueber die Unterscheidung beider vergl. Bd. I, S. 405. — Alle Antimonverbindungen geben mit Soda und Cyankalium vor dem Löthrohr auf Kohle erhitzt im Reduktionsfeuer weisse, spröde Metallkugeln und einen weissen Beschlag. Die geschmolzenen Kügelchen glühen nach Abstellung der Flamme noch kurze Zeit nach und bedecken sich mit feinen Krystallnadeln.

Unterschied von Antimontrioxyd und Antimonpentoxyd. Die mit Salzsäure angesäuerten Lösungen der dem Antimontrioxyd entsprechenden Antimonverbindungen setzen aus Kaliumjodidlösung Jod nicht in Freiheit, während dies bei den dem Antimonpentoxyd entsprechenden Lösungen der Fall ist.

b) Man bestimmt das Antimon in der Regel als Antimontrisulfid. Man bringt die Lösung in einen Erlenmeyer-Kolben, versetzt sie mit etwas Salzsäure und Weinsäure, verschliesst den Kolben mit einem Kork, der je ein Gaszuleitungs- und Gasableitungsrohr enthält, und sättigt die Flüssigkeit unter Erhitzen mit Schwefelwasserstoffgas und steigert das Erhitzen zuletzt bis zum Sieden der Flüssigkeit. Man stellt kurze Zeit an einen warmen Ort und verdrängt alsdann den Schwefelwasserstoff durch Einleiten von Kohlensäure. Nunmehr filtrirt man die noch warme Flüssigkeit, in welcher der Schwefelantimonniederschlag vollkommen dicht abgeschieden sein muss, durch ein gewogenes und mit heissem Wasser gut genässtes Filter (event. vor der Strahlpumpe mit untergelegtem Leinwandkonus), wäscht den Niederschlag mit warmem Wasser, dem etwas Schwefelwasserstoffwasser beigemengt ist, vollständig aus und trocknet bei 100° C. bis zum gleichbleibenden Gewichte. Der Niederschlag hält stets noch Wasser zurück und enthält in der Regel auch noch freien Schwefel beigemengt.

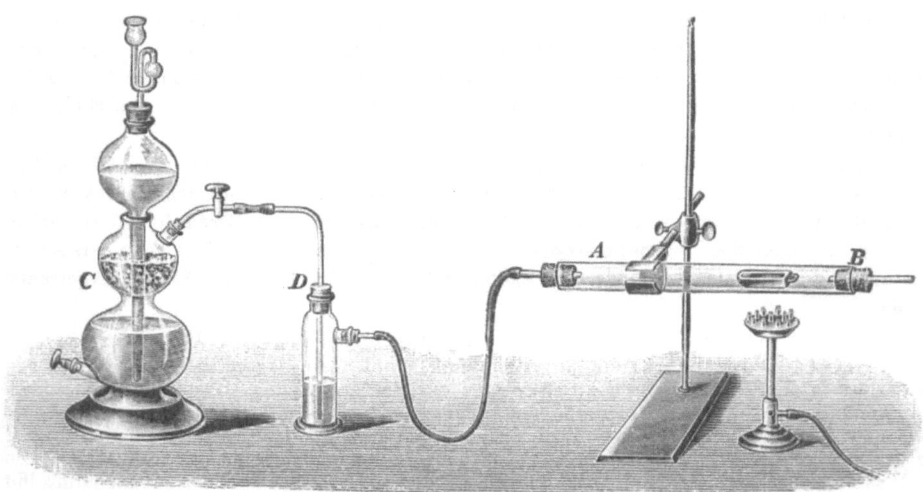

Fig. 149. Apparat zum Erhitzen des Schwefelantimons im Kohlensäurestrom.

Um die Menge des in dem Niederschlage vorhandenen Antimontrisulfids zu erfahren, verfährt man wie folgt: Von dem gewogenen Niederschlage bringt man einen aliquoten (gewogenen) Theil in ein gewogenes Porcellanschiffchen, welches man in den hier skizzirten Apparat einführt (Fig. 149). Ein horizontal eingespanntes Verbrennungsrohr *A* von ca. 0,4 m Länge endigt auf der einen Seite in den mit einem Glasrohr versehenen Stopfen *B* und steht an dem anderen Ende mit dem Kohlensäureapparat *C* in Verbindung, von welchem aus die Kohlensäure zunächst in der mit Schwefelsäure beschickten Waschflasche *D* getrocknet und dann in das Rohr geleitet wird. Man verdrängt zunächst die Luft vollständig (!) aus dem Apparat, und wenn dieser mit Kohlensäure gefüllt ist, so erhitzt man das Glasrohr an der Stelle, wo das Schiffchen liegt, zuerst sehr vorsichtig (Pilzbrenner). Es entweicht Feuchtigkeit, weiterhin sublimirt Schwefel, das rothe Schwefelantimon schmilzt und geht in die schwarze Modifikation über. Wenn kein Schwefel mehr wegsublimirt, so lässt man im Kohlensäurestrom erkalten und wägt. Zur Kontrole streut man auf das gewogene Schwefelantimon etwas gepulverten (aschefreien) Schwefel, bringt das Schiffchen in das Rohr zurück und erhitzt nochmals im Kohlensäurestrom. Man muss nunmehr gleiches Gewicht wie vorher erhalten, ausserdem aber muss sich das gewogene schwarze Schwefelantimon in starker Salzsäure beim Erwärmen ohne Abscheidung von Schwefel auflösen. Was man gewogen hatte, ist Antimontrisulfid Sb_2S_3. Die Menge desselben wird auf den erhaltenen Gesammt-Niederschlag von Schwefelantimon berechnet.

Ist die Menge des ursprünglich erhaltenen Schwefelantimon-Niederschlages so gering, dass man einen aliquoten Theil voraussichtlich nicht vom Filter wird abnehmen können, so sammelt man den Niederschlag auf einem gewogenen Asbestfilter (s. S. 784), wäscht aus, trocknet und führt das Erhitzen im Kohlensäurestrom genau so aus, wie es Seite 783 für die Reduktion des Kupferoxyds im Wasserstoffstrom angegeben ist. $Sb_2S_3 \times 0,71428 = Sb_2$.

Maassanalytisch kann das Antimon bestimmt werden, wenn es als Derivat des Antimontrioxyds zugegen ist. In diesem Falle löst man so viel der betreffenden Antimonverbindung, als etwa 0,1 g Antimontrioxyd entspricht, in Wasser oder Salzsäure, versetzt sie mit Weinsäure, stumpft die Hauptmenge der freien Säure mit Natriumkarbonat ab und übersättigt mit kalt gesättigter Natriumbikarbonatlösung. Die klare Lösung ist hierauf mit etwas Stärkelösung zu versetzen und unter Umrühren mit $^1/_{10}$-Normal-Jodlösung bis zur Blaufärbung zu titriren. Da die Reaktion nach der Gleichung: $Sb_2O_3 + 4J + 2H_2O = Sb_2O_5 + 4HJ$ verläuft, so entspricht je 1 ccm $^1/_{10}$-Normal-Jodlösung, welcher 0,0127 g Jod enthält = 0,0072 g Antimonoxyd Sb_2O_3 oder 0,006 g Antimon Sb.

Trennung des Antimons vom Zinn. 0,5 g der feingeschabten Legirung werden in ein Erlenmeyer-Kölbchen gegeben. Man setzt auf dieses einen Trichter und giesst 10 ccm Salpetersäure von 1,2 spec. Gew. dazu. Nachdem die Hauptentwickelung der Stickstoffoxyde vorüber ist, setzt man den Kolben auf ein Wasserbad und erhitzt, bis der Inhalt fast farblos geworden ist. Dann spült man ihn in eine Porcellanschale, dampft zur Trockne und erhitzt den Rückstand 2 Stunden auf 150° C. — Nach dem Erkalten giesst man auf den Rückstand etwa 20 ccm 12,5 proc. Salpetersäure, erwärmt einige Zeit auf dem Wasserbade unter Umrühren, giebt heisses Wasser zu, rührt um und lässt absetzen. Dann filtrirt man durch ein mit heissem Wasser genetztes Filter, wäscht den Rückstand zweimal mit heisser 12,5 proc. Salpetersäure, schliesslich mit Wasser vollständig aus.

Das Filtrat wird sofort bis auf etwa 10 ccm verdampft, dann giebt man einen Ueberschuss verdünnter Schwefelsäure hinzu, erhitzt im Dampfbade, bis nichts mehr weggeht, sodann (zur Verjagung der Salpetersäure) auf einer Asbestplatte, bis Schwefelsäuredämpfe entweichen. Man lässt erkalten, setzt verdünnte Schwefelsäure zu, lässt mindestens 6 Stunden absetzen, filtrirt etwa ausgeschiedenes Bleisulfat ab und wäscht es mit verdünnter Schwefelsäure fünf bis sechsmal aus. Dann setzt man das Filter auf ein anderes Gefäss, wäscht die Schwefelsäure durch 95 proc. Alkohol aus, beseitigt die Waschwässer und bestimmt das Blei nach S. 660. Das schwefelsaure Filtrat verdünnt man mit Wasser, sättigt es heiss mit Schwefelwasserstoff, filtrirt einen etwa entstehenden Niederschlag ab, wäscht ihn mit Schwefelwasserstoffwasser und zieht ihn alsdann mit einer Lösung von gelbem Natriumsulfid aus. Die Natriumsulfidlösung zersetzt man mit Salzsäure und fügt einen etwa ausfallenden Niederschlag von Antimonsulfid zu dem noch zu erhaltenden Hauptniederschlage. Die in Natriumsulfid unlöslichen Metallsulfide löst man in Salpetersäure, vereinigt mit der salpetersauren Lösung die etwa später noch zu erhaltenden gleichen Metallsulfide und bestimmt diese gemeinsam.

Der in Salpetersäure unlösliche Rückstand. Man trennt nach dem Trocknen den Niederschlag vom Filter, bringt dieses in einen gewogenen Porcellantiegel, zerstört es durch Auftropfen von rauchender Salpetersäure, glüht vorsichtig und bringt die Hauptmenge des Niederschlages dazu. Man glüht nun bei dunkler Rothgluth, lässt erkalten und wägt. (Diese Wägung hat nur einen informatorischen Zweck, sie kann ganz wegbleiben, und in diesem Falle wird man nur das Filter zerstören bez. veraschen und das Glühen des Hauptniederschlages überhaupt unterlassen. Heftiges Glühen des Niederschlages vor dem Gebläse oder einer vollen Bunsenflamme ist überhaupt nicht zulässig, da sich sonst erhebliche Mengen von Antimonoxyd verflüchtigen.) Man mischt nun den Niederschlag mit der 5—6 fachen Menge Kalium-Natriumkarbonat + Schwefel (s. S. 936) und stellt die Heparschmelze her. Nach dem Auflösen der erkalteten Schmelze in Wasser finden sich meist Spuren von Blei oder Kupfer als Sulfide im Niederschlage, während Zinn und Antimon in Lösung sind. Man filtrirt einen etwa vorhandenen schwarzen Niederschlag ab, wäscht ihn mit Natriumsulfidlösung aus, löst ihn in Salpetersäure und vereinigt diese Lösung mit der vorher erhaltenen salpetersauren Hauptlösung.

Die gelbe Lösung der Schmelze säuert man mit Salzsäure bis zur deutlich sauern Reaktion (Prüfung mit Methylorangepapier) an, dann erwärmt man, damit die Sulfide sich gut abscheiden, leitet noch warm Schwefelwasserstoff ein, lässt in der Wärme absetzen und filtrirt mit untergelegtem Leinwandkonus vor der Strahlpumpe. Man wäscht mit einer 5 proc., deutlich mit Essigsäure angesäuerten Ammoniumacetatlösung aus und saugt mit der Strahlpumpe so lange, bis der Niederschlag so konsistent wird, dass er sich von selbst vom Filter ablöst. In diesem Zustande lässt er sich quantitativ vom Filter ablösen. Man bringt den Niederschlag in einen Erlenmeyer-Kolben[1]), schneidet vom Filter alle Theile weg, auf denen kein Niederschlag sitzt, giebt die mit dem Niederschlag bedeckten Theile gleichfalls in den Kolben, schliesst diesen an einen kurzen, senkrecht stehenden Rückflusskühler an und giesst nun durch den letzteren etwa 15 ccm rauchende Salzsäure. Man unterstützt die Auflösung des Niederschlages durch gelindes Erwärmen. Wenn derselbe gelöst ist, spritzt man das Kühlrohr mit warmer verdünnter Salzsäure aus, giebt alsdann 30 ccm heisses Wasser nach, erwärmt nochmals kurze Zeit und filtrirt in ein grosses, 1 Liter haltendes Becherglas. Den Filterbrei wäscht man zunächst mit heisser verdünnter Salzsäure, dann mit siedendem Wasser aus. Man verdünnt das Filtrat mit Wasser auf etwa 300 ccm, fügt eine filtrirte Lösung von 20 g Oxalsäure in 100 ccm Wasser hinzu, erhitzt bis nahezu zum Sieden, leitet in die ca. 90—95° C. heisse Flüssigkeit 20—30 Min. lang einen raschen Strom von Schwefelstoffwasser ein, filtrirt sofort ab und wäscht mit warmem Schwefelwasserstoffwasser aus. Da das ausgefallene Schwefelantimon noch zinnhaltig ist, so löst man es wie vorher nochmals in Salzsäure, verdünnt die salzsaure Lösung wiederum bis auf 300 ccm, fügt eine Lösung von 12,5 g Oxalsäure in 100 ccm Wasser zu, erhitzt auf 90—95° C. und leitet 15—20 Minuten Schwefelwasserstoff ein. Das jetzt ausfallende Schwefelantimon sammelt man auf gewogenem Filter, wäscht es mit Schwefelwasserstoff enthaltendem Wasser, dann mit Alkohol und Aether nach und trocknet bei 100° C. bis zum konstanten Gewicht. In einem aliquoten Theile des Niederschlages bestimmt man nach S. 947 den wahren Gehalt an Antimonsulfid durch Erhitzen im Kohlensäurestrome.

Die vereinigten Filtrate vom Antimonniederschlage vermischt man in einem grossen Becherglase von ca. 1½—2 Liter Fassungsraum, macht sie mit starker Ammoniakflüssigkeit ammoniakalisch und versetzt mit überschüssigem Ammoniumsulfid, bis alles klar gelöst ist. Dann säuert man mit Essigsäure an, erwärmt, damit der Niederschlag dichter werde, leitet noch einige Zeit Schwefelwasserstoff ein, lässt in der Wärme absetzen, filtrirt das ausgeschiedene Zinnsulfid ab, wäscht es mit Schwefelwasserstoffwasser, dem etwas Essigsäure und Ammoniumacetat zugesetzt ist, aus und führt es nach S. 937 in Zinndioxyd über.

Poculum vomitorium. Brechbecher. Ein aus Antimonmetall geformter Becher, in welchem man sauren Wein eine Zeit von ca. 24 Stunden stehen liess, um diesen dann als Emeticum zu gebrauchen. Diese Vomitivbecher waren vor 100 Jahren noch hier und da im Gebrauch.

Pilulae perpetuae. Pilulae aeternae. Unvergängliche Pillen. Ca. 1,0 schwere Kugeln, aus Antimonmetall bestehend, wurden im vorigen Jahrhundert als ein die Verdauung förderndes Mittel verschluckt und nach dem Durchgange durch den Darmkanal wieder gesammelt, abgewaschen und zu gleichem Zwecke verwendet.

Stibium purum laevigatum. Regulus Antimonii praeparatus. Höchst fein gepulvertes Antimonmetall, war im Gebrauch, als man noch die Antimonverbindungen für Panaceen hielt. Innerlich genommen bewirkt es gelinde Catharsis. Heute ist es obsolet. Ebenso der

Regulus Antimonii medicinalis. Eine durch Schmelzung dargestellte Mischung aus 1 Th. Cinis Antimonii und 2 Th. schwarzem Schwefelantimon.

Antimonschwarz. Eisenschwarz. Ist auf elektrolytischem Wege durch Zink ausgeschiedenes Antimonmetall, welches man zum Bronciren oder zum Metallgraufärben von Zink-, Gips-, Marmor-, Papiermachéfiguren anwendet.

II. Antimon-Legirungen. Das Antimon macht die meisten Metalle härter, glänzender, gegen den Einfluss der Luft widerstandsfähiger, auch bewirkt es, dass die geschmolzenen Legirungen sich beim Erstarren etwas ausdehnen, daher die Gussformen sehr rein und scharf ausfüllen (wichtig z. B. für den Guss von Lettern u. dergl.).

Britannia-Metall. Unter diesem Namen gehen verschiedene Legirungen. Im allgemeinen versteht man darunter Antimon-Zinnlegirungen mit vorherrschendem Zinngehalt, bläulich-weisser Farbe und hoher Politurfähigkeit. **a)** 90 Th. Zinn, 10 Th. Antimon. **b)** 85 Th. Zinn, 10 Th. Antimon, 3 Th. Zink, 2 Th. Kupfer. **c)** 100 Th. Zinn, 7 Th. Antimon, 2 Th. Kupfer, 2 Th. Messing. **d)** 87,5 Th. Zinn, 5 Th. Antimon, 5,5 Th. Nickel, 2 Th. Wismut.

Antifriktions-Metall für Axenlager. 85 Th. Zinn, 5 Th. Kupfer, 10 Th. Antimon.

Hartblei. Legirung aus 80 Th. Blei und 20 Th. Antimon.

Besley's Letternmetall besteht aus 15 Th. Antimon, 10 Th. Zinn, 50 Th. Blei, 4 Th. Nickel, 4 Th. Kobalt, 4 Th. Kupfer, 1 Th. Wismut.

---

[1]) An dieser Stelle würde man die kleinen Mengen von Antimonsulfid, welche etwa aus der salpetersauren Lösung ausgefällt worden sind (s. kurz vorher) hinzuzufügen haben.

Letternmetall. Ausser den auf S. 659 mitgetheilten Legirungen führen wir noch folgende zwei, moderne Schriftmetalle an: **1)** Blei 67,0, Antimon 25,0, Zinn 8,0. — **2)** Blei 70,0, Antimon 26,0, Zinn 4,0. (B. Fischer.)

Queens' Metall. Besteht aus 10 Th. Antimon, 10 Th. Blei, 90 Th. Zinn.

Réaumur's Legirung. Besteht aus 7 Th. Antimon und 3 Th. Eisen. Giebt unter der Feile Funken.

Weissmetall für Axenlager 75—90 Th. Zinn, 8—15 Th. Antimon, 2—9 Th. Kupfer.

Toxikologisches. Antimonoxyd, Antimonchlorid, Brechweinstein, überhaupt alle zur Resorption gelangenden Antimonverbindungen sind Gifte. Symptome der Vergiftung sind: Magenschmerzen, Krämpfe, erschwerte Athmung, Ausschläge, Kälte der Haut, Collaps, worauf schliesslich der Tod unter Herzlähmung eintreten kann. Gegenmittel sind: Opium, Kaffee, Thee, Gerbsäure, Chinadekokte. Mit den Albuminaten scheinen die Antimonverbindungen unlösliche Verbindungen nicht einzugehen. Das Antimon wird hauptsächlich durch Faeces und Harn ausgeschieden, nur ein geringer Theil geht in das Blut über. Die Sektion ergiebt Magenentzündung.

Zur chemischen Untersuchung werden nach Vergiftung durch Antimonpräparate namentlich Erbrochenes, Darminhalt, Leber, Blut, Harn herangezogen. Man zerstört die Untersuchungsobjekte mit Salzsäure und chlorsaurem Kali, verjagt das überschüssige Chlor (vergl. Bd. I, S. 402, Herstellung der Giftlösung) und füllt das Filtrat zu einem bestimmten Volumen auf. Einen gemessenen Theil prüft man im Apparat nach Marsh (s. Bd. I, S. 404), einen zweiten Theil versetzt man mit Natronlauge bis zur schwach alkalischen Reaktion. Man macht alsdann mit Salzsäure deutlich sauer (Prüfung mit Methylorange-Papier), leitet Schwefelwasserstoff ein, filtrirt den entstehenden Niederschlag ab, wäscht ihn mit schwefelwasserstoffhaltigem Wasser aus, löst ihn in Salzsäure unter Erwärmen und prüft nun die Lösung durch die auf S. 946 angegebenen Reaktionen. — Einen anderen Theil prüft man im Marsh'schen Apparate; sind diese Prüfungen positiv ausgefallen, so benutzt man den Rest der Lösung zur quantitativen Bestimmung des Antimons.

Das metallische Antimon ist früher in verschiedenen Formen therapeutisch verwendet worden. Diese Anwendungsformen können heute als verlassen gelten. Sie sind indessen von einer gewissen historischen Bedeutung und pharmakodynamisch dadurch zu erklären, dass beim Einführen des Antimons in den Organismus in den Verdauungswegen kleine Mengen von Antimon gelöst und resorbirt wurden, welche alsdann ihre Wirkungen entfalteten.

Stibium chloratum.

I. † Stibium chloratum (concretum). Antimonium chloratum. Chlorure d'antimoine (Gall.). **Antimontrichlorid. Butyrum Antimonii. Causticum antimoniale. Murias Stibii. Chloratum Stibii. Chloratum Antimonii. Antimonbutter. Spiessglanzbutter. $SbCl_3$. Mol. Gew. = 226,5.**

Darstellung. Man übergiesst in einem Kolben 1 Theil möglichst feingepulvertes (!) Schwefelantimon mit 4 Theilen arsenfreier Salzsäure vom spec. Gew. 1,17 und erhitzt die Mischung im Sandbade zunächst allmählich, später energisch und zwar so lange, bis sich Schwefelwasserstoff nicht mehr entwickelt (Prüfung mit Bleipapier). Hierauf lässt man unter schräger Stellung des Kolbens erkalten, giesst die Flüssigkeit in eine Porzellanschale ab und wäscht das nicht gelöste Schwefelantimon mit etwas Salzsäure nach. Man filtrirt nach dem Absetzen die vereinigten Flüssigkeiten durch Asbest und dampft sie über freiem Feuer oder im Sandbade bis etwa zur Hälfte ab. Die klare Flüssigkeit giesst man nach dem Erkalten in eine in ein Sandbad eingesetzte tubulirte Retorte, verbindet diese mit einer etwas Wasser enthaltenden Vorlage und destillirt, indem man von Zeit zu Zeit die Vorlage entfernt und das Destillat in ein mit Wasser gefülltes Kölbchen tropfen lässt.

Es entweichen zunächst Wasser und Salzsäure, dann destillirt das bei 134° C. siedende Arsenchlorid, schliesslich geht das bei 223° C. siedende Antimontrichlorid über. Man erkennt das Uebergehen von Antimontrichlorid daran, dass das Destillat beim Eintropfen in Wasser eine starke Trübung erzeugt. Man muss aber die überdestillirte Salzsäure entfernen und reines Wasser vorlegen, weil das Antimontrichlorid nur mit Wasser und nicht mit der überdestillirten Salzsäure die erwähnte Trübung giebt. Wenn dieser Punkt erreicht ist, so legt man eine neue Vorlage vor und sammelt in dieser das Destillat, bis der Gesammtinhalt der Retorte bis auf einen kleinen Rest übergegangen ist. Um zu vermeiden, dass das Destillat im Retortenhalse erstarrt, erwärmt man diesen durch ein Kohlenbecken. — Man schmilzt das inzwischen erstarrte Destillat durch Anwärmen und füllt es in Glasstopfengefässe mit weitem Halse über.

Eigenschaften. Antimontrichlorid ist eine farblose oder schwach gelbliche, weiche, blätterig-krystallinische, an der Luft rauchende und zerfliessliche, Ammoniak begierig aufnehmende, in starkem Alkohol, Aether, Benzol, Schwefelkohlenstoff vollständig lösliche Masse, welche bei 73° C. schmilzt und gegen 225° C. siedet. Mit Wasser giebt sie eine milchige Mischung, indem sich das aus Antimonoxychlorid bestehende Algarothpulver abscheidet, während freie Salzsäure und ein Theil des Antimontrichlorids (unzersetzt) in Lösung bleiben. Durch Zusatz von Salzsäure oder Weinsäure kann der Niederschlag wieder in Lösung übergeführt werden.

Prüfung. Das Präparat ist genügend rein, wenn es in Weingeist klar löslich ist, und wenn es mit 10 Volumen Wasser eine milchige Mischung giebt, welche auf Zusatz von Weinsäure wieder klar wird.

Aufbewahrung. In weiten Glasstopfengefässen, vor Feuchtigkeit geschützt, vorsichtig.

Anwendung wie das folgende.

II. † Liquor Stibii chlorati (Ergänzb.) **Stibium chloratum solutum** (Helv.). **Antimonchlorürlösung. Flüssige Antimonbutter.**

Darstellung. Man bereitet zunächst, wie bei dem vorigen Präparate angegeben ist, das feste Antimontrichlorid und löst dieses in soviel 12,5procentiger Salzsäure, dass das spec. Gewicht der Lösung = 1,34—1,36 (Ergänzb., Helv.) beträgt. Hierzu bedarf man für 100 Th. des festen Antimontrichlorids etwa 60—70 Th. der 12,5procentigen Salzsäure.

Eigenschaften. Eine ölige, klare, farblose oder durch einen geringen Eisengehalt schwach gelblich gefärbte Flüssigkeit von saurer Reaktion, beim Erhitzen vollständig flüchtig. Sie enthält bei dem spec. Gewicht 1,34 — 1,36 etwa 33,3 Proc. Antimontrichlorid.

Prüfung. 1) Mit dem dreifachen Volumen 96procentigen Weingeistes vermischt, werde die Flüssigkeit nicht getrübt (Bleichlorid). — 2) Die mit dem gleichen Volumen Wasser vermischte und dann mit Kalilauge bis zur Klärung versetzte Flüssigkeit darf durch Schwefelwasserstoff nicht gefällt werden (Kupfer, Blei, Zink). — 3) Das Filtrat der mit Ammoniak im Ueberschuss versetzten Lösung darf nicht blau gefärbt sein (Kupfer). — 4) Die mit Weinsäure versetzte und mit Wasser verdünnte Flüssigkeit darf durch Ferrocyankalium nicht oder nur unbedeutend blau gefärbt werden (Eisen).

Aufbewahrung. In Flaschen mit eingeschliffenen Glasstopfen, vorsichtig.

Anwendung. Spiessglanzbutter in fester Form, sowie in der Form der Lösung sind energische Aetzmittel, welche nur äusserlich angewendet werden und zwar zum Beizen der Wunden mit wildem Fleische, krebsiger und syphilitischer Geschwüre, inficirter (Hundswuth, Schlangenbiss etc.) Wunden, in der Veterinärpraxis gegen den sog. Hautwurm der Pferde. Man gebe sie abgesehen von ärztlichen Verordnungen nur unter Erfüllung der für Gifte geltenden Vorschriften ab.

† Stibium jodatum. Antimonium jodatum. Antimonjodür. SbJ_3. **Mol. Gew. = 501.** 15,0 Jod werden in ein Glaskölbchen gegeben und nach und nach in nur kleinen (circa 15) Portionen mit 5,0 gepulvertem Antimonmetall versetzt. Sollte dennoch eine zu starke Erhitzung eintreten, so müsste man das Kölbchen durch Einsenken in kaltes Wasser abzukühlen suchen. Auf die erkaltete Masse giesst man 100,0 Schwefelkohlenstoff, verschliesst den Kolben mit einem Kork und bewirkt die Lösung unter sanftem Schütteln. Die Lösung wird dann in eine Porcellanschale gegossen und der freiwilligen Verdunstung überlassen. Es ist nicht rathsam, grössere Mengen auf einmal darzustellen, und bei dem Zusetzen von Antimonmetall muss alle Vorsicht angewendet werden, denn die Erhitzung kann sich bei einem zu grossen Zusatz bis zur Explosion steigern.

Die rothen Krystalle sind in einem dicht mit Glasstopfen geschlossenen Glase in der Reihe der starkwirkenden Arzneikörper aufzubewahren. Sie zersetzen sich in Berührung mit feuchter Luft.

Das Antimonjodid wird zu 0,005—0,01—0,015 g mehrmals täglich bei chronischem Bronchialkatarrh in Pillenform gegeben. Die stärkste Einzelngabe ist zu 0,03 g, die stärkste Gesammtgabe auf den Tag zu 0,15 g anzunehmen.

† Stibium oxyjodatum. Oxyjoduretum Antimonii. Antimonium oxyjodatum, Antimonoxyjodid. 10,0 Liquor Stibii chlorati werden unter Umrühren nach und nach in eine Lösung von 15,0 Kaliumjodid in 60,0 destill. Wasser getröpfelt, der Niederschlag gesammelt mit 60,0 destill. Wasser ausgewaschen und an einem lauwarmen Orte getrocknet. Es ist ein weissliches oder weisses geschmackloses Pulver von unbestimmtem Jodgehalt. Man giebt es zu 0,01—0,015—0,02 g mehrmals täglich.

Englisches Broncirsalz für Eisen und Stahl ist ein Gemisch aus 100 Th. flüssiger Antimonbutter und 10 Th. Olivenöl. Mit dieser Mischung wird das erwärmte Eisen dünn bestrichen, einige Tage der Luft ausgesetzt, dann mit dem Polirstahl bearbeitet oder mit Goldlack bestrichen.

Zinkschwärze. Zum Schwärzen des Zinks bedient man sich einer Mischung aus 10 Th. flüssiger Antimonbutter, 5 Th. roher Salzsäure und 50 Th. Weingeist. Mittels eines leinenen Lappens wird mit der Mischung die Zinkfläche berieben.

Stibium oxydatum.

I. † Stibium oxydatum praecipitatum. Antimonii Oxydum (Brit. U-St.). **Stibium oxydatum (emeticum). Stibium oxydatum griseum. Acidum stibiosum. Spiessglanzoxyd. Antimonoxyd. Antimontrioxyd. Antimonigsäure (Anhydrid). Sb_2O_3. Mol. Gew. = 288.**

Darstellung. 10 Th. Liquor Stibii chlorati werden mit 50 Th. destillirtem Wasser durchmischt, dann wird das Gemisch mit 300 Th. warmem destillirten Wasser verrührt. Der nach Verlauf einiger Stunden abgesetzte Niederschlag wird gesammelt, etwas mit destillirtem Wasser ausgewaschen, dann in ein Gefäss gebracht und mit soviel einer ca. 2procentigen Natriumkarbonatlösung durchmischt, dass die Mischung deutlich alkalisch reagirt. Man wäscht ihn alsdann mit destillirtem Wasser bis zur völligen Chlorfreiheit aus und trocknet ihn im Wasserbade aus.

II. † Stibium oxydatum via sicca paratum. Flores Antimonii. Flores argentei antimoniales. Nix Stibii. Antimonblüthe. Sb_2O_3. Mol. Gew. = 288.

Darstellung. Antimonmetall wird in einem Tiegel, welchem ein offenes weites thönernes Rohr dicht und in schräger Stellung aufgesetzt ist, geschmolzen und geglüht. Das in dem Thonrohre sich ansammelnde lockere Oxyd wird gesammelt.

Ein in seinem physikalischen Verhalten ähnliches Präparat erlangt man, wenn man gepulvertes Antimonmetall unter wiederholtem Besprengen mit 25proc. Salpetersäure und unter Umrühren in einer flachen Porcellanschale erhitzt, bis es in eine weisse pulverige Masse verwandelt ist, dieses Pulver mit Wasser auswäscht und trocknet.

Eigenschaften. Das auf nassem Wege dargestellte Antimonoxyd ist ein schweres weisses oder weissliches krystallinisches Pulver, das auf trocknem Wege bereitete bildet sehr weisse glänzende prismatische oder gerade rhombische Prismen, mehr oder weniger mit Octaëdern untermischt. Beim Erhitzen vor dem Löthrohre verflüchtigt es sich in weissen Dämpfen und giebt mit Soda und Kohle Metallkügelchen, welche spröde sind und sich leicht zu einem Pulver zerreiben lassen. Das Antimonoxyd ist indifferent gegen Lackmuspapier, ferner unlöslich in Wasser, aber löslich in Salzsäure und in Weinsäurelösung. Beim jedesmaligen Erhitzen wird es gelb, in der Glühhitze schmilzt es zu einer gelblichen Flüssigkeit und erstarrt beim Erkalten zu einer weissen krystallinischen Masse. In starker Glühhitze und bei Abschluss der Luft sublimirt es unverändert. Beim Erhitzen an der Luft nimmt es Sauerstoff auf und geht zum Theil in antimonsaures Antimonoxyd Sb_2O_4 über.

Prüfung. 1) Die Lösung in überschüssiger, reiner rauchender Salzsäure mit krystallisirtem Stannochlorid versetzt und aufgekocht (oder die] Lösung im BETTENDORFF'schen Reagens, s. S. 942) darf sich nicht braun färben oder einen braunen Niederschlag geben (Arsen). — 2) Die Lösung in reiner 25proc. Salzsäure darf nach dem Verdünnen mit Wasser durch Kaliumjodidlösung nicht gelb oder bräunlich gefärbt werden (Antimonpentoxyd Sb_2O_5, s. S. 947). — 3) Löst man das Antimonoxyd in Natronlauge und leitet in die eine Hälfte dieser Lösung Schwefelwasserstoff, so darf ein dunkler oder weisser Niederschlag nicht entstehen (Kupfer, Blei, Zink). Uebersättigt man die andere Hälfte mit Salpetersäure, so darf Silbernitrat in dieser Lösung bez. in dem klaren Filtrate nur eine leichte Trübung (Chlor) hervorbringen.

Aufbewahrung. Vorsichtig. ***Anwendung.*** Therapeutisch wird es nur selten und dann ähnlich wie Brechweinstein als Contrastimulans zu 0,05—0,10—0,15 g mehrmals täglich angewendet. Grössere Gaben erzeugen heftiges Erbrechen. Dieses Präparat ist nur dann zu dispensiren, wenn es als Stibium oxydatum (emeticum oder griseum) verordnet ist; wenn Stibium oxydatum album verordnet wird, ist das folgende: Antimonium diaphoreticum zu dispensiren.

III. Antimonium diaphoreticum. Antimoine diaphorétique lavé (Gall.). **Kali stibicum. Stibium oxydatum album. Cerussa Antimonii. Calx Antimonii. Antimonium diaphoreticum ablutum. Acidum stibiosum et stibicum. Antimonsaures Kali. Gewaschenes schweisstreibendes Antimon. Schweisstreibendes Antimonoxyd. Weisses Schweisspulver.** Ein Gemisch von Metantimonsäure und Kaliummetantimoniat. Die Gall. giebt als Formel an **$(SbO_3)_2 . HK + 2H_2O$. Mol. Gew. = 412.**

Darstellung. In einen zur Rothgluth erhitzten Tiegel trägt man in kleinen Portionen mittels eines Esslöffels ein inniges Gemisch aus 1 Th. gepulvertem reinem Antimon und 2 Th. Kalisalpeter mit der Vorsicht ein, dass man nicht eher eine neue Menge einträgt, bevor nicht die zuletzt zugegebene vollständig verpufft und verglimmt ist. Wenn der Tiegel ziemlich angefüllt ist, so legt man einen Deckel auf und hält den Inhalt mindestens 1/2 Stunde auf Rothgluth. Dann schüttet man die breiige Masse aus dem Tiegel und lässt sie erkalten. Nach dem Erkalten pulvert man sie sehr fein und wäscht das Pulver dreimal mit je 3,3 Th. destillirtem Wasser oder so lange aus, bis es frei von Nitrat und Nitrit ist. Dann sammelt man es auf einem Kolatorium, lässt abtropfen und trocknet es im Wasserbade aus.

Eigenschaften. Das diaphoretische Antimonoxyd ist ein weisses oder gelblichweisses, geruch- und geschmackloses, in Wasser nur höchst unbedeutend lösliches, mit 25proc. Salpetersäure nicht aufbrausendes, schweres Pulver, welches feuchtes rothes Lackmuspapier bläut. Es ist durch anhaltendes Kochen mit Wasser in diesem zum Theil löslich und die filtrirte Lösung lässt sich bis zur Sirupdicke eindampfen, ohne etwas abzuscheiden. Ein ähnliches Präparat führte in alter Zeit den Namen Materia perlata Kerkringii.

Aufbewahrung. In dicht geschlossener Glasflasche.

Anwendung. Das schon in Vergessenheit gerathene Präparat wird wieder verwendet und zwar als Ersatz des Brechweinsteins, weil es besser vertragen wird als dieser bei Pneumonien, Lungenblutungen, Kindbettfieber zu 0,5—1,0—1,5 g. Wenn es antimonoxydhaltig ist, kann es Erbrechen bewirken.

† Antimonium diaphoreticum non ablutum. Stibium oxydatum non ablutum. Man trägt in einen rothglühenden Hessischen Tiegel eine pulverige Mischung von 20 Th. möglichst bleifreiem Schwefelantimon und 50 Th. Kalisalpeter in kleinen Antheilen ein.

Vorsicht wie bei dem vorigen! Die geschmolzene Masse wird nach dem Erkalten gepulvert, aber nicht gewaschen.

IV. † Kalium pyrostibicum acidum. Kali stibicum solubile. Saures Kaliumpyroantimoniat. Saures pyroantimonsaures Kali. $H_2K_2Sb_2O_7 + 6H_2O$. Mol. Gew. = 540.

Darstellung. Man trägt in kleinen Antheilen (!) ein Gemenge aus gleichen Theilen gepulvertem Brechweinstein und Salpeter in einen glühenden Tiegel ein (vergl. S. 953). Nachdem die Masse verbrannt ist, wird sie noch $^1/_4$ Stunde lang mässig geglüht, wobei sie anfangs etwas schäumt, zuletzt aber ruhig schmilzt. Man nimmt nun den Tiegel aus dem Feuer und zieht nach hinlänglichem Erkalten die Masse mit warmem Wasser aus. Sie lässt sich leicht herausspülen und setzt ein schweres weisses Pulver ab, von welchem die Flüssigkeit abgegossen wird. Man wäscht dasselbe mit etwas kaltem Wasser, und trocknet es über Schwefelsäure.

Eigenschaften. Das saure Kaliumpyroantimoniat ist ein specifisch schweres Pulver, welches in 90 Th. siedendem oder 250 Th. kaltem Wasser löslich ist. Das Präparat wird nicht therapeutisch, sondern als Reagens verwendet. Seine gesättigte wässerige Lösung dient als Reagens auf Natriumverbindungen. Zur Darstellung des Reagens kocht man 1 Th. saures Kaliumpyroantimoniat kurze Zeit mit 200 Th. Wasser, lässt erkalten und filtrirt. Die Lösung muss klar und neutral sein und darf mit Kalium- oder Ammoniumchloridlösung keine Niederschläge geben, muss aber mit Natriumchloridlösung einen zunächst gelatinösen, bald körnig werdenden Niederschlag bilden. Für den Gebrauch des Reagens ist folgendes zu beachten:

Die zu prüfende natronhaltige Lösung darf ausser Kali und Natron keine anderen Basen enthalten, sie muss ferner hinreichend koncentrirt und neutral oder alkalisch (!) sein. Versetzt man eine solche natronhaltige Lösung mit dem Reagens, so scheidet sich beim Reiben mit dem Glasstabe ein körniger Niederschlag von saurem pyroantimonsaurem Natrium $Sb_2O_7H_2Na_2 + 6H_2O$ (in verdünnten Lösungen erst nach einigen Stunden) aus. Saure Lösungen stumpft man mit etwas reinem Kaliumkarbonat ab. Die Lösung ist nicht unbegrenzte Zeit haltbar, sondern sie wird schleimig und ist alsdann als Reagens unbrauchbar.

† Nitrum stibiatum. Der Salzrückstand des eingedampften Waschwassers der vorstehenden Substanz, welcher Kaliumnitrat, Kaliumnitrit, auch wohl Kaliumarseniat und Kaliumantimoniat enthält. Ist nicht mehr im Gebrauch.

† Chininum stibicum. Antimonsaures Chinin. Chininantimoniat. 10,0 saures Kaliumpyroantimoniat werden in 300,0 warmem destillirtem Wasser gelöst und mit 7,5 basischem Chininsulfat (Chininum sulfuricum, Germ. IV, s. Bd. I, S. 756) gelöst in 100,0 destillirtem Wasser und 4,0 verdünnter Schwefelsäure, versetzt. Nach einem halben Tage wird der Niederschlag gesammelt, mit 100,0 kaltem Wasser ausgewaschen und an einem lauwarmen Orte getrocknet. Ausbeute gegen 12 Th. Das weisse in Wasser kaum lösliche Salz wurde von italienischen Aerzten als ein eröffnendes, schweisstreibendes und antitypisches Mittel empfohlen und zu 0,1—0,2—0,3 mehrere Male des Tages gegen Wechselfieber, bei Gicht, Rheuma, herpetischen Hautausschlägen angewendet.

† Stibium chinotannicum. Antimonium chinotannatum. Antimonchinotannat, Antimontannat. Eine kolirte heisse Abkochung von 100,0 brauner Chinarinde in 1200,0 Wasser wird mit 20,0 gepulvertem Brechweinstein versetzt, unter Umrühren $^1/_2$ Stunde der Digestionswärme ausgesetzt, dann an einen kalten Ort gestellt. Der Bodensatz wird in einem Filter gesammelt, mit kaltem Wasser so lange gewaschen, als das Abtropfende sauer reagirt, endlich in gelinder Wärme getrocknet und zu einem Pulver zerrieben. Es ist als Contrastimulans zu 0,2—0,3—0,4 mehrmals des Tages angewendet worden.

V. † Stibium oxydatum fuscum. Crocus metallorum. Crocus Antimonii. Braunes Spiessglanzoxyd. Braunes Antimonoxyd. Metallsafran. Antimonsafran. Oxysulfure d'antimoine fondu (Gall.).

Darstellung. Ein Pulvergemisch aus gleichen Theilen schwarzem, möglichst bleifreiem Schwefelantimon und Kalisalpeter wird in einer irdenen Schüssel zu einem ca. 6 cm hohen Haufen aufgeschüttet und durch ein brennendes Zündhölzchen angezündet. Nach erfolgter Verpuffung wird die Masse zerrieben, mit Wasser ausgekocht und ausgewaschen, endlich getrocknet.

Eigenschaften. Antimonsafran ist ein feines, schweres, braunes oder grünlichbraunes, geruch- und geschmackloses Pulver, kaum löslich in Wasser. In der Glühhitze schmilzt es und erstarrt dann beim Erkalten zu einem Glase. In überschüssiger koncentrirter Salzsäure ist es beinahe vollständig löslich unter Entwickelung von Schwefelwasserstoff, und die salzsaure Lösung lässt bei der Verdünnung mit einem Mehrfachen Wassers Antimonoxychlorid fallen.

Das Produkt aus der Verpuffung gleicher Theile Schwefelantimon und Salpeter war früher unter dem Namen **Hepar Antimonii** bekannt und ist ein Gemisch aus Antimonoxyd, Antimonoxyd-Kali, Kaliumantimontrisulfid, Kaliumsulfat nebst den gewöhnlichen Verunreinigungen des Schwefelantimons. Nach dem Auswaschen und Auskochen mit Wasser bleiben Antimonoxyd, Antimonoxyd-Kali mit etwas Antimontrisulfid zurück, welche den Antimonsafran zusammensetzen.

Aufbewahrung. Vorsichtig. ***Anwendung.*** Früher wurde dieses Präparat als Antimonoxydmaterial zur Darstellung des Brechweinsteins verwendet. Heute wird es zuweilen noch in der Praxis der Viehkurirer bei Druse, Hautwurm, Mangel an Fresslust, Lungenentzündung der Pferde zu 5,0—10,0 drei- bis viermal täglich in Latwergenform gegeben.

VI. † Tartarus stibiatus (Germ. Helv.). **Stibium-Kalio tartaricum. Antimonium tartaratum** (Brit.). **Antimonii et Potassii Tartras** (U-St.). **Tartrate d'antimoine et de potasse** (Gall.). **Tartarus emeticus. Stibio-Kalium tartaricum. Brechweinstein. Antimonyl-Kaliumtartrat. Weinsaures Antimonylkalium. Emétique** (franz.). **Tartar Emetic** (engl.). $C_4H_4O_6K(SbO) + {}^1/_2H_2O$. **Mol. Gew. = 332.**

Darstellung. Man erwärmt in einer Porcellanschale 60 Th. destillirtes Wasser bis nahe zum Sieden und trägt unter fortwährendem Umrühren mit einem Porcellanspatel eine innige Mischung aus 5 Th. Antimonoxyd und 6 Th. kalkfreiem, gereinigtem Weinstein allmählich ein. Die Auflösung geht ziemlich rasch vor sich. Nachdem die ganze Mischung eingetragen, wird mit dem Erwärmen und Umrühren, unter zeitweiligem Ersatze des verdunsteten Wassers durch heisses Wasser, noch einige Zeit fortgefahren, hierauf die Flüssigkeit heiss filtrirt, wobei man die Vorsicht gebraucht, den Trichter vorher zu erwärmen und auch die zur Aufnahme des Filtrates bestimmte Flasche in warmes Wasser zu stellen, damit sich während der Filtration keine Krystalle abscheiden. Nachdem Schale und Filter mit heissem Wasser nachgewaschen sind, dampft man das Filtrat bis zur Bildung einer Salzhaut (bis auf etwa 40 Th.) ein und stellt hierauf zur Krystallisation an einen kühlen Ort. Die ausgeschiedenen Krystalle werden in einem Trichter mit wenig kaltem destillirtem Wasser abgewaschen, hierauf zwischen Filtrirpapier bei sehr gelinder Wärme getrocknet. Die Mutterlaugen liefern durch Eindampfen weitere Mengen von Krystallen.

Vorsicht! Sämmtliche Rückstände sind so zu beseitigen, dass sie Menschen und Thieren nicht gefährlich werden.

Eigenschaften. Der Brechweinstein krystallisirt in farblosen, wasserhellen, nach einiger Zeit trübe und mürbe werdenden rhombischen Oktaëdern oder Tetraëdern; gepulvert ist er ein sehr weisses Pulver aus Krystallbruchstücken bestehend, mit Weingeist niedergeschlagen ein lockeres, schneeweisses Pulver aus mikroskopischen, oktaëdrischen und tetraëdrischen Krystallen bestehend. Der Geschmack ist etwas süss, hintennach ekelhaft metallisch. Der Brechweinstein ist in 2 Th. kochendem oder 14 bis 15 Th. kaltem Wasser, nicht in Weingeist löslich. Die Lösung reagirt sauer und lässt sich nicht lange ohne Zersetzung aufbewahren; sie bildet im Verlaufe der Zersetzung Bodensätze.

COOK
|
CH.OH
|
CH.OH
|
COOSbO
Antimonyl-Kaliumtartrat.

Der aus Wasser krystallisirte und der aus wässeriger Lösung durch Weingeist niedergeschlagene Brechweinstein haben beide die gleiche Zusammensetzung, sie entsprechen beide der Formel $C_4H_4K(SbO)O_6 + {}^1/_2H_2O$.

Von diesem $^1/_2$ Mol. Krystallwasser verlieren die Krystalle einen Theil schon beim Liegen an trockener Luft, indem sie dabei undurchsichtig werden. Bei 100° C. wird das gesammte Krystallwasser abgegeben, es hinterbleibt wasserfreier Brechweinstein $C_4H_4K(SbO)O_6$. Dieser letztere giebt bei 200° C. nochmals intramolekular Wasser ab unter Bildung von Antimon-Kaliumtartrat $C_4H_2O_6KSb$, welches beim Auflösen in Wasser wieder in Brechweinstein übergeht.

Höher erhitzt wird der Brechweinstein völlig zersetzt; unter Funkensprühen bilden sich brenzliche Produkte und weisse Dämpfe von Antimonoxyd. Beim Glühen im geschlossenen Gefäss hinterbleibt eine pyrophorische, kohlige Masse, in welcher eine Legirung von Antimon mit Kalium enthalten sein dürfte.

In der wässerigen Lösung des Brechweinsteins erzeugen Salzsäure, Schwefelsäure und Salpetersäure Niederschläge von antimoniger Säure SbO_3H_3, welche sich in einem Ueberschuss der genannten Säuren, auch in Weinsäure, wieder auflöst. Arsensäure, Phosphorsäure, Oxalsäure, Gerbsäure scheiden Niederschläge von nicht näher bekannter Zusammensetzung aus, welche im Ueberschusse dieser Säuren auch nicht löslich sind. Essigsäure, Weinsäure und Arsenigsäure bewirken dagegen keine Fällung.

Kalium- und Natriumhydroxyd, sowie Ammoniakflüssigkeit und Alkalikarbonate, fällen aus der wässerigen Lösung weisses Antimonoxyd Sb_2O_3, welches in einem Ueberschuss von Kalium- oder Natriumhydroxyd (nicht aber von Ammoniak und Alkalikarbonat) löslich ist. Ebenso werden Fällungen von Antimontrioxyd hervorgerufen durch Kalkwasser und Barytwasser.

Die wässerige Lösung des Brechweinsteins wird durch Schwefelwasserstoff nur gelb gefärbt; wurde sie vorher mit einer Mineralsäure (HCl) angesäuert, so fällt Schwefelwasserstoff orangerothes Antimontrisulfid Sb_2S_3.

Pulverung. Der Brechweinstein wird als ein sehr feines Pulver vorräthig gehalten Das Pulvern grösserer Mengen, welches nur in Mörsern aus Stein oder Porcellan vorgenommen werden darf, ist eine unangenehme Arbeit. Man kann sie umgehen, wenn man das Salz aus seiner Lösung durch Weingeist fällt: Man löst 2 Th. des krystallisirten Salzes in 5 bis 6 Th. siedendem heissem Wasser und giesst die heisse (wenn nöthig filtrirte) Lösung unter Umrühren in 5 Th. Weingeist. Nach dem Erkalten bringt man den Salzbrei auf ein leinenes Kolatorium, presst ihn sanft aus und trocknet ihn, auf Fliesspapier ausgebreitet und vor Staub geschützt, an einem lauwarmen Orte. Aus der Mutterlauge kann man den Weingeist zum grössten Theile durch Destillation wiedergewinnen, alle Brechweinstein enthaltenden Rückstände aber sind sorgfältig zu beseitigen (s. oben).

Prüfung. Wenn der Brechweinstein ein ungefärbtes Pulver darstellt, so kann man sich darauf beschränken, auf Arsen zu prüfen und den Gehalt an Antimonoxyd festzustellen: 1) Man schüttelt 1 g Brechweinstein mit 3 ccm Bettendorf'schem Reagens (s. S. 942). Er geht dabei in Lösung; die letztere darf innerhalb einer Stunde weder Braunfärbung noch Ausscheidung brauner Flocken zeigen (Arsen). — 2) Löst man 0,2 g Brechweinstein (genau gewogen) sowie 0,2 g Weinsäure in 100 ccm kaltem Wasser und fügt 2 g Natriumbikarbonat sowie einige Tropfen Stärkelösung hinzu, so sollen zur Blaufärbung der Flüssigkeit 12 ccm $^1/_{10}$-Normal-Jodlösung erforderlich sein. Da die Einwirkung des Jods auf den Brechweinstein unter diesen Umständen nach der Gleichung $2[C_4H_4KO_6(SbO) + {}^1/_2H_2O] + 4J + 2H_2O = 4HJ + 2[C_6H_4KO_6(SbO_2) + {}^1/_2H_2O]$ verläuft, so lässt sich daraus berechnen, dass 1 ccm $^1/_{10}$-Normal-Jodlösung, welcher 0,0127 g Jod enthält = 0,0166 g Brechweinstein entsprechen. Daraus ergiebt sich, dass die zu verbrauchenden 12 ccm $^1/_{10}$-Normal-Jodlösung einem Gehalt von 99,6 Proc. reinem Brechweinstein obiger Formel entsprechen. — Bei dem Zusatz der Jodlösung trübt sich die Flüssigkeit bisweilen; diese Trübung besteht aus ausgeschiedener Antimonsäure SbO_3H, sie ist auf das Ergebniss indessen ohne Einfluss.

Anwendung. In konc. Lösung auf die Haut gebracht, wirkt Brechweinstein reizend, als Salbe eingerieben, erzeugt er pustulösen Ausschlag, bei unvorsichtiger Anwendung kann es zu tiefgreifenden Vereiterungen und Nekrose des Knochens kommen. Innerlich regen kleine Gaben bis 0,005 g unter Appetitverlust die Speichel- und Schweisssekretion an.

Nach etwas grösseren Gaben erfolgt Uebelkeit, Abgeschlagenheit. Grössere Gaben (0,03 bis 0,075 g) erzeugen Erbrechen, meist mit starken Durchfällen. Grosse Gaben können den Tod zur Folge haben, infolge Entzündung der Schleimhäute des Magens und des Darmes. Man benutzt den Brechweinstein: Aeusserlich als ableitendes Mittel, innerlich als Expektorans, schweisstreibendes Mittel, namentlich aber als Brechmittel.

Höchstgaben: *pro dosi:* 0,2 g (Austr. Germ. Helv.), *pro die:* 0,5 g (Austr. Helv.), 0,6 g (Germ.).

Brechweinsteinersatz. Als Ersatz des Brechweinsteins in der Technik sind eine Anzahl wasserlöslicher Doppelsalze des Antimons mit Erfolg eingeführt worden, welche sämmtlich bezwecken, die theure Weinsäure zu umgehen, z. B.:

Doppelantimonfluorid $SbF_3 + NaF$. In triklinen Prismen krystallisirendes Salz mit 66 Proc. Antimonoxyd, löslich in rund 2 Th. kaltem Wasser.

Antimonfluorid-Ammoniumsulfat mit 47 Proc. Antimonoxyd.

Antimonkaliumoxalat $Sb_2(C_2O_4)_3 \cdot 3K_2C_2O_4 + 12H_2O$.

Sapo stibiatus. Sapo antimonialis. Man reibt in einem erwärmten Porcellanmörser Kali caustici fusi 1,5 g und Stibii sulfurati aurantiaci 1,2 g zu einem feinen Pulver zusammen, besprengt dieses mit Aquae destillatae gtt. X, arbeitet durcheinander und mischt Saponis medicati 7,5 dazu. — Pulverige, grauweisse Masse, in Wasser löslich. Dieses obsolete Präparat hält sich auch bei guter Aufbewahrung nur kurze Zeit, man bereite es daher ex tempore. Man giebt es zu 0,2—0,4—0,6 g zwei bis dreimal täglich in Pillen.

† Vinum stibiatum. Vinum emeticum. Brechwein. Vin emétique. Aqua benedicta Ruland. Vinum antimoniale Huxham. Vinum benedictum. Die Vorschriften der einzelnen Pharmakopöen weichen von einander ab sowohl bezüglich des Gehaltes an Brechweinstein als auch bezüglich der zu verwendenden Weinsorte und der übrigen Zuthaten.

Austr. Vinum Stibio-Kali tartarici. Rp. Tartari stibiati 1,0, Vini Malacensis 250,0.

Brit. Vinum antimoniale. Rp. Tartari stibiati 4,0 löst man in 44 ccm siedendem Wasser und füllt mit Vini Xerensis bis zu 875 ccm auf. 1 g Brechweinstein ist in rund 220 ccm des Weines enthalten.

Germ. Vinum stibiatum. Rp. Tartari stibiati 1,0, Vini Xerensis 249,0.

Helv. Vinum stibiatum. Rp. Tartari stibiati 1,0, Vini Marsalensis 249,0.

U-St. Vinum Antimonii. Rp. Tartari stibiati 4,0 g, Aquae destillatae ebullientis 65,0 g, Spiritus (95 Vol.-Proc.) 150 ccm, Vini albi q. s. ad 1 l.

Der Brechwein sei klar und werde vorsichtig aufbewahrt.

Unguentum Tartari stibiati (Germ. Helv.). **Pommade stibiée** (Gall.). **Unguentum stibiatum. Unguentum Stibio-Kali tartarici. Brechweinsteinsalbe. Pockensalbe. Pommade d'Autenrieth. Unguentum Autenriethii. Autenrieth'sche Salbe.**

Vorsicht. Brechweinsteinsalbe ist nicht zu verwechseln mit dem Plumbum tannicum pultiforme auf S. 686. Man beachte: Autenrieth's Salbe gegen das Durchliegen ist = Plumbum tannicum pultiforme, Autenrieth's Salbe dagegen = Brechweinsteinsalbe. Sollte „Autenrieth's Salbe“ verordnet sein, so wird der Apotheker unter allen Umständen gut thun, erst genau festzustellen, was der Arzt gemeint hat!

Gall. Pommade stibiée. Rp. Tartari stibiati 10,0, Adipis benzoati 30,0.

Germ. Unguentum Tartari stibiati. Rp. Tartari stibiati 2,0, Unguenti Paraffini 8,0.

Helv. Unguentum Tartari stibiati. Rp. Tartari stibiati 2,0, Adipis suilli 8,0.

Man bereitet diese Salbe, indem man den Brechweinstein ohne Zusatz von Wasser mit einem Theil der Salbengrundlage feinreibt und den Rest der letzteren schliesslich zumischt. Da diese Salbe nur selten und in geringen Mengen verordnet wird, so bereitet man sie gewöhnlich *ex tempore.* — Brechweinsteinsalbe, auf die Haut eingerieben, erzeugt einen pustulösen Ausschlag, der zu tiefgreifenden Zerstörungen der Gewebe, selbst der Knochen führen kann.

Aqua emetica.

Aqua stibiata. Brechwasser.

Rp. Tartari stibiati 0,2
Aquae destillatae 50,0.

Viertelstündlich einen Esslöffel bis zum Erbrechen.

Charta antirheumatica Steege.

Steege's Gichtpapier.

Rp. 1. Gummi resinae Ammoniaci 80,0
2. Terebinthinae Venetae 40,0
3. Tartari stibiati subt. pulv. 10,0.

Man schmilzt 1 und 2, kolirt, mischt 3 darunter und streicht die Mischung mittels eines Pinsels einseitig auf Papier.

Collyrium antimoniatum PEREIRA.

Rp. Tartari stibiati 0,05
Aquae destillatae 50,0.

Dreimal täglich einige Tropfen in's Auge zu tropfen. Bei chronischer Augenentzündung neben Hornhautflecken.

Emplastrum contra naevos CUMMING.
CUMMING's Muttermalpflaster.

Rp. Tartari stibiati subt. pulv. 1,0
Emplastri Galbani crocati 9,0.

Auf Zeug oder Leder gestrichen auf das Muttermal aufzulegen, bis Pustelbildung eintritt.

Emplastrum Tartari stibiati.
Emplastrum antimoniatum KRANICHFELD.

Rp. 1. Tartari stibiati subt. pulv. 2,0
2. Cerati resinae Pini 8,0.

Man schmelze 2 bei mässiger Hitze und mische 1 darunter.

Guttae antarthriticae HEIM.

Rp. Liquoris Saponis stibiati
Tincturae Guajaci ammoniatae āā.

Viermal täglich 30 Tropfen.

Liquor Saponis stibiati.
Tinctura Antimonii JACOBI.
Sulfur auratum liquidum.

Rp. 1. Stibii sulfurati aurantiaci
2. Kalii caustici fusi āā 6,0
3. Saponis medicati 18,0
4. Aquae destillatae
5. Spiritus (90 Vol. Proc.) āā 36,0.

Man mischt 1 und 2 durch Zerreiben im Porcellanmörser und schüttet die Mischung in ein Kölbchen. Dann giebt man 3—5 hinzu, erwärmt $^1/_2$ Stunde gelinde, filtrirt und bringt das Filtrat auf 100,0. Jedesmal frisch zu bereiten, da sich das Präparat nur wenige Tage hält. Dosis 0,5 bis 1,0 g mehrmals täglich. Obsolet.

Magnesia stibiata.

Rp. Magnesii carbonici 1,0
Tartari stibiati 0,1.

Misce.

Mixtura stibiata opiata GRAVES.

Rp. Tartari stibiati 0,3
Extracti Opii 0,12
Aquae destillatae 150,0
Sirupi Sacchari 30,0.

1—2stündlich einen Esslöffel bei Delirium potatorum.

Pilulae aloëticae stibiatae
SCHROEDER VAN DER KOLK.

Rp. Tartari stibiati 0,25
Extracti Aloës 4,0.

Fiat pilulae No. 60. Dreimal täglich 2—3 Pillen (bei Geisteskrankheiten).

Pulvis antimonialis.
Pulvis Antimonii compositus. Pulvis antimonialis JAMES. Pulvis JACOBI. Antimonial powder. JAMES' powder. JAMES' Fieberpulver.

Rp. Stibii oxydati via sicca parati 1,0
Calcii phosphorici 2,0.

† Pulvis contra rattos et mures sine Arsenico.
Arsenfreies Ratten- und Mäusegift.
Philanthrope muophobon
(JACQUES SALOMON).

Rp. Tartari stibiati
Fructus Anisi
Sacchari albi
Farinae secalinae āā 5,0
Carbonis Ligni 2,0.

Fiat pulvis.

Pulvis emeticus (Form. Berol.).

Rp. Tartari stibiati 0,1
Radicis Ipecacuanhae 1,5.

Vet. Electuarium antapepticum equorum.

Rp. Tartari stibiati 10,0
Aloës 20,0
Radicis Gentianae
Fructus Anisi
Fructus Foeniculi āā 50,0
Natrii sulfurici 250,0
Farinae secalinae 100,0
Aquae communis q. s.

Fiat electuarium. Morgens, Mittags und Abends soviel wie ein Hühnerei gross zu geben (bei Mangel an Fresslust und verminderter Darmentleerung).

Vet. Electuarium antencephaliticum.

Rp. Tartari stibiati
Aloës āā 20,0
Kalii nitrici 100,0
Kalii sulfurici 300,0
Radicis Liquiritiae
Radicis Althaeae āā 100,0
Aquae communis q. s.

Fiat electuarium. Alle 2 Stunden soviel wie ein Hühnerei gross einzugeben (nach geschehenem Aderlass bei rasendem Koller der Pferde).

Vet. Electuarium antipyreticum fortius equorum.

Rp. Tartari stibiati 25,0
Herbae Hyoscyami
Fructus Anisi āā 50,0
Foliorum Digitalis 15,0
Kalii nitrici 50,0
Kalii sulfurici 300,0
Radicis Liquiritiae
Farinae secalinae āā 250,0
Aquae communis q. s.

Fiat electuarium. Stündlich soviel wie ein Hühnerei gross zu geben (nach geschehenem Aderlass bei Brustfellentzündung, Lungenentzündung).

Vet. Electuarium antipyreticum mite equorum.

Rp. Tartari stibiati 10,0
Kalii nitrici 100,0
Natrii sulfurici 500,0
Radicis Liquiritiae
Farinae secalinae āā 200,0
Aquae q. s.

Fiat electuarium. Anfangs alle 2, später alle 3 Stunden den achten Theil zu geben (bei katarrhalischen und rheumatischen Entzündungszuständen der Pferde).

Vet. Pilulae antiphlogisticae equorum.

Rp. Tartari stibiati 20,0
Kalii sulfurici 100,0
Kalii nitrici 50,0
Fructus Anisi
Radicis Althaeae āā 30,0
Aquae communis q. s.

Fiant pilulae paullum molles decem. Alle 2 bis 3 Stunden eine Pille (bei Entzündungen der Respirationsorgane, akutem Rheumatismus, Verschlag, Verfangen).

Vet. Pilulae antifebriles equorum.
Englische Fieberpillen.

Rp. Camphorae 2,0
Kalii nitrici 8,0
Tartari stibiati 2,0
Placentae Lini pulv. 30,0
Mellis q. s.

ut fiat Bolus No. 1. Nicht mehr als zwei solcher Boli im Tage zu geben.

Vet. **Pulvis antalgicus equorum.**

Rp. Tartari stibiati 5,0
Opii pulverati 2,0
Natrii sulfurici 150,0
Fructus Foeniculi 50,0
Herbae Hyoscyami 15,0.

Divide in tres partes aequales. Ein Pulver mit 1/2 Liter lauwarmem Wasser zu mischen und einzugiessen (beim Anfall rheumatischer Kolik, dann den anderen und dritten Tag ein Pulver.

Vet. **Pulvis emeticus.**

Rp. Tartari stibiati 0,15(—0,2)
Radicis Ipecacuanhae
Sacchari albi ää 0,5.*

Brechpulver. Innerhalb einer halben Stunde auf zweimal zu geben (bei kleinen Hunden, Katzen und Schweinen wird meist 1/2 Pulver genügen, um Erbrechen herbeizuführen).

Vet. **Pulveres stibiati equorum.**

Rp. Tartari stibiati 2,0
Stibii sulfurati nigri 10,0
Radicis Liquiritiae 5,0.

Fiat pulvis subtilis. Dentur tales doses decem (10). Früh und Abends 1 Pulver auf das angefeuchtete Futter zu streuen (bei katarrhalischen und rheumatischen Leiden, Influenza etc.).

Flechtenpulver aus St. Lubes in Frankreich. 100 Th. Salpeter, 10 Th. Antimonchlorid, 200 Th. Antimonoxyd. Jede Dosis zu 1,5 g. (Wittstein, Analyt.)

Mittel gegen Trunksucht von J. H. Rungel in Wandsbek. Eine wässerige Lösung von Brechweinstein mit 3 1/2 Proc. des letzteren und 1/2 Proc. einer indifferenten organischen Substanz. (250 g 8 Mk.) (E. Harms, Analyt.)

Trunksuchtsmittel von Franz Schumacher in Köln a. Rh. Ist eine Brechweinsteinlösung.

Stibium sulfuratum.

I. Stibium sulfuratum nigrum (Aust. Germ. Helv.). **Sulfure d'antimoine du commerce** (Gall.). **Antimonii Sulphidum** (U-St.). **Antimonium crudum. Schwarzes oder graues Schwefelantimon. Spiessglanz. Antimonium. Spitzglas.** Sb_2S_3. **Mol. Gew. = 336.**

Diese Antimonverbindung kommt natürlich als Grauspiessglanzerz vor, ist aber häufig von den Sulfiden anderer Metalle begleitet, z. B. von Schwefelblei, Schwefelkupfer, und Schwefelarsen. Auf Grund seiner leichten Schmelzbarkeit (bei 450° C.) kann es ohne Schwierigkeit von den beigemengten Bergarten durch Saigerung getrennt werden. Dies geschieht, indem man die Erze in durchlöcherten Tiegeln schmilzt, worauf das geschmolzene Schwefelantimon durch die Löcher abschmilzt. Als das beste Schwefelantimon gilt das bei Rosenau in Ungarn geförderte; es ist fast frei von Arsen und Blei und enthält nur sehr kleine Mengen Schwefelarsen. Helv. schreibt vor, wenn möglich das Rosenauer Produkt zu verwenden. Weitere brauchbare Sorten sind die englischen, ferner die von Schleiz und Harzgerode.

Das im Handel vorkommende schwarze Schwefelantimon bildet mehr oder weniger breite oder abgestumpfte kegelförmige, graue, glanzlose Kuchen oder Stücke, innen metallglänzend graphitfarben. Es ist abfärbend und zerreiblich, zerrieben schwärzer und beinahe glanzlos. Die ziemlich gleichmässige Bruchfläche zeigt ein strahlig-krystallinisches Gefüge mit bündelförmigen und parallelen Strahlen. Spec. Gew. 4,6.

Es kommt je nach Fundort und Reinheit zu verschiedenen Preisen in den Handel. Die gewöhnlichen Verunreinigungen sind die Schwefelverbindungen des Arsens, Bleies, Kupfers und Eisens, welche, wenn sie nicht zu gross sind, seine Verwendung zu chemischen Präparaten nicht hindern, weil sie während der Bearbeitung beseitigt werden, für den innerlichen Gebrauch soll aber das Schwefelantimon das möglichst geringste Maass von Arsen, Blei und Kupfer enthalten. Ein völlig arsenfreies Schwefelantimon ist im Handel eine besondere Seltenheit. Das als arsenfrei gerühmte Rosenauer Schwefelantimon ist nicht ganz frei von Arsen, es enthält aber doch sehr wenig davon und ist bis auf wenig Schwefeleisen ziemlich oder ganz frei von Blei und Kupfer. Auch Schleiz liefert ziemlich reine Schwefelantimone. Im allgemeinen ist das rohe Schwefelantimon um so reiner, je grobstrahliger und ausgebildeter sich das Krystallgefüge zeigt. Die Gegenwart der fremden Schwefelmetalle verhindert mehr oder weniger die Krystallbildung. Da die

Drogisten besonders die Rosenauer Waare auf Lager haben, so ist dieselbe auch erreichbar. Das Rosenauer schwarze Schwefelantimon enthält etwa 0,1—0,15 Proc. Arsensulfid.

Prüfung. Erhitzt man 2 g des fein gepulverten schwarzen Schwefelantimons mit 20 ccm konc. Salzsäure zunächst gelinde, allmählich zum Kochen, so muss es sich schliesslich bis auf einen nicht mehr als 0,02 g betragenden Rückstand auflösen. Da Arsensulfid in Salzsäure unlöslich ist, so würde damit dessen Menge auf höchstens 1 Procent festgesetzt sein.

Aufbewahrung. Das rohe Schwefelantimon wird als mittelfeines (nicht als grobes) Pulver für Zwecke der Veterinärpraxis und der Pyrotechnik vorräthig gehalten. Zum innerlichen Gebrauch für Menschen dient das unten folgende gereinigte Präparat II.

Anwendung. Das schwarze Schwefelantimon gilt in der Vieharzneikunde als ein die Absonderungen vermehrendes, die Thätigkeit des lymphatischen Systems und auch die Fresslust anregendes, den Geschlechtstrieb herabsetzendes Mittel. Im allgemeinen wird hier einem arsenhaltigen Schwefelantimon eine Wirkung nicht abzusprechen sein, doch ist es auch schon vorgekommen, dass ein stark arsenhaltiges in grosser Dosis tödtliche Vergiftungen herbeigeführt hat. — Es sollte der Vorsicht halber das Maass des Arsens in dem rohen Schwefelantimon stets bestimmt werden und sollte derselbe nie über 0,5 Proc. betragen. Ueber die Prüfung auf Arsen vergl. weiter unten.

Pferden giebt man es bei Druse, Katarrh, Hautwurm, Wurmkrankheit, Mangel an Fresslust, chronischen Hautkrankheiten zu 10,0—15,0, Rindern zu 7,5—10,0, Schweinen zu 1,5—2,0 (eine Messerspitze), Schafen zu 3,0—4,0 in Verbindung mit schleimigen Substanzen drei- bis viermal täglich.

Zur Herabsetzung des Geschlechtstriebes (Ranschen) der Schweine gebe man 3,0 (vermischt mit 1,0 Kalisalpeter) viermal täglich.

Vorsicht. Das Schwefelantimon ist oft ein Bestandtheil von Feuerwerkssätzen. Hier ist wohl zu beachten, dass es mit Kaliumchlorat (chlorsaurem Kali) nicht zusammengerieben werden darf, dass hierbei höchst gefährliche Explosionen sich ereignen können. Die Mischung beider pulverigen Substanzen wird auf einem Bogen Papier mit einer Federfahne bewirkt! Vergl. auch unter Kalium chloricum, S. 186.

II. Stibium sulfuratum nigrum laevigatum (Ergänzb.). **Antimonium nigrum purificatum** (Brit.). **Antimonii Sulphidum purificatum** (U-St.). **Sulfure d'antimoine pur** (Gall.). **Gereinigtes Schwefelantimon. Präparirtes Schwefelantimon.** Sb_2S_3. **Mol. Gew. = 336.**

Darstellung. Diese bezweckt einmal, das schwarze Schwefelantimon in ein höchst feines Pulver zu verwandeln, sodann aber das in ihm enthaltene Schwefelarsen zu beseitigen.

1) Man liest die schönsten krystallinischen Stücke des reinsten käuflichen Schwefelantimons aus, pulvert sie fein und unterwirft sie in einer Reibmaschine oder im Porcellanmörser dem Schlämmverfahren mit Wasser. 1000 Th. dieses geschlämmten Schwefelantimons übergiesst man in einer weithalsigen Flasche mit 400 Th. 10procentiger Ammoniakflüssigkeit und macerirt die Mischung 5 Tage unter häufigem Umschütteln. Man verdünnt alsdann die Mischung mit Wasser, lässt den Niederschlag absetzen, bringt ihn auf ein Kolatorium, wäscht ihn aus und trocknet ihn in dünner Schicht bei 30—40° C. aus.

2) Gall. stellt das reine Schwefelantimon dar durch Zusammenschmelzen einer Mischung von 1250 Th. gepulvertem reinem Antimon und 500 Th. arsenfreiem Schwefel.

Eigenschaften. Ein gutes rohes schwarzes Schwefelantimon bildet abfärbende, stahlgraue, metallisch-glänzende, auf dem Bruche strahlig-krystallinische Massen von 4,30 bis 4,50 spec. Gew. Es ist nicht sehr hart, aber spröde und giebt ein schwarzgraues, schwach glänzendes Pulver. Noch unter der Glühhitze (bei ca. 450° C.) schmilzt es. Vor dem Löthrohre auf Kohle schmilzt es sehr schnell und verflüchtigt sich beim weiteren Erhitzen, unter Entwickelung von Schwefligsäure, in Gestalt weisser Antimonoxyddämpfe, welche die Kohle weiss beschlagen. Durch seine leichte Schmelzbarkeit unterscheidet es sich von dem ihm ähnlichen, aber sehr schwer schmelzbaren natürlichen Manganhyperoxyd (Braunstein). Das geschlämmte und gereinigte schwarze Schwefelantimon ist grauschwarz, wenig glänzend und zwischen den Fingern unfühlbar, dabei geruch- und geschmacklos.

Koncentrirte Chlorwasserstoffsäure löst es in der Wärme unter Schwefelwasserstoffgasentwickelung auf und bildet damit Antimontrichlorid. Von koncentrirter Schwefelsäure wird es in der Siedehitze unter Entwickelung von Schwefligsäure in schwefelsaures Antimonoxyd verwandelt. Salpetersäure verwandelt es unter gleichzeitiger Abscheidung von Schwefel in unlösliches Antimontetroxyd Sb_2O_4. Mit der hinreichenden Menge Kalisalpeter verpufft, liefert es Kaliummetantimoniat, Kaliumnitrit und Kaliumsulfat. Mit Alkalisulfiden erwärmt, geht es in Lösung unter Bildung von Alkalisalzen der Antimonsulfosäuren.

Prüfung. Diese richtet sich namentlich gegen einen Gehalt an fremden Metallsulfiden, und gegen einen zu hohen Gehalt an Schwefelarsen. **1)** Man mischt in einem Porcellantiegel 2 g des gereinigten Schwefelantimons mit 8 g Heparmischung (Kalium-Natriumkarbonat und Schwefel, s. S. 936) und erhitzt die Mischung im bedeckten (!) Tiegel zum Schmelzen und bis zur Verflüchtigung des überschüssigen Schwefels. Behandelt man nach dem Erkalten die Schmelze mit Wasser, so geht alles Antimon in Lösung, während die Sulfide von Kupfer, Blei, Eisen (Zink) ungelöst zurückbleiben und weiter untersucht werden können (s. S. 948). — **2)** Man mischt 2 Th. Schwefelantimon mit 8 Th. Natriumnitrat und trägt diese Mischung in kleinen (!) Antheilen in einen glühenden Porcellantiegel ein und fügt eine neue Menge nicht eher hinzu, als bis die vorher zugegebene Menge vollständig verpufft ist. Man sticht die Masse noch heiss aus dem Tiegel heraus, zerreibt sie und kocht sie mit 25 ccm Wasser aus. Das Antimon bleibt als Natriummetantimoniat ungelöst, das Arsen geht als Natriumarseniat in Lösung. Man filtrirt und fügt unter Erhitzen tropfenweise soviel Salpetersäure hinzu, bis alles Natriumnitrit zersetzt ist, bis also auf Zusatz einiger weiterer Tropfen Salpetersäure rothe Stickoxyde nicht mehr entweichen. Man lässt erkalten, fügt 10 Tropfen Silbernitratlösung (1 : 20) hinzu und lässt auf die klare, nöthigenfalls filtrirte Flüssigkeit vorsichtig einige Tropfen Ammoniakflüssigkeit auffliessen. Bei Anwesenheit von Arsen entsteht an der Berührungsstelle des Ammoniaks eine Ausscheidung. Diese ist bei Spuren von Arsen nur weisslich, bei mehr als 0,1 Proc. Arsen gelblich bis röthlich bis roth. 0,1 Proc. Arsen wird durch U-St. zugelassen.

Anwendung. Das schwarze, von Arsen ganz oder fast ganz freie Schwefelantimon will seine in früheren Zeiten sehr gerühmte Heilwirkung nicht mehr zeigen und ist daher ziemlich ausser Gebrauch gekommen. Man giebt es zu 0,3—0,5—1,0 zwei- bis dreimal des Tages bei Hautleiden aller Art, Skrophulose, alten Katarrhen und Blennorrhöen, Gicht, nach übermässigem Gebrauch giftiger Metallpräparate und bei chronischen Intoxikationen durch diese. Es geht im ganzen so unverändert mit den Faeces fort, wie es eingenommen wird. Ueber die Anwendung des gepulverten rohen Schwefelantimons vergl. oben S. 960.

III. Stibium sulfuratum rubrum sine Oxydo stibico. Oxydfreier Mineralkermes. Rothes Antimontrisulfid. Antimonium sulphuratum (U-St.). **Sb_2S_3. Mol. Gew. = 336.** Die amorphe Modifikation des Antimontrisulfids.

Darstellung. 10 Th. lävigirtes schwarzes Schwefelantimon, 33 Th. Aetzkalilauge von 30 Proc. KOH und 150 Th. destillirtes Wasser werden unter Umrühren eine halbe Stunde hindurch in einem eisernen Kessel gekocht, dann nach Zusatz von 500 Th. kochend heissem destillirten Wasser schnell filtrirt und der im Filter verbleibende Rückstand mit kochendem Wasser nachgewaschen. Das Filtrat wird nun unter Umrühren in eine Mischung aus 45 Th. verdünnter Schwefelsäure (von 16 Proc.) und 100 Th. destillirtem Wasser gegossen, der daraus entstandene Niederschlag mit kaltem destillirtem Wasser ausgewaschen, in eine Porcellanschale gegeben, mit 30 Th. destill. Wasser angerührt und dann mit einer Mischung von 20 Th. verdünnter Schwefelsäure (von 16 Proc.) mit 30 Th. destill. Wasser unter beständigem Umrühren 15 Minuten hindurch erhitzt, wiederum mit destill. Wasser ausgewaschen, hierauf in einer Lösung von 4 Th. Natriumbikarbonat in 80 Th. kaltem destill. Wasser zwei Tage hindurch digerirt, endlich mit destill. Wasser ausgewaschen, ausgedrückt und an einem nur lauwarmen, vor Tageslicht geschützten Orte getrocknet.

Eigenschaften. Es ist dieser oxydfreie Mineralkermes ein rothbraunes Pulver, welches aus Antimontrisulfid und nur Spuren Antimonoxyd besteht, im übrigen sich dem Mineralkermes ähnlich verhält.

Aufbewahrung. In dicht geschlossener Flasche, geschützt vor Tageslicht.

Anwendung. Diese ist eine mit der des Goldschwefels übereinstimmende. Als ein den anderen officinellen Antimonsulfiden gegenüber sehr überflüssiges und auch wenig mehr leistendes Präparat hat es ausserhalb der Vereinigten Staaten keinen Eingang gefunden.

Antimonzinnober (nicht zu verwechseln mit Cinnabaris Antimonii) ist ein dem vorher besprochenen Präparate entsprechendes Sulfid. Man stellt es z. B. dar durch Erwärmen einer Mischung von 2 Th. einer sauren Antimontrichloridlösung von 1,35 spec. Gew. mit einer Lösung von 3 Th. Natriumthiosulfat in 6 Th. destill. Wasser, und durch Auswaschen des Niederschlages mit verdünntem Essig und verdünnter Weinsäurelösung.

Der Antimonzinnober hat eine sehr schöne rothe Farbe, welche nur durch Alkalien zerstört wird, und auch als Oelfarbe ihre Färbekraft bewahrt, hier selbst bei Gegenwart von Bleiweiss.

Cinnabaris Antimonii wird durch Erhitzen von Antimontrisulfid mit Mercurichlorid gewonnen. Es enthält dieses Präparat kein Antimon, sondern ist Mercurisulfid oder Zinnober.

Antimonblau, wie es unter diesem Namen in den Handel kommt, ist ein Eisencyanid mit nur Spuren Antimonoxyd.

Antimongelb ist = Antimonsaures Bleioxyd.

IV. Stibium sulfuratum rubeum (Ergänzb., Helv.). Kermes par voie humide. Stibium oxydatum rubrum cum Oxydo stibico. Stibium oxysulfuratum. Antimonium oxysulfuratum. Kermes minerale. Pulvis Carthusianorum. Karthäuser Pulver. Mineralkermes.

Darstellung. 100 Th. krystall. Natriumkarbonat, gelöst in 1000 Th. Wasser, werden in einem eisernen Kessel zum Sieden erhitzt und unter Umrühren nach und nach mit 4 Th. lävigirtem, von Arsen und Blei möglichst freiem, schwarzem Schwefelantimon versetzt. Das Kochen wird zwei Stunden hindurch unter wiederholtem Ersatz des verdampfenden Wassers unterhalten. Dann wird die kochend heisse Flüssigkeit in ein Gefäss, welches etwa 200 Th. kochendes Wasser enthält, filtrirt. Der nach dem Erkalten vorhandene Bodensatz wird in einem Filter gesammelt und darin mit kaltem destillirten Wasser soweit ausgewaschen, bis die ablaufende Flüssigkeit anfängt gefärbt abzutropfen und sie aufhört, alkalisch zu reagiren. Nun wird der Filterinhalt durch Pressen zwischen Fliesspapier möglichst vom Wasser befreit, an einem dunklen Orte bei einer Temperatur, welche 30° C. nicht überschreitet, ausgetrocknet, und endlich zu einem feinen Pulver zerrieben.

An Stelle von 100 Th. kryst. Natriumkarbonat können auch 94 Th. Aetznatronlauge von 1,33 spec. Gewicht genommen werden. Die Kochung ist eine kürzere, aber die Farbe des Präparats ist eine weniger lebhafte.

Der Kermesniederschlag ist nicht nur mit vielem destill. Wasser auszuwaschen, damit er nicht Sulfantimonigsaures Natrium zurückhält, er fordert auch ein schnelles Trocknen bei nur lauer Wärme, welche 30° C. nicht überschreiten darf, weil der Mineralkermes eine grosse Neigung hat, sich zu oxydiren und zwar unter Bildung von Antimonpentasulfid und Antimonoxyd: er muss auch gut ausgetrocknet sein, denn etwas feucht schreitet die Antimonoxydbildung beim Aufbewahren fort. Man presst daher den gut ausgewaschenen Niederschlag Anfangs zwischen Fliesspapier und breitet ihn in dünner Lage an einem lauwarmen Orte über Fliesspapier aus. Nach dem Austrocknen wird er zerrieben und in gut verstopften trockenen Gläsern an einem schattigen oder dunklen Orte aufbewahrt.

Eigenschaften. Der Kermes stellt ein feines, rothbraunes Pulver dar, in welchem sich unter dem Mikroskope neben amorphem rothen Antimontrisulfid nadelförmige Krystalle von Antimonoxyd (?) erkennen lassen. Er wird deshalb auch als ein Gemenge von rothem amorphen Antimontrisulfid mit krystallisirtem Antimonoxyd (bez. Natriummetaantimoniat) aufgefasst, und zwar beträgt der Gehalt an letzterem etwa 8 Proc. Kermes ist geruch-

und geschmacklos, in Wasser und in Alkohol unlöslich. Von koncentrirter Salzsäure wird er in der Wärme unter Entwickelung von Schwefelwasserstoff zu Antimontrichlorid gelöst. Weinsäure löst aus dem Kermes nur das Antimonoxyd heraus und lässt das Antimontrisulfid ungelöst zurück. Im Lichte färbt sich der Kermes dunkler, selbst schwarz.

Prüfung. Diese richtet sich namentlich gegen einen Gehalt an Arsen. **1)** Man kocht eine Mischung von 1 g Mineralkermes und 100 ccm Wasser bis auf etwa 10 ccm ein und filtrirt nach dem Erkalten, worauf man das Filtrat auf 1 ccm eindampft. Wird diese Flüssigkeit mit 3 ccm Bettendorf's Reagens (s. S. 942) vermischt, so darf im Verlaufe einer Stunde weder eine braune Färbung noch ein brauner Niederschlag auftreten. — **2)** Wird 1 g Mineralkermes mit 10 ccm Wasser geschüttelt, so reagire das Filtrat nicht alkalisch und hinterlasse beim Verdampfen keinen Rückstand (Natriumkarbonat).

Aufbewahrung. Vor Licht geschützt.

Anwendung. Man giebt den Kermes unter den nämlichen Indikationen wie den Goldschwefel (s. diesen), aber in etwas kleineren Dosen, nämlich zu 0,025—0,05—0,1 g drei- bis fünfmal täglich.

† Vitrum Antimonii. Antimonglas. Spiessglanzglas. 100,0 rohes gepulvertes schwarzes Schwefelantimon werden in einen nicht tiefen, unglasirten thönernen Topf, welcher auf eine Sandschicht gestellt ist, gegeben, an einem luftigen Orte allmählich mehr und mehr erhitzt und hierbei mit einem Glasstabe anhaltend umgerührt, so lange schweflige Dämpfe entweichen und bis das Pulver eine graue Farbe angenommen hat. Diesem Pulver hat man auch den Namen **Cinis Antimonii, Antimonasche,** gegeben. Je 60,0 dieser Antimonasche werden mit 7,5 lävigirtem schwarzen Schwefelantimon gemischt und in einem bedeckten Hessischen Tiegel so stark erhitzt, bis sie zu einer flüssigen Masse geschmolzen sind, und eine mit einem thönernen Stabe herausgenommene Portion, erkaltet, die Form eines dunkelrothen durchscheineneen Glases darbietet. Diese flüssige Masse wird auf eine erwärmte Marmor- oder Porcellanfläche ausgegossen, nach dem Erkalten in Stücke zerbrochen und in gut verschlossenen Glasgefässen in der Reihe der starkwirkenden Arzneikörper aufbewahrt.

Bei der Schmelzung hat man das Hineinfallen von Kohle und Kohlenstaub zu verhindern, und die Schmelzung muss möglichst schnell bewerkstelligt werden. Zeigt die herausgenommene Probe eine nicht genügend gesättigt rothe, vielmehr eine gelbliche Farbe, und ist sie nicht durchscheinend, so ist noch ein kleiner Zusatz von Schwefelantimon, hat sie aber mit Graphit Aehnlichkeit, so ist ein Zusatz von Antimonasche zu machen. Das Präparat ist ein Gemisch von Antimonoxyd mit ungefähr 6 Proc. Antimontrisulfid und wird auch als Antimonoxysulfid bezeichnet. Die Gabe, welche bei den grösseren Hausthieren Anwendung findet, ist ungefähr doppelt so gross wie vom Brechweinstein.

† Hepar Antimonii. Stibium oxydatum fuscum non ablutum. Kali stibiato-sulfuratum. Spiessglanzleber. Ein Gemisch aus Antimonoxyd, Antimonoxyd-Kali, Kaliumantimontrisulfid, Kaliumsulfat nebst den gewöhnlichen Verunreinigungen des rohen Schwefelantimons. Die Darstellung ist folgende: Gleiche Theile rohes schwarzes Schwefelantimon und gereinigter Kalisalpeter werden zu einem feinen Pulver gemischt, dann gelind erwärmt in einer flachen erwärmten Schale zu einem Haufen aufgeschüttet und dieser an der Spitze angezündet. Nach der Verpuffung und dem Erkalten wird die Aschenmasse gepulvert und alsbald in ein Glassgefäss geschüttet, welches dicht zu verschliessen ist. Es ist die Spiessglanzleber ein mehr oder weniger braungraues, etwas hygroskopisches Pulver. Die Anwendung ist dieselbe, wie vom Stibium oxydatum fuscum angegeben ist, die Gabe ist ungefähr eine $^1/_4$ grössere.

V. Stibium sulfuratum aurantiacum (Austr. Germ. Helv.). **Antimonium sulfuratum** (Brit.). **Soufre doré d'antimoine** (Gall.). **Sulfur stibiatum aurantiacum. Sulfur auratum Antimonii. Stibium persulfuratum. Antimonpentasulfid. Goldschwefel. Soufre doré. Sulfuraurat. Sulfaurat Sb_2S_5. Mol. Gew. = 400.**

Darstellung. Diese zerfällt in die Darstellung des Schlippe'schen Salzes und in die Abscheidung des Goldschwefels aus der Lösung des letzteren durch Salzsäure oder Schwefelsäure. Die Darstellung des Schlippe'schen Salzes wiederum kann auf trockenem oder auf nassem Wege erfolgen. Der letztere ist im Geltungsbereiche der deutschsprachigen Pharmakopöen der gebräuchlichere.

A. Auf trockenem Wege. (Gall.) Man bereitet eine Mischung aus 40 Th. schwarzem Schwefelantimon, 140 Th. Schwefelblumen, 240 Th. calcinirter Soda und 30 Th.

Holzkohle. Diese Mischung schmilzt man in einem bedeckten Tiegel, bis die graue Färbung verschwunden ist. Wenn dies der Fall ist, so giesst man die Schmelze auf eine Unterlage aus Stein aus. Nach dem Erstarren zerstösst man die Masse, zieht sie mit einer möglichst geringen Menge Wasser aus, filtrirt die Lösung, engt sie durch Abdampfen ein und bringt sie zur Krystallisation. Es scheiden sich beim Erkalten die Krystalle des SCHLIPPE'schen Salzes aus.

B. Auf nassem Wege. 70 Th. rohes krystallisirtes kohlensaures Natrium werden in 250 Th. Wasser in einem eisernen Kessel gelöst und der kochend heissen Lösung unter beständigem Umrühren mit einem hölzernen Spatel 26 Th. frisch gebrannter Kalk, mit 80 Th. Wasser zu einem Brei gelöscht, dann 36 Th. lävigirtes schwarzes Schwefelantimon und 7 Th. sublimirter Schwefel, die beiden letzteren zu einem innigen Gemisch zusammengerieben, hinzugesetzt. Alles wird unter beständigem Umrühren und unter wiederholtem Ersatz des verdampfenden Wassers (2—3 Stunden) gekocht, bis die graue Farbe gänzlich verschwunden ist, und nun filtrirt. Der Rückstand wird mit 150 Th. Wasser nochmals aufgekocht, filtrirt und mit heissem Wasser gut ausgewaschen. Die gewonnenen (filtrirten) Flüssigkeiten werden durch Eindampfen zur Krystallisation gebracht und die Krystalle mit stark verdünnter Aetznatronlauge abgewaschen.

Da das SCHLIPPE'sche Salz ($SbS_4K_3 + 9H_2O$) sehr gut krystallisirt, so ist es leicht rein zu erhalten; namentlich verbleibt das etwa gleichzeitig gebildete Natriumsulfarseniat in den Mutterlaugen. Das Abspülen der Krystalle mit verdünnter Natronlauge hat den Zweck, die arsenhaltige Mutterlauge abzuwaschen.

Gleichgiltig ob man die Krystalle des SCHLIPPE'schen Salzes nach A oder B gewonnen hatte, so verfährt man zur Abscheidung des Goldschwefels wie folgt:

Von den Krystallen des sogenannten SCHLIPPE'schen Salzes löst man 24 Th. in 100 Th. destillirtem Wasser, filtrirt, wenn es nöthig ist, verdünnt die Lösung mit 600 Th. destillirtem Wasser und giesst sie (nicht umgekehrt!) unter Umrühren in ein erkaltetes Gemisch, aus 9 Th. Schwefelsäure und 200 Th. destillirtem Wasser bereitet. Den Niederschlag bringt man nach kurzem Absetzen auf ein Filter oder leinenes Tuch, wäscht ihn auf demselben mit destillirtem Wasser vollständig aus, presst ihn ab und trocknet ihn auf Filtrirpapier oder auf Biscuitporcellan au einem dunklen, lauwarmen (30° C.) Orte.

Da diese Zersetzung des Goldschwefels mit einer reichlichen Entwickelung von Schwefelwasserstoff einhergeht, so ist sie im Freien oder an einem sonstigen zugigen Orte auszuführen, wo der Schwefelwasserstoff nicht lästig fällt.

Eigenschaften. Goldschwefel oder Antimonpentasulfid bildet ein gesättigt orangerothes, zartes, sehr feines, geruch- und geschmackloses Pulver, welches, unter Luftabschluss erhitzt, in Schwefel und schwarzes Antimontrisulfid zerfällt: $Sb_2S_5 = S_2 + Sb_2S_3$. Er ist unlöslich in Wasser und Weingeist, ferner in den Lösungen des Natriumbikarbonates oder Ammoniumkarbonates. Kalilauge und Ammoniakflüssigkeit, auch Kaliumkarbonatlösung in der Hitze, lösen ihn auf unter Bildung von antimonsulfosauren Salzen und metantimonsauren Salzen. Schwefelalkalien lösen ihn unter Bildung von Salzen der Sulfantimonsäure. Chlorwasserstoffsäure löst ihn unter Entwickelung von Schwefelwasserstoff, Abscheidung von Schwefel und Bildung von Antimontrichlorid $SbCl_3$. Durch Glühen bei Luftzutritt geht der Goldschwefel schliesslich in antimonsaures Antimonoxyd Sb_2O_4 über.

Während der Aufbewahrung unterliegt der Goldschwefel Veränderungen. Insbesondere unter dem Einflusse des Lichts und bei Gegenwart von Feuchtigkeit tritt Oxydation ein, durch welche freie Schwefelsäure und Antimonoxyd gebildet werden. Zugleich wird der Goldschwefel heller, die vom Sonnenlichte direkt getroffenen Partien können selbst völlig weiss werden.

Aufbewahrung. Mit Rücksicht auf das eben erwähnte Verhalten werde der Goldschwefel vor Licht geschützt aufbewahrt. Man fülle ihn möglichst trocken in die Gefässe, drücke ihn, um nicht zu viel Luft darin zu belassen, etwas ein und verstopfe die Gefässe sorgfältig.

Prüfung. Dieselbe erstreckt sich auf einen Gehalt an Arsenverbindungen, an Chlor, Alkalisulfiden und Schwefelsäure. — **1)** Man koche 1 g Goldschwefel mit 100 ccm Wasser in einer Porcellanschale auf 10 ccm ein, filtrire nach dem Erkalten und dampfe das Filtrat auf 1 ccm ein. Mischt man diese Flüssigkeit mit 3 ccm BETTENDORF's Reagens

(s. S. 942), so darf im Verlaufe einer Stunde eine Färbung nicht eintreten, widrigenfalls ist Arsen zugegen. Durch diese Prüfung würden zunächst die in Wasser löslichen Arsenverbindungen, z. B. arsenige Säure, angezeigt werden. Sie würde aber auch Schwefelarsen nachweisen, weil dieses beim längeren Kochen mit Wasser an der Luft zu arseniger Säure oxydirt wird. — 2) Man schüttele 1 g Goldschwefel mit 20 ccm Wasser und filtrire. Das Filtrat wird in zwei Hälften getheilt. Die eine derselben wird mit Silbernitratlösung versetzt: es darf nur geringe weissliche Opalescenz eintreten. Starke weisse Trübung würde zu hohen Gehalt an Chlor (in diesem Falle dürfte die Zersetzung des SCHLIPPE-schen Salzes durch Salzsäure erfolgt sein), bräunliche Trübung die Anwesenheit von löslichen Sulfiden, z. B. Alkalisulfiden und damit anzeigen, dass bei der Zersetzung nicht hinreichend Säure angewendet wurde. — Die andere Hälfte darf durch Baryumnitratlösung nicht sofort getrübt werden, sonst ist der Gehalt an Schwefelsäure ein zu hoher.

Anwendung. Grosse Gaben wirken brechenerregend und abführend, kleine Gaben diaphoretisch und expektorirend. Man giebt ihn gegenwärtig fast nur noch als Expectorans bei Bronchial-Katarrhen. Die Anwendung als Alterans ist sehr selten geworden. Ueber die Schicksale des Präparates im Organismus weiss man nichts Bestimmtes. Die Einen sprechen dem reinen Goldschwefel jede Wirkung ab; andere schreiben die Wirksamkeit der gewöhnlichen Präparate deren Gehalt an Antimonoxyd (oder auch an Arsen) zu. — Obgleich in Mischungen Kalomel und Goldschwefel sich gegenseitig umsetzen, so werden doch solche Mischungen ziemlich häufig als *Pulvis* und *Pilulae Plummeri* verordnet.

Goldschwefel für die Veterinärpraxis. Man kocht 6 Th. Aetzkalk, welchen man durch Besprengen mit Wasser in Kalkhydrat verwandelt hat, 1 Th. krystallisirte Soda, 6 Th. schwarzes Schwefelantimon und 2 Th. Schwefel mit 50 Th. Wasser in einem eisernen Gefässe unter Umrühren, bis die Flüssigkeit eine dunkelbraune Farbe annimmt. Sowie die Stoffe aufeinander einwirken, findet ein Aufschäumen der Flüssigkeit statt. Man kolirt, kocht den breiigen Rückstand noch einmal mit 50 Th. Wasser aus und kolirt zu der ersteren Abkochung. Die Kolaturen werden bis ungefähr auf 200 Th. mit gemeinem Wasser verdünnt, absetzen gelassen, dekanthirt und in die hinreichende Menge (16 Th.) roher Salzsäure, welche mit der 20fachen Menge Wasser verdünnt ist, gegossen. Die Ausbeute beträgt wenig mehr als das verwendete schwarze Schwefelantimon. Der auf diese Weise gewonnene Goldschwefel enthält stets etwas Schwefel beigemischt, weshalb er auch heller an Farbe ist.

In der Veterinärpraxis giebt man den grossen Hausthieren bei Druse und Katarrhen 5,0—10,0—15,0 zwei- bis dreimal täglich.

Emplastrum antarthriticum Helgolandi (Hamb. V.).
Helgoländer Pflaster.

Rp.	1. Cerae flavae	60,0
	2. Picis navalis	220,0
	3. Picis liquidae	100,0
	4. Calcii stibio-sulfurati	60,0
	5. Olei Olivae	30,0.

Man schmilzt 1 mit 2, fügt 3 hinzu und verrührt in nicht zu warmer Mischung 4, welches mit 5 fein angerieben worden ist. Darauf wird die Masse sogleich auf Shirting gestrichen.

Pastilli bronchiales (Hamb. V.).
Bronchial-Pastillen.

Rp.	Stibii sulfurati aurantiaci	
	Acidi tannici	ää 7,5
	Succi Liquiritiae depurati	
	Aquae destillatae	ää 10,0
	Spiritus diluti (70 proc.)	34,0
	Sacchari pulverati	550,0.

Man bereite daraus 500 Pastillen.

Pastilli Kermetis (Helv.).

Rp.	Tragacanthae pulv.	
	Kermetis	ää 1,0
	Sacchari pulverati	98,0
	Aquae	8,0.

Fiant pastilli No. 100.

Pilulae Lukasi.
Pilulae Lucae. LUKAS'sche Wunderpillen.

Rp.	Olei empyreumatici e ligno fossili (Braunkohlentheer)	
	Stibii sulfurati nigri	ää 4,0
	Olibani	1,0
	Stipitum Dulcamarae	3,0
	Cerae flavae	2,0.

Fiant pilulae ponderis 0,15.

Pulvis antimonialis (Ph. paup.).

Rp.	Stibii sulfurati nigri laevigati	2,0
	Magnesii carbonici	0,3
	Corticis Cinnamomi	0,25
	Sacchari albi	2,0.

Doses tales X.

Pulvis antimonialis (Brit. U-St.).
Pulvis Jamesii. JAMES Powder.

Rp.	Antimonii oxydati	25,0
	Calcii phosphorici	50,0.

Pulvis diaphoreticus (Ph. paup.).

Rp.	Stibii sulfurati aurantiaci	
	Camphorae	ää 5,0
	Sulfuris depurati	
	Sacchari albi	ää 8,0.

Misce. Divide in partes IV. Zwei- bis dreimal täglich 1/2 Pulver.

Tablettes de Kermès (Gall.).

Rp. Kermetis 5,0
Sacchari albi 450,0
Gummi arabici pulv. 40,0
Aquae Aurantii florum 40,0.

Man bereite Pastillen von 1 g Schwere.

Trochisci Stibii sulfurati aurantiaci.

BAREZ'sche Brustpastillen.

Rp. Stibii sulfurati aurantiaci 15,0
Tragacanthae 1,5
Sacchari albi 1000,0.

Man bereite 1000 Pastillen.

Trochisci Stibii sulfurati cum Ipecacuanha.

Rp. Stibii sulfurati aurantiaci 15,0
Radicis Ipecacuanhae 7,5
Sacchari albi 1000,0
Tragacanthae pulveratae 1,5
Aquae destillatae q. s.

Man bereite 1000 Pastillen.

Sirupus contra tussim.

Hustensaft.

Rp. Stibii sulfurati aurantiaci
Extracti Hyoscyami ää 0,2
Sirupi Althaeae
Aquae Foeniculi ää 25,0.

Stündlich 1/2—1/1 Theelöffel voll. Für Kinder mittleren Alters.

Vet. **Pulvis Equorum.**

Drusenpulver.

Rp. Stibii sulfurati nigri 50,0
Natrii sulfurici pulv. 250,0
Fructus Juniperi 100,0.

Auf jedes Futter 1 Esslöffel zu streuen.

Vet. **Pulvis Vaccarum.**

Milchpulver.

Rp. Stibii sulfurati nigri
Sulfuris sublimati ää 100,0
Fructus Foeniculi pulv.
Fructus Carvi pulv.
Fructus Juniperi pulv. ää 50,0
Natrii chlorati 500,0.

Auf jedes Futter 1 Esslöffel, bei Schafen und Ziegen 1 Theelöffel zu streuen.

Vet. **Pulvis suum.**

Schweinepulver.

Rp. Stibii sulfurati nigri 50,0
Kalii nitrici
Capitis mortuum ää 25,0.

Gegen Geilheit und Ranschen auf jedes Futter 1 Theelöffel voll.

Antimon-Brikettes von Apotheker Dr. PLEISSNER in Pulsnitz. Jedes Brikett besteht aus: Stibii sulfurati nigri. Natrii chlorati ää 3,0, Calcii carbonici 6,0, Hafermehl aufgeschlossen 3,0. Gegen Appetitlosigkeit der Pferde.

Dr. med. HOHL's Blutreinigungspulver. Rp. Stibii sulfurati rubei 0,4, Sacchari albi 12,0, Pflanzenpulver 7,6, divide in partes X.

Carignan-Pulver. Besteht nach einem angeblich von der Prinzessin CARIGNAN an die Herren PYAT und DEYEUX übergebenen Recept aus Gummi Gutti 25,0, Bernstein 37,5, rother Koralle 12,5, Siegelerde 12,5, Zinnober 1,2, Mineralkermes 1,2, Beinschwarz 1,2. Das gemischte Pulver wird in Portionen à 0,1 getheilt.

Derby Condition Powders von **SIMPSON J. TOBIAS,** Proprietor zu New-York, sicheres unfehlbares und schnell heilendes Mittel bei Druse, Husten, Erkältung, Ueberfressen, Würmern, Maulfäule, Hornverlust bei Pferden und anderen Hausthieren. 2,0 Brechweinstein, 20,0 Antimonium crudum, 10,0 Schwefel, 10,0 Salpeter, 40,0 Foenum graecum, 20,0 Wachholderbeeren. (1,05 Mk.) (SCHÄDLER, Analyt.)

Pillen gegen Schwindsucht von **Dr. REIMANN** in Berlin. 12 Centigrm. schwere mit Lycopodium bestreute Pillen aus 6 Th. eisenhaltigem Salmiak, 12 Th. Goldschwefel, 4 Th. Bibernellenextrakt und 12 Th. Konsistenz machendem Pulver. 200 Pillen = 8 Mk. (HAGER, Analyt.)

Apotheker TACHT's Magenpillen. Bestehen nach AUFRECHT aus Aloë, Goldschwefel, Eisen, Pflanzenextrakten und kleinen Mengen Chinin und Pepsin.

Stillingia.

Gattung der **Euphorbiaceae — Hippomaninae.**

I. Stillingia silvatica L. Heimisch in den südlichen Vereinigten Staaten. Strauch mit festsitzenden, schmalen Blättern und handförmig gespaltenen Nebenblättern. Verwendung findet die Wurzel:

† Radix Stillingiae. Stillingia (U-St.). — **Queen's Root. Yaw-root.**

Sie ist gegen 30 cm lang, 5 cm dick, fast stielrund, im Bruche faserig. Im Basttheile Fasern, ferner dort sowie in den Markstrahlen des Holzes Sekretschläuche. Geruch der frischen Wurzel stark und unangenehm, Geschmack bitter und scharf, etwas brennend.

Bestandtheile. 3,25 Proc. ätherisches Oel, Harz, fettes Oel und angeblich ein Alkaloid.

Die Wurzel wirkt abführend, sie wird besonders gegen Syphilis angewendet.

Extractum Stillingiae fluidum (U-St.). **Fluid Extract of Stillingia** wird genau so wie **Extractum Spigeliae fluidum** (s. S. 912) dargestellt.

Elixir Corydalis compositum (Nat. form.).
Compound Elixir of Corydalis.

Rp.	Extracti Corydalis fluid.[1]	60 ccm
	Extracti Stillingiae fluid.	60 „
	Extracti Xanthoxyli fluid.[2]	30 „
	Extracti Iridis fluid. (U-St.)	90 „
	Spiritus (91 proc.)	125 „
	Kalii jodati	50 g
	Elixir aromatici (U-St.)	
	q. s. ad	1000 ccm.

Elixir Stillingiae compositum (Nat. form.).
Compound Elixir of Stillingia.

Rp.	Extracti Stillingiae fluidi compos.	250,0 ccm
	Elixir aromatici (U-St.)	750,0 „

Extractum Stillingiae fluidum compositum (Nat. form.).
Compound Fluid Extract of Stillingia.

Rp.	Radicis Stillingiae pulv. (No. 40)	250 g
	Tuberis Dicentrae canad. „	250 „
	Rhizomatis Iridis versicolor. „	125 „
	Florum Sambuci canad. „	125 g
	Foliorum Chimaphil. umbell. „	125 „
	Fructus Coriandri „	65 „
	Fructus Xanthoxyl. amer. „	60 „

Durch Perkoliren mittels einer Mischung aus

Spiritus (91 proc.)	500 ccm
Glycerini	250 „
Aquae	250 „

darauf mittels q s. verdünntem Weingeist (41 proc.) bereitet man l. a. 1000 ccm Fluidextrakt.

Sirupus Stillingiae compositus (Nat. form.).
Compound Syrup of Stillingia.

Rp.	1. Extracti Stillingiae fluidi compositi	250 ccm
	2. Talci purificati	15 g
	3. Aquae	275 ccm
	4. Sacchari	700 g
	5. Aquae q. s. ad	1000 ccm.

Man schüttelt 1 mit 2 und 3, filtrirt, löst im Filtrat 4, und bringt dasselbe durch Nachwaschen mit 5 auf 1000 ccm.

II. Stillingia sebifera Michx. In China heimisch, dort und in den Tropen kultiviert. Liefert aus den Samen ein Fett:

Stillingiatalg. Chinesischer Talg. Vegetabilischer Talg. — Suif d'arbre. — Vegetable tallow of China.

Spec. Gew. 0,918, schmilzt bei 35,0—44,5° C., die Fettsäuren bei 56—57° C.

Bestandtheile. Palmitin und wenig Stearin.

Verwendung. Zur Kerzen- und Seifenfabrikation.

Strontium.

Strontium. Strontianum. Strontiane (franz.). **Strontium** (engl.). **Sr. Atomgew. = 87,5.**

Die Verbindungen des Strontiums stehen analytisch und überhaupt in ihrem Verhalten denen des Calciums und Baryums nahe. Man erkennt die Strontiumverbindungen an folgenden Reaktionen: 1) Die farblose Flamme wird prachtvoll purpurroth gefärbt. — 2) Aus den Lösungen der Strontiumsalze wird durch Schwefelsäure oder Sulfatlösungen weisses Strontiumsulfat $SrSO_4$ gefällt (löslich in etwa 7000 Th. Wasser). — 3) Nicht gefällt werden die Strontiumsalzlösungen durch Kaliumchromat oder Kieselfluorwasserstoff (Unterschied von Baryumsalzen). — 4) Strontiumchlorid ist in absolutem Weingeist löslich, Baryumchlorid darin unlöslich.

Von den Verbindungen des Strontiums finden einige beschränkte therapeutische Verwendung, im allgemeinen werden die Strontiumsalze mehr in der Technik benutzt.

I. Strontium chloratum. Strontiumchlorid. Chlorstrontium. Wasserfrei: $SrCl_2$. **Mol. Gew. = 158,5.** Krystallisirt = $SrCl_2 + 6H_2O$. **Mol. Gew. = 266,5.**

Das krystallisirte Salz wird durch Auflösen von Strontiumkarbonat in Salzsäure und Eindampfen der Lösung bis zum Salzhäutchen dargestellt. Es krystallisirt in farblosen, ziemlich luftbeständigen, nadelförmigen Prismen, welche in weniger als dem gleichen Gewichte Wasser, auch in Weingeist löslich sind. Man benutzt dieses Salz zur Darstellung rother Spiritusflammen, indem man es in Spiritus auflöst und diesen alsdann entzündet.

Man bewahrt dieses Salz in gut verschlossenen Gefässen auf, da es in feuchter Luft allmählich zerfliesst.

Das wasserfreie Salz erhält man durch Austrocknen des krystallisirten Salzes.

---

[1]) Aus den Knollen von Dicentra canadensis mittels 3 Vol. Weingeist, 1 Vol. Wasser.

[2]) Aus der Rinde von Xanthoxylum americanum wie Extr. Sabinae fluidum (S. 764).

II. Strontium bromatum crystallisatum. **Strontiumbromid. Bromstrontium. Strontii Bromidum** (U.-St.). **$SrBr_2 + 6H_2O$. Mol. Gew. = 355,5.**

Darstellung. Man neutralisirt reine verdünnte Bromwasserstoffsäure genau mit Strontiumkarbonat und dampft die filtrirte Lösung zur Krystallisation ein. Die nach dem Erkalten ausgeschiedenen Krystalle werden von der Lauge getrennt und getrocknet. Das Trocknen muss vorsichtig geschehen, da das Salz bei erhöhter Temperatur verwittert.

Eigenschaften. Das so erhaltene Salz hat die Formel $SrBr_2 + 6H_2O$ und enthält 30,38 Proc. Krystallwasser. Es bildet lange, zerbrechliche, hygroskopische, säulenförmige Krystalle, die sich leicht in Wasser (1 : 1) lösen und auch in Alkohol löslich sind. Am Platindrahte erhitzt, ertheilt es der Flamme karmoisinrothe Färbung. Beim Erhitzen auf 120—130° C. entweicht alles Krystallwasser und es bleibt wasserfreies Strontiumbromid zurück, welches in Form eines weissen Pulvers als Strontium bromatum anhydricum in den Handel kommt.

Prüfung. **1)** In der wässerigen Lösung des Salzes 1 = 10 dürfen durch Schwefelwasserstoff nicht Schwermetalle nachzuweisen sein. — **2)** Kieselfluorwasserstoffsäure (spec. Gew. 1,06) darf in dieser Lösung auch nach längerem Stehen keine Trübung oder Fällung von Kieselfluorbaryum erzeugen. — **3)** Der Gehalt an Chlorid darf 1,5 Proc. nicht übersteigen. Die Ermittlung desselben geschieht durch Titriren mit $^1/_{10}$-Normalsilberlösung, in dem vorher bei 120—130° C. getrockneten Salze. 0,3 g des trockenen Salzes dürfen nicht mehr als 24,5 ccm $^1/_{10}$-Silbernitratlösung verbrauchen.

Strontium bromatum anhydricum oder **siccum** darf höchstens 5 Proc. Wasser enthalten. Zur Bestimmung desselben wird eine gewogene Menge bei 120—130° C. bis zur Gewichtskonstanz getrocknet.

Aufbewahrung. Man bewahre das Strontiumbromid in gut verschlossenen Glasgefässen auf und beachte seine Hygroskopicität.

Anwendung. Das Präparat wird auf Empfehlung französischer Aerzte (Laborde, Dujardin-Beaumetz, G. Sée) bei Magenaffektionen, besonders Hyperacidität, ferner bei Bright'scher Nierenkrankheit und Epilepsie angewendet. Als höchste Tagesdosis werden 4 g des Salzes, auf die drei Mahlzeiten vertheilt, gegeben. Bei Epilepsie wird die Dosis bis zu 10 g pro die erhöht.

III. Strontium jodatum. **Strontiumjodid. Jodstrontium. Strontii Jodidum** (U-St.). **$SrJ_2 + 6H_2O$. Mol. Gew. = 449,5.**

Darstellung. Man neutralisirt verdünnte Jodwasserstoffsäure genau mit Strontiumkarbonat, filtrirt die Lösung und bringt sie durch Eindampfen zur Krystallisation. Die Krystalle werden, damit sie nicht verwittern, rasch bei etwa 30° C. getrocknet.

Eigenschaften. Farblose, durchsichtige, hexagonale Täfelchen ohne Geruch, von bitterlich-salzigem Geschmack. Der Luft und dem Lichte ausgesetzt, zerfliessen sie und färben sich auch gelb. Sie lösen sich in 0,6 Th. kaltem oder 0,27 Th. siedendem Wasser zu neutralen Flüssigkeiten, sie lösen sich auch in Alkohol, kaum in Aether. Der Krystallwassergehalt beträgt 24,03 Proc. Werden die Krystalle vorsichtig erhitzt, so werden sie zunächst wasserfrei, beim starken Erhitzen wird Jod abgespalten unter Hinterlassung von Strontiumoxyd.

Prüfung. Auf einen unzulässigen Gehalt an Chlor prüft man wie folgt: Löst man 0,3 g des völlig wasserfreien Salzes in 50 ccm Wasser und fügt 3 Tropfen neutrale Kaliumchromatlösung hinzu, so sollen zum Eintritt bleibender Rothfärbung nicht mehr als 18 ccm $^1/_{10}$-Silbernitratlösung erforderlich sein, was einem Gehalt von 98 Proc. des reinen Salzes entspricht. Die übrige Prüfung erfolgt wie bei Strontiumbromid.

Aufbewahrung. Wegen der hygroskopischen Eigenschaften in gut verschlossenen Gefässen.

Anwendung. An Stelle der Alkalijodide bei Endocarditis chronica mit Insufficienz der Aortenklappen in Gaben von 0,5—1,0 g drei bis viermal täglich.

IV. Strontium nitricum. Strontiumnitrat. Salpetersaurer Strontian. Strontian-Salpeter. Azotate de strontiane. Strontii Nitras. $Sr(NO_3)_2$. Mol. Gew. = 211,5.

Zur Darstellung löst man Strontiumkarbonat in verdünnter Salpetersäure und lässt das Salz aus der heissen und gesättigten Lösung sich abscheiden. Man erhält es alsdann wasserfrei, während es sich aus der kalten und verdünnten Lösung mit 4 und 5 Mol. Krystallwasser abscheidet. Das technische Strontiumnitrat erhält man durch Auflösen von Strontianit in Salpetersäure und reinigt es durch Umkrystallisiren. Nur das wasserfreie Salz eignet sich zu Zwecken der Feuerwerkerei.

Eigenschaften. Das Strontiumnitrat bildet oktaëdrische farblose Krystalle, welche in 5 Th. kaltem und in $^1/_2$ Th. siedendem Wasser, wenig in verdünntem Weingeist, nicht in wasserfreiem Weingeist löslich sind. (Baryumnitrat erfordert 12 Th. Wasser von 15° C. zur Lösung und ist in verdünntem Weingeist nicht löslich.)

Aufbewahrung. In Pulverform thunlichst gut ausgetrocknet in wohlverschlossenen Gefässen. Das Strontiumnitrat ist genügend rein, wenn es mit 5—10 Th. destillirtem Wasser eine klare Lösung giebt, welche durch Silbernitrat gar nicht oder schwach opalisirend getrübt wird.

Anwendung. Strontiumnitrat findet in der Feuerwerkskunst Verwendung. Hier wird es mit Schwefel, Kohle, Kaliumchlorat etc. gemischt, — bei diesen Mischungen ist die Vorsicht, auf welche unter Kalium chloricum besonders hingewiesen ist, nie aus den Augen zu lassen (s. S. 186).

Signallichter. Rothes: Kaliumchlorat 100, Strontiumnitrat 100, Holzkohle 10 (Vorsicht!); — **grünes:** Kaliumchlorat 100, Baryumnitrat 100, Holzkohle 10; — **weisses:** Kaliumchlorat 100, schwarzes Schwefelantimon 10, gekochtes Leinöl 15. (Vorsicht bei der Mischung!)

Rothe Theaterflamme. Rauchfrei brennend. Man giebt in einen Kessel aus Kupfer oder Eisen 4 Th. trockenes und gepulvertes Strontiumnitrat sowie 1 Th. Schellack, mischt sie etwas durcheinander und erhitzt den Kessel unter kräftigem Umrühren des Inhaltes. Die Mischung schmilzt nicht, sondern erweicht nur zu einer zähen Masse. Man lässt erkalten, pulvert die Masse sofort, schlägt sie durch ein grobes Pulversieb und bringt das gemischte Pulver in gut zu verschliessende Gefässe.

Bei zu starkem Erhitzen kann die Masse sich entzünden. Die alsdann entweichenden Gase (Stickstoffoxyde) haben in einem Falle zu Berlin den Tod eines Apothekenbesitzers zur Folge gehabt. Daher **Vorsicht.**

V. Strontium lacticum. Strontiumlactat. Milchsaures Strontium. Lactate de strontiane. Strontii Lactas (U-St.). **$Sr(C_3H_5O_3)_2 + 3H_2O$. Mol. Gew. = 319,5.**

Darstellung. Man erhält dieses Präparat, indem man verdünnte Milchsäure mit kohlensaurem Strontium genau neutralisirt und die filtrirte Lösung zur Krystallisation eindampft. Die ausgeschiedenen Krystalle werden von der Lauge getrennt, getrocknet und in ein gröbliches Pulver verwandelt.

Eigenschaften. Ein weisses, krystallinisches Pulver ohne Geruch, von bitterlich-salzigem Geschmack, luftbeständig. Es löst sich in 4 Th. kaltem, oder 0,5 Th. siedendem Wasser; die Lösungen sind neutral oder sehr schwach sauer. Auch in Alkohol ist es löslich. Bei 110° C. wird das Salz wasserfrei unter Abgabe von 16,9 Proc. Krystallwasser. Beim stärkeren Erhitzen verkohlt es unter Entwickelung brennbarer, nicht leuchtender Dämpfe. Im Rückstande verbleibt ein Gemenge von Strontiumkarbonat und Kohle.

Prüfung. 1) Die wässerige Lösung 1 = 10 darf durch Schwefelwasserstoff nicht verändert werden (Metalle), und nach dem Ansäuern mit Salpetersäure durch Silbernitrat keine Trübung erleiden (Chlor). — 2) Durch Kieselfluorwasserstoffsäure darf in der wässerigen Lösung 1 : 10 auch nach mehrstündigem Stehen weder Trübung noch Niederschlag von Kieselfluorbaryum entstehen. Die mit Essigsäure angesäuerte Lösung 1 : 20 darf durch gelbes Kaliumchromat nicht getrübt werden. (Baryum.)

Anwendung. C. Gaul fand, dass das milchsaure Strontium bei verschiedenen Nierenkrankheiten den Eiweissgehalt des Harns wesentlich herabsetzt, ohne Diurese zu erzeugen. Man kann, ohne unangenehme Nebenwirkungen befürchten zu müssen, 8—10 g Strontium lacticum *pro die* geben, für gewöhnlich ist die Dosirung die nämliche, wie die des Strontiumbromids.

Strophanthus.

Gattung der **Apocynaceae** — **Echitoideae** — **Echitideae.**

I. Strophanthus hispidus D. C. Heimisch in Westafrika (Ober-Guinea). Kletternder Strauch mit meist gegenständigen, elliptischen, zugespitzten, ganzrandigen, kurzgestielten, behaarten Blättern. Blüthenstand rispig, reichblüthig, endständig. Kelch klein, klappig. Korolle gelb, glockig, am Rande mit 10 Schuppen, die 5 Zipfel in 20 cm lange, gedrehte Fortsätze ausgehend (daher Strophanthus: „Seilblume"). Antheren oben spitz. Griffel fadenförmig, nach oben verdickt, mit cylindrischem, unten häutig gerandetem Narbenknopf. Frucht 2 an der Bauchnaht aufspringende Kapseln, die bis 180° spreizen, bis 40 cm lang, schlank, getrocknet schwarzbraun mit weissen Flecken (Fig. 150). Samen braun, behaart, nach oben in eine lange Granne vorgezogen, die in einen zierlichen, spreuwedelartigen Haarschopf ausgeht, am Grunde mit einem ungestielten Haarschopf, der beim Heraustreten des Samens aus der Frucht abbricht. Auf dem Querschnitt lässt der Same innerhalb der Samenschale ein mässig starkes Endosperm und den Embryo mit flach auf einander liegenden Keimblättern erkennen (Fig. 151). Im Grunde der Kapsel kommen häufig Samen vor, die verhältnissmässig dick sind und die Keimblätter mit den Rändern um einander geschlagen zeigen. Das kurze Würzelchen ist gegen die Granne gerichtet. Dicht unter der Granne tritt das Gefässbündel des langen Funiculus (Fig. 152) (der aber leicht abbricht) in die Samenschale und verläuft bis über die Mitte, sich in der zweiten Hälfte etwas verbreiternd.

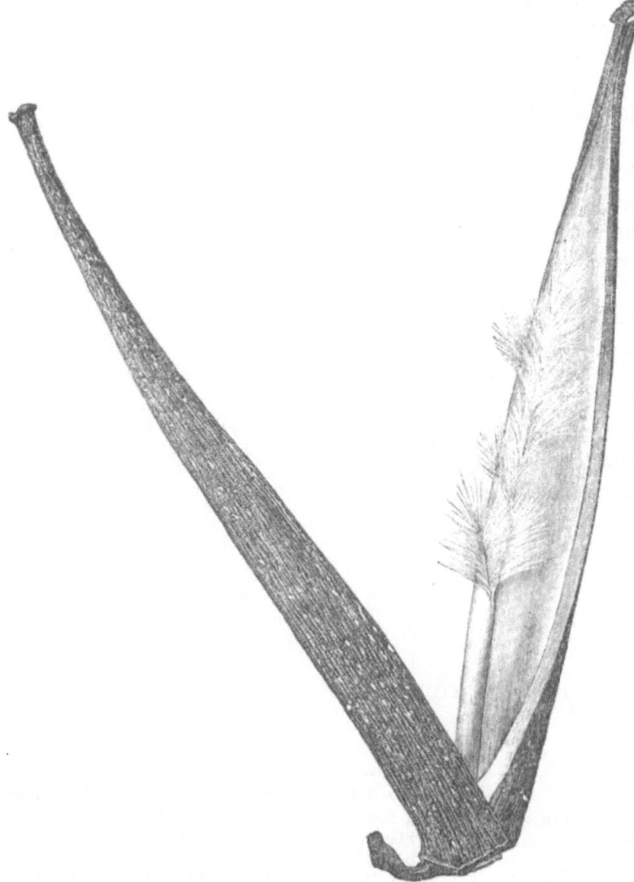

Fig. 150. Aufspringende Kapseln von Strophanthus hispidus (nach FRASER).

II. Strophanthus Kombe Oliver. Heimisch in Ostafrika. Blüthenstand armblüthig, an kurzen, wenig beblätterten Seitenästen endständig. Samen grünlich-braun.

Beide Arten liefern officinelle Samen:

† **Semen Strophanthi** (Germ. Helv. Austr.). **Strophanthi semina** (Brit.). **Strophanthus** (U-St.). — **Strophanthussamen.** — **Semences de strophantus** (Gall. Suppl.). — **Strophanthus Seeds.**

Die Angaben der Arzneibücher, welche Art die geforderten Samen liefert, sind mehrfach ungenau, da man im allgemeinen den Kombesamen für den werthvolleren hält und da man andererseits eine Zeitlang der Meinung war, Str. Kombe sei nur eine Varietät von Str. hispidus. So kommt es, dass Austr. Helv. und U-St. die Stammpflanze Str. hispidus nennen und dann mehr oder weniger genau die grünlichen Kombesamen beschreiben. Gall. Suppl. bezeichnet die Stammpflanze dieser Anschauung entsprechend als Str. hispidus var. Kombe. Nur Germ. IV und Brit. bezeichnen die Pflanze richtig und beschreiben die entsprechenden Samen. Wie man sieht, geht das Bestreben dahin, die Kombesamen an die erste Stelle zu rücken.

Die Samen gelangen in den Handel oder doch in die Hände des Apothekers ohne die Kapseln und ohne die Granne mit dem Haarschopf. — Sie sind folgendermassen zu charakterisiren:

a) Strophanthus Kombe. Der Same ohne Granne ist lanzettförmig, 9—15 mm (ausnahmsweise bis 22 mm) lang, 3—5 mm breit, bis 3 mm dick, stark behaart, die Haare gegen die Spitze des Samens gerichtet, grünlichgraubraun oder grünlichbraun, jedenfalls stets mit ausgesprochen grünlichem Farbenton, bei älteren

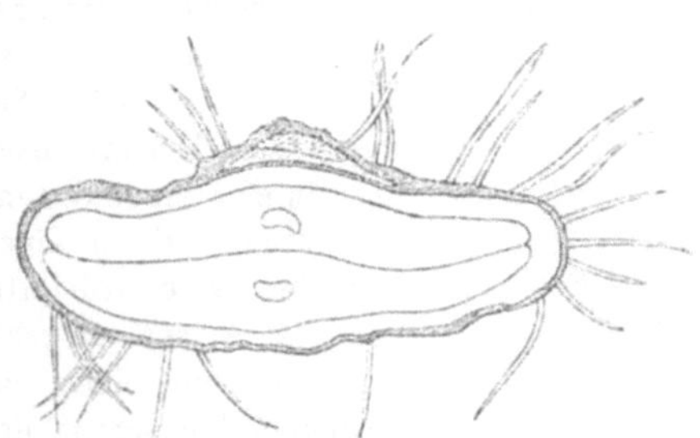

Fig. 151. Querschnitt durch den Samen von Strophanthus hispidus.

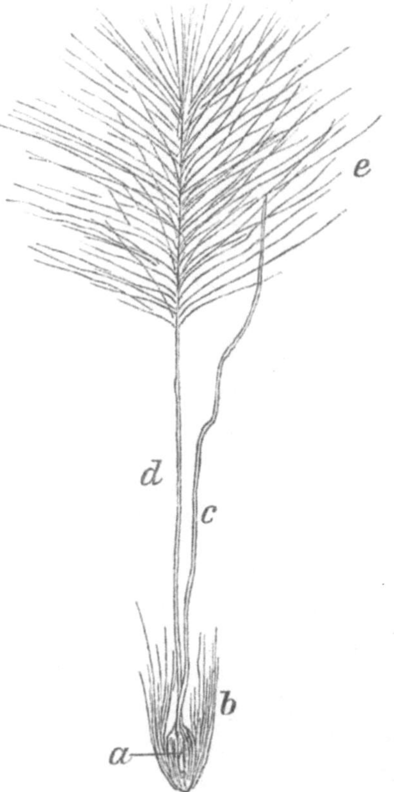

Fig. 152. Vollständiger Same von Strophanthus. *a* Raphe. *b* Grundständiger Haarschopf. *c* Funiculus. *d* Granne. *e* Endständiger Haarschopf.

Samen verblasst die Farbe etwas. Geschmack stark bitter. — Die Samenschale (Fig. 153) besteht 1) aus der Epidermis, deren Zellen nach oben in die erwähnten Haare ausgezogen sind, diese entspringen in der Mitte der Zelle. Die Zelle zeigt auf den Seitenwänden eine nach innen halbrund hervorspringende, also ringförmige Verdickungsleiste. 2) Der Nährschicht aus zusammengedrückten Zellen, diese enthält in der unmittelbar an die Epidermis grenzenden Schicht zuweilen gut ausgebildete Einzelkrystalle von Kalkoxalat. Nun folgt das Endosperm. Dasselbe besteht aus gleichförmigem Parenchym, das fettes Oel, ganz kleine, nadelförmige Oxalatkrystalle (meist nur mit dem Polarisationsmikroskop zu sehen), wenig Stärke und Aleuronkörner enthält. Letztere mit wenig Globoiden und bis 8 μ gross.

Die Keimblätter enthalten ebenfalls fettes Oel und Aleuronkörner, die bis 7,6 μ gross werden und zahlreiche kleine Globoide enthalten. In ihrem Gewebe fehlen Drusen von Kalkoxalat, dagegen erkennt man mehrere Gefässbündelanlagen und zarte Milchsaftschläuche. — Bringt man auf einen Querschnitt durch den ganzen Samen einen Tropfen Schwefelsäure (koncentrirte oder mit 20 Proc. Wasser zum spec. Gew. 1,73 verdünnt), so wird das ganze Endosperm und die äusseren Theile des Embryo, sowie häufig die Zellen um die Gefässbündelanlagen schön spangrün, allmählich geht die Farbe durch bläulich in Roth über.

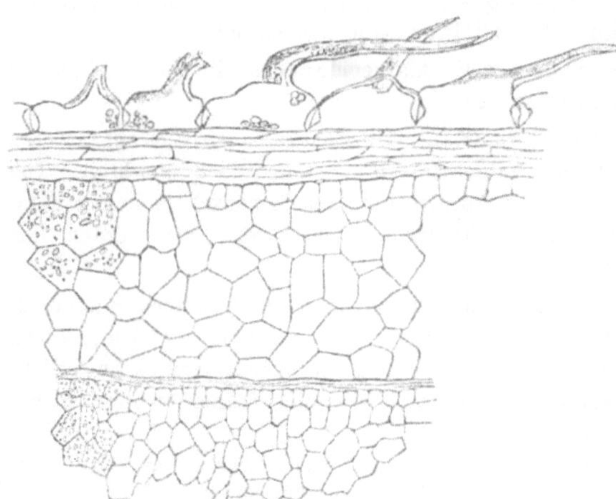

Fig. 153. Querschnitt durch den Samen von Strophanthus hispidus, von der Epidermis bis in den Embryo.

b) Strophanthus hispidus. Wir führen nur die Unterschiede von a) auf. Farbe ausgesprochen braun. Länge 11—15 mm, Breite 3,0—3,5 mm. Die Haare der Samenschale entspringen in der nach oben gerichteten Hälfte der Epidermiszellen (Fig. 153). In der Nährschicht Oxalatkrystalle sehr selten.

Bestandtheile. Die giftigen Arten der Gattung verdanken ihre Wirksamkeit Glukosiden. Es enthält Strophanthus Kombe: Strophanthin $C_{40}H_{66}O_{19}$. Schmelzpunkt 167°. Wird mit Schwefelsäure grün. Dreht rechts. Bei der Hydrolyse liefert es Strophanthobiosemethyläther und Strophanthidin.

$$C_{40}H_{66}O_{19} = C_{27}H_{38}O_7 . H_2O + C_{12}H_{21}O_{10} . CH_3$$

Als Glukosid von Strophanthus hispidus wird angenommen Pseudo-Strophanthin (ψ-Strophanthin) $C_{40}H_{60}O_{16}$ (oder $C_{38}H_{58}O_{15}$). Schmelzpunkt 179°. Wird mit Schwefelsäure roth. Dreht rechts. Bei der Hydrolyse liefert es ψ-Strophanthidin und Saccharobiose.

$$C_{40}H_{60}O_{16} + H_2O = C_{27}H_{37}O_6 . CH_3 + C_{12}H_{22}O_{11}$$

Da dieses Glukosid mit Schwefelsäure roth wird, die Samen selbst damit aber grün werden, so muss es zweifelhaft erscheinen, ob es wirklich aus echten Hispidussamen hergestellt war. Nach dem unten beschriebenen Bestimmungsverfahren aus Str. hispidus hergestelltes Glukosid wird mit Schwefelsäure grün.

Ferner enthalten die Samen 23,5 Proc. fettes Oel. Das von Str. hispidus hat spec. Gew. 0,9285, Säurezahl 38,1, Verseifungszahl 187,9, Hübl'sche Jodzahl 73,02, Hehner'sche Zahl 95,3, Reichert-Meissl'sche Zahl 0,5. Es besteht aus Oleïn und Palmitin. Endlich hat man in den Samen Cholin und Trigonellin nachgewiesen.

Bestimmung des Gehaltes an Strophanthin nach Fromme: 8,0 g fein gequetschte Samen werden mit 80,0 g Alcohol absolutus in einer 100—125 g-Flasche 2 bis 3 Stunden unter öfterem Schütteln macerirt und filtrirt. Von dem Filtrat werden 51,5 g (= 5 g Samen) in einer Porcellanschale von 10 cm Durchmesser im Dampfbade vom Alkohol befreit. Zur Entfernung des fetten Oeles wird der Rückstand mit 5 ccm Petroleumäther übergossen, dieser durch ein glattes Filter von 5 cm Durchmesser filtrirt und Schale und Filter mit Petroleumäther nachgespült. Der Rückstand auf dem Filter wird mit kleinen Mengen kochenden Wassers (5—8 g) in die Schale zurückfiltrirt, diese zur Lösung des Restes erwärmt und mit 3 Tropfen Liq. Plumbi subacetici versetzt, gut umgeschwenkt und durch ein glattes 5 cm-Filter filtrirt, Schale und Filter mit etwa 10 ccm kochenden Wassers nach und nach ausgewaschen. Zur Entbleiung wird das Filtrat mit 4—5 ccm Schwefelwasserstoffwasser geschüttelt, erhitzt und heiss in eine tarirte Porcellanschale filtrirt; Gefäss und Filter werden mit heissem Wasser gut nachgewaschen. Die Lösung wird dann abgedampft und der Rückstand bis zur Gewichtskonstanz im Dampfbade getrocknet und gewogen.

Das Gewicht × 20 = Procentgehalt der Samen.

Nach CAESAR und LORETZ schwankt der Glukosidgehalt bei Str. Kombe zwischen 1,68 Proc. und 3,23 Proc., bei Str. hispidus zwischen 1,52 Proc. und 3,80 Proc. In der Voraussetzung, dass alle diese Bestimmungen mit echten Samen ausgeführt sind, sollte der Apotheker keine Samen verwenden, die unter 2,5 Proc. Glukosid enthalten.

Verfälschungen und Verwechslungen. Als fremde Samen, die als Strophanthus vorgekommen sind, werden genannt diejenigen von:

1) Kickxia africana Benth. aus Westafrika. Die Samen haben nur am unteren Ende einen Haarschopf. Sie sind rothbraun, kahl, 12—18 mm lang, 2—3 mm breit. Die Keimblätter sind in einander gefaltet. Die Epidermiszellen der Samenschale haben netzförmig anastomosirende Verdickungsleisten. Im Embryo Oxalatdrusen. Sie werden mit Schwefelsäure nicht grün. Früher beobachtet.

2) Strophanthus von Westafrika, vielleicht von einer Asclepiadacee stammend. Samen an der Spitze mit einem ungestielten Haarschopf. Bis 7 mm lang, bis 3 mm breit, dunkelbraun bis schwarz. Epidermis der Samenschale mit nach aussen verdickten Zellen, in der Nährschicht zahlreiche Oxalatkrystalle. Zuletzt 1901 und früher wiederholt beobachtet.

Viel wichtiger als diese unschwer zu erkennenden Verfälschungen ist, dass den echten Samen beigemengt oder an ihrer Stelle so häufig die Samen anderer Strophanthusarten vorkommen, dass nach unseren Erfahrungen gegenwärtig ein grosser Theil der im Handel befindlichen Samen im höchsten Grade verdächtig ist, so dass diese sehr giftige Droge die grösste Aufmerksamkeit des Apothekers verlangt. Da die Samen, wenn sie behaart sind, sich meist sehr ähnlich sehen und man sie früher gewöhnlich ohne Kapseln und ohne Haarschopf importirte, auch die Arzneibücher meist die Prüfung mit Schwefelsäure nicht vorschrieben, so erklärt sich das Vorkommen solcher falscher Samen leicht. Auch die neuerdings von der englichen African Lakes Comp. in Kapseln eingeführte Waare unter der Marke Mandala ist noch wenig zufriedenstellend und besteht nur im günstigsten Fall theilweise aus echten Kombefrüchten. Als Samen anderer Arten, die gegenwärtig zu berücksichtigen sind, sind mit grösserer oder geringerer Wahrscheinlichkeit erkannt diejenigen von Strophanthus Courmontii Sacleux, Str. Stuhlmanni Pax, Str. sarmentosus β-verrucosus A. P. D C., Str. Schuchardti Pax. Wir können auf die Beschreibung der einzelnen Samen nicht eingehen, sondern verweisen auf C. HARTWICH, Einige Bemerkungen über Semen Strophanthi. Apotheker-Zeitung 1901. Festzuhalten ist für die Beurtheilung, dass diese falschen Samen, wenn sie als Kombe erscheinen, meist nicht deutlich grünlich, sondern mehr grau oder graubraun und die als Hispidus erscheinenden nicht so lebhaft braun sind, wie die echten Samen. Ferner geben sie gewöhnlich mit Schwefelsäure keine grüne, sondern eine rothe oder blaue Farbe, wobei aber darauf aufmerksam zu machen ist, dass es auch mehrere falsche Samen giebt, die mit Schwefelsäure grün werden. Ausser der Reaktion hat also der Apotheker beim Einkauf auch die Grösse etc. der Samen und ihre Farbe zu berücksichtigen. — Ferner ist darauf aufmerksam zu machen, dass solche falschen Samen in der Regel im Embryo Oxalatdrusen und zuweilen Einzelkrystalle enthalten, die bei den officinellen Arten fehlen. — Am gefährlichsten ist es, dass im Handel den echten Samen oft falsche beigemengt sind oder auch falsche Samen aus einem Gemenge mehrerer Arten bestehen. Der Apotheker soll daher beim Einkauf pro Kilo mindestens 20—30 Samen auslesen, die nach Form, Farbe und Grösse möglichst verschieden sind, mit zweifellos echten Samen oder doch mit der obigen Beschreibung vergleichen, von jedem einzelnen Samen einen Querschnitt machen, diesen mit einem Tropfen Schwefelsäure bedecken und unter dem Mikroskop bei 40—50 facher Vergrösserung oder mit einer guten Lupe untersuchen, ob mindestens das Endosperm stark grün wird. Hält nur ein Same die Probe nicht aus, so ist die Droge zurückzuweisen. — Ob die von anderen Arten stammenden Samen, die die Probe auch geben, den officinellen gleichwerthig sind, muss abgewartet werden, vorläufig können sie nicht zugelassen werden.

Wirkung und Anwendung. Wirkt nach Art der Digitalis auf den Herzmuskel, ohne wie dieses zugleich die Gefässe zu verengern. Die Pulsfrequenz wird verlangsamt, der Blutdruck gesteigert, die Harnabsonderung vermehrt. Nachtheilige Wirkung auf Magen und Darm ist seltener als bei Digitalis, kumulativ soll Strophanthus nicht wirken. — Wegen der Ungleichmässigkeit der Handelswaare und der dadurch bedingten Unzuverlässigkeit der Wirkung hat die Droge an Vertrauen verloren und wird wenig angewendet. — Von dem oben genannten Strophanthin aus Str. Kombe beträgt die letale Dosis per Kilo Kaninchen bei subkutaner Anwendung 0,0006 g, bei dem vielleicht von Str. hispidus stammenden Pseudostrophanthin 0,0003 g. — Nach anderer Angabe sind dagegen beide Sorten (die Samen) in der Wirkung gleich; da auch der Glukosidgehalt ungefähr gleich ist, lässt sich das schwer mit der ersten Angabe vereinigen. — Nach einer dritten Angabe differirte die Intensität der Wirkung bei verschiedenen Sorten um des Dreissigfache. — Noch einmal sei dem Apotheker eine möglichst sorgsame Behandlung dieser wichtigen und stark giftigen Droge an das Herz gelegt.

Strophanthus und die Zubereitungen daraus sind dem freien Verkehr entzogen und dürfen nur gegen ärztliche Verordnung abgegeben werden.

† Extractum Strophanthi alcoole paratum (Gall. Suppl.). **Extrait alcoolique de Strophantus Kombé.** Wie Extractum Colae (Bd. I, S. 919) zu bereiten.

† Tinctura Strophanthi. Strophanthustinktur. Teinture de Strophantus. Tincture of Strophanthus. Germ. IV: Aus 1 Th. mittelfein gepulvertem Samen und 10 Th. verdünntem Weingeist (60 proc.). — Helv.: 10 Th. Samen werden zerstossen, durch Perkoliren mit Petroläther vollständig entfettet, gepulvert (V) und mit q. s. verdünntem Weingeist (62 proc.) im Verdrängungswege erschöpft (zum Befeuchten 3 Th.). Man fängt die ersten 98 Th. für sich auf, dampft die übrigen Auszüge auf 2 Th. ein und mischt, so dass man 100 Th. Tinktur erhält. — Austr.: 5 Th. grob gepulverter Samen werden mit Aether entfettet, dann mit Weingeist (87 proc.) im Verdrängungswege erschöpft, so dass man 100 Th. Tinktur erhält. — Brit.: 25 g gepulverte Samen (Nr. 30) zieht man im Perkolator (zum Befeuchten 6 ccm) mit Weingeist (70 vol.-proc.) aus, sammelt 500 ccm Perkolat und bringt durch Zusatz von Weingeist auf 1000 ccm. — U-St.: Aus 50 g gepulverten Samen (Nr. 30) und q. s. einer Mischung aus 650 ccm Weingeist (91 proc.) und 350 ccm Wasser. Man digerirt zuerst 2 Tage mit 70 ccm und perkolirt dann, bis man 1000 ccm Tinktur erhalten hat. — Gall. Suppl.: Aus 1 Th. grob gepulverten Samen und 5 Th. Weingeist (60 proc.) durch 10 tägige Maceration. Vorsichtig aufzubewahren.

	Germ.	Austr.	Helv.	Brit.
Grösste Einzelgabe:	0,5	1,0		0,9.
Grösste Tagesgabe:	„ 1,5	„	„ 3,0	

Grösste Gabe für Pferde: 10,0—25,0 (Feist).

Strophanthustinktur soll klar, gelbbräunlich und sehr bitter sein. Eine Prüfung hat nur Helv. aufgenommen: Trockenrückstand bei 100° C. wenigstens 1,25 Proc.; 10 Tr. mit 10 Tr. Schwefelsäure nach 1 Stunde rein grün. Bei der fertig bezogenen Tinktur ist die Ausführung dieser Proben unerlässlich!

Zu obigen Vorschriften ist folgendes zu bemerken: Nach Germ. IV, die nicht mehr, wie Germ. III, die Samen entfetten lässt, wird erfahrungsgemäss keine klare oder klar bleibende Tinktur erhalten,[1]) überdies ist das Verwandeln der ölreichen Samen in ein mittelfeines Pulver eine mühsame Arbeit. Bei dem von Austr. vorgeschriebenen Entfetten mit Aether geht nachweislich Strophanthin in Lösung; es ist demnach die Behandlung mit Petroläther (Vorschr. d. Helv.) vorzuziehen, welcher kein Glukosid löst. Vor der weiteren Verarbeitung werden die Samen durch Trocknen an der Luft vom anhängenden Extraktionsmittel befreit. Der Wirkungswerth der nach den verschiedenen Arzneibüchern bereiteten Tinktur stellt sich folgendermassen:

1 g Semen Strophanthi entspricht

Gall.	Germ. Helv.	Austr.	U-St.	Brit.	
5 g	10 g	20 g	20 ccm	40 ccm	Tinct. Strophanthi.

Der Umstand, dass bei einem stark wirkenden und wichtigen Arzneimittel eine so geringe Uebereinstimmung im Gehalte an wirksamem Bestandtheil herrscht, mahnt zur grössten Vorsicht bei Anfertigung von fremdländischen Verordnungen, die Strophanthustinktur enthalten.

Semen Strophanthi pulveratum deoleatum. Entölter Strophanthussamen wird von den Drogisten zur Bereitung der Tinktur vorräthig gehalten. 70 Th. entsprechen 100 Th. nicht entöltem Samen. Da derselbe haltbar ist und eine völlig klare Tinktur giebt, so würde gegen seine Verwendung nichts zu sagen sein, wenn man die Sicherheit hätte, dass er aus zuverlässigem Material hergestellt ist. Die Strophanthinreaktion würde nichts beweisen, da ein Gemenge guter und schlechter Samen sie auch geben würde.

Strophanthinum. Strophantin. Unter dem Namen „Strophanthin“ sind zur Zeit noch zwei Substanzen im Handel, welche von einander chemisch verschieden sind, da

[1]) Vielleicht würde das unter Extr. Strychni erwähnte Paraffinverfahren auch hier zu einem guten Ergebniss führen.

sie verschiedene Spaltprodukte liefern, und die sich ausserdem auch durch ihre physiologische Wirkung von einander unterscheiden. Feist hat diese Verhältnisse aufgeklärt und bezeichnet diese beiden Strophanthus-Glukoside als Strophanthin und Pseudostrophanthin.

†† **Strophanthinum (verum). Strophanthin** (von Fraser-Feist). **Strophanthine** (Gall.). Wasserfrei = $C_{40}H_{66}O_{19}$ [1]). **Mol. Gew. = 850.** Ist das vorzugsweise in den Kombe-Samen enthaltene Glukosid, von Fraser zuerst näher studirt.

Darstellung (nach Fraser). Die durch absoluten Aether oder Schwefelkohlenstoff entfetteten Samen von Strophanthus Kombe werden mit 70procentigem Alkohol ausgezogen. Der alkoholische Auszug wird der Destillation unterworfen. Der hinterbleibende Destillationsrückstand wird mit Wasser aufgenommen, filtrirt und mit Gerbsäure unter Vermeidung eines erheblichen Ueberschusses (welcher lösend wirkt) gefällt. Der so erhaltene graue Niederschlag wird mit Bleioxyd gemischt, eingetrocknet und alsdann mit Alkohol ausgezogen. Aus der alkoholischen Lösung wird das Strophanthin durch Aether gefällt.

Eigenschaften. Ein farbloses, feines Krystallmehl, welches wasserfrei der Formel $C_{40}H_{66}O_{19}$ entspricht, aber wechselnde Mengen von Wasser bindet. Das lufttrockne Präparat scheint der Formel $C_{40}H_{66}O_{19} + 3H_2O$ zu entsprechen. Dieses (Krystall-)Wasser geht beim Trocknen nicht ohne Zersetzung des Glukosides weg. Strophanthin löst sich leicht in Wasser, weniger leicht in Alkohol; in Aether, Benzol, Chloroform, Schwefelkohlenstoff ist es fast unlöslich, von Amylalkohol wird es aus der wässerigen Lösung in geringer Menge aufgenommen. Die wasserfreie Verbindung schmilzt nach Feist bei 167° C. Strophanthin reduzirt die Fehling'sche Lösung als solches nicht. Trägt man eine Spur desselben in koncentrirte Schwefelsäure ein, so entsteht smaragdgrüne Färbung. Es enthält eine Methoxyl-Gruppe. Die wässerige Lösung ist schwach rechtsdrehend.

Wird es langsam mit 0,5procentiger Salzsäure erwärmt, so wird es bei 70° C. plötzlich gespalten in die wasserlösliche Zuckerart Strophanthobiosemethylester und das unlösliche, bez. krystallisirende Strophanthidin.

$$C_{40}H_{66}O_{19} + aq. = C_{27}H_{38}O_7 + C_{12}H_{21}O_{10} . CH_3.$$
Strophanthin Strophanthidin Strophanthobiosemethylester.

Bei dieser Spaltung findet sich die Methoxylgruppe bei dem Kohlehydratspaltstück wieder.

†† **Pseudo-Strophanthin. ψ-Strophantin.** Wurde zuerst von Arnaud aus grünen Samen dargestellt und ist in verschiedenen grünen und braunen Samen namentlich aber in Strophanthus hispidus enthalten. Arnaud gab ihm die Formel $C_{31}H_{48}O_{12}$, doch ist nach Feist hierfür die Formel $C_{40}H_{60}O_{16}$ anzunehmen, welche gleichfalls auf die analytischen Daten von Arnaud stimmt.

Darstellung. Man zieht die zerkleinerten Samen mit Alkohol von 70 Procent aus, verjagt einen Theil des Alkohols durch Verdunsten, beseitigt das sich abscheidende Oel, fällt die Flüssigkeit mit Bleiessig, filtrirt ab, entbleit das Filtrat durch Schwefelwasserstoff und dampft das bleifreie Filtrat bei 50° C. zum dünnen Sirup ein. Das ψ-Strophanthin krystallisirt alsdann aus.

Eigenschaften. Ein neutrales, mikrokrystallinisches, sehr hygroskopisches Pulver von stark bitterem Geschmacke, in Wasser und in Weingeist leicht löslich. Der Schmelzpunkt der wasserfreien Substanz liegt bei etwa 179° C. Nach Arnaud ist es rechtsdrehend, nach Anderen schwach linksdrehend. Es enthält eine Methoxylgruppe. Bei der Hydrolyse zerfällt es in ψ-Strophanthidin und Saccharobiose

$$C_{40}H_{60}O_{16} + H_2O = C_{27}H_{37}O_6 . CH_3 + C_{12}H_{22}O_{11}$$
ψ-Strophanthin ψ-Strophanthidin Saccharobiose.

[1]) Die Gall. giebt diesem Strophanthin die Arnaud'sche Formel $C_{31}H_{48}O_{12}$; da sie ihr Präparat aber aus Str. Kombe darstellen und mit Schwefelsäure sich grün färben lässt, so dürfte es wohl mit dem wahren Strophanthin identisch sein.

Bei dieser Hydrolyse bleibt die Methoxyl-Gruppe beim ψ-Strophanthidinspaltstück. Zur Zerlegung muss das ψ-Strophanthidin mit 2,4procentiger Salzsäure bis zum Sieden erhitzt werden. ψ-Strophanthidin giebt mit konc. Schwefelsäure rothe Färbung.

Aufbewahrung. Sehr vorsichtig und wegen seiner hygroskopischen Eigenschaften am besten in kleinen Gläschen, die in ein grösseres Gefäss über Aetzkalk gestellt werden.

Anwendung. Strophanthin und ψ-Strophanthin gehören zu den stärksten Herzgiften und sind von ähnlicher Wirkung wie das Digitalin. Sie werden dem letzteren vorgezogen, weil sie die Athmung nicht in gleichem Maasse wie dieses ungünstig beeinflussen, und weil sie nicht kumulirend wirken.

Quantitativ sind nun Strophanthin und ψ-Strophanthin in ihrer Wirkung keineswegs gleich, das letztere wirkt vielmehr etwa doppelt so stark wie das erstere.

Arzt und Apotheker werden sich diese Verhältnisse gegenwärtig zu halten haben. Der Arzt muss wissen ob er Strophanthin oder ψ-Strophanthin verwenden will. Der Apotheker wird bei der Bestellung genau angeben, ob er Strophanthinum verum oder ψ-Strophanthin haben will und die Präparate mittels der Schwefelsäure-Reaktion prüfen. Dies ist um so wichtiger, als zur Zeit das ψ-Strophanthin noch das billigere und häufiger dargestellte Präparat ist.

Als Höchstgaben hat man anzusehen: **A)** für Strophanthin 0,0005 g *pro dosi* 0,002 g *pro die*, **B)** für ψ-Strophanthin 0,0003 g *pro dosi* 0,001 g *pro die.*

†† Ouabaïn (Quabain). $C_{30}H_{46}O_{12}$. **Mol. Gew. = 598.** Ist von Arnaud ursprünglich aus dem Ouabaioholz, welches die Somali zur Darstellung von Pfeilgift benutzen, dargestellt, später ebenfalls von Arnaud aus den Samen von *Strophanthus glaber* von Gabon isolirt worden.

Ouabaïn bildet in kaltem Wasser ziemlich schwer, in heissem Wasser und in Alkohol leichter lösliche, in Aether unlösliche Krystalle vom Schmelzpunkt 200° C. Es ist linksdrehend und schmeckt schwach bitter. Es wird durch verdünnte Schwefelsäure oder Salzsäure in der Siedehitze in eine Verbindung $C_{24}H_{36}O_8$ und Rhamnose $C_6H_{12}O_5$ gespalten.

$$C_{30}H_{46}O_{12} + H_2O = C_6H_{12}O_5 + C_{24}H_{36}O_8.$$

In seiner physiologischen Wirkung steht das Ouabaïn dem Strophanthin nahe, doch wirkt es noch bei weitem intensiver und sicherer wie dieses. Therapeutisch ist es bisher gegen Keuchhusten der Kinder (zu 0,00006 g viermal täglich) angewendet worden. Bei den Somalis ist es Bestandtheil des Pfeilgiftes.

Strychninum.

I. Strychninum. **Strychnina** (Brit. U-St.). **Strychnine** (Gall.). **Strychnin.** $C_{21}H_{22}N_2O_2$. **Mol. Gew. = 334.** Die freie Strychninbase.

Darstellung. Zur Gewinnung des Strychnins werden ausschliesslich die Samen von Strychnos Nux Vomica benutzt, welche das Alkaloid neben Brucin und anderen, nicht näher bekannten Basen enthalten. Die Darstellung kann mit Vortheil nach zwei Methoden geschehen, welche in folgendem kurz beschrieben sind:

I. Die zerkleinerten Krähenaugen werden mit heissem Wasser angefeuchtet, wodurch sie aufquellen und sich zu einem schleimigen Brei vermahlen lassen. Dieser wird in geeigneten Extraktionsapparaten, welche zu einem System mit einander verbunden sind, mit heissem Weingeist erschöpft und der Auszug durch Destillation von Weingeist befreit. Das hinterbleibende wässerige Extrakt wird mit Bleizuckerlösung versetzt, wodurch Extraktivstoffe, welche die Abscheidung des Alkaloids erschweren, gefällt werden, der Ueberschuss an Blei durch Schwefelwasserstoff oder Schwefelsäure entfernt oder aus der so gereinigten Lauge durch Sodalösung die Alkaloide abgeschieden. Strychnin fällt fast vollständig aus, während das in Wasser leichter lösliche Brucin theilweise gelöst bleibt.

II. Nach einem zweiten Verfahren werden die Samen mit schwefelsäurehaltigem Wasser, welches $^1/_8 - ^1/_{10}$ der angewendeten Krähenaugen an Schwefelsäure enthält, 24 Stunden unter zeitweiligem Ersatz des verdampfenden Wassers in aus Blei gefertigten

Gefässen gekocht, wodurch der Schleim in Zucker verwandelt wird und die Samen vollständig erweichen. Sie werden scharf abgepresst, und der klare, braun gefärbte Auszug mit einem Ueberschuss an Kalkhydrat versetzt, wodurch die Alkaloide gefällt werden. Dem abgepressten, aus Strychnin, Brucin, Gips, überschüssigem Kalk und anderen Körpern bestehenden Niederschlage werden die Alkaloide durch Auskochen mit verdünntem Weingeist entzogen und scheiden sich nach dem Abdestilliren des letzteren aus.

Zur Reinigung des auf die eine oder andere Art erhaltenen Rohstrychnins muss zuerst das demselben beigemengte Brucin entfernt werden. Dies geschieht durch Behandlung des getrockneten Alkaloidgemenges mit starkem Weingeist, welcher Brucin mit Leichtigkeit löst, Strychnin dagegen nur wenig aufnimmt. Letzteres wird abgepresst, getrocknet, in verdünnter Essigsäure oder Schwefelsäure gelöst, die Lösung über etwas Thierkohle filtrirt und mit Natriumkarbonat oder Ammoniak gefällt. — Das Strychnin scheidet sich als weisser krystallinischer Niederschlag ab, welcher mit kaltem Wasser ausgewaschen, getrocknet und aus verdünntem Weingeist umkrystallisirt wird. Zur Darstellung von Strychninsalzen kann man von dem präcipitirten Strychnin ausgehen.

Bedarf man zu irgend einem Zwecke die freie Strychninbase, so stellt man sich diese dar durch Fällung einer Strychninnitratlösung durch Natriumkarbonat.

Eigenschaften. Die freie Strychninbase krystallisirt in farblosen, rhombischen Säulen, welche wasserfrei sind und erst über 260° C. unter Zersetzung schmelzen. Die Lösungen lenken die Ebene des polarisirten Lichtes nach links ab. Es löst sich in etwa 7000 Th. kaltem oder 2500 Th. siedendem Wasser zu alkalisch reagirenden Flüssigkeiten, es löst sich ferner in etwa 150 Th. kaltem oder 12 Th. siedendem Alkohol von 90 Proc. dagegen fast gar nicht in Aether. — 100 Th. Benzol lösen 0,607 Th., 100 Th. Amylalkohol = 0,55 Th., 100 Th. Chloroform bei gewöhnlicher Temperatur = 16,6 Th. der freien Base. Die wässerige Lösung schmeckt noch in einer Verdünnung von 1 : 700000 Th. deutlich bitter. Koncentrirte Schwefelsäure löst Strychnin farblos auf, koncentrirte Salpetersäure löst dasselbe mit gelblicher Farbe unter Bildung von Nitrostrychnin. Das Strychnin ist eine starke Base und liefert mit Säuren gut krystallisirende Salze, welche gegen Lackmus neutral sind. In ihren Lösungen bringen Gerbsäure, Kaliumquecksilberjodid und Phosphorwolframsäure weisse Niederschläge hervor, Phosphormolybdänsäure und Goldchlorid erzeugen gelbe, Jodlösung braune Fällung, Ammoniak, kohlensaure und kaustische Alkalien scheiden aus den Lösungen die freie Base in feinen Nadeln ab, welche im Ueberschuss des Fällungsmittels unlöslich sind. In den Lösungen des Strychnins und seiner Salze in koncentrirter Schwefelsäure wird durch Oxydationsmittel, wie Kaliumdichromat, Kaliumpermanganat, Ceroxyduloxyd eine bald verschwindende blaue oder violette Färbung hervorgerufen. Auf dieses Verhalten gründen sich einige wichtige Farbenreaktionen, welche zur Erkennung des Strychnins dienen.

Reaktionen. **1)** Versetzt man eine schwefelsaure Strychninlösung mit Kaliumdichromat, so erfolgt Ausscheidung gelber Nädelchen von Strychninchromat. Man beachte aber, dass z. B. eine neutrale Strychninsalzlösung durch gelbes Kaliumchromat nicht gefällt wird. — **2)** Löst man ein Körnchen Strychnin oder Strychninsalz durch Verreiben mit 10—20 Tropfen konc. Schwefelsäure auf einem Uhrglase, legt alsdann auf das Uhrglas ausserhalb der Schwefelsäure ein angefeuchtetes Kryställchen von Kaliumdichromat und lässt auf dieses einen Tropfen Wasser auffliessen, so erzeugt die von diesem abfliessende Kaliumdichromatlösung in der Schwefelsäure blau-violett-rothe Streifen, welche allmählich verschwinden. Bei kleinen Mengen stellt man diese Reaktion zweckmässig wie folgt an: Man versetzt die thunlichst koncentrirte und mit etwas Schwefelsäure angesäuerte Lösung des Strychninsalzes mit Kaliumdichromatlösung. Bei Gegenwart von Strychnin entsteht ein gelber Niederschlag. Man saugt von diesem die Mutterlauge mit Filtrirpapier ab, wäscht den Niederschlag durch Zugabe von 1—2 Tropfen Wasser, saugt auch diese mit Filtrirpapier ab und giesst auf den Rückstand konc. Schwefelsäure. Man erhält alsdann prachtvoll blau-violette Farbenreaktion. Ist die Menge des Strychnins erheblich, so kann man natürlich auch das ausgeschiedene Strychninchromat abfiltriren, mit Wasser auswaschen, trocknen und kleine Antheile in konc. Schwefelsäure eintragen. — **3)** Löst man eine Spur Strychnin oder eines Strychninsalzes in einigen Tropfen konc. Schwefelsäure und fügt dann einige Körnchen Ceroxyduloxyd (s. Bd. I, S. 207) zu, die man mit dem Glasstabe verreibt, so tritt eine von blau nach violett und roth gehende prachtvolle Färbung auf. — **4)** An Stelle von Ceroxyduloxyd kann man in vorstehender Reaktion auch Kaliumpermanganat verwenden. — **4)** Versetzt man die genügend konc. Lösung eines Strychninsalzes mit einer Lösung (1 : 20) von Rhodankalium oder Rhodanammonium, so scheidet sich das Strychninrhodanid in prachtvoll krystallisirenden vierseitigen Säulen aus. Man bringt am besten einen Tropfen der Strychninlösung auf einen Objektträger, fügt ein Tröpfchen der Rhodanidlösung zu, wartet die Ausscheidung der Krystalle ab und betrachtet alsdann bei ca. 50facher Vergrösserung. Die Krystalle des Strychninrhodanids fallen namentlich durch ihre ausgezeichnet scharfen Kanten auf.

Ueber den physiologischen Nachweis des Strychnins s. unter Toxikologisches. Seinen chemischen Eigenschaften nach ist das Strychnin als Tertiäres Monamin aufzufassen.

Prüfung. 1) 0,1 g Strychnin hinterlasse beim Verbrennen auf dem Platinbleche höchstens unwägbare Spuren eines glühbeständigen Rückstandes. — 2) Uebergiesst man 0,05 g Strychnin in einem Probirglase mit 5 ccm Salpetersäure von 1,3 spec. Gew., so soll sich die Säure nur gelb, nicht roth färben (Brucin würde zu Rothfärbung Veranlassung geben).

Aufbewahrung. Sehr vorsichtig, unter den direkten Giften.

Anwendung. Die freie Base wird in Deutschland nicht sowohl therapeutisch, als zur Darstellung der Strychninsalze verwendet, im Auslande dient sie zur Bereitung mehrerer galenischer Zubereitungen. Ueber die physiologische Wirkung s. unter Strychninum nitricum.

Toxikologisches. Um das Strychnin in Leichentheilen etc. nachzuweisen, macht man diese mit Natronlauge zunächst schwach alkalisch, dann mit Weinsäure deutlich sauer und extrahirt mit 96proc. Alkohol. Verarbeitet man den alkoholisch-weinsauren Auszug in der Bd. I, S. 210 u. f. angegebenen Weise weiter, so erhält man schliesslich eine weinsaure, wässerige Flüssigkeit, in welcher das Strychnin enthalten ist. Diese saure Lösung schüttelt man zur Reinigung zunächst wiederholt mit Chloroform aus. Wenn dieses nichts mehr aufnimmt, so übersättigt man die Lösung deutlich mit Natronlauge und schüttelt nunmehr wiederholt mit Chloroform aus. Man wäscht die Chloroformlösung einmal mit wenig Wasser und destillirt alsdann das Chloroform aus dem Wasserbade ab, wobei das Strychnin zurückbleibt, oder man entzieht der Chloroformlösung das Strychnin mit schwefelsaurem Wasser, schüttelt die schwefelsaure Lösung 2—3 mal mit Chloroform aus, macht sie dann alkalisch, schüttelt wiederum mit Chloroform aus, reinigt die Chloroform-Auszüge durch zweimaliges Waschen mit Chloroform und destillirt alsdann das Chloroform ab. Das Strychnin hinterbleibt als fast farbloser Sirup, der aber über Calciumchlorid bald in Krystalle übergeht. Man identificirt diese durch den intensiv bitteren Geschmack und durch die oben angegebenen Reaktionen. Von diesen sind besonders wichtig die Blaufärbung des Chromats beim Eintragen in Schwefelsäure, die Reaktion mit Ceroxydoxydul und die Bildung des krystallisirenden Strychninrhodanids. Schliesslich stellt man noch einen physiologischen Versuch an:

Man bereitet sich durch Auflösen des Strychnins in Wasser unter Zusatz einer Spur verdünnter Schwefelsäure eine Lösung von Strychninsulfat und spritzt davon einem mittelgrossen Frosch subkutan ein. Den Frosch bringt man alsdann unter eine Glasglocke. War Strychnin vorhanden, so bekommt der Frosch nach einigen Minuten krampfartige Zuckungen. Klopft man nun auf den Tisch oder berührt man den Frosch mit der Nadel der Spritze, so löst jede dieser Erschütterungen oder Berührungen einen tetanischen Krampfanfall aus. Der Frosch geht schliesslich im Tetanus zu Grunde. Er hat seine vier Beine ausgestreckt und ist so steif, dass man ihn an einem Beine ziemlich wagerecht halten kann.

Der Nachweis in der menschlichen Leiche ist unter günstigen Umständen (z. B. wenn die Leiche gefroren war) mehrere Monate hindurch möglich. Wenn jedoch intensive Fäulniss eingetreten ist, wird der Nachweis nur sehr viel kürzere Zeit möglich sein. Man hat dies namentlich bei der Untersuchung von Hunden zu beachten, die mit Strychnin vergiftet worden sind.

In allen Fällen, in denen man Strychnin nachgewiesen hat, verabsäume man nicht, auch auf die Anwesenheit von Brucin zu prüfen. — Ausserdem hat man zu beachten, dass wiederholt Fäulnissbasen beschrieben worden sind, welche Aehnlichkeit mit Strychnin haben.

II. †† Strychninum hydrochloricum. Strychninchlorhydrat. Salzsaures Strychnin. Strychninae Hydrochloridum (Brit.). **Chlorhydrate de strychnine.** $C_{21}H_{22}N_2O_2 . HCl + 2H_2O$. **Mol. Gew. = 406,5.**

Zur Darstellung übergiesst man 10 Th. freie Strychninbase mit 100 Th. heissem destillirtem Wasser, fügt 4,4 Th. Salzsäure von 25 Procent hinzu, erwärmt bis zur Auflösung, filtrirt wenn nöthig und dunstet im Wasserbade ein, bis ein Tropfen, auf eine kalte Glasscheibe gebracht, Krystalle absetzt.

Farblose, prismatische Krystalle, welche an der Luft verwittern. Sie lösen sich bei 15° C. in 35 Th. Wasser oder 60 Th. Weingeist zu neutraler, bitter schmeckender Flüssigkeit. Bei 100° C. werden sie wasserfrei unter Abgabe von 8,85 Proc. Krystallwasser.

Aufbewahrung. Sehr vorsichtig. ***Anwendung.*** Wie das salpetersaure Salz.

†† Strychninum hydrobromicum. Strychninbromhydrat. Bromwasserstoffsaures Strychnin. Strychninae Hydrobromidum. Bromhydrate de Strychnine. $C_{21}H_{22}N_2O_2 . HBr + H_2O$. **Mol. Gew. = 433.**

Die Darstellung erfolgt ebenso wie die des salzsauren Salzes durch Auflösen von 10 Th. freier Strychninbase in einer Mischung von 100 Th. heissem Wasser und 9,7 Th. Bromwasserstoffsäure von 25 Proc.

Farblose Krystalle, in Wasser schwieriger löslich als das salzsaure Salz.

†† Strychninum hydrojodicum. Strychninjodhydrat. Jodwasserstoffsaures Strychnin. $C_{21}H_{22}N_2O_2 . HJ + H_2O$. **Mol. Gew. = 480.**

Man fällt eine wässerige Lösung von 10 Th. Strychninnitrat mit einer wässerigen Lösung von 4,3 Th. Kaliumjodid und krystallisirt den entstehenden Niederschlag aus siedendem Weingeist um.

Farblose, glänzende, vierseitige Nadeln, in Wasser schwer löslich, desgleichen in siedendem Alkohol.

†† Strychninum jodato-hydrojodicum wird durch Lösung von 10,0 Strychninnitrat in 150,0 heissem destill. Wasser, Versetzen der Lösung mit einer Lösung von 4,5 Kaliumjodid und 3,3 Jod in 50,0 destill. Wasser und Stellen an einen kalten Ort dargestellt. Der Niederschlag wird in Weingeist gelöst und zur Krystallisation gebracht. Es sind kleine dunkelrothe nadelförmige Krystalle, von welchen die Gabe $^1/_3$ grösser ist als vom Strychninnitrat.

III. †† Strychninum sulfuricum (Helv.). **Sulfate de strychnine** (Gall.). **Strychninae Sulfas** (U-St.). **Strychninsulfat. Schwefelsaures Strychnin.** $(C_{21}H_{22}N_2O_2)_2 . H_2SO_4 + 5H_2O$. **Mol. Gew. = 856.**

Darstellung. Man übergiesst 10 Th. freie Strychninbase mit 100 Th. heissem Wasser, neutralisirt genau mit verdünnter Schwefelsäure unter Prüfung mit Methylorange-Papier (wozu etwa 8,8 Th. der 16,66proc. verdünnten Schwefelsäure erforderlich sind), filtrirt die Lösung und bringt sie durch Eindunsten auf dem Wasserbade zur Krystallisation. Da das Salz verwittert, so dürfen die Krystalle nicht an einem warmen Orte getrocknet werden.

Eigenschaften. Farblose, prismatische Krystalle, an der Luft verwitternd. Löslich in 50 Th. Wasser oder in 110 Th. Alkohol bei gewöhnlicher Temperatur oder in 2 Th. siedendem Wasser oder in 8,5 Th. siedendem Alkohol, fast unlöslich in Aether. Durch Austrocknen bei 100° C. wird es wasserfrei unter Abgabe von rund 10,8 Proc. Krystallwasser. Das wasserfreie Salz schmilzt gegen 200° C.

Prüfung, Aufbewahrung, Anwendung. Wie bei Strychninum nitricum. Bei der Aufbewahrung beachte man, dass das Salz leicht verwittert.

IV. †† Strychninum nitricum (Austr. Germ. Helv.). **Azotate de strychnine** (Gall.). **Strychninnitrat. Salpetersaures Strychnin. Strychninae Nitras.** $C_{21}H_{22}N_2O_2 . HNO_3$. **Mol. Gew. = 397.**

Darstellung. Man übergiesst 100 Th. freie Strychninbase mit 1000 Th. siedendem Wasser und fügt soviel Salpetersäure hinzu, dass eine kleine Menge des Strychnins ungebunden bleibt. (Theoretisch bedarf man zur Neutralisation von 100 Th. Strychnin = 75,8 Th. Salpetersäure von 25 Proc., man wird also 72—74 Th. Salpetersäure zusetzen dürfen.) Aus den heiss filtrirten Lösungen scheidet sich beim Erkalten das Strychninnitrat in glänzenden Krystallen ab, welche zu sammeln und an der Luft zu trocknen sind.

Ein Ueberschuss von Salpetersäure ist bei der Darstellung zu vermeiden, da diese auf das Strychnin verändernd einwirkt.

Eigenschaften. Farb- und geruchlose, seideglänzende, meist zu Büscheln verwachsene Nadeln, welche luftbeständig sind und einen äusserst bitteren Geschmack besitzen. Sie lösen sich in etwa 90 Th. kaltem und in 3 Th. kochendem Wasser, in 70 Th. kaltem und in 5 Th. siedendem Weingeist von 90 Procent zu neutral reagirenden Flüssigkeiten. Etwas löslich ist das Salz in Chloroform, unlöslich in Aether und Schwefelkohlenstoff. Zerreibt man einige Krystalle mit koncentrirter Schwefelsäure, so entsteht eine gelblich gefärbte Lösung, indem die frei werdende Salpetersäure auf das Strychnin einwirkt. Erhitzt man ein Kryställchen mit etwas Salzsäure allmählich zum Kochen, so färbt sich die Flüssigkeit schön roth. Zur Nachweisung der Salpetersäure schichtet man die stark verdünnte wässerige Lösung auf Diphenylamin-Schwefelsäure oder man fällt aus der wässerigen Lösung das Strychnin erst durch Natriumkarbonat, säuert das Filtrat mit verdünnter Schwefelsäure an, fügt etwas Ferrosulfat zu und schichtet die Mischung auf konc. Schwefelsäure. Im ersteren Falle zeigt ein blauer, im letzteren ein brauner Ring die Gegenwart von Schwefelsäure an.

Prüfung. 1) Strychninnitrat sei farblos und in wässeriger Lösung neutral gegen Lackmuspapier. 0,1 g des Salzes muss auf Platinblech, ohne einen wägbaren Rückstand des Salzes zu hinterlassen, verbrennen (mineralische Verunreinigungen). — 2) Mit Salpetersäure zerrieben, giebt reines salpetersaures Strychnin eine gelblich gefärbte Lösung, ein Brucin enthaltendes Präparat dagegen löst sich in Salpetersäure mit rother Farbe auf.

Aufbewahrung. Sehr vorsichtig, unter den direkten Giften.

Anwendung. Strychninnitrat wirkt in kleinen Gaben zunächst anregend auf die sensiblen und sensoriellen Nerven. Man giebt es daher innerlich in Gaben von 0,001—0,005 g bei Amaurosen (völlige Aufhebung der Funktion des Sehnervs), ferner als Stomachicum; der Gebrauch bei Tabes dorsalis schadet mehr als er nützt. Ausserdem wendet man es in Form subkutaner Injektionen und äusserlich in Salben und Einreibungen an.

Grössere Dosen Strychnin steigern die Reflexerregbarkeit des Rückenmarkes, erregen das motorische und Athmungscentrum, es kommt in der Folge zu Krämpfen, Trismus (Mundsperre) und Opisthotomus (tetanischer Krampf), wobei der Rumpf durch Kontraktion der Strecker der Wirbelsäule nach hinten gebeugt wird; ferner wird der Blutdruck gesteigert, es tritt Cyanose ein. Die Krämpfe werden durch die geringsten äusseren Reize ausgelöst. Auf die peripheren motorischen Nerven wirkt Strychnin nicht ein. Der Tod erfolgt bei grossen Dosen infolge inspiratorischen Krampfes der Respirationsmuskeln, durch Erstickung oder durch Lähmung des Rückenmarkes und der Athmungsorgane.

Antidote. Solange das Gift noch im Magen ist, ist die Magenpumpe oder ein Brechmittel angezeigt, auch giebt man wohl Gerbsäure, um das leicht lösliche Strychninnitrat in schwer lösliches Strychnintannat zu verwandeln. Wenn die Resorption schon begonnen hat, wird als specifisches Antidot Chloralhydrat mit und ohne Kaliumbromid gegeben. (Andererseits gilt Strychnin auch als specifisches Antidot des Chloralhydrats (s. Bd. I, S. 791).

Dispensation. Man beachte, dass Strychninnitrat wirklich völlig gelöst abgegeben wird und dass es auch aus der Lösung nicht wieder auskrystallisiert. Daher bereite man die Lösungen grundsätzlich auch ohne Anwendung von Wärme. Ferner vermeide der Arzt zu Strychninlösungen solche Zusätze zu verordnen, welche (wie Kaliumjodid oder Gerbsäure) zur Bildung von Niederschlägen führen, so dass die Gefahr vermieden wird, dass der Patient mit dem letzten Löffel eine zu starke Dosis Strychnin erhält.

Höchstgaben: *pro dosi:* 0,007 g (Austr.), 0,01 g (Germ.! Helv.), *pro die*: 0,02 g (Austr. Germ. Helv.) *pro injectione:* 0,005 g dosis simplex, 0,01 g dosis quotidiana (Helv.).

Strychnin* als *Ungeziefermittel. Strychninnitrat ist ein häufig zur Vertilgung von Ungeziefer benutztes Gift. Die Apotheker geben hierzu meist das reine Strychninnitrat ab, die Drogisten verkaufen zu dem gleichen Zwecke ein rohes Strychninnitrat, welches zu einem grösseren Theile aus Brucinnitrat besteht. Dies ist bei Strychninvergiftungen, welche Gegenstand eines gerichtlichen Verfahrens werden, wohl zu beachten.

Von Zeit zu Zeit werden ferner Mittheilungen gemacht, dass es Strychninsorten gebe, welche sich zum Vergiften von Thieren (Füchsen) als ungeeignet erweisen, und dass ursprünglich wirksames Strychnin im Verlaufe der Aufbewahrung in seiner Wirkung zurückgehe. Diese Verhältnisse sind bisher wissenschaftlich nicht begründet worden, und es muss angenommen werden, dass sie sich in irgend einer bündigen Weise würden erklären lassen.

Triticum venenatum. Man giebt in ein Glasgefäss 1000 g Weizen, übergiest diese mit einer Lösung von 3 g Strychninnitrat in 500 g Wasser, lässt unter häufigem Umschütteln stehen, bis die Lösung durch Quellung von den Körnern aufgenommen ist. Dann färbt man mit einer alkoholischen Lösung von etwa 0,5 g Fuchsin und trocknet bei 30 bis 40° C. In der nämlichen Weise bereitet man Strychnin-Gerste, Strychnin-Hafer und Strychnin-Malz.

Saccharin-Strychninweizen. Siehe S. 768.

†† Strychninum aceticum. Strychninacetat. Essigsaures Strychnin. $C_{21}H_{22}N_2O_2 . C_2H_4O_2$. Mol. Gew. = 394.

Zur Darstellung löst man 10 Th. freie Strychninbase in einer Mischung von 40 Th. Wasser und so viel (6—7 Th.) Essigsäure von 30 Proc., dass die Lösung schwach aber deutlich sauer reagirt. Die wenn nöthig filtrirte Lösung wird zur Trockne abgedampft bei einer 60° C. nicht übersteigenden Wärme.

Ein weisses, krystallinisches Pulver, in schwach essigsaurem Wasser leicht löslich. Das Salz ist nur wenig beständig und dunstet leicht Essigsäure ab.

†† Strychninum valerianicum. Strychninvalerianat. Baldriansaures Strychnin. Valeriansaures Strychnin. $C_{21}H_{22}N_2O_2 . C_5H_{10}O_2$. Mol. Gew. = 436.

Zur Darstellung löst man 10 Th. freie Strychninbase und 3 Th. wasserfreie Baldriansäure unter Erwärmen in 100 Th. Alkohol und lässt die Lösung bei etwa 30° C. verdunsten. Der Rückstand wird zerrieben und sorgfältig gemischt.

Ein weisses, krystallinisches, nach Baldriansäure riechendes Pulver.

Elixir Cinchonae, Ferri et Strychninae (Nat. form.).

Rp. Strychnini sulfurici 0,175 g
Aquae 15,0 ccm
Elixir Ferri et Cinchonae q. s. ad 1,0 l.

Elixir Cinchonae, Ferri, Bismuti et Strychninae (Nat. form.).

Rp. Strychnini sulfurici 0,175 g
Aquae 10,0 ccm
Elixir Cinchonae, Ferri et Bismuti 990,0 ccm.

Elixir Cinchonae Pepsini et Strychninae (Nat. form.).

Rp. Chinini sulfurici 2,0 g
Cinchonidini sulfurici 1,0 „
Strychnini sulfurici 0,175 g
Elixir Pepsini (S. 567) q. s. ad 1,0 l.

Elixir Ferri Phosphatis, Cinchonidinae et Strychninae (Nat. form.).

Rp. Ferri phosphorici 35,0 g
Kalii citrici 4,5 „
Cinchonidini sulfurici 8,5 „
Strychnini sulfurici 0,175 g
Spiritus (94 Vol-Proc.) 65,0 ccm
Aquae 50,0 „
Elixir aromatici q. s. ad 1,0 l.

Elixir Ferri, Chinini et Strychnini (Nat. form.).

Rp. Tincturae Ferri Citro-Chloridi (Bd. I, S. 1135) 125,0 ccm
Chinini hydrochlorici 8,5 g
Strychnini sulfurici 0,175 g
Spiritus (94 Vol. Proc.) 30,0 ccm
Elixir aromatici q. s. ad 1,0 l.

Elixir Pepsini, Bismuti et Strychnini (Nat. form.).

Rp. Strychnini sulfurici 0,175 g
Elixir Pepsini et Bismuti (s. S. 567) 1,0 l.

Elixir Strychninae Valerianatis (Nat. form.).

Rp. Strychnini valerianici 0,175 g
Acidi acetici (36 proc.) 15,0 ccm
Tincturae Persionis compositae (Bd. I, S. 772) 15,0 ccm
Tincturae aromaticae q. s. ad 1,0 l.

Ferri et Strychninae Citras (U-St.).

Rp. 1. Ferri citrici ammoniati 98,0
2. Aquae destillatae 100,0
3. Strychnini puri 1,0
4. Acidi citrici 1,0
5. Aquae destillatae 20,0.

Man löst 1 in 2, ferner 3 und 4 in 5, mischt beide Lösungen, dampft die Mischung zum Sirup ein (bei nicht über 60° C.) streicht diesen auf Platten und bringt in Lamellenform.

Granules de strychnine (Gall.).

Rp. Strychnini puri 0,1 g
Sacchari Lactis 4,0 „
Gummi arabici pulv. 1,0 „
Mellis depurati q. s.

Fiant granulae No. 100. Jedes Körnchen enthält 0,001 g Strychnin.

Liquor Strychninae Acetatis (Nat. form.).
Hall's solution of Strychnine.

Rp. Strychnini acetici 2,1 g
Aceti (6 Proc.) 35,0 ccm
Spiritus (94 Vol.-Proc.) 250,0 „
Tincturae Cardamomi compositae 10,0 „
Aquae q. s. ad 1,0 l.

Linimentum antamauroticum Oesterlen.

Rp. Strychnini puri 1,0
Olei Amygdalarum 12,0.

Linimentum stimulans Neligan.

Rp. Strychnini puri 1,0
Olei Olivae 25,0.

Pilulae Aloïni, Strychninae et Belladonnae (Nat. form.).

Rp. Aloïni 1,3 g
Strychnini puri 0,05 „
Extracti Belladonnae foliorum spirituosi 0,8 „
Fiant pilulae No. 100.

Pilulae Aloïni, Strychninae et Belladonnae compositae (Nat. form.).

Rp. Aloïni 1,3 g
Strychnini puri 0,05 „
Extracti Belladonnae foliorum spirituosi 0,8 „
Extracti Rhamni Purshianae 3,25 „
Fiant pilulae No. 100.

Pilulae antidyspepticae (Nat. form.).
Antidyspeptic Pills.

Rp. Strychnini puri 0,16 g
Radicis Ipecacuanhae 0,65 „
Extracti Belladonnae foliorum spirituosi 0,65 g
Massae Hydrargyri (s. S. 28)
Extracti Colocynthidis compositi āā 13,0 „
Fiant pilulae No. 100.

Sirop de sulfate de strychnine (Gall.)

Rp. Strychnini sulfurici 0,05 g
Aquae destillatae 4,0 „
Sirupi Sacchari 996,0 „

Sirupus Ferri Phosphatis cum Quinina et Strychnina (Brit.). Easton's Sirup.

Rp. 1. Ferri in filis 8,6 g
2. Acidi phosphorici (66 Proc.) 62,5 ccm
3. Aquae destillatae 62,5 „
4. Strychnini puri 0,57 g
5. Chinini sulfurici 14,8 „
6. Sirupi Sacchari 700,0 ccm
7. Aquae q. s. ad 1,0 l.

Man löst 1 in 2 und 3 unter Erwärmen, löst dann noch 4 und 5, filtrirt diese Lösung in 6 und wäscht das Filter mit 7 nach.

U-St.
Sirupus Ferri, Quininae et Strychninae Phosphatum (U-St.).

Rp. 1. Ferri phosphorici solubilis (s. Bd. I, S. 1127) 20,0 g
2. Chinini sulfurici 30,0 „
3. Strychnini puri 0,2 „
4. Acidi phosphorici (85 Proc.) 48,0 ccm
5. Glycerini 100,0 „
6. Aquae 50,0 „
7. Sirupi Sacchari q. s. ad 1,0 l.

Man löst 1 in 6 unter Erwärmen, fügt 2 und 3 sowie 4 zu, filtrirt nach völliger Auflösung in 5 und füllt mit 7 auf.

Bahre's Mittel gegen Magenleiden. Ist ein homöopathisches Geheimmittel (Tinktur), anscheinend Spuren von Strychnin enthaltend.

Strychnos.

Gattung der **Loganiaceae — Strychneae.**

I. Strychnos nux vomica L.

I. Strychnos nux vomica L. Heimisch von Vorderindien durch Hinterindien bis nach Nordaustralien. Kurzstämmiger Baum mit kurzgestielten, eiförmigen, derben, 3—5nervigen Blättern. Blüthenstand eine gipfelständige Trugdolde. Die meist 5zähligen Blüthen sind grüngelb, stieltellerförmig mit sitzenden Antheren. Frucht eine derbschalige Beere, die in einer weissen, gallertigen Pulpa 1—8 aufrecht gestellte Samen enthält. Verwendung finden die Samen:

† Semen Strychni (Austr. Germ. Helv.). **Nux vomica** (Brit. U-St.). **Nuces vomicae. — Brechnuss. Krähenaugen. Strychnossamen. — Noix vomique** (Gall).

Beschreibung. Die Samen sind flach, kreisrund, Durchmesser bis 20 mm, Dicke bis 6 mm, am Rande abgerundet mit in der Mitte herumlaufendem Kiel. Häufig verbogen, graugelb. Sie sind durch anliegende, gegen die Peripherie gerichtete Haare glänzend, über den Haaren finden sich stellenweise Fetzen eines mattgrauen Häutchens (Reste der Fruchtpulpa). Der Mittelpunkt beider Seiten oder einer ist gewöhnlich warzenförmig erhöht, ebenso eine Stelle des Randes. Zwischen dieser Stelle und dem erhabenen Centrum verläuft zuweilen eine flach-erhabene Linie. Die Erhabenheit im Centrum ist das Hilum, die Warze am Rande die Mikropyle, die Erhabenheit zwischen beiden zeigt die Lage des Embryo an. Derselbe ist etwa 6 mm lang, er besteht aus dem keulenförmigen Würzelchen und zwei herzförmigen, deutlich aderigen Keimblättern. Das Würzelchen ist gegen die Mikropyle gerichtet. Das reichliche Endosperm ist durch einen Spalt in zwei Hälften getheilt, zwischen denen der Embryo liegt. Man erkennt diese Verhältnisse, wenn man den Samen längere Zeit in heissem Wasser aufweicht und dann spaltet (Fig. 154).

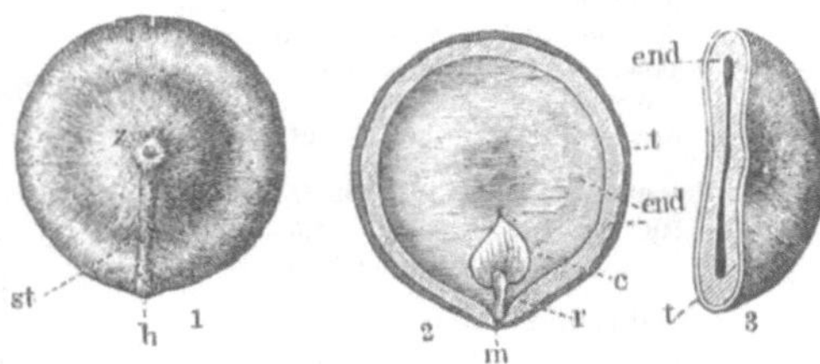

Fig. 154. Semen Strychni. 1. von aussen, *h* Mikropyle. 2. Der Länge nach aufgeschnitten, *m* Mikropyle, *r* Radicula, *c* Keimblätter, *end* Endosperm, *t* Samenschale. 3. Quer durchschnitten.

Die zähe dünne Samenschale besteht aus der Epidermis und der aus zusammengefallenen Zellen gebildeten Nährschicht. Die Epidermiszellen sind zu Haaren ausgewachsen, die dicht am Grunde umbiegen. Der unterste, gerade gestellte Theil ist stark verdickt und porös, die Haare selbst haben Verdickungsleisten in Form fast gerade verlaufender abgerundeter Bänder. — Die Zellen des Endosperms sind stark verdickt. Sie enthalten Plasma, Zucker, fettes Oel und Aleuronkörner, die bis 50 μ gross werden, mit Globoiden. Nach Behandlung von Schnitten mit Jodjodkalium sieht man, dass die Wände von Gruppen feiner Poren vollständig durchbohrt sind (Fig. 155). Geschmack stark und anhaltend bitter.

Fig. 155. Schnitt durch das Endosperm von Strychnos nux vomica. In den Zellen Aleuronkörner.

Bestandtheile. Die Samen verdanken ihre Giftigkeit zwei Alkaloiden: Strychnin und Brucin. Der Gesammtgehalt davon schwankt von 0,23 bis 5,34 Proc., Durchschnitt etwa 2,5 Proc. Der Gehalt an Strychnin allein beträgt etwas weniger als die Hälfte. Die Alkaloide sind an Igasursäure, die mit der Kaffeegerbsäure identisch zu sein scheint, gebunden. Das Endosperm enthält beide Alkaloide, der Embryo nur Brucin. Ausserdem enthalten die Samen ein Glukosid: Loganin. Der Fettgehalt beträgt 3,1—4,1 Proc., das Fett enthält Oel-, Palmitin-, Caprin-, Capron- und Buttersäure. Endlich enthalten sie 11 Proc. Proteïn und einen nicht krystallisirenden Zucker: Seminose.

Zur Bestimmung des Alkaloidgehaltes nach Keller werden in einem 200 g-Glase 12 g gepulverter Samen mit 80 g Aether und 40 g Chloroform übergossen. Nach $^1/_2$ Stunde fügt man 10 ccm Ammoniak hinzu und schüttelt während einer Stunde wiederholt kräftig um. Dann giebt man in 2—3 Portionen 15—20 ccm Wasser hinzu, schüttelt wiederum anhaltend um, bis die Lösung klar geworden ist. Dann giesst man 100 g der Flüssigkeit (= 10 g Samen) ab und schüttelt in einem Scheidetrichter so lange mit 0,5 proc. Salzsäure aus, bis einige Tropfen derselben mit Meyer'schem Reagens keine Trübung mehr geben. Die wässerige Alkaloidlösung wird dann in den Scheidetrichter zurückgebracht, mit Ammoniak alkalisch gemacht und mit einem Gemenge von 3 Th. Chloroform und 1 Th. Aether so lange ausgeschüttelt, bis eine kleine Probe desselben verdunstet und mit 0,5 proc. Salzsäure aufgenommen, mit Meyer'schem Reagens keine Trübung mehr giebt. Die vereinigten, nöthigenfalls filtrirten Chloroform-Aetherlösungen werden aus einem tarirten Kölbchen abdestillirt und der Rückstand zum konstanten Gewicht getrocknet. Sein Gewicht $\times$ 10 = Alkaloidgehalt.

Zur titrimetrischen Bestimmung wird der Rückstand in wenig (etwa 5 ccm) Chloroform unter gelindem Erwärmen gelöst, 40 ccm Aether, 10 ccm Wasser und 1 Tropfen alkoholischer Jodeosinlösung (1 : 100) zugegeben und 10 ccm $^1/_{10}$-N.-Salzsäure zufliessen gelassen. Dann wird kräftig umgeschüttelt und mit $^1/_{10}$-N.-Ammoniak zurücktitrirt, bis die wässerige Flüssigkeit sich roth färbt. — 1 ccm $^1/_{10}$-N.-Salzsäure = 0,0364 g Alkaloid. (Germ. verlangt mindestens 2,504 Proc.)

Zur Trennung des Strychnins und Brucins werden 0,3 g des getrockneten Alkaloidgemenges in einem Erlenmeyer in 10 ccm 10 proc. Schwefelsäure im Wasserbade gelöst. Nach dem Erkalten setzt man 1 ccm konc. Salpetersäure (spec. Gew. 1,41—1,42) zu und schüttelt um. Man lässt dann $1^1/_2$ Stunden bei gewöhnlicher Temperatur stehen, fügt 40 g Chloroform und 40 g Aether zu, schüttelt gut um, giebt 10 ccm Ammoniak hinzu und schüttelt während einiger Minuten kräftig um. Hierauf giesst man 40 g der Aether-Chloroformlösung (= 0,15 g Alkaloidgemenge) ab, filtrirt in ein tarirtes Kölbchen und destillirt im Wasserbade bis auf einen geringen Rest ab, den man wegbläst. Der Rückstand wird bei 95—100° C. getrocknet und gewogen. Er besteht aus Strychnin.

Zubereitung und Aufbewahrung. Das Pulvern der ganzen Samen bietet Schwierigkeiten. Man zerschneidet sie deshalb gröblich, oder man zerstampft sie nach mehrtägigem Trocknen soweit als möglich im Stossmörser, oder man setzt sie auf einem Siebe Wasserdämpfen aus (Gall.), bis sie soweit erweicht sind, dass sie sich in Scheiben zerschneiden lassen; alsdann werden sie längere Zeit im Trockenschranke, oder solange bei Wasserbadwärme getrocknet, bis sie sich in einem Mörser oder auf einer Mühle pulvern lassen. Man verwandelt sie so vollständig als möglich in ein gleichförmiges Pulver und hält ein feines zur Receptur und ein grobes für Auszüge vorräthig; es ist nicht zulässig, aus letzterem durch Absieben ein feineres herzustellen, da das alkaloidhaltige Endosperm und die unwirksamen Schalentheile nicht gleichmässig durchs Sieb gehen; auch darf nur der zuletzt auf dem Sieb zurückbleibende, haarig-wollige Theil (am besten durch Verbrennen) beseitigt werden. Der Arbeiter benutze eine Schutzmaske und einen Mörser mit Kappe.

Abgesehen davon, dass das käufliche Pulver 2—3 mal so theuer ist, wie das selbstbereitete, spricht auch der Umstand zu Gunsten des letzteren, dass man es einem gekauften Pulver nicht ansehen kann, ob bei seiner Herstellung nicht etwa ein Einweichen in Wasser, stärkeres Erhitzen u. dergl. angewendet worden sind. Das Pulver soll hellgrün sein, ein andersfarbiges weise man zurück. Germ. IV hat durch eine ausführliche Prüfungsvorschrift die Möglichkeit gegeben, die richtige Beschaffenheit eines Strychnossamenpulvers festzustellen.

Das Pulvis Seminis Strychni sine epidermide des Handels aus geschälten Samen, das sich besonders zur Extraktbereitung eignet, entspricht strenge genommen nicht den Forderungen des Arzneibuches, da es stärker ist als das aus ungeschälten Samen.

Strychnossamen und ihre Zubereitungen sind vorsichtig aufzubewahren. Sie sind dem freien Verkehr entzogen und dürfen nur gegen ärztliche Verordnung abgegeben werden.

Anwendung. Bei Verdauungsschwäche, veraltetem Magenkatarrh, Durchfall, Cholera, Lähmungen, Nervenleiden innerlich in der Form des Extrakts oder der Tinktur, seltener als Pulver. (Vergl. Strychninum.) Für letzteres ist die

Grösste Einzelgabe:	Germ. Helv. 0,1	Austr. 0,12	Brit. 0,25
Grösste Tagesgabe:	„ „ 0,2	„ 0,5	—

Pferden und Rindern giebt man das Pulver zu 2—4 g; Ziegen und Schafen 0,5—1 g; Schweinen 0,4—0,8 g. Das grobe Pulver wird bisweilen zur Vertilgung von Raubthieren (gegen Giftschein) gebraucht; in der Regel zieht man hier das zuverlässigere Strychnin vor.

Die Homöopathen geben Nux vomica bei Magenleiden und Hämorrhoiden.

Aqua Strychni Rademacheri (Ergänzb.). **Aqua Nucum vomicarum Rademacheri.** 32 Th. grob gepulverte Brechnüsse lässt man mit 3 Th. Weingeist und 54 Th. Wasser 24 Stunden stehen und destillirt dann 48 Th. ab. Den Destillationsrückstand verbrenne man, denn dieser, nicht das Destillat, enthält die Alkaloide.

† Extractum Strychni aquosum (Ergänzb.). **Wässeriges Brechnussextrakt.** 1 Th. grob gepulverte Brechnüsse lässt man zuerst mit 4, dann mit 3 Th. kochendem Wasser übergossen je 24 Stunden stehen und dampft die Pressflüssigkeiten zu einem trocknen Extrakte ein. Ausbeute etwa 17 Proc. Gelbbraun, in Wasser trübe löslich, nicht hygroskopisch. Vorsichtig aufzubewahren. Innerlich zu 0,05—0,15. Grösste Einzelgabe 0,2, grösste Tagesgabe 0,5 (Lewin).

† Extractum Strychni. Extractum Nucis vomicae. Extractum Strychni seu Nucum vomicarum spirituosum. — Brechnussextrakt. — Extrait de noix vomique. — Extract of Nux vomica. Germ.: 10 Th. grob gepulverte Brechnuss zieht man zuerst mit 20, dann mit 15 Th. verdünntem Weingeist (60 proc.) je 24 Stunden bei höchstens 40° C. aus und dampft die filtrirten Auszüge zur Trockne ein. Ausbeute 7—8 Proc. Alkaloidgehalt = mindestens 17,47 Proc. — Helv.: 100 Th. Brechnuss (VI) entfettet man durch Perkoliren mittels Petroläther, bis das Abfliessende beim Verdunsten keine Oeltröpfchen mehr hinterlässt, trocknet bei gelinder Wärme und erschöpft im Verdrängungswege (s. Bd. I, S. 925 die Fussnote) mit verdünntem Weingeist (62 proc.; zum Befeuchten 30 Th.), verdunstet den Auszug bis auf 50 Th., filtrirt und dampft zur Trockne ein. Alkaloidgehalt = 15 Proc. — Austr.: Wie Extractum Aconiti radicis Austr. (Bd. I, S. 155). — Brit.:

500 ccm Extractum Nucis vomicae liquidum Brit. dampft man nach Abdestilliren des Weingeistes mit q. s. Milchzucker ein, so dass man 150 g dickes (firm) Extrakt erhält. Die erforderliche Menge Sacchar. Lactis findet man, indem man 50 ccm zum dicken Extrakt eindampft und die an 15 g fehlende Gewichtsmenge mit 10 multiplicirt. Enthält 5 Proc. Strychnin. — U-St.: 1000 g Brechnuss (Nr. 60) digerirt man 48 Stunden mit einer Mischung aus 750 ccm Weingeist (91 proc.), 250 ccm Wasser und 50 ccm Essigsäure (36 proc.) und erschöpft dann im Verdrängungswege mit q. s. einer Mischung aus 750 ccm Weingeist und 250 ccm Wasser; man destillirt den Weingeist ab, dampft den Rückstand auf etwa 150 g ein, bringt ihn unter Nachspülen mit 50 ccm Wasser in eine $^1/_2$ l-Flasche, lässt erkalten und wäscht nun wiederholt unter behutsamem Schwenken (nicht Schütteln!) mit je $^1/_4$ Raumth. Aether, bis derselbe auf Papier keinen Fettfleck mehr hinterlässt. Von den ätherischen Auszügen destillirt man den Aether ab, fügt zu dem öligen Rückstand 15 ccm kochendes Wasser und Essigsäure tropfenweise bis zur sauren Reaktion, filtrirt durch ein genässtes Filter, wäscht mit wenig Wasser nach, vereinigt das Filtrat mit dem Extrakt und dampft auf 200 g ein. Man bestimmt nun in Proben von 4—5 g den Alkaloid- und Feuchtigkeitsgehalt und bereitet durch Zusatz von q. s. Milchzucker und Eindampfen zur Trockne ein Extrakt mit 15 Proc. Gesammtalkaloiden. — Gall.: Man macerirt 1 Th. geraspelte Brechnuss je 3 Tage mit 6, dann mit 2 Th. Weingeist von 80 Proc., destillirt von den Pressflüssigkeiten den Weingeist ab und dampft den Rückstand zur Pillenkonsistenz ein. — Bei Darstellung dieses Extrakts sind die vorgeschriebenen Wärme- und Zeitangaben, sowie die Stärke der Lösungsmittel aufs peinlichste einzuhalten, da hiervon wesentlich Extraktausbeute und richtiger Alkaloidgehalt abhängt. Der letztere wird festgesetzt:

von	Germ.	Helv. U-St.	Brit.
auf mindestens	17,47 Proc.	15 Proc.	5 Proc. Strychnin.

Strychnos-Extrakt ist vorsichtig und vor Feuchtigkeit geschützt aufzubewahren. Das Präparat der Germ. besitzt die unangenehme Eigenschaft, in den Standgefässen zusammenzufliessen, so dass man es denselben nur nach vorherigem Erweichen in der Wärme entnehmen kann. Man pflegt es deshalb scharf ausgetrocknet in groben Stücken in möglichst kleinen Hafengläsern, deren Korkverschluss man mit Paraffin dichtet, über Aetzkalk aufzubewahren. Das Zusammenfliessen wird dem Gehalt an fettem Oele zugeschrieben und zu dessen Entfernung vorgeschlagen, bei der Darstellung das noch dickflüssige Extrakt mit Petroläther zu waschen. Auch ist empfohlen worden, den weingeistigen Auszug nach Abdestilliren des Weingeistes mit 10 Proc. Paraffin bei 70—80° C. zu schütteln und nach dem Erkalten die Fett und Farbstoffe einschliessende Schicht zu entfernen. Am einfachsten ist die Darstellung aus entfetteten Samen, wie sie Helv. vorschreibt. — Innerlich zu 0,01—0,05 in Pillen, äusserlich in Salbenform.

Grösste Einzelgabe:	Germ. 0,05	Helv.	Austr. 0,05	Brit. 0,06.
Grösste Tagesgabe:	„ 0,1	„	„ 0,15	—

Ueber vorräthig zu haltende Lösung des Extrakts s. Bd. I, S. 1074.

Zur Alkaloidbestimmung bringt man 1,5 g trockenes, fein gepulvertes Extrakt in ein 150 g-Glas mit 10 g Wasser und schüttelt bis zur gleichmässigen Mischung gut um. Dann fügt man 30 g Chloroform und 60 g Aether zu, schüttelt wieder um und giebt 5 ccm Ammoniak hinzu. Dann schüttelt man wieder, lässt 30 Minuten stehen, worauf sich die Flüssigkeiten getrennt haben werden, giesst 60 g der Aether-Chloroformlösung (= 1 g Extrakt) ab, filtrirt, wenn nöthig, destillirt aus einem gewogenen Kölbchen ab, trocknet und wägt. (Vergl. S. 983). Zur Titration verfährt man ebenfalls wie S. 983 angegeben.

† Extractum Strychni fluidum. Extractum Nucis vomicae liquidum seu fluidum. Liquid or Fluid Extract of Nux vomica. Brit.: 500 g gepulverte Brechnuss (Nr. 20) erschöpft man l. a. mit Weingeist von 70 Vol.-Proc. im Verdrängungswege (zum Befeuchten 250 ccm); man fängt die ersten 375 ccm Perkolat für sich auf, giesst nach, bis man etwa 1875 ccm Weingeist verbraucht hat, presst den Rückstand aus, vereinigt die Pressflüssigkeit mit dem zweiten Auszuge, destillirt den Weingeist davon ab, dampft den Rückstand auf 31 ccm ein und fügt 93 ccm Weingeist (90 vol.-proc.) hinzu. Man vereinigt diese Mischung mit dem ersten Auszuge, bestimmt dann den Alkaloidgehalt und bereitet durch Zusatz von q. s. Weingeist (70 vol.-proc.) ein Extrakt mit 1,5 g Strychnin in 100 ccm. — U-St.: 1000 g gepulverte Brechnuss (No. 60) digerirt man 48 Stunden mit einer Mischung aus 750 ccm Weingeist (91 proc.), 250 ccm Wasser und 50 ccm Essigsäure (36 proc.), erschöpft dann l. a. im Verdrängungswege mit einer Mischung aus 750 ccm Weingeist und 250 ccm Wasser, destillirt den Weingeist ab, dampft den Rückstand auf 200 g ein, bestimmt in einer Probe von 4 g den Alkaloidgehalt, fügt dann 300 ccm Weingeist (91 proc.) und zuletzt so viel von einer Mischung aus 3 Raumth. Weingeist und 1 Raumth. Wasser zu, dass das Fluidextrakt in 100 ccm 1,5 g Gesammtalkaloide enthält. Gabe 0,06—0,18.

† Tinctura Strychni. Tinctura Nucis vomicae. Brechnusstinktur. Krähenaugen- oder Strychnostinktur. Teinture ou Alcoolé de noix vomique. Tincture of Nux vomica. Germ.: Aus 1 Th. grob gepulverter Brechnuss und 10 Th. verdünntem Weingeist (60 proc.) durch Maceration. — Helv.: Aus 10 Th. Brechnuss (VI) und q. s. verdünntem Weingeist (62 proc.) im Verdrängungswege; man befeuchtet mit 10 Th., fängt die ersten 95 Th. Perkolat für sich auf und bereitet l. a. 100 Th. Tinktur. — Austr.: Wie Tinctura Aconiti radicis Austr. (Bd. I, S. 155.) — Brit.: 100 ccm Extractum Nucis vomicae liquidum Brit. mischt man mit 150 ccm Wasser und 350 ccm Weingeist von 90 Vol.-Proc. — U-St.: 20 g bei 100° C. getrocknetes Extractum Nucis vomicae U-St. löst man in so viel einer Mischung aus 3 Raumth. Weingeist (91 proc.) und 1 Raumth. Wasser, dass man 1000 ccm Tinktur enthält. — Gall.: Aus 1 Th. grob gepulverter Brechnuss und 5 Th. Weingeist (80 proc.) durch 10 tägige Maceration. Klare, gelbe, sehr bittere Flüssigkeit. 5 Tropfen geben mit 10 Tropfen verdünnter Schwefelsäure im Wasserbade eingedampft violette Färbung, die auf Wasserzusatz verschwindet.

Der Strychningehalt soll betragen nach:

Germ.	U-St.	Brit.
0,251 g in 100 g	0,3 g in 100 ccm	0,24—0,26 g Strychnin in 100 ccm.

Innerlich zu 2—10 Tropfen, besonders häufig als Bestandtheil der sogen. Choleratinkturen; äusserlich in weingeistigen Mischungen gegen Rheuma. — Vorsichtig aufzubewahren.

	Germ.	Helv.	Austr.	Brit.
Grösste Einzelgabe:	1,0	0,5	1,0	0,9
Grösste Tagesgabe:	„ 2,0	„ 2,0	„ 3,0	—

† Tinctura Strychni aetherea (Ergänzb.). **Aetherische Brechnusstinktur.** Aus 1 Th. grob gepulverter Brechnuss, 2,5 Th. Aether, 7,5 Th. Weingeist (87 proc.). Aufbewahrung und Anwendung wie bei der vorigen.

† Tinctura Strychni Rademacheri (Ergänzb.). **RADEMACHER's Brechnusstinktur.** Aus 1 Th. grob gepulverter Brechnuss, 3 Th. Weingeist (87 proc.), 3 Th. Wasser durch 3 tägige Maceration.

Guttae antemeticae KROYHER.
Rp. Aquae Laurocerasi 10,0
Tincturae Strychni 5,0.
Bei Erbrechen der Schwangeren zu 10 Tropfen.

Guttae anticholericae BUROW.
Rp. Tincturae Cinnamomi
Tincturae Opii simplicis
Tincturae Strychni acidae
Tincturae Zingiberis ää.
2stündlich 15—25 Tropfen.

Guttae antidysmenorrhoicae RADEMACHER.
Rp. Tincturae Castor. Canad.
Tincturae Strychni ää 10,0.

Pilulae antiparalyticae TRINIUS.
Rp. Extracti Strychni aquosi
Seminis Strychni ää 6,0
Mucilaginis Gummi Arabici q. s.
Man formt 100 Pillen. Bei Lähmungen.

Pilulae contra incontinentiam urinae
GRISOLLE (vel MONDIÈRE).
Rp. Extracti Strychni 0,25
Ferri phosphorici oxydulati 3,0
Extracti Quassiae 2,0
Radicis Gentianae q. s.
Zu 25 Pillen.

Pilulae Strychni catharticae MACKENZIE.
Rp. Extracti Strychni 1,0
Extracti Colocynthidis compositi
Extracti Hyoscyami
Extracti Rhei compositi ää 4,0.
Man formt 50 Pillen.

Pulveres anticardialgici VOGT.
Rp. Extracti Strychni 0,03
Bismuti subnitrici 0,03
Magnesii carbonici 0,2
Elaeosacchari Menthae piperitae 0,6.
Dentur tales doses X ad chartam ceratam.
Bei Magenkrampf bis zu 5 Stück täglich.

Pulvis antidyspepticus HUSS.
Rp. Seminis Strychni 1,0
Ligni Quassiae 2,0
Calcii carbonici 2,0.
Divide in partes aequales XX. 3mal täglich ein Pulver.

Tinctura contra incontinentiam urinae.
Rp. Tincturae Ferri pomatae
Tincturae Strychni ää 10,0.
Morgens und abends 10 Tropfen in Zuckerwasser.

Tinctura Strychni acida.

I.

Rp. Seminis Strychni gr. pulv. 50,0
Acidi sulfurici 3,0
Spiritus diluti 500,0.

II. Formul. Regiomontana.

Rp. 1. Seminis Strychni raspati 60,0
2. Spiritus 120,0
3. Acidi sulfurici 4,0
4. Spiritus 120,0.
Man macerirt 1 mit 2 vier Tage, nach Zusatz von 3 noch vier Tage, presst, macerirt nochmals mit 4 und mischt die Pressflüssigkeiten.

Vet. Electuarium antidysentericum.
Rp. Seminis Strychni 10,0
Catechu 30,0
Radicis Althaeae 100,0
Radicis Gentianae 100,0
Rhizom. Asari 50,0
Magnesii carbonici 15,0
Farinae Secalis 200,0
Aquae q. s.
Bei Ruhr der Pferde 3stündlich hühnereigross.

II. Strychnos Ignatii Berg.[1]) Heimisch auf den Philippinen. Kletterstrauch. Frucht doppelt so gross wie von I, grün, mit grünlicher Pulpa und in derselben bis 40 Samen, welche Verwendung finden:

† Semen Ignatii. Faba Ignatii. Faba indica febrifuga. — Ignatiusbohne. Ignazbohne. — Fève de Saint-Ignace (Gall.). — **St. Ignatius-Beans.**

Beschreibung. Die Samen sind bis 3 cm lang, im Umriss eiförmig, aber durch gegenseitigen Druck kantig, grau oder braun, meist von der Samenschale entblösst, die mit dem Fruchtfleisch vereinigt bleibt. Wo sie sich am Samen befindet, ist sie haarig, wie bei I. Der Nabel liegt in einer kleinen Vertiefung an einer der Kanten. Das Endosperm ist hornartig, zuweilen hell durchscheinend. Der Embryo mit dickerer Radicula und kleineren Keimblättern wie I.

Im Pulver der Samen fehlen die Haare entweder oder, wenn sie vorhanden sind, sind sie durch Reste der Pulpa zu Bündeln zusammengeklebt.

Bestandtheile. Alkaloide wie bei I in einer Gesammtmenge von 1,25—3,39 Proc., Strychnin 0,84—1,65, Brucin 0,88—1,35 Proc., Loganin, Igasursäure wie I.

Verwechslung. Unter dem Namen Fava de S. Ignacio werden in Mittel- und Südamerika andere Samen, unter denen sich die von Pterodon pubescens Benth. (Leguminosoe) befinden, angewendet.

Hinsichtlich ***Aufbewahrung*** und ***Anwendung*** gilt das Gleiche wie für Semen Strychni. Höchstgabe 0,03—0,04.

† Tinctura Ignatiae. Tinctura Seminis Ignatii. Tinctura of Ignatia. Wie Tinctura Strychni zu bereiten. — Nat. form.: Aus 10 Th. grob gepulverten Samen und q. s. einer Mischung aus 8 Th. Weingeist (91 proc.) und 1 Th. Wasser im Verdrängungswege. Man befeuchtet mit 10 Th., fängt die ersten 90 Th. Perkolat für sich auf und stellt l. a. 100 Th. Tinktur her. Hierin bestimmt man den Trockenrückstand und fügt dann so viel der weingeistigen Mischung hinzu, dass man eine Tinktur mit 1 Proc. Trockenextrakt erhält. Die Angabe der Nat. form., dass 100 Th. der Tinktur 10 Th. Ignatia entsprechen, trifft natürlich nur zu, sobald die Samen rund 10 Proc. Trockenextrakt liefern.

† Tinctura (Seminis) Ignatii acida. Aus 50,0 grob gepulv. Samen, 3,0 Schwefelsäure, 500,0 verdünntem Weingeist.

Als grösste Einzelgabe wäre für diese und die vorige Tinktur schon 0,4 anzunehmen.

† Guttae amarae secundum Baumé (Gall.).
Tinctura Baumeana.
Gouttes amères de Baumé.

Rp.	Seminis Ignatii raspati	500,0
	Kalii carbonici	5,0
	Fuliginis splendentis	1,0
	Spiritus diluti (60 proc.)	1000,0.

Durch 10tägiges Ausziehen.

Hämorrhoidenpulver von Rich. Berger. Milchzucker mit einer Spur Strychnossamen.

Kirchhofer's Mittel gegen Bettnässen enthalten als wirksame Bestandtheile Strychnosextrakt und Eisen.

Nervenkapseln von F. G. Lafosse (Paris) enthalten Leberthran, Sadebaumöl, Kampher und Strychnosextrakt.

Styrax.

Styrax (Brit. Germ. U-St.). **Styrax liquidus** (Austr. Helv.). **Storax. Balsamum Storacis. — Storax. Flüssiger Storax. — Styrax liquide** (Gall.).

Ist I. der aus vorher verletzten Stämmen von **Liquidambar orientalis Miller (Hamamelidaceae — Bucklandioideae — Altingieae)** gewonnene Balsam. Der einem Ahorn ähnliche Baum ist heimisch in der südwestlichen Ecke von Kleinasien. Zu Ende des Frühlings werden die Bäume angeschnitten, und der Balsam entsteht in zunächst

---

[1]) Nach Bentham ist vielleicht nicht diese, sondern Strychnos multiflora Benth. die Stammpflanze.

schizogenen, später lysigen werdenden Behältern des Holzes. Die äusseren Theile desselben und die Rinde werden abgehackt, der Balsam in Wasser ausgekocht und ausgepresst. Er kommt grossentheils über Triest in den Handel. Die Jahresproduktion beträgt etwa 2000 Meter-Centner. Der Pressrückstand liefert die als Räucherwerk noch benutzte Cortex Thymiamatis oder Styrax Calamitus, unter welchem letzteren Namen auch Kunstprodukte in den Handel kommen.

Beschreibung. Der rohe Balsam ist grau, zäh, klebrig, reichlich Wasser enthaltend, in demselben untersinkend, von angenehmem Geruch nach Benzoë und Perubalsam, und gewürzhaft kratzendem Geschmack. Er ist fast völlig löslich in Aether, Alkohol, Essigäther, Methylalkohol, Amylalkohol, Eisessig, Aceton, theilweise löslich in Petroläther und Toluol, zum grössten Theile löslich in Benzol und Chloroform. Spec. Gew. 1,112—1,115. Da der Styrax anscheinend fast immer verfälscht in den Handel kommt, so hält es schwer, genaue Normen für seine Beschaffenheit aufzustellen. K. Dieterich verlangt Folgendes: 1) Wassergehalt nicht über 30 Proc. 2) Asche nicht über 1 Proc. 3) Alkohollöslicher Antheil nicht unter 60 Proc. 4) Alkoholunlöslicher Antheil nicht über 3 Proc. Säurezahl 55—75. Esterzahl 35—75. Verseifungszahl (kalt.) 100—140.

Authentisch reiner Styrax gab folgende Werthe: Wasser 26,21—40,95 Proc., Asche 0,5—0,92 Proc., in Alkohol löslich 57,14—65,49 Proc., in Alkohol unlöslich 1,45 bis 2,61 Proc., Säurezahl 59,38—70,70. Esterzahl 35,42—74,43, Verseifungszahl (kalt) 104,67—135,36.

Bestandtheile nach van Itallie. Freie Zimmtsäure 23,1 Proc., Styrol und Vanillin 2,0 Proc., ferner Styracin (Zimmtsäure-Zimmtester), Zimmtsäure-Aethylester, Zimmtsäure-Phenylpropylester, endlich Storesinol $C_{16}H_{26}O_2$, theils frei, theils als Zimmtsäureester.

Verfälschungen. Terpentin, Colophonium, Ricinusöl, Olivenöl und andere fette Oele, pflanzliche Reste, Wasser. Fette Oele drücken die Säurezahl herab, erhöhen die Ester- und Verseifungszahl. Terpentin erhöht die Säurezahl, drückt die Esterzahl herab.

Prüfung. Den Wassergehalt bestimmt man durch Trocknen bei 100°. Solchen getrockneten Styrax benutzt man zur Aschenbestimmung. Den alkohollöslichen Antheil bestimmt man durch Ausziehen von 10 g Styrax mit 96proc. Alkohol, Eindunsten, Trocknen und Wägen des Rückstandes. Es ist natürlich zu beachten, dass dabei das Wasser mit in den Alkohol übergeht.

Bestimmungen nach K. Dieterich. 1) Der Säurezahl: ca. 1 g Styrax löst man kalt in 100 ccm 96proc. Alkohol und titrirt mit alkoholischer $^1/_2$-N.-Kalilauge und Phenolphthalein Die Anzahl der verbrauchten ccm Lauge $\times$ 28,08 = Säurezahl.

2) Der Verseifungszahl: ca. 1 g Styrax übergiesst man in einer Literflasche mit 20 ccm $^1/_2$ N. alkoholischer Kalilauge und 50 ccm Benzin (0,7 spec. Gew.), lässt verschlossen 24 Stunden bei Zimmertemperatur stehen und titrirt mit $^1/_2$-N.-Schwefelsäure zurück. — Die Anzahl der gebundenen ccm Kalilauge $\times$ 28,08 = Verseifungszahl.

3) Der Esterzahl. Man subtrahirt 1 von 2.

Es ist bei diesen Bestimmungen natürlich zu beachten, dass man, wenn man nicht genau 1 g Styrax verwendete, die verbrauchte Lauge auf 1 g umzurechnen hat.

Aufbewahrung. Da die zähe Beschaffenheit des rohen sowohl als des gereinigten Storax eine Entnahme und Verarbeitung sehr erschwert, so muss man beide in Gefässen aufbewahren, die man ohne Gefahr auf eine heisse Platte oder ins Wasserbad stellen kann, um den Inhalt zu verflüssigen. Man wählt als Standgefässe für die Offizin Porcellanbüchsen mit eingebrannter Schrift, zur Aufnahme der grösseren Vorräthe aber starkwandige Einsatzbüchsen aus Weissblech, die sich leicht auswechseln lassen. Es ist darauf zu achten, dass zwischen Rand und Deckel kein Storax hängen bleibt; man reinige diese nach jedem Gebrauch sorgfältig mittels Fliesspapier, das man mit Weingeist befeuchtet hat.

Anwendung. Zum Räuchern, zu Zwecken der Parfümerie und als Bestandtheil von Räucherpapieren, -pulvern und -essenzen. Seine hauptsächlichste Verwendung findet er aber als billiges und sicher wirkendes Krätzemittel. In der Regel genügt eine 1—2-malige Einreibung mit 50 g Styraxliniment; vor- und nachher reinigt man die befallenen Stellen mittels Seife. Obwohl ein durchgeseihter Storax für diesen Zweck genügen würde, soll er doch nach Vorschrift der Arzneibücher zuvor einer Reinigung unterworfen werden, bei welcher ein Verlust an flüchtigen Bestandtheilen unvermeidlich ist.

Mischungen von Styrax mit fetten Oelen gelingen nur bei Anwendung gelinder Wärme; bei stärkerem Erhitzen entstehen harzige Ausscheidungen, die nicht wieder gleichmässig zu vertheilen sind.

Styrax depuratus seu praeparatus. Gereinigter Storax. Prepared Storax. Germ.: Der durch Erhitzen im Wasserbade vom grössten Theile des Wassers befreite Storax wird in ää Weingeist gelöst, filtrirt; der Weingeist durch Eindampfen verjagt. — Helv.: Erwärmen auf 90° C., sonst ebenso. — Austr.: Lösen in $^1/_2$ Gewichtstheil Benzol, Filtriren und Eindampfen. — Brit.: Wie Germ.; doch ohne Angabe des Verhältnisses. — E. Dieterich: 1000 Th. Storax schüttelt man in einer Flasche mit 750 Th. Aether bis zur Lösung, fügt 100 Th. entwässertes, gepulvertes Natriumsulfat hinzu, lässt stehen, so lange sich wässerige Flüssigkeit absondert, entfernt diese, filtrirt die ätherische Lösung in bedecktem Trichter und destillirt den Aether ab.

Da das Entwässern unter Erhitzen und das spätere Eindampfen, wenn man es nicht in einer Destillirblase vornimmt und das übergegangene Styrol wieder mit dem gereinigten Storax vereinigt, keineswegs vortheilhaft für den Balsam ist, so muss das Dieterich'sche Verfahren, welches denselben am wenigsten verändert, als das beste bezeichnet werden, umsomehr, als man hiernach 80—86 Proc. Ausbeute erzielt und den Aether zum Theil wieder gewinnt. Germ. und Helv. verlangen mindestens 65 Proc. Ausbeute. — Gereinigter Storax giebt mit ää Weingeist eine klare Lösung, die durch mehr Weingeist getrübt wird (der Grund liegt nach Evers in der Ausscheidung eines Harzesters der Zimmtsäure); in Aether, Benzol, Schwefelkohlenstoff ist derselbe bis auf einige Flocken klar löslich.

Gereinigter Styrax ist in Essigäther völlig löslich, völlig oder bis auf einen geringen Rückstand löslich in 90 proc. Alkohol, Aether, Chloroform, Benzol, theilweise löslich in Petroläther, Terpenthin, Schwefelkohlenstoff. Asche: keine bis 0,14 Proc. Säurezahl 56,94—84,00. Esterzahl 105,77—173,00. Verseifungszahl 178,45—257,00. Auch hier stimmen die mit authentischen Sorten ermittelten Werthe mit den angegebenen wenig überein. In Chloroform oder Monobromnaphthalin gelöst, findet er Verwendung zum Einschliessen mikroskopischer Präparate.

Styrax liquidus expurgatus (Gall.) **s. colatus. Styrax liquide purifié.** Man schmilzt Rohstyrax und presst durch Leinwand oder durch Flanell. Ausbeute etwa 85 Proc. Asche: keine bis 1,02 Proc., in Alkohol löslich 66,4 Proc., in Alkohol unlöslich 2,1 Proc., Verlust bei 100° C. 27,00—34,75 Proc

Adeps styraxatus Dieterich.

Wie Adeps balsamicus Dieterich, Bd. I, S. 159.

Balsamum antipsoricum.

Krätzbalsam.

Rp.	Styracis liquidi	100,0
	Olei Ricini	200,0

mischt man unter gelindem Erwärmen.

Collemplastrum Styracis Dieterich.

Rp.	Massae ad Collemplastrum	800,0
	Rhizomatis Iridis pulver.	80,0
	Sandaracae pulver.	20,0
	Acidi salicylici pulver.	6,0
	Styracis depurati	35,0
	Olei Resinae	12,0
	Aetheris	150,0.

Wie Collempl. Arnicae (Bd. I, S. 385) zu bereiten.

Linimentum Styracis.

Storaxliniment. Liniment de styrax.

		Ergänzb.	Helv.	F. Berol.	Diet.
Rp.	1. Styracis	50	50	50	70
	2. Spiritus	25	—	25	20
	3. Olei Lini	25	50	—	—
	4. Olei Ricini	—	—	25	10.

Man erwärmt 1 im Wasserbade (!) fügt 2, zuletzt 3 oder 4 hinzu.

Sapo unguinosus cum Styrace E. Dieterich.

Mollinum styracinum.

Styrax-Seife.

Rp.	Mollini	80,0
	Styracis colati	20,0.

Saponimentum Styracis Dieterich.

Storax-Opodeldoc.

Rp.	1. Saponis stearinici dialys.	60,0
	2. Saponis oleïnici „	35,0
	3. Natrii caustici	5,0
	4. Spiritus	700,0
	5. Styracis	200,0.

Man löst 1—3 in 4 unter Erwärmen, fügt 5 hinzu, erhitzt noch $^1/_4$ Stunde, filtrirt und bringt mit Spiritus auf 1000,0.

Sirupus Styracis.

Wie Sirupus Balsami tolutani Ergänzb., Bd. I, S. 457.

Unguentum Styracis.

Unguentum cum Styrace. Storaxsalbe. Onguent de styrax.

I. Ergänzb.

Rp.	Styracis depurati	2,0
	Unguenti Elemi	3,0
	Unguenti basilici	5,0.

II. Gallica.
Rp. 1. Cerae flavae 100,0
2. Colophonii 180,0
3. Elemi 100,0
4. Styracis colati 100,0
5. Olei Olivarum 150,0.
Man schmilzt 1—3 und mischt 4—5 hinzu.

III. Münch. Nosokom.-Vorschr.
Rp. Styracis 140,0
Olei Olivarum 20,0
Spiritus 20,0.

Unguentum Styracis sulfuratum.
Unguentum Styracis Weinbergii.
Rp. Adipis suilli 30,0
Saponis viridis 30,0
Styracis liquidi 15,0
Sulfuris pulverati 15,0
Cretae laevigatae 10,0.

Vet. **Räudeschmiere für Hunde.**
Rp. Styracis 10,0
Spiritus 10,0
Aceti pyrolignosi 80,0.

Pasta cosmetica von ROTHER ist eine Salbe aus Fett, Schwefel und Storax (BISCHOFF).

II. Liquidambar styraciflua L., heimisch von Centralamerika bis zu den mittleren Staaten der Union. Liefert den seltenen **amerikanischen Styrax** oder **Sweet Gum.** Bildet eine halbfeste, schmierige, graue Masse, mit krystallinischen Partikelchen und Pflanzenresten. Geruch etwas mehr nach Benzoë wie bei I. Fast völlig löslich in Aether, Alkohol, Essigäther, Methylalkohol, Amylalkohol, Eisessig und Aceton, zum grösseren Theile in Benzol und Chloroform, weniger in Toluol und Petroläther.

Bestandtheile nach VAN ITALLIE: Freie Zimmtsäure, Vanillin, Styrol, Styracin, Zimmtsäure-Phenylpropylester, Styresinol, theils frei, theils als Zimmtsäureester. Styresinol ist wahrscheinlich eine isomere Modifikation des Storesinols.

III. Auch die anderen Arten der Gattung, nämlich **Liquidambar macrophylla Oerst.** in Centralamerika und **L. formosana Hance** in Südchina und auf Formosa, die übrigens beide wahrscheinlich specifisch von II nicht verschieden sind, liefern Balsame, ebenso die Arten der verwandten Gattung **Altingia: A. excelsa Noronha,** heimisch von Yünnan bis Java, liefert **Rasamalaharz:** dasselbe enthält Zimmtsäure, Benzaldehyd und Zimmtaldehyd.

Succinum.

Succinum (Ergänzb.). **Ambra citrina seu flava. Electrum.** — **Bernstein. Baltischer Bernstein. Agtstein.** — **Succin** (Gall.). **Karabé. Ambre jaune.** — **Amber.**

Unter diesen Namen versteht man verschiedene, hauptsächlich an der preussischen Ostseeküste vorkommende fossile Harze. Man unterscheidet: Succinit, Gedanit, Glessit, Stantienit, Beckerit. Von praktischer Wichtigkeit und der Bernstein im engeren Sinne ist nur der **Succinit.** Er stammt von **Pinites succinifer Göppert,** einer dem Oligocän angehörigen **Konifere.**

Beschreibung. Der rohe Bernstein ist stets von einer Verwitterungskruste bedeckt. Von dieser befreit ist er durchsichtig, durchscheinend oder undurchsichtig, gelb bis braun, selten milchweiss oder schwarz, fettglänzend, im Bruch muschelig, wenig spröde, in der Härte zwischen 2 und 2,5 schwankend, beim Reiben eigenthümlich aromatisch riechend. Schmilzt bei 250—300° C. Spec. Gew. 1,050—1,96. Bernstein ist unlöslich in Aceton, fast unlöslich in Alkohol, Aether, Methylalkohol, Amylalkohol, Benzol, Petroläther, Eisessig, Chloroform, theilweise löslich in Schwefelkohlenstoff und Terpentinöl, löslich in Epidichlorhydrin. Geschmolzener Bernstein ist im allgemeinen etwas leichter löslich. Säurezahl 33,4—34,4, Esterzahl 74,5—91,1, Verseifungszahl 108,5—124,5 (nach KREMEL.)

Bestandtheile nach AWENG. 2 Proc. Borneolester der Succinoabietinsäure, 28 Proc. freie Succinoabietinsäure $C_{80}H_{120}O_5$, 70 Proc. Bernsteinsäureester des Succinoresinols $C_{12}H_{20}O$, in Alkohol unlöslich, die beiden ersten Bestandtheile sind darin löslich. Ausserdem enthält der Bernstein Schwefel.

Verfälschungen. Kopal giebt keine Esterzahl, ist in Kajeputöl löslich (Bernstein nicht), Kolophonium, in Alkohol löslich. Künstlicher Bernstein wird durch Zusammenpressen kleiner Stücke bei starkem Druck erhalten.

Anwendung. Die bei der Bearbeitung zu Schmuckgegenständen abfallenden Stücke werden als Succinum raspatum, Rasura Succini, Bernsteingrus zum Räuchern, zur Bereitung von Bernsteinfirniss, zur Darstellung der Bernsteinsäure und des Bernsteinöles benutzt.

Colophonium Succini. Bernsteinkolophon. Der Rückstand von der trocknen Destillation des Bernsteins. Er dient zur Bereitung von Firnissen.

Tinctura Succini. Bernsteintinktur. Teinture ou Alcoolé de succin (Gall.). Aus 1 Th. gepulvertem Bernstein und 10 Th. 80proc. Weingeist durch 10tägige Maceration.

Tinctura Succini aetherea. Aus 1 Th. gepulvertem Bernstein und 5 Th. Aetherweingeist.

Vernix Succini. Bernsteinlack. Nach Stantien und Becker:

	Fette Lacke.			Mittellack.	Flüchtige Lacke.		
Bernsteinkolophon	35	10	2	1	8	7	6
Bleiglätte	2	1	—	—	—	—	—
Leinölfirniss	50	20	4	2	1	—	—
Terpentinöl	80	60	10	4	10	20	16
Geschmolzener Kopal	—	10	1	1	4	—	—
Terpentinkolophon	—	—	1	—	—	—	2
Venet. Terpentin	—	—	—	—	—	1	1

Bernsteinkitt. 1. Eine Lösung von geschmolzenem, dann gepulvertem Bernstein in 2 Th. Schwefelkohlenstoff. 2. Eine Lösung von Kopal in Aether. 3. Befeuchten der Bruchflächen mit Kalilauge und kräftiges Aneinanderdrücken.

Oleum Succini crudum (Ergänzb.). — **Rohes Bernsteinöl.** Durch trockene Destillation aus dem Bernstein gewonnener, dunkelbrauner Theer von unangenehmem Geruch. Sauer. In Alkohol löslich. Spec. Gew. 0,900—0,930.

Oleum Succini rectificatum (Ergänzb.). — **Gereinigtes Bernsteinöl.** Durch Rektifikation des vorigen mittels Wasser aus einer nur zur Hälfte anzufüllenden Glasretorte. — Farblos, allmählich gelb werdend, dünnflüssig, von durchdringendem, unangenehmem Geruch, scharfem Geschmack. Neutral. Spec. Gew. 0,86—0,89. Löslich in 10—12 Th. Weingeist. Mit 3 Th. rauchender Salpetersäure giebt es einen harzartigen Körper von an Moschus erinnerndem Geruch. Vor Licht geschützt aufzubewahren.

Anwendung. Zu 5—15 Tropfen als krampfstillendes Mittel.

Sulfonalum.

I. † Sulfonalum (Austr. Germ. Helv.). **Sulphonal** (Brit.). **Acétone-Diéthylsulfone** (Gall.). **Diäthylsulfondimethylmethan. $(CH_3)_2 : C : (SO_2C_2H_5)_2$. Mol. Gew. = 228.**

Darstellung. Dieselbe erfolgt fabrikmässig und muss wegen der widerwärtig riechenden Zwischenprodukte thunlichst fern von bewohnten Gegenden gelegt werden.

Man leitet in eine Mischung von wasserfreiem Mercaptan (C_2H_5SH) und Aceton trockenes Salzsäuregas bis zur Sättigung ein, worauf sich das „Mercaptol" genannte Kondensationsprodukt beider $(CH_3)_2 : C : (SC_2H_5)_2$ bildet, welches ein widerwärtig riechendes, bei 190—191° C. siedendes Oel darstellt. — Dieses wird zu Sulfonal oxydirt, indem man es mit einer 5procentigen Kaliumpermanganatlösung schüttelt und das entstehende Alkali durch jeweilige Zugabe von Essigsäure oder verdünnter Schwefelsäure neutralisirt. — Das sich ausscheidende Sulfonal wird durch Umkrystallisiren aus siedendem Alkohol rein erhalten.

$$\begin{matrix} CH_3 \\ CH_3 \end{matrix} > C < \begin{matrix} SO_2C_2H_5 \\ SO_2C_2H_5 \end{matrix}$$

Sulfonal.

Eigenschaften. Das Sulfonal bildet farblose, luftbeständige, prismatische Krystalle, welche bei 125—126° C. schmelzen, bei etwa 300° C. fast ohne Zersetzung sieden und entzündet mit leuchtender Flamme und unter Verbreitung des Geruches nach verbrennendem Schwefel ohne Rückstand flüchtig sind. — Es löst sich in etwa 15 Th. siedendem Wasser oder in 500 Th. Wasser von 15° C.; ferner löst es sich in 135 Th. Aether von 15° C., in 2 Th. siedendem Alkohol oder in 65 Th. Alkohol von 15° C. oder in 110 Th. 50procentigem Alkohol von 15° C. Die Lösungen sind neutral.

Gegen chemische Einwirkungen zeigt das Sulfonal eine ausserordentliche Beständigkeit; es wird weder von Säuren, noch von Alkalien, noch von Oxydationsmitteln, und zwar weder in der Kälte noch in der Wärme angegriffen. So wirkt konc. Salzsäure überhaupt nicht, konc. Schwefelsäure auch in der Wärme kaum ein; ebenso ist es beständig gegen rauchende Salpetersäure und gegen Königswasser. Chlor und Brom sind selbst in der Wärme ohne jeden Einfluss. — Auf diese ausserordentliche Beständigkeit ist es zurückzuführen, dass eigentliche Identitätsreaktionen für diese Verbindung zur Zeit noch vollkommen fehlen.

Erhitzt man 0,1 g Sulfonal mit etwa 0,2 g Cyankalium, so tritt der widerwärtige Mercaptangeruch auf; die Lösung der Schmelze in Wasser giebt nach dem Ansäuern mit Salzsäure auf Zusatz von Ferrichlorid (durch Bildung von Ferrirhodanid) blutrothe Färbung. — Die Rückbildung von Mercaptan kann auch noch bewirkt werden durch Erhitzen des Sulfonals mit Gallussäure oder Pyrogallussäure oder mit Holzkohlenpulver.

Prüfung. Für die Reinheit des Sulfonals kommen nachstehende Punkte in Betracht: **1)** Es sei farblos, geruchlos und geschmacklos und schmelze bei 125—126° C. Präparate, welche gefärbt sind oder Geruch besitzen oder niedriger schmelzen, sind eben nicht rein. — **2)** Man löse 1 g Sulfonal unter Erwärmen in 50 ccm Wasser. Während des Erhitzens darf kein Geruch (nach Mercaptan oder Mercaptol) auftreten. Nach dem Erkalten filtrirt man von den ausgeschiedenen Krystallen ab. Das Filtrat darf weder durch Baryumnitrat- (Schwefelsäure) noch durch Silbernitratlösung (Chloride) verändert werden. — **3)** Fügt man zu 10 ccm des Filtrates 1 Tropfen Kaliumpermanganatlösung, so darf nicht sofort Entfärbung eintreten, widrigenfalls enthält das Präparat noch oxydationsfähige (organische) Verunreinigungen. — **4)** 0,5 g Sulfonal müssen, auf dem Platinbleche erhitzt, verbrennen, ohne einen Rückstand zu hinterlassen.

Aufbewahrung. Das Sulfonal wird zu den vorsichtig aufzubewahrenden Arzneimitteln gerechnet. Dagegen ist es weder hygroskopisch noch lichtempfindlich.

Anwendung. Sulfonal ist, innerlich genommen, ein (nicht narkotisches) Schlafmittel. Es unterstützt das natürliche Schlafbedürfniss und ruft dasselbe, wenn es nicht vorhanden ist, hervor. Giebt man es in Substanz, so tritt die Wirkung wegen seiner schwierigen Löslichkeit nur langsam ein. Will man die Wirkung rascher eintreten lassen, so muss man es in einem heissen Getränke gelöst geben und zwar 2—3 Stunden vor dem Zubettgehen. Von dem Chloralhydrat unterscheidet es sich vortheilhaft durch das Fehlen einer ungünstigen Wirkung auf das Herz. Nach längerem Sulfonalgebrauch sind bisweilen gesundheitliche Störungen beobachtet worden unter Auftreten von Hämatoporphyrin im Urin. Höchstgaben: *pro dosi* 2,0 g (Austr. Germ.), 4,0 g (Helv.) *pro die* (Austr. vacat) 4,0 g (Germ.), 8,0 g (Helv.).

Wird Sulfonal in Substanz verordnet, so soll es als thunlich feinstes Pulver abgegeben werden.

Keuchhustensirup von Almeida. Rp. Kreosoti 0,25, Sulfonali 0,2, Sirupi Balsami Tolutani 150,0.

† Methonal. Dimethylsulfondimethylmethan. $(CH_3)_2C:(SO_2CH_3)_2$. **Mol. Gew. = 200.** Wird in analoger Weise dargestellt wie das Sulfonal, indem man Methylmercaptan mit Aceton kondensirt und das Kondensationsprodukt mit Kaliumpermanganat oxydirt. Farblose Krystalle, welche in den nämlichen Gaben wie das Sulfonal als Hypnoticum angewendet werden. Vorsichtig aufzubewahren.

Diäthylketon. Propion. $CO(C_2H_5)_2$. **Mol. Gew. = 86.** Durch Destillation von propionsaurem Baryum dargestellt. Leichtbewegliche, farblose Flüssigkeit, welche sich in 24 Th. Wasser löst und mit Alkohol und Aether in jedem Verhältniss mischbar ist. Siedepunkt 100° C. Das früher als Hypnoticum empfohlene Präparat ist neuerdings als Beruhigungsmittel in Gaben von 0,5 g, bei Geisteskranken in Gaben von 1,5 g bis 3,0 g angewendet worden.

II. † Trionalum (Austr.). **Methylsulfonal. Diäthylsulfonmethyläthylmethan. Methylsulfonalum** (Germ). **Trional** (Gall.). **$(CH_3)(C_2H_5):C:(SO_2C_2H_5)_2$. Mol. Gew. = 242.** Der Name Trional ist nach dem Vorhandensein von drei Aethylgruppen gebildet.

Darstellung. Diese erfolgt analog derjenigen des Sulfonals, d. h. Methyläthylketon und Aethylmercaptan werden durch Einleiten von gasförmiger Salzsäure zu dem entsprechenden Mercaptol $(CH_3)(C_2H_5):C:(SC_2H_5)_2$ kondensirt, worauf dieses alsdann durch Kaliumpermanganat zu Trional oxydirt wird, welches man durch öfteres Umkrystallisiren aus siedendem Wasser im reinen Zustande erhält.

Eigenschaften. Farblose, glänzende, geruchlose Krystalltafeln, bei 76° C. schmelzend. Löslich in 320 Th. Wasser von 15° C., leichter in siedendem Wasser, leicht löslich in Alkohol und Aether. Die wässerige Lösung besitzt bitteren Geschmack und ist neutral. — Erhitzt man 0,1 g Trional mit 0,1 g Holzkohle in einem trockenen Probirrohre, so tritt widerlicher Mercaptangeruch auf, welcher lediglich beweist, dass eine organische Schwefelverbindung vorliegt. — An Reaktionen ist das Trional ebenso arm wie das Sulfonal selbst, ebenso zeichnet es sich wie dieses durch eine bemerkenswerthe Widerstandsfähigkeit gegen Oxydationsmittel, z. B. gegen Kaliumpermanganat aus.

$$\begin{matrix} CH_3 & & SO_2C_2H_5 \\ & >C< & \\ C_2H_5 & & SO_2C_2H_5 \end{matrix}$$

Trional.

Prüfung. 1) Wird 1 g Trional in 50 ccm siedendem Wasser gelöst, so darf sich ein widerlicher Geruch (Mercaptan, Mercaptol) nicht entwickeln. — 2) Die nach dem Erkalten von den ausgeschiedenen Krystallen abfiltrirte Lösung von 1 soll weder durch Baryumnitratlösung (Schwefelsäure) noch durch Silbernitratlösung (Chlor) verändert werden. — 3) Versetzt man 10 ccm des Filtrates von 1 Tropfen Kaliumpermanganatlösung (1 : 1000), so soll nicht sofort Entfärbung eintreten (oxydirbare organische Verunreinigungen. — 4) 0,2 g Trional, auf dem Platinbleche erhitzt, sollen verbrennen, ohne einen wägbaren Rückstand zu hinterlassen (anorganische Verunreinigungen).

Aufbewahrung. Vorsichtig, Lichtschutz ist nicht erforderlich.

Anwendung. Das Trional gleicht in seiner Wirkung im allgemeinen dem Sulfonal; es ist wie dieses ein Sedativum und Hypnoticum. Indessen hat es sich herausgestellt, dass es vor dem Sulfonal noch wesentliche Vorzüge besitzt: Es wirkt schon in kleineren Gaben (1—3 g) hypnotisch, der Schlaf tritt rascher (oft schon nach 15 Minuten, durchschnittlich nach etwa 1 Stunde) ein, Nebenwirkungen werden bei sorgfältiger Dosirung kaum beobachtet. Das Trional gilt als das vorzüglichste Mittel der Sulfonalgruppe. Höchstgaben: *pro dosi* 2,0 g (Austr. Germ.), *pro die* (Austr. vakat) 4,0 g (Germ.).

III. † Tetronalum (Ergänzb.). **Diäthylsulfondiäthylmethan. $(C_2H_5)_2:C:(SO_2C_2H_5)_2$. Mol. Gew. = 256.** Der Name ist nach den im Molekül enthaltenen vier Aethylgruppen gebildet worden.

Darstellung. Diäthylketon wird mit Aethylmercaptan zu dem zugehörigen Mercaptol kondensirt und dieses mit Kaliumpermanganat oxydirt.

$$\begin{matrix} C_2H_5 & & SO_2C_2H_5 \\ & >C< & \\ C_2H_5 & & SO_2C_2H_5 \end{matrix}$$

Diäthylsulfondiäthylmethan (Tetronal).

Eigenschaften. Farblose, glänzende, geruchlose Tafeln und Blätter, welche bei 85° C. schmelzen. Löslich in 450 Th. kaltem Wasser, leichter in siedendem Wasser, leicht löslich in Alkohol und ziemlich leicht in Aether. Die wässerige Lösung ist neutral und geschmacklos.

Prüfung. Unter Berücksichtigung der Abweichung in Löslichkeit und Schmelzpunkt wie bei Sulfonal angegeben.

Aufbewahrung. Vorsichtig; Lichtschutz ist nicht erforderlich.

Anwendung. Wie das Trional; doch wird dieses der leichteren Löslichkeit und des milderen Geschmackes wegen dem Tetronal im allgemeinen vorgezogen. Höchstgaben: *pro dosi* 2,0 g, *pro die* 4,0 g (Ergänzb.).

Nachweis von Hämatoporphyrin im Harn. 30—50 ccm hämatoporphyrinhaltiger Harn wird mit alkalischer Chlorbaryumlösung (Gemisch gleicher Volumina kaltgesättigten Barytwassers und 10proc. Chlorbaryumlösung) vollständig ausgefällt, der Niederschlag einige Male mit Wasser, dann einmal mit absolutem Alkohol gewaschen und möglichst abtropfen gelassen. Den feuchten Rückstand bringt man in eine kleine Reibschale, setzt 6—8 Tropfen Salzsäure, nöthigenfalls noch so viel absoluten Alkohol hinzu, dass ein dünner Brei entsteht, verreibt gut, lässt einige Zeit stehen oder erwärmt gelinde auf dem Wasserbade und filtrirt durch ein trockenes Filter. Liefert die Mischung zu wenig Filtrat, so wäscht man mit etwas absolutem Alkohol nach, doch ist es zweckmässig, nicht mehr als 8—10 ccm Filtrat herzustellen. — Der Alkoholauszug ist roth gefärbt und zeigt vor dem Spektralapparat die beiden charakteristischen Absorptionsstreifen des Hämatoporphyrins in saurer Lösung (s. S. 812, Spektraltafel Nr. 15 u. 16). — Macht man die Lösung ammoniakalisch, so nimmt sie einen gelblichen Farbenton an und zeigt nunmehr die vier Absorptionsstreifen des Hämatoporphyrins in alkalischer Lösung.

Man beachte, dass haematoporphyrinhaltiger Harn stets burgunderroth gefärbt ist.

Sulfur.

I. Sulfur sublimatum (Austr. Germ.). **Sulfur sublimatum crudum** (Helv.). **Sulphur sublimatum** (Brit. U-St.). **Soufre sublimé** (Gall.). **Flores Sulfuris. Sublimirter Schwefel. Schwefelblumen. Schwefelblüthe. Atomzeichen S. Atomgew. = 32.**

Eigenschaften. Der im grossen aus dem natürlichen gediegenen Schwefel oder aus Schwefelkiesen durch Sublimation gewonnene Schwefel. Er bildet ein etwas feuchtes, mittelfeines, schwefelgelbes, aus mikroskopisch kleinen einzelnen und aneinanderhängenden Tröpfchen zusammengesetztes Pulver. In Schwefelkohlenstoff ist er nur zum Theil löslich, ein Beweis dafür, dass er zum Theil aus amorphem (sog. plastischem) Schwefel besteht.

Dieser sublimirte Schwefel wird nur äusserlich, dann zur Darstellung des Sulfur sublimatum lotum oder in der Veterinärpraxis verwendet. Im Handverkauf wird er abgegeben, wenn er als „Schwefelblumen" gefordert wird. Der sublimirte Schwefel enthält zuweilen Schwefelselen, gewöhnlich Schwefelarsen, erdige Verunreinigungen, immer aber Schwefelsäure, welche sich durch Oxydation des Schwefels an der Luft oder aus verbrennendem Schwefeldampf bei der Sublimation gebildet hat. Diese den Schwefeltheilchen adhärirende Schwefelsäure ist die Ursache davon, dass diese ein feuchtes Pulver bilden und einen säuerlichen Geschmack haben. Selenhaltiger Schwefel ist selten, arsenhaltiger dagegen wird häufig angetroffen. Absolut arsenfreie Schwefelblumen dürften eine besondere Seltenheit sein. Schwefelselen ist übrigens eine ganz unschädliche Verunreinigung. Das Schwefelselen ertheilt dem Schwefel einen orangerothen, das Schwefelarsen einen sattgelben Farbenton. Alle diese Verunreinigungen haben, wenn sie gering sind, keine Bedeutung, sofern der Schwefel zu äusserlichen und innerlichen Mitteln in der Veterinärpraxis oder zur Darstellung der Schwefelleber zum Baden Verwendung findet. — Zu Feuerwerksmischungen mit chlorsaurem Kali sollte der (schwefelsäurehaltige) sublimirte Schwefel niemals verwendet werden.

Prüfung. **1)** Es ist wesentlich, dass der sublimirte Schwefel nicht mehr als Spuren von Arsen enthalte. Das Arsen kann als Arsentrisulfid, aber auch als arsenige Säure zugegen sein. — Um das Arsen im Schwefel nachzuweisen, zieht man 5 g desselben mit einer Mischung von 15 ccm Ammoniakflüssigkeit und 15 ccm Wasser unter Erwärmen aus, übersättigt das Filtrat stark mit Salzsäure, leitet Schwefelwasserstoff ein und erwärmt etwas. Die entstehende gelbe Trübung darf nur unbedeutend sein. — **2)** Wird 1 g des Schwefels in einem Porcellantiegel bis zum Glühen erhitzt, so soll der glühbeständige Rückstand nicht mehr als 0,01 g (1 Proc.) betragen, widrigenfalls ist eine absichtliche Vermischung mit Gips, Thon u. dgl. anzunehmen. — **3)** Werden 10 g Schwefel bis zum gleichbleibenden Gewichte bei 100° C. ausgetrocknet, so soll der Gewichtsverlust nicht mehr als 0,75 g betragen, widrigenfalls ist eine absichtliche Beschwerung mit Wasser anzunehmen.

Aufbewahrung. Kleine Mengen Schwefelblumen werden in Glasgefässen oder Kruken von Porcellan, Steingut oder Thon aufbewahrt, grössere Mengen hält man in hölzernen Kästen oder Fässern vorräthig. Es empfiehlt sich, auch diese grösseren Vorrathsgefässe dicht geschlossen zu halten.

Sulfur griseum. Sulfur caballinum. Grauer Schwefel. Rossschwefel. Ist entweder der Rückstand aus der Sublimation der Schwefelerde oder ein gepulverter Rohschwefel. Graues, sandiges Pulver, welches mitunter vom Landmann als Vieharznei gebraucht wird, jedoch in keiner Weise vor einem sublimirten Schwefel etwas voraus hat.

Sulfur in baculis. Sulfur citrinum. Stangenschwefel. Der geschmolzene und in angefeuchtete hölzerne Formen gegossene destillirte Schwefel. Er kommt in 3—4 cm dicken, auf dem Bruche krystallinischen Stäben in den Handel. Ein guter Stangenschwefel ist von rein gelber Farbe, gewöhnlich enthält er die Verunreinigungen des sublimirten Schwefels in etwas grösserem Maasse. Er wird ganz und als grobes Pulver vorräthig gehalten. Verwendung findet er bei Darstellung der Schwefelleber.

II. Sulfur depuratum (Austr. Germ.). **Sulfur lotum** (Helv. U-St.). **Soufre sublimé lavé** (Gall.). **Flores Sulfuris loti. Gereinigter Schwefel. Gewaschene Schwefelblumen.** Der sublimirte, durch Ausziehen mit Ammoniakflüssigkeit von seinem Arsengehalte befreite sublimirte Schwefel.

Darstellung. In einen mit Deckel versehenen Topf aus Steinzeug oder Glas giebt man 1200,0 sublimirten Schwefel, circa ebenso viel destillirtes Wasser und 100,0 Salmiakgeist, bewirkt die Mischung durch anhaltendes Umrühren mit einem hölzernen Stabe und stellt das bedeckte Gefäss an einen nur lauwarmen Ort. Nach wiederholtem Umrühren und einer 3—4tägigen gelinden Digestion wird die breiige Masse in einen Spitzbeutel gebracht und hier mit destillirtem Wasser vollständig ausgewaschen, bis das Abtropfende aufhört eine Sublimatlösung zu trüben. Dann befreit man den Schwefel durch gelindes Pressen von dem grössten Theile seiner Feuchtigkeit, breitet ihn über Leinen in Spansieben in dünner Schicht aus und trocknet ihn an einem Orte, dessen Temperatur 40° C. nicht überschreitet. Nach völliger Austrocknung wird er durch ein Haarsieb geschlagen und sofort in die Aufbewahrungsgefässe eingefüllt.

Eigenschaften. Der gewaschene Schwefel bildet ein völlig trocknes, feines, geruch- und geschmackloses citronengelbes Pulver, aber von blasserem Gelb als die nicht gewaschenen Schwefelblumen, welches angefeuchtet und auf Lackmuspapier gedrückt dieses nicht oder doch kaum röthet. — In Schwefelkohlenstoff ist der gereinigte Schwefel ebensowenig vollständig löslich wie der sublimirte.

Prüfung. **1)** Man übergiesst 1 g der gereinigten Schwefelblumen mit 20 ccm Ammoniakflüssigkeit, erwärmt die Mischung etwa $^1/_2$ Stunde lang, filtrirt und übersättigt das Filtrat mit Salzsäure. Eine etwa auftretende Gelbfärbung wird durch das in dem Schwefel enthaltene Schwefelarsen verursacht. Fügt man zu der filtrirten Flüssigkeit ein doppeltes Volumen Schwefelwasserstoffwasser hinzu, so würde auch das als arsenige Säure vorhandene Arsen als Schwefelarsen gefällt werden. Es soll weder im ersten noch im zweiten Falle eine Gelbfärbung oder ein gelber Niederschlag entstehen. — **2)** 2 g gewaschene Schwefelblumen sollen sich in 10 ccm Natronlauge beim Erwärmen zu einer klaren, gelblichen Flüssigkeit auflösen. Die meisten mineralischen Verunreinigungen, wie Gips, Thon u. dgl., werden ungelöst zurückbleiben. — **3)** 2 g Schwefel dürfen beim Glühen im Porcellantiegel höchstens 0,02 g glühbeständigen Rückstand (= 1 Proc.) hinterlassen, anderenfalls wäre die Menge der glühbeständigen Beimengungen zu hoch. — **4)** Die mit Wasser angefeuchteten gewaschenen Schwefelblumen dürfen blaues Lackmuspapier nicht röthen (freie Schwefelsäure).

Aufbewahrung. Der gereinigte Schwefel ist im gut trocknen Zustande in Glas- oder Porcellangefässen, welche möglichst dicht geschlossen sind, auch geschützt vor Sonnen- und Tageslicht, aufzubewahren. Ein etwas feuchter Schwefel bildet sehr bald wieder Spuren Schwefelsäure, und dies um so schneller und stärker unter der Einwirkung des hellen Tageslichtes.

Anwendung. Gereinigter sublimirter Schwefel gilt als Stimulans, Diaphoreticum, Purgativum, Alterans und Antipsoricum. — Im Magen scheint der Schwefel keine Veränderung zu erleiden, in den tiefer liegenden Verdauungswegen zum Theil in alkalische Schwefelmetalle und in Schwefelwasserstoff überzugehen. Der grössere Theil geht mit den Faeces unverändert fort. Der durch die Lungen und die Haut sich absondernde Schwefelwasserstoff reizt diese gelind und regt sie zu vermehrter Thätigkeit an. Im ganzen ist die Wirkung des Schwefels eine gelind reizende. Man giebt ihn als gelindes Abführmittel zu 0,5—1,5—3,0 g bei hämorrhoidaler Stuhlverstopfung, ferner bei katarrhalischen Leiden, die Schleimhäute der Luftwege zur Schleimabsonderung anzuregen, endlich als diaphoretisches Mittel zu 0,5—1,0 g. Aeusserlich gebraucht man ihn gegen Krätze und andere Hautleiden. Die technische Anwendung ist eine vielseitige.

Wenn zum therapeutischen Gebrauche für Menschen Flores Sulfuris verordnet sind, so sind die gewaschenen Schwefelblumen abzugeben, es sei denn, dass der Arzt ausdrücklich das rohe Präparat verordnet hat. — Zu Feuerwerksmischungen ist stets gereinigter Schwefel oder gepulverter Stangenschwefel (niemals sind die rohen Schwefelblumen) abzugeben.

Mischungen von Schwefel mit Chlorkalk explodiren, und ist Schwefel behufs Darstellung pyrotechnischer Präparate mit chlorsaurem Kalium zu mischen, so beherzige man die Bd. II, S. 186 angegebenen Vorsichtsmassregeln. Ueberhaupt meide der Arzt die Mischungen von Schwefel mit oxydirenden Substanzen, wie Chlorkalk und Kaliumpermanganat. Solche Mischungen haben sich beim Aufbewahren theils explosiv, theils entzündlich erwiesen.

In der Technik findet der Schwefel vielseitige Verwendung, z. B. zum Bleichen, wegen Erzeugung von Schwefligsäure beim Verbrennen, zum Schwefeln der Weinfässer, zum Schwefeln des Hopfens, zu den sog. Feuerlöschmitteln, als Matrizenmaterial, zum Kitten, auch zum Tödten parasitischer Gebilde auf Gewächsen, z. B. des Oidium Tuckeri auf dem Weinstocke, als Räuchermittel zum Tödten der Insekten. Als Gift gegen die Reblaus hat er sich nicht bewährt, dagegen wird er hier durch das Kaliumxanthogenat ersetzt. (Siehe Bd. I, S. 635.)

III. Sulfur praecipitatum (Austr. Germ. Helv.). **Sulphur praecipitatum** (Brit. U-St.). **Soufre précipité** (Gall.). **Lac Sulfuris. Gefällter Schwefel. Präcipitirter Schwefel. Magistère de soufre.**

Darstellung. 12,5 Th. frisch gebrannter Kalk werden in einem eisernen Kessel mit 75 Th. gemeinem Wasser abgelöscht und in einen Brei verwandelt. Diesem letzteren mischt man zunächst 15 Th. gereinigten Schwefel und alsdann 250 Th. Wasser zu. Diese Mischung wird nun unter beständigem Umrühren mit einem Holzspatel und unter Ersatz des verdampfenden Wassers eine Stunde lang gekocht, hierauf durch einen leinenen Spitzbeutel gegossen, der Rückstand nochmals mit 150 Th. Wasser $^1/_2$ Stunde unter Umrühren gekocht, darauf wiederum durch den Spitzbeutel gegossen und mit heissem Wasser nachgewaschen.

Die gesammelte Kolatur lässt man in einer gut verstopften Flasche einige Tage absetzen, alsdann filtrirt man und verdünnt das Filtrat mit so viel Wasser, dass es ungefähr 600 Th. beträgt. Die so erhaltene rothgelbe Lösung bringt man in ein geräumiges Gefäss und setzt ihr unter Umrühren allmählich 33 Th. reiner Salzsäure von 25 Proc., welche mit 66 Th. destillirtem Wasser verdünnt ist, oder so viel von dieser verdünnten Salzsäure hinzu, dass die über dem Schwefel stehende Flüssigkeit noch hellgelblich (!) gefärbt ist und alkalisch reagirt. Man lässt nun den ausgeschiedenen Schwefel absetzen, giesst die überstehende Flüssigkeit ab, wäscht den Schwefel mit destillirtem Wasser durch Dekanthiren, bringt ihn schliesslich in einen leinenen Spitzbeutel, wäscht ihn mit destillirtem Wasser, bis das Ablaufende weder alkalisch reagirt noch Silbernitratlösung trübt, presst ihn ab und trocknet ihn bei einer 30° C. nicht übersteigenden Temperatur.

Enthält der gefällte Schwefel Eisen, so sieht es graugrünlich aus. In diesem Falle wird zunächst die Mutterlauge abgegossen, der Schwefel zweimal durch Dekanthiren mit Wasser gewaschen, hierauf mit einem Gemisch von 3 Th. reiner Salzsäure und 12 Th. Wasser einige Zeit ausgezogen. Im übrigen wird dann wie vorher verfahren.

Bei dieser Vorschrift ist Folgendes zu beachten: Zunächst muss die Zersetzung der Calciumpolysulfid-Lauge durch die Salzsäure an einem Orte ausgeführt werden, an welchem das auftretende Schwefelwasserstoffgas nicht gar zu lästig fällt, desgleichen hat der Arbeitende Sorge dafür zu tragen, dass er nicht unnöthig viel von dem giftigen Gase einathme. Nimmt er also die Fällung im Freien vor, so stelle er sich so, dass er den Wind im Rücken hat. Ferner muss man die Salzsäure unter Umrühren in die Polysulfidlauge giessen (nicht umgekehrt die Lauge in die Salzsäure) und zwar verfährt man zweckmässig so, dass man die Salzsäure durch ein dünnes Glasrohr (mittels Hebers) zu der Lauge hinzufliessen lässt, so dass man nur für das Umrühren zu sorgen hat. — Endlich hat man den Salzsäurezusatz so zu leiten, dass die Flüssigkeit zu Ende der Fällung entweder noch alkalisch reagirt oder neutral ist.

Würde man so viel Salzsäure zufügen, dass die Flüssigkeit sauer reagirt (gegen Methylorange), so würde auch das in der Lauge anwesende Calciumthiosulfat zersetzt werden. Dasselbe würde unter Bildung von Calciumchlorid in Schwefel und Schwefligsäureanhydrid zerfallen:

CaS_2O_3	+	$2HCl$	=	$CaCl_2$	+	H_2O	+	S	+	SO_2
Calciumthiosulfat		Salzsäure		Calciumchlorid						Schwefligsäureanhydrid.

Das Schwefligsäureanhydrid aber würde sich mit dem gleichzeitig auftretenden Schwefelwasserstoff zu Schwefel und Wasser umsetzen:

SO_2	+	$2H_2S$	=	$2H_2O$	+	$3S.$
Schwefligsäureanhydrid		Schwefelwasserstoff.				

Hierdurch würde allerdings die Schwefelausbeute vermehrt; allein der bei diesen beiden letzten Reaktionen ausgeschiedene Schwefel ist zähe und kompakt und würde daher eine Verunreinigung des gefällten Schwefels bedeuten. Aus diesem Grunde ist die Fällung so zu leiten, dass nur das Calciumpentasulfid zerlegt wird.

In der Praxis verfährt man so, dass man die als wesentlichen Bestandtheil Calciumpolysulfid enthaltende rothbraune Lösung unter Umrühren so lange mit der wie oben angegeben verdünnten Salzsäure versetzt, bis die über dem ausgeschiedenen Schwefel stehende Flüssigkeit noch hellgelb gefärbt erscheint. Eine abfiltrirte Probe der Flüssigkeit zeigt stark alkalische Reaktion und giebt auf Zusatz von Säure noch Schwefelausscheidung. In diesem Stadium der Fällung ist noch alles Calciumthiosulfat unzersetzt. Die Lösung enthält ausserdem Calciumsulfhydrat (welches alkalisch reagirt) und etwas unzersetztes Calciumpentasulfid, welches übrigens etwa vorhandenes Arsen in Lösung hält. Die Reaktion gegen Lackmuspapier bietet bei der Beurtheilung des Standes der Fällung keinen besonderen Anhalt, da sowohl Calciumpentasulfid als Calciumsulfhydrat alkalisch reagiren. Das Hauptgewicht ist eben auf den Farbenumschlag zu legen, da nur die Lösungen der Polysulfide des Calciums gelb gefärbt sind, während die Lösung des Calciumsulfhydrates ungefärbt ist.

Eigenschaften. Der gefällte Schwefel ist höchst fein vertheilter Schwefel von gelblichweisser, schwach ins Graue spielender Farbe, ohne Geschmack und fast geruchlos. Beim Drücken zwischen den Fingern knirscht er, abweichend von dem sublimirten Schwefel, nicht. Gut ausgetrocknet, verändert er sich bei sorgfältiger Aufbewahrung kaum; erst nach längerer Zeit nimmt er saure Reaktion und schwachen Geruch an. Enthält er aber Feuchtigkeit, so treten diese Veränderungen sehr viel früher ein. — Beim Erhitzen schmilzt er zu gewöhnlichem Schwefel; bei stärkerem Erhitzen verflüchtigt er sich, an der Luft verbrennt er zu Schwefligsäureanhydrid unter Hinterlassung höchstens einer Spur feuerbeständigen Rückstandes (Calciumoxyd).

In Schwefelkohlenstoff ist der gefällte Schwefel leichter und vollständiger löslich als der sublimirte oder der gereinigte Schwefel.

Prüfung. Ist der präcipitirte Schwefel nach vorstehender Vorschrift dargestellt, so kann er Arsen nicht enthalten. Man prüft ihn in der nämlichen Weise, wie bei Sulfur depuratum angegeben. Ausserdem ist noch auf folgende Punkte zu achten: **1)** Zieht man 1 g des präcipitirten Schwefels mit einer Mischung von 2 ccm Salzsäure (25 Proc.) in 18 ccm

Wasser unter Erwärmen aus, so soll das Filtrat weder durch Baryumchlorid (Schwefelsäure) noch, nach dem Uebersättigen mit Ammoniak, durch Ammoniumoxalat getrübt werden (Kalk). — Die quantitative Ermittelung des Kalkgehaltes würde durch Verbrennen von 1 g des Schwefels zu geschehen haben. — 2) Wird 1 g des Schwefels mit 10 ccm Wasser erwärmt, so soll Geruch nach Schwefelwasserstoff nicht auftreten und das Filtrat darf weder durch Silbernitratlösung getrübt (Chlor) werden, noch mit Bleiacetatlösung eine dunkle Färbung geben (lösliche Sulfide).

Aufbewahrung. Es ist wichtig, dass der gefällte Schwefel gut getrocknet in trocknen, dicht zu verschliessenden Gefässen aufbewahrt wird. In Gefässen mit nur lose aufliegendem Deckel zieht er allmählich Feuchtigkeit an und wird dann schliesslich sauer.

Anwendung. Die Wirkung des gefällten Schwefels ist die gleiche wie diejenige des gereinigten Schwefels. Man glaubt aber, dass die Wirkung des gefällten Schwefels wegen seiner feineren Vertheilung eine energischere ist, als diejenige des gereinigten Schwefels.

Um zu entscheiden ob der in einer Mischung enthaltene Schwefel als präcipitirter oder sublimirter oder gepulverter Stangenschwefel enthalten ist, genügt die mikrospische Betrachtung bei 150—250facher Vergrösserung. Der präcipitirte Schwefel stellt meist

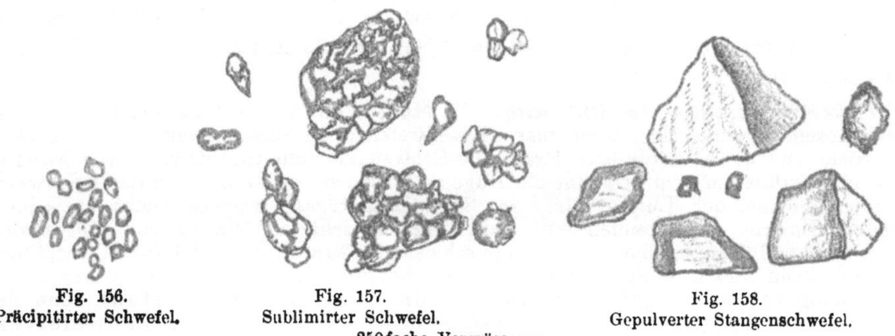

Fig. 156. Präcipitirter Schwefel. Fig. 157. Sublimirter Schwefel. Fig. 158. Gepulverter Stangenschwefel.
250fache Vergrösserung.

einzelne, seltener zu mehreren zusammenliegende Sphaeroïde dar. Bei dem sublimirten Schwefel sind zwar auch einzelne Sphaeroïde vorhanden, aber zum grossen Theil sind sie zu ausgedehnteren Schollen zusammengebacken. Bei dem gepulverten Stangenschwefel stellen die Partikel unregelmässig begrenzte Krystalltrümmer dar mit scharfen Kanten.

Eigenschaften des Schwefels im allgemeinen. Der Schwefel tritt in drei allotropen Modifikationen auf:

1) Als rhombischer oder oktaëdrischer Schwefel, gewöhnlicher Schwefel, α-Schwefel; dieses ist die gewöhnliche und beständige Modifikation. Sie krystallisirt aus einer Lösung des Schwefels in Schwefelkohlenstoff. — 2) Prismatischer oder monoklinischer Schwefel, β-Schwefel. Dieser entsteht beim langsamen Erkalten von geschmolzenem gewöhnlichen Schwefel. Man schmilzt z. B. in einem Tiegel gewöhnlichen Schwefel und wartet ab, bis sich an der Oberfläche eine feste Decke gebildet hat. Sobald dies der Fall ist, so sticht man die Decke durch und giesst den noch flüssigen Schwefel ab. Beim Zerschlagen des Tiegels zeigt es sich, dass die bereits erstarrten Antheile des Schwefels aus prismatischen Krystallen bestehen. Das spec. Gewicht derselben ist 1,96 bis 1,98. Sie lösen sich in Schwefelkohlenstoff, aus dieser Lösung krystallisirt wieder oktaëdrischer Schwefel. Beim Liegen an der Luft zerfallen die prismatischen Krystalle binnen wenigen Tagen in kleine Oktaëder. — 3) Amorpher oder plastischer Schwefel, entsteht, wenn man Schwefel auf 250° C. erhitzt und alsdann in dünnem Strahle in kaltes Wasser giesst. Bräunliche, durchsichtige knetbare Massen, in Schwefelkohlenstoff unlöslich. An der Luft zerfallen sie allmählich in oktaëdrischen Schwefel.

Da nur der oktaëdrische Schwefel beständig ist, so beziehen sich die Angaben auf diesen, wenn von Schwefel schlechthin die Rede ist.

Der Schwefel ist hart, geschmacklos und von hellgelber Farbe, welche bei Zunahme der Temperatur intensiver, bei Abnahme der Temperatur blässer ist; bei — 50° C. soll er (nach SCHÖNBEIN) fast farblos sein. Bei gewöhnlicher Temperatur ist er ohne Geruch. Der Stangenschwefel hat nur einen schwachen eigenthümlichen Geruch, wenn er gerieben wird. Beim Reiben wird er negativ elektrisch. Stangenschwefel lässt beim Erwärmen oder in der warmen Hand ein knisterndes Geräusch hören und zerfällt dabei zuweilen in Stücke. Das spec. Gew. des krystallisirten Schwefels ist 2,05—2,07. Er schmilzt bei 114° C. zu einer dünnen gelblichen Flüssigkeit. Weiter erhitzt wird er braungelb und dickflüssiger, sodann plötzlich rothgelb und über 250° C. so dick, dass er kaum fliesst. Fährt man fort die Temperatur zu steigern, so wird er wieder flüssig, behält aber die rothe Farbe bei. Bei 445° C. geräth er ins Sieden und verwandelt sich in dunkel orangegelbe Dämpfe, welche sich, mit kalter Luft vermischt, zu Schwefelblumen verdichten. Wenn man stark erhitzten geschmolzenen Schwefel in kaltes Wasser giesst, so bleibt er tagelang knetbar weich, braun und durchsichtig (amorpher Schwefel). Bei langsamer Abkühlung krystallisirt der geschmolzene Schwefel in braungelben, schiefen rhombischen Säulen (prismatischer Schwefel). Aus seiner Auflösung in Schwefelkohlenstoff krystallisirt er in hellgelben Rhombenoktaëdern. Die Entzündungstemperatur des Schwefels liegt bei 266° C. Der Schwefel ist bei gewöhnlicher Temperatur unlöslich in Wasser, wenig löslich in Glycerin (1 : 2000), in Alkohol (1 : 1000), in Aether (1 : 500), wenig löslich ferner in Benzol, Terpentinöl und anderen flüchtigen Oelen, am besten löslich ist er in Schwefelkohlenstoff (1 : 3).

Erkennung und Bestimmung. 1) Man erkennt den Schwefel an seinem äusseren Ansehen, namentlich, wenn man die schwefelhaltige Substanz mit Schwefelkohlenstoff auszieht und diesen verdunsten lässt. Die Schwefelkrystalle sind dann ohne Schwierigkeit mit unbewaffnetem oder bewaffnetem Auge zu erkennen. — Ferner verbrennt Schwefel, wenn man ihn an der Luft erhitzt, zu Schwefligsäuregas, welches leicht an seinem stechenden Geruche zu erkennen ist. Leitet man dasselbe in Wasser und fügt Bromwasser bis zur Gelbfärbung hinzu, so ist die schweflige Säure in Schwefelsäure übergeführt, und letztere kann nun in bekannter Weise durch Baryumchlorid nachgewiesen werden. — Durch Bildung von Schwefligsäuregas beim Erhitzen an der Luft (Rösten) kann der Schwefel auch in den meisten Mineralien nachgewiesen werden. — Alle Schwefelverbindungen, gleichgiltig, ob sie organischer oder anorganischer Natur sind, geben mit Natriumkarbonat vor dem Löthrohr auf Kohle geschmolzen Hepar, d. h. feuchtet man die Schmelze an und bringt sie auf eine blanke, entfettete Silbermünze, so erzeugt sie auf dieser einen braunen Fleck von Schwefelsilber.

Die Bestimmung des Schwefels erfolgt bisweilen in der einfachen Weise, dass man die schwefelhaltige Substanz mit reinem(!) Schwefelkohlenstoff auszieht und den nach dem Verdunsten des Schwefelkohlenstoffs hinterbleibenden Rückstand wägt. Dies würde zur Voraussetzung haben, dass der Schwefel durchweg in einer in Schwefelkohlenstoff löslichen Modifikation zugegen ist. Diese Voraussetzung würde aber z. B. für alle mit Sulfur depuratum oder Sulfur sublimatum hergestellten Mischungen nicht zutreffen. Viel häufiger bestimmt man den Schwefel als Schwefelsäure. Zu diesem Zwecke mischt man 0,2—0,5—1,0 g der schwefelhaltigen Substanz mit der 3 fachen Menge wasserfreien Natriumkarbonats und der 4 fachen Menge Kalisalpeter, diese Mischung wird im Platintiegel vorsichtig bis zum Schmelzen erhitzt und einige Zeit im Schmelzen erhalten. Man zieht die erkaltete Schmelze mit heissem Wasser aus, säuert sie mit Salzsäure an und dampft die Lösung zur Zerstörung der Nitrate wiederholt mit Salzsäure ein. Dann löst man den Rückstand unter Zusatz von etwas Salzsäure in heissem Wasser, filtrirt und fällt in der heissen Flüssigkeit den Schwefel als Baryumsulfat (s. Bd. I, S. 126). Gefundenes $BaSO_4 \times 0,13734 = S$.

Benzasphalt. Schwefeltheer. Wird durch Kochen von 2 Th. Schwefel in 3 Th. Steinkohlentheer dargestellt.

Desinfektionskerzen, SCOTT'sche, welche man in den Gruben der Abtritte abbrennt, bestehen aus 20 Proc. Schwefel, etwas Gips, wenig (10 Proc.) Salpeter, Kohle und Mehlkleister. Ziemlich zwecklos.

Einschlag für Weinhändler. Zum Schwefeln der Weinfässer. 5 cm breite trockene Shirtingstreifen werden durch geschmolzenen Schwefel gezogen, dann mit einem Stärkekleisterschleim bestrichen, welcher mit dem Pulver von 1 Th. Rosenblumenblättern, 2 Th. Lavendelblumen und 3 Th. Koriandersamen gemischt ist. Dann werden die Streifen getrocknet. Letztere drei Substanzen werden auch wohl durch die Species zur Tinctura aromatica, welche in ein mittelfeines Pulver verwandelt sind, ersetzt.

Die Schwefelung geschieht in der Weise, dass ein Stück Einschlag an Eisendraht befestigt angezündet in das leere Fass eingeführt und dieses geschlossen wird. Diese Operation geschieht einige Male, ehe das Fass mit weissem Wein gefüllt wird. Für Rothweine benetzt man einen Shirtinglappen mit Tinctura aromatica und zündet ihn im Fasse an, ohne dieses zu schliessen, oder man befestigt eine Muskatnuss an ein Drahtstück und brennt dieses im Fasse ab. Zur Schwefelung des Weines im Fasse führt man ein Stück Einschlag brennend in das Spundloch und lässt währenddem Wein aus dem Hahne abfliessen.

Feuerlöschmasse, Bucher'sche. Kalisalpeter 56 Th., Schwefel 36 Th., rother Bolus 8 Th. Die Masse soll durch Entwickelung schwefliger Säure feuerlöschend wirken. Sie eignet sich hierzu aber durchaus nicht und ist eher als gefährlich zu bezeichnen. B. Fischer.

Feuerlöschpatronen. Mit einem Gemisch aus 36 Schwefel, 60 Kalisalpeter, 4 Kohle und 4 Kreide werden Papierpatronen gefüllt und diese mit Zündschwamm versehen. Zwecklos und gefährlich wie die Bucher'sche Feuerlöschmasse.

Feuerwerksätze, Zündmassen etc. Salpeterschwefel ist ein Gemisch aus 75 Th. Kalisalpeter und 25 Th. Schwefel. — Grauer Satz besteht aus 93,5 Proc. Salpeterschwefel und 6,5 Proc. Mehl. — Chlorkalischwefel aus 80 Proc. Kaliumchlorat und 20 Proc. Schwefelpulver (Vorsicht!). — Perkussionspulver aus Schwefel, Kohle und Kaliumchlorat (Vorsicht!).

Japanische Blitzähren. Japanisches Papier zu einer stricknadeldicken Aehre zusammengewickelt und wie eine Aehre gedreht. Sie hüllt ca. 0,05 einer Pulvermischung aus 4 Holzkohle, 6 Schwefel und 13 Kalisalpeter ein. An dem etwas dickeren Ende angezündet brennt sie anfangs mit kaum leuchtender Flamme, dann sammelt sich ein rothglühendes Kügelchen, welches später glühende Funken aussprüht.

Philothion. Eine in der Bierhefe enthaltene Substanz, welche Schwefel in Schwefelwasserstoff umwandeln soll.

Thiosavonale sind identisch mit Thiosapolen (s. S. 834).

Kitte. Schwefel ist ein Bestandtheil verschiedener Kitte, welche in der Technik und in den Gewerben zum Theil recht wichtig sind.

Fox-Cement von Hauser & Co. in Zürich. Zum Kitten von Stein, Einkitten von Metall in Stein etc. 80 Th. Schwefelpulver und 20 Th. gepulverte Eisenschlacke werden bei 130—150° C. zusammengeschmolzen. Auch beim Gebrauche soll man den Cement nicht erheblich über die angegebene Temperatur erhitzen. Ist die Schmelze durch Ueberhitzen zu dick geworden, so muss sie bis zum Dünnflüssigwerden gerührt werden. (B. Fischer.)

Kitt, Clément's, für Eisen und Marmor, besteht aus einem Gemisch von ungefähr gleichen Theilen Schwefelblumen und Graphit. Er dient im geschmolzenen Zustande zum Kitten von Eisen in Stein, farbigem Marmor, farbigem Gestein, auch als Matrizenmasse.

Kitt für Eisen. Eisenkitt. Man vermischt 98 Th. Eisenfeile mit 1 Th. Schwefelblumen und 1 Th. Salmiak und macht die Masse mit Wasser zu einem plastischen Brei an. Der Kitt muss gleich verbraucht werden.

Kitt für irdene Gefässe. Man mischt 4 Th. Thonpulver, 4 Th. Eisenfeile, 1 Th. Salmiak, $^1/_2$ Th. Schwefelblumen und macht die Mischung entweder mit Ammoniakflüssigkeit oder mit Ammoniumkarbonatlösung an.

Kitt für Zink. In kaltem Wasser aufgequollener Leim wird mit Kalkhydrat und Schwefelblumen zu einer weichen Masse gemischt. Er kann nur frisch gemischt in Anwendung kommen.

Kitt für verschiedene Zwecke (Universalkitt) besteht aus gleichen Theilen Kolophon, Schwefel und Infusorienerde. Er wird geschmolzen angewendet.

Kitt für Porcellan besteht aus 6 Schwefel, 4 Fichtenharz, 1 Schellack, 2 Mastix, 2 Elemi und 6 feinem Glaspulver oder Ziegelmehl.

Kitt für steinerne Wasserbehälter besteht aus 1 Schwefel, 2 Kolophon, ca. 5 Steinpulver oder Ziegelmehl.

Kitt für Statuen, Vasen etc. aus 8 Schwefelblumen, 35 Wachs, 35 Kolophon, 4 Hammerschlag, 4 feinem Sand, durch Schmelzung vereinigt.

Kitt für Telegraphen-Isolirkapseln aus Schwefel und Colcothar Vitrioli.

Zeiodellit dient als Kitte für Steine, hydraulischen Cement, zum Ueberzug von Stein, Metall und Holz. Er besteht aus 19 Th. Schwefel und 42 Th. fein gepulvertem Glas oder Steinzeug, durch Schmelzung vereinigt.

Matrizenmasse. Masse zum Abformen der Medaillen etc. 100,0 gepulverter Stangenschwefel werden geschmolzen und mit einem erwärmten Gemisch aus 90,0 Infusorienerde und 10,0 Graphit gemischt.

Räucherpatronen zur Vertilgung von Feldmäusen sind cylindrische Patronen, gefüllt mit einem Pulvergemisch aus 30 Th. Schwefel, 20 Th. Salpeter, 10 Th. Kolophon und 10 Th. Sägespan, oder cylindrische Massen mit Kleister geformt.

Sätze für farbige Feuer (Kriegsfeuerwerksätze). Weiss: 20 Schwefel, 60 Kalisalpeter, 5 Schwefelantimon, 15 Mehl. — Blau: 54,5 Kaliumchlorat, 18 Kohle, 27,4 Kupferoxyd-Ammonsulfat. — Grün: 32,7 Kaliumchlorat, 9,8 Schwefel, 5,2 Kohle, 52,3 Barytnitrat. — Roth: 29,7 Kaliumchlorat, 17,2 Schwefel, 1,7 Kohle, 45,7 Strontiannitrat, 5,7 Schwefelantimon. — Gelb: 23,6 Schwefel, 3,8 Kohle, 9,8 Natronsalpeter, 62,8 Kalisalpeter. — Weisse Flamme mit blauem Rande (nach UHDEN): 20 Kalisalpeter, 5 Schwefel, 4 Schwefelcadmium, 1 Kohle. — Pikrate für Gelb: 50 Ammonpikrinat, 50 Ferropikrinat; für Grün: 48 Ammonpikrinat, 52 Barytnitrat; für Roth: 54 Ammonpikrinat, 46 Strontiannitrat.

Hamster-Patronen. 1) Natrii nitrici 80,0, Sulfuris 15,0, Carbonii Ligni 5,0 zu einer Patrone. Man benutze eine lange, langsam brennende Zündschnur. **2)** Kalii nitrici 75,0, Sulfuris 25,0, Naphthalini 20,0 zu einer Patrone.

Eczemin. Ist eine mit einem rothen Pflanzenfarbstoff gefärbte Schwefelsalbe. (Süss.)

Getreidebrand. Pulver gegen Brand im Getreide, zur Verhinderung der Verheerungen durch Schnecken, Erdflöhe und Würmer, zur Beförderung des Keimens und Wachsens des Getreides, DOWN's farmer's friend, besteht aus 67,5 Th. Eisenvitriol, 18,5 Th. Kupfervitriol, 13,8 Th. arseniger Säure, 0,2 Th. Sand. 1 Packet im Gewicht von 484,5 g 1,50 Mk. (HEINRICH, Analyt.)

Krätzpomade, WILLAN's. (Englisches Arcanum.) Das Unguentum sulfuratum alkalinum mit etwas Zinnober gefärbt und mit Bergamottöl aromatisirt.

Krätzseife, LUGOL's, besteht aus einem Gemisch von 50,0 Seife, gelöst in 100,0 Wasser, und 50,0 Schwefelblumen, aromatisirt mit etwas Bergamottöl.

Pasta cosmetica des Drogisten ROTHER in Berlin, gegen Gesichtsfinnen. Ist eine Schwefel, Schweineschmalz und Storax enthaltende Salbe. (Süss.)

Patent-Birkenöl-Balsam von ALWIN NIESKE (Dresden), blassrosafarbige Flüssigkeit, welche Bleiessig und präcipitirten Schwefel enthält, aromatisirt mit wenig Patschuli, Bergamottöl, Lavendelöl.

ROSE's Schwefelpräparat, von L. H. ROSE in Hamburg-Uhlenhorst. Ein 4 cm breiter und ca. 22 cm langer, grauer Pappstreifen, der mit etwa 30 g Schwefel überzogen ist.

ROSETTER's Haar-Regenerator von CH. ZIMMERMANN in Konstanz-Emmishofen. Ist eine Wismutsubnitrat und Schwefel in Suspension enthaltende wässerige Glycerinlösung.

Schönheits-Pasta der Venus von Dr. HUDSON in Wien. Eine weisse weiche Salbe, bestehend aus 36 Th. weissem Wachs, 8 Th. Stearin, 100 Th. Ricinusöl, 36 Th. Glycerin, 3 Th. präcipitirtem Schwefel, 10 Th. Feuchtigkeit, 6 Th. wohlriechenden Oelen, namentlich Citronen- und Bergamottöl. (HAGER.)

Schwefelpuder von SCHÜTZ gegen Acne. Rp. Sulfuris depurati, Calcii sulfurati, Calcii phosphorici āā.

Sommersprossen, Salbe gegen, von M. RIEDL in Wien. Ein weisses Porcellantöpfchen mit Blechdeckel enthält ca. 30,0 einer bräunlich-gelben weichen Salbe, welche sich folgender Vorschrift anschliesst: 18,0 Paraffin und 5,0 Mandelöl werden geschmolzen, und der geschmolzenen Masse hinzugefügt 1,8 Schwefelmilch, 4,0 Glycerin, 1,0 Tannin, 2,0 Koloquinthentinktur, 10 Tropfen Rosmarinöl, 5 Tropfen Thymianöl. Täglich vor dem Schlafengehen das Gesicht einreiben, des Morgens mit Seife abwaschen. (2 Mk.) (HAGER, Analyt.)

Speripulver gegen chronische Hautausschläge, Flechten, Skrofeln. Gleiche Theile Ziegelmehl und Schwefel. (A. MUELLER, Analyt.)

SPIESS'sches Pulver gegen Hautkrankheiten. Ein Gemisch aus Eisenoxyd, Schwefel und Knochenerde. (H. J. VERSMANN, Analyt.)

Universal-Balsam von GREBEHAHN in Reichmannsdorf, gegen alle möglichen Leiden. Eine Auflösung von Schwefelbalsam in Leinöl. (12 g —,6 Mk.) (HAGER, Analyt.)

Universal-Balsam von NOHASCHECK in Mainz, in allen Krankheiten heilsam. Oleum Terebinthinae sulfuratum. (8 g 1,7 Mk.) (WITTSTEIN, Analyt.)

Vieh-, Nähr- und Heilpulver, Korneuburger, vom Apotheker KWIZDA. 85 Th. zerfallenes Glaubersalz, 10 Th. Schwefelblumen, 5 Th. Enzian. Grobes Pulvergemisch. (375 g 1 Mk.) (A. SELLE und HAGER, Analyt.)

WEINHOLD's Blutreinigungspulver. Rp. Tartari depurati 20,0, Sulfuris depurati 30,0, Sacchari albi 50,0, Magnesii carbonici 2,0, Rhizomatis Rhei 2,0, Olei Citri 0,3.

Aether sulfuratus Boutigny.

Rp. Sulfuris praecipitati 1,0
Aetheris 10,0.

Umgeschüttelt einen Theelöffel in etwas Wasser zu geben, mit etwas Selterwasser zu vermischen und auf einmal auszutrinken.

Aqua cosmetica Kummerfeldi (Ergänzb. Hamb. V.).

Kummerfeld'sches Waschwasser.

Rp. 1. Camphorae tritae 1,0
2. Gummi arabici 2,0
3. Sulfuris praecipitati 12,0
4. Aquae Rosae 40,0
5. Aquae Calcariae 45,0.

Man reibt 1 mit 2, 3 und 4 an und fügt 5 hinzu

Confectio Sulfuris (Brit.).

Rp. Sulfuris depurati 100,0 g
Tartari depurati 25,0 „
Tragacanthae pulv. 1,0 „
Sirupi Sacchari 50,0 ccm
Tincturae Aurantii 12,5 „
Glycerini 37,5 „

Electuarium antirheumaticum Hospitii Chelseani.

Chelsea pensioner's electuary.

Rp. Sulfuris depurati 12,0
Rhizomatis Rhei 2,0
Resinae Guajaci
Seminis Myristicae āā 1,0
Tartari depurati 6,0
Sacchari albi 40,0
Mellis crudi 60,0.

Täglich 3—4mal einen Theelöffel voll.

Emulsio Sulfuris (Münch. Ap.-V.).

Rp. Sulfuris praecipitati
Aquae destillatae
Spiritus (90 Vol.-Proc.) āā 10,0
Glycerini 5,0.

Gelatina Sulfuris Unna.

Rp. Gelatinae albae 5,0
Aquae destillatae 65,0
Glycerini 20,0
Sulfuris praecipitati 10,0.

Linimentum antipsoricum Bourguignon.

Rp. Sulfuris depurati 100,0
Glycerini 200,0
Tragacanthae 1,0
Vitella ovorum duorum
Kalii carbonici 10,0
Olei Lavandulae
Olei Citri āā 2,0
Olei Menthae piperitae
Olei Caryophyllorum
Olei Cassiae Cinnamomi āā 1,0.

Fiat linimentum. Zum Einreiben.

Linimentum cosmeticum Hebra.

Rp. Sulfuris praecipitati
Glycerini
Spiritus diluti
Kalii carbonici
Aetheris āā 10,0.

Umgeschüttelt davon abends mittels Pinsels aufzutragen und des Morgens abzuwaschen (gegen Mitesser, bei Hautausschlägen im Gesicht).

Liquor antipsoricus Hebra.

Hebra's Theerseifenlösung.
Hebra's Krätztinktur.

Rp. Florum Sulfuris
Cretae laevigatae āā 50,0
Olei Rusci 150,0
Saponis viridis
Spiritus diluti āā 300,0.

Umgeschüttelt zum Einreiben. Ausreichend für 6—8 Personen. Nach einem warmen Vollbade und dem Abwaschen des Körpers mit grüner Seife werden mit obiger Flüssigkeit die betreffenden Hautstellen eingerieben. Nach zwei Tagen wird dieselbe Procedur wiederholt, nach weiteren zwei Tagen ein Reinigungsbad genommen.

Pasta Sulfuris cum Acido acetico Unna.

Rp. Lanolini 6,0
Acidi acetici diluti (30 Proc.) 7,0
Adipis benzoati 6,0
Sulfuris praecipitati 20,0.

Gegen Gesichtsfinnen und -Pickel etc.

Pommade antipsorique Helmerich.

Rp. Sulfuris depurati 10,0
Kalii carbonici
Aquae āā 5,0
Olei Amygdalarum 5,0
Adipis suilli 35,0.

Pommade au soufre précipité (Gall.).

Rp. Sulfuris praecipitati 10,0
Olei Amygdalarum 10,0
Adipis benzoati 80,0.

Pulvis aërophorus sulfuratus.

Rp. Pulveris aërophori 20,0
Sulfuris depurati 10,0.

Pulvis aperiens Coutaret.

Rp. Sulfuris depurati
Magnesiae ustae
Sacchari Lactis āā 10,0.

Täglich 2—3 Theelöffel mit Wasser zu nehmen (bei Personen, welche an Verstopfung leiden).

Pulvis haemorrhoidalis (Hamb. V.).

Rp. Elaeosacchari Citri 10,0
Sulfuris depurati 20,0
Sacchari albi 30,0
Tartari depurati 40,0.

Pulvis Sulfuris compositus (Berolinensis).

Rp. Sulfuris praecipitati 25,0
Tartari depurati 40,0
Magnesii carbonici 10,0
Sacchari pulverati 25,0
Olei Foeniculi 1,0.

Remedium contra scabiem Lassar.

Lassar's Krätzmittel.

Rp. Calcariae ustae 60,0
Sulfuris praecipitati 25,0
Aquae 250,0.

In verkorkten Flaschen aufzubewahren.

Sapo sulfuratus (Hungar.).

Rp. 1. Saponis domestici pulv. 60,0
2. Spiritus (96 Proc.)
3. Glycerini āā 25,0
4. Sulfuris praecipitati 15,0
5. Olei Aurantii corticis
6. Olei Citri āā 0,5.

Man löst 1 in 2 und 3 unter Erwärmen auf, rührt 4—5 dazu und giesst in Papierkapseln aus.

Tablettes de soufre (Gall.).

Rp. Sulfuris depurati 100,0
Sacchari albi 900,0
Tragacanthae pulv. 10,0
Aquae florum Aurantii 90,0.

Fiant pastilli à 1 g.

Tinctura Sulfuris.
Spiritus sulfuratus.

Rp. Sulfuris praecipitati 5,0
Spiritus Vini absoluti 200,0.

Man lässt 1 Stunde bei 60° C. stehen, dann erkalten und filtrirt.

Trochiscus Sulfuris (Gall.).
Sulphur Lozenge.

Rp. Sulfuris praecipitati 162,0 g
Tartari depurati 32,4 „
Sacchari albi 259,2 „
Gummi arabici 32,4 „
Tincturae Aurantii 29,5 ccm
Mucilaginis Gummi arabici 29,5 „

Zu 500 Pastillen.

Unguentum contra favum PIROGOF.
PIROGOF's Salbe gegen Favus.

Rp. Sulfuris depurati 15,0
Natrii carbonici crystall. 4,0
Picis liquidae
Tincturae Jodi āā 5,0
Adipis suilli 100,0.

Unguentum contra scabiem (Ergänzb.).
Krätzsalbe (Ergänzb.).

Rp. Sulfuris depurati 20,0
Rhizomatis Veratri 6,0
Kalii nitrici 1,0
Saponis kalini 20,0
Adipis suilli 60,0.

Unguentum contra scabiem HEBRA (Hamb. V.).
HEBRA'sche Krätzsalbe (Hamb. V.).

Rp. Sulfuris sublimati
Olei Fagi empyreumatici āā 15,0
Cretae laevigati 10,0
Saponis kalini
Adipis suilli āā 30,0.

Unguentum contra seborrhoeam.

Rp. Lanolini 40,0
Olei Amygdalarum 10,0
Sulfuris praecipitati 5,0
Olei Rosae gtts. 1,0.

Zum Einreiben gegen Kopfschuppen.

Unguentum rubrum sulfuratum (Form. Berol.).

Rp. Hydrargyri sulfurati rubri 0,5
Sulfuris sublimati 12,5
Olei Bergamottae 0,5
Vaselini flavi 50,0

Unguentum sulfuratum.

I. Unguentum sulfuratum (Austr.).

Rp. Saponis kalini venalis
Adipis suilli āā 60,0
Florum Sulfuris 30,0
Cretae laevigatae 20,0
Olei Fagi empyreumatici 30,0.

II. Unguentum Sulphuris (Brit.).

Rp. Sulfuris depurati 10,0
Adipis benzoati 90,0.

III. Pommade soufrée (Gall.).

Rp. Sulfuris depurati 10,0
Olei Amygdalarum 10,0
Adipis benzoati 80,0.

IV. Unguentum sulfuratum (simplex) (Ergänzb. Hamb. V.).

Rp. Sulfuris depurati 10,0
Adipis suilli 20,0.

V. Unguentum sulfuratum (Helv.).

Rp. Florum Sulfuris 3,0
Adipis suilli 7,0.

VI. Unguentum Sulphuris (U-St.).

Rp. Sulfuris depurati 3,0
Adipis benzoati 7,0.

Unguentum sulfuratum ammoniatum.
Unguentum antipsoricum HUFELAND, PRINGLE.

Rp. Sulfuris depurati 30,0
Ammonii hydrochlorici 5,0
Adipis suilli 65,0.

Unguentum sulfuratum compositum.

I. Ergänzb., Hamb. V.

Rp. Sulfuris depurati
Zinci sulfurici crystall. āā 1,0
Adipis suilli 8,0.

II. Helv.

Rp. Zinci sulfurici crystall.
Florum Sulfuris āā 10,0
Saponis kalini 15,0
Adipis suilli 65,0.

Unguentum sulfuratum cum Zinco.

Rp. Sulfuris praecipitati 6,0
Zinci oxydati 4,0
Terrae siliceae 2,0
Adipis Lanae
Adipis benzoati āā 14,0.

Unguentum Sulfuris alkalinum (Nat. form.).

Rp. Sulfuris depurati 20,0
Kalii carbonici 10,0
Aquae 5,0
Adipis benzoati 65,0.

Unguentum Sulfuris compositum (Nat. form.).

Rp. Calcii carbonici praecipitati 10,0
Sulfuris sublimati
Olei cadini āā 15,0
Saponis kalini
Adipis āā 30,0.

Unguentum Sulfuris cum Vaselino (Münch. Ap.-V.).

Rp. Sulfuris depurati 75,0
Saponis kalini
Vaselini flavi āā 150,0.

Unguentum Wilkinsonii (Form. Berol.).
Unguentum contra scabiem (Form. Berol.).

Rp. Cretae laevigatae 5,0
Sulfuris sublimati
Olei Rusci āā 7,5
Saponis kalini venalis
Adipis suilli āā 15,0.

Unguentum Wilkinsonii (Ergänzb.).

Rp. Sulfuris depurati
Olei Rusci āā 3,0
Saponis domestici pulver.
Adipis suilli āā 6,0
Cretae laevigatae 2,0.

Vet. **Linimentum antiherpeticum.**

Rp. Kalii nitrici subtile pulverati 20,0
Florum Sulfuris 40,0
Petrolei Americani 10,0
Olei Rapae 130,0.

Umgeschüttelt zum Einreiben (bei Flechten, Räude).

Vet. **Pulvis Equorum viridis.**
Grünes Rosspulver. Drusenpulver.

Rp. Sulfuris sublimati
Fructus Foeniculi
Radicis Carlinae
Stibii sulfurati nigri āā 500,0
Radicis Asari
Herbae Hyoscyami āā 100,0
Fructus Juniperi 1500,0.

Fiat pulvis grossiusculus.

Vet. **Pulvis prophylacticus.**
Blutseuchenprophylacticum.

Rp. Natrii sulfurici pulverati 1000,0
Salis culinaris 100,0
Sulfuris sublimati 300,0.

Mit 5—6 kg Kleie gemischt als Leckpulver in die Krippen zu streuen (für 15 Rinder oder 90 bis 100 Schafe auf einen Tag ausreichend).

Vet. **Räudesalbe.**

Rp. Florum Sulfuris 120,0
Rhizomatis Veratri albi pulv. 30,0
Terebinthinae 50,0
Olei Lini 520,0.

Suppositoria.

Suppositorien. Suppositoires. Suppositories. Unter dieser Bezeichnung versteht man feste Arzneiformen, welche zur Einführung in natürliche Körperöffnungen bestimmt sind, wo sie zerfliessen und theils lokale, theils allgemeine Wirkungen entfalten. Je nach deren Verwendung ist die Form und Grösse der Suppositorien eine sehr verschiedene; man unterscheidet:

1) Suppositoria analia, Suppositoria ad intestinum rectum, Stuhlzäpfchen. 2—5 cm (Ph. G. 2—3 cm) lange, an einem Ende 0,8—1,5 cm (Ph. G. 1—1,5 cm) dicke, 1—4 g wiegende, konische, spitzkugelförmige, projektilförmige oder ovale Zäpfchen, welche vorzugsweise zur Einführung in den Mastdarm dienen und von allen Suppositorienarten weitaus am häufigsten Verwendung finden.

2) Suppositoria vaginalia, Globuli vaginales, Vaginalkugeln, Mutterzäpfchen, Scheidenzäpfchen. 3,0—6,0 wiegende, spitzkugel-, ei- oder kugelförmige, zur Einführung in die Scheide und eventuell in den Cervicalkanal bestimmte Zäpfchen.

3) Suppositoria urethralia, Bacilli, Cereoli, Urethralstäbchen, Bougies. 5—30 cm lange, 3—7 mm dicke, cylinderförmige, vorn zugespitzte oder abgerundete Stäbchen, welche in die Harnröhre eingeführt werden.

Als Grundmasse zur Herstellung der Suppositorien verwendet man Substanzen, welche bei Körpertemperatur erweichen oder schmelzen, unter denen in erster Linie Kakaobutter in Betracht kommt; Verwendung finden ferner: Kakaobutter mit Wachs, Kakaobutter mit Lanolin, Talg, Talg mit Wachs, Vaselin mit Wachs, Gelatinelösung mit Glycerin, Agar-Agar mit Glycerin, Seife mit Glycerin und endlich reine Seife.

Diese Stoffe werden entweder als solche ohne weitere Zusätze oder in Verbindung mit medikamentösen Substanzen verwendet, je nachdem sie dazu bestimmt sind, Stuhlentleerung (reflektorisch durch mechanischen Reiz) anzuregen und physikalisch (Verminderung der Reibung) zu begünstigen, oder um Medikamente örtlich einwirken oder zur Resorption gelangen zu lassen.

Handelt es sich darum, den Suppositorien Arzneistoffe beizumischen, so muss danach getrachtet werden, dieselben in möglichst fein vertheiltem Zustande, homogen mit der Grundmasse zu vermengen, eine Veränderung oder Verflüchtigung der wirksamen Bestandtheile sorgfältig zu vermeiden und eine vollkommen gleichmässige Dosirung derselben herbeizuführen. Zur Erreichung dieser Anforderungen kommen verschiedene Methoden zur Anwendung, die im Folgenden besprochen werden sollen.

Grundsätzlich unterscheidet man drei Methoden, deren jede wieder verschiedene Modifikationen aufweist: I. Die Schmelzmethode, II. die Füllmethode, III. die Methode auf kaltem Wege.

I. Die Schmelzmethode ist eines der ältesten und vor dem Erscheinen der KUMMER'schen Presse das (z. B. in Deutschland) gebräuchlichste Verfahren.

Das Medikament wird — wenn fest, entweder in Pulverform oder in einer geeigneten Flüssigkeit gelöst oder damit angerührt — mit der geschmolzenen Masse innig gemischt und diese Mischung während des Erkaltens unter fortwährendem Umrühren in passende Formen gegossen.

Als Formen für Stuhlzäpfchen verwendet man selbst anzufertigende Düten aus Wachspapier, Ceresinpapier oder Stanniol, die man entweder in Sand, auf kleine Fläschchen oder in eigens zu diesem Zwecke hergestellte durchlöcherte Brettchen steckt oder Formen aus Zinn, vernickeltem Messing, Eisen etc., welch letztere den Vorzug haben, ein regelmässigeres, schöner aussehendes Produkt zu liefern, als die primitiven Papierformen. Solche metallene Gussformen werden sowohl für alle möglichen Formen und Grössen von Stuhlzäpfchen, als auch für Vaginalkugeln und Bougies von Rob. Liebau in Chemnitz, sowie von englischen und französischen Fabriken in den Handel gebracht. Sie bestehen aus je zwei vollkommen gleichartigen, durch Schrauben zusammengehaltenen Platten, in denen sich die zur Aufnahme der geschmolzenen Masse dienenden Kanäle befinden.

In Ermangelung von Gussformen für Bougies bedient man sich enger Glasröhren, in welche die halbflüssige dem Erstarrungspunkte nahe Masse aufgesogen wird, eine Manipulation, die nicht sehr empfehlenswerth ist.

Das Schmelzverfahren wird, obgleich es verschiedene weiter unten zu besprechende Nachtheile hat, aus Bequemlichkeitsgründen noch sehr häufig angewendet, da es sich ebenso gut zur Anfertigung einzelner Suppositorien, wie zum Massenbetrieb eignet. Zur Herstellung von gelatinehaltigen Zäpfchen, Vaginalkugeln und Bougies, sowie von Suppositorien, denen Glycerin beigemischt werden soll, ist das Schmelzverfahren selbstredend das einzig anwendbare, bei fetthaltigen dagegen sollte dasselbe nach und nach aus der Praxis verschwinden und zwar aus folgenden Gründen:

Erstens ist es bei der Schmelzmethode selbst bei vorsichtigstem Arbeiten nicht zu vermeiden, dass die Arzneisubstanz der Wärme ausgesetzt wird, was bei gewissen Stoffen die Gefahr des Zersetzens in sich schliesst (z. B. Cocain, Jodoform etc.) oder die Verflüchtigung derselben zur Folge hat (z. B. Camphora etc.), Veränderungen, die dem Apotheker nicht gleichgiltig sein dürfen. Zweitens ist das Giessen der Masse während des Erkaltens schwierig, weil der Erstarrungspunkt nicht leicht getroffen wird, was zur Folge hat, dass entweder die Masse nach dem Eingiessen in die Formen noch zu flüssig ist, so dass ein Theil oder die Gesammtmenge der emulgirten wirksamen Substanz sich aus der Grundmasse ausscheidet und sich in der Spitze ablagert, die dann beim Gebrauch leicht abbricht, oder die Masse während des Giessens erstarrt und während der Anfertigung einer grösseren Menge von Suppositorien ein oder mehrere Male von neuem geschmolzen werden muss, wodurch ein ungleiches Aussehen der einzelnen Exemplare bewirkt und ein wiederholtes, die Qualität der medikamentösen Substanz beeinträchtigendes Erhitzen nothwendig wird; drittens ist die Dosirung der wirksamen Stoffe auf die einzelnen Suppositorien eine ungenaue und viertens hat die Herstellung von Suppositorien auf warmem Wege den Nachtheil, dass sie in den meisten Fällen mehr Zeit in Anspruch nimmt, als für die Arbeit an und für sich erforderlich wäre, indem zuerst der Zeitpunkt des Ausgiessens und nachher der Moment des vollkommenen Erkaltens abgewartet werden muss, was namentlich in den Fällen unbequem ist, bei denen es — wie z. B. Nachts — auf rasche Dispensation ankommt.

Diese Mängel werden theilweise vermieden durch Anwendung der

II. **Füllmethode**, welche darin besteht, dass das Medikament in käufliche, verschliessbare, hohle Gelatinekapseln (Pohl) oder Kakaobuttersuppositorien (Sauter, Dieterich) eingefüllt wird.

Die medikamentöse Substanz wird entweder rein oder mit ein wenig

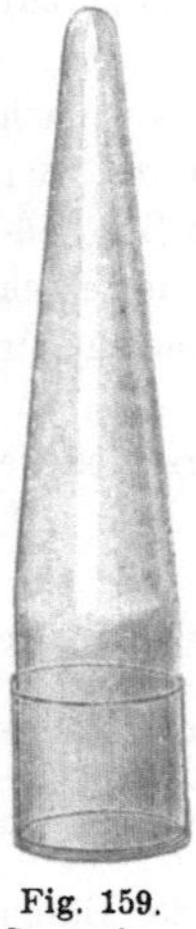

Fig. 159. Suppositorien-Kapsel aus Gelatine.

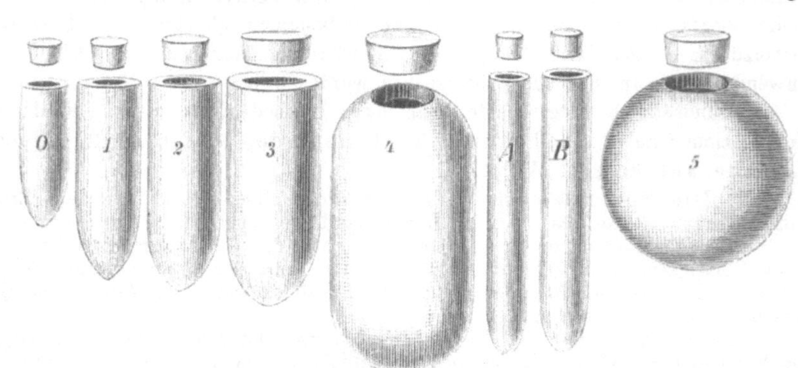

Fig. 160. Hohlformen für Suppositorien und Vaginalkugeln aus Kakaobutter.

von derjenigen Substanz, aus der die Hohlsuppositorien bestehen, oder mit einem anderen Konstituens vermischt, verwendet.

Das Einfüllen geschieht, indem man den Arzneistoff entweder mit der geschmolzenen Grundmasse l. a. vermengt und die halb erkaltete Mischung wie bei der Schmelzmethode in die Kapseln resp. Hohlsuppositorien giesst, oder indem man das Medikament auf kaltem Wege mit Schweinefett oder Kakaobutter etc. verreibt und die zuvor genau abgetheilte Mischung in obige Hohlformen stopft. Letztere werden hierauf mit entsprechenden Deckeln (die Gelatinekapseln mit gut schliessenden Gelatinedeckeln oder wie die Kakaobutter-Hohlsuppositorien mit Fettdeckeln aus Kakaobutter) versehen; die Fettdeckel werden schliesslich mittels eines warmen Messers dicht zugeschmolzen.

Wenn auch diese Methode manche praktische Vortheile bietet, infolge ihrer grossen Bequemlichkeit vielerorts sehr beliebt ist und sich ganz besonders als rationelles Mittel zur Glycerinapplikation empfiehlt, so muss doch vor deren allgemeiner Verwendung gewarnt werden, indem bei diesem Verfahren einerseits ein unnöthig grosses Quantum des Menstruums eingeführt wird, das zunächst die Schleimhäute umhüllt und infolge dessen die Wirkung des Medikamentes verzögert, anderseits sich unter Umständen eine allzu plötzlich eintretende lokale Wirkung des Arzneistoffes entfalten könnte. Dies kommt namentlich dann in Betracht, wenn ein stark wirkendes unvermischtes, oder mit einer ungenügenden Menge der Grundmasse vermischtes Mittel zugegen ist. Die Ph. Germ. IV gestattet nur dann ein Einfüllen von unvermischten stark wirkenden oder festen Arzneistoffen in Hohlzäpfchen, wenn es ausdrücklich vorgeschrieben ist, lässt also in allen anderen Fällen die Verwendung von Hohlzäpfchen stillschweigend zu, während nach der Ph. Helv. III Hohlsuppositorien überhaupt nicht verwendet werden dürfen, wenn der Arzt es nicht ausdrücklich vorschreibt.

Weitaus das zweckmässigste, rationellste und bei fast allen Medikamenten — ausser Glycerin — anwendbare Verfahren zur Herstellung von Suppositorien ist zu erblicken in der

III. Methode auf kaltem Wege. Sowohl Stuhlzäpfchen und Vaginalkugeln, als auch Bougies wurden schon in früheren Zeiten durch Anstossen einer bei Körpertemperatur schmelzenden Substanz mit dem betreffenden Medikament zu einer knetbaren Masse und nachheriges Modelliren zu der gewünschten Form angefertigt, und diese Darstellungsweise hat sich eigenthümlicher Weise neben anderen inzwischen aufgetauchten, viel geeigneteren Verfahren an manchen Orten bis auf den heutigen Tag erhalten.

Die zerkleinerte Grundmasse (Talg, Kakaobutter etc.) wird mit oder ohne Beimischung von medikamentösen Zusätzen unter Zuhilfenahme von etwas fettem Oel im Pillenmörser angestossen, zwischen Filtrirpapier ausgerollt und in kurze Stücke abgetheilt, diese werden hierauf entweder mit geeigneten Brettchen oder mit den Fingern zu Zäpfchen, Kugeln oder Stäbchen geformt. Behufs leichteren Mischens mit dem Medikamente und bequemeren Verarbeitens der Masse wird die Fettsubstanz vielerorts geschmolzen und während des Erkaltens mit der betreffenden Arzneisubstanz vermengt.

Es ist einleuchtend, dass dieses Verfahren bezüglich der Sauberkeit nicht ganz einwandfrei ist, und dass bei demselben nur die geschickte Hand eines gewandten Receptars im Stande ist, ein einigermassen ansehnliches Präparat hervorzubringen; in den meisten Fällen werden die auf diese primitive Weise hergestellten Suppositorien ein dem heutigen Stande der pharmaceutischen Technik nicht entsprechendes Produkt repräsentiren.

In den achtziger Jahren erfuhr die Methode auf kaltem Wege durch die sinnreichen KUMMER'schen Suppositorien- und Vaginalkugelpressen von E. A. LENTZ-Berlin (Bd. I, S. 529, Fig. 128 u. 129), sowie durch die Bougiepresse nach KUMMER[1]) eine tiefgreifende Umgestaltung, indem diese Konstruktionen eine genaue Dosirung der Arzneisubstanzen und ein inniges, vollkommen gleichmässiges Mischen derselben mit der Grundmasse ermöglichen, und weil ferner dabei jede unliebsame Veränderung der Arzneistoffe vermieden wird.

Die medikamentösen Stoffe werden entweder direkt oder nach vorausgegangener Verreibung mit einem indifferenten Pulver, z. B. Amylum, Saccharum Lactis, Talcum, mit geraspelter oder gepulverter Kakaobutter (wozu sich auch die käufliche Fadenform eignet) ohne Druckanwendung in der Reibschale gemischt; hierauf theilt man das gemischte, für

---

[1]) In Bd. I, S. 529 ist unter Fig. 129 eine „Presse für Suppositorien und für Vaginalkugeln von E. A. LENTZ-Berlin" beschrieben. Wir stellen diese Angabe dahin richtig, dass dies die KUMMER'sche Suppositorienpresse ist, welche von E. A. LENTZ-Berlin in den Verkehr gebracht wird. Der Irrthum fällt der Redaktion dieses Handbuches zur Last.

Stuhlzäpfchen oder Vaginalkugeln bestimmte Pulver in einzelne Portionen ab, füllt dieselben successive in den zuvor mit Talcum bestäubten, nach oben trichterartig sich erweiternden Hohlcylinder und stopft die Masse mittels eines genau in die Bohrung passenden Holzstöpsels fest; nach Beseitigung der Unterlage (Fuss) wird der Holzstöpsel weiter abwärts gestossen und dadurch das fertige Suppositorium aus der Presse gedrängt; nachdem schliesslich noch die Metallmatrize — welche den Stuhlzäpfchen die konische Spitze, den Globuli die Kugelform verleiht — entfernt wurde, ist das Präparat ohne weiteres zur Dispensation bereit.

Bei der nach gleichem System konstruirten Bougie-Presse wird die unter Zuhilfenahme von etwas fettem Oel innig gemischte, geknetete Masse auf einmal in den Apparat gefüllt und mittels des Stöpsels möglichst fest gepresst; sobald der Widerstand ein Weiterpressen verhindert, wird durch Drehen des Cylinders um seine Axe diejenige der vier vorhandenen Oeffnungen einem Durchlass im Fusse gegenüber eingestellt, deren Durchmesser mit der gewünschten Bougiedicke übereinstimmt; nun wird weiter gepresst, wodurch die Masse in einem zusammenhängenden, überall gleich dicken Strang an der tiefsten Stelle der Presse seitlich aus derselben auf ein unterliegendes, mit dem Fuss verbundenes Laufbrettchen verdrängt wird.

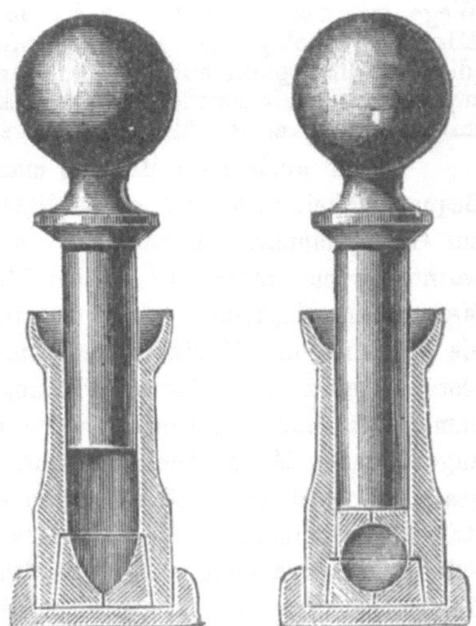

Fig. 161. KUMMER'sche Presse für Suppositorien und Vaginalkugeln von E. A. LENTZ in Berlin.

Nachdem dieser Strang dann in beliebigen Abständen abgetheilt wurde, können die erhaltenen Bougies durch die Handwärme mittels der Finger an einem Ende abgerundet oder zugespitzt werden.

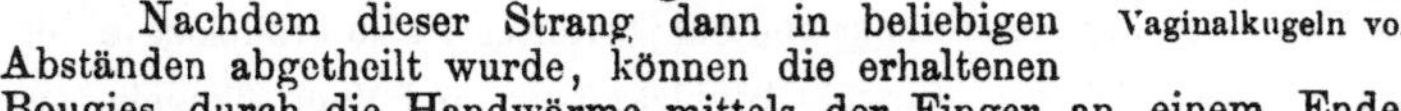

Diese — wenn auch etwas primitive — Presse leistet in Ermangelung der Bougie-Spritze, wie sie in grösseren Betrieben im Gebrauch ist, recht gute Dienste.

Für die Herstellung von Bougies in grösserer Zahl bedient man sich mit Vortheil der metallenen Bougie-Spritze von ROB. LIEBAU, welche mit der angestossenen Masse gefüllt und mit einem Mundstück der gewünschten Stärke verschlossen wird. Durch Drehung der Schraubenspindel presst man Stränge, die in Bougies von gewünschter Länge abgetheilt und wie obige weiter behandelt werden können. Auch ermöglicht diese Presse durch Verwendung einer mit einem Dorn versehenen Matrize die Anfertigung von sog. Hohlbougies, d. h. Bougies, die eine Röhre darstellen, in welche medikamentöse Flüssigkeiten aufgesogen werden können.

Eine gute Masse für elastische Bougies erhält man nach DIETERICH durch Zusammenschmelzen von 8 Theilen Oleum Cacao, 1 Theil Adeps Lanae und 1 Theil Cera flava, oder indem man 50,0 Oleum Cacao schmilzt, 25,0 Gummi arab. pulv. (M./50) darunter rührt, und nachdem man die Mischung $^1/_2$ Stunde lang in einer Temperatur von 30—35° C. erhalten und unter Abkühlen bis zum Erkalten agitirt hat, nach und nach eine Mischung von 12,5 Glycerin und 12,5 Aqua darunter arbeitet.

Beide Massen können vorräthig gehalten, durch Kneten mit verschiedenen Zusätzen vermengt und mit der Bougie-Spritze gepresst werden.

Doch nicht nur für Bougies, sondern auch für Stuhlzäpfchen existiren bereits eine Anzahl neuerer Pressen, welche gestatten, entweder pulverförmige oder angestossene Masse zu Suppositorien zu verarbeiten. Zu diesen gehören die LIEBAU'schen Pressen für Vollsuppositorien mit 6 konischen (Bd. I, S. 529, Fig. 128) und für Voll- und Hohlsuppositorien mit 6 cylindrischen, am unteren Ende konischen, oben trichterförmig sich erweiternden Bohrungen. Sie bestehen aus zwei gleichförmigen Metallplatten, welche durch Schrauben zusammengehalten werden. Durch Pressen der in die einzelnen Kanäle eingefüllten Masse mittels eines Holzstöpsels wird dieselbe zu Suppositorien geformt.

Sehr gut eignet sich auch die FRECK'sche Universalpresse, welche mit verschiedenen Einsätzen versehen werden kann, je nachdem Bougies, Vaginalkugeln oder

Suppositorien dargestellt werden sollen; durch einen Druck können z. B. 3 der letzteren auf einmal gepresst werden.

Eine Presse, welche erst in jüngster Zeit in den Handel kam und die Vorzüge der bekannten Pressen aufweist, ohne die Mängel derselben zu besitzen, ist diejenige von Hans Jenny, Apotheker in St. Gallen. Mit derselben können durch eine einzige Pressung 10 vollkommen gleichmässige Suppositorien von tadelloser Beschaffenheit angefertigt werden. Die Konstruktion dieser ganz aus Metall (Bronzeguss und vernickeltem Eisen) bestehenden Presse ist durchaus zweckmässig und die Handhabung eine äusserst einfache:

Nachdem die Formtheile *a*, *d*, d^1 (Fig. 163) zusammengefügt und mittels des Hebels *k* (Fig. 162) bezw. der Schraube *i* zwischen die beiden Backen *h* des Untergestelles *f* ein-

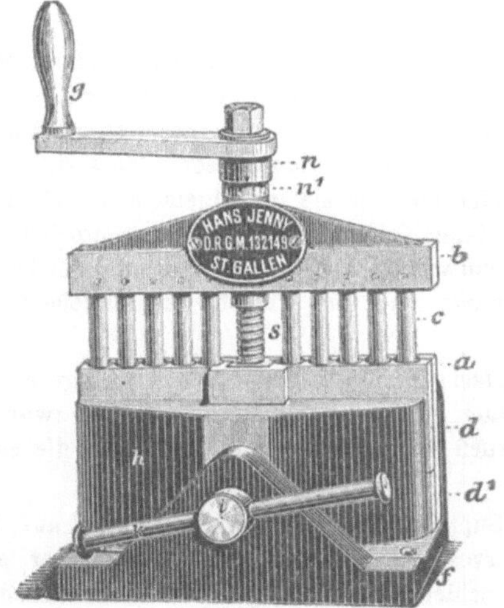

Fig. 162. Suppositorienpresse von Apotheker Jenny in St. Gallen.

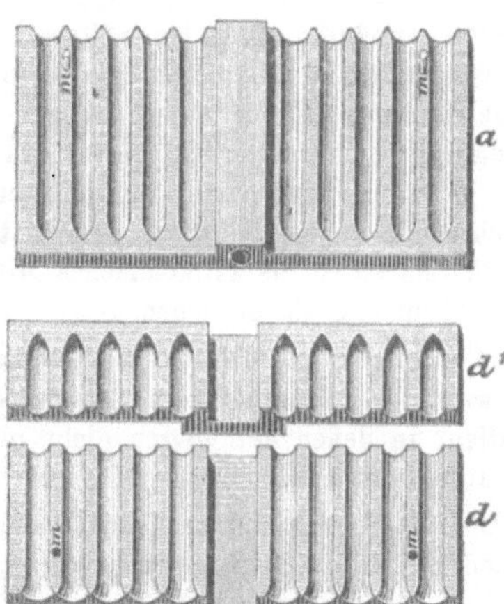

Fig. 163. Die beiden Halbformen der Apotheker Jenny'schen Suppositorienpresse.

($1/5$ der natürlichen Grösse.)

geklemmt sind, wird die gepulverte, eventuell mit einem medikamentösen Zusatz vermischte Kakaobutter gleichmässig abgetheilt in die zehn Bohrungen der Matrize eingefüllt. Flüssige Stoffe, z. B. Ichthyol, werden der Kakaobutter am zweckmässigsten durch Anstossen mit Zuhilfenahme von etwas Amylum und eventuell etwas Lanolin inkorporirt; die Masse wird zwischen Filtrirpapier in Stangen ausgerollt und abgetheilt. Hierauf wird die Pressvorrichtung — ein mit zehn freihängenden Stempeln *c*, einer Schraubenspindel *s* und einer Kurbel *g* versehener Querbalken *b* — in der Weise auf die Form aufgesetzt, dass die Schraubenspindel *s* auf den in der Mitte der Form befindlichen Durchlass zu stehen kommt.

Durch Rechtsdrehung der Kurbel *g* bohrt sich die Spindel *s* in die Matrize ein, während die zehn Stempel *c* allmählich in die entsprechenden zehn Bohrungen der Form gleiten und die gleichmässige Pressung der Masse herbeiführen.

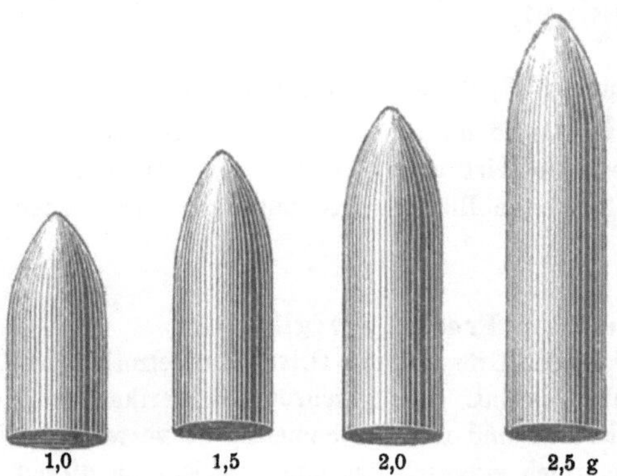

Fig. 164. Fertige Suppositorien mit Apother Jenny's Suppositorienpresse dargestellt (natürliche Grösse).

Sobald der eintretende Widerstand ein Weiterdrehen erschwert, ist die Pressung vollendet; durch Linksdrehen der Kurbel *g* wird die Pressvorrichtung entfernt, nach dem Lösen der Schraube *i* wird die Form aus dem Untergestell befreit und durch Auseinandernehmen der Formtheile *a*, *d* und d^1 werden die fertigen Suppositorien zu Tage befördert.

Je nach Verwendung grösserer oder kleinerer Mengen Kakaobutter können beliebig schwere Suppositorien angefertigt werden; Fig. 164 zeigt beispielsweise Zäpfchen von 1,0—2,5 g in Abstufungen von 0,5 g in der Form, wie sie durch die Presse producirt werden.

In Anbetracht, dass in manchen Ländern die Spitzkugelform dieser Projektilform vorgezogen wird, kann die gleiche Presse auch mit Platten konstruirt werden, welche Suppositorien von jener Form liefern.

Die mit dieser Presse erhaltenen Suppositorien lassen in Bezug auf feinste Vertheilung der medikamentösen Substanz, gleichmässige Pressung, elegante Form und glänzende Oberfläche durchaus nichts zu wünschen übrig. Die Zeitersparniss ist gegenüber den anderen Methoden eine ganz bedeutende und die Arbeit, welche eine saubere ist, kann jederzeit unterbrochen werden.

Nach jeder Pressung ist die Form ohne weiteres zur Aufnahme neuer Suppositorienmasse bereit; die Reinigung der Presse vollzieht sich sehr rasch mit einem mit Benzin oder Aether getränkten Wattebausch.

Das Einwickeln der fertigen Suppositorien in Stanniol ist, insofern Zäpfchen oder Kugeln in Betracht kommen, denen Glycerin beigemischt ist, durchaus nothwendig, da dieselben ohne diese Umhüllung infolge der hygroskopischen Eigenschaft des Glycerins zerfliessen würden; bei anderen Suppositorien ist es dagegen nicht zu empfehlen, vorausgesetzt, dass sie nicht allzulange aufbewahrt werden müssen, da einerseits der Laie sie im allgemeinen nicht vorsichtig genug zu entfernen im Stande ist und daher Gefahr läuft, die Suppositorien vor dem Gebrauche zu beschädigen, anderseits das Einwickeln zuweilen von wenig gewissenhaften Pharmaceuten als willkommenes Mittel benutzt wird, um schlecht ausgefallene Zäpfchen der Kontrolle zu entziehen.

Anwendung. Dieselbe ist eine mannigfache und besteht — wie eingangs angedeutet wurde — in einer rein physikalischen oder in einer medikamentösen und zwar in den Fällen, in denen der Magen nicht in Anspruch genommen werden kann und die subkutane Injektion vermieden werden soll.

Die Wirkung äussert sich, indem die Suppositorien 1) durch ihren Reiz auf die betreffenden Muskeln Defäkationsbewegungen hervorrufen, 2) Krampf des Sphincter ani mechanisch oder dynamisch überwinden, 3) die Schleimhautfläche mit einem emollirenden schützenden Ueberzuge versehen, oder um 4) dieselben mit Medikamenten in Kontakt zu bringen. Die Anzahl der Medikamente, welche in Suppositorienform verordnet werden können, ist eine so grosse, dass eine erschöpfende Aufzählung unmöglich ist.

Syzygium.

Gattung der **Myrtaceae — Myrtoideae — Myrteae — Eugeninae.**

Syzygium Jambolana (Lam.) D. C. Wild und angebaut durch das ostindisch-malayische Gebiet bis China und Neusüdwales, kultivirt auch auf Mauritius und den Antillen. Baum mit elliptisch-länglichen, kurz gestielten Blättern und ausgebreiteten Rispen weisser Blüthen.

Verwendung findet:

1) Der Same resp. die Frucht. **Semen seu Fructus Syzygii.**

Die beerenartige, saure Frucht ist von der Grösse einer Olive, dunkelrothbraun, netzrunzlig, vom Reste der Blüthe ringförmig gekrönt. Das geschrumpfte Perikarp enthält Sekreträume, seine innere Schicht ist sklerosirt und mit der Samenschale verwachsen. Der Embryo mit dicken Keimblättern ist mehrfach eingeschnürt und zerbricht an diesen Stellen leicht in Bruchstücke. Diese letzteren gelangen meist in den Handel. Sie bestehen aus Parenchym, durchzogen von schwachen Gefässsträngen. Das Parenchym enthält Gerbstoff und Stärke. Die Körnchen der letzteren erreichen 36 μ Grösse, sind von unregelmässiger Gestalt, kuglig, verbogen-eiförmig, keulen- oder stäbchenförmig. In der

Randzone befinden sich ebenfalls Sekreträume. Mit Natronlauge wird das ganze Gewebe blau.

Bestandtheile. Eine Spur ätherischen Oeles, 0,3 Proc. in Aether und Alkohol lösliches Harz, 1,65 Proc. Gallussäure. Neuerdings (1899) will man darin ein Glukosid: Antimellin, das Träger der Wirksamkeit ist, gefunden haben.

Verfälschungen. Als solche sollen die Samen anderer Syzygium- und Jambosa-Arten vorkommen.

Anwendung. Als Heilmittel gegen Diabetes mellitus empfohlen und trotz einiger entgegenstehender Angaben anscheinend wirksam. Es ist für die Beurtheilung darauf aufmerksam zu machen, dass 1) falsche Samen in den Handel kommen, 2) die Droge mit der Zeit an Wirksamkeit einbüsst und 3) von einigen Seiten behauptet wird, dass der Träger der Wirksamkeit sich überhaupt nicht in den Samen, sondern im Perikarp findet. Dosis 0,3 g mehrmals täglich. Die Früchte werden auch, in Salz eingemacht, gegessen.

2) Die Rinde. **Cortex Syzygii.**

Sie bildet leichte, fast schwammige, bis 1 cm dicke Stücke mit weisslichem Kork und reichlicher Borkebildung. Bruch im äusseren Theil körnig, im inneren faserig. Sehr charakteristisch sind stark verdickte, poröse, bis 0,8 mm grosse Steinzellen, die tangentiale Gruppen bilden. Dazwischen schmale Gruppen stark verdickter Bastfasern, im Parenchym Oxalatdrusen. Markstrahlen 1—3 reihig.

Anwendung. Als Adstringens, technisch zum Gerben.

3) Die Blätter. **Folia Syzygii.**

Sie sind kurzgestielt, länglich-elliptisch. ***Verwendung*** wie bei 2.

Extractum Syzygii Jambolani corticis fluidum. Jambulrinden-Fluidextrakt (Münch. Vorschr.). Aus 100 Th. mittelfein gepulverter Rinde und q. s. einer Mischung aus 7 Th. Weingeist (87 proc.) und 3 Th. Wasser bereitet man l. a. 100 Th. Fluidextrakt wie Extr. Frangulae fluid. Germ. (Bd. I, S. 1181).

Extractum Syzygii Jambolani fructuum fluidum. Jambul-Fluidextrakt (Münch. Vorschr.). Aus mittelfein gepulverten Jambulfrüchten genau wie das vorige.

Antimellin, gegen Zuckerkrankheit (Djoeatin Boersch), ist ein Jambulpräparat, das angeblich ein Glukosid aus den Früchten enthält. Nach Lenné unwirksam. (Vergl. Bestandtheile.)

Djoeat, für Zuckerkranke, ist nach Aufrecht im wesentlichen eine Lösung von Kochsalz und Diuretin in einer Abkochung von Leinsamen und Syzygiumfrüchten.

Tacamahaca.

Gruppe wenig bekannter, meist weicher, angenehm aromatisch riechender Harze, zuerst (16. Jahrh.) aus Amerika bekannt geworden. Die Bezeichnung ist jetzt auch auf afrikanische und indische Harze übertragen. Hat Beziehungen zu den Anime- und Elemi-Harzen (Band I, S. 1050).

Man unterscheidet mit einiger Sicherheit: 1) **Ostindisches Tacamahak** von **Calophyllum Inophyllum L. (Guttiferae),** grünlich, bräunlich, gelblich, weich, von lavendelölartigem Geruch. Säurezahl 21,37—34,43. Esterzahl 32,67—66,31. Verseifungszahl 54,08 bis 88,91.

2) **Afrikanisches Tacamahak** von Bourbon und Madagaskar von **Calophyllum Tacamahaca Willd.,** im reflektirten Licht grün, im durchfallenden braun, erweicht im Munde, riecht nach Cumarin, nach andrer Angabe nach Foenum graecum. Säurezahl: 38,10—39,06. Esterzahl 68,22—78,47. Verseifungszahl 106, 32—117,53.

3) Amerikanische Sorten: a) **Tacamahaque terreuse** (Gall.), **columbisches Tacamahak** von **Protium heptaphyllum (Aubl.) L. March. (Burseraceae),** braune, leicht zerreibliche, wenig durchscheinende Stücke, von helleren Stellen durchsetzt. b) **Westindisches Tacamahak** von **Bursera tomentosa (Jacq.) Engl. (Burseraceae),** bildet erbsen- bis wallnussgrosse, blassgelbe oder röthliche Körner. Säurezahl: 20,39—28,40.

Esterzahl 68,43—95,15. Verseifungszahl 96,83—122,90. c) **Bursera excelsa (H. B. K.) Engl.**, liefert ebenfalls Tacamahak.

Den meisten Sorten gemeinsam ist die Bezeichnung **Balsamum Mariae,** unter der sie wohl noch in der Volksmedicin vorkommen. — Als wichtigste Sorte dürfte wohl 3a anzusehen sein.

Tamarindus.

Gattung der **Leguminosae — Caesalpinioideae — Amherstieae.**

Einzige Art: **Tamarindus indica L.** Wahrscheinlich im tropischen Afrika heimisch, durch Kultur in den Tropen beider Erdhälften verbreitet. Bis 25 m hoher Baum mit 20jochig-gefiederten Blättern und weissen, roth geaderten, zuletzt gelblichen Blüthen von charakteristischem Bau. Die Frucht ist eine bis 20 cm lange, bis 3 cm breite, bräunliche, nicht aufspringende Hülse mit 3—12 grossen, glänzend braunen Samen. Die äussere Fruchtschale ist ziemlich bröcklig, sie besteht vorwiegend aus Steinzellen, ebenso die innerste Schicht. Zwischen beiden ist das Mesocarp in ein weiches, sauer schmeckendes, schwärzliches Mus umgewandelt, in dem die derben Gefässbündel mit ihren Verzweigungen verlaufen. Dieses Mus findet pharmaceutische Verwendung. Man entfernt in ziemlich roher Weise die brüchigen Theile der Fruchtschale, die Samen und die Gefässbündel und knetet das Mus, angeblich oft unter dem Zusatz von Seewasser, zu einer zähen Masse, die, in Säcke oder Ballen verpackt, in den Handel gelangt.

Pulpa Tamarindorum cruda (Germ.). **Fructus Tamarindi** (Austr. Helv.). **Tamarindus** (Brit. U-St.). **Siliquae indicae. — Rohes Tamarindenmus. Tamarinden. — Pulpe brute de tamarins** (Gall.). — **Tamarind.**

Es bildet eine braunschwarze, etwas zähe, weiche Masse, die in geringer Menge Samen, Reste der harten Theile des Pericarps und der Gefässbündel enthält. Von rein und stark saurem Geschmack, nicht schimmelig. Unter dem Mikroskop erkennt man zartwandige, grosse Zellen, die kleine bräunliche Körnchen und kuglige Stärkekörnchen enthalten, die Wand der Zellen wird durch Jod sehr schwach gebläut. Ausserdem spiessige Weinsteinkrystalle. Pilzsporen sollen möglichst fehlen.

Bestandtheile. Im Durchschnitt aus 21 Mustern (1891): Samen 10,47 Proc., Cellulose 15,61 Proc., Wasser 24,86 Proc., Extrakt 48,34 Proc., Schleimstoffe 1,95 Proc., Zucker 18,36 Proc., Weinstein 4,87 Proc., Weinsäure 6,63 Proc., Citronensäure 1,76 Proc., (Aepfelsäure 0,969 Proc.), Asche der löslichen Bestandtheile 3,56 Proc., Asche der unlöslichen Bestandtheile 1,19 Proc. Zuweilen finden sich infolge von Gährung auch Essigsäure, Ameisensäure etc.

Sorten. Die officinelle Sorte ist die indische, die aus Kalkutta, Madras, Bombay kommt. Die westindische Sorte ist hellbraun, schleimiger, weniger sauer.

Beim ***Einkauf*** achte man darauf, dass das Mus rein und stark sauer schmeckt, nicht dumpfig riecht und nicht zu viel vom Fruchtgehäuse und von den werthlosen Samen enthält. Zieht man 20 g unter Schütteln mit 190 g Wasser aus und filtrirt 100 g ab, so sollen diese wenigstens 5 g Trockenrückstand hinterlassen (Germ.). Das gilt indessen nur für das unvermischte, schwarzbraune Mus der Austr., Germ. und Helv.; Brit. und U-St. haben das mit Zucker versetzte aufgenommen, das röthlich-braun ist und einen entsprechend höheren Procentsatz an Wasser abgiebt. Vor der Verarbeitung prüfe man auf Metalle, wie unter Extracta (Bd. I, S. 1074) angegeben, oder auf Kupfer durch Einstellen eines blanken Eisenstäbchens.

Aufbewahrung. In Stein- oder Holzgefässen an einem kühlen, luftigen Ort; es ist rathsam, von Zeit zu Zeit nachzusehen, ob der Vorrath sich frei von Schimmelpilzen hält.

Pulpa Tamarindorum depurata. Pulpa e fructu Tamarindi. Gereinigtes Tamarindenmus. Pulpe de tamarin. Pulp of Tamarind. Austr. Germ. Helv.:

Rohes Tamarindenmus erweicht man mit ää heissem Wasser, reibt durch ein Haarsieb (IV. Germ.), dampft in einem (tarirten) Porcellangefässe im Wasserbade zum dicken Extrakt ein und mischt diesem noch warm $^1/_5$, nach Austr. $^1/_3$ seines Gewichts gepulverten Zucker hinzu. Da hierdurch eine Verdünnung eintritt, welche die Haltbarkeit des Muses beeinträchtigt, so thut man gut, noch eine Weile weiter einzudampfen. — Gall.: Ebenso, doch ohne jeden Zuckerzusatz. — E. Dieterich lässt 1 Th. Tamarinden zuerst mit 2, dann nochmals mit 1 Th. heissem Wasser erweichen, durch ein feines Haarsieb reiben, den Brei in einem Pressbeutel abtropfen, dann bis auf 0,7 Th. auspressen, hiermit die zum dicken Extrakt eingedampfte Pressflüssigkeit mischen und dann die entsprechende Menge Zucker zusetzen. Bei diesem Verfahren wird ein zu langes Erhitzen des Muses, wobei dieses leicht einen bittern Geschmack annimmt, vermieden. Ausbeute etwa 150 Proc. Germ. und Helv. schreiben einen bestimmten Säuregehalt vor: 2 g mit 50 ccm heissem Wasser geschüttelt, sollen nach dem Erkalten ein Filtrat geben, wovon 25 ccm mit 1,2 ccm Normal-KOH oder -NaOH noch sauer reagiren. Der Wassergehalt wird von Germ. und Helv. auf 40 Proc. begrenzt. Prüfung auf Metalle wie oben. (Bei der Darstellung sämmtlicher Zubereitungen aus Tamarinden ist die Verwendung von Metallgeräthen selbstverständlich ausgeschlossen.)

Aufbewahrung. Man bewahrt das zum Schimmeln neigende Mus an einem kühlen, trocknen Orte in Porcellangefässen auf. Die Oberfläche wird nach jedesmaliger Entnahme mit einem Pistill glatt gestrichen und mit einer Scheibe aus Fliesspapier, die sich rings der Wandung des Gefässes dicht anschliesst, bedeckt. Hat man das Papier zuvor mit einer weingeistigen Salicylsäurelösung getränkt, so ist das Auftreten von Schimmelpilzen nicht zu befürchten.

Anwendung. Das gereinigte Mus dient als gelindes Abführmittel, in Mixturen zu 5—15 g mehrmals täglich, gewöhnlich aber in Form von Latwergen und Konserven. Brit. und U-St. führen nur das rohe Mus, das erst bei Verwendung zu Confectio Sennae der Reinigung unterworfen wird.

Conserva Tamarindorum. Tamarindenkonserven. Conserve de tamarin. Ergänzb.: Gereinigtes Tamarindenmus stösst man mit q. s. feinem Sennesblätterpulver zur Masse an, formt 2 g schwere Brödchen, trocknet bei 40° C. und überzieht mit Blattsilber oder Chokoladenmasse. — Gall.: Wie Conserva Cassiae (Bd. I, S. 674). — Dieterich: 500,0 Tamarindenmus, 300,0 Zucker, 200,0 Jalapenknollen, 200,0 Weizenstärke, 5 Tropfen Neroliöl stösst man zur Masse, rollt aus, sticht 2,5 g schwere Brödchen aus, bepinselt mit einem Brei aus 2 Chokoladenpulver, 7 Zucker, 3 Gummischleim, q. s. Rosenwasser, bestreut mit Krystallzucker und trocknet bei 40° C.

Extractum seu Mellago Tamarindorum. Tamarindenextrakt. Man zieht Tamarinden mit dem 5fachen Wasser aus, wie unter Sirup. Tamarindi angegeben, dampft aber die filtrirte Pressflüssigkeit zum Sirup ein. Ausbeute etwa 50 Proc. Giebt mit Zuckerwasser eine fast klare, angenehm schmeckende „Tamarinden-Limonade".

Ptisana cum pulpa Tamarindi. Tisane de tamarin (Gall.). 20,0 Tamarindenmus übergiesst man in einem Porcellangefäss mit 1000,0 siedendem Wasser und seiht nach 1 Stunde durch.

Sirupus Tamarindi. Tamarindensirup. Helv.: 250 Th. Tamarinde digerirt man im Wasserbade mit q. s. Wasser, seiht durch, presst aus, dampft auf 400 Th. ein und bringt mit 450 Th. Zucker und 150 Th. Glycerin zum Sirup. — Man mischt gleiche Theile Tamarindenextrakt und Himbeersaft und setzt eine Spur Fruchtäther zu. Die Säure kann man durch vorsichtigen Zusatz von Natriumkarbonat theilweise abstumpfen.

Electuarium Tamarindorum Fuller.

Rp.	Foliorum Sennae pulv.	5,0
	Tartari depurati	1,0
	Pulpae Tamarindorum depur.	15,0
	Sirupi Mannae	q. s.

Essentia Tamarindorum.

Tamarindenessenz.

I. Berliner Apoth.-Verein.

Rp.	1. Foliorum Sennae Spiritu extract.	50,0
	2. Pulpae Tamarindorum depur.	330,0
	3. Aquae ebullientis	2000,0
	4. Liquoris Natri caustici (Pond. spec. 1,170)	90,0 vel q. s.
	5. Spiritus (87 proc.)	100,0
	6. Sirupi simplicis	100,0
	7. Tinct. Vanillae	5,0.

Man stellt 1—3 zwölf Stunden bei Seite, presst und dampft die zum Kochen erhitzte Flüssigkeit auf 700,0 ein. 525,0 davon neutralisirt man genau mit 4, mischt 5—7, dann den Rest von 175,0 hinzu und filtrirt nach einigen Tagen.

II. Münchener Apoth.-Verein.

Rp.	1. Pulpae Tamarindorum crudae	500,0
	2. Aquae ebullientis	2500,0
	3. Magnesii carbonici	q. s.
	4. Foliorum Sennae concis.	50,0
	5. Magnesiae ustae	2,0
	6. Aquae destillatae	500,0
	7. Sirupi simplicis	50,0
	8. Sirupi Aurantii corticis	50,0
	9. Sirupi Cinnamomi	50,0
	10. Spiritus diluti	50,0.

Man erweicht 1 mit 2, dampft die ohne Pressung gewonnene Seihflüssigkeit auf 1000,0 ein, neutralisirt 750,0 davon mit 3, mischt die übrigen 250,0 und den durch 24stündige Maceration aus 4—6 erhaltenen Auszug hinzu, kocht auf, seiht durch Flanell, dampft auf 800,0 ein, fügt 7 bis 10 hinzu, lässt absetzen und filtrirt.

Extractum Tamarindorum mite E. DIETERICH.

Rp. 1. Extracti Tamarindorum 90,0
2. Natrii carbonici 15,0
3. Aquae destillatae 25,0.

Man versetzt 1 mit der Lösung von 2 in 3, sodass die Flüssigkeit noch sauer reagirt, und dampft auf 100,0 ein. Esslöffelweise als Abführ-Limonade.

Limonada Tamarindorum.
Tamarinden-Limonade.

Rp. 1. Magnesii carbonici 3,0
2. Sirupi simplicis 15,0
3. Sirupi Rubi Idaei 25,0
4. Extracti Tamarindorum 30,0
5. Aquae destillatae q. s.

Man giebt 1 mit 2 angerieben in eine starkwandige $^{1}/_{3}$-l. Flasche (Selters), schichtet 3 darüber, dann vorsichtig 4, mit soviel von 5 verdünnt, dass die Flasche bis zum Halse davon voll wird, verschliesst und mischt behutsam.

Rotulae Tamarindorum

wie Rotulae Citri (Bd. I, S. 862) doch statt mit Acid. citric. mit 5,0 Extract. Tamarindor.

Serum Lactis tamarindinatum (Ergänzb.).
Tamarindenmolken.
S. Seite 251.

Trochisci Tamarindorum.
Pastilli laxativi. Laxirpastillen.
Fruit-laxative lozenges (Form. engl.).

Rp. Foliorum Sennae pulv. 35,0
Confectionis Citri minut. concis. 5,0
Confectionis Aurant. „ „ 10,0
Pulpae Tamarindorum depuratae 50,0
Sacchari albi pulv. 100,0
Olei Rosae gtts. III.

Man formt 100 Pastillen, überzieht mit Kokosbutter und bestreut mit einer Mischung aus Benzoëpulver und Vanillezucker.

DALLMANN's Tamarindenessenz. Nach Pharm. Zeitg. ein mit Weingeist, Honig und Zucker versetzter Auszug aus Manna, Sennesblättern und Tamarinden. Nach Angabe des Darstellers „ein Gährungsprodukt, das durch rationelle Kellerbehandlung etc. zu seiner Vollendung heranreift".

Honigtrank, JACOBI's. In der Hauptsache Tamarindenabkochung.

Mostessenz, SCHRADER's. Eingedicktes Tamarindenmus.

Musin nennt sich ein Abführmittel mit Tamarindengrundlage.

Tamarinden-Konserven von KANOLDT, ebenso **Tamar indien GRILLON** sind Specialitäten, die durch Conserva Tamarind. Ergänzb. oder DIETERICH vollkommen ersetzt werden.

Tanacetum.

Gattung der **Compositae — Anthemideae — Chrysantheminae,** jetzt zur Gattung **Chrysanthemum.**

Tanacetum vulgare L. (syn.: Chrysanthemum vulgare (L.) Bernh.), heimisch in ganz Europa, Sibirien, in Amerika eingeschleppt, vielfach in Gartenkultur. Ausdauernd, fast kahl. Stengel aufrecht, beblättert, bis 1,3 m hoch, doldenrispig ästig. Blätter am Grunde geöhrt, die unteren und mittleren gestielt, fiedertheilig mit oberwärts verbreitertem, gesägtem Mittelstreif und länglich lanzettlichen, stumpflichen, fiederspaltigen bis eingeschnitten-gesägten Abschnitten. In Gärten oft feiner zertheilt und kraus (var.: crispum). Blüthenköpfchen doldenrispig, Hüllblätter stumpf, die inneren länglich, oberwärts breit hautrandig. Randblüthen röhrenförmig, dreizähnig, weiblich, Scheibenblüthen 5zähnig, zwitterig (Fig. 165). Früchte kreiselförmig, 5rippig mit kurz kronenförmigem, gezähntem Pappus.

Verwendung finden: 1) die Blüthenköpfchen: **Flores Tanaceti** (Ergänzb.). **Tanacetum** (U-St.). — **Rainfarnblüthen. — Fleurs de tanaisie. — Tansy. Tansy-flowers.** Gall. führt das ganze, blühende Kraut: **Plante fleurie de tanaisie.**

Man sammelt die blühenden Trugdolden im Juli und August, trocknet an einem schattigen, luftigen Orte und bewahrt sie in dicht geschlossenen Blechgefässen, das Pulver in gelben Hafengläsern auf. Sie werden nur selten innerlich zu 1—3 g als wurmtreibendes Mittel gebraucht; öfter in der Thierheilkunde.

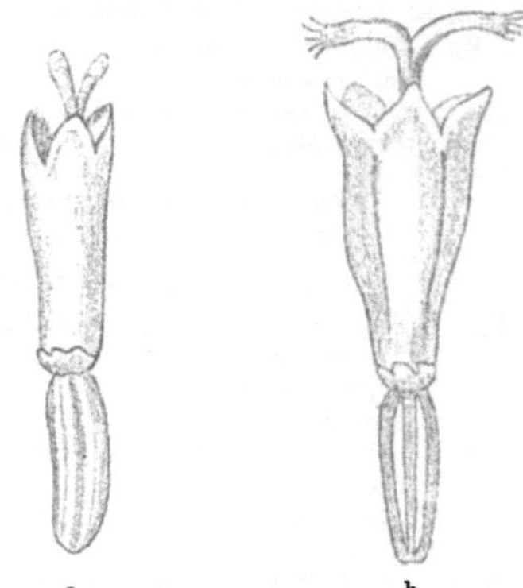

Fig. 165. a Rand-, b Scheibenblüthe von Tanacetum vulgare.

2) die Blätter: **Folia Tanaceti** (Ergänzb.) **Herba Tanaceti**

s. Athanasiae. — Rainfarnkraut. Wurmkraut. — Herbe de tanaisie. — Common Tansy. Enthält einen Bitterstoff: Tanacetin.

Einsammlung etc. wie bei den Blüthen. 9 Th. frisches Kraut = 2 Th. trocknes.

Oleum Tanaceti (Gall.). **Rainfarnöl. Essence de Tanaisie. Oil of Tansy.** Rainfarnöl erhält man durch Destillation des blühenden Krautes von Tanacetum vulgare. Bei Anwendung von frischem Material beträgt die Ausbeute 0,1 bis 0,2 Proc., trocknes liefert 0,2 bis 0,3 Proc. Oel. Es stellt eine gelbliche bis bräunliche Flüssigkeit dar, von angenehmem, eigenthümlichem, kampherartigem Geruche und dem specifischen Gewichte 0,925—0,955. Deutsches sowie amerikanisches Oel dreht stark nach rechts (Drehungswinkel im 100 mm-Rohre + 30 bis + 45°), englisches nach links (— 27°). Der Hauptbestandtheil ist das auch im Salbei-, Wermut- und Thujaöl vorkommende Thujon oder Tanaceton, ein Keton $C_{10}H_{16}O$. Daneben enthält das Oel Links-Kampher, Borneol und ein um 160° C. siedendes Terpen.

Vet. Electuarium vermifugum.

Wurmlatwerge für Pferde DIETERICH.

Rp.	Olei Tanaceti	15,0
	Petrolei	15,0
	Herbae Absinthii pulv.	100,0
	Asae foetidae pulv.	20,0
	Aloës	30,0
	Farinae Secalis	50,0
	Aquae	q. s.

Kräuter-Rheumatismus-Likör von SCHREIBER in Köthen ist nach Angabe des Herstellers ein weingeistiger Auszug aus Herb. Absinth., Tanaceti, Centaur. min., Trifol., Meliss.; Rad. Angelic., Gentian.; Cort. Chinae und Fruct. Foeniculi.

Taraxacum.

Gattung der **Compositae — Cichorieae — Crepidinae.**

Taraxacum officinale (With.) Wiggers (syn.: Leontodon Taraxacum L.), fast überall verbreitet. Die fleischige, stark milchende, senkrechte Wurzel treibt eine grundständige Rosette meist keilförmig-lanzettlicher, grob schrotsägeförmiger Blätter. Die ansehnlichen Blüthenköpfchen stehen einzeln auf blattlosem, gelblich grünem, hohlem, oberwärts etwas wolligem Schafte. Hüllblätter schmutzig grün, bisweilen aussen an den Spitzen dunkel purpurn. Die äussersten Blüthen aussen blaugrau gestreift. Antheren am Grunde pfeilförmig geschwänzt. Achänen lineal-länglich mit lang gestieltem Pappus.

Verwendung findet:

1) Die ganze Pflanze:

Radix Taraxaci cum herba (Germ.) **Herba Taraxaci cum radice. — Löwenzahn. Löwenzahnwurzel mit dem Kraute. — Pissenlit. Dent-de-lion. — Dandelion.**

Man sammelt sie im Frühling vor der Blüthe und verwendet sie entweder frisch zur Darstellung von Kräutersäften, oder man trocknet bei gelinder Wärme und bewahrt sie in dichtschliessenden Blechbüchsen auf. Ueber den Schutz gegen Insektenfrass, dem die Droge sehr ausgesetzt ist, s. unter Secale cornut. S. 875. 3 Th. frisches Kraut geben etwa 1 Th. trocknes.

2) Die Blätter:

Folia Taraxaci (Austr.). — **Löwenzahnblätter. — Feuilles de pissenlit ou de dent-de-lion** (Gall.).

Beschreibung: Sie sind kahl oder etwas wollig behaart, lanzettlich bis länglich lanzettlich, in einen am Grunde oft wieder verbreiterten Stiel verschmälert, buchtig fiederspaltig, mit rückwärts gerichteten, oft wieder gezähnten Abschnitten, selten nur gezähnt oder fast ganzrandig.

Spaltöffnungen auf beiden Seiten, ferner 6—8zellige, dünnwandige, oft kollabirte Gliederhaare, deren Zellen tonnenförmig gewölbt sind. Sie sind bis 200 μ lang, bis 20 μ breit. Ferner finden sich auf den Rippen der Unterseite mehrzellige Borstenhaare, deren obere Zellen oft spornartig ausbiegen. Zwei Schichten von Palissaden.

Bestandtheile nach Koenig: Wasser 85,84 Proc., Stickstoffsubstanz 2,81 Proc., Fett 0,69 Proc., stickstofffreie Extraktstoffe 7,45 Proc., Holzfaser 1,52 Proc., Asche 1,99 Proc.

Verwechslung mit den Blättern der Cichorie, der die Gliederhaare fehlen.

Sie werden im Frühling vor der Blüthe gesammelt, vorzugsweise von auf fettem Boden wachsenden Pflanzen.

Verwendung. Wie die Wurzel, ausserdem als Salat.

3) Die Wurzel:

Radix Taraxaci (Austr. Ergänzb. Helv.). **Taraxaci Radix** (Brit.). **Taraxacum** (U-St.). — **Löwenzahnwurzel.** — **Racine de pissenlit ou de dent-de-lion** (Gall.). — **Taraxacum Root. Dandelion.**

Beschreibung. Die Wurzel kann bis 40 cm lang und daumenstark werden, sie ist spindelförmig, meist einfach, frisch hellgelblich-braun, trocken braungrau und mit tiefen Längsrunzeln, nach oben geht sie in die verzweigte oder unverzweigte kurze Axe über. Querschnitt gelb, unter der Lupe erkennt man das dünne, nicht radialstreifige Holz und die dicke koncentrisch geschichtete Rinde. Markstrahlen treten weder im Holz noch in der Rinde hervor.

Die koncentrische Streifung der Rinde kommt zu Stande durch die Zusammenlagerung der engen, gegliederten Milchröhren mit den Siebröhren, welche tangential zusammenliegende Gruppen bilden (Fig. 166).

Das primäre Bündel ist diarch und immer deutlich zu erkennen. Im Parenchym Inulin.

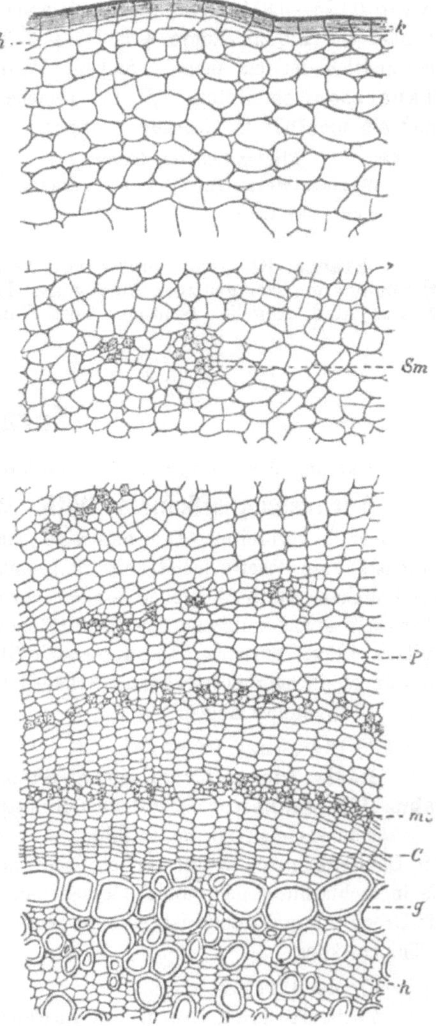

Fig. 166. Querschnitt durch Radix Taraxaci. *k* Kork. *Sm* und *mc* Sieb- und Milchröhren. *p* Parenchym. *c* Cambium. *g* Gefässe. (Nach Thouvenin.)

Bestandtheile nach Koch (1892): Inulin 15,6 Proc., Wasser 7,95 Proc., Asche 22,50 Proc., Fett 0,44 Proc., Wachs 0,09 Proc., Kautschuk 0,10 Proc., Schleim 8,49 Proc., Saccharose 1,08 Proc., Glukose 0,46 Proc., Eiweissstoffe 4,89 Proc.

Der Gehalt an Inulin kann im Herbst 24 Proc. betragen, im Frühjahr ist dasselbe fast ganz in Zucker übergegangen. Ferner enthält die Droge einen Bitterstoff: Taraxacin und vielleicht ein Alkaloid.

Nach Vorschrift der Helv. im Frühjahr, nach den übrigen Arzneibüchern dagegen im Spätherbst zu sammeln. Sie muss sorgfältig getrocknet und aufbewahrt werden. Vergl. unter 1. 4 Th. frische Wurzeln geben 1 Th. trockne.

Anwendung. Das frische Kraut spielte früher eine wichtige Rolle als wesentlicher Bestandtheil von Kräutersäften, die zur Zeit des grössten Saftreichthums der Pflanzen bereitet und bei Unterleibsleiden aller Art zu sogenannten Frühlingskuren gebraucht wurden. Heute sind jene Arzneiformen so ziemlich vergessen, da man sie durch die haltbareren und zuverlässigeren Tinkturen, Extrakte und Dialysate aus frischen Kräutern ersetzt hat. Ueber die Verwendung der Wurzel als Kaffeesurrogat vergl. Band I, S. 829.

Extractum Taraxaci. Löwenzahnextrakt. Extrait de pissenlit ou de dent-de-lion. Germ.: 1 Th. Löwenzahn (II) wird zuerst mit 5 Th. Wasser 48 Stunden, dann mit 3 Th. Wasser 12 Stunden ausgezogen. Die Pressflüssigkeiten dampft man auf 2 Th. ein, lässt mit 1 Th. Weingeist 2 Tage kühl stehen, filtrirt und dampft zum dicken Extrakt ein. — Helv.: Aus Löwenzahnwurzel (II). Wie Extract. Gentianae Helv. (Bd. I, S. 1213). — Austr.: Aus gleichen Theilen Löwenzahnblättern und -wurzeln wie Extr. Gentianae Austr. (Bd. I, S. 1213), doch dampft man zum dünnen Extrakt ein. — Brit.: Aus frischer Löwenzahnwurzel durch Auspressen, Absetzenlassen des Saftes, Erhitzen auf 100° C., Durchseihen und Eindampfen zum weichen Extrakt. — U-St.: Aus frischer Wurzel; man zerstösst sie unter Besprengen mit Wasser zum Brei, presst aus und dampft, am besten im Vakuum, zur Pillenkonsistenz ein. — Gall.: Wie Extractum Digitalis aquos. Gall. (Bd. I, S. 1041 1). Weiches Extrakt. — Ausbeute durchschnittlich 25 Proc. dickes Extrakt, bei guter Waare bis 38 Proc. — Wird bisweilen während der Aufbewahrung körnig durch Ausscheidung von Salzen, und ist dann nicht mehr klar in Wasser löslich. U-St. schreibt vor, die Oberfläche des Extrakts mit einem Tuche zu bedecken, das man von Zeit zu Zeit mit wenig Aether oder Chloroform befeuchtet. Das nach Germ. IV und Helv. bereitete Extrakt, in Wasser 1 : 20 gelöst, muss mit einem gleichen Raumtheil Weingeist klar bleiben (E. Merck).

Extractum Taraxaci liquidum seu fluidum. Löwenzahn-Fluidextrakt. Brit.: 1000 g gepulverte Löwenzahnwurzel (No. 20) zieht man 48 Stunden mit 2000 ccm Weingeist von 60 Vol. Proc. aus, presst 500 ccm ab, stellt den Rückstand nach Zusatz von 2000 ccm Wasser 48 Stunden bei Seite, presst aus, dampft auf 500 ccm ein, mischt beide Auszüge, bringt mit Wasser auf 1000 ccm und filtrirt. — U-St.: Aus der gepulverten Wurzel (No. 30) wie Extract. Spigeliae fluid. U-St. (S. 912).

Succus Taraxaci (Brit.). **Juice of Taraxacum.** 3 Raumtheile frischer Saft, 1 Raumtheil Weingeist. (Vergl. unten: Succi Herbarum.) Dosis: 3,5—7,0 ccm.

Succi Herbarum recentes. Frische Kräutersäfte. Frühlingskräutersäfte. Sucs végétaux (Gall.). **Juice of Fresh Herbs.** Nur Brit. und Gall. haben genauere Vorschriften für diese veralteten Arzneiformen gegeben. Brit. lässt 3 Raumth. der durch Pressen der gequetschten, frischen Kräuter erhaltenen Säfte mit 1 Raumth. Weingeist von 90 Vol. Proc. mischen und nach 7tägigem Absetzen filtriren. — Nach Gall. werden die frischen Säfte bereitet, indem man saftreiche Kräuter für sich, weniger saftige unter Zusatz von $^1/_5$ Wasser zerstösst, stark auspresst und filtrirt; man verbraucht sie entweder alsbald, oder unterwirft sie dem Appert'schen Verfahren (Bd. I, S. 951), falls sie aufbewahrt werden sollen. Für den Zeitraum einiger Tage kann man diese Säfte auch vor dem Verderben schützen, indem man kleinere Flaschen damit bis unter den Stopfen füllt und einige Tropfen Aether oder Weingeist darüber schichtet, oder auch durch Auflösen von ää Zucker ohne Wärmeanwendung (Reichenhaller Kräutersaft). Der geeignetste Aufbewahrungsort ist ein Eisschrank.

Natürlich müssen die frisch gesammelten Kräuter vor dem Auspressen durch Waschen gesäubert werden. Sollte Succus Herbarum recens ohne nähere Angabe der Bestandtheile verordnet werden, so verabfolgt man entweder

(nach Hager) den Presssaft aus

Herbae Veronicae Beccabung. rec.	10 Th.
„ Chelidonii majoris „	10 „
„ Achilleae Millefolii „	20 „
„ Glechomae hederaceae „	20 „
„ Leontodontis Taraxaci „	40 „

oder (nach Dresden. Vorschr.)

Foliorum Millefolii recentium
„ Taraxaci „
Herbae Cerefolii „
„ Nasturtii „ ää.

Je nach den Bestandtheilen der betreffenden Pflanzen unterscheidet man — mit Ausschluss der sauren Fruchtsäfte — bittere, süsse, saure, salzige, gewürzige, scharfe, herbe, narkotische Säfte.

Elixir Taraxaci compositum (Nat. form.).
Compound Elixir of Taraxacum.

Rp.	Extracti Taraxaci fluidi (U-St.	35 ccm
	Extracti Pruni Virginianae fluidi (U-St.)	20 „
	Extracti Glycyrrhizae „	60 „
	Tincturae Aurantii dulcis „	60 „
	Tincturae Cinnamomi „	35 „
	Tincturae Cardamomi compos. „	30 „
	Elixir aromatici „	760 „

Dient zur Geschmackverbesserung von Chininmixturen u. dergl.

Sirupus Succi Taraxaci.

Rp.	1. Succi Taraxaci recentis	400,0
	2. Sacchari albi	600,0
	3. Albumen ovorum	II.

Man löst unter allmählichem Erwärmen zum Sieden, schäumt ab und bringt mit Wasser auf 1000,0.

Löwenzahn-Extrakt von PETRYKOWSKI in Berlin enthält Stärkesirup, Honig, Lakritz etc., doch kein Taraxacum.

Succus Herbarum dialysatus GOLAZ wird aus Folia Cichorii, Cochleariae, Nasturtii, Radix Taraxaci und Herba Fumariae bereitet.

Tellurium.

Das **Tellur, Te, Atomgew. = 128,** dieses dem Schwefel und dem Selen nahe stehende Element, bildet mit Sauerstoff zwei Oxyde, das Tellurigsäureanhydrid, TeO_2, und das Tellursäureanhydrid, TeO_3, deren Hydrate Säurecharakter besitzen. — Die Tellursäure H_2TeO_4, ist eine der Schwefelsäure analog zusammengesetzte Verbindung von schwach sauren Eigenschaften; ihr Natriumsalz hat neuerdings medicinische Anwendung gefunden.

Natrium telluricum. Tellursaures Natrium. TeO_4Na_2. Mol. Gew. = 238.

Darstellung. Reines Tellur wird zuvörderst mit Salpetersäure zu telluriger Säure oxydirt, die weitere Oxydation dann in der salpetersauren Lösung durch Bleisuperoxyd bewirkt. Durch vorsichtiges Ausfällen mit Schwefelsäure entfernt man das Blei, dampft die Lösung der Tellursäure zur Trockne ein, wäscht den Rückstand zur Entfernung überschüssiger Schwefelsäure mit Aetherweingeist und krystallisirt aus wenig Wasser um. Zur Darstellung des Natriumsalzes wird die reine Tellursäure in Wasser gelöst, die äquivalente Menge Natriumhydroxyd zugesetzt, die Lösung zur Trockne eingedampft und der Rückstand mit Alkohol gewaschen.

Eigenschaften. Das so erhaltene tellursaure Natrium, Na_2TeO_4, bildet ein weisses, krystallinisches Pulver, leicht löslich in Wasser, unlöslich in Alkohol; die wässerige Lösung zeigt schwach alkalische Reaktion. Säuert man diese Lösung mit koncentrirter Salzsäure an und setzt einen Ueberschuss an schwefliger Säure zu, so wird das Tellur nach einigem Stehen vollständig als solches abgeschieden. Man kann den Gehalt des Salzes an Tellur bestimmen, wenn man die Tellursäure auf vorstehende Art reducirt, das Tellur auf einem gewogenen Filter sammelt, auswäscht und nach dem Trocknen wägt.

Prüfung. Zur Prüfung auf tellurige Säure versetzt man die wässerige Lösung (1 = 50) mit etwas Zinnchlorürlösung; es darf nicht sofort (!) eine schwarze Ausscheidung, sondern höchstens eine braune Färbung entstehen. Tellurige Säure wird nämlich durch Zinnchlorür sofort, Tellursäure erst nach einiger Zeit, namentlich beim Erwärmen reducirt.

Anwendung. Das tellursaure Natrium ist nach COMBEMALE, NEGEL, CEBRIAN und MOSLER ein ausgezeichnetes Anthidroticum, das ohne Rücksicht auf das Grundleiden in allen Fällen anwendbar ist, in welchem eine Hemmung der Schweisssekretion wünschenswerth ist. Hinderlich für den ausgedehnteren Gebrauch ist der unangenehme, knoblauchartige Geruch, welchen es dem Athem ertheilt. Die Tagesdosis ist 0,05 g in Pulverform; sie ist abends vor dem Schlafengehen zu verabreichen.

Terebinthina

ist der Balsam oder Harzsaft verschiedener **Koniferen.** Nur ausnahmsweise bezeichnet man auch andere balsamartige, harzige Sekrete als Terebinthina, vergl. Chios-Terpentin. Terebinthina Chia. Térébenthine de Chio (Gall.). S. 645.

Die Terpentine entstehen meist in grossen Sekretbehältern, die zunächst schizogen entstehen, sich dann aber zu Harzbeulen, Harzgallen erweitern, aus denen der Terpentin freiwillig oder häufiger nach Einschnitten ausfliesst.

Folgende Sorten sind officinell, wobei zu bemerken ist, dass Germ., Austr. u. U-St. keine specielle Sorte vorschreiben und Helv. unter Terebinthina nur No. 5 versteht.

1) **Französischer Terpentin. — Térébinthine commune. Térébinthine de Bordeaux** (Gall.) von **Pinus maritima Poiret** (syn.: Pinus Pinaster Solander) **(Coniferae — Pinoideae — Abietineae — Abietinae).** Man gewinnt den Terpentin in Frankreich in der Gascogne, in dem als „Landes“ bezeichneten Landstrich zwischen dem Meer, Garonne, Ciron, Douze, Midonze und Adour. Man beginnt im Februar die Bäume zu verletzen, indem man einen Streifen Rinde und Holz ausschlägt und das von Zeit zu Zeit bis zum Oktober fortsetzt. Der Terpentin wird dann in unter der Wunde angebrachten Töpfen aufgefangen. Er ist von weicher, dickflüssiger Beschaffenheit (Gemme molle) und unrein. Man reinigt ihn, indem man ihn in Kesseln erhitzt, absetzen lässt und kolirt (Pâte de térébenthine à la chaudière) und ihn in durchlöcherterten Kisten der Sonne aussetzt (Pâte de térébenthine au soleil). Das am Baum angetrocknete Harz wird von Zeit zu Zeit abgekratzt, es heisst Barras oder Galipot.

Frisch ist der Terpentin durchsichtig, trübt sich jedoch an der Luft und wird dabei dicker. Im Handel hat er gewöhnlich die körnige Konsistenz von Honig. Nach langem Stehen trennt er sich in eine obere klare, dickflüssige, dunkler gefärbte und eine untere festere Schicht, die unter dem Mikroskop wetzsteinförmige Krystalle erkennen lässt. Geruch charakteristisch unangenehm, Geschmack scharf, bitter und ekelhaft. Die alkoholische Lösung röthet Lackmus schwach. Löslich in Aether, Alkohol, Methylalkohol, Amylalkohol, Aceton, Benzol, Chloroform, Eisessig, Essigäther, Essigsäure, Petroläther, Terpentinöl, Tetrachlorkohlenstoff, Schwefelkohlenstoff, Toluol, in Wasser unlöslich, demselben aber bitteren Geschmack ertheilend.

Bestandtheile nach Brünig (1900). 28—29 Proc. ätherisches Oel (vergl. unten), 6—7 Proc. Pimarinsäure $C_{14}H_{22}O_2$, 8—10 Proc. Pimarsäure $C_{20}H_{30}O_2$, 48—50 Proc. α- und β-Pimarolsäure $C_{18}H_{26}O_2$, Resen 5—6 Proc., Bernsteinsäure, Bitterstoff, Farbstoff, Wasser und Verunreinigungen 1—2 Proc. Säurezahl direkt nach Brünig 122,99—123,67. Säurezahl indirekt 123,62—124,01. Verseifungszahl kalt 126,36. Verseifungszahl heiss 125,74. Brünig nimmt hiernach an, dass Säurezahl und Verseifungszahl zusammenfallen, was mit dem Ergebniss seiner Untersuchung übereinstimmt, die nur freie Säuren und keine Ester aufgefunden hat. Nach E. u. K. Dieterich enthält dagegen der Terpentin geringe Mengen von Estern (Esterzahl 2,8—9,8).

2) **Amerikanischer** oder **Virginischer Terpentin. — Terebinthina** (U-St.). **Thus Americanum** (Brit.). — **Turpentine. Frankincense.** Hauptsächlich von **Pinus palustris Miller,** auch von **P. Taeda L., P. heterophylla Elliot, P. echinata Miller** in den Vereinigten Staaten (Karolina, Georgia, Alabama, Mississippi) gewonnen. Im Frühjahr haut man in den Grund des Baumes 1 oder 2 horizontale Kerben und entrindet darüber einen Streifen bis auf den Splint, der von Zeit zu Zeit verlängert wird. Der Terpentin fliesst in die am Grunde befindliche Kerbe und wird von Zeit zu Zeit ausgefüllt. Auch hier wird das in der Wunde erhärtete Harz (scrape) herausgekratzt. Der zuerst gesammelte Terpentin ist von nahezu weisser Farbe (Jungfernharz, virgin dip, kommt als Water white oder window glass [W. G.] in den Handel), die späteren sind gelblich [Fassmarke N. oder M. K.]. Eigenschaften sonst im wesentlichen wie bei 1.

3) **Strassburger** oder **Weisstannen-Terpentin. — Terebinthina Argentoratensis seu Alsatica. — Térébenthine d'Alsace, des Vosges ou de Strasbourg. Térébenthine au Citron.** (Gall.) von **Abies pectinata D. C.** (syn.: Pinus Picea L., Abies excelsa Lk.) **(Coniferae — Pinoideae — Abietineae — Abietinae)** früher in geringer Menge in den Vogesen gesammelt, gegenwärtig scheint die Gewinnung fast ganz aufgehört zu haben. Man sammelt den Terpentin, indem man die an den Bäumen auftretenden Harzbeulen aufsticht.

Klar, durchsichtig, von Sirupkonsistenz. Geschmack balsamisch, etwas scharf, hinterher bitterlich. Geruch wenig an Terpentinöl, mehr an Melisse und Citrone erinnernd. Setzt keine Krystalle ab. Löslich in Aether, Chloroform, Eisessig, Essigäther, Amylalkohol, Benzol, Toluol, Schwefelkohlenstoff und Tetrachlorkohlenstoff, theilweise löslich in Aethyl- und Methylalkohol, Aceton und Petroläther. Reagirt schwach sauer.

Bestandtheile. 28—30 Proc. ätherisches Oel, 8—10 Proc. Abieninsäure $C_{13}H_{20}O_2$, 1,5—2,0 Proc. Abietolsäure $C_{20}H_{28}O_2$, 46—50 Proc. α- und β-Abietinolsäure $C_{16}H_{24}O_2$, 12—16 Proc. Abietoresen $C_{19}H_{30}O$, 0,05—0,08 Proc. Bernsteinsäure, 1 bis 2 Proc. Bitterstoff, Farbstoff, Wasser und Verunreinigungen.

4) **Oesterreichischer** oder **deutscher Terpentin.** — **Terebinthina** (Austr.) von **Pinus Laricio Poiret.** Der Baum wird in Niederösterreich (Mödling, Baden, Guttenstein) ausgebeutet in ähnlicher Weise wie 2.

5) **Venetianischer Terpentin. Lärchenterpentin.** Lörtsch. — **Terebinthina** (Helv.). **Terebinthina Veneta** (Austr. Ergänzb.). — **Térébenthine de Vénise. Térébenthine du Mélèze** von **Larix decidua Miller (Coniferae — Pinoideae — Abietineae — Abietinae)** gewonnen in Südtirol, wenig in der Dauphiné, Piemont und im Kanton Wallis. Man bohrt die Bäume an und verschliesst die Bohrlöcher mit Holzpfropfen, die man nach längerer Zeit herauszieht, um den im Loch angesammelten Terpentin zu gewinnen.

Der Terpentin ist klar, ziemlich durchsichtig und im auffallenden Lichte fluorescirend, dick und zähflüssig. Die Farbe ist dunkelgelb bis gelbbraun mit einem Stich ins Olivengrünliche. Geruch stark nach Terpentin, Geschmack balsamisch-aromatisch, etwas bitterlich. Spec. Gew. 1,1850. Löslich in Aether, Alkohol, Methylalkohol, Amylalkohol, Chloroform, Aceton, Eisessig, Essigäther, Benzol, Toluol, Terpentinöl, zum grossen Theile löslich in Schwefelkohlenstoff, Petroläther und Tetrachlorkohlenstoff.

Bestandtheile nach Weigel (1900). 4—5 Proc. Laricinolsäure $C_{20}H_{30}O_2$, 55 bis 60 Proc. α- und β-Larinolsäure $C_{18}H_{26}O_2$, 20—22 Proc. ätherisches Oel, 14—15 Proc. Laricoresen, 0,1—0,12 Proc. Bernsteinsäure, 2—4 Proc. Bitterstoff, Farbstoff, Wasser und Unreinigkeiten.

Säurezahl 68,60—72,80. Verseifungszahl 128,80—145,60.

Verfälschungen. Künstlicher venetianischer Terpentin wird hergestellt durch Lösen von Harzen in Harzöl. In einem solchen Kunstprodukt sind Säurezahl und Verseifungszahl annähernd gleich.

Beimengung von gewöhnlichem Terpentin erkennt man, indem man eine kleine Menge mit Salmiakgeist (spec. Gew. 0,96) übergiesst; venetianischer Terpentin bleibt klar oder fast klar, mit 20 Proc. Terebinthina wird die Mischung milchig, mit 30 Proc. wird sie ebenfalls milchig und nach einiger Zeit fest.

Reiner Lärchenterpentin löst sich in 3 Th. 80proc. Alkohol klar, sind mehr wie 30 Proc. Terpentin zugegen, so findet nach kurzer Zeit eine Abscheidung statt.

6) **Kanadischer Terpentin. Kanadabalsam.** — **Terebinthina Canadensis** (Brit. U-St.). **Balsamum Canadense** (Ergänzb.). — **Canada Turpentine. Canada Balsam. Balsam of Fir** von **Abies balsamea (L.) Miller,** zum geringeren Theil auch von **A. Fraseri Lindl.** in Unter-Kanada (Prov. Quebec) gewonnen in ähnlicher Weise wie 3.

Er ist klar, von hellgelber, grünlich schillernder Farbe mit schwacher Fluorescenz, dickflüssig. Geschmack bitter, Geruch unangenehm aromatisch. Die weingeistige Lösung röthet Lackmus. In Aether, Amylalkohol, Benzol, Chloroform, Terpentinöl, Tetrachlorkohlenstoff, Schwefelkohlenstoff und Toluol völlig löslich; in Alkohol, Methylalkohol, Aceton, Eisessig, Essigäther, Petroläther zum grössten Theil löslich.

Bestandtheile nach Brünig (1900). 13 Proc. Canadinsäure $C_{16}H_{34}O_2$, 0,3 Proc. Canadolsäure $C_{19}H_{28}O_2$, 48—50 Proc. α- und β-Canadinolsäure $C_{19}H_{30}O_2$, 23—24 Proc. ätherisches Oel, 11—12 Proc. Resen $C_{21}H_{40}O_1$, 1—2 Proc. Bernsteinsäure, Bitterstoff und Verunreinigungen.

Säurezahl direkt: 82,18—86,10. Säurezahl indirekt: 84,56—85,09.

Verseifungszahl kalt: 93,24—94,24. Verseifungszahl heiss: 101,24—197,70.

Aufbewahrung. Den gemeinen Terpentin bewahrt man in einem starken, hölzernen Fasse mit übergreifendem Deckel oder in einer Steinkruke im Keller auf. Vor jedesmaliger Entnahme ist der Vorrath gut durchzurühren, denn der schwerere, krystallinische Theil sammelt sich am Boden an und bildet hier schliesslich eine feste, nur schwierig zu vertheilende Schicht. Als Standgefäss für die Apotheke wählt man eine Büchse aus starkem, lackirtem Weissblech, die mit Handhabe, Klappdeckel und darin bleibendem Eisenspatel versehen ist. Sehr zweckmässig ist der von MULFINGER empfohlene Terpentintopf, der von W. WENDEROTH in Berlin in den Handel gebracht wird (Fig. 167). Die Gefässe sind gut verschlossen zu halten, um ein Verdunsten des flüchtigen Oeles zu verhüten.

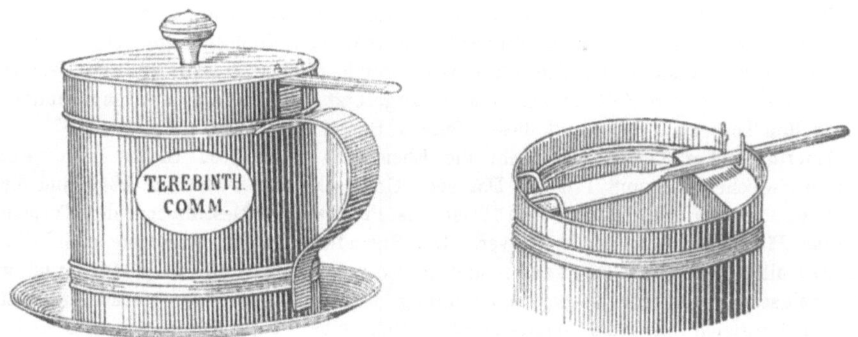

Fig. 167. Standgefäss für Terpentin.

Den venetianischen Terpentin bewahrt man in Deckelkruken aus Porcellan auf, deren oberer Rand stets sauber gehalten werden muss, denn der Terpentin wirkt beim Eintrocknen wie ein Kitt.

Anwendung. Der gemeine Terpentin findet nur äusserlich, als Bestandtheil von Pflastern und Salben, seltner unvermischt Anwendung. Er wirkt hautreizend und ist mit einiger Vorsicht zu benutzen, da bei manchen Personen schon durch terpentinhaltige Pflaster lästige Hautausschläge hervorgerufen werden. Man reinigt ihn, falls er für pharmaceutische Zwecke nicht genügend rein ist, durch Schmelzen bei gelinder Wärme, Absetzenlassen und Durchseihen. (Terebinthina expurgata Gall.).

Innerlich gab man ihn, zu 0,3—1,0 in Emulsion oder Pillen (mit $^1/_5$ Wachs) gegen veraltete Hautleiden, Katarrhe etc., wofür man jetzt das rektificirte Terpentinöl nimmt. Wird Terpentin zum innerlichen Gebrauch vom Arzte verordnet, so ist stets Terebinthina Veneta zu verabfolgen. Ebenso wird zu Lacken und Firnissen, bei denen Terpentin ein regelmässiger Bestandtheil ist, immer der venetianische verwendet.

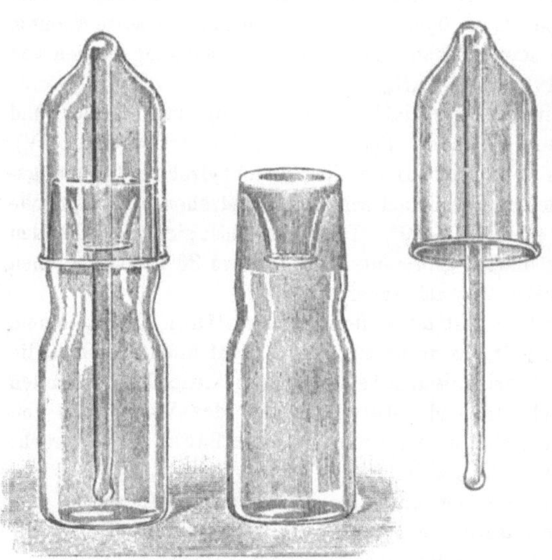

Fig. 168. MEYER'sches Glas für Canadabalsam.

Von den übrigen officinellen Terpentinen hat der Canadabalsam eine besondere Bedeutung (s. Bd. I, S. 443). Für mikroskopische Zwecke sind die Gefässe Fig. 168 besonders geeignet.

Verarbeitung der Terpentine. Durch Destillation mit Wasserdämpfen oder nach Vermischen des Terpentins mit Wasser oder durch direkte Destillation ohne Wasserzusatz gewinnt man das ätherische Oel.

Oleum Terebinthinae (Germ. Austr. Brit. Helv. U-St.). **Terpentinöl. Essence de Térébenthine. Oil (Spirits) of Turpentine.**

Herkunft und Handelssorten. Für den pharmaceutischen Gebrauch kommen fast ausschliesslich das amerikanische und das französische Terpentinöl in Betracht.

1) Das amerikanische Terpentinöl wird hauptsächlich aus dem Terpentin von *Pinus Taeda L. (Loblolly Pine)* und von *Pinus australis* Michx. *(Pitch* oder *Yellow Pine)* im östlichen Theile von Nordamerika, von Florida bis Nordkarolina, gewonnen.

Die 15—20 Barrels haltende kupferne Destillationsblase steht auf einem genauerten Herde und ist mit einer in einem Wasserfass befindlichen Kühlschlange verbunden. Die mit Terpentin und Wasser gefüllte Blase wird durch direktes Feuer geheizt. Während des Destillirens wird von Zeit zu Zeit Wasser zugesetzt, bis die Destillation beendet ist. 5 Barrels Roh-Terpentin geben auf diese Weise 1 Barrel Terpentinöl.

Amerikanisches Terpentinöl dreht die Ebene des polarisirten Lichts nach rechts und siedet zwischen 156 und 170° C. Das spec. Gew. schwankt zwischen 0,850 und 0,876.

2) Französisches Terpentinöl ist das Produkt der Destillation des Terpentins von *Pinus Pinaster* Solander mit Wasser. Die Strandkiefer *(Pin maritime* oder *Pin de Bordeaux)* bildet zwischen Bordeaux und Bayonne ausgedehnte Waldungen und wird in ausgiebigster Weise zur Terpentingewinnung benutzt. Das französische Terpentinöl besitzt im Vergleich mit dem amerikanischen Oele einen entschieden feineren und angenehmeren, etwas an Wacholder erinnernden Geruch. Es unterscheidet sich von dem amerikanischen Terpentinöl hauptsächlich dadurch, dass es den polarisirten Lichtstrahl nach links ablenkt. In Bezug auf spec. Gewicht und Siedetemperatur bestehen bemerkenswerthe Verschiedenheiten nicht.

3) Das österreichische Terpentinöl, von *Pinus Laricio* Poir. in Nieder-Oesterreich gewonnen, ist in seinen Eigenschaften den beiden vorher genannten Oelen ähnlich.

4) Das sogenannte deutsche (russische, polnische) Terpentinöl führt diesen Namen zu Unrecht, da es nicht aus Terpentin destillirt wird, und ist besser als Kienöl zu bezeichnen. Es ist ein Nebenprodukt bei der Theergewinnung aus dem harzreichen Wurzelholze (Kien) der Kiefer, *Pinus sylvestris L.*, durch trockne Destillation. Wegen seines unangenehm brenzlichen Geruches kann es nur zur Herstellung ordinärer Lacke und Firnisse, zum Reinigen von Lettern und Druckplatten und ähnlichen Zwecken Verwendung finden. Es ist optisch rechtsdrehend, hat das spec. Gew. 0,865—0,870 und enthält grössere Mengen oberhalb 162° C. siedender Antheile. In seiner Zusammensetzung unterscheidet es sich von Terpentinöl durch seinen Gehalt an Sylvestren $C_{10}H_{16}$.

Eigenschaften. Frisch destillirtes Terpentinöl ist dünnflüssig und farblos und durch einen charakteristischen Geruch ausgezeichnet. Spec. Gew. 0,865—0,870 (Germ. IV). Wie bereits erwähnt, ist amerikanisches Terpentinöl in der Regel rechtsdrehend (Drehungswinkel im 100 mm-Rohr bis + 14°), sehr selten jedoch auch schwach linksdrehend. Die optische Drehung des französischen Oeles beträgt — 20 bis — 40°. Terpentinöl löst sich in 12 Theilen Weingeist klar auf und geht bei der Destillation grösstenteils (d. h. etwa 80 Proc.) zwischen 155—162° C. über. Die Reaktion ist meist schwach sauer.

Bestandtheile. Terpentinöl besteht fast ausschliesslich aus Pinen $C_{10}H_{16}$, einem der verbreitetsten Terpene, und zwar enthält das französische Oel wohl ausschliesslich die linksdrehende Modifikation, während im amerikanischen beide optische Antipoden vorhanden zu sein scheinen, wobei jedoch der rechtsdrehende überwiegt. Für das Vorkommen von Kamphen $C_{10}H_{16}$, und Fenchen $C_{10}H_{16}$, sind bis jetzt nur indirekte Beweise beigebracht worden, doch ist an ihrer Gegenwart kaum zu zweifeln.

Prüfung. Terpentinöl wird als eins der billigsten ätherischen Oele selten verfälscht. Es kommt allein ein etwaiger Zusatz von Petroleum in Betracht. Ein damit versetztes Oel hat ein geringeres spec. Gew. und ist nicht in einem 12fachen Vol. 90proc. Spiritus löslich.

Oleum Terebinthinae rectificatum. Rektificirtes Terpentinöl wird nach der Vorschrift der Germ. Helv. Austr. hergestellt, indem man 1 Th. Terpentinöl mit 6 Th. Kalkwasser destillirt und die Destillation unterbricht, wenn etwa drei Viertel des Oeles übergegangen sind. Das so erhaltene Destillat ist farblos, hat nach Germ. das spec. Gew. 0,860—0,870 (Helv. Austr. 0,855—0,865) und destillirt vollständig zwischen 155 und

162° C. (Helv. und Austr. 160° C.) über. Seine weingeistige Lösung soll mit Wasser befeuchtetes Lackmuspapier nicht verändern.

Aufbewahrung. Terpentinöl verändert sich bei Zutritt von Luft und Licht sehr schnell, besonders wenn Feuchtigkeit zugegen ist. Es wird dickflüssig, spec. Gewicht und Siedepunkt erhöhen sich und die Löslichkeit in Weingeist nimmt zu. Ausserdem nimmt das Oel saure Reaktion an. Ein solches Oel bezeichnete man früher, weil es stark oxydirend wirkte, als ozonisirt, was jedoch unrichtig ist, da es kein Ozon, wohl aber Wasserstoffsuperoxyd neben organischen Superoxyden enthält. Zur Vermeidung dieser Veränderungen muss man Terpentinöl sorgfältig bei Luft- und Lichtabschluss aufbewahren. Uebrigens ist ein derartig verändertes Oel leicht wieder durch Rektifikation mit Kalkmilch oder Kalkwasser brauchbar zu machen.

Anwendung. Terpentinöl wird äusserlich zu Einreibungen angewendet, besonders in der Volksheilkunde und der Veterinärpraxis.[1]) Innerlich findet es seltener Verwendung (5—15 Tropfen). Der Harn nimmt nach innerlichem Gebrauche des Terpentinöls, sogar schon nach dem Aufathmen seiner Dämpfe Veilchengeruch an. Starke Dosen von 15—30 g können den Tod zur Folge haben.

Bei Phosphorvergiftungen soll das nichtrektificirte Oel wirksamer sein als das rektificirte; als ganz besonders wirksam aber gilt bei Phosphorvergiftungen ein durch längere Lagerung in halbgefüllter Flasche verharztes (sog. ozonisirtes) Terpentinöl.

Der Gebrauch von Terpentinöl in den Gewerben und der Technik ist ausserordentlich vielseitig.

Der nach dem Abdestilliren des Oeles verbleibende Harzrückstand ist:

Resina Pini (Ergänzb. Helv.). **Pix Burgundica** (U-St. Brit.). **Resina Burgundica. Resina alba. Pix alba. Pix flava. — Fichtenharz. Burgundisch Harz. Weisses Pech. Weisspech. Gelbes Pech. — Poix de Bourgogne. Poix des Vosges. Poix jaune** (Gall.). **Poix-résine. Résine jaune** (Gall.). — **Burgundy-Pitch. Dried Pitch.**

Für pharmaceutische Zwecke, durch vorsichtiges Schmelzen und Durchseihen gereinigt, als

Pix Burgundica expurgata (Gall.). **Gereinigtes Fichtenharz. Poix de Bourgogne purifiée.**

Dahin gehören die oben schon erwähnten **Gallipot** und **Barras,** ferner auch **Terebinthina cocta. Térébenthine cuite** (Gall.).

Diese Harze sind undurchsichtige, krystallinische Massen mit wenig oder gar keinem ätherischen Oel und etwas Wasser. Löslich in Alkohol, Chloroform, Essigäther, Benzol, Schwefelkohlenstoff, in Aether, Terpentinöl und Petroläther fast völlig löslich. Naturgemäss sind diese Harze nach dem Ausgangsmaterial einigermassen verschieden.

Anwendung. Innerlich wird das Harz nicht mehr gegeben; man benutzt dafür das rektificirte Terpentinöl. Aeusserlich findet es ausgedehnte Verwendung als Bestandtheil von Salben, Pflastern, Ceraten zum Wundverband. — Sollte Terebinthina cocta einmal zum innerlichen Gebrauche verordnet werden, so bereite man ihn durch Kochen von Lärchenterpentin mit Wasser, bis eine erkaltete Probe sich kneten lässt.

Wird der Harzrückstand weiter erhitzt bis zur völligen Entfernung des Wassers, so hinterbleibt das amorphe **Kolophonium** (Band I, S. 938).

Linimentum Terebinthinae seu terebinthinatum. Terpentinliniment. Liniment of Turpentine. Ergänzb.: Man mischt der Reihe nach: 5 Th. fein gepulverte Pottasche mit 50 Th. Kaliseife, 35 Th. Terpentinöl, 10 Th. Weingeist. Klare Flüssigkeit. — Brit.: 37,5 g Kaliseife reibt man mit 50 ccm Wasser an, fügt nach und nach eine Lösung von 25 g Kampher in 325 ccm Terpentinöl hinzu, so dass eine Emulsion entsteht, und bringt mit q. s. Wasser auf 500 ccm. — U-St.: Man schmilzt 650 g Königssalbe (Cerat. Resinae U-St.) im Wasserbade und fügt 350 g Terpentinöl hinzu.

---

[1]) Alte Familienrecepte enthalten bisweilen Terpentinöl und konc. Schwefelsäure. Man nimmt solche Mischungen im Freien vor, indem man die mit wenig fettem Oel oder Wasser — je nach den übrigen Bestandtheilen — verdünnte Säure nach und nach zusetzt. Gefährliche, zur Selbstentzündung neigende Mischungen sind ferner Salpetersäure und Terpentinöl, Chlorkalk und Terpentinöl.

Oleum Terebinthinae sulfuratum (Ergänzb.). **Balsamum Sulfuris terebinthinatum. Balsamum Sulfuris Rulandi. Oleum Harlemense. Geschwefeltes Terpentinöl. Schwefelbalsam. Harlemer Balsam. Silberbalsam. Silbertropfen. Balsamsilbertropfen. Tillytropfen. Dutch trops.** Ergänzb.: 1 Th. geschwefeltes Leinöl wird in 3 Th. Terpentinöl bei 15—20° C. gelöst. — DIETERICH lässt im Dampfbade mischen und darin weiter in einer Kochflasche 3 Tage erhitzen, schliesslich klar abgiessen. Klare, rothbraune Flüssigkeit. Bei trüber Lösung wird Erwärmen mit 0,5—1,0 Proc. gepulvertem Aetzkali empfohlen. Ein von Landleuten gegen alle möglichen Krankheiten äusserlich, auch innerlich zu 5—15 Tropfen gebrauchtes Hausmittel. Im Handel in Stockfläschchen zu 10 ccm.

Sirupus Terebinthinae. Terpentinsirup. Sirop de térébenthine. Helv. Gall.: 1 Th. Terpentin (Venet. nach Helv., Strassburger nach Gall.) digerirt man in einem bedeckten Gefässe 3, nach Gall. 2 Stunden unter öfterem Umrühren mit 10 Th. Zuckersirup, ersetzt das Verdampfte durch Wasser und filtrirt nach dem Erkalten. — Bad. Vorschr.: 1 Th. venet. Terpentin erwärmt man mit 5 Th. Wasser 1/2 Stunde im Wasserbade und löst in 4 Th. Filtrat 6 Th. Zucker.

Unguentum Terebinthinae (Germ.). **Terpentinsalbe.** Aus gleichen Theilen Terpentin, gelbem Wachs und Terpentinöl.

Aether terebinthinatus.

Guttulae DURANDE. Mixtura DURANDE.
Mixtura lithontriptica WHYTT.

Rp. Aetheris 20,0
Olei Terebinth. rect. 5,0.

Bei Gallensteinkolik.

Aqua terebinthinata.

Aqua haemostatica Anglica.
Englisches blutstillendes Wasser.

Rp. Acid. carbol. pur. 2,0
Olei Terebinth. 5,0
Terebinth. laricin.
Spiritus āā 10,0
Aquae destillatae 200,0.

Man digerirt 1 Tag und filtrirt.

Balsamum contra Perniones.

Frostbalsam.

1. Nach BARNES.

Rp. Balsami Copaivae
Olei Terebinth. āā.

2. Nach VOMÁČKA.

Rp. Camphorae 2,5
Collodii 60,0
Jodi 5,0
Terebinth. Venet. 7,5
Olei Terebinth. 25,0.

Nur bei frischen, nicht offenen Frostbeulen.

Balsamum pectorale MEIBOM.

MEIBOM'scher Brustbalsam.

Rp. Benzoës
Resinae Draconis
Opii āā 10,0
Cetacei 5,0
Balsam. peruvian.
Butyri recent. āā 10,0
Olei Amygdalar. 50,0
Olei Terebinth. 100,0
Acidi acetici puri 2,0.

Man digerirt 3 Tage und seiht durch. Innerlich und äusserlich bei Lungenleiden.

Ceratum ad barbam.

Ceratum pomatinum.
Bartwichse. Stangenpomade.

Rp.			
	Cerae flavae	55,0	65,0
	Olei Ricini	15,0	10,0
	Terebinth. Venet.	30,0	25,0.

Man parfümirt mit Perubalsam und q. s. Mixtur. odorif. und giesst in Stangenform. Zum Färben dient Ocker, Umbra, Kienruss.

Ceratum arboreum.

Baumwachs.

Rp. Cerae japonicae 40,0
Cerae flavae 120,0
Colophonii 300,0
Terebinthinae 150,0
Paraffini 40,0
Sebi ovilis 120,0
Resinae Pini 230,0.

Ceratum arboreum liquidum.

Flüssiges Baumwachs.

I.

Rp. 1. Resinae Pini Burgund. 500,0
2. Spiritus (90 proc.) 70,0—80,0.

Man schmilzt 1, entfernt vom Feuer und rührt 2 darunter.

II. Nach E. DIETERICH.

Rp. 1. Resinae Pini depurat. 650,0
2. Vaselinae flavae 80,0
3. Saponis viridis 60,0
4. Natrii carbonici crist. 60,0
5. Aquae destillatae (seu pluviatilis) 150,0.

Man schmilzt 1 mit 2, fügt nach und nach die Lösung von 3 und 4 in 5 hinzu und rührt kalt.

Ceratum Resinae Pini (Ergänzb.).

S. Bd. I, S. 696.

Im Geltungsbereich der Helvet. ist Sebum ovile durch Sebum benzoinatum zu ersetzen.

Electuarium Terebinthinae.

Confectio Terebinthinae (Form. Angl.).

Rp. Olei Terebinthinae rect. 20,0
Radicis Liquiritiae pulv. 20,0
Mellis depurati 60,0.

Emplastrum adhaesivum PETTENKOFER.

Rp. Sebi taurini 10,0
Terebinth. coct. 30,0
Saponis Calcariae 60,0.

Emplastrum ad Rupturas rubrum.

Rp. 1. Resinae Pini Burgundicae 25,0
2. Cerae flavae 40,0
3. Sebi benzoinati 15,0
4. Ligni Santali subt. pulv. 5,0
5. Terebinthinae 15,0.

Man schmilzt 1—3, erhitzt 4—5 1/2 Stunde im Wasserbade, mischt und giesst in Formen.

Emplastrum favocapiens WEBER.

Emplastrum contra favum.

Grindpflaster.

Rp. 1. Amyli Tritici 3,0
2. Farinae Secalis 7,0
3. Aquae destillatae 75,0
4. Resinae Pini depurat. 11,0
5. Terebinthinae laricinae 4,0.

Man mischt 1, 2 und 3, erhitzt bis zur Verkleisterung, mischt noch warm mit einer Schmelze aus 4 und 5 und rührt kalt.

Emplastrum Picis (Ergänzb. Brit.). **Emplastrum resinosum** (Helv.). **Emplastrum Picis Burgundicae** (U-St.). **Emplastrum picatum** (Gall.). **Emplastrum Picis simplex. Emplastrum piceum. — Pechpflaster. Gelbes Pechpflaster. Burgunderpflaster. — Emplâtre de poix. Emplâtre de poix de Bourgogne. — Pitch Plaster. Burgundy Pitch Plaster.**

I. Ergänzungsbuch

Rp. Resinae Pini 55,0
Cerae flavae 25,0
Terebinthinae 19,0
Sebi ovilis 1,0.

II. Helvetica. Gallica.

Rp. Resinae Pini 3,0
Cerae flavae 1,0.

III. Britannica.

Rp. Resinae Pini 520,0
Thuris americani (Frankincense) 260,0
Colophonii 90,0
Cerae flavae 90,0
Olei Olivarum 40,0
Aquae destillatae 40,0

werden unter beständigem Rühren erhitzt, bis die Masse gleichmässig geworden ist.

IV. United States.

Rp. Resinae Pini 800,0
Olei Olivarum 50,0
Cerae flavae 150,0.

Ein sauberes gestrichenes Pechpflaster erhält man, indem man die geschmolzene Masse auf Pergamentpapier streicht, die gewünschte Form ausschneidet, mit der Pflasterseite unter gelindem Erwärmen auf Leder oder Leinwand drückt, dann das Papier anfeuchtet und abzieht.

Emplastrum Picis irritans (Ergänzb.).

Reizendes Pechpflaster.

Rp. 1. Resinae Pini 32,0
2. Cerae flavae 12,0
3. Terebinthinae 12,0
4. Euphorbii subt. pulv. 3,0.

Man schmilzt 1—3 und fügt 4 hinzu.

Emulsio Olei Terebinthinae (Nat. form.).

Emulsion of Oil of Turpentine.

I.

Rp. 1. Gummi Arabici subt. pulv. 2,0 g
2. Vitelli ovi 15,0 ccm
3. Olei Terebinthinae rect. 12,5 „
4. Elixir aromatici (U-St.) 15,0 „
5. Aquae Cinnamomi „ q. s. ad 100,0 „

mischt man in obiger Reihenfolge im Emulsionsmörser.

II.

Rp. 1. Olei Terebinth. rectif. 12,5 ccm
2. Gummi Arabici subt. pulv. 6,0 g
3. Sirupi Sacchari 25,0 ccm
4. Aquae q. s. ad 100,0 „

Man schüttelt 1 in einer vollkommen trocknen Flasche zuerst für sich, dann mit 2, hierauf mit 3 und bringt schliesslich mit 4 auf 100 ccm [1]).

Emulsio Olei Terebinthinae fortior (Nat. form.).

Stronger (or FORBES') Emulsion of Oil of Turpentine.

Rp. 1. Olei Terebinthinae rectif. 50,0 ccm
2. Gummi Arabici subt. pulv. 2,5 g
3. Aquae 25,0 ccm
4. Aquae 25,0 „

Bereitung wie bei vorigem. Vor dem Gebrauch umzuschütteln.

Enema antitympaniticum OESTERLEN.

Rp. Olei Terebinthinae 10,0
Camphorae 1,5
Olei Olivar. 60,0
Vitellum ovi unius
Decocti Hordei 300,0.

Zu 2—3 Klystieren. Bei Blähsucht, Spulwürmern.

Guttae alexeteriae KOEHLER.

Rp. Olei Terebinthinae non rectificati
Spiritus aetherei āā 10,0.

Bei akuter Phosphorvergiftung $^1/_4$ bis $^1/_2$stündlich 10 Tropfen in Haferschleim.

Linimentum antanthracinum THIELMANN.

Rp. Olei Terebinthinae 25,0
Vitellum ovi unius
Spiritus camphorati 25,0
Infusi Florum Chamomillae (15,0) 300,0.

Zum Verband bei Karbunkeln etc.

Linimentum antiphthisicum GRAVES.

Rp. Acidi acetici diluti 5,0
Olei Terebinthinae 25,0
Aquae Rosae 12,5
Olei Citri 0,5
Vitellum ovi unius.

Linimentum contra Perniones.

MOTT's Frostmittel.

Rp Fellis Tauri
Olei Terebinth. āā 60,0
Spiritus 25,0
Tinct. Opii simpl. 15,0.

Linimentum resolvens POTT.

Liquor seu Sapo arthriticus POTT.

Rp. Olei Terebinthinae 200,0
Acidi hydrochloric. crudi 100,0.

Man destillirt aus einer Glasretorte im Sandbade und verwendet die leichtere Schicht.

Linimentum saponato-ammoniatum terebinthinatum.

Rp. Linimenti saponato-ammoniati 75,0
Olei Terebinthinae 25,0.

Linimentum Terebinthinae aceticum.

I. Liniment of Turpentine and Acetic Acid (Brit.).

Rp. Acidi acetici glacialis 25 g
Olei Terebinthinae 100 ccm
Linimenti Camphorae (Brit.) 100 „

---

[1]) Nach dieser Formel lässt Nat. form. auch Emulsionen mit anderen ätherischen Oelen anfertigen.

II. Acetic Turpentine Liniment (Nat. form.). Linimentum album. STOCKES' Liniment. ST. JOHN LONG's Liniment.

Rp. 1. Ovum gallinaceum I
2. Olei Terebinthinae 100 ccm
3. Olei Citri 4 „
4. Acidi acetici (U-St. = 36 proc.) 20 „
5. Aquae Rosae 85 „

Man emulgirt 1 mit 2 und 3 und fügt dann 4 und 5 hinzu. Vergl. das folgende.

Linimentum Terebinthinae compositum (Helv.). Linimentum Terebinthinae STOCKES (Ergänzb.). STOCKES' Terpentinliniment.

I. Helvetica.

Rp. Vitellum ovi I
Olei Terebinth. 30,0 g
Olei Citri 2,0 „
Acidi acetici glacialis 5,0 „
Aquae Rosae 50,0 „

Bereitung wie bei vorigem.

II. Ergänzb.

Rp. 1. Vitelli ovi 15,0
2. Olei Olivarum 5,0
3. Aquae tepidae 65,0
4. Olei Terebinthin. 100,0
5. Acidi acetici glacialis 15,0

mischt man in obiger Reihenfolge, 4 in kleinen Mengen. Milchweisse Mischung ohne Schichtenbildung.

Liquor contra Perniones.
Frostbeulentinktur.

Rp. Camphorae
Cantharidum
Radicis Alkannae ää 2,5
Seminis Erucae pulver. 5,0
Olei Cajeputi 1,0
Olei Rosmarini 5,0
Olei Terebinthinae 100,0.

Nach 8 Tagen filtriren.

Liquor antibronchiticus WALDENBURG.

Rp. Ammonii hydrochlorici
Olei Terebinthinae ää 5,0
Aquae destillatae 500,0

Gut umgeschüttelt zum Zerstäuben.

Liquor olfactorius balsamicus BECK.

Rp. Aetheris 2,5
Balsami peruviani 5,0
Acidi benzoïci
Olei Terebinthinae ää 10,0.

Riechmittel, bei Athembeschwerden.

Liquor olfactorius WILD.

Rp. Aetheris 30,0
Chloroformii 15,0
Olei Terebinthinae 5,0.

1 Theelöffel auf ein Tuch gegossen zum Einathmen. Bei Keuchhusten.

Lotio adstringens (Nat. form.)
Astringent Lotion. WARREN's Styptic. Ist gleichbedeutend mit Balsamum haemostaticum WARREN, Bd. I, S. 127.

Mixtura alexeteria.
Antidotum Phosphori.
Phosphorgegengift.

Rp. Olei Terebinth. ozonisati (s. oben) 20,0
Mucilaginis Gummi arabici 40,0
Sirupi Sacchari 30,0
Aquae destillatae tepidae 110,0.

Umgeschüttelt $^1/_4$stündlich 1 Esslöffel bei Phosphorvergiftungen.

Mixtura antitympanitica GRAVES.

Rp. Olei Terebinthinae rectif. 5,0
Olei Ricini 10,0
Mucilaginis Gummi arab. 40,0
Aquae destillatae 45,0.

Umgeschüttelt, gegen Blähsucht, Neuralgie.

Mixtura Saponis terebinthinati
(Form. Berolin.).

Rp. Saponis terebinthinati 10,0
Olei Terebinthinae 5,0
Aquae 85,0.

Oleum taenifugum BRERA.

Rp. Olei Terebinthinae rectif. 10,0
Olei Ricini 60,0.

Morgens binnen 4 Stunden auf zweimal, gegen Bandwurm.

Olfactorium anticatarrhoïcum fortius HAGER.

Rp. Acidi carbolici 10,0
Olei Terebinthinae 5,0
Spiritus (90 proc.) 20,0
Liquoris Ammonii caustici 12,0.

S. Bd. I, S. 29.

Pilulae anticatarrhales TROUSSEAU.

Rp. 1. Balsami Tolutani
2. Cerae flavae ää 2,5
3. Ammoniaci 5,0
4. Terebinthinae laricinae 15,0
5. Extracti Opii 0,5.

Man schmilzt 1—4, lässt erkalten, fügt 5 hinzu und formt 100 Pillen. Bei Luftröhren- und Blasenkatarrh.

Pilulae cum Oleo Terebinthinae.

Rp. Cerae albae liquatae 5,0
Olei Terebinthinae rectif. 5,0
Magnesii carbonici 4,0.

Zu 100 Pillen. In einem Glase aufzubewahren.

Pilulae styptico-tonicae WALCH.

Rp. Ferri sulfurici
Kino ää 1,5
Terebinthinae laricinae
Extracti Gentianae ää 3,0.

Zu 100 Pillen. Bei Schleimflüssen.

Pilulae taenifugae Jesuitarum.

Rp. Olei Terebinthinae 5,0
Kreosoti puri 1,25
Cerae flavae liquatae 4,0
Piperis nigri pulv. 5,0.

Zu 100 Pillen. Vormittags 4mal je 5 Stück.

Pilulae cum Terebinthina (Gall.).
Pilules de Térébenthine.

Rp. Terebinthinae Argentorat.
Magnesii carbonici ää 2,0.

Man lässt die Masse stehen, bis sie sich ausrollen lässt und formt 10 Pillen.

Pilulae cum Terebinthina cocta (Gall.).
Pilules de Térébenthine cuite.

Rp. Terebinthinae coctae 30,0.

Man erweicht in warmem Wasser und formt 100 Pillen, die unter Wasser, oder mit Magnesium carbonicum bestreut, aufbewahrt werden.

Sapo terebinthinatus (Ergänzb.).
Linimentum stimulans Anglicum. Balsamum Terebinthinae. Balsamum Vitae externum. Sapo Starkey. Terpentinseife.

Rp. Saponis oleacei pulv. 6,0
Kalii carbonici subt. pulv. 1,0
Olei Terebinthinae 6,0.

Weiche, weisse, später gelbe Masse, die dicht verschlossen aufbewahrt wird.

Sapo Terebinthinae liquidus WERNER.
Liquor vulnerarius WERNER.

Rp. Terebinthinae laricinae 100,0
Natrii bicarbonici 2,5
Aquae destillatae 1000,0.

5 Tage bei 65—75° C. zu digeriren, nach dem Erkalten zu filtriren.

Spiritus antipyreticus DEBOUT.
Fieberspiritus zum Einreiben.

Rp. Chloroformii 1,5
Tincturae Opii crocatae 2,5
Olei Terebinthinae 96,0.

Spiritus Pini.
Fichtenwasser.

Rp. Olei Citri 1,0
Olei Thymi 3,0
Olei Lavandulae 5,0
Olei Pini 100,0
Spiritus q. s. ad 1000,0.

Unguentum contra Perniones.
I. Frostsalbe.

Rp. Cerae flavae 25,0
Olei Olivarum 35,0
Terebinthinae Venetae 35,0
Balsami peruviani 5,0
Sanguinis Draconis 2,0.

II. MALOTKI'sche Frostsalbe.

Rp. Unguenti cerei 12,0
Camphorae tritae 4,0
Terebinthinae Venetae 4,0.

III. WAHL'sche Frostsalbe. (Form. Regiom.).

Rp. 1. Ferri oxydati fusci 3,0
2. Sebi ovilis
3. Adipis suilli āā 50,0
4. Terebinthinae laricinae 6,0
5. Olei Olivarum prov. 10,0
6. Boli Armenae praep. 3,0
7. Olei Bergamottae 2,0.

Man kocht 1—3 bis zum Dunkelwerden, lässt absetzen, entfernt den Bodensatz, mischt 4—6, zuletzt 7 hinzu.

Unguentum digestivum simplex (Gall.).
Onguent digestif simple.

Rp. Terebinthinae laricinae 40,0
Vitellum ovi No. 1 vel 20,0
Olei Olivarum 10,0.

Unguentum Resinae Pini.

Rp. Adipis suilli 85,0
Cerae flavae
Resinae Pini āā 7,5.

Man schmilzt und seiht durch.

Unguentum Terebinthinae compositum (Germ. I).
Unguentum digestivum.

Rp. Terebinthinae laricinae 32,0
Vitelli ovorum 4,0
Myrrhae pulv. 1,0
Aloës pulv. 1,0
Olei Olivar. prov. 8,0.

Vernix Resinae Pini.
Galipotlack. Firniss für Holzschuhe.

Rp. Sandaracae 2,0
Resinae Pini 20,0
Olei Terebinthinae 78,0.

Man löst bei gelinder Wärme.

Vernix Resinae Pini nigra.
Schwarzer Galipotlack.

Rp. Fuliginis e taeda ustae 5,0
Vernicis Resinae Pini 95,0.

Viscum aucupariuni.
Vogelleim.

Rp. Resinae Pini 70,0
Olei Lini 30,0.

Man mischt durch Schmelzen.

Viscum brumaticeps.
Baumleim. Raupenleim. Brumataleim

I. Nach DIETERICH.

Rp. Resinae Pini 535,0
Olei Lini 450,0
Paraffini solidi 15,0.

II.

Rp. Resinae Pini 100,0
Picis liquidae (Germ.) 900,0.

III. Nach NESSLER

Rp Resinae Pini 45,0
Adipis suilli 28,0
Olei Rapae crudi 27,0

schmilzt man und füllt in Blechdosen.

Vet. **Balsamum vulnerarium ad pecus.**
Wundbalsam für Hausthiere.

Rp. Olei Terebinthinae 10,0
Tincturae Aloës
Tincturae Asae foetidae
Tincturae Benzoës
Tincturae Myrrhae āā 22,5.

Vet. **Linimentum antiherpeticum.**
Räudeschmiere.

Rp. Saponis oleacei pulv.
Liquoris Ammonii caustici āā 10,0
Olei Terebinthinae
Spiritus camphorati āā 20,0
Spiritus denaturati 30,0
Petrolei Americani 10,0.

Vet. **Onguent de Pied** (Gall.).

Rp. Cerae flavae
Adipis
Terebinthinae communis
Olei Olivarum
Picis liquidae Abietinar. āā.

Vet. **Spiritus Terebinthinae compositus.**

Rp. Liquoris Ammonii caustici
Olei Terebinthinae āā 40,0
Spiritus camphorati
Spiritus saponati āā 60,0.

Einreibung bei Rheuma, Schulterlähme, Steifheit der Gelenke etc.

Blutlausmittel. 10 kg Harz, 2,5 kg Soda (oder 2,5 kg konc. Ammoniak oder 1,75 kg calcinirte Soda von 93 Proc.), 1,5 kg Fisch- oder Polaröl (? vielleicht Solaroel) kocht man mit soviel Wasser, dass die Masse bedeckt ist, 2 Stunden und verdünnt dann mit Wasser auf 450 l (im Winter 300 l). Mittels Pinsels im Spätherbst auf die befallenen Bäume aufzutragen.

Cement, SINGER's, zwischen Glas und Messing: 20 Harz, je 4 Wachs und gelber Ocker, 1 Gips.

Cement, URE's. 50 Harz, 10 Ocker, 5 Gips, 3 Leinöl.

Eichenlack. 1 Th. gelbes Harz löst man in 3 Th. Terpentinöl und färbt nach Belieben.

Flaschenlack, SOULAN's, ist eine Lösung von 7 Th. hellem Harz in 10 Th. Aether, vermischt mit 15 Th. Kollodium und mit Anilin roth gefärbt. — Feuergefährlich.

Fleckwasser für Oelfarbe, Theer, Harz, Wagenschmiere. Je 100 Aether oder Benzin, rekt. Terpentinöl, weingeistige Ammoniakflüssigkeit, 700 Weingeist. Man parfümirt mit Lavendelöl.

Kitt für Petroleumlampen. 3 Th. Harz, 1 Th. Aetznatron, 5 Th. Wasser kocht man bis zur Lösung und mischt dann 8 Th. Zinkweiss hinzu.

Linoleumklebstoff. Beim Belegen der Fussböden mit Korkteppich bedient man sich einer Mischung aus Roggenkleister und gemeinem Terpentin.

Möbelpasta von FRANK ENGLISH. 0,25 kg Harz, 1,75 kg Ceresin, 2,25 l Terpentinöl, 30 g Zinnober.

Parkettfussbodenwichse. Je 100 Ceresin und gelbes Wachs schmilzt man, entfernt vom Feuer und fügt 600 Terpentinöl hinzu.

Prager Haussalbe. 100 Th. gelbes Harz, 125 Th. gelbes Wachs, 750 Th. Butter, 15 Th. Muskatbutter, 1 Th. Perubalsam.

Strohhutlack. Je 450 g Elemi und Fichtenharz, 1350 g Sandarak, 110 g Ricinusöl löst man in 9 l Methylalkohol (ohne Erwärmen) und färbt mit einer beliebigen, spirituslöslichen Anilinfarbe (Chrysoidin, Brillantgrün, Spritblau, Safranin etc., wovon 50—60 g genügen). Billiger wird der Lack, wenn man Sandarak zum Theil durch Fichtenharz ersetzt.

Veredlungsharz, Pfropfwachs, CONSTANT's Mastic à greffer ist ein Gemisch aus 100 Gallipot, 100 gelbem Ocker und 30—36 gekochtem Leinöl.

Acanthia-Tinktur, Wiener, gegen Wanzen, ist Terpentinöl in Spiritus gelöst.

Balsam, Lockwitzer, von LEONHARDT. Eine Mischung von Terpentin, Wachs und Fett mit etwas Anisöl.

Beinschäden-Indian von BOHNERT. Eine Salbe von Terpentin, Olivenöl, Wachs, Talg, Schweinefett, Kolophonium, Karbolöl und Drachenblut.

Blüthenharz von KWIDZA, gegen Unfruchtbarkeit der Hausthiere. 1 Th. Fichtenblüthenstaub, 9 Th. Fichtenharzpulver.

Bruchpflaster, KRÜSI-ALTHERR's. Gestrichenes Pflaster aus 5 Th. Fichtenharz und 2 Th. Terpentin.

Cimexin, ein Wanzenmittel, besteht aus Terpentinöl und Karbolsäure.

Clavaethyl von ANDRAS, gegen Hühneraugen, ist Salicylkollodium.

English (Royal) Embrocation. Einreibung für Hausthiere. 1. Mischung aus Eiweiss, Holzessig, Weingeist, Terpentinöl. 2. Wässerige Seifenlösung mit Terpentinöl, Thymianöl, Bernsteinöl.

Fieber-Liniment, SAINT-BARTHELEMY's. Opiumtinktur 5, Terpentinöl 125, Kampferöl 60.

Fichtennadeläther von SCHAAL in Dresden. Ein Gemisch aus Aether, Alkohol, Terpentinöl, Schwefelkohlenstoff, Petroleum und ätherischen Oelen.

FRAHM'scher Balsam = Unguentum Terebinthinae.

Gallen-Mixtur für Pferde. 1. von F. BARTH: Eine Lösung von 8 Th. Holztheer in 92 Th. Kienöl. 2. von PH. BARTH: dieselbe Lösung mit Drachenblut gefärbt.

Gichtpflaster des Dr. BLAU. Terpentin auf Wachstaffet gestrichen.

Gichtsalbe, PÜTTMANN's, besteht aus Holztheer, Schwarzpech, Terpentin.

Harlemer Oel oder **Balsam, Holländischer Balsam,** ist Ol. Terebinth. sulfurat. in Originalpackung.

HARALD HAYE's Asthmamittel. 7 verschiedene Mittel, darunter Terpentinölemulsion, Jodmixturen, Eisentropfen, Cinchoninkapseln. (SCHWEISSINGER.)

Hühneraugenpflaster. 1. LEUTNER's: Harzpflaster auf Gazestückchen gestrichen. 2. Dr. SMITH's Corn Plaster: Filzringe mit harzhaltigem Klebpflaster bestrichen.

Keuchhustenmittel von Apoth. FRAAS ist gepulvertes Fichtenharz, das im Krankenzimmer verqualmt werden soll.

Klosterbalsam gegen Rheuma. Gelbe Vaseline mit wenig Terpentin.

Koniferengeist, RADLAUER's, ist Ol. Terebinth. 5 in Alkohol absolut. 95 gelöst.

Kräuterbalsam, Persischer, aus Rotterdam, besteht aus Schmierseife und Terpentin, Eucalyptus- und Zimmtöl.

Neuroxylin, von HERBABNY, ist mit Terpentinöl versetzter Opodeldoc.

Ozonogen von GÄRTNER. Ein Gefäss mit Holzkohle, die mit Terpentinöl getränkt ist.

Ozontose. Ein mit Weingeist vermischtes Terpentinöl, welches man dem Sonnenlicht ausgesetzt hat. Dient als bleichender Zusatz zum Wasser, worin man Leinenwäsche spült.

Phenoleum, ein Antisepticum, ist amerikanisches, mit Melissenöl parfümirtes Terpentinöl (RIEDEL's Mentor).

Rust preventive Composition von JONES & Co. Schutzmittel gegen Rost, besteht aus Wachs, Fett, Terpentin und Eisenoxyd.

Sanitas, ein Konservirungsmittel für Fleisch, Fische etc., ist ein Wasserstoffsuperoxyd und Terpentinöl enthaltendes Wasser.

Unguentum Sanitas von BENGEN in Hannover, gegen Mauke und dergl., gleicht im Aussehen gelber Vaseline und enthält angeblich ozonisirtes Terpentinöl.

Universalbalsam von NOHASCHECK ist Ol. Terebinth. sulfurat.

Universalmittel gegen Rheuma, von J. JANKE. Rüböl, Petroleum, Terpentinöl, Wacholderöl und Wasser.

Venos von K. STOCK, gegen Beinschäden, ist eine Salbe aus Wachs, Olivenöl, Terpentin und Picrocarmin.

Wundbalsam von OELMANN. Venet. Terpentin in Alkohol gelöst.

Wunderbalsam. 1. von GRAGGE: Ol. Petrae, Ol. Terebinth., Ol. rubrum. 2. Englischer: Ol. Olivar. und Terebinth. mit Anilingrün gefärbt.

Zopissacomposition, SZERELEMY's, ist ein Gemisch aus Wachs und Harz.

Terpinum.

I. Terpinum hydratum. (Germ. Helv.). **Terpinhydrat. Terpin. Terpine** (Gall.). **Terpini Hydras** (U-St.). $C_{10}H_{18}(OH)_2 . H_2O$. **Mol.-Gew. = 190.**

Diese Verbindung entsteht zuweilen, wenn man Terpentinöl mit kleinen Mengen Wasser längere Zeit sich selbst überlässt. In reichlicheren Mengen wird sie gebildet, wenn man den Eintritt des Wassers durch die Gegenwart von Alkohol und von Säuren vermittelt. Gewöhnlich benutzt man Salpetersäure, doch könnte auch Salzsäure oder Schwefelsäure angewendet werden.

Darstellung. Man mischt 39 Th. Salpetersäure von 1,39 spec. Gewicht mit 11 Th. destillirtem Wasser. Nach dem Erkalten giesst man die Mischung auf einen Porcellanteller, fügt 50 Th. Alkohol von 85 Vol. Proc. sowie 200 Th. französisches Terpentinöl dazu und lässt den Teller, mit Papier lose bedeckt, unter gelegentlichem Umrühren längere Zeit an einem kühlen Orte (15—20° C.) stehen. — Bisweilen erscheinen schon nach einigen Tagen, bisweilen aber auch erst nach mehreren Wochen Krystalle in der Flüssigkeit. Wenn die Menge der Krystalle nicht mehr zunimmt, so sammelt man sie, presst sie ab und neutralisirt die Mutterlauge mit Alkali, worauf sich noch eine ziemlich beträchtliche Menge Terpinhydrat abscheidet. Zur Reinigung krystallisirt man das Rohprodukt mehrmals aus 95procentigem Alkohol um.

Die Bildung des Terpinhydrates ist von der Temperatur stark abhängig. Bei zu hoher Temperatur tritt leicht Verharzung der Mischung ein, bei zu niedriger Temperatur verläuft die Terpinbildung sehr langsam. Die Bedingungen, unter welchen die Terpinbildung stattfindet, sind überhaupt noch nicht recht bekannt, daher kann gelegentlich einmal ein Darstellungsversuch ganz negativ verlaufen.

Eigenschaften. Ein aus glänzenden, farblosen und fast geruchlosen Prismen bestehendes Krystallpulver von schwach aromatischem, etwas bitterlichem Geschmacke. Es schmilzt, im Kapillarrohre rasch erhitzt, zwischen 116—117° C. und verwandelt sich dabei unter Abgabe von Wasser in die Terpin oder wasserfreies Terpin genannte Verbindung $C_{10}H_{18}(OH)_2$, welche, wenn sie wieder fest geworden ist, bei 102—103° C. schmilzt und bei 258° C. unzersetzt sublimirt. Da dieser Uebergang des Terpinhydrates schon beim Liegen über konc. Schwefelsäure, ja selbst beim Liegen an trockener Luft theilweise stattfindet, so kommt es, dass ein sonst reines Terpinhydrat gelegentlich einmal etwas niedriger als bei 116—117° C. schmilzt. Terpinhydrat löst sich in etwa 250 Th. kaltem oder 32 Th. siedendem Wasser, in etwa 10 Th. kaltem oder in 2 Th. siedendem Weingeist, in etwa 100 Th. Aether, 200 Th. Chloroform, 1 Th. siedender Essigsäure, ferner auch in Methylalkohol, Amylalkohol, Essigäther, Aceton, Benzol und Schwefelkohlenstoff. Unlöslich ist es in Petroläther, wenig löslich in ätherischen Oelen, einschliesslich des Terpentinöls.

```
 CH3 CH3
   \ /
   CH
    |
    C
   /|\
H2C|OH|CH2
H2C|OH|CH2
   \|/
    C
    |
   CH3
 Terpin.
```

Seiner Zusammensetzung nach ist das Terpinhydrat als mit 1 Mol. Wasser krystallisirendes Terpin aufzufassen; seine Formel ist daher $C_{10}H_{18}(OH)_2 . H_2O$. Das Terpin ist, wie obige Formel zeigt, ein zweiatomiger Alkohol. Kocht man Terpin (oder Terpinhydrat) mit verdünnten Säuren, so entstehen durch Abspaltung von 1 Mol. Wasser sauerstoffhaltige Körper, und zwar Cineol und Terpineol, durch Abspaltung von 2 Mol. Wasser sauerstofffreie Körper, nämlich die Terpene $C_{10}H_{16}$, Dipenten, Terpinen und Terpineolen.

Prüfung. 1) Dem Terpinhydrat darf kein terpentinartiger Geruch anhaften, der davon herrührt, dass zum Umkrystallisiren mit Terpentinöl denaturirter Spiritus verwandt wurde. 2) Die heisse wässerige Lösung soll keine sauere Reaktion zeigen. In beiden Fällen wäre Umkrystallisiren aus heissem Alkohol zu empfehlen. 3) Bestimmung des Schmelzpunktes zur Identificirung des Terpinhydrats. 4) Die heisse wässerige Lösung nimmt auf Zusatz von Schwefelsäure einen äusserst angenehmen, von dem gebildeten Terpineol herrührenden Fliedergeruch an (Identitätsreaktion).

Aufbewahrung. In dicht geschlossenen Gefässen an einem kühlen Orte, um Abdunsten des Krystallwassers thunlichst zu vermeiden.

Anwendung. Terpinhydrat wird in manchen Fällen an Stelle des Terpentinöles zum innerlichen Gebrauch angewendet. Von MANASSE wird es gegen Keuchhusten in Dosen von 0,5—1 g, täglich einmal zu nehmen, empfohlen.

II. Terpinolum. Terpinol (Gall.). Ist nicht zu verwechseln mit Terpineol.

Wird Terpinhydrat oder Terpin mit mässig verdünnten Mineralsäuren gekocht, so entsteht ein angenehm riechendes Oel, welches von WIGGERS für einen einheitlichen Körper gehalten und Terpinol $C_{20}H_{34}O$ genannt wurde. Seine Entstehung aus dem Terpin(hydrat) sollte nach folgender Gleichung vor sich gehen: $2\,C_{10}H_{18}(OH)_2 = 3\,H_2O + C_{20}H_{34}O$. WALLACH hat indessen gezeigt, dass dieses Oel ein Gemenge von Terpenen mit sauerstoffhaltigen Verbindungen (Cineol und Terpineol) ist.

In der Regel wird es durch Destillation von 100 Th. Terpinhydrat mit 500 Th. einer 10proc. Schwefelsäure dargestellt. Das hierbei resultirende ölige Produkt, welches etwa zwischen 160—220° C. übergeht, soll fraktionirt werden. Nur die bei 168° C. übergehenden Antheile sollen als Terpinol aufgefangen werden. Sie bilden ein optisch inaktives, angenehm nach Hyacinthen riechendes Oel, welches in Wasser nahezu unlöslich, leicht löslich dagegen in Alkohol und in Aether ist. Das spec. Gewicht beträgt 0,852 bei 15° C. Nach WALLACH ist Terpinol ein Gemenge von mehreren verschiedenen Körper; nämlich dem (sauerstoffhaltigen) Terpineol $C_{10}H_{18}O$ und drei (sauerstofffreien) Terpenen $C_{10}H_{16}$: Terpinen, Terpinolen und Dipenten. Für die Mengenverhältnisse, in denen die einzelnen Substanzen sich bilden, ist die Koncentration und die Natur der gewählten Säure nicht gleichgültig. Bei einer Verdünnung der Schwefelsäure mit Wasser im Verhältniss von 1 : 2 werden relativ viel Terpineol, Terpinolen und Dipenten erhalten, mit sehr verdünnter Säure (1 : 7) dagegen bildet sich vorwiegend Terpinen. Es wäre daher für die therapeutische Verwendung des Präparates erwünscht, zunächst eine bindende Vorschrift auszuarbeiten, welche die Erlangung eines konstanten Präparates gewährleistet.

Anwendung. Das Terpinol wird namentlich von GUELPA und MORRA als ein die Schleimhaut der Bronchien anregendes Mittel empfohlen, doch sind die Ansichten über seine Wirkungen noch getheilt. — Es gehört zu den ziemlich indifferenten Mitteln, ist auf die Harnwege ohne besondere Einwirkung. Da es durch die Lungen ausgeschieden wird, so wendet man es an, um auf die Schleimhaut der Luftwege einzuwirken. Man giebt es zur Vermehrung der Sekretion und zur Erleichterung der Hustenanfälle bei Bronchialkatarrhen zu 0,5—1,0 g *pro die* in Kapseln. Grössere Gaben stören die Verdauung. — Das Terpineol dient ausserdem zur künstlichen Nachbildung des Flieder-Parfums.

Aufbewahrung. In gut verschlossenen Gefässen, vor Licht geschützt, um Verharzen zu vermeiden, wie ein ätherisches Oel.

III. Terebenum. (Brit. Ergänzb. U-St.). **Tereben.** Wurde früher für eine einheitliche Verbindung und zwar für die optisch inaktive Modifikation der Terpene gehalten. Es ist inzwischen nachgewiesen, dass auch das Tereben ein Gemisch verschiedener Körper ist.

Darstellung. Man mischt Terpentinöl allmählich mit 5 Proc. konc. Schwefelsäure und destillirt nach längerem Stehen das Reaktionsprodukt im Wasserdampfstrom ab. Das Destillat wird mit dünner Natriumkarbonatlösung gewaschen, abgehoben, mit Chlorcalcium entwässert und sodann sorgfältig fraktionirt. Die zwischen 156—160° C. übergehenden Antheile sind das Tereben.

Eigenschaften. Das Tereben bildet eine schwachgelbliche, nicht unangenehm (nach Thymian) riechende Flüssigkeit, welche in Wasser nur wenig, leichter in Alkohol, sehr leicht in Aether löslich ist. Es ist optisch inaktiv. Frisch dargestellt, ist es neutral, bei längerer Aufbewahrung verharzt es und nimmt unter dem Einfluss von Licht und Luft saure Reaktion an, die auf Bildung verschiedener Säuren, z. B. Ameisensäure, Essigsäure, zurückzuführen ist. So verändertes Tereben ist zum Zweck seiner Reinigung mit Sodalösung oder Kalkwasser zu waschen und hierauf zu rektificiren. — Es siedet bei 156 bis 160° C. und gleicht in seinen sonstigen Eigenschaften dem Terpentinöl ausserordentlich. Positiv nachgewiesen im Tereben ist nur Terpinen; wahrscheinlich vorhanden sind Dipenten und Cineol, vielleicht auch Cymol. Endlich dürfte auch noch unverändertes Pinen zugegen sein.

Prüfung. Das Tereben röthe blaues Lackmuspapier nicht, es gehe zwischen 156 bis 160° C. vollständig über, besitze keinen unangenehmen Geruch und übe auf die Ebene des polarisirten Lichtes keinen Einfluss aus. — Die letztere, optische Probe ist die einzige, mittels deren sich die völlige Reinheit des Präparates, bez. die Abwesenheit gewöhnlicher Terpene nachweisen lässt.

Aufbewahrung. Vor Licht geschützt, an einem kühlen Orte, wie ein ätherisches Oel.

Anwendung. Tereben wird als Ersatz des Terpentinöls angewendet; es wirkt antiseptisch und sekretionsbeschränkend. Mit 20 Th. Wasser vermischt, dient es äusserlich zu Verbänden bei brandigen Wunden. Innerlich wird es zu 4—6 Tropfen, allmählich steigend bis zu 20 Tropfen dreimal täglich als Expektorans bei chronischer und recidiver Bronchitis gegeben. Unter der gleichen Indikation dient es dreimal täglich zu Inhalationen, so dass in einer Woche etwa 50 g Tereben verbraucht werden. Der Urin nimmt unter dem Gebrauch des Terebens eigenthümlichen Geruch an.

† **Chevatol. Terpinjodhydrat.** $C_{10}H_{16} \cdot 2HJ$ (?). **Mol. Gew. = 392 (?).** Entsteht durch Einwirkung von Jodwasserstoffsäure auf Terpin oder Terpinhydrat. — Grünlich-gelbe, aromatisch riechende Krystalle vom Schmelzp. 77° C., unlöslich in Wasser, leicht löslich in Alkohol, Aether und in Glycerin.

Vorsichtig aufzubewahren. Aeusserlich für die Wunddesinfektion vorgeschlagen.

Stomatol. Mischung aus 4 Th. Terpineol, 2 Th. Seife, 45 Th. Alkohol, 2 Th. aromatischer Stoffe, 5 Th. Glycerin und 42 Th. Wasser. Als antiseptisches und konservirendes Mittel.

Tereben-Glycerin, zum Tränken von Verbandstoffen. 1 Th. Wasser, 4 Th. Tereben und 7 Th. Glycerin werden durch Zusammenschütteln gemischt.

Emulsio Terebeni.

Rp.		
Rp.	Terebeni	16,0
	Gummi arabici	12,0
	Aquae	60,0
	Sirupi (Zingiberis)	30,0.

Pastilli Terebeni.

Rp.		
Rp.	Terebeni	15,0
	Gummi arabici	12,0
	Aquae destillatae	60,0
	Sacchari pulverati	180,0
	Tragacanthae pulv.	8,0.

Für 100 Pastillen.

Pilulae expectorantes (Form. Berol.).

Rp.		
Rp.	Terpini hydrati	3,0
	Radicis Liquiritiae	1,0
	Succi Liquiritiae depurati	2,0.

Fiant pilulae No. 30.

Fliederduft.

Rp.		
Rp.	Extrait triple de Jasmin	
	Extrait triple de Rose	
	Extrait triple de Tuberose	
	Extrait triple de Jonquille	
	Extrait triple d'Orange ää	200,0
	Olei Unonae odoratissimae	0,1
	Tincturae Moschi	0,5
	Tincturae Ambrae	2,5
	Terpineoli	5,0
	Spiritus	60,0.

Teucrium.

Gattung der **Labiatae — Ajugoideae — Ajugeae.**

I. Teucrium Chamaedrys L. In Europa verbreitet. Halbstrauchig. Mit Ausläufern und länglichen, fast fiederspaltigen, in den Blattstiel verschmälerten Blättern. Blüthen in 6blüthigen Scheinquirlen, in der Achsel gefärbter Hochblätter. Blüthe purpurn. Liefert: **Herba Chamaedryos. Hb. Teucrii Chamaedryos. Hb. Trixaginis. — Edler Gamander. — Plante fleurie de germandrée chamaedrys ou de petit-chêne** (Gall.).

Das im Juli und August gesammelte, blühende Kraut wird nur noch selten als blutreinigendes Volksmittel gebraucht.

Extractum Chamaedryos. Wie Extract. Absinthii (Bd. I, S. 408).

Lebel's Hämorrhoidalmittel bestehen aus 1. Pillen: Extract. Chamaedryos, Scordii, Millefolii ää 4,0, Herb. Scordii 8,0. Zu 100 Pillen, die mit Silber überzogen werden. 2. Salbe: aus Unguentum populeum mit den Extrakten von 1., ferner Extr. Belladonn., Tannin, Plumb. acetic.

II. Teucrium Scordium L. In Europa und Centralasien. Grundachse kriechend, mit Ausläufern. Blätter sitzend, länglich-lanzettlich, gekerbt, die unteren am Grunde abgerundet, die oberen am Grunde keilförmig verschmälert. Scheinquirle 4blüthig, hellpurpurn. Frisch nach Knoblauch riechend. Liefert: **Herba Scordii. — Lachenknoblauch. Wasser-Bathengel. — Plante fleurie de scordium ou de germandrée d'eau** (Gall.).

Das im Juni und Juli mit den Blüthen gesammelte Kraut. 3 Th. frisches = 1 Th. trocknes. Als Heilmittel veraltet, aber neuerdings gegen Hämorrhoiden empfohlen.

Extractum und **Tinctura Scordii.** Wie Extractum und Tinctura Absinthii (Bd. I, S. 408).

Unter dem Namen **Teucrin** ist von Wien aus ein sterilisirtes Extrakt der Pflanze zu subkutanen Injektionen empfohlen worden gegen Lupus.

III. Teucrium Chamaepitys L. (Ajuga Chamaepitys L.). In Mittel- und Südeuropa und Nordafrika. Liefert: **Sommité fleurie d'ivette ou de chamaepitys** (Gall.).

IV. Teucrium Iva L. (Ajuga Iva). Heimisch im Mittelmeergebiet. Liefert: **Sommité fleurie d'ivette musquée** (Gall.).

V. Teucrium Marum L. Heimisch im westlichen Mittelmeergebiet. Liefert: **Herba Mari veri. Herba Thymi Catariae. — Amberkraut. Mastich-** oder **Katzenkraut. Moschus-** oder **Theriakkraut. — Syrian Mastiche.**

Das gepulverte Kraut wird bisweilen noch als Schnupfmittel, sowie zu Witterungen für Marder, Füchse etc. benutzt.

Pulvis sternutatorius viridis. Florum Convallariae, Herbae Mari veri, Rhizomatis Iridis florentinae ää 1,0, Herbae Majoranae 3,0.

Sirupus Mari veri. 15,0 Tincturae Mari veri, 85,0 Sirupi Sacchari.

Tinctura Mari veri. Aus 1 Th. Kraut und 5 Th. verdünntem Weingeist.

Tinctura Mari veri ex herba recente. 5 Th. frisches Kraut, 6 Th. Weingeist.

Thallinum.

Das Thallin wurde 1885 von Skraup dargestellt und durch von Jacksch als Ersatzmittel des Chinins bez. als synthetisches Antipyreticum empfohlen. Sein innerlicher Gebrauch wurde aber nach verhältnissmässig kurzer Zeit aufgegeben, da es sich als zu giftig erwies. Zur Zeit finden die Salze des Thallins noch äusserlich Anwendung.

I. † Thallinum. Thallin. Thalline. Tetrahydroparachinanisol. $C_9H_{10}N(OCH_3)$. Mol. Gew. = 163. Die freie Thallinbase. Der Name rührt her von θάλλος, grüner Zweig, wegen der Grünfärbung, welche die Lösung der Salze mit Ferrichlorid giebt.

Darstellung. Diese erfolgt in den chemischen Fabriken: Ein Gemenge von Paraamidoanisol, Paranitroanisol, Glycerin und Schwefelsäure wird längere Zeit auf 150° C. erhitzt. Das Reaktionsprodukt wird alkalisch gemacht und mit Wasserdampf destillirt. Das dabei übergehende Parachinanisol wird durch Einwirkung von Zinn und Salzsäure zu Tetrahydroparachinanisol reducirt. Da sich zunächst das salzsaure Salz dieser Base bildet, so macht man das Reaktionsprodukt alkalisch und schüttelt mit Aether aus oder destillirt im Wasserdampfstrom und schüttelt das Destillat mit Aether aus. Nach dem Abdestilliren des letzteren hinterbleibt die freie Thallinbase und wird durch Rektifikation unter vermindertem Drucke gereinigt.

Tetrahydroparachinanisol (Thallin).

Eigenschaften. Eine fast farblose, ölige Flüssigkeit, welche kumarinartig riecht, und bei mittlerer Temperatur zu farblosen, rhombischen Oktaëdern erstarrt, die bei + 42° C. schmelzen. Die freie Thallinbase ist neutral, leicht löslich in Wasser, Alkohol und Aether, und verbindet sich mit Säuren zu gut krystallisirenden Salzen. Bei der Salzbildung spielt sie die Rolle einer einsäurigen Base.

Die Lösungen der Thallinsalze kennzeichnen sich durch folgendes Verhalten: Durch Einwirkung oxydirender Agentien (Chlor, Brom, Jod, Silbernitrat, Mercurinitrat, Chromsäure, Ferrichlorid) werden sie smaragdgrün gefärbt. Versetzt man 5 ccm der Lösung eines Thallinsalzes (1 : 10000) in Wasser mit 1 Tropfen Ferrichloridlösung, so wird die Mischung nach wenigen Stunden tief smaragdgrün. Bei einer Verdünnung von 1 : 100000 tritt die Färbung nach einiger Zeit noch deutlich auf. Durch Zusatz eines Tropfens reiner koncentrirter Schwefelsäure wird die Grünfärbung nicht beeinträchtigt. Wohl aber geht die grüne Färbung schon beim Stehen der Lösung während einiger Stunden in eine gelbrothe über. Reduktionsmittel dagegen heben die Grünfärbung sehr bald auf; Natriumthiosulfat verwandelt sie in Violett, dann in Weinroth, Oxalsäure bei gewöhnlicher Temperatur in Hellgelb, beim Erhitzen in Safrangelb.

Durch rauchende Salpetersäure werden Thallinsalzlösungen besonders beim Erwärmen tiefroth gefärbt, beim Schütteln einer solchen Flüssigkeit mit Chloroform geht der gebildete Farbstoff in letzteres über.

Gerbsäure bringt in Thallinsalzlösungen einen weissen Niederschlag, Quecksilberchlorid dagegen keine Veränderung hervor. Aetzkali, Aetznatron, auch Ammoniak scheiden aus einigermassen koncentrirten Thallinsalzlösungen die freie Base aus, es entsteht eine milchige Trübung, welche indessen auf Zusatz genügender Mengen von Wasser verschwindet; durch geeignete Lösungsmittel (Aether, Petroläther, Benzin etc.) kann einer solchen milchigen Flüssigkeit die freie Base durch Ausschütteln entzogen werden.

Die Lösungen der Thallinsalze dunkeln unter dem Einflusse von Licht und Luft, wahrscheinlich wegen der Anwesenheit eines das Thallin verunreinigenden Körpers, allmählich nach; man bereite sie daher non nisi ad dispensationem.

Aufbewahrung. Vorsichtig und vor Licht geschützt.

Anwendung. Nicht therapeutisch, sondern nur zur Darstellung der Thallinsalze.

II. † Thallinum sulfuricum. Thallinsulfat. Schwefelsaures Tetrahydroparachinanisol. $(C_9H_{10}NOCH_3)_2 . H_2SO_4$. Mol. Gew. = 424. Dieses Salz war in der Germ. III enthalten, ist von Germ. IV aber gestrichen worden.

Zur Darstellung wird die freie Thallinbase mit verdünnter Schwefelsäure neutralisirt, und das entstandene Salz aus Weingeist umkrystallisirt. Es bildet ein gelblichweisses, krystallinisches Pulver von kumarinartigem Geruch und säuerlich-salzigem, zugleich bitterlich-gewürzhaftem Geschmack, welches sich in 7 Th. kaltem oder 0,5 Th. siedendem Wasser, auch in etwa 100 Th. Alkohol auflöst; in Chloroform ist es sehr schwer löslich, in Aether nahezu unlöslich. — Die wässerige Lösung reagirt sauer, bräunt sich allmählich am Lichte und wird durch Jodlösung braun, durch Gerbsäure weiss, durch Nesslersches Reagens citronengelb gefällt.

Baryumnitrat erzeugt in ihr einen weissen, in Salzsäure unlöslichen Niederschlag von Baryumsulfat; Aetzalkalien, auch Ammoniak verursachen eine weisse Trübung, die beim Schütteln mit Aether verschwindet, indem die freie Base in den letzteren übergeht.

Die 1procentige wässerige Lösung wird durch Eisenchlorid smaragdgrün gefärbt, nach einigen Stunden geht die Färbung in Tiefroth über; rauchende Salpetersäure färbt die verdünnte wässerige Lösung röthlich. Schwefelsäure löst das Thallinsulfat farblos auf (Dunkelfärbung würde Verunreinigungen oder Verfälschungen, z. B. Zucker, anzeigen); diese Lösung wird durch Zusatz von etwas Salpetersäure zuerst tiefroth gefärbt, welche Färbung bald in Gelbroth übergeht.

Beim Erhitzen über 100° C. schmilzt das Thallinsulfat, bei weiterem Erhitzen zersetzt es sich und hinterlässt eine tiefschwarze stark aufgeblähte Kohle, welche, ohne Rückstand (anorgan. Verunreinigungen) zu hinterlassen, verbrennen muss. Es enthält 76,9 Proc. Thallin und 23,1 Proc. Schwefelsäure.

Aufbewahrung. Vorsichtig und vor Licht geschützt aufzubewahren.

Anwendung. Thallinsulfat wirkt antipyretisch und antiseptisch. Die innere Anwendung kann als aufgegeben angesehen werden, da bedrohliche Nebenerscheinungen (Erbrechen, Cyanose, Collaps) auch nach relativ kleinen Dosen beobachtet worden sind. Die Germ. III normirte als Höchstgaben *pro dosi* 0,5 g, *pro die* 1,5, doch würden auch diese mit Vorsicht anzuwenden sein. Thallin wird durch den Harn zum Theil unverändert, zum Theil als Aetherschwefelsäure ausgeschieden. Thallinharne sind gelb bis dunkelbraun gefärbt mit einem leisen Stich ins Grünliche; durch Zusatz von Ferrichlorid nehmen sie purpurrothe Färbung an. Aeusserlich wird es als Antisepticum namentlich gegen Gonorrhoe in Form von Injektionen und von Bougies (Anthrophore) anscheinend mit gutem Erfolge angewendet.

III. Thallinum tartaricum. Thallintartrat. Saures weinsaures Thallin. $C_9H_{10}N \cdot OCH_3 \cdot C_4H_6O_6$ **. Mol. Gew. = 313.** Wird analog dem Sulfat durch Zusammenbringen von 52,2 Th. Thallin und 47,8 Th. Weinsäure dargestellt. Ein gelblichweisses, krystallinisches Pulver, schwach nach Fenchel bez. Anis, zugleich etwas nach Kumarin riechend, welches in 10 Th. Wasser gewöhnlicher Temperatur löslich ist. Von Alkohol sind zur Lösung mehrere hundert Theile erforderlich, in Aether und in Chloroform ist es fast unlöslich. — In konc. kalter Schwefelsäure löst es sich ohne Färbung auf (s. Thallinum sulfuricum). Die wässerige Lösung verhält sich Ferrichlorid und Salpetersäure gegenüber wie diejenige des Thallinsulfates; auf Zusatz von Baryumnitrat jedoch bleibt die Lösung klar (Unterschied von Thallinsulfat). Auf Zusatz von Kaliumacetat dagegen scheidet sich ein krystallinischer Niederschlag (von Kaliumbitartrat) ab.

Aufbewahrung. Vor Licht geschützt, vorsichtig. ***Anwendung*** und ***Dosis*** genau wie bei dem vorhergehenden Thallinum sulfuricum.

Thapsia.

Gattung der **Umbelliferae — Apioideae — Laserpitieae — Thapsiinae.**

I. Thapsia garganica L. Heimisch von Algerien bis nach Kreta und Rhodus. Meterhohe, kräftige Pflanze mit starken Dolden, diese ohne Hülle und Hüllchen und mit grossen Flügelfrüchten. Verwendung findet die starke, möhrenartige, aussen graue, innen weisse Wurzel resp. deren Rinde.

† Cortex Thapsiae radicis — Thapsiarinde. — Écorce de racine de thapsia (Gall.).

Die Rinde bildet rinnen- oder röhrenförmige Stücke, die innen weisslich, aussen graubraun und querrunzelig sind. Aussen ist die Rinde von einem dünnen Kork bedeckt. Der Bast erscheint deutlich geschichtet aus Parthien, die kleine, schizogene Sekretbehälter enthalten, und solchen, die frei davon sind. Markstrahlen bis 5 Zellreihen breit. Enthält reichlich Stärke.

Bestandtheile. Die Droge enthält einen scharfen, blasenziehenden Milchsaft, der das Thapsiaharz liefert (vgl. unten). Er enthält eine zweibasische Säure, Thapsiasäure

$C_{16}H_{30}O_4$, ferner Caprylsäure, Wachs, Harz und als blasenziehendes Princip einen krystallisirenden Körper, der bei 87° C. schmilzt.

Verfälschung. Der Droge wird die Wurzel der mit ihr zusammen wachsenden Ferula nodiflora L. beigemengt.

Verwendung. Ausschliesslich zur Herstellung des Harzes.

† **Resina Thapsiae. Thapsiaharz. Résine de thapsia** (Gall.). Die Rinde wird zerschnitten, mit warmem Wasser gewaschen, getrocknet, grob gepulvert und hierauf zweimal mit q. s. 90proc. Weingeist durch Digeriren im Wasserbade ausgezogen. Man filtrirt, destillirt den Weingeist ab, wäscht das rückständige Harz mit warmem Wasser, bis dieses nichts mehr löst, und dampft zum weichen Extrakt ein. Es wird auch empfohlen, das Harz mit Benzol zu extrahiren. Man hüte sich vor dem Spritzen der Auszüge ins Gesicht etc.

Vorsichtig aufzubewahren. Innerlich wirkt es zu 0,01—0,04 abführend, äusserlich blasenziehend.

Das im Handel (speciell in Deutschland) erhältliche Präparat soll vielfach verfälscht werden mit Euphorbium und dem Harz der schwächer wirkenden Thapsia villosa L. Man hat in solchem Harz Cholesterin, Isovaleriansäure, Capronsäure, Angelicasäure, Euphorbon etc. aufgefunden. Nach K. Dieterich zeigt echtes Harz folgende Konstanten: Wasser 7,43—10,34 Proc., Asche 0,16—0,415 Proc., in Petroleumäther löslich 19,28—25,67 Proc., Verseifungszahl dieses Auszuges 251,94—360,18, in Alkohol löslicher Antheil 83,46—89,32 Proc., Verseifungszahl dieses Auszuges 367,96—405,55, Gesammtverseifungszahl 336,3—384,47. Beim Arbeiten mit dem Harz ist grosse Vorsicht geboten.

Sparadrap cum resina Thapsiae (Gall.). **Emplastrum Thapsiae extensum. Sparadrap de thapsia ou d'onguent de thapsia. Thapsiapflaster.** 420,0 gelbes Wachs, je 150,0 Colophonium, Fichtenharz und gekochten Terpentin (oder einfach 450,0 Fichtenharz), 50,0 Lärchenterpentin schmilzt man, seiht durch Leinen, fügt 50,0 Glycerin und 75,0 geschmolzenes Thapsiaharz hinzu und streicht, sobald die Masse gleichmässig geworden, auf Leinwand. Man kann auch das Thapsiaharz mit dem Glycerin anreiben und der halberkalteten Pflastermasse zusetzen. Ein hautröthendes Pflaster. Von dieser Zusammensetzung ist auch das Emplâtre révulsif de Thapsia Dr. Boulleau von Le Perdriel.

II. Thapsia Silphium Viviani. Ebenfalls in Nordafrika heimisch. Soll noch heftiger wirken.

Thea.

Folia Theae (Austr.). **Thea Chinensis. Folia Theae Chinensis. — Theeblätter. Thee. — Feuilles de thé** (Gall.). — **Tea.**

Thea sinensis L. (Theaceae — Theeae), mit grosser Wahrscheinlichkeit heimisch in Assam und auf der Insel Hainan, seit alter Zeit kultivirt in China und Japan, neuerdings auch in Hinterindien (besonders Java), Ceylon, Vorderindien (Vorberge des Himalaya), Australien, Kapland, Kaukasus, Brasilien. Für den Welthandel von Bedeutung sind nur die Kulturen in China, Japan, Ceylon und Java. Die jährliche Produktion ist schwer zu schätzen, in den Welthandel gelangen jährlich etwa 220 Mill. Kilo.

Einsammlung und Verarbeitung des Thees. In China liegt das Theegebiet zwischen 25 und 38° nördl. Br., in Indien steigt es bis 2000 m ü. M. Man zieht in den Kulturen die Pflanze meist als niederen Strauch, um das Sammeln zu erleichtern, das in der Regel dreimal in Jahre stattfindet und in China mit dem dritten Lebensjahre der Pflanze beginnt. Für die besseren Sorten wird die Spitze der Zweige, bestehend aus der am Ende befindlichen Knospe unentwickelter Blätter und den nächsten 1—6 Blättern, mit dem Fingernagel abgekniffen oder abgepflückt. Am werthvollsten ist die Knospe mit dem ersten Blatt, das sie noch umhüllt oder aus dem sie schon herausgebrochen ist. Sie liefert den Pecco. In Vorderindien und Ceylon pflückt man die Knospe mit den ersten zwei Blättern. Die folgenden Blätter (bis zum 4.) oder die Knospe mit dem schon freien ersten und dem zweiten Blatt liefert ebenfalls noch gute Sorten: Pecco-Souchong, Souchong und Kongo. Diese Bezeichnungen stammen aus China und werden wohl ausnahmslos auch in den andern Thee liefernden Ländern angewendet. Vergl. über die Sorten noch weiter unten. Die so gewonnenen Blätter und ganz jungen Achsen werden nun, je nachdem man grünen oder schwarzen Thee machen will, einer verschiedenen Behandlung unterworfen, die im Princip überall dieselbe ist, aber in China und Japan mit seit alters gebräuchlichen primitiven Apparaten und Vorrichtungen, in Indien mit modernen Einrichtungen vorgenommen wird. Wichtig ist es, dass die Blätter möglichst bald nach dem Pflücken verarbeitet werden, es sollen nicht mehr wie 24 Stunden darüber vergehen.

Für die Herstellung des schwarzen Thees lässt man zuerst die Blätter auf Matten oder Drahtnetzen bei einer 42° C. nicht übersteigenden Temperatur welken, wodurch das ursprünglich ziemlich lederige Blatt weich und biegsam wird und etwa 25 Proc. an Gewicht verliert, darauf werden die Blätter gerollt und nehmen dabei die uns geläufige Gestalt kleiner, häufig verbogener Cylinder an. Die Operation geschieht in China und Japan mit den Händen, in Indien mit Maschinen. Nun folgt der wichtige Fermentationsprocess, durch den das Aroma des Thees im wesentlichen entwickelt wird. Zu diesem Zweck breitet man den Thee auf Cementböden oder Holztischen in mehr oder weniger dicker (bis 15 cm) Schicht aus und bedeckt ihn häufig, um ihn abzukühlen, da die Temperatur 40° C. nicht überschreiten soll, mit nassen Tüchern. Die Operation dauert 2—8 Stunden, ihr Ende erkennt man daran, dass die ursprünglich grünen Blätter nun eine kupferrothe Farbe angenommen haben infolge der Bildung von Phlobaphen aus dem Gerbstoff, an welch letzterem der Gehalt durch diese Operation erheblich abnimmt. Dann wird der Thee getrocknet, entweder über einem Holzkohlenfeuer oder in komplicirter gebauten Apparaten, in denen die feuchte Luft abgesogen und erwärmte, getrocknete Luft eingeblasen wird. Endlich wird er durch Siebe von verschiedener Maschenweite sortirt.

Für Herstellung grünen Thees werden die Blätter in derselben Weise gewelkt und gerollt und dann auf eisernen Pfannen unter beständigem Umrühren erhitzt und getrocknet. Bei dieser schnelleren Verarbeitung findet eine Zersetzung des Gerbstoffes nicht statt. Oder man erhitzt (bratet) die Blätter direkt nach dem Welken und rollt sie erst später.

In China ist es gebräuchlich, den Thee zu parfümiren, indem man ihn mit wohlriechenden Blüthen zusammenlegt. Dieses Verfahren wird auch hier und da auf Java angewendet.

Beschreibung des Theeblattes. Bas Blatt von Thea sinensis ist lanzettförmig, kurz gestielt, vorn spitz oder stumpf, am Rande gesägt mit knorplig zugespitzten Zähnen. Im frischen Zustande ist es ziemlich derb, lederartig, glänzend grün. Das Verhältniss der Breite zur Länge beträgt 1 : 3,5—4,0. Junge Blätter sind dicht behaart, ältere wenig behaart oder ganz kahl. Vom Primärnerven gehen jederseits bis 7 Seitennerven unter einem Winkel von 50 bis 60° C. ab, die in der Nähe des Randes Schlingen bilden, aus denen weiter zarte Nerven höherer Ordnung entspringen (Fig. 170).

In Java und auch in Vorderindien und Ceylon kultivirt man meist eine abweichende, als Thea assamica bezeichnete Form der Pflanze, deren Blätter nicht im Bau, wohl aber im äusseren Aussehen deutlich abweichen. Sie sind verhältnissmässig breit, fast oval, das Verhältniss der Breite zur Länge beträgt durchschnittlich 1 : 2,5, die Spitze ist deutlich vorgezogen. Die Seitennerven gehen unter einem Winkel von durchschnittlich 70° C. ab (Fig. 169). Diese Unterschiede sind immer zu bedenken, da ein grosser Theil des in Europa konsumirten Thees aus den genannten Gebieten stammt.

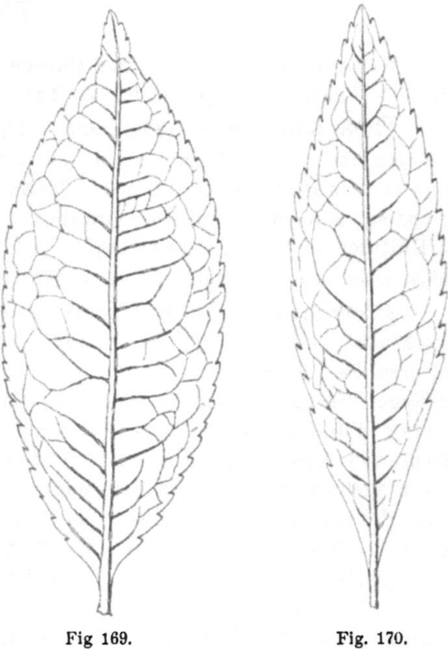

Fig 169. Blatt von Thea assamica.

Fig. 170. Blatt von Thea sinensis.

Ferner ist aus diesen makroskopischen Merkmalen im Auge zu behalten, dass das junge Blatt, das gerade die feinsten Sorten liefert, stark behaart ist, dass ältere Blätter schwach behaart sind oder kahl sein können.

Das Blatt ist bifacial gebaut. Die Epidermis der Oberseite besteht aus polygonal gerundeten, ziemlich dickwandigen Zellen, ohne Spaltöffnungen (Fig. 173), die der Unterseite aus mehr buchtigen Zellen mit rundlichen Spaltöffnungen, die bis 35 μ messen und von meist drei Nebenzellen umgeben sind (Fig. 174). Die Haare sind einzellig, über dem Grunde umgebogen, so dass sie der Blattfläche anliegen, bis 900 μ lang, bis 15 μ dick. Unter der Epidermis der Oberseite eine Lage ziemlich kurzer Palissaden, im Schwammparenchym einzelne Oxalatdrusen. Der Mittelnerv enthält ein Gefässbündel mit fächerförmigem Holztheil, an der Unterseite ausserdem unter der Epidermis Kollenchym. Als charakteristisches Gewebselement von ganz hervorragender Bedeutung sind grosse Steinzellen zu nennen, dieselben finden sich im Parenchym des Mittelnerven und in der Blattfläche, am ersteren Orte von unregelmässiger, sternförmiger Gestalt (Fig. 171), am letzteren gerade gestreckt, wenig verzweigt und fast immer das ganze Blatt von einer Epidermis zur andern durchsetzend (Fig. 172). Man sieht sie auf Querschnitten durch das Blatt leicht, wenn man einen solchen mit Phloroglucin und Salzsäure behandelt, kann sie aber auch in jedem Stück des Blattes sichtbar machen, wenn man ein solches kurze Zeit in Chloralhydrat aufhellt und dann nach dem Auswaschen ebenfalls mit Phloroglucin in Salzsäure behandelt. Sie fallen dann in beiden Fällen durch ihre Rothfärbung auf. Obschon solche oder ähnliche Steinzellen im Blattgewebe auch einiger anderer Pflanzen vorkommen, sind sie doch für das Theeblatt durchaus beweisend, da sie bei denjenigen Blättern, die als Theeverfälschungen genannt werden, fehlen (mit Ausnahme des Camellienblattes). Indessen ist dabei noch auf einen Punkt von grosser Wichtigkeit aufmerksam zu machen: ganz jungen Blättern, die gerade die besten Sorten liefern, fehlen sie oder sind so wenig entwickelt, dass ihr Auffinden besondere Geschicklichkeit voraussetzt. Ihr Fehlen beweist also nicht die Abwesenheit von Thee, ja man kann sagen, dass je weniger entwickelt und je seltener sie sind, um so werthvoller ist der Thee. Wenn sie fehlen, hat man sein Hauptaugenmerk, abgesehen von der Form des Blattes, auf die dann gerade reichlich vorhandenen Haare und die Spaltöffnungen mit ihren Nebenzellen zu richten. Es sei noch auf ein paar weitere Unterschiede zwischen alten und jungen Blättern aufmerksam gemacht: an jungen Blättern fehlen dem Gefässbündel des Mittelnerven Bastfasern völlig oder sind wenig entwickelt, in äl-

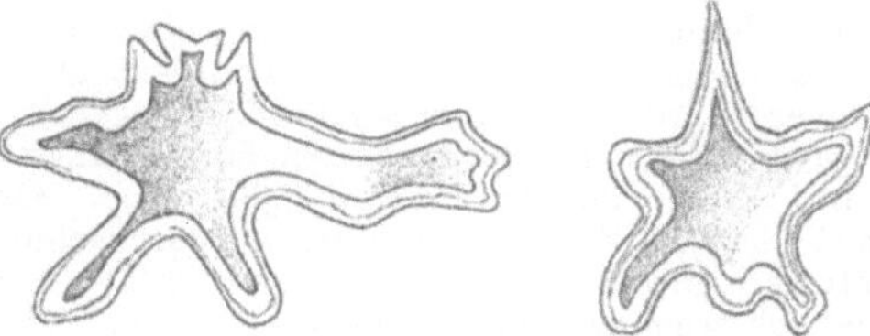

Fig. 171. Steinzellen aus dem Mittelnerven.

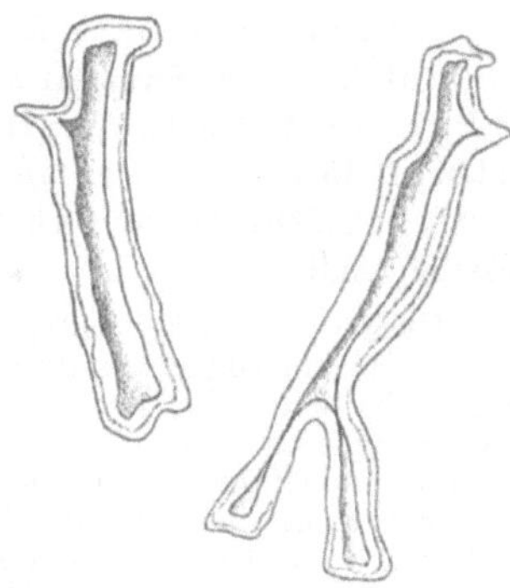

Fig. 172. Steinzellen aus der Blattfläche.

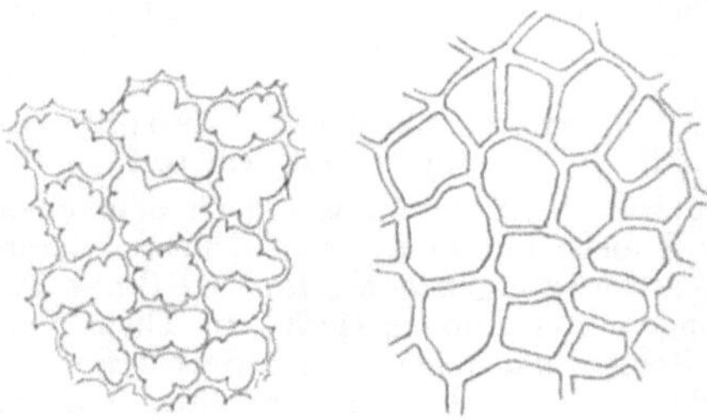

Fig. 173. Epidermis der Oberseite *a* eines jungen, *b* eines älteren Theeblattes.

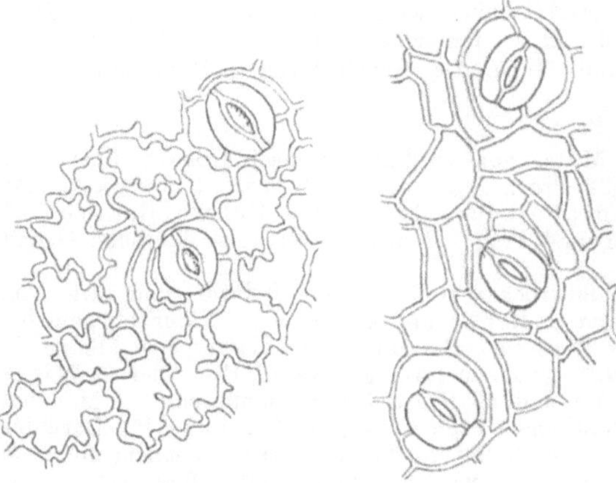

Fig. 174. Epidermis der Unterseite *a* eines jungen, *b* eines älteren Theeblattes.

teren ist das Bündel von zwei derben Bastsicheln umgeben. Die Epidermiszellen junger Blätter haben glatte Wände, bei älteren zeigen die Wände spitze leistenförmige Vorragungen, die in das Lumen des Blattes vorspringen (Fig. 173 b. 174 b.).

Bestandtheile nach Koenig im Mittel von 50—70 Analysen: Wasser 9,51 Proc. stickstoffhaltige Substanz 24,50 Proc., Coffeïn 3,58 Proc., Aetherisches Oel 0,68 Proc., Fett, Chlorophyll und Wachs 6,39 Proc., Gummi, Dextrin etc. 6,44 Proc., Gerbstoff 15,65 Proc., Pectin etc. 16,02 Proc., Holzfaser 11,58 Proc., Asche 5,65 Proc., Die stickstoffhaltende Substanz kann von 16—37 Proc. schwanken mit 2,5—6,0 Proc. Stickstoffgehalt.

Coffeïn (Bd. I, S. 908). Der Gehalt daran kann ausserordentlich schwanken, wir fanden in einem sogen. „Kulithee“ letzter Qualität aus Macao, der im wesentlichen aus Stengeln besteht, 0,171 Proc., anderseits werden als Maximum 4,7 Proc. angegeben. Bei der Untersuchung von 50 verschiedenen, im Handel befindlichen Sorten fand Keller nach der unten angeführten Methode 1,78—4,24 Proc., im Durchschnitt 3,064 Proc. Grüner Thee war ärmer an Coffeïn (durchschnittlich 2,54 Proc.) als schwarzer (durchschnittlich 3,15 Proc.). Die Untersuchung von 12 Mustern direkt aus China stammender Thees ergab uns 2,73—3,92 Proc., nur ein Muster erheblich weniger, nämlich 1,5 Proc., ebenso ergaben 9 Muster echt japanischer Thees 1,34—3,435 Proc. Die wiederholt ausgesprochene Behauptung, dass die letzteren Theesorten relativ arm an Coffeïn sind, werden durch diese Untersuchungen nicht bestätigt. Keller fand durchschnittlich für Pecco 3,68 Proc., für Congo 3,225 Proc., für Souchong 2,905 Proc. Wir fanden bei japanischen Thees in der besten Qualität 3,435 Proc., in einer mittleren Sorte 3,06 Proc., in einer geringen 2,13 Proc. Danach nimmt der Gehalt an Coffeïn mit dem Alter des Blattes ab. Man hat die Behauptung aufgestellt, dass der Gehalt an Coffeïn für die Beurtheilung und Werthschätzung des Thees ganz ohne Belang sei, aber mit Unrecht. Wenn es auch richtig ist, dass bei der Beurtheilung des Thees durch Geruch und Geschmack der Gehalt an Gerbstoff und an ätherischem Oel massgebend ist, so ist es doch ganz zweifellos, dass für die physiologische Wirkung, wegen deren der Thee genossen wird, das Coffeïn fast allein in Betracht kommt.

Neben dem Coffeïn enthält das Theeblatt ein zweites Alkaloid, Theophyllin (Bd. 1, S. 916) und angeblich ein drittes, das ebenfalls ein Xanthinderivat sein soll.

Gerbstoff. 8,0—26,1 Proc. Grüner Thee ist reicher daran, was nach dem oben (S. 1035) Angeführten leicht verständlich ist. Die Knospe mit dem ersten Blatt ist daran am reichsten, in den folgenden Blättern nimmt der Gerbstoffgehalt ab, im Verhältniss 12, $8^1/_2$, 8, 6, alte Blätter $4^1/_4$. Aeltere Untersuchungen von Hooper (1890) an Thees von Indien und Ceylon bestätigen, dass die besten Sorten am reichsten an Gerbstoff sind. Ueber die chemische Natur des Gerbstoffes herrscht wenig Klarheit, früher nahm man an, dass neben der Gerbsäure, die nach Einigen mit der Eichengerbsäure identisch, nach Anderen wie das Tannin ein Digallussäureanhydrid sein sollte, eine zweite Säure, die Boheasäure, existirt. Neuerdings nimmt man nur einen Gerbstoff, ein „Tannoid“ an, das man „Boheasäure“ nennt. Auf die Wichtigkeit des Gerbstoffes für die Beurtheilung des Thees wurde schon hingewiesen.

Aetherisches Oel in grünem Thee 1,0 Proc., in schwarzem 0,6 Proc. (nach van Romburgh 0,006 Proc.), was schwer verständlich erscheint, wenn man bedenkt, dass der grüne Thee bei der Herstellung stark erhitzt wird. Spec. Gew. 0,866, es dreht schwach links. Es enthält einen Alkohol $C_6H_{12}O$, ferner Methylsalicylat und Methylalkohol.

Das Fett besteht aus Stearin und Olein. Der Gehalt davon + Harz und Chlorophyll schwankt von 1,2—15,5 Proc.

Gummi und Dextrin 4,—10,8 Proc.

Asche Zusammensetzung im Mittel von 12 Analysen nach Koenig: Kali 34,3 Proc., Natron 10,21 Proc., Kalk 14,82 Proc., Magnesia 5,01 Proc.. Eisenoxyd 5,48 Proc., Manganoxyd 0,72 Proc., Phosphorsäure 14,97 Proc., Schwefelsäure 7,05 Proc., Kieselsäure 5,04 Proc., Chlor 1,84 Proc. Bemerkenswerth ist der hohe Gehalt an Mangan (bis 1,5 Proc.).

In Wasser löslich sind von lufttrockenem Thee 24—50 Proc. und zwar von schwarzem Thee weniger wie von grünem (z. B. 39,6 und 42,9 Proc.). Natürlich geht bei der gewöhnlichen Bereitungsweise des Thees als Getränk nicht diese ganze Menge in Lösung. Nach 20 Minuten langem Ziehen gehen in Lösung etwa 70 Proc. der in Wasser löslichen Stoffe, 60 Proc. des Gerbstoffes und 66 Proc. der Gesammtasche. — Man hat vorgeschlagen, die Güte des Thees zu bestimmen nach der sogen. „Theekraft“. Darunter versteht man die Menge der Stoffe, die durch Behandeln des Thees mit einem Gemisch von 3 Vol. Aether und 1 Vol. Alkohol erhalten werden. Es wurden gefunden 12,82 bis 37,35 Proc.

Verfälschungen des Thees. Wir führen im folgenden im wesentlichen nur solche auf, die seit 1890 beobachtet sind, da manche der älteren Angaben künstlich konstruirt erscheinen. Das gilt besonders für eine Anzahl von Blättern, die als Verfälschungen und Surrogate des Thees genannt werden. Bei nicht wenigen derselben liegt die Sache eigentlich umgekehrt, insofern sie in manchen Gegenden vor Bekanntwerden des Thees zu Herstellung eines Getränkes in Gebrauch waren und nun vor dem Thee allmählich verschwinden, sódass man sie nicht als Verfälschungen oder Surrogate des Thee bezeichnen kann.

a) Theile der Theepflanze.

1. Gebrauchte Theeblätter, die wieder so hergerichtet werden, dass sie frischem Thee gleich sehen. Man soll solchen Thee mit Campecheholz-Auszug, Catechu und Zuckercouleur auffärben. Dahin gehört der Maloo- und Rogoschkische Thee. Solcher Thee giebt weniger Extrakt, Asche, Coffeïn etc. wie guter (vgl. unten).

2. Vermengung guter Sorten mit minder guten, z. B. Pecco mit Souchong etc. Zum Nachweis weicht man eine Probe auf, legt die Blätter auseinander und vergleicht sie bezüglich der Grösse etc. mit denen unverdächtiger Sorten.

3. Abfälle von der Herstellung des Thees, Theestaub aus den Kisten werden mit Klebemitteln geformt, sie liefern den „lie-tea“ = „Lügenthee“. Beim Aufweichen liefert solcher Thee keine Blätter, sondern zerfällt in Stückchen.

4. Färbemittel, ausser den bereits angegebenen werden genannt: Indigo, Berlinerblau, Chromgelb, Curcuma (für grünen Thee), Graphit.

5. Mineralische Zusätze zur Beschwerung: Thon, Gips, Schwerspath, Speckstein, Sand. In Sortèn von 3 hat man Kohle, Zimmt, andere Rinde, Stroh, Fischschuppen etc. gefunden.

6. Andere Blätter, die man angeblich dem Thee substituirt; es sind auch hier, wie beim Kaffee, von den Verfälschungen solche Blätter auseinander zu halten, die man an Stelle von Thee benutzt, ohne sie als Thee zu bezeichnen, dahin gehört der Maté (Bd. II, S. 120), die Blätter von Coffea (Bd. I, S. 903).

Epilobium angustifolium L. (Fig. 175) und E. hirsutum L. (in Russland als Kappovic tea, Kopnischer Thee, Koponke, Iwan-Thee für sich genossen oder unter echten Thee gemischt; in Warschau sollen 10 Proc. der untersuchten Theesorten solche Blätter enthalten haben), schmal lanzettlich, sparsam gezähnt, sie haben keine Steinzellen im Blattgewebe, dagegen Raphiden, die spärlich vorhandenen Haare sind dünnwandig, ein-, selten zweizellig, Gefässbündel des Mittelnerven bikollateral, Cuticula der Blattunterseite längsgefaltet. Lithospermum officinale L. (als „böhmischer Thee, kroatischer Thee“ im Handel und dem schwarzen Thee täuschend ähnlich zubereitet. Die Pflanze soll zur Theebereitung in Böhmen gebaut werden) (Fig. 176). Blatt schlank lanzettlich, ganzrandig, Haare warzig-rauh, sie enthalten einen Cystolithen, ebenso die die Haare umgebenden Epidesmiszellen, Spaltöffnungen nur auf der Unterseite, auffallend klein. Vaccinium Arctostaphylos L. (im Kaukasus als Kutaisthee, kaukasischer Thee, ebenfalls wie schwarzer Thee zubereitet). 5 – 6 cm lang, 2—3 cm breit, eirund, zugespitzt, am Rande dicht drüsig-gezähnt. An den Nerven beiderseits mit langen, einzelligen, am Grunde etwas aufgetriebenen Haaren mit fein gestrichelter Cuticula und mit keulenförmigen Drüsenzellen, selten im Mesophyll Oxalatdrusen. Vaccinium Myrtillus L. (ebenfalls als kaukasischer Thee vorgekommen). Eiförmig, am Grunde gestutzt, oder schwach herzförmig, fast sitzend, bis 3 cm lang, bis 2 cm breit, drüsig-sägezähnig, Cuticula der Epidermis der Oberseite welligfaltig, an den Nerven einzellige, dickwandige, warzige Haare und Drüsenzotten, im Schwammparenchym Einzelkrystalle von Kalkoxalat.

Salix alba L., S. pentandra L., S. amygdalina L. (Fig. 177) (Weidenblätter sollen schon in China zuweilen dem Thee beigemengt werden). Lanzettlich, fast sitzend, am Rande klein-sägezähnig mit braunen Zahnspitzchen, oberseits zerstreut, unterseits dicht behaart. Spaltöffnungen beiderseits, wenn auch auf der Oberseite meist sehr spärlich. Palissaden zweireihig. Haare einzellig.

Ferner werden genannt von einheimischen Pflanzen: Prunus spinosa L., Prunus Cerasus L., Sambucus nigra L., Fraxinus excelsior L., Rosa canina L. und andere Arten, Fragaria vesca L., von fremden Olea europaea L. (enthält faserförmige Stein-

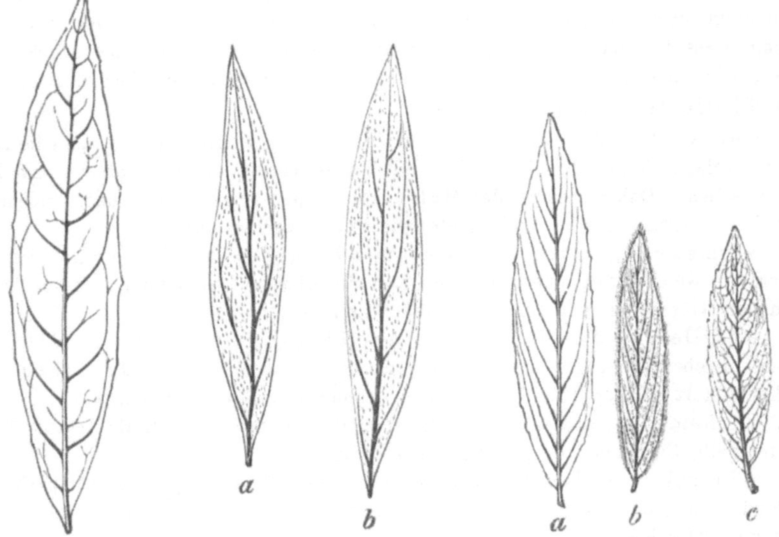

Fig. 175. Blatt von Epilobium angustifolium.

Fig. 176. Blätter von Lithospermum officinale. Nach HANAUSEK.

Fig. 177. Weidenblätter. *a b* von Salix alba. *c* von Salix amygdalina.

zellen im Mesophyll), Chloranthus inconspicuus Sw. (scheinen mit den Blüthen zum Parfümiren des Thees zu dienen), Spiraea salicifolia L., Thea japonica (L.) Nois., die bekannte Camellie (enthält dieselben Steinzellen wie der echte Thee, ist durch die Form der Blätter aber leicht zu erkennen, vergl. S. 1036).

Untersuchung des Thees. 1. Bestimmung des Coffeïn nach KELLER: In einen weithalsigen Scheidetrichter giebt man 6 g unzerkleinerte, getrocknete Theeblätter und übergiesst mit 120 g Chloroform. Nach einigen Minuten, d. h. nachdem das Chloroform den Thee durchtränkt hat, giebt man 6 ccm Ammoniakflüssigkeit hinzu und schüttelt während $^1/_2$ Stunde wiederholt kräftig um. Man lässt dann 3—6 Stunden stehen, bis die Lösung völlig klar geworden ist, lässt dann 100 g Chloroform (= 5 g Thee) durch ein kleines, mit Chloroform benetztes Filter in ein tarirtes Kölbchen abfliessen und destillirt das Chloroform im Wasserbade ab. Den Rückstand übergiesst man mit 3—4 ccm absolutem Alkohol, den man im Wasserbade wegkochen lässt. Dieses Rohcoffeïn, das noch Fett, Wachs und Chlorophyll enthält, muss weiter gereinigt werden. Zu dem Zwecke stellt man das Kölbchen auf ein kochendes Wasserbad und übergiesst den Inhalt mit einer Mischung von 7 ccm Wasser und 3 ccm Alkohol, worauf das Coffeïn beim Umschwenken fast momentan in Lösung geht. Dann giebt man noch 20 ccm Wasser hinzu, verschliesst das Kölbchen und schüttelt kräftig um, wobei das Chlorophyll etc. sich zusammenballt. Die Lösung wird durch ein kleines, mit Wasser benetztes Filter gegossen, Kölbchen und Filter mit 10 ccm Wasser nachgespült, das Filtrat im tarirten Glasschälchen verdampft, getrocknet und gewogen. Gewicht $\times$ 20 = Procentgehalt an Coffeïn.

2. Bestimmung des Gerbstoffes. a) Nach J. BELL bestimmt man annähernd den Gehalt, indem man in einer bestimmten Menge Theelösung (zu deren Herstellung werden 10 g Theepulver wiederholt mit 200 g siedendem Wasser übergossen und nach je 5 Minuten abgegossen, dann wird der Thee noch wiederholt mit Wasser ausgekocht und die Auszüge zum Liter aufgefüllt) den durch eine Gelatine- und Alaunlösung erhaltenen Niederschlag trocknet und wägt. 40 Proc. werden als Gerbstoff in Rechnung gebracht.

b) Nach LÖWENTHAL-v. SCHRÖDER (Bd. I, S. 135).

c) Nach FLECK: 2 g Thee werden dreimal je $^1/_2$ Stunde mit je 100 ccm Wasser extrahirt, die filtrirten Auszüge erhitzt man zum Sieden und fällt mit 20—30 ccm einer Kupferacetatlösung (1:20—30 H_2O). Der Niederschlag wird abfiltrirt, wobei das Filtrat grün erscheinen muss, mit heissem Wasser ausgewaschen, getrocknet und im Porcellantiegel geglüht. Nach dem Erkalten wird etwas Salpetersäure zugesetzt, um das Oxydul in Oxyd überzuführen, wieder geglüht und gewogen. — 1 g CuO = 1,3061 g Gerbstoff.

3. Bestimmung der in Wasser löslichen Stoffe: 30 g trockner Thee werden mit 500 ccm Wasser etwa 6 Stunden auf dem Wasserbade digerirt, die Masse in ein gewogenes Filter filtrirt und der Rückstand auf dem Filter so lange ausgewaschen, bis das Filtrat 1000 ccm beträgt. Der Rückstand auf dem Filter wird getrocknet und gewogen, die Differenz von 30 g macht die in Wasser löslichen Stoffe aus.

4. Botanische und mikroskopische Untersuchung. Dieselbe bezweckt die Feststellung, dass nur Theeblätter vorliegen. Man weicht eine grössere Anzahl Stücke des Musters von möglichst verschiedenem Aussehen in warmem Wasser einige Stunden ein und breitet sie dann vorsichtig auf Glasplatten aus. Erscheint es erforderlich, die Blätter dann noch genau zu untersuchen, so kann man verdächtige Blätter durchsichtig machen, indem man sie 1—2 Tage in Chloralhydratlösung (Bd. II, S. 389) einlegt. Man kann dann die Haare, die Steinzellen und gewöhnlich auch die Form der Epidermiszellen (auf beiden Seiten) und Spaltöffnungen, ohne Tangentialschnitte machen zu müssen, erkennen. Zur Herstellung von Querschnitten ist es praktisch, die stark aufgeweichten Blätter erst in Alkohol zu härten. Man schneidet zwischen Kork oder Hollundermark und hellt die meist stark gefärbten Schnitte auch erst in Chloralhydrat auf.

Anhaltspunkte zur Beurtheilung des Thees. 1. Der Coffeïngehalt soll mindestens 2 Proc. betragen. Wir gehen mit dieser Forderung über mehrfache ältere Forderungen, die sich meist mit 1 Proc. begnügen, hinaus, gestützt auf zahlreiche neuere, zum grossen Theil eigene Untersuchungen, die uns ergeben haben, dass guter Thee nur ganz ausnahmsweise weniger wie 2 Proc. giebt. Die Surrogatblätter enthalten mit Ausnahme derjenigen des Kaffees und des Maté gar kein Coffeïn. Bereits extrahirte Blätter enthalten weniger wie 1 Proc.

2. Der Gehalt an Gerbstoff soll bei grünem Thee mindestens 10 Proc., bei schwarzem mindestens 7,5 Proc. betragen, auch er geht bei extrahirtem sehr stark zurück.

3. Der Gehalt an in Wasser löslichen Stoffen soll bei grünem Thee mindestens 28 Proc., bei schwarzem mindestens 25 Proc. für den lufttrocknen und 31, resp. 25 Proc. für den wasserfreien Thee betragen. In erster Linie wichtig zur Erkennung extrahirten Thees.

4. Der Gehalt an Asche soll 7,0 Proc. nicht übersteigen, davon sollen 4,5 Proc. in Wasser löslich sein. Bei einer künstlichen Beschwerung des Thees wird der Aschengehalt selbstverständlich steigen, bei bereits extrahirtem aber natürlich sinken, so dass ein auffallend niedriger Gehalt an Asche ebenfalls verdächtig ist, ganz besonders enthält die Asche solcher Blätter wenig in Wasser lösliche Antheile von geringer Alkalität. Die letztere ermittelt man, indem man die Asche von 5 resp. 10 g Thee in Wasser löst, filtrirt, die Lösung mit $^1/_{10}$ N.-Schwefelsäure titrirt und die Alkalität als KHO in Rechnung bringt.

J. Bell fand:

	Gesammtasche Proc.	Davon in Wasser löslich Proc.	Sand Proc.	Alkalität Proc.
Reiner Thee	6,65	3,62	0,63	1,92
Extrahirter Thee	5,37	0,85	1,22	0,22

Sorten des Thees. Man unterscheidet vom schwarzen Thee allgemein 3 Gruppen nach den chinesischen Bezeichnungen: Peckoe, Souchon, Congo, wobei Peckoe die besten Sorten bezeichnet, eine Abweichung besteht bezüglich der letzten Gruppe in Vorderindien und Ceylon, wo man nach Schulte im Hofe (1901) folgende Sorten unterscheidet:

Flowery Orange Pekoe (Flowery Peckoe) enthält nur Blattknospen. Farbe silbergrauschwarz bis gelbbraun.

Orange Pekoe enthält die Knospen und das erste Blatt. Gelbbraun.

Broken Orange Pekoe ebenso, aber das erste Blatt vielfach zerbrochen.

Pekoe enthält die Knospe, das erste und häufig das zweite Blatt. Braunschwarz bis schwarz, seltener mit gelben Punkten.

Broken Pekoe ebenso, aber mit gebrochenen Blättern.

Pekoe Souchon enthält das zweite oder das erste und zweite Blatt. Mehr oder weniger schwarz.

Souchon besteht aus Knospe mit dem ersten und zweiten Blatt.

Broken Souchon oder Broken Tea dasselbe, aber die Blätter zerbrochen. Beide von mehr oder weniger schwarzer Farbe.

Couchon besteht aus dem dritten Blatt. Farbe wie beim vorigen.

Fannings, Bruchstücke von Blättern, man unterscheidet Peckoe-Fannings und Souchon-Fannings.

Dust, der abgesiebte Staub, enthält neben Bruchstücken der Blätter Haare, Sand etc.

Von anderen Bezeichnungen seien noch die folgenden genannt: Oulong, Haysan, Congo, entsprechen etwa dem Couchon.

Von grünen Thees unterscheidet man in Java: Joosjes, Uxim, Hysant, Tonkay, Schin, die erstgenannte Sorte ist die beste. Zu den grünen Thees gehört auch der Imperialthee, aus jüngeren Blättern zusammengerollt, ebenso der Schiesspulverthee (Gunpowder), der 2—3 mm grosse Körner bildet.

Aus dem Theestaub, der übrigens auch das Hauptmaterial zur Darstellung des Coffeïn liefert, macht man in Europa Theetabletten verschiedener Art, die im allgemeinen wenig werthvoll sind, wogegen der in China selbst hergestellte und meist in Sibirien verwendete Ziegelthee nicht aus Staub, sondern aus grösseren Blättern gemacht wird.

Aufbewahrung. Man bewahrt den Thee in dichtschliessenden Gefässen aus Blech, Glas oder Porcellan, oder in Holzkästen, die innen mit Weissblech oder Stanniol bekleidet sind, doch nicht in den gewöhnlichen Schiebekästen neben anderen Pflanzenstoffen, zumal solchen mit flüchtigen Bestandtheilen, da das feine Theearoma dadurch beeinträchtigt werden könnte. Beutel oder Pappdosen, in denen man Thee ausgewogen vorräthig hält, legt man innen mit Zinnfolie aus und stelit diese Packete aus dem angegebenen Grunde nicht in Schränke zusammen mit andern, riechenden Substanzen.

Wirkung. Dieselbe ist der des Kaffees, Kakaos etc. analog, aber weniger aufregend wie beim Kaffee, trotzdem der Coffeïngehalt des Thees erheblich grösser ist. Offenbar fallen beim Kaffee die Röstprodukte bedeutend ins Gewicht.

Anwendung. Als Arzneimittel wird der Thee kaum gebraucht. Man hat ihn früher als schweisstreibendes Mittel bei Erkältungen angewendet, auch bei Steinleiden innerlich, bei Tripper als Einspritzung empfohlen. Seine Hauptverwendung findet er als Genussmittel.

Essentia Theae. Theeessenz. Czaj-Essenz. 10 Th. Thee zieht man mit 50 Th. heissem Wasser 1 Stunde, nach Zusatz von 50 Th. Weingeist noch 1 Tag aus, presst aus, macerirt den Rückstand 1 Tag mit 200 Th. echtem Rum, setzt den vereinigten Seihflüssigkeiten 1 Th. gestossenen Pfeffer und 1,5 Th. Vanille, mit wenig Zucker verrieben, zu und filtrirt nach 3 Tagen. 1—2 Löffel auf eine Tasse heisses Wasser.

Extractum Camelliae fluidum (Nat. form.). **Extractum Theae fluidum. Theeextrakt. Fluid Extract of Camellia.** 1000 g gepulverte Theeblätter (No. 40 „Formosa Oolong“) befeuchtet man mit q. s. einer Mischung aus 250 ccm Weingeist (91 proc.), 685 ccm Wasser und 65 ccm Glycerin, perkolirt, zunächst mit dem Rest, dann mit einer Mischung aus 1 Raumth. Weingeist und 3 Raumth. Wasser, fängt die ersten 875 ccm Perkolat für sich auf und bereitet l. a. 1000 ccm. Fluidextrakt. Eignet sich besonders zur Theebereitung auf Reisen, bei Bergbesteigungen etc.

Ptisana de folio Theae. (Gall.). **Tisane de thé.** Aus 10,0 Thee und 1000,0 siedendem Wasser; nach $^1/_2$ Stunde durchseihen.

Sirupus Theae. Theesirup. Bad. Taxe: 10 Th. schwarzen Thee übergiesst man mit 50 Th. siedendem Wasser, seiht nach 12 Stunden durch, ohne zu pressen, und bringt 40 Th. Filtrat mit 60 Th. Zucker zum Sirup. Einen wohlschmeckenden Sirup mit geringerem Tanningehalt erhält man, wenn man nach 20—30 Minuten durchseiht und einige Tropfen Tinct. Vanillae zusetzt.

Theelikör (Buchh.). 125,0 Peccothee zieht man 8 Tage mit 3 l Weingeist aus, filtrirt, fügt 1 l Rum, 1 g Vanilleessenz, 3 kg Zucker hinzu, bringt mit q. s. Wasser auf 10 l. und färbt schwach bräunlich.

Tinctura Theae. Theetinktur. 1 Th. schwarzer Thee, 5 Th. Jamaika-Rum oder Arak.

Tinctura Theae saccharata (Diet.). **Sirupus Theae. Theeextrakt.** 1 Th. Theetinktur, 2 Th. Zuckersirup. 2—3 Theelöffel auf 1 Tasse heisses Wasser als Erfrischung für Radfahrer, Touristen.

Asthmapulver, nach Martindale: Fol. Theae, Fol. Stramonii, Herb. Lobeliae, Kal. nitric. āā 240,0, Fruct. Anisi, Fruct. Foeniculi āā 20,0.

Tip-top-tablet-Tea von Musset ist minderwerthiger, in Tafeln gepresster Thee.

Thebaïnum.

† Thebaïnum. Thebaïn. Paramorphin (THIBOUMERY's) $C_{19}H_{21}NO_3$. **Mol. Gew. = 311.** Ein im Opium vorkommendes Alkaloid.

Darstellung. Da das Thebaïn im Opium nur zu etwa 0,2—0,5 Proc. vorkommt, so ist seine Darstellung im pharmaceutischen Laboratorium nicht angezeigt. Man gewinnt es vielmehr in den Morphinfabriken bei der Verarbeitung des Opiums auf Morphin etc. als Nebenprodukt nach einem ziemlich komplicirten Verfahren, dessen Wiedergabe zu viel Raum in Anspruch nehmen würde.

Eigenschaften. Krystallisirt aus verdünntem heissen Alkohol in glänzenden, weissen, der Benzoësäure ähnlichen Blättchen, aus starkem Alkohol in dicken Prismen. Schmelzpunkt 193° C. Es reagirt alkalisch, ist geschmacklos, fast unlöslich in kaltem Wasser, ziemlich leicht löslich in Aether, in Chloroform und Benzol. In Alkalien löst es (Unterschied vom Morphin) nicht, in Ammoniakflüssigkeit nur wenig. Die Lösungen des Thebaïns sind linksdrehend. — Mit Mineralsäuren verbindet sich das Thebaïn leicht zu Salzen, und zwar verhält es sich wie eine einsäurige (tertiäre) Base. Erhitzt man die Base aber mit Mineralsäuren, so wird sie leicht gespalten.

Reaktionen. 1) Konc. Schwefelsäure löst das Thebaïn mit tiefrother Färbung (noch bei 0,1 mg sichtbar), welche allmählich in Gelbroth übergeht. Aehnlich verhalten sich FRÖHDE'sches Reagens und ERDMANN's Reagens, auch MANDELIN's Reagens verhält sich ähnlich (s. Bd. I, S. 207 u. 208). 2) Konc. Salpetersäure löst das Thebaïn mit gelber Färbung und unter Zersetzung (s. oben). 3) Mit Chlorwasser erwärmt, tritt Rothfärbung ein; löst man es in Chlorwasser ohne Erwärmung und versetzt alsdann mit Ammoniakflüssigkeit, so tritt Rothbraunfärbung ein. 4) Von den allgemeinen Alkaloidreagentien zeigen das Thebaïn mit besonderer Schärfe (1 : 10000) an: Phosphormolybdänsäure, Kaliumwismutjodid, Kaliumquecksilberjodid und Jodjodkalium. Aus seinen Salzlösungen wird das Thebaïn gefällt durch: Aetzende Alkalien, Kalkmilch, Ammoniak, Kohlensäure und doppeltkohlensaure Alkalien. In Ammoniakflüssigkeit ist es etwas löslich.

Auf eine Lösung von Ferricyankalium - Ferrichlorid wirkt Thebaïn und seine Salze nicht reducirend, d. h. es erzeugt in dieser Lösung nach kurzer Zeit eine Blaufärbung nicht. (Unterschied vom Morphin.)

Aufbewahrung. Vorsichtig, in gleicher Weise wie andere Opiumalkaloide.

Anwendung. Thebaïn gehört zu den Tetanus erregenden Giften (Krampfgiften) und hat also eine gewisse Verwandtschaft mit Strychnin, doch sollen sich Morphin und Thebaïn gegenseitig nicht antagonistisch verhalten. Die therapeutische Anwendung ist nur vereinzelt geblieben; es konnten keine specifischen Heilerfolge erzielt werden. Gabe 0,015—0,05—0,1 g einige Male des Tages. Die grösste Einzelgabe wäre zu 0,2 g, die grösste Tagesgabe auf 0,5 g anzunehmen.

Theobrominum.

I. † Theobrominum. Theobromin (Austr.). **Dimethylxanthin** $C_7H_8N_4O_2$. **Mol. Gew. = 180.** Ein in den Kakaobohnen enthaltenes basisches Xanthinderivat, welches dem Coffeïn nahe steht. In den Kakaobohnen ist es zu etwa 1,5 Proc., in den Kakaoschalen zu etwa 0,3 Proc. enthalten.

Darstellung. **1)** Nach E. SCHMIDT und PRESSLER. Entöltes Kakaopulver wird mit seinem halben Gewichte frisch bereiteten Kalkhydrates gemengt und am Rückflusskühler wiederholt mit 80procentigem Alkohol ausgekocht. Nach dem Erkalten des fast farblosen Filtrates scheidet sich ein Theil des Theobromins als rein weisses Krystallpulver ab, der Rest wird nach dem Abdestilliren des Alkohols gewonnen und durch Umkrystallisiren gereinigt. — 2) Nach Dragendorff. Man kocht Kakaoschalen mit Wasser aus, presst die Abkochung ab, fällt die abgepresste Brühe mit Bleiessig, filtrirt, entfernt das Blei durch Schwefelwasserstoff, trocknet die Lösung mit gebrannter Magnesia ein und kocht den gepulverten Rückstand mit Alkohol aus. Das aus dem alkoholischen Auszuge (event. nach dem Abdampfen desselben) sich ausscheidende Roh-Theobromin wird wie unter 1 gereinigt.

Eigenschaften. Farbloses, aus rhombischen Nadeln bestehendes Krystallpulver ohne Geruch, von allmählich auftretendem, bitterem Geschmack. Es sublimirt, ohne vorher zu schmelzen, aber auch ohne Zersetzung, bei 290—295° C. 1 Th. Theobromin löst sich in 1700 Th. kaltem oder 150 Th. heissem Wasser, in 4300 kaltem oder 430 Th. heissem absolutem Alkohol, oder in 105 Th. heissem Chloroform. In wässerigem Alkohol ist es wesentlich leichter löslich.

```
CH3—N——CH
    |      ||
   CO     C—N—CH3
    |      |    \
    |      |     CO
   NH— C=N
```

Theobromin.

Mit Säuren verbindet es sich nur langsam; selbst die mineralsauren Salze geben an Wasser oder Alkohol, oder beim Erwärmen einen Theil oder alle Säure wieder ab. Dagegen verbindet sich Theobromin leicht mit Basen. — Die Alkali- und Erdalkalisalze des Theobromins sind in Wasser leicht löslich, und aus diesen Lösungen wird das Theobromin durch Zusatz von Säuren als feines, schneeweisses Pulver wieder abgeschieden.

Reaktion: Dampft man 1 Th. Theobromin mit etwa 100 Th. Chlorwasser im vollheissen Wasserbade rasch zur Trockne, so erhält man einen rothbraunen Rückstand. Bedeckt man die Schale, welche diesen Rückstand enthält, mit einer Glasplatte, die man auf der inneren Seite mit etwas Ammoniakflüssigkeit befeuchtet hat, so nimmt der Rückstand schön purpurviolette Färbung an.

Infolge seiner geringen Löslichkeit und der damit zusammenhängenden schweren Resorbirbarkeit hat das Theobromin bisher so gut wie keine therapeutische Verwendung gefunden. Nachdem man jedoch gelernt hat, die Base in die leicht lösliche Form des Diuretins zu bringen, ist sie ein sehr werthvolles Arzneimittel geworden.

II. † Theobrominum natrio-salicylicum (Germ.). **Theobrominum Natrio-salicylicum** (Austr.). **Theobrominnatriosalicylat. Diuretin.** $C_7H_7NaN_4O_2 . C_7H_5O_3Na$. **Mol. Gew. = 362.**

Darstellung. Austr.: Man löst 1 Th. festes Natriumhydroxyd in 1 Th. destillirtem Wasser und fügt 8 Th. Alkohol von 95 Vol.-Procent hinzu. Diese Mischung lässt man in einem gut verschlossenen Gefässe stehen, bis sie unter Abscheidung eines Bodensatzes sich vollständig geklärt hat. Wenn dies der Fall ist, so bestimmt man in einer gewogenen oder gemessenen Menge den Gehalt an Natriumhydroxyd mittels $^1/_2$ normaler Salzsäure und Methylorange als Indikator.

Zu einer Menge dieser Lösung, welche = 40 g Natriumhydroxyd (NaOH) entspricht, giebt man 180 g Theobromin und 200 g destillirtes Wasser. Man erwärmt bis zur vollständigen Lösung des Theobromins, mischt eine Lösung von 160 Th. Natriumsalicylat in 150 Th. destillirtem Wasser dazu, filtrirt wenn nöthig durch Glaswolle und dampft die Lösung sogleich zur Trockne. Die resultirende Salzmasse wird zu einem groben Pulver zerrieben und im Wasserbadtrockenschranke nachgetrocknet.

Eigenschaften. Das Diuretin ist ein weisses, geruchloses, amorphes Pulver; es löst sich bei Erwärmen in weniger als der Hälfte seines Gewichtes Wasser klar auf, und diese Lösung bleibt auch nach dem Erkalten klar. Der Geschmack ist wegen des Gehaltes an Natriumsalicylat süsslich, und wegen der Anwesenheit von Theobrominnatrium laugenhaft (das Theobromin ist keine eigentliche Säure und hebt deshalb die laugenhaften Eigenschaften des Natronhydrates nicht völlig auf).

Die 20procentige Lösung ist farblos, bläut wegen des Gehaltes an Theobrominnatrium rothes Lackmuspapier und giebt beim Versetzen mit Eisenchloridlösung eine rothbraune, bei stärkerer Verdünnung die violette Färbung der Salicylsäure. Versetzt man die Lösung mit kleinen Mengen Salzsäure, so wird, so lange die Reaktion der Flüssigkeit noch alkalisch ist, zunächst Theobromin als weisses Pulver, bei Zusatz von Salzsäure bis zur sauren Reaktion alsdann Salicylsäure in Krystallen abgeschieden. Fügt man zu der Flüssigkeit nunmehr eine hinreichende Menge von Natronlauge, so erhält man wieder eine klare Lösung, weil sich das Doppelsalz Theobrominnatrium-Natriumsalicylat wieder gebildet hat.

Das Diuretin enthält 44,2 Proc. Natriumsalicylat und 55,8 Proc. Theobromin-Natrium. Diese 55,8 Proc. Theobromin-Natrium entsprechen = 49,7 Proc. Theobromin.

Prüfung. Zur Identificirung des Diuretins dürften für den praktischen Gebrauch folgende Reaktionen genügen: 1) Die wässerige Lösung (1 = 5), mit 1 Tropfen Lackmustinktur versetzt und mit verdünnter Salzsäure neutralisirt, muss einen starken weissen Niederschlag von Theobromin ergeben; das Filtrat davon, mit mehr Salzsäure versetzt, muss eine Fällung von Salicylsäure oder mit Eisenchlorid die bekannte Salicylsäure-Reaktion geben; — der Theobromin-Niederschlag muss in Aetzalkalien leicht und vollständig löslich und nach gutem Auswaschen auf dem Platinblech vollkommen verbrennlich sein. — 2) Um eine Unterschiebung des billigeren Coffeïn für das theuere Theobromin zu erkennen, verfährt man wie folgt: Man bereitet eine 20procentige Lösung des Diuretins und stellt zunächst fest, dass auf Zusatz einiger Tropfen Salzsäure eine weisse Ausscheidung erfolgt, welche durch Ammoniakflüssigkeit nicht, sondern erst durch Natronlauge vollständig gelöst wird. Alsdann versetzt man 5 ccm der 20procentigen Lösung mit 10 Tropfen Salzsäure, fügt Natronlauge bis zur vollständigen Klärung hinzu und schüttelt mit 10 ccm Chloroform aus. Der nach dem Verdunsten des Chloroforms hinterbleibende Rückstand darf nicht mehr als 0,005 g betragen, anderenfalls ist wahrscheinlich Coffeïn zugegen, da dieses in Chloroform weitaus leichter löslich ist als Theobromin. — 3) Eine Werthbestimmungsmethode, die zwar den Uebelstand hat, dass sich ein geringer Antheil des Theobromins der Wägung entzieht und als Analysenfaktor hinzugerechnet werden muss, die aber im übrigen kurz und mühelos und deshalb für praktische Bedürfnisse geeignet ist, wurde von Vulpius angegeben:

Hiernach werden 2 g des Präparates in einem Porcellanschälchen in 10 ccm Wasser durch gelindes Erwärmen gelöst. Man versetzt nun mit einigen Tropfen Lackmustinktur, neutralisirt mit Normalsalzsäure, wozu etwa 5 ccm erforderlich sind, stellt durch Zugabe eines Tropfens einer verdünnten Ammoniakflüssigkeit eine schwach alkalische Reaktion wieder her, rührt gut durch und lässt unter öfterem Umrühren bei gewöhnlicher Zimmerwärme drei Stunden lang stehen, worauf man das abgeschiedene Theobromin auf ein 8 cm messendes, bei 100° C. getrocknetes und dann gewogenes Filter bringt. Das durch schwaches Absaugen vermehrte Filtrat wird zum Nachspülen des im Schälchen verbliebenen kleinen Theobrominrestes auf das Filter benützt und nunmehr der Inhalt des letzteren nach erneutem mässigem Absaugen zweimal mit je 10 ccm kaltem Wasser gewaschen, hierauf in dem Filter bei 100° C. getrocknet und gewogen. Das Gewicht des so erhaltenen Theobromins soll mindestens 0,80 betragen. In der Regel beträgt es 0,82 bis 0,83 g.

Zu dieser Menge muss natürlich noch diejenige hinzugerechnet werden, welche im Filtrate, sowie in den Waschwässern verbleibt und, welche erfahrungsgemäss 0,13 g beträgt. Die Gesammtmenge des Theobromins beläuft sich demnach auf etwa 0,83 g + 0,13 = 0,96 g oder 48 Proc.

Die Prüfung kann man dadurch vervollständigen, dass man das getrocknete Theobromin prüft. Dieses muss, in einem Probirglase erhitzt, ohne einen Rückstand zu hinterlassen sublimiren, ferner in Natronlauge klar löslich sein. (Coffeïn würde ungelöst bleiben.)

Das Filtrat vom Theobrominniederschlage kann man in einen Schütteltrichter bringen, mit 2 g Salzsäure versetzen und zweimal mit 30 bez. 15 ccm Aether ausschütteln. Der nach dem Verdunsten des Aethers hinterbleibende Rückstand besteht aus Salicylsäure, sein Gewicht soll nicht mehr als 0,77 g (theoretisch = 0,762 g oder 38,1 Proc.) betragen.

Aufbewahrung. Vorsichtig. Lichtschutz ist nicht erforderlich, dagegen ist es nöthig, das Diuretin, gleichgiltig ob es als Pulver oder in Lösung vorhanden ist, gegen die Einwirkung von Säuren und zwar auch schon gegen die Einwirkung der Luft-Kohlensäure, zu schützen, da es durch Aufnahme von Kohlensäure aus der Luft unter Abscheidung von Theobromin zerlegt wird und dann nicht mehr klar löslich ist. Man bewahre es gut getrocknet in Glasflaschen mit engem Halse auf, grössere Vorräthe unter Korkverschluss mit Paraffindichtung.

Anwendung. Das Diuretin hat sich als zuverlässiges Diureticum erwiesen, dessen harntreibende Wirkung auf direkter Beeinflussung des Nierenepithels beruht. Vom Coffein unterscheidet es sich dadurch, dass es nicht centralerregend wirkt, also nicht wie das Coffein Unruhe und Schlaflosigkeit hervorruft. Auf Grund dieser Wirkung, welche dem Theobromin zuzuschreiben ist, giebt man es bei Nieren- und Herzleiden (Hydrops), auch da, wo Digitalis und Strophanthus versagten. Vor Kalomel hat es den Vorzug der Ungiftigkeit. — Die volle Wirkung tritt in der Regel erst am 3. bis 4. Tage ein. Kumulative Wirkung und Gewöhnung an das Mittel ist bisher nicht beobachtet worden. Sehr gut hat sich die Kombination von Diuretin und Digitalis bewährt. — Man giebt das Diuretin am besten in der Form der Mixtur, meist mit aromatischen Wässern. Die Verwendung als Pulver ist nicht zweckmässig, da durch Anziehung von Kohlensäure aus der Luft bald ein Theil des Theobromins aus der Natronverbindung verdrängt und dadurch unlöslich wird. Aus dem gleichen Grunde darf man zur wässerigen Lösung kein sauer reagirendes Korrigens (Fruchtsirupe, Succus Liquiritiae u. dergl.) oder Ammoniumsalze zusetzen. Höchstgaben: *pro dosi* 1,0 g, *pro die* 6,0 g (Austr. Germ.). — Es empfiehlt sich, wegen der alkalischen Reaktion der Lösung nicht zu koncentrirte Lösungen schlucken zu lassen.

† **Theobrominlithium-Lithiumsalicylat. Uropherin. Uropherinsalicylat. Lithium-Diuretin.** $C_7H_7LiN_4O_2 \cdot C_7H_5O_3Li$. **Mol. Gew. = 330.** Wird nach GRAM leichter resorbirt als das gewöhnliche Diuretin. Weisses, in 5 Th. Wasser lösliches Pulver. Gehalt an Li = 4,2 Proc., an Theobromin = 54,54 Proc. In Tagesgaben von 3—4 g zu geben.

† **Theobrominlithium-Lithiumbenzoat. Uropherinbenzoat.** $C_7H_7LiN_4O_2 . C_7H_5O_2Li$. **Mol. Gew. = 314.** Wird nach GRAM an Stelle des vorigen in solchen Fällen gegeben, in denen Salicylsäureverbindungen nicht vertragen werden. Weisses, in 5 Th. Wasser lösliches Pulver. Gehalt an Li = 4,45 Proc., an Theobromin = 57,3 Proc.

† **Theobrominum salicylicum. Salicylsaures Theobromin. Theobrominsalicylat.** $C_7H_8N_4O_2 \cdot C_7H_6O_3$. **Mol. Gew. = 318.** Das Salz wird dargestellt durch Kochen von 180 Th. Theobromin mit 140 Th. Salicylsäure und der erforderlichen Menge von Wasser (D. R.-P. 84 987). Es scheidet sich alsdann in wohl ausgebildeten Krystallen von angenehm bitterem Geschmack und saurer Reaktion aus. Das Salz wird durch Wasser nicht zersetzt.

† **Theobrominum-Natrium salicylicum. Theobromin-Natriumsalicylat.** Wird dargestellt durch Auflösen von 180 Th. Theobromin in einer koncentrirten Lösung von 170 Th. Natriumsalicylat. Nach SZTANKAY entspricht es der Zusammensetzung $C_7H_8N_4O_2 \cdot C_7H_5NaO_3$.

† **Jodotheobromin. Theobrominjodnatrium.** Ist ein Gemenge von 40 Th. Theobromin, 21,6 Th. Natriumjodid und 38,4 Th. Natriumsalicylat. Weisses, in heissem Wasser lösliches Pulver. Wird bei Aorteninsufficienz zu 0,25—0,5 g zwei- bis sechsmal täglich gegeben.

Glycosolvol von LINDNER-Dresden ist „Peptonisirtes, oxypropionsaures Theobromin-Trypsin" und wird gegen Diabetes empfohlen. Die Zusammensetzung erscheint nicht recht klar.

Mixtura Theobromini natrio-salicylici
(Münch. Ap.-V.).
Diuretin-Mixtur.

Rp. Theobromini natrio-salicylici 5,0
Aquae destillatae 145,0.

Thiophenum.

Von dem im Steinkohlentheer enthaltenen geschwefelten Kohlenwasserstoff „Thiophen" C_4H_4S finden zwei Derivate beschränkte therapeutische Anwendung.

I. Thiophenum bijodatum. Thiophendijodid. Dijodthiophen. $C_4H_2J_2S$. Mol. Gew. = 336.

Darstellung. 50 Th. Rohthiophen (50—60proc.) werden mit 150 Th. Jod versetzt, alsdann fügt man allmählich und ohne Abkühlung so lange gelbes Quecksilberoxyd[1]) hinzu, bis alles Jod gelöst ist. Dabei erhitzt sich das Gemisch je nach der Menge des auf einmal zugegebenen Quecksilberoxydes mehr oder weniger stark. Wenn kein freies Jod mehr vorhanden ist, so filtrirt man die noch warme Flüssigkeit vom Quecksilberjodid ab, lässt erkalten und krystallisirt aus heissem Alkohol um.

Eigenschaften. Farblose, tafelförmige Krystalle, welche leichtflüchtig sind und bei 40,5° C. schmelzen. Der Geruch ist aromatisch, aber nicht unangenehm. Thiophendijodid ist unlöslich in Wasser, leicht löslich in Aether, Chloroform und in heissem Weingeist. Es enthält 75,5 Proc. Jod und 9,5 Proc. Schwefel.

Aufbewahrung. Vor Licht geschützt.

Anwendung. Es wird von Hock und Spiegler als Desinficiens und Desodorans und zwar als Ersatz des Jodoforms in der Wundbehandlung empfohlen. Es wird ebenso wie das Jodoform in Substanz, aber auch in 10proc. Verbandstoffen angewendet. Es wirkt sekretionsbeschränkend, desodorirend, ohne Nebenerscheinungen zu verursachen. Ein Hinderniss für die Einführung in weiteren Kreisen dürfte der hohe Preis sein.

II. Thiophensulfosaures Natrium. $C_4H_3S . SO_3Na$. **Mol. Gew. = 186.** Wird von Spiegler in 5—10procentigen Salben bei Prurigo empfohlen. Ein weisses krystallinisches Pulver, 34 Proc. Schwefel enthaltend, von denen die Hälfte direkt an Kohlenstoff gebunden ist.

Thuja.

Gattung der **Coniferae — Pinoideae — Cupressineae — Thujopsidinae.**

Thuja occidentalis L. Einheimisch von Kanada bis Virginien, vielfach kultivirt. Bis 2 m hoher Baum mit abstehenden bis horizontalen Aesten, oberseits dunkel-, unterseits mattgrün oder bläulich. Blätter zweizeilig, decussirt, schuppenförmig. Zweige mehr oder weniger flachgedrückt und dorsiventral. Die Kantenblätter an der Spitze etwas eingekrümmt, die Flächenblätter stumpf, alle oder nur die letzteren mit rundlichem Sekretraum. An jungen Zweigen bedecken die Blätter die Axe vollständig, an älteren sind sie etwas auseinander gerückt. Zapfen eiförmig länglich, an kurzem Stiel herabgebogen, braun, mit 3 Schuppenpaaren, von denen nur die beiden oberen fruchtbar sind. Verwendung finden die Zweigspitzen:

† Summitates Thujae (Ergänzb.). **Herba, Frondes, Folia seu Ramuli Thujae. Folia Arboris vitae. — Lebensbaumspitzen.**

Bestandtheile. Aetherisches Oel. Dasselbe ist farblos bis grüngelb, spec. Gew. 0,915—0,935. Drehung — 5 bis — 14°. Es enthält d-Pinen, 2 Ketone $C_{10}H_{16}O$: l-Fenchon und d-Thujon.

Ferner ein Glukosid: Thujin $C_{20}H_{22}O_{12}$, citronengelbe Tafeln, die in Weingeist und heissem Wasser löslich sind, sie liefern bei der Spaltung Thujigen $C_{14}H_{12}N_7$ und Glukose. Thujetinsäure $C_{28}H_{22}O_{13}$, gelbe, in Wasser unlösliche, in Alkohol lösliche Nadeln.

Man verwendet die im Frühling gesammelten, frischen Zweigspitzen als Expektorans, Fiebermittel, Anthelminticum, gegen Rheuma und zur Bereitung der

† Tinctura Thujae (Ergänzb.). **Tinct. Thujae e succo recente. Lebensbaumtinktur.** 5 Th. frische, zerquetschte Lebensbaumspitzen, 6 Th. Weingeist (87proc.). Vor Licht geschützt aufzubewahren. Aeusserlich in Form von Pinselungen zur Beseitigung von Warzen und ähnlichen Hautauswüchsen. Innerlich wirkt Thuja als Abortivum und ist daher mit Vorsicht abzugeben.

† Tinctura Thujae ex herba siccata wie Tinct. Absinthii (Bd. I, S. 408).

---

[1]) Das Quecksilberoxyd hat lediglich die Aufgabe, die entstehende Jodwasserstoffsäure zu binden, welche andernfalls die gebildete Jodverbindung wieder zu Thiophen reduciren würde.

Thymolum.

Thymolum (Austr. Germ. Helv.). **Thymol** (Brit. U-St. Gall.). **Thymylalkohol. Thymolkampher. Thymiansäure. Acidum thymicum. Acide thymique. Thymic acid.** $C_{10}H_{14}O$. **Mol. Gew. = 150.** Ein in den ätherischen Oelen des Krautes von *Thymus Serpyllum* L., *Thymus capitatus* Lk., *Satureja Thymbra*, der Samen von *Ptychotis Ajowan*, *Monarda punctata* und der Früchte von *Schinus molle* enthaltenes einatomiges Phenol.

Gewinnung. Das Thymol ist in den höher siedenden Antheilen der genannten ätherischen Oele enthalten. Aus Ausgangsmaterial dienen heute insbesondere die Samen von *Ptychotis Ajowan*, nur selten das Thymianöl: Man unterwirft Ajowanöl der Destillation und fängt die bis 200° C. übergehenden Partien gesondert auf. Die im Rückstande verbleibenden Antheile, in welchen das Thymol angereichert ist, werden mit Natronlauge behandelt. Man verdünnt die Lösung, welche Thymolnatrium enthält, mit Wasser, lässt sie durch Absetzen klar werden, zerlegt alsdann die geklärte Lösung durch Salzsäure. Hierdurch scheidet sich freies Thymol ab, welches man mechanisch von der Lauge trennt. Die letzten Reste gewinnt man aus dieser durch Ausschütteln mit Aether. — Das Rohthymol wird schliesslich destillirt und durch Abkühlen zum Krystallisiren gebracht. Erscheint das Destillat gefärbt, so entfärbt man es vor dem Krystallisiren durch Digestion mit Thierkohle. Durch Umkrystallisiren aus verdünntem Alkohol oder aus Aether erhält man wohlausgebildete Krystalle.

Eigenschaften. Thymol bildet farblose, wasserhelle, schiefrhombische Prismen von eigenartig thymianähnlichem Geruche und gewürzhaftem, brennendem Geschmacke.

CH_3
C
H—C CH
H—C C.OH
C
C_3H_7
Thymol.

Das spec. Gewicht der Krystalle ist bei 15° C. = 1,028. Ein Krystall von Thymol sinkt daher unter, wenn man ihn in Wasser von gewöhnlicher Temperatur bringt, und er sich erst einmal gehörig mit Wasser benetzt hat. Erhitzt man aber das Wasser mit dem Thymolkrystall, so schmilzt das Thymol, wenn das Wasser die Temperatur von 50° C. erreicht hat, und das geschmolzene Thymol schwimmt auf dem Wasser. Der Grund für diese Erscheinung ist, dass Thymol sich durch Erwärmen stärker ausdehnt als Wasser, also specifisch leichter wird als dieses. Thymol schmilzt bei 50 bis 51° C. und siedet bei 230° C., doch verdampft es schon beträchtlich bei 100° C., ja sogar schon bei gewöhnlicher Temperatur verflüchtigt es sich nicht unerheblich; mit Wasserdämpfen destillirt es leicht über.

Es löst sich in etwa 1100 Th. kaltem Wasser; leicht löslich ist es in Weingeist, Aether, Chloroform, Benzol, flüchtigen und fetten Oelen, Eisessig. In Natronlauge löst es sich unter Bildung von Thymolnatrium $C_6H_3 \cdot CH_3 \cdot C_3H_7 \cdot ONa$. In konc. Schwefelsäure löst es sich unter Bildung von Thymolsulfosäuren $C_6H_2(SO_3H) \cdot CH_3 \cdot C_3H_7 \cdot OH$. In der Kälte bleibt die Lösung in konc. Schwefelsäure zunächst gelblich, beim Erwärmen (namentlich auf Zusatz von etwas Rohrzucker) wird sie rosenroth bis rothviolett. Giesst man eine solche Lösung in das 10fache Volumen Wasser und lässt die Mischung bei 35—40° C. mit einem Ueberschuss von Bleiweiss (zum Ausfällen der überschüssigen Schwefelsäure) stehen, so giebt das Filtrat alsdann mit Eisenchloridlösung violette Färbung, eine Reaktion, welche den Thymolsulfosäuren, nicht aber dem Thymol selbst, zukommt. — Löst man ein Kryställchen Thymol in 1 ccm Eisessig und lässt zu dieser Lösung vorsichtig 6 Tropfen Schwefelsäure und 1 Tropfen Salpetersäure zufliessen, so sammeln sich diese Säuren am Boden des Glases an, an der Berührungsschicht der Flüssigkeiten entsteht eine blaugrüne Zone. Schüttelt man um, so nimmt die ganze Flüssigkeit Färbung an; sie erscheint im auffallenden Lichte blaugrün, im durchfallenden Lichte rothviolett. — Erhitzt man Thymol mit etwas Chloroform und konc. Kalilauge, so nimmt die Mischung schön rothviolette Färbung an. — Die alkoholische Lösung des Thymols ist neutral. Das letztere wird weder in alkoholischer noch in wässeriger Lösung durch Eisenchlorid gefärbt. In der wässerigen

Lösung erzeugt Bromwasser zwar eine milchige Trübung, aber keine krystallinische Fällung. (Karbolsäure giebt mit Bromwasser gut krystallisirtes Tribromphenol.)

Seiner chemischen Zusammensetzung nach ist das Thymol = Methylpropylphenol. Es ist isomer mit dem Phenol Carvacrol, ferner mit dem Keton Carvol und mit dem Cuminalkohol.

Im Handel kommt das Thymol entweder in gut ausgebildeten und wasserhellen Krystallen oder in Krystallmassen vor; erstere sind vorzuziehen.

Prüfung. Die Identität des Thymols ergiebt sich aus seinem Aussehen und dem charakteristischen Geruche. Ausserdem würden die unter Eigenschaften angeführten chemischen Farbreaktionen Aufschluss geben, von denen namentlich die beiden ersten wichtig sind. Für die Reinheit ist zunächst der Schmelzpunkt von Wichtigkeit, welcher bei 50—51° C. liegen muss und durch Verunreinigungen und Verfälschungen herabgedrückt oder erhöht werden würde. Unreines Thymol sieht feucht aus und backt an die Wandungen der Gefässe an. Als Verunreinigungen kommen eigentlich nur die Kohlenwasserstoffe der als Ausgangsmaterial dienenden ätherischen Oele, als Verfälschungen Karbolsäure und dem Thymol äusserlich ähnliche Krystalle unorganischer und organischer Verbindungen in Betracht.

Die Lösung des Thymols (0,05 : 50) sei neutral und werde durch Eisenchloridlösung nicht violett gefärbt, anderenfalls kann Karbolsäure zugegen sein.

Im offenen Schälchen auf dem Wasserbade erhitzt, muss Thymol vollständig flüchtig sein. Man ziehe eine Durchschnittsprobe durch Zerreiben von 12—20 Krystallen und erhitze dann etwa 0,2 g auf einem Uhrgläschen. Es darf gar kein Rückstand hinterbleiben. Ein solcher könnte von unorganischen Salzen, aber auch von organischen Verbindungen (kryst. Zucker) herrühren.

Aufbewahrung. Wegen seiner leichten Flüchtigkeit ist Thymol in gut geschlossenen Gefässen an einem kühlen Orte aufzubewahren. Dauernd in einer Temperatur von 20—35° C. aufbewahrt, sublimirt es theilweise an die Wandungen der Aufbewahrungsgefässe. Gegen Licht ist reines Thymol nicht empfindlich. Beim Reiben im Porcellanmörser wird Thymol stark elektrisch. Man reibt es daher im eisernen Mörser unter mässigem Druck und in kleinen Portionen (Sengewitz).

Anwendung. Thymol wirkt gährungs- und fäulnisswidrig, steht aber als Antisepticum der Karbolsäure und der Salicylsäure nach. Innerlich wirkt es zwar weniger giftig als Karbolsäure, kann jedoch in grossen Gaben immerhin bedrohlich wirken, selbst den Tod herbeiführen. Man giebt es gewöhnlich nur gegen falsche Gährungen im Magen. Aeusserlich dient es als Ersatz der Karbolsäure in der Wundbehandlung, ferner bei chronischen Hautkrankheiten. Endlich ist es ein Bestandtheil vieler Zahn- und Mundwässer, Zahnpulver.

Nach innerlichem Gebrauche wird Thymol durch den Harn abgeschieden und zwar als Chromogen eines grünen Farbstoffes, als Thymolschwefelsäure, Thymolglukuronsäure $C_{10}H_{13}O\ (CH \cdot OH)_5CO_2H$ und als Thymohydrochinonschwefelsäure.

Liquor antisepticus Volkmann.

Rp.	Thymoli	1,0
	Spiritus (90 Proc.)	10,0
	Glycerini	20,0
	Aquae	100,0.

Liquor inhalatorius Thymoli Warren.

Rp.	Thymoli	0,5—0,7
	Boracis	20,0
	Glycerini	35,0
	Aquae camphoratae	70,0
	Aquae Picis	200,0.

Zu Inhalationen bei Angina diphtheritica.

Pasta dentifricia Thymoli.

Rp.	Thymoli	0,25
	Extracti Ratanhae	1,0
	Glycerini fervidi	6,0
	Magnesiae ustae	0,5
	Boracis pulverati	4,0
	Olei Menthae piperitae	1,0
	Saponis medicati	17,0.

Solutio Thymoli Hermite.

Rp.	Thymoli	
	Acidi tartarici	
	Natri caustici	ää 1,0
	Aquae	2000,0.

Aqua dentifricia antiseptica (Ergänzb.).

Rp.	Thymoli	1,0
	Spiritus (90 Proc.)	100,0
	Glycerini	10,0
	Chloroformii	5,0
	Olei Menthae piperitae	1,0
	Olei Eucalypti	1,5
	Olei Citri	2,0.

Aqua dentifricia cum Thymolo (Hamb. V.).

Rp. 1. Coccionellae pulv.
2. Tartari depurati ãā 3,0
3. Spiritus (90 Proc.) 1000,0
4. Thymoli 10,0
5. Olei Menthae piperitae 5,0.

Man digerirt 1 mit 2 und 3 während 24 Stunden und löst im Filtrat 4 und 5.

Liquor antisepticus PORTÈS.

(Französ. Hospitalvorschr.).

Rp. Boracis 11,0
Acidi borici
Acidi salicylici ãā 5,0
Solutionis Thymoli aquosae saturatae 1000,0.

Diphthericidum. Gemisch aus Dammarharz, Guttapercha, Thymol, Natriumbenzoat und Saccharin, aus welchem Kaupastillen bereitet werden.

Euthymol. Ist ein englisches Synonym für Thymol; siehe aber das folgende.

Euthymol. Gemisch aus Eukalyptusöl, Wintergreenöl, Borsäure, Thymol, Menthol und Extractum Baptisiae tinctoriae. Desinfektionsmittel. Siehe auch das vorhergehende.

RÖSSLER's Mundwasser. Eine Auflösung von Thymol in parfümirtem Spiritus.

Rubrol. Eine Auflösung von Borsäure und Thymol in einem Steinkohlentheerderivat von unbekannter Zusammensetzung. Gegen Gonorrhoe.

Thymus.

Gattung der **Labiatae — Stachyoideae — Thyminae.**

I. Thymus vulgaris L. Heimisch im europäischen Mittelmeergebiet, vielfach kultivirt. Behaarter Strauch (in der Kultur oft einjährig und kahl) mit vierkantigen Zweigen und 9 mm langen, 3 mm breiten, am Rande umgerollten, sitzenden oder kurzgestielten Blättern. Blüthenquirle kopfig oder ährig zusammengerückt. Blüthen in der Achsel grosser Bracteen. Kelch zweilippig, Zähne der Unterlippe bewimpert, der Schlund zur Fruchtzeit durch einen Haarkranz geschlossen. Blüthen röthlich oder weiss. Liefert im blühenden Kraut:

Herba Thymi (Germ. Helv.). — **Thymian. Gartenthymian. Römischer Quendel.** — **Plante fleurie de thym** (Gall.).

Bestandtheile. Aetherisches Oel (vergl. unten).

Einsammlung und Anwendung. Man sammelt im Juni und Juli die blühenden Zweige von angebauten oder wildwachsenden Pflanzen, trocknet im Schatten und bewahrt ie zerschnitten in dichtschliessenden Blechbüchsen auf. 3 Th. frische geben 1 Th. trockne. Beim Einkauf ist darauf zu achten, dass das Kraut rechtzeitig, also nicht mit den Früchten, eingesammelt ist. Wird besonders als Bestandtheil aromatischer Kräutermischungen zu Bädern, Kräuterkissen etc. gebraucht, ferner im Haushalt als Küchengewürz, doch ist hier die Waare in Bündeln oder die durch Abstreifen erhaltene, stengelfreie Herba Thymi in foliis cum flore der Drogisten vorzuziehen. Neuerdings mit Erfolg bei Keuchhusten (s. unten).

Aqua seu Hydrolatum Thymi (Gall.). **Thymianwasser. Eau distillée de thym.** Aus frischem Kraut wie Hydrolat. Hyssopi Gall. (S. 99).

Extractum Thymi fluidum. Thymianfluidextrakt. Wie Extractum Condurango fluid. (Bd. I, S. 942).

Extractum Thymi fluidum saccharatum. Sirupus Thymi. Thymiansaft. 1 Th. Thymianfluidextrakt, 6 Th. weisser Sirup (BEDALL). Ersatz für Pertussin (s. unten).

Sirupus Thymi. Thymiansirup. 25 Th. Thymian. 45 Th. siedendes Wasser; 35 Th. der filtrirten Seihflüssigkeit bringt man mit 65 Th. Zucker zum Sirup. Wie voriges gegen Keuchhusten.

Sirupus Thymi compositus (Bad. Taxe): Extracti Thymi fluidi 15,0, Mellis depurati 20,0, Sirupi simplicis 65,0.

Spiritus Thymi. Thymianspiritus. 1,0 Thymianöl, 99,0 verdünnter Weingeist.

Antitussin VERWEIJ ist ein dem Pertussin ähnlicher, gegen Keuchhusten empfohlener Thymiansirup.

Barterzeugungstinktur, BERGMANN's, ist eine gerbstoffhaltige, mit Thymian- und Rosmarinöl versetzte Tinktur aus Baumrinde.

Dialysatum Thymi vulgaris GOLAZ, gegen Keuchhusten, siehe die Fussnote S. 380.

Eau de LÉCHELLE. Acidi carbolici, Olei Thymi ãā 10,0, Acidi tannici 20,0, Aquae destillatae 300,0, Aquae aromaticae 200,0.

Gicht- und krampfstillender Balsam von LAMPERT ist ein rothgefärbter, mit Thymian- und anderen äther. Oelen versetzter Seifenspiritus.

Lebensschmiere, ANDERSSEN's. Mohnöl mit Spuren Kampher und Thymianöl.

Pertussin von E. TAESCHNER in Berlin (Name gesetzlich geschützt), gegen Keuchhusten und Asthma, hat nach AUFRECHT annähernd folgende Zusammensetzung: Bromnatrium 0,5, Thymiantinktur 25,0, Zuckersirup 75,0, Thymianöl 0,2. Nach andern Angaben: Extracti fluidi Thymi compositi 15,0 (aus Herba Thymi und Serpylli āā), Kalii bromati 0,5. Sirupi Sacchari (flüssiger Fruchtzucker) 85,0. Siehe auch oben unter Extractum Thymi fluidum saccharatum.

Thymmel von W. HAAS, ein Keuchhustenmittel, ist Honig mit Thymianextrakt.

Thymobromal, ein Sirup gegen Keuchhusten, besteht aus Extractum Castaneae vescae, Extractum Thymi und Bromalhydrat (RIEDEL's Mentor).

Oleum Thymi. (Germ. IV. Gall. Helv. U-St.). Thymianöl. Essence de Thym. Oil of Thyme.

Gewinnung. Thymianöl wird in Südfrankreich und in Spanien in beträchtlichen Mengen durch Destillation des frischen, blühenden, wildwachsenden Krautes hergestellt. Seltner wird kultivirter Thymian zur Oelgewinnung benutzt. Die Ausbeute aus frischem Material schwankt zwischen 0,3 und 0,9 Proc., aus trocknem zwischen 1,7 und 2,6 Proc.

Eigenschaften. Nicht rektificirtes Thymianöl ist schmutzig rothbraun und hat einen scharfen, aromatischen Geschmack und angenehm kräftigen Thymiangeruch. Rektificirtes Oel — ein solches verlangt Germ. IV — ist farblos oder gelblich, färbt sich jedoch häufig an der Luft röthlich. Das specifische Gewicht beträgt für französisches und deutsches Oel 0,900—0,935, für spanisches 0,930—0,950 (nicht unter 0,900 Germ. IV, 0,900 bis 0,930 U-St.). Optisch ist es linksdrehend und löst sich in 3 Th. 80 volumprocentigen Alkohols (den man durch Mischen gleicher Volumina Spiritus und Spiritus dilutus oder von 100 Raumtheilen Spiritus mit 14 Raumtheilen Wasser [Germ. IV] darstellt) klar auf.

Zusammensetzung. Die charakteristischen Bestandtheile, die zugleich den Werthmesser für die Güte des Oeles abgeben, sind die beiden Phenole Thymol, $C_{10}H_{14}O$, und Carvacrol, $C_{10}H_{14}O$. Einige Thymianöle enthalten nur einen dieser Körper, andere ein Gemisch beider Phenole. Unter welchen Umständen das eine oder das andere auftritt, ist noch nicht ermittelt. Die französischen Oele scheinen vornehmlich Thymol, die spanischen aber ausschliesslich Carvacrol zu führen. Von Kohlenwasserstoffen sind im Thymianöl nachgewiesen: Links-Pinen, $C_{10}H_{16}$, und Cymol, $C_{10}H_{14}$, von Alkoholen Linalool, $C_{10}H_{17}OH$, und Borneol, $C_{10}H_{17}OH$.

Prüfung. Die am häufigsten vorkommende Verfälschung mit Terpentinöl erniedrigt den Phenolgehalt des Thymianöles. Ein niedriger Gehalt an Phenolen lässt daher ein Oel als verdächtig erscheinen. Zur Bestimmung der Phenole schüttelt man 5 ccm Thymianöl mit 30 ccm einer Mischung von 10 ccm Natronlauge mit 20 ccm Wasser kräftig durch und lässt so lange stehen bis die Laugenschicht klar geworden ist. Die darauf schwimmende Oelschicht soll nicht mehr als 4 ccm betragen (Germ. IV.).

Um festzustellen, ob das Oel Thymol oder Carvacrol enthält, trennt man die Lauge mit den gelösten Phenolen von dem oben schwimmenden Oele und versetzt sie in einem kleinen Scheidetrichter mit einem Ueberschuss von verdünnter Schwefelsäure. Nachdem sich das Phenol klar abgeschieden hat, trennt man es von der unteren Flüssigkeit und setzt es in einem Schälchen an einen kühlen Ort. Besteht das Phenol aus Thymol, so wird nach einiger Zeit, entweder von selbst oder nach Hineinwerfen eines kleinen Thymolkrystalles, die ganze Masse fest; besteht sie jedoch aus Carvacrol, so bleibt sie flüssig. Sind beide Phenole vorhanden, so bleibt ein Theil flüssig, während ein anderer fest wird.

Die auf diese Weise ausgeführte Bestimmung ist natürlich nur eine annähernd genaue, da einestheils die Natronlauge immer geringe Mengen von Kohlenwasserstoffen zurückhält, anderntheils aber auch in der Schicht der Kohlenwasserstoffe eine gewisse Menge Phenole gelöst bleibt.

II. Thymus capitatus Lk. (syn.: Thymus creticus Brot.). Heimisch im Mittelmeergebiet. Liefert: **Herba Thymi cretici.** Das ätherische Oel ist qualitativ dem von I ganz ähnlich.

III. Thymus Serpyllum L. vergl. Serpyllum.

Tilia.

Gattung der **Tiliaceae — Tilieae.**

I. Tilia ulmifolia Scopoli (syn.: Tilia parvifolia Ehrh.), **Winterlinde,** heimisch im grössten Theile Europas und Nordasiens. Blätter beiderseits kahl, unterseits blaugrün, in den Achseln der Sekundärnerven rostgelb bärtig. Blüthen in Trugdolden, diese 5—11blüthig, durch Umwendung der Hochblätter nach oben gerichtet. Blumenkrone radförmig ausgebreitet. Staubblätter 20—40. Nuss undeutlich-kantig, dünnschalig.

II. Tilia platyphyllos Scopoli (syn.: Tilia grandifolia Ehrh.), **Sommerlinde.** Mehr im Südosten heimisch, aber durch die Kultur weit verbreitet. Blätter beiderseits gleichfarbig, weichhaarig, Trugdolden 2—5blüthig, hängend. Nuss kantig, mit holziger Schale.

Beide Arten liefern:

Flores Tiliae (Austr. Germ.). **Flos Tiliae** (Helv.). — **Lindenblüthen.** — **Fleur de tilleul** (Gall.). — **Linden flowers. Lime-tree flowers.**

Beschreibung. Der Blüthenstand (von II) entsteht in der Achsel eines Laubblattes und endigt mit einer Gipfelblüthe. Er trägt 5 Blätter, von denen 2 transversal zum Laubblatte stehen, das eine verwächst mit der Achse des Blüthenstandes und bildet das grosse trockenhäutige Blatt des Blüthenstandes. An diese beiden Blätter schliessen sich am oberen Theile der Blüthenstandachse 3 weitere, zu den ersten nach 2/5 geordnet, in den Achseln der beiden obersten entspringen Blüthen, mit deren Stil die beiden Blätter eine Strecke weit verwachsen sind. Die Stiele tragen wieder je 2 Vorblätter, aus der Achsel des einen derselben entspringen wieder Blüthen, deren Stiel wieder mit dem entsprechenden Blatt verwachsen ist.

Im Gewebe der Blüthenstiele, des Kelches, der Blumenblätter etc. grosse Schleimlücken, die durch Vereinigung benachbarter Schleimzellen, in denen der Schleim als Wandverdickung entsteht, zu Stande kommen. Auf den Blumenblättern und der Fruchtknotenwand Büschelhaare, auf den Kelchblättern Einzelhaare.

Bestandtheile. 0,038 Proc. ätherisches Oel von angenehmem Geruch, farblos, dünnflüssig, mit Aether und Alkohol in jedem Verhältniss mischbar. Ferner Schleim, Wachs, Zucker, Gerbstoff. Die trockenhäutigen Blätter enthalten kein ätherisches Oel, wohl aber Schleim.

Verwechslungen. Es werden zuweilen die Blüthenstände anderer, an Wegen etc. angepflanzter Arten gesammelt, so von Tilia argentea Desf. aus Ungarn, T. americana L. und T. pubescens Ait., beide aus Amerika, sowie Bastarde, die diese mit unsern Arten bilden sollen. Die Blüthen aller dieser dürfen nicht verwendet werden, unterscheiden sich auch meist durch unangenehmen Geschmack des Aufgusses ohne weiteres.

Einsammlung. Man sammelt die Blüthen mit den Flügelblättern also nur von den beiden genannten Arten, von denen die Sommerlinde im Juni, die Winterlinde etwa 14 Tage später aufblüht, bei heiterem Wetter; trocknet und bewahrt sie theils ganz, theils geschnitten in Blechbüchsen, nach Austr. nicht über 1 Jahr auf. 7 Th. frische geben 2 Th. trockne. Der angenehme Geruch geht beim Trocknen grösstentheils verloren.

Die ohne die Flügelblätter gesammelten Flores Tiliae sine bracteis der Drogisten sind trotz ihrer grösseren Wirksamkeit nach dem Wortlaute der Arzneibücher nicht als vorschriftsmässige Waare zu betrachten.

Anwendung. Als schweisstreibendes Mittel in Theemischungen oder im Aufguss (10:100), der süsslich-schleimig schmeckt und sich dadurch von dem aus anderen Arten bereiteten unterscheidet. Auch zu Bädern.

Aqua Tiliae. Hydrolatum Tiliae. Lindenblüthenwasser. Eau distillée de tilleul. Ergänzb.: Aus 1 Th. grob zerschnittenen Blüthen 10 Th. Destillat. — Gall.: Aus 1 Th. getrockneten Blüthen mittels Dampfstrom 4 Th. Destillat. — Ein aus frischen Blüthen destillirtes Wasser riecht viel kräftiger; man nimmt 5 Th. frische Blüthen für 1 Th. trockne.

Aqua Tiliae concentrata (decemplex). **Koncentrirtes oder starkes Lindenblüthenwasser.** Ergänzb. Helv.: Wie Aq. Salviae concentrata (S. 799). Nach Ergänzb. zum Gebrauche mit der 9fachen Menge Wasser zu mischen.

Balneum Tiliae (Gall.). **Bain de tilleul.** 500 g Lindenblüthe mit 10 l Wasser infundirt auf ein Bad.

Potio antispasmodica (Gall.). **Potion antispasmodique.** Sirupi Aurantii floris, Aquae Aurantii floris āā 30,0, Aquae Tiliae 90,0, Spiritus aetherei 4,0. Durch Zusatz von 0,8 Tinctura Opii crocata erhält man hieraus die Potion antispasmodique opiacée (Gall.).

Ptisana de flore Tiliae (Gall.). **Tisane de tilleul.** 10,0 Lindenblüthe, 1000,0 siedendes Wasser; nach 1/2 Stunde durchseihen.

Tonco.

Semen Tonco (Ergänzb.). **Fabae Tonco. — Tonkabohnen. — Fève de Tonka** (Gall.) sind die Samen der **Coumarouna odorata Aubl.** (syn.: Dipterix odorata Willd.) **(Papilionaceae — Dalbergieae — Geoffraeinae),** heimisch im nördlichen Brasilien und Venezuela. Von dieser Art stammen die sogen. holländischen Tonkabohnen, die weniger werthvollen englischen leitet man ab von **C. oppositifolia (Aubl.) Taub.** Als beste Sorten gelten die Angosturabohnen. Die Frucht ist eine nicht aufspringende, steinfruchtartige Hülse mit nur einem Samen, die in grossen Sekretbehältern einen sehr angenehm riechenden Balsam enthält. Neuerdings gelangen die Früchte zuweilen in den Handel, von der Epidermis und dem Parenchym (wahrscheinlich durch Maceration) befreit, sie sind dann von weisslichen, weichen Faserbündeln bedeckt.

Der Same ist länglich, flach, an beiden Enden stumpf, mit scharfer Rücken- und stumpfer Bauchkante, bis 5 cm lang, mit grob gerunzelter, schwarzer Samenschale, die oft von Krystallnadeln von Cumarin bedeckt ist. (Man befördert das Auskrystallisiren des Cumarins, indem man die Samen beim Verpacken mit Alkohol besprengt.) Die grossen, ölig fleischigen Keimblätter sind braun, sie umschliessen ein dickes gerades Würzelchen und eine Plumula mit 2 gefiederten Blättern. Geruch angenehm nach Cumarin, Geschmack gewürzhaft bitter.

Bestandtheile. Cumarin $C_9H_6O_2$ bis 1,5 Proc., fettes Oel 25 Proc., Asche 3,57 Proc.

Verfälschungen. Vor einigen Jahren vorgekommene „wilde Tonkabohnen" sind viel kleiner, flach, von schwachem Geruch. Sie stammen wahrscheinlich von einer Copaifera.

Die in dicht verschlossenen Gefässen aufzubewahrenden, ganzen Samen werden bisweilen noch als Ersatz des Waldmeisters, sowie zum Einlegen in Schnupftabak benutzt, sind im übrigen aber durch das Cumarin verdrängt.

Räucherband. Appreturfreien Kaliko in Bändern tränkt man zuerst mit einer gesättigten Salpeterlösung, nach dem Trocknen mit einer Tinktur, die durch Perkoliren von 150,0 gepulverten Tonkabohnen und 350,0 Cascarillrinde mit q. s. verdünntem Weingeist zu 500,0 Perkolat und Lösen von 15,0 Weihrauch, 30,0 Myrrhe, 3,0 Vanillin, 10,0 Lavendelöl (nach 3 Tagen filtriren) dargestellt wird. Das Band lässt man in eigenen Lämpchen verglimmen.

Tinktur zum Parfümiren von Tabak siehe Tinct. Iridis comp. S. 156.

Tormentilla.

Rhizoma Tormentillae (Ergänzb. Helv.). **Radix Tormentillae. — Tormentillwurzel. Ruhrwurzel. Blutwurzel. Rothheilwurzel. — Souche de tormentille** (Gall.) ist das Rhizom der **Potentilla silvestris Neck.** (syn.: Tormentilla erecta L.) **(Rosaceae — Rosoideae — Potentilleae — Potentillinae)** charakterisirt durch vierzählige Blüthen, heimisch in Nord- und Mitteleuropa, sowie in Sibirien. Das Rhizom ist bis 10 cm lang, bis 3 cm dick, höckerig-knollig, braun, hart und schwer, mit zahlreichen, vertieften Narben (Fig. 178).

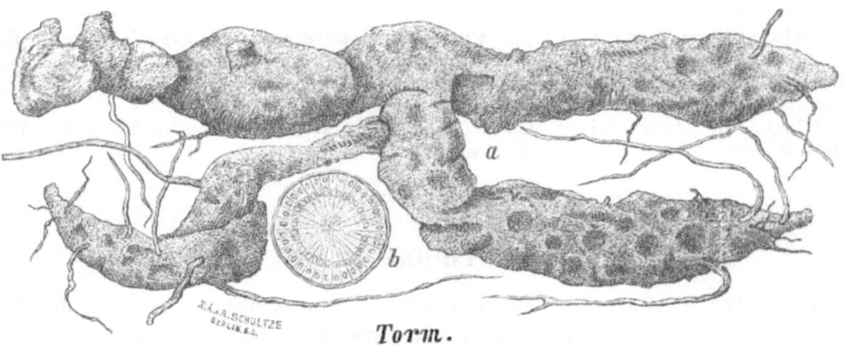

Fig. 178. *a* Rhizoma Tormentillae. *b* Querschnitt.

Querschnitt röthlich-glänzend, Rinde dünn, Holzbündel klein. Im Parenchym einfache Stärkekörnchen und Oxalatdrusen. Geschmack stark adstringirend.

Bestandtheile. Gerbstoff (Tormentillgerbsäure) bis 20 Proc., Tormentillroth (aus dem Gerbstoff entstandenes Phlobaphen), Chinovasäure, Ellagsäure, Asche 3,18 Proc.

Einsammlung. Man sammelt den Wurzelstock im Frühjahr, wäscht ihn nach Entfernung der fadenförmigen Wurzeln und trocknet ihn. 5 Th. frisches Rhizom geben 2 Th. trocknes. In Holzkästen aufzubewahren.

Anwendung. Wurde wegen ihres hohen Gerbstoffgehalts früher vielfach als „deutsche Ratanhia" bei ruhrartigen Erkrankungen in der Abkochung (5,0 — 20,0 : 100,0) angewendet, heute nur noch gegen Durchfall etc. im Handverkauf und in der Thierheilkunde. Auch zu Zahnpulvern und Streupulvern.

Extractum Tormentillae. Wie Extract. Ratanhiae, Ergänzb. (S. 722). Ausbeute etwa 20 Proc., nach Extr. Ratanh. Helvet. bereitet mehr, doch enthält das in Wasser trübe lösliche Extrakt dann mehr harzige Bestandtheile. Anwendung wie bei Extractum Ratanhiae.

Extractum Tormentillae fluidum. Wie Extractum Ratanhiae fluidum (S. 722).
Sirupus Tormentillae. Tormentillsirup. Wie Sirupus Ratanhiae (S. 723).

Cataplasma contra epididymitidem DESRUELLES.

Rp. Rhizomatis Tormentillae pulver.
Seminis Lini pulver. ää 120,0
Unguenti Hydrargyri cinerei 30,0
Extracti Belladonnae 4,0
Olei Lini q. s.

Gargarisma stypticum SCHMIDT.

Rp. Decocti Rhizomatis Tormentillae 250,0
Aluminis 4,0
Mellis depurati 30,0.

Mixtura Tormentillae BERENDS.

Rp. Decocti Rhizomatis Tormentillae 15,0 : 200,0
Tincturae Cinnamomi 8,0
Sirupi Aurantii corticis 30,0.

Vet. Latwerge gegen Blutharnen der Schafe.

Rp. Corticis Quercus pulver.
Rhizom. Tormentillae
Natrii bicarbonici ää 100,0
Farinae Lini 200,0
Aquae q. s.

2mal täglich wallnussgross eingeben.

Vet. Pulvis antidiarrhoicus vitulorum.

Rp. Rhizomatis Tormentillae 30,0
Magnesii carbonici 10,0
Opii
Seminis Strychni ää 0,5.

Divide in p. XX. Bei Durchfall der Kälber $^1/_4$—$^1/_2$stündlich 1 Pulver.

Vet. Pulvis stypticus equorum.
Rp. Fructus Anisi gr. pulv. 10,0
Foliorum Menthae piperitae gr. pulv.
Foliorum Salviae gr. pulv. āā 20,0
Rhizomatis Tormentillae gr. pulv. 50,0.
Bei Durchfall der Pferde, auf einmal.

SHERAR's Schwindsuchtsmittel ist eine mit Zucker und Rum versetzte Lösung von Extract. Cannabis Ind., Bucco, Helenii, Chinae, Marrubii, Salicis, Tormentill.

Tragacantha.

Tragacantha (Germ. Helv. Brit. U-St.). **Gummi Tragacantha.** — **Traganth.** — **Gomme adragante** (Gall.). — **Tragacanth** ist der aus den Stämmen verschiedener, in Griechenland und Vorderasien heimischer Arten von **Astragalus (Papilionaceae — Galegeae — Astragalinae)** freiwillig oder nach Verwundungen austretende und an der Luft erhärtende Schleim. Als Traganth liefernde Arten kommen in Betracht: **Astragalus creticus Lam., A. cyllenea Boiss. u. Heldr., A. verus Oliv., A. gummifer Labill., A. microcephalus Willd., A. stromatodes Bunge, A. kurdicus Boiss., A. pycnocladus Boiss. et Hauskn., A. brachycalyx Fischer, A. adscendens Boiss. et Hauskn., A. eriostylus Boiss. et Hauskn., A. heratensis Bunge, A. strobiliferus Royle.** Der Traganth entsteht durch Vergummung des Markes und der Markstrahlen, indem die anfangs dünnwandigen Zellen dickere, geschichtete Membranen bekommen, die in Wasser quellen. Der Process schreitet von innen nach aussen fort, und bei trockner Witterung dringt das Gummi freiwillig oder durch künstliche Einschnitte nach aussen. 3—4 Tage nach dem Austreten ist es erhärtet.

Die Form der Stücke ist abhängig von der Oeffnung, durch die sich der Traganth ins Freie presst. Die beste Sorte, der Blättertraganth, Smyrnaer Traganth, (Tragacantha in foliis) besteht aus farblosen oder gelblichen, flachen, halbmondförmigen oder bandförmigen, gebogenen Stücken, die längsstreifig und fein querstreifig sind. Diese Sorte ist allein zum pharmaceutischen Gebrauch zuzulassen.

Wurmförmiger Traganth, Morea — griechischer Traganth (Tragacantha vermicularis, Vermillon), besteht aus schmalen Streifen oder Fäden, die oft zusammengeknäult oder zusammengeflossen sind. Farblos, gelblich bis braun. Syrischer Traganth bildet kuglige, knollige oder traubenförmige Massen, denen oft noch Rindenstücke anhaften.

Traganton ist eine in ganz unförmlichen, grauen oder braunen Knollen vorkommende Sorte.

Wenn man feine Schnitte unter dem Mikroskop ganz allmählich in Glycerin mit wenig Wasser aufquellen lässt, erkennt man häufig noch die einzelnen verschleimten Zellen und Stärkekörner (Fig. 179). Geruchlos, von fade schleimigem Geschmacke, schlechte Sorten schmecken bitterlich.

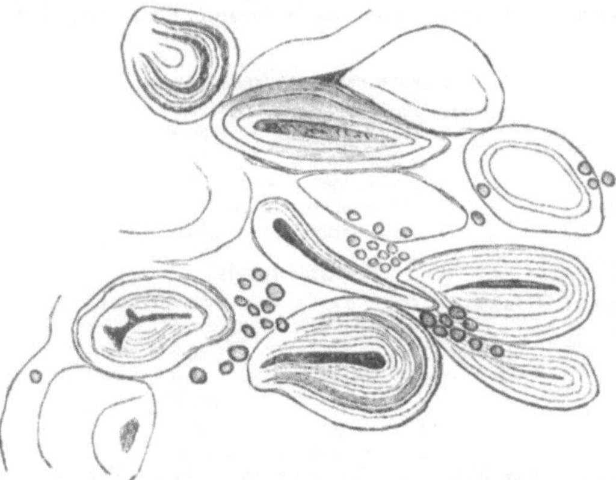

Fig. 179. Querschnitt durch Tragacanth.

Bestandtheile (nach DREYFUS 1899). Stärke 3 Proc., Cellulose 4 Proc., Mineralbestandtheile 3 Proc., kleine Mengen Invertzucker, der Rest ist Bassorin $(C_{11}H_{20}O_{10})n$. In Wasser quillt das Bassorin nur auf.

Verfälschungen. Blättertraganth ist einer Verfälschung kaum ausgesetzt, jedenfalls sind abweichend aussehende Stücke leicht auszulesen. Das Pulver wird mit Stärke oder getrocknetem Stärkekleister und Gummi verfälscht. Ersteres ist mikroskopisch nachzuweisen, der Kleister mit der Jodreaktion in dem kalt bereiteten und filtrirten Schleim. Gummi ist ebenfalls in kaltem Wasser löslich.

Pulverung. Traganth ist wegen seiner zähen Beschaffenheit schwierig zu pulvern. Man trocknet ihn, gröblich gestossen, bei 40 bis höchstens 60° C. und verwandelt ihn durch Stossen in ein feines Pulver (VII Helv., Nr. 100 Gall.).

Aufbewahrung. Man wählt als Vorrathsgefässe mit weissem Papier ausgeklebte Holzkästen mit dicht schliessenden Deckeln, füllt den Traganth lose und in nicht zu hoher Schicht ein und vermeidet jedes unnöthige Drücken und Rütteln.

Anwendung. Als Arzneimittel wird Traganth nur selten, z. B. als Stypticum in Form des Klystiers 1 : 100 Wasser, gebraucht. Er findet hauptsächlich Verwendung als Bindemittel für Pillenmassen, für Stäbchen und Pastillen, in Emulsionen als billiger Ersatz des Gummi, wobei aber zu beachten ist, dass der Traganth in Wasser nur quillt, zur Aufnahme der Feuchtigkeit also eine gewisse Zeit beansprucht. Auch darf er nur in verhältnissmässig kleinen Mengen zugesetzt werden, da die Mischungen sonst zu harten, schwer löslichen Massen austrocknen. (!) 1 Th. Traganth besitzt die Bindekraft von 12—15 Th. arabischem Gummi; man nimmt also zu Emulsionen 1 Th. Traganth auf 30 Th. Oel, zu Pasten und Pastillen einen Schleim aus 1 Th. Traganth und 50 Th. Wasser oder 0,2—0,5 Traganthpulver auf 100,0 der Pulvermischung, (zu Tabletten dagegen, die aus Salzen ohne Wasserzusatz gepresst werden, bedeutend mehr, 10—25 Proc.). Zum Anstossen von Pillenmassen eignet sich die unten angegebene Mischung mit Glycerin am besten.

Technisch wird Traganth zur Appretur von Kattunen und in Zuckerbäckereien gebraucht.

Mucilago Tragacanthae. Mucago cum Gummi tragacantha. Glyceritum Tragacanthae. Traganthschleim. Mucilage de gomme adragante. Mucilage or Glycerite of Tragacanth.

	Ergänzb.	Brit.	U-St.	Gall.	Nat. form.
Tragacanthae	1	1,4	6	10	12,5 g
Glycerini	5	—	18	—	77,5 ccm
Spiritus (90proc.)	—	2,0	—	—	—
Aquae destill.	94	97,0	76	90	18,5 ccm

Man reibt den fein gepulverten Traganth mit dem Glycerin oder Weingeist an, bringt in eine Flasche, fügt das Wasser (lauwarm n. Ergänzb.) auf einmal hinzu und schüttelt kräftig und wiederholt. U-St. lässt die Mischung bis zum Sieden erhitzen und nach 24stündigem Maceriren durch Musselin drücken. Nach Gall. lässt man ganzen Traganth in kaltem Wasser quellen, durch Leinen pressen und im Marmormörser zur gleichmässigen Masse bearbeiten. Traganthschleim reagirt frisch bereitet neutral und bildet eine trübe, weissliche, dicke, nicht klebende Flüssigkeit (Ergänzb. Brit.), die in der Ruhe absetzt und deshalb vor dem Gebrauche umgeschüttelt werden muss, oder eine mehr oder weniger steife Pasta (U-St. Gall. Nat. form.).

Nach Ergänzb. nur auf Verordnung zu bereiten. Einem zu längerer Aufbewahrung für technische Zwecke bestimmten Schleim setzt man, um das Schimmeln zu verhüten, etwas Schwefelkohlenstoff zu.

Bandoline.

Rp.	Tragacanthae pulver.	1,0
	Spiritus Coloniensis	10,0
	Aquae Rosae	60,0
	Glycerini	30,0.

Wie Mucilago Tragacanthae zu bereiten. Man färbt mit Karminlösung rosa.

Linimentum exsiccans PICK.

Rp.	Tragacanthae pulver.	5,0
	Glycerini	2,0
	Aquae	100,0.

Wie Mucil. Tragac. U-St. zu bereiten.

Massa plastica pro pilulis.
Plastische Pillenmasse.

Rp.	Tragacanthae pulver.	1,0
	Glycerini	3,0

mischt man l. a. und bewahrt in Porcellankruken auf.

Massa ulcera maturans COWEN.

Rp.	Farinae Tritici	120,0
	Gummi arabici	30,0
	Tragacanthae	15,0
	Cretae laevigatae	8,0
	Vitellum ovi unius	
	Aquae fervidae	500,0.

Plättflüssigkeit.
Glanzplättöl. Amerikanischer Wäscheglanz E. DIETERICH.

Rp.	1. Boracis	50,0
	2. Tragacanthae	5,0
	3. Aquae	945,0
	4. Talci pulv.	50,0
	5. Olei Lavandul. gtts. V.	

Man löst 1—3, seiht durch und reibt mit der Lösung 4 und 5 an. 1/4 l auf 1 l gekochte Stärke.

Pulvis Tragacanthae compositus (Brit.).
Compound Powder of Tragacanth.
Rp. Tragacanthae pulver.
Gummi arabici „
Amyli „ ää 25,0
Sacchari albi „ 75,0.

Sirupus Tragacanthae.
Rp. Mucilaginis Tragacanthae
Sirupi Sacchari ää.

Algesin, zum Reinigen von Oelen, ist ein traganthähnliches Präparat (RIEDEL's Mentor).

Apollopulver oder Haftpulver für künstliche Gebisse ist fein gepulverter, gewöhnlich rosa gefärbter Traganth.

Junonia, Seife der Juno, besteht aus Traganth, Talk, Rosenwasser, Glycerin, Benzoëtinktur und Neroliöl.

Levorin, ein Schönheitsmittel, ist eine mit Jasmin und Maiglöckchen parfümirte l. a. bereitete, röthliche Salbe aus 1,5 Traganth, 100 Glycerin, 400 Wasser und 1 Salicylsäure; die Rosafärbung wird durch Umrühren mit einem eisernen Spatel hervorgerufen.

Trigonella.

Gattung der **Papilionaceae — Trifolieae.**

Trigonella Foenum graecum L. Heimisch im Mittelmeergebiet und bis nach Indien, durch die Kultur weiter verbreitet. Einjähriges, bis 50 cm hohes Kraut mit dreieckig-lanzettlichen Nebenblättern, zwei kurz gestielten Fiederblättchen und einem länger gestielten Endblättchen. Blättchen gestutzt, am Vorderrand gezähnt. Blüthen gelblichweiss, einzeln oder zu zwei in den Blattachseln. Frucht eine 10—20samige, schwach sichelförmig gekrümmte Hülse, die sich allmählich in einen geraden Schnabel verschmälert. Liefert in den Samen:

Semen Foenugraeci (Germ. Helv.) **seu Feni Graeci. Foenum Graecum. — Bockshornsamen. Bockshornklee** (KNEIPP's). **Griechischer Heusamen. — Semence de fenugrec** (Gall.).

Beschreibung. Der Same ist gelblich bis bräunlich, 3—5 mm lang, bis 2 mm dick, gerundet rautenförmig, durch eine diagonale Furche in 2 Hälften zerlegt, von denen die eine das Würzelchen, die andere die Keimblätter enthält. Der gelbgefärbte Keimling ist von einer derben, ungefärbten Haut, dem Endosperm, umschlossen.

a b c

Fig. 180. Semen Foenugraeci. *a* von aussen. *b* Längsschnitt. *c* Querschnitt.

Die äusserste Schicht der Samenschale besteht aus einer Reihe nach oben zugespitzter, stark verdickter Palissaden, die von einer dickern, in Jod-Jodkalium sich bläuenden Membran und der Cuticula überspannt sind. Sie enthalten Gerbstoff. Die folgende Schicht besteht aus in der Mitte eingeschnürten „Trägerzellen", die für viele Leguminosensamen charakteristisch sind. Daran schliesst sich eine „Nährschicht" aus leeren, zusammengepressten Zellen, in der die Raphe verläuft und eine einfache Schicht etwas dickwandiger Zellen mit reichlichem Inhalt: „Kleberschicht".

Die Zellen des Endosperms sind im trocknen Samen zusammengedrückt. Beim vorsichtigen Aufquellen sieht man, dass die Zellen mit geschichtetem Schleim erfüllt sind. Im Embryo, dessen Gewebe von zarten Procambiumsträngen durchzogen ist, findet man fettes Oel, Aleuron und kleine Stärkekörner. Geruch charakteristisch aromatisch, Geschmack unangenehm.

Bestandtheile. Fettes Oel 6 Proc., ätherisches Oel von unangenehmem Geruch, Aleuron 22 Proc., Cholin $C_5H_{15}NO_2$ 0,05 Proc., Trigonellin $C_7H_7NO_2$ 0,13 Proc., Wasser 10,4 Proc., Asche 3,7 Proc. — Das fette Oel enthält Cholesterin und Lecithin.

Aufbewahrung. Anwendung. Die ganzen Samen werden nur selten vorräthig gehalten; in der Regel kauft man sie, da sie wegen ihrer Härte schwierig zu pulvern sind, in gemahlenem Zustande. Man bewahrt das stark und unangenehm riechende Pulver in dichtschliessenden Blechbüchsen auf. Es wird bisweilen noch zu zertheilenden

Breiumschlägen, zu erweichenden Klystieren und als Zusatz zu Salben gebraucht, findet aber umfangreiche Verwendung in der Thierheilkunde. Technisch des Schleims wegen in der Tuchfabrikation.

Emplastrum frigidum.

Emplastrum Foenugraeci compositum. Emplastrum Maseri. Kühlpflaster. Maserpflaster.

Rp.		
	Cerae flavae	150,0
	Resinae Pini	200,0
	Emplastri Lithargyri	450,0
	Terebinthinae communis	50,0
	Myrrhae	
	Olibani	ää 15,0
	Seminis Foenugraeci pulv.	
	Fructus Foeniculi „	
	Rhizomatis Curcumae „	ää 40,0.

Oleum Foenugraeci (Gall.).

Huile de fenugrec.

Wie Huile de camomille (Gall.) (Bd. I, S. 718).

Unguentum Althaeae (Gall.).

Onguent dit d'althaea.

Rp.		
	Cerae flavae	200,0
	Colophonii	100,0
	Terebinthinae laricinae	100,0
	Olei Foenugraeci (Gall.)	800,0.

Vet. **Pulvis Equorum.**

Pferdepulver. Kropfpulver. Drusenpulver.

Rp.		
	Fructus Juniperi gr. pulv.	
	Herbae Absinthii „	
	Natrii chlorati „	
	Radicis Gentianae „	
	Seminis Foenugraeci „	ää 200,0.

Vet. **Pulvis Porcorum.**

Schweinefresspulver.

Rp.		
	Acidi tartarici	25,0
	Boli rubrae	100,0
	Fructus Anisi	30,0
	Natrii chlorati	100,0
	Natrii sulfurici sicci	200,0
	Radicis Gentianae	50,0
	Seminis Foenugraeci	75,0
	Stibii sulfurati nigri	60,0.

Vet. **Pulvis Vaccarum hollandicus.**

Holländisches Butterpulver.

Rp.		
	Calcii phosphorici depurati	50,0
	Fructus Foeniculi	
	Radicis Gentianae	ää 100,0
	Natrii bicarbonici depurati	150,0
	Seminis Foenugraeci	550,0
	Stibii sulfurati nigri	50,0.

Kühen 3mal täglich 1 gehäuften Esslöffel in Kleientrank. Man verabfolgt das Pulver in Blechkapseln.

Champion Spice von J. Lund, ein Futtermittel, ist Bockshornsamenpulver mit gewürzigen Zusätzen, wie Koriander, Anis, nebst Palmkernkuchen.

Kropfpulver von F. W. Gruse entspricht etwa obigem Pulv. Equorum.

Rothlaufmittel für Schweine, von Thierarzt Hediger ist Foenum graecum mit 30 Proc. Kreide, Sand und Thonerde.

Viehmastpulver, Schweizer, besteht aus Bockshornsamen, Rapssamen, Getreidespreu, arsenhaltigem Schwefelantimon, Kochsalz, Kreide und Salpeter (Nessler).

Trimethylaminum.

I. Trimethylaminum. Trimethylamin. $N(CH_3)_3$. **Mol. Gew. = 59.** Wurde früher fälschlich als „Propylamin" bezeichnet.

Darstellung. Man versetzt unverdünnte Häringslake mit soviel Kalkmilch, dass diese in einem ziemlich erheblichen Ueberschusse vorhanden ist und unterwirft die Mischung aus einer Retorte oder einem Papin'schen Topfe (oder einer Destillirblase) unter guter Kühlung der Destillation. Das Destillat fängt man direkt in überschüssiger Salzsäure auf, und zwar destillirt man so lange, als das Destillat noch häringsartig riecht. Man dampft alsdann die sauer (!) reagirende Flüssigkeit (Prüfung mit Methylorange) zur Trockne und kocht den Salzrückstand mit 96procentigem Weingeist aus, welcher nur die Chloride der organischen Basen, nicht aber auch das beigemengte Chlorammonium löst. Man destillirt von dem alkoholischen Filtrate den Alkohol ab, destillirt den aus salzsaurem Trimethylamin bestehenden Salzrückstand aufs neue mit überschüssiger Kalkmilch und fängt das übergehende Gas (genau wie beim Ammoniak, Bd. I, S. 257) in Wasser auf oder kondensirt es durch Druckpumpen unter Abkühlung mit Kältemischungen.

Eigenschaften. Trimethylamin ist bei niederen Temperaturen eine farblose, leicht bewegliche Flüssigkeit, welche bei + 9 bis 10° C. siedet und bei 0° C. das spec. Gewicht 0,673 hat. Bei gewöhnlicher Temperatur ist es ein farbloses Gas, von durchdringend fischartigem, ammoniakalischem Geruch, in Wasser sehr leicht löslich. Sowohl das gasförmige

Trimethylamin, als das verflüssigte und die koncentrirte wässerige Lösung sind brennbar, bez. leicht entzündlich. Nähert man der wässerigen Lösung des Trimethylamins einen mit Essigsäure befeuchteten Glasstab, so kommt es zur Bildung von Nebeln. Mit Säuren verbindet sich das Trimethylamin durch direkte Addition zu Salzen. Die Salze mit Mineralsäuren sind in Alkohol löslich. (Unterschied von den Ammoniaksalzen.)

Reaktionen. Die mit Essigsäure neutralisirte wässerige Lösung des Trimethylamins wird ebenso wie das Ammoniak durch Quecksilberchlorid weiss gefällt, dagegen giebt sie abweichend vom Ammoniak mit folgenden Reagentien Niederschläge und zwar mit Jodjodkalium (gelb), mit Gerbsäure (weisslich), Kaliumquecksilberjodid (weiss), Phosphormolybdänsäure (blassgelb).

Liquor Trimethylamini. **Trimethylaminum** (Ergänzb.). **Trimethylaminlösung.** Ist diejenige Form, in welcher das Trimethylamin gelegentlich therapeutisch verwendet wird.

Eine farblose, nach Häringslake riechende, bitterlich und ammoniakalisch schmeckende, rothes Lackmuspapier bläuende, mit Wasser und Alkohol klar mischbare Flüssigkeit, welche beim Annähern eines mit Essigsäure befeuchteten Glasstabes Nebel bildet. Sie hat bei 15° C. das spec. Gewicht 0,975 und enthält 10 Proc. Trimethylamin $N(CH_3)_3$.

Prüfung. 1) Versetzt man 5 ccm der Flüssigkeit mit Salzsäure im geringen Ueberschuss, dampft die Lösung zur Trockne, so muss man einen weissen Salzrückstand erhalten, der in 96proc. Alkohol vollständig löslich ist (Ammoniumchlorid würde ungelöst bleiben). 2) Vermischt man 5,9 g der Trimethylaminlösung mit 50 ccm Wasser und einigen Tropfen Lackmustinktur, so sollen bis zum Eintritt der Rothfärbung 10 ccm Normal-Salzsäure erforderlich sein. Da 1 ccm Normal-Salzsäure = 0,059 g Trimethylamin anzeigt, so würde sich hiernach ein Gehalt von 10 Procent Trimethylamin ergeben.

Aufbewahrung. In mit Glasstopfen gut verschlossenen Gefässen an einem kühlen Orte in der nämlichen Weise wie Ammoniakflüssigkeit.

Anwendung. Das Trimethylamin (welches in der Pharm. Rossica enthalten ist) findet in Deutschland nur sehr vereinzelt therapeutische Verwendung. Man giebt es gegen Muskelrheumatismus, rheumatische Diastasen und rheumatische Lähmungen, auch bei akuter Pneumonie. Als grösste Einzelgabe wäre 1,0, als grösste Tagesgabe 3,0 g anzunehmen, vorausgesetzt, dass das Mittel in gehöriger Verdünnung gegeben wird.

Wenn „Trimethylamin" oder „Propylamin" verordnet wird, so ist stets die **10procentige** Lösung des Trimethylamins zu dispensiren. Technisch findet das Trimethylamin Verwendung zur Fabrikation der Mineralpotasche aus dem Kaliumchlorid nach einem dem Solvay'schen nachgebildeten Prozesse.

II. † Neurinum. **Trimethyl-Vinyl-Ammoniumhydroxyd.** $N(OH)(CH_3)_3C_2H_3$. **Mol. Gew. = 103.** Der Name ist aus νεῦρον = Nerv gebildet. Diese giftige Base entsteht durch Kochen der Nervensubstanzen Lecithin und Protagon mit Barytwasser, und (neben dem ungiftigen Neuridin) im ersten Stadium der Fleischfäulniss.

Darstellung. Nach Diakonow. Man extrahirt unter starkem Schütteln Eidotter zunächst mit Aether, dann mit warmem Alkohol. Man vermischt beide Auszüge, destillirt den Aetheralkohol ab und kocht den Rückstand mit Barytwasser. Aus dem Filtrat fällt man das Baryum durch Einleiten von Kohlensäure aus, filtrirt wiederum und dampft das Filtrat zum Sirup ein. Letzteren zieht man mit absolutem Alkohol aus. Den alkoholischen Auszug versetzt man mit Platinchlorid, worauf das salzsaure Neurin-Platinchlorid als hellgelber Niederschlag ausfällt. Man filtrirt ab, wäscht mit Alkohol nach, löst den Niederschlag in Wasser und sättigt die Lösung mit Schwefelwasserstoff. Die vom Schwefelplatin durch Filtriren getrennte Lösung hinterlässt beim Eindunsten und Eintrocknen über Schwefelsäure das salzsaure Neurin. Aus diesem erhält man die freie Base, indem man die wässerige Lösung mit feuchtem Silberoxyd behandelt.

Eigenschaften. Stark alkalisch reagirende, hygroskopische, in Wasser und Alkohol leicht lösliche Masse. — Aus der alkoholischen Lösung fällt durch Platinchlorid das Platindoppelsalz $(C_5H_{12}NOCl)_2 . PtCl_4$ in 5seitigen gelben Tafeln, unlöslich in Alkohol und in

Aether. Löst man das Platinsalz in Wasser, so geht es unter Aufnahme von Wasser leicht in das Platindoppelsalz des (nicht giftigen) Cholins über. Durch alkoholische Goldchloridlösung wird aus der alkoholischen Lösung des Neurins das Golddoppelsalz gefällt.

Ferner werden Neurinsalzlösungen gefällt durch: Phosphorwolframsäure, Kaliumwismutjodid, Kaliumquecksilberjodid, Jodjodkalium, Jodwasserstoff, Gerbsäure (Cholin wird durch Gerbsäure nicht gefällt). — Wird die wässerige Lösung des Neurins zum Sieden erhitzt, so erfolgt Zersetzung unter Abspaltung von Trimethylamin, besonders leicht bei Gegenwart von Basen.

Prüfung. Das als Medikament brauchbare (das aus dem Lecithin im Eidotter dargestellte) Neurin muss sich in Wasser und Weingeist klar lösen; die Lösung muss stark alkalische Reaktion zeigen. Wird 1,0 des Neurins und 0,6 zerriebener Oxalsäure gemischt, so darf nur eine unbedeutende Kohlensäureentwickelung stattfinden, und im Wasserbade erhitzt, muss eine nach dem Erkalten starre Salzmasse erfolgen. Eine schmierige Masse deutet auf Glycerin. Beim Erhitzen in einer kleinen Retorte muss Trimethylamin in die Vorlage übergehen.

Aufbewahrung. Das Neurin wird, weil es aus der Luft leicht Kohlensäure und Feuchtigkeit aufnimmt, in dicht geschlossenen Flaschen mit Glasstopfen vorsichtig aufbewahrt.

Anwendung. Neurin wurde in Wien mit angeblich gutem Erfolge bei Diphtherie angewendet. Es wurden mit den 3—6procentigen Neurinlösungen stündlich die Beläge der Schleimhäute bepinselt.

Cancroïn. Ein modernes Heilmittel gegen Krebs, ist eine wässerige Lösung von citronensaurem Neurin.

III. †† Muscarinum. **Muscarin. Pilz-Muscarin. $C_5H_{15}NO_3$. Mol. Gew. = 137.** Das giftige Alkaloid aus dem Fliegenpilz, *Agaricus muscarius L.*, *Amanita muscaria Pers.*

Darstellung. E. Schmidt giebt folgende Darstellungsvorschrift:

Man extrahirt getrocknete und zerkleinerte Fliegenpilze in mässiger Wärme mit starkem Alkohol, nimmt den Verdampfungsrückstand dieser Auszüge mit Wasser auf, filtrirt die wässerige Lösung zur Ausscheidung von Fett und versetzt sie mit Bleiessig und Ammoniak in geringem Ueberschusse. Man fällt aus dem Filtrat den Bleiüberschuss durch vorsichtige Zugabe von verdünnter Schwefelsäure und fällt aus dem Filtrat das Muscarin durch Quecksilberjodid-Kaliumjodidlösung[1]). Nach Zugabe von etwas verdünnter Schwefelsäure filtrirt man den Niederschlag ab und wäscht ihn mit schwefelsäurehaltigem Wasser. — Um das Muscarin, welches sich noch im Filtrat vom Quecksilberjodid-Kaliumjodid-Niederschlage befindet, abzuscheiden, versetzt man dieses Filtrat mit Barytwasser bis zur schwach alkalischen Reaktion, leitet Schwefelwasserstoff bis zur Sättigung ein, fällt nach dem Filtriren das Jod durch Bleiessig, den Ueberschuss von Blei durch verdünnte Schwefelsäure aus, dampft das Filtrat ein und fällt es aufs neue mit Quecksilberjodid-Kaliumjodid.

Die so erhaltenen Alkaloid-Niederschläge werden mit einem gleichen Volumen feuchtem Barythydrat gemengt, in Wasser suspendirt und durch Schwefelwasserstoff zersetzt. Zu dem Filtrat vom ausgeschiedenen Quecksilbersulfid setzt man alsdann, nach dem Verjagen des Schwefelwasserstoffs, verdünnte Schwefelsäure bis zur schwach sauren Reaktion, bez. bis zur vollständigen Ausfällung des Baryts. Dann digerirt man das Filtrat, zur Entfernung des Jods, mit überschüssigem Chlorsilber und unterwirft es alsdann, nach vorhergegangener Koncentration, einer fraktionirten Fällung mit Goldchlorid. Hierbei scheidet sich zuerst das noch beigemengte Cholin als Cholingoldchlorid aus, während das Muscarin in der Mutterlauge bleibt und aus dieser durch weiteren Zusatz von Goldchlorid als Golddoppelsalz gewonnen wird. Aus der Lösung des Golddoppelsalzes fällt man das Gold durch Schwefelwasserstoff, koncentrirt die Lösung des Chlorids unter vermindertem Druck, dunstet unter Zusatz von Barythydrat im Vakuum ein und entzieht dem trockenen Rückstande das Muscarin durch Ausziehen mit Alkohol, nach dessen Verdunsten das Muscarin hinterbleibt.

Eigenschaften. Ein farbloser, geruchloser und geschmackloser dicker Sirup von stark alkalischer Reaktion, welcher beim Stehen an der Luft allmählich krystallinisch er-

[1]) Diese Lösung darf überschüssiges Kaliumjodid nicht enthalten, da dieses die Fällung verhindert.

$$\begin{matrix} CH_3 \\ CH_3 \\ CH_3 \end{matrix} \gtrless N \begin{matrix} \diagup CH_2 - C \begin{matrix} \diagup H \\ \diagdown\!\!= O \end{matrix} \\ \diagdown OH \end{matrix}$$

Muscarin.

starrt, an der Luft jedoch rasch wieder zerfliesst. Von Wasser und von Alkohol wird es in jedem Verhältnisse gelöst, wenig löslich ist es in Chloroform, unlöslich in Aether. Starke Base. welche mit Mineralsäuren neutral reagirende, zerfliessliche Salze giebt. Wird das festgewordene Muscarin erhitzt, so schmilzt es zunächst; bei 80° C. bräunt es sich, über 100° C. wird es wieder fest, schliesslich zersetzt es sich bei höherer Temperatur unter Entwickelung eines tabakähnlichen Geruches. Beim Erhitzen mit feuchtem Aetzkali oder mit Bleioxyd entwickelt Muscarin Trimethylamin.

Physiologisches. Muscarin ist ein starkes Gift. Beim Menschen erzeugen 0,003—0,005 g subkutan nach 2—3 Minuten Speichelfluss, Erhöhung der Pulsfrequenz, Leibschmerzen, gestörtes Sehvermögen, starken Schweiss. Lokal auf das Auge gebracht oder innerlich genommen, erzeugt es Accomodationskrampf, der sich als Kurzsichtigkeit äussert. Gegengift gegen Muscarin ist Atropin, aber umgekehrt kann Muscarin als Gegengift gegen Atropin nicht verwendet werden. — Der Fliegen tödtende Bestandtheil des Fliegenschwammes ist Muscarin nicht; dieser ist bisher überhaupt nicht bekannt. Die aus dem Fliegenpilz gleichfalls abgeschiedene, als Ammanitin bezeichnete Base scheint mit Cholin identisch zu sein.

†† **Pseudomuscarin $C_5H_{15}NO_3$.** Wird durch Oxydation des Cholins mittels Salpetersäure dargestellt und ist chemisch mit dem Pilz-Muscarin identisch. Physiologisch aber bestehen Unterschiede in der Wirkung zwischen beiden Substanzen. Das Pseudo-Muscarin besitzt neben der Muscarinwirkung auf das Froschherz noch eine ausgesprochene lähmende Wirkung auf die peripherischen Nervenendigungen.

Trochisci.

Trochisci (Austr. U-St.). **Trochiscus** (Brit.). **Pastilli** (Germ. Helv.). **Tablettes. Pastilles** (Gall.). **Zeltchen. Plätzchen. Täfelchen. Pastillen. Trochisken. Lozenges Troches** (engl.).

In den Bezeichnungen „Trochisci, Pastilli, Tablettae, Tabulae" ist eine ziemliche Verwirrung eingerissen, so dass zur Zeit die eben angeführten Namen als synonym angesehen werden können. Die Bereitung dieser Arzneiform erfolgt nach mehreren Verfahren:

1) Pastillen oder Trochisken aus Pillenmassen. Man stösst aus den vorgeschriebenen Arzneisubstanzen, meist unter Zuhilfenahme von Süssholzpulver und Süssholzsaft, eine Pillenmasse an, rollt diese wie üblich zu einem Pillenstrange aus und theilt diesen auf der Pillenmaschine in einzelne Pillen von etwa 0,2—0,3 g Gewicht. Die Pillen werden wie üblich fertig gemacht und schliesslich mittels eines Stempels flach gedrückt. Als Stempel benutzt man einen verzierten Metallstempel, in Ermangelung desselben wird auch ein eingekerbter Kork benutzt. Die Pastillen sehen wenig einladend aus und gehören einer vergangenen Periode an.

2) Leicht zerreibliche Pastillen mit Grundlage von Zucker. Diese Pastillen sind leicht zerkaubar und werden von denjenigen Arzneibedürftigen bevorzugt, welche häufiger Pastillen zu nehmen pflegen und daher ein gewisses Urtheil über dieselben besitzen.

Man stellt sie her, indem man die Arzneisubstanz mit feinem Zuckerpulver mischt, die Mischung mit ca. 68 volumprocentigem Weingeist zu einem grade etwas feuchten Pulver anreibt und dieses mittels eines Pastillenstechers zu Pastillen komprimirt. Wenn man das Pulver nicht zu stark anfeuchtet, so lassen sich die Pastillen von dem Pastillenstecher leicht ablösen. Glaubt man den Pastillenstempel mit einem Pulver einstäuben zu müssen, damit sich die Pastillen leicht ablösen lassen, so benutzt man dazu ein Gemisch feinster Kartoffelstärke und feinsten Puderzuckers. — Die fertigen Pastillen setzt man auf ein Stück sauberes Papier, lässt sie einige Stunden an der Luft austrocknen und bringt sie dann, zwischen Papierblätter gelegt, in die Vorrathskästen. — Wenn das Pulver hinlänglich mit dem verdünnten Weingeist angefeuchtet worden war, so haben die Pastillen auch so viel Bindekraft, dass sie oberflächlich zwar etwas Pulver abgeben, aber doch ihre Pastillenform nicht merklich ändern. Halten die Pastillen nicht genügend zusammen, so war die Befeuchtung mit verdünntem Weingeist nicht hinreichend.

In dieser Weise werden gewöhnlich solche Pastillen dargestellt, welche keine stark wirkenden Stoffe enthalten, z. B. Pastillen mit Natriumbikarbonat, mit Magnesiumkarbonat u. dergl.

Bei der Herstellung von Pastillen aus Brausepulvermischungen darf die Pulver mischung nicht mit verdünntem Weingeist angefeuchtet werden, sondern man muss 95 volumprocentigen Weingeist benutzen, und bei diesen Pastillen erhält man hinreichend feste und zusammenhaltende Pastillen nur dann, wenn man die Pulvermischung einem hinreichend starken Drucke mittels des Pastillenstechers aussetzt.

3) Pastillen aus Zuckermischungen mit Traganthschleim. Zur Darstellung dieser Pastillen mischt man die Arzneistoffe mit feinem Zuckerpulver und stösst die Mischung mit dünnem Traganthschleim zu einem derben Teige an. Auf 1000 Th. Arzneistoff-Zuckermischung benutzt man 3,0 —5,0 —10,0 Th. Traganth nebst der erforderlichen Menge Wasser. Je mehr Traganth angewendet wird, desto leichter ist die Herstellung der Pastillen, aber desto härter fallen die Pastillen auch aus. Bei zu grossem Traganthgehalt können die Pastillen so hart werden, dass sie sich kaum zerbeissen lassen. — Man stösst also einen derben Teig an, rollt diesen auf einem Rollbrett mit der Rollwalze (Nudelwalze) zu einem an allen Stellen gleichmässigen Kuchen aus. Die Dicke des letzteren bestimmt man durch Holzleisten, welche rechts und links von der Teigmasse auf das Rollbrett gelegt werden, und welche die Führung für die Rollwalze darstellen. Das Rollbrett und die Walze, auch die Finger, stäubt man mit einer Mischung von gleichen Theilen Puderzucker und Kartoffelstärke ein, reibt sie wohl auch mit Talcum venetum ab. Aus dem so hergestellten Kuchen sticht man mit dem Pastillenstecher die Pastillen aus, setzt sie auf sauberes Papier und trocknet sie an einem warmen Orte aus.

Diese Traganthmassen haben soviel Bindekraft, dass sie sich sehr leicht und schnell mittels des Pastillenstechers ausstechen lassen, und dass auch Schriftzeichen und Verzierungen auf den Pastillen mit Leichtigkeit und Schärfe wiedergegeben werden. Nach dem Trocknen sind die Pastillen so widerstandsfähig, dass sie längere Aufbewahrung und Transport vertragen ohne abzubröckeln. — Nach dieser Vorschrift werden die meisten der im Handel befindlichen Pastillen, nämlich solche mit: Quellsalzen, Phenacetin, Sulfonal, auch die grossen englischen Pfefferminzpastillen dargestellt.

4) Pastillen aus Chokolademasse. Diese können auf kaltem oder warmem Wege bereitet werden. a) Auf kaltem Wege. Man mischt den Arzneistoff mit Zuckerpulver, fügt ein dem Zuckerpulver gleiches Gewicht entöltes Kakaopulver zu, stösst mit verdünntem Weingeist zu einem feuchten Pulver an und bereitet aus diesem nach 2 durch Komprimiren mit dem Pastillenstecher Pastillen. Diese Pastillen sehen niemals schön aus, sie sind hellbräunlich und die Oberfläche sieht marmorirt aus. b) Auf warmem Wege. Man verreibt den Arzneistoff mit feinstem, gut getrockneten (!) Zuckerpulver, giebt ein gleiches Gewicht beste Kakaomasse (Guajaquill-Kakao) dazu und stellt durch Reiben und Mischen unter Erwärmen eine Chokoladenmasse dar. Diese wägt man aus; die den einzelnen Pastillen entsprechenden Mengen der Masse rollt man noch warm rasch zu Kugeln, setzt diese auf ein schwach mit Kakaofett abgeriebenes kaltes Blech und lässt die Kugeln durch Aufschlagen des Bleches auf eine Unterlage zu Kugelabschnitten auseinander laufen, welche man nach völligem Erkalten (24 Stunden) von dem Bleche abstösst. — Schöne Chokoladenpastillen erhält man auch durch Eindrücken und Einschlagen der warmen Chokoladenmasse in polirte Metallformen.

Die Herstellung von schönen Chokoladenpastillen wird im pharmaceutischen Laboratorium im allgemeinen nicht gelingen; man wird vielmehr diese Pastillen zweckmässig aus einem Special-Laboratorium oder einer Fabrik beziehen. Sollte man einmal gezwungen sein, Chokolade-Pastillen selbst herzustellen, so setze man sich mit einem tüchtigen Konditor in Verbindung und lasse sich die erforderlichen Handgriffe von diesem zeigen.

5) Komprimirte Pastillen, komprimirte Tabletten. Man versteht darunter meist bikonvexe (linsenförmige) Täfelchen, welche aus Arzneimitteln ohne Zusatz, lediglich durch starkes Zusammenpressen derselben dargestellt werden. Die Zusätze, welche bei Arzneistoffen gemacht werden, wie Zucker, schwaches Anfeuchten mit Gummischleim, Zusatz von Stärke u. dgl. verfolgen den Zweck, an sich zu festen Tabletten nicht zu verarbeitbare Arzneistoffe verarbeitbar zu machen oder Arzneistoffe, welche im komprimirten Zustande im Verdauungstraktus nicht aufgelöst werden würden, in einen quellbaren Zustand überzuführen.

Zur Bereitung dieser komprimirten Tabletten bedarf man besonderer Maschinen, welche von E. A. Lentz in Berlin, Hennig & Martin in Leipzig, Robert Liebau in Chemnitz, Fr. Kilian in Berlin u. A. sowohl zum Recepturgebrauch als auch zum Laboratoriumgebrauch und zu Zwecken des Grossbetriebes fabricirt werden.

Tuberculinum.

Tuberculinum Kochi (Germ.). **Tuberculinum. Koch'sches Mittel. Koch'sche Lymphe. Kochin. Tuberkulin-Koch.**

Allgemeines. Im Jahre 1890 theilte Robert Koch mit, dass es ihm gelungen sei, ein Mittel aufzufinden, welches die Tuberkulose günstig beeinflusse. Dieses Mittel vermöge, wenn es unter die Haut gespritzt würde, Tuberkulose in den Anfangsstadien zu heilen, versteckte Tuberkulose durch Erhöhung der Körpertemperatur (Eintritt von Fieber) anzuzeigen und auf örtliche Tuberkulose dadurch heilend zu wirken, dass es das befallene Gewebe nekrotisire. Dieses Heilmittel wurde zunächst „Koch'sches Mittel“, später Koch'sche Lymphe, Kochin, schliesslich Tuberkulin-Koch genannt.

Ueber die Darstellung dieses Mittels, welches zunächst nach Koch's Angaben durch Dr. Libbertz bereitet und abgegeben wurde, machte Koch folgende Mittheilung: Reinkulturen von Tuberkel-Bacillen, gezüchtet auf peptonhaltiger Fleischbrühe, welche 4—5 Proc. Glycerin enthält, werden auf 70°—100° C. erhitzt und auf den $^1/_{10}$ Th. eingedampft. Hierdurch werden die Tuberkel-Bacillen getödtet und zugleich die Eiweissstoffe, Toxalbumine coagulirt. Die so erhaltene Flüssigkeit wird, um sie von den ausgeschiedenen Eiweissstoffen, sowie von den abgetödteten Tuberkel-Bacillen zu befreien, durch Thonfilter filtrirt. Das so erhaltene Tuberkulin-Koch stellt also ein Glycerinextrakt der Reinkulturen von Tuberkelbacillen dar; es ist dasjenige Präparat, welches durch die Germ. IV als „*Tuberculinum Kochi*“ aufgenommen worden ist.

Später sind durch Koch verschiedene andere Präparate gleichfalls unter dem Sammelnamen Tuberkulin bereitet und zu Versuchen empfohlen worden, so das Rein-Tuberkulin-Koch, welches aus dem vorigen durch Alkohol-Fällung abgeschieden wurde. In den letzten Jahren endlich sind von Koch mehrere neue Tuberkuline als Tuberkulin-A, Tuberkulin-O und Tuberkulin-R beschrieben worden, über welche weiter unten berichtet werden soll. Die im folgenden gemachten Ausführungen beziehen sich lediglich auf das ursprüngliche Tuberkulin aus dem Jahre 1890.

Eigenschaften. Das Tuberkulin-Koch ist also ein glycerinhaltiger Auszug von Kulturen der Tuberkel-Bacillen und demnach ein Gemisch von Stoffwechselprodukten dieser Bacillen und unzersetztem Nährmaterial derselben. Dabei sind als wesentliche Bestandtheile: Handelspepton und etwa 50 Proc. Glycerin, ferner die aus der Fleischbouillon stammenden anorganischen Salze zugegen. — Ueber die Natur des wirksamen Bestandtheils (des specifischen Toxins) ist nichts Näheres bekannt; Koch nimmt an, dass derselbe ein Derivat eines Eiweisskörpers sei, der aber nicht zu den Toxalbuminen gehört, denn die wirksame Substanz verträgt hohe Temperaturen und dialysirt leicht und schnell durch die

Membran. Die ersten Präparate enthielten noch ziemlich konstant Tuberkel-Bacillen, welche natürlich abgetödtet waren, aber doch, wenn sie eingespritzt wurden, wahrscheinlich zur Abscessbildung Veranlassung gaben.

Eine klare, braune, eigenthümlich aromatisch riechende, alkalisch reagirende Flüssigkeit, deren spec. Gewicht etwa 1,17 ist. Mit Wasser ist es in allen Verhältnissen klar löslich. Eine Mischung von 1 Th. Tuberkulin mit 100 Th. Wasser zeigt folgendes Verhalten: Sie wird getrübt durch: Gerbsäure, 2proc. Karbolsäure, Pikrinsäure, Goldchlorid, Silbernitrat, Kupfersulfat, Mercuronitrat, Platinchlorid, Zinnchlorür, Bleiacetat, Kaliumcadmiumjodid, Jodjodkalium, starken Alkohol im Ueberschuss. — Nicht getrübt wird sie durch: Ferrosulfat, Ferrichlorid, Ferrocyankalium, Mercurichlorid, Mercuri-Kaliumjodid (Meyer's Reagens), Kaliumdichromat, Kalium- und Ammoniumrhodanid, Ammoniummolybdänat. — Diese Reaktionen sind natürlich dem vorhandenen Pepton zuzuschreiben und nicht etwa als solche aufzufassen, die dem specifischen Toxin des Tuberkulins zukommen.

Prüfung. Die Darstellung des Tuberkulins unterliegt der staatlichen Aufsicht. Ursprünglich wurde das „Koch'sche Mittel" nur von Libbertz in Berlin dargestellt. Seit 1892 wird es — ausschliesslich — durch die Farbwerke Meister, Lucius & Brüning in Höchst a. M. dargestellt und in den Verkehr gebracht. Die staatliche Prüfung bezieht sich auf den gleichbleibenden Gehalt an specifischem Toxin. Da das Tuberkulin nur in amtlich plombirten Fläschchen geliefert wird, so entfällt für den Apotheker die Verpflichtung zur Prüfung, welche er übrigens auch ausser Stande wäre auszuführen.

Aufbewahrung. Die Germ. IV schreibt lediglich vor, das Tuberkulin vor Licht geschützt und an einem kühlen Orte aufzubewahren. Damit entfällt die Nöthigung, es unter den Separanden zu halten. — Im Gegensatze zum Diphtherie-Heilserum behält das Koch'sche Tuberkulin, welches ja als Konservirungsmittel fast 50 Proc. Glycerin enthält, seine Wirksamkeit mehrere Jahre hindurch.

Abgabe. Nach Germ. IV darf das Tuberkulin nur im unverdünnten Zustande aufbewahrt werden, d. h. Lösungen (Verdünnungen) dürfen nicht vorräthig gehalten werden.

Die vom Arzte verordneten Verdünnungen sind nach Germ. IV „jedesmal frisch herzustellen und mit sterilisirtem Wasser oder besser mit Karbolsäurelösung (0,5 = 100) anzufertigen."

Ueber die Berechtigung zur Abgabe des Tuberkulins besteht in den einzelnen deutschen Bundesstaaten eine ziemliche Verwirrung. In ganz Deutschland haben natürlich die Apotheker auf die Verordnung eines approbirten Arztes hin es abzugeben. Dagegen sind die Bestimmungen darüber, ob Tuberkulin auch auf die Verordnung eines Thierarztes abgegeben werden darf, in den verschiedenen Bundesstaaten verschieden. Im Handverkauf der Apotheken darf das Tuberkulin nicht abgegeben werden. — Die Drogisten dürfen Tuberkulin zu Heilzwecken nicht verkaufen, dagegen dürfen sie es zur Zeit noch für diagnostische Zwecke abgeben. — Diese Materie liegt gar sehr im Argen und bedarf dringend einer einheitlichen Regelung.

Wirkung und Darstellung. Das Tuberkulin hat die Erwartungen, welche man auf dasselbe bezüglich der Heilung der Tuberkulose beim Menschen gesetzt hatte, zunächst nicht erfüllt. Man injicirte es in der ersten Zeit mittels einer von Koch angegegebenen (sterilisirten) Spritze in Gaben von 0,0005 g allmählich steigend bis 0,001 g Original-Tuberkulin, und zwar wurde dieses nicht unverdünnt, sondern in Verdünnungen mit 0,2—1 Proc. Tuberkulingehalt (mit sterilisirtem Wasser oder 0,5 proc. Karbolsäurelösung) angewendet. — Bei weit vorgeschrittener Tuberkulose hat es vielfach den *exitus* entschieden beschleunigt, im Anfangsstadium der Tuberkulose glaubte man Erfolge verzeichnen zu können. Ebenso glaubte man es bei Menschen als diagnostisches Mittel verwerthen zu können, um Tuberkulose festzustellen, welche auf andere Weise noch nicht zu diagnosticiren war. Dem problematischen Nutzen bei diesen Anwendungen stand die Thatsache gegenüber, dass das Tuberkulin in sehr zahlreichen Fällen offenbar mehr Schaden anrichtete, insofern nach diesen Injektionen tuberkulöse Erkrankungen von Organen eintraten, welche vorher wahrscheinlich gesund waren. Der Erfolg war der, dass in den

Jahren 1894—1900 sich die Mehrzahl der Aerzte ablehnend gegen das Tuberkulin verhielt. Ganz neuerdings (1901) hat Goetsch-Slawentzitz (Oberschlesien) Mittheilungen gemacht, nach welchen das Tuberkulin doch im Stande ist, die Tuberkulose beim Menschen zu heilen. Goetsch beginnt mit äusserst kleinen Dosen, z. B. 0,0001 g und, wenn auch dieses nicht vertragen wird, mit 0,00001 g und steigt sehr allmählich bis zu 1 g. Unter diesen Umständen bleiben üble Nebenerscheinungen aus, und er erzielt wirkliche Heilung der Patienten. — Auch zu diagnostischen Zwecken benutzt Goetsch das Tuberkulin beim Menschen. Er bezeichnet denjenigen erwachsenen Menschen als tuberkulosefrei, der in schnell steigender Skala auf 0,05 g Tuberkulin nicht reagirt.

In der Thiermedicin wird das Tuberkulin in ausgedehntem Maassstabe benutzt, um beim Rindvieh das Vorhandensein oder die Abwesenheit von Tuberkulose festzustellen. Wird nämlich Rindern Tuberkulin in Mengen von 0,5 ccm und Kälbern in Mengen von 0,1 ccm eingespritzt, so sind als reagirend und demnach als tuberkuloseverdächtig diejenigen Rinder anzusehen, welche vor der Einspritzung eine 39,5° C. nicht überschreitende Körpertemperatur aufwiesen, und bei denen die Körperwärme nach der Einspritzung des Tuberkulins über 39,5° C. steigt, sofern der Unterschied zwischen der höchsten vor und nach der Einspritzung ermittelten Temperatur mindestens 1° C. beträgt. Bei Kälbern im Alter bis zu 6 Monaten begründet eine Steigerung der inneren Körperwärme nach der Tuberkulineinspritzung über 40° C. den Verdacht auf Tuberkulose, wenn der Temperaturunterschied mindestens 1° C. beträgt. Thiere, bei denen eine solche Steigerung der Temperatur ausbleibt, „reagiren nicht" und werden als nicht tuberkulös angesehen. Die Diagnose hat sich zwar als nicht unfehlbar, aber doch in etwa 75 Proc. der Fälle als sicher erwiesen. Durch wiederholte Impfung lassen sich aus einer Heerde sämmtliche tuberkulöse Stücke herausfinden. — Wird ein Stück Rindvieh gekauft, und reagirt es bei der ersten Einspritzung nicht, so ist diese zu wiederholen, nachdem das Thier 6—8 Wochen unter Aufsicht gewesen ist, weil eine kurz vorangegangene und gut überstandene Einspritzung den Erfolg hat, dass bei einer zweiten, bald darauf folgenden, die Reaktion ausbleibt.

† **R-Tuberkulin (T.-R.). Tuberculinum-R.** Wird gewonnen, indem man den beim ersten Centrifugiren des T.-O. erhaltenen Bodensatz trocknet, nochmals mit Wasser zerreibt und wiederum centrifugirt. Dieses Tuberkulin soll entschieden immunisirend wirken, wenn es von vollwerthigen Kulturen herstammt.

Aufbewahrung. In Deutschland: Unter den Separanden vor Licht geschützt.

A-Tuberkulin (T.-A.). Tuberculinum-A. Ein neues, von Koch dargestelltes Tuberkulin, ist ein alkalisches Extrakt aus den Kulturen der Tuberkel-Bacillen, welches in kleinen Gaben die nämlichen Erscheinungen hervorruft, wie das alte frühere Tuberkulin, doch sollen die Reaktionen von längerer Dauer sein. — Der Zusatz A zu dem Worte Tuberkulin ist von dem Worte alkalisch abgeleitet.

O-Tuberkulin (T.-O.). Tuberculinum-O. Ein neues, von Koch angegebenes Tuberkulin. Zu seiner Darstellung werden getrocknete Kulturen von Tuberkel-Bacillen unter Zusatz von wenig Wasser mittels Achatpistills sehr fein zerrieben, und die wässerige Flüssigkeit wird alsdann centrifugirt. Man erhält eine obere wässerige Flüssigkeit, welche frei von färbbaren Tuberkel-Bacillen bez. deren Trümmern ist, und einen Bodensatz. Die obere Flüssigkeit ist das Tuberkulin-O, der Bodensatz wird zu Tuberkulin-R verarbeitet.

T.-O. soll ebenso wirken wie das ursprüngliche Tuberkulin, doch soll die Wirkung schon nach kleineren Gaben eintreten und nachhaltiger sein, ausserdem soll es niemals zur Bildung von Abscessen kommen. Der Zusatz O zum Worte Tuberkulin soll auf die obere Schicht hinweisen.

Zur Bereitung der im Vorstehenden beschriebenen Tuberkulin-Sorten bedarf man nach Koch besonderer maschineller Einrichtungen. Die Herstellung dieser Präparate erfolgt daher durch die Farbwerke Meister, Lucius & Brüning in Höchst a. M.

Turnera.

Gattung der **Turneraceae.**

Tunera diffusa Willd. var.: aphrodisiaca (Ward.) Urb. Heimisch von Brasilien bis Kalifornien und in Westindien. Liefert in den Blättern und Zweigspitzen:

Folia Damianae. Herba Damianae. Folia et ramuli Turnerae. — Damiana. Turnerathee.

Die Blätter sind bis 3 cm lang, 1 cm breit, kurz gestielt, lanzettförmig, grob gesägt, fiedernervig mit randläufigen Sekundärnerven. Oberseite spärlich, Unterseite reichlicher behaart, ausserdem Oeldrüsen wie bei den Labiaten. Palissaden auf beiden Seiten. Die Droge riecht angenehm nach Citronen, Geschmack aromatisch-bitter, etwas scharf.

Bestandtheile. 0,9 Proc. eines grünlichen, ätherischen Oeles vom Geruch nach Chamillen, 3,46 Proc. Gerbstoff, 7,08 Proc. Bitterstoff.

Verwechslung. Als „Damiana" verwendet man in Mexiko auch die Blätter der Composite: Bigelovia venata (H. B. K.) A. Gray; sie sind dicker und haben eine harzig-weiche Oberfläche.

Anwendung. In Mexiko wie Thee benutzt, als Aphrodisiacum empfohlen, wirkt auch diuretisch.

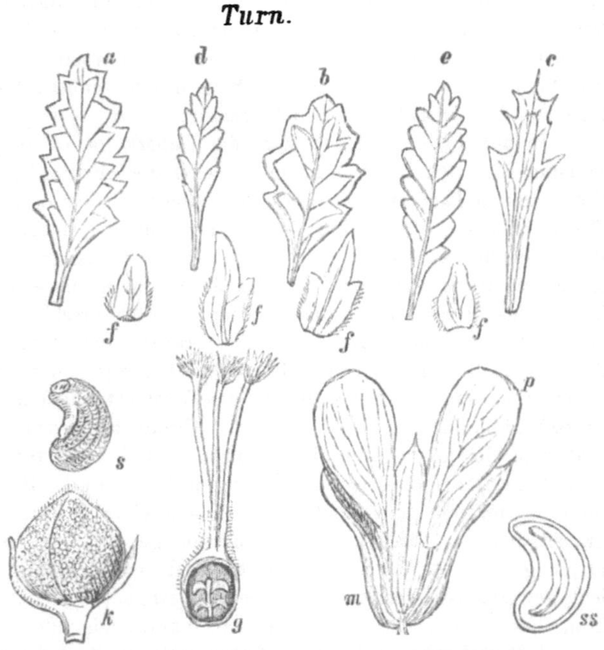

Turn.

Fig. 181. *a—e* Blätter von Turnera diffusa v. aphrodisiaca, natürl. Grösse. *f* Vorblättchen, nat. Gr. *k* Frucht, vergr. *g* Fruchtknoten, geöffnet, mit Griffel. *m* Blüthe, Blumenblätter und Kelch im Durchschnitt, vergrössert. *p* Blumenblatt. *s* Samen, vergrössert. *ss* Samen, durchschnitten.

Elixir Turnerae (Nat. form.). **Elixir of Turnera or of Damiana.** 30 g Magnesiumkarbonat reibt man mit einer Mischung aus 150 ccm Damiana-Fluidextrakt, 250 ccm Weingeist (91 proc.), 65 ccm Glycerin und 500 ccm Elixir aromaticum (U-St.) an, filtrirt durch ein genässtes Filter und bringt das Filtrat durch Nachwaschen mit Elixir aromaticum auf 1000 ccm.

Extractum Turnerae s. Damianae. Aus dem feingeschnittenen Kraut durch Ausziehen mit 45 proc. Weingeist und Eindampfen zum dicken Extrakt. Ausbeute 18—20 Proc.

Extractum Turnerae seu Damianae fluidum (Nat. form.). Aus 1000 g gepulverten Blättern (No. 20) und q. s. einer Mischung aus 2 Raumth. 91 proc. Weingeist und 1 Raumth. Wasser bereitet man im Verdrängungswege unter Zurückstellen der ersten 875 ccm Perkolat l. a. 1000 ccm Fluidextrakt. — Zu 1—3 ccm 3 mal täglich als Aphrodisiacum und Stärkungsmittel.

Ulmus.

Gattung der **Ulmaceae — Ulmoideae.**

I. Ulmus campestris L. Verbreitet in Europa und Sibirien.

II. Ulmus pedunculata Fougeroux (syn.: U. effusa Willd.). Im mittleren und östlichen Europa.

III. Ulmus fulva Michx. In Nordamerika von Canada bis Carolina.

Die drei Arten liefern in der von den äusseren Theilen befreiten Innenrinde: **Cortex Ulmi interior. Ulmus** (U-St.). — **Innere Ulmen- oder Rüsterrinde. — Écorce d'orme** (Gall.). — **Elm. Slippery Elm Bark.**

U-St. schreibt III vor, Gall. I und III.

Die Rinde der mittelstarken Zweige wird im Frühjahr geschält und von den äusseren Theilen (Borke) befreit. Sie bildet gelbliche bis rothbraune Bänder, die meist zu Bündeln aufgerollt sind. Im Bast wechseln Fasergruppen, die von Kammerfasern umscheidet sind, mit Weichbast ab. Im Parenchym reichlich rothbrauner Farbstoff und in einzelnen Zellen geschichteter Schleim, der sich in Wasser nicht völlig löst. Die Rinde von III soll frisch nach Foenum graecum riechen, ihre Schleimzellen sind besonders gross und zahlreich. Markstrahlen bis 4 Zellen breit.

Bestandtheile. Schleim, Gerbstoff.

Verfälschung. Das Pulver von III wird in Amerika mit stärkemehlhaltigen Substanzen (Mais) verfälscht. Es ist darauf aufmerksam zu machen, dass die Rinde an und für sich Stärke enthält.

Anwendung. Innerlich in Form des Schleimes oder der Abkochung (10—15 : 200), äusserlich zu Kataplasmen, des Gerbstoffgehaltes wegen als Adstringens und des Schleimgehaltes wegen zu Mutterzäpfchen.

Extractum Ulmi corticis. Extrait d'orme alcoolique (Gall.) ist wie Extractum Digitalis alcoholicum Gall. (Bd. I, S. 1041, 2) zu bereiten.

Mucilago Ulmi (U-St.). **Mucilage of Elm.** Aus 6 g zerschnittener Ulmenrinde und 100 ccm Wasser durch einstündige Digestion im Wasserbade und Durchseihen. Nur bei Bedarf anzufertigen.

Unedo.

Jetzt zur Gattung **Arbutus. Ericaceae — Arbutoideae — Arbuteae.**

Arbutus Unedo L. Heimisch in Südeuropa. Baum oder Strauch mit länglich-lanzettlichen, gesägten Blättern, hängenden Trauben weisser oder rosenrother Blüthen mit krugförmiger Blumenkrone und kirschengrossen, scharlachrothen, dicht warzigen, an Erdbeeren erinnernden Früchten („Erdbeerbaum").

Wurzel, Rinde und Blätter sind adstringirend und werden gegen Diarrhoe verwendet, die Früchte werden gegessen, man bereitet auch Alkohol daraus. **Racine, Feuille et Fruit d'Arbousier.** (Gall.)

Unguenta.

Unguenta (Austr. Brit. Germ. Helv. U-St.). **Pommades, Onguents** (Gall.). **Unguina. Salben. Ointments.**

Zum äusseren Gebrauche bestimmte Arzneimittel von butterartiger Beschaffenheit. Ihre Grundlage bestand ursprünglich aus einem weichen Fette (Schweineschmalz), später aus Gemischen von weichen Fetten oder Oelen mit härteren Fetten (Talg) oder Wachs. In der letzten Hälfte des 19. Jahrhunderts kamen zu diesen historischen Salbengrundlagen hinzu: Die Glycerinsalbe, welche niemals eine grosse Verbreitung gefunden hat, die Vaseline und das Wollfett (Lanolin). — Ihrer therapeutischen Bestimmung nach dienen die Salben dazu: **1)** Arzneistoffe in den menschlichen Organismus einzuführen, wie z. B. die graue Quecksilbersalbe. — **2)** Wunden oder offene Hautstellen von der Luft abzuschliessen, wie z. B. die Borsalbe. — **3)** Kühlsalben. Diese enthalten in der Regel grössere Mengen von Wasser inkorporirt. — **4)** Reizsalben, welche einen Reiz auf die unverletzte Haut auszuüben bestimmt sind. — **5)** Trocknende Salben, welche auf secernirenden Flächen austrocknend wirken sollen.

Bei der Bereitung der Salben ist in der Weise zu verfahren, dass Fettsubstanzen, welche etwa die gleiche weiche Consistenz haben (Fett, Lanolin, Vaselin u. dergl.) einfach durch Mischen mit einander vereinigt werden. Sollen harte Substanzen (Talg, Wachs, Harz u. dergl.) mit weicheren (Fett, Oel u. dergl.) verbunden werden, so sollen die schwerer schmelzbaren Bestandtheile für sich oder unter geringem Zusatze der leichter schmelzbaren Körper geschmolzen, und die letzteren der geschmolzenen Masse nach und nach zugesetzt werden, wobei jede unnöthige Wärmeerhöhung zu vermeiden ist.

Diejenigen Salben, welche nur aus Wachs oder Harz und Fett oder Oel bestehen, müssen nach dem Zusammenschmelzen der einzelnen Bestandtheile bis zum vollständigen Erkalten fortwährend gerührt werden. Wasserhaltige Zusätze werden den Salben während des Erkaltens unter Umrühren beigemischt. Sollen den Salben pulverförmige Körper hinzugesetzt werden, so müssen die letzteren als feinstes, wenn nöthig, geschlämmtes Pulver zur Anwendung kommen und zuvor mit einer kleinen Menge des nöthigenfalls etwas erwärmten Salbenkörpers gleichmässig verrieben sein.

Wasserlösliche Extrakte oder Salze sind vor der Mischung mit dem Salbenkörper mit wenig Wasser anzureiben oder in Wasser zu lösen, mit Ausnahme des Brechweinsteins, welcher als feines, trockenes Pulver zugemischt werden muss.

Die Salben müssen eine gleichmässige Beschaffenheit haben und dürfen weder ranzig riechen, noch Schimmelbildung zeigen.

Die Bereitung der kleinen Mengen von Salben, wie sie in der Receptur verordnet werden, erfolgt in Deutschland in Porcellanmörsern und mit Hilfe dieser bietet z. B. das Feinreiben einer kleinen Menge einer pulverförmigen Substanz keine Schwierigkeiten. Für den Gebrauch im Laboratorium ist eine Salbenmühle ein unentbehrlicher Apparat. Man bedient sich derselben nicht nur, um Salben mit pulverförmigen Beimischungen, z. B. Zinksalbe, Bleiweisssalbe u. a. zu präpariren, sondern man schickt zweckmässig durch die locker gestellte Mühle alle Salben, welche Neigung haben stückig zu werden, also z. B. Wachssalbe, Paraffinsalbe. Man erhält auf diese Weise Salben von sonst unerreichbarer Gleichmässigkeit. Eine solche Mühle macht sich in kurzer Zeit bezahlt. Die nebenstehende Figur zeigt eine Salbenmühle von Rob. Liebau.

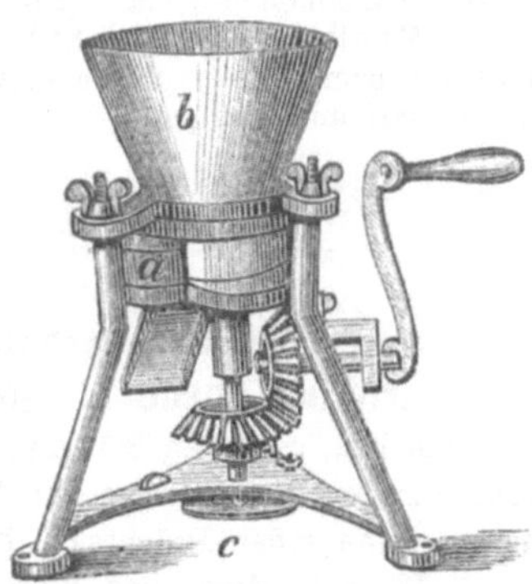

Fig. 182. Salbenmühle von Rob. Liebau.

In den letzten 10 Jahren sind ausser den oben genannten Salbengrundlagen eine Reihe anderer, zum Theil durch Fabriken, welche die Vorschriften geheim halten, in die Welt gesetzt worden. Wir geben im Nachstehenden eine Zusammenstellung der wichtigeren dieser modernen Salbengrundlagen.

Adipatum. Amerikanische Salbengrundlage aus 35 Th. Wollfett, 53 Th. Vaselin, 7 Th. Paraffin und 5 Th. Wasser.

Alligatorin. Das aus dem Fette des Alligator missisippiensis abgeschiedene Fettsäuregemisch wird mit Baumwollsamenöl gemischt.

Cearin. Salbengrundlage von Issleib, aus 1 Th. Carnaubawachs, 3 Th. Ceresin und 16 Th. flüssigem Paraffin. S. das Nähere Bd. I, S. 694.

Ceral. Ist das eingetragene Waarenzeichen für die Schleich'sche Wachspaste. S. Bd. I, S. 697.

Ceyssatite. Ist eine bei dem Dorfe Ceyssat gefundene fossile Pflanzenerde, welche bis zu 80% Wasser aufnehmen und fest an der Haut heften soll. Nicht reizende Salbengrundlage.

Epidermin. Eine Salbengrundlage aus weissem Wachs, Wasser, arabischem Gummi (und Glycerin). Kremel gab folgende Vorschrift: Man schmilzt 4,0 Cera flava, mischt 6,0 Mucilago Gummi arabici hinzu, erwärmt von neuem bis zum Schmelzen und rührt alsdann bis zum Erkalten.

Gelanthum. Hautfirniss aus gleichen Theilen Gelatine, Traganth, unter Zusatz der erforderlichen Menge einer Mischung von gleichen Theilen Glycerin und Rosenwasser, nebst etwas Thymol.

Gelatol. Salbengrundlage aus Oel, Glycerin, Gelatine und Wasser.

Hydrocerin. Ist Unguentum cerovaselinhydricum. Wasserhaltige Wachsvaseline. Salbengrundlage und Massagemittel.

Hydrosterin. Wasserhaltige Stearinvaseline. Salbengrundlage und Massagemittel.

Mollin. Eine überfettete, Glycerin enthaltende weiche (Kali-)Seife als Salbengrundlage benutzt. S. S. 842.

Mollisin. Mollosin. Gemisch von 4 Th. Paraffinöl und 1 Th. gelbem Wachs. Salbengrundlage. S. S. 561.

Myronin. Salbengrundlage aus Wachs, Däglingsöl, Stearinsäure und Kaliumkarbonat bereitet, ca. 12 Proc. Wasser enthaltend.

Ossalin. Aus frischem Rinderknochenmark hergestelltes Thierfett. Kann bis zu 200 Proc. Wasser aufnehmen. Salbengrundlage.

Resorbin. Salbengrundlage, welche aus Mandelöl und Wachs durch Emulgiren mit Wasser unter Zusatz von Gelatine und Seife hergestellt wird. FASSATI gab zur Nachbildung folgende Vorschrift: Man löst 2,5 fein geschabte Seife in 5,0 Wasser. In die noch warme Lösung bringt man (im warmen Mörser) eine Schmelze aus Oleum Amygdalarum dulcium 20,0, Adeps Lanae, Cera flava āā 5,0 und emulgirt mit warmem Wasser von 22—25° C.

Salbon. Unguentum saponaceum STIEFEL. Ist überfettete, weisse, weiche Seife. Salbengrundlage. S. Bd. II, S. 838.

Terralin. Salbengrundlage, zusammengesetzt aus Gips, Kaolin, Kieselguhr, Lanolin, Glycerin und indifferenten Antisepticis.

Theatrinum. Eine aus Wachs, Oel und Wasser hergestellte Salbengrundlage.

Unguentum (U-St.). **Ointment** (U-St.). Adipis 800,0, Cerae flavae 200,0. Salbengrundlage der amerikanischen Pharmakopöe.

Unguentum domesticum. Salbengrundlage aus 40 Th. Eigelb, 60 Th. Mandelöl, mit Zusatz von 1 Proc. Perubalsam.

Unguentum durum. MIEHLE. Salbengrundlage aus 40 Th. Paraffinum solidum, 10 Th. Lanolinum anhydricum und 50 Th. Paraffinum liquidum.

Unguentum molle. MIEHLE. Salbengrundlage aus 22 Th. Paraffinum solidum, 10 Th. Lanolinum anhydricum und 68 Th. Paraffinum liquidum.

Unguentum vegetabile. Salbengrundlage, durch Emulgirung von Wachs und Oel mit Wasser hergestellt.

Unona.

Jetzt zur Gattung **Cananga. Anonaceae** — **Unoneae.**

Cananga odorata Hook. f. et Thoms. (syn.: Unona odorata Lam.) Heimisch in Süd-Ostasien, vielfach in den Tropen kultivirt. Liefert aus den Blüthen:

Oleum Unonae. Oleum Anonae. — **Ylang-Ylangöl.** — **Essence d'Ylang-Ylang.** — **Oil of Ylang-Ylang.**

Darstellung. Es wird durch Destillation der frischen Blüthen auf den Philippinen und auf Java gewonnen. Die hierbei erhaltenen niedriger siedenden Antheile, die den höchsten Wohlgeruch besitzen, pflegt man als Ylang-Ylangöl zu bezeichnen, während die höheren, weniger angenehm riechenden Fraktionen im Handel unter dem Namen Canangaöl verkauft werden.

Eigenschaften. Farblose oder hellgelbe Flüssigkeit von lieblichem Geruch und dem specifischen Gewicht 0,930—0,950. Drehungswinkel im 100 mm-Rohre —38 bis —45°. In Alkohol ziemlich schwer löslich, giebt das Oel gewöhnlich mit $^1/_2$ bis 2 Volumen Weingeist eine klare Lösung, die sich aber meist bei weiterem Weingeistzusatz wieder trübt. Die alkoholische Lösung giebt mit Eisenchloridlösung eine violette Färbung.

Bestandtheile. Ylang-Ylangöl enthält sehr wenig Pinen $C_{10}H_{16}$, ferner Linalool $C_{10}H_{17}OH$, Geraniol $C_{10}H_{17}OH$, Parakresolmethyläther $CH_3 . C_6H_4 . OCH_3$, Cadinen $C_{15}H_{24}$, einen bei 138° C. schmelzenden, krystallinischen Körper, geringe Mengen eines Eisenchlorid violettfärbenden Phenols und endlich einen sich mit Bisulfit vereinigenden Körper, also einen Aldehyd oder ein Keton.

Anwendung. Es wird zur Herstellung feiner Parfümerien gebraucht.

Ylang-Ylang Parfüm.
(Ess-Bouquet de Manila).

I.

Rp.	Olei Ylang-Ylang	2,0
	„ Rosae	1,0
	„ flor. Aurant.	0,5
	Vanillini	0,25
	Tinct. Balsam. Tolut.	250,0
	Aquae Rosae	125,0
	Spiritus (90 proc.)	1000,0.

II.

Rp.	Olei Ylang-Ylang	2,0
	„ flor. Aurant.	0,5
	Aquae Rosae	100,0
	Spiritus	1000,0.

Uranium.

Uranium. Uran. Urane (franz.). **Uranium** (engl.). **Ur. Atomgew. = 240.** Ein in einigen Mineralien, namentlich der Pechblende (Uranpecherz) vorkommendes Element. Ein weisses, hartes, schmiedbares, wie das Eisen bei hoher Temperatur schmelzbares Metall vom spec. Gewicht 18,4. Es läuft an der Luft gelb an, verbrennt an der Luft zu Uranoxyduloxyd unter Funkensprühen und wird von verdünnten Säuren unter Entwickelung von Wasserstoff gelöst. (Es verhält sich also durchaus ähnlich wie das Eisen). In den Handel gelangt es meist in der Form eines schwarzen Pulvers.

Mit Sauerstoff bildet es zwei Oxyde: 1) Uranoxydul, Uranooxyd UrO_2. In diesem tritt das Uran vierwerthig auf. Es fungirt als Base; das Uranochlorid z. B. hat die Formel $UrCl_4$. Die Salze des Uranoxyduls werden „Uranosalze" genannt. 2) Uranoxyd, Uranioxyd, UrO_3. In diesem ist das Uran sechswerthig. Dieses Oxyd fungirt sowohl als Base als auch als Säure. Wenn dieses Oxyd als Base fungirt, also bei der Salzbildung mit Säuren, wird der Wasserstoff der Säuren durch das zweiwerthige Radikal $= UrO_2$ (den Uranylrest) substituirt. Daher werden diese Salze „Uranylsalze" genannt. Die Salze, in denen das Uranioxyd die Rolle einer Säure spielt, leiten sich von einer wasserärmeren Säure $Ur_2O_7H_2$ ab. Diese Salze werden Uranate genannt.

Reaktionen. Die gebräuchlichen Salze sind die vom Uranioxyd sich ableitenden. Sie sind gelb gefärbt. Die Lösungen der Uranisalze zeigen folgendes Verhalten: **1)** Durch Schwefelwasserstoff werden sie in saurer Lösung nicht gefällt; Schwefelammonium fällt je nach der Fällungstemperatur braunes bis schwarzes Uransulfid, welches in Säuren, auch schon in Essigsäure, ferner in Ammoniumkarbonat leicht löslich ist. **2)** Ammonium-, Kalium- und Natriumbikarbonat erzeugen gelbe Fällungen, welche im Ueberschuss dieser Alkalibikarbonate löslich sind. **3)** Kalilauge, Natronlauge und Ammoniakflüssigkeit erzeugen gelbe, im Ueberschuss dieser Fällungsmittel unlösliche Niederschläge; Weinsäure verhindert die Fällung. **4)** Kaliumferrocyanid giebt braune Fällung oder Färbung. 5) Die Phosphorsalz- und Boraxperlen werden in der Oxydationsflamme heiss gelb, erkaltet gelbgrün, in der Reduktionsflamme grün gefärbt.

I. † Uranium aceticum. **Uranylacetat. Uranacetat. Essigsaures Uranoxyd $(CH_3CO_2)_2 \cdot UrO_2 + 2$ oder $3\ H_2O$. Mol. Gew. = 426 oder 444.**

Zur Darstellung trocknet man Uranylnitrat auf dem Wasserbade scharf aus und glüht es schwach, aber bis zur völligen Austreibung der Salpetersäure. Das hinterbleibende Uranioxyd löst man in 30procentiger Essigsäure unter Erwärmen und dunstet diese Lösunng zur Krystallisation ein.

Aus verdünnterer Lösung krystallisirt das Salz mit 3 Mol. Krystallwasser, aus koncentrirten heissen Lösungen mit 2 Mol. Krystallwasser in gelben Krystallen (Quadratoktaëdern, bez. rhombischen Säulen). Es ist leicht löslich in Wasser, die Lösung ist goldgelb gefärbt. In der Regel enthält das Salz aber etwas basisches Salz; man erhält daher klare Lösungen nur nach Zusatz von etwas Essigsäure.

Im Lichte und bei längerem Stehen, namentlich in der Wärme, erleidet die wässerige Lösung des Uranylacetats eine geringe Zersetzung. — Mit den Acetaten des Ammoniums, Kaliums, Natriums, Calciums, Strontiums, Baryums und Magnesiums bildet das Uranylacetat krystallisirende Doppelsalze.

Das Uranylacetat dient zur maassanalytischen Bestimmung der Phosphorsäure (s. Bd. I, S. 92).

Aufbewahrung. Vorsichtig, in gut geschlossenen Glasgefässen, vor Licht geschützt.

II. † Uranium nitricum. **Uranylnitrat. Uraninitrat. Urannitrat. Salpetersaures Uranoxyd. $UrO_2(NO_3)_2 + 6\ H_2O$. Mol. Gew. = 504.**

Darstellung. Fein gepulvertes Uranpecherz wird mit Salpetersäure erhitzt. Die filtrirte Lösung wird von der überschüssigen Salpetersäure durch Eindampfen befreit, alsdann mit Wasser verdünnt und bei 60—70° C. mit Schwefelwasserstoff gesättigt. Man lässt 1—2 Tage absetzen und filtrirt von den ausgeschiedenen Schwefelmetallen ab. Das Filtrat wird auf ein kleines Volumen eingedampft, alsdann mit Salpetersäure erhitzt, um das Eisen zu oxydiren. Hierauf fällt man mit Ammoniak und entzieht dem Niederschlage das Uran durch Digestion mit Ammoniumkarbonat. Das Filtrat hiervon wird zur Beseitigung von Spuren Zink und Mangan mit wenig Ammoniumsulfid versetzt. Man filtrirt nach dem Absetzen ab und verdampft das Filtrat in einer Porcellanschale über freiem Feuer, wobei sich kohlensaures Uranoxydammonium abscheidet. Man wäscht dieses mit Wasser, führt es durch Glühen in Uranoxyduloxyd über, löst dieses in Salpetersäure und bringt die Lösung durch Eindampfen zur Krystallisation.

Eigenschaften. Urannitrat bildet gelbe, im auffallenden Licht grünlich schillernde, klinorrhombische Krystalle, welche an der Luft oberflächlich verwittern, erhitzt in ihrem Krystallwasser schmelzen, weiter erhitzt Salpetersäure verlieren und zuerst in Uranioxyd, dann in Urano-Uranioxyd übergehen. Sie sind in Wasser, Weingeist und Aether löslich.

Aufbewahrung. Vorsichtig, in dicht geschlossenem Glasgefäss vor Tageslicht geschützt, welches zersetzend auf das Salz einwirkt.

Anwendung. Das Urannitrat wird in der chemischen Analyse, der Photographie, Porcellanmalerei und zur Darstellung verschiedener Farben gebraucht. Es ist stets mit Vorsicht abzugeben.

Das Uran ist in allen seinen Salzen ein heftiges Gift, welches das Arsen an Gefährlichkeit noch übertrifft. Nach Gaben von 0,02—0,1 g kommt es zu Diabetes, heftigen Entzündungen des Magens, Blutungen im Herzen und in der Leber. Wenn der Tod nicht eintritt, so kommt es doch zu schweren Ernährungsstörungen und Abmagerung. Die Wirkung erfolgt nach kleinen Dosen ganz allmählich.

† **Uranoxyd des Handels** ist Uranioxydammon, Ammoniumuranat. Es dient in der Porcellanmalerei. Unter der Glasur färbt es durch Uebergang in Uranoxyduloxyd schwarz, auf der Glasur aber gelb. Es unterscheidet sich vom Urangelb dadurch, dass es beim Glühen in grünes Uranoxyduloxyd übergeht.

† **Urangelb des Handels** ist Uranoxydnatron oder Natriumuranat. Man unterscheidet ein hochgelbes (wasserhaltiges) und ein orangegelbes. Es dient zur Darstellung des gelblichgrünen opalisirenden Uranglases und in der Porcellanmalerei. Es ist genügend rein, wenn es an Wasser höchst wenig Lösliches abgiebt, es sich in verdünnter Salpetersäure vollständig löst und die Lösung, mit einem Ueberschuss Natriumkarbonat gekocht, keinen oder doch nur einen Niederschlag liefert, welcher in Natriumkarbonatlösung löslich ist.

Aufarbeitung von Uranrückständen. Man erwärmt dieselben mit koncentrirter Sodalösung. Die Flüssigkeit wird filtrirt und zur Abscheidung der Phosphorsäure Eisenchlorid in geringem Ueberschusse zugesetzt. Das ausgefallene Eisenphosphat und Eisenhydroxyd werden abfiltrirt, die letzten Reste Phosphorsäure mittels Magnesiamixtur vorsichtig ausgefällt. Nach 24stündigem Absetzen wird filtrirt. Man übersättigt das Filtrat mit Salzsäure und verjagt die Kohlensäure durch Kochen. Dann fällt man das Uran durch Ammoniak und löst das abfiltrirte und ausgewaschene Uranoxydammonium in Essigsäure, Salzsäure oder Salpetersäure.

Urea.

I. Urea. **Urea pura** (Ergänzb.). **Harnstoff. Ureum. Carbamid. Carbonylamid. Carbonyldiamid. Urée** (franz.). **Urea** (engl.). $CO(NH_2)_2$. **Mol. Gew. = 60.** Der zum therapeutischen Gebrauche bestimmte Harnstoff ist der künstlich dargestellte.

Darstellung. 100 g gut entwässertes, gelbes Blutlaugensalz (Ferrocyankalium) werden mit 37,5 g wasserfreiem Kaliumkarbonat innig gemischt. Das Gemisch wird in einem eisernen, bedeckten Tiegel bei nicht zu starkem Feuer im Windofen bis zum ruhigen Schmelzen erhitzt. In die etwas abgekühlte, aber noch flüssige Masse trägt man nach und nach in kleinen Antheilen 187,5 g trockene Mennige ein, setzt wieder auf das Feuer und hält das Ganze dann noch einige Zeit (10—15 Minuten) im Schmelzen. — Nachdem das reducirte Blei sich zu Boden gesetzt, wird die noch flüssige Masse vorsichtig auf ein Eisenblech ausgegossen und erkalten gelassen. Man zerkleinert sie hierauf, löst sie in wenig (etwa 210 ccm) Wasser, filtrirt die wässerige Lösung des so bereiteten Kaliumcyanats (cyansauren Kalis) direkt in eine koncentrirte, wässerige Lösung von 100 g neutralem Ammoniumsulfat und dampft die Flüssigkeit bei gelinder Wärme auf dem Dampfbade auf ein kleines Volumen ein. — Hierbei erleidet das nunmehr in Lösung befindliche Ammoniumcyanat eine molekulare Umwandlung. Es geht in den isomeren Harnstoff über. Das nach dem Erkalten der abfiltrirten Lösung auskrystallisirte Kaliumsulfat trennt man von der Mutterlauge, dampft diese auf dem Wasserbade zur Trockne ein und entzieht dem Trockenrückstande den gebildeten Harnstoff durch kochenden Alkohol. Der nach dem Abdestilliren oder Verdunsten des Alkohols hinterbleibende Harnstoff wird aus Alkohol unter Zusatz von etwas Thierkohle umkrystallisirt.

Eigenschaften. Der Harnstoff bildet farblose, geruchlose, luftbeständige prismatische Krystalle von bitterlich-salzigem und kühlendem Geschmack. Es löst sich in 1 Th. kaltem Wasser, in 5 Th. kaltem Alkohol von 90 Proc., in 1 Th. siedendem Alkohol, fast gar nicht in Aether. Die Lösungen sind neutral. Das spec. Gewicht des Harnstoffs ist 1,35, der Schmelzpunkt liegt bei 132,5° C. — Wird Harnstoff erhitzt, so schmilzt er zunächst, bei weiterem Erhitzen entweicht Ammoniak, und die Schmelze wird allmählich undurchsichtig und fest unter Uebergang des Harnstoffs in Cyanursäure, Biuret und Ammelid. Hierauf beruht der Nachweis des Harnstoffs durch die sog. Biuret-Reaktion. (S. unten.) Die wässerige Lösung des Harnstoffs geht durch Kochen langsam in Ammoniumkarbonat über; diese Umwandlung kann rasch vollzogen werden durch Erhitzen der wässerigen Lösung über 100° C. unter Druck, ferner beim Erhitzen der wässerigen Lösung mit ätzenden Alkalien (Kali-, Natron- oder Barythydrat). Auch durch die Thätigkeit von Mikroorganismen (Harngährung oder -Fäulniss) geht der Harnstoff in wässeriger Lösung in Ammoniumkarbonat über. — Beim Erhitzen mit konc. Schwefelsäure wird der Harnstoff unter Abspaltung von Kohlensäure in Ammoniumsulfat übergeführt. Durch Einwirkung von salpetriger Säure werden Kohlensäure, Stickstoff und Wasser gebildet: $CO(NH_2)_2 + N_2O_3 = CO_2 + 2\,N_2 + 2\,H_2O$. — Wird eine wässerige Harnstofflösung mit einer Lösung von Natriumhypochlorit oder Natriumhypobromit in der Kälte behandelt, so entweicht der ganze Stickstoffgehalt des Harnstoffs als freier Stickstoff. Hierauf gründet sich die Bestimmung des Harnstoffs im Azotometer oder Nitrometer. — Mercurioxyd wird von einer heissen Harnstofflösung gelöst, und beim Erkalten scheidet sich eine krystallisirte Verbindung Mercurioxyd-Harnstoff aus.

Reaktionen: **1)** Erhitzt man in einem Probirglase etwas Harnstoff, so schmilzt er zunächst, dann entweicht Ammoniak. Setzt man das Erhitzen fort, bis die Schmelze anfängt sich deutlich zu trüben, löst den erkalteten Rückstand in Wasser, fügt etwas Natronlauge und einige Tropfen Kupfersulfatlösung hinzu, so wird dieses in der Flüssigkeit mit rothvioletter Färbung gelöst (Biuret-Reaktion). **2)** Versetzt man eine koncentrirte wässerige Lösung von Harnstoff mit Salpetersäure, so scheidet sich der schwerlösliche salpetersaure Harnstoff in Krystallbättern aus. **3)** Nimmt man an Stelle von Salpetersäure eine Lösung von Oxalsäure, so erhält man einen krystallisirten Niederschlag von Harnstoffoxalat. Ueber die Formen dieser Krystalle siehe unter Urina. **4)** Eine wässerige Harnstofflösung giebt mit einer Lösung von Mercurinitrat einen weissen Niederschlag, welcher in Salpetersäure unlöslich ist, und aus welchem durch Natriumkarbonat gelbes Quecksilber nicht abgeschieden wird.

Aufbewahrung. Unter den indifferenten Arzneimitteln.

Anwendung. Nachdem der Harnstoff zunächst als harnsäurelösendes Mittel angewendet worden war, wird er gegenwärtig auf Empfehlung von Klemperer als Diureticum bei Hydrops und Ascites nicht renalen Ursprungs, Morbus Brightii, bei Nierensteinerkrankungen verwendet. Man giebt Lösungen von 10—20,0 Harnstoff : 200,0 Wasser und zwar stündlich einen Esslöffel; der wenig angenehme Geschmack kann durch Nachtrinken von Milch beseitigt werden. Ferner giebt man den Harnstoff in Form von Pulvern, mit Calciumkarbonat und Natriumbikarbonat kombinirt.

Urea nitrica. Ureum nitricum. Harnstoffnitrat. Salpetersaurer Harnstoff. $CON_2H_4.HNO_3$. Mol. Gew. = 123. In einer porcellanenen Schale werden 120 Th. reine Salpetersäure von 1,153 spec. Gew. bis zum Aufkochen erhitzt (um etwaige Spuren Salpetrigsäure zu verdampfen), dann bis auf ca. 60° C. erkaltet mit 29 Th. Harnstoff, welcher in gleichviel Wasser gelöst ist, versetzt, umgerührt und an einen kalten Ort gestellt. Aus der von den Krystallen abgegossenen Mutterlauge lassen sich durch Abdampfen und Beiseitestellen noch farblose Krystalle absondern. Ausbeute gegen 57 Th.

Eigenschaften. Der salpetersaure Harnstoff bildet luftbeständige, geruchlose, weisse, perlmutterglänzende, sauer reagirende Krystalle, von saurem Geschmack, löslich in 8 Th. kaltem, in $^1/_2$ Th. kochendem Wasser, 10 Th. kaltem, 1 Th. kochendem Weingeist, weniger löslich in Salpetersäure haltendem Wasser und Weingeist.

Anwendung. Man hat den salpetersauren Harnstoff in denselben Leiden wie den Harnstoff angewendet und zu 0,5—1,0—2,0 mehrmals täglich gegeben. Auch ist er als Lösungsmittel der Blasensteine aus Ammoniummagnesiumphosphat empfohlen worden.

Urol. Chinasaurer Harnstoff. Harnstoffchinat. $C_7H_{12}O_6 . 2(CON_2H_4)$. **Mol. Gew. = 312.**

Darstellung. 100 Th. Chinasäure (1 Mol.) und 62 Th. Harnstoff (2 Mol.) werden einzeln in der erforderlichen Menge Wasser oder wässerigem Alkohol gelöst und die beiden Lösungen vereinigt, wobei zu beachten ist, dass die Temperatur nicht mehr als 60—70° C. betragen darf, da bei höherer Temperatur eine Zersetzung des Harnstoffes in Kohlendioxyd und Ammoniak stattfindet. Die Lösung wird im Vakuum zur Dickflüssigkeit eingeengt, worauf beim Erkalten das obige Salz in grossen Krystallen sich ausscheidet.

Eigenschaften. Grosse farblose, etwas feucht aussehende Krystalle (sechskantige Säulen oder Tafeln) ohne Geruch, von sauersalzigem, etwas bitterlichem Geschmack. Schmelzpunkt 107° C. In Wasser und in verdünntem Alkohol sehr leicht löslich; die Lösungen reagiren sauer. Aus der koncentrirten wässerigen Lösung lässt sich durch Zugabe starker Salpetersäure salpetersaurer Harnstoff ausfällen. Beim längeren Erhitzen der wässerigen oder verdünnt alkoholischen Lösung auf 70—100° C. erfolgt Spaltung des Harnstoffes in Kohlendioxyd und in Ammoniak. Auch beim Erhitzen im Schmelzröhrchen über 107° C. hinaus tritt die gleiche Spaltung ein.

Prüfung. 1) Das Salz schmelze nach dem Trocknen auf einem Thonscherben im Schwefelsäure- oder Chlorcalcium-Exsiccator bei 107° C. — 2) 0,5 g müssen auf dem Platinbleche verbrennen, ohne einen Rückstand zu hinterlassen. ***Aufbewahrung.*** Gegen Feuchtigkeit geschützt.

Anwendung. Das Urol findet Anwendung bei Gicht, Harn- und Nierengries, überhaupt bei Krankheiten, welche auf harnsaurer Diathese beruhen. VON NOORDEN giebt es in Tagesgaben von 2—6 g und zwar die eine Hälfte früh nüchtern, die andere Hälfte des Abends vor dem Zubettgehen jedesmal in etwa 200 ccm warmem Wasser gelöst.

Urea salicylica. Harnstoffsalicylat. Salicylsaurer Harnstoff. Ursal. $CON_2H_4 . C_7H_6O_3$. **Mol. Gew. = 198.** Wird dargestellt, indem man Baryumsalicylat (oder Magnesiumsalicylat) mit Harnstoffsulfat oder -oxalat in wässeriger Lösung umsetzt und das Reaktionsprodukt zur Trockne dampft. Dem Trockenrückstand entzieht man das Harnstoffsalicylat durch Auskochen mit Alkohol.

Farblose, bei 122° C. schmelzende Krystalle. Man verwendet das Ursal als Mittel gegen gichtische und rheumatische Leiden in Einzelgaben von 0,5—1,0 g mehrmals täglich.

Citrurea-Tabletten von RADLAUER. Lithii bromati 0,25, Ureae purae 0,25, Radicis Althaeae 0,3, Acidi citrici Spur.

Urisolvin. Gemisch von saurem Lithiumcitrat und Harnstoff. Weisses Pulver, in Wasser löslich, als harnsäurelösendes Mittel.

II. † Thiuretum sulfocarbolicum. p-Phenolsulfosaures Thiuret. Thiuret. $C_8H_7N_3S_2 . C_6H_4(OH)SO_3H$. **Mol. Gew. = 383.**

Die freie Thiuretbase wird durch Oxydation von Phenyldithiobiuret mittels Jod in alkoholischer Lösung dargestellt. Durch Auflösen der freien Thiuretbase in p-Phenolsulfosäure erhält man das p-phenolsulfosaure Thiuret, welches als Thiuret schlechthin bezeichnet wird.

Eigenschaften. Das p-phenolsulfosaure Thiuret ist ein gelblich-weisses, spec. leichtes, geruchloses, krystallinisches Pulver von intensiv bitterem Geschmack. Es schmilzt bei 215° C. und löst sich in 350 Th. Wasser von 15° C. In Alkohol, Aether und in Oel ist es unlöslich. — Die wässerige Lösung wird durch Eisenchlorid violett gefärbt. Durch verdünntes Ammoniak entsteht in der wässerigen Lösung sofort eine voluminöse Fällung der freien Thiuretbase. — In kochendem Alkali löst sich das Thiuret auf; säuert man eine solche Lösung an, so entwickelt sich Schwefelwasserstoff und Phenyldithiobiuret wird gefällt. Beim Kochen mit Säuren (Eisessig) entwickelt das Thiuret Schwefelwasserstoff, während sich aus der Lösung Schwefel abscheidet. Das Phenyldithiobiuret entwickelt beim Kochen mit Säuren zwar auch Schwefelwasserstoff, aber es scheidet keinen Schwefel ab. Hieraus erklärt es sich wohl, dass das Thiuret stark desinficirende Eigenschaften besitzt, während solche dem Phenyldithiobiuret abgehen.

$$C_6H_5N = C - NH - C = NH$$
$$S \text{———} S$$

Thiuret, freie Base.

Aufbewahrung. Vorsichtig. ***Anwendung.*** Nach F. Blum kommen dem Thiuret antibakterielle Eigenschaften in hervorragendem Maasse zu. Pudert man es trocken auf Gelatine- oder Agar-Platten auf, so macht es nicht nur die Nährböden für jedes Wachsthum ungeeignet, sondern es vermag auch die Mikroorganismen abzutödten. Das Thiuret ist vorläufig als Jodoformersatz in der Wundbehandlung in Aussicht genommen.

Von anderen Salzen des Thiurets werden nachfolgende beschrieben:

Salzsaures Thiuret $C_8H_7N_3S_2 . HCl$; krystallisirt aus Wasser mit 3 Mol. H_2O, aus Alkohol mit 1 Mol. Krystallalkohol. Schmelzpunkt der letzteren Verbindung 214° C.

Bromwasserstoffsaures Thiuret $C_8H_7N_3S_2 . HBr$. Schmelzpunkt 253° C.

Salicylsaures Thiuret $C_8H_7N_3S_2 . C_7H_6O_3$. Schmelzpunkt 76° C.

o-kresotinsaures Thiuret $C_8H_7N_3S_2 . C_8H_8O_3$. Schmelzpunkt 75° C.

Urethanum.

Unter „Urethanen“ versteht man die Aether der Carbaminsäure (Amidokohlensäure) $CO_2H(NH_2)$. Als Urethan schlechthin aber versteht man den Carbaminsäure-Aethyläther.

I. † Urethanum (Ergänzb. Helv.). **Aethylurethan. Carbaminsäure-Aethylester. Uréthane** (franz.). **Urethane** (engl.). **$CO . NH_2 . OC_2H_5$. Mol. Gew. = 89.**

Darstellung. Man lässt im geschlossenen Rohr bei einer Temperatur von 120 bis 130° C. auf salpetersauren Harnstoff Aethylalkohol mehrere Stunden lang im Ueberschuss einwirken. Die nach dem Erkalten krystallinische Masse wird in der gerade hinreichenden Menge Wasser gelöst. Diese Lösung wird mehrmals mit Aether ausgeschüttelt. Der nach dem Abdestilliren des Aethers hinterbleibende Rückstand wird der Destillation unterworfen und schliesslich nochmals aus Wasser umkrystallisirt.

Eigenschaften. Farblose, geruchlose, säulenförmige Krystalle, neutral, von kühlendem, salpeterartigem Geschmacke, bei 47—50° C. schmelzend und bei etwa 171° C. siedend. Nach dem Schmelzen zeigen sie die Erscheinung der Ueberschmelzung.

Wird es auf dem Platinbleche erhitzt, so verbrennen die entweichenden Dämpfe mit bläulicher Flamme, und das Urethan hinterlässt schliesslich keinen Rückstand. 10 Th. Urethan lösen sich in 10 Th. Wasser oder in 6 Th. Alkohol (von 90 Proc.) oder in 10 Th. Aether oder in 15 Th. Chloroform oder in 8 Th. verflüssigter Karbolsäure oder in 30 Th. Glycerin oder in 150 Th. Ricinusöl oder in 200 Th. Olivenöl. Erwärmt man 1 g des Urethans mit 5 ccm konc. Schwefelsäure, so erfolgt Entwickelung von Kohlensäure. Erwärmt man 1 g Urethan mit 5 ccm Natronlauge, so tritt Geruch nach Ammoniak auf. — Löst man 0,5 g des Präparates in 5 ccm Wasser, fügt 1 g trockenes Natriumkarbonat sowie einige Körnchen Jod hinzu und erwärmt, so tritt der Geruch nach Jodoform auf, und beim Erkalten scheiden sich Krystalle von Jodoform ab.

Prüfung. 1) Das im Exsiccator gut getrocknete (!) Präparat soll bei 47 bis 50° C. schmelzen. Schon geringe Verunreinigungen drücken den Schmelzpunkt herab. — 2) Die 10proc. wässerige Lösung werde durch Silbernitratlösung nicht getrübt (Chlor). — 2 ccm derselben sollen, mit 2 ccm konc. Schwefelsäure vermischt und mit 1 ccm Ferrosulfatlösung überschichtet, eine bräunliche Zone nicht zeigen (Salpetersäure) — 3) Die Lösung von 1 g Urethan in 1 g Wasser darf beim Vermischen mit 1 ccm Salpetersäure einen

krystallinischen Niederschlag nicht geben (Harnstoff). Ein solcher Niederschlag darf auch **nicht auf Zusatz von Oxalsäure oder Mercurinitratlösung** eintreten. 4) 1 g Urethan verbrenne auf dem Platinblech ohne einen Rückstand zu hinterlassen.

Aufbewahrung. Vorsichtig, vor Feuchtigkeit geschützt.

Anwendung. Das Urethan wird Erwachsenen in Gaben von 1—2—4 g innerlich oder von 0,25 g subkutan als Hypnoticum gegeben, doch ist es kein narkotisch wirkendes Schlafmittel, daher von mässiger Zuverlässigkeit. Da es keine störenden Nebenwirkungen zeigt, kann es in entsprechend geringeren Dosen auch in der Kinderpraxis gegeben werden. — In Gaben von 4—5 g giebt man es als Antidot gegen Krampfgifte: Strychnin, Pikrotoxin, Resorcin. Höchstgaben: *pro dosi* 4,0 g (Ergänzb. Helv.), *pro die* 6,0 g (Ergänzb.), 8,0 g (Helv.).

† Urethylan. Methylurethan. $CO\,NH_2\,.\,OCH_3$. **Mol. Gew. = 75.** Dieses wird durch Einwirkung von Cyanchlorid auf Methylalkohol erhalten und krystallisirt in farblosen, länglichen Tafeln, welche bei 52° C. schmelzen und bei 177° C. unzersetzt sieden. 100 Th. Wasser von 11° C. lösen 217 Th., 100 Th. Alkohol lösen bei 15° C. = 70 Th. Eingang in die Therapie hat es bisher nicht gefunden.

† Aethyliden-Urethan. $CH_3\,CH(HN\,.\,CO_2C_2H_5)_2$. **Mol. Gew. = 204.** Zur Darstellung löst man Urethan in Aethylaldehyd, setzt ein wenig Wasser und hierauf etwas verdünnte Salzsäure hinzu. Die Bildung der Verbindung erfolgt plötzlich unter Selbsterwärmung. Durch Zusatz von Wasser wird das Aethyliden-Urethan in Form weisser, atlasglänzender Nadeln gefällt. — Wenig löslich in kaltem Wasser, leichter löslich in heissem Wasser, in Alkohol und in Aether. Aus heissem Wasser lässt es sich gut umkrystallisiren. Schmelzp. 126° C. Hat bisher Eingang in die Therapie nicht gefunden.

II. † Phenylurethan. Euphorine. Phenylcarbaminsäureäthylester. $CO(NHC_6H_5)(OC_2H_5)$. **Mol. Gew. = 165.**

Darstellung. Man erhält das Phenylurethan durch Einwirkung von Anilin auf Chlorameisensäureäthylester:

$$\underset{\text{Anilin}}{C_6H_5NH_2} + \underset{\text{Chlorameisensäure-Aethylester}}{ClCO_2C_2H_5} = HCl + \underset{\text{Phenylurethan.}}{CO\begin{matrix} NHC_6H_5 \\ OC_2H_5 \end{matrix}}$$

Das Reaktionsprodukt wird aus verdünntem Weingeist umkrystallisirt.

Eigenschaften. Ein farbloses Krystallpulver von erst kaum merklichem, später brennendem, nelkenartigem Geschmacke. Es ist schwer löslich in kaltem Wasser, etwas leichter löslich in heissem Wasser, sehr leicht löslich in Alkohol und in Aether, ziemlich löslich in alkoholischer Flüssigkeit, z. B. in Weisswein. Von kalter konc. Schwefelsäure wird es leicht, klar und ohne Färbung gelöst. Es schmilzt, im Kapillarrohre erhitzt, bei 49—50° C.

Prüfung. Es sei farblos, werde von konc. Schwefelsäure klar und ohne Färbung gelöst. — Beim Erhitzen verbrenne es, ohne einen Rückstand zu hinterlassen.

Zerreibt man 0,5 g Phenylurethan mit 5 ccm Wasser, so darf das Filtrat durch Silbernitratlösung nicht verändert werden.

Aufbewahrung. Vor Licht geschützt, vorsichtig.

Anwendung. Man giebt das Phenylurethan: Als Antipyreticum bis 1,5 g täglich in Dosen von 0,1—05 g. Als Antirheumaticum zu 1,5—2,0 g täglich in Gaben von 0,4—0,5 g. Als Analgeticum drei bis fünfmal täglich zu je 0,4 g. Unangenehme Nebenwirkungen sollen nicht auftreten — nur selten tritt geringe Cyanose auf — insbesondere soll es Methämoglobinbildung nicht veranlassen. Aeusserlich hat man es bei schmerzhaften Processen wie Brandwunden, Herpes Zoster, Ulcera, Analgeschwüren, auch als pulverförmiges Antisepticum an Stelle des Jodoform angewendet. Die Ausscheidung des Phenylurethans erfolgt durch den Harn, wahrscheinlich als p-Amidophenol, da dieser die Indophenolreaktion zeigt (s. Acetanilid, Bd. I, S. 4).

III. † Neurodin. Acetylparaoxyphenylurethan. $C_6H_4(CO_2CH_3)NH\,.\,CO_2C_2H_5$. **Mol. Gew. = 223.**

Darstellung. Man gewinnt zunächst durch Einwirkung von Chlorameisensäureäthylester auf p-Amidophenol als Zwischenprodukt das p-Oxyphenylurethan $C_6H_4(OH)NH . CO . OC_2H_5$ und führt dieses durch Acetyliren mit Essigsäureanhydrid in die obige Verbindung über. D. R. P. 69328 und 73285.

Eigenschaften. Farblose, geruchlose Krystalle, in 1400 Th. kaltem oder 140 Th. siedendem Wasser löslich. Schmelzpunkt 87° C.

In konc. Schwefelsäure löst es sich fast ohne Färbung auf. Erhitzt man es mit konc. Schwefelsäure und etwas Aethylalkohol, so tritt der Geruch nach Essigäther auf. — Löst man es in konc. Salpetersäure (25 Proc.), so färbt es sich viel später und mit einer erheblich helleren Nuance gelb wie das Thermodin. — Uebergiesst man es mit Natronlauge und fügt Jod hinzu, so tritt schon in der Kälte Bildung von Jodoform ein. — Kocht man 0,5 g Neurodin mit 3 ccm konc. Salzsäure eine Minute lang, fügt alsdann 5 ccm Karbolsäurelösung hinzu, so ruft filtrirte Chlorkalklösung in der Mischung eine zwiebelrothe Färbung hervor, welche durch Uebersättigen mit Ammoniak in Indigoblau übergeht. Indophenolreaktion, s. Bd. I, S. 4.

Aufbewahrung. Vorsichtig.

Anwendung. In Gaben von 0,5 g setzt es beim fiebernden Menschen die Temperatur um 2—3° C. herab. Besonders aber wirkt es in Gaben von 1,0—1,5 als Antineuralgicum. Nebenwirkungen wurden nicht beobachtet. In der Regel giebt man das Neurodin abwechselnd mit Phenacetin.

Neurosin. Nicht zu verwechseln mit Neurodin, ist eine französische Specialität, welche als wirksamen Bestandtheil glycerinphosphorsaures Calcium enthält.

IV. † Thermodin. Acetyläthoxyphenylurethan. p-Aethoxyphenyläthylurethan acetylirtes. Phenacetin-Urethan. $C_6H_4(OC_2H_5)N(COCH_3)CO_2C_2H_5$. Mol. Gew. = 251.

Darstellung. Bei der Einwirkung von Chlorkohlensäureäthylester auf p-Phenetidin entsteht als Zwischenprodukt zunächst p-Aethoxyphenylurethan $C_6H_4(OC_2H_5)NH . CO_2C_2H_5$, welches durch Erhitzen mit Essigsäureanhydrid in die obige Verbindung verwandelt wird. D. R. P. 69328 und 73285.

Eigenschaften. Farblose, geruchlose und anfangs geschmacklose, allmählich aber bitterlich und anästhesirend schmeckende Nadeln vom Schmelzpunkt 86—88° C. Sie lösen sich in 2600 Th. kaltem oder in 450 Th. siedendem Wasser.

Sie lösen sich in der Kälte in konc. Schwefelsäure ohne Färbung; diese Lösung wird beim Erhitzen bräunlich. — Mit kalter Salpetersäure (von 25 Proc.) übergossen, färben sie sich citronengelb, ohne in Lösung zu gehen. Beim Erhitzen mit konc. Schwefelsäure und etwas Alkohol geben sie den Geruch nach Essigäther. — Uebergiesst man 0,5 g mit 5 ccm Natronlauge, giebt etwa 1 g Jod hinzu und erwärmt schwach, so tritt Bildung von Jodoform ein. — Erhitzt man 0,5 g Thermodin mit 3 ccm konc. Salzsäure eine Minute lang zum Sieden, fügt alsdann 5 ccm Karbolsäurelösung (1:20) hinzu, ro ruft filtrirte Chlorkalklösung in dieser Mischung eine zwiebelrothe Färbung hervor, welche durch Uebersättigen mit Ammoniak in Indigoblau übergeht (Indophenolreaktion, s. Bd. I, S. 4).

Aufbewahrung. Vorsichtig. *Anwendung.* Als Antipyreticum und Antineuralgicum in Gaben von 0,5—1,0 g wie das Neurodin. Bei Phthisikern und schwächlichen Personen beginnt man zweckmässig mit 0,3 g.

V. † Hedonal. Methylpropylkarbinolurethan. $CO(NH_2) . OCH_3 - CH - C_3H_7$. Mol. Gew. = 131.

Darstellung. Durch Einwirkung von Chlorkohlensäure auf (den sekundären Alkohol) Methylpropylkarbinol $CH_3 . C_3H_7 . CH(OH)$ wird zunächst der Chlorkohlensäureester dieses Alkohols dargestellt und dieser durch Einwirkung von Ammoniak in das Hedonal übergeführt.

Eigenschaften. Farblose, bei 76° C. schmelzende Krystalle, welche in siedendem Wasser ziemlich, in kaltem Wasser weniger gut löslich sind. Um 1 Th. Hedonal zu lösen, bedarf man 128 Th. Wasser von 33—35° C. oder 102 Th. Wasser von 37° C. Der Geschmack der Lösungen erinnert stark an Pfefferminze. Das Hedonal siedet bei etwa 215° C.

Durch Kochen mit Alkalien (Natronlauge) wird es in Kohlensäure, Ammoniak und Methylpropylkarbinol gespalten. Erwärmt man es mit Natronlauge und giebt nach dem Erkalten auf etwa 30—40° C. Jod hinzu, so tritt Bildung von Jodoform auf.

Aufbewahrung. Vorsichtig. ***Anwendung.*** Man giebt das Hedonal zu 1—2 g als Schlafmittel, bei Zuständen (die nicht von starken Erregungen und Schmerzen begleitet sind) auch bei leichteren Geisteskrankheiten. Schädliche Nebenwirkungen sind nicht beobachtet worden. Man giebt es entweder in Oblatenpulvern oder in heissem Pfefferminzthee oder in verdünnt alkoholischer Lösung. Nach einigen Beobachtungen wirkt es auch diuretisch, sodass hierdurch unter Umständen der Schlaf gestört werden kann.

Urina.

Urina. Urin. Harn. Urine (franz.). **Urine** (engl.). Man versteht hierunter die durch die Nieren ausgeschiedene Flüssigkeit, welche den grössten Teil der Endprodukte des thierischen Stoffwechsels in Lösung enthält. Der von den beiden Nieren ausgeschiedene Harn gelangt durch die Harnleiter (Uretheren) in die Harnblase und wird aus dieser durch die Harnröhre entleert.

Im Folgenden geben wir einige Notizen: 1) Ueber den normalen Harn. 2) Ueber pathologische Bestandtheile des Harns. 3) Ueber Harnkonkremente. 4) In einem Anhange werden wir einige andere physiologische Untersuchungen behandeln.

Die nachfolgenden Notizen werden mindestens dasjenige enthalten, was für gewöhnlich in einer Apotheke vorzukommen pflegt, und zwar in einer knappen und kritischen Form. Zur Vertiefung in den Gegenstand würden Special-Werke zu studiren sein.

Allgemeines. Die im Verlaufe von 24 Stunden gelassene Harnmenge wird im Durchschnitt beim Manne zu 1500 ccm, beim Weibe zu 1200 ccm angenommen. Die Harnmenge wird verringert durch gesteigerte Transpiration von Haut und Lungen, durch herabgesetzte Zufuhr von Nahrung bez. Flüssigkeit und durch erhöhte körperliche Arbeit. Eine pathologische Verminderung der Harnabscheidung heisst „Oligurie“, „Anurie“. — Eine Vermehrung der Harnausscheidung geht fast immer einher mit einer gesteigerten Flüssigkeits- (Wasser-) Zufuhr. Ist die Vermehrung pathologisch, so wird sie „Polyurie“ genannt. Soll die 24stündige Harnmenge gesammelt werden, so lässt man unmittelbar vor Beginn der Versuchsperiode die Blase entleeren. Diese Harnmenge wird nicht in das Sammelgefäss gebracht, sondern weggegossen. Erst die später gelassenen Mengen werden im Sammelgefäss gesammelt. Unmittelbar vor Beendigung der Versuchsperiode wird alsdann die Blase zum letzten Male wieder entleert. Sollen mit dem Harn Untersuchungen ausgeführt werden, so ist die gesammte Harnmenge vorher gut zu mischen.

Der während verschiedener Tageszeiten ausgeschiedene Harn ist von wechselnder Zusammensetzung; auch wechselt die Zusammensetzung des Harns, welcher innerhalb eines Tages z. B. gelassen wird, in ziemlich weiten Grenzen, und zwar um so mehr, je weniger regelmässig derjenige lebt, von welchem dieser Harn herrührt. Viel geringeren Schwankungen unterliegt dagegen die Gesammtmenge der mit dem Harne ausgeschiedenen festen Substanzen; bei normaler Ernährung und gleichmässiger Lebensweise ist sie ziemlich gleichbleibend.

Man nimmt gewöhnlich an, dass im Durchschnitt von einem Erwachsenen täglich 60 g fester Stoffe durch den Harn zur Ausscheidung gelangen. Beträgt dabei die Harnmenge 1,5 Liter, so enthält der Harn im Liter 40 g oder 4 Proc. fester Bestandtheile. Diese im Laufe von 24 Stunden ausgeschiedene Menge von 60 g festen Bestandtheilen setzt sich zusammen aus etwa 35 g organischen und etwa 25 g unorganischen Stoffen, im speciellen etwa wie folgt.

I. Normale Harnbestandtheile.

60 g Trockenrückstand des normalen Harns enthalten

a) etwa 35 g organische Bestandtheile.

Harnstoff	30,0 g	p-Oxyphenylessigsäure	zu 3,6 g
Harnsäure	0,6 „	p-Hydrocumarsäure	
Kreatinin	0,8 „	Indoxylschwefelsäure	
Xanthinkörper	alle zusammen bis	Skatoxylschwefelsäure	
Oxalsäure		Harnfarbstoffe	
Oxalursäure		Fermente	
Flüchtige Fettsäuren		Stickstoffsubstanzen	unbekannter Zusammensetzung
Milchsäure		Schwefelhaltige Substanzen	
Glycerinphosphorsäure		Stickstofffreie Substanzen	
Sulfocyanwasserstoff		Schwefelfreie Substanzen	
Hippursäure			
Phenylschwefelsäure			
p-Kresylschwefelsäure			
Brenzcatechylschwefelsäure			

b) etwa 25 g unorganische Bestandtheile.

Natriumchlorid $NaCl$	15,0 g	Ammoniak NH_3	0,7 g
Schwefelsäure H_2SO_4	2,5 „	Magnesia MgO	0,5 „
Phosphorsäure P_2O_5	2,5 „	Kalk CaO	0,3 „
Salpetersäure HNO_3 weniger als	0,1 „	Eisen Fe weniger als	0,01 „
Kali K_2O	3,0 „		

II. Abnorme, pathologische Bestandtheile.

Eiweiss	Blut, Blutfarbstoff
Propepton	Melanin
Pepton	Andere Farbstoffe
Mucin	Galle
Traubenzucker	Gallenfarbstoff
Milchzucker	Gallensäuren
Lävulose	Fett
Inosit	Cholesterin, Lecithin
Aceton	Leucin, Tyrosin
Acetessigsäure	Cystin
β-Oxybuttersäure	Schwefelwasserstoff.

Farbe. Frisch gelassener normaler Harn des gesunden Menschen ist klar, von bernsteingelber Färbung. Die Färbung kann unter Umständen sehr blass, aber auch sehr dunkel werden. Als Farbentöne des Harns unterscheidet man gewöhnlich:

Blasse Harne: farblos bis strohgelb.
Hochgestellte Harne: rothgelb bis roth.
Normalgefärbte Harne: Bernsteingelb.
Braune Harne: bräunlich bis schwärzlich.

Nach mehrstündigem Stehen scheiden sich aus normalem, klar entlassenem Harn kleine Wölkchen aus: nubeculae, die allmählich zu Boden sinken. Sie erweisen sich unter dem Mikroskop bestehend aus: Blasenschleim, Mucin, Schleimkörperchen, Plattenepithelien der Blase und der Harnröhre. — Nach längerem (24 Stunden) Stehen scheidet sich, falls der Harn nicht allzusehr verdünnt ist, ein krystallinischer sandiger Niederschlag aus, der aus Harnsäure, harnsauren Salzen, Calciumoxalat, Farbstoff besteht und sich beim gelinden Erwärmen wieder löst.

Wird der Harn schon trübe entleert, oder trübt er sich sehr schnell nach dem Entleeren, so ist er möglicherweise pathologisch verändert; in diesem Falle ist das Sediment unmittelbar nach seiner Entstehung zu untersuchen. Milchiger Harn wird z. B. bei Chylurie entleert; die milchige Beschaffenheit rührt von suspendirten Fetttröpfchen her.

Geruch. Der Geruch des normalen Harns ist bouillonartig, nicht unangenehm. Der Geruch kann verändert werden nach Aufnahme gewisser Stoffe. Er wird veilchenartig nach Einathmen oder Einnehmen von Terpentinöl, widerlich (merkaptanartig) nach Genuss von Spargel, Knoblauch, Rettig, ammoniakalisch bei ammoniakalischer Harngährung innerhalb der Blase, jauchig bei eiterigen oder jauchigen Processen innerhalb des uropoetischen Systems, obstartig bei Anwesenheit von Aceton.

Geschmack. Der Geschmack ist salzig-bitterlich und wird namentlich durch das vorhandene Natriumchlorid und den Harnstoff bedingt. Diabetischer Harn, welcher einige Procente Traubenzucker enthält, schmeckt deutlich süss.

Reaktion. Die Reaktion des normalen, frisch entleerten Harns ist wegen des Gehaltes an Harnsäure und primären Alkaliphosphaten gewöhnlich eine saure (gegen Lackmus). Sind — wie es zuweilen vorkommt — neben den primären Alkaliphosphaten auch sekundäre Alkaliphosphate zugegen, so kann die Reaktion amphoter sein. Harn, welcher die Blase mit alkalischer Reaktion verlässt, ist gewöhnlich trübe und fast stets pathologisch.

Specifisches Gewicht. Das spec. Gewicht des normalen Harns schwankt von 1,002—1,030; im Mittel wird es zu 1,017—1,020 angenommen. Harne, deren spec. Gewicht über 1,030 liegt, sind wahrscheinlich diabetische.

Die chemische Untersuchung.

Verhalten des normalen Harnes gegen Reagentien im allgemeinen.

1) Beim Aufkochen findet keine Coagulation statt, auch nicht nach Zusatz von wenig Salpetersäure. Die mit Säuren erhitzten Harne färben sich mehr oder weniger dunkel. — Säuert man Harn mit Säuren an und lässt ihn 24 Stunden in der Kälte stehen, so scheidet sich Harnsäure meist in wetzsteinartigen Krystallen aus. — **2)** Aetzende (NaOH) und kohlensaure Alkalien (Na_2CO_3) bewirken eine Trübung durch Fällung der Erdphosphate (Calciumphosphat, Magnesiumphosphat). — **3)** Baryumchlorid giebt eine weissliche Trübung bez. Fällung, von Baryumsulfat bez. Baryumphosphat herrührend. — **4)** Bleiacetat giebt eine weissliche Trübung von Bleisulfat, Bleiphosphat, Bleichlorid, Bleiurat, aber keinen dunklen Niederschlag (Bleisulfid von Schwefelwasserstoff herrührend). — **5)** Ammoniumoxalat erzeugt weissliche Trübung durch Ausscheidung von Calciumoxalat. — **6)** Silbernitrat erzeugt weissen, flockigen Niederschlag von Silberchlorid, Silberphosphat. Der Niederschlag färbt sich beim Erhitzen nicht dunkel, erfährt jedoch auf Zusatz von Ammoniakflüssigkeit eine Reduktion, und die Flüssigkeit färbt sich dunkelbraun bis schwarz. — **7)** Kalische Wismuttartratlösung bewirkt eine weissliche Trübung, welche auch beim Kochen nicht dunkel gefärbt wird. (Wismutsulfid, bei Gegenwart von Schwefelwasserstoff, Traubenzucker). — **8)** Jodjodkalium und Pikrinsäure bewirken Trübungen nicht, dagegen erzeugt Gerbsäure eine weissliche oder gelbliche Trübung.

Verhält sich ein Harn bei diesen Vorprüfungen abweichend, so ist er unnormal, d. h. er ist entweder pathologisch, oder er enthält infolge besonderer Verhältnisse (Ernährung, Arzneimittelzufuhr) unnormale, zufällige Bestandtheile.

Feststellung der Reaktion. Man taucht je einen Streifen empfindliches rothes und blaues Lackmuspostpapier (Marke Helfenberg) in den Harn, belässt sie einen Augenblick darin und beobachtet nun, ob die Papiere Farbenveränderungen aufweisen. Amphoter ist ein Harn, welcher rothes Lackmuspapier bläut, blaues Lackmuspapier aber röthet. Ein Harn, welcher mit alkalischer Reaktion die Blase verlässt, ist pathologisch, es sei denn, dass die alkalische Reaktion dadurch zu stande gekommen ist, dass der Betreffende grössere Mengen von kohlensauren oder doppelkohlensauren Alkalien oder solcher organisch-saurer (z. B. weinsaurer, citronensaurer) Alkalisalze genossen hat, welche im Organismus zu Karbonaten verbrannt werden. Den Arzt interessirt nur die Frage, ob die Alkalität durch Ammoniumkarbonat verursacht ist, und ob der Harn schon in der Blase alkalisch reagirt. Daher muss in zweifelhaften Fällen der Urin unmittelbar nach dem Entleeren untersucht werden.

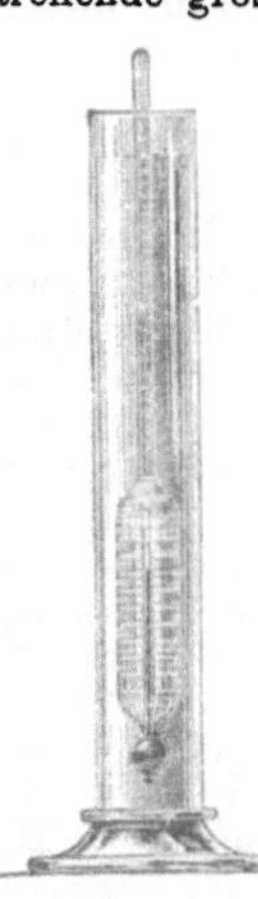
Fig. 188. Urometer, zur Bestimmung des specifischen Gewichtes.

Bestimmung des Säure- oder Alkalinitätsgrades. Man misst 100 ccm Harn ab und titrirt unter Tüpfelung auf blauem Lackmuspapier mit $^1/_{10}$-Normal-Natronlauge. Man giebt als Resultat an entweder die für 100 ccm Harn verbrauchte Menge der ccm $^1/_{10}$-Normal-Natronlauge oder die diesen entsprechende Menge krystallisirte Oxalsäure $C_2O_4H_2 + 2H_2O$ (1 ccm $^1/_{10}$-Normal-Natronlauge = 0,0063 g krystallisirte Oxalsäure).

Alkalische Harne titrirt man in gleicher Weise mit $^1/_{10}$-Normal-Oxalsäure (1 ccm = 0,0063 g krystallisirter Oxalsäure).

Die Ergebnisse der Bestimmung sind auf die Tagesmenge des Harns unter Berücksichtigung des spec. Gewichtes umzurechnen.

Bestimmung des specifischen Gewichtes. Diese erfolgt bei 15° C. entweder mit Hilfe von Pyknometern oder der hydrostatischen Waage (nach Mohr oder Westphal), am häufigsten aber mittels Aräometern. Man benutzt in der Regel (geaichte) Thermo-Aräometer mit einer Skalen-Ausdehnung von 1,000 — 1,040. Diese „Urometer“

genannten Instrumente bedürfen wenig Flüssigkeit und machen hinreichend genaue Angaben.

Bestimmung der festen Bestandtheile. a) Direkt. Man verdampft 10—20 ccm Harn in einer gewogenen Platinschale, trocknet drei Stunden im Wasserbadtrockenschranke und wägt. — Die Resultate fallen etwas zu niedrig aus, weil beim Eindampfen infolge der Einwirkung der primären Phosphate auf den Harnstoff bei fortschreitender Koncentration der Flüssigkeit geringe Mengen von Ammoniumkarbonat entweichen. — Der Verlust beträgt etwa 2—3 Procent. b) Indirekt. Mit annähernder Genauigkeit kann man die Menge der festen Bestandtheile in einem Harn aus dem spec. Gewichte des Harns berechnen. Nachdem man das spec. Gewicht des Harns bis auf vier (!) Decimalen bestimmt hat, multiplicirt man die letzten drei (!) Stellen mit dem HAESER'schen Coefficienten 0,0233. Beispiel! Ein Harn vom spec. Gewicht 1,0235 enthält $(235 \times 0{,}0233) = 5{,}4755\,^0/_0$ Trockenrückstand. — Bei ganz kleinen Kindern wird der Koefficient 0,0166 von MARTIN und RUGE angewendet.

Bestimmung der Mineralbestandtheile. Man verdampft in einer gewogenen Platinschale 20—30 ccm Harn zur Trockne und verbrennt den Rückstand bei sehr kleiner Flamme. Wenn die Verbrennung nicht weiter fortschreitet, so zieht man den Rückstand mit Wasser aus und filtrirt durch ein aschefreies Filter. Man wäscht aus, trocknet Filter und Kohle, verbrennt beide in der Platinschale vollständig (!) bei sehr dunkler Rothgluth, giebt in die erkaltete Schale den wässerigen Auszug der Asche, dampft zur Trockne, glüht schwach und wägt bis zu konstantem Gewicht. Der Gehalt an Asche beträgt etwa 1,5—2,0 Procent.

Bestimmung des Stickstoffes. Man bringt 5 ccm Harn in einen KJELDAHL'schen Zersetzungskolben, fügt 30 ccm konc. reine Schwefelsäure, sowie 1 Tropfen Quecksilber hinzu und kjeldahlisirt, wie S. 484 angegeben ist, und führt die Bestimmung, wie dort angegeben, zu Ende.

Die Bestimmung des Stickstoffes vertritt zur Zeit, namentlich bei Stoffwechselversuchen, die früher geübte Bestimmung des Harnstoffes, da es bei Stoffwechselversuchen nicht so sehr darauf ankommt, die Menge des Harnstoffes, als die Menge des überhaupt umgesetzten Stickstoffes kennen zu lernen. Da nur etwa 85 Procent des im Harne vorhandenen Stickstoffes in der Form von Harnstoff vorhanden sind, so findet man aus der Stickstoffbestimmung annähernd den Gehalt an Harnstoff, wenn man den gefundenen Gehalt an Stickstoff mit 2,142 multiplicirt.

Bestimmung des Chlors bez. des Kochsalzes. Da die Hauptmenge des Chlors im Harne als Kochsalz zugegen ist, so pflegt man das gefundene Chlor als Kochsalz anzugeben.

a) Maassanalytisch nach VOLHARD. Man bringt 10 ccm des Harns in einen 100 ccm Kolben, fügt 5 ccm einer 25 proc. Salpetersäure und 2 ccm chlorfreier Eisenalaunlösung hinzu. Ist der Harn sehr dunkel gefärbt, so giebt man 3—5 Tropfen einer gesättigten Kaliumpermanganatlösung hinzu, worauf beim Umschwenken die Färbung der Mischung weingelb wird. Hierauf lässt man aus einer Bürette einen Ueberschuss, z. B. 30 ccm, $^1/_{10}$-Normal-Silbernitratlösung zufliessen. Man füllt bis zur Marke mit destillirtem Wasser auf, schüttelt um, filtrirt ab und titrirt in 50 ccm des Filtrates das überschüssig zugesetzte Silbernitrat zurück. Vergl. Bd. I, S. 58. 1 ccm $^1/_{10}$-Silbernitratlösung entspricht = 0,00355 g Chlor oder 0,00585 g Natriumchlorid (NaCl.). — Man findet nach dieser Methode nur das in Form unorganischer Verbindungen und zwar in Form von unorganischen Chloriden vorhandene Chlor.

b) Nach dem Veraschen. 20 ccm Harn werden in einer Platinschale mit 3 g Salpeter und 1,5 g wasserfreiem Natriumkarbonat eingedampft, der Rückstand wird durch vorsichtiges Erhitzen weissgebrannt. Man löst die Schmelze in Wasser, säuert die Lösung mit Salpetersäure an und bestimmt nun das Chlor entweder maassanalytisch nach VOLHARD oder gewichtsanalytisch, indem man das Chlor durch einen Ueberschuss von Silbernitrat fällt und die Bestimmung nach Bd. I, S. 58, gewichtsanalytisch zu Ende führt. Man findet so das gesammte, in dem Harn vorhandene Chlor. Die Differenz zwischen Gesammtchlor und unorganischem Chlor stellt diejenige Chlormenge dar, welche in organischer Bindung vorhanden ist.

Bestimmung der Schwefelsäure. Als „präformirte" Schwefelsäure bezeichnet man diejenige, welche in der Form von (mit Baryumchloridlösung direkt fällbaren) Sulfaten vorhanden ist. Als „gepaarte" Schwefelsäure wird diejenige bezeichnet, welche in Form von Estern der Schwefelsäure vorhanden ist und von Baryumchlorid nicht direkt, sondern erst nach einer entsprechenden Behandlung mit Mineralsäuren gefällt wird. Als neutralen Schwefel bezeichnet man den Schwefel, welcher im Harn nicht als präformirte oder gepaarte Schwefelsäure, sondern in Form neutraler Verbindungen (z. B. Eiweiss) zugegen ist.

a) Bestimmung der Gesammt-Schwefelsäure, d. h. der präformirten und der gepaarten. 100 ccm Harn werden nach Zusatz von 5 ccm konc. Salzsäure (spec.

Gew. 1,123) 15 Minuten lang gekocht; darauf fällt man in der Bd. I, S. 126 angegebenen Weise die Schwefelsäure mit heisser Baryumchloridlösung und bestimmt die Menge des vorhandenen Baryumsulfates wie dort angegeben, bez. wie üblich.

b) Bestimmung der gepaarten Schwefelsäure. Man mischt 120 ccm Harn mit 60 ccm Barytmischung (Mischung von 1 Vol. kalt gesättigter Chlorbaryumlösung mit 2 Vol. kalt gesättigtem Barytwasser) und filtrirt durch ein trockenes Filter. Von dem Filtrat bringt man 150 ccm (= 100 ccm Harn) in ein Becherglas, fügt etwa 7 ccm konc. Salzsäure hinzu, so dass die Mischung deutlich sauer ist, kocht 15 Minuten und lässt alsdann den Niederschlag auf dem heissen Wasserbade absetzen. Man filtrirt und bestimmt die Menge des gebildeten Baryumsulfats in der üblichen Weise.

c) Die präformirte Schwefelsäure ergiebt sich, wenn man die gepaarte Schwefelsäure von der Gesammt-Schwefelsäure abzieht.

Bestimmung der Phosphorsäure. a) Maassanalytisch. Man bedarf folgender Lösungen:

α) Natriumphosphatlösung. In 1 ccm = 0,002 g P_2O_5, also in 50 ccm = 0,1 g P_2O_5 enthaltend. Man löst 10,085 g gewöhnliches krystallisirtes, nicht verwittertes Natriumphosphat ($Na_2HPO_4 + 12\,H_2O$) in Wasser und füllt die Lösung zu 1 Liter auf.

β) Essigsäure-Natriumacetatlösung. Man löst 100 g krystall. Natriumacetat in Wasser, fügt 100 ccm verdünnte Essigsäure (von 30 Procent) hinzu und füllt mit Wasser zu 1 Liter auf.

γ) Uranacetatlösung. Man löst 38 g Uranacetat unter Zusatz von 5 ccm Essigsäure (30 procentige) in Wasser und füllt zu einem Liter auf. Diese Lösung wird so eingestellt, dass 1 ccm = 0,005 P_2O_5 entspricht, d. h. man bringt in einen Erlenmeyer-Kolben 50 ccm der obigen Natriumphosphatlösung, giebt 5 ccm der Essigsäurenatriumacetatlösung hinzu, erhitzt auf ca. 90° C. und lässt solange Uranacetatlösung hinzufliessen, bis in einem entnommenen Tropfen durch Kaliumferrocyanid eine soeben wahrnehmbare bräunliche Färbung auftritt. Die Uranlösung wird nach den hierbei erhaltenen Ergebnissen verdünnt. Vergl. Bd. I, S. 92.

Zur Ausführung im Harn versetzt man 50 ccm des eiweissfreien Harns mit 5 ccm Essigsäure-Natriumacetatlösung, erhitzt bis fast zum Sieden und lässt nun allmählich von der in einer Bürette befindlichen Uranacetatlösung unter Umschwenken der heissen Flüssigkeit zufliessen. Nachdem 10 ccm Uranlösung zugeflossen sind, setzt man 1 Tropfen der gut gemischten Flüssigkeit auf eine weisse Porcellanplatte, setzt eine Spur gepulvertes Kaliumferrocyanid zu und sieht, ob eine eben wahrnehmbare Bräunung auftritt. Ist dieses nicht der Fall, so wird die Flüssigkeit aufs neue erhitzt, worauf man weitere Mengen von Uranacetatlösung hinzufliessen lässt, bis der gesuchte Punkt eingetreten ist. Durch mehrere Versuche sucht man möglichst genau denjenigen Punkt zu treffen, bei welchem Kaliumferrocyanid in 1 Tropfen der Flüssigkeit eine gerade wahrnehmbare bräunliche Färbung hervorbringt.

Eiweisshaltige Harne geben hierbei ein zu hohes Resultat. Man darf indessen aus diesen Harnen das Eiweiss nicht durch Coagulation abscheiden, weil alsdann Erdphosphate mit gefällt werden würden. Man muss vielmehr 25—50 ccm Harn unter Zusatz von 1 g Natriumkarbonat und 3 g Kalisalpeter vorsichtig veraschen. Man zieht die Asche mit salzsaurem Wasser aus, fügt Natriumacetat im Ueberschusse (!) zu, und titrirt wie vorher angegeben mit Uranacetatlösung.

Wenn Phosphorsäure-Bestimmungen nicht häufiger vorkommen, wird man immer gut thun, gewichtsanalytisch zu arbeiten. Man verascht alsdann 25—50 ccm Harn unter Zusatz von Soda und Salpeter, zieht die Asche mit verdünnter Salpetersäure aus, fällt das Filtrat mit Ammoniummolydänat und wägt die Phosphorsäure als Magnesiumpyrophosphat.

Harnsäure. a) Der qualitative Nachweis erfolgt in sehr einfacher und schöner Weise durch die sogenannte Murexid-Reaktion (Bd. I, S. 144). b) Bestimmung der Harnsäure. Diese erfolgt in der Regel mit genügender Genauigkeit durch Wägung nach Schwanert. Man vermischt 200 ccm Harn mit 5 ccm konc. Salzsäure und lässt die Mischung 36—48 Stunden an einem kühlen Ort (Keller, Eisschrank). Die nach dieser Zeit ausgeschiedene Harnsäure sammelt man auf einem Filter, wäscht bis zur Chlorfreiheit aus, trocknet und wägt. Man stellt auch die Menge des Filtrats einschliesslich des Waschwassers fest und zählt zu der gefundenen Menge für je 100 ccm Filtrat + Waschwasser = 0,0048 g Harnsäure zu.

Bestimmung der Harnsäure nach Salkowski-Ludwig. Man bedarf hierzu folgender Lösungen:

Ammoniakalische Silbernitratlösung. Man löst 26 g Silbernitrat in Wasser, giebt soviel Ammoniakflüssigkeit hinzu, dass der zunächst entstandene Niederschlag wieder in Lösung geht, und füllt mit Wasser zu 1 Liter auf.

Magnesiamischung. Man löst 100 g krystall. Magnesiumchlorid in Wasser, setzt soviel Ammoniak hinzu, dass die Flüssigkeit stark danach riecht, dann soviel Ammoniumchloridlösung, dass der Magnesiumniederschlag klar gelöst wird, und füllt mit Wasser zu 1 Liter auf.

Lösung von einfach Schwefelkalium oder einfach Schwefelnatrium. Man löst 15 g Aetzkali oder 10 g Aetznatron, welche frei sein müssen von Salpetersäure und salpetriger Säure, in Wasser zu 1 Liter. 500 ccm einer dieser Lösungen werden mit Schwefelwasserstoff vollständig gesättigt, alsdann mischt man die noch vorhandenen anderen 500 ccm der Lauge hinzu.

Man giebt in ein Becherglas von 300 ccm Fassungsraum 200 ccm des eiweissfreien Harns und giesst dazu unter Umrühren eine vorher bereitete Mischung aus 20 ccm Silbernitratlösung, 20 ccm Magnesiamischung und soviel Ammoniakflüssigkeit, dass eine völlig klare Lösung entsteht. Die Mischung lässt man $^1/_2$ bis $^1/_1$ Stunde ruhig stehen. Dann saugt man den Niederschlag, welcher die Harnsäure als Magnesium-Silberurat enthält, vor der Strahlpumpe (Papierfilter mit untergelegtem Leinwand-Konus!) ab, wobei die an den Wandungen des Becherglases sitzenden Niederschlagsmengen zwar abgespült werden, aber nicht losgelöst zu werden brauchen, und zwar wäscht man 3—4 mal mit ammoniakhaltigem Wasser nach. Dann bringt man den Niederschlag durch Abspritzen mit ammoniakalischem Wasser in das Becherglas zurück, ohne das Filter zu verletzen. Man verdünnt nun 20 ccm Schwefelalkalilösung mit 20 ccm Wasser, erhitzt zum Sieden und filtrirt diese Lösung durch das vorher benutzte Filter in das Becherglas zu dem Niederschlage und wäscht das

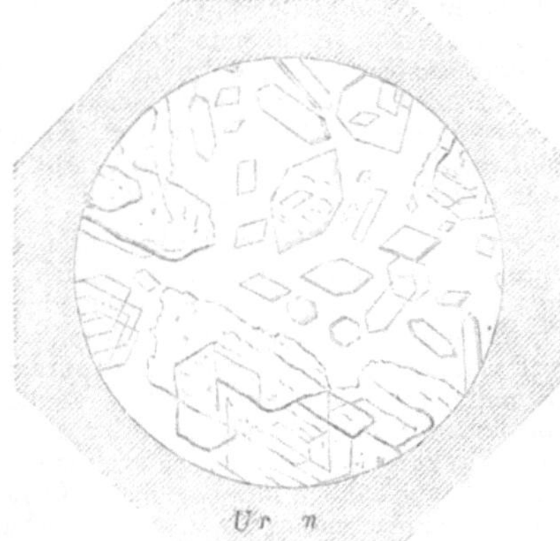

Fig. 184. Salpetersaurer Harnstoff.

Fig. 185. Harnstoff.

Filter etwa 4 mal mit heissem Wasser nach. Dann erwärmt man Becherglas und Inhalt bis fast zum Sieden des letzteren (allzulanges Erhitzen ist zu vermeiden!) und filtrirt nach dem Erkalten durch das vorher benutzte Filter in eine Porcellanschale unter Nachwaschen des Filters mit heissem Wasser. Man säuert das Filtrat mit Salzsäure an, dampft es auf etwa 15 ccm ein und lässt es nach Zusatz von einigen Tropfen Salzsäure 12—24 Stunden am kühlen Orte stehen. Die alsdann auskrystallisirte Harnsäure wird in einem Allihn'schen Röhrchen (s. S. 784) gesammelt, hintereinander mit Wasser, Alkohol, Aether, Schwefelkohlenstoff (zur Entfernung von Schwefel) und Aether gewaschen, bei 100° C. getrocknet und gewogen. — Ist die Harnsäure stark gefärbt oder scheidet sich noch Schwefelsilber ab, so löst man sie in heissem Wasser unter Zusatz reiner Kali- oder Natronlauge, filtrirt, wäscht aus, säuert das Filtrat mit Salzsäure an, dampft auf 15 ccm ein, lässt 24 Stunden stehen und sammelt die Harnsäure, wie vorher angegeben ist.

Kreatinin. Man versetzt 20 ccm des frisch gelassenen Harns mit 5—10 Tropfen frisch bereiteter, stark verdünnter Nitroprussidnatriumlösung und übersättigt schwach mit Natronlauge. Bei Anwesenheit von Kreatinin entsteht rubinrothe Färbung, die allmählich in Gelb verblasst. Säuert man jetzt stark mit Eisessig an und erhitzt, so entsteht zuerst grüne, dann blaue Färbung, bei längerem Stehen blauer Niederschlag (Unterschied von Acetessigsäure).

Harnstoff. Um den Harnstoff im Harne nachzuweisen, dampft man diesen zur Sirupkonsistenz ein und versetzt den kalten Sirup in der Kälte mit konc. Salpetersäure, worauf sich der salpetersaure Harnstoff in charakteristischen Krystallen ausscheidet. Sind an Harnstoff arme Lösungen (andere Organflüssigkeiten, z. B. Cystenflüssigkeiten) zu prüfen, so dampft man zur Trockne, zieht mit starkem Weingeist in der Wärme aus, dunstet diesen ab und prüft die konc. Lösung des Verdunstungsrückstandes mit Salpetersäure. Fig. 184 und 185.

Schätzung des Harnstoffs nach dem spec. Gewicht. Ist ein Harn frei von Zucker und Eiweiss und enthält er mittlere Mengen von Kochsalz, so lässt sich der Harnstoffgehalt (cf. die nachstehende Titrirung) aus dem spec. Gewicht annähernd schätzen. Ein Harn mit dem spec. Gewichte 1,010 enthält etwa 1 Proc. Harnstoff; ein solcher vom spec. Gewichte 1,015—1,020 etwa 1,5 - 2,0 Proc. Harnstoff. Ein Harn vom spec. Gewichte 1,030 enthält meist über 4 Proc. Harnstoff.

Gasometrische Bestimmung des Harnstoffs nach HÜFNER. Die beruht darauf, dass Harnstoff durch Natriumhypobromid unter Abscheidung von Stickstoff zersetzt wird: $CO(NH_2)_2 + 3\,NaOBr = CO_2 + 2\,H_2O + N_2 + 3\,NaBr$. Man bedarf hierzu einer Lösung von 200 g Natronhydrat in 500 ccm Wasser. Zum Gebrauche mischt man 175 g dieser Natronlauge unter guter Abkühlung durch Eiswasser mit 12,5 ccm Brom.

Der Harn muss eiweissfrei sein und soll nicht mehr als 1 Proc. Harnstoff enthalten. Alle Theile des Apparates müssen trocken sein.

Das etwa 100 ccm fassende bauchige Gefäss b des HÜFNER'schen Ureometers (Fig. 186) steht mittels eines weit gebohrten Hahnes mit dem 5 ccm fassenden kolbenförmigen Ansatzstück a in Verbindung. Das Volumen des Gefässes a einschliesslich der Hahnbohrung muss ein für allemal genau festgestellt werden, was durch Ausmessen mit Wasser mittels einer Bürette geschieht. Der Raum a inkl. der Hahnbohrung soll möglichst nicht über 6 ccm fassen. — Das obere, etwas verjüngte Ende von b umschliesst mittels eines Gummistopfens den Hals einer Glasschale c, in welche das verjüngte Ende von b einige cm hoch emporragt. Auf dieses verjüngte Ende b wird das Eudiometer d zum Auffangen des entwickelten Stickstoffes aufgesetzt. Dieses Eudiometer fasst 50—100 ccm, ist in $^1/_{10}$ ccm getheilt und wird mit frischer oder einer bei einem früheren Versuche gebrauchten Natriumhypobromidlösung gefüllt.

Fig. 186. HÜFNERscher Apparat.

Man füllt nun mit Hilfe eines langen Trichterrohres Gefäss a sammt der Hahnbohrung (!) mit dem zu untersuchenden Harn, welcher, wenn nöthig, mit dem gleichen oder doppelten Volumen Wasser verdünnt ist, an, schliesst alsdann den Hahn und reinigt das Gefäss b durch Ausspülen mit Wasser. Dann füllt man das Gefäss b vollständig und die Schale c bis über den Stutzen mit der oben angegebenen Bromlauge, füllt damit auch das Eudiometer an und setzt dieses über den Stutzen. Nachdem man sich überzeugt hat, dass nirgends Luftblasen vorhanden sind, öffnet man den Hahn zwischen a und b. Die Bromlauge mischt sich mit dem Inhalt von a, und es tritt nun eine lebhafte Entwicklung von Stickstoff ein, welcher in das Eudiometer übertritt. Nach Beendigung der Reaktion lässt man noch $^1/_4$ Stunde stehen, dann führt man das Eudiometer in einen mit ausgekochtem Wasser gefüllten Cylinder über und liest nach Ausgleich der Temperatur die Anzahl der ccm, ferner Temperatur und Barometerstand ab.

Das Gewicht des Stickstoffs berechnet man nach der Formel:

$$g = \frac{V\,(b - b^i)}{760\,(1 + 0{,}003665)} \cdot 0{,}0012566.$$

In dieser Formel bedeutet g = das Gewicht des Stickstoffs in Grammen, V = das Volumen des entwickelten Stickstoffs in ccm, t = Temperatur, b = Barometerstand reducirt auf 0° C, b^i = Tension des Wasserdampfes bei der Beobachtungs-Temperatur t und 0,0012566 = Gewicht von 1 ccm Stickstoff bei 0° C. und 766 mm B.

Die gefundene Stickstoffmenge, mit 2,14 multiplicirt, giebt die Menge des Harnstoffs.

Maassanalytische Bestimmung des Harnstoffs. Die einfachste maassanalytische Bestimmung des Harnstoffs ist die nach LIEBIG. Sie beruht darauf, dass Harnstoff mit einer Lösung von Merkurinitrat unlösliche weisse Niederschläge giebt, welche durch Natriumkarbonat nicht zu gelbem Quecksilberoxyd zersetzt werden, während das nach Ausfällung allen Harnstoffs in der Flüssigkeit etwa vorhandene überschüssige Merkurinitrat durch Natriumkarbonat unter Bildung von Quecksilberoxyd zerlegt wird. Phosphate sind aus dem Harn vorher zu entfernen, weil sie mit Merkurinitrat unlösliches Merkuriphosphat geben würden. Zur Ausführung bedarf man:

1) Barytmischung. 2 Vol. einer kalt gesättigten Lösung von Barythydrat werden mit 1 Vol. einer kalt gesättigten Lösung von Baryumnitrat gemischt.

2) Merkurinitratlösung. Man löst 77,2 g rothes Quecksilberoxyd in möglichst wenig Salpetersäure, dampft zur Sirupkonsistenz ein, löst in Wasser und füllt zu 1 Liter auf.

3) Harnstofflösung. 20 g über Schwefelsäure getrockneter, reiner Harnstoff werden in Wasser gelöst und zu 1 Liter aufgefüllt.

4) Normalsodalösung. Man löst 53 g trockenes Natriumkarbonat zu 1 Liter auf.

Zur Einstellung der Merkurinitratlösung werden 20 ccm der Harnstofflösung mit 10 ccm Barytmischung versetzt. Alsdann lässt man in diese Mischung von der Merkurinitratlösung, welche sich in einer Bürette befindet, zufliessen. Es bildet sich ein weisser Niederschlag. Man fährt mit dem Zusatz von Merkurinitratlösung so lange fort, als man sieht, dass durch jeden erneuten Zusatz von Merkurinitratlösung noch ein Niederschlag entsteht. Ist dies nicht mehr der Fall, so bringt man mit Hilfe eines Glasstabes 1 Tropfen der trüben Flüssigkeit in ein auf dunkler Unterlage ruhendes Uhrglas, welches etwa zur Hälfte mit Normal-Sodalösung gefüllt ist. Zu Anfang der Titrirung entsteht beim Vermengen beider Flüssigkeiten nur ein rein weisser Niederschlag, indem durch die im Ueberschuss anwesende Salpetersäure ein Theil der schon erwähnten Doppelverbindung von Harnstoff mit Merkurinitrat in Lösung gehalten, durch die Neutralisation aber unlöslich abgeschieden wird. So lange der Niederschlag rein weiss ausfällt, fährt man mit dem Zusatze der Merkurinitratlösung fort, und zwar setzt man ccm für ccm hinzu und bringt nach jedesmaligem Zusatze stets 1 Tropfen der trüben Flüssigkeit zu der Natriumkarbonatlösung.

Wenn aller Harnstoff ausgefällt ist, so erzeugt nun Natriumkarbonat mit einem Tropfen der trüben Flüssigkeit einen weissen Niederschlag, auf welchem sich hellgelbe bis röthliche Stellen (wie Quecksilberoxyd) zeigen. Man hat den Punkt zu treffen, wo der Niederschlag gerade eine eben wahrnehmbare gelbliche Färbung annimmt. Sind hierzu z. B. 19,3 ccm der Merkurinitratlösung nöthig, so ist die Lösung zu koncentrirt. 193 ccm derselben müssen alsdann zu 200 ccm aufgefüllt werden. Je 1 ccm der so eingestellten Merkurinitratlösung fällt 0,01 g Harnstoff.

Ausführung im Harn. Zur Ausfällung der Phosphate versetzt man 50 ccm Harn mit 25 ccm Barytmischung und filtrirt. Ein kleiner Theil des Filtrates wird mit einer weiteren Menge Barytmischung versetzt, wodurch es keine Trübung erleiden darf, sonst sind die Phosphate nicht völlig ausgefällt. In diesem Falle muss man eine neue Fällung mit einem grösseren Volumen Barytmischung machen.

Von dem Filtrate bringt man die 10 ccm Harn entsprechende Menge, also hier 15 ccm, in ein Becherglas, lässt Merkurinitratlösung ccm für ccm zufliessen und mischt nach dem jedesmaligen Zusatz 1 Tropfen der wohldurchrührten Flüssigkeit mit Natriumkarbonatlösung, bis sich das erste Auftreten der Gelbfärbung zeigt. Der Versuch ist zur Kontrolle zu wiederholen.

Zur Berechnung des Harnstoffgehaltes hat man noch eine Korrektion vorzunehmen. Ist nämlich Chlornatrium im Harne zugegen (was bekanntlich für jeden Harn zutrifft), so setzt sich dieses mit einem entsprechenden Theile der Merkurinitratlösung zu Merkurichlorid um, und dieses letztere fällt Harnstoff nicht. Man muss daher die dem vorhandenen Kochsalz entsprechende Menge der Merkurinitratlösung abziehen. Die Erfahrung hat in dieser Hinsicht Folgendes ergeben:

1) Wegen des Kochsalzgehaltes hat man bei Anwendung von 10 ccm Harn abzuziehen, von der zur Hervorrufung der Endreaktion verbrauchten Anzahl ccm Merkurinitratlösung: bei einem Verbrauch von 10—20 ccm Merkurinitratlösung 1—2 ccm; für 20—30 ccm Merkurinitratlösung 2—2,5 ccm. Nur bei Fieberharnen ist nichts in Abzug zu bringen, da bei diesen der Kochsalzgehalt erheblich geringer ist.

2) Hat man bei Anwendung von 10 ccm Urin weniger als 30 ccm Merkurinitratlösung gebraucht, so ist ausser dem Abzug für den Kochsalzgehalt für je 5 ccm, welche weniger als 30 ccm verbraucht sind, 0,1 ccm von der abgelesenen Anzahl abzuziehen.

3) Braucht man bei Anwendung von 10 ccm Urin mehr als 30 ccm Merkurichloridlösung zur Erzeugung der Endreaktion, so muss man für je 2 ccm Merkurinitratlösung, die man mehr als 30 zusetzt, 1 ccm Wasser dem Gemisch zufügen.

Korrektion 2 und 3 sind auszuführen, weil diese (Liebig'sche) Titrirung nur in 2procentigen Harnstofflösungen richtige Ergebnisse giebt, in verdünnten Harnen dagegen zu hoch, in koncentrirteren zu niedrig ausfällt.

Beispiel. a) Angewendet 15 ccm Harn + Barytmischung = 10 ccm Harn. Verbraucht = 20 ccm Merkurinitratlösung. Hiervon sind abzuziehen 2 ccm für Kochsalz, ferner $2 \times 0,1$ (nach 2) für die Verdünnung. Korrigirte Anzahl der verbrauchten ccm Merkurinitratlösung daher 17,8. — In 10 ccm Harn sind mithin 0,178 g Harnstoff enthalten, der Harn enthält 1,78 Proc. Harnstoff. — b) Angewendet 15 ccm Harn + Barytmischung = 10 ccm Harn. Verbraucht 35 ccm Merkurinitratlösung. Für die mehr als 30 ccm verbrauchten 5 ccm sind dem Gemisch 2,5 ccm Wasser zugesetzt worden. Die Korrektur wegen des Kochsalzgehaltes verlangt einen Abzug von mindestens 2,5 ccm. Der korrigirte Werth ist daher 35 — 2,5 = 32,5. Der Harn enthält also 3,25 g Harnstoff.

Die Liebig'sche Methode in der Modifikation von Pflüger. Diese Methode liefert die genaueren Resultate. Die für dieselben nöthigen Lösungen sind die gleichen wie bei der Liebig'schen Methode.

Man stellt zunächst fest, wie viel ccm $^1/_{10}$-Normal-Silbernitratlösung (nach VOLHARD, s. Bd. I, S. 58 und Bd. II, S. 1079) zur vollständigen Ausfällung der Chloride (Bromide, Jodide) in dem zu untersuchenden Harn erforderlich sind. — Dann stellt man ebenso wie vorher eine Mischung von 2 Vol. Harn und 1 Vol. Barytmischung her und filtrirt. Das Filtrat wird Harn-Baryt genannt. Man neutralisirt die 10 ccm Harn entsprechende Menge Harnbaryt durch tropfenweisen Zusatz einer verdünnten Salpetersäure (Lackmuspapier als Indikator!) und fügt nun die zur Ausfällung der Chloride (Bromide, Jodide) erforderlichen ccm $^1/_{10}$-Silbernitratlösung unter Umrühren hinzu. Dann lässt man soviel Merkurinitratlösung zufliessen, als man nach dem spec. Gewicht oder nach dem Ausfall der LIEBIG'schen Methode glaubt zusetzen zu dürfen. Dann lässt man von der Normal-Sodalösung soviel Kubikcentimeter zufliessen, dass die Flüssigkeit nur noch ganz schwach sauer ist (der Bequemlichkeit wegen fertigt man sich eine Tabelle an, welche angiebt, wie viel ccm Sodalösung die einzelnen ccm Merkurinitratlösung neutralisiren), und prüft nun, ob Quecksilber bereits im Ueberschusse vorhanden ist. Zu diesem Zwecke setzt man einen Tropfen des Reaktionsgemisches auf eine über einer schwarzen Unterlage liegende Glasplatte und giebt mittels einer Pipette einen oder zwei Tropfen eines Breies von Wasser und Natriumbikarbonat zu. Bei einem Ueberschuss von Quecksilber färbt sich der weisse Niederschlag gelblich (nur bei Tageslicht zu sehen!). Ist Quecksilber noch nicht im Ueberschuss vorhanden, so lässt man noch 1 ccm Merkurinitratlösung und die entsprechende Menge Normal-Sodalösung zufliessen, prüft wieder und wiederholt das Zufliessenlassen von Merkurinitratlösung und Sodalösung bis zum Eintritt der Endreaktion. — Dann wiederholt man die ganze Operation mit einer neuen Menge Harnbaryt, und zwar lässt man nach dem Neutralisiren mit Salpetersäure und nach dem Zusatz der Silberlösung die bei dem ersten Versuche verbrauchte Menge Quecksilberlösung in einem Strahle zufliessen, schüttelt rasch um und lässt die nach der Tabelle bez. notirte Menge Normal-Sodalösung zufliessen. Dann prüft man, ob das Ende der Reaktion eingetreten ist. Wenn dies nicht der Fall, so lässt man noch 0,1 ccm Merkurinitratlösung und die entsprechende Menge Normal-Sodalösung zufliessen und prüft wieder. Braucht man zum Eintritt der Endreaktion mehrere $^1/_{10}$-ccm-Merkurinitratlösung, so ist der ganze Versuch zu wiederholen, und zwar lässt man nunmehr die ganze, zuletzt verbrauchte Menge Merkurinitratlösung sowie die entsprechende Menge Normal-Sodalösung auf einmal zufliessen. Man wird dann gewöhnlich nur 0,1 ccm Merkurinitratlösung zum Eintreten der Reaktion verbrauchen.

Die Korrektion wegen der Verdünnung erfolgt nach PFLÜGER in folgender Weise: Bezeichnet man die Summe der ccm von Harnbaryt, Salpetersäure, Silbernitratlösung und Sodalösung mit V_1 und die verbrauchten ccm Merkurinitratlösung mit V_2, so ist die Korrektur $C = -(V_1 - V_2) \times 0{,}08$.

Beispiel:

Harnbaryt 15 ccm,
Salpetersäure 0,2 ccm,
Silbernitratlösung 11,8 ccm,
Normal-Sodalösung 14,0 ccm
Merkurinitratlösung 21,0 ccm,

$$C = -(41{,}0 - 21) \times 0{,}08 = -1{,}60.$$

Der korrigirte Verbrauch an Merkurinitratlösung ist also 21,0 — 1,6 ccm = 19,4 ccm. Der Harn enthält also 1,94 Proc. Harnstoff.

Zucker. 1) Qualitativ. Der Harn muss frei von Eiweiss sein. Ist dies nicht der Fall, so säuert man ihn mit einigen Tropfen Essigsäure an, erhitzt bis zur Coagulation und filtrirt. Ist Schwefelwasserstoff zugegen, so schüttelt man mit Bleiweiss und verwendet das Filtrat.

TROMMER'sche Probe. Man versetzt ca. 6 ccm Harn mit 3 ccm Natronlauge von 15 Proc. NaOH und setzt der Mischung unter Umschütteln Tropfen für Tropfen (!) Kupfersulfatlösung hinzu. Ist Zucker in erheblichen Mengen vorhanden, so wird zunächst ziemlich viel Kupferhydroxyd gelöst, und die Flüssigkeit wird azurblau. Erhitzt man sie jetzt bis zum beginnenden Sieden, am besten nur die obere Hälfte der Flüssigkeitssäule, so treten vorübergehend gelbe Wolken von Cuprohydroxyd ($Cu_2(OH)_2$) in der Flüssigkeit auf, und es scheidet sich ein rother, pulveriger Niederschlag von Kupferoxydul ab. — Die Probe zeigt ausgesprochen diabetische Harne sicher an, lässt aber bei kleinen Mengen Zucker häufig im Stiche, weil Reduktion unter diesen Umständen auch durch Harnsäure, Kreatinin, Harn- und Gallenfarbstoffe, sowie Glukuronsäureverbindungen eintritt, und weil der Harn anderseits Substanzen enthält, welche Kupferoxydul aufzulösen vermögen.

WORM-MÜLLER'sche Probe. Man mischt 1,5 ccm einer 2,5 procentigen Kupfersulfatlösung mit 2,5 ccm Seignettesalznatronlösung (10 Th. Seignettesalz in 100 Th. Natronlauge von 4 Proc. gelöst), erhitzt bis nahezu zum Sieden und schichtet auf die heisse Flüssigkeit 5 ccm des gleichfalls erhitzten Harns. Eine gelbe oder röthliche Trübung ist auf Zucker zu deuten. — Die oben genannten Harnbestandtheile wirken zwar nicht so sehr störend, immerhin können sie das Ergebniss beeinflussen.

BÖTTGER'sche Probe. Man versetzt 5 ccm des eiweissfreien Harns mit einer Messerspitze voll Wismutsubnitrat und etwa 0,5 g Natriumkarbonat, kocht 2—3 Minuten und lässt absetzen. Dunkelfärbung des Niederschlages deutet auf Anwesenheit von Zucker. Siehe auch die folgende Probe.

ALMÉN-NYLANDER'sche Probe. Eine Modifikation der vorigen. Man erhitzt 5 ccm des eiweissfreien Harns mit 1 ccm NYLANDER'schem Reagens (2 g Wismutsubnitrat werden mit 4 g Seignettesalz zerrieben, darauf die Mischung in 100 ccm Natronlauge [von 10 Proc.] gelöst und filtrirt) 2—5 Minuten gekocht. Bei Anwesenheit von Zucker tritt Braun-Schwarzfärbung ein. Harnsäure und Kreatinin erzeugen keine Dunkelfärbung, dagegen kann Eiweiss durch Bildung von Wismutsulfid Zucker vortäuschen. Ebenso entsteht direkte Färbung in Harnen nach Einnehmen zahlreicher Arzneimittel.

FEHLING'sche Probe. Man erhitzt in einem Probirrohre etwa 5 ccm FEHLING'sche Lösung und fügt 1—5 ccm des eiweissfreien unverdünnten oder verdünnten Harnes hinzu. Bei Anwesenheit von Zucker treten zunächst gelbrothe Streifen auf, beim Erhitzen zum Aufkochen fällt ein rother Niederschlag aus. Diese Probe kann zu Täuschungen führen, da auch Kreatinin und Harnsäure eine Reduktion zu Kupferoxydul geben. — Manche Harne lassen hierbei Zweifel entstehen, insofern eine trübe Flüssigkeit entsteht, in welcher sich eine etwaige Ausscheidung von Kupferoxydul nicht deutlich erkennen lässt. In solchen Fällen verdünnt man den Harn auf das 2—5fache Volumen mit Wasser, filtrirt nach dem Aufkochen die Reaktionsflüssigkeit rasch (!) ab, wäscht das Filter mit heissem Wasser vollständig aus und stellt fest, ob ein Niederschlag von Kupferoxydul vorhanden ist oder nicht. — Will man bei dieser Probe Täuschung durch Harnsäure ausschliessen, so neutralisirt man den Harn mit Natriumkarbonat, fällt die Harnsäure durch einen kleinen Ueberschuss von Kupfersulfatlösung und setzt das schwach kupferhaltige Filtrat zur erhitzten FEHLING'schen Lösung zu.

Zur Bereitung der FEHLING'schen Lösung löst man 34,639 g reinstes, nicht verwittertes Kupfersulfat in 200—300 ccm Wasser und füllt die Lösung mit Wasser zu 500 ccm auf. Anderseits löst man 173 g durch wiederholtes Umkrystallisiren gereinigtes Seignettesalz in 350 ccm reiner Natronlauge vom spec. Gewicht 1,14 und füllt mit Wasser gleichfalls zu 500 ccm auf. Man kann beide Lösungen mit einander mischen und erhält alsdann die Originallösung nach FEHLING. Zweckmässiger ist es — nach dem Vorschlage von Soxhlet — beide Lösungen getrennt aufzubewahren und zum Gebrauche jedesmal gleiche Anzahl von ccm beider Lösungen miteinander zu mischen. Vergl. Bd. II, S. 785.

Die FEHLING'sche Lösung darf beim Aufkochen für sich allein Kupferoxydul nicht abscheiden; ist man hierüber im Zweifel, so verdünnt man die aufgekochte Lösung mit heissem Wasser, filtrirt durch ein Filter, wäscht dieses aus und stellt fest, ob Kupferoxydul auf dem Filter vorhanden ist.

Phenylhydrazin-Probe. 50 ccm Harn werden mit 2 g reinem salzsaurem Phenylhydrazin und 4 g krystallisirtem essigsauren Natrium $^1/_2$—1 Stunde lang im kochenden Wasserbade erwärmt. Dann stellt man das Reaktionsgefäss in kaltes Wasser, lässt es in diesem einige Stunden.

Bei Anwesenheit von Zucker scheidet sich das gelbe Phenylglukosazon in Krystallen oder amorphen Massen ab. Man stellt bei 150—300facher Vergrösserung fest, ob sich die gelben, charakteristischen Nadeln (auch zu Sternen oder Garben zusammengelagert) finden. — Ist der Niederschlag amorph, so filtrirt man ihn ab, löst ihn in Alkohol, versetzt die alkoholische Lösung mit Wasser, erhitzt sie bis zur Verjagung des Alkohols und lässt erkalten. Man erhält alsdann das Phenylglukosazon in Krystallen. Der Schmelzpunkt desselben liegt bei 204—205° C.

Die Probe ist scharf; doch erhält man ähnliche Krystalle auch mit Glukuronsäure, indessen schmelzen die letzteren schon bei 150° C. Einwandsfrei würde die Anwesenheit von Zucker erwiesen sein, wenn die Krystalle den Schmelzpunkt 204—205° C. zeigen.

Gährungsprobe. Diese kann in verschiedener Weise ausgeführt werden, beruht aber immer auf der Thatsache, dass Dextrose durch Hefe zu Alkohol und Kohlensäure vergohren wird. a) Im Gährkölbchen. Man säuert den Harn mit Weinsäure an, kocht ihn auf und lässt wieder erkalten. Dann rührt man etwas zucker- und stärkefreie Presshefe mit Wasser an und mischt sie dem erkalteten Harn zu. Mit der Mischung füllt man ein Gährkölbchen an und stellt dieses an einen warmen Ort (von 20—30° C.). Nach einigen Stunden, spätestens nach 24 Stunden, muss sich in dem geschlossenen Schenkel des Apparates Kohlensäure angesammelt haben, falls Zucker im Harn zugegen ist. Dass das abgeschiedene Gas Kohlensäure ist, erkennt man wie folgt. Man füllt den kürzeren, offenen Schenkel mit Natronlauge vollständig an, verschliesst das offene Ende mit dem

Daumen und mischt die beiden Flüssigkeiten durch sanftes Hin- und Herwenden des Apparates. Bringt man den Apparat in die Ruhelage, so muss die Kohlensäure absorbirt sein und die Flüssigkeit den geschlossenen Schenkel vollständig erfüllen.

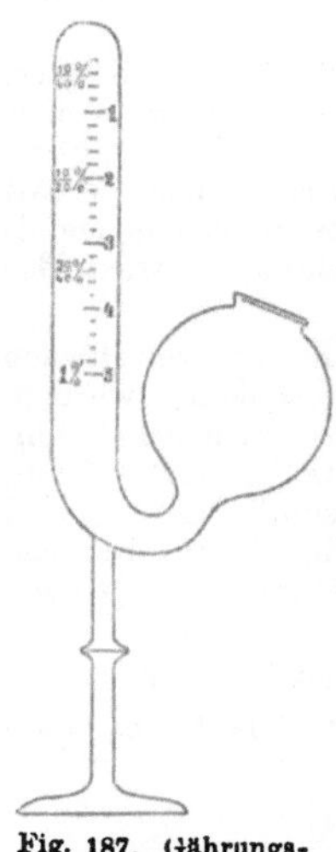

Fig. 187. Gährungssaccharometer nach EINHORN.

b) Im Apparate von WILL und FRESENIUS. Man stellt sich den hier skizzirten Apparat (Fig. 188) zusammen: In den Kolben A bringt man das wie vorher vorbereitete Gemisch von Harn und Hefe, Kolben B beschickt man mit klarem Kalk- oder Barytwasser. Der beschickte Apparat wird an einem warmen Ort (20—30° C.) gestellt. Bei eintretender Gährung entweichen die Kohlensäureblasen nach B, das dort befindliche Kalk- oder Barytwasser wird durch Bildung von Calciumkarbonat bez. Baryumkarbonat getrübt.

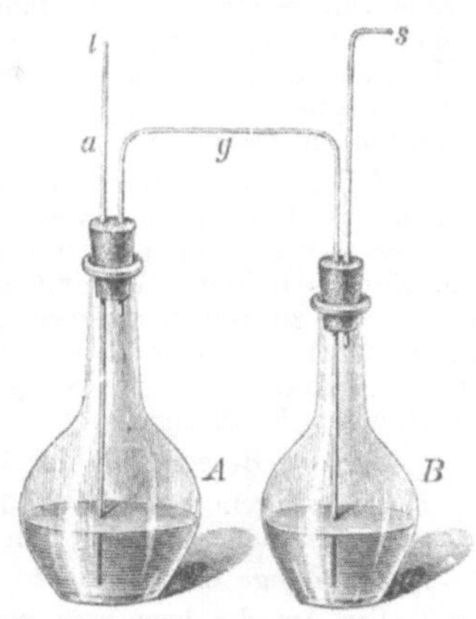

Fig. 188. Gährapparat von WILL und FRESENIUS.

Um die zu den vorstehenden Versuchen erforderliche Hefe zu gewinnen, rührt man stärkefreie Presshefe mit etwa der 30fachen Menge Wasser an, lässt absetzen, dekanthirt die Flüssigkeit und wiederholt dieses Auswaschen noch drei- bis viermal. Zur Kontrolle setzt man noch zwei Versuche an: *α*) Man versetzt zuckerfreien Harn mit der gleichen Menge Hefe: es darf innerhalb der Versuchszeit keine Kohlensäure gebildet werden. — *β*) Man versetzt zuckerfreien Harn mit etwas Honig (5 Procent) und der gleichen Menge Hefe. Es muss nach kurzer Zeit eine lebhafte Kohlensäureentwickelung stattfinden.

Die quantitative Bestimmung des Zuckers. Diese kann nach mehreren Methoden erfolgen. Zunächst muss bei allen Methoden der Harn eiweissfrei sein. Liegt eiweisshaltiger Harn vor, so muss dieser mit Essigsäure schwach angesäuert und durch Aufkochen vom Eiweiss befreit werden. Bei der maassanalytischen und gewichtsanalytischen Zuckerbestimmung muss der Harn ferner, wenn erforderlich, bis auf einen gewissen Zuckergehalt, **etwa auf 0,5 Procent,** verdünnt werden. Man richtet sich hierbei nach dem spec. Gewicht des Harns. Bei einem spec. Gewichte bis zu 1,030 pflegt man den Harn auf das fünffache, bei einem höheren spec. Gewichte auf das zehnfache Volumen zu verdünnen.

a) Maassanalytische Bestimmung. Man verdünnt den Harn, welcher z. B. das spec. Gewicht 1,028 hat, mit Wasser auf das fünffache Volumen und füllt den so verdünnten Harn in eine Bürette von 50 ccm Fassungsraum. In eine kugelförmige Porcellanschale mit guter Glasur giebt man 20 ccm FEHLING'sche Lösung (oder je 10 ccm der getrennt aufbewahrten Lösungen, s. S. 785), verdünnt mit 80 ccm Wasser, erhitzt zum Sieden und lässt unter Umrühren mit einem Glasstabe in die siedende Flüssigkeit von dem in der Bürette befindlichen verdünnten Harn zufliessen, zunächst 5 ccm. Man lässt einige Sekunden kochen, alsdann absetzen und sieht zu, ob die Flüssigkeit noch deutlich blau gefärbt ist. Sollte dies der Fall sein, so lässt man wiederum einige ccm des verdünnten Harns zufliessen, kocht wieder, lässt absetzen und sieht zu, wie die Färbung der Flüssigkeit über dem rothen Kupferoxydul ist. Um diese Färbung deutlich beobachten zu können, neigt man die Schale vorsichtig so, dass die abgesetzte Flüssigkeit über die von Kupferoxydul noch nicht bedeckten Theile der Schale zu stehen kommt. In dem Maasse, wie die blaue Färbung der Flüssigkeit heller wird, ist man auch mit dem Zusatz der Harnmischung vorsichtiger, d. h. man setzt schliesslich nur noch Bruchtheile eines Kubikcentimeters zu. Ist der Punkt erreicht, an dem die blaue Farbe der Flüssigkeit in farblos übergegangen ist, so stellt man zunächst fest, ob die gewählte Verdünnung richtig war. Sie ist richtig, wenn zur Reduktion von 20 ccm FEHLING'scher Lösung 10—20 ccm des verdünnten Harnes verbraucht worden sind. — Ist dieses nicht der Fall, so muss man je nach dem Ausfall des ersten Versuches den Harn entweder stärker oder schwächer verdünnen. Wir nehmen indessen an, dass die Verdünnung richtig war, und dass zur völligen Entfärbung 18,8 ccm des verdünnten Harns verbraucht wurden. Man macht nun einen zweiten Versuch mit der Abweichung, dass man zu der kochenden Mischung von 20 ccm FEHLING'scher Lösung und 80 ccm Wasser nur 18,5 ccm des verdünnten Harns und zwar auf einmal zulaufen lässt. Man kocht ein bis zwei Minuten, lässt absetzen und findet, dass die abgesetzte Flüssigkeit noch schwach blau gefärbt ist. — Man setzt nun einen dritten Versuch an, lässt jetzt 18,6 ccm des verdünnten Harns auf einmal zufliessen und erzielt damit völlige Entfärbung.

Berechnung: 20 ccm FEHLING'sche Lösung werden durch 0,1 g Traubenzucker reducirt. Diese Menge Traubenzucker ist in 18,6 ccm des verdünnten Harns enthalten. Der Zuckergehalt des Harns beträgt daher 2,68 g in 100 ccm.

b) Gewichtsanalytisch. Man muss nach S. 785 u. f. verfahren: 30 ccm Kupfersulfatlösung, 30 ccm Seignettesalzlösung (nach MEISSL und ALLIHN) und 60 ccm Wasser werden zum Sieden erhitzt, dann fügt man 25 ccm des nicht mehr als ein Procent Zucker enthaltenden Harns (event. des entsprechend verdünnten Harns) hinzu, erhält 2 Minuten im Sieden, filtrirt durch ein ALLIHN'sches Röhrchen und bestimmt das metallische Kupfer. Die dem gefundenen Kupfer entsprechende Menge Dextrose wird der ALLIHN'schen Tabelle auf S. 786 entnommen.

c) Durch Polarisation. Ist der Harn nicht sauer, so wird er mit Essigsäure schwach angesäuert. Enthält er Eiweiss, so muss dieses durch Aufkochen abgeschieden werden. Zu dem sauren (bez. schwach mit Essigsäure versetzten Harn) oder zu dem erkalteten, vom Eiweiss befreiten Harnfiltrat setzt man $^1/_{10}$ Volumen kalt gesättigte Bleiacetatlösung (also z. B. zu 100 ccm Harn bez. Harnfiltrat = 10 ccm Bleiacetatlösung), mischt und filtrirt durch ein trockenes Filter in ein trockenes Gefäss. Das völlig klare und fast farblose Filtrat wird nunmehr polarisirt und zwar im 50, 100 oder 200 mm-Rohr, je nach der erzielten Farblosigkeit.

Bei der Berechnung der beobachteten Rechtsdrehung ist zu berücksichtigen:

1) Die vorgenommene Verdünnung des Harns durch die Bleilösung. Die beobachtete Drehung ist daher um den $^1/_{10}$ Theil zu erhöhen.
2) Die Länge des benutzten Beobachtungsrohres.
3) Die Art des benutzten Apparates.
   α) Saccharimeter nach SOLEIL-VENTZKE-SCHEIBLER. Beobachtungsrohr von 200 mm Länge. Jeder abgelesene Grad zeigt an, dass in 100 ccm der Zuckerlösung 0,32683 g reiner, wasserfreier Traubenzucker gelöst sind. Vergl. S. 775
   β) Apparat nach LAURENT, WILD oder MITSCHERLICH. Zur Berechnung dient die Gleichung $p = \frac{a \times 100}{53 \times l}$; in dieser Gleichung bedeutet p = die Gramm Traubenzucker in 100 ccm Lösung, a = die beobachtete Drehung, l die Länge des Beobachtungsrohres in Decimetern.
   γ) Polaristrobometer von WILD. Die in 100 ccm Harn enthaltenen Gramme Traubenzucker C ergeben sich nach der Gleichung

$$C = 1{,}8868 + \frac{a}{L}.$$

In dieser Gleichung ist 1,8868 die Drehungskonstante des Traubenzuckers, L die Länge des Beobachtungsrohres in Decimetern, a der beobachtete Drehungswinkel.

d) Bestimmung durch Gährung. Es existiren hierfür mehrere Apparate. Bei Benutzung des Gährungssaccharometers von EINHORN (Fig. 187) füllt man in die kugelige Ausbuchtung des offenen Schenkels den mit einem Stückchen reiner Presshefe (s. S. 1086) durchschüttelten, luftblasenfreien Harn, der nicht mehr als 1 Proc. Zucker enthalten darf (oder eine entsprechende Verdünnung des Harns), und lässt durch vorsichtige Neigung das Gemisch in den senkrechten Schenkel einfliessen, so dass aus diesem alle Luft entweicht. Man lässt den Apparat bei Zimmertemperatur stehen. Nach etwa 20—24 Stunden liest man an der Skala die Menge der entwickelten Kohlensäure bez. den Procentsatz des Zuckers direkt ab. Die Ergebnisse sind nur ungefähre. — Das gleiche Princip ist zur Konstruktion zahlreicher anderer Gährungs-Saccharometer benutzt worden. Derjenige von LOHNSTEIN, welcher den Zuckergehalt aus dem Druck erschliesst, welchen die entwickelte Kohlensäure auf eine Quecksilbersäule ausübt (ähnlich wie bei der Alkoholbestimmung mittels des Vaporimeters) macht den Anspruch, den Zuckergehalt des Harns vollständig genau anzugeben.

CAMPANI's Lösung zum Nachweis der Glukose. Ist eine koncentrirte Lösung von Bleiacetat, gemischt mit einer verdünnten Lösung von Kupferacetat. Diese Lösung wird von Glukose, nicht aber von Rohrzucker reducirt.

GENTELE's Lösung. 27,45 g Kaliumferricyanid, 25 ccm Natronlauge vom spec. Gewicht 1,34 werden mit Wasser auf 250 ccm aufgefüllt. Bei Erwärmung auf 80° C. wird diese Lösung durch Glukose entfärbt.

HAINES Lösung zum Nachweis der Glukose. Kupfersulfat 3,0, Kalihydrat 9,0, Glycerin 100,0, Wasser 600,0.

Knapp'sche Lösung zum Nachweis und zur Bestimmung der Glukose. 10 g reines, trocknes Merkuricyanid werden in Wasser gelöst, mit 100 ccm Natronlauge vom spec. Gewicht 1,145 vermischt und mit Wasser zu 1 Liter aufgefüllt. 40 ccm dieser Lösung werden in der Hitze durch 0,1 g wasserfreien Traubenzucker reducirt, so dass im Filtrat durch Ammoniumsulfid Quecksilber nicht mehr nachweissbar ist.

Oliver's Reagenspapier zum Nachweis von Zucker im Harn. Zwei Papiere, getrennt mit Natriumkarbonat, bez. mit Indigokarmin getränkt.

Piffard's Paste zur Harnuntersuchung auf Zucker. Besteht aus 1 Th. Kupfersulfat, 5 Th. Seignettesalz und 2 Th. Natronhydrat.

Soldaïnis Lösung zum Nachweis der Glukose. 15 Th. Kupferkarbonat, 416 Th. Kaliumbikarbonat, 1400 Th. Wasser.

Wayne's Lösung zum Nachweis der Glukose. 2 Th. krystall. Kupfersulfat, 10 Th. Aetzkali, 10 Th. Glycerin, 200 Th. Wasser.

Glykosolvol. (Ein Antidiabeticum.) Besteht aus ca. 82 Th. Weizenmehl mit Schwefel, Milchzucker, Sennapulver, Fenchelpulver. (Aufrecht.)

Eiweiss. Jeder normale Urin enthält Spuren des zur Gruppe der Nucleoalbumine gehörigen Eiweissstoffes Mucin. Die bei pathologischen Zuständen im Harn vorkommende Eiweissart ist das Serumalbumin, neben welchem gewöhnlich auch noch Serumglobulin vorkommt. Ausserdem ist Rücksicht zu nehmen auf das Vorhandensein von Albumosen, Peptonen (Hämoglobin). Von einer eigentlichen Albuminurie kann aber nur die Rede sein beim Vorhandensein von Serumalbumin; auf dieses beziehen sich also die Angaben, falls von Eiweiss schlechthin gesprochen wird.

Qualitativer Nachweis. Es ist durchaus erforderlich, dass der Harn, mit welchem die nachfolgenden Proben angestellt werden, vollständig klar ist. Führt eine einfache Filtration nicht zu einem klaren Filtrate, so schüttelt man den Harn vor dem Filtriren mit Filtrirpapier-Brei an. Zusätze von gebrannter Magnesia und Talksteinpulver sind nicht zu empfehlen, weil diese Eiweiss zurückhalten können. — In allen Fällen ist zunächst die Reaktion des Harns, bez. des Filtrates festzustellen. Um die durch vorhandenes Mucin sich ergebenden Täuschungen zu vermeiden, säuert man den Harn mit Essigsäure schwach an und filtrirt nach dem Absetzen. Zu den Prüfungen auf Eiweiss verwendet man alsdann das klare, mucinfreie Filtrat.

1) Essigsäure-Kochprobe. 10 ccm des mit Essigsäure sehr schwach angesäuerten Harns werden zum Sieden erhitzt. Trübung oder Niederschlag zeigen das Vorhandensein von Serumalbumin und Serumglobulin an. — Man muss mit dem Zusatz von Essigsäure vorsichtig sein, da ein Zuviel derselben Eiweiss wieder auflöst.

2) Essigsäure-Aussalzprobe. Man säuert 10 ccm Harn stark mit Essigsäure an, fügt ein gleiches Volumen kalt gesättigter Kochsalz- oder Natriumsulfatlösung hinzu und erhitzt zum Sieden: Trübung oder Niederschlag rühren von Serumalbumin, Serumglobulin, auch Albumosen her. — Der Ueberschuss von Essigsäure schadet hier nicht, da in Neutralsalzen die Eiweissstoffe unlöslich sind. Sehr zu empfehlen.

3) Salpetersäure-Probe. 10 ccm Harn werden zum Sieden erhitzt. Zur heissen Flüssigkeit giebt man — gleichgiltig, ob ein Niederschlag entstanden war oder nicht — 20—30 Tropfen Salpetersäure. Eine bleibende Trübung oder ein bleibender flockiger Niederschlag zeigen Eiweiss an. Eine Trübung, welche beim Kochen des Harns allein eintritt, auf Zusatz von Salpetersäure aber verschwindet, rührt von Erdphosphaten her. Eine von ausgeschiedenen Harzsäuren (nach Einnehmen von Copaiva-Balsam u. dergl.) herrührende Trübung würde durch Zusatz von Alkohol verschwinden.

4) Heller'sche Probe. Man schichtet auf 10 ccm konc. (25proc.) Salpetersäure vorsichtig 10 ccm Harn. Eine deutliche Trübung an der Berührungsstelle beider Flüssigkeiten zeigt Serumalbumin und Serumglobulin an. Auftreten von farbigen Ringen ohne Trübung ist nicht auf Eiweiss zu deuten.

5) Boedecker's Probe. Man versetzt 10 ccm Harn mit 5—10 Tropfen Essigsäure bis zur stark sauren Reaktion. Tritt jetzt schon eine Fällung ein (von Mucin oder Uraten), so filtrirt man ab. Zum klaren Harn oder Harnfiltrat setzt man nun 1—3 Tropfen frisch bereitete Ferrocyankaliumlösung (ein Ueberschuss ist zu vermeiden, weil er lösend auf Eiweiss wirkt). Trübung oder Niederschlag zeigen Serumalbumin, Serumglobulin, auch Albumosen an.

6) Spiegler's Probe. Man giebt zu 10 ccm des mit Essigsäure stark angesäuerten, und wenn hierdurch eine Trübung entsteht, filtrirten Harns vorsichtig einige Tropfen von Spiegler's Reagens (s. weiter unten), so dass keine Mischung der Flüssigkeiten erfolgt. Bei Gegenwart von Eiweiss entsteht an der Berührungsstelle ein scharfer, weisser Ring. Empfindlichkeit 1 : 150000.

7) SPIEGLER's Reagens. Hydrargyri bichlorati corrosivi 8,0, Acidi tartarici 4,0, Aquae destillatae 200,0, Glycerini 20,0. Das Reagens ist thunlichst frisch zu bereiten.

G. ROCH's Probe. Man versetzt 10 ccm Harn mit einigen Tropfen einer 20procentigen Lösung von Salicylsulfosäure. Opalescenz, Trübung oder flockiger Niederschlag zeigen Anwesenheit von Eiweiss an.

8) Pikrinsäure-Probe. 10 ccm des Harns werden mit 10 ccm ESBACH's Reagens (s. w. u.) versetzt. Sogleich oder nach einiger Zeit auftretende Trübung oder Fällung zeigt Serumalbumin, Serumglobulin, Albumosen und Pepton an.

Von den vorstehenden Proben halten wir die unter 2 angeführte Essigsäure-Aussalz-Probe für eine der zuverlässigsten; ihr gleichwerthig ist die Salpetersäure-Probe. Beide zeigen echte Albuminurie an. Von den auf kaltem Wege anzustellenden Reaktionen ist die mit Ferrocyankalium + Essigsäure von grosser Schärfe und für alle Fälle ausreichend. Sie wird an Schärfe allerdings noch übertroffen durch die Reaktion nach SPIEGLER.

Quantitative Bestimmung des Eiweiss. a) Gewichtsanalytisch. Man bringt 100 ccm Harn in ein Becherglas, säuert sehr schwach (!) mit Essigsäure an und erhitzt das Becherglas 30 Minuten im siedenden Wasser. Erhält man eine grossflockige, sich gut absetzende Gerinnung von Eiweiss, so sind die Verhältnisse richtig getroffen. Ist die Gerinnung breiförmig, so ist der Harn zu eiweissreich, man verdünnt ihn alsdann auf das 2—5fache und setzt den Versuch mit dem verdünnten Harn von neuem an. Wenn das Eiweiss in grossen Flocken abgeschieden ist, lässt man kurze Zeit heiss absetzen und filtrirt alsdann durch ein bei 110° C. getrocknetes quantitatives (aschefreies) Filter (vor der Strahlpumpe mit untergelegtem Leinwandconus). Man wäscht den Niederschlag nach einander mit heissem Wasser, Alkohol und Aether aus, und trocknet bei 110° C. bis zum konstanten Gewicht. Darauf verascht man Filter und Eiweiss im Platintiegel und zieht die erhaltene Asche des Eiweisses vom Gewicht des Eiweisses ab. — Man kann auch den ausgewaschenen Niederschlag (+ Filter) noch feucht in einen KJELDAHL'schen Zersetzungskolben bringen und den Stickstoff nach KJELDAHL (s. S. 484) bestimmen. Von der gefundenen Stickstoffzahl ist der auf das Filter entfallende Stickstoffbetrag abzuziehen. Der verbleibende Rest × 6,25 giebt die Menge des vorhandenen Eiweisses an. Beide Methoden geben genaue Resultate.

Bestimmung nach ESBACH. Reagirt der Harn sauer, so kann er direkt verwendet werden, im anderen Falle muss er mit Essigsäure schwach angesäuert und filtrirt werden. Ein „Albuminimeter" genanntes, graduirtes Rohr wird bis zur Marke U mit Harn gefüllt, dann fügt man bis zur Marke R von dem ESBACH'schen Reagens hinzu, verschliesst das Rohr mit einem Stopfen und mischt den Inhalt, ohne zu schütteln, durch 10—12maliges Umkehren des Glases. Man stellt alsdann bei Zimmertemperatur das Rohr in ein Gestell und liest nach 24 Stunden die Höhe der abgesetzten Eiweissschicht ab. Eine empirische Theilung giebt an, wie viel Eiweiss in 1000 Theilen Harn enthalten ist. Der zu untersuchende Harn darf nicht mehr als 0,4 Proc. Eiweiss enthalten und kein höheres spec. Gewicht als 1,008 besitzen, andernfalls ist er entsprechend zu verdünnen. Die Methode giebt keine absoluten Werthe, giebt aber für klinische Zwecke hinreichend brauchbare Vergleichswerthe.

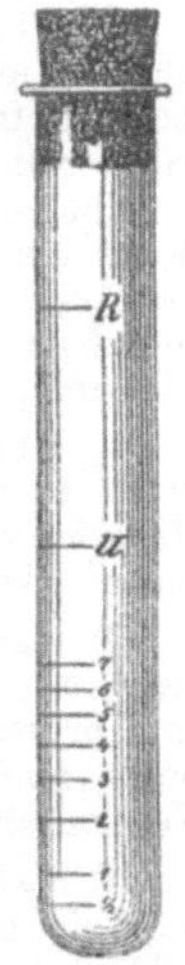

Fig. 189. ESBACH's Albuminimeter.

ESBACH's Reagens. Solutio Acidi picronitrici (Münch. Ap.-V.). Man löst 10 g reine Pikrinsäure und 30 g reine krystall. Citronensäure in ca. 800 ccm Wasser und füllt zu 1 Liter auf.

FÜRBRINGER's Eiweissreagens. Ist ein Gemenge von Quecksilberchlorid, Natriumchlorid und Citronensäure.

GOUVER's Lösung. (Eiweissreagens.) Ist eine Auflösung von Merkuricyanid in einem Ueberschuss von Kaliumjodid. Giebt mit gelösten Eiweissverbindungen weisse Niederschläge.

MEHU's Eiweissreagens. 1 Th. Karbolsäure, 1 Th. Essigsäure, 2 Th. Alkohol. Giebt in einer mit Salpetersäure oder Natriumsulfat versetzten eiweisshaltigen Flüssigkeit Niederschlag.

OLIVER's Eiweissreagens-Papiere. Sind Papiere mit folgenden Lösungen getränkt: 1) Pikrinsäure und Citronensäure. 2) Natriumwolframat und Citronensäure. 3) Kaliumquecksilberjodid und Citronensäure. 4) Zwei Papiere getrennt mit Kaliumferrocyanid und Citronensäure getränkt. Jedes dieser vier Papiere stellt ein selbständiges Reagens dar.

Rhodankali-Reagens auf Eiweiss. Mischung aus gleichen Theilen Rhodankalium und Bernsteinsäure.

STUETZ's Eiweiss-Reagenskapseln. Enthalten die FÜRBRINGER'sche Mischung (siehe vorher) in Gelatinekapseln.

Tanret's Reagens auf Eiweiss. 3,32 Th. Kaliumjodid, 1,35 Th. Merkurichlorid, 20 Th. Essigsäure, 10 Th. Wasser.

Zouchlos' Reagens auf Eiweiss. 10 Th. Rhodankalium, 100 Th. Wasser, 20 Th. Essigsäure.

Albumosen, Hemialbumosen, Propepton. Zum Nachweis versetzt man 60 ccm Harn mit 30 ccm gesättigter Kochsalzlösung, säuert mit Essigsäure stark an, erhitzt zum Kochen und filtrirt siedend heiss. Sind Albumosen zugegen, so wird das Filtrat beim Erkalten getrübt; ausserdem giebt das erkaltete Filtrat beim Zusatz von wenigen Tropfen Kaliumferrocyanidlösung eine Trübung oder Fällung.

Pepton. 500 ccm Harn werden mit 10 ccm gesättigter (!) Natriumacetatlösung versetzt. Dann mischt man tropfenweise soviel Eisenchloridlösung hinzu, dass die Flüssigkeit blutroth erscheint, stumpft mit sehr verdünnter Natronlauge bis zur schwach sauren Reaktion ab, kocht auf und filtrirt nach dem Erkalten. Im Filtrate darf jetzt weder Eisen noch Eiweiss vorhanden sein (Prüfung durch Schwefelammonium und durch die Salpetersäure-Kochprobe). Zum Filtrate fügt man 50 ccm Salzsäure (von 25 Proc.) und unter Umrühren so lange von einer sauren Lösung von Phosphorwolframsäure (200 g Natriumwolframat und 120 g Natriumphosphat werden in 1000 ccm Wasser gelöst; die Lösung wird mit 100 ccm konc. Schwefelsäure versetzt) hinzu, als noch ein Niederschlag entsteht. Diesen filtrirt man ab und wäscht ihn mit 5procentiger Schwefelsäure. Der noch feuchte Niederschlag wird mit einem Ueberschuss von festem Barythydrat verrieben und nach Zusatz von Wasser schwach erwärmt; bis die Grünfärbung in Gelb übergegangen ist, schliesslich wird filtrirt. Aus dem Filtrat fällt man den Baryt durch einen kleinen Ueberschuss von Schwefelsäure, dann engt man das Filtrat ein, macht es mit Natronlauge stark alkalisch und giebt tropfenweise dünne (1 : 40) Kupfersulfatlösung hinzu. Bei Anwesenheit von Pepton tritt rosa bis violette Färbung auf. Enthält der Harn Mucin, so entfernt man dies durch Zugeben einer kleinen Menge von Bleiessig.

Mucin. Schleimstoff. Jeder normale Harn enthält geringe Mengen von Mucin; bei gewissen Krankheiten aber ist die Menge des gelösten Mucins vermehrt. Zum Nachweis des Mucins wird der mit Wasser verdünnte und klar filtrirte Harn in der Kälte mit Essigsäure deutlich angesäuert. Bei Anwesenheit von Schleimstoff tritt eine deutliche Fällung auf, die durch Uebersättigen der Flüssigkeit mit Kali- oder Natronlauge verschwindet, durch Ansäuern mit Essigsäure aber wieder zum Vorschein gebracht wird.

Acetessigsäure. Diacetsäure. Wegen des leichten Zerfalles der Acetessigsäure ist es wichtig, dass der frisch entleerte Harn untersucht wird: Zu 10—15 ccm des frisch gelassenen Harns setzt man tropfenweise verdünnte neutrale Eisenchloridlösung. Bei Anwesenheit von Acetessigsäure tritt bordeauxrothe Färbung ein, die auf Zusatz verdünnter Schwefelsäure sofort verschwindet. — Es ist zu beachten, dass gleiche oder ähnliche Färbungen im Harn auch nach dem Gebrauch von Arzneimitteln (Antipyrin, Salicylsäure etc.) auftreten. Kocht man Acetessigsäure enthaltenden Harn, so tritt die Reaktion alsdann nicht mehr ein, während das Kochen auf das Eintreten der Reaktion bei den genannten Mitteln keinen Einfluss ausübt.

Aceton. Enthält der Harn relativ viel Aceton, so fällt er durch obstartigen Geruch auf: Man versetzt 100 ccm Harn mit 2 ccm 30procentiger Essigsäure, destillirt unter guter Kühlung (!) 70 ccm ab und prüft das Destillat in folgender Weise: a) Man versetzt einen Theil mit einer Lösung von Jod-Jodammonium und soviel Ammoniak, dass nach einigem Stehen Entfärbung eintritt. Ausscheidung von Jodoform zeigt Aceton an. (Nähme man Jodjodkalium und Natronlauge, so würde auch mit Alkohol Jodoformbildung erfolgen.) (Gunning.) — b) Man versetzt 10 ccm des Destillates mit 5—6 Tropfen frisch bereiteter Nitroprussidnatriumlösung und macht mit Natronlauge deutlich alkalisch. Bei Anwesenheit von Aceton färbt sich die Flüssigkeit rubinroth und verblasst allmählich nach Gelbroth. Säuert man jetzt mit Essigsäure an, so entsteht karminrothe bis purpurrothe Färbung, welche nach längerer Zeit durch Violett in Blau übergeht. (Legal's Acetonprobe.)

Ehrlich's Diazoreaktion. 10 ccm Harn werden im Probirglase mit 10 ccm Ehrlichs Reagens und 2,5 ccm Ammoniakflüssigkeit (10 Proc.) durchschüttelt. Bei gewissen fieberhaften Krankheiten entstehen gelbrothe bis rothe Färbungen der Flüssigkeit, welche sich besonders deutlich an der Färbung des Schaumes beobachten lassen. Im Befunde bezeichnet man die Färbungen als: eigelb, orange, rothorange, karminroth, scharlachroth.

Ehrlich's Diazoreagens. **A.** Sulfanilsäure 5,0, Salzsäure (von 25 Proc.) 50,0, destillirtes Wasser 1000,0. **B.** Natriumnitrit 0,5, destillirtes Wasser 100,0. Zum Gebrauche mischt man 50 ccm von A mit 5 ccm von B.

Indican. Indigobildende Substanz. Dunkle Harne müssen vorher durch vorsichtiges Ausfällen mit Bleiessig entfärbt, Eiweiss enthaltende durch Aufkochen (event. unter Zusatz von wenig Essigsäure vom Eiweiss befreit werden). Man mischt 10 ccm Harn mit 10 ccm Salzsäure (von 25 Proc.), giebt 3 ccm Chloroform zu und schüttelt unter allmählichem Zusatz weniger (!) Tropfen Chlorkalklösung (5 : 100) durch. Bei Anwesenheit von Indican wird das Chloroform und die darüber stehende Flüssigkeit blau gefärbt. Cave: Erwärmen und Ueberschuss von Chlorkalklösung. Identificirung des Indigo durch spektralanalytische Untersuchung der Chloroformlösung (s. S. 617).

Gallenfarbstoffe. Harne, welche Gallenfarbstoff enthalten, geben deutlich gelben Schaum! a) GMELIN's Probe. Man bringt in ein Spitzglas 10 ccm reine Salpetersäure, der etwa 10 Tropfen rauchende Salpetersäure zugemischt sind, und schichtet mit einer Pipette vorsichtig 10 ccm des Harns auf. Bei Anwesenheit von Gallenfarbstoff entsteht an der Berührungsstelle ein smaragdgrüner Ring, der allmählich höher steigt, an der unteren Grenze aber nach und nach ein blauer, violettrother oder gelber Ring. Beweisend ist nur der grüne Ring. — b) Nach HUPPERT-JOLLES. Man giebt in einem Glasstöpsel-Cylinder 50 ccm Harn, etwa 10 Tropfen Salzsäure von 10 Proc., dann Baryumchloridlösung im Ueberschuss, 5 ccm Chloroform und schüttelt kräftig durch. Nachdem Niederschlag und Chloroform sich abgesetzt haben, pipettirt man beide ab, bringt sie in ein Reagensglas und lässt das Chloroform im Wasserbade verdunsten. Lässt man dann an der Wandung des Reagensglases vorsichtig 2—3 Tropfen Salpetersäure (welche etwas rauchende Salpetersäure enthält) hinabfliessen, so tritt smaragdgrüne Färbung auf.

Oxalsäure ist im Harn Gesunder stets in geringen Mengen vorhanden; eine Steigerung erfolgt bei gewissen pathologischen Zuständen (Oxalurie).

Bestimmung. 500 ccm Harn werden mit einem Ueberschuss von Calciumchloridlösung (1 : 10) versetzt und mit Ammoniak alkalisch gemacht. Man filtrirt nach dem Absetzen ab, vertheilt den ausgewaschenen Niederschlag mit Wasser und säuert deutlich aber nicht zu stark mit Essigsäure an. Nach 24stündigem Stehen filtrirt man ab, wäscht aus, löst den Niederschlag auf dem Filter in warmer verdünnter Salzsäure, wobei Harnsäure zurückbleibt, dann macht man das Filtrat mit Ammoniak ammoniakalisch und bestimmt den ausgeschiedenen Kalk als Calciumoxyd.

$CaO \times 1{,}6071$ = wasserfreie Oxalsäure $C_2O_4H_2$.

Blut und Blutfarbstoff. Man unterscheidet Hämoglobinurie, wenn nur Blutfarbstoff und Hämaturie, wenn auch noch Blutkörperchen im Harn zugegen sind. Jeder bluthaltige Harn enthält auch zugleich Eiweiss, jeder Blutkörperchen enthaltende enthält natürlich auch Blutfarbstoff.

a) HELLER'sche Probe. Zu 10 ccm Harn giebt man 3 ccm Natronlauge. Bei Gegenwart von Blut(farbstoff) sind die ausfallenden Erdphosphate röthlich gefärbt. Nicht beweisend, lediglich Vorprobe.

b) ALMÉN's Probe. Man schüttelt 5 ccm altes, verharztes Terpentinöl mit 5 ccm frisch bereiteter Guajakharz-Tinktur (1 : 100) bis zur Emulsionsbildung und fügt den sauren, bez. mit Essigsäure angesäuerten Harn hinzu. Nicht rasch verschwindende blaue Färbung deutet auf Blut. Nicht beweisend, da auch Eiter und Oxydationsmittel Blaufärbung hervorrufen.

c) Man dunstet etwas Harn ein und versucht mit dem Rückstande die TEICHMANN'schen Krystalle herzustellen; s. S. 811. — Ist wenig Blut vorhanden, so fällt man 50 ccm des Harns mit Gerbsäure, wäscht den Niederschlag aus und benutzt ihn zur Darstellung der TEICHMANN'schen Krystalle. Das Auftreten der letzteren ist beweisend für Blut.

d) Spektroskopisch. Man untersucht den Harn in passender Verdünnung vor dem Spektroskop ohne und mit Zusatz von Reduktionsmitteln und kann dabei nicht blos die Anwesenheit von normalem Blut, sondern auch von Umwandlungsprodukten desselben absolut sicher nachweisen (s. S. 812).

e) Mikroskopisch. Der Nachweis von Blutkörperchen ist nur mit Hilfe des Mikroskopes möglich. Man untersucht bei 300—500facher linearer Vergrösserung den Harn, den Bodensatz und namentlich auch dunkle Gerinnsel. Sind Blutkörperchen vorhanden, so muss auch Blutfarbstoff zugegen sein.

Harn-Sedimente. Die Untersuchung derselben erfolgt vorzugsweise durch das Mikroskop und ist wegen der erforderlichen histologischen Vorkenntnisse im allgemeinen Aufgabe des Arztes. Indessen wird sich der Apotheker über die wichtigeren und häufiger vorkommenden Bestandtheile der Harnsedimente zu unterrichten haben. — Wichtig ist zunächst, ob der Harn klar entleert wird und erst beim Stehen einen Bodensatz bildet, oder ob er schon trübe die Blase verlässt. (Feststellung der Reaktion!) — Zur Untersuchung des Sedimentes lässt man den Harn in einem Spitzglase absetzen, giesst die klare Flüssigkeit zum grössten Theile ab, bringt mittels einer Pipette Theile des Bodensatzes auf einen Objektträger, legt ein Deckglas auf und untersucht bei etwa 300facher linearer Vergrösserung. Wo eine Centrifuge zur Verfügung steht, unterwirft man dem Harn auch dem Centrifugiren. Gewöhnlich theilt man die Bestandtheile der Harn-Sedimente ein in nichtorganisirte und organisirte.

Nichtorganisirte. 1) Ist der Harn trübe, so erwärmt man ihn auf etwa 80° C.; löst sich eine vorhandene Trübung auf, so besteht sie wahrscheinlich aus harnsauren Salzen. Freie Harnsäure löst sich beim Erwärmen nicht wieder auf.

Saures harnsaures Natron. Amorpher, feinkörniger, grützlicher Niederschlag, häufig durch mitgerissenen Farbstoff röthlich gefärbt, besonders in koncentrirten, sauren Harnen. Löst sich beim Erwärmen auf und erscheint beim Erkalten wieder (Fig. 190).

Saures, harnsaures Ammon. In ammoniakalischen, gährenden Harnen. Kugelige Aggregate mit stacheligen Fortsätzen, stellen die sog. „Stechapfelform" dar (Fig. 191).

Fig. 190. Saures harnsaures Natron.

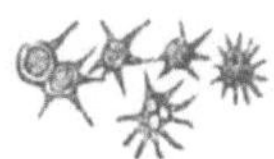
Fig. 191. Saures harnsaures Ammon (Stechapfelform).

Fig. 192. Harnsäure in Wetzsteinform, Bündeln und Dumb-bells.

Fig. 193. Calciumoxalat (Briefkouvertform).

Harnsäure. Scheidet sich meist aus sauren, concentrirten Harnen ab. Durch gelbe bis gelbrothe Färbung und sandiges Aussehen gekennzeichnet. Unter dem Mikroskop (50—100fache Vergrösserung) gelbliche wetzsteinartige Krystalle, bisweilen auch Hantelformen (Dumb-bells), Prismen und zu Bündeln vereinigte Stäbe darstellend. Chemischer Nachweis durch die Murexidreaktion (Fig. 192). Zusatz von Natronlauge löst die Krystalle sofort, auf Zusatz von Salzsäure erscheinen sie alsdann wieder.

Calciumoxalat, in schwach sauren oder in alkalischen Harnen. Ist unter dem Mikroskop durch die oktaëdrische Form (Briefcouvertform) der Krystalle leicht erkennbar. Unlöslich in Essigsäure, löslich in Salzsäure (Fig. 193).

Magnesium-Ammoniumphosphat (Tripelphosphat). Nur in ammoniakalischen Harnen. Gewöhnlich in der Form der „sargdeckelförmigen" Krystalle im Bodensatze vorhanden. In dem auf solchen Harnen befindlichen irisirenden Häutchen unregelmässige Schollen bildend. Leicht löslich in Essigsäure (Fig. 194).

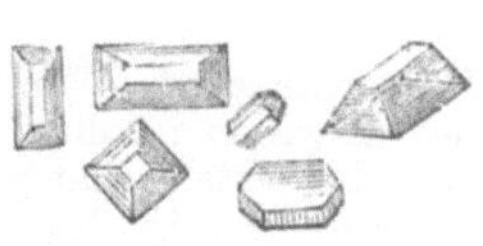
Fig. 194. Ammonium-Magnesiumphosphat (Sargdeckelform).

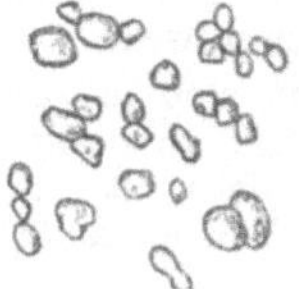
Fig. 195. Calciumkarbonat (Sphaeroïde).

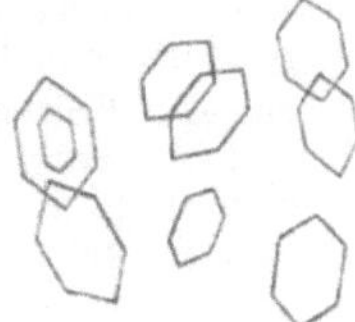
Fig. 196. Cystin.

Fig. 197. Leucin.

Calciumphosphat. In ammoniakalischen, gährenden Harnen. Bedeckt den Harn meist als irisirendes Häutchen.

Calciumkarbonat. Scheidet sich gewöhnlich in Sphäroiden aus, die zur Form des Arragonits gehören. Verhältnissmässig selten (Fig. 195).

Cystin. Krystallisirt in farblosen, sechsseitigen Tafeln. Löslich in Salzsäure, in Alkalien, Ammoniak, unlöslich in Essigsäure (Fig. 196).

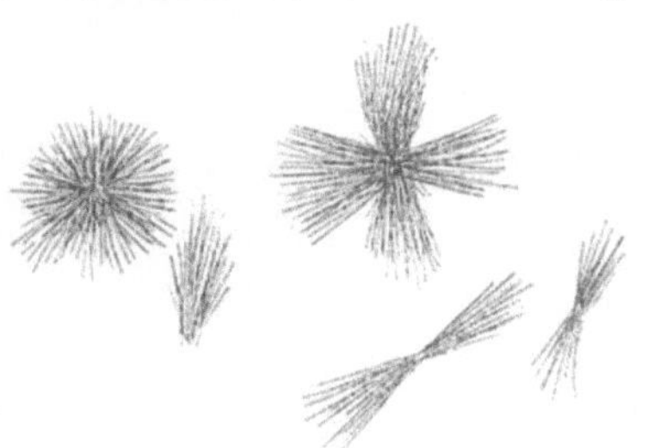
Fig. 198. Tyrosin.

Fig. 199. Hippursäure.

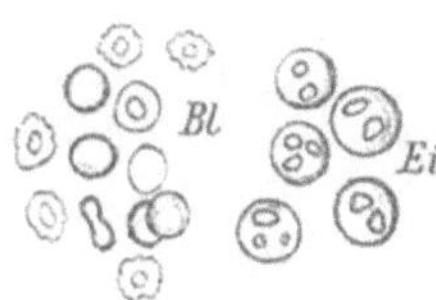

Fig. 200. *Bl* Rothe Blutkörperchen (Erythrocyten). *Ei* Eiterkörperchen. 400fach. lin. Vergrösserung.

Leucin. Ist ein Sediment in Form von gelblichen Kugeln oder Knollen mit koncentrischer Streifung, dem harnsauren Ammon ähnlich (Fig. 197). Unlöslich in Aether und in Salzsäure.

Tyrosin. Krystallisirt in feinen Nadeln, die sich zu sternförmigen, büschelförmigen und garbenartigen Gebilden zusammenlegen (Fig. 198). Unlöslich in Essigsäure, löslich in Ammoniak und in Salzsäure.

Hippursäure. Scheidet sich im Sediment nur selten aus und zwar in rhombischen Prismen oder Nadeln (Fig. 199). Unlöslich in Essigsäure, löslich in Ammoniak; giebt nicht die Murexidreaktion.

Organisirte.

Erythrocyten, Rothe Blutkörperchen. Treten im Harn meist einzeln auf, nur bei grösseren Blutungen erscheinen sie geldrollenförmig zusammengelagert. Kreisrunde, blutrothe Scheiben mit Delle, ohne Kern; sie werden durch Zusatz von 2procentiger Essigsäure bis zum Unsichtbarwerden aufgehellt. Häufig zeigen sie auch gezackte Ränder (sog. Stechapfelform) (Fig. 200). — S. auch Sanguis, S. 813.

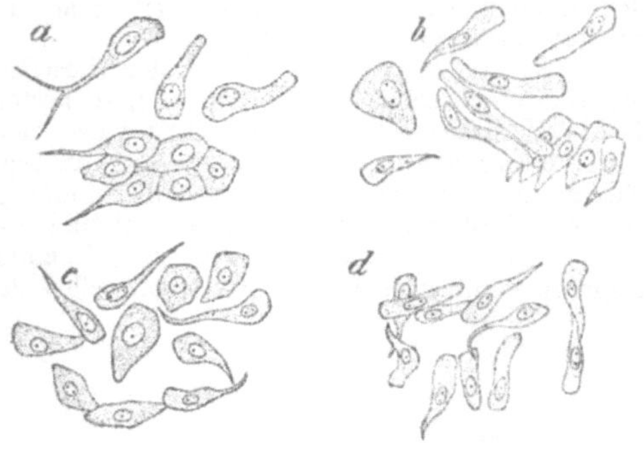

Fig. 201. Epithelien der Harnwege. *a* Nierenbecken. *b* Harnleiter. *c* Harnblase. *d* Ausführungsgang der Vorsteherdrüse. 350fache lineare Vergrösserung. Nach Lenhartz.

Leukocyten. Haben keine bestimmte Gestalt, da sie durch die Kontraktilität ihres Protoplasmas die Form verändern. Meist runde, blasse Bläschen von wechselnder Grösse. Sie färben sich auf Zusatz von Jodjodkalium mahagonibraun und kommen in kleinerer Menge im Schleim, in grösserer Menge im Eiter vor.

Eiterkörperchen. Vereinzelt fast in jedem Harne vorhanden, in grösserer Menge bei entzündlichen Processen der Harnwege. Blasse, stark lichtbrechende, runde, bisweilen auch gezackte Scheiben von etwa doppelter Grösse wie die rothen Blutkörperchen. Auf Zusatz von 2procentiger Essigsäure treten deutlich ein bis mehrere Kerne heraus. Diese Kerne sind besonders leicht durch Färben mit Anilinfarben zu erkennen. — Versetzt man das Sediment (!) von eiterhaltigem Harn mit Kalilauge, so entsteht beim Umrühren eine durchsichtige, fadenziehende Masse, bei wenig Eiter eine schleimige Flüssigkeit (Donné'sche Eiterprobe). Jeder eiterhaltige Harn enthält auch Eiweiss.

Epithelzellen. Vereinzelte Epithelzellen sind in jedem Harn vorhanden. Von welchen Organen die Epithelzellen herrühren, dies zu bestimmen ist bisweilen möglich, bisweilen schwierig, bisweilen unmöglich. Jedenfalls ist dieser Theil der Untersuchung einem medicinisch (bez. histologisch) gebildeten Sachverständigen zu überlassen (Fig. 201).

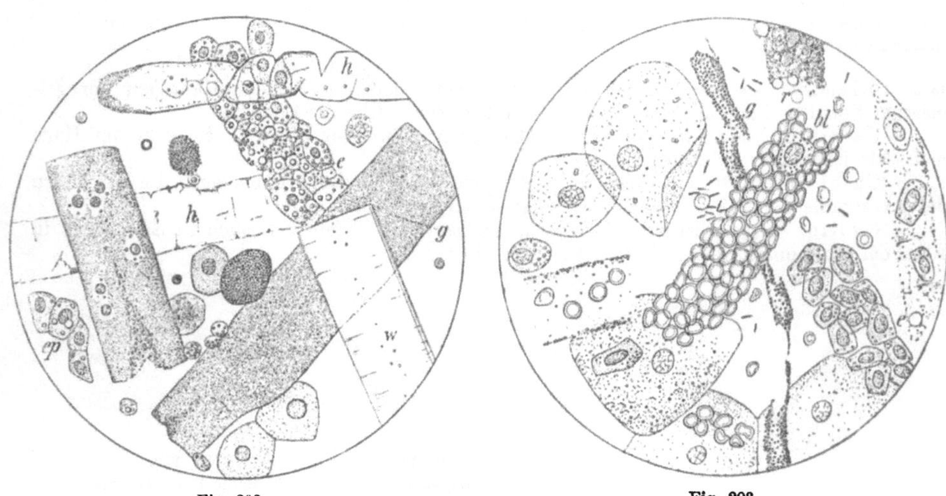

Fig. 202. Fig. 203.

Harncylinder. Walzenförmige Gebilde von verschiedener Länge und Dicke, die namentlich im Harne Nierenkranker auftreten. Man unterscheidet drei Arten dieser Cylinder.

a) Hyaline Harncylinder (Fig. 202 *h*). Homogen, glashell, meist gerade, seltener leicht gebogen, von verschiedener Länge und Breite. Um diese Gebilde leicht zu sehen bez. zu finden lässt, man zu dem Präparate etwas Jodjodkaliumlösung zufliessen, wodurch sie braunroth gefärbt werden.

b) Granulirte Harncylinder (Fig. 202 *g*, Fig. 203 *g*). Sie unterscheiden sich von den hyalinen Cylindern dadurch, dass sie gekörnt sind, und zwar kann diese Granulirung fein oder grob sein. Auch die aus Blutkörperchen oder aus Epithelzellen der Nierenkanäle gebildeten Cylinder werden unter die granulirten als besondere Abarten gerechnet.

c) Wachsartige Cylinder (Fig. 202, *w*). Die seltenste Form der Harncylinder, den hyalinen Cylindern nicht unähnlich, aber durch ihr durchscheinendes Gefüge sowie die scharfen, stark lichtbrechenden Umrisse zu unterscheiden. Wachsartige Cylinder zeichnen sich meist durch ihre grosse Breite aus. Sie sind in der Regel gegen Säuren, welche die hyalinen Cylinder verschwinden lassen, sehr widerstandsfähig.

Wer Harnuntersuchungen nach dieser Richtung hin auszuführen gedenkt, sollte sich vorher von einem mikroskopisch geschulten medicinischen Sachverständigen über diese Cylinder genau unterrichten lassen.

Spermatozoën, Samenthierchen. Man untersucht auf diese entweder im Sediment selbst oder in einem gefärbten Trockenpräparat desselben (s. S. 1096).

Untersuchungen von Harnkonkrementen und Harnsteinen.

Loebisch giebt folgenden kurzen Gang zur Analyse derselben an: Man verbrennt das Steinpulver auf dem Platinblech; A. Es hinterlässt keinen oder nur einen minimalen, glühbeständigen Rückstand. B. Es wird wenig geschwärzt und hinterlässt einen mehr oder weniger reichlichen glühbeständigen Rückstand.

A. Der Stein besteht ganz oder zum grössten Theil aus organischer Substanz und hinterlässt beim Glühen keinen oder nur einen minimalen Rückstand.

Man verdampft das Pulver mit Salpetersäure und fügt nach dem Erkalten Ammoniak hinzu.

Es entsteht eine purpurrothe Färbung, die auf Zusatz von Kalilauge in Violett übergeht. (Harnsäure, als solche oder als Urate.)	Die ursprüngliche Substanz (Konkretion) wird mit Kalilauge erwärmt.	Sie entwickelt keinen Geruch nach Ammoniak.	Harnsäure.
		Sie entwickelt Geruch nach Ammoniak.	Harnsaures Ammon.

Es entsteht keine Färbung des Rückstandes, doch wird dieser nach Zusatz von Kalilauge gelbroth . . . . Xanthin.

Der Rückstand wird weder durch Kalilauge noch durch Ammoniak gefärbt. Die ursprüngliche Probe ist löslich in Ammoniak; diese Lösung hinterlässt beim Verdunsten sechsseitige Krystalle . . . . Cystin.

Es entwickelt sich beim Glühen der Geruch nach verbrennendem Horn; die Probe ist löslich in Kalilauge. Diese Lösung wird durch einen Ueberschuss von Salpetersäure wieder gefällt . . . . Proteïnsubstanzen.

Die Probe erweicht in der Wärme, schmilzt unter Erhitzen unter Entwickelung eines aromatischen Geruches, das Pulver ist in Aether löslich . . . . Urostealith.

Das Steinpulver entwickelt beim Erhitzen purpurrothe Dämpfe und ein dunkelblaues, krystallinisches Sublimat, welches in konc. Schwefelsäure mit blauer Färbung löslich ist . . . . Indigo.

B. Der Stein wird beim Erhitzen nur wenig geschwärzt und hinterlässt einen mehr oder weniger reichlichen Glührückstand.

I. Die Probe zeigt, mit Salpetersäure und Ammoniak behandelt, die Murexidreaktion; sie deutet auf Urate.

Der Glührückstand wird mit Wasser behandelt.

Der Glührückstand löst sich; die Lösung reagirt alkalisch.	Mit einem Tropfen Salzsäure neutralisirt und mit Platinchlorid versetzt, entsteht ein gelber Niederschlag.	Kalium.
	Die farblose Flamme des Gasbrenners wird gelb gefärbt.	Natrium.
Der Glührückstand ist im Wasser kaum löslich; die Lösung ist nur schwach alkalisch. Dagegen löst sich der Glührückstand in Essigsäure.	Es entsteht in der essigsauren Lösung auf Zusatz von Ammoniumoxalat ein weisser, krystallinischer Niederschlag.	Calcium.
	Es entsteht durch Ammoniumoxalat kein Niederschlag; dagegen entsteht auf Zusatz von Ammoniak, Ammoniumchlorid und Natriumphosphat ein krystallinischer Niederschlag von Ammoniummagnesiumphosphat.	Magnesium.

II. Die ursprüngliche Probe zeigt die Murexidreaktion nicht.

Man behandelt die ursprüngliche Substanz mit verdünnter Salzsäure: Sie löst sich unter Aufbrausen: { Calciumkarbonat. / Magnesiumkarbonat. }

- Die Substanz löst sich in Salzsäure ohne Aufbrausen. Man glüht die ursprüngliche Substanz bei dunkler Rothgluth und löst auf's neue durch Auflösen in verdünnter Salzsäure.
  - Es erfolgt nunmehr Lösung des Glührückstandes in Salzsäure unter Aufbrausen: Calciumoxalat.
  - Es erfolgt kein Aufbrausen, man glüht im Tiegel.
    - Die Probe schmilzt; der ursprüngliche Stein, mit Kalilauge behandelt
      - entwickelt Ammoniak, — Ammonium-Magnesiumphosphat.
      - entwickelt kein Ammoniak. — Sekundäres Calciumphosphat.
    - Die Probe schmilzt beim Glühen nicht und besteht aus — Tertiärem Calciumphosphat.

Zufällige Harnbestandtheile.

Quecksilber. Man dampft 1 Liter Harn auf 250 ccm ein, fügt 3—4 g reines, frisches Cyankalium hinzu und erhitzt $^1/_2$ Stunde bei 60—70° C. Dann filtrirt man und bringt in das braune Filtrat 2—3 Streifen dünnes Kupferblech von je 10 □ Fläche. Die Streifen sind vorher durch Abreiben mit Sand und Ammoniakflüssigkeit fettfrei zu machen und hierauf mit verdünnter Schwefelsäure blank zu beizen. Man digerirt sie 2—3 Stunden bei 60—70° C. mit dem Filtrat, spült sie dann mit Wasser, Alkohol und Aether und trocknet sie an der Luft. Sind sie nicht deutlich verquickt, so zerschneidet man sie und glüht sie in einem schwer schmelzbaren Rohr, das an einer Seite zu einer Kugel aufgeblasen und an der anderen Seite zu einer Kapillare ausgezogen ist. Bei Anwesenheit von Quecksilber zeigt sich ein grauer Belag von Quecksilberkügelchen. Nach Betrachtung mit der Lupe schneidet man das Rohr auf und bringt es in eine Jod-Atmosphäre. Nach Verlauf mehrerer Stunden hat sich der graue Belag in gelbrothes Merkuribijodid verwandelt.

Karbolsäure. Karbolharn ist in der Regel dunkel gefärbt. Man mischt 100 bis 200 ccm Harn mit 10—20 ccm verdünnter Schwefelsäure und destillirt ab. Das Destillat giebt mit wenig Ferrichloridlösung (stark verdünnter) violette Färbung. Mit einem Ueberschuss von Bromwasser versetzt, giebt es weisse, spiessige Krystalle von Tribromphenol.

Salicylsäure. Der mit verdünnter Schwefelsäure angesäuerte Harn wird mit einer Mischung aus gleichen Volumen Aether und Petroläther ausgeschüttelt. Der beim Verdunsten der ätherischen Schicht hinterbleibende Rückstand wird mit Natriumkarbonatlösung aufgenommen und diese Lösung 2—3 mal mit Aether ausgeschüttelt. Man säuert die wässerige Lösung alsdann mit verdünnter Schwefelsäure an und schüttelt sie wiederum mit Aether aus. Der nach dem Verdunsten des Aethers hinterbleibende Rückstand giebt mit stark (!) verdünnter Ferrichloridlösung violettblaue Färbung, falls Salicylsäure zugegen ist.

Jodverbindungen. Der Regel nach hat man nur auf unorganische, bisweilen aber auch auf organische Jodverbindungen Rücksicht zu nehmen. **A)** Unorganische. 15—20 ccm Harn werden mit 0,5—1,0 ccm rauchender Salpetersäure versetzt und mit 2—3 ccm Chloroform ausgeschüttelt. Violettfärbung des Chloroforms zeigt Jod an. Sollen geringe Mengen Jod nachgewiesen werden, so ist eine grössere Harnmenge anzuwenden und durch Eindampfen zu koncentriren. Sind indikanartige Substanzen zugegen, so erwärmt man, um diese zu zerstören, mit etwas mehr Salpetersäure. Chlorwasser an Stelle der Salpetersäure anzuwenden, ist nicht zu empfehlen. **B)** Organische. Man dampft 100 ccm Harn unter Zusatz von 5 ccm Natronlauge im Silbertiegel zur Trockne, zerstört durch Erhitzen bei Rothgluth, zieht die Schmelze mit Wasser aus, filtrirt, säuert das Filtrat mit verdünnter Schwefelsäure an, fügt einige Tropfen rauchende Salpetersäure zu und schüttelt mit Chloroform aus. Violettfärbung des letzteren zeigt Jod an. Auf organische Jodverbindungen darf man nur schliessen, wenn die Methode B) positives und A) negatives Ergebniss liefert.

Nachweis der Tuberkel-Bacillen im Sputum.

Auf einem spiegelblanken Deckgläschen, welches in eine Schieber-Pincette eingeklemmt ist, wird eine kleine Menge des zu untersuchenden Sputums mit Hülfe der Platinnadel fein ausgestrichen. Nachdem es lufttrocken geworden ist, wird es (Präparatseite nach oben) dreimal langsam durch die Flamme gezogen. Nach dem Erkalten giesst man auf die präparirte Seite Karbolfuchsinlösung, so dass das Glas schwappend voll ist. Hierauf erwärmt man das die Karbolfuchsinlösung tragende Glas über einem Mikrobrenner (Sparbrenner), bis Blasen aufsteigen, legt es eine Minute bei Seite, und spült alsdann mit Wasser die Farblösung ab. Hierauf bewegt man das Glas in einer Mischung von 1 Vol. 25 proc.

Salzsäure und 2 Vol. Wasser so lange, bis die Präparatenschicht nur kaum noch roth gefärbt erscheint (Bruchtheile einer Minute). Dann spült man mit Wasser ab, giesst eine gesättigte und filtrirte Lösung von Methylenblau auf und spült diese nach 2—3 Sekunden Einwirkungsdauer mit Wasser vollständig wieder ab. Dann wischt man das Deckgläschen auf der nicht präparirten Seite trocken, trocknet die präparirte Seite durch vorsichtiges Erwärmen über einer Flamme und betrachtet das in verdünntes Glycerin eingebettete Präparat mit homogener (Oel-) Immersion. Die Tuberkel-Bacillen präsentiren sich als feine, rothgefärbte Stäbchen, das übrige Gewebe ist blau gefärbt. — Will man Dauerpräparate aufbewahren, so bettet man die Präparate nach dem Trocknen in Kanadabalsam ein.

Sind in einem Sputum Tuberkel-Bacillen vorhanden, so wird man diese bald finden. Dagegen darf man ein Sputum erst dann für tuberkelfrei erklären, nachdem in mindestens zwölf Präparaten bei sorgfältiger Durchsuchung Tuberkel-Bacillen nicht gefunden worden sind.

Karbolfuchsin. Fuchsin 1,0, Alkohol 10,0, Karbolwasser (5 procentig) 100,0. Ist etwa alle 4 Wochen frisch zu bereiten.

Verbesserte Methode. Man streicht die Präparate auf Deckgläschen aus und fixirt sie nach dem Trocknen an der Luft durch dreimaliges Durchziehen durch die Flamme. Alsdann erhitzt man in einem Schälchen konc. Karbolfuchsinlösung (100 ccm Karbolwasser von 5 Procent + 10 ccm gesättigte alkoholische Fuchsinlösung) bis zum Dampfen. In der heissen Flüssigkeit lässt man das Deckglas 2—3 Minuten. Dann nimmt man es heraus, bewegt es $^1/_2$ Minute in Korallin-Methylenblau (1 Th. Korallin in 100 Th. absolutem Alkohol gelöst, die Lösung mit Methylenblau gesättigt, dann 20 Th. Glycerin hinzugesetzt) hin und her, spült mit Wasser ab und trocknet die nicht präparirte Seite mit Filtrirpapier, die präparirte Seite vorsichtig über der Flamme und untersucht wie vorher. Diese Färbungsmethode soll keine Verwechslung der Tuberkel-Bacillen mit anderen Bacillen zulassen.

Nachweis der Gonokokken im Trippereiter. Der Eiter wird möglichst dünn und gleichmässig auf einem spiegelblanken Objektträger ausgestrichen, unter einer Glasglocke lufttrocken gemacht und durch dreimaliges Durchziehen durch die Flamme fixirt (vergl. Tuberkel-Bacillen, s. oben). Die Präparate kommen mindestens 10 Minuten lang in konc. alkoholische Eosinlösung, dann werden sie herausgenommen, schräg gehalten, so dass das Eosin abläuft, und direkt (ohne vorheriges Abspülen) in eine konc. alkoholische Methylenblaulösung eingetaucht, sofort wieder herausgezogen und so rasch wie möglich mit Wasser abgespült. — Die Blaufärbung erfolgt durch einmaliges, rasches Eintauchen in die Methylenblaulösung, längere Einwirkung gefährdet den Erfolg.

Das so gefärbte Präparat wird in Wasser oder Glycerin betrachtet, die Gonokokken, ebenso wie alle anderen vorhandenen Spaltpilze — so z. B. besonders häufig die in Perlschnurketten liegenden Streptokokken — sind blau, die Zellen (abgesehen von den grossen, gleichfalls blaugefärbten Zellkernen, die aber nicht verwechselt werden können) sind roth gefärbt. — Als Gonokokken anzusehen sind nur innerhalb der Zellen liegende, meist in grosser Zahl darin vorhandene Kokken, welche häufig die bekannte Semmelform haben, d. h. zu zweien beisammenliegen und an der Berührungslinie bohnenförmig etwas eingebuchtet sind.

Bei Anwendung der GRAM'schen Färbung (3 Minuten lange Einwirkung konc. Methylviolettlösung, Abspülen, 2 Minuten lange Einwirkung officineller Jodtinktur, Waschen mit 60proc. Alkohol, bis dieser ungefärbt abläuft) sollen die Gonokokken ihre Färbung verlieren, doch ist dies Merkmal nicht durchaus sicher.

Man hüte sich, bei Gonokokken-Untersuchungen Eiter in das Auge zu bekommen.

Nachweis von Sperma. Das männliche Befruchtungssekret (der sog. Samen) ist durch das Vorhandensein besonderer Organismen, der Spermatozoïden oder Spermatozoën, Samenfäden, charakterisirt. Nur das Auffinden intakter Spermatozoën ist beweisend für das Vorhandensein von Sperma. In der Regel werden Zeugstoffe zur Untersuchung auf Sperma eingeliefert, und zwar ist dieses gewöhnlich schon eingetrocknet. Man sucht alsdann solche Stellen aus, welche durch Steifigkeit, Konturirung u. s. w. Aehnlichkeit mit den jedem männlichen Erwachsenen bekannten Spermaflecken haben, und schneidet etwa Markstück grosse Partieen aus. Diese befeuchtet man mit Wasser und legt sie 2 bis 3 Stunden in eine feuchte Kammer.

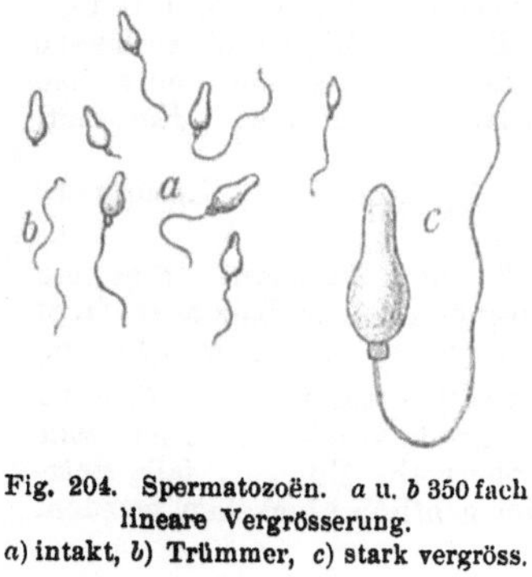

Fig. 204. Spermatozoën. a u. b 350fach lineare Vergrösserung. a) intakt, b) Trümmer, c) stark vergröss.

a) Vorprüfung. Nach FLORENCE. Man presst die befeuchteten Zeugstückchen über einem Objektträger aus (oder man verwendet abgeschabte Massen, die man auf den Objektträger gebracht und befeuchtet hatte), so dass man einen Tropfen Flüssigkeit auf dem Objektträger hat, oder man drückt die gequollenen Zeugstücke gegen den Objektträger, so dass kleine Mengen der gequollenen Substanz auf diesem haften bleiben. Dann giebt man einen Tropfen Wasser zu, deckt ein Deckglas auf und legt unter das Mikroskop. Hierauf lässt man von der Seite unter das Deckglas einen Tropfen gesättigter (!) Jodjodkaliumlösung zufliessen und beobachtet nun bei ca. 100facher Vergrösserung besonders an der Stelle, wo die beiden Flüssigkeiten in einander diffundiren. Ist Sperma zugegen, so sieht man in der genannten Zone, nicht aber da, wo die koncentrirte Jodlösung sich befindet, prachtvoll ausgebildete, schwarzbraune Krystalle massenhaft auftreten, welche den TEICHMANN-schen Krystallen ähnlich sehen. Das Auftreten dieser Krystalle macht zwar das Vorhandensein von Sperma wahrscheinlich, aber absolut beweisend ist es nicht.

b) Prüfung. Man drückt das feuchte Zeugstück (s. oben) mit beiden Seiten auf einen Objektträger, so dass auf diesem Theile der gequollenen Massen hängen bleiben, giebt Wasser zu, legt ein Deckglas auf und betrachtet bei ca. 300facher Vergrösserung. Bei Anwesenheit von Sperma sieht man mehr oder weniger zahlreiche Spermatozoën, wie sie Figur 204 darstellt, die sich durch ihre starke Lichtbrechung von der Umgebung abheben. Man unterscheidet den birnenförmigen Kopf mit einem Halse und an diesen anschliessend den peitschenförmigen Schwanz. Gewöhnlich sind viele schwanzlose Köpfe vorhanden, und man muss sich bemühen, völlig intakte Spermatozoën zu finden, da nur deren Auffinden beweisend für Sperma ist.

Gefärbte Präparate. Man macht, wie vorher angegeben, „Klatschpräparate" auf einer Anzahl Objektträgern, lässt sie eintrocknen und fixirt sie durch dreimaliges Hindurchziehen durch die Flamme. Dann übergiesst man mit Hämatoxylinlösung (s. S. 390) oder Karbolfuchsin (s. S. 1096), lässt 5 Minuten einwirken, spült mit Wasser ab und untersucht bei 350facher Vergrösserung. Hatte man mit Hämatoxylin gefärbt, so sind die Spermatozoën (aber auch Zellkerne, Kokken u. dgl.) dunkelblauviolett gefärbt, bei Färbung mit Karbolfuchsin sind sie roth. Man kann die Präparate trocknen und als Testobjekte mit Kanadabalsam einschliessen.

Untersuchung des Magensaftes. Für den Arzt ist es häufig von Wichtigkeit, Aufschluss zu erhalten über die Säure-Verhältnisse des Magensaftes, besonders ob dieser freie Salzsäure enthält oder nicht, ob freie Milchsäure, Buttersäure oder Essigsäure zugegen sind. Bisweilen wird auch die Prüfung auf Pepsin und Labferment gefordert. — Der zu prüfende Magensaft ist eine Stunde nach einem Theefrühstück oder vier Stunden nach einer LEUBE'schen Probemahlzeit mit dem Magenrohr zu entnehmen, darauf durch Gesicht und Geruch zu prüfen, dann zu filtriren und mit Lackmuspapier zu prüfen.

Qualitativer Nachweis der freien Salzsäure. Die von der Magenschleimhaut abgesonderte freie Salzsäure wirkt desinficirend auf den Mageninhalt, hält die Eiweissfäulniss zurück, wirkt ausserdem noch peptonisirend. Der filtrirte Magensaft wird nachstehenden Prüfungen unterworfen:

1) Methylviolett. Man bringt 1 ccm des zu prüfenden Magensaftes zu 5 ccm einer stark verdünnten wässerigen Lösung von Methylviolett. Bei Anwesenheit freier Salzsäure geht das Violett in ein gesättigtes Azur- bis Himmelblau über. Empfindlichkeit 0,25 ‰ HCl.

Milchsäure giebt diese Blaufärbung erst in Koncentrationen, welche im Magensaft selten oder gar nicht vorkommen.

2) Tropäolin 00 (Oxynaphthylazophenylsulfonsäure). Man vertheilt 4—5 Tropfen einer gesättigten alkoholischen Tropäolin-Lösung durch Schwenken in einem kleinen Porcellanschälchen und lässt den filtrirten Magensaft tropfenweise herabfliessen und einige Augenblicke sich mischen. Man vertheilt die Mischung auf's neue an den Wandungen der Schale, lässt wieder abfliessen und erhitzt schwach über sehr kleiner Flamme. Es entstehen alsdann an einzelnen Stellen violette bis lebhaft lilarothe Spiegel, und nur diese sind beweisend für die Anwesenheit freier Salzsäure. Empfindlichkeit 0,25 ‰ HCl. (Das Tropäolin-Papier ist weniger zu empfehlen.)

3) GÜNZBURG's Vanillin-Phloroglucinprobe. Man bringt 3 Tropfen von Lösung a und 3 Tropfen von Lösung b in eine Porcellanschale, lässt 5 Tropfen Magensaft zufliessen und erwärmt unter Umschwenken vorsichtig. Bei Gegenwart von freier Salzsäure entstehen intensiv hochrothe Spiegel. Die Flüssigkeit darf nicht ins Sieden kommen. Empfindlichkeit 0,05 ‰ HCl. Empfehlenswerth!

GÜNZBURG's Reagens. Lösung a) Phloroglucin 2,0, Spiritus 15,0, Lösung b) Vanillin 1,0, Spiritus 15,0.

4. Congopapier. Man bringt in ein Probirglas 5 ccm Magensaft, fügt ein Stückchen Congopapier hinzu und schüttelt um. Bei Anwesenheit freier Salzsäure färbt ich dieses deutlich kornblumenblau. Empfindlichkeit 0,1 ‰ HCl. (Rasch orientirende Probe.)

5) BOAS' Resorcinprobe. Man vermischt in einem Porcellanschälchen 5—6 Tropfen Magensaft mit 2—3 Tropfen BOAS' Resorcin-Reagens und erhitzt vorsichtig über sehr kleiner Flamme. Beim Eintrocknen entstehen rosa- bis zinnoberrothe Spiegel, falls Salzsäure zugegen ist. Die Färbung verblasst schnell und kann gelegentlich übersehen werden.

Boa's Resorcin-Reagens. Resorcin 5,0, Rohrzucker 3,0, Spiritus dilutus 92,0.

In der Praxis prüft man stets zuerst mit Congopapier; zeigt dieses Salzsäure an, so stellt man weiter die Tropäolin- und Phloroglucin-Vanillinprobe an. Fallen alle diese Proben dagegen negativ aus, so ist auf Abwesenheit freier Salzsäure zu schliessen.

Quantitative Bestimmung der Salzsäure im Magensaft. Die Bestimmung der wirklich freien Salzsäure ist schwierig und ist überhaupt nicht genau auszuführen. Deshalb muss man in der Regel sich darauf beschränken, die Menge der Gesammt-Säure der Salzsäure festzustellen, d. h. die Menge der völlig freien und der an Eiweiss gebundenen Salzsäure.

a) Man digerirt eine gewogene Menge des Magensaftes mehrere Stunden bei 40 bis 50° C. mit einem Ueberschuss von frisch gefälltem und durch Auswaschen völlig chlorfreiem Chininhydrat, verdampft die Mischung zur Trockne und zieht das gebildete Chininhydrochlorid aus dem Trockenrückstand durch Chloroform in der Wärme aus. Nach Abdestilliren des Chloroforms wird in dem verbleibenden Rückstande das Chlor gewichtsanalytisch oder maassanalytisch bestimmt und als Salzsäure umgerechnet. — Nach Moerner und Sjoequist. Man fügt zu 10 ccm des filtrirten Magensaftes eine Messerspitze reines chlorfreies Baryumcarbonat, dampft zur Trockne, erhitzt bis zum Verkohlen und zieht den kohligen Rückstand mit heissem Wasser aus. Man bestimmt im Filtrate die Menge der gelösten Baryumsalze als Baryumsulfat und rechnet dieses auf Chlorwasserstoff um $BaSO_4 \times 0,3133 = HCl$.

Nachweis von Milchsäure. Da viele Nahrungsmittel Milchsäure enthalten, so ist als Probemahlzeit milchsäurefreies Material zu reichen, z. B. Knorr'sches Hafermehl.

1) Eisenchloridprobe. Eine verdünnte, fast farblose Lösung von Eisenchlorid wird auf Zusatz von Milchsäure zeisiggelb. Verdünnte Salzsäure, Buttersäure, Essigsäure bewirken keine Färbung. Als Reagens benutzt man eine Mischung von 2—5 gtt. der offic. Eisenchloridlösung und 50 ccm Wasser.

2) Uffelmann's Probe. Man mischt 10 ccm einer 4procentigen Karbolsäurelösung mit 20 ccm Wasser und setzt wenige Tropfen verdünnte Eisenchloridlösung hinzu. Die amethystblaue Farbe dieser Lösung wird schon durch geringe Mengen Milchsäure in Zeisig- oder Kanariengelb verwandelt. (Das Reagens ist jedesmal frisch zu bereiten!)

Nachweis von Buttersäure und Essigsäure. Die Gegenwart beider Säuren lässt sich meist schon durch den Geruch erkennen.

Man schüttelt den nicht filtrirten Magensaft wiederholt mit säurefreiem Aether aus und lässt den Aether abdunsten. Ein hinterbleibender Rückstand wird auf zwei Uhrgläser vertheilt:

1) Essigsäure. Der mit Natriumkarbonat neutralisirte Rückstand: giebt α) mit stark verdünntem Eisenchlorid Rothfärbung. Oder β) beim Erwärmen mit konc. Schwefelsäure und etwas Alkohol = Geruch nach Essigäther.

2) Buttersäure. Der Rückstand wird mit wenigen Tropfen Wasser aufgenommen. Zu der klaren Lösung fügt man einige Krystalle von Calciumchlorid. Ausscheidung öliger Tropfen von charakteristischem Geruche zeigt Buttersäure an.

Nachweis von Pepsin. Man bringt in 10—15 ccm des filtrirten Magensaftes ein Scheibchen hartgesottenes Hühnereiweiss, von 10 mm Durchmesser, und 1,5 mm Dicke, sowie 2 Tropfen officineller Salzsäure und lässt die Mischung bei 35—40° C. stehen. Bei Anwesenheit von Pepsin ist das Scheibchen nach 1—2 Stunden gelöst, bei Krebs etc. bleibt die Auflösung noch nach 12—24 Stunden aus.

Nachweis von Labferment. Man bringt zu 10 ccm frischgemolkener Milch 5 Tropfen filtrirten Magensaft und stellt die Mischung in den Brutschrank (35—40° C.). Erfolgt nach 10—15 Minuten Gerinnung, so ist die Anwesenheit von Labferment erwiesen.

Urtica.

Gattung der **Urticaceae** — **Urereae.**

I. Urtica urens L. In den gemässigten Regionen beider Hemisphären. Einjährig. Stengel ästig, Blätter eiförmig oder elliptisch, spitz, eingeschnitten gesägt, der Endzahn meist länger als die seitlichen. Blüthenstand trugdoldig, männliche und weibliche Blüthen tragend. Mit Brennhaaren. Verwendung findet das Kraut:

Herba Urticae. Herba Urtica urentis. Herba Urticae majoris. — Brenn-Nessel. — Ortie. — Nettle.

Soll ein Alkaloid enthalten, das in Dosen von 0,01 g Frösche tödtet, aber auf Warmblütler nicht giftig wirken soll. Das Alkaloid ist neuerdings (1896) nicht wieder gefunden, dagegen ist ein Glukosid gefunden.

Anwendung. Das frische Kraut wurde früher innerlich als Presssaft, äusserlich zum Nesseln (urticatio) gebraucht, ist heute als Heilmittel vollkommen veraltet, wird aber neuerdings als blutstillendes Mittel und gegen Hämorrhoiden empfohlen.

Extractum Urticae. Aus frischem Kraut wie Extractum Belladonnae Germ. (Bd. I, S. 469). Innerlich zu 1—2 g.

Tinctura Urticae. Aus 5 Th. frischem Kraut und 6 Th. Weingeist. Dient als unschädliche Farbe für Liköre u. dergl.

Spiritus crinalis cum Urtica.

Brennnessel-Haarwasser TÖLLNER.

Rp.		
1.	Herb. Urticae recent.	1000,0
2.	Spiritus (90 proc.)	2000,0
3.	Balsami peruviani	
	Olei Bergamottae	
	Olei Unonae odoratae	ää 3,0
	Heliotropini	
	Tincturae Moschi	ää 1,0
	Olei Rosae	gtts. XII.

Man zieht 1 mit 2 acht Tage aus, presst, löst 3 und filtrirt.

II. Urtica dioica L. Verbreitung wie I. Stengel aufrecht, meist einfach. Blätter länglich zugespitzt, am Grunde meist herzförmig, grob gesägt. Die Zweige des Blüthenstandes tragen entweder männliche oder weibliche Blüthen.

Neuerdings ebenfalls als blutstillendes Mittel empfohlen.

Liefert die **Nesselfaser.** Sie ist 30—60, ausnahmsweise bis 120 μ dick, ihre Wand besteht aus Cellulose. Im Aussehen erinnert sie an Hanf. Ihrer Verwendung steht die geringe Menge im Stengel und die Schwierigkeit, sie rein aus demselben zu gewinnen, entgegen.

Aus der Wurzel bereitet man:

Extractum Urticae fluidum (Nat. form.). **Fluid Extract of Urtica.** Aus 1000 g Brennnesselwurzel (No. 40) und q. s. verdünntem Weingeist bereitet man im Verdrängungswege unter Zurückstellen der ersten 875 ccm Perkolat l. a. 1000 ccm Fluidextrakt.

Vaccinium.

Gattung der **Ericaceae — Vaccinioideae — Vaccineae.**

I. Vaccinium Myrtillus L. vergl. Band II, S. 421.

II. Vaccinium Oxycoccus L. Heimisch in Nord- und Mitteleuropa, Ostasien, Kanada. Kleiner Strauch, Stamm kriechend. Blätter klein, eiförmig bis länglich, spitz, am Rande zurückgerollt, unterseits blaugrün. Blüthen in 1—4blüthigen Dolden. Kelchsaum viertheilig. Staubfäden am Rande gewimpert. Blumenkrone hellpurpurn, Blüthenstiele dunkelroth. Verwendung finden die braunrothen Früchte:

Fructus Oxycoccos. Baccae Oxycocci. — Moosbeeren. Sauerbeeren. Kranichbeeren.

Die reifen Früchte werden nach Eintritt des Frostes gesammelt und theils roh, theils in Zucker eingemacht genossen; auch bereitet man aus den gefrorenen und mit heissem Wasser aufgethauten Beeren nach Art des Succus Myrtill. insp. (S. 421) einen

Succus Oxycocci inspissatus. Extractum Oxycocci. Moosbeerensaft.

Sirupus Oxycocci. Moosbeerensirup: Wie Sirupus Cerasi (Bd. I, S. 698). Man benutzt beide zu kühlenden Limonaden etc.

III. Vaccinium Vitis Idaea L. Auf der nördlichen Halbkugel weit verbreitet. Kleiner, aufrechter Strauch. Blätter glänzend, verkehrt eiförmig oder elliptisch, stumpf, meist undeutlich gekerbt, oberseits dunkel-, unterseits hellgrün, schwarz drüsig-punktirt.

Blüthentrauben gedrängt. Blumenkrone weiss, rosa überlaufen. Staubfäden am Rande behaart. Man verwendet:

a) die Früchte:

Fructus Vitis Idaeae. Baccae Vitis Idaeae — Preisselbeeren. Kronsbeeren. Steinbeeren. — Airelle rouge.

Bestandtheile nach König. Wasser 89,59 Proc., Stickstoffsubstanz 0,12 Proc., freie Säure 2,34 Proc., Zucker 1,53 Proc., sonstige stickstofffreie Bestandtheile + Holzfaser etc. 6,27 Proc., Asche 0,15 Proc.

Die Säure ist vorwiegend Aepfelsäure, ferner Citronensäure und wenig Benzoësäure. Die unreifen Früchte enthalten neben Invertzucker Rohrzucker, später nur letzteren.

Verwechslung. Die Früchte sollen mit denen der Vogelbeere, Sorbus aucuparia L. (Band II, S. 900) vermengt werden.

Man sammelt die reifen Früchte von September bis November und verwendet sie in bekannter Weise zum Einmachen und zur Saftbereitung.

b) Die Blätter:

Folia Vitis Idaeae. — Preisselbeerblätter. Kronsbeerenblätter.

Die früher officinellen Blätter werden neuerdings gegen Rheuma und Gicht angewendet; eine empfehlenswerthe Form ist das Dialysatum Vaccinii Vitis Idaeae, das zu 30 Tropfen 3mal täglich genommen wird. Sie sind als Verfälschung der Folia Sennae vorgekommen.

Steinbeerwasser ist ein Branntwein aus III a.

IV. Vaccinium Arctostaphylos, vergl. Band II S. 1038.

Valeriana.

Gattung der **Valerianaceae.**

I. Valeriana officinalis L. Heimisch in Europa und Asien, häufig kultivirt. Perennirend mit aufrechtem, gefurchtem, bis 1,5 m hohem Stengel. Die grundständigen Blätter sind gestielt, ihre Spreite ist unpaarig fiedertheilig mit eiförmigen, eingeschnitten gezähnten Fiedern. Die Stengelblätter sind sitzend, sie haben schmal linealische, ganzrandige Fiedern. Blüthenstand eine doldig erscheinende Rispe. Krone weiss oder rosa, vorn ausgesackt, 5spaltig. Drei Staubblätter. Frucht mit trichterig-membranösem, 5—15strahligem Pappus. Verwendung findet das Rhizom mit den Wurzeln:

Radix Valerianae (Austr. Germ. Helv.). **Valerianae Rhizoma** (Brit.). **Valeriana** (U-St.). **Rad. Valerianae minoris s. montanae s. silvestris. — Baldrian. Baldrianwurzel. Katzenwurzel. — Souche de valériane officinale** (Gall.). **Racine de valériane. — Valerian. Valerian Root. Valerian Rhizome.**

Beschreibung. Die Droge besteht aus dem kurzen, knolligen Rhizom, das meist deutlich von den Narben der Blattstiele geringelt ist, und Ausläufern, die sich am Ende ebenfalls knollig verdicken. Das Rhizom ist im Längsschnitt gekammert. Von demselben und den an den Ausläufern befindlichen Knollen gehen reichlich Wurzeln ab. In den Kulturen geschieht die Vermehrung der Pflanze durch die Tochterknollen. Farbe braun oder graubraun.

Die Rhizome haben ein grosses Mark, dessen Zellen reichlich bis 8 μ grosse Stärkekörnchen enthalten. In älteren Knollen sind zahlreiche Zellen zu Steinzellen umgewandelt, die in Gruppen zusammenliegen. Das Parenchym ist häufig streckenweis geschwunden oder zerrissen. Um das Mark ein (selten zwei) Kreise von Gefässbündeln. Dem Phloëm sind zuweilen Kollenchymsicheln vorgelagert. Ausserhalb der Bündel verläuft die Endodermis aus verkorkten Zellen. Zu äusserst liegt ein dünner Kork. Die Elemente der Bündel sind meist ausserordentlich verbogen und von unregelmässigem Verlauf.

Die Ausläufer sind ähnlich gebaut, haben aber einen mehr regelmässigen Verlauf der Elemente in den Bündeln, ferner haben sie keinen Kork, sondern unter der Epidermis ein einschichtiges Hypoderm aus verkorkten Zellen, die ätherisches Oel enthalten.

Die Wurzeln lassen gewöhnlich den primären Bau noch erkennen, d. h. die radiale Anordnung des Bündels ist noch deutlich und die sekundären, kollateralen Theile wenig ausgebildet. Die jüngeren Theile haben meist noch kein Cambium. Sie lassen ebenfalls die Endodermis sehr deutlich erkennen und das ölführende Hypoderm unter der Epidermis (Fig. 205). Die Stärkekörnchen der Wurzel werden bis 20 μ gross.

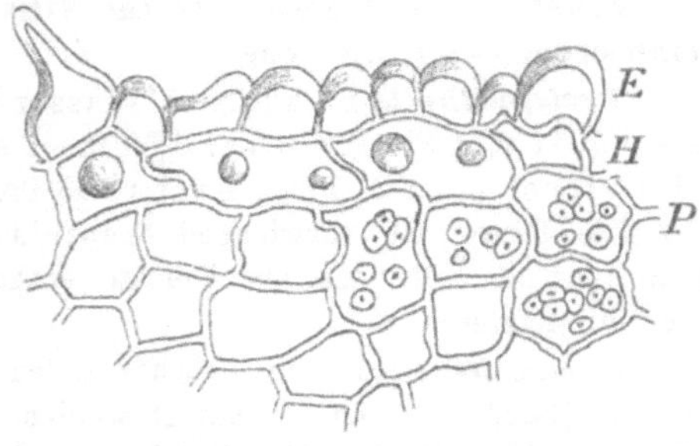

Fig. 205. Querschnitt durch die Randparthie von Radix Valerianae. *E* Epidermis. *H* Hypoderm mit Tropfen ätherischen Oeles. *P* Stärke führendes Parenchym.

Im Pulver fallen die isolirten Stärkekörnchen oder mit ihnen gefüllte Parenchymzellen auf, ferner die Steinzellen des Markes und die Gefässe. Die verkorkten und cuticularisirten Elemente (Endodermis, Hypoderm, Epidermis, Kork) werden erst nach dem Behandeln mit Chromsäurelösung oder koncentrirter Schwefelsäure deutlich.

Bestandtheile. 0,8—1,0 Proc. ätherisches Oel (vergl. unten), ferner 2 Alkaloide: Valerianin und Chatinin, Baldriansäure, Aepfelsäure, Ameisensäure, Essigsäure, Gerbstoff, Zucker, Stärke etc., Asche 20,5 Proc.

Verwechslungen und Verfälschungen. Rhizome mit Wurzeln von:

1) Valeriana Phu L. (Rad. Valerianae majoris). Rhizom länger wie bei I, nur auf einer Seite mit Wurzeln besetzt.

2) Valeriana dioica L. (Rad. Valerianae palustris). Wurzelstock viel länger und dünner wie von der officinellen Art.

3) Asclepias Vincetoxicum L. Wurzelstock knotig. Farbe gelblich oder schmutzig weiss.

4) Sium latifolium L. (Giftig.) Der echten Droge ähnlich sehend, aber schwächer und nicht nach Baldrian riechend.

5) Veratrum album L. Giftig. (Vergl. Veratrum).

Einsammlung. Einkauf. Germ. beschränkt sich auf die Forderung, das bewurzelte Rhizom von angebauten Pflanzen sammeln zu lassen. Nach Austr. soll dasselbe von trocknen, bergigen Orten im Frühlinge, nach Helv. im Spätsommer, nach Brit. im Herbste gesammelt werden. In der Regel gräbt man die Wurzel im Spätherbste, reinigt sie von anhängender Erde durch Waschen, entfernt die feineren Wurzelfasern durch Kämmen und trocknet zunächst an der Luft, dann bei gelinder Wärme, besser im Kalttrockenschrank nach. 10 Th. frische geben 2—3 Th. trockne.

Man schätzt in Deutschland die Harzer Droge, Rad. Valerianae Hercynica montana, wegen ihres kräftigen Geruchs und ihrer Wirkung am höchsten; dann folgt die in Thüringen angebaute Rad. Valerianae Thuringica cultivata; am niedrigsten bewerthet man die hellere, aus Belgien und Frankreich eingeführte Rad. Valerianae minor citrina. Obwohl bei der vom angebauten Baldrian gesammelten Wurzel Verfälschungen oder Verwechslungen (s. oben) so gut wie ausgeschlossen sind, sollte man doch nie versäumen, jeden Einkauf zu durchmustern.

Eine eigenthümliche Wirkung übt Baldrian auf Katzen aus; dieselben wälzen sich darauf herum und verunreinigen ihn; aus diesem Grunde muss man den Thieren den Zugang zu Trockenböden und sonstigen Räumen, in denen Baldrian ausliegt, versperren.

Zubereitung und Aufbewahrung. Das Schneiden und Pulvern der Wurzel bietet keine Schwierigkeiten. Doch ist anhängender Sand und dergl. durch Bürsten und Sieben zu entfernen, damit er nicht in das Pulver übergeht. Die käufliche Speciesform wird gewöhnlich wegen des gleichmässigen Aussehens nur aus den Wurzeln, ohne die

Wurzelstöcke, hergestellt; dagegen dürfte nichts einzuwenden sein, da die Species durch solche Auslese nur gewinnen kann. Man bewahrt die ausgetrocknete Wurzel in dichtschliessenden Blechgefässen, das Pulver in braunen Hafengläsern. Zum Abfassen sind Beutel aus Pergamentpapier zu empfehlen.

Anwendung. Die Baldrianwurzel wird zu 0,5—5,0 als Pulver, im Aufguss oder in der Tinktur als vorzügliches krampfstillendes, anregendes und wurmtreibendes Mittel viel gebraucht. Wegen ihrer Unschädlichkeit eignet sie sich auch zu längerem Gebrauch bei Hysterie, Migräne, Fallsucht und anderen Nervenleiden, doch stellen sich bisweilen schon nach Gaben von 5—10 g Erscheinungen wie Schwindel, Ohrensausen etc. ein.

Oleum Valerianae (Austr.). — **Baldrianöl.** — **Essence de Valériane. Oil of Valerian.**

Gewinnung. Baldrianöl wird aus der trocknen Droge gewonnen. Die Ausbeute beträgt 0,5—0,9 Proc. Die frische Wurzel riecht nur ganz schwach, denn das ätherische Oel bildet sich erst während des Trocknens durch die Einwirkung einer Oxydase.

Eigenschaften. Frisches Baldrianöl ist eine gelbliche bis hellbraune ziemlich dünne, nur schwach sauer reagirende Flüssigkeit von charakteristischem, aber nicht unangenehmem Geruch. Altes Oel reagirt stark sauer, ist dunkelbraun, dickflüssig und riecht höchst unangenehm. Das spec. Gewicht schwankt zwischen 0,93 und 0,96 (ca. 0,950 Austr.), der Drehungswinkel im 100 mm-Rohr zwischen —8 und —13°. Säurezahl = 20—50, Esterzahl = 80—100, Verseifungszahl = 100—150.

Bestandtheile. Die den Geruch des Oeles am meisten beeinflussenden Bestandtheile sind Links-Borneol $C_{10}H_{17}OH$, und dessen Ester der Ameisen-, Essig-, Butter- und Baldriansäure. Die niedrigsten Fraktionen enthalten Pinen, $C_{10}H_{16}$, und Camphen, $C_{10}H_{16}$, die höheren einen wahrscheinlich mit Terpineol identischen Alkohol. Aus den zuletzt übergehenden Antheilen sind ein Sesquiterpen, $C_{15}H_{24}$, ein Sesquiterpenalkohol, $C_{15}H_{26}O$, sowie ein intensiv dunkelblau gefärbtes Oel isolirt worden.

Aqua seu Hydrolatum Valerianae. Baldrianwasser. Eau distillée de valériane. Ergänzb.: Aus 1 Th. Baldrianwurzel 10 Th. Destillat. — Gall.: Aus 1 Th. Wurzel 4 Th. Destillat. — Ex tempore: 2 Tropfen Baldrianöl, 100 g warmes Wasser; nach dem Erkalten filtriren.

Extractum Valerianae (alcoole paratum). Baldrianextract. Extrait de valériane (alcoolique). Ergänzb. Aus mittelfein zerschnittener Wurzel wie Extractum Coffeae Ergb. (Bd. I, S. 906). — Helv.: Aus gepulv. Wurzel (IV) wie Extr. Cascarill. Helv. (Bd. I, S. 670). — Gall.: Aus gepulv. Wurzel wie Extr. Digital. alc. Gall. (Bd. I, S. 1041, 2). Harzige Ausscheidungen während des Eindampfens löst man durch kleine Mengen des abdestillirten Weingeists (den man am besten zur Tinktur verarbeitet). Dickes nach Gall. weiches, in Wasser trübe lösliches Extrakt. Ausbeute etwa 20 Proc. Gabe 0,5—1,0.

Extractum Valerianae fluidum. Baldrianfluidextrakt. Fluid Extract of Valerian. U-St.: Aus gepulverter Wurzel (No. 60) wie Extractum Matico fluidum U-St. (S. 361). Man gebraucht 4000—4500 g Lösungsmittel. — Dresd. Vorschr.: Mittels 60proc. Weingeists ebenso.

Ptisana de radice Valerianae (Gall.). **Tisane de valériane.** 10,0 Wurzel, 1000,0 kochendes Wasser; nach $^1/_2$ Stunde durchseihen.

Sirupus Valerianae. Baldriansirup. Sirop de valériane. Gall.: 40,0 Baldrianextrakt löst man in 1000,0 Baldrianwasser, filtrirt und bringt mit 1800,0 Zucker zum Sirup. — Dresd. Vorschr.: 5 Th. Baldrian zieht man 2 Tage mit 5 Th. Weingeist und 45 Th. Wasser aus und bereitet aus 40 Th. Filtrat und 60 Th. Zucker 100 Th. Sirup.

Tinctura Valerianae. Baldriantinktur. Baldrian- oder Krampftropfen. Teinture de valériane. Tincture of Valerian. Germ.: Aus 1 Th. mittelfein zerschnittenem Baldrian und 5 Th. verdünntem Weingeist (60proc.) durch 7tägige Maceration. Austr.: Durch 3tägige Digestion ebenso. — Helv.: Aus 20 Th. Wurzel (V) und q. s. verdünnt. Weingeist (62proc.) im Verdrängungswege (zum Befeuchten 8 Th.) 100 Th. Tinktur. — U-St.: Aus 200 g Baldrian (No. 60) und q. s. einer Mischung aus 750 ccm 91proc. Weingeist und 250 ccm Wasser durch Perkolation (zum Befeuchten 100 ccm) 1000 ccm Tinktur. — Gall.: Aus 1 Th. grob gepulverter Wurzel und 5 Th. 60proc. Weingeist durch 10tägiges Ausziehen. — Pfarrer Kneipp's Baldriantinktur wird aus frischer Wurzel wie Tinct. Thujae (S. 1046) dargestellt. Röthlichbraun. Innerlich zu 1—3 g.

Tinctura Valerianae aetherea. Tinctura anodyna seu antispasmodica Lentini. Aetherische Baldriantinktur. Éthérolé ou Teinture éthérée de valériane. Ethereal

Tincture of Valerian. Germ.: Aus 1 Th. Baldrian (V) und 5 Th. Aetherweingeist durch Maceration. — Helv.: Aus 1 Th. Wurzel (V) und q. s. Aetherweingeist durch Perkolation 5 Th. Tinktur. — Gall.: Aus 1 Th. mittelfein gepulverter Wurzel und q. s. Aether (à 0,758 = 7 Aether + 3 Weingeist) durch Verdrängung 5 Th. Tinktur. — Nat. Form.: 125 g gepulverte Wurzel perkolirt man mit q. s. einer Mischung aus 1 Raumth. Aether und 2 Raumth. Weingeist, sodass man 1000 ccm Tinktur erhält[1]). — Gelb, später braungelb. Innerlich zu 0,5—2,0; im Handel auch in Gallertperlen.

Tinctura Valerianae ammoniata. Ammoniakhaltige Baldriantinktur. Ammoniated Tincture of Valerian. Bad. Taxe: 10 Th. mittelfein zerschnittener Baldrian, 80 Th. verdünnter Weingeist, 20 Th. Ammoniakflüssigkeit. — Brit.: 200 g gepulv. Wurzel (No. 40), 3,1 ccm äther. Muskatnussöl, 2,1 ccm Citronenöl, 100 ccm Ammoniakflüssigkeit, 900 ccm Weingeist (60vol.-proc.). Wie vorige durch Maceration. — U-St.: Aus 200 g Wurzel (No. 60) und q. s. aromatischem Ammoniakspiritus (U-St.); man befeuchtet mit 200 ccm, macerirt damit 24 Stunden und bereitet dann l. a. im Verdrängungswege 1000 ccm Tinktur. Zu 0,5—2,0 mit Theeaufguss oder Wasser.

Aperiens METTAUER (Ph. Era).

I.

Rp.	Aloës	18,75 g
	Natrii bicarbonici	41,25 „
	Radicis Valerianae	30,00 „
	Spiritus Lavandulae compos.	170,0 ccm
	Aquae destillatae	568,0 ccm.

Man macerirt oder perkolirt.

II.

Rp.	Aloës	18,0 g
	Natrii bicarbonici	36,0 „
	Extracti Valerianae fluidi	28,0 ccm
	Tincturae Lavandulae comp.	28,0 „
	Aquae destillatae	454,0 „

Balneum Valerianae.

Baldrianbad DIETERICH.

Rp.	Tincturae Valerianae	250,0
	Aetheris acetici	10,0

Für ein Vollbad.

Elaeosaccharum seu Oleosaccharuretum Valerianae

	Austr. Germ. Helv.	Gall.
Rp. Olei Valerianae	0,2 (gtts. V)	0,5
Sacchari albi	10,0	10,0.

Guttae antispasmodicae MEYER.

Rp.	Tincturae Valerianae	
	Tincturae Castorei Canadensis	
	Liquoris Ammonii succinici ää	3,0
	Tincturae Opii simplicis	1,0.

Infusum Valerianae compositum (Form. Berol.).

Rp.	Infusi Valerianae rad. 20,0 :	170,0
	Aetheris acetici	2,0
	Sirupi Cinnamomi	30,0.

†† Katzengift.

Rp.	Infusi Valerianae rad. 20,0 :	100,0
	Kalii arsenicosi	0,25.

Man vergiftet hiermit Wurst, Bratfische u. dergl. und legt unter Beobachtung der nöthigen Vorsicht aus.

Sirupus antineuralgicus LEBROU.

Rp.	Tincturae Valerianae	20,0
	Tincturae Castorei Canadensis	80,0
	Aquae Valerianae	60,0
	Aquae Laurocerasi	40,0.

Man stellt bei Seite, filtrirt und löst

	Sacchari albi	300,0.

Species nervinae HUFELAND.

Rp.	Foliorum Aurantii	
	Foliorum Menthae piperitae	
	Radicis Caryophyllatae	
	Radicis Valerianae ää	25,0.

Species nervinae (Münch. Vorschr.).

Rp.	Folior. Uvae Ursi	
	Folior. Trifol. fibrin.	
	Radic. Valerianae	ää.

Tinctura excitans (Form. Colon.).

Rp.	Tincturae Castorei	5,0
	Tincturae Valerianae	10,0.

2stündlich 10 Tropfen.

Tinctura Valerianae composita.

Rp.	Radicis Valerianae	
	Radicis Serpentariae ää	25,0
	Camphorae	3,0
	Spiritus diluti q. s. ad Colaturam	100,0.

Vinum nervinum ANDREWS.

Nervenstärkender Wein. Nervenwein.

Rp.	Acidi phosphorici	40,0
	Glycerini	200,0
	Tincturae Valerianae ammoniatae	120,0
	Vini Chinae	240,0
	Vini Xerensis	400,0.

Für schwächliche und nervöse Frauen.

Vinum Valerianae. Baldrianwein.

I.

Rp.	Radicis Valerianae pulv.	50,0
	Vini Xerensis	1000,0.

Durch 8tägige Maceration.

II.

Rp.	Extracti Valerianae	2,0
	Tincturae Valerianae	8,0
	Vini Hispanici vel Italici	90,0.

Elixir de Lydia, ein Allheilmittel, ist Tinctura Valerianae.

Folgende **Epilepsiemittel** enthalten als wesentlichen Bestandtheil Baldrianwurzel: von Dr. SALOMON in Weissenee (neben 4proc. KBr-Lösung). — Dr. STARK in Liebau. — W. TAYLOR in Boston (neben Bromsalzen). — RAGOLO in Hamburg (neben Magnesia, Salmiak, Cajeputöl etc.).

---

[1]) Obige Zahlen geben zugleich die allgemeine Formel, nach welcher sonstige Tincturae aethereae, wie Ethereal Tincture of Belladonna, Castor, Digitalis, Lobelia im Geltungsbereich der U-St. anzufertigen sind.

Leberleiden und Wassersucht. Heilverfahren von Dr. v. NEES. Ein Thee aus Baldrian, Pfefferminze, Hagebuttensamen und Knöterich.

Nerven-Tonic, Pastor KOENIG's: Ammonii bromati 10, Kalii et Natrii bromati āā 30, Extracti Viburni prunifolii 10, Tincturae Valerianae compositae 130, Glycerini 30, Aquae 430.

Nervosin, PIZZALA, gegen Hysterie und Nervenleiden; enthält die Bestandtheile aus Radix Angelicae und Valerianae, Folia Aurantii, Herba Chenopodii.

St. JACOB's Magentropfen. Eine Tinktur aus Baldrian, Rhabarber, Anis, Ingwer, Nelken, Zimmt etc. (B. FISCHER.)

II. Valeriana officinalis var. angustifolia Miq. „Kesso, Kanokoro". Wird in Japan wie I. verwendet. Das Rhizom mit den Wurzeln enthält bis 7 Proc. ätherisches Oel, das dem von I. ganz ähnlich zusammengesetzt ist.

III. Die dicken Wurzeln der in Mexiko heimischen und dort wie I. verwendeten **Valeriana mexicana D. C. und V. toluccana** kommen zuweilen ganz oder in Stücke geschnitten nach Europa. Sie scheinen hauptsächlich freie Baldriansäure zu enthalten und höchstens Spuren ätherischen Oeles.

Vanilla.

Gattung der **Orchidaceae — Monandrae — Neottiinae — Vanilleae.**

Vanilla planifolia Andr. Heimisch im östlichen Mexiko, vielfach in den Tropen kultivirt. Mit fleischigem, bis in die Wipfel der Bäume kletterndem Stengel und Luftwurzeln. Blätter fast zweizeilig abwechselnd, länglich oval, kurz gestielt. Blüthen von charakteristischem Bau, grünlich. In den Kulturen pflanzt man die Vanille durch Setzranken fort, die man an Bäumen befestigt, so dass sie den Boden berühren, worauf sie bald Wurzeln schlagen. Da in den nicht in Mexiko befindlichen Kulturen die Insekten fehlen, welche die Befruchtung vermitteln, überträgt man den Pollen mit der Hand auf die Narbe. Man pflegt eine gewisse Anzahl Blüthen zu entfernen, um wenige, aber um so kräftigere Früchte zu erzielen. Kulturen von bemerkenswerthem Umfange befinden sich in Mexiko, Java, Réunion, Mauritius, Seychellen, Deutsch-Ostafrika, Guadeloupe, Martinique, Tahiti. Verwendung findet die Frucht:

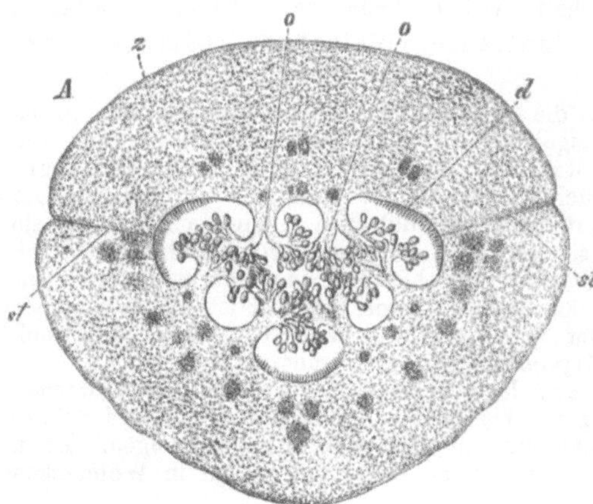

Fig. 206. Querschnitt durch die Vanille. *st* Stelle, wo die zwei Klappen sich trennen. *d* Papillen. *o* Samenträger.

Fructus Vanillae (Germ. Helv. Austr.). **Vanilla** (U-St.) **Siliqua Vanillae. — Vanille. Vanilleschoten. Baynilla. — Fruit de vanille** (Gall.). **— Vanilla.**

Beschreibung. Die Frucht ist eine aus drei Fruchtblättern bestehende, zweiklappig aufspringende Kapsel, die 30 cm Länge und 1 cm Dicke erreicht. Von dem Rande jedes der Fruchtblätter ragt in die Höhlung der Frucht ein zweischenkliger Samenträger, der an seinem Ende zahlreiche kleine Samen trägt. Die Stellen, an denen die Frucht in zwei ungleich grosse Klappen aufspringt, sind im Querschnitt, der von gerundet dreieckigem Umriss ist, leicht zu sehen (Fig. 206). Von der Innenseite der Fruchtblätter ragen in die Höhlung weiter lang ausgestülpte, haarartige Papillen hinein, die einen wohlriechenden, gelben Balsam secernieren. Im Gewebe der Fruchtblätter erkennt man nicht eben zahlreiche, kleine, kollaterale Gefässbündel.

Die Samen sind rundlich eiförmig, im reifen Zustande schwarz, sie messen etwa 0,2 mm (Fig. 207).

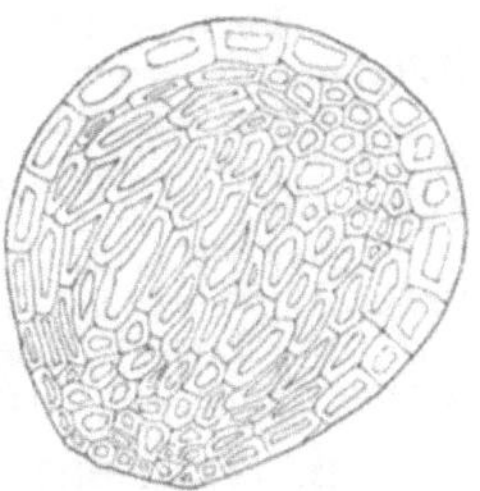
Fig. 207. Same der Vanille.

Die Epidermis der Frucht besteht aus rundlich polyedrischen, flachen Zellen mit getüpfelten Seitenwänden. Sie sind von einer dicken Cuticula bedeckt, feine Cuticularknötchen finden sich auch tiefer liegend in der Aussenwand. Zwischen den Epidermiszellen fallen hier und da Spaltöffnungen auf, in den Zellen liegt häufig ein Oxalatkrystall. Unter der Epidermis liegt das dicke Parenchym der Fruchtwand, dessen erste Lagen relativ kleinzellig sind. In manchen Zellen desselben finden sich Bündel von Oxalatraphiden; diese Zellen liegen reihenweise über einander. — Die Samenschale umfasst 4 Zellschichten, deren äusserste aus kurzen Steinzellen besteht. Der Embryo ist nicht differenzirt, übrigens in der Handelswaare gewöhnlich geschrumpft. Nährgewebe fehlt.

Im Pulver fallen die meist unverletzten Samen auf, ferner erkennt man Oxalatraphiden, hier und da Gefässe und Epidermisfetzen. Im untersten Theile der Frucht finden sich grosse, schwach verdickte Steinzellen, was für die Untersuchung des Pulvers zu beachten ist. Geruch und Geschmack angenehm aromatisch.

Die Réunion-(Bourbon-)Vanille zeigt häufig eigenthümliche, hellere Figuren, Buchstaben etc., die sich bei der Untersuchung als aus Korkgewebe bestehend erweisen. Sie entstehen dadurch, dass man die jungen Früchte in den Pflanzungen in der bezeichneten Weise ansticht oder anritzt, um sie gegen Diebstahl zu schützen.

Bestandtheile nach König. Wasser 28,39 Proc., stickstoffhaltige Substanzen 3,71 Proc., flüchtiges Oel 0,62 Proc., Fett 5,71 Proc., Zucker 8,09 Proc., stickstofffreie Extraktstoffe 31,70 Proc., Rohfaser 17,43 Proc., Asche 4,63 Proc. Der Gehalt an Asche schwankt von 4--5 Proc. Der wichtigste Bestandtheil, der den Geruch und Geschmack der Vanille im wesentlichen bedingt, ist das Vanillin (vergl. unten). Es enthielten nach Tiemann und Haarmann: Mexikanische V. 1,32—1,69 Proc., Bourbon V. 0,75—2,90 Proc. und Java V. 1,56—2,75 Proc.

Das Vanillin präexistirt anscheinend nicht als solches in der Vanille, sondern wird aus einer, vielleicht glukosidischen, Bindung erst durch den unten zu erwähnenden Process in Freiheit gesetzt. Ausserdem enthält die Vanille zuweilen in geringer Menge Piperonal, ferner Vanillinsäure. Das Fett besteht aus den Glyceriden der Oelsäure, Palmitinsäure und Stearinsäure; der Gehalt an Fett kann bis 21,24 Proc. betragen. Endlich hat man Schleim, Gerbstoff, Oxalsäure, Weinsäure, Citronensäure und Aepfelsäure gefunden.

Erntebereitung. Man schneidet die unreifen Früchte ab, wenn die grüne Farbe eben beginnt in die gelbe überzugehen, sie sind dann geruchlos. Für die weitere Behandlung unterscheidet man 1) das mexikanische oder trockene Verfahren. Bei demselben werden die Früchte zunächst 24 Stunden ausgebreitet, um zu welken, dann legt man sie einen Tag auf dunklen Wolldecken in die Sonne, bringt sie dann in denselben Decken in Kästen, um sie schwitzen zu lassen, wobei sich der Geruch entwickelt und die Früchte nach 16—22 Stunden die bekannte dunkelbraune Farbe annehmen. Bei ungünstiger Witterung wird künstliche Wärme angewendet. Man setzt sie dann weiter noch 20—30 Tage zeitweise der Sonne aus und lässt sie in dieser Zeit noch 4—5 mal schwitzen, worauf sie reichliche Krystallbildung (vergl. unten) zeigen.

2) Bei dem Heiss-Wasserverfahren, das auf Réunion gebräuchlich ist, werden die Früchte einmal 15—20 Sekunden oder zwei- bis dreimal hintereinander je 3—4 Sekunden lang in fast siedendes Wasser getaucht, um sie zum Absterben zu bringen. Dann werden sie auf Haufen geschichtet, um sie schwitzen zu lassen und weiter in Wolldecken gehüllt der Sonne ausgesetzt, wie bei 1).

3) Bei dem Chlorcalciumverfahren werden die Früchte ebenfalls zuerst mit heissem Wasser behandelt, ohne sie in dieses einzutauchen, dann über Chlorcalcium getrocknet und endlich mit warmem Wasser abgewaschen. Endlich hat man 4) noch empfohlen, die frischen, also geruchlosen, Früchte in Alkohol gelegt zu exportiren.

Die fertige Waare wird nach der Länge der Früchte sortirt, diese in kleinen Bündeln zusammengebunden, diese in grössere Bündel vereinigt und in Blechkisten verpackt. 3 Th. frische Vanille geben etwa 1 Th. trockne.

Sorten. 1) Mexikanische V., die beste Sorte, wird fast ausschliesslich in Nordamerika verbraucht. Bis 35 cm lang, bis 1 cm breit, das obere Ende allmählich sich verschmälernd, gegen die Spitze häufig leicht gedreht. Man unterscheidet in Mexiko als Vanillen der ersten Klasse Kapseln von 17 cm Länge aufwärts und trennt sie weiter nach der Länge, die geringeren werden als cimarrona und rezacate bezeichnet.

2) Bourbon- oder Réunion-V., die Hauptsorte im europäischen Handel. Bis 21 cm lang, bis 1 cm breit, am Ende sich plötzlich verschmälernd. — Charakterisirt durch die S. 1105 erwähnten Narben. Beide Sorten sollen im Innern wenig Pulpa und sehr viel Samen enthalten, wogegen andere Sorten, z. B. aus Südamerika und Tahiti, reichlich Pulpa und wenig Samen enthalten sollen.

Die anderen Sorten, wie die von Java, Madagaskar, Tahiti, spielen im Welthandel keine Rolle, was uns davon zu Gesicht gekommen ist, war durchweg minderwerthig und bestand aus relativ dünnen, trocknen Früchten. Die in kleinen Mengen aus Deutsch-Ostafrika nach Europa kommende Waare ist dagegen von vortrefflicher Beschaffenheit und steht den zwei Sorten 1 und 2 nicht nach. — Uebrigens steht der Marktwerth der Vanille mit dem Gehalt an Vanillin in keinem ersichtlichen Verhältnisse.

Früchte anderer Vanilla-Species. Als Vanillons bezeichnet man die Früchte anderer Arten, die meist infolge grösseren Gehaltes an Piperonal einen abweichenden Geruch haben. Als Stammpflanzen sind bekannt Vanilla Pompona Schiede u. V. guianensis Splitg., indessen kommen sicher auch die anderer Arten vor. Die der ersten Art werden 15 cm lang, sie sind hellbraun und meist mit spiralig gewundenen Einschnürungen versehen, die der zweiten Art sind mehrere Centimeter breit und anscheinend bis 25 cm lang.

Verfälschungen der Vanille mit solchen Früchten kommen kaum vor; wenn sie als billige Sorten zum Kauf angeboten werden, so sind sie an der abweichenden Gestalt und dem Geruch ohne weiteres zu erkennen.

Dagegen sollen extrahirte Früchte in den Handel gelangen, denen man versucht, durch Einreiben mit Oel oder Perubalsam wieder ein normales Aussehen zu geben. Sie sind trocken, strohig und zeigen keine Vanillinkrystalle. Es sei darauf aufmerksam gemacht, dass man in Mexiko zuweilen mindere Sorten mit Ricinusöl einreibt.

Ein Ersatz der Vanillinkrystalle durch Bestreuen mit Zucker, Benzoësäure und Vanillinkrystallen scheint neuerdings auch nicht mehr vorzukommen, ist auch unter allen Umständen leicht zu erkennen, da man beim Auseinanderlegen guter gebündelter Waare ohne weiteres sieht, dass die massenhaft vorhandenen fein nadelförmigen Vanillinkrystalle dicht zusammenhängende Massen bilden. Ihr Vorhandensein ist für gute Vanille am meisten charakteristisch. Ferner muss solche Vanille weich, biegsam, fleischig sein. Man achte auf Schimmelbildungen, die sich auf Waare, die man, um einen Wasserverlust zu vermeiden, zu feucht aufbewahrt hat, leicht einstellen.

Zur quantitativen Bestimmung des Vanillins werden nach E. Schmidt 3—5 g der Droge fein zerschnitten, mit soviel Seesand zerrieben, dass eine lockere, pulverige Masse entsteht und diese im Soxhlet mit Aether extrahirt. Der Auszug wird dann wiederholt mit je 5 ccm gesättigter Natriumbisulfitlösung, die mit gleichviel Wasser verdünnt ist, ausgeschüttelt und die mit einander gemischten Auszüge allmählich mit verdünnter Schwefelsäure im Ueberschuss versetzt. Nachdem die Entwicklung von SO_2 nachgelassen, leitet man zu dessen völliger Entfernung CO_2 durch die Flüssigkeit und schüttelt dann das Vanillin mit Aether aus. Die ätherischen Auszüge werden bei 40—50° C. durch Destillation vom grössten Theile des Aethers befreit, der Rückstand unter Nachspülen mit Aether auf ein gewogenes Uhrglas gegossen, wo man den Rest des Aethers verdunsten lässt. Den Rückstand trocknet man über Schwefelsäure zum konstanten Gewicht.

Aufbewahrung. Um die Früchte und ihren Vanillinüberzug so wenig als möglich zu beschädigen, hüllt man sie einzeln oder zu mehreren in Zinnfolie und bewahrt sie so in Blechbüchsen oder in schlanken Stöpselgläsern von 25—30 cm Höhe auf. In dieser Umhüllung giebt man sie auch im Handverkaufe ab. Die im Handel häufig angebotene Sorte, von der 3 Schoten in einer Glasröhre für etwa 50 Pfg. verkauft werden, ist keine Apothekerwaare, wie schon aus dem Einkaufspreise der vorschriftsmässigen Vanille hervorgeht.

Anwendung. Die Vanille findet wegen ihres feinen Aromas in der Pharmacie vielfach als geschmackverbessernder Zusatz Verwendung, wird auch als Aphrodisiacum, ferner bei Hysterie, Menstruationsstörungen, Bleichsucht (in Verbindung mit Eisenmitteln) gebraucht, gewöhnlich in Form der Tinktur oder des Vanillezuckers. Hauptsächlich dient sie jedoch als angenehmes Gewürz für Thee, Chocolade, Gefrorenes und hat sich als solches trotz des in grossen Mengen hergestellten künstlichen Vanillins behauptet; ja, nach dem Anbau zu schliessen, bewegt sich der Verbrauch eher in steigender Richtung. Nach GEHE's Handelsbericht wies das Jahr 1897/98 mit 180 000 kg die grösste bisherige Ernte auf, und diese war binnen Jahresfrist in den Verkehr übergegangen, trotz der fabelhaften Preisherabsetzung des Vanillins (1876: 7000 Mk., 1890: 700 Mk., 1897: 126 Mk.). Da von letzterem 20—25 g 1 kg bester Vanille ersetzen, so giebt man offenbar der letzteren trotz des erheblich höheren Preises vielfach den Vorzug. In der Parfümerie und Likörfabrikation macht man von beiden umfangreichen Gebrauch.

Vergiftungen mit Vanille. Solche kommen vor: 1) bei den Arbeitern, die mit dem Sortiren und Verpacken der Vanille beschäftigt sind, und äussern sich in Hautausschlägen („Vanille-Krätze"), Kopfschmerzen, Steifheit etc. Ihre Ursache ist nicht sicher bekannt, man hat sie auf ein in der Vanille enthaltenes ätherisches Oel oder auf ein zuweilen angeblich in Réunion gebräuchliches Bestreichen minderwerthiger Früchte mit dem giftigen Saft der Früchte von Anacardium occidentale (Band I, S. 302) zurückführen wollen. 2) Nach dem Genuss von Vanille-Eis. Es scheint, dass diese Vergiftungen durchweg ihre Ursache in einer Zersetzung der übrigen zur Herstellung des Vanille-Eis verwendeten Bestandtheile, wie Rahm oder Eier, ev. unter Beihilfe von Bakterien haben. Gelegentlich mögen auch ungereinigte Metallgefässe die Schuld tragen.

Vanilla saccharata. Saccharum seu Elaeosaccharum Vanillae. Pulvis Vanillae cum Saccharo. Vanilla pulverata. Vanillezucker. Poudre de vanille sucrée. Sucre à la vanille. Ergänzb.: 1 Th. fein zerschnittene Vanille verreibt man mit 2 Th. Milchzucker in Trauben und 7 Th. Zucker in Stücken. — Gall.: Aus 1 Th. Vanille und 9 Th. Zucker. — E. DIETERICH lässt die Vanille zuvor mit āā Weingeist $^1/_2$ Stunde stehen, wodurch sie spröder wird. Man verfährt so, dass man die Vanille in dünne Scheiben zerschneidet, zunächst mit einem Theile des Zuckers verreibt, durch ein Sieb (No. 80. Gall.) schlägt, den Rückstand ebenso behandelt, und so fort, bis alles durchs Sieb gegangen ist. Man mischt das weisslich-graue Pulver gut durch und bewahrt es in dichtverschlossenen Gläsern auf. Nach Gall. darf es durch Elaeosaccharum Vanillini (s. unten) ersetzt werden.

Tinctura Vanillae. Vanilletinktur. Teinture ou Alcoolé de vanille. Tincture of Vanilla. Ergänzb.: 1 Th. fein zerschnittene Vanille, 5 Th. verdünnter Weingeist (60 proc.). — Helv.: 1 Th. Vanille, 10 Th. verdünnter Weingeist (62 proc.). — Austr.: 1 Th. Vanille, 10 Th. Weingeist (87 proc.); durch Digestion. — U.-St.: Aus 100 g fein zerschnittener Vanille und q. s. einer Mischung aus 650 ccm Weingeist (91 proc.) und 350 ccm Wasser: man macerirt 12 Stunden mit 500 ccm, seiht durch, verreibt die Vanille mit 200 g Zucker, bringt in einen Perkolator und giesst zuerst die Seihflüssigkeit, dann soviel der Mischung auf, dass man 1000 ccm Tinktur erhält. — Gall.: 1 Th. Vanille, 10 Th. Weingeist (80 proc.). — Aus dem Pressrückstand lässt sich noch ein für Parfümerie- oder Haushaltungszwecke verwendbarer Auszug gewinnen. Innerlich zu 20—30 Tropfen.

Aqua stomatica fumatorum.
Mundwasser für Raucher (Ap.-Ztg.).

Rp.	Olei Macidis	
	Olei Origani	āā 2,5
	Olei Menthae piperitae	
	Olei Citri	
	Olei Melissae	āā 5,0
	Olei Rosmarini	10,0
	Tincturae Vanillae	40,0
	Spiritus Rosae	
	Tincturae Aurantii Corticis	āā 80,0
	Tincturae Benzoës	100,0
	Spiritus diluti	670,0.

Zur Entfernung des Tabakgeruchs aus Mund und Athem.

Elaeosaccharum Vanillini.
Vanillinum saccharatum. Vanillinzucker. Sucre à la vanilline (Gall.).

Rp.	1. Vanillini cristall.	2,0
	2. Sacchari albi pulv.	98,0.

Man löst 1 in q. s. Alkohol und mischt mit 2. Diese Mischung hat den gleichen Wirkungswerth wie Vanille, den zehnfachen des Vanillezuckers, den sie nach Gall. ersetzen darf.

Rotulae Vanillae.
Vanille-Küchelchen DIETERICH.

Rp.	Vanillini	0,05
	Aetheris	20,0
	Rotularum Sacchari	100,0.

Wie Rotul. Menthae pip. zu bereiten. Gegen übelriechenden Athem.

Sirupus Vanillae.
Vanille-Sirup.

Rp.	Tincturae Vanillae	5,0
	Sirupi simplicis	95,0.

Tinctura Aurantii composita.
Bischoffessenz (Dresd. Vorschr.).

Rp.	Corticis fruct. Aurantii immaturorum recentium viridium	60,0
	Corticis Aurantii Curaçao	180,0
	Corticis Aurantii Malaga	90,0
	Corticis Cinnamomi zeylanici	2,0
	Caryophyllorum	7,5
	Fructus Vanillae	11,0
	Olei Neroli	gtts. IV.
	Spiritus (87 proc.)	1500,0
	Vini Hungarici	720,0

Tinctura Vanillini composita (Nat. form.). Compound Essence or Tincture of Vanillin.

Rp. Vanillini	6,5 g	
Cumarini	0,4 „	
Spiritus	200,0 ccm	
Glycerini	125,0 „	
Sirupi (U-St.)	125,0 „	
Tincturae Persionis compos.	16,0 „	
Aquae	q. s. ad 1000,0 „	

Ambrosia-Syrup der englischen Sodawasserfabriken ist Sirupus Fragariae cum Sirupo Vanillae āā.

Vanillinum (Ergänzb.). **Vanilline** (Gall.). **Vanillina (Acidum vanillicum. Vanillesäure. Vanillekampher). Protocatechualdehydmethyläther.** $C_8H_8O_3$. **Mol. Gew. = 152.**

Dieser ausgezeichnete Riechstoff wird gegenwärtig nach verschiedenen Methoden künstlich dargestellt, besonders durch Oxydation des Eugenols. Eugenol (s. Bd. I, S. 666) wird durch Kochen mit Essigsäureanhydrid zunächst in Acet-Eugenol verwandelt. Dieses wird in sehr verdünnter Lösung mit einer schwach erwärmten dünnen Lösung von Kaliumpermanganat oxydirt. Man filtrirt die Flüssigkeit, macht sie mit Kalilauge alkalisch und dampft auf ein kleines Volumen ein. Hierbei wird (durch die Einwirkung des Alkalis) das Acet-Vanillin zu Vanillin verseift. Man säuert die Lösung mit Schwefelsäure an und schüttelt sie mit Aether aus. Nach dem Verdunsten des letzteren hinterbleibt das Vanillin.

Eigenschaften. Farblose, prismatische Nadeln von intensivem Geruch und Geschmack der Vanille, bei 80—81° C. schmelzend. Sie lösen sich schwer in kaltem Wasser, leicht in siedendem Wasser, sehr leicht in Alkohol, Aether, Chloroform, Schwefelkohlenstoff, in fetten und in ätherischen Oelen. Vanillin bildet mit Natriumbisulfit eine gut krystallisirende Verbindung, aus welcher es durch Einwirkung von verdünnter Schwefelsäure wieder in Krystallform abgeschieden wird. — Aus der Luft nimmt das Vanillin allmählich Sauerstoff auf unter Uebergang in die zugehörige Vanillinsäure $C_8H_8O_4$. Daher reagirt einige Zeit aufbewahrtes Vanillin stets sauer. Die wässerige oder alkoholische Lösung des Vanillins wird durch Ferrichlorid blau gefärbt. Bringt man Vanillin, in wenig Alkohol gelöst, mit der doppelten Menge Pyrogallol und hierauf mit starker Salzsäure zusammen, so entsteht unter blauvioletter Färbung Pyrogallovanilleïn. Phloroglucin erzeugt unter den gleichen Bedingungen eine feurigrothe Färbung von Phloroglucinvanilleïn (vergl. Günzburg's Reagens, s. S. 1097).

$$C_6H_3 \begin{cases} CHO & (1) \\ OCH_3 & (3) \\ OH & (4) \end{cases}$$

Vanillin.

Prüfung. **1)** Das Vanillin schmelze nach dem Trocknen über Schwefelsäure bei 80—81° C. und verbrenne auf dem Platinbleche, ohne einen Rückstand zu hinterlassen. — **2)** Kocht man 0,2 g Vanillin eine Minute lang mit 2 ccm konc. Salzsäure und fügt 4 ccm Karbolsäurelösung (1 : 20) hinzu, so soll diese Flüssigkeit auf Zusatz von filtrirter Chlorkalklösung nicht schmutzig violett werden, und diese etwa eintretende Färbung darf durch Uebersättigen mit Ammoniak nicht in Blau übergehen (Acetanilid). — **3)** Hatte man die Gegenwart von Acetanilid nachgewiesen, so würde man dessen Menge durch eine Stickstoffbestimmung feststellen können. Vergl. Cumarinum, Bd. I, S. 979.

Aufbewahrung. In gut geschlossenen Gefässen, an einem kühlen Orte, vor Luft geschützt.

Anwendung. Vorzugsweise als Aromatum bez. als Ersatz der Vanille. Therapeutisch gelegentlich in kleinen Gaben als Nervinum und Stimulans. In der physiologischen Analyse als (Günzburg's) Reagens auf freie Salzsäure im Magensaft, s. S. 1097.

Vanillin-p-Phenetidin. Eupyrin. $C_6H_3(OCH_3)(OH)CH = NC_6H_4 . OC_2H_5$. **Mol. Gew. = 271.** Aequimolekulare Mengen von Vanillin und p-Phenetidin werden zusammengeschmolzen, die erstarrte Schmelze wird aus Benzol-Petroläther umkrystallisirt. Gelbliche, prismatische Krystalle, schwach nach Vanille riechend, bei 102° C. schmelzend. Leicht löslich in Alkohol, Aether, Chloroform, Benzol, löslich in verdünnten Alkalien mit gelber Farbe. — Diese Verbindung soll ausser einer antipyretischen und desinficirenden auch noch eine styptische Wirkung haben.

Vaselinum.

I. Vaselinum (Austr. Helv. Ergänzb.). **Adeps mineralis. Adeps Petrolei. Adepsin. Cosmolin. Deodoroleïn. Duroleum. Fossilin. Pétroléine** (Gall). **Petrolarin. Petrolardum. Piméleïne.**

Unter „Vaseline" versteht man homogene (nicht krystallinische) Salbenkörper, welche aus Mineralfett bestehen und durch Reinigung von Rückständen der Petroleumdestillation dargestellt werden. Die Darstellung erfolgt in der Weise, dass man die Petroleumrückstände mit Wasserdampf schmilzt und zunächst mit konc. Schwefelsäure behandelt. Man entfernt diese durch Waschen mit Wasser, darauffolgend mit Natronlauge oder Sodalösung und wäscht schliesslich nochmals mit Wasser. Hierauf wird die Masse durch Erhitzen auf ca. 110° C. vom Wasser befreit, durch Digestion mit Knochenkohle oder Entfärbungspulver bis zu einem gewissen Grade entfärbt und filtrirt. — Nicht jede Sorte Petroleum eignet sich zur Herstellung von Vaseline, oder vielmehr die verschiedenen Petroleumsorten geben Vaseline von verschiedener Beschaffenheit.

Die Vaseline charakterisirt sich dadurch, dass sie eine neutrale, an der Luft sich kaum verändernde, salbenartige Masse von grosser Gleichmässigkeit ist, d. h. sie enthält keine krystallinischen Ausscheidungen, härteren Knoten und dergl., sondern sie ist in ihrer ganzen Masse eine amorphe, gleichmässige Substanz von salbenartiger Konsistenz. Sie kann nicht ohne weiteres durch eine zusammengeschmolzene Mischung von einem beliebigen festen und flüssigen Paraffin ersetzt werden. Vielmehr muss man, wenn man auf diesem Wege Vaselin darstellen will, die anzuwendenden Paraffinsorten sehr sorgfältig auswählen, damit man nicht Salbenmassen mit krystallinischen Ausscheidungen erhält. Die ursprüngliche Vaseline war die gelbe, amerikanische, aus den Rückständen des amerikanischen Petroleums bereitet, zur Zeit sind aber auch andere (gelbe und weisse) Sorten deutschen und österreichischen Ursprungs im Verkehr.

Vaselinum flavum. Vaselinum americanum. Gelbe Vaseline. Die bekannteste Marke ist die der Chesebrough Company in New-York. Eine gelbliche, fast geruch- und geschmacklose, salbenartige Masse. Spec. Gew. bei 15° C. = 0,860—0,875. Schmelzpunkt 33—35° C. Während der letzten Jahre hat die genannte Gesellschaft indessen Vaselin in den Handel gebracht, welches bei ca. 40° C. schmolz.

Vaselinum germanicum. Deutsche Vaseline. Virginia-Vaseline. U. a. von der Firma Hellfrisch in Offenbach aus elsässischem Petroleum dargestellt. Spec. Gew. bei 15° C. = 0,855—0,860. Schmelzpunkt 41—42° C.

Vaselinum austriacum. Von J. Hell & Co. in Troppau aus galizischem Erdöl dargestellt. Spec. Gew. = 0,880. Schmelzpunkt ca. 45° C.

Eigenschaften. Hellgelbe, gleichmässige, nicht körnige Masse von weicher Salbenkonsistenz, welche in der Wärme zu einer klaren, gelben, grünlich oder bläulich fluorescirenden Flüssigkeit schmilzt. Unter dem Mikroskop zeigt Vaseline keine oder nur undeutliche krystallinische Beschaffenheit. Vaseline ist unlöslich in Wasser, wenig löslich in Alkohol, leicht löslich in Aether, Chloroform, Schwefelkohlenstoff. An der Luft verändert sie sich so gut wie gar nicht: sie trocknet nicht ein, wird nicht ranzig. Ihrer Zusammensetzung nach besteht sie aus einem Gemisch verschiedener Kohlenwasserstoffe, und zwar stellt sie eine Lösung fester amorpher Kohlenwasserstoffe (sog. „Isoparaffine") in flüssigen Kohlenwasserstoffen dar. —

Werden die sog. Natur-Vaseline geschmolzen, so erhält man nach dem Erstarren wiederum eine amorphe gleichmässige Salbenmasse, in welcher krystallinische Abscheidungen nicht oder nur andeutungsweise vorhanden sind.

Ausser der gelben Vaseline kommt jetzt auch weisse Vaseline in den Handel. Diese wird in der Regel dargestellt durch Auflösen von Ceresin (nicht Paraffin) in Vaselinölen. Die Ausgangsmaterialien müssen so ausgewählt werden, dass in dem fertigen Produkt krystallinische Ausscheidungen nicht auftreten.

Prüfung. 1) Die Vaseline zeige den vorgeschriebenen Schmelzpunkt: Austr. = ca. 35° C., Helv. = ca. 38° C. für gelbe, 40—41° C. für weisse Vaseline, Ergänzb.

= ca. 35° C., Gall. = ca. 40° C. — **2)** Geschmolzen gebe sie ein klares Liquidum, in welchem suspendirte Stoffe nicht vorhanden sind. — **3)** Werden 2 g Vaseline mit 3 ccm Natronlauge bis zum Sieden erhitzt, so darf die abgegossene Lauge beim Uebersättigen mit Salzsäure keine Ausscheidung geben (Fettsäuren, von verseifbaren Fetten herrührend). — **4)** Werden 5 g geschmolzene Vaseline mit 5 g Chloroform gemischt und mit 10 ccm warmem Wasser, 1 Tropfen Phenolphthaleïnlösung und 1 Tropfen $^{1}/_{10}$-Normal-Lauge kräftig durchgeschüttelt, so muss deutliche Rothfärbung auftreten (Begrenzung des Säuregehaltes). — **5)** Werden 10 g geschmolzene Vaseline mit 2,5 ccm einer Mischung von 5 Th. destillirtem Wasser und 15 Th. konc. Schwefelsäure im Wasserbade unter Umrühren $^{1}/_{4}$ Stunde lang erhitzt, so darf weder die Schwefelsäure noch die Vaseline gebräunt sein. (Je mangelhafter die Vaseline gereinigt ist, desto intensivere Färbung tritt sowohl bei der Schwefelsäure als auch bei der Vaseline ein.)

Anwendung. Die Vaseline ist eine sehr häufig gebrauchte Salbengrundlage. Sie empfiehlt sich hierzu namentlich durch ihre Unveränderlichkeit an der Luft, d. h. sie wird nicht ranzig.

Anderseits ist zu beachten, dass die Vaseline von der Haut aus nicht resorbirt wird, dass sie also auch die Resorption von Arzneistoffen durch die Haut nicht fördert. Im Gegentheil: die Vaseline schützt den Körper vor dem Eindringen von Arzneistoffen. In chemischen Fabriken müssen Arbeiter, welche mit Substanzen zu hantiren haben, welche durch die Haut aufgenommen werden, zum Schutze gegen diese unbeabsichtigte Resorption ihren Körper mit Vaselin einreiben. Falls „Vaselinum" schlechthin verordnet ist, so ist eine gelbe Vaseline abzugeben. Die weissen Vaseline-Sorten sind nur dann zu dispensiren, wenn sie ausdrücklich als „Vaselinum album" bezeichnet sind. Eine Substituirung von Vaseline durch Unguentum Paraffini muss als unstatthaft erklärt werden.

Vasol von G. Hell & Co. Dem Vasogen ähnliche Lösungen von Ammoniumoleat in gelbem Vaselinöl.

Vasolum jodatum von G. Hell & Co. Nach Kremel wird Oelsäure im Ueberschuss mit Einfach-Chlorjod in Wechselwirkung gebracht, wobei Chlorjod-Stearinsäure entsteht. Man wäscht diese nach einander mit Wasser, Natriumthiosulfatlösung und Wasser, entwässert sie durch Natriumsulfat und löst sie in berechneten Mengen gelbem Vaselinöl, so dass ein Präparat mit 7 Proc. Jod erzielt wird.

Vasosapon. Ersatzmittel für Vasogen, bez. Nachbildung des Vasogens.

Vaselinum salicylatum. Salicylvaselin. A) Zum Einfüllen in Tuben (Ergänzb.) Acidi salicylici 2,0, Vaselini flavi 98,0, Olei Wintergreen gtts. 5. **B)** Zum Eingiessen in Schiebedosen (Ergänzb.) Cerae flavae 10,0, Vaselini flavi 88,0, Acidi salicylici 2,0, Olei Wintergreen gtts. 5.

Jod-Vaselin. Geschmolzene amerikanische Vaseline nimmt 3 Proc. Jod auf, ohne beim Erkalten Jod wieder abzuscheiden.

Petrolan. Petrosapol. Sind Ersatzmittel bez. Nachbildungen von Naftalan (s. S. 574).

Vaselin-Lederschmiere. Vaselini 75,0, Sebi ovilis 15,0, Cerae flavae 2,0, Nigrosini 8,0.

Rosalinde der Mrs. Pray und Mrs. Cobb in New-York. Cosmeticum zum Färben von Gesicht, Fingern und Lippen. Eosini 10,0, Cerae albae, Cetacei 30,0, Vaselini 410,0.

Salvo-Petrolia ist = Naturvaseline. **Petrovaseline** ist = viscose gelbe Vaseline.

Jdonaphthan. Eine jodhaltige Naphthasalbe, welche in ihrer Wirkung dem Naftalan ähnlich sein soll. Sie enthält 3 Proc. Jod, hinterlässt aber beim Gebrauche keine Flecken.

Unguentum Acidi borici flavum.

Gelbes Borvaselin (Münch. Ap.-V.).

Rp.	Acidi borici pulv.	10,0
	Vaselini flavi	90,0.

Vaselin-Stangenpomade.

Rp.	Ceresini	100,0
	Vaselini (gelb oder weiss)	200,0
	Sebi ovilis	100,0
	Adipis	50,0.

Parfum nach Belieben. Man färbt mit Alkannin, Umbraun oder Rebschwarz.

Vaselin-Cold-Cream.

Rp.	Cerae albae	7,0
	Cetacei	8,0
	Olei Amygdalarum	30,0
	Vaselini	35,0
	Aquae Rosae	28,0
	Olei Rosae	gtt. 2.

II. Vaselinum oxygenatum. **Vasogen.** Unter dem Namen Vasogen kamen 1893 zwei Grundlagen für äussere Medikation auf den Markt, welche angeblich Sauerstoffderivate des Vaselinöls bezw. Vaselins sein sollten. Es wurde angegeben, dass diese Präparate hergestellt seien, indem Vaselinöl (bezw. Vaselin) mit komprimirtem Sauerstoff unter Erhitzung und Druck im Autoklaven behandelt, bezw. mit Sauerstoff angereichert worden seien. Es entständen durch diese Behandlung saure Derivate der Kohlenwasserstoffe, welche mit Ammoniak gesättigt würden (dieses Zugeständniss des Ammoniakgehaltes wurde zögernd gemacht). Die so erhaltenen Präparate hätten die Eigenschaft, mit Wasser haltbare Emulsionen zu bilden, Arzneistoffe zu lösen bezw. aufzunehmen und deren Resorption durch die Haut zu vermitteln. Soweit diese Angaben die Darstellung und Zusammensetzung der Präparate betreffen, sind die Fabrikanten bisher den Beweis schuldig geblieben, ja sie haben die analytische Nachprüfung dadurch erschwert, dass die unvermischten Vasogene nicht abgegeben wurden, sondern nur deren Mischungen mit Arzneimitteln. Als ein wichtiges Beweismittel fungirte die Thatsache, dass das Vasogen etwa 8 Proc. Jod gelöst enthalte, während Vaselin in maximo nur 3 Proc. Jod aufzunehmen vermöge.

Die Vasogene werden nun mit zahlreichen Arzneimitteln zusammengemischt angepriesen: Jod-, Jodoform-, Kreosot-, Kreolin-, Ichthyol-, Kampher, Eukalyptol-, Menthol-Vasogene u. s. w.

Schon Gehe & Co. hatten die Vasogene als Mischungen von Paraffinöl mit Ricinusölsulfosäure angesprochen. Neuerdings (1900) theilten G. Roch u. Bedall mit, dass man ganz ähnliche Mischungen wie die Vasogene erhalten könne durch Verseifen von Oelsäure mit Ammoniak und Auflösen von Paraffinöl in dieser Ammoniakölsäureseife. Da die Fabrikanten dieser Behauptung bisher nicht widersprochen haben, so scheint es, als ob — — *qui tacet, consentire videtur.*

Da der Name „Vasogen" geschützt ist, so hat Bedall seine Nachbildungen „Vasolimente" genannt. Er giebt für die unvermischten Vasolimente und für die Arznei-Vasolimente folgende Vorschriften.

Vasolimentum (liquidum).

1. Acidi oleïnici 50,0
2. Spiritus Dzondii 25,0
3. Paraffini liquidi 100,0.

Man verseift 1 mit 2 im geschlossenen Gefäss unter schwachem Erwärmen, mischt 3 hinzu und bringt mit Spiritus auf 175,0.

Vasolimentum spissum.

Rp. 1. Acidi oleïnici 50,0
2. Spiritus Dzondii 25,0
3. Unguenti Paraffini 100,0.

Man verseift 1 mit 2 unter gelindem Erwärmen, mischt 3 hinzu und erwärmt bis zur Verdampfung des Weingeistes.

Vasolimentum Creolini.

Rp. Creolini 5,0
Vasolimenti liquidi 95,0.

Vasolimentum Chloroformii camphoratum.

Rp. Camphorae
Chloroformii
Vasolimenti liquidi āā 30,0.

Vasolimentum empyreumaticum.

Rp. Picis ligni Juniperi 25,0
Vasolimenti liquidi 75,0.

Vasolimentum Eucalyptoli.

Rp. Eucalyptoli 20,0
Vasolimenti liquidi 80,0.

Vasolimentum Guajacoli.

Rp. Guajacoli 20,0
Vasolimenti liquidi 80,0.

Vasolimentum Hydrargyri.

Rp. Hydrargyri 40,0
Adipis Lanae 20,0
Vasolimenti spissi 60,0.

Vasolimentum Ichthyoli.

Rp. Ammonii ichthyolici 10,0
Vasolimenti liquidi 90,0.

Nach eintägigem Stehen zu filtriren.

Vasolimentum jodatum.

Rp. Jodi 6,0
Vasolimenti liquidi 94,0.

Vasolimentum Jodoformii.

Rp. Jodoformii 1,5
Vasolimenti liquidi 98,5.

Vasolimentum Jodoformii desodoratum.

Rp. Jodoformii
Eucalyptoli āā 1,5
Vasolimenti liquidi 97,0.

Vasolimentum Mentholi.

Rp. Mentholi 2,0
Vasolimenti liquidi 98,0

Vasolimentum Naphtholi.

Rp. Naphtholi (β) 10,0
Vasolimenti liquidi 90,0.

Vasolimentum Kreosoti.

Rp. Kreosoti 5,0
Vasolimenti liquidi 95,0.

Vasolimentum Picis.

Rp. Picis liquidae
Spiritus Dzondii āā 25,0
Vasolimenti liquidi 75,0.

Man dampft auf 100,0 ab und filtrirt nach dem Absetzen.

Vasolimentum salicylicum.

Rp. Acidi salicylici 2,0
Vasolimenti liquidi 98,0.

Vasolimentum Terebinthinae.
Rp. Terebinthinae venetae 20,0
Vasolimenti liquidi 80,0.

Vasolimentum Thioli.
Rp. Thioli liquidi 5,0
Vasolimenti liquidi 95,0.

Veratrinum.

†† **Veratrinum** (Austr. Germ. Helv.). **Veratrina** (Brit. U-St.). **Vératrine** (Gall.). Ein aus dem Sabadillsamen zu gewinnendes Gemisch verschiedener Basen.

Darstellung des officinellen Veratrins. Die zerkleinerten Sabadillsamen werden mit salzsäurehaltigem Wasser mehrmals ausgekocht, die Auszüge zur dünnen Sirupskonsistenz eingedampft und mit Kalkhydrat vermischt, wodurch das Veratrin zugleich mit Extraktivstoffen gefällt wird. Der ausgewaschene und abgepresste Niederschlag wird mit Weingeist behandelt, welcher das Veratrin neben anderen Körpern aufnimmt. Dem nach dem Abdestilliren des Weingeistes verbleibenden Rückstand entzieht man das Veratrin durch Digeriren mit Essigsäure, fällt aus dem Filtrat das Alkaloid mit Ammoniak oder Sodalösung und nimmt es mit Aether auf. Letzterer hinterlässt das Alkaloid beim Verdunsten als gelben Firniss. Man löst diesen wiederum in verdünnter Essigsäure zu einer schwach sauer reagirenden Flüssigkeit, entfärbt diese mit Thierkohle und fällt in der Wärme mit Ammoniak. Das Veratrin scheidet sich nunmehr als weisser, flockiger Niederschlag ab, welcher auf Beuteln gesammelt, mit Wasser ausgewaschen und bei 40° C. getrocknet wird.

Alle Operationen müssen bei der Darstellung des Veratrins unter Beobachtung grösster Vorsicht geschehen, da der Staub desselben schon in äusserst geringer Menge Entzündung der Augen und der Schleimhäute der Luftwege, sowie ein die Gesundheit gefährdendes Niesen verursacht. Die Darstellung des Präparates im pharmaceutischen Laboratorium ist schon aus diesem Grunde nicht anzurathen, da hier die Vorrichtungen, welche in Fabriken zum Schutze gegen die giftigen Wirkungen getroffen werden, nicht in ausreichendem Maasse vorhanden sind.

Eigenschaften des officinellen Veratrins. Das officinelle Veratrin bildet ein weisses, geruchloses Pulver oder weisse, leicht zerreibliche Massen von amorpher Beschaffenheit, deren Staub heftiges Niesen erregt. Es löst sich leicht, fast in jedem Verhältniss, in Weingeist und Chloroform, ebenso auch in Aether, doch geht die Lösung in letzterem etwas langsamer von statten. Auch Benzol und Amylalkohol lösen dasselbe leicht, von Petroleumäther wird es so gut wie nicht aufgenommen. Sowohl in kaltem wie in siedendem Wasser lösen sich nur Spuren Veratrin, doch zeigt die Lösung deutlich alkalische Reaktion und hat einen scharfen, nicht bitteren Geschmack. Frisch gefälltes Veratrin ist in Wasser etwas leichter löslich als das getrocknete, und zwar löst es sich leichter in kaltem als warmem Wasser. Versetzt man daher die genügend verdünnte Lösung eines Veratrinsalzes mit verdünntem Ammoniak, so entsteht in der Kälte kein Niederschlag, erwärmt man dann, so trübt sich die Flüssigkeit durch sich ausscheidendes Veratrin, welches sich beim Erkalten nicht wieder auflöst. Das Veratrin besitzt keinen scharfen Schmelzpunkt, bei etwa 145° C. beginnt es zu erweichen und bei 150—155° C. ist es völlig geschmolzen. Wird Veratrin mit 100 Th. koncentrirter Schwefelsäure zerrieben, so löst es sich zu einer gelben, grün fluorescirenden Flüssigkeit auf, die Färbung geht allmählich in Orange, Roth und endlich in schön Karminroth über. Wird eine dünne Schicht der gelben Lösung des Veratrins in koncentrirter Schwefelsäure mit einer geringen Menge Zucker überstreut, so tritt allmählich eine grüne und zuletzt blaue Färbung ein, welche nach Verlauf einer Stunde zu verblassen beginnt. Diese Reaktion erfolgt auch, wenn man das mit etwa der sechsfachen Menge Zucker vermischte Alkaloid mit koncentrirter Schwefelsäure zusammenreibt. Erhitzt man eine geringe Menge Veratrin mit koncentrirter Salzsäure (spec. Gewicht 1,19), so erhält man eine schöne kirschroth gefärbte Lösung, welche sich lange unverändert erhält.

Das Veratrin ist eine starke Base und bildet mit Säuren gegen Lackmus neutral reagirende, meist in Wasser leicht lösliche Salze, welche sämmtlich amorph sind und einen scharfen und zugleich bitteren Geschmack besitzen. Von denselben kommen das Sulfat, Hydrochlorid, Nitrat, Acetat und Valerianat in Form von weissen Pulvern in den Handel und finden eine beschränkte medicinische Anwendung. In ihrer mit Salzsäure schwach angesäuerten Lösung erzeugen Kaliumquecksilberjodid und Phosphorwolframsäure weisse, Phosphormolybdänsäure und Goldchlorid gelbe Niederschläge, Jodlösung bewirkt eine braune Fällung, Ammoniak, kohlensaure und kaustische Alkalien fällen die freie Base in weissen Flocken aus.

Zusammensetzung des officinellen Veratrins. Das officinelle Veratrin ist, wie schon bemerkt, kein einheitlicher Körper, sondern ein inniges Gemenge verschiedener Basen, nach E. Merck ein Gemenge von fünf Basen. In der Hauptmenge sind das krystallisirte Veratrin (Cevadin) und das amorphe Veratrin zugegen, während Sabadin, Sabadinin und Sabadillin in kleineren Mengen vorhanden sind.

Krystallisirtes Veratrin (Cevadin von Wright & Luff) $C_{32}H_{49}NO_9$. Schmelzpunkt 205° C. Leicht löslich in Aether, schwerer löslich in Alkohol. Die einfachen Salze sind amorph, die Gold- und Quecksilberchlorid-Doppelsalze krystallisiren. Aeusserst giftig und heftiges Niesen erregend.

Amorphes Veratrin (Veratridin) $C_{37}H_{53}NO_{11}$ (?). Leicht löslich in Aether, Weingeist und Chloroform. Hinterbleibt beim Verdunsten der ätherischen Lösung als gelber Firniss. Erregt heftiges Niesen.

Sabadin $C_{29}H_{51}NO_8$. Löslich in Wasser, schwer löslich in Aether. Bei 238—240° C. schmelzende Nadeln.

Sabadinin $C_{27}H_{45}NO_8$. Haarfeine Nadeln, leicht löslich in Alkohol, schwer löslich in Aether und in Ligroin.

Sabadillin (Cevadillin von Wright & Luff) $C_{34}H_{53}NO_8$ (?). Harzige Masse, in Aether fast unlöslich, leicht löslich in Weingeist und in Chloroform. Der Staub reizt kaum zum Niesen.

Prüfung. 1) Gutes Veratrin muss rein weiss, specifisch leicht sein und sich rasch und klar in Weingeist auflösen. In Aether löst es sich bisweilen mit geringer Opalescenz, die nicht zu beanstanden ist. Diese Lösungen hinterlassen beim Verdunsten das Basengemisch als hellgelben, amorphen Firniss. — Aus der Luft zieht das Veratrin rasch Feuchtigkeit an und löst sich alsdann etwas trübe in Chloroform. Nach dem Trocknen über Calciumchlorid muss es sich in 2 Th. Chloroform klar auflösen. Verdünnte Lösungen des Veratrins in den genannten Lösungsmitteln sind nahezu farblos, koncentrirte gelb gefärbt. 2) 0,1 g Veratrin muss, auf dem Platinbleche erhitzt, ohne einen Rückstand zu hinterlassen, verbrennen. (Unorganische Beimengungen, wie Kalk.) — 3) Die weingeistige Lösung darf durch Platinchlorid nicht gefällt werden (fremde Alkaloide, wie Brucin, Strychnin, Morphin würden Fällungen geben). —

Aufbewahrung. Sehr vorsichtig. Beim Hantiren mit diesem Alkaloid beachte man stets seine Eigenschaft, Niesen zu erregen, auch hüte man sich, kleine Mengen (durch Vermittelung der Finger u. s. w.) auf die Schleimhaut des Auges zu bringen. Das durch den Staub des Veratrins verursachte Niesen kann unter Umständen zu einer Beschädigung der Gesundheit führen!

Anwendung. Die innerliche Anwendung bei croupöser Pneumonie, rheumatischen Leiden, Hydrops u. s. w. ist fast ganz verlassen, da schon bei medicinalen Gaben bisweilen Collaps eintrat. Man gab es in Pillenform zu 0,001—0,005 g mehrmals täglich. Lösungen sind wegen des starken Reizes auf die Schleimhäute ausgeschlossen. — Aeusserlich findet das Veratrin vielfach Anwendung bei Neuralgien, Ischias, rheumatischen Schmerzen (Zahnschmerzen), Lichtscheu und Lähmungen, in Alkohol oder Chloroform gelöst oder in Salben mit Fett, Vaseline oder Lanolin gemischt, 0,1—0,5 g auf 10 g Lösungs- bezw. Vertheilungsmittel. Auch subkutan zu 0,001—0,003 g wird dasselbe verwendet, doch ist hier grosse Vorsicht nothwendig.

Höchstgaben *pro dosi:* 0,005 g (Austr. Germ. Helv.); *pro die:* 0,015 g (Germ. 0,02 g (Austr. Helv.).

Antidote. Befindet sich das Gift noch unresorbirt im Magen, Auspumpen mit starker Gerbsäurelösung; nach der Resorption gegen die Durchfälle Opium, sonst Excitantien, wie Champagner, Kampher, Aether, Moschustinktur.

†† Oleatum Veratrinae (U-St.).

Rp. Veratrini 2,0
Acidi oleïnici 98,0.

Pilulae Veratrini MAGENDIE.

Rp. Veratrini 0,1
Amyli
Gummi arabici āā 1,5
Aquae q. s.
Fiant pilulae No. 40, obducendae Argento foliato.
Jede Pille enthält 0,0025 g Veratrin.

Pilulae Veratrini compositae ARAN.

Rp. Veratrini
Extracti Opii āā 0,1
Gummi arabici
Amyli āā 1,5
Aquae q s.
Fiant pilulae No. 30, obducendae Argento foliato
Jede Pille enthält 0,0033 g Veratrin.

Pilulae Veratrini WUNDERLICH.

Rp. Veratrini 0,15 (!)
Radicis Liquiritiae
Succi Liquiritiae āā 1,5.
Fiant pilulae No. 30. Jede Pille enthält 0,005 g Veratrin.

Spiritus Veratrini H. E. RICHTER.

Rp. Veratrini 0,5
Chloroformii 10,0
Spiritus 50,0.

Unguentum antisciaticum OPPOLZER.

Rp. Veratrini 0,5
Adipis suilli 25,0.
Zum Einreiben bei Ischias und Lumbago.

Unguentum Veratrini.

I. Form. Berol.

Rp. Veratrini 0,25
Olei Olivae 0,5
Adipis suilli 25,0.

II. Hamb. Vorschr.

Rp. Veratrini 1,0
Olei Ricini 1,0
Adipis suilli 48,0.

III. Brit.

Rp. Veratrini 0,5
Acidi oleïnici 2,0
Adipis suilli 22,5.

IV. U-St.

Rp. Veratrini 4,0
Olei Olivae 6,0
Adipis benzoati 90,0.

Veratrum.

Gattung der **Liliaceae — Melanthioideae — Veratreae.**

I. Veratrum album L. Heimisch auf den Gebirgen Europas und Nordasiens. Stengel bis 1 m hoch, untere Blätter elliptisch, stumpf, mit sehr langer Scheide, die oberen Blätter allmählich kurzscheidiger, schmäler und spitzer, zuletzt lanzettlich und in die Deckblätter des Blüthenstandes übergehend. Blätter am Stengel spiralig, nicht gegenständig, wie bei Gentiana lutea, mit der die nicht blühende Pflanze leicht verwechselt werden kann. Blüthenstand eine endständige, aus Trauben zusammengesetzte Rispe. Perigon innen weiss, aussen an der Basis grünlich, unregelmässig kraus gezähnelt, am Rande des Grundes beiderseits mit einem drüsigen Streifen. Liefert im Rhizom mit den Wurzeln:

† Rhizoma Veratri (Germ. Helv.). **Radix Hellebori albi s. Veratri albi. — Weisse Nieswurzel. Germerwurzel. Krätzwurzel. — Souche d'hellébore blanc** (Gall.). — **White Hellebore.**

II. Veratrum viride Aiton. Heimisch in Nordamerika von Kanada bis Georgien, auch in Asien am Amur. Bis 2 m hoch. Blüthen grün, Aehrenstand lockrer wie von I, Blätter zugespitzt. Staubblätter fast so lang wie die Perigonabschnitte, die spitz lanzettlich sind. Gilt meist als Varietät von I.: Var. **viride Baker.** Liefert ebenfalls im Rhizom mit den Wurzeln:

† Rhizoma Veratri viridis seu Americanae. Veratrum viride (U-St.). — **American Hellebore.**

Beide Drogen sind in Aussehen, Bau und den Bestandtheilen nicht verschieden (vergl. S. 1115).

Beschreibung. Das Rhizom wird bis 8 cm lang, bis 2,5 cm dick, es ist von schwarzbrauner Farbe, mit 10—12 Ringelungen, von denen jede dem Zuwachs eines Jahres entspricht. Dazwischen kann man an der aufgeweichten Droge die Narben der Blätter erkennen. Unten ist das Rhizom durch Abfaulen abgerundet, oben gewöhnlich mit einem Schopf der Reste der abgeschnittenen Blätter und des Stengels versehen. Wenn die Pflanze geblüht hat, entwickelt sich eine (selten zwei) Seitenknospen weiter, die dann nach

5—10 Jahren ebenfalls blühen. — Die Wurzeln sind gelblich, bis 30 cm lang, etwa 3 mm dick.

Auf dem Querschnitt trennt eine braune Endodermis die schmale weisse Rinde von dem grauen, von Querschnitten der Gefässbündel gesprenkelten Kern. Die Endodermis besteht aus einer Reihe einseitig schwach verdickter Zellen, diese Verdickung soll bei I stärker als bei II sein. In der Rinde Bündel von Oxalatraphiden, dieselben spärlicher auch im centralen Parenchym. Die Gefässbündel, die die Rinde durchsetzen und zu den Blättern gehen, sind kollateral, diejenigen des Centralcylinders koncentrisch. Von aussen ist das Rhizom von einer sogen. Metadermis bedeckt, d. h. die äussersten Lagen des Rindenparenchyms haben sich gebräunt und derartig verändert, dass sie sich in Schwefelsäure nicht mehr lösen. Kork fehlt.

Die Wurzeln haben den typischen Bau derjenigen monokotyler Pflanzen. Unter der Epidermis liegt ein einschichtiges Hypoderm, auf welches das breite Rindenparenchym folgt. Die Endodermis besteht aus rings herum ziemlich stark verdickten Wänden, auf sie folgt das radiale Bündel, das Centrum wird von sklerotischen Fasern eingenommen. Die in den Wurzeln und im Rhizom vorhandene Stärke besteht aus einfachen, rundlichen oder zusammengesetzten Körnern, mit centralem Kern.

Das Pulver von I soll mit koncentrierter Schwefelsäure ziegelroth, das von II orangeroth werden.

Der bei der frischen Droge deutliche, an Knoblauch erinnernde Geruch verschwindet beim Trocknen. Geschmack scharf und anhaltend bitter. Das Pulver reizt zum Niesen.

Bestandtheile. Alkaloide: Jervin $C_{26}H_{37}NO_3 + H_2O$ zu 0,13 Proc., wird mit Schwefelsäure und Rohrzucker blau; Rubijervin $C_{26}H_{43}NO_2$, mit Phosphorsäure erwärmt, violett; Pseudojervin $C_{29}H_{43}NO_7$, mit Schwefelsäure grün; Protoveratrin $C_{32}H_{51}NO_{11}$, mit Schwefelsäure grün, dann blau, endlich violett, am giftigsten; Protoveratridin $C_{26}H_{45}NO_8$, vielleicht Spaltungsprodukt des vorigen, mit Schwefelsäure violett, dann kirschroth; Veratralbin $C_{28}H_{34}NO_5$, wohl nicht einheitlich; Veratroidin $C_{24}H_{37}NO_7$, ebenfalls zweifelhaft. Ferner vielleicht ein bitterschmeckendes Glukosid Veratramarin. Endlich Jervasäure, identisch mit Chelidonsäure, $C_7H_4O_6 \cdot H_2O$. (S. 515.)

Zur Bestimmung des Alkaloidgehaltes werden 10 g der gepulverten Droge mit 25 g Chloroform, 75 g Aether und 10 g Ammoniak (10 proc.) geschüttelt und über Nacht stehen gelassen. Dann setzt man nochmals 5 g Ammoniak zu, schüttelt gut um und giesst 50 g der klaren Lösung in einen Scheidetrichter ab. Die Lösung schüttelt man dreimal mit je 20 ccm 1 proc. Salzsäure oder so lange aus, bis eine Probe der wässerigen Flüssigkeit mit MEYER'schem Reagens keine Trübung mehr zeigt. Die wässerigen Flüssigkeiten giebt man in den Scheidetrichter zurück, macht ammoniakalisch und schüttelt mit einem Gemisch von 3 Vol. Chloroform und 1 Vol. Aether aus, bis einige Tropfen des Gemisches, verdunstet, mit 1 proc. Salzsäure aufgenommen, mit MEYER'schem Reagens keine Trübung mehr geben. Die Chloroform-Aetherlösung giebt man in ein gewogenes Kölbchen, destillirt die Flüssigkeit ab, trocknet den Rückstand zum konstanten Gewicht. Der Rückstand $\times$ 20 = Alkaloidgehalt. LAWALE fand 1,12—1,25 Proc., wonach man 1 Proc. für den zulässigen Mindestgehalt halten kann.

Verfälschungen der europäischen Droge sind vorgekommen mit dem Rhizom einer Scitaminee, das viel kleiner ist als das von V. album und durch die Stärkekörner (vergl. z. B. Band I, S. 297) charakterisirt ist, ferner mit dem von Asphodelus spec., wahrscheinlich A. albus. Dieses Rhizom ist meist 4 cm lang, 1 cm dick, aufrecht, dunkelbraun, innen gelblich. Die Wurzeln sind an der Ansatzstelle knollig erweitert. Im Gewebe wie bei der echten Droge reichlich Raphiden, aber keine Stärke. Das Rhizom hat Kork. — Die amerikanische Droge wird verfälscht mit dem Rhizom von Symplocarpus foetidus Nutt., dasselbe ist dicker wie das von V. viride, poröser, die Stärkekörner sind kleiner.

Einsammlung. Aufbewahrung. Beim Sammeln werden Stengel und Blätter soweit abgeschnitten, dass noch ein Schopf davon stehen bleibt, gewohnheitsmässig bisweilen auch die Wurzeln entfernt, obwohl dieses nach dem Wortlaute der Arzneibücher, die das Rhizom mit den Wurzeln fordern, unzulässig ist. Man spaltet oder durchschneidet den Wurzelstock, trocknet und bringt ihn in der Reihe der vorsichtig aufzubewahrenden

Mittel unter. Beim Arbeiten mit Nieswurzel ist jede Entwickelung von Staub zu vermeiden, da derselbe zu heftigstem Niesen reizt. Das Pulver kauft man am besten vom Drogisten. Pulvermischungen mit Rhiz. Veratri nehme man im Freien vor, besprenge es zuvor mit Weingeist und schütze Nase und Mund durch ein feuchtes Tuch.

Anwendung findet innerlich kaum noch statt, da es durch Veratrin ersetzt wird: erzeugt leicht Erbrechen und heftigen Durchfall. Germ. I und Helv. II hatten als dosis maxima 0,3. Aeusserlich in Form der Tinktur bei Pityriasis versicolor, in Salbenform gegen Krätze, als Bestandtheil von Schnupfpulvern. Vielfach in der Thierheilkunde, z. B. als Brechmittel für Schweine, bei Staupe der Hunde. In der Homöopathie bei Cholera und Krämpfen. Höchstgaben für Thiere: bei Rindern 10—20 g, Schafen und Ziegen 2—5 g, Hunden 0,01—0,03 g (FEIST).

In Deutschland dem freien Verkehr entzogen und nur gegen ärztliche oder thierärztliche Verordnung zu verabfolgen, ausgenommen zum äusserlichen Gebrauch für Thiere. Auch dürfte gegen die Abgabe der in manchen Gegenden noch gebräuchlichen Niese- oder Plusterbeutelchen, Rhizoma Veratri in sacculis, nichts einzuwenden sein.

† Tinctura Veratri acida. 10 Th. Nieswurz, 1 Th. Schwefelsäure. 100 Th. Weingeist.

† Tinctura Veratri. Tinctura Hellebori albi. Nieswurzeltinktur. Teinture ou Alcoolé d'hellébore blanc. Germ.: 1 Th. mittelfein geschnittene Nieswurzel, 10 Th. verdünnter Weingeist (60 proc.). — Gall.: 1 Th. grob gepulverte Wurzel, 5 Th. Weingeist (80 proc.). Man beachte, dass die Tinktur der Gall. doppelt so stark ist, wie die der Germ.! Vorsichtig aufzubewahren. Innerlich zu 5—10 Tropfen als Fiebermittel. Höchstgaben für Thiere: Pferden 5,0—15,0; Rindern 10,0—20,0; Schafen und Ziegen 2,0—5,0; Hunden 0,01—0,03 (FEIST).

† Vinum Veratri. Aus 1 Th. Nieswurzel und 10 Th. Spanischem Wein.

† Extractum Veratri viridis fluidum (U-St.). **Fluid Extract of Veratrum viride.** Wie Extractum Gelsemii fluidum U-St. Bd. I, S. 1209. Höchstgabe 0,2, *pro die* 1,0.

† Tinctura Veratri viridis (U-St.). Aus 400 g gepulvertem Rhizom (Nr. 60) und q. s. Weingeist (91 proc.) stellt man im Verdrängungswege (zum Befeuchten 150 ccm) 1000 ccm Tinktur her. Innerlich zu 5—10—25 Tropfen zur Herabsetzung des Fiebers.

Aqua antephelidica.
Sommersprossenwasser.

Rp.	Aquae Cinnamomi	
	Aquae Coloniensis	ää 30,0
	Glycerini	
	Tincturae Veratri	ää 20,0.

Vet. **Pulvis emeticus.**
Brechpulver.

I.

Rp.	Rhizomatis Veratri pulv.	1,0
	Tartari stibiati	0,05
	Sacchari albi	2,0.

Grösseren Schweinen auf einmal, kleineren die Hälfte. Bei Bräune.

II.

Rp.	Rhizomatis Veratri pulverati	
	Sacchari albi	ää 0,3.

Auf einmal. Bei Staupe der Hunde.

Sommersprossen- und Leberflecke-Mittel von SOLBRIG. Eine Tinktur aus Nieswurz, Arnikawurzel, Bertramwurzel, Styrax Calam. mit Citronen- und Bergamottöl (BEDALL).

Verbascum.

Gattung der **Scrophulariaceae — Pseudosolaneae — Verbasceae.**

I. Verbascum Thapsus L. Heimisch in Europa und Centralasien. Stengel aufrecht, bis 2 m hoch. Blätter länglich elliptisch, gekerbt, beiderseits wollig filzig, die unteren in einen Stiel verschmälert, die mittleren und die oberen bis zum nächsten Blatt herablaufend. Blumenkrone mittelgross, vertieft, die zwei längeren Staubfäden viermal so lang als ihre kurz herablaufenden Staubbeutel. Narbe kopfförmig, nicht herablaufend. (Gall.).

II. Verbascum thapsiforme Schrad. Heimisch in Mitteleuropa. Blätter wie I, Blumenkronen doppelt so gross wie von I, flach, die zwei längeren Staubfäden $1^1/_2$—2 mal so lang als ihre lang herablaufenden Staubbeutel. Narbe am Griffel herablaufend (Germ. Helv.).

III. Verbascum phlomoides L. Heimisch in Mittel- und Südeuropa. Blätter eiförmig, die mittleren länglich-eiförmig, spitz, die mittleren und oberen kurz herablaufend. Blüthen wie II (Germ. Helv. Austr.).

Verwendung finden a) die Blüthen:

Flores Verbasci (Austr. Germ.). **Flos Verbasci** (Helv.). — **Wollblumen. Wollkrautblüthen. Königskerzenblumen.** — **Fleur de bouillon-blanc ou de molène** (Gall.). **Fleur de bonhomme.** — **Torch-weed-flowers. Flowers of wool-blade. Mullein flowers.**

Beschreibung. Die Droge besteht aus der Blumenkrone mit den Staubblättern. Die sehr kurze Röhre der Blumenkrone verbreitert sich zu fünf ansehnlichen, gerundeten Lappen, von denen die zwei oberen am kleinsten, der unterste am grössten ist. Die Blumenkrone ist von schön gelber Farbe. Neben dem unteren Lappen stehen zwei lange, kahle Staubblätter, in den drei übrigen Einschnitten drei kürzere, weisswollige. Vergl. weiter oben.

Die Blumenkrone trägt auf der Unterseite reichlich Sternhaare wie Fig. 208, die Oberseite ist kahl. Die Haare der drei kürzeren Staubfäden sind einzellig, gegen die Spitze etwas

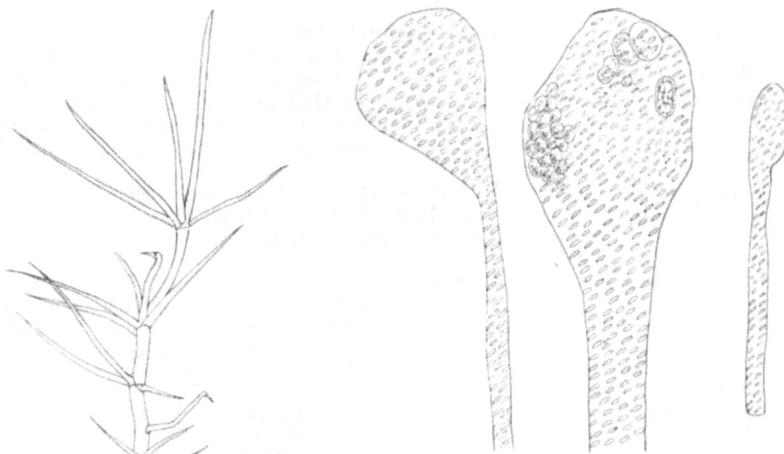

Fig. 208. Haar vom Verbascumblatt.

Fig. 209. Haare (das mittlere mit Spaerokrystallen) von den Staubfäden von Verbascum.

verbreitert, dicht mit Cuticularwärzchen besetzt. Beim Trocknen und Behandeln mit wasserentziehenden Mitteln entstehen in ihnen schöne Sphärokrystalle, die wahrscheinlich Zucker sind (Fig. 209). Die schöne gelbe Farbe der Korolle wird hervorgerufen durch gelb gefärbten Zellsaft beider Epidermen. Im Mesophyll vereinzelt Sekretzellen, die anscheinend ätherisches Oel enthalten.

Bestandtheile. Zucker 11 Proc. (Glukose 3,48 Proc., Saccharose 1,29 Proc.), andere Kohlehydrate 11,76 Proc., Spuren eines ätherischen Oeles, Fett, Farbstoffe, Asche 4,8 Proc.

Einsammlung und Aufbewahrung. Die Arzneibücher legen besonderen Werth auf die Erhaltung der goldgelben Farbe der Blüthen. Man sammelt also im Juli und August bei sonnigem, trocknem Wetter die Blumenkronen, trocknet in dünner Schicht ausgebreitet schnell an der Sonne oder bei künstlicher Wärme (25—30° C.) bis zur Brüchigkeit, reibt sie unter leichtem Druck durch ein grobmaschiges Drahtsieb (I. Germ. Helv.), entfernt durch Absieben den wolligen Staub und füllt sie, nochmals in der Wärme, besser im Kalttrockenschranke nachgetrocknet, in vorgewärmte Blechkanister, deren Verschlüsse man durch Ueberkleben mit Papier dichtet. Dieses Nachtrocknen versäume man auch nicht bei frisch eingetroffenen, in Papier verpackten Sendungen, da die Blüthen schon unterwegs Feuchtigkeit aufnehmen. Werden Wollblumen ohne Beachtung dieser Massregeln gesammelt oder während der Aufbewahrung vor Feuchtigkeit und Licht ungenügend geschützt, so verlieren sie ihren kräftigen Geruch und ihre schöne gelbe Farbe, werden braun und damit unverwendbar. Die gleiche Sorgfalt erfordern natürlich Theemischungen, die Flor. Verbasci enthalten. 7—8 Th. frische Wollblumen geben 1 Th. trockne.

b) die Blätter von I.

Folia Verbasci. Herba Verbasci. — Wollkraut. — Feuille de bouillon — blanc ou de molène (Gall.). — **Mullein leaves.**

Beschreibung. Die Blätter von I. Sie sind bis 30 cm lang, runzlig, weich, auf beiden Seiten dicht mit Sternhaaren besetzt (Fig. 208).

5 Theile frischer Blätter geben 1 Theil trockne. Sie enthalten Schleim, Wachs, Harz, einen Bitterstoff u. s. w.

Sie werden wie die Blüthen und mit diesen auch zum Rauchen bei Athembeschwerden angewendet. Der wollige Ueberzug wird als Zunder benutzt.

Extractum Verbasci fluidum (Nat. form.). **Fluid Extract of Verbascum.** Aus 1000 g gepulverten Blättern und Blüthen (Nr. 20) und q. s. verdünntem Weingeist (41 proc.) unter Zurückstellen der ersten 875 ccm Perkolat 1000 ccm Fluidextrakt.

Ptisana de flore Verbasci (Gall.). **Tisane de bouillon blanc.** 5,0 Wollblumen, 1000,0 siedendes Wasser; nach $^1/_2$ Stunde seiht man durch und filtrirt durch Papier.

Hustenbonbons. Infusi Florum Verbasci 90,0 : 750,0, Sacchari 3000,0, Sirupi Solani tuberosi 375,0, Solutionis Extracti Opii (1 + 1) 1,5, Tartari depurati 4,0. Coque ad consistentiam (Pharm. Zeitg.).

IV. Die Samen von I, aber wohl auch von anderen Arten, sind ein altes Mittel, um Fische zu betäuben, das hier und da noch heute verwendet wird.

Verbena.

Gattung der **Verbenaceae — Verbenoideae — Euverbeneae.**

I. Verbena officinalis L. Heimisch in Asien, Europa und Nordafrika. Ausdauernd. Stengel aufrecht, vierkantig, mit rauhen Kanten und abwechselnd zwei gegenüberliegenden vertieften Flächen, die unteren Blätter gestielt, länglich, die mittleren dreispaltig, Rand gezähnt, obere Blätter sitzend, länglich, eingeschnitten-gekerbt, die obersten ganzrandig. Blüthen in Aehren, die eine lockere Rispe bilden. Blumenkrone blasslila, stieltellerförmig, Saum fünfspaltig, fast zweilippig. Vier Staubblätter, von denen zwei länger. Liefert:

Herba Verbenae. Herba Columbariae. — Eisenkraut. Eisenhart. Stahlkraut. — Plante fleurie de verveine officinale (Gall.), das zur Blüthezeit, vom Juli bis September, gesammelte Kraut. Es dient als mildes Bittermittel und als Ersatz für Chinesischen Thee.

Betty Behrens' elektrische Heilkissen enthalten Herb. Verbenae conc. und Viscum album conc.

Deutscher Hausmannsthee. 100 Eisenkraut, 10 Pfefferminze, 2 Quendel, 2 Majoran, 5 Zimmt, 1 Macis.

II. Verbena triphylla L'Hér. Heimisch in Südamerika. Blätter kurz gestielt, zu dreien zusammengestellt, lanzettlich-lineal, ganzrandig, kahl, unterseits drüsig, von angenehmem Geruch, der an Citronen erinnert. Sie liefert:

Folia Verbenae odoratae. — Feuille de verveine odorante (Gall.).

III. Verbena hastata L. Heimisch in Nordamerika. Man verwendet dort die Wurzeln:

Radix Verbenae. — Verbena root zu einem Extrakt:

Extractum Verbenae fluidum. Fluid Extract of Verbena (Nat. form.). Es wird wie Extractum Urticae fluidum Nat. form. dargestellt (s. S. 1099).

IV. Verbena urticaefolia L. Heimisch in Nordamerika. White Vervain. Nettle-leaved Vervain. Mit gestielten, eilanzettlichen Blättern und kleinen weissen Blüthen. Man verwendet das Kraut wie das von I. Es soll ein Glukosid enthalten.

V. Verbena-Oel vergl. Band I, S. 303.

Veronica.

Gattung der **Scrophulariaceae. — Rhinanthoideae. — Digitaleae.**

I. Veronica officinalis L. Heimisch in Europa. Perennirend. Stengel kriechend, am Grunde ästig, oberwärts aufsteigend, rauhhaarig. Blätter verkehrt-eiförmig oder elliptisch, kurz gestielt, gekerbt-gesägt. Blüthen in Trauben in der Achsel nur eines Blattes eines Blattpaares, Blüthenstiele kürzer als das Tragblatt, in der Frucht aufrecht. Kelch und Blumenkrone viertheilig, letztere hellblau, selten weiss. Liefert im Kraut:

Herba Veronicae (Ergänzb.). **Hb. Betonicae albae. — Ehrenpreis. Wundkraut. Grundheil.**

Das vom Mai bis zum Juli mit der Blüthe gesammelte, getrocknete Kraut. 7 Th. frisches geben 2 Th. trocknes. Früher gegen alle möglichen Leiden gebraucht, heute nur noch ein unschuldiges Hausmittel.

Species Sanctae Veronicae.
Thee der heiligen Veronika.

Rp. Herb. Veronicae 60,0
Folior. Melissae
Folior. Aurant. ää 15,0
Folior. Menth. pip.
Fruct. Anisi stell. ää 5,0.

II. Veronica Beccabunga L. Heimisch in Europa, Asien und Nordafrika. Blätter rundlich oder länglich-oval, stumpf, in einen kurzen Stiel verschmälert, kleingesägt oder fast ganzrandig. Blüthen in lockeren Trauben, die in der Achsel beider Blätter eines Blattpaares stehen. Blüthen himmelblau.

Das frische Kraut wird in Frankreich als **Plante fraîche de beccabunga** (Gall.) bei Leiden des Zahnfleisches gebraucht.

III. Veronica virginica L. (syn.: Leptandra virginica). Heimisch in Nordamerika und Sibirien. Liefert im Rhizom mit den Wurzeln:

Radix Leptandrae virginicae. Leptandra (U-St.). — **Culvers Root.**

Beschreibung. Das Rhizom ist bis 10 cm lang, $^1/_2$ cm dick, geringelt, bis 6 cm lange Reste des Stengels tragend. Es bildet ein Sympodium. Aussen dunkel-graubraun, lässt es auf der Oberseite ausser den Resten abgestorbener Achsen Knospen, auf der Unterseite die etwa 2 mm dicken und 10 cm langen Wurzeln erkennen. Auf dem Querschnitt zeigt das Rhizom die dunkle Rinde, den hellen Holztheil und das grosse ebenfalls dunkle, 3—6 strahlige Mark. In der primären Rinde ein unterbrochener Kreis von Fasern.

Enthält ein Glukosid Leptandrin.

Man verwendet die Droge als Emeticum und Purgans.

Extractum Leptandrae (U-St.). **Extract of Leptandra.** Aus 1000 g gepulverter Wurzel (Nr. 40) und q. s. einer Mischung aus 750 ccm Weingeist (91 proc.) und 250 ccm Wasser im Verdrängungswege. Man befeuchtet mit 400 ccm, erschöpft l. a., destillirt den Weingeist ab und dampft zur Pillenkonsistenz ein.

Extractum Leptandrae fluidum (U-St.). Wie voriges, doch aus Pulver Nr. 60. Man fängt die ersten 800 ccm Perkolat für sich auf und bereitet l. a. 1000 ccm Fluidextrakt.

Beide Extrakte werden wie die betr. Rhabarberextrakte gebraucht und wirken auch wie diese.

Viburnum.

Gattung der **Caprifoliaceae — Viburneae.**

I. Viburnum Opulus L. In den gemässigten und kälteren Gebieten der nördlichen Halbkugel cirkumpolar. Verwendung findet die Rinde:

Cortex Viburni Opuli. Viburnum Opulus (U-St.). — **Schneeballrinde. — Cramp Bark.**

Sie hat ein geschichtetes Oberflächenperiderm, in der primären Rinde Kollenchym, im Parenchym derselben Drusen von Kalkoxalat. Gruppen primärer Bastfasern, die meist wenig auffallen, nur einzelne Fasern sind stark verdickt. Der sekundären Rinde fehlen

Bastfasern, dagegen enthält sie vertikal gestreckte Sklerenchymgruppen, ferner Drusen in Kammerfasern, im Bastparenchym und in den Markstrahlen. Sie kommt in 15—25 cm langen und 2,mm dicken, krummen Stücken in den Handel, denen an der Innenseite meistens Holz anhaftet.

Ein Bitterstoff der Rinde wird als Viburnin bezeichnet.

Verwendung. In Amerika empfohlen als Heilmittel bei schmerzhaften Menses und zur Verhütung von Abortus (auch in der Homöopathie), das Fluidextrakt als krampfstillendes Mittel.

Extractum Viburni Opuli fluidum (U-St.). **Fluid Extract of Viburnum Opulus.** Wie Extractum Valerianae fluidum U-St. (S. 1102). Man gebraucht 5—6000,0 Lösungsmittel.

II. Viburnum prunifolium L. Heimisch im grössten Theil der Vereinigten Staaten. Verwendung findet die Rinde:

Cortex Viburni prunifolii (Ergänzb.). **Viburnum prunifolium** (U-St.). — **Nordamerikanische Schneeballrinde. Viburnumrinde. — Black Haw.**

Beschreibung. Aussen glänzend purpurbraun, wenn älter graubraun, mit zerstreuten Warzen und schwarzen Punkten. Der papierdünne Kork lässt sich leicht von der primären Rinde ablösen. Kurzbrüchig, geruchlos, von schwach adstringirendem, deutlich bitterem Geschmack. Bau wie bei der vorigen, doch hat die Rinde reichlichere Borkebildung, die primären Fasern durchweg stark verdickt, die Oxalatkrystalle im Bast sind Drusen und Einzelkrystalle.

Bestandtheile. Ein Alkaloid, ferner Viburnin (wie bei I), das als Träger der Wirksamkeit angesehen wird, endlich Baldriansäure (Viburninsäure), Citronensäure, Aepfelsäure, Oxalsäure.

Verwendung und Wirkung. Die Rinde wirkt lähmend auf das Centralnervensystem, man verwendet sie als Antispasmodicum, besonders bei drohendem Abortus und bei Dysmenorrhoe. Dosis des Fluidextraktes 1,0—4,0 mehrmals täglich.

Unter dem Namen **Viburnin** verwendet man die aus dem alkoholischen Auszug ausgefällte harzige Substanz.

Extractum Viburni prunifolii fluidum. Viburnumfluidextrakt. Fluid Extract of Viburnum prunifolium. Ergänzb.: Aus mittelfein gepulverter Rinde und einer Mischung aus 7 Th. Weingeist und 3 Th. Wasser wie Extractum Frangulae fluidum Germ. (Bd. I, S. 1181). — U-St.: Wie Extr. Valerian. fluid. U-St. (S. 1102). Rothbraun, von saurer Reaktion. Wird in Amerika besonders als Vorbeugungsmittel bei drohender Früh- oder Fehlgeburt sowie bei Regelstörungen in Gaben von 2—4 g gebraucht. Nach E. Merck ist folgende Form zu empfehlen:

Rp.		
	Extract. Viburni prunif. fluid.	20,0
	Antispasmini	1,0
	Spiritus Vini Cognac	20,0
	Sirupi Coffeae	20,0
	Aquae destillatae	60,0.

Bei drohendem Abortus 1—2stündlich 1 Esslöffel.

Elixir Viburni Opuli compositum (Nat. form.).
Compound Elixir of Crampbark.

Rp.		
	Extr. Viburni Opuli fluid.	75 ccm
	Extr. Aletridis fluid. (Nat. form.)	75 „
	Extr. Trillii fluid. (Nat. form.)	150 „
	Elixir Taraxaci comp. (s. S. 1016)	700 „

Elixir Viburni prunifolii (Nat. form.).
Elixir of Black Haw.

Rp.		
	Extr. Viburni prunif. fluid.	125 ccm
	Tinct. Cardamom. comp. (U-St.)	75 „
	Elixir aromatici (U-St.)	800 „

Tinctura Viburni Opuli composita.
Compound Tincture of Viburnum
(Nat. form.).

Rp.		
1.	Cort. Viburni Opuli	35 g
	Rhiz. Dioscoreae	35 „
	Herb. Scutellar. lat. (U-St.)	10 „
	Caryophyllor.	50 „
	Cort. Cinnamom.	65 „
2.	Glycerini	65 ccm
	Spiritus (91 proc.)	750 „
3.	Aquae vol. 1, Spiritus vol. 5	q. s.

Man macerirt 1 (Pulv. No. 40) mit 150 ccm von 2 48 Stunden, perkolirt mit dem Rest, dann mit 3, sodass man 1000 ccm Tinktur erhält.
10 Tropfen stündlich, bis zu 150 Tropfen pro die.

Pastor König's Nerventonic. Kalii et Natrii bromati āā 30,0, Ammonii bromati 10,0, Extracti Viburni prunifolii 10,0, Tincturae Valerianae compositae 130,0, Glycerini 30,0, Aquae 430,0.

Vinca.

Gattung der **Apocynaceae — Plumieroideae — Plumiereae — Alstoniinae.**

Vinca minor L. Heimisch von England und Deutschland bis zum Kaukasus und Kleinasien. Niederliegend. Stengel, meist seitlich aufrecht, in eine Blüthe endigend. Laubblätter elliptisch bis lanzettlich, kurz gestielt, ganzrandig, spitz. Kelchblätter und Kronenzipfel kahl.

Vinca major L. Verbreitung wie vorige, aber mehr südlich. Grösser wie vorige. Laubblätter eiförmig, vorne verschmälert, am Grunde fast herzförmig. Kelchblätter und Kronenzipfel gewimpert. Beide liefern:

Herba Vincae pervincae. — Sinngrün. Wintergrün. Todtenmyrthe. — Feuille de pervenche grande et petite (Gall.). — **Evergreen.**

Wird als Bittermittel noch hier und da im Handverkauf unzerkleinert abgegeben.

Vincetoxicum.

Gattung der **Asclepiadaceae — Cynanchoideae — Asclepiadeae — Cynanchinae.** — Jetzt zu **Cynanchum** gezogen.

Cynanchum Vincetoxicum (L.) Pers. (syn.: Vincetoxicum officinale Mönch). Stengel bis 50 cm hoch, ausser einer flaumigen Längslinie kahl. Blätter kurz gestielt, herzeiförmig oder eilanzettlich, zugespitzt, ganzrandig. Blüthen weiss mit gelblichem Staubblattkranz. Liefert im Rhizom mit den Wurzeln:

Radix Vincetoxici seu Asclepiadis seu Hirundinariae. — Schwalbenwurzel. Giftwurzel. — Souche d'asclépiade ou de dompte-venin (Gall.).

Beschreibung. Der Wurzelstock ist bis 6 cm lang, 6 mm dick, gelb bis bräunlich, die Wurzeln bis 1 mm dick.

In der breiten Rinde und im Mark zahlreiche Oxalatdrusen und Milchsaftschläuche, die Markstrahlen im Holz sind eine Zellreihe breit. Bastfasern und Steinzellen fehlen.

Bestandtheile. Ein Glukosid Vincetoxin $C_{16}H_{12}O_6$, das in einer in Wasser löslichen und darin unlöslichen Form in der Droge vorkommen soll, ferner Asclepin, Asclepiadin oder Cynanchin, das der wirksame Bestandtheil sein soll: gelbe, amorphe Masse von bitterem Geschmack, deren wässerige Lösung durch Tannin gefällt wird. Koncentrirte Salzsäure färbt es grün; wirkt zu 0,2 g brechenerregend, kleinere Dosen purgirend.

Anwendung. Als Arzneimittel veraltet, wird die Droge noch beim Vieh in Gaben von 10—20 g verwendet.

Vinum.

Vinum. Wein. Vin. Wine.

Die Pharm. Germ. IV sagt unter dem Abschnitt „Wein":

„Das durch Gährung aus dem Safte der Weintrauben hergestellte Getränk, unverfälscht und von guter Beschaffenheit. — Die Untersuchung und Beurtheilung des Weines richtet sich nach den jeweils geltenden, allgemeinen, gesetzlichen Bestimmungen und den dazu ergangenen Ausführungsverordnungen, unbeschadet der nachstehenden Forderungen.

Der Gehalt des Weines an Schwefelsäure darf in 100 ccm Flüssigkeit nicht mehr betragen, als 0,2 g Kaliumsulfat entspricht.

Xeres und andere Südweine, z. B. Madeira, Marsala, Gold-Malaga, Gelber Portwein, Trockenweine Ungarns, Syriens, Griechenlands, des Kaplandes und anderer Weinbaugebiete sollen in 100 ccm nicht weniger als 11 g und nicht mehr als 16 g Alkohol, sowie nicht mehr als 8 g Extrakt einschliesslich des Zuckers enthalten. — An Stelle von Xeres darf zur Herstellung pharmaceutischer Zubereitungen einer der oben genannten Weine verwendet werden, wenn er auch in Farbe und Geschmack dem Xeres ähnlich ist. — Weine, mit Ausnahme von Kampherwein, sind klar abzugeben".

Das zur Zeit für Deutschland gültige Weingesetz ist unter dem 24. Mai 1901 erlassen worden und wird unten wiedergegeben werden.

Allgemeines. Zur Gewinnung von Wein werden nur die völlig reifen Trauben (von Vitis vinifera L.) herangezogen. Sowohl weisse als auch blaue Trauben können weissen Wein liefern. Zu diesem Zweck müssen die Fruchtschalen der letzteren, welche den Weinfarbstoff enthalten, möglichst schnell vom Most getrennt werden. Lässt man dagegen die Fruchtschalen der blauen Trauben während der Gährung im Most, so extrahirt der entstehende Alkohol den Farbstoff, und man erhält rothe Weine. Nur die Beeren der „Färbertraube" liefern gefärbten Most, daher unter allen Umständen rothen Wein.

Man entfernt die sog. „Kämme" von den Beeren, zerquetscht diese und presst, falls man Weisswein gewinnen will, den Beerensaft (Most) bald ab. Bei Erzeugung von Rothwein verbleiben die Beerenschalen während der Gährung in dem Most. (Rothweinmaische).

Der „Most" wechselt in seiner Zusammensetzung ausserordentlich, er enthält z. B. 0,4—2 Proc. Säure und 10—30 Proc. Zucker. Ueberlässt man ihn sich selbst, so geräth er bei mittlerer Temperatur freiwillig in alkoholische Gährung. Letztere wird hervorgerufen durch Hefezellen, welche theils schon den Beeren aufgesessen haben, theils aus der Luft in den Most gelangen; z. B. Saccharomyces elypsoïdeus, gewöhnliche Weinhefe, S. conglomeratus, S. apiculatus, S. Pastorianus u. a. Durch die Gährung wird der im Moste vorhandene Zucker in Alkohol und Kohlensäure gespalten: $C_6H_{12}O_6 = 2CO_2 + 2C_2H_5 . OH$. In dem Maasse, wie die Flüssigkeit alkoholreich wird, scheidet sich das ursprünglich im Most gelöste Kaliumbitartrat an den Wandungen der Lagerfässer als „Weinstein" ab. Mit dem Weinstein fällt auch die Hauptmenge der den Most trübenden Bestandtheile (Eiweissstoffe, Gummi) aus. Der fertig gegohrene Wein wird schliesslich der „kellermässigen Behandlung" unterworfen. Zu dieser gehören z. B.: das Schönen mit Hausenblase, Leim, Gelatine, Eiweiss, das Filtriren, ferner das Schwefeln der Fässer und das Ausschwenken derselben mit Alkohol.

Weinverbesserung und -Vermehrung. In guten Jahren enthält die Weinbeere viel Zucker und nur wenig Säure. Der Most liefert alsdann ohne weitere Behandlung trinkbaren Wein. In schlechten Jahren sinkt der Gehalt an Zucker, während der Säuregehalt stark erhöht ist. Trinkbare Weine können alsdann nur durch geeignete Behandlung des Mostes erzeugt werden. — Zu diesem Zwecke bestimmt man a) den Säuregehalt des Mostes durch Titriren mit $^1/_5$-Natronlauge, b) den Zuckergehalt und zwar entweder mit Hilfe von Mostwaagen (nach Oechsle, v. Babo, Balling, Wagner) oder polarimetrisch, am genauesten gewichtsanalytisch nach Allihn. — Die wichtigsten Verfahren zur Verbesserung bez. Vermehrung des Weines sind folgende:

1) Das Chaptalisiren. Man entzieht dem Most oder Wein einen Theil der Säure durch Calciumkarbonat (Marmorstaub) und ersetzt den fehlenden Zucker durch Zusatz von Rohrzucker, reinem Traubenzucker oder Invertzucker.

Dieses Verfahren ist durch das zur Zeit giltige deutsche Weingesetz gestattet. Es ist auch gestattet, den Zucker in wässeriger Lösung zuzusetzen, doch darf durch diesen Zusatz eine erhebliche Vermehrung des Weines nicht stattfinden.

2) Das Gallisiren. Es geht von der Voraussetzung aus, dass ein trinkbarer Wein dann erzielt wird, wenn der Most 24 Proc. Zucker, 0,6 Proc. freie Säure und 75,4 Proc. Wasser enthält. Zuckerarme und säurereiche Weine werden durch Verdünnung mit Wasser zunächst auf den vorgeschriebenen Säuregrad gebracht, der fehlende Zucker wird alsdann als Rohrzucker zugesetzt.

Hat man z. B. einen Most von 16,7 Proc. Zucker, 0,8 Proc. Säure und 82,5 Proc. Wasser, so sind — um ihn auf 0,6 Proc. Säure und 24 Proc. Zucker zu bringen — 18 Proc. Wasser und 15,3 Proc. Zucker zuzusetzen. Man vermehrt dadurch den Wein von 100 Th. auf 133 Th. — In ganz schlechten Jahren steigt der Säuregehalt oft auf

1,4—1,6 Proc. Auf solche Moste angewendet, würde das Gallisiren zur Pantscherei ausarten.

Das zur Zeit giltige Weingesetz gestattet den Zusatz von Zucker, auch in wässeriger Lösung, „sofern ein solcher Zusatz nur erfolgt, um den Wein zu verbessern, ohne seine Menge erheblich zu vermehren“. Durch das Gesetz ist daher den Auswüchsen des Gallisirens ein Riegel vorgeschoben worden, und man wird in schlechten Jahren auf das Chaptalisiren zurückzugreifen haben.

3) Das Petiotisiren besteht darin, dass man auf die (ausgepressten) Weintrester Zuckerwasser aufgiesst und diese Mischung der Gährung überlässt. Man erhält so Getränke, welche natürlich weniger Säure enthalten als Naturwein, aber in Bezug auf Alkoholgehalt und Bouquet diesem annähernd gleichkommen. Die späteren Auszüge werden mit Weinsäure versetzt und liefern den sogen. „Haustrunk“ oder „Tresterwein“. Dieselben Trester können mehrmals hintereinander zum Vergähren von Zuckerwasser benutzt werden. Da alle diese Produkte noch wohlschmeckend und bouquetreich sind, so geht daraus hervor, dass die Schalen der Weinbeeren an der Bildung des Bouquets wesentlich betheiligt sind.

Das zur Zeit giltige Weingesetz verbietet die gewerbsmässige Herstellung der sogen. Tresterweine und deren Feilhalten und Verkauf, während ihre Herstellung zum eigenen Bedarf, als Haustrunk, gestattet ist.

4) Das Gipsen. Dasselbe geschieht namentlich in Frankreich und anderen südlichen Ländern, um eine schnellere Klärung herbeizuführen, die Farbe des Weines zu erhöhen und grössere Haltbarkeit zu erzielen. Man bestreut zu diesem Zwecke die Trauben mit nicht unbedeutenden Mengen Gips. Dieser setzt sich mit dem Kaliumbitartrat des Weines in der Weise um, dass sich Calciumbitartrat bildet, welches abgeschieden wird, und Kaliumbisulfat, welches in Lösung bleibt.

Man erkennt daher das stattgehabte Gipsen im Weine in der Erhöhung des Schwefelsäuregehaltes. Um einen auffällig hohen Schwefelsäuregehalt herabzumindern, machen die Producenten bisweilen Zusätze von Baryt- und Strontiansalzen (s. S. 1126).

Der zulässige Gehalt an Schwefelsäure ist in den meisten Ländern gesetzlich normirt.

5) Das Scheelisiren besteht in einem Zusatz von Glycerin zum fertigen Wein. Dieser wird dadurch haltbarer und vollmundiger. Der Zusatz ergiebt sich analytisch in der Verschiebung der Relation des Gehaltes an Glycerin zum Alkoholgehalt.

Das Scheelisiren ist durch das zur Zeit giltige deutsche Weingesetz verboten.

6) Das Alkoholisiren besteht in Zusätzen von Alkohol zu alkoholarmen Weinen zum Zwecke der Konservirung. In Deutschland ist der Alkoholzusatz zu den völlig ausgegohrenen Weinen gesetzlich beschränkt (1 Vol.-Proc.). Die meisten südlichen Weine erhalten erhebliche Zusätze von Alkohol.

Klassifikation. Man unterscheidet nach der Farbe weisse und rothe Weine, nach dem Geschmacke süsse und nicht süsse Weine. Ausserdem werden die Weine meist nach den Produktionsländern eingetheilt. Im allgemeinen aber können folgende Hauptgruppen unterschieden werden:

1) Gewöhnliche oder völlig vergohrene Weine. Der ursprüngliche Zuckergehalt des Mostes ist bis auf Spuren vergohren. In solchen Weinen findet man selten mehr als 0,1 Proc. Zucker. Hierher gehören die gewöhnlichen Rhein- und Moselweine, die meisten österreichischen und ungarischen Landweine.

2) Zuckerarme Weine (im analytischen Sinne) sind solche, welche in 100 ccm weniger als 0,5 g Zucker enthalten.

3) Zuckerreiche Weine (im analytischen Sinne) sind solche, welche in 100 ccm mehr als 0,5 g Zucker enthalten.

4) Süssweine werden die deutlich süss schmeckenden genannt.

5) Südweine sind die in südlichen Gegenden producirten. Sie sind feurig, alkoholreich; der Alkohol ist zum Theil als „Sprit“ zugesetzt.

6) Ausbruchweine. Diese werden hergestellt aus besonders reifen, am Stock etwas geschrumpften, edlen Trauben; hierher gehören die rheinischen „Ausbruchweine“. Ferner dadurch, dass am Stock getrocknete Beeren (Trockenbeeren, Cibeben) mit gewöhnlichem Wein ausgelaugt werden. Hierher gehören die süssen Ungarweine (Tokayer, Ruster, Menescher). Ein Theil der Trockenbeeren wird wohl auch durch Zucker ersetzt.

7) Gekochte Weine. Man setzt dem Most während der Hauptgährung künstlich (durch Kochen oder Eindampfen) koncentrirten Most zu. Hierher gehören die griechischen Malvasiaweine, ferner der spanische Malaga.

8) Likörweine. Diese werden in der Weise dargestellt, dass die Gährung des Mostes durch reichlichen Zusatz von Alkohol unterdrückt wird. Auf diese Weise behalten die Weine einen Theil des Zuckers, ferner besitzen sie meist einen hohen Alkoholgehalt, aber der Alkohol ist nur zum Theil durch Gährung in dem Weine selbst entstanden. Hierher gehören der Portwein, Xeres, Marsala.

Lediglich der Vollständigkeit wegen führen wir noch die folgenden Getränke auf, welche vor Erlass des gegenwärtig gültigen Weingesetzes z. Th. als Weine, z. Th. als weinähnliche Getränke bezeichnet worden waren, deren gewerbmässige Herstellung durch das neue Weingesetz aber zum Theil untersagt ist:

Tresterweine werden hergestellt durch Vergähren von Zuckerwasser über ganz oder theilweise ausgepressten Trauben (Trestern) und Zusatz von Weinsäure. Sie enthalten wenig Extrakt, aber verhältnissmässig viel Mineralbestandtheile. Die gewerbsmässige Herstellung ist untersagt.

Hefenweine gewinnt man durch Vergähren von Zuckerwasser über Weinhefe und Zusatz von Tannin und Weinsäure. Die gewerbsmässige Herstellung ist untersagt.

Rosinenweine. a) Man lässt Rosinen mit einer entsprechenden Menge Wasser für sich vergähren. b) Man setzt zu Most Auszüge von Rosinen hinzu. c) Man setzt zu Most oder Wein Rosinen ohne Zusatz von Wasser hinzu. Die Herstellung völlig vergohrener Weine auf diesem Wege ist untersagt. Gestattet dagegen die Herstellung von Süssweinen, welche als solche ausländischen Ursprungs in den Verkehr gebracht werden.

Kunstwein wird durch Vermischen von Wasser, Alkohol, Zucker, Weinsäure und gerbsäurehaltigen Materialien ohne Gährung hergestellt. Die gewerbmässige Herstellung ist untersagt.

Schaumwein, Champagner. a) Man lässt zuckerhaltige Weine auf der Flasche gähren. b) Man imprägnirt mit Zucker versetzte Weine künstlich mit mineralischer Kohlensäure. — Schaumweine sind nicht als „Wein" im Sinne des Weingesetzes anzusehen, sie gelten als Kunstprodukte.

Obstweine. Der Saft des Schalen- und Beerenobstes (Birnen, Aepfel, Johannisbeeren, Stachelbeeren, Blaubeeren) wird nach geeigneter Verdünnung mit Wasser unter Zusatz von Zucker vergohren.

Cyder. Frischer Obstsaft wird mit soviel Alkohol (15—16 Proc.) versetzt, dass Gährung nicht mehr eintreten kann, das Getränk also haltbar wird. Darf weder als Obstwein noch als Wein bezeichnet werden und ist im Sinne der Gewerbeordnung als Branntwein aufzufassen.

Die in den Apotheken verwendeten Weine sind im allgemeinen folgende:

Vinum album. Vinum generosum album. Weisswein. Vin blanc. White Wine. Jeder unverfälschte, völlig ausgegohrene Weisswein. Man wird also in Deutschland eine gute Sorte Rheinwein, Moselwein, Pfälzerwein, Haardwein oder einen ähnlichen Wein wählen.

Vinum rubrum. Rothwein. Vin rouge. Red wine. Jeder völlig vergohrene (nicht süsse) Rothwein. Man wird entweder einen deutschen Rothwein oder eine gute Sorte eines französischen Rothweins (Bordeaux) wählen, dagegen unter den italienischen Rothweinen die an Gerbsäure und Farbstoff allzureichen sogen. Verschnittweine vermeiden.

Vinum Xerense. Xeres. Sherry. Unter „Xeres" ist eigentlich nur der in der Umgebung von Xeres de la Frontera, spanische Provinz Cadiz, wachsende Wein zu verstehen. Man hat sich indess daran gewöhnt, als Xeres einen beliebigen spanischen Wein zu bezeichnen. Da diese spanischen Weine vielfach den an sie zu stellenden berechtigten Ansprüchen nicht genügen, so lässt das Arzneibuch ausdrücklich zu, dass zur Darstellung der pharmaceutischen Zubereitungen an Stelle des Xeres jeder andere Südwein mit ähnlichen Eigenschaften verwendet werden darf. Als Ersatz des Xeres kommen namentlich in Betracht die italienischen Marsalaweine, ferner die sogen. griechischen Xeresweine. Auf S. 1146 ist die Analyse eines als „Achaier, griechischer Xeres" bezeichneten Südweines wiedergegeben, welcher von der Weinbaugesellschaft Achaia in Patras herstammt und als ein vortrefflicher Ersatz eines guten Xeres zu empfehlen ist.

Vinum achajense (Ergänzb.). Der oben erwähnte griechische Süsswein, ein Ersatz der spanischen, sogen. Xeres-Weine.

Vinum madeirense (Ergänzb.). **Madeira.** Ein alkoholreicher, wenig süsser, bräunlich-gelber Wein von den Kanarischen Inseln.

Vinum malacense. Malaga. (Helv Ergänzb.). Braunrother spanischer Süsswein mit einem Alkoholgehalte von 13—18 Vol.-Proc., und einem Gehalte von 10—18,0 g Zucker pro 100 ccm. Das zuckerfreie Extrakt betrage 3—4,0 g pro 100 ccm.

Vinum marsalense. Marsala. (Helv. Ergänzb.). Hellbrauner sicilianischer Wein von schwach süssem Geschmacke mit einem Alkoholgehalt von 13—18 Vol.-Proc. und einem Gehalt von 2—4,0 g Zucker pro 100 ccm. Das zuckerfreie Extrakt betrage 2—3,5 g pro 100 ccm.

Vinum portense. Portwein. (Ergänzb.). Alkoholreicher, wenig süsser, portugiesischer Wein von braunrother Farbe.

Vinum tokayense. Tokayer. (Ergänzb.). Alkoholreicher, süsser Ungarwein von gelber bis bräunlicher Farbe.

Gesetz betreffend den Verkehr mit Wein, weinhaltigen und weinähnlichen Getränken.

Wir Wilhelm, von Gottes Gnaden Deutscher Kaiser, König von Preussen etc. verordnen im Namen des Reichs, nach erfolgter Zustimmung des Bundesraths und des Reichstages, was folgt:

§ 1. Wein ist das durch alkoholische Gährung aus dem Safte der Weintraube hergestellte Getränk.

§ 2. Als Verfälschung oder Nachmachung des Weines im Sinne des § 10 des Gesetzes, betreffend den Verkehr mit Nahrungsmitteln, Genussmitteln und Gebrauchsgegenständen, vom 14. Mai 1879 (Reichs-Gesetzbl. S. 145) ist nicht anzusehen:

1) die anerkannte Kellerbehandlung einschliesslich der Haltbarmachung des Weines, auch wenn dabei Alkohol oder geringe Mengen von mechanisch wirkenden Klärungsmitteln (Eiweiss, Gelatine, Hausenblase und dergleichen), von Tannin, Kohlensäure, schwefliger Säure oder daraus entstandener Schwefelsäure in den Wein gelangen; jedoch darf die Menge des zugesetzten Alkohols, sofern es sich nicht um Getränke handelt, die als Dessertweine (Süd-, Süssweine) ausländischen Ursprungs in den Verkehr kommen, nicht mehr als ein Raumtheil auf einhundert Raumtheile Wein betragen;

2) die Vermischung (Verschnitt) von Wein mit Wein;

3) die Entsäuerung mittels reinen gefällten kohlensauren Kalkes;

4) der Zusatz von technisch reinem Rohr-, Rüben- oder Invertzucker, technisch reinem Stärkezucker, auch in wässeriger Lösung, sofern ein solcher Zusatz nur erfolgt, um den Wein zu verbessern, ohne seine Menge erheblich zu vermehren; auch darf der gezuckerte Wein seiner Beschaffenheit und seiner Zusammensetzung nach, namentlich auch in seinem Gehalt an Extraktstoffen und Mineralbestandtheilen nicht unter den Durchschnitt der ungezuckerten Weine des Weinbaugebiets, dem der Wein nach seiner Benennung entsprechen soll, herabgesetzt werden.

§ 3. Es ist verboten die gewerbsmässige Herstellung oder Nachmachung von Wein unter Verwendung

1) eines Aufgusses von Zuckerwasser oder Wasser auf Trauben, Traubenmaische oder ganz oder theilweise entmostete Trauben, jedoch ist der Zusatz wässeriger Zuckerlösung zur vollen Rothweintraubenmaische zu dem im § 2 Nr. 4 angegebenen Zwecke mit den dort bezeichneten Beschränkungen behufs Herstellung von Rothwein gestattet;

2) eines Aufgusses von Zuckerwasser auf Hefen;

3) von getrockneten Früchten (auch in Auszügen oder Abkochungen) oder eingedickten Moststoffen, unbeschadet der Verwendung bei der Herstellung von solchen Getränken, welche als Dessertweine (Süd-, Süssweine) ausländischen Ursprungs in den Verkehr kommen. Betriebe, in welchen eine derartige Verwendung stattfinden soll, sind von dem Inhaber vor dem Beginn des Geschäftsbetriebs der zuständigen Behörde anzuzeigen;

4) von anderen als den im § 2 Nr. 4 bezeichneten Süssstoffen, insbesondere von Saccharin, Dulcin oder sonstigen künstlichen Süssstoffen;

5) von Säuren, säurehaltigen Stoffen, insbesondere von Weinstein und Weinsäure, von Bouquetstoffen, künstlichen Moststoffen oder Essenzen, unbeschadet der Verwendung aromatischer oder arzneilicher Stoffe bei der Herstellung von solchen Weinen, welche als landesübliche Gewürzgetränke oder als Arzneimittel unter den hierfür gebräuchlichen Bezeichnungen (Wermuthwein, Maiwein, Pepsinwein, Chinawein und dergleichen) in den Verkehr kommen;

6) von Obstmost und Obstwein, von Gummi oder anderen Stoffen, durch welche der Extraktgehalt erhöht wird, jedoch unbeschadet der Bestimmungen im § 2 Nr. 1, 3, 4.

Getränke, welche den vorstehenden Vorschriften zuwider oder unter Verwendung eines nach § 2 Nr. 4 nicht gestatteten Zusatzes hergestellt sind, dürfen weder feilgehalten noch verkauft werden. Dies gilt auch dann, wenn die Herstellung nicht gewerbsmässig erfolgt ist.

Die Verwerthung von Trestern, Rosinen und Korinthen in der Branntweinbrennerei wird durch die Bestimmungen des Abs. 1 nicht berührt; jedoch unterliegt sie der Kontrolle der Steuerbehörden.

§ 4. Es ist verboten, Wein, welcher einen nach § 2 Nr. 4 gestatteten Zusatz erhalten hat, oder Rothwein, welcher unter Verwendung eines nach § 3 Abs. 1 Nr. 1 gestatteten Aufgusses hergestellt ist, als Naturwein oder unter anderen Bezeichnungen feilzuhalten oder zu verkaufen, welche die Annahme hervorzurufen geeignet sind, dass ein derartiger Zusatz nicht gemacht ist.

§ 5. Die Vorschriften des § 3 Abs. 1 Nr. 1 bis 4, Abs. 2 finden auch auf Schaumwein Anwendung.

§ 6. Schaumwein, der gewerbsmässig verkauft oder feilgehalten wird, muss eine Bezeichnung tragen, welche das Land und erforderlichen Falls den Ort erkennbar macht, in welchem er auf Flaschen gefüllt worden ist. Schaumwein der aus Fruchtwein (Obst-

oder Beerenwein) hergestellt ist, muss eine Bezeichnung tragen, welche die Verwendung von Fruchtwein erkennen lässt. Die näheren Vorschriften trifft der Bundesrath.

Die vom Bundesrath vorgeschriebenen Bezeichnungen sind auch in die Preislisten und Weinkarten sowie in die sonstigen im geschäftlichen Verkehr üblichen Angebote mitaufzunehmen.

§ 7. Die nachbenannten Stoffe, nämlich:

lösliche Aluminiumsalze (Alaun und dergleichen), Baryumverbindungen, Borsäure, Glycerin, Kermesbeeren, Magnesiumverbindungen, Salicylsäure, Oxalsäure, unreiner (freien Amylalkohol enthaltender) Sprit, unreiner (nicht technisch reiner) Stärkezucker, Strontiumverbindungen, Theerfarbstoffe,

oder Gemische, welche einen dieser Stoffe enthalten, dürfen Wein, weinhaltigen oder weinähnlichen Getränken, welche bestimmt sind, Anderen als Nahrungs- oder Genussmitteln zu dienen, bei oder nach der Herstellung nicht zugesetzt werden.

Der Bundesrath ist ermächtigt, noch andere Stoffe zu bezeichnen, auf welche dieses Verbot Anwendung zu finden hat.

§ 8. Wein, weinhaltige und weinähnliche Getränke, welchen, den Vorschriften des § 7 zuwider, einer der dort oder der vom Bundesrath gemäss § 7 bezeichneten Stoffe zugesetzt ist, dürfen weder feilgehalten noch verkauft, noch sonst in Verkehr gebracht werden.

Dasselbe gilt für Rothwein, dessen Gehalt an Schwefelsäure in einem Liter Flüssigkeit mehr beträgt, als sich in zwei Gramm neutralen schwefelsauren Kaliums vorfindet. Diese Bestimmung findet jedoch auf solche Rothweine nicht Anwendung, welche als Dessertweine (Süd-, Süssweine) ausländischen Ursprungs in den Verkehr kommen.

§ 9. Jeder Inhaber von Keller-, Gähr- und Kelterräumen oder sonstigen Räumen, in denen Wein oder Schaumwein gewerbsmässig hergestellt oder behandelt wird, hat dafür zu sorgen, dass in diesen Räumen an einer in die Augen fallenden Stelle ein deutlicher Abdruck der §§ 2 bis 8 dieses Gesetzes ausgehängt ist.

§ 10. Bis zur reichsgesetzlichen einheitlichen Regelung der Beaufsichtigung des Verkehrs mit Nahrungs- und Genussmitteln treffen die Landesregierungen darüber Bestimmung, welche Beamten und Sachverständigen für die in den nachfolgenden Vorschriften bezeichneten Massnahmen zuständig sind.

Diese Beamten und Sachverständigen sind befugt, ausserhalb der Nachtzeit und, falls Thatsachen vorliegen, welche annehmen lassen, dass zur Nachtzeit gearbeitet wird, auch während dieser Zeit, in Räume, in denen Wein, weinhaltige oder weinähnliche Getränke gewerbsmässig hergestellt, aufbewahrt, feilgehalten oder verpackt werden, einzutreten, daselbst Besichtigungen vorzunehmen, geschäftliche Aufzeichnungen, Frachtbriefe und Bücher einzusehen, auch nach ihrer Auswahl Proben zum Zwecke der Untersuchung gegen Empfangsbescheinigung zu entnehmen. Auf Verlangen ist ein Teil der Probe amtlich verschlossen oder versiegelt zurückzulassen und für die entnommene Probe eine angemessene Entschädigung zu leisten.

Die Nachtzeit umfasst in dem Zeitraum vom 1. April bis 30. September die Stunden von 9 Uhr abends bis 4 Uhr morgens und in dem Zeitraum vom 1. Oktober bis 31. März die Stunden von 9 Uhr abends bis 6 Uhr morgens.

§ 11. Die Inhaber der im § 10 bezeichneten Räume sowie die von ihnen bestellten Betriebsleiter und Aufsichtspersonen sind verpflichtet, den zuständigen Beamten und Sachverständigen auf Erfordern Auskunft über das Verfahren bei Herstellung der Erzeugnisse, über den Umfang des Betriebs, über die zur Verwendung gelangenden Stoffe, insbesondere auch über deren Menge und Herkunft, zu ertheilen, sowie die geschäftlichen Aufzeichnungen, Frachtbriefe und Bücher vorzulegen. Die Ertheilung von Auskunft kann jedoch verweigert werden, soweit derjenige, von welchem sie verlangt wird, sich selbst oder einem der im § 51 No. 1 bis 3 der Strafprocessordnung bezeichneten Angehörigen die Gefahr strafgerichtlicher Verfolgung zuziehen würde.

§ 12. Die Sachverständigen (§ 10) sind, vorbehaltlich der Anzeige von Gesetzwidrigkeiten, verpflichtet, über die Thatsachen und Einrichtungen, welche durch die Aufsicht zu ihrer Kenntniss kommen, Verschwiegenheit zu beobachten und sich der Mittheilung und Nachahmung der von den Gewerbetreibenden geheim gehaltenen, zu ihrer Kenntnis gelangten Betriebseinrichtungen und Betriebsweisen, solange als diese Betriebsgeheimnisse sind, zu enthalten. Sie sind hierauf zu beeidigen.

§ 13. Mit Gefängniss bis zu sechs Monaten und mit Geldstrafe bis zu dreitausend Mark oder mit einer dieser Strafen wird bestraft, wer vorsätzlich

1) den Vorschriften des § 3, abgesehen von der Bestimmung über die Anzeige gewisser Betriebe in der Nr. 3 des Abs. 1, oder den Vorschriften der §§ 5, 7, 8 oder

2) den Vorschriften des § 4

zuwiderhandelt.

Ist der Thäter bereits einmal wegen einer der im Abs. 1 bezeichneten Zuwiderhandlungen bestraft, so tritt Gefängnissstrafe bis zu einem Jahre ein, neben welcher auf Geldstrafe bis zu fünfzehntausend Mark erkannt werden kann. Diese Bestimmung findet Anwendung, auch wenn die frühere Strafe nur theilweise verbüsst oder ganz oder theilweise erlassen ist, bleibt jedoch ausgeschlossen, wenn seit der Verbüssung oder dem Erlasse der letzten Strafe bis zur Begehung der neuen Strafthat drei Jahre verflossen sind.

§ 14. Mit Geldstrafe bis eintausendfünfhundert Mark oder mit Gefängniss bis zu drei Monaten wird bestraft, wer den Vorschriften des § 12 zuwider Verschwiegenheit nicht beobachtet, oder der Mittheilung oder Nachahmung von Betriebsgeheimnissen sich nicht enthält.

Die Verfolgung tritt nur auf Antrag des Betriebsunternehmers ein.

§ 15. Mit Geldstrafe von fünfzig bis zu einhundertfünfzig Mark oder mit Haft wird bestraft, wer den Vorschriften der §§ 10, 11 zuwider

1) den Eintritt in die Räume, die Besichtigung, die Einsicht in Aufzeichnungen, Frachtbriefe und Bücher oder die Entnahme von Proben verweigert,

2) die von ihm erforderte Auskunft nicht ertheilt oder bei der Auskunftsertheilung wissentlich unwahre Angaben macht oder die Vorlegung der Aufzeichnungen, Frachtbriefe und Bücher verweigert.

§ 16. Mit Geldstrafe bis zu einhundertfünfzig Mark oder mit Haft wird bestraft:

1) wer die im § 3 Abs. 1 Nr. 3 vorgeschriebene Anzeige unterlässt;

2) wer Schaumwein gewerbsmässig verkauft, feilhält oder anbietet, ohne dass den Vorschriften des § 6 genügt ist;

3) wer bei der nach § 11 von ihm erforderten Auskunftsertheilung aus Fahrlässigkeit unwahre Angaben macht;

4) wer eine der im § 13 bezeichneten Handlungen aus Fahrlässigkeit begeht.

§ 17. Mit Geldstrafe bis zu dreissig Mark und im Unvermögensfalle mit Haft bis zu acht Tagen wird bestraft, wer es unterlässt, der durch den § 9 für ihn begründeten Verpflichtung nachzukommen.

§ 18. In den Fällen des § 13 Nr. 1 ist neben der Strafe auf Einziehung der Getränke zu erkennen, welche den dort bezeichneten Vorschriften zuwider hergestellt, feilgehalten, verkauft oder sonst in Verkehr gebracht sind, ohne Unterschied, ob sie dem Verurteilten gehören oder nicht; auch kann die Vernichtung ausgesprochen werden. In den Fällen des § 13 Nr. 2, des § 16 Nr. 2, 4 kann auf Einziehung oder Vernichtung erkannt werden.

Ist die Verfolgung oder Verurtheilung einer bestimmten Person nicht ausführbar, so kann auf die Einziehung selbständig erkannt werden.

§ 19. Die Vorschriften des Gesetzes vom 14. Mai 1879 bleiben unberührt, soweit die §§ 2 bis 11 des gegenwärtigen Gesetzes nicht entgegenstehende Bestimmungen enthalten. Die Vorschriften in den §§ 16, 17 des Gesetzes vom 14. Mai 1879 finden auch bei Zuwiderhandlungen gegen die Vorschriften des gegenwärtigen Gesetzes Anwendung.

§ 20. Der Bundesrath ist ermächtigt:

a) die Grenzen festzustellen, welche für die bei der Kellerbehandlung in den Wein gelangenden Mengen der im § 2 Nr. 1 bezeichneten Stoffe, soweit das Gesetz selbst die Menge nicht festsetzt, massgebend sein sollen;

b) Grundsätze aufzustellen, welche gemäss § 2 Nr. 4 zweiter Halbsatz für die Beurtheilung der Weine nach ihrer Beschaffenheit und Zusammensetzung, insbesondere auch für die Feststellung des Durchschnittsgehalts an Extraktstoffen und Mineralbestandtheilen, massgebend sein sollen.

§ 21. Der Bundesrath ist ermächtigt, Grundsätze aufzustellen, nach welchen die zur Ausführung dieses Gesetzes sowie des Gesetzes vom 14. Mai 1879 in Bezug auf Wein, weinhaltige und weinähnliche Getränke erforderlichen Untersuchungen vorzunehmen sind.

§ 22. Dieses Gesetz tritt am 1. Oktober 1901 in Kraft. Mit diesem Zeitpunkte tritt das Gesetz, betreffend den Verkehr mit Wein, weinhaltigen und weinähnlichen Getränken, vom 20. April 1892 (Reichsgesetzbl. S. 597) ausser Kraft.

Auf Getränke, welche den Vorschriften des § 3 zuwider oder unter Verwendung eines nach § 2 Nr. 4 als übermässig zu erachtenden Zusatzes wässeriger Zuckerlösung bereits bei Verkündung dieses Gesetzes hergestellt waren und innerhalb eines Monats nach diesem Zeitpunkte der zuständigen Behörde angemeldet worden sind, findet die Vorschrift im § 3 Abs. 2 bis zum 1. Oktober 1902 keine Anwendung, sofern die Vertriebsgefässe mit entprechenden Kennzeichen amtlich versehen worden sind und die Getränke unter einer ihre Beschaffenheit erkennbar machenden oder einer anderweiten, sie von Wein unterscheidenden Bezeichnung (Tresterwein, Hefenwein, Rosinenwein, Kunstwein oder dergleichen) feilgehalten oder verkauft werden.

Urkundlich unter Unserer Höchsteigenhändigen Unterschrift und beigedrucktem Kaiserlichen Insiegel.

Gegeben Prökelwitz, den 24. Mai 1901.

(L. S.) Wilhelm.

Graf von Posadowsky.

Hauptinhalt des Gesetzes.

1. „Naturwein" wird erhalten durch Vergährung des Traubenmostes unter Anwendung der „anerkannten Kellerbehandlung", einschliesslich eines Zusatzes von höchstens 1 Vol.-Proc. Alkohol, des Verschnittes von Naturwein mit Naturwein und der Entsäuerung mittels gefällten kohlensauren Kalks.

2. „Wein" im Sinne dieses Gesetzes ist das Getränk, welches erhalten wird durch Vergährung des Traubensaftes unter Anwendung der anerkannten Kellerbehandlung, einschliesslich eines Zusatzes von höchstens 1 Vol.-Proc. Alkohol, des Verschnitts von Wein mit Wein, der Entsäuerung mittels gefällten kohlensauren Kalks und eines durch § 20 des Gesetzes begrenzten Zusatzes an wässeriger Zuckerlösung.

3. Verboten ist die gewerbsmässige Herstellung von a) übermässig gallisirten Weinen, b) von Hefenweinen, c) von Tresterweinen, d) von Weinen aus eingedicktem Most, e) die Verwendung von künstlichen Süssstoffen, f) die Verwendung von Säuren und Bouquetstoffen, g) der Zusatz von Obstmost oder Obstwein zu Most oder Wein.

4. Verboten ist die Verwendung der in § 7 namentlich aufgeführten Stoffe vor oder nach der Herstellung von Wein. Zu diesen treten noch lösliche Fluorverbindungen und Wismutverbindungen.

5. Völlig ausgegohrene Rothweine dürfen im Liter nicht mehr Schwefelsäure enthalten, als 2,0 g neutralem Kaliumsulfat entspricht.

6. Die Herstellung von Kunstwein ist verboten.

7. Schaumweine, Obstweine und Beerenweine sind nicht als „Wein" im Sinne dieses Gesetzes aufzufassen.

8. Schaumwein muss aus unverfälschtem Wein hergestellt sein; die Verwendung künstlicher Süssstoffe ist verboten.

9. Schaumwein, der gewerbsmässig verkauft wird, muss eine Bezeichnung tragen, welche das Land und erforderlichenfalls den Ort erkennbar macht, in welchem er auf Flaschen gefüllt worden ist.

10. Die Herstellung von Obst- und Beerenschaumweinen ist gestattet, doch müssen diese Produkte Bezeichnungen tragen, welche die Verwendung von Fruchtwein erkennen lassen.

Ausführungs-Bestimmungen zum Gesetze über den Verkehr mit Wein, weinhaltigen und weinähnlichen Getränken.

Auf Grund des § 6 Abs. 1, des § 7 Abs. 2 und des § 20 unter b des Gesetzes betreffend den Verkehr mit Wein, weinhaltigen und weinähnlichen Getränken, vom 24. Mai 1901 (Reichs-Gesetzbl. S. 175) hat der Bundesrath die nachstehenden Ausführungsbestimmungen beschlossen:

I. Zu § 2 Nr. 4. Für die Beurtheilung der Beschaffenheit und Zusammensetzung gezuckerter Weine nach der im § 2 Nr. 4 zweiter Halbsatz bezeichneten Richtung gelten folgende Grundsätze:

a) Bei Beurtheilung der Beschaffenheit ist auf Aussehen, Geruch und Geschmack des Weines Rücksicht zu nehmen.

b) Die chemische Untersuchung hat sich auf die Bestimmung aller Bestandtheile des Weines zu erstrecken, welche für die Beurtheilung der Frage von Bedeutung sind, ob das Getränk als Wein im Sinne des Gesetzes anzusehen und seiner Zusammensetzung nach durch die Zuckerung nicht unter den Durchschnitt der ungezuckerten Weine des Weinbaugebietes herabgesetzt worden ist, dem es nach seiner Benennung entsprechen soll.

c) Insbesondere darf durch den Zusatz wässeriger Zuckerlösung bei Wein, welcher nach seiner Benennung einem inländischen Weinbaugebiet entsprechen soll, und zwar:

bei Weisswein

der Gesammtgehalt an Extraktstoffen nicht unter **1,6** g, der nach Abzug der nicht flüchtigen Säuren verbleibende Extraktgehalt nicht unter **1,1** g,

der nach Abzug der Gesammtsäuren verbleibende Extraktgehalt nicht unter **1** g,

der Gehalt an Mineralbestandtheilen nicht unter **0,13** g,

bei Rothwein

der Gesammtgehalt an Extraktstoffen nicht unter **1,7** g,

der nach Abzug der nicht flüchtigen Säuren verbleibende Extraktgehalt nicht unter **1,3** g,

der nach Abzug der Gesammtsäuren verbleibende Extraktgehalt nicht unter **1,2** g,

der Gehalt an Mineralbestandtheilen nicht unter **0,16** g

in einer Menge von 100 Kubikcentimeter Wein herabgesetzt sein.

Bei der Feststellung des Extraktgehalts ist die 0,1 Gramm in 100 Kubikcentimeter Wein übersteigende Zuckermenge in Abzug zu bringen und ausser Betracht zu lassen.

II. Zu § 6. Die im § 6 des Gesetzes vorgeschriebene Kennzeichnung von Schaumwein, der gewerbsmässig verkauft oder feilgehalten wird, hat wie folgt zu geschehen:

a) das Land, in welchem der Schaumwein auf Flaschen gefüllt ist, muss in der Weise kenntlich gemacht werden, dass auf den Flaschen die Bezeichnung

„In Deutschland auf Flaschen gefüllt“,
„In Frankreich auf Flaschen gefüllt“,
„In Luxemburg auf Flaschen gefüllt“,

u. s. w. angebracht wird; ist der Schaumwein in demjenigen Lande, in welchem er auf Flaschen gefüllt wurde, auch fertiggestellt, so kann an Stelle jener Bezeichnung die Bezeichnung

„Deutscher (Französischer, Luxemburgischer u. s. w.) Schaumwein“

oder

„Deutsches (Französisches, Luxemburgisches u. s. w.) Erzeugniss“

treten.

b) Bei Schaumwein, der aus Fruchtwein (Obst- oder Beerenwein) hergestellt ist, muss in der unter a vorgeschriebenen Bezeichnung den Worten „In Deutschland (Frankreich, Luxemburg u. s. w.) auf Flaschen gefüllt“ oder „Deutsches (Französisches, Luxemburgisches u. s. w.) Erzeugniss“ noch das Wort **„Frucht-Schaumwein“** vorangehen oder an die Stelle des Wortes „Schaumwein“ das Wort **„Frucht-Schaumwein“** treten.

An Stelle des Wortes „Frucht-Schaumwein“ kann das Wort „Obst-Schaumwein“, „Beeren-Schaumwein“ oder eine entsprechende, die benutzte Fruchtart erkennbar machende Wortverbindung, wie „Apfel-Schaumwein“, „Johannisbeer-Schaumwein“ u. s. w., treten.

c) Die unter a und b vorgeschriebenen Bezeichnungen müssen in schwarzer Farbe auf weissem Grunde, deutlich und nicht verwischbar auf einem bandförmigen Streifen in lateinischer Schrift aufgedruckt sein. Der Streifen ist an einer in die Augen fallenden Stelle der Flasche und zwar gegebenen Falles zwischen dem den Flaschenkopf bedeckenden Ueberzug und der die Bezeichnung der Firma und der Weinsorte enthaltenden Inschrift dauerhaft zu befestigen. Die Schriftzeichen auf dem Streifen müssen bei Flaschen, welche einen Raumgehalt von 425 oder mehr Kubikcentimeter haben, mindestens 0,5 Centimeter hoch und so breit sein, dass im Durchschnitte je 10 Buchstaben eine Fläche von mindestens 3,5 Centimeter Länge einnehmen. Die Inschrift darf, falls sie einen Streifen von mehr als 10 Centimeter Länge beanspruchen würde, auf zwei Zeilen vertheilt werden. Der Streifen darf eine weitere Inschrift nicht tragen.

d) Zur Kennzeichnung von Schaumwein, der sich am 1. August 1901 bereits in Kisten oder Körben verpackt auf einem Lager innerhalb der Reichs befindet, genügt, sofern er in der angegebenen Verpackung gewerbsmässig feilgehalten oder verkauft wird, bis zum 1. Oktober 1902 die dauerhafte Anbringung der vorgeschriebenen Bezeichnung an einer in die Augen fallenden Stelle auf der Aussenseite der Verpackung. Die Schriftzeichen müssen mindestens 4 Centimeter hoch und so breit sein, dass im Durchschnitte je 10 Buchstaben eine Fläche von mindestens 15 Centimeter Länge einnehmen. Die Inschrift darf, falls sie einen Streifen von mehr als 40 Centimeter Länge beanspruchen würde, auf zwei oder drei Zeilen vertheilt werden.

III. Zu § 7. Das Verbot des § 7 Abs. 1 des Gesetzes findet auch auf lösliche Fluorverbindungen und Wismutverbindungen sowie auf Gemische, welche einen dieser Stoffe enthalten, Anwendung.

Berlin, den 2. Juli 1901.

Der Stellvertreter des Reichskanzlers.
Graf von Posadowsky.

Die chemische Untersuchung. Für den Apotheker wird es sich in der Regel darum handeln, festzustellen, ob ein vorliegender Wein den durch das Arzneibuch gestellten Anforderungen genügt. Zur Beantwortung dieser Frage kann man sich auf die Ermittelung der wichtigeren Daten beschränken. Im allgemeinen werden hierfür die nachstehenden Bestimmungen ausreichen:

1. Spec. Gewicht des Weines.
2. Alkoholgehalt.
3. Extrakt.
4. Asche.
5. Phosphorsäure.
6. Schwefelsäure.
7. Chlor.
8. Glycerin.
9. Säure.
10. Zucker, bez. Polarisation.

Hieran würde sich anzuschliessen haben die Prüfung auf die in § 7 des Weingesetzes aufgeführten Stoffe, und bei Rothweinen noch diejenige auf fremde Farbstoffe.

Zu allen quantitativen Bestimmungen werden gemessene Mengen Wein in Arbeit genommen; die erhaltenen Resultate werden auf 100 bezw. 1000 ccm Wein angegeben. Der abzumessende Wein muss die Temperatur von 15° C. haben. Ist eine Untersuchung bestimmt, einer Behörde als Material zu dienen, so müssen auch amtlich geaichte Messgeräthe benutzt werden. Die chemische Untersuchung hat genau nach den vom Bundesrath erlassenen, hier folgenden Anweisungen zu erfolgen.

Anweisung zur chemischen Untersuchung des Weines.

(Nach dem Beschlusse des Bundesrats vom 29. Juni 1901 zur Ausführung des Gesetzes, betr. den Verkehr mit Wein, weinhaltigen und weinähnlichen Getränken, vom 24. Mai 1901, sowie des Gesetzes, betr. den Verkehr mit Nahrungsmitteln, Genussmitteln und Gebrauchsgegenständen, vom 14. Mai 1879).

I.

1. Von jedem Wein, welcher einer chemischen Untersuchung unterworfen werden soll, ist eine Probe von mindestens $1^1/_2$ Liter zu entnehmen. Diese Menge genügt für die in der Regel auszuführenden Bestimmungen (s. Nr. 5). Der Mehrbedarf für anderweite Untersuchungen ist von der Art der letzteren abhängig.

2. Die zu verwendenden Flaschen und Korke müssen vollkommen rein sein. Krüge oder undurchsichtige Flaschen, in welchen etwa vorhandene Unreinlichkeiten nicht erkannt werden können, dürfen nicht verwendet werden.

3. Jede Flasche ist mit einem das unbefugte Oeffnen verhindernden Verschlusse und einem anzuklebenden Zettel zu versehen, auf welchem die zur Feststellung der Identität nothwendigen Vermerke angegeben sind. Ausserdem ist gesondert anzugeben: die Grösse und der Füllungsgrad der Fässer und die äussere Beschaffenheit des Weines; insbesondere ist zu bemerken, wie weit etwa Kahmbildung eingetreten ist.

4. Die Proben sind sofort nach der Entnahme an die Untersuchungsstelle zu befördern; ist eine alsbaldige Absendung nicht ausführbar, so sind die Flaschen an einem vor Sonnenlicht geschützten, kühlen Orte liegend aufzubewahren. Bei Jungweinen ist wegen ihrer leichten Veränderlichkeit auf besonders schnelle Beförderung Bedacht zu nehmen.

5. Zum Zweck der Beurtheilung der Weine sind die Prüfungen und Bestimmungen in der Regel auf folgende Eigenschaften und Bestandtheile jeder Weinprobe zu erstrecken:

1. Specifisches Gewicht,
2. Alkohol,
3. Extrakt,
4. Mineralbestandtheile,
5. Schwefelsäure bei Rothweinen,
6. Freie Säuren (Gesammtsäure),
7. Flüchtige Säuren,
8. Nichtflüchtige Säuren,
9. Glycerin,
10. Zucker,
11. Polarisation,
12. Unreinen Stärkezucker, qualitativ,
13. Fremde Farbstoffe bei Rothweinen.

Unter besonderen Verhältnissen sind die Prüfungen und Bestimmungen noch auf nachbezeichnete Bestandtheile auszudehnen:

14. Gesammtweinsteinsäure, freie Weinsteinsäure, Weinstein und an alkalische Erden gebundene Weinsteinsäure,
15. Schwefelsäure bei Weissweinen,
16. Schweflige Säure,
17. Saccharin,
18. Salicylsäure, qualitativ,
19. Gummi und Dextrin, qualitativ,
20. Gerbstoff,
21. Chlor,
22. Phosphorsäure,
23. Salpetersäure, qualitativ,
24. Baryum,
25. Strontium,
26. Kupfer.

Die Ergebnisse der Untersuchungen sind in der angegebenen Reihenfolge aufzuführen. Bei dem Nachweis und der Bestimmung solcher Weinbestandtheile, welche hier nicht aufgeführt sind, ist stets das angewandte Untersuchungsverfahren anzugeben.

6. Als Normaltemperatur wird die Temperatur von 15° C. festgesetzt; mithin sind alle im Folgenden vorgeschriebenen Abmessungen des Weines bei dieser Temperatur vorzunehmen und sind die Ergebnisse hierauf zu beziehen. Trübe Weine sind vor der Untersuchung zu filtriren; liegt ihre Temperatur unter 15° C., so sind sie

vor dem Filtriren mit den ungelösten Theilen auf 15° C. zu erwärmen und umzuschütteln.

7. Die Mengen der Weinbestandtheile werden in der Weise ausgedrückt, dass angegeben wird, wieviel Gramme des gesuchten Stoffes in 100 ccm Wein von 15° C. gefunden worden sind.

II.

Ausführung der Untersuchungen.

1. Bestimmung des specifischen Gewichtes.

Das specifische Gewicht des Weines wird mit Hülfe des Pyknometers bestimmt.

Als Pyknometer ist ein durch einen Glasstopfen verschliessbares oder mit becherförmigem Aufsatz für Korkverschluss versehenes Fläschchen von etwa 50 ccm Inhalt mit einem etwa 6 cm langen, ungefähr in der Mitte mit einer eingeritzten Marke versehenen Halse von nicht mehr als 6 mm lichter Weite anzuwenden.

Das Pyknometer wird in reinem und trockenem Zustande leer gewogen, nachdem es $^1/_4$ bis $^1/_2$ Stunde im Waagenkasten gestanden hat. Dann wird es, gegebenenfalls mit Hülfe eines fein ausgezogenen Glockentrichters, bis über die Marke mit destillirtem Wasser gefüllt und in ein Wasserbad von 15° C. gestellt. Nach halbstündigem Stehen in dem Wasserbade wird das Pyknometer herausgehoben, wobei man nur den oberen leeren Theil des Halses anfasst, und die Oberfläche des Wassers auf die Marke eingestellt. Letzteres geschieht durch Eintauchen kleiner Stäbchen oder Streifen aus Filtrirpapier, welche das über der Marke stehende Wasser aufsaugen. Die Oberfläche des Wassers bildet in dem Halse des Pyknometers eine nach unten gekrümmte Fläche; man stellt die Flüssigkeit in dem Pyknometerhalse am besten in der Weise ein, dass bei durchfallendem Lichte der schwarze Rand der gekrümmten Oberfläche die Pyknometermarke eben berührt. Nachdem man den inneren Hals des Pyknometers mit Stäbchen aus Filtrirpapier gereinigt hat, setzt man den Stopfen auf, troknet das Pyknometer äusserlich ab, stellt es $^1/_2$ Stunde in den Waagenkasten und wägt. Die Bestimmung des Wasserinhaltes des Pyknometers ist dreimal auszuführen und aus den drei Wägungen das Mittel zu nehmen.

Nachdem man das Pyknometer entleert und getrocknet oder mehrmals mit dem zu untersuchenden Weine ausgespült hat, füllt man es mit dem Weine und verfährt genau in derselben Weise wie bei der Bestimmung des Wasserinhaltes des Pyknometers; besonders ist darauf zu achten, dass die Einstellung der Flüssigkeitsoberfläche stets in derselben Weise geschieht.

Die Berechnung des specifischen Gewichts geschieht nach folgender Formel:

Bedeutet:

a das Gewicht des leeren Pyknometers,

b das Gewicht des bis zur Marke mit Wasser gefüllten Pyknometers,

c das Gewicht des bis zur Marke mit Wein gefüllten Pyknometers,

so ist das specifische Gewicht s des Weines bei 15° C. bezogen auf Wasser von derselben Temperatur:

$$s = \frac{c - a}{b - a}.$$

Der Nenner dieses Ausdrucks, das Gewicht des Wasserinhaltes des Pyknometers, ist bei allen Bestimmungen mit demselben Pyknometer gleich; wenn das Pyknometer indess längere Zeit in Gebrauch gewesen ist, müssen die Gewichte des leeren und des mit Wasser gefüllten Pyknometers von neuem bestimmt werden, da sich diese Gewichte mit der Zeit nicht unerheblich ändern können.

Anmerkung: Die Berechnung wird wesentlich erleichtert, wenn man ein Pyknometer anwendet, welches bis zur Marke genau 50 g Wasser fasst. Das Auswägen des Pyknometers geschieht in folgender Weise: Man bestimmt das Gewicht des Pyknometers in leerem, reinem und trockenem Zustande, wägt dann genau 50 g Wasser ein, stellt das Pyknometer 1 Stunde in ein Wasserbad von 15° C. und ritzt an der Oberfläche der Flüssigkeit im Pyknometerhalse eine Marke ein. Das Auswägen des Pyknometers muss stets von dem Chemiker selbst ausgeführt werden. Bei Anwendung eines genau 50 g Wasser fassenden Pyknometers ist in der oben gegebenen Formel $b - a = 50$ und $s = 0{,}02\ (c - a)$.

2. Bestimmung des Alkohols.

Der zum Zweck der Bestimmung des specifischen Gewichts (II Nr. 1) im Pyknometer enthaltene Wein wird in einen Destillirkolben von 150 bis 200 ccm Inhalt übergeführt und das Pyknometer dreimal mit wenig Wasser nachgespült. Man giebt zur Verhinderung etwaigen Schäumens ein wenig Tannin in den Kolben und verbindet diesen durch Gummistopfen und Kugelröhre mit einem Liebig'schen Kühler; als Vorlage benutzt man das Pyknometer, in welchem der Wein abgemessen worden ist. Nunmehr destillirt man, bis etwa 35 ccm Flüssigkeit übergegangen sind, füllt das Pyknometer mit Wasser bis nahe zum Halse auf, mischt durch quirlende Bewegung so lange, bis Schichten von verschiedener Dichtigkeit nicht mehr wahrzunehmen sind, stellt die Flüssigkeit $^1/_2$ Stunde in ein Wasserbad von 15° C. und fügt mit Hülfe eines Haarröhrchens vorsichtig Wasser von 15° C. zu, bis der untere Rand der Flüssigkeitsoberfläche gerade die Marke berührt. Dann trocknet man den leeren Theil des Pyknometerhalses mit Stäbchen aus Filtrirpapier, wägt und berechnet das specifische Gewicht des Destillates in der unter II Nr. 1 angegebenen Weise. Die diesem specifischen Gewichte entsprechenden Gramme Alkohol in 100 ccm Wein werden aus der zweiten Spalte der als Anlage beigegebenen Tafel I entnommen.

Anmerkung: Bei der Untersuchung von Verschnittweinen ist der Alkohol in Volumprocenten nach Massgabe der dritten Spalte der Tafel I anzugeben.

3. Bestimmung des Extraktes. (Gehaltes an Extraktstoffen.)

Unter Extrakt (Gesammtgehalt an Extraktstoffen) im Sinne der Bekanntmachung vom 29. April 1892 (Reichs-Gesetzbl. S. 600) sind die ursprünglich gelöst gewesenen Bestandtheile des entgeisteten und entwässerten ausgegohrenen Weines zu verstehen.

Da das für die Bestimmung des Extraktgehaltes zu wählende Verfahren sich nach der Extraktmenge richtet, so berechnet man zunächst den Werth von x aus nachstehender Formel:

$$x = 1 + s - s_1.$$

Hierbei bedeutet

s das specifische Gewicht des Weines (nach II Nr. 1 bestimmt),

s_1 das specifische Gewicht des alkoholischen, auf das ursprüngliche Mass aufgefüllten Destillats des Weines (nach II Nr. 2 bestimmt).

Die dem Werthe von x nach Massgabe der Tafel II entsprechende Zahl E wird aus der zweiten Spalte dieser Tafel entnommen.

a) Ist E nicht grösser als 3, so wird die endgültige Bestimmung des Extraktes in folgender Weise ausgeführt. Man setzt eine gewogene Platinschale von etwa 85 mm Durchmesser, 20 mm Höhe und 75 ccm Inhalt, welche ungefähr 20 g wiegt, auf ein Wasserbad mit lebhaft kochendem Wasser und lässt aus einer Pipette 50 ccm Wein von 15° C. in dieselbe fliessen. Sobald der Wein bis zur dickflüssigen Beschaffenheit eingedampft ist, setzt man die Schale mit dem Rückstande $2^1/_2$ Stunden in einen Trockenkasten, zwischen dessen Doppelwandungen Wasser lebhaft siedet, lässt dann im Exsikkator erkalten und findet durch Wägung den genauen Extraktgehalt.

b) Ist E grösser als 3, aber kleiner als 4, so lässt man aus einer Bürette in die beschriebene Platinschale eine so berechnete Menge Wein fliessen, dass nicht mehr als 1,5 g Extrakt zur Wägung gelangen, und verfährt weiter, wie unter II Nr. 3a angegeben.

Berechnung zu a und b. Wurden aus a Kubikcentimeter Wein b Gramm Extrakt erhalten, so sind enthalten:

$$x = 100\frac{b}{a} \text{ Gramm Extrakt in 100 ccm Wein.}$$

c) Ist E gleich 4 oder grösser als 4, so giebt diese Zahl endgültig die Gramme Extrakt in 100 ccm Wein an.

Um einen Wein, der seiner Benennung nach einem inländischen Weinbaugebiete entsprechen soll, nach Massgabe der Bekanntmachung vom 29. April 1892 zu beurtheilen und demgemäss den Extraktgehalt des vergohrenen Weines (s. II Nr. 3 Absatz 1) zu ermitteln, sind die bei der Zuckerbestimmung (vergl. II Nr. 10) gefundenen Zahlen zu Hülfe zu nehmen. Beträgt danach der Zuckergehalt mehr als 0,1 g in 100 ccm Wein, so ist die darüber hinausgehende Menge von der nach

II Nr. 3a, 3b oder 3c gefundenen Extraktzahl abzuziehen. Die verbleibende Zahl entspricht dem Extraktgehalt des vergohrenen Weines.

4. Bestimmung der Mineralbestandtheile.

Enthält der Wein weniger als 4 g Extrakt in 100 ccm, so wird der nach II Nr. 3a oder 3b erhaltene Extrakt vorsichtig verkohlt, indem man eine kleine Flamme unter der Platinschale hin- und herbewegt. Die Kohle wird mit einem dicken Platindraht zerdrückt und mit heissem Wasser wiederholt ausgewaschen; den wässerigen Auszug filtrirt man durch ein kleines Filter von bekanntem geringen Aschengehalte in ein Bechergläschen. Nachdem die Kohle vollständig ausgelaugt ist, giebt man das Filterchen in die Platinschale zur Kohle, trocknet beide und verascht sie vollständig Wenn die Asche weiss geworden ist, giesst man die filtrirte Lösung in die Platinschale zurück, verdampft dieselbe zur Trockne, benetzt den Rückstand mit einer Lösung von Ammoniumkarbonat, glüht ganz schwach, lässt im Exsikkator erkalten und wägt.

Enthält der Wein 4 g oder mehr Extrakt in 100 ccm, so verdampft man 25 ccm des Weines in einer geräumigen Platinschale und verkohlt den Rückstand sehr vorsichtig; die stark aufgeblähte Kohle wird in der vorher beschriebenen Weise weiter behandelt.

Berechnung. Wurden aus a Kubikcentimeter Wein b Gramm Mineralbestandtheile erhalten, so sind enthalten:

$x = 100 \frac{b}{a}$ Gramm Mineralbestandtheile in 100 ccm Wein.

5. Bestimmung der Schwefelsäure in Rothweinen.

50 ccm Wein werden in einem Becherglase mit Salzsäure angesäuert und auf einem Drahtnetz bis zum beginnenden Kochen erhitzt; dann fügt man heisse Chlorbaryumlösung (1 Theil krystallisirtes Chlorbaryum in 10 Theilen destillirtem Wasser gelöst) zu, bis kein Niederschlag mehr entsteht. Man lässt den Niederschlag absetzen und prüft durch Zusatz eines Tropfens Chlorbaryumlösung zu der über dem Niederschlage stehenden klaren Flüssigkeit, ob die Schwefelsäure vollständig ausgefällt ist. Hierauf kocht man das Ganze nochmals auf, lässt dasselbe 6 Stunden in der Wärme stehen, giesst die klare Flüssigkeit durch ein Filter von bekanntem Aschengehalte, wäscht den im Becherglase zurückbleibenden Niederschlag wiederholt mit heissem Wasser aus, indem man jedesmal absetzen lässt und die klare Flüssigkeit durch das Filter giesst, bringt zuletzt den Niederschlag auf das Filter und wäscht solange mit heissem Wasser, bis das Filtrat mit Silbernitrat keine Trübung mehr erzeugt. Filter und Niederschlag werden getrocknet, in einem gewogenen Platintiegel verascht und geglüht; hierauf befeuchtet man den Tiegelinhalt mit wenig Schwefelsäure, raucht letztere ab, glüht schwach, lässt im Exsikkator erkalten und wägt.

Berechnung. Wurden aus 50 ccm Wein a Gramm Baryumsulfat erhalten, so sind enthalten:

x = 0,6869 a Gramm Schwefelsäure (SO_3) in 100 ccm Wein.

Diesen x Gramm Schwefelsäure (SO_3) in 100 ccm Wein entsprechen:

y = 14,958 a Gramm Kaliumsulfat (K_2SO_4) in 1 Liter Wein.

6. Bestimmung der freien Säuren (Gesammtsäure).

25 ccm Wein werden bis zum beginnenden Sieden erhitzt und die heisse Flüssigkeit mit einer Alkalilauge, welche nicht schwächer als $^1/_4$-normal ist, titrirt. Wird Normallauge verwendet, so müssen Büretten von etwa 10 ccm Inhalt benutzt werden, welche die Abschätzung von $^1/_{100}$ ccm gestatten. Der Sättigungspunkt wird durch Tüpfeln auf empfindlichem violetten Lackmuspapier festgestellt; dieser Punkt ist erreicht, wenn ein auf das trockene Lackmuspapier aufgesetzter Tropfen keine Röthung mehr hervorruft. Die freien Säuren sind als Weinsteinsäure zu berechnen.

Berechnung. Wurden zur Sättigung von 25 ccm Wein a Kubikcentimeter $^1/_4$-Normal-Alkali verbraucht, so sind enthalten:

x = 0.075 a Gramm freie Säuren (Gesammtsäure), als Weinsteinsäure berechnet, in 100 ccm Wein.

Bei Verwendung von $^1/_3$-Normal-Alkali lautet die Formel:

x = 0.1 a Gramm freie Säuren (Gesammtsäure), als Weinsteinsäure berechnet, in 100 ccm Wein.

7. Bestimmung der flüchtigen Säuren.

Man bringt 50 ccm Wein in einen Rundkolben von 200 ccm Inhalt und verschliesst den Kolben durch einen Gummistopfen mit 2 Durchbohrungen; durch die erste Bohrung führt ein bis auf den Boden des Kolbens reichendes, dünnes, unten fein ausgezogenes, oben stumpfwinkelig umgebogenes Glasrohr, durch die zweite ein Destillationsaufsatz mit einer Kugel, welcher zu einem Liebig'schen Kühler führt. Als Destillationsvorlage dient eine 300 ccm fassende Flasche, welche an der einem Rauminhalt von 200 ccm entsprechenden Stelle eine Marke trägt. Die flüchtigen Säuren werden mit Wasserdampf überdestillirt. Dies geschieht in der Weise, dass man das bis auf den Boden des Destillirkolbens reichende enge Glasrohr durch einen Gummischlauch mit einer ein Sicherheitsrohr tragenden Flasche in Verbindung setzt, in welcher ein lebhafter Strom von Wasserdampf entwickelt wird. Durch Erhitzen des Destillirkolbens mit einer Flamme engt man unter stetem Durchleiten von Wasserdampf den Wein auf ca. 25 ccm ein und trägt dann durch zweckmässiges Erwärmen des Kolbens dafür Sorge, dass die Menge der Flüssigkeit in demselben sich nicht mehr ändert. Man unterbricht die Destillation, wenn 200 ccm Flüssigkeit übergegangen sind. Man versetzt das Destillat mit Phenolphthaleïn und bestimmt die Säuren mit einer titrirten Alkalilösung. Die flüchtigen Säuren sind als Essigsäure ($C_2H_4O_2$) zu berechnen.

Berechnung. Sind zur Sättigung der flüchtigen Säuren aus 50 ccm Wein a Kubikcentimeter $^1/_{10}$-Normal-Alkali verbraucht worden, so sind enthalten:

x = 0,012 a Gramm flüchtige Säuren, als Essigsäure ($C_2H_4O_2$) berechnet, in 100 ccm Wein.

8. Bestimmung der nichtflüchtigen Säuren.

Die Menge der nichtflüchtigen Säuren im Wein, welche als Weinsteinsäure anzugeben sind, wird durch Rechnung gefunden.

Bedeutet:

a die Gramme freie Säuren in 100 ccm Wein, als Weinsteinsäure berechnet,
b die Gramme flüchtige Säuren in 100 ccm Wein, als Essigsäure berechnet,
x die Gramme nichtflüchtige Säuren in 100 ccm Wein, als Weinsteinsäure berechnet,

so sind enthalten:

x = (a — 1,25 b) Gramm nichtflüchtige Säuren, als Weinsteinsäure berechnet, in 100 ccm Wein.

9. Bestimmung des Glycerins.

a) In Weinen mit weniger als 2 g Zucker in 100 ccm.

Man dampft 100 ccm Wein in einer Porcellanschale auf dem Wasserbade auf etwa 10 ccm ein, versetzt den Rückstand mit etwa 1 g Quarzsand und soviel Kalkmilch von 40 Procent Kalkhydrat, dass auf je 1 g Extrakt 1,50 bis 2 ccm Kalkmilch kommen und verdampft fast bis zur Trockne. Der feuchte Rückstand wird mit etwa 5 ccm Alkohol von 96 Massprocent versetzt, die an der Wand der Porcellanschale haftende Masse mit einem Spatel losgelöst und mit einem kleinen Pistill unter Zusatz kleiner Mengen Alkohol von 96 Massprocent zu einem feinen Brei zerrieben. Spatel und Pistill werden mit Alkohol von gleichem Gehalte abgespült. Unter beständigem Umrühren erhitzt man die Schale auf dem Wasserbade bis zum Beginn des Siedens und giesst die trübe alkoholische Flüssigkeit durch einen kleinen Trichter in ein 100 ccm-Kölbchen. Der in der Schale zurückbleibende pulverige Rückstand wird unter Umrühren mit 10 bis 12 ccm Alkohol von 96 Massprocent wiederum heiss ausgezogen, der Auszug in das 100 ccm-Kölbchen gegossen und dies Verfahren solange wiederholt, bis die Menge der Auszüge etwa 95 ccm beträgt; der unlösliche Rückstand verbleibt in der Schale. Dann spült man das auf dem 100 ccm-Kölbchen sitzende Trichterchen mit Alkohol ab, kühlt den alkoholischen Auszug auf 15° C. ab und füllt ihn mit Alkohol von 96 Massprocent auf 100 ccm auf. Nach tüchtigem Umschütteln filtrirt man den alkoholischen Auszug durch ein Faltenfilter in einen eingetheilten Glascylinder. 90 ccm Filtrat werden in eine Porcellanschale übergeführt und auf dem heissen Wasserbade unter Vermeiden des lebhaften Siedens des

Alkohols eingedampft. Der Rückstand wird mit kleinen Mengen absoluten Alkohols aufgenommen, die Lösung in einen eingetheilten Glascylinder mit Stopfen gegossen und die Schale mit kleinen Mengen absolutem Alkohol nachgewaschen, bis die alkoholische Lösung genau 15 ccm beträgt. Zu der Lösung setzt man dreimal je 7.5 ccm absoluten Aether und schüttelt nach jedem Zusatz tüchtig durch. Der verschlossene Cylinder bleibt solange stehen, bis die alkoholisch-ätherische Lösung ganz klar geworden ist; hierauf giesst man die Lösung in ein Wägegläschen mit eingeschliffenem Stopfen. Nachdem man den Glascylinder mit etwa 5 ccm einer Mischung von 1 Raumtheil absolutem Alkohol und $1^1/_2$ Raumtheilen absolutem Aether nachgewaschen und die Waschflüssigkeit ebenfalls in das Wägegläschen gegossen hat, verdunstet man die alkoholisch-ätherische Flüssigkeit auf einem heissen, aber nicht kochenden Wasserbade, wobei wallendes Sieden der Lösung zu vermeiden ist. Nachdem der Rückstand im Wägegläschen dickflüssig geworden ist, bringt man das Gläschen in einen Trockenkasten, zwischen dessen Doppelwandungen Wasser lebhaft siedet, lässt nach einstündigem Trocknen im Exsikkator erkalten und wägt.

Berechnung. Wurden a Gramm Glycerin gewogen, so sind enthalten:

x = 1,111 a Gramm Glycerin in 100 ccm Wein.

b) In Weinen mit 2 g oder mehr Zucker in 100 ccm.

50 ccm Wein werden in einem geräumigen Kolben auf dem Wasserbade erwärmt und mit 1 g Quarzsand und solange mit kleinen Mengen Kalkmilch versetzt, bis die zuerst dunkler gewordene Mischung wieder eine hellere Farbe und einen laugenhaften Geruch angenommen hat. Das Gemisch wird auf dem Wasserbade unter fortwährendem Umschütteln erwärmt. Nach dem Erkalten setzt man 100 ccm Alkohol von 96 Massprocent zu, lässt den sich bildenden Niederschlag absetzen, filtrirt die alkoholische Lösung ab und wäscht den Niederschlag mit Alkohol von 96 Massprocent aus. Das Filtrat wird eingedampft und der Rückstand nach der unter II Nr. 9a gegebenen Vorschrift weiter behandelt.

Berechnung. Wurden a Gramm Glycerin gewogen, so sind enthalten:

x = 2,222 a Gramm Glycerin in 100 ccm Wein.

Anmerkung: Wenn die Ergebnisse der Zuckerbestimmung nicht mitgetheilt sind, so ist stets anzugeben, ob der Glyceringehalt der Weine nach II Nr. 9a oder 9b bestimmt worden ist.

10. Bestimmung des Zuckers.

Die Bestimmung des Zuckers geschieht gewichtsanalytisch mit Fehling'scher Lösung.

Herstellung der erforderlichen Lösungen.

1. Kupfersulfatlösung: 69,278 g krystallisirtes Kupfersulfat werden mit Wasser zu 1 Liter gelöst.

2. Alkalische Seignettesalzlösung: 346 g Seignettesalz (Kaliumnatriumtartrat) und 103,2 g Natriumhydrat werden mit Wasser zu 1 Liter gelöst und die Lösung durch Asbest filtrirt.

Die beiden Lösungen sind getrennt aufzubewahren.

Vorbereitung des Weines zur Zuckerbestimmung.

Zunächst wird der annähernde Zuckergehalt des zu untersuchenden Weines ermittelt, indem man von dem Extraktgehalt desselben die Zahl 2 abzieht. Weine, die hiernach höchstens 1 g Zucker in 100 ccm enthalten, können unverdünnt zur Zuckerbestimmung verwendet werden; Weine, die mehr als 1 g Zucker in 100 ccm enthalten, müssen dagegen soweit verdünnt werden, dass die verdünnte Flüssigkeit höchstens 1 g Zucker in 100 ccm enthält. Die für den annähernden Zuckergehalt gefundene Zahl (Extrakt weniger 2) giebt an, auf das wievielfache Mass man den Wein verdünnen muss, damit die Lösung nicht mehr als 1 Procent Zucker enthält. Zur Vereinfachung der Abmessung und Umrechnung rundet man die Zahl (Extrakt weniger 2) nach oben zu auf eine ganze Zahl ab. Die für die Verdünnung anzuwendende Menge Wein ist so auszuwählen, dass die Menge der verdünnten Lösung mindestens 100 ccm beträgt. Enthält beispielsweise ein Wein 4,77 g Extrakt in 100 ccm, dann ist der Wein zur Zuckerbestimmung auf das 4,77 − 2 = 2,77 fache oder abgerundet auf das dreifache Mass mit Wasser zu verdünnen. Man lässt in diesem Falle aus einer Bürette 33,3 ccm Wein von 15° C. in ein 100 ccm-Kölbchen fliessen und füllt den Wein mit destillirtem Wasser bis zur Marke auf.

Ausführung der Bestimmung des Zuckers im Weine.

100 ccm Wein oder, bei einem Zuckergehalte von mehr als 1 Procent, 100 ccm eines in der vorher beschriebenen Weise verdünnten Weines werden in einem Messkölbchen abgemessen, in eine Porcellanschale gebracht, mit Alkalilauge neutralisirt und im Wasserbade auf etwa 25 ccm eingedampft. Behufs Entfernung von Gerbstoff und Farbstoff fügt man zu dem entgeisteten Weinrückstande, sofern es sich um Rothweine oder erhebliche Mengen Gerbstoff enthaltende Weissweine handelt, 5 bis 10 g gereinigte Thierkohle, rührt das Gemisch unter Erwärmen auf dem Wasserbade mit einem Glasstabe gut um und filtrirt die Flüssigkeit in das 100 ccm-Kölbchen zurück. Die Thierkohle wäscht man solange mit heissem Wasser sorgfältig aus, bis das Filtrat nach dem Erkalten nahezu 100 ccm beträgt. Man versetzt dasselbe sodann mit 3 Tropfen einer gesättigten Lösung von Natriumkarbonat, schüttelt um und füllt die Mischung bei 15° C. auf 100 ccm auf. Entsteht durch den Zusatz von Natriumkarbonat eine Trübung, so lässt man die Mischung 2 Stunden stehen und filtrirt sie dann. Das Filtrat dient zur Bestimmung des Zuckers.

An Stelle der Thierkohle kann zur Entfernung von Gerbstoff und Farbstoff aus dem Wein auch Bleiessig benutzt werden. In diesem Falle verfährt man wie folgt: 160 ccm Wein werden in der vorher beschriebenen Weise neutralisirt und entgeistet und der entgeistete Weinrückstand bei 15° C. mit Wasser auf das ursprüngliche Mass wieder aufgefüllt. Hierzu setzt man 16 ccm Bleiessig, schüttelt um und filtrirt. Zu 88 ccm des Filtrates fügt man 8 ccm einer gesättigten Natriumkarbonatlösung oder einer bei 20° C. gesättigten Lösung von Natriumsulfat, schüttelt um und filtrirt aufs neue. Das letzte Filtrat dient zur Bestimmung des Zuckers. Durch die Zusätze von Bleiessig und Natriumkarbonat oder Natriumsulfat ist das Volumen des Weines um $^1/_5$ vermehrt worden, was bei der Berechnung des Zuckergehaltes zu berücksichtigen ist.

a) Bestimmung des Invertzuckers.

In einer vollkommen glatten Porcellanschale werden 25 ccm Kupfersulfatlösung, 25 ccm Seignettesalzlösung und 25 ccm Wasser gemischt und auf einem Drahtnetz zum Sieden erhitzt. In die siedende Mischung lässt man aus einer Pipette 25 ccm des in der beschriebenen Weise vorbereiteten Weines fliessen und kocht nach dem Wiederbeginn des lebhaften Aufwallens noch genau 2 Minuten. Man filtrirt das ausgeschiedene Kupferoxydul unter Anwendung einer Saugepumpe sofort durch ein gewogenes Asbestfilterröhrchen und wäscht letzteres mit heissem Wasser und zuletzt mit Alkohol und Aether aus. Nachdem das Röhrchen mit dem Kupferoxydulniederschlage bei 100° C. getrocknet ist, erhitzt man letzteren stark bei Luftzutritt, verbindet das Röhrchen alsdann mit einem Wasserstoff-Entwickelungsapparat, leitet trocknen und reinen Wasserstoff hindurch und erhitzt das zuvor gebildete Kupferoxyd mit einer kleinen Flamme, bis dasselbe vollkommen zu metallischem Kupfer reducirt ist. Dann lässt man das Kupfer im Wasserstoffstrom erkalten und wägt. Die dem gewogenen Kupfer entsprechende Menge Invertzucker entnimmt man der als Anlage beigegebenen Tafel III. (Die Reinigung des Asbestfilterröhrchens geschieht durch Auflösen des Kupfers in heisser Salpetersäure, Auswaschen mit Wasser, Alkohol und Aether, Trocknen und Erhitzen im Wasserstoffstrome.)

b) Bestimmung des Rohrzuckers.

Man misst 50 ccm des in der vorher beschriebenen Weise erhaltenen entgeisteten, alkalisch gemachten, gegebenenfalls von Gerbstoff und Farbstoff befreiten und verdünnten Weines mittelst einer Pipette in ein Kölbchen von etwa 100 ccm Inhalt, neutralisirt genau mit Salzsäure, fügt sodann 5 ccm einer 1 procentigen Salzsäure hinzu und erhitzt die Mischung eine halbe Stunde im siedenden Wasserbade. Dann neutralisirt man die Flüssigkeit genau, dampft sie im Wasserbade etwas ein, macht sie mit einer Lösung von Natriumkarbonat schwach alkalisch und filtrirt sie durch ein kleines Filter in ein 50 ccm-Kölbchen, das man durch Nachwaschen bis zur Marke füllt. In 25 ccm der zuletzt erhaltenen Lösung wird, wie unter II Nr. 10a angegeben, der Invertzuckergehalt bestimmt.

Berechnung. Man rechnet die nach der Inversion

mit Salzsäure erhaltene Kupfermenge auf Gramme Invertzucker in 100 ccm Wein um. Bezeichnet man mit

a die Gramme Invertzucker in 100 ccm Wein, welche vor der Inversion mit Salzsäure gefunden wurden,

b die Gramme Invertzucker in 100 ccm Wein, welche nach der Inversion mit Salzsäure gefunden wurden,

so sind enthalten:

x = 0,95 (b — a) Gramm Rohrzucker in 100 ccm Wein.

Anmerkung: Es ist stets anzugeben, ob die Entfernung des Gerbstoffs und Farbstoffs durch Kohle oder durch Bleiessig stattgefunden hat.

11. Polarisation.

Zur Prüfung des Weines auf sein Verhalten gegen das polarisirte Licht sind nur grosse, genaue Apparate zu verwenden, an denen noch Zehntelgrade abgelesen werden können. Die Ergebnisse der Prüfung sind in Winkelgraden, bezogen auf eine 200 mm lange Schicht des ursprünglichen Weines anzugeben. Die Polarisation ist bei 15° C. auszuführen.

Ausführung der polarimetrischen Prüfung des Weines.

a) Bei Weissweinen. 60 ccm Weisswein werden mit Alkali neutralisirt, im Wasserbade auf $^1/_3$ eingedampft, auf das ursprüngliche Mass wieder aufgefüllt und mit 3 ccm Bleiessig versetzt; der entstandene Niederschlag wird abfiltrirt. Zu 31,5 ccm des Filtrats setzt man 1,5 ccm einer gesättigten Lösung von Natriumkarbonat oder einer bei 20° C. gesättigten Lösung von Natriumsulfat, filtrirt den entstandenen Niederschlag ab und polarisirt das Filtrat. Der von dem Weine eingenommene Raum ist durch die Zusätze um $^1/_{10}$ vermehrt worden, worauf Rücksicht zu nehmen ist.

b) Bei Rothweinen. 60 ccm Rothwein werden mit Alkali neutralisirt, im Wasserbade auf $^1/_3$ eingedampft, filtrirt, auf das ursprüngliche Mass wieder aufgefüllt und mit 6 ccm Bleiessig versetzt. Man filtrirt den Niederschlag ab, setzt zu 33 ccm des Filtrats 3 ccm einer gesättigten Lösung von Natriumkarbonat oder einer bei 20° C. gesättigten Lösung von Natriumsulfat, filtrirt den Niederschlag ab und polarisirt das Filtrat. Der von dem Rothweine eingenommene Raum wird durch die Zusätze um $^1/_5$ vermehrt.

Gelingt die Entfärbung eines Weines durch Behandlung mit Bleiessig nicht vollständig, so ist sie mittelst Thierkohle auszuführen. Man misst 50 ccm Wein in einem Messkölbchen ab, führt ihn in eine Porcellanschale über, neutralisirt ihn genau mit einer Alkalilösung und verdampft den neutralisirten Wein auf etwa 25 ccm. Zu dem entgeisteten Weinrückstande setzt man 5 bis 10 g gereinigte Thierkohle, rührt unter Erwärmen auf dem Wasserbade mit einem Glasstabe gut um und filtrirt die Flüssigkeit ab. Die Thierkohle wäscht man so lange mit heissem Wasser sorgfältig aus, bis je nach der Menge des in dem Weine enthaltenen Zuckers das Filtrat 75 bis 100 ccm beträgt. Man dampft das Filtrat in einer Porcellanschale auf dem Wasserbade bis zu 30 bis 40 ccm ein, filtrirt den Rückstand in das 50 ccm-Kölbchen zurück, wäscht die Porcellanschale und das Filter mit Wasser aus und füllt das Filtrat bis zur Marke auf. Das Filtrat wird polarisirt; eine Verdünnung des Weines findet bei dieser Vorbereitung nicht statt.

12. Nachweis des unreinen Stärkezuckers durch Polarisation.

a) Hat man bei der Zuckerbestimmung nach II Nr. 10 höchstens 0,1 g reducirenden Zucker in 100 ccm Wein gefunden, und dreht der Wein bei der gemäss II Nr. 11 ausgeführten Polarisation nach links oder gar nicht oder höchstens 0,3° nach rechts, so ist dem Weine unreiner Stärkezucker nicht zugesetzt worden.

b) Hat man bei der Zuckerbestimmung nach II Nr. 10 höchstens 0,1 g reducirenden Zucker gefunden, und dreht der Wein mehr als 0,3° bis höchstens 0,6° nach rechts, so ist die Möglichkeit des Vorhandenseins von Dextrin in dem Weine zu berücksichtigen und auf dieses nach II Nr. 19 zu prüfen. Ferner ist nach dem folgenden, unter II Nr. 12d beschriebenen Verfahren die Prüfung auf die unvergohrenen Bestandtheile des unreinen Stärkezuckers vorzunehmen.

c) Hat man bei der Zuckerbestimmung nach II Nr. 10 höchstens 0,1 g Gesammtzucker in 100 ccm Wein gefunden und dreht der Wein bei der Polarisation mehr als 0,6° nach rechts, so ist zunächst nach II Nr. 19 auf Dextrin zu prüfen. Ist dieser Stoff in dem Weine vorhanden, so verfährt man zum Nachweis der unvergohrenen Bestandtheile des unreinen Stärkezuckers nach dem folgenden unter II Nr. 12d angegebenen Verfahren. Ist Dextrin nicht vorhanden, so enthält der Wein die unvergohrenen Bestandtheile des unreinen Stärkezuckers.

d) Hat man bei der Zuckerbestimmung nach II Nr. 10 mehr als 0,1 g Gesammtzucker in 100 ccm Wein gefunden, so weist man den Zusatz unreinen Stärkezuckers auf folgende Weise nach.

α. 210 ccm Wein werden im Wasserbade auf $^1/_3$ eingedampft; der Verdampfungsrückstand wird mit so viel Wasser versetzt, dass die verdünnte Flüssigkeit nicht mehr als 15 Procent Zucker enthält; die verdünnte Flüssigkeit wird in einem Kolben mit etwa 5 g gährkräftiger Bierhefe, die optisch aktive Bestandtheile nicht enthält, versetzt und so lange bei 20 bis 25° C. stehen gelassen, bis die Gährung beendet ist.

β. Die vergohrene Flüssigkeit wird mit einigen Tropfen einer 20procentigen Kaliumacetatlösung versetzt und in einer Porcellanschale auf dem Wasserbade unter Zusatz von Quarzsand zu einem dünnen Sirup verdampft. Zu dem Rückstande setzt man unter beständigem Umrühren allmählich 200 ccm Alkohol von 90 Massprocent. Nachdem sich die Flüssigkeit geklärt hat, wird der alkoholische Auszug in einen Kolben filtrirt, Rückstand und Filter mit wenig Alkohol von 90 Massprocent gewaschen und der Alkohol grösstentheils abdestillirt. Der Rest des Alkohols wird verdampft und der Rückstand durch Wasserzusatz auf etwa 10 ccm gebracht. Hierzu setzt man 2 bis 3 g gereinigte, in Wasser aufgeschlemmte Thierkohle, rührt mit einem Glasstabe wiederholt tüchtig um, filtrirt die entfärbte Flüssigkeit in einen kleinen eingetheilten Cylinder und wäscht die Thierkohle mit heissem Wasser aus, bis das auf 15° C. abgekühlte Filtrat 30 ccm beträgt. Zeigt dasselbe bei der Polarisation eine Rechtsdrehung von mehr als 0,5°, so enthält der Wein die unvergohrenen Bestandtheile des unreinen Stärkezuckers. Beträgt die Drehung gerade + 0,5° oder nur wenig über oder unter dieser Zahl, so wird die Thierkohle aufs neue mit heissem Wasser ausgewaschen, bis das auf 15° C. abgekühlte Filtrat 30 ccm beträgt. Die bei der Polarisation dieses Filtrates gefundene Rechtsdrehung wird der zuerst gefundenen hinzugezählt. Wenn das Ergebniss der zweiten Polarisation mehr als den fünften Theil der ersten beträgt, muss die Kohle noch ein drittes Mal mit 30 ccm heissem Wasser ausgewaschen und das Filtrat polarisirt werden.

Anmerkung: Die Rechtsdrehung kann auch durch gewisse Bestandtheile mancher Honigsorten verursacht sein.

13. Nachweis fremder Farbstoffe in Rothweinen.

Rothweine sind stets auf Theerfarbstoffe und auf ihr Verhalten gegen Bleiessig zu prüfen. Ferner ist in dem Weine ein mit Alaun und Natriumacetat gebeizter Wollfaden zu kochen und das Verhalten des auf der Wollfaser niedergeschlagenen Farbstoffes gegen Reagentien zu prüfen. Die bei dem Nachweise fremder Farbstoffe im einzelnen befolgten Verfahren sind stets anzugeben.

14. Bestimmung der Gesammtweinsteinsäure, der freien Weinsteinsäure, des Weinsteins und der an alkalische Erden gebundenen Weinsteinsäure.

a) Bestimmung der Gesammtweinsteinsäure.

Man setzt zu 100 ccm Wein in einem Becherglase 2 ccm Eisessig, 0,5 ccm einer 20procentigen Kaliumacetatlösung und 15 g gepulvertes reines Chlorkalium. Letzteres bringt man durch Umrühren nach Möglichkeit in Lösung und fügt dann 15 ccm Alkohol von 95 Massprocent hinzu. Nachdem man durch starkes, etwa 1 Minute anhaltendes Reiben des Glasstabes an der Wand des Becherglases die Abscheidung des Weinsteins eingeleitet hat, lässt man die Mischung wenigstens 15 Stunden bei Zimmertemperatur stehen und filtrirt dann den krystallinischen Niederschlag ab. Hierzu bedient man sich eines Gooch'schen Platin- oder Porcellantiegels mit einer dünnen Asbestschicht, welche mit einem Platindrahtnetz von mindestens $^1/_2$ mm weiten Maschen bedeckt ist, oder einer mit Papierfilterstoff bedeckten Witt'schen Porcellansiebplatte; in beiden Fällen wird die Flüssigkeit mit Hülfe der Wasserstrahlpumpe abgesaugt. Zum Auswaschen des krystallinischen Niederschlages dient ein Gemisch von 15 g Chlorkalium, 20 ccm Alkohol von 95 Massprocent und 100 ccm destillirtem Wasser.

Das Becherglas wird etwa dreimal mit wenigen Kubikcentimetern dieser Lösung abgespült, wobei man jedesmal gut abtröpfeln lässt. Sodann werden Filter und Niederschlag durch etwa dreimaliges Abspülen und Aufgiessen von wenigen Kubikcentimetern der Waschflüssigkeit ausgewaschen; von letzterer dürfen im ganzen nicht mehr als 20 ccm gebraucht werden. Der auf dem Filter gesammelte Niederschlag wird darauf mit siedendem, alkalifreiem, destillirtem Wasser in das Becherglas zurückgespült und die erhaltene, bis zum Kochen erhitzte Lösung in der Siedhitze mit $^1/_4$-Normal-Alkalilauge unter Verwendung von empfindlichem blauvioletten Lackmuspapier titrirt.

Berechnung. Wurden bei der Titration a Kubikcentimeter $^1/_4$-Normal-Alkalilauge verbraucht, so sind enthalten:

$x = 0{,}0375\ (a + 0{,}6)$ Gramm Gesammtweinsteinsäure in 100 ccm Wein.

b) Bestimmung der freien Weinsteinsäure.

50 ccm eines gewöhnlichen ausgegohrenen Weines, beziehungsweise 25 ccm eines erhebliche Mengen Zucker enthaltenden Weines, werden in der unter II Nr. 4 vorgeschriebenen Weise in einer Platinschale verascht. Die Asche wird vorsichtig mit 20 ccm $^1/_4$-Normal-Salzsäure versetzt und nach Zusatz von 20 ccm destillirtem Wasser über einer kleinen Flamme bis zum beginnenden Sieden erhitzt. Die heisse Flüssigkeit wird mit $^1/_4$-Normal-Alkalilauge unter Verwendung von empfindlichem blauvioletten Lackmuspapier titrirt.

Berechnung. Wurden a Kubikcentimeter Wein angewandt und bei der Titration b Kubikcentimeter $^1/_4$-Normal-Alkalilauge verbraucht, enthält ferner der Wein c Gramm Gesammtweinsteinsäure in 100 ccm (nach II Nr. 14a bestimmt), so sind enthalten:

$$x = c - \frac{3{,}75\ (20 - b)}{a}$$ Gramm freie Weinsteinsäure in 100 ccm Wein.

Ist $a = 50$, so wird $x = c + 0{,}075\,b - 1{,}5$; ist $a = 25$, so wird $x = c + 0{,}15\,b - 3$.

c) Bestimmung des Weinsteins.

50 ccm eines gewöhnlichen ausgegohrenen Weines, beziehungsweise 25 ccm eines erhebliche Mengen Zucker enthaltenden Weines, werden in der unter II Nr. 4 vorgeschriebenen Weise in einer Platinschale verascht. Die Asche wird mit heissem destillirten Wasser ausgelaugt, die Lösung durch ein kleines Filter filtrirt und die Schale sowie das Filter mit heissem Wasser sorgfältig ausgewaschen. Der wässerige Aschenauszug wird vorsichtig mit 20 ccm $^1/_4$-Normal-Salzsäure versetzt und über einer kleinen Flamme bis zum beginnenden Sieden erhitzt. Die heisse Lösung wird mit $^1/_4$-Normal-Alkalilauge unter Verwendung von empfindlichem blauvioletten Lackmuspapier titrirt.

Berechnung. Wurden d Kubikcentimeter Wein angewandt und bei der Titration e Kubikcentimeter $^1/_4$-Normal-Alkalilauge verbraucht, enthält ferner der Wein c Gramm Gesammtweinsteinsäure in 100 ccm (nach II Nr. 14a bestimmt), so berechnet man zunächst den Werth von n aus nachstehender Formel:

$$n = 26{,}67\,c - \frac{100\ (20 - e)}{d}.$$

α) Ist n gleich Null oder negativ, so ist sämmtliche Weinsteinsäure in der Form von Weinstein in dem Weine vorhanden; dann sind enthalten:

$x = 1{,}2533\,c$ Gramm Weinstein in 100 ccm Wein.

β) Ist n positiv, so sind enthalten:

$$x = \frac{4{,}7\ (20 - e)}{d}$$ Gramm Weinstein in 100 ccm Wein.

d) Bestimmung der an alkalische Erden gebundenen Weinsteinsäure.

Die Menge der an alkalische Erden gebundenen Weinsteinsäure wird aus den bei der Bestimmung der freien Weinsteinsäure und des Weinsteins unter II No. 14 b und c gefundenen Zahlen berechnet. Haben b, d und e dieselbe Bedeutung wie dort und ist

α) n gleich Null oder negativ gefunden worden, so ist an alkalische Erden gebundene Weinsteinsäure in dem Weine nicht enthalten;

β) n positiv gefunden worden und freie Weinsteinsäure vorhanden, so sind

$$x = \frac{3{,}75\ (e - b)}{d}$$ Gramm

an alkalische Erden gebundene Weinsteinsäure in 100 ccm Wein.

γ) n positiv gefunden worden und freie Weinsteinsäure nicht vorhanden, so sind

$$x = c - \frac{3{,}75\ (20 - e)}{d}$$ Gramm

an alkalische Erden gebundene Weinsteinsäure in 100 ccm Wein enthalten.

15. Bestimmung der Schwefelsäure in Weissweinen.

Das unter II No. 5 für Rothweine angegebene Verfahren zur Bestimmung der Schwefelsäure gilt auch für Weissweine.

16. Bestimmung der schwefligen Säure.

Zur Bestimmung der schwefligen Säure bedient man sich folgender Vorrichtung. Ein Destillirkolben von 400 ccm Inhalt wird mit einem zweimal durchbohrten Stopfen verschlossen, durch welchen zwei Glasröhren in das Innere des Kolbens führen. Die erste Röhre reicht bis auf den Boden des Kolbens, die zweite nur bis in den Hals. Die letztere Röhre führt zu einem Liebigschen Kühler; an diesen schliesst sich luftdicht mittelst durchbohrten Stopfens eine kugelig aufgeblasene U-Röhre (sog. Peligot'sche Röhre).

Man leitet durch das bis auf den Boden des Kolbens führende Rohr Kohlensäure, bis alle Luft aus dem Apparate verdrängt ist, bringt dann in die Peligot'sche Röhre 50 ccm Jodlösung (erhalten durch Auflösen von 5 g reinem Jod und 7,5 g Jodkalium in Wasser zu 1 Liter), lüftet den Stopfen des Destillirkolbens und lässt 100 ccm Wein aus einer Pipette in den Kolben fliessen, ohne das Einströmen der Kohlensäure zu unterbrechen. Nachdem noch 5 g sirupdicke Phosphorsäure zugegeben sind, erhitzt man den Wein vorsichtig und destillirt ihn unter stetigem Durchleiten von Kohlensäure zur Hälfte ab.

Man bringt nunmehr die Jodlösung, die noch braun gefärbt sein muss, in ein Becherglas, spült die Peligotsche Röhre gut mit Wasser aus, setzt etwas Salzsäure zu, erhitzt das Ganze kurze Zeit und fällt die durch Oxydation der schwefligen Säure entstandene Schwefelsäure mit Chlorbaryum. Der Niederschlag von Baryumsulfat wird genau in der unter II Nr. 5 vorgeschriebenen Weise weiter behandelt

Berechnung. Wurden a Gramm Baryumsulfat gewogen, so sind:

$x = 0{,}2748\,a$ Gramm schweflige Säure (SO_2) in 100 ccm Wein.

Anmerkung 1: Der Gesammtgehalt der Weine an schwefliger Säure kann auch nach dem folgenden Verfahren bestimmt werden. Man bringt in ein Kölbchen von ungefähr 200 ccm Inhalt 25 ccm Kalilauge, die etwa 56 g Kaliumhydrat im Liter enthält, und lässt 50 ccm Wein so zu der Lauge fliessen, dass die Pipettenspitze während des Auslaufens in die Kalilauge taucht. Nach mehrmaligem vorsichtigen Umschwenken lässt man die Mischung 15 Minuten stehen. Hierauf fügt man zu der alkalischen Flüssigkeit 10 ccm verdünnte Schwefelsäure (erhalten durch Mischen von 1 Theil Schwefelsäure mit 3 Theilen Wasser) und einige Kubikcentimeter Stärkelösung und titrirt die Flüssigkeit mit $^1/_{50}$-Normal-Jodlösung; man lässt die Jodlösung hierbei rasch, aber vorsichtig so lange zutropfen. bis die blaue Farbe der Jodstärke nach vier- bis fünfmaligem Umschwenken noch kurze Zeit anhält.

Berechnung der gesammten schwefligen Säure. Wurden auf 50 ccm Wein a ccm $^1/_{50}$-Normal-Jodlösung verbraucht, so sind enthalten:

$x = 0{,}00128\,a$ Gramm gesammte schweflige Säure (SO_2) in 100 ccm Wein.

Zufolge neuerer Erfahrungen ist ein Theil der schwefligen Säure im Weine an organische Bestandtheile gebunden, ein anderer im freien Zustande oder als Alkalibisulfit im Weine vorhanden. Die Bestimmung der freien schwefligen Säure geschieht nach folgendem Verfahren. Man leitet durch ein Kölbchen von etwa 100 ccm Inhalt 10 Minuten lang Kohlensäure, entnimmt dann aus der frisch entkorkten Flasche mit einer Pipette 50 ccm Wein und lässt diese in das mit Kohlensäure gefüllte Kölbchen fliessen. Nach Zusatz von 5 ccm verdünnter Schwefelsäure wird die Flüssigkeit in der vorher beschriebenen Weise mit $^1/_{50}$-Normal-Jodlösung titrirt.

Berechnung der freien schwefligen Säure. Wurden auf 50 ccm Wein a Kubikcentimeter $^1/_{50}$-Normal-Jodlösung verbraucht, so sind enthalten:

$x = 0{,}00128\,a$ Gramm freie schweflige Säure (SO_2) in 100 ccm Wein.

Der Unterschied der gesammten schwefligen

Säure und der freien schwefligen Säure ergiebt den Gehalt des Weines an schwefliger Säure, die an organische Weinbestandtheile gebunden ist.

Anmerkung 2: Wurde der Gesammtgehalt an schwefliger Säure nach dem in der Anmerkung 1 beschriebenen Verfahren bestimmt, so ist dies anzugeben. Es ist wünschenswerth, dass in jedem Falle die freie beziehungsweise die an organische Bestandtheile gebundene schweflige Säure bestimmt wird.

17. Bestimmung des Saccharins.

Man verdampft 100 ccm Wein unter Zusatz von ausgewaschenem groben Sande in einer Porcellanschale auf dem Wasserbade, versetzt den Rückstand mit 1 bis 2 ccm einer 30procentigen Phosphorsäurelösung und zieht ihn unter beständigem Auflockern mit einer Mischung von gleichen Raumtheilen Aether und Petroleumäther bei mässiger Wärme aus. Man filtrirt die Auszüge durch gereinigten Asbest in einen Kolben und fährt mit dem Ausziehen fort, bis man 200 bis 250 ccm Filtrat erhalten hat. Hierauf destillirt man den grössten Theil der Aether-Petroleumäthermischung im Wasserbade ab, führt die rückständige Lösung aus dem Kolben in eine Porcellanschale über, spült den Kolben mit Aether gut nach, verjagt dann Aether und Petroleumäther völlig und nimmt den Rückstand mit einer verdünnten Lösung von Natriumkarbonat auf. Man filtrirt die Lösung in eine Platinschale, verdampft sie zur Trockne, mischt den Trockenrückstand mit der vier- bis fünffachen Menge festem Natriumkarbonat und trägt dieses Gemisch allmählich in schmelzenden Kalisalpeter ein. Man löst die weisse Schmelze in Wasser, säuert sie vorsichtig (mit aufgelegtem Uhrglase) in einem Becherglase mit Salzsäure an und fällt die aus dem Saccharin entstandene Schwefelsäure mit Chlorbaryum in der unter II Nr. 5 vorgeschriebenen Weise.

Berechnung. Wurden bei der Verarbeitung von 100 ccm Wein a Gramm Baryumsulfat gewonnen, so sind enthalten:

x = 0,7857 a Gramm Saccharin in 100 ccm Wein.

18. Nachweis der Salicylsäure.

50 ccm Wein werden in einem cylindrischen Scheidetrichter mit 50 ccm eines Gemisches aus gleichen Raumtheilen Aether und Petroleumäther versetzt und mit der Vorsicht häufig umgeschüttelt, dass keine Emulsion entsteht, aber doch eine genügende Mischung der Flüssigkeiten stattfindet. Hierauf hebt man die Aether-Petroleumätherschicht ab, filtrirt sie durch ein trockenes Filter, verdunstet das Aethergemisch auf dem Wasserbade und versetzt den Rückstand mit einigen Tropfen Eisenchloridlösung. Eine roth-violette Färbung zeigt die Gegenwart von Salicylsäure an.

Entsteht dagegen eine schwarze oder dunkelbraune Färbung, so versetzt man die Mischung mit einem Tropfen Salzsäure, nimmt sie mit Wasser auf, schüttelt die Lösung mit Aether-Petroleumäther aus und verfährt mit dem Auszug nach der oben gegebenen Vorschrift.

19. Nachweis von arabischem Gummi und Dextrin.

Man versetzt 4 ccm Wein mit 10 ccm Alkohol von 96 Massprocent. Entsteht hierbei nur eine geringe Trübung, welche sich in Flocken absetzt, so ist weder Gummi noch Dextrin anwesend. Entsteht dagegen ein klumpiger, zäher Niederschlag, der zum Theil zu Boden fällt, zum Theil an den Wandungen des Gefässes hängen bleibt, so muss der Wein nach dem folgenden Verfahren geprüft werden

100 ccm Wein werden auf etwa 5 ccm eingedampft und unter Umrühren solange mit Alkohol von 90 Massprocent versetzt, als noch ein Niederschlag entsteht. Nach 2 Stunden filtrirt man den Niederschlag ab, löst ihn in 30 ccm Wasser und führt die Lösung in ein Kölbchen von etwa 100 ccm Inhalt über. Man fügt 1 ccm Salzsäure vom specifischen Gewichte 1,12 hinzu, verschliesst das Kölbchen mit einem Stopfen, durch welchen ein 1 m langes, beiderseits offenes Rohr führt, und erhitzt das Gemisch 3 Stunden im kochenden Wasserbade. Nach dem Erkalten wird die Flüssigkeit mit einer Sodalösung alkalisch gemacht, auf ein bestimmtes Mass verdünnt und der entstandene Zucker mit Fehling'scher Lösung nach dem unter II Nr. 10 beschriebenen Verfahren bestimmt. Der Zucker ist aus zugesetztem Dextrin oder arabischem Gummi gebildet worden; Weine ohne diese Zusätze geben, in der beschriebenen Weise behandelt, höchstens Spuren einer Zuckerreaktion.

20. Bestimmung des Gerbstoffes.

a) Schätzung des Gerbstoffgehaltes.

In 100 ccm von Kohlensäure befreitem Weine werden die freien Säuren mit einer titrirten Alkalilösung bis auf 0,5 g in 100 ccm Wein abgestumpft, sofern die Bestimmung nach II Nr. 6 einen höheren Betrag ergeben hat. Nach Zugabe von 1 ccm einer 40procentigen Natriumacetatlösung lässt man eine 10procentige Eisenchloridlösung tropfenweise solange hinzufliessen, bis kein Niederschlag mehr entsteht. Ein Tropfen der 10procentigen Eisenchloridlösung genügt zur Ausfällung von 0,05 g Gerbstoff.

b) Bestimmung des Gerbstoffgehaltes.

Die Bestimmung des Gerbstoffes kann nach einem der üblichen Verfahren erfolgen; das angewandte Verfahren ist in jedem Falle anzugeben.

21. Bestimmung des Chlors.

Man lässt 50 ccm Wein aus einer Pipette in ein Becherglas fliessen, macht ihn mit einer Lösung von Natriumkarbonat alkalisch und erwärmt das Gemisch mit aufgedecktem Uhrglas bis zum Aufhören der Kohlensäureentwickelung. Den Inhalt des Becherglases bringt man in eine Platinschale, dampft ihn ein, verkohlt den Rückstand und verascht genau in der bei der Bestimmung der Mineralbestandtheile (II Nr. 4) angegebenen Weise. Die Asche wird mit einem Tropfen Salpetersäure befeuchtet, mit warmem Wasser ausgezogen, die Lösung in ein Becherglas filtrirt und unter Umrühren solange mit Silbernitratlösung (1 Theil Silbernitrat in 20 Theilen Wasser gelöst) versetzt, als noch ein Niederschlag entsteht. Man erhitzt das Gemisch kurze Zeit im Wasserbade, lässt es an einem dunklen Orte erkalten, sammelt den Niederschlag auf einem Filter von bekanntem Aschengehalte, wäscht denselben mit heissem Wasser bis zum Verschwinden der sauren Reaktion aus und trocknet den Niederschlag auf dem Filter bei 100° C. Das Filter wird in einem gewogenen Porcellantiegel mit Deckel verbrannt. Nach dem Erkalten benetzt man das Chlorsilber mit einem Tropfen Salzsäure, erhitzt vorsichtig mit aufgelegtem Deckel bis die Säure verjagt ist, steigert hierauf die Hitze bis zum beginnenden Schmelzen, lässt sodann das Ganze im Exsikkator erkalten und wägt.

Berechnung. Wurden aus 50 ccm Wein a Gramm Chlorsilber erhalten, so sind enthalten:

x = 0,4945 a Gramm Chlor in 100 ccm Wein,

oder

y = 0,816 a Gramm Chlornatrium in 100 ccm Wein.

22. Bestimmung der Phosphorsäure.

50 ccm Wein werden in einer Platinschale mit 0,5 bis 1 g eines Gemisches von 1 Theil Salpeter und 3 Theilen Soda versetzt und zur dickflüssigen Beschaffenheit verdampft. Der Rückstand wird verkohlt, die Kohle mit verdünnter Salpetersäure ausgezogen, der Auszug abfiltrirt, die Kohle wiederholt ausgewaschen und schliesslich sammt dem Filter verascht. Die Asche wird mit Salpetersäure befeuchtet, mit heissem Wasser aufgenommen und zu dem Auszuge in ein Becherglas von 200 ccm Inhalt filtrirt, zu der Lösung setzt man ein Gemisch*) von 25 ccm Molybdänlösung (150 g Ammoniummolybdat in 1 procentigem Ammoniak zu 1 Liter gelöst) und 25 ccm Salpetersäure vom specifischen Gewichte 1,2 und erwärmt auf einem Wasserbade auf 80° C., wobei ein gelber Niederschlag von Ammoniumphosphomolybdat entsteht. Man stellt die Mischung 6 Stunden an einen warmen Ort, giesst dann die über dem Niederschlage stehende klare Flüssigkeit durch ein Filter, wäscht den Niederschlag 4 bis 5 mal mit einer verdünnten Molybdänlösung (erhalten durch Vermischen von 100 Raumtheilen der oben angegebenen Molybdänlösung mit 20 Raumtheilen Salpetersäure vom specifischen Gewichte 1,2 und 80 Raumtheilen Wasser), indem man stets den Niederschlag absetzen lässt und die klare Flüssigkeit durch das Filter giesst. Dann löst man den Niederschlag im Becherglase in koncentrirtem Ammoniak auf und filtrirt durch dasselbe Filter, durch welches vorher die abgegossenen Flüssigkeitsmengen filtrirt wurden. Man wäscht das Becherglas und das Filter mit Ammoniak aus und versetzt das Filtrat vorsichtig unter Umrühren mit Salzsäure, so-

*) Die Molybdänlösung ist in die Salpetersäure zu giessen, nicht umgekehrt, da andernfalls eine Ausscheidung von Molybdänsäure stattfindet, die nur schwer wieder in Lösung zu bringen ist.

lange der dadurch entstehende Niederschlag sich noch löst. Nach dem Erkalten fügt man 5 ccm Ammoniak und langsam und tropfenweise unter Umrühren 6 ccm Magnesiummischung (68 g Chlormagnesium und 165 g Chlorammonium in Wasser gelöst, mit 260 ccm Ammoniak vom specifischen Gewichte 0,96 versetzt und auf 1 Liter aufgefüllt) zu und rührt mit einem Glasstabe um, ohne die Wandung des Becherglases zu berühren. Den entstehenden krystallinischen Niederschlag von Ammoniak-Magnesiumphosphat lässt man nach Zusatz von 40 ccm Ammoniaklösung 24 Stunden bedeckt stehen. Hierauf filtrirt man das Gemisch durch ein Filter von bekanntem Aschengehalte und wäscht den Niederschlag mit verdünntem Ammoniak (1 Theil Ammoniak vom specifischen Gewichte 0,96 und 3 Theile Wasser) aus, bis das Filtrat in einer mit Salpetersäure angesäuerten Silberlösung keine Trübung mehr hervorbringt. Der Niederschlag wird auf dem Filter getrocknet und letzteres in einem gewogenen Platintiegel verbrannt. Nach dem Erkalten befeuchtet man den aus Magnesiumpyrophosphat bestehenden Tiegelinhalt mit Salpetersäure, verdampft dieselbe mit kleiner Flamme, glüht den Tiegel stark, lässt ihn im Exsikkator erkalten und wägt.

Berechnung. Wurden aus 50 ccm Wein a Gramm Magnesiumpyrophosphat erhalten, so sind enthalten:

$x = 1{,}2751$ a Gramm Phosphorsäureanhydrid (P_2O_5) in 100 ccm Wein.

23. Nachweis der Salpetersäure.

1. In Weissweinen.

a) 10 ccm Wein werden entgeistet, mit Thierkohle entfärbt und filtrirt. Einige Tropfen des Filtrates lässt man in ein Porcellanschälchen, in welchem einige Körnchen Diphenylamin mit 1 ccm koncentrirter Schwefelsäure übergossen worden sind, so einfliessen, dass sich die beiden Flüssigkeiten neben einander lagern. Tritt an der Berührungsfläche eine blaue Färbung auf, so ist Salpetersäure in dem Weine enthalten.

b) Zum Nachweis kleinerer Mengen von Salpetersäure, welche bei der Prüfung nach II Nr. 23 unter 1a nicht mehr erkannt werden, verdampft man 100 ccm Wein in einer Porcellanschale auf dem Wasserbade zum dünnen Sirup und fügt nach dem Erkalten solange absoluten Alkohol zu, als noch ein Niederschlag entsteht. Man filtrirt, verdampft das Filtrat, bis der Alkohol vollständig verjagt ist, versetzt den Rückstand mit Wasser und Thierkohle, verdampft das Gemisch auf etwa 10 ccm, filtrirt dasselbe und prüft das Filtrat nach II Nr. 23 unter 1a.

2. In Rothweinen.

100 ccm Rothwein versetzt man mit 6 ccm Bleiessig und filtrirt. Zum Filtrate giebt man 4 ccm einer koncentrirten Lösung von Magnesiumsulfat und etwas Thierkohle. Man filtrirt nach einigem Stehen und prüft das Filtrat nach der in II Nr. 23 unter 1a gegebenen Vorschrift. Entsteht hierbei keine Blaufärbung, so behandelt man das Filtrat nach der in II Nr. 23 unter 1b gegebenen Vorschrift.

Anmerkung: Alle zur Verwendung gelangenden Stoffe, auch das Wasser und die Thierkohle, müssen zuvor auf Salpetersäure geprüft werden; Salpetersäure enthaltende Stoffe dürfen nicht angewendet werden.

24 und 25. Nachweis von Baryum und Strontium.

100 ccm Wein werden eingedampft und in der unter II Nr. 4 angegebenen Weise verascht. Die Asche nimmt man mit verdünnter Salzsäure auf, filtrirt die Lösung und verdampft das Filtrat zur Trockne. Das trockne Salzgemenge wird spektroskopisch auf Baryum und Strontium geprüft. Ist durch die spektroskopische Prüfung das Vorhandensein von Baryum oder Strontium festgestellt, so ist die quantitative Bestimmung derselben auszuführen.

26. Bestimmung des Kupfers.

Das Kupfer wird in $^1/_2$ bis 1 Liter Wein elektrolytisch bestimmt. Das auf der Platinelektrode abgeschiedene Metall ist nach dem Wägen in Salpetersäure zu lösen und in üblicher Weise auf Kupfer zu prüfen.

Tafel I.

Ermittelung des Alkoholgehaltes.

Aus K. Windisch. Alkoholtafel. Berlin 1893.

Specifisches Gewicht des Destillates	Gramm Alkohol in 100 ccm	Volumprocente Alkohol	Specifisches Gewicht des Destillates	Gramm Alkohol in 100 ccm	Volumprocente Alkohol	Specifisches Gewicht des Destillates	Gramm Alkohol in 100 ccm	Volumprocente Alkohol	Specifisches Gewicht des Destillates	Gramm Alkohol in 100 ccm	Volumprocente Alkohol
1,0000	0,00	0,00	4	1,39	1,75	8	2,82	3,56	1	4,41	5.55
			3	1,44	1,82	7	2,88	3,64	0	4,47	5,63
0,9999	0,05	0,07	2	1,50	1,88	6	2,94	3,71			
8	0,11	0,13	1	1,55	1,95	5	3,00	3,78	0,9919	4,53	5,70
7	0,16	0,20	0	1,60	2,02	4	3,06	3,85	8	4,59	5,78
6	0,21	0,27				3	3,12	3,93	7	4,65	5,86
5	0.26	0,33	0,9969	1,66	2,09	2	3,17	4,00	6	4,71	5,93
4	0,32	0,40	8	1,71	2,16	1	3,23	4,07	5	4,77	6,01
3	0,37	0,47	7	1,77	2,23	0	3,29	4,14	4	4,83	6,09
2	0,42	0,53	6	1,82	2.30				3	4,89	6,16
1	0,47	0,60	5	1,88	2,37	0,9939	3,35	4,22	2	4,95	6,24
0	0,53	0,67	4	1,93	2,44	8	3,40	4,29	1	5,01	6,32
			3	1,99	2,51	7	3,46	4,36	0	5,08	6,40
0,9989	0,58	0,73	2	2,04	2,58	6	3,52	4,43			
8	0,64	0,80	1	2,10	2,65	5	3,58	4,51	0,9909	5,14	6,47
7	0,69	0,87	0	2,16	2,72	4	3,64	4,58	8	5,20	6,55
6	0,74	0,93				3	3,69	4,65	7	5,26	6,63
5	0,80	1,00	0,9959	2,21	2.79	2	3,75	4,73	6	5,32	6,71
4	0,85	1,07	8	2,27	2,86	1	3,81	4,80	5	5,38	6,79
3	0,90	1,14	7	2,32	2,93	0	3,87	4,88	4	5,45	6,86
2	0,96	1,20	6	2,38	3,00				3	5,51	6,94
1	1,01	1,27	5	2,43	3,07	0,9929	3,93	4,95	2	5,57	7,02
0	1,06	1,34	4	2,49	3.14	8	3,99	5,03	1	5,64	7,10
			3	2,55	3,21	7	4,05	5,10	0	5,70	7,18
0,9979	1,12	1.41	2	2,60	3,28	6	4,11	5.18			
8	1,17	1,48	1	2,66	3,35	5	4,17	5,25	0,9899	5,76	7,26
7	1.22	1,54	0	2,72	3,42	4	4,23	5,33	8	5,83	7,34
6	1,28	1,61				3	4,29	5,40	7	5,89	7,42
5	1,33	1,68	0,9949	2,77	3,49	2	4,35	5,48	6	5,95	7.50

Specifisches Gewicht des Destillates	Gramm Alkohol in 100 ccm	Volumprocente Alkohol
5	6,02	7,58
4	6,08	7,66
3	6,14	7,74
2	6,21	7,82
1	6,27	7,90
0	6,34	7,99
0,9889	6,40	8,07
8	6,47	8,15
7	6,53	8,23
6	6,59	8,31
5	6,66	8,40
4	6,73	8,48
3	6,79	8,56
2	6,86	8,64
1	6,93	8,73
0	6,99	8,81
0,9879	7,06	8,89
8	7,12	8,98
7	7,19	9,06
6	7,26	9,15
5	7,33	9,23
4	7,39	9,32
3	7,46	9,40
2	7,53	9,48
1	7,60	9,57
0	7,66	9,66
0,9869	7,73	9,74
8	7,80	9,83
7	7,87	9,91
6	7,94	10,00
5	8,00	10.09
4	8,07	10,17
3	8,14	10,26
2	8,21	10,35
1	8,28	10,43
0	8,35	10,52
0,9859	8,42	10,61
8	8,49	10,70
7	8,56	10,79
6	8,63	10,88
5	8,70	10,96
4	8,77	11,05
3	8,84	11,14
2	8,91	11,23
1	8,98	11,32
0	9,06	11,41
0,9849	9,13	11,50
8	9,20	11,59
7	9,27	11,68
6	9,34	11,77
5	9,42	11,86
4	9,49	11.95
3	9,56	12,05
2	9,63	12,14
1	9,70	12,23
0	9,78	12,32
0,9839	9,85	12,41
8	9,92	12,50
7	9,99	12,59
6	10,07	12,69
5	10,14	12,78
4	10,22	12,88
3	10,29	12,97
2	10,36	13,06
1	10,44	13,16
0	10,52	13,25
0,9829	10,59	13,34
8	10,66	13,44
7	10,74	13,53

Specifisches Gewicht des Destillates	Gramm Alkohol in 100 ccm	Volumprocente Alkohol
6	10,81	13,63
5	10,89	13,72
4	10,96	13,82
3	11,04	13,91
2	11,12	14,01
1	11,19	14,10
0	11,27	14,20
0,9819	11,34	14,29
8	11,42	14,39
7	11,49	14,48
6	11,57	14,58
5	11,65	14,68
4	11,72	14,77
3	11,80	14,87
2	11,88	14,97
1	11,96	15,07
0	12,03	15,16
0,9809	12,11	15,26
8	12,19	15,36
7	12,27	15,46
6	12,34	15,55
5	12,42	15,65
4	12,50	15,75
3	12,58	15,85
2	12,65	15,95
1	12,73	16,04
0	12,81	16,14
0,9799	12,89	16,24
8	12,97	16,34
7	13,05	16,44
6	13,13	16,54
5	13,20	16,64
4	13,28	16,74
3	13,36	16.84
2	13,44	16,94
1	13,52	17,04
0	13,60	17,14
0,9789	13,68	17,24
8	13,76	17,34
7	13,84	17,44
6	13,92	17,54
5	14,00	17,64
4	14,08	17,74
3	14,15	17,84
2	14,23	17,94
1	14,31	18,04
0	14,39	18,14
0,9779	14,47	18,24
8	14,55	18,34
7	14,63	18,44
6	14,71	18,54
5	14,79	18,64
4	14,87	18,74
3	14,95	18,84
2	15,03	18,94
1	15,11	19,04
0	15,19	19,14
0,9769	15,27	19,24
8	15,35	19,34
7	15,43	19,44
6	15,51	19,55
5	15,59	19.65
4	15,67	19,75
3	15,75	19,85
2	15,83	19,95
1	15,91	20.05
0	15,99	20,15
0,9759	16,07	20,25
8	16,15	20,35

Specifisches Gewicht des Destillates	Gramm Alkohol in 100 ccm	Volumprocente Alkohol
7	16,23	20,45
6	16,31	20,55
5	16,39	20,65
4	16,47	20,75
3	16,55	20,86
2	16,63	20,96
1	16,71	21,06
0	16,79	21,16
0,9749	16,87	21,26
8	16,95	21,36
7	17,03	21,46
6	17,11	21,56
5	17,19	21,66
4	17,27	21,76
3	17,35	21,86
2	17,42	21,96
1	17,50	22,06
0	17,58	22,16
0,9739	17,66	22,26
8	17,74	22,35
7	17,82	22,45
6	17,90	22,55
5	17,98	22,65
4	18,05	22,75
3	18,13	22,85
2	18,21	22,95
1	18,29	23,05
0	18,37	23,14
0,9729	18,45	23,24
8	18,52	23,34
7	18,60	23,44
6	18,68	23,54
5	18,76	23,63
4	18,84	23,73
3	18,91	23,83
2	18.99	23,93
1	19,07	24,02
0	19,14	24,12
0,9719	19,22	24,22
8	19,30	24,32
7	19,37	24,41
6	19,45	24,51
5	19,53	24,60
4	19,60	24,70
3	19,68	24,80
2	19,76	24,89
1	19,83	24,99
0	19,91	25,08
0,9709	19,98	25,18
8	20,06	25,27
7	20,13	25,37
6	20,21	25,47
5	20,28	25,56
4	20,36	25,66
3	20,43	25,75
2	20,51	25,84
1	20,58	25,94
0	20,66	26,03
0,9699	20,73	26,13
8	20,81	26,22
7	20,88	26,31
6	20,96	26,41
5	21,03	26,50
4	21,10	26,59
3	21,18	26,69
2	21,25	26,78
1	21,32	26,87
0	21,40	26,96
0,9689	21,47	27,05

Specifisches Gewicht des Destillates	Gramm Alkohol in 100 ccm	Volumprocente Alkohol
8	21,54	27,14
7	21,61	27,24
6	21,69	27,33
5	21,76	27,42
4	21,83	27,51
3	21,90	27,60
2	21,97	27,69
1	22,05	27,78
0	22,12	27,87
0,9679	22,19	27,96
8	22,26	28,05
7	22,33	28,14
6	22,40	28,23
5	22,47	28,32
4	22,54	28,41
3	22,61	28,50
2	22,68	28,59
1	22,75	28,67
0	22,82	28,76
0,9669	22,89	28,85
8	22,96	28,94
7	23,03	29,03
6	23,10	29,11
5	23,17	29,20
4	23,24	29,29
3	23,31	29,38
2	23,38	29,46
1	23,45	29,55
0	23,52	29,64
0,9659	23,59	29,72
8	23,65	29,81
7	23,72	29,89
6	23,79	29,98
5	23,86	30,06
4	23,93	30,15
3	23,99	30,23
2	24,06	30,32
1	24,13	30,40
0	24,19	30,49
0,9649	24,26	30,57
8	24,33	30,66
7	24,39	30,74
6	24,46	30,82
5	24,53	30,91
4	24,59	30,99
3	24,66	31,07
2	24,73	31,16
1	24,79	31,24
0	24,85	31,32
0,9639	24,92	31,41
8	24,99	31,49
7	25,05	31,57
6	25,12	31,65
5	25,18	31,73
4	25,25	31,81
3	25,31	31,89
2	25,37	31,98
1	25,44	32,06
0	25,50	32,14
0,9629	25,56	32,22
8	25,63	32,30
7	25,69	32,38
6	25,76	32,46
5	25,82	32.54
4	25,88	32,62
3	25,95	32,70
2	26,01	32,78
1	26,07	32,85
0	26,13	32,93

Tafel II.

(Zur Ermittelung der Zahl E, welche für die Wahl des bei der Extraktbestimmung des Weines anzuwendenden Verfahrens massgebend ist.)

Nach den Angaben der Kaiserlichen Normal-Aichungs-Kommission berechnet im Kaiserlichen Gesundheitsamt.

x	E
1,0000	0,00
1	0.03
2	0,05
3	0,08
4	0,10
5	0,13
6	0,15
7	0,18
8	0,20
9	0,23
1,0010	0,26
1	0,28
2	0,31
3	0,34
4	0,36
5	0,39
6	0,41
7	0,44
8	0,46
9	0,49
1,0020	0,52
1	0,54
2	0,57
3	0,59
4	0,62
5	0,64
6	0,67
7	0,69
8	0,72
9	0,75
1,0030	0,77
1	0,80
2	0,82
3	0,85
4	0,87
5	0,90
6	0,93
7	0,95
8	0,98
9	1,00
1,0040	1,03
1	1,05
2	1,08
3	1,11
4	1,13
5	1,16
6	1,18
7	1,21
8	1,24
9	1,26
1,0050	1,29
1	1,32
2	1,34
3	1,37
4	1,39
5	1,42
6	1,45
7	1,47
8	1,50
9	1,52
1,0060	1,55
1	1,57
2	1,60
3	1,63
4	1,65
5	1.68
6	1,70

x	E
7	1,73
8	1,76
9	1,78
1,0070	1,81
1	1,83
2	1,86
3	1,88
4	1,91
5	1,94
6	1,96
7	1,99
8	2,01
9	2,04
1,0080	2,07
1	2,09
2	2,12
3	2,14
4	2,17
5	2.19
6	2,22
7	2,25
8	2,27
9	2,30
1,0090	2,32
1	2,35
2	2,38
3	2,40
4	2,43
5	2,45
6	2,48
7	2,50
8	2,53
9	2,56
1,0100	2,58
1	2,61
2	2.63
3	2.66
4	2,69
5	2,71
6	2,74
7	2,76
8	2,79
9	2,82
1,0110	2,84
1	2,87
2	2,89
3	2.92
4	2,94
5	2,97
6	3.00
7	3.02
8	3,05
9	3,07
1,0120	3,10
1	3,12
2	3.15
3	3,18
4	3,20
5	3.23
6	3.26
7	3,28
8	3,31
9	3.33
1,0130	3.36
1	3,38
2	3.41

x	E
3	3,43
4	3,46
5	3,49
6	3,51
7	3,54
8	3,56
9	3,59
1,0140	3,62
1	3,64
2	3,67
3	3.69
4	3,72
5	3,75
6	3,77
7	3,80
8	3.82
9	3,85
1,0150	3,87
1	3,90
2	3,93
3	3,95
4	3,98
5	4,00
6	4,03
7	4,06
8	4,08
9	4,11
1.0160	4,13
1	4,16
2	4,19
3	4,21
4	4,24
5	4,26
6	4,29
7	4,31
8	4,34
9	4,37
1,0170	4,39
1	4,42
2	4,44
3	4,47
4	4,50
5	4,52
6	4,55
7	4,57
8	4.60
9	4,63
1,0180	4,65
1	4,68
2	4,70
3	4,73
4	4,75
5	4,78
6	4,81
7	4,83
8	4.86
9	4,88
1,0190	4.91
1	4.94
2	4.96
3	4.99
4	5,01
5	5,04
6	5,06
7	5,09
8	5,11
9	5,14

x	E
1,0200	5,17
1	5,19
2	5,22
3	5.25
4	5,27
5	5,30
6	5,32
7	5,35
8	5,38
9	5,40
1,0210	5,43
1	5,45
2	5,48
3	5,51
4	5,53
5	5,56
6	5,58
7	5,61
8	5,64
9	5,66
1,0220	5,69
1	5,71
2	5,74
3	5,77
4	5,79
5	5,82
6	5,84
7	5.87
8	5,89
9	5,92
1,0230	5,94
1	5,97
2	6,00
3	6,02
4	6,05
5	6,07
6	6,10
7	6,12
8	6,15
9	6,18
1.0240	6,20
1	6,23
2	6,25
3	6.28
4	6,31
5	6,33
6	6,36
7	6.38
8	6,41
9	6,44
1,0250	6,46
1	6,49
2	6.51
3	6,54
4	6,56
5	6,59
6	6.62
7	6,64
8	6,67
9	6,70
1,0260	6,72
1	6,75
2	6,77
3	6,80
4	6,82
5	6.85
6	6,88

x	E
7	6.90
8	6.93
9	6,95
1,0270	6.98
1	7.01
2	7,03
3	7.06
4	7.08
5	7,11
6	7,13
7	7,16
8	7,19
9	7,21
1,0280	7,24
1	7,26
2	7,29
3	7,32
4	7,34
5	7,37
6	7,39
7	7,42
8	7,45
9	7,47
1,0290	7,50
1	7,52
2	7,55
3	7,58
4	7,60
5	7,63
6	7,65
7	7,68
8	7,70
9	7,73
1,0300	7,76
1	7,78
2	7,81
3	7.83
4	7,86
5	7,89
6	7,91
7	7,94
8	7.97
9	7,99
1,0310	8,02
1	8,04
2	8,07
3	8,09
4	8,12
5	8,14
6	8,17
7	8,20
8	8.22
9	8,25
1,0320	8.27
1	8,30
2	8,33
3	8,35
4	8,38
5	8,40
6	8,43
7	8,46
8	8,48
9	8,51
1,0330	8.53
1	8,56
2	8,59

x	E
3	8,61
4	8,64
5	8,66
6	8,69
7	8,72
8	8,74
9	8,77
1,0340	8,79
1	8,82
2	8.85
3	8,87
4	8,90
5	8,92
6	8,95
7	8.97
8	9,00
9	9,03
1,0350	9,05
1	9.08
2	9,10
3	9,13
4	9,16
5	9,18
6	9,21
7	9,23
8	9,26
9	9,29
1,0360	9,31
1	9,34
2	9.36
3	9.39
4	9,42
5	9,44
6	9,47
7	9,49
8	9,52
9	9,55
1,0370	9,57
1	9,60
2	9,62
3	9,65
4	9.68
5	9,70
6	9,73
7	9,75
8	9,78
9	9,80
1,0380	9,83
1	9,86
2	9,88
3	9,91
4	9.93
5	9,96
6	9,99
7	10.01
8	10,04
9	10,06
1,0390	10,09
1	10,11
2	10,14
3	10,17
4	10,19
5	10,22
6	10.25
7	10.27
8	10.30
9	10,32
1,0400	10.35
1	10.37
2	10,40
3	10.43
4	10,45
5	10.48
6	10,51
7	10.53
8	10,56

x	E
9	10,58
1,0410	10,61
1	10,63
2	10,66
3	10,69
4	10,71
5	10,74
6	10.76
7	10,79
8	10,82
9	10,84
1,0420	10,87
1	10,90
2	10,92
3	10.95
4	10,97
5	11.00
6	11,03
7	11,05
8	11,08
9	11,10
1,0430	11,13
1	11,15
2	11.18
3	11,21
4	11,23
5	11,26
6	11,28
7	11,31
8	11,34
9	11,36
1,0440	11,39
1	11,42
2	11,44
3	11,47
4	11,49
5	11,52
6	11,55
7	11,57
8	11,60
9	11,62
1,0450	11,65
1	11,68
2	11,70
3	11,73
4	11,75
5	11,78
6	11,81
7	11,83
8	11,86
9	11,88
1,0460	11,91
1	11,94
2	11,96
3	11.99
4	12,01
5	12,04
6	12,06
7	12,09
8	12,12
9	12,14
1,0470	12,17
1	12,19
2	12,22
3	12,25
4	12,27
5	12,30
6	12,32
7	12,35
8	12,38
9	12,40
1,0480	12,43
1	12,45
2	12,48
3	12,51

x	E
4	12,53
5	12,56
6	12,58
7	12,61
8	12,64
9	12,66
1,0490	12,69
1	12,71
2	12,74
3	12,77
4	12,79
5	12,82
6	12,84
7	12,87
8	12,90
9	12,92
1,0500	12,95
1	12,97
2	13,00
3	13,03
4	13,05
5	13,08
6	13,10
7	13,13
8	13,16
9	13,18
1,0510	13,21
1	13,23
2	13,26
3	13,29
4	13,31
5	13,34
6	13,36
7	13,39
8	13,42
9	13,44
1,0520	13,47
1	13,49
2	13,52
3	13,55
4	13,57
5	13,60
6	13,62
7	13,65
8	13,68
9	13,70
1,0530	13,73
1	13,75
2	13,78
3	13,81
4	13,83
5	13,86
6	13,89
7	13,91
8	13,94
9	13,96
1,0540	13,99
1	14,01
2	14,04
3	14,07
4	14,09
5	14,12
6	14,14
7	14,17
8	14,20
9	14,22
1,0550	14,25
1	14,28
2	14,30
3	14,33
4	14,35
5	14,38
6	14,41
7	14,43
8	14,46
9	14,48

x	E
1,0560	14,51
1	14,54
2	14,56
3	14,59
4	14,61
5	14,64
6	14,67
7	14,69
8	14,72
9	14,74
1,0570	14,77
1	14,80
2	14,82
3	14,85
4	14,87
5	14,90
6	14,93
7	14,95
8	14,98
9	15,00
1,0580	15,03
1	15,06
2	15,08
3	15,11
4	15,14
5	15,16
6	15,19
7	15,22
8	15,24
9	15,27
1,0590	15,29
1	15,32
2	15,35
3	15,37
4	15,40
5	15,42
6	15,45
7	15,48
8	15,50
9	15,53
1,0600	15,55
1	15,58
2	15,61
3	15,63
4	15,66
5	15,68
6	15,71
7	15.74
8	15,76
9	15,79
1,0610	15,81
1	15,84
2	15,87
3	15,89
4	15,92
5	15,94
6	15,97
7	16,00
8	16,02
9	16,05
1,0620	16,07
1	16,10
2	16,13
3	16,15
4	16,18
5	16,21
6	16,23
7	16,26
8	16,28
9	16,31
1,0630	16,33
1	16,36
2	16,39
3	16,41
4	16,44

x	E
5	16,47
6	16,49
7	16,52
8	16,54
9	16,57
1,0640	16,60
1	16,62
2	16,65
3	16,68
4	16,70
5	16,73
6	16,75
7	16,78
8	16,80
9	16,83
1,0650	16,86
1	16,88
2	16,91
3	16,94
4	16,96
5	16,99
6	17,01
7	17,04
8	17,07
9	17,09
1,0660	17,12
1	17,14
2	17,17
3	17.20
4	17,22
5	17,25
6	17,27
7	17,30
8	17,33
9	17,35
1,0670	17,38
1	17,41
2	17,43
3	17,46
4	17,48
5	17,51
6	17,54
7	17,56
8	17,59
9	17,62
1,0680	17,64
1	17,67
2	17,69
3	17,72
4	17,75
5	17,77
6	17,80
7	17,83
8	17,85
9	17,88
1,0690	17,90
1	17,93
2	17,95
3	17,98
4	18,01
5	18,03
6	18,06
7	18,08
8	18,11
9	18,14
1,0700	18,16
1	18,19
2	18,22
3	18,24
4	18,27
5	18,30
6	18,32
7	18,35
8	18,37
9	18,40

x	E	x	E	x	E	x	E	x	E
1,0710	18,43	6	20,41	1	22,38	7	24,38	2	26,35
1	18,45	7	20,44	2	22,41	8	24,41	3	26,38
2	18,48	8	20,47	3	22,43	9	24,43	4	26,41
3	18,50	9	20,49	4	22.46			5	26,43
4	18,53			5	22,49	1,0940	24,46	6	26,46
5	18,56	1,0790	20,52	6	22,51	1	24,49	7	26,49
6	18,58	1	20,55	7	22.54	2	24,51	8	26,51
7	18,61	2	20,57	8	22,57	3	24,54	9	26,54
8	18,63	3	20,60	9	22,59	4	24,57		
9	18,66	4	20,62			5	24,59	1,1020	26,56
		5	20,65	1,0870	22,62	6	24,62	1	26,59
1,0720	18,69	6	20,68	1	22,65	7	24,64	2	26,62
1	18,71	7	20,70	2	22.67	8	24,67	3	26,64
2	18,74	8	20,73	3	22.70	9	24,70	4	26,67
3	18,76	9	20,75	4	22,72			5	26,70
4	18,79			5	22,75	1,0950	24,72	6	26.72
5	18,82	1,0800	20,78	6	22,78	1	24,75	7	26,75
6	18,84	1	20,81	7	22,80	2	24,78	8	26,78
7	18,87	2	20,83	8	22,83	3	24,80	9	26,80
8	18,90	3	20,86	9	22,86	4	24,83		
9	18,92	4	20,89			5	24,85	1,1030	26,83
		5	20,91	1,0880	22,88	6	24,88	1	26,85
1,0730	18,95	6	20,94	1	22,91	7	24,91	2	26,88
1	18,97	7	20.96	2	22,93	8	24,93	3	26,91
2	19,00	8	20,99	3	22,96	9	24,96	4	26,93
3	19,03	9	21,02	4	22,99			5	26,96
4	19,05			5	23,01	1,0960	24,99	6	26,99
5	19,08	1,0810	21,04	6	23,04	1	25,01	7	27,01
6	19,10	1	21,07	7	23,07	2	25,04	8	27,04
7	19,13	2	21,10	8	23,09	3	25,07	9	27,07
8	19,16	3	21,12	9	23,12	4	25,09		
9	19,18	4	21,15			5	25,12	1,1040	27,09
		5	21,17	1,0890	23,14	6	25,14	1	27,12
1,0740	19,21	6	21,20	1	23,17	7	25,17	2	27,15
1	19,23	7	21,23	2	23,20	8	25,20	3	27,17
2	19,26	8	21,25	3	23,22	9	25,22	4	27,20
3	19,29	9	21,28	4	23,25			5	27,22
4	19,31			5	23,28	1,0970	25,25	6	27,25
5	19,34	1,0820	21,31	6	23,30	1	25,28	7	27,27
6	19,37	1	21,33	7	23,33	2	25,30	8	27,30
7	19,39	2	21,36	8	23,35	3	25,33	9	27,33
8	19,42	3	21,38	9	23,38	4	25,36		
9	19,44	4	21,41			5	25,38	1,1050	27,35
		5	21,44	1,0900	23,41	6	25,41	1	27,38
1,0750	19,47	6	21,46	1	23,43	7	25,43	2	27,41
1	19,50	7	21,49	2	23,46	8	25,46	3	27,43
2	19,52	8	21,52	3	23,49	9	25,49	4	27,46
3	19,55	9	21,54	4	23,51			5	27,49
4	19,58			5	23,54	1,0980	25,51	6	27,51
5	19,60	1,0830	21,57	6	23,57	1	25,54	7	27,54
6	19,63	1	21,59	7	23,59	2	25,56	8	27,57
7	19,65	2	21,62	8	23,62	3	25,59	9	27,59
8	19,68	3	21,65	9	23,65	4	25,62		
9	19,71	4	21,67			5	25,64	1,1060	27,62
		5	21,70	1,0910	23,67	6	25,67	1	27,65
1,0760	19,73	6	21,73	1	23,70	7	25,70	2	27,67
1	19,76	7	21,75	2	23,72	8	25,72	3	27,70
2	19,79	8	21,78	3	23,75	9	25,75	4	27,72
3	19,81	9	21,80	4	23,77			5	27,75
4	19,84			5	23,80	1,0990	25,78	6	27,78
5	19,86	1,0840	21,83	6	23,83	1	25.80	7	27,80
6	19.89	1	21,86	7	23,85	2	25,83	8	27,83
7	19,92	2	21,88	8	23,88	3	25,85	9	27,86
8	19,94	3	21,91	9	23,91	4	25,88		
9	19,97	4	21,94			5	25,91		
		5	21,96	1,0920	23,93	6	25,93	1,1070	27,88
1,0770	20,00	6	21,99	1	23,96	7	25,96	1	27,91
1	20,02	7	22,02	2	23,99	8	25,99	2	27,93
2	20,05	8	22,04	3	24,01	9	26,01	3	27,96
3	20,07	9	22,07	4	24,04			4	27,99
4	20,10			5	24,07	1,1000	26,04	5	28,01
5	20,12	1,0850	22,09	6	24,09	1	26,06	6	28,04
6	20,15	1	22,12	7	24,12	2	26,09	7	28,07
7	20,18	2	22,15	8	24,14	3	26,12	8	28.09
8	20,20	3	22,17	9	24,17	4	26,14	9	28,12
9	20,23	4	22,20			5	26,17		
		5	22,22	1,0930	24,20	6	26,20	1,1080	28,15
1,0780	20,26	6	22,25	1	24,22	7	26,22	1	28,17
1	20,28	7	22,28	2	24,25	8	26,25	2	28.20
2	20,31	8	22,30	3	24,27	9	26,27	3	28,22
3	20,34	9	22,33	4	24,30			4	28,25
4	20,36			5	24,33	1,1010	26,30	5	28,28
5	20,39	1,0860	22,36	6	24,35	1	26,33	6	28,30

x	E	x	E	x	E	x	E	x	E
7	28,33	1,1100	28,67	3	29,02	6	29,36	9	29,70
8	28,36	1	28,70	4	29,04	7	29,39		
9	28,38	2	28,73	5	29,07	8	29,41	1,1140	29,73
		3	28,75	6	29,09	9	29,44	1	29,76
1,1090	28,41	4	28,78	7	29,12			2	29.78
1	28,43	5	28,81	8	29,15	1,1130	29,47	3	29,81
2	28,46	6	28,83	9	29,17	1	29,49	4	29,83
3	28,49	7	28,86			2	29,52	5	29.86
4	28,51	8	28,88	1,1120	29,20	3	29,54	6	29,89
5	28,54	9	28,91	1	29,23	4	29,57	7	29,91
6	28,57			2	29,25	5	29,60	8	29,94
7	28,59	1,1110	28,94	3	29,28	6	29,62	9	29,96
8	28,62	1	28,96	4	29,31	7	29,65		
9	28,65	2	28,99	5	29,33	8	29,68	1,1150	29,99

Tafel III.

Ermittelung des Zuckergehaltes.

Aus E. Wein, Tabellen zur Zuckerbestimmung. Stuttgart 1888.

Kupfer g	Zucker g	Kupfer g	Zucker g	Kupfer g	Zucker g	Kupfer g	Zucker g
0,010[1]	0,0061	0,053	0,0274	0,096	0,0500	0,139	0,0729
0,011	0,0066	0,054	0,0279	0,097	0,0505		
0,012	0,0071	0,055	0,0284	0,098	0,0511	0,140	0,0735
0,013	0,0076	0,056	0,0288	0,099	0,0516	0,141	0,0740
0,014	0,0081	0,057	0,0293			0,142	0,0745
0,015	0,0086	0,058	0,0298	0,100	0,0521	0,143	0,0751
0,016	0,0090	0,059	0,0303	0,101	0,0527	0,144	0,0756
0,017	0,0095			0,102	0,0532	0,145	0,0761
0,018	0,0100	0,060	0,0308	0,103	0,0537	0,146	0,0767
0,019	0,0105	0,061	0,0313	0,104	0,0543	0,147	0,0772
		0,062	0,0318	0,105	0,0548	0,148	0,0778
0,020	0,0110	0,063	0,0323	0,106	0,0553	0,149	0,0783
0,021	0,0115	0,064	0,0328	0,107	0,0559		
0,022	0,0120	0,065	0,0333	0,108	0,0565	0,150	0,0789
0,023	0,0125	0,066	0,0338	0,109	0,0569	0,151	0,0794
0,024	0,0130	0,067	0,0343			0,152	0,0800
0,025	0,0135	0,068	0,0348	0,110	0,0575	0,153	0,0805
0,026	0,0140	0,069	0,0353	0,111	0,0580	0,154	0,0810
0,027	0,0145			0,112	0,0585	0,155	0,0816
0,028	0,0150	0,070	0,0358	0,113	0,0591	0,156	0,0821
0,029	0,0155	0,071	0,0363	0,114	0,0596	0,157	0,0827
		0,072	0,0368	0,115	0.0601	0,158	0,0832
0,030	0,0160	0,073	0,0373	0,116	0,0607	0,159	0,0838
0.031	0,0165	0,074	0,0378	0,117	0,0612		
0,032	0,0170	0,075	0,0383	0,118	0,0617	0,160	0,0843
0,033	0,0175	0,076	0,0388	0,119	0,0623	0,161	0,0848
0,034	0,0180	0,077	0,0393			0,162	0,0854
0,035	0,0185	0,078	0,0398	0,120	0,0628	0,163	0,0859
0,036	0,0189	0,079	0,0403	0,121	0,0633	0,164	0,0865
0,037	0,0194			0,122	0,0639	0,165	0,0870
0,038	0,0199	0,080	0,0408	0,123	0,0644	0,166	0,0876
0,039	0,0204	0,081	0,0413	0,124	0,0649	0.167	0,0881
		0,082	0,0418	0,125	0,0655	0,168	0,0886
0,040	0,0209	0,083	0,0423	0,126	0,0660	0,169	0,0892
0,041	0,0214	0,084	0,0428	0,127	0,0665		
0,042	0,0219	0,085	0,0434	0,128	0,0671	0,170	0,0897
0,043	0,0224	0,086	0,0439	0,129	0,0676	0,171	0,0903
0,044	0,0229	0,087	0,0444			0,172	0,0908
0,045	0,0234	0,088	0,0449	0,130	0,0681	0,173	0,0914
0,046	0,0239	0,089	0,0454	0,131	0,0687	0,174	0,0919
0,047	0,0244			0,132	0,0692	0,175	0,0924
0,048	0,0249	0.090[2]	0,0469	0,133	0,0697	0,176	0,0930
0,049	0,0254	0,091	0,0474	0,134	0,0703	0,177	0,0935
		0,092	0,0479	0,135	0,0708	0,178	0,0941
0,050	0,0259	0,093	0,0484	0,136	0,0713	0,179	0,0946
0,051	0,0264	0,094	0,0489	0,137	0,0719		
0,052	0,0269	0,095	0,0495	0,138	0,0724	0.180	0,0952

[1]) E. Wein, Tabelle I, S. 2. — [2]) E. Wein, Tabelle IV, S. 14.

Kupfer	Zucker	Kupfer	Zucker	Kupfer	Zucker	Kupfer	Zucker
g	g	g	g	g	g	g	g
0,181	0,0957	0,244	0,1312	0,307	0,1679	0,370	0,2061
0,182	0,0962	0,245	0,1318	0,308	0,1685	0,371	0,2067
0,183	0,0968	0,246	0,1323	0,309	0,1691	0,372	0,2073
0,184	0,0973	0,247	0,1329			0,373	0,2080
0,185	0,0978	0,248	0,1335	0,310	0,1697	0,374	0,2086
0,186	0,0984	0,249	0,1341	0,311	0,1703	0,375	0,2092
0,187	0,0990			0,312	0,1709	0,376	0,2099
0,188	0,0995	0,250	0,1346	0,313	0,1715	0,377	0,2105
0,189	0,1001	0,251	0,1352	0,314	0,1721	0,378	0,2111
		0,252	0,1358	0,315	0,1727	0,379	0,2117
0,190	0,1006	0,253	0,1363	0,316	0,1733		
0,191	0,1012	0,254	0,1369	0,317	0,1739	0,380	0,2124
0,192	0,1017	0,255	0,1375	0,318	0,1745	0,381	0,2130
0,193	0,1023	0,256	0,1381	0,319	0,1751	0,382	0,2136
0,194	0,1029	0,257	0,1386			0,383	0,2143
0,195	0,1034	0,258	0,1392	0,320	0,1756	0,384	0,2149
0,196	0,1040	0,259	0,1398	0,321	0,1762	0,385	0,2155
0,197	0,1046			0,322	0,1768	0,386	0,2161
0,198	0,1051	0,260	0,1404	0,323	0,1774	0,387	0,2168
0,199	0,1057	0,261	0,1409	0,324	0,1780	0,388	0,2174
		0,262	0,1415	0,325	0,1786	0,389	0,2180
0,200	0,1063	0,263	0,1421	0,326	0,1792		
0,201	0,1068	0,264	0,1427	0,327	0,1798	0,390	0,2187
0,202	0,1074	0,265	0,1432	0,328	0,1804	0,391	0,2193
0,203	0,1079	0,266	0,1438	0,329	0,1810	0,392	0,2199
0,204	0,1085	0,267	0,1444			0,393	0,2205
0,205	0,1091	0,268	0,1449	0,330	0,1816	0,394	0,2212
0,206	0,1096	0,269	0,1455	0,331	0,1822	0,395	0,2218
0,207	0,1102			0,332	0,1828	0,396	0,2224
0,208	0,1108	0,270	0,1461	0,333	0,1835	0,397	0,2231
0,209	0,1113	0,271	0,1467	0,334	0,1841	0,398	0,2237
		0,272	0,1472	0,335	0,1847	0,399	0,2243
0,210	0,1119	0,273	0,1478	0,336	0,1854		
0,211	0,1125	0,274	0,1484	0,337	0,1860	0,400	0,2249
0,212	0,1130	0,275	0,1490	0,338	0,1866	0,401	0,2257
0,213	0,1136	0,276	0,1495	0,339	0,1872	0,402	0,2264
0,214	0,1142	0,277	0,1501			0,403	0,2271
0,215	0,1147	0,278	0,1507	0,340	0,1878	0,404	0,2278
0,216	0,1153	0,279	0,1513	0,341	0,1884	0,405	0,2286
0,217	0,1158			0,342	0,1890	0,406	0,2293
0,218	0,1164	0,280	0,1519	0,343	0,1896	0,407	0,2300
0,219	0,1170	0,281	0,1525	0,344	0,1902	0,408	0,2307
		0,282	0,1531	0,345	0,1908	0,409	0,2314
0,220	0,1175	0,283	0,1537	0,346	0,1914		
0,221	0,1181	0,284	0,1543	0,347	0,1920	0,410	0,2321
0,222	0,1187	0,285	0,1549	0,348	0,1926	0,411	0,2328
0,223	0,1192	0,286	0,1555	0,349	0,1932	0,412	0,2335
0,224	0,1198	0,287	0,1561			0,413	0,2343
0,225	0,1204	0,288	0,1567	0,350	0,1938	0,414	0,2350
0,226	0,1209	0,289	0,1572	0,351	0,1944	0,415	0,2357
0,227	0,1215			0,352	0,1950	0,416	0,2364
0,228	0,1221	0,290	0,1578	0,353	0,1956	0,417	0,2371
0,229	0,1226	0,291	0,1584	0,354	0,1962	0,418	0,2378
		0,292	0,1590	0,355	0,1968	0,419	0,2385
0,230	0,1232	0,293	0,1596	0,356	0,1974		
0,231	0,1238	0,294	0,1602	0,357	0,1980	0,420	0,2392
0,232	0,1243	0,295	0,1608	0,358	0,1986	0,421	0,2399
0,233	0,1249	0,296	0,1614	0,359	0,1992	0,422	0,2406
0,234	0,1255	0,297	0,1620			0,423	0,2413
0,235	0,1260	0,298	0,1626	0,360	0,1998	0,424	0,2420
0,236	0,1266	0,299	0,1632	0,361	0,2004	0,425	0,2427
0,237	0,1272			0,362	0,2011	0,426	0,2434
0,238	0,1278	0,300	0,1638	0,363	0,2017	0,427	0,2441
0,239	0,1283	0,301	0,1644	0,364	0,2023	0,428	0,2449
		0,302	0,1650	0,365	0,2030	0,429	0,2456
0,240	0,1289	0,303	0,1656	0,366	0,2036		
0,241	0,1295	0,304	0,1662	0,367	0,2042	0,430	0,2463
0,242	0,1300	0,305	0,1668	0,368	0,2048		
0,243	0,1306	0,306	0,1673	0,369	0,2055		

Beurtheilung. Als Bestandtheile des Mostes werden aufgeführt: Wasser, Zucker, Inosit, eiweissartige Substanzen, Weinsäure, Calciumbitartrat, Kaliumbitartrat, Apfelsäure, Fett, Ammonsalze, Pflanzenschleim und -Gummi, Farbstoff, Salze organischer Säuren, Extraktivstoffe unbekannter Art, Mineralstoffe (K, Ca, Fe, SO_3, P_2O_5).

Im Weine wurden nachgewiesen: Wasser, Alkohole, Zucker, Inosit, Essigsäure, Bernsteinsäure, Apfelsäure, Weinsäure (und deren Salze), Ammonsalze, Gummi, Glycerin, Fett, Fettsäureester, Farbstoff, Gerbstoff, organische Säuren, Extraktivstoffe, Pepton, Xanthin, Sarkin, Mineralstoffe (K, Ca, Mg, Fe, Mn, P_2O_5, SO_3, B_2O_3, Cl).

Im allgemeinen kann man sich zum Zwecke der Beurtheilung eines Weines mit folgenden analytischen Bestimmungen begnügen: Specifisches Gewicht, Alkohol, Extrakt, Asche, Glycerin, Phosphorsäure, Schwefelsäure, Chlor, Zucker vor und nach der Inversion, fixe Säuren, flüchtige Säuren, Polarisation direkt, nach der Inversion und nach dem Vergähren, event. Farbstoffe. — Andere Bestimmungen brauchen nur in besonderen Fällen ausgeführt zu werden.

Hervorgehoben muss werden, dass die chemische Analyse lediglich darüber Aufschluss giebt, ob ein Wein eine solche Zusammensetzung hat, wie sie für normale Produkte bekannt ist, bezw. angenommen wird. — Die Feststellung, ob ein Wein ein absolut reiner Naturwein ist, lässt sich durch die Analyse nur in vereinzelten Fällen, diejenige, ob ein Wein einer bestimmten Reblage oder einem bestimmten Jahrgange entspricht, lässt sich durch die Analyse überhaupt nicht erbringen.

Nach dem Wortlaute des deutschen Arzneibuches unterliegt es keinem Zweifel, dass die Weine des Arzneibuches nicht Naturweine, sondern „Weine" im Sinne des Weingesetzes sein sollen (s. S. 1125). Der Apotheker wird also die für „Weine" geltenden Bestimmungen zu berücksichtigen haben. Man wolle beachten, dass das Weingesetz sich vorzugsweise mit den völlig vergohrenen Weinen beschäftigt und die zuckerreichen, sog. Süssweine, nur im Vorübergehen streift. — Die wesentlichen Punkte, auf die es bei der Beurtheilung der Weine ankommt, sind folgende:

a) Für gewöhnliche (d. h. vollständig vergohrene) Weine. Der Extraktgehalt der Weissweine darf nicht unter 1,6 g, derjenige der Rothweine nicht unter 1,7 g für 100 ccm Wein sinken, andernfalls ist auf zu starke Verdünnung durch Zuckerwasser zu schliessen, wenn nicht etwa einwandsfrei nachgewiesen wird, dass Naturweine der nämlichen Lage und des gleichen Jahrganges ein solches abnormes Verhalten zeigen. Der Extraktgehalt unserer deutschen Weine beträgt etwa 1,7 bis 2,0 g für 100 ccm.

Ferner darf der nach Abzug der nicht flüchtigen Säuren verbleibende Extraktrest bei Weissweinen nicht weniger als 1,1 g, bei Rothweinen nicht weniger als 1,3 g und der nach Abzug der Gesammtsäure verbleibende Extraktrest bei Weissweinen nicht weniger als 1,0 g, bei Rothweinen nicht weniger als 1,2 g betragen, andernfalls ist gleichfalls auf eine zu starke Verdünnung durch Zuckerwasser zu schliessen (s. vorher).

Der Gehalt an Mineralbestandtheilen soll bei Weisswein nicht weniger als 0,13 g, bei Rothwein nicht weniger als 0,16 g in 100 ccm Wein betragen.

Diese Zahlen sind aber so aufzufassen, dass der Wein durch Zusatz von Zuckerlösung nicht unter diese Zahlen heruntergesetzt worden sein darf. Kann der Verkäufer nachweisen, dass ein Wein, welcher hinter diesen Grenzwerthen zurückbleibt, nicht durch Verdünnung mit Zuckerwasser auf diese Werthe gesunken, sondern dass er aus unverdünntem Moste hergestellt ist, so verstösst dieser Wein nicht gegen das Weingesetz.

Wird das Extrakt normalen Weines vorsichtig verbrannt, so hinterlässt es rund 10 Proc. Mineralbestandtheile. Das Minimum der Mineralstoffe würde also nach Analogie der Forderung, betreffend den Extraktgehalt, etwa 0,15 g betragen. Enthält ein Weisswein weniger Asche als 0,13 g, ein Rothwein weniger als 0,16 g in 100 ccm Wein, so wäre auf eine zu starke Verdünnung mit Zuckerwasser zu schliessen. Enthält er dagegen erheblich mehr Asche, so kann der Wein normal sein, wenn der Erhöhung des Aschengehaltes auch eine Erhöhung des Extraktgehaltes entspricht. Andernfalls ist festzustellen, durch welche Bestandtheile die Erhöhung des Aschengehaltes bedingt wird. Weine, welche lange auf den Trestern gestanden haben (Tresterweine), enthalten wesentlich mehr Asche als gewöhnliche Weine. Gegipste Weine haben eine hohe Asche, in der namentlich viel Sulfate zugegen sind.

Uebrigens ist auch auf das Aussehen des Extraktes zu achten. Spiessige Krystalle in demselben weisen auf Mannit hin, dünnflüssige Beschaffenheit kann von Glycerinzusatz herrühren.

Unter den geforderten Betrag an Mineralstoffen sinken natürliche Rothweine überhaupt nicht, natürliche Weissweine nur in seltenen Ausnahmen.

Der Gehalt an freier (Gesammt-, Wein-) Säure kann von 0,45—1,5 g in 100 ccm schwanken. Weine, welche sich der höheren Zahl nähern, sind stark sauer und aus diesem Grunde wohl kaum Handelsartikel. Solche Jahrgänge werden eben verbessert (chaptalisirt).

Weissweine, welche mehr als 0,2 g flüchtige Säuren pro 100 ccm enthalten, sind als „essigstichig“ zu bezeichnen. Rothweine enthalten bisweilen etwas grössere Mengen flüchtiger Säuren, als hier als Grenzwerth angegeben wurde.

Weinstein. Gewöhnliche Weine enthalten etwa 0,2 g in 100 ccm. Indessen kann diese Zahl erniedrigt sein infolge reichlicher Ausscheidung von Weinstein in den Lagerfässern oder Flaschen.

Freie Weinsäure ist in normalen Weinen nur in geringer Menge vorhanden. Sie beträgt nicht mehr als $^1/_6$ der gefundenen „nichtflüchtigen“ Säuren. Findet man also mehr freie Weinsäure, als diesem Procentsatze entspricht, so liegt die Vermuthung nahe, dass freie Weinsäure zugesetzt wurde, was z. B. zur Herstellung von Kunstweinen regelmässig geschieht.

Der Alkoholgehalt kann zwischen 8 und 15 Proc. schwanken. (Mehr als 16 Vol.-Proc. Alkohol können durch Gährung allein in einer Flüssigkeit nicht entstehen.) Der Alkoholgehalt der mittleren Weinsorten beträgt 8—10 g für 100 ccm.

Das Verhältniss zwischen Alkohol und Glycerin bewegt sich bei normalen Weinen in gewissen Grenzen. Für 100 Th. durch Gährung gebildeten wasserfreien Alkohols können 7—14 Th. (also im Durchschnitt 10 Th.) Glycerin anwesend sein. Sind also für 100 Th. Alkohol weniger als 7 Th. Glycerin gefunden worden, so ist auf einen Zusatz von Alkohol zu schliessen; werden mehr als 14 Th. Glycerin gefunden, so ist wahrscheinlich Glycerin als solches zugesetzt worden. (Bei Kabinetweinen hat infolge der stattgehabten Verdunstung und deshalb Koncentration C. Schmitt wesentlich mehr — bis 30 Th. — Glycerin aufgefunden, indessen sind das Weine, wie sie im Handel gewöhnlich nicht vorkommen.

Etwa der zehnte Theil der Asche besteht aus Phosphorsäure, P_2O_5. Sinkt deren Gehalt erheblich unter diesen Betrag (0,015—0,020 g pro 100 ccm Wein), so liegt gleichfalls der Verdacht zu starker Wässerung vor.

Weine, welche in 100 ccm mehr Schwefelsäure enthalten, als 0,2 g Kaliumsulfat (= 0,09195 g SO_3) entspricht, müssen als zu stark gegipst beanstandet werden[1]). Diese Forderung stellt das Arzneibuch an alle Weine, also auch an Süd- und Süssweine, z. B. Sherry. Da die Mehrzahl der zur Zeit im Handel befindlichen spanischen Weine dieser Forderung nicht entspicht, so ist ausdrücklich gestattet, dass zur Herstellung der galenischen Präparate auch jeder andere Südwein, welcher den Charakter des Sherry hat, z. B. italienischer Marsala oder griechische oder kleinasiatische Weine, verwendet werden können, wenn sie in Zusammensetzung, Farbe und Geschmack dem Xeres ähnlich sind.

Zucker. Völlig ausgegohrene Weine enthalten nicht mehr als etwa 0,1 Proz. Zucker. Ist der Zuckergehalt erheblicher, so muss auch der Extraktgehalt um den Betrag: Prozente Zucker minus 0,1 Proc. über 1,5 g per 100 ccm erhöht sein, andernfalls ist der Zucker zugesetzt worden, um den Extraktgehalt zu erhöhen.

Rohrzucker ist kein normaler Bestandtheil des Weines; selbst wenn derselbe dem Weine vor der Gährung zugesetzt wurde, findet er sich in fertigen Weinen nicht mehr vor, da er durch das Invertin der Hefe in Dextrose und Lävulose zerlegt wird. Wird also Rohrzucker nachgewiesen, so muss er nach der Gährung zugesetzt worden sein.

Wurde mangelhaft gereinigter Stärkezucker verwendet, welcher bis zu 20 Proc. unvergährbare Bestandtheile (Amylin) enthält, so lassen sich diese in dem völlig vergohrenen Wein durch die bestehende Rechtsdrehung nachweisen.

b) Für Süssweine. Hier kommen in erster Linie die ungarischen, ausserdem die spanischen, italienischen, griechischen und kleinasiatischen Weine in Betracht.

Ihre Beurtheilung erfolgt unter den sub a) angegebenen Gesichtspunkten, mit folgenden Modifikationen: Sie sollen nicht weniger als 11 g und nicht mehr als 16 g Alkohol in 100 ccm Wein enthalten.

Die flüchtigen Säuren gehen häufig über 0,2 g Essigsäure in 100 ccm hinaus, ohne dass die Weine als verdorben zu bezeichnen wären. Die Gährungsbedingungen sind in den südlichen Gegenden andere als in den nördlichen. — Aus dem gleichen Grunde sinkt das Verhältniss des Alkohols zum Glycerin bis auf 100 : 5, ohne dass auf eine Verfälschung geschlossen werden könnte.

Nach der eigenartigen Darstellung dieser Weine ist ihr Extraktgehalt erheblich höher als derjenige der gewöhnlichen Weiss- und Rothweine. Da aber sowohl der in den Weinen noch vorhandene Zucker als auch derjenige, welcher als Material zur Alkoholbildung gedient hat, aus „Weinbeeren“ stammen soll, so müssen auch alle anderen Weinbestandtheile erhöht sein. Dies gilt für das zuckerfreie Extrakt (d. i. Differenz aus Extrakt- und Zuckergehalt), ferner für die Mineralbestandtheile und die Phosphorsäure. In dieser Beziehung ist als Minimum zu fordern für 100 ccm:

[1]) Das Weingesetz stellt diese Forderung nur an die Rothweine.

Zuckerfreies Extrakt: bei Xeres, Marsala und gelbem Malaga 2 g, bei braunem Malaga 3 g, bei ungarischen Süssweinen 3,5—4 g.

Um den mit Rohrzucker künstlich gesüssten Südweinen, wie sie namentlich von Ungarn in den Verkehr gebracht werden, einen Riegel vorzuschieben, bestimmt das deutsche Arzneibuch, dass Süssweine in 100 ccm überhaupt nicht mehr als 8 g Extrakt einschliesslich des Zuckers haben sollen. Diese Bestimmung ist im Weingesetz nicht enthalten.

Mineralbestandtheile in der nämlichen Reihenfolge 0,20—0,25—0,30 g.

Phosphorsäure, (P_2O_5), 0,02—0,03—0,04 g.

Ein natursüsser (d. i. lediglich aus Trauben hergestellter) Ungarwein zeigte z. B. folgende Zahlen:

Extrakt 18,0, zuckerfreies Extrakt 4,5, Asche 0,30, Phosphorsäure, (P_2O_5), 0,05. Ein Wein von folgender Zusammensetzung dagegen:

Extrakt 18,0, zuckerfreies Extrakt 1,8, Asche 0,18, Phosphorsäure 0,017 erwiess sich als ein mit Zucker künstlich versüsstes Produkt.

Im Nachstehenden geben wir einige Analysen aus unserer Praxis, welche das Gesagte erläutern werden:

A. Völlig vergohrene Weine.

	Deidesheimer	Pisporter	Pfälzer	Mosel	Bordeaux (roth)	Rothwein
Spec. Gewicht bei 15° C.	—	—	—	0,9924	0,996	0,9893
In 100 ccm sind enthalten g:						
Alkohol	9,20	9,5	8,0	8,133	8,46	9,86
Extrakt	2,36	2,39	1,45	1,624	2,304	1,126
Zucker	0,12	0,233	0,09	0,096	0,28	0,134
Glycerin	1,12	0,73	0,54	0,627	0,721	0,101
Asche	0,21	0,180	0,16	0,127	0,244	0,093
Phosphorsäure, P_2O_5	0,028	0,038	0,015	0,011	0,024	0,005
Schwefelsäure, SO_3	0,030	—	0,008	—	0,065	—
freie Säure (als Weinsäure)	0,75	—	0,46	0,605	0,706	0,488
fixe „ desgl.	—	—	—	0,512	0,556	0,308
flüchtige Säuren (als Essigsäure)	—	—	—	0,074	0,120	0,144
Polarisation im 200 mm-Rohr:						
a) direkt	—	—	—	+0,4°	+0,5°	+0,3°
b) nach der Inversion	—	—	—	+0,4°	+0,4°	
c) nach dem Vergähren	—	—	—	±0°	±0,°	
Beurtheilung:	Normaler Wein	Normaler Wein	Gallisirt und gespritet	Mit Wasser verdünnt	Normaler Wein	Fuselöl 0,183 ccm Kunstprodukt

B. Süd- bezw. Süssweine.

	Portwein	Portwein	Medic. Ungarwein	Medic. Ungarwein	Achaier Griech. Xeres
Spec. Gewicht bei 15° C.	1,0021	1,0215	1,0703	1,0654	0,9986
In 100 ccm sind enthalten g:					
Alkohol	15,84	14,09	10,66	11,23	14,39
Extrakt	6,68	10,66	22,26	21,48	5,32
Glycerin	0,40	0,46	0,70	0,72	0,93
Zucker	5,08	7,17	17,89	18,30	3,05
Asche	0,148	0,44	0,47	0,255	0,24
Phosphorsäure	0,015	0,034	0,08	0,026	0,028
freie Säuren (als Weinsäure)	0,329	0,667	0,68	0,601	0,435
fixe „ desgl.	0,256	0,377	0,60	—	—
flüchtige Säuren (als Essigsäure)	0,058	0,233	0,065	0,190	0,132
Polarisation im 200 mm-Rohr V.-S.:					
a) direkt	—7°	—6,4°	—29,5°	—26°	—
b) nach der Inversion	—7°	—6,9°	—27°	—24,9°	—
c) nach dem Vergähren	±0°	±0°	±0°	±0°	±0°
Beurtheilung:	Kunstprodukt	Nicht beanstandet	Normal	Gezuckert	Normaler Südwein

Amplosia. Ist frisch ausgepresster und durch Pasteurisiren (Sterilisiren) haltbar gemachter Traubensaft; Ersatz für Traubenkuren.

Condory's Lebensessenz. Versüsster Weisswein, dem Zimmt in Pulverform beigemischt ist (Geissler, Anal.).

Fleischsaftwein von Dr. Scholl. Eine Auflösung von 1 Th. Fleischsaft „Puro" in 4 Th. Portwein. Kräftigungsmittel (s. S. 488).

Gelatina roborans. Weingelée. (Münch. Ap.-V.). Gelatinae albae 5,0, Aquae 50,0, Sirupi Sacchari 200,0, Vini albi 375,0, Succi Citri recentis 0,5. Man kolirt und lässt im Eisschrank erstarren.

Intensiv. Ein von Mainz aus vertriebener Rebendünger. Pottasche 1 Th., Superphosphat, Gips je 2 Th.

Malvone. Weinfärbemittel. Flores Malvae arboreae sine calycibus werden, in ein Säckchen gebunden, in den Wein gehängt.

Nährflüssigkeit für Weinhefe. Aquae sterilisatae 1000,0, Sacchari albi 100,0 Acidi tartarici 5,0, Peptoni 10,0, Kalii phosphorici neutralis 25,0, Magnesii sulfurici crystallisati 8,0.

Phosphatage. Man versteht hierunter den Zusatz von Dicalciumphosphat (Calcium phosphoricum Ph. Germ.) zur Rothweintraubenmaische. Ersatz des Gipsens.

Sinoleum von Franz Bauer in Strassburg-Neudorf. Mittel, um den Geschmack des Weines zu verbessern, ist eine Mischung von Olivenöl und Holzkohlepulver.

Suc de Verjus (Gall.). Die nicht ganz reifen Weintrauben werden zerquetscht und durch ein Sieb gerieben. Man presst den Saft ab, lässt ihn bei 12—15° C. gähren, bis er sich geklärt hat, und filtrirt.

Vinum album fortius (Nat. form.). **Stronger white Wine.** Vini albi 875,0 g, Spiritus von 94 Vol.-Proc. 125,0 g.

Vinum detannatum E. Dieterich. Man lässt 0,5 g Gelatine in 10 ccm destillirtem Wasser quellen, löst durch Erwärmen und mischt die Lösung mit 1 Liter Xeres oder Madeira. Man lässt 14 Tage kühl stehen und filtrirt. Bei Rothwein nimmt man 1 g Gelatine, bei Weisswein 0,2 g Gelatine und verfährt sonst wie vorher. Die gerbsäurefreien Weine dienen zur Bereitung solcher Weinauszüge, welche Alkaloide enthalten.

Weinkonservirungsmittel von Franz Bauer in Strassburg-Neudorf. Besteht aus Kochsalz, Borsäure und Kaliumsulfat. Vergl. S. 1126.

Weinkonservirungsmittel von John Frosser in London. Mischung von 16 Th. Salicylsäure, 32 Th. Glycerin und 144 Th. Weingeist. Vergl. S. 1126.

Weinkonservirungsflüssigkeit von Wickersheimer. Besteht aus zwei Flüssigkeiten: **A)** 10 proc. alkoholische Lösung von Salicylsäure, **B)** Lösung von Borsäure in Glycerin. Vergl. S. 1126.

Weinkläre. 1) Für Weissweine, die nicht sehr gerbstoffreich sind, wendet man 2 g trockene Hausenblase pro 1 Hektoliter an. Ist der Wein sehr gerbstoffarm, so sind ihm 5 g Tannin in Wein gelöst zuzusetzen. **2)** 0,5—0,7 Tafel Gelatine pro Hektoliter. **3)** 1—1½ Eierklar pro Hektoliter. 200—300 g Spanische Erde pro Hektoliter. **4)** Tannin 5—10 g pro Hektoliter in Wein gelöst. **5)** 1—1½ Liter Milch pro Hektoliter.

Weinschöne. 1) Man lässt 7,0 g Hausenblase mit ½ Liter Wasser über Nacht stehen, knetet zu einem feinen Teige, rührt diesen mit Wein an und schlägt schaumig. Diese Masse setzt man zu 2 Hektoliter Wein. **2)** Man setzt zu 1 Hektoliter Wein 5 g Hausenblase, wie sub 1 schaumig geschlagen, dann 6 g Tannin in Wein gelöst.

Königstrank von Jacoby in Berlin. Universalmedicin. Ein Gemisch von 20 Th. Aepfelwein, 3 Th. Stärkesirup, 1 Th. Arabischem Gummi, 1 Th. Pflaumenmus und einigen Tropfen Elixir proprietatis Paracelsi (Hager, Analyt.).

Viola.

Gattung der **Violaceae-Violeae.**

I. Viola odorata L. Heimisch in Europa, Amerika und dem tropischen Asien, vielfach kultivirt. Grundaxe kriechend. Blätter rundlich eiförmig, am Grunde tief herzförmig, kurzhaarig, Nebenblätter eiförmig, lanzettlich, mit Fransen, welche kürzer als die halbe Breite der Nebenblätter sind. Blüthen violett, seltener hellblau oder weiss. Mittlere Blumenblätter seitlich abstehend. Die ersten Blüthen oft unfruchtbar, spätere mit verkümmerten Blumenblättern fruchtbar. Verwendung finden die Blüthen:

Flores Violae. — Veilchenblüthen. — Fleur de violette odorante (Gall.) **ou de violette de mars. — Purple or sweet Violet.**

Bestandtheile. Ein wenig bekannter Stoff Violin, der brechenerregend wirkt, in der Wurzel reichlich, in den Blüthen nur in ganz geringen Spuren vorkommt, ferner ein Farbstoff Cyanin.

Einsammlung und *Aufbewahrung.* Die Blüthen werden im April gesammelt, von den Kelchen befreit und entweder sofort zum Sirup verarbeitet, oder sorgfältig, zunächst im Schatten, dann bei gelinder Wärme getrocknet und vor Licht geschützt aufbewahrt. Zur Erhaltung eines Geruchs pflegt man etwas Rhizoma Iridis ins Aufbewahrungsgefäss zu legen. Sie dienen zur Bereitung des Veilchensirups, der früher wegen seiner schönen blauen Farbe als Zusatz zu Mixturen verordnet wurde, jetzt nur noch im Handverkauf, gewöhnlich mit andern Säften gemischt, bei Kinderkrankheiten verlangt wird.

Frische Blüthen halten sich einige Zeit in Form einer Konserve: 100 Th. zerquetschte Blüthen, 300 Th. Zucker, 60 Th. Alkohol, 40 Th. Glycerin.

Herba Violae odoratae, Veilchenblätter und **Radix Violae odoratae,** Veilchenwurzel finden zu den Kuren der Kneipp'schen Schule Verwendung.

Ptisana de flore Violae (Gall.). **Tisane de violette.** 10,0 getrocknete Blüthen, 1000,0 kochendes Wasser; nach $^1/_2$ Stunde durchseihen.

Sirupus Violae. Sirupus Violae odoratae. Veilchensirup. Blau-Veilchensaft. Sirop de violette. Ergänzb.: 4 Th. frische, entkelchte Veilchenblüthen übergiesst man mit 7 Th. siedendem Wasser, presst nach 24 Stunden ab und bringt 7 Th. Filtrat mit 13 Th. Zucker zu 20 Th. Sirup. — Gall.: Aus 100 Th. durch Absieben von Kelchen etc. befreiten Blüthen bereitet man, wie nach Ergänzb., 210 Th. Filtrat und löst darin 380 Th. Zucker. Für Erhaltung der Farbe ist von Wichtigkeit, dass man nur zinnerne Geräthe, reines destillirtes Wasser und besten Zucker verwendet, ferner Ammoniakdämpfe fern hält, den fertigen Sirup durch ungebrauchten Flanell seiht und noch heiss in kleine Flaschen füllt, die vor Licht geschützt kühl aufbewahrt werden. Der Sirup ist violett und wird durch Alkalien grün gefärbt.

Sirupus Violarum artificialis. Nach E. Dieterich. 15,0 entkelchte, geschnittene Malvenblüthen, 10,0 Veilchenwurzel, 50,0 Weingeist, 350,0 Wasser macerirt man 24 Stunden, seiht durch, fügt 0,1 Ferrosulfat hinzu, kocht auf, filtrirt, bringt mit 650,0 Zucker auf 1000,0 Sirup und setzt diesem 0,02 Kumarinzucker und 1,0 Jasminessenz zu.

Veilchen-Essenz, -Pomade, -Seife s. unter Iris.

II. Viola tricolor L. Heimisch in Europa. Stengel einfach oder ästig, niederliegend bis aufrecht. Untere Blätter herz-eiförmig, obere länglich-elliptisch bis lanzettlich. Nebenblätter leierförmig-fiederspaltig.

var. vulgaris: Blumenblätter länger als der Kelch, die beiden oberen violett, die mittleren hellviolett, das untere gelb, zuweilen auch die mittleren gelb.

var. arvensis: Blumenblätter kürzer als der Kelch, gelblich-weiss, die unteren dunkler, die beiden oberen oft theilweise violett.

Verwendung findet das blühende Kraut.

Herba Violae tricoloris (Germ. Helv. Austr.). **Herba Jaceae. Herba Trinitatis. — Stiefmütterchen. Freisamkraut. — Pensée sauvage** (Gall.). — **Heartsease. Pansy.**

Bestandtheile. Ein Glukosid: Violaquercitrin, $C_{27}H_{30}O_{16}$, ferner Salicylsäuremethylester.

Einsammlung. Man sammelt im Sommer das wildwachsende, vom April bis in den Winter blühende Kraut ohne die Wurzel, trocknet und bewahrt es geschnitten auf. 5 Th. frisches Kraut geben etwa 1 Th. trocknes. Die Sorte mit blauen Blüthen wird bevorzugt. In Frankreich sind auch die Blüthen allein gebräuchlich.

Anwendung. Als sogenanntes Blutreinigungsmittel bei Hautkrankheiten der Kinder, theils im Aufguss (1 : 10), theils zu Bädern.

Extractum Violae tricoloris. Weiches Extrakt, aus dem getrockneten Kraut durch Digestion mit 45 proc. Weingeist zu bereiten.

Ptisana de herba Violae. Tisane de pensée sauvage (Gall.). 10,0 Kraut, 1000,0 kochendes Wasser; nach $^1/_2$ Stunde durchseihen.

Sirupus Violae tricoloris. Sirop de pensée sauvage (Gall.). Wie Sirupus Rhoeados Gall. (S. 558). — *Ex tempore:* 5,0 Extracti Violae tricoloris, 95,0 Sirupi Sacchari.

Species diureticae Diefenbach.

Rp. Fructus Juniperi contusi 20,0
Herbae Violae tricoloris 50,0
Radicis Levistici concisae 30,0.

Krankenheil. Eine Druckschrift, worin als Allheilmittel Dr. Scott's Blutsaft gepriesen wird, der nach Hager ein mit Stiefmütterchenaufguss, Mandelsirup etc. versetzter Apfelwein ist.

Restitutor von Vogel in Berlin. Mischung aus Wein, Tinct. aromat. und Infus. Viol. tricolor.

Vitis.

Gattung der **Vitaceae-Vitoideae.**

Vitis vinifera L. Heimisch vielleicht im östlichen Mittelmeergebiet und Kleinasien, durch die Kultur frühzeitig und weit verbreitet.

Die früher gebrauchten

1. **Folia Vitis, Weinblätter, Weinlaub,** ferner
2. **Pampini Vitis, Weinranken,** woraus ein **Extractum Vitis pampinorum** dargestellt wurde, sowie
3. **Fructus Vitis immaturi, Agresta,** frische, vor der Reife gepflückte Weintrauben. **Raisin. Fruit de la vigne** (Gall.), aus deren Saft (**Omphacium. Suc de verjus** Gall.) man nach Art des Sirupus Cerasi einen Sirup bereitete,

sind veraltet. Dagegen finden noch zu Theegemischen Verwendung die reifen Weinbeeren:

4. **Passulae majores.** |**Uvae passae. — Grosse Rosinen. Zibeben. — Raisins secs. Raisins passés. Raisin de Malaga** (Gall.). — **Raisin.**

Sie kommen aus Spanien, Frankreich, Griechenland, Kleinasien in den Handel. Als beste gelten die Smyrnaer und Damascener, besonders die Sorte Elemé. Die Sultaniarosinen sind nicht sehr gross, gelblich, ohne Kerne.

Bestandtheile nach König: Wasser 22,29 Proc., freie Säure 1,48 Proc., Zucker 61,88 Proc. Asche 1,65 Proc. Der Zucker besteht aus 27,45 Proc. Dextrose und 34,43 Proc. Lävulose.

5. **Passulae minores. Uvae corinthiacae. — Kleine Rosinen. Korinthen. — Raisins de Corinthe** (Gall.). — **Currants** von

Vitis vinifera var.: apyrena L. Sie kommen von den jonischen Inseln und aus Morea und bilden den Hauptexportartikel Griechenlands. Etwa erbsengross, kernlos, violett.

Bestandtheile nach König: Wasser 14,35 Proc., freie Säure 2,58 Proc., Zucker 53,32 Proc., Asche 2,68 Proc.

Passulae laxativae. Abführ-Korinthen. Man lässt Korinthen 12 Stunden in q. s. Wiener Trank quellen und trocknet sie auf Hürden im Trockenschrank.

Species pectorales cum fructibus.

Brustthee mit Früchten.

Dresdener Vorschrift.

Rp. Florum Rhoeados concis. 1,0
Florum Verbasci concis. 2,0
Fructus Anisi stellati contus. 2,0
Fructus Anisi vulg. contus. 2,0
Fructus Hordei perlati 4,0
Passularum minorum 4,0
Caricarum concis. 8,0
Foliorum Farfarae concis. 8,0
Radicis Althaeae concis. 16,0
Radicis Liquirit. concis. 6,0
Rhizomatis Iridis
minutim concis. 4,0.

Xanthium.

Gattung der **Compositae-Heliantheae-Ambrosinae.**

I. Xanthium strumarium L. Heimisch in Mitteleuropa. Blätter 3—5lappig oder ungetheilt, doppelt eckig-gezähnt, unterseits heller wie der Stengel, ohne Stacheln.

Fruchthülle eiförmig, zerstreut mit geraden, an der Spitze hakenförmigen, kahlen, gelben Stacheln besetzt, dazwischen kurzhaarig und drüsig.

Kraut und Früchte **(Herba und Semen Lappae minoris)** verwendet man als Diureticum und gegen Skropheln, die Wurzel als Diaphoreticum. Neuerdings sind die Blätter als Mittel gegen Blutungen nach der Entbindung empfohlen. Die Früchte sollen ein Glukosid: Xanthostrumarin und ein Alkaloid enthalten, ferner 15 Proc. fettes Oel.

II. Xanthium spinosum L. Wahrscheinlich in Südamerika heimisch, neuerdings als Unkraut weit verbreitet. Blätter im Umriss eiförmig, dreilappig, mit längerem Mittellappen, seltener ungetheilt, unterseits weissfilzig. Stengel am Grunde der Blattstiele mit 1 oder 2 starken dreitheiligen Stacheln. Fruchthüllen oft einzeln, länglich-elliptisch, gelbbräunlich, ziemlich dicht mit dünnen, geraden, an der Spitze hakenförmigen Stacheln besetzt, daselbst kurzhaarig.

Das Kraut soll harn- und schweisstreibend wirken, in Russland ist es gegen Hundswuth empfohlen.

Zedoaria.

Rhizoma Zedoariae (Germ. Helv.). **Radix Zedoariae** (Austr.). — **Zitwerwurzel. Zittwer.** — **Zédoaire longue et ronde** (Gall.). — **Zedoary-root.**

Ist das meist in Scheiben zerschnittene und getrocknete Rhizom der

Curcuma Zedoaria Roscoe (Zingiberaceae-Hedychieae). Die Heimath der Pflanze ist unbekannt, man kultivirt sie auf Ceylon und bei Bombay.

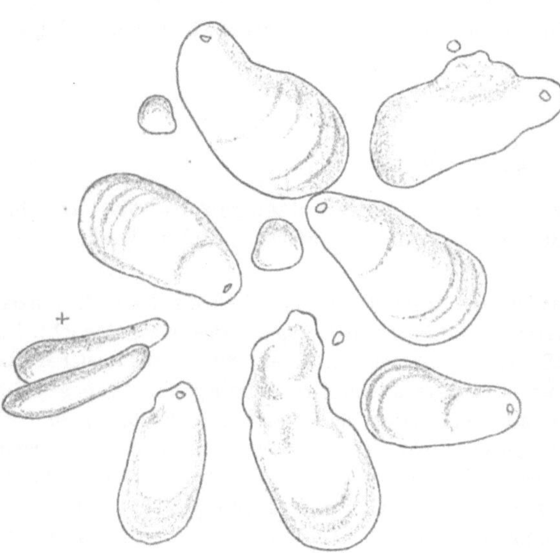

Fig. 210. Stärke aus Rhizoma Zedoariae. + Körner von der Seite. o Körner halb aufgequollen. 480 mal vergrössert.

Beschreibung. Das Rhizom ist handförmig verzweigt, angeschwollen, ebenso schwellen die Enden der Wurzeln knollenförmig an. Nur die Scheiben des Rhizoms bilden in der Regel die Droge, selten kommen die kleineren, rundlichen Knollen der Wurzel vor. Die Scheiben haben bis 4 cm Durchmesser, über 1 cm Dicke. Die Farbe ist grau, im Innern hellgrau. Zu äusserst ist die Droge von einem dünnen Periderm bedeckt. Das Parenchym enthält reichlich Stärke in Körnern, die flach scheibenförmig, von eiförmigem Umriss sind, die eine Seite, in der sich der Nabel befindet, ist vorgezogen (Fig. 210). Eine Anzahl von Parenchymzellen ist zu Sekretzellen umgewandelt. Die Endodermis besteht aus im Querschnitt nahezu quadratischen Zellen. Die Gefässbündel sind kollateral, sie sind zuweilen von einigen dünnwandigen Bastfasern begleitet. — Geruch und Geschmack bitterlich gewürzhaft, an Kampher erinnernd. Im Pulver fallen besonders die Stärkekörnchen als charakteristisch auf.

Bestandtheile nach König: Wasser 16,39 Proc., stickstoffhaltige Substanz 10,83 Proc., ätherisches Oel 1,12 Proc., Fett 2,46 Proc., Zucker 1,18 Proc., Stärke 49,90 Proc., stickstofffreie Extraktstoffe 8,89 Proc., Rohfaser 4,82 Proc., Asche 4,41 Proc. Das ätherische Oel ist dicklich, in dünner Schicht grünlich, in dicker grünschwarz. Spec. Gew. 0,99—1,01. Es enthält Cineol.

Verwechslungen. Als Rhizoma Zedoariae kommt zuweilen das dickere, innen gelbe Rhizom der Curcuma aromatica Salisb. und das ebenfalls gelb gefärbte Rhizom des Zingiber Cassumunar Roxb. vor. — Unter der echten Droge ist Semen Strychni gefunden.

Beim ***Einkauf*** ist darauf zu achten, dass die Stücke „stichfrei" sind, d. h. ohne Bohrlöcher von Insekten. Aufbewahrt wird die Zitwerwurzel in gut schliessenden Blech- oder Glasgefässen in Speciesform.

Anwendung. Als Magenmittel und gewürziger Zusatz zu Theemischungen und Tinkturen.

Tinctura carminativa (Ergänzb.).
Tinctura Zedoariae composita. Tinctura Wedelii. Blähungtreibende Tinktur. WEDEL'sche Tropfen.

Rp.	Corticis Aurantii fructus concis.	5,0
	Macidis grosso modo pulverati	10,0
	Caryophyllorum pulverati	
	Fructus Lauri „	āā 15,0
	Fructus Anisi „	
	Fructus Carvi „	
	Florum Chamomillae Romanae „	āā 20,0
	Rhizomatis Calami concis. pulver.	
	Rhizomatis Galangae „	āā 40,0
	Rhizomatis Zedoariae „	80,0
	Spiritus (87 proc.)	
	Aquae Menthae piperitae	āā 500,0.

Bei der Abgabe ist 7 Th. der Tinktur 1 Th. Spirit. Aether. nitros. zuzusetzen.

Tinctura Zedoariae amara (Nation. formul.).
Bitter or Compound Tincture of Zedoary.

Rp 1.	Aloës pulv. No. 40		125 g
	Agarici „		
	Croci „		
	Radicis Gentianae pulv. No. 40		
	Rhizom. Rhei „	āā	62 g
	Rhizomatis Zedoariae „		250 g
2.	Glycerini		125 ccm
3.	Aquae	vol. 1	q. s.
	Spiritus (91 proc.)	vol. 2	

Man perkolirt 1 mit 3, fängt die ersten 750 ccm Perkolat für sich auf, fügt 2 hinzu, perkolirt weiter bis zur Erschöpfung und bereitet l. a. 1000 ccm Tinktur.

Fallsuchtpulver. Ein Gemisch aus Zedoaria- und Diptamwurzel (Maandbl. t. d. Kwakzalverij).

Samariter, Universallikör Dr. HUFNAGEL'S. Eine versüsste Tinktur aus Galgant und Zitwer mit wenig Fruchtsaft.

Zincum.

Zincum. Zink. Zinc (franz). **Zinc** (engl.). **Zn. Atomgew. = 65.** Das bekannte Metall. Es kommt im Handel vor in Form von Blöcken, Stäben, Draht, Blech, auch im granulirten Zustande.

Eigenschaften. Im nicht oxydirten Zustande ist das Zink ein bläulich-weisses Metall von starkem Glanze und blätterig-krystallinischem Gefüge. Das spec. Gewicht ist je nach der Art der Bearbeitung 6,8—7,2. Zink ist härter als Silber und weicher als Kupfer. Bei gewöhnlicher Temperatur ist es etwas dehnbar, unreines Zink dagegen ist spröde. Zwischen 100 und 150°C. ist es am dehnbarsten, daher auch am leichtesten zu verarbeiten. Bei 200°C. wird es spröde und pulverisirbar, bei ca. 420°C. wird es flüssig. Gegen 1040° C. verdampft es und lässt sich bei Luftabschluss destilliren. An der Luft erhitzt, verbrennt es mit grünlich leuchtender Flamme zu Zinkoxyd (Lana philosophica). — An trockner Luft verändert sich das Zink nicht, an feuchter Luft überzieht es sich oberflächlich mit einer dünnen Schicht von Zinkoxyd, bez. basischem Zinkkarbonat. Das völlig reine Zink wird von verdünnter Salzsäure oder verdünnter Schwefelsäure ungemein langsam angegriffen, das Zink des Handels dagegen löst sich unter Entwicklung von Wasserstoff sehr leicht in verdünnter Salzsäure oder verdünnter Schwefelsäure, ferner — gleichfalls unter Entwicklung von Wasserstoff in Kalilauge oder Natronlauge. — Das Zink fällt die meisten Schwer-Metalle aus ihren Salzlösungen. Es fällt z. B. Gold, Platin, Silber, Kupfer, Blei, Quecksilber, Cadmium, Arsen. Nicht fällt es dagegen Eisen, Mangan, Kobalt, Nickel.

Technisches Zink. Rohes Zink. Zinc du commerce. Aus den Hütten bezieht man das Zink in Barren. Ausserdem kommt es im Handel vor in Form von Zinkblech und Zinkdraht. Zur Herstellung von Zinkpräparaten kann man jedes dieser Rohmaterialien benutzen, am häufigsten benutzt man Zinkblech; am meisten zu empfehlen aber ist die Verwendung von Zinkdraht, da dieser nicht mehr als Spuren von Arsen enthalten kann.

Nachweis und Bestimmung. Die Salze des Zinks mit ungefärbten Säuren sind farblos. Die neutralen Salze des Zinks reagiren, wenn sie in Wasser löslich sind, gewöhnlich gegen Lackmus sauer. In der Hitze werden die Zinksalze, die sich von flüchtigen Säuren ableiten, unter Abscheidung von Zinkoxyd zersetzt. Doch erfolgt diese Zersetzung des Zinksulfats nur schwierig, während das Zinkchlorid in der Hitze flüchtig ist.

A) Man erkennt das Zink in seinen Salzlösungen durch folgende Reaktionen: **1)** Kali- oder Natronlauge fällen weisses Zinkhydroxyd $Zn(OH)_2$, welches von einem Ueberschuss dieser Laugen wieder gelöst wird. Versetzt man diese klare alkalische Lösung mit Schwefelwasserstoffwasser, so wird weisses Zinksulfid gefällt. — **2)** Ammoniakflüssigkeit fällt aus Zinksalzlösungen, welche nicht zu viel freie Säure enthalten, weisses Zinkhydroxyd, leicht löslich im Ueberschuss der Ammoniakflüssigkeit. Aus der klaren ammoniakalischen Lösung fällt alsdann Schwefelwasserstoffwasser weisses Zinksulfid. — **3)** Natriumphosphat fällt weisses Zinkphosphat, leicht löslich in Ammoniakflüssigkeit. — **4)** Natriumkarbonat fällt weisses basisches Zinkkarbonat; bei Abwesenheit von Ammonsalzen ist die Fällung vollständig. — **5)** Ferrocyankalium fällt weisses Zinkferrocyanid, schwer löslich in Salzsäure. — **6)** Schwefelwasserstoff fällt das Zink aus einer Lösung, welche hinreichende Mengen freier Salzsäure enthält, nicht. Aus essigsaurer Lösung (welcher noch Natriumacetat zugefügt wird) fällt weisses Zinksulfid, unlöslich in Essigsäure, löslich in Salzsäure. — **7)** Schwefelammonium fällt das Zink aus seinen neutralen, alkalischen oder ammoniakalischen Salzlösungen quantitativ als weisses Zinksulfid, unlöslich in Essigsäure, löslich in Salzsäure. — **8)** Erhitzt man vor dem Löthrohr auf Kohle ein Gemisch von Zinkoxyd (oder von einem Zinksalz) mit Soda im Reduktionsfeuer, so erhält man einen Beschlag (kein Metallkorn), welcher heiss gelb, nach dem Erkalten aber weiss ist. Befeuchtet man diesen Beschlag mit Kobaltnitratlösung und erhitzt heftig in der Löthrohrflamme, so färbt er sich schön grün.

B) Man bestimmt das Zink entweder als Zinkoxyd oder als Zinksulfid.

a) Als Zinkoxyd. Man versetzt die zum Sieden erhitzte Lösung, welche kein anderes durch Natriumkarbonat fällbares Salz und auch keine Ammoniaksalze enthalten darf, mit einem kleinen Ueberschuss von Natriumkarbonatlösung, kocht einmal auf, lässt absetzen und filtrirt den Niederschlag ab. Man wäscht mit heissem Wasser aus, bis eine Probe des Filtrats beim Verdampfen keinen Rückstand hinterlässt, und trocknet den Niederschlag. Hierauf entfernt man ihn thunlichst vom Filter (!); letzteres tränkt man mit einer Lösung von Ammoniumnitrat und verbrennt es möglichst in der Spitze der Flamme. Dann bringt man den Niederschlag zu der Filterasche und glüht bis zum konstanten Gewicht. Das Glühen kann im Tiegel aus Platin oder Porcellan erfolgen. $ZnO \times 0,80247 = Zn$.

b) Als Schwefelzink. Man wählt diese Form der Bestimmung besonders dann, wenn in der Lösung viel Ammonsalze zugegen sind. Man versetzt entweder die ammoniakalische Lösung mit einem mässigen Ueberschuss von Schwefelammonium oder man sättigt die mit Essigsäure angesäuerte und mit hinreichenden Mengen von Ammoniumacetat versetzte Lösung mit Schwefelwasserstoff. In beiden Fällen lässt man im geschlossenen Kolben absetzen, wäscht den Niederschlag 2—3 mal mit Chlorammonium enthaltendem Schwefelwasserstoffwasser durch Dekanthiren, schliesslich auf dem Filter (unter Bedeckung des Trichters) mit Schwefelwasserstoffwasser aus. Nach dem Trocknen trennt man den Niederschlag möglichst vollständig vom Filter, tränkt dieses mit Ammoniumnitratlösung, verbrennt es in der Spitze der Flamme, bringt Filterasche + Niederschlag in einen ROSE'schen Tiegel, giebt etwas reinen Schwefel hinzu und erhitzt bei schwacher Rothgluth im Wasserstoffstrome (vergl. S. 86). $ZnS \times 0,6701 = Zn$. — Oder man löst das noch feuchte Zinksulfid in Salzsäure, wäscht das Filter zunächst mit Salzsäure, dann mit heissem Wasser nach, vertreibt den Schwefelwasserstoff durch Erhitzen, fällt aus der salzsauren Lösung das Zink mit Natriumkarbonat als Zinksubkarbonat und bestimmt es als Zinkoxyd nach a.

Antiseptin. Zincum boro-thymolicum von Apoth. RADLAUER. Eine mechanische Mischung aus 85 Th. Zinksulfat, 2,5 Th. Thymol, 2,5 Th. Zinkjodid, 10 Th. Borsäure.

Insekten-Vertilgungsmittel von G. CALOV in Koschentin. Gemisch von Zinkstaub 85, Magnesiumkarbonat 15,0 mit 12 Proc. Insektenpulver.

Oleatum Zinci (U-St.). In 950 g Oelsäure siebt man unter Umrühren und in kleinen Portionen 50 g Zinkoxyd. Nach dem Durchmischen setzt man einige Stunden zur Seite und erwärmt alsdann im Wasserbade unter Umrühren bis zur Auflösung.

SEYD's säurefreies Löthwasser für Zink. Besteht aus einer wässerigen Lösung von Cadmiumchlorid.

Schwarzbeize für Zink. 40 Th. Kaliumchlorat ($KClO_3$) und 100 Th. Kupfersulfat werden in 500 Th. heissem Wasser gelöst, diese Lösung wird nach dem Erkalten filtrirt.

Die zu färbenden Zinkgegenstände werden zuerst gründlich entfettet, und dann entweder in verdünnter Salzsäure vorgebeizt oder mit einem Brei von verdünnter Salzsäure und Sand abgerieben. Man spült sie darauf mit Wasser und taucht sie in der obigen Beize einen Augenblick unter oder bestreicht sie mit ihr mit Hilfe eines weichhaarigen Pinsels. Der Ueberzug erscheint bisweilen zunächst röthlich, wird aber bald schwarz. Erst wenn dies der Fall ist, spült man ab, trocknet und kann schliesslich lackiren oder mit Oel oder Wachs einreiben.

Zinkätztinte. Man kocht 43 g Galläpfel mit 560 g Wasser auf eine Kolatur von 200 g ein und fügt dieser hinzu 2 Tropfen Salpetersäure und 3—4 Tropfen Salzsäure.

Zinkfackeln der Firma GANTSCH in München sind 1,34 kg schwere, 1 m lange, 3 cm weite Zinkblechhülsen, die mit einem Gemisch von Kalisalpeter, Schwefel und Realgar gefüllt sind.

Zinkblech, Beschreiben. Man beschreibt Zinkblech mit Liquor Stibii chlorati. Die Befestigung (von Etiketten) erfolgt mit Kupferdraht.

Zincum boricum. Zinkborat. Man fällt eine Lösung von 5 Th. Zinksulfat in 50 Th. Wasser mit einer Lösung von 4 Th. Borax in 100 Th. Wasser.

Zincum metallicum purissimum zur forensischen Analyse. Die wichtigste Forderung an diese Zinksorte ist, dass sie absolut frei von Arsen ist. Ueber diese Prüfung vergl. Bd. I, S. 403. Es ist bisweilen schwer, selbst von den renommirtesten Firmen absolut arsenfreies Zink zu erhalten. Wir pflegen daher stets einen eisernen Bestand von 2 kg arsenfreiem Zink vorräthig zu halten, welcher nur im Nothfalle angegriffen wird, und etwa 10 kg arsenfreies Zink zu bestellen, sobald die liefernde Firma im Besitze eines solchen ist. — Für den Nachweis des Phosphors nach DUSART-BLONDLOT bedarf man phosphorfreies Zink und zur Bestimmung des Eisens mittels Kaliumpermanganat ein höchstens Spuren von Eisen enthaltendes Zink. Vergl. Bd. I, S. 1088, Bd. II, S. 598. Zur Prüfung auf Eisen löst man 10 g Zink in Salzsäure, oxydirt die Lösung mit Salpetersäure und prüft nach Verjagung des freien Chlors mit Kaliumrhodanid. Es darf nur eine sehr unbedeutende Rothfärbung auftreten.

Zinkstaub. Poussière. Man bezeichnet mit diesen Namen das graue Pulver, welches sich bei der Destillation des Zinks zuerst in den Vorlagen ansammelt. Es besteht im wesentlichen aus fein vertheiltem metallischem Zink, welches mit Zinkoxyd, basischem Zinkkarbonat und Kadmium vermischt ist. Guter Zinkstaub soll 80—90 Proc. metallisches Zink enthalten.

Werthbestimmung. Man wäge etwa 0,5 g Zinkstaub genau ab, bringe diese Menge in eine mit Glasstopfen verschliessbare Flasche von ca. 100 ccm Fassungsraum, setze einige Glasperlen und 25 ccm Normaljodlösung hinzu. Man stelle die Mischung unter häufigem Umschütteln 1 Stunde lang zur Seite, spüle sie dann in einen ERLENMEYER-Kolben, setze vorsichtig Essigsäure bis zur Klärung zu, gebe etwas Stärkelösung dazu und titrire mit $^1/_{10}$-Natriumthiosulfatlösung bis zur Farblosigkeit (vergl. S. 508). Zieht man die Menge des Natriumthiosulfats von 3,175 g Jod (= 25 ccm Normaljodlösung) ab, so ergiebt die Differenz das durch das vorhanden gewesene Zinkmetall gebundene Jod. Letzteres ist alsdann nach folgender Gleichung auf Zink zu berechnen. $Zn + 2J = ZnJ_2$. Bei stark bleihaltigem Zinkstaub fallen die Resultate zu hoch aus. Zinkstaub wird in der chemischen Analyse und chemischen Technik als Reduktionsmittel benutzt.

Zincum raspatum. Zinkfeile. Man stellt unter Verwendung sauberer Feilen aus Zinkblech oder starkem Zinkdraht oder Zinkblöcken Feilspäne her. Diese finden Verwendung zur Darstellung des Zinkjodids und als Reagens in der chemischen Analyse.

Zincum aceticum.

† **Zincum aceticum** (Germ.). **Acétate de zinc** (Gall.). **Zinci Acetas** (Brit. U-St). **Zinkacetat. Essigsaures Zink.** $Zn(CH_3CO_2)_2 + 2H_2O$. **Mol. Gew. = 219.**

Darstellung. 100 Th. käufliches, eisenfreies Zinkoxyd werden mit 250 Th. destill. Wasser und 530 Th. verdünnter Essigsäure (von 30 Proc., spec. Gew. = 1,040) gemischt und nach Zusatz einiger Stückchen (15 Th.) reinen Zinkmetalls (dieser Zusatz erfolgt um etwa vorhandenes Blei abzuscheiden) im Wasserbade einen halben Tag hindurch erhitzt. Dann wird die Flüssigkeit kochend heiss filtrirt und das Filtrat zur Krystallisation bei Seite gestellt. Nach einem Tage trennt man die Mutterlauge ab, dampft sie nach Zusatz von wenig Essigsäure nur auf ein halbes Volumen ein und setzt sie zur weiteren Krystallisation bei Seite. Die Krystalle werden ohne Anwendung von Wärme getrocknet. Ausbeute fast 300 Th. Dass beim Abdampfen der Zinkacetatlösung stets sehr kleine Mengen Essigsäure verdampfen, und die Krystalle in der Wärme verwittern, ist bei der Darstellung wohl zu beachten. Auch geben zu weit eingedampfte Lösungen Krystalle mit geringerem Wassergehalt.

Eigenschaften. Zinkacetat scheidet sich aus mässig warmen Lösungen in Form farbloser, sechsseitiger, monokliner Tafeln aus, welche fettig anzufühlen sind, schwach nach Essigsäure riechen und einen ekelhaft metallischen Geschmack besitzen. An der Luft verwittern die Krystalle etwas, auch geben sie unter theilweisem Uebergange in basisches Zinkacetat etwas Essigsäure ab. Das Salz löst sich in etwa 3 Th. kaltem Wasser, 1,5 Th. siedendem Wasser, ferner in etwa 36 Th. kaltem oder 2 Th. siedendem Weingeist von 90 Proc. Bei 100° C., auch beim Trocknen über Schwefelsäure bei gewöhnlicher Temperatur, wird das Salz wasserfrei. Beim raschen Erhitzen auf höhere Temperaturen wird es unter Bildung von Aceton und Hinterlassung von kohlehaltigem Zinkoxyd zersetzt.

Die wässerige Lösung des Zinkacetats reagirt sauer und besitzt einen ekelhaft metallischen Geschmack.

Prüfung. 1) Die wässerige Lösung (1 : 10) werde durch Schwefelwasserstoff rein weiss gefällt. Färbung des Niederschlages würde auf Verunreinigung durch fremde Metalle hinweisen und zwar: Cadmium = gelb, Blei oder Kupfer = dunkel. — 2) Wird durch Einleiten von Schwefelwasserstoff alles Zink gefällt, so soll das Filtrat beim Eindampfen und Erhitzen keinen Rückstand hinterlassen. Dieser könnte aus Kalk oder Magnesia bestehen. Auf Magnesia speciell prüft man, indem man die Lösung (1 : 10) mit Ammoniakflüssigkeit übersättigt und mit 1—2 Tropfen Natriumphosphatlösung versetzt. Es darf alsdann eine Trübung oder ein Niederschlag nicht entstehen. — 3) Erwärmt man 0,5 g Zinkacetat mit 5 ccm Schwefelsäure gelinde, so darf eine Bräunung nicht auftreten, andernfalls war empyreumahaltige Essigsäure verwendet worden.

Aufbewahrung. Vorsichtig, in gut verschlossenen Gefässen.

Anwendung. Zinkacetat ist Emeticum, Antispasmodicum und Adstringens, nur von milderer Wirkung als Zinksulfat. Es findet seltene Anwendung; äusserlich in Augenwässern, Einspritzungen, gegen Hautkrankheiten, innerlich als Brechmittel und Antihystericum, sowie als specifisches (?) Mittel gegen Veitstanz, und von den Anhängern des RADEMACHER'schen Heilverfahrens gegen Delirium tremens, bei Gehirnleiden, Neuralgien, Kopfrose, Zahnschmerz. Man giebt es zu 0,05—0,1—0,15—0,2 g drei- bis viermal täglich, als Brechmittel zu 0,5—1,0—1,5 g. RADEMACHER nannte das Zinkacetat ein *Narcoticum minerale,* welches mit Opium Aehnlichkeit habe und beruhigend und schmerzlindernd wirke.

Aqua cosmetica zincica.

Rp. Zinci acetici 5,0
Aquae Rosae 100,0
Spiritus Coloniensis 20,0.

Gegen Sommersprossen. Diese mehrmals täglich zu befeuchten.

Aqua virginalis CHABLE.
Eau virginale.

Rp. Zinci acetici 5,0
Aquae destillatae 140,0
Spiritus Coloniensis 10,0.

Ein Esslöffel voll auf $^1/_4$ Liter Wasser zu Waschungen und Einspritzungen in die Vagina.

Liquor injectorius antotopyorrhoicus LINCKE.
Injectio auricularis LINCKE.

Rp. Zinci acetici 5,0
Aquae Chamomillae 250,0
Tincturae Opii crocatae 5,0
Aceti pyrolignosi 2,0.

Zu Einspritzungen bei katarrhalischem und skrophulösem Ohrenfluss.

Mixtura antidiarrhoica RADEMACHER.

Rp. Zinci acetici 3,0
Aquae destillatae 180,0
Mucilaginis Gummi arabici 30,0.

Stündlich einen Esslöffel voll.

Pilulae antiepilepticae RICHTER.

Rp. Zinci acetici 2,0
Asae foetidae 3,5
Extracti Valerianae q. s.

Fiant pilulae No. 50, Cassia Cinnamomi conspergendae.
2—3 mal täglich 2—3 Pillen gegen Epilepsie.

Pilulae Zinci acetici RADEMACHER.

Rp. Zinci acetici 6,0
Succi Liquiritiae q. s.

Fiant pilulae No. 30. Stündlich 1—2 Pillen bei Gehirnleiden, Neuralgien.

Zinol. Mit diesem Namen wird ein Antisepticum bezeichnet, welches anscheinend ein Gemisch von Alumnol und Zinkacetat ist; in welchem Verhältniss wird nicht gesagt. Die Lösung 3:1000 wird zu antiseptischen Waschungen im Wochenbett, die Lösung 1,5:1000 zu feuchten Verbänden eiternder Wunden empfohlen.

Zincum bromatum.

† **Zincum bromatum. Zinkbromid. Bromzink. Zinci Bromidum** (U-St.). **Bromure de zinc** (Gall.). **$ZnBr_2$. Mol. Gew.** = **225.**

Darstellung. Man rührt 36 Th. frisch geglühtes Zinkoxyd mit 150 Th. Wasser an und fügt allmählich 288 Th. Bromwasserstoffsäure von 25 Proc. oder soviel von dieser hinzu, dass die Lösung schwach aber deutlich sauer reagirt. Die Lösung wird zunächst im Wasserbade eingedampft, dann durch Erhitzen im Sandbade zur Trockne gebracht. Das trockne Salz wird sofort in dicht zu verschliessende Gefässe gebracht.

Eigenschaften. Weisses, geruchloses, körniges Pulver, leicht löslich in Wasser und in Alkohol, an der Luft leicht zerfliessend. Es schmilzt bei 374° C. und sublimirt bei höherer Temperatur. Die wässerige Lösung reagirt schwach sauer und hat scharfen, metallischen Geschmack.

Prüfung. Soweit fremde Metalle in Betracht kommen, erfolgt die Prüfung wie bei *Zincum chloratum*. Ausserdem ist in folgender Weise zu prüfen. **1)** Versetzt man 5 ccm der 10procentigen Lösung mit einigen Tropfen Chlorwasser und fügt Stärkelösung hinzu, so darf wohl Gelbfärbung, nicht aber Blaufärbung auftreten (Jod). — **2)** Löst man 0,3 g des völlig trockenen Salzes in 20 ccm Wasser und fügt 3 Tropfen Kaliumchromatlösung hinzu, so sollen zur Erzeugung einer rothen Färbung nicht mehr als 26,7 ccm $^1/_{10}$-Normal-Silbernitratlösung erforderlich sein. Würde mehr $^1/_{10}$-Silbernitratlösung verbraucht werden, so wäre das Präparat chlorhaltig.

Aufbewahrung. Vorsichtig, in dicht geschlossenen Gefässen, vor Feuchtigkeit geschützt.

Anwendung. In wässeriger Lösung zu 0,005—0,015 drei- bis viermal täglich gegen Epilepsie, Paralyse, Hysterie.

Liquor Zinci bromati 20 proc. Man löst 7,2 g frisch geglühtes Zinkoxyd in 57,6 g Bromwasserstoffsäure von 25 Proc. HBr auf und füllt die Lösung mit Wasser zu 100 g auf.

Sirupus Zinci bromati. Rp. Zinci bromati 1,0, Sirupi Sacchari 99,0.

Zincum carbonicum.

Zincum carbonicum. Zincum subcarbonicum. — Zinkkarbonat. — Zinksubkarbonat. — Zinci Carbonas (Brit.). — **Zinci Carbonas praecipitatus** (U-St.). — **Souscarbonate de zinc hydraté** (Gall.). — **$ZnCO_3 + yZn(OH)_2$.**

Darstellung. In eine filtrirte und zum Sieden erhitzte Lösung von 320 Th. krystall. Natriumkarbonat in 1800 Th. destillirtem Wasser giesst man unter Umrühren und in sehr dünnem Strahle (!) (am besten durch automatisches Zutropfen aus einem Heber) eine Lösung von 300 Th. krystall. Zinksulfat in 1500 Th. Wasser. Nach etwa $^1/_4$stündigem Kochen ist der zunächst gallertartige Niederschlag dichter, so dass er sich gut absetzt. Man wäscht ihn zunächst durch Dekanthiren, bringt ihn nunmehr auf ein Filter, oder ein Kolatorium und wäscht ihn mit heissem Wasser aus, bis das Ablaufende durch Baryumchlorid nicht mehr getrübt wird. Schliesslich presst man den Niederschlag ab und trocknet ihn bei 50° C.

Eigenschaften. Ein rein weisses, trockenes Pulver, in verdünnten Säuren unter Aufbrausen klar löslich. An Wasser giebt es nichts Lösliches ab, mit Schwefelwasserstoffwasser angeschüttelt, bleibt es rein weiss. Beim Glühen hinterlässt es etwa 73 Proc. Zinkoxyd.

Prüfung. Die mittels Essigsäure bereitete Lösung werde durch Ammoniumoxalat nicht verändert (Kalk), durch Schwefelwasserstoff rein weiss gefällt, mit überschüssigem Ammoniak versetzt bleibe sie klar (Thonerde, Magnesia, Eisen) und farblos. (Blaufärbung = Kupfer. Diese ammoniakalische Lösung werde nach Zusatz einiger Tropfen Natriumphosphatlösung nicht getrübt (Magnesia).

Aufbewahrung. Nichts zu bemerken.

Anwendung. Nur selten direkt als Arzneimittel, gewöhnlich wird es als Zwischenprodukt bei der Darstellung des Zincum oxydatum bereitet, auch dient es zur Darstellung von Zinksalzen.

Zincum carbonicum. Zinkkarbonat. (Lapis Calaminaris purus. Tutia pura. Nihilum album purum.) Zu seiner Darstellung werden 1000 Th. eines reinen käuflichen Zinkoxyds mit einer Lösung von 50 Th. zerfallenem Ammoniumkarbonat in 1000 Th. warmem Wasser gemischt, nach Verlauf eines Tages auf ein leinenes Kolatorium gebracht, mit Brunnenwasser ausgewaschen, dann im Wasserbade getrocknet, zerrieben und durch ein Sieb geschlagen.

Dieses Präparat ist ein Ersatz des Galmeis, der Tutia, des weissen Nicht, der Zinkasche, wenn diese im Handel sehr unrein und von zweifelhafter Zusammensetzung vorkommenden Substanzen Bestandtheile in Arzneimischungen sind.

Lapis Calaminaris (Ergänzb.). **Calamina. Galmei. Galmeistein.** Ein weissliches, röthliches, bräunliches oder braunes Erz, aus Zinkkarbonat oder aus Zinkkarbonat und Zinksilicat bestehend. Es wird gemahlen, in pulvriger Form in den Handel gebracht. Es kann im Handverkauf unbeanstandet abgegeben werden. Ist es für arzneiliche Mischungen verordnet, so substituirt man Zinkkarbonat.

Nihilum album. Pompholyx. Weisses Nicht (Nichts). Weissnichts. Augennicht. Weisser Galmei. Almey. Hüttennicht. Weisse Tutia. Ist ein weisses, karbonathaltiges Zinkoxyd, welches in den Zink- und Messinghütten als Nebenprodukt gesammelt wird. Die in stückigen Massen im Handel vorkommende Waare enthält oft nur Spuren Zinkoxyd. Man substituirt derselben daher entweder Zinkkarbonat oder Zinkoxyd. Die Abgabe im Handverkauf unterliegt keinem Bedenken.

Tutia. Tutia grisea. Tutia Alexandrina. Cadmia. Nihilum griseum. Tutie. Graue Tutie. Graues Nicht. Ofenbruch. Grauer Galmei. Eine als Nebenprodukt in den Messinghütten gesammelte, Zinkkarbonat und Zinkoxyd enthaltende, unreine Substanz. Sie kommt in grauen harten zerbrechlichen rinnenförmigen oder kleine dünne Platten bildenden Stücken in den Handel. Die Abgabe im Handverkauf unterliegt keinem Bedenken. Soll die Tutie Bestandtheil in einer Arzneimischung sein, so substituirt man Zinkkarbonat oder Zinkweiss.

Emplastrum consolidans (Ergänzb.).

Emplastrum consolidans SCHMUCKER. Emplastrum griseum. Emplastrum de lapide Calaminaris. Emplastrum Diapompholygos. Galmeipflaster.

Rp.	1. Emplastri Cerussae	25,0
	2. Emplastri Lithargyri simplicis	25,0
	3. Lapidis Calaminaris	
	4. Olibani pulverati	
	5. Mastiches pulverati	ãã 1,0.

Man schmilzt 1 und 2 und rührt 3—5 darunter.

Unguentum exsiccans RADEMACHER.

Rp.	Olei Olivae	85,0
	Cerae flavae	20,0
	Boli Armenae	8,0
	Lapidis Calaminaris	8,0
	Plumbi oxydati	8,0
	Camphorae tritae	3,0.

Unguentum Calaminae (Nat. form.).

TURNER's Cerate.

Rp.	Lapidis Calaminaris praep.	16,5
	Unguenti (U-St) s. S. 1068	83,5.

Unguentum exsiccans.

Ceratum epuloticum. Alt-Schadensalbe. Salzflusssalbe.

Rp.	Cerae flavae	25,0
	Olei Olivae	50,0
	Zinci carbonici	23,0
	Boli Armenae	2,0.

Unguentum Lapidis Calaminaris (Hamb. V.).

EHLER'sche Beinsalbe. Galmeisalbe.

Rp.	Lapidis Calaminaris praep.	3,0
	Cerae flavae	4,0
	Olei Olivae	8,0.

Unguentum exsiccans (Ergänzb.).

Galmeisalbe (Ergänzb.).

Rp.	Adipis suilli	100,0
	Cerae flavae	25,0
	Boli rubrae	
	Cerussae	
	Lapidis Calaminaris	
	Lithargyri	ãã 15,0
	Camphorae	2,0
	Olei Olivae	4,0.

Zincum chloratum.

† **Zincum chloratum** (Austr. Germ. Helv.). **Zinci Chloridum** (Brit. U-St.). **Chlorure de zinc** (Gall.). **Zincum muriaticum. Chlorzink. Zinkchlorid. Lapis zincicus. Butyrum Zinci.** $ZnCl_2$. **Mol. Gew. = 136.**

Darstellung. Man übergiesst in einem Kolben 100 Th. gutes Zinkweiss und etwa 10 Th. Zinkmetall mit 380 Th. reiner Salzsäure (von 25 Proc.), digerirt bis zur Auflösung des Zinkweisses, lässt die Lösung absetzen und filtrirt sie durch Glaswolle. Die klare Lösung dampft man über freiem Feuer in einer Porcellanschale unter Umrühren mit einem Porzellanspatel ein. Wenn der Abdampfrückstand beginnt trocken zu werden, lässt man ihn erkalten, befeuchtet ihn nochmals mit konc. Salzsäure und führt die Austrocknung im Sandbade zu Ende. Man zerreibt die noch heisse, trockne Salzmasse und füllt sie noch heiss in trockene, heisse Glässer, verschliesst diese mit Korken und dichtet sie durch Paraffin.

Soll das Salz in die Form von Stäbchen gebracht werden, so schmilzt man es durch Erhitzen in einem Porzellankasserol und giesst die Schmelze in Lapis-Formen aus.

Eigenschaften. Zinkchlorid bildet weisse, geruchlose, sauer reagirende Massen oder ein solches Pulver oder solche Stäbchen. Der Geschmack (man hüte sich, unvorsichtig zu schmecken!) ist ätzend, salzig, ekelhaft metallisch. Aus der Luft zieht es begierig Feuchtigkeit an und zerfliesst zu einer entweder klaren oder durch Zinkoxychlorid getrübten Flüssigkeit. Bei 115° C. schmilzt es zu einer klaren Flüssigkeit, welche beim Erkalten zu einer grauweissen Masse erstarrt. Beim Erhitzen bis zum Glühen stösst es dicke weisse Dämpfe von Zinkchlorid und Chlor aus, und eine gelblichweisse Masse, aus Zinkoxyd und Zinkchlorid bestehend, bleibt zurück, während ein Theil des Zinkchlorids in weissen Nadeln unzersetzt sublimirt. In Wasser, Weingeist und Aether ist das Zinkchlorid leicht löslich. Die Lösungen sind infolge eines Rückstandes von Zinkoxychlorid meist etwas trübe. Aus der wässerigen sirupsdicken Lösung scheidet sich das Zinkchlorid, namentlich nach Zusatz von etwas Salzsäure, in kleinen, sehr leicht zerfliesslichen, oktaëdrischen Krystallen ($ZnCl_2 + H_2O$) ab. Mit Zinkoxyd bildet es basische Zinkchloride; mit Ammoniumchlorid bildet es Zinksalmiak, Ammoniumzinkchlorid, $ZnCl_2 + 2NH_4Cl$, welches in sechsseitigen Prismen krystallisirt und durch seine Eigenschaft, Kupferoxyd und Eisenoxyd aufzulösen, nicht nur beim Reinigen kupferner und eiserner Gefässe, sondern auch beim Verzinnen kupferner Gefässe brauchbar ist.

Prüfung. 1) Die mit Salzsäure angesäuerte wässerige Lösung (1 = 20) werde weder durch Schwefelwasserstoff gefärbt oder dunkel gefällt (fremde Metalle, Blei), noch durch Baryumchloridlösung getrübt (Schwefelsäure). — 2) In der ammoniakalischen Lösung erzeuge Schwefelwasserstoff einen rein weissen Niederschlag; nach vollständiger Ausfällung des Zinks durch Schwefelwasserstoff erhalte man ein Filtrat, welches nach dem Verdampfen und Glühen keinen wägbaren Rückstand hinterlassen darf (Kalk, Magnesia, Alkalien). 3) Löst man 1 g Zinkchlorid in 1 ccm Wasser, so soll man eine klare oder doch nicht allzu trübe Lösung erhalten, fügt man alsdann 6 ccm Weingeist von 90 Proc. hinzu, so soll eine auftretende flockige Ausscheidung durch Zugabe von 1 Tropfen Salzsäure wieder verschwinden (Prüfung auf übergrossen Gehalt an basischem Zinkchlorid, von welchem kleine Mengen namentlich bei dem in Stangenform gebrachten Zinkchlorid unvermeidlich sind). — 4) Die wässerige Lösung 1 = 20 gebe mit Kaliumferrocyanid eine weisse Fällung (Blaufärbung = Eisen, Rothfärbung = Kupfer).

Aufbewahrung. Man bewahre das Zinkchlorid in kleinen Flaschen unter Korkverschluss mit Paraffindichtung vorsichtig auf. Es ist zweckmässig, Zinkchlorid als grobes Pulver und in Stangenform vorräthig zu halten. Wegen der grossen Hygroskopicität lassen sich kleine Mengen Zinkchlorid schwierig genau abwägen. Es empfiehlt sich daher, Zinkchloridlösungen unter Benutzung einer koncentrirten Zinkchloridlösung 1 : 10 oder 1 : 5 darzustellen.

Anwendung. Zinkchlorid findet innerlich kaum noch Anwendung. Aeusserlich angewendet wirkt es desinficirend und antiseptisch und, weil es Eiweiss coagulirt, ätzend. Man benutzt es als Aetzmittel meist in Form von Stiften (entweder aus reinem Zinkchlorid oder aus Gemengen mit Salpeter in verschiedenen Verhältnissen) und, mit Mehl oder Eibischwurzelpulver gemischt und mit Wasser angerührt, in Form von Aetzpasten. Die Aetzungen sind sehr schmerzhaft. — In der Technik dient Zinkchlorid als Konservirungsmittel für Eisenbahnschwellen. Für diese Zwecke benutzt man Lösungen, welche durch Sättigen von roher Salzsäure mit Galmei hergestellt sind.

Aether zincatus.

Aether Zinci. Zinkäther.

Rp. Zinci chlorati 0,5
Spiritus 2,0
Aetheris 3,0.

Man lässt im geschlossenen Gefässe absetzen und giesst klar ab.

Bacilli caustici Koebner.

Möglichst frisch ausgegossene Stifte von 4 bis 5 cm Länge und 4—5 mm Dicke. Als Mischungsverhältnisse für die einzelnen Nummern giebt K. an:

No.	Zinc. chlorat.	Kali nitric.
1	10,0	30,0
2	10,0	15,0
3	10,0	10,0
4	10,0	4,0
5	10,0	2,0.

Die Stifte sind in Stanniol einzuwickeln und in gut schliessenden Glasgefässen abzugeben.

Caementum dentarium Suersen.

Suersen's Zahnkitt. Lallemand's Zahnkitt.

Rp. Zinci oxydati 10,0
Liquoris Zinci chlorati concentratissimi q. s.

Man stösst zur derben, gleichmässigen Masse an, die sogleich zu verbrauchen ist. Durch Zusatz von Ocher, Bolus u. s. w. kann die Masse gefärbt werden.

Caementum zincicum.

Kitt für Stein, Metall, Holz, Elfenbein, chemische und physikalische Apparate.

Rp. 1. Zinci oxydati venalis
2. Liquoris Zinci chlorati concentratissimi.

Man stösst das frisch geglühte und wieder erkaltete Zinkoxyd mit q. s. von 2 an und verbraucht die Masse alsbald.

Der Kitt kann durch Ocher, Eisenmennige, Bergblau u. dergl. gefärbt werden.

Guttae antineuroticae Hufeland.

Rp. Zinci chlorati 0,1
Spiritus aetherei 10,0.

Liquor desinficiens Burnett.

I.

† Liquor antisepticus Burnett.

Rp. Zinci chlorati 10,0
Aquae destillatae 20,0.

Mit Wasser verdünnt zur Desinfektion von Wunden.

II.

† Burning's Desinfecting fluid.
† Burnett's Desinfektionswasser.

Rp. Zinci oxydati venalis 100,0
Acidi hydrochlorici crudi 275,0.

Diese Lösung dient zur Desinfektion von Fäkalien.

Pasta caustica Brunner.

Brunner's Chlorzinkätzpaste.

Rp. 1. Zinci chlorati
2. Amyli Tritici ää 20,0
3. Zinci oxydati 5,0.

Man reibt 1 mit 2 und mit etwas Wasser zusammen, sodass eine teigförmige Masse entsteht. In diese arbeitet man 3 durch Anstossen hinein und giebt der Masse, die sich freiwillig erwärmt und bald erhärtet, die vorgeschriebene Form.

Pasta escharotica Canquoin.

Caustique au chlorure de zinc (Gall.).
Pâte de Canquoin.
Pasta Zinci chlorati (Ergänzb.).

I. Gall. u. Ergänzb.

Rp. 1. Zinci chlorati 8,0
2. Aquae destillatae 1,0
3. Zinci oxydati 2,0
4. Farinae Secalis siccatae 6,0.

Man löst 1 in 2, stösst mit der Mischung von 3 und 4 zum derben Teige an und formt in Stücke, die bei einer von 50—100° C. steigenden Wärme zu trocknen und über Aetzkalk aufzubewahren sind.

Diese Aetzpaste wird noch in anderen Koncentrationen dargestellt, welche durch folgende Nummern bezeichnet werden:

No.	Zinc. chlorat.	Farin. Tritici
1	10,0	20,0
2	7,5	22,5
3	6,0	24,0
4	5,0	25,0.

Pasta escharotica composita Canquoin.

Pasta Zinci et Stibii chlorati.
Pasta antimonialis Canquoin.

Rp. Liquoris Stibii chlorati
Zinci chlorati ää 10,0
Farinae Tritici 15,0.

Man stösst zur Masse an und formt Blätter oder Stäbchen.

Pasta escharotica glycerinata Canquoin.

Pasta escharotica Menière.

Rp. Zinci chlorati 10,0
Glycerini 4,0
Farinae Tritici 20,0.

Die Masse ist leicht knetbar, nicht so stark klebrig und wird nicht so rasch hart.

Pasta escharotica Mayet.

Rp. Zinci chlorati 11,0
Farinae Tritici 7,0
Zinci oxydati venalis 2,0.

Man hält die Masse als Pulver vorräthig und stösst sie zum Gebrauch mit Wasser an.

Pilulae anticarcinomaticae Hancke.

Rp. Zinci chlorati 0,5
Extracti Hyoscyami
Extracti Cardui benedicti
Extracti Conii ää 1,0
Resinae Guajaci 5,0.

Fiant pilulae No. 100.

Pasta caustica Chelius.

Ist Asbest, mit einer koncentrirten Lösung von Chlorzink getränkt.

Holz-Imprägnirungsflüssigkeit. Chlorzink 20,0, Mercurichlorid 1,0, Wasser 979,0.

Löthsalz. Man löst 100 Th. Ammoniumchlorid und 150 Th. Zinkchlorid in 300 Th. siedendem Wasser und lässt krystallisiren.

Löthwasser. Man löst 100 Th. Zinkabfälle in 500 Th. roher Salzsäure, verdünnt mit 100 Th. Wasser und fügt 100 Th. Ammoniumchlorid hinzu.

Zincum cyanatum.

†† Zincum cyanatum sine Ferro. Zincum cyanatum purum. Zinkcyanid. Cyanure de zinc (Gall.). — **Zinci Cyanidum — Cyanzink. — Blausaures Zink. — $Zn(CN)_2$** oder **$Zn(Cy)_2$. Mol. Gew. = 117.**

Darstellung. Eine filtrirte Lösung von 10 Th. krystall. Zinksulfat in 100 Th. Wasser giesst man unter Umrühren in eine gleichfalls filtrirte Lösung von 5 Th. reinem Kaliumcyanid in 50 Th. Wasser. Nach beendigter Fällung säuert man, um etwa mitgefälltes Zinkkarbonat zu zersetzen, mit Essigsäure an, lässt absetzen, sammelt den Niederschlag und wäscht ihn mit warmem Wasser aus, bis das Ablaufende mit Baryumchlorid keine Trübung mehr giebt. Man trocknet alsdann auf porösen Unterlagen bei 50—70° C. Ausbeute ca. 4 Th.

Eigenschaften. Weisses, amorphes, spec. leichtes, fast geruchloses und geschmackloses Pulver, unlöslich in Wasser und Weingeist. Von verdünnten organischen Säuren, z. B. Essigsäure, wird es nicht zersetzt, von Mineralsäuren dagegen wird es unter Entwickelung von Cyanwasserstoff gelöst. Gelöst wird es ferner von Alkalicyaniden (Kaliumcyanid) unter Bildung von Doppelsalzen. Leicht löslich ist es auch in Ammoniakflüssigkeit (Zincum ferrocyanatum ist darin unlöslich). Beim Glühen hinterlässt es reines Zinkoxyd.

Prüfung. **1)** Das Salz sei rein weiss, und in Salzsäure, desgl. in Ammoniakflüssigkeit klar löslich. — **2)** Die verdünnte salzsaure Lösung werde durch Baryumchloridlösung nicht verändert (Kaliumsulfat). — **3)** Wird der Glührückstand von 0,2 g des Salzes in Salzsäure gelöst, so werde diese Lösung durch Kaliumrhodanid nicht geröthet.

Aufbewahrung. In dicht geschlossenen Gefässen, in der Reihe der direkten Gifte.

Anwendung. Nach der Ministerialverfügung vom 10. März 1844 soll der Arzt das Zinkcyanid nur mit der Bezeichnung: sine Ferro oder mit einem Ausrufungszeichen verschreiben. Sind auf dem Recept diese Bezeichnungen nicht vermerkt, so soll der Apotheker stets das Zinkferrocyanid dispensiren. Zinkcyanid wirkt giftig wie Blausäure. Man giebt es zu 0,005—0,01—0,015 zwei- bis viermal täglich, allmählich steigend bis zu 0,03 am besten in Pulverform gegen verschiedene Nervenleiden, Epilepsie, Hysterie, als schmerzstillendes Mittel bei Carcinoma etc. Aeusserlich wendet man es zuweilen in Augensalben an. Die stärkste Einzelgabe des Zincum cyanatum sine Ferro ist zu 0,03, die Gesammtgabe auf den Tag zu 0,1 anzunehmen.

Zincum ferrocyanatum.

Zincum ferrocyanatum. (Zincum cyanatum. — Zincum hydrocyanatum.) — Zincum zooticum. — Zincum Borussicum. — Zincum cyanatum cum Ferro. — Zinkferrocyanid. — Ferrocyanzink. — Zinkeisencyanür. — Ferrocyanure de zinc (franz.). — **Zinci Ferrocyanidum** (engl.). **$Fe(CN)_6Zn_2 + 3H_2O$. Mol. Gew. = 396.**

Darstellung. 60,0 krystallisirtes Kaliumferrocyanid (gelbes Blutlaugensalz) werden in 600,0 destillirtem Wasser gelöst, die Lösung filtrirt und dann nach und nach unter Umrühren mit einer filtrirten Lösung von 80,0 krystallisirtem Zinksulfat in 1800,0 destill.

Wasser versetzt. Die Mischung stellt man mehrere Stunden an einen warmen, hierauf an einen kalten Ort, bringt dann den Niederschlag auf ein Filter und wäscht ihn so lange mit destill. Wasser aus, bis das Abtropfende durch Baryumchloridlösung nicht mehr getrübt wird. Dann wird der Filterinhalt an einem lauwarmen Orte getrocknet und zu einem Pulver zerrieben. Ausbeute 54—55 Th.

Eigenschaften. Ein weisses, geruchloses und geschmackloses Pulver, in Wasser, Weingeist, verdünnten Säuren, auch in Ammoniak unlöslich, in warmer Natronlauge dagegen löslich. Beim Kochen mit Salzsäure wird es unter Abscheidung von Berliner Blau und Entwickelung von Blausäure theilweise zersetzt. Bei Luftzutritt geglüht, verwandelt es sich in ein dunkles Gemisch von Zinkoxyd und Eisenoxyd, welchem gewöhnlich kleine Mengen Kaliumkarbonat beigemengt sind.

Prüfung. 1) Wird das Ferrocyanzink mit 5procentiger Essigsäure geschüttelt, so soll es an diese etwas Lösliches nicht abgeben. — 2) Wird es mit Schwefelwasserstoffwasser übergossen, so soll es sich nicht färben (fremde Metalle).

Anwendung. Dieses Präparat, Zinkferrocyanid, ist nach der preuss. Ministerialverfügung vom 10. März 1844 stets zu dispensiren, wenn der Arzt Zincum cyanatum s. borussicum s. zooticum s. hydrocyanatum verordnet und nicht die Bezeichnung sine Ferro dazu notirt hat! Man giebt es zu 0,05—0,1—0,15 mehrmals täglich in ähnlichen Fällen wie Zinkoxyd. Eine Blausäurewirkung kommt dem Präparat nicht zu.

Zincum jodatum.

† Zincum jodatum. Zinkjodid. Jodzink. Zinci Jodidum (U-St.). **Jodure de zinc. ZnJ_2. Mol. Gew. = 319.**

Darstellung. In ein gläsernes Kölbchen von circa 100 ccm Rauminhalt, giebt man 10,0 reines Jod, und 20,0 destill. Wasser und alsdann nach und nach 3,0 reine Zinkfeile dazu. Hierbei erwärmt man den Boden des Kölbchens auf ca. 30—40° C. und hält letzteres mit einem Glastrichterchen geschlossen. Nachdem alles Zink eingetragen ist, digerirt man noch einige Stunden, filtrirt die farblose (!) Flüssigkeit durch Glaswolle und dampft sie in flacher Porcellanschale bei nur gelinder Wärme bis zur Trockne ein. Die trockne, etwa 12,5 betragende Masse wird sofort in kleine, mit Kork dicht zu verschliessende Glasfläschchen eingefüllt

Eigenschaften. Farblose, körnige Salzmasse, geruchlos, von scharfem, salzigmetallischem Geschmack und saurer Reaktion, sehr zerfliesslich. In Wasser und Weingeist ist es leicht löslich. In der wässerigen Lösung erzeugt Kaliumferrocyanid eine weisse, Mercurichlorid eine rothe Fällung. Beim Erhitzen schmilzt es, beim weiteren Erhitzen wird es zersetzt unter Ausstossung von Joddämpfen und Hinterlassung von Zinkoxyd.

Prüfung. 1) Die mit Salzsäure angesäuerte wässerige Lösung darf mit Schwefelwasserstoffwasser keine dunkle Färbung (bez. dunklen Niederschlag) geben (Blei, Kupfer). — 2) Ammoniumkarbonat erzeugt in der wässerigen Lösung einen Niederschlag, welcher im Ueberschuss des Fällungsmittels wieder völlig löslich sein muss (Eisenoxyd und Thonerde, Kalk, Magnesia würden ungelöst bleiben). — 3) Fällt man die wässerige Lösung vollständig mit Schwefelammonium, so soll das Filtrat nach dem Eindampfen und Glühen einen feuerbeständigen Rückstand nicht hinterlassen (Alkalien). — 4) 1 g des völlig trockenen Salzes giebt bei der vollständigen Fällung mit Silbernitrat = 1,47 g trockenes Jodsilber. — 5) Wird die wässerige Lösung 1 = 100 mit verdünnter Schwefelsäure angesäuert und alsbald mit etwas Stärkelösung versetzt, so darf nicht sofort Blaufärbung der Flüssigkeit eintreten.

Aufbewahrung. Vorsichtig, in gut schliessenden Glasstopfengefässen, vor Feuchtigkeit geschützt.

Anwendung. Man gebraucht es als Aetzmittel in koncentrirter Lösung (1 auf 3—5 Wasser), als Zertheilungsmittel atonischer skrofulöser Geschwülste, bei chronischer Anschwellung der Mandeln (0,5 auf 10—15,0 Wasser oder in Salbenform, 1 auf 8—10 Fett), als Augenwasser bei skrofulöser Augenentzündung (0,2 auf 120,0 Wasser), in Salbenform gegen Schuppenausschlag (1 auf 20 Fett).

†† Zinco - Strychninum jodatum. Strychnino - Zincum jodatum. Strychninum cum Zinco jodato. Jodure de zinc et de strychnine BOUCHARDAT **$(C_{21}H_{22}N_2O_2HJ)_2$. ZnJ_2. Mol. Gew. = 1243.**

Zur Darstellung werden 10 Th. Strychninum jodato-hydrojodicum (s. S. 979) mit 150 Th. destill. Wasser und 3 Th. reiner Zinkfeile in einem gläsernen Kolben in der Wärme des Wasserbades digerirt, dann bis zum Aufkochen erhitzt und heiss filtrirt. Das Filtrat wird in flacher gläserner oder porcellanener Schale an einem ca. 40° C. warmen staubfreien Orte ohne Umrühren eingetrocknet. Es bildet farblose glänzende nadelförmige, in Wasser und Weingeist lösliche Krystalle, welche 53,7 Proc. reines Strychnin enthalten und zu den direkten Giften zu zählen sind. BOUCHARDAT will dieses Doppeljodid bei schweren Neurosen und Epilepsie sehr wirksam gefunden haben. Die Gabe wäre doppelt so gross wie vom Strychnin (vergl. d.).

Mixtura e Zinco-Strychnino jodato
BOUCHARDAT.

Rp.		
	Zinco-Strychnini jodati	0,02
	Aquae destillatae	100,0
	Sirupi Aurantii florum	30,0.

Die eine Hälfte vormittags, die andere gegen abend zu nehmen.

Pilulae cum Zinco-Strychnino jodato
BOUCHARDAT.

Rp. Zinco-Strychnini jodati 0,1
Conservae Rosae q. s.
Fiant pilulae duodecim (12).
Täglich eine Pille, allmählich steigend.

Zinkjodidstärkelösung. Jodzinkstärkelösung. Liquor Amyli cum Zinco jodato. (Germ.). 4 g Stärke, 20 g Zinkchlorid, 100 g Wasser werden unter Ersatz des verdampfenden Wassers gekocht, bis die Stärke fast vollständig gelöst ist. Dann wird der erkalteten Flüssigkeit die farblose, filtrirte Zinkjodidlösung, frisch bereitet durch Erwärmen von 1 g Zinkfeile mit 2 g Jod und 10 g Wasser (oder an ihrer Stelle eine Lösung von 2,5 reinem Zinkjodid in 10 ccm Wasser) hinzugefügt, hierauf die Flüssigkeit zu 1 Liter verdünnt und an einem dunklen Orte filtrirt.

Die Lösung hält sich längere Zeit brauchbar, wenn sie in einer Flasche aus gelbem Glase aufbewahrt wird.

Freies Chlor, Brom, salpetrige Säure, Ferrisalze, setzen aus der Lösung Jod in Freiheit und bewirken dadurch die Bildung von blauer Jodstärke. Ausserdem wird die Lösung als Indikator in der Jodometrie an Stelle von einfacher Stärkelösung benutzt. Der Zusatz von Zinkchlorid bezweckt zum Theil, die Zersetzung der Stärkelösung (durch Gährung) zu verhindern, ausserdem befördert er die Ueberführung der Stärke in eine lösliche Form.

Zincum lacticum.

† Zincum lacticum (Ergänzb.). **Zinklaktat. Milchsaures Zink. Lactate de zinc** (Gall.). **Zinci Lactas. $Zn(C_3H_5O_3)_2 + 3H_2O$. Mol. Gew. = 297.**

Das Zinklaktat wird gewöhnlich bei der Milchsäuregährung dargestellt und durch Umkrystallisiren aus siedendem Wasser gereinigt. Kleine Mengen sind ohne Mühe im pharmaceutischen Laboratorium zu gewinnen.

Darstellung. Man verdünnt 30 Th. der officinellen (75 proc.) Milchsäure mit 250 Th. Wasser, erwärmt und trägt in die warme Mischung eine Anreibung von 10 Th. Zinkoxyd mit Wasser ein. Nachdem die Hauptmenge des Zinkoxyds unter Erwärmen gelöst ist, filtrirt man heiss, engt die Lösung durch Eindampfen bis zum Salzhäutchen ein und lässt krystallisiren. Die Krystalle wäscht man nach dem Abtropfen mit kaltem Wasser und trocknet sie auf poröser Unterlage bei 30—40° C.

Eigenschaften. Weisse, glänzende, nadelförmige Krystalle, meist zu Krusten vereinigt, oder ein weisses Pulver von säuerlich zusammenziehendem Geschmacke und saurer Reaktion. Zinklaktat ist in 60 Th. kaltem oder 6 Th. siedendem Wasser löslich, unlöslich in Weingeist. Bei 100° C. verliert das Salz sein Krystallwasser, bei weiterem Erhitzen verkohlt es unter Ausstossung brauner, eigenthümlich rauchartig riechender Dämpfe. Beim Verbrennen an der Luft hinterbleibt Zinkoxyd.

Prüfung. 1) Verreibt man 0,5 g des Salzes mit 2—3 ccm konc. Schwefelsäure, so darf auch nach zweistündigem Stehen Bräunung nicht auftreten (Zucker). — 2) Löst man 1 g des Salzes in einer Mischung von 10 ccm Wasser und 10 ccm Ammoniakflüssigkeit, so muss diese Lösung klar sein und a) auf Zusatz von 1 ccm Schwefelwasserstoffwasser eine rein weisse, nicht bräunliche oder schwärzliche Fällung (Kupfer, Blei) zeigen. b) durch einige Tropfen Natriumphosphatlösung nicht getrübt werden (Kalk, Magnesia) — 3) Die wässerige Lösung (1 : 100) werde durch Baryumnitratlösung oder Silbernitratlösung nicht getrübt (Sulfate, Chloride).

Aufbewahrung. Vorsichtig, in dicht schliessenden Glasgefässen.

Anwendung. Innerlich als eines der mildesten, löslichen Zinksalze bei Epilepsie 0,03—0,075 drei bis fünfmal täglich. Aeusserlich zu Augenwässern, adstringirenden Einspritzungen und Waschungen. Man vermeide, das Zinklaktat mit schwefelsauren, salzsauren oder salpetersauren Salzen der Alkaloide, der Magnesia und Schwermetalle zusammen zu verwenden, welche sich mit dem Salz zu stärker wirkenden Zinksalzen umsetzen. Höchstgaben: *pro dosi* 0,1 g, *pro die* 0,3 g (Ergänzb.).

Zincum oxydatum.

Zincum oxydatum. Zinkoxyd. Oxyde de Zinc. Zinci Oxydum. ZnO. Mol. Gew. = 81.

I. Zinkoxyd, technisches.

Zincum oxydatum (Helv.). **Zincum oxydatum crudum** (Germ.). **Oxyde de zinc par voie sèche** (Gall.). **Flores Zinci** (zum äusserlichen Gebrauch). **Cerussa zincica. Lana philosophica. Zinkweiss.** Wird durch Verbrennen von Zinkdämpfen an der Luft in den Zinkhütten dargestellt. Die beste Sorte ist die als „Schneeweiss" in den Preislisten der Drogisten aufgeführte. Ein weisses, zartes, amorphes, in der Hitze gelbes, in Wasser unlösliches Pulver.

Prüfung. 1) Es sei in verdünnter Essigsäure ohne Aufbrausen löslich, bez. es soll nur eine geringe Kohlensäureentwickelung wahrzunehmen sein. Ein geringer Gehalt an Zinkkarbonat macht das rohe Zinkoxyd zur Darstellung von Salben etc. noch nicht verwerflich. — Dagegen muss es in verdünnter Essigsäure völlig klar löslich sein. Ungelöst zurückbleiben würden Calciumsulfat, Baryumsulfat, Bleisulfat. — 2) Der in der sub 1 erhaltenen, essigsauren Lösung durch Natronlauge erzeugte Niederschlag sei in einem Ueberschuss der letzteren klar löslich. Ungelöst zurückbleiben würde Magnesiumhydroxyd, Eisen würde in Form bräunlicher Flocken abgeschieden werden.

Aufbewahrung. Da das Zinkweiss sowohl etwas Feuchtigkeit als auch etwas Kohlensäure aus der Luft aufnimmt, so ist es zweckmässig, dasselbe in verstopften Glasflaschen mit nicht zu enger Oeffnung aufzubewahren.

Anwendung. Wenn der Arzt zum innerlichen Gebrauch *Flores Zinci* oder *Zincum oxydatum* verordnet, so ist stets das reine, auf nassem Wege bereitete Zinkoxyd zu dispensiren, auch ist letzteres zu äusserlichen Mitteln zu verwenden, wenn der Arzt *Zincum oxydatum,* nicht aber *Flores Zinci* oder *Zincum oxydatum venale* oder *crudum* vorschreibt.

Das technische Zinkoxyd (Zinkweiss) soll nur zur Zinksalbe und zur Bereitung einiger Zinkverbindungen Verwendung finden. An manchen Orten fordert das Publikum Bleiweiss zum Einstreuen der wunden Hautstellen bei kleinen Kindern. Es empfiehlt sich für diesen Zweck, das durch ein Sieb geschlagene Zinkweiss statt des giftigen Bleiweisses abzugeben.

II. Reines Zinkoxyd.

Zincum oxydatum (Austr. Germ.). **Zincum oxydatum purum** (Helv.). **Oxyde de zinc par voie humide** (Gall.). **Zinci Oxydum** (Brit. U-St.).

— **Zincum oxydatum via humida paratum. Flores Zinci** (für den innerlichen Gebrauch). **Zinkoxyd, reines.**

Darstellung. Scharf getrocknetes reines Zinksubkarbonat (über die Darstellung s. S. 1155) wird in einen weit- und kurzhalsigen Glaskolben gegeben, so dass dieser kaum zur Hälfte gefüllt ist, und der Kolben in ein Sandbad gesetzt, so dass der Sand ungefähr einen Centimeter über die Kolbenfüllung hinwegragt. Man erhitzt das Sandbad (bis auf ca. 300° C.) und rührt nach halbstündigem Erhitzen öfters mittels eines langen, erwärmten Glasstabes den erhitzten Kolbeninhalt um. Die Entkohlensäuerung erfolgt bei 250° C. Wenn eine mit einem Glasrohr aus der Mitte (!) der Masse herausgenommene kleine Menge des Zinkoxyds, zuerst mit wenig destill. Wasser gemischt und dann mit Salzsäure übergossen, eine mit Auge und Ohr zu erforschende Kohlensäureentwickelung nicht wahrnehmen lässt, ist die Entkohlensäuerung auch beendigt.

Eigenschaften. Das reine Zinkoxyd bildet ein lockeres, geruch- und geschmackloses, weisses, amorphes Pulver mit einem leichten Stich ins Gelbliche. An der Luft zieht es etwas Kohlensäure an. Es ist feuerbeständig, wird beim Erhitzen citronengelb, nimmt aber beim Erkalten seine weisse Farbe wieder an. Nach dem Glühen leuchtet es noch eine halbe Stunde im Dunkeln. In der Weissglühhitze schmilzt es zu einem gelblichen Glase. Auf der Kohle vor dem Löthrohre wird es reducirt und verdampft unter Zurücklassung eines gelben, nach dem Erkalten weissen Beschlages, welcher aber im Ueberschusse der ätzenden Alkalien löslich ist. In Wasser ist es unlöslich, leicht löslich aber in verdünnten Säuren. Aus seiner Salzlösung wird es durch Aetzkali als Hydroxyd gefällt. Beim Glühen mit Kobaltnitrat nimmt es schön grüne Färbung an. (Kobaltgrün, RINMANN's Grün.) Die Lösungen der kaustischen Alkalien lösen das Zinkoxyd unter Bildung von Zinkaten (Natriumzinkat) Na_2ZnO_2. In Wasser ist es fast unlöslich (100 000 Th. Wasser lösen 1 Th. Zinkoxyd), ertheilt aber dem damit geschüttelten Wasser deutlich alkalische Reaktion.

Prüfung. **1)** Schüttelt man 1 g Zinkoxyd mit 3 ccm Zinnchlorürlösung, so löst es sich auf. Diese Lösung darf im Laufe einer Stunde weder braune Färbung annehmen, noch braune Flocken abscheiden, sonst ist Arsen zugegen. — **2)** Schüttelt man 2 g Zinkoxyd mit 20 ccm Wasser, so darf das Filtrat durch Baryumnitrat- und durch Silbernitratlösung nur opalisirend getrübt werden. Eine stärkere Trübung würde einen zu hohen Gehalt an Sulfaten und Chloriden anzeigen, welche voraussichtlich als basisches Zinksulfat bez. basisches Zinkchlorid zugegen sind. — **3)** In 10 ccm verdünnter Essigsäure löse sich 1 g Zinkoxyd ohne (erhebliches) Aufbrausen. Das letztere wird durch freiwerdende Kohlensäure bedingt und zeigt einen Gehalt an Zinkkarbonat an. Man halte das Aufsteigen einiger Luftbläschen nicht für Kohlensäureentwickelung! Ein unlöslicher Rückstand könnte aus Calciumsulfat oder Baryumsulfat bestehen. — **4)** Wird die essigsaure Lösung sub 3 mit Ammoniakflüssigkeit im Ueberschuss versetzt, so entstehe eine klare Lösung. Weisse Flöckchen könnten von Thonerde, braune Flöckchen von Eisen, Blaufärbung von Kupfer herrühren. Diese ammoniakalische Lösung darf weder durch Ammoniumoxalat (Calciumsalze) noch durch Natriumphosphat (Magnesiumsalze) getrübt werden, und muss beim Ueberschichten mit Schwefelwasserstoffwasser eine rein weisse Zone entstehen lassen. Wäre die Zone gefärbt, so würde eine Verunreinigung durch fremde Metalle (z. B. Eisen, Kupfer, Kadmium) vorliegen.

Anwendung. Zinkoxyd wirkt äusserlich auf Wunden und Geschwürsflächen austrocknend, sekretionsbeschränkend und leicht ätzend. Innerlich gegeben, wird es im Magen aufgelöst und als Zinkalbuminat resorbirt. Man schreibt ihm beruhigende Wirkung auf das Nervensystem zu und giebt es als krampfstillendes Mittel, namentlich bei Kindern.

Aqua ophthalmica caritatis
Berolinensis.

Rp. Zinci oxydati puri 1,0
Aquae Foeniculi
Aquae Rosae āā 100,0.

Collemplastrum Zinci E. DIETERICH.

Rp. Massa ad collemplastrum 800,0
Rhizomatis Iridis subtiliss. plv. 60,0
Sandaracis 20,0
Zinci oxydati puri 35,0
Olei Resinae 27,0
Aetheris 150,0.

Man reibt das Zinkoxyd fein mit dem Harzöl und unter Zuhilfenahme von etwas Aether.

Collemplastrum Zinci salicylatum E. DIETERICH.

Rp. Massae Collemplastri 800,0
Rhizomatis Iridis subt. pulv. 40,0
Sandaracis pulv. 20,0
Zinci oxydati 30,0
Olei Resinae 60,0
Acidi salicylici pulv. 15,0
Aetheris 175,0.

Eczem-Kleisterpaste.

Rp. Zinci oxydati puri 50,0
Acidi salicylici 2,0
Amyli Oryzae
Glycerini ää 15,0
Aquae destillatae 140,0.

Man mischt und erwärmt im Dampfbade bis zur Kleisterbildung.

Emplastrum Zinci.

Rp. 1. Emplastri Lithargyri 50,0
2. Adipis suilli 30,0
3. Zinci oxydati puri 10,0

Das Zinkoxyd wird mit 10,0 Wasser angerieben und der Schmelze von 1 und 2 zugemischt.

Emplastrum Zinci oxydati PORTES.

Zinkoxydpflaster nach PORTES.

Rp. Emplastri Plumbi simpl. 720,0
Cerae flavae 400,0
Kautschuklanolin 1800,0
Zinci oxydati crudi 600,0.

Gelatina glycerinata cum Zinco (Ergänzb.).

Zinkleim.

Rp. Gelatinae albae 15,0
Aquae destillatae 35,0
Glycerini 25,0
Zinci oxydati crudi 10,0
Glycerini 15,0
Aquae q. s. ad 100,0.

Gelatini Zinci (Hamb. V.).

Rp. 1. Zinci oxydati puri 20,0
2. Glycerini 12,5
3. Aquae 10,0
4. Gelatinae 12,5
5. Aquae destillatae 45,0.

Man reibt 1 mit 2 und 3 fein und fügt die Anreibung zur Lösung von 4 in 5. Das Gesammtgewicht betrage 100,0.

Gelatina Zinci dura UNNA.

Rp. 1. Gelatinae albae 15,0
2. Aquae destillatae 45,0
3. Glycerini 25,0
4. Zinci oxydati 10,0
5. Glycerini 15,0
6. Aquae q. s. ad 100,0.

Man löst 1—3, reibt 4 mit 5 an, mischt mit der Lösung von 1—3, giebt 6 hinzu.

Gelatina Zinci mollis UNNA.

Rp. Gelatinae albae 10,0
Aquae destillatae 50,0
Glycerini 25,0
Zinci oxydati 10,0
Glycerini 15,0
Aquae q. s. ad 100,0.

Bereitung wie Gelatina Zinci dura UNNA.

Gelatina Zinci salicylata UNNA.

Rp. Gelatinae albae 15,0
Aquae destillatae 45,0
Zinci oxydati 10,0
Acidi salicylici 10,0
Glycerini 30,0
Aquae q. s. ad 100,0.

Bereitung wie Gelatina Zinci dura UNNA

Gelatina Zinci dura (Hamb. V.).

Rp. Zinci oxydati 25,0
Glycerini 10,0
Aquae 15,0
Gelatinae albae 15,0
Aquae destillatae 35,0.

Das Gesammtgewicht betrage 100,0. Nur auf ausdrückliche Verordnung abzugeben, sonst Gelatina Zinci.

Gelatina Zinci cum Pice liquida.

Rp. 1. Picis liquidae 5,0
2. Saponis medicati pulv. 2,5
3. Glycerini 5,0
4. Zinci oxydati puri
5. Glycerini ää 5,0
6. Gelatinae albae 5,0
7. Aquae destillatae 30,0.

Man erwärmt 1—3 im Dampfbade bis zur Lösung, mischt hierzu die Anreibung von 4 und 5 und fügt alles der Lösung von 6 in 7 hinzu.

Gelatina Zinci ichthyolata (Hamb. V.).

Zinkichthyolleim.

Wenn ohne Gehaltangabe verordnet, ist Zinkleim mit 2 Proc. Ichthyol abzugeben.

Gelatina Zinci salicylata (Hamb. V.).

Zinksalicylleim.

Wenn ohne Gehaltangabe verordnet, ist Zinkleim mit 2 Proc. Salicylsäure abzugeben.

Gelatina Zinci sulfurata (Hamb. V.).

Zinkschwefelleim.

Wenn ohne Gehaltangabe verordnet, ist Zinkleim mit 5 Proc. präcipitirtem Schwefel abzugeben.

Gelatole Emulsion of Zinc-Oxyde.

Rp. 1. Zinci oxydati 2,5
2. Olei Olivae 7,0
3. Gelatinae albae 1,5
4. Aquae destillatae 5,0
5. Acidi borici 1,0
6. Aquae destillatae 68,0
7. Glycerini 15,0.

Man reibt 1 mit 2 an, emulgirt es mit der Lösung von 3 in 4 und mischt es mit der warmen Lösung von 5—7.

Glyceré d'oxyde de zinc (Gall.).

Rp. Zinci oxydati puri 10,0
Unguenti Glycerini 20,0.

Lanolinum cum Zinco oxydati.

LASSAR's Zinklanolin.

Rp. Zinci oxydati puri 10,0
Lanolini cum aqua 40,0.

Linimentum Zinci oxydati (Hamb. V.).

Einreibung für Maurer. Einreibung gegen die Cementflechte.

Rp. Acidi carbolici 20,0
Zinci oxydati puri 30,0
Glycerini
Aquae destillatae ää 475,0.

Oleum Zinci (Form. Berol.).

Rp. Zinci oxydati crudi
Olei Olivae ää 25,0.

Pasta oleosa Zinci LASSAR.
LASSAR's Zinköl (Ergänzb., Hamb. V.).
Rp. Zinci oxydati crudi 60,0
Olei Olivae 40,0.

Pasta Zinci (Form. Berol.).
Rp. Zinci oxydati crudi
Amyli Tritici āā 12,5
Vaselini americani (flavi) ad 50,0.

Pasta Zinci LASSAR.
Rp. Acidi salicylici 2,0
Zinci oxydati puri
Amyli Tritici āā 25,0
Vaselini flavi 50,0.

Pasta Zinci UNNA.
Rp. Zinci oxydati puri 10,0
Terrae siliceae 2,0
Adipis benzoati 28,0.

Pasta Zinci mollis UNNA.
Rp. Calcii carbonici
Zinci oxydati puri
Olei Lini
Aquae Calcis āā.

Pasta Zinci mollis cum Lanolino.
Rp. Lanolini cum aqua 15,0
Olei Olivae 5,0
Zinci oxydati puri 10,0.

Pasta Zinci sulfurata (Hamb. V.).
Zinkschwefelpasta.
Rp. Terrae Infusoriorum 5,0
Sulfuris praecipitati 10,0
Zinci oxydati 15,0
Adipis benzoati 70,0.

Pasta Zinci sulfurata UNNA.
Rp. Zinci oxydati 6,0
Sulfuris praecipitati 4,0
Terrae siliceae 2,0
Adipis benzoati 28,0.

Pasta Zinci sulfurata saccharata.
MENAHEM HODARN.
Rp. Vaselini flavi
Lanolini cum aqua āā 20,0
Glycerini 10,0
Sacchari 20,0
Sulfuris depurati 10,0
Zinci oxydati puri 20,0.

Pommade d'oxyde de zinc (Gall.).
Rp. Zinci oxydati puri 1,0
Adipis benzoati 9,0.

Pilulae antepilepticae RÉCAMIER.
Rp. Zinci oxydati 5,0
Camphorae
Extracti Belladonnae āā 3,0.
Fiant pilulae No. 100. — Morgens und abends eine Pille (gegen Epilepsie).

Pulvis antepilepticus
Pharmacopoeae pauperum (Berolinensium).
Rp. Zinci oxydati 0,06 (ad 0,3)
Extracti Hyoscyami 0,06
Radicis Valerianae 2,0
Olei Valerianae 0,05.
Dentur tales doses decem (10). — Dreimal täglich ein Pulver.

Pulvis antihysterocnesmeticus CAZENAVE
Rp. Zinci oxydati 2,0
Camphorae 0,5
Amyli 30,0.
Fiat pulvis subtilis. — Zum Einstreuen (bei Pruritus pudendorum).

Pulveres antepileptici HARPIN.
Rp. Zinci oxydati puri 0,15 (ad 0,75)
Sacchari albi 0,2
Corticis Cinnamomi Cassiae 0,05.
Dentur tales doses viginti (20).

Pulveres emphractici KRAJEWSKY.
Rp. Zinci oxydati
Castorei Sibirici
Extracti Opii āā 0,3
Extracti Strychni spirituosi
Radicis Ipecacuanhae āā 0,025
Camphorae tritae 0,6
Amyli Marantae 1,5.
Divide in partes aequales decem (10). — 1—2stündlich ein Pulver (bei Cholera).

Pulveres emphractici ROTHAMEL.
Rp. Zinci oxydati puri 0,12
Opii puri 0,03
Acidi tartarici 0,3
Natrii bicarbonici 0,5
Elaeosacchari Macidis 0,6.
Dentur tales doses decem. — Stündlich ein Pulver (bei Cholera).

Pulvis exsiccans (Form. Berol.).
Rp. Zinci oxydati crudi
Amyli āā 25,0.

Pulvis exsiccans STEMPEL.
STEMPEL'sche Einklappe oder Einstreupulver bei Wundsein.
Rp. Boli Armenae 15,0
Boli albae
Zinci oxydati venalis (vel Lapidis Calaminaris) āā 20,0
Florum Rosae
Rhizomatis Iridis Florentinae
Lycopodii āā 10,0.
Fiat pulvis subtilissimus. — Ein in einigen Gegenden Deutschlands sehr beliebtes Einstreupulver bei Wundsein der Kinder.

Pulvis inspersorius albus.
Weisse Einklappe. Weisses Einstreupulver.
Rp. Amyli Solani tuberosi siccati 100,0
Zinci oxydati venalis 50,0.
Zum Einstreuen bei Wundsein der kleinen Kinder.

Pulvis inspersorius cum Zinco oxydato
(Hamb. V.). Zinkpuder.
Rp. Zinci oxydati puri 20,0
Amyli Oryzae
Talci Venetae āā 40,0.

Pulvis inspersorius leniens HARDY.
Rp. Amyli Tritici 30,0
Zinci oxydati venalis 10,0.
Zum Einstreuen (bei mit Neuralgie kombinirter Zona. Die afficirte Stelle wird mit Oel bestrichen und dann das Pulver inspergirt).

Pulvis salicylicus cum Zinco (Münch. Ap. V.).
Rp. Acidi salicylici 2,0
Zinci oxydati crudi 18,0
Amyli Tritici
Talci Venetae āā 40,0.

Siccativum.
I.
Bleifreies Siccativ. Siccativ zumatique.
Rp. Zinci oxydati venalis 100,0
Mangani borici 20,0.
Zu 100 Th. des mit Zinkweiss zubereiteten Oelanstriches sind 2—3 Th. des Siccativs zu mischen.

II.
Manganextrakt.
Rp. Zinci oxydati venalis
Mangani borici āā.
Anwendung wie sub I.

III.
Farbiges Manganextrakt.
Rp. Zinci oxydati venalis 100,0
Mangani borici
Mangani oxydati hydrati āā 10,0.

Unguentum contra pruriginem ALIBERT
Rp. Zinci oxydati 1,0
Sulfuris sublimati
Tincturae Opii crocatae āā 0,5
Olei Amygdalarum 8,0
Adipis suilli 25,0.

Unguentum leniens cum Zinco oxydato.
LASSAR's Zinkcoldcream.
Rp. Zinci oxydati puri 10,0
Ungenti lenientis 20,0.

Unguentum saturninum cum Zinco.
Clinici Berolinensis.
Rp. Unguenti plumbici 18,0
Zinci oxydati 2,0.

Unguentum Zinci benzoatum (Hamb. V.).
Zinkbenzoësalbe. WILSON'sche Salbe (Hamb. V.).
Rp. Zinci oxydati puri 16,0
Adipis benzoati 100,0.

Unguentum Wilsonii.
Ergänzb. Form. Berol.
Rp. Zinci oxydati crudi 1,0 5,0
Adipis benzoati 4,0 50,0.

Unguentum Zinci benzoatum cum Vaselino (Hamb. V.).
Zinkbenzoësalbe mit Vaselin.
Rp. Vaselini flavi 1,0
Unguenti Zinci benzoati (Hamb. V.) 9,0.

Unguentum Zinci. Weisse Augensalbe. Unguentum de Nihilo. Pommade d'oxyde de zinc. Ointment of zinc. Die Vorschriften der Pharmakopöen weichen stark von einander ab. Wichtig ist, dass man ein lockeres Zinkoxyd zur Bereitung verwendet. Die körnigen Sorten sind zwar sehr weiss, geben aber ohne Salbenmühle kaum eine Zinksalbe von dem gehörigen Feinheitsgrade.

Austr. Unguentum Zinci oxydati. Unguentum Zinci Wilsoni. Adipis benzoati 100,0, Cerae albae, Zinci oxydati āā 20,0, Olei Amygdalarum 10,0.
Brit. Unguentum Zinci. Zinci oxydati 75,0, Adipis benzoati 425,0.
Germ. Unguentum Zinci. Zinci oxydati 1,0, Adipis 9,0.
Helv. Unguentum Zinci. Zinci oxydati crudi 1,0, Vaselini albi 9,0.
U-St. Unguentum Zinci Oxydi. Zinci oxydati 2,0, Adipis benzoati 8,0.

Adhaesivum von HAUSMANN. Dickflüssige, fleischrothgefärbte, antiseptisch wirkende Flüssigkeit, an der Luft rasch erstarrend. In Zinntuben in den Handel kommend als Wundverschluss. Besteht aus Collodium elasticum, Zinkoxyd und Carmin.

Aqua cosmetica alba ist identisch mit Eau de Lys de Lohse. Die Vorschrift, welche ein dem Original völlig gleichendes Präparat ergiebt, s. S. 332.

BROOKE'sche Pasta. Hydrargyri oleïnici (mit 5 Proc. HgO.) 28,0, Vasalini flavi 14,0, Amyli, Zinci oxydati āā 7,0, Ammonii sulfoichthyolici 1,0, Acidi salicylici 1,2.

Chielin. Ein weicher Crême. Zinci oxydati, Talci Veneti, Tincturae Benzoës, Glycerini āā 5,0, Adipis Lanae 4,0, Saponis pulverati 30,0, Aquae Rosae 46,0. Gegen Hautleiden. — Auch als Chielin-Seife im Handel.

Crême GROLICH. War in den Jahren 1894/95 eine Mischung aus 0,37 Schwefel, 3,75 Zinkoxyd und 95,8 Cold Creame. (Anal. B. FISCHER.)

Crême SIMON. Ist eine Schminkpomade aus Zinkoxyd und Talksteinpulver, mit Heliotropin, Vanillin, Cumarin u. dergl. parfümirt.

LOBECK's Wundsalbe. Rp. Bismuti subgallici 10,0 Zinci oxydati, Amyli āā 20,0, Vaselini flavi 45,0, Olei Lini cocti 5,0.

Lithopone. Weisse Anstrichfarbe, Gemisch von Zinkoxyd, Zinksulfid und Baryumsulfat. Wird hergestellt durch Umsetzen von Zinksulfat mit Baryumsulfid. Wichtiger Handelsartikel.

Nail-Powder zum Bereiben der Fingernägel. Ist ein parfümirtes Gemisch aus 20,0 Zinkoxyd und 0,2 Carmin.

Präservativ-Cream gegen Wundlaufen. Saponis Kalini 50,0, Aquae destillatae 29,0, Vaselini flavi 15, Zinci oxydati 6,0. Mit Lavendelöl zu parfümiren.

RÉCAMIER's Cream und RÉCAMIER's Toilet powder bestehen aus Zinkoxyd und Glycerin, mit Rosenöl parfümirt, bez. einer Mischung von Zinkoxyd und Reisstärke mit Rosenöl parfümirt.

Sarah-Bernhard-Puder, La Diaphane. Mischung aus Talcum Venetum und Amylum Oryzae je 50,0, Zincum oxydatum 25,0. Wird weiss und gefärbt geliefert. Rosafärbung durch Carmin. Gelbfärbung durch helles und dunkles Cadmiumgelb zu gleichen Theilen. Schwarzfärbung durch feinstes Rebschwarz. Die verschieden gefärbten Puder sind auch verschieden parfümirt.

Universal-Bartflecht-Creame von OGROWSKY. Zinci oxydati 12,5, Sulfuris praecipitati 20,0, Adipis 67,5, Camphorae 0,5. (Analyt. B. FISCHER). Dose von ca. 60 g = 2,50 Mk.

Zinkleim von BRODNITZ. Zinci oxydati 25,0, Ammonii ichthyolici 2,5, Glycerini 10,0, Gelatinae albae 15,0, Aquae destillatae 50,0. Zur Behandlung von Brandwunden und von Unterschenkelgeschwüren.

Zinkseife nach MICKO. Venetianische Seife wird zu einem dicken Seifenleim gelöst und dieser mit einer Lösung von Zinksulfat (nicht Zinkchlorid) gefällt. Die abgehobene Seife wird mit heissem Wasser ausgewaschen.

SCHLEICH's Zinkserum, Glutolserum und Serumpaste.

1) Zincum serosum sterilisatum (SCHLEICH). Sterilisirtes Ochsenblutserum wird mit der halben Gewichtsmenge feingepulvertem Zinkoxyd gemischt, die Masse zum Trocknen auf Glasplatten gestrichen, die trockene Masse alsdann mit Hobeln abgeschabt und in Schalen gesammelt, hierauf fein gepulvert und behufs Sterilisirung in einem Thermostaten bei 75° C. während 12 Stunden erhitzt.

2) Pasta serosa SCHLEICH. Man verreibt 100,0 g des Zincum serosum sterilisatum (SCHLEICH) mit 50,0 g einer 10procentigen sterilen Gelatinelösung, fügt je 20,0 g SCHLEICH'scher Wachspasta, Peptonpasta und eine aus 0,2 g Kampher hergestellte Kampheremulsion, sowie 5 Tropfen Lysol hinzu.

3) Pulvis serosus sterilisatus cum Glutolo (SCHLEICH). Erhält man durch Mischen von Glutol mit sterilisirtem (SCHLEICH'schen) Zinkserum.

Zincum permanganicum.

Zincum permanganicum. Zincum hypermanganicum. Zinkpermanganat. Uebermangansaures Zink. Permanganate de zinc. Zinci Permanganas. $Zn(MnO_4)_2 + 6H_2O$. Mol. Gew. = 411.

Darstellung. Man fügt zu einer koncentrirten Lösung von Zinksulfat so lange eine ebensolche von Baryumpermanganat, als noch eine Fällung von Baryumsulfat entsteht, trennt die Flüssigkeit von dem Niederschlage und dampft sie vorsichtig bei niederer Temperatur bis zur Krystallisation ein. Die abgeschiedenen Krystalle werden bei etwa 40° C. getrocknet.

Eigenschaften. Das Zinkpermanganat bildet fast schwarze, dem Kaliumpermanganat ähnliche Krystalle, welche an der Luft zerfliesslich sind und sich leicht in Wasser lösen. Die Lösung zersetzt sich beim Stehen an der Luft allmählich, in verschlossenen Gefässen, vor Licht geschützt, ist sie haltbarer. Das Zinkpermanganat zersetzt sich noch leichter wie Kaliumpermanganat unter Sauerstoffabgabe, und es muss daher jede Berührung mit leicht oxydirbaren Substanzen vermieden werden, da dadurch heftige Explosionen entstehen können. Beim Erhitzen des Salzes entweichen Krystallwasser und Sauerstoff, und es hinterbleibt schliesslich ein Gemenge von Zinkoxyd und Manganoxyduloxyd. Das lufttrockne Handelspräparat enthält 25—26% Wasser, welche Menge etwa 6 Molekülen entspricht.

Prüfung. 1) Das Zinkpermanganat muss trocken sein und sich in Wasser anfangs klar und ohne bemerkenswerthen Rückstand lösen. — 2) Löst man 1 g des Salzes in 50 ccm Wasser und fügt 5 ccm Weingeist hinzu, so erhält man nach dem Aufkochen ein farbloses Filtrat. Ein kleiner Theil des letzteren, mit Salpetersäure angesäuert, wird mit Silbernitrat auf Chlor und mit Baryumnitrat auf Schwefelsäure geprüft; es darf von beiden höchstens Spuren enthalten. — 3) Der grössere Theil des Filtrates wird durch Schwefelwasserstoff vom Zink befreit, verdampft und geglüht. Es darf nur ein minimaler Rückstand verbleiben. (Verunreinigung mit Baryum- oder Kaliumpermanganat.)

Aufbewahrung. Vor Licht geschützt, am besten in gelben, mit Glasstopfen gut verschlossenen Gefässen. Da es leicht Feuchtigkeit anzieht, so wählt man die Gefässe nicht zu gross, sondern vertheilt den Vorrath zweckmässig in mehrere kleine Gläser. Berührung mit organischen oder überhaupt mit leicht oxydirbaren Stoffen ist zu vermeiden.

Anwendung. Das Zincum permanganicum ist von BERKELEY HILL bei allen, besonders aber bei akuten, Formen von Urethritis mit gutem Erfolg angewendet worden. Als bemerkenswerth wird das Fehlen jeder Reizung der Schleimhäute hervorgehoben. Die zu den Einspritzungen dienende Lösung ist sehr verdünnt und enthält gewöhnlich 1 Th. des Salzes in 4000 Th. Wasser gelöst. Man vermeide jeden Zusatz einer organischen Substanz und verordne einfache wässerige Lösungen.

Zincum permanganicum solutum. Ist eine 25procentige Lösung des vorstehenden Salzes.

Zincum phosphoricum.

† Zincum phosphoricum. Zinkphosphat. Phosphorsaures Zink. Phosphate de zinc. Zinci Phosphas $(PO_4)_2 . Zn_3 + 4 H_2O$. Mol. Gew. 457. Nicht zu verwechseln mit Zincum phosphoratum s. S. 599.

Darstellung. Man löst 100 Th. krystall. Zinksulfat in 2000 Th. destillirtem Wasser und versetzt die filtrirte und zum Sieden erhitzte Lösung unter Umrühren mit einer gleichfalls filtrirten Lösung von 130 Th. Dinatriumphosphat (Natrium phosphoricum Germ. IV) in 500 Th. Wasser. Nach dem Absetzen des Niederschlages sammelt man diesen auf einem Filter, wäscht ihn mit kaltem destillirten Wasser so lange, bis das Ablaufende durch Baryumchlorid nicht mehr getrübt wird, und trocknet ihn an einem warmen Orte.

Prüfung. Zinkphosphat muss sich in Ammoniakflüssigkeit völlig und klar lösen, und diese Lösung muss auf Zusatz einiger Tropfen Magnesiumsalzlösung einen weissen Niederschlag geben. Die Lösung des Salzes in verdünnter Salpetersäure darf weder durch Silbernitrat noch durch Baryumchlorid getrübt werden.

Aufbewahrung. Vorsichtig. ***Anwendung.*** Zinkphosphat wurde von BARNES als ein Specificum gegen Epilepsie und andere Nervenkrankheiten empfohlen. Man giebt es zu 0,1—0,2—0,3 drei- bis viermal täglich je nach der Form der Arznei. In Lösung giebt man die kleinere, in trockner Pulvermischung oder in Pillen ohne Säurezusatz die grössere Dosis. Als grösste Einzelgabe in saurer Lösung wäre 0,2, als grösste Tagesgabe 1,0 anzunehmen.

Guttae antepilepticae BARNES.

Rp.	Zinci phosphorici	1,0
	Acidi phosphorici	7,5
	Tincturae Chinae	10,0.

Täglich dreimal 25 Tropfen in Wasser zu nehmen (gegen Epilepsie und andere Nervenkrankheiten).

Pilulae Zinci phosphorici compositae.

Rp.	Zinci phosphorici	10,0
	Extracti Valerianae	8,0
	Extracti Strychni spirituosi	1,0
	Radicis Valerianae	q. s.

Fiant pilulae No 200.

Täglich zweimal je 2 Pillen (nach 8tägigem Gebrauch täglich dreimal je 2 Pillen, nach 16 Tagen täglich viermal je 2 Pillen, gegen Epilepsie).

Marfil, ferner **Dentinagene**-ROSTAING sind Pasten, im wesentlichen aus Zinkphosphat mit freiem Zinkoxyd bestehend.

Zincum salicylicum.

† Zincum salicylicum. (Ergänzb.). **Zinksalicylat. Salicylate de zinc. Zinci Salicylas. $(C_6H_4(OH)CO_2)_2 . Zn + H_2O$. Mol. Gew. = 357.**

Darstellung. 34 Th. Natriumsalicylat und 29 Th. krystall. Zinksulfat werden mit 125 Th. Wasser bis zum Sieden erhitzt und kurze Zeit im Sieden erhalten. Der nach dem Abkühlen entstehende Krystallbrei wird auf einem Filter gesammelt, mit wenig Wasser ausgewaschen und aus siedendem Wasser umkrystallisirt.

Eigenschaften. Farblose, glänzende, feine Nadeln, von süss metallischem Geschmacke in 25 Th. kaltem, leichter in siedendem Wasser, auch in 4 Th. Weingeist oder in 36 Th. Aether löslich. Die wässerige Lösung färbt sich auf Zusatz von Ferrichloridlösung violett; Ammoniak scheidet einen weissen, im Ueberschusse der Ammoniakflüssigkeit löslichen Niederschlag aus. In der ammoniakalischen Lösung erzeugt Schwefelwasserstoffwasser einen weissen Niederschlag von Zinksulfid.

Prüfung. 1) Die Lösung in 5 Th. Weingeist bleibe bei Zusatz einer gleichen Raummenge Aether klar (fremde Zinksalze). — 2) Die wässerige Lösung (1 = 20) werde durch Baryumnitratlösung nicht verändert (Schwefelsäure), und 2 Raumtheile der wässerigen Lösung, mit 3 Raumtheilen Weingeist versetzt und mit Salpetersäure angesäuert, sollen auf Zusatz von Silbernitratlösung nicht mehr als opalisirend getrübt werden (Prüfung auf Chlor).

Aufbewahrung. Vorsichtig. ***Anwendung.*** Vorzugsweise in der dermatologischen Praxis zu Streupulvern, Zinkleim u. dergl.

Gelatina Zinci salicylici van Itallie. Gelatinae albae 8,0, Aquae destillatae 30,0, Glycerini 25,0, Zinci salicylici 5,0. Man dampfe bis auf 50,0 ein.

Zincum sulfuricum.

Zincum sulfuricum. Zinksulfat. Schwefelsaures Zink. Zinkvitriol. Vitriolum zincicum. Vitriolum album. Weisser Vitriol. Sulfate de zinc. Zinci Sulfas. Weisser Galitzenstein. $ZnSO_4 + 7H_2O$. **Mol. Gew. + 287.**

I. † Zincum sulfuricum purum.

Zincum sulfuricum (Austr. Germ. Helv.). **Sulfate de zinc officinal** (Gall.). **Zinci Sulfas** (Brit. U-St.).

Darstellung. Man verdünnt in einer Porcellanschale 5 Th. Engl. Schwefelsäure mit der 5—6fachen Menge Wasser, setzt hierzu $3^1/_2$—4 Th. Zink (am besten Zinkschnitzel) und lässt das Ganze, wegen der Möglichkeit des Entweichens von Arsenwasserstoff (!), zunächst unter freiem Himmel und, wenn die erste heftige Einwirkung nachgelassen hat, in der Wärme so lange stehen, bis eine Gasentwickelung nicht mehr wahrgenommen wird. Eine kleine Menge Zink muss ungelöst bleiben, damit die unten angeführten Metalle (Pb, Cu, Cd, As) im Niederschlage verbleiben. Die Flüssigkeit wird jetzt filtrirt, das im Ueberschuss vorhandene Zink mit destillirtem Wasser abgewaschen und das Filter ausgesüsst. Die Flüssigkeit enthält ausser Zinksulfat in der Regel noch etwas Ferrosulfat gelöst, giebt daher mit rothem Blutlaugensalze eine grünliche bis bläuliche Färbung. Die übrigen verunreinigenden Metalle (Blei, Kupfer, Kadmium, Arsen) sind in Gestalt eines schwarzen, schlammigen Rückstandes ungelöst geblieben, Arsen ist zum Theil auch als Arsenwasserstoff entwichen.

Man führt zunächst das Eisenoxydulsalz im Eisenoxydsalz über, indem man das Filtrat so lange mit einer Anreibung von Bleisuperoxyd (oder Mennige) und Wasser versetzt, bis eine abfiltrirte Probe mit Ferricyankalium keine blaue Färbung mehr giebt. Man filtrirt alsdann ab, fällt das Eisen durch Erhitzen mit reinem Zinkoxyd, filtrirt, säuert das Filtrat schwach mit Schwefelsäure an und bringt es durch Eindampfen zum Krystallisiren.

Eigenschaften. Reines krystallisirtes Zinksulfat bildet farblose, gerade, rhombische Prismen oder aus der gestörten Krystallisation kleine Nadeln von scharfem, ekelhaftem, metallisch-salzigem Geschmacke, welche an der Luft oberflächlich verwittern und in der Wärme in ihrem Krystallwasser schmelzen. Die Krystalle lösen sich in 0,6 Th. kaltem Wasser, und in weniger denn 0,4 Th. heissem Wasser, indem sie zugleich in ihrem Krystallwasser schmelzen. Sie enthalten 7 Mol. Krystallwasser. Beim Trocknen des Salzes bei 100° C. entweichen nur 6 Mol. des Krystallwassers, während das 7. Mol. (das sog. Konstitutionswasser) erst oberhalb 200° C. frei wird unter theilweiser Zersetzung des Zinksulfats. In der Glühhitze wird das Zinksulfat fast vollständig zersetzt, indem

Schwefelsäureanhydrid, Schwefligsäureanhydrid und Sauerstoff entweichen, während fast reines Zinkoxyd zurückbleibt.

Werden die Lösungen des Salzes in der Wärme zur Krystallisation gebracht, so schiesst dasselbe in schiefen, rhombischen Prismen mit weniger (2, bez. 5 und 6 Mol.) Krystallwasser an. Mit den schwefelsauren Salzen der Alkalimetalle geht das Zinksulfat verschiedene krystallisationsfähige Verbindungen ein. Diese bilden sich, wenn die neutrale Zinksulfatlösung mit einer unzureichenden Menge Alkali gefällt wird. Die Krystalle des Zinksulfats und Magnesiumsulfats mit gleichem Krystallwassergehalte sind isomorph, unterscheiden sich aber durch ihr Verhalten gegen Lackmuspapier, insofern sich Magnesiumsulfat gegen dasselbe indifferent verhält, während Zinksulfat sauer reagirt.

Prüfung. 1) Eine Lösung von 0,5 g Zinksulfat in 10 ccm Wasser sei nach dem Vermischen mit 5 ccm Ammoniakflüssigkeit klar (Trübung = Thonerde oder Eisen) und gebe alsdann mit Schwefelwasserstoffwasser eine weisse Fällung. Dunkle Färbung dieses Niederschlages würde fremde Metalle, z. B. Blei, Kupfer, Eisen, anzeigen. — 2) Beim Erwärmen mit Natronlauge soll Zinksulfat Ammoniak nicht entwickeln. — 3) Vermischt man 2 ccm einer 10proc. Zinksulfatlösung mit 2 ccm konc. Schwefelsäure und schichtet auf die Mischung 1 ccm Ferrosulfatlösung, so soll auch nach längerem Stehen eine gefärbte Zone nicht entstehen. (Salpetersäure.) — 4) Die wässerige Lösung werde durch Silbernitrat nicht verändert (Trübung = Chlor). — 5) Schüttelt man 2 g Zinksulfat mit 10 ccm Weingeist und filtrirt nach 10 Minuten, so soll das Filtrat nach dem Verdünnen mit 10 ccm Wasser nicht sauer reagiren (freie Schwefelsäure).

Aufbewahrung. Zinksulfat ist vorsichtig in geschlossenen Glas- oder Porcellangefässen aufzubewahren und auch stets vorsichtig zu handhaben, umsomehr, als es dem Bittersalze sehr ähnlich ist.

Anwendung. Zinksulfat hat desinficirende Eigenschaften. Aeusserlich wirkt es in Substanz und konc. Lösung (weil es Eiweiss coagulirt) ätzend, in verdünnter Lösung adstringirend und sekretionsbeschränkend. Man benutzt es zu Waschungen und Einspritzungen (0,5 : 100), ferner zu Augenwässern (0,1 : 100) in ausgedehntem Maasse. Innerlich bewirken Gaben von etwa 0,3 g ab Erbrechen. Die Anwendung als Brechmittel, überhaupt die innere Anwendung ist eine verhältnissmässig seltene. Höchstgaben: *pro dosi:* 0,1 g (Helv.), 0,8 g (Austr.), 1,0 g (Germ.), *pro die*: Austr. und Germ. vakant; 1,0 g (Helv.).

Im Handverkaufe wird das Zinksulfat zur Bereitung von Augenwasser verlangt. Man gebe es mit Vorsicht ab. Insbesondere signire man die Umhüllung mit „Aeusserlich", ausserdem gebe man für 5 Pfg. nicht mehr als 2,0 g, für 10 Pfg. nicht mehr als 4,0 g Zinksulfat, damit die nicht verbrauchten Reste nicht unnöthig lange bei den Patienten herumliegen.

II. † Zincum sulfuricum crudum. Vitriolum album. Zinkvitriol. (roher). Weisser Vitriolstein. Augenstein. Weisser Galitzenstein. Weisser Kupferrauch. Weiss-Kupferroth. Weisses Kupferwasser. Sulfate de zinc du commerce (Gall.). Formel und Mol. Gewicht wie beim reinen Salze. Nur in der Gall. enthalten.

Wird fabrikmässig hergestellt, indem man Zinkblende röstet, das Röstprodukt mit Wasser auszieht und die Lösung durch Eindampfen zur Krystallisation bringt.

Weisse, meist zu Krusten oder Klumpen vereinigte Krystallmassen, die gewöhnlich schon etwas verwittert sind. Sie enthalten als Verunreinigungen namentlich: Blei, Kupfer, Arsen, Cadmium, Eisen, Magnesium.

Es liegt kein Bedürfniss vor, dieses Salz in den Apotheken vorräthig zu halten. Wenn es zur Herstellung von Augenwässern und ähnlichen Arzneien gefordert wird, so giebt man an seiner Stelle das reine Salz ab. Es würde also nur abzugeben sein, wenn es zu technischen Zwecken gefordert werden sollte. ***Aufbewahrung.*** Vorsichtig.

Technisch wird das rohe Zinksulfat verwendet zur Darstellung des Leinölfirnisses, von Siccatif, luftbeständigen Leimanstrichen, an Stelle des Weinsteins in der Färberei.

Aqua Batanea.

Rp. Zinci sulfurici cryst.
Aluminis ää 1,5
Aquae destillatae 97,0.

Aqua contra perniones (Hamb. V.).

Frostwasser.

Rp. Zinci sulfurici cryst. 2,0
Spiritus (90 Proc.)
Aquae Rosae ää 49,0.

Aqua ophthalmica.

I.

Rp. Zinci sulfurici cryst. 2,0
Aquae destillatae 500,0
Spiritus 25,0
Olei Foeniculi gtts. X.

Nach eintägigem Stehen filtriren.

II.

Rp. Zinci sulfurici cryst. 2,5
Aquae Rosae 500,0
Tincturae Foeniculi compositae 30,0
Tincturae Opii simplicis 10,0.

Aqua ophthalmica alba.

Weisses Augenwasser.

Rp. Zinci sulfurici cryst.
Zinci oxydati ää 2,5
Aquae Rosae 500,0
Spiritus 20,0
Tincturae Opii simplicis 10,0

Aqua ophthalmica Behni.

Behn'sches Augenwasser (Hamb. V.).

Acidi salicylici 1,0
Zinci sulfurici crystall. 2,0
Aquae Opii 77,0
Aquae destillatae 920,0.

Im Handverkauf sollen nicht mehr als 50,0 g auf einmal abgegeben werden.

Aqua ophthalmica Bugalskj.

Rp. Zinci sulfurici 0,5
Aquae destillatae 190,0
Aquae Amygdalarum amararum 5,0
Spiritus camphorati 7,5.

Nach eintägigem Maceriren, filtriren

Aqua ophthalmica Neumeister.

Neumeisters's Augenwasser (Hamb. V.).

Rp. Zinci sulfurici cryst. 2,0
Aquae Foeniculi
Aquae Rosae ää 250,0
Aquae destillatae 498,0.

Im Handverkauf sollen nicht mehr als 50,0 g auf einmal abgegeben werden.

Aqua ophthalmica Parisiorum.

Pariser Augenwasser.

Rp. Zinci sulfurici cryst. 0,5
Aquae destillatae 100,0
Sirupi Sacchari
Tincturae Opii simplicis ää 1,0.

Aqua ophthalmica Pragensis.

Prager Augenwasser.

Rp. Zinci sulfurici cryst. 1,0
Aquae Rosae
Aquae Sambuci ää 50,0
Mucilaginis Gummi arabici 1,0.

Aqua ophthalmica Yvel.

Rp. Pulveris ophthalmici Yvel 1,0
Aquae destillatae 100,0.

Aqua Sancti Johannis.

Eau de St. Jean.

Rp. Zinci sulfurici crystall. 3,0
Cupri sulfurici cryst. 1,0
Spiritus camphorati 5,0
Croci 0,25
Aquae destillatae 700,0.

Nach 48stündiger Maceration zu filtriren. In Frankreich viel gebrauchtes Verbandwasser.

Aqua Weimarensis (Hamb. V.).

Weimarsches Wasser.

Rp. Spiritus camphorati 1,0
Zinci sulfurici cryst. 2,0
Sulfuris depurati pulv. subt. 4,0
Aquae destillatae 193,0.

Collyrium adstringens luteum (Austr.).

Aqua ophthalmica Horstii. Gelbes zusammenziehendes Augenwasser.

Rp. Ammonii chlorati 0,5
Zinci sulfurici cryst. 1,25
Aquae destillatae 200,0
Camphorae 0,4
Spiritus diluti 20,0
Croci 0,1.

Nach 24stündigem Digeriren zu filtriren.

Collyrium adstringens luteum (Ergänzb. Hamb. V.).

Rp. Ammonii chlorati 5,0
Zinci sulfurici cryst. 10,0
Aquae destillatae 800,0
Camphorae 3,0
Spiritus diluti 160,0
Tincturae Croci 8,0.

Vor Licht geschützt aufzubewahren.

Collyrium adstringens Viol.

Viol's Augenwasser.

Rp. Camphorae 1,0
Spiritus 50,0
Ammonii chlorati 1,5
Zinci sulfurici cryst. 3,0
Croci 0,2
Aquae destillatae 250,0.

Nach eintägigem Digeriren zu filtriren.

Collyrium antiblennorrhoicum von Graefe.

Rp. Zinci sulfurici cryst. 0,2
Aquae Rosae 12,0
Mucilaginis Gummi arabici 4,0
Tincturae Opii crocatur 2,0.

Injectio antigonorrhoica styptica.

Rp. Zinci sulfurici cryst. 0,2
Aluminis 1,0
Aquae destillatae 100,0
Acidi tannici 1,0
Aquae destillatae 100,0.

Injectio composita (Form. Berol. Münch. Ap.-V.)

Rp. Zinci sulfurici
Plumbi acetici ää 1,0
Aquae destillatae ad 200,0.

Injectio composita BROU (Münch. Ap.-V.).
BROU's Injektion.

Rp. Zinci sulfurici cryst. 0,5
Plumbi acetici 1,0
Aquae destillatae 100,0
Tincturae Opii crocatae
Tincturae Catechu ää 2,0.

Injectio leniens CHABLE.

Rp. Zinci sulfurici cryst. 0,2
Aquae destillatae 200,0
Extracti Belladonnae 0,1
Extracti Opii 0,15.

Nach eintägigem Absetzen zu filtriren.

Injectio simplex (Form. Berol.).

Rp. Zinci sulfurici cryst. 0,5
Aquae destillatae ad 200,0.

Injectio Zinci sulfurici (Hamb. V.).
Zinkeinspritzung.

Rp. Zinci sulfurici crystall. 1,0
Aquae destillatae 177,0
Mucilaginis Gummi arabici 20,0
Tincturae Opii simplicis 2,0.

Injectio Zinci sulfurici composita.
Hamb. V.

Rp. Acidi carbolici 1,0
Zinci sulfurici cryst. 10,0
Plumbi acetici 10,0
Tincturae Opii crocatae 20,0
Mucilaginis Gummi arabici 200,0
Aquae destillatae 1759,0.

Liquor injectorius SCHMELZ.
Injectio fistularia SCHMELZ.

Rp. Zinci sulfurici cryst.
Cupri sulfurici
Cupri acetici ää 2,0
Aquae destillatae 35,0
Mellis rosati 10,0.

Lapis medicamentosus KROLL.
Lapis Salutis Krollii.

Rp. 1. Zinci sulfurici cryst.
2. Ammonii chlorati ää 40,0
3. Boli Armenae
4. Cerussae ää 10,0
5. Acidi acetici diluti 20,0.

Man mischt 1—4, befeuchtet mit 5, trocknet bei gelinder Wärme und pulvert.

Liquor Zinci et Aluminii compositus (Nat. form.).
Compound solution of Zinc and Aluminium.

Rp. Zinci sulfurici cryst.
Aluminii sulfurici ää 1000,0 g
Naphtholi (β) 3,0 „
Olei Thymi 10,0 ccm
Aquae q. s. ad 5000,0 „

Liquor Zinci et Ferri compositus (Nat. form.)
Compound solution of Zinc and Iron.
Deodorant solution.

Rp. Zinci sulfurici
Ferri sulfurici ää 1000,0
Cupri sulfurici 325,0
Naphtholi (β) 3,0 g
Olei Thymi 10,0 ccm
Acidi hypophosphorosi diluti (10 Proc.) 20,0 „
Aquae q. s. ad 5000,0 „

Pulvis ophthalmicus YVEL.
Collyrium Yvelii.

Rp. Zinci sulfurici cryst. 6,0
Cupri sulfurici 2,0
Camphorae 1,2
Croci 0,5.

Fiat pulvis subtilior.

Unguentum antipsoricum JASSER.
JASSER'sche Krätzsalbe.

Rp. Fructus Lauri pulverati
Zinci sulfurici cryst. pulverati
Sulfuris sublimati ää 15,0
Adipis suilli
Olei Lauri unguinosi ää 25,0.

Vet. **Aqua antipsorica.**
Räudewasser.

Rp. Zinci sulfurici 1,0
Cupri sulfurici 2,0
Aquae communis 100,0
Aceti crudi 20,0.

Die räudigen Hautstellen 2—3 mal damit zu befeuchten.

Vet. **Aqua ophthalmica equorum.**
Augenwasser für Pferde.

Rp. Zinci sulfurici 1,0
Aquae fontanae 300,0
Tincturae Opii simplicis 5,0.

Mittels eines weichen Pinsels öfters am Tage zwischen die Augenlider zu streichen (bei Augenentzündungen).

Vet. **Unguentum ophthalmicum simplex.**

Rp. Zinci sulfurici 1,0
Opii puri 0,3
Adipis suilli 15,0.

Zweimal täglich wie eine Erbse gross zwischen die Augenlider zu streichen (bei schleimabsondernden oder katarrhalischen Augenentzündungen der Pferde).

Antibacterion von ARWED VON PISTOR, Reichsritter in Wien. Hat die nämliche Zusammensetzung wie SCHWARZLOSE's Antiseptin.

Antiseptin von SCHWARZLOSE, Schutz- und Heilmittel gegen Thierkrankheiten. 40,0 Zinkvitriol, 4,0 Alaun, 100,0 Wasser.

Augenwasser, Dr. GRAEFE's, von L. ROTH (Berlin), besteht aus 1,5 Zinkvitriol und 100,0 Fenchelwasser, schwach gefärbt mit Fenchelsamentinktur. (3 Mark.) (SCHAEDLER, Analyt.)

Augenwasser von LESCHZINER. Ist eine 0,2 procentige Zinksulfatlösung. (Anal. B. FISCHER.)

Augenwasser von Dr. WHITE von TR. EHRHARDT in Oelze (Thüringen) dargestellt. Zinksulfat, krystall. 1,73, Honig 2,0, Alkohol 2,56, freie Essigsäure, als aromatischer Essig vorhanden, 0,204, Wasser 100,0. (Anal. Dr. H. WELLER.)

Augenwasser, STROINSKI's. 1 Th. Zinkvitriol in 500 Th. Wasser gelöst. Mit oder ohne Patchouliparfüm. (50 g 1 Mark.) (HAGER, Analyt.)

Girondin von Jos. MEYER in New-York, ein Desinfektionsmittel. Eine hellbraune Flüssigkeit von 1,25 spec. Gew. mit 29,7 Proc. festen Bestandtheilen, worunter 25 Proc. Zinkvitriol und 1,4 Proc. Kupfervitriol. (ENDEMANN, Analyt.)

Injection von Dr. R. RICHARD. Zinci sulfurici 0,25, Aq. destillat. 240,0, Tinct. Opii croc. 0,5. (2,5 Mark.) (HAGER, Analyt.)

Injection refraichissante von CHABLE. Krystall. Zinksulfat, Bleiacetat je 1,0, destillirtes Wasser 200,0.

Muceline ist eine in der Wollenmanufaktur gebrauchte Mischung aus 10,0 g Zinksulfat, 9 kg Oelsäure, 9 kg Kaliseife, 5 kg Glycerin und 25 Liter Wasser. Hier ist das Zinksulfat nur Konservationsmittel.

Konservirungsmittel für Leichname. Poudre pour la conservation des cadavres (Gall.). Rp. Acidi carbolici, Spiritus, Olei Thymi āā 200,0, Zinci sulfurici crudi 2000,0, Serraginis Ligni (Sägespähne) 10000,0.

Korestol. Solutio Korestoli. Ist eine wässerige Lösung von formamidsulfosaurem Zink, jodphenolsulfosaurem Zink, Jodverbindungen ungesättigter Kohlenwasserstoffe sowie ungesättigter gasförmiger Kohlenwasserstoffe (?). Wird als Antigonorrhoicum angewendet.

Zincum sulfurosum.

† Zincum sulfurosum. Zinksulfit. Schwefligsaures Zink. Sulfite de zinc. Zinci Sulfis $ZnSO_3 + 2H_2O$. Mol. Gew. = 181.

Darstellung. Man löst einerseits 287 g kryst. Zinksulfat, anderseits 252 Th. Natriumsulfit ($Na_2SO_3 + 7H_2O$) in Wasser zu je 1 Liter und mischt beide Lösungen in der Kälte. Nach Verlauf von 20—30 Minuten fällt ein Niederschlag von Zinksulfit aus. Man sammelt denselben, saugt die Mutterlauge ab, wäscht mit kleinen Mengen kaltem Wasser nach, bis im Filtrat Schwefelsäure nicht mehr nachweisbar ist, und trocknet bei niedriger Temperatur. — Bei der Darstellung ist jede Erwärmung zu vermeiden, da sonst basische Zinksulfite von wechselnder Zusammensetzung gebildet werden.

Eigenschaften. Weisses, krystallinisches Pulver, welches erst in etwa 600 Th. Wasser löslich ist. Beim Kochen mit Wasser wird schweflige Säure verflüchtigt unter Bildung des basischen Salzes $2[ZnSO_3] . 3Zn(OH)_2$. Zerlegt wird es ferner durch Mineralsäuren unter Entweichen von Schwefeldioxyd und Bildung der Salze der verwendeten Säuren. Durch Alkalien wird es zerlegt unter Bildung von Alkalisulfiten.

Prüfung. **1)** Die mit Hilfe von Salzsäure oder Salpetersäure bereitete Lösung (1 : 20) werde durch Baryumchlorid nur mässig getrübt (Zinksulfat). Von Sulfat völlig freie Präparate lassen sich nur schwierig darstellen, da das neutrale Zinksulfit durch fortgesetztes Auswaschen in basische Salze übergeht (vergl. Seubert, Arch. Pharm. 1891, 317 f.). — **2)** Zur Bestimmung des Gehaltes an Schwefeldioxyd vertheilt man 0,5 g des Zinksulfites in 200—250 ccm Wasser, setzt zunächst etwas Jodlösung, sodann einige ccm verdünnter Salzsäure hinzu und titrirt mit Jodlösung aus. 1 ccm der $^1/_{10}$-Normaljodlösung zeigt 0,0032 g SO_2 an. — Zur Feststellung des Gehaltes an Zinkoxyd löst man etwa 0,4 g des Zinksulfits in einer Porcellanschale in salzsäurehaltigem Wasser auf, fällt in der Hitze mit Natriumkarbonat und wägt das ausgewaschene Zinkkarbonat nach dem Glühen als Zinkoxyd ZnO. Vergl. S. 1152.

Aufbewahrung. Vorsichtig. ***Anwendung.*** Zinksulfit findet Verwendung zum Imprägniren von Gaze und Verbandstoffen. Es gilt als ein relativ ungiftiges Antisepticum.

Zincum tannicum.

Zincum tannicum. Sal Barnitii. Zinktannat. Gerbsaures Zink. Tanninzink. Sel de Barnit. Zusammensetzung wechselnd.

Darstellung. 10 Th. reines Zinkoxyd werden mit 15 Th. destill. Wasser angerieben und dann mit einer filtrirten Lösung von 50 Th. Tannin in 100 Th. 45 proc. Weingeist durchmischt. Nach Verlauf einer Stunde wird die Mischung in ein Filter gegeben mit etwas destill. Wasser ausgewaschen und dann an einem lauwarmen Orte ausgetrocknet. (HAGER.)

Eigenschaften. Zinktannat ist ein gelbliches, geruchloses, kaum styptisch schmeckendes, in Wasser und Weingeist völlig unlösliches, in verdünnter Essigsäure klar lösliches Pulver. Letztere Lösung ist gelb. Ammoniakflüssigkeit löst es unvollständig.

Aufbewahrung. In geschlossenem Glasgefäss.

Anwendung. Zinktannat wurde für den innerlichen und äusserlichen Gebrauch als mildes Adstringens und unter dem Namen Sel de Barnit als Specificum gegen Gonorrhoe empfohlen. Im letzteren Falle ist es ziemlich wirkungslos. Man giebt es innerlich zu 0,1—0,2—0,3 mehrmals täglich. Aeusserlich versuchte man es gewöhnlich in viel zu geringer Menge, um einen Heilerfolg damit zu erreichen.

Collyrium cum Zinco tannico BONNEWYN.

Rp.		
Rp.	Zinci tannici	0,1
	Mucilaginis Gummi Arabici	15,0
	Aquae destillatae	185,0

Augenwasser (umgeschüttelt bei chronischem Katarrh der Conjunctiva mit Eiterabsonderung. Statt 0,1 Zinktannat sollte 1,0 gesetzt werden).

Glycerolatum Zinci tannici.

Rp.		
Rp.	Zinci tannici	10,0
	Unguenti Glycerini	30,0
	Tincturae Benzoës	2,0.

Salbe (auf wunde Hautstellen, Schrunden, bei Decubitus).

Zincum valerianicum.

Zincum valarianicum (Ergänzb. Helv.). **Valérianate de zinc** (Gall.). **Zinci Valerianas** (Brit. U-St.). **Zinkvalerianat. Baldriansaures Zink.** $Zn(C_5H_9O_2)_2 + 2H_2O$. **Mol. Gew. = 303.** In Frankreich ist ein Salz $(C_5H_9O_2)_2 + 12H_2O$ officinell.

Darstellung. Man reibt 8 Th. reines Zinkoxyd mit Alkohol zu einem gleichmässigen Brei an, fügt zu demselben 24 Th. der officinellen Baldriansäure (Germ.) und lässt die Mischung unter häufigem Umrühren einige Zeit in mässiger Wärme stehen. Wenn die Masse krystallinisch geworden ist, so löst man sie bei einer 60—70° C. nicht übersteigenden Wärme in einer Mischung aus 2 Vol. Alkohol von 90 Procent und 1 Vol. Wasser, filtrirt noch warm und lässt erkalten. Die in der Kälte ausgeschiedenen Krystalle werden zwischen Fliesspapier bei gewöhnlicher Temperatur getrocknet, die Mutterlauge liefert beim vorsichtigen Eindunsten neue Mengen von Krystallen.

Das von der Gall. aufgenommene Salz (s. oben) entsteht, wenn man frisch gefälltes Zinkhydroxyd oder Zinkkarbonat noch feucht mit der erforderlichen Menge Baldriansäure übergiesst und sich selbst überlässt.

Eigenschaften. Weisse, schuppenförmige, perlmutterglänzende, schwach nach Baldriansäure riechende Krystalle von süsslichem, etwas zusammenziehendem Geschmack. Sie lösen sich etwa in 90 Th. Wasser oder 40 Th. Weingeist (von 90 Proc.) zu sauer reagirenden Flüssigkeiten, in Aether sind sie unlöslich. Die kalt gesättigte Lösung trübt sich beim Erhitzen auf 70—80° C. unter Ausscheidung eines basischen Zinkvalerianates, beim Erkalten geht dieses aber wieder in Lösung. Beim Kochen scheidet die wässerige Lösung ein unlösliches basisches Salz aus; dieses letztere entsteht auch durch freiwilliges Abdunsten von Valeriansäure beim Liegen des Zinkvalerianats an der Luft. — Ueber Schwefelsäure wird das Zinkvalerianat wasserfrei. — Das mit Salzsäure befeuchtete Salz scheidet ölige Tropfen aus, welche intensiv nach Baldriansäure riechen.

Prüfung. 1) Die kalt gesättigte, wässerige Lösung werde durch Kupferacetatlösung nicht getrübt. (Eine bläuliche Fällung würde bei Gegenwart von Zinkbutyrat auftreten.) — 2) Versetzt man eine verdünnte Ferrichloridlösung mit so viel einer Zinkvalerianatlösung, bis keine Fällung mehr entsteht, so muss die über dem rothbraunen Niederschlage stehende Flüssigkeit farblos sein. Wäre sie rothgefärbt, so würde dies auf Gegenwart von Zinkacetat hinweisen. — 3) Die ammoniakalische Lösung (1 = 100) werde weder durch Calciumchloridlösung (Oxalsäure, Weinsäure) noch durch Natriumphosphatlösung (Magnesiumsalz) getrübt. — Giebt man zu 10 ccm der ammoniakalischen Lösung 2—3 Tropfen Schwefelwasserstoffwasser, so soll eine rein weisse Fällung entstehen. Dunkle Färbung würde fremde Metalle (Blei, Kupfer) anzeigen. — 4) Fällt man aus der ammoniakalischen Lösung das Zink durch Einleiten von Schwefelwasserstoff vollständig aus, soll das Filtrat beim Eindampfen und Glühen einen feuerbeständigen Rückstand nicht hinterlassen (alkalische Erden, Alkalien). — 5) Das Salz gebe, über Schwefelsäure getrocknet, einen Gewichtsverlust von etwa 11,9 Proc. — 6) Trocknet man es im Porcellantiegel mit Salpetersäure ein und glüht hierauf, so sollen annähernd 26,8 Proc. Zinkoxyd hinterlassen (das wasserfreie Salz hinterlässt etwa 30,3 Proc. Zinkoxyd).

Aufbewahrung. Vorsichtig, in gut verschlossenen Glasgefässen, thunlichst entfernt von anderen Arzneimitteln.

Anwendung. Das Zinkvalerianat soll die Wirkungen des Zinkoxyds und der Valeriansäure in sich vereinigen. Man giebt es bei verschiedenen Nervenleiden, besonders bei Neuralgien, Migräne, Epilepsien zu 0,03—0,1 g mehrmals täglich in Pulvern oder in Pillen.

Höchstgaben: *pro dosi:* 0,1 g (Ergänzb. Helv.), *pro die*: 0,3 (Ergänzb.), 0,5 g (Helv.).

Mixtura antineuralgica DEVAY.

Rp.	Zinci valerianici	0,1
	Aquae destillatae	120,0
	Sirupi Sacchari	30,0.

Halbstündlich einen Esslöffel.

Elixir Zinci Valerianatis (Nat. form.).

Rp.	Zinci valerianici	17,5 g
	Ammonii citrici	65,0 „
	Aquae destillatae	35,0
	Spiritus	135 ccm
	Benzaldehydi	0,1 „
	Tincturae Persionis compos.	15,0
	Elixir aromatici	q. s. ad 1 L.

Pilulae anticephalalgicae HAUCHES.

Rp.	Zinci valerianici	1,0
	Extracti Belladonnae	0,25
	Extracti Gentianae	q. s.

Fiant pilulae No. 20. Dreimal täglich eine Pille.

Pilulae antineuralgicae DEVAY.

Rp.	Zinci valerianici	1,0
	Extracti Belladonnae	0,1
	Extracti Chinae	
	Extracti Gentianae	ãã 1,0.

Fiant pilulae No. 20. Obducendae argento foliato. Morgens und abends je 2 Pillen.

Pilulae antineuralgicae TOURNIÉ.

Rp.	Zinci valerianici	0,5
	Extracti Hyoscyami	0,25
	Extracti Opii	0,15
	Conservae Rosae	q. s.

Fiant pilulae No. 10. Täglich zweimal, innerhalb 3—4 Stunden, je 2 Pillen zu nehmen. Gegen Facialneuralgien.

Zingiber.

Gattung der **Zingiberaceae** — **Zingibereae.**

Zingiber officinale Roscoe. Heimath nicht bekannt, aber wohl sicher Südasien, vielfach in den Tropen kultivirt. Verwendung findet das Rhizom:

Rhizoma Zingiberis (Germ. Helv.). **Radix Zingiberis** (Austr.). **Zingiber** (Brit. U-St.). — **Ingwer. Ingwerwurzel.** — **Gingembre gris** (Gall.). **Racine de gingembre. Amome des Indes.** — **Ginger.**

Beschreibung. Das Rhizom ist ein sichelartig entwickeltes Sympodium, bei dem die das Rhizom weiter führenden Zweige fast ausnahmslos auf der Unterseite entstehen und zwar fast immer nur einer. Auf der Oberseite entstehende Zweige fehlen vollständig oder bleiben in der Entwickelung zurück. Ausserdem lässt die Oberseite die Narben der abgefallenen oder abgeschnittenen Stengel erkennen. Das Rhizom ist von den Seiten zusammengedrückt. Die Handelswaare besteht aus bis 10 cm langen Stücken, die aus einer Anzahl durch Abschnürungen von einander getrennter Glieder bestehen, die die genannten Narben der Oberseite und die Zweige der Unterseite deutlich erkennen lassen. Aussen ist es grau, runzelig, innen weiss oder gelblich. Bruch uneben, aus demselben ragen die Gefässbündel als zähe Fasern hervor. Der Querschnitt zeigt eine 1 mm breite, braune Rinde, die durch die Endodermis vom Kern getrennt ist. Geruch angenehm aromatisch, Geschmack brennend gewürzhaft. — Aussen ist das Rhizom mit Kork bedeckt, der aus einer äusseren, lockeren und einer inneren, dichteren Lage besteht. Ausserhalb des Korkes ist häufig noch die Epidermis vorhanden. Im Parenchym reichlich Stärke, deren Körnchen bis 25 μ lang sind und den Zingiberaceentypus zeigen wie Zedoaria (Fig. 211). Zahlreiche Zellen sind zu Sekretzellen mit verkorkten Wänden umgewandelt. In der Nähe der Gefässbündel Gerbstoffzellen. Die Gefässbündel sind ganz oder theilweise mit Fasern umscheidet, die meist durch einige Querwände in zwei bis drei Fächer getheilt sind.

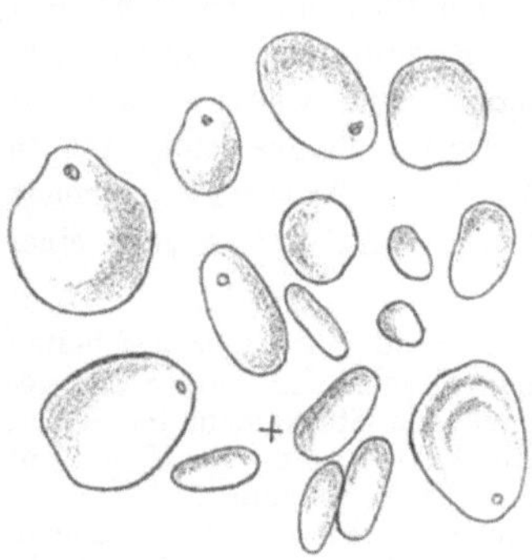

Fig. 211. Stärke aus Rhizoma Zingiberis. + Körner von der Seite. 430 mal vergrössert.

Bestandtheile des bengalischen Ingwer nach König: Wasser 10,92 Proc., stickstoffhaltige Substanz 8,34 Proc., ätherisches Oel 2,24 Proc., Fett 3,53 Proc., Stärke 45,70 Proc., stickstofffreie Extraktstoffe 13,65 Proc., Rohfaser 8,88 Proc., Asche 6,74 Proc.

Man hat in der Droge ein farbloses, krystallinisches Fett, ein rothes Weichharz, zwei Harzsäuren und Gingerol (C_8H_8O) x zu 0,6—1,82 Proc. aufgefunden. Letzteres bedingt den scharfen Geschmack der Droge, das ätherische Oel den Geruch.

Oleum Zingiberis. Ingweröl. Bei der Destillation der trocknen Droge werden 2—3 Proc. ätherisches Oel erhalten. Es ist grüngelb, ziemlich dickflüssig, hat das specifische Gewicht 0,875—0,885 und dreht den polarisirten Lichtstrahl 25—45° nach links. Es besitzt den Geruch des Ingwers, jedoch nicht seinen scharfen Geschmack. Bestandtheile des Ingweröles sind Rechts-Camphen, Phellandren und ein noch nicht näher untersuchtes Sesquiterpen.

Handelssorten. Der Ingwer kommt in zahlreichen Sorten, die sich durch Grösse der Stücke und besonders durch theilweise oder völlige Entfernung des Korkes charakterisiren, in den Handel. Die wichtigsten Sorten sind die folgenden:

1) Bengalischer Ingwer, beste Sorte. Nur auf den Seiten geschält. Stücke bis 5 cm lang. Bestandtheile vergl. oben.

2) Cochinchina-Ingwer, ganz geschält, oft gekalkt, daher völlig weiss, meist kleinere, bis 5 cm lange Stücke, doch kommen auch Sorten vor, die aus ausnahmsweise grossen Stücken mit reichlicher Zweigbildung bestehen. Vom Kalk durch Abbürsten befreit ist er gelblich oder fleischröthlich. Aetherisches Oel 1,35 Proc., Fett 1,2 Proc., Harz 1,82 Proc., Gingerol 0,6 Proc., Feuchtigkeit 13,53 Proc., Asche 4,8 Proc. Dahin auch der Malabar-Ingwer.

3) Jamaika-Ingwer. Stücke bis 12 cm lang, ganz geschält, oft gekalkt oder gebleicht. Im Bruch stark faserig. Aetherisches Oel 0,64 Proc., Fett 0,92 Proc., Harz 1,76 Proc., Gingerol 0,84 Proc., Feuchtigkeit 13,66 Proc., Asche 4,53 Proc.

4) Afrikanischer Ingwer (Sierra Leone). Halb geschält wie 1. Aetherisches Oel 1,615 Proc., Fett 1,225 Proc., Harz 3,775 Proc., Gingerol 1,45 Proc., Feuchtigkeit 14,515 Proc., Asche 4,27 Proc. Das Kalken geschieht mit Kalkmilch, das Bleichen mit Kalium- oder Natriumsulfit. In solchen Sorten kann der Aschegehalt auf 9,18 Proc. steigen.

Verfälschungen. Als solche kommt extrahirter und dann von neuem gekalkter oder gebleichter Ingwer in Betracht. In normalem Ingwer beträgt die Menge des Wasserextraktes 11,8 Proc., in extrahirtem 7—5 Proc. Ist der Ingwer in der Hitze extrahirt, so ist die Stärke verkleistert.

In Ostasien verwendet man wie Ingwer die viel grösseren Rhizome von Zingiber Cassumunar Roscoe, Z. Zermubet Roscoe und Z. Mioja Roscoe, die auch zuweilen nach Europa kommen. Sie unterscheiden sich durch den Geruch ohne weiteres, der der letzteren Art, die in Japan verwendet wird, ist ähnlich wie der von Bergamottöl. Der in China in Zucker eingemachte Ingwer soll zuweilen von Alpinia Galanga stammen (Band I, S. 1188). Ebenso soll zuweilen das Rhizom von Alpinia Allughas oder einer nahestehenden Art als Ingwer vorkommen.

Pulver. Das Pulver ist, je nachdem es von einer mehr oder weniger geschälten Sorte hergestellt ist, von weisser, gelblicher oder hellgrauer Farbe. Im Pulver aus geschälter Waare fehlen die Korkzellen; sonst fällt hauptsächlich das Stärkemehl ins Auge; nach seiner Entfernung (Bd. I, S. 299) erkennt man auch die Fasern, die 15—45 μ breit sind, die Gefässe, die bis 65 μ (selten bis 105 μ) messen, und die Sekretzellen.

Das Pulver wird mit fremdem Stärkemehl, Oelkuchen, Mandelkleie, Eicheln, Brod, Capsicum verfälscht, welche Verfälschungen sich leicht durch das Mikroskop nachweisen lassen.

Aufbewahrung. Anwendung. Ingwer wird ganz, in Speciesform (für Theemischungen ist das gleichmässig geschnittene Rhiz. Zingib. □ conc. zu empfehlen) und als feines Pulver in dicht geschlossenen Blech- oder Glasgefässen aufbewahrt. Man gebraucht ihn in verschiedenen Formen als magenstärkendes, die Verdauung beförderndes Gewürz zu 0,5—1,0; als geschmackverbessernden Zusatz zu Eisenmitteln u. dergl.; als Kaumittel oder in Pastillen bei übelriechendem Athem; äusserlich zu Mund- und Gurgelwässern und Zahntinkturen.

Confectio Zingiberis. Ingwerkonfekt. In Ostindien aus frischer Wurzel hergestellt und in Originalbüchsen in den Handel gebracht, dient als Anregungsmittel bei Magenverstimmung.

Extractum Zingiberis. Grob gepulverten Ingwer zieht man mit einer Mischung aus Weingeist und Aether āā aus und verdunstet das Lösungsmittel.

Extractum Zingiberis fluidum (U-St.). **Ingwer-Fluidextrakt. Fluid Extract of Ginger.** Genau so wie Extractum Sabinae fluidum U-St. (S. 764). Man gebraucht 4—5000,0 Lösungsmittel.

Oleoresina Zingiberis (U-St.). **Oleoresin of Ginger.** Gepulverten Ingwer (Nr. 60) erschöpft man im Perkolator mittels Aether, destillirt diesen grösstentheils ab und lässt den Rest freiwillig verdunsten.

Sirupus Zingiberis. Ingwersirup. Syrup of Ginger. Ergänzb.: 1 Th. fein geschnittenen Ingwer befeuchtet man mit 1 Th. Weingeist, lässt mit 9 Th. Wasser 2 Tage stehen, presst ab und bereitet aus 8 Th. Filtrat und 12 Th. Zucker 20 Th. Sirup. — Brit.: Man stellt aus 12,5 g fein gepulvertem Ingwer durch Perkolation mit Weingeist 25 ccm starke Tinktur her und mischt mit 475 ccm Sirup. — U-St.: 30 ccm Ingwerfluidextrakt dampft man mit 15 g präcipitirtem Calciumphosphat ein, verreibt den Rückstand mit 450 ccm Wasser, filtrirt, löst ohne Wärme 850 g Zucker und bringt durch Nachwaschen des Filters mit Wasser auf 1000 ccm. Auch durch Perkolation — s. unter Sirupus Sacchari. — Dresdn. Vorschr.: Durch Perkolation mit verdünntem Weingeist stellt man 4 Th. starke Ingwertinktur (1:2) her und mischt mit 96 Th. weissem Sirup. — Ex tempore: 10 Th. Ingwertinktur, 90 Th. Zuckersirup. Ein trüber Sirup wird durch Zusatz von Talkum und Filtriren geklärt.

Tinctura Zingiberis. Ingwertinktur. Teinture ou Alcoolé de gingembre. Tincture of Ginger. Germ.: Aus 1 Th. mittelfein zerschnittenem Ingwer und 5 Th. verdünntem Weingeist (60 proc.). — Gall.: Aus grobem Pulver und 80 proc. Weingeist ebenso. — Helv.: Aus 20 Th. Ingwer (V) und verdünntem Weingeist (62 proc.) im Verdrängungswege (zum Befeuchten 8 Th.) 100 Th. Tinktur. — Brit.: Aus 100 g Pulver Nr. 40 und 90 vol.-proc. Weingeist (zum Befeuchten 100 ccm) 1000 ccm Tinktur ebenso. — U-St.: Aus 200 g Pulver Nr. 40 und 91 proc. Weingeist (zum Befeuchten 50 ccm) 1000 ccm Tinktur ebenso. — Zu 20—30 Tropfen als Magenmittel.

Cerevisia Zingiberis.

Ingwerbier. Gingerbeer.

Rp.		
	Tincturae Zingiberis	20,0
	Sirupi simplicis	80,0
	Cerevisiae optimae	900,0.

Confectio Zingiberis sicca.

Rp.		
	Rhizomatis Zingiberis pulv.	10,0
	Sacchari albi pulv.	160,0
	Tragacanthae pulv.	1,0
	Glycerini	10,0.

Man bringt mit Wasser zur Masse, formt und trocknet.

Guttae anticholericae BADT.
BADT's Choleratropfen.

Rp. Tincturae Zingiberis
Tincturae Opii simplicis ää 5,0
Tincturae aromaticae 10,0.

Liquor Zingiberis (Nat. form.).
Solution or Soluble Essence of Ginger.

Rp. 1. Extracti Zingiberis fluidi 335 ccm
2. Lapidis Pumicis pulv. 100 g
3. Aquae q. s. ad 1000 ccm.

Man stellt 1 mit 2 einige Stunden unter bisweiligem Schütteln bei Seite, fügt nach und nach 3 hinzu, lässt 24 Stunden unter öfterem Schütteln stehen, filtrirt und bringt durch Nachwaschen des Filters auf 1000 ccm.

Pulvis aërophorus zingiberatus.
Ingwer-Brausepulver. Ingwerbierpulver.

Rp. Pulveris aërophori 100,0
Rhizomatis Zingiberis pulv. 2,5
(vel Olei Zingiberis gtt. I).

Pulvis stomachicus.
Magenpulver.

Rp. Corticis Aurantii fructus pulver.
Radicis Gentianae pulver.
Tuberis Ari „
Rhizomatis Calami „ ää 20,0
Rhizomatis Zingiberis pulver.
Kalii tartarici pulver. ää 10,0
Olei Carvi 1,0

Rotulae Zingiberis E. DIETERICH.
Ingwer-Küchelchen.

Rp. Rotularum Sacchari 100,0
Olei Zingiberis gtts. II
Aetheris 20,0.

Wie Rotulae Menthae pip. zu bereiten.

Tinctura stomachica.
Form. mag. Berolin.

Rp. Tincturae Chinae compos.
Tincturae Rhei vinosae
Tincturae Zingiberis ää 10,0.

Form. Coloniens.

Rp. Tincturae amarae
Tincturae Rhei vinosae
Tincturae Zingiberis ää 10,0.

Tinctura Zingiberis fortior.
Strong Tincture of Ginger. Essence of Ginger. Ingweressenz. (Form. Brit.).

Rp. 1. Rhizomatis Zingiberis grosse pulver 100,0
2. Spiritus 100 ccm
3. Spiritus q. s.

1 wird mit 2 befeuchtet in den Perkolator gebracht; durch Nachgiessen von 3 sammelt man 200 ccm Tinktur.

Trochisci Zingiberis.
Pastilli Zingiberis. Ingwer-Pastillen.
Troches of Ginger.

United States.

Rp. 1. Tincturae Zingiberis 20 ccm
2. Tragacanthae subt. pulv. 4 g
3. Sacchari subt. pulv. 130 „
4. Sirupi Zingiberis q. s.

Man mischt 1 und 3, trocknet an der Luft, fügt 2 und soviel von 4 hinzu, dass man eine Masse erhält, woraus 100 Pastillen geformt werden.

II.

Rp. Rhizomatis Zingiberis pulv. 10,0
Sacchari pulv. 90,0
Mucilaginis Gummi arabici q. s.

Man formt 100 Pastillen.

Ginger Ale ist eine Art Brauselimonade, die ihren Geschmack einem Zusatz von Ginger-Ale-Extrakt verdankt. Letzteres wird aus 150 Ingwer, 13 frischen Citronenschalen, 13 spanischem Pfeffer durch Ausziehen mit 400 verdünntem Weingeist bereitet.

Jamaica-Ginger-Essence, OXLEY's. 10 Ingwer, 5 frische Citronenschale, 100 verdünnter Weingeist.

Dr. LAUSER's Magenpulver aus der Löwenapotheke Berlin C. Rhizomatis Zingiberis 5,0, Bismuti subnitrici 20,0, Calcii carbonici, Natrii sulfurici, Carbonis Tiliae, Gummi arabici ää 10,0, Magnesii carbonici 15,0, Natrii chlorati 8,0, Natrii bicarbonici 40,0, Castorei sibirici 3,2 (? Angabe des Herstellers).

Zizyphus.

Gattung der **Rhamnaceae — Zizypheae.**

I. Zizyphus vulgaris Lam. Vom östlichen Mittelmeergebiet bis nach Indien und Japan. Verwendung finden die getrockneten Steinfrüchte:

Jujubae. Baccae seu Fructus Jujubae. — Brustbeeren. Jujuben. — Jujube (Gall.).

Sie sind eirund oder länglich, bis 3 cm lang, an der Oberfläche grobrunzelig, glänzend braunroth mit zäher Haut, weisslichem oder bräunlichem, wenig saftigem Fruchtfleisch von angenehmem, schleimig-süssem Geschmack und länglichem, nach oben scharf zugespitztem, aussen runzeligem, zweifächerigem, meist einsamigem Steinkern.

Sie kommen getrocknet aus der Provence und von den syrischen Inseln in den Handel.

Dienen wegen ihres Zucker- und Schleimgehaltes bei katarrhalischen Leiden, besonders in Form der

Pasta Jujubae. Massa de fructu Zizyphi.
Pâte de jujube (Gall.).

Rp.		
	1. Jujubarum concisar.	500,0
	2. Aquae destillatae ebullientis	3500,0
	3. Gummi Senegal. loti	3000,0
	4. Sacchari albi	2000,0
	5. Aquae Aurantii florum	200,0.

Man verfährt genau so, wie bei Massa pectoral. Gall. (Bd. I, S. 1273) angegeben. Auch kann man (nach E. DIETERICH) 1 zunächst 12 Stunden mit kaltem Wasser ausziehen, dann mit 2 infundiren, die Auszüge nach Auflösung von 3 und Zusatz von 10,0 trocknem Hühnereiweiss, von 4 und 50,0 Filtrirpapiermasse unter Abschäumen aufkochen, durchseihen und weiter eindampfen, wie Bd. I, S. 1273 vorgeschrieben. Der Brustbeerenaufguss wird ohne zu pressen durchgeseiht. Man bewahrt die Pasta in dichtschliessenden Blech- oder Glasgefässen auf. Ausbeute etwa 4500,0.

II. Zizyphus Lotus (L.) Willd. Heimisch im südlichen Mittelmeergebiet. Die Früchte sind halb so gross wie die von I, rund und weniger süss. Sie liefern die **kleinen** oder **italienischen Jujuben.**

III. Zizyphus Jujuba Lam. Heimisch vom tropischen Afrika bis nach Australien, nördlich bis Afghanistan und China. Die angenehm säuerlich schmeckenden Früchte werden wie die von I und II verwendet. Die bittere, adstringirende Rinde verwendet man wie Quassia, die Wurzelrinde als Purgans, die Blätter als Heilmittel gegen fieberhafte Krankheiten, in Milch gegen Gonorrhoe.

Register.

(Die Seitenzahlen ohne Bandangabe beziehen sich auf Band I.)

Den Berechnungen im Texte sind nachstehende

abgerundete Atomgewichte

zu Grunde gelegt worden:

Aluminium .	Al	27	Jod	J	127	Schwefel . .	S	32
Antimon . .	Sb	120	Kalium . .	K	39	Selen . . .	Se	79
Arsen . . .	As	75	Kobalt . . .	Co	59	Silber . . .	Ag	108
Barium . .	Ba	137	Kohlenstoff .	C	12	Silicium . .	Si	28
Beryllium . .	Be	9	Kupfer . . .	Cu	63	Stickstoff . .	N	14
Blei	Pb	207	Lanthan . .	La	139	Strontium . .	Sr	87,5
Bor	B	11	Lithium . .	Li	7	Tantal . . .	Ta	182
Brom . . .	Br	80	Magnesium .	Mg	24	Tellur . . .	Te	128
Cadmium . .	Cd	112	Mangan . .	Mn	55	Thallium . .	Tl	204
Caesium . .	Cs	133	Molybdän . .	Mo	96	Thorium . .	Th	232
Calcium . .	Ca	40	Natrium . .	Na	23	Titan . . .	Ti	50
Cer	Ce	141	Nickel . . .	Ni	59	Uran . . .	U	240
Chlor . . .	Cl	35,5	Niob . . .	Nb	94	Vanadium . .	V	51
Chrom . . .	Cr	52	Osmium . .	Os	190	Wasserstoff .	H	1
Didym . . .	Di	145	Palladium . .	Pd	106	Wismut . .	Bi	208
Eisen . . .	Fe	56	Phosphor . .	P	31	Wolfram . .	W	184
Erbium . .	Er	166	Platin . . .	Pt	195	Ytterbium .	Yb	173
Fluor . . .	Fl	19	Quecksilber .	Hg	200	Zink . . .	Zn	65
Gold . . .	Au	196	Rubidium . .	Rb	85	Zinn . . .	Sn	118
Iridium . .	Jr	193	Sauerstoff . .	O	16	Zirkonium .	Zn	90

Abkürzungen:

Austr. = Pharmacopoea Austriaca ed. VII.

Bad. T. = Badische Taxe.

Brit. = Pharmacopoea Britannica 1898.

Buchh. = Buchheister, Vorschriftenbuch für Drogisten.

Ergänzb. = Ergänzungsbuch des Deutsch. Apotheker-Vereins.

Form. Berol. = Formulae Berolinenses.

Gall. = Pharmacopée française nebst Supplement von 1895.

Germ. = Deutsches Arzneibuch.

Helv. = Pharmacopoea Helvetica ed. III.

Nat. Form. = National Formulary of unofficinal preparations (By authority of the American pharmaceutical association).

U-St. = Pharmacopoeia of the United states 1890.

Vet. = Arznei für Thiere.

Diet. M. und Dieterich = Dieterich's Pharmaceutisches Manual.

Siedep. = Siedepunkt.

Schm.-P. = Schmelzpunkt

Erstarrp. = Erstarrungspunkt.

B. = Barometerstand.

T. = Temperatur.

C. = Celsius.

l. a. = lege artis.

μ = Mikro-Millimeter.

† = Vorsichtig aufzubewahren.

†† = Sehr vorsichtig aufzubewahren.

(!) = Bedeutet, dass eine Angabe von Wichtigkeit ist.

(?) = Bedeutet, dass eine Angabe zweifelhaft ist.

> 1,021 = mindestens 1,021.

1,021 > = höchstens 1,021.

Druckfehler. Verbesserungen. Zusätze.

Band I.

S. 2. Zeile 22 von oben: An Stelle von Acacia decurreus muss es heissen: Acacia decurrens.

S. 108. Zusatz zu Liquor Kalii silicici: Man füge hinzu: Spec. Gewicht bei 15° C. nach Ergänzb. = 1,24 bis 1,25.

S. 117. Zeile 8 von oben: An Stelle von „Nasenschleimhaut enthaltene freie Säure" setze „Nasenschleimhaut enthaltene freie salpetrige Säure".

S. 197. Zu dem Aufsatz „Agropyrum" schalte ein: **Extractum Tritici fluidum** (U-St.). **Fluid Extract of Triticum.** Man erschöpft 1000 g fein geschnittene Queckenwurzel in einem Perkolator, verdunstet die Auszüge bis auf 750 ccm und mischt 250 ccm Alkohol (von 94 Vol. Proc.) hinzu. Nach 48stündigem Absetzen filtrirt man und füllt das Filtrat mit einer Mischung von 1 Vol. Alkohol (von 94 Vol. Proc.) und 3 Vol. Wasser zu 1000 ccm auf.

S. 241. Rp. Zeile 23 von unten: Die Ueberschrift der Pflastervorschrift muss lauten: Emplatre Céroène (nicht Cérvène).

S. 285. Es ist einzuschalten die Vorschrift zur einfachen Mandelemulsion. **Emulsion d'amande** (Gall.). **Lait d'amande. Emulsion simple.** Rp. Amygdalarum dulcium, Sacchari albi, Aquae destillatae 1000,0.

S. 308. Zeile 12 von unten: An Stelle von „Oil of Angelia fruit" muss es heissen: Oil of Angelica fruit.

S. 338. Unter „Zusätze zum Trinkwasser" ergänze: Coco ist technisches Glycyrrhizin. **Coco de Calabre** ist gleichfalls technisches Glycyrrhizin.

S. 383. Unter Carvacrolum jodatum ist das Synonym **„Jodocrol"** einzuschalten.

S. 394. Rp. Zeile 2 von oben: An Stelle von „Poudre pour la bain de Tessier" muss es heissen: „Poudre pour le bain de Tessier".

S. 407. Zeile 8 von unten: Im letzten Absatz des Artikels „Arsenum" muss es heissen: „Ferner kann man den durch Zersetzung von Schwefeleisen (nicht Schwefelarsen) sich ergebenden arsenwasserstoffhaltigen Schwefelwasserstoff etc."

S. 411. Zeile 18 von oben: An Stelle von „unterseits beharrt" muss es heissen: „unterseits behaart".

S. 413. Zeile 11 und 12 von unten: Die Grenzwerthe der Verseifungszahl und der Esterzahl sind verwechselt. Es muss also heissen: „Verseifungszahl, Grenzwerthe 121—184. Esterzahl, Grenzwerthe 82,2—129.

S. 468. Zeile 10 von oben ist hinzuzufügen: „Vergl. Bd. II, S. 612."

S. 475. Zeile 11 von unten: An Stelle von „Distrikt Suang-Rabang" muss es heissen: „Distrikt Luang-Rabang".

S. 507. Zeile 26 von oben: Der Eigenname Pennès ist mit dem accent grave zu schreiben.

S. 529. Die als „Presse für Suppositorien etc. von E A. Lentz" bezeichnete Figur stellt die „Kummer'sche Suppositorien-Presse" dar. Vergl. Bd. II, S. 1007, Fussnote.

S. 575. Zeile 20 von oben. An Stelle von „Burnt Pflaster" muss es heissen: „Burnt Plaster".

S. 605. Es ist hinzuzufügen: Bei Figur 142. „Gewebe der Fruchtschale des spanischen Pfeffers. *en.* Epidermis der Innenfläche mit verholzten Zellen *st.* — *ep.* Epidermis der Oberseite. — *coll.* Collenchym. 160 × vergrössert".

Bei Figur 143. „Samenschale in der Aufsicht". *ep.* Epidermis. *p.* Parenchym. 160 × vergrössert.

S. 606. Zeile 21 von unten ist bei Tinctura Capsici einzuschalten: „Vor Licht geschützt aufzubewahren."

S. 661. Rp. Zeile 3 von oben. In der Vorschrift zu Elaeosaccharum Carvi gehört die Abkürzung „Germ." zu „Austr. u. Helv." Die Vorschriften dieser drei Pharmakopöen sind gleich, die der Gall. weicht von diesen ab.

S. 696. Rp. Unter der Ueberschrift: Ceratum Resinae Pini (Ergänzb.) muss das vierte Synonym „Ceratum citrinum" (nicht citricum) heissen.

S. 784. Zeile 1 von unten. An Stelle von „scheidet sich alsdann ein krystallisirtes Natriumsalz aus" muss es heissen „scheidet sich alsdann o-Oxychinolin in Krystallen aus".

S. 977. Zeile 16 von unten. An Stelle von „Coujourde" muss es heissen **„Cougourde"**.

S. 1249. Zeile 28 von oben. An Stelle von „0,0295 muss es heissen 0,00295".

Band II.

S. 94. Zeile 17 von oben. Es muss heissen: **„Semence de jusquiame noire"** (nicht noir).

S. 297. Zeile 9 von unten. An Stelle von „Olei Lini lotum" muss es heissen **„Oleum Lini lotum"**.

S. 299. Rp. Unter Potus antispasmodicus equorum muss es heissen Infusi Florum Chamomillae 75,0 : 1500,0 (nicht 7,5 : 1500,0).

S. 313. Es ist die Vorschrift zu Tinctura Lupuli (Brit.) einzuschalten: **„Tinctura Lupuli** (Brit.). **Tincture of Hops.** Rp. Strobilorum Lupuli 200,0 g, Spiritus diluti (60 Vol. Proc.) 1000,0 ccm. Man bereite durch Maceration eine Tinktur."

S. 417. Zeile 3 von oben. An Stelle von „Myristica Bicubyba" muss es heissen „Myristica Bicuhyba".

S. 441. Zeile 28 von oben. An Stelle von „Dr. Goehli's Seifenpulver" muss es heissen „Dr. Goehli's Speisepulver".

S. 587. Zeile 16 von oben. An Stelle von „Acidum phenylo-acetium" muss es heissen „Acidum phenylo-aceticum".

S. 629. Rp. In der Vorschrift zu Spiritus Myrciae muss es an Stelle von „Wasser 270,0" heissen „Wasser 275,0".

S. 765. Rp. Zeile 19 von oben. An Stelle von „Guttae antapolepticae Horn" muss es heissen **„Guttae antapoplecticae** Horn".

S. 851. Zeile 19. Unter den Synonymen von Sirupus Sarsaparillae compositus muss es an Stelle von „Sirop de Savdresi" heissen „Sirop de Savaresi".

S. 891. Zeile 21 von oben. An Stelle von „Virginiche Schlangenwurzel" muss es heissen „Virginische Schlangenwurzel".

S. 962. Zeile 24 von oben. An Stelle von „Stibium oxydatum rubrum cum Oxydo stibico" muss es heissen **„Stibium sulfuratum rubrum cum Oxydo stibico"**.

S. 1008. Bei Figur 164 muss es an Stelle von „Apother Jenny" heissen „Apotheker Jenny".

S. 1018. Zeile 1 von oben. An Stelle von „Térébinthine de Bordeaux (Gall.)" muss es heissen **„Térébenthine de Bordeaux** (Gall.)".

S. 1020. Zeile 1 von unten. An Stelle von „Spirits of Turpentine" muss es heissen **„Spirit of Turpentine"**.